Windows 10
技术与应用大全

宋翔◎编著

人民邮电出版社
北京

图书在版编目（C I P）数据

Windows 10技术与应用大全 / 宋翔编著. -- 北京：
人民邮电出版社，2017.10（2021.8重印）
ISBN 978-7-115-46577-1

Ⅰ. ①W… Ⅱ. ①宋… Ⅲ. ①Windows操作系统 Ⅳ.
①TP316.7

中国版本图书馆CIP数据核字(2017)第210877号

内 容 提 要

本书全面、详细地介绍了 Windows 10 的技术细节、操作技巧和应用方法。全书由 10 篇内容组成，共 39 章，主要包括系统安装与启动配置，安装与管理硬件和软件，Windows 桌面管理与系统设置，磁盘管理与文件系统，用户账户管理与数据访问，网络应用与资源共享，系统安全、维护与性能优化，组策略与注册表，命令行与脚本，Windows 10 内置工具与应用等内容。

本书附赠精品学习资源，其内容为 Windows 10 多媒体教学视频、Office 2016 多媒体教学视频以及 Word/Excel/PowerPoint 精华模板。

本书内容丰富，实例众多，兼具技术与实际应用，既可以作为快速掌握 Windows 10 各项功能和操作方法的使用手册，又可以作为全面深入理解 Windows 10 的技术指南，适合所有使用 Windows 10 的普通用户、高级用户、系统管理员、技术支持人员以及以 Windows 10 为平台的脚本开发人员阅读。

◆ 编　著　宋　翔
责任编辑　牟桂玲
责任印制　马振武

◆ 人民邮电出版社出版发行　　北京市丰台区成寿寺路 11 号
邮编　100164　　电子邮件　315@ptpress.com.cn
网址　https://www.ptpress.com.cn
涿州市京南印刷厂印刷

◆ 开本：787×1092　1/16
印张：42.5
字数：1 278 千字　　　　　　　2017 年 10 月第 1 版
印数：4 301 – 4 600 册　　　　2021 年 8 月河北第 8 次印刷

定价：99.00 元

读者服务热线：(010)81055410　印装质量热线：(010)81055316
反盗版热线：(010)81055315
广告经营许可证：京东市监广登字 20170147 号

前言

非常感谢您选择了《Windows 10 技术与应用大全》！尽管市面上有单独介绍 Windows 系统功能和使用方法方面的图书，也有单独或综合介绍使用 Windows 系统中命令行和脚本工具（CMD、PowerShell 和 VBScript）进行自动化操作和系统管理方面的图书，但是本书几乎是市面上唯一一本同时涉及以上主题的图书。本书全面且详细地介绍了 Windows 10 操作系统涵盖的大部分功能与技术，是一本兼具技术操作和实际应用的技术大全与应用宝典。

本书读者对象

本书详解了 Windows 10 包含的大量功能与技术的相关概念以及配置与使用方法，适合以下人士阅读。

◆ 希望快速掌握 Windows 10 操作系统使用方法的用户。

◆ 对提高 Windows 10 操作系统的性能和安全性以及其他方面感兴趣的用户。

◆ 对 Windows 10 操作系统进行各项管理工作的系统管理员。

◆ 负责维护 Windows 10 操作系统的技术支持人员。

◆ 对 CMD、PowerShell 和 VBScript 感兴趣的脚本爱好者或专业的脚本开发人员。

本书使用约定

花几分钟时间来了解一下本书对图形界面元素、鼠标和键盘等操作的描述方式，会使您更加容易阅读和理解本书内容。

图形界面元素操作

本书使用以下方式来描述在图形界面中对菜单命令、按钮等界面元素进行的操作。

◆ 在命令菜单中选择命令时使用类似"选择【属性】命令"的描述方式。

◆ 在窗口、对话框等界面中操作按钮时使用类似"单击【确定】按钮"的描述方式。

◆ 在带有功能区界面的环境中进行操作时使用类似"单击功能区中的【查看】⇨【窗格】⇨【预览窗格】按钮"的描述方式。

鼠标操作

本书中的很多操作都是使用鼠标来完成的，本书使用下列术语来描述鼠标的操作方式。

◆ 指向：移动鼠标指针到某个项目上。

◆ 单击：按下鼠标左键一次并松开。

◆ 右击：按下鼠标右键一次并松开。

◆ 双击：快速按下鼠标左键两次并松开。

◆ 拖动：移动鼠标时按住鼠标左键不放。

键盘操作

在使用键盘上的按键来完成某个操作时，如果只需要按一个键，那么将表示为与键盘上该按键名称相同的英文单词或字母，例如"按【Enter】键"；如果需要同时按几个键才能完成一个任务，那么将使用加号来连接所需要按下的每一个键，例如复制文件表示为"按【Ctrl+C】组合键"。

本书附赠精品学习资源

为方便读者学习本书，本书附赠以下精品学习资源：

◆ 30 个 Office 2016 多媒体教学视频；

◆ 40 个 Windows 10 多媒体教学视频；

◆ 160 个精选 Word/Excel/PowerPoint 模板，全面适用 2003/2007/2010/2013/2016 版本。

以上学习资源，读者可通过以下任意方式获取：

◆ 发送电子邮件至 windows10zy@163.com 获取；

◆ 加入读者 QQ 群（号码：99508581），在群共享中下载；

◆ 加作者 QQ 号（号码：188171768）或发电子邮件至 songxiangbook@163.com 联系作者获取。

📺 本书更多支持

如果您在使用本书的过程中遇到问题，可以通过以下方式与作者联系。

◆ 邮箱：songxiangbook@163.com。

◆ 博客：http://blog.sina.com.cn/songxiangbook。

◆ 微博：@ 宋翔 book，微博网址：http://weibo.com/songxiangbook。

◆ 作者 QQ 号：188171768，加 QQ 时请注明"读者"以验证身份。

◆ 读者 QQ 群号：99508581，加群时请注明"读者"以验证身份。

📺 声明

本书中的示例所使用的数据均为虚拟数据，如有雷同，纯属巧合。

目录

第3篇 Windows 桌面管理与系统设置

第8章 Windows 操作系统的基本操作

第 25 章　**使用凭据管理器管理用户登录信息**

第 7 篇　**系统安全、维护与性能优化**

第 26 章　**系统安全**

以下内容见本书配套资源

第 10 篇　Windows 10 内置工具与应用

第 36 章　文本工具

第 37 章　图片工具

第 1 篇

系统安装与启动配置

本篇主要介绍使用不同方式安装 Windows 10 操作系统以及多系统环境下系统启动的配置方法。该篇包括以下 4 章：

第 1 章　Windows 10 概述

第 2 章　安装 Windows 10

第 3 章　系统启动配置

第 4 章　虚拟化技术与安装虚拟操作系统

Windows 10 概述

Windows 10 是微软 Windows 系列操作系统中一个具有特殊意义的版本，不仅是因为它具有大量实用的新功能和趋于完美的操作体验，更主要的原因在于它可能是最后一个独立发布的 Windows 版本。与以往的 Windows 操作系统相比，Windows 10 具备更完善的硬件支持、更完美的跨平台的相同操作体验、更节能的省电功能、更安全的系统保护措施，Windows 10 必将成为微软最成功的一款 Windows 操作系统。本章首先介绍了 Windows 操作系统的发展过程，然后介绍了 Windows 10 包括的不同版本及其功能对比，最后介绍了 Windows 10 中的新功能，从而可以让用户快速了解这一全新的操作系统。

1.1 Windows 操作系统发展过程与 Windows 10 版本简介

微软 Windows 操作系统发展至今经历了多个版本，从最初的 Windows 1.0、2.0 到 Windows 95、98、XP，乃至最近几年的 Windows 7、Windows 8，以及最新的 Windows 10。本节简要介绍了 Windows 操作系统的发展过程，同时还介绍了 Windows 10 包含的版本类型以及各版本之间的功能对比情况。

1.1.1 一图看懂 Windows 版本进化史

下面对 Windows 操作系统的版本进化过程进行了简要介绍，其中会跳过一些相对而言不太重要的 Windows 版本。本节介绍的是 Windows 桌面用户个人版，而不包括用于网络服务器的 Windows 服务器版。

1．Windows 1.0

1985 年微软发布了第一个 Windows 操作系统——Windows 1.0，如图 1-1 所示。Windows 1.0 提供了可视化的图形用户界面（GUI），用户只需通过单击鼠标左键就能完成大部分操作，而不像在 DOS 下需要输入英文命令才能执行操作。Windows 1.0 允许用户同时执行多个程序并在各个程序之间切换、支持调整窗口的大小、界面使用 256 种颜色显示、自带了一些简单的应用程序（如记事本、计算器）。

2．Windows 3.0

1990 年发布的 Windows 3.0 支持 16 位颜色，极大地改善了系统界面的显示效果，同时提供了程序管理器、文件管理器等新功能。

图1-1　Windows 1.0是第一个Windows操作系统

3．Windows NT

1993 年发布的 Windows NT 是一个 32 位操作系统，Windows NT 使用了称为"NTFS"的新的文件系统和用户账号功能，为文件数据和用户个人的操作权限和安全提供了保护。后来出现的 Windows 2000、Windows XP 都是在 Windows NT 的基础上设计和开发的。

4．Windows 95/98

1995 年发布的 Windows 95 是一个混合了 16 位和 32 位的操作系统。Windows 95 对图形用户界面和功能进行了大量的重要改进，尤其是增加了几乎出现在之后的每个 Windows 版本中的开始按钮、任务栏、Windows 资源管理器、Internet Explorer 网页浏览器等功能。Windows 95 为后来的 Windows 操作系统的界面外观和功能奠定了基础。

1998 年发布的 Windows 98 在 Windows 95 的基础上增加了对 USB 接口的支持，提供了快速启动栏、DVD 播放等功能。Windows 98 是最后一个基于 MS-DOS 的 Windows 操作系统。

5．Windows XP

2001 年发布的 Windows XP 对界面环境以及系统功能等各个方面都进行了大量重要的改进，包括图形化的用户登录界面、双列显示的开始菜单、新增的媒体播放器、更快的启动速度，以及为了增强系统安全性而添加的防火墙功能。Windows XP 以其出色的易用性、兼容性和稳定性赢得了大量用户的肯定，目前仍有很多用户在使用 Windows XP。

6．Windows Vista/7/8

2006 年发布的 Windows Vista 在界面显示效果、系统性能以及系统安全等方面有了质的飞跃，提供了大量的新功能，例如 Aero 透明玻璃效果、边栏工具、Windows 搜索、UAC 用户账户控制、BitLocker 驱动器加密、Windows Defender 恶意软件防范程序、SuperFetch 技术等。

2009 年发布的 Windows 7 解决了 Windows Vista 存在的很多问题，提高了系统的兼容性与稳定性，改善了频繁显示 UAC 安全提醒的问题并取消了边栏工具，同时加快了系统休眠与恢复速度。在 Windows 7 中还增加了任务栏跳转列表、库、家庭组、Windows XP 模式等新功能。

2012 年发布的 Windows 8 取消了一直以来出现在大多数 Windows 版本中的开始菜单，取而代之的是崭新的 Metro 界面。在 Metro 界面中排列着以正方形或矩形显示的磁贴，通过单击磁贴可以启动相应的程序。在 Windows 8 中还增加了超级按钮、Metro 应用、Windows 应用商店等新功能。

7．Windows 10

2015 年发布的 Windows 10 是微软最新一代的 Windows 操作系统。它恢复了在 Windows 8 中取消的开始菜单，并取消了在 Windows 8 中独立显示的 Metro 界面，同时将 Metro 界面与开始菜单整合在一起从而形成了开始屏幕。Windows 10 在 Windows 8 的基础上进行了大量的改进并加入了很多实用的新功能，本章 1.2 节将会详细介绍 Windows 10 包含的新功能。

> 提示
> 未来的Windows版本可能会以系统更新的形式出现，这意味着微软将不再独立发布新的Windows操作系统，而是在现有系统中通过Windows Update来完成Windows操作系统的升级。

1.1.2 Windows 10 包括的版本及其功能对比

与以往的 Windows 操作系统类似，Windows 10 也包括多个版本，分别适用于不同的使用环境。Windows 10 分为桌面版和移动版两大类，Windows 10 桌面版包括 4 个版本，分别是：Windows 10 Home（家庭版）、Windows 10 Professional（专业版）、Windows 10 Enterprise（企业版）、Windows 10 Education（教育版）。Windows 10 移动版包括 3 个版本，分别是：Windows 10 Mobile（移动版）、Windows 10 Mobile Enterprise（企业移动版）、Windows 10 IoT Core（物联网版）。Windows 10 各版本的功能如表 1-1 所示。本书介绍的内容主要针对于 Windows 10 桌面版，表 1-2 列出了 Windows 10 桌面版的 4 个版本在功能上的区别。

表 1-1　Windows 10 各版本的功能说明

Windows 10 版本类型	Windows 10 具体版本	功能简介
桌面版	Windows 10 Home	家庭版主要供个人家庭用户使用，包括 Windows 10 的所有基本功能，但是未提供一些高级组件和安全功能

Windows 10 版本类型	Windows 10 具体版本	功能简介
桌面版	Windows 10 Professional	专业版主要供小型企业使用，除了包括 Windows 10 家庭版的所有功能，还增加了一些高级组件和安全功能，有助于用户管理设备和应用，比如加入域网络、远程桌面、BitLocker、组策略等。此外，专业版还带有 Windows Update for Business 功能，通过使用该功能可以降低管理成本、控制更新部署，便于用户获得安全更新补丁
	Windows 10 Enterprise	企业版主要供大中型企业使用，除了包括 Windows 10 专业版的所有功能，还包括满足企业需要的一些管理、部署和安全性方面的高级功能，比如 DirectAccess、AppLocker、虚拟化等。企业版也提供了 Windows Update for Business 功能，而且企业版支持 LTSB（Long-Term Servicing Branch，长期服务分支）更新服务，使用该更新服务可以持续获得安全性更新而拒绝功能性更新
	Windows 10 Education	教育版主要供学校和教育机构的老师、学生、职员以及相关的管理人员使用，教育版的功能与 Windows 10 企业版类似
移动版	Windows 10 Mobile	移动版用于智能手机和平板电脑等小型移动设备，取代了早期的 Windows Phone 操作系统
	Windows 10 Mobile Enterprise	与移动版类似，企业移动版也用于智能手机和平板电脑等小型移动设备，但主要供企业用户使用。除了包括 Windows 10 Mobile 的所有功能，还提供了企业所需的功能
	Windows 10 IoT Core	物联网版主要供物联网中的小型硬件设备使用，这些设备通常是嵌入式设备

表 1-2 Windows 10 桌面版的 4 个版本之间的区别

功能	Home	Professional	Enterprise	Education
"开始"菜单	支持	支持	支持	支持
虚拟桌面	支持	支持	支持	支持
平板模式	支持	支持	支持	支持
Continuum	支持	支持	支持	支持
Cortana	支持	支持	支持	不支持
Xbox	支持	支持	支持	支持
Microsoft Edge	支持	支持	支持	支持
Windows 内置应用	支持	支持	支持	支持
Windows 应用商店	支持	支持	支持	支持
语音、触摸、手势	支持	支持	支持	支持
多语言支持	支持	支持	支持	支持
移动设备管理	支持	支持	支持	支持
远程桌面	不支持	支持	支持	支持
加入域网络	不支持	支持	支持	支持
Hyper-V 虚拟机	不支持	支持	支持	支持
Windows To Go	不支持	不支持	支持	支持
文件历史记录	支持	支持	支持	支持
重置电脑	支持	支持	支持	支持

续表

功能	Home	Professional	Enterprise	Education
组策略	不支持	支持	支持	支持
EFS	不支持	支持	支持	支持
BitLocker	不支持	支持	支持	支持
AppLocker	不支持	不支持	支持	支持
Windows Update	支持	支持	支持	支持
Windows Defender	支持	支持	支持	支持
Windows 防火墙	支持	支持	支持	支持
Windows Hello	支持	支持	支持	支持
Device Guard	不支持	不支持	支持	支持
Device Encryption	支持	支持	支持	支持
Trusted Boot	支持	支持	支持	支持
BranchCache	不支持	不支持	支持	支持
DirectAccess	不支持	不支持	支持	支持

1.2 Windows 10 新功能一览

Windows 10 提供了大量实用的新功能，本节将对这些新功能进行简要介绍，一些复杂的新功能会在本书后续章节中进行详细介绍。

1.2.1 全新的开始屏幕

Windows 8 中的 Metro 界面虽然带给用户全新的感觉和操作体验，但是由于其取消了开始菜单而引发了大量用户的不满。Windows 10 不但重新恢复了开始菜单，而且将 Metro 界面整合进了开始菜单，最终构成了开始屏幕。开始屏幕的左侧是传统的开始菜单中包含的命令，右侧是 Metro 界面中包含的磁贴，如图 1-2 所示。左侧上方的列表显示了用户最常访问的几个应用程序，下方显示了几个固定的命令，用户可以从系统限定的十几个命令中选择要显示在开始菜单下方的命令。用于控制计算机重启、关闭、睡眠的命令位于【电源】菜单中。

如果想要访问 Windows 10 内置的所有应用和用户安装的应用程序，那么可以选择【所有应用】命令，然后在显示的所有程序列表中选择要启动的应用程序，如图 1-3 所示。为了加快程序的启动速度，还可以将常用的应用程序的启动图标添加到 Metro 界面中。Metro 界面中的磁贴与

Windows 8 中的磁贴类似，用户可以改变磁贴的位置和大小，也可以从 Metro 界面中删除系统默认的或用户自己添加的磁贴。

图1-2 开始屏幕

图1-3 显示系统中安装的所有应用程序

Windows 10 技术与应用大全

交叉参考　有关开始屏幕设置的更多内容，请参考本书第 10 章。有关电源设置的更多内容，请参考本书第 11 章。

1.2.2　新的系统设置界面

Windows 8 为系统相关设置提供了一个集中的设置界面，Windows 10 沿用并重新设计了该界面，将界面的结构与内容分类设置得更加清晰、直观。通过单击【开始】按钮 ⊞ 并选择【设置】命令，可以打开系统设置界面，即如图 1-4 所示的【设置】窗口。Windows 10 中的大部分设置可以同时在【设置】窗口和【控制面板】窗口中完成，但是某些设置只有在【设置】窗口或【控制面板】窗口中才能完成。

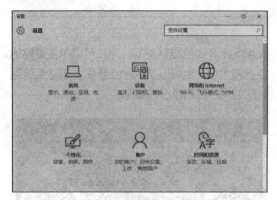

图1-4　【设置】窗口

【设置】窗口包括以下 9 类设置。

◆ 系统：对系统的基本功能和性能进行设置，包括显示相关设置、任务栏图标的显示方式、系统通知方式、虚拟桌面和平板电脑模式的相关设置、电源管理、管理磁盘分区的存储空间、为系统中的应用设置默认程序等。

◆ 设备：管理鼠标、打印机、扫描仪以及外部移动存储设备，还可以设置设备的自动播放功能。

◆ 网络和 Internet：设置网络的相关选项，包括创建 Internet 和 VPN 连接、设置无线局域网和蓝牙、设置飞行模式、设置代理服务器等。还包括到网卡、网络共享、家庭组、Internet 选项、防火墙等网络相关设置的快速链接。

◆ 个性化：设置【开始】菜单中内容的显示方式、【开始】菜单和任务栏的颜色、桌面背景和主题、锁屏界面等。

◆ 账户：管理系统中的用户账户，以及使用 Microsoft 账户在不同设备之间登录时的数据同步设置。

◆ 时间和语言：设置系统的日期、时间、区域和语言等，还可以对语音和话筒的相关选项进行设置。

◆ 轻松使用：通过"讲述人""放大镜""高对比度"等功能帮助视力或听力不好的用户更容易地使用计算机，还包括对键盘和鼠标的使用方式进行设置的一些特殊选项。

◆ 隐私：设置 Windows 10 应用获取用户个人信息，以及使用相机和话筒等设备的方式。

◆ 更新和安全：设置系统更新、安全和数据恢复方面的选项，包括 Windows Update 系统更新、Windows Defender 恶意软件防范工具、数据备份与还原、系统恢复、高级启动选项、系统激活等，还包括针对开发人员的功能。

1.2.3　功能强大的操作中心

单击任务栏右侧的【操作中心】图标 将会打开【操作中心】面板，面板上方显示了系统向用户发出的一些通知信息，面板下方包含一些按钮，单击这些按钮可以快速切换到不同的状态。按钮的种类和数量由安装 Windows 10 的设备类型决定。例如，如果安装 Windows 10 的设备是台式计算机，那么【操作中心】面板下方包含的按钮可能会显示为图 1-5 所示的内容。如果安装 Windows 10 的设备是笔记本电脑，那么【操作中心】面板下方还会包含【亮度调节】【无线网络】【蓝牙】【飞行模式】等按钮。

交叉参考　用户如果不想在任务栏中显示【操作中心】图标，则可以通过简单的设置将其隐藏起来，具体方法请参考本书第 10 章。有关【操作中心】面板的更多内容，请参考本书第 11 章。

图1-5 【操作中心】面板

1.2.4 更易用的文件资源管理器

微软在 Windows 8 中对使用了多年的 Windows 资源管理器进行了两项重要改进，一项改进是将 Windows 资源管理器重命名为"文件资源管理器"，另一项改进是在文件资源管理器中使用了类似于 Microsoft Office 2007/2010/2013 中的 Ribbon 功能区界面。

Windows 10 中的文件资源管理器继续沿用 Windows 8 中的文件资源管理的名称和界面外观，并且增加了快速访问功能。利用该功能可以快速访问用户经常打开的文件夹以及最近使用过的文件，从而提高用户访问常用文件的效率，如图1-6 所示。

图1-6 在文件资源管理器中可以访问常用的
文件夹和最近打开的文件

有关文件资源管理器和快速访问功能的更多内容，请参考本书第13章。

1.2.5 简化多窗口切换的虚拟桌面

当在 Windows 操作系统中打开多个窗口后，系统会在任务栏中为每个窗口显示一个对应的按钮，按钮上会显示窗口所对应的应用程序或文件的名称。用户可以通过单击任务栏中的窗口按钮来激活该窗口并使其处于活动状态。当打开了很多个窗口后，任务栏中的每个窗口按钮的宽度会明显变窄，导致无法看到按钮上的标题，这样将不便于激活指定的窗口。

Windows 10 中的虚拟桌面功能可以很好地解决上面的问题。通过虚拟桌面（即任务视图，Task View）功能，用户可以对打开的所有窗口进行逻辑分组，然后将各组窗口分别放入不同的虚拟桌面中，用户可以在不同的虚拟桌面之间进行快速切换以便访问不同的窗口。各个虚拟桌面中包含的内容相对独立、互不干扰。

如图1-7 所示，显示了两个虚拟桌面，在第一个虚拟桌面中打开了 4 个 Microsoft Word 程序窗口，在第二个虚拟桌面中打开了 5 个文件夹窗口。用户如果要在 Word 窗口之间切换，可以使用第一个虚拟桌面；如果要在文件夹窗口之间切换，可以使用第二个虚拟桌面，两个虚拟桌面中的窗口互不干扰。

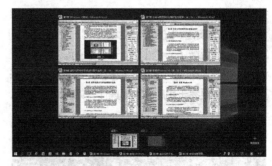

图1-7 虚拟桌面

可以使用以下两种方法显示虚拟桌面界面。

◆ 单击任务栏中的【任务视图】按钮 。
◆ 按【Windows 徽标 +Tab】组合键。

系统默认只有一个桌面，可以单击虚拟桌面界面右下角的【新建桌面】按钮创建新的桌面，然后可以根据需要在新建的桌面中打开一个或多个窗口。当存在两个或两个以上的桌面时，在进入虚拟桌面界面后的屏幕下方会显示所有桌面的缩略图，缩略图的左上角显示了桌面的名称。在屏幕上方显示了当前所选桌面包含的窗口，将鼠标指针指向其他某个桌面的缩略图将会显示该桌面包含的窗口，可以使用【Windows 徽标 +Ctrl+ 左箭头 / 右箭头】组合键在不同桌面之间切换。如果要删除不需要的桌面，只需将鼠标指针指向该桌面的缩略图，当其右上角显示一个红色叉子时，单击它即可关闭该桌面。

1.2.6 Continuum 多平台切换模式

Continuum 是 Windows 10 中最具吸引力的功能之一。无论使用什么类型的设备安装 Windows 10 操作系统，也无论这些设备中的屏幕尺寸如何，Continuum 功能都能为用户提供相同的操作体验。

Continuum 为用户提供了两种界面模式——桌面模式和平板模式。桌面模式就是平时所使用的台式计算机时的桌面外观，即本章 1.2.1 节介绍的【开始】屏幕以及整个桌面的默认外观。在桌面模式中，桌面上的图标排列在桌面上，【开始】屏幕只占据显示器屏幕的部分空间，任务栏及其中的图标正常显示，所有打开的窗口可以通过任务栏中对应的按钮来进行激活和切换。

平板模式提供了全屏尺寸的【开始】屏幕，在该模式下运行的所有程序的窗口会自动以最大化方式显示，同时会隐藏任务栏中的大部分图标，只保留【开始】按钮、【搜索（Cortana）】、【任务视图】3 个图标并新增了一个【上一步】图标。经过以上调整后的显示外观可以让平板模式下的界面看起来更简洁，也更易于用户的触摸操作，如图 1-8 所示。

图1-8　平板模式

如果希望在进入平板模式后任务栏中仍然显示原有的图标，而不会自动隐藏大部分图标，那么可以进行以下设置，具体操作步骤如下。

STEP 1 单击【开始】按钮，然后在打开的【开始】菜单中选择【设置】命令。

STEP 2 在打开的【设置】窗口中选择【系统】选项，在进入的界面左侧选择【平板电脑模式】选项，然后在右侧拖动滑块将【处于平板电脑模式时隐藏任务栏上的应用图标】设置为关闭状态，如图 1-9 所示。

图1-9　禁止在平板模式下隐藏任务栏中的图标

平板模式主要为使用触屏显示器的计算机、平板电脑、Surface 等设备的用户而设计。Windows 10 会自动检测用户当前所使用的设备，以便决定是使用桌面模式还是平板模式。如果正在使用平板电脑，Windows 10 会自动切换到平板模式。如果使用类似 Surface 的超极本，Windows 10 会在检测到键盘的连接后自动切换到桌面模式；如果将键盘分离，Windows 10 会自动切换到平板模式。使用台式计算机的用户如果想要切换到平板模式，那么需要单击任务栏右侧的【操作中心】图标，然后在打开的面板中选择【平板模式】选项。

1.2.7 Cortana 智能助理

Cortana 可能是 Windows 10 中最引人瞩目的新功能，该功能的中文名称是"微软小娜"。Cortana 最早出现在 Windows Phone 8.1 中，现在被加入 Windows 10 中。Cortana 可以为用户的衣食住行、娱乐等各个方面提供丰富的信息以及有用的建议和帮助，就像用户的一个私人助理。例如，Cortana 可以为用户安排日程、对重要事件进行提醒、规划用户的出行路线、提供未来的天气情况、播报新闻头条和最新资讯等。Cortana 还可以和用户进行文字或语音聊天，给用户唱歌，甚至还可以讲笑话和猜谜语。

为了不断加深对用户的了解，Cortana 会通过云计算、必应搜索以及其他非结构化数据分析程序来读取和分析用户计算机中的图片、电子邮件等不同类型的内容，从而可以记录和学习用户的使用习惯和个人喜好。使用 Cortana 的次数越多，用户的体验就会越来越个性化。使用 Cortana 之前需要先启用它并进行一些简单的设置，如图 1-10 所示，完成后即可使用 Cortana。

图1-10 启用Cortana

  有关 Cortana 功能的更多内容，请参考本书第 23 章。有关搜索功能的更多内容，请参考本书第 14 章。

1.2.8 Microsoft 账户与数据同步

Windows 10 支持两种账户登录模式，一种是使用了多年的通过本地用户账户来登录系统，另一种则是使用 Microsoft 账户来登录系统。使用 Microsoft 账户登录 Windows 系统是从 Windows 8 开始支持的登录模式，这种登录模式会自动连接到微软的云服务器，然后对账户信息与系统设置进行自动同步。使用 Microsoft 账户登录 Windows 系统具有以下几个优点。

◆ 在安装了 Windows 10 的多种设备中使用同一个 Microsoft 账户登录时，账户信息、个人设置和系统设置（比如桌面主题、语言首选项、浏览器收藏夹等）会自动进行

同步，从而可以在不同设备中享受相同的操作体验，还可以避免重复设置个人和系统的相关选项。

◆ 微软将以前的多种账户统一整合为 Microsoft 账户，现在使用一个 Microsoft 账户就可以同时登录 Windows 10 中的各种网络应用，比如 OneDrive、Office Online、Outlook、Xbox、Windows Live，还可以登录微软的 TechNet 和 MSDN 网站。只要使用 Microsoft 账户登录 Windows 10，那么在启动 Windows 10 的各种内置网络应用时将不再需要输入账户名和密码。利用 Microsoft 账户的漫游功能，在其他设备中登录相同的 Windows 10 内置网络应用时也不再需要重复输入密码。

◆ 可以通过在 Windows 应用商店中下载和安装所需的应用来不断扩展 Windows 10 的功能。

> **注意** 只有使用Microsoft账户登录系统才能使用Windows 10内置的某些应用和功能，比如应用商店和家庭安全功能。家庭安全就是Windows 7中的家长控制。

  有关创建并使用 Microsoft 账户登录 Windows 10 操作系统的更多内容，请参考本书第 15 章。

1.2.9 Microsoft Edge 浏览器

微软在 Windows 10 中同时提供了两个网页浏览器，一个是众所周知的 Internet Explorer 浏览器（IE 浏览器），另一个是 Windows 10 新增的 Microsoft Edge 浏览器，如图 1-11 所示。Microsoft Edge 是 Windows 10 默认的网页浏览器，其中包含一些 IE 浏览器所不具备的功能，具体如下。

◆ Web 笔记：用户可以直接在网页上为内容添加注释、设置突出显示。

◆ 阅读视图：切换到阅读视图后，用户将会在一个免去广告干扰的简洁页面中浏览之前正在浏览的网页内容，还可以在阅读视图中将网页或 PDF 文件保存到阅读列表供以后查看。

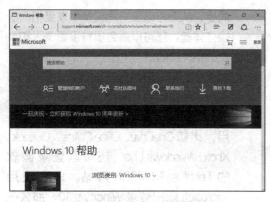

图1-11　Microsoft Edge浏览器

◆ 与 Cortana 结合使用：用户可以在 Microsoft Edge 中借助 Cortana 来实现强大的搜索功能。例如，在浏览网页时可以选中某个词，然后借助 Cortana 的搜索功能来显示该词的更多信息。

 有关 Microsoft Edge 浏览器的更多内容，请参考本书第 21 章。

1.2.10　Windows Hello

手动输入密码的传统保护方式虽然具有一定的安全性，但是由于密码被盗用、密码所有者遗忘密码等原因导致了这种方式并不总是那么安全可靠。Windows Hello 是 Windows 10 提供的一个新的安全功能，该功能通过生物识别技术为用户带来指纹、人脸和虹膜等多种身份验证方式，具有极高的安全性。只有具备特定的硬件设备才能使用 Windows Hello 功能。例如，指纹识别技术需要指纹收集器，人脸和虹膜识别技术需要 Intel 3D RealSense 摄像头或采用该技术并得到微软认证的同类设备。

使用 Windows Hello 功能之前需要先启用 PIN。如果没有为当前登录系统的用户账户设置密码，那么需要在启用 PIN 之前先为该账户创建密码。设置好 PIN 后，如果已经为计算机安装好了 Windows Hello 所需的硬件设备，接下来可以通过设置向导来启用 Windows Hello 功能，如图 1-12 所示。成功启用 Windows Hello 后，用户将获得企业级别的安全性。以后只需通过快速轻扫手指或对着 RealSense 摄像头刷脸来登录 Windows 10 操作系统，而不再需要手动输入任何密码。

图1-12　Windows Hello设置向导

1.2.11　其他改进和新功能

本节介绍了相对于前面几节而言在 Windows 10 中较为细微的功能改进或新功能。

1. 改进的Snap功能

Windows 10 改进了 Windows 8 中的 Snap 窗口贴靠功能。Windows 8 中的窗口只能自动贴靠在屏幕的左右两侧并占据整个屏幕二分之一的面积。在 Windows 10 中，用户不仅可以将窗口贴靠在屏幕的左右两侧，还可以将窗口贴靠到屏幕的四个角落并自动占据整个屏幕四分之一的面积。当贴靠一个窗口后，桌面上剩余的窗口会自动显示为缩略图，在用户选择其中的某个窗口后，系统会使用该窗口自动填充屏幕的剩余空间。

 有关 Windows 10 中的 Snap 功能的更多内容，请参考本书第 8 章。

2. 打印PDF文件

微软在 Windows 10 中加入了"打印成PDF"功能，使用该功能可以在不需要额外安装 PDF 虚拟打印机的情况下直接将图片、文本文件等内容打印为 PDF 格式。在【设备和打印机】窗口中，可以看到名为"Microsoft Print to PDF"的虚拟打印机，这就是微软提供的"打印成 PDF"功能，如图 1-13 所示。

图1-13　Windows 10原生支持打印PDF文件的功能

3. 增强的【命令提示符】窗口

Windows 10 加强了对【命令提示符】窗口的自定义功能。用户可以调整 Windows 10 中的【命令提示符】窗口的大小，还可以使用复制和粘贴功能来简化命令的输入量。如果对【命令提示符】窗口中显示的字体和背景颜色有特殊要求，那么可以根据需要对它们进行自定义设置。

　有关【命令提示符】窗口的更多内容，请参考本书第 32 章和第 33 章。

4. 手机助手

Windows 10 提供的手机助手功能允许用户直接将智能手机连接到安装了 Windows 10 的计算机，而不再需要在系统中安装用于识别手机的驱动程序或手机管理程序。手机助手可以自动识别使用 Windows Phone、Android 和 iOS 等主流操作系统的智能手机和平板电脑，如图 1-14 所示，并可以轻松管理智能手机中存储的照片、音乐、视频等文件。

　有关手机助手的更多内容，请参考本书第 6 章。

图1-14　手机助手

5. 更完善的云应用

微软在 Windows 8 中就已经整合了云应用，包括 SkyDrive 和 Office Web Apps。在 Windows 10 中更改了这两个功能的名称，将 SkyDrive 改名为 OneDrive，将 Office Web Apps 改名为 Office Online。

OneDrive 为用户提供了个人云存储服务，Windows 10 的很多内置应用都基于 OneDrive。Office Online 为用户提供了网页版的 Office 程序，即使用户的计算机中没有安装 Office 应用程序，用户也可以在网页浏览器中创建、打开、编辑和保存 Office 文档，保存的 Office 文档存储在 OneDrive 中。用户可以将 OneDrive 中存储的文件共享给其他人并设置访问权限，还可以实现多人协作处理同一个 Office 文档。

　有关 Windows 10 中的云应用的更多内容，请参考本书第 24 章。

6. 更节能

对于使用移动设备的用户而言，电池的续航能力始终都是用户最为关心的问题之一。Windows 10 中的节能模式是一个用于提升电池续航时间的特定模式，在设备低于一定的电量后（默认为电量低于 20%）会自动开启该模式。进入节能模式后，系统通过对后台活动的限制来节省电量。

安装 Windows 10

在计算机中正确安装好 Windows 10 操作系统是开始使用 Windows 10 的前提条件。需要根据使用 Windows 10 操作系统的环境和目的来选择最适合的安装方式。本章详细介绍了适用于不同环境、不同使用需求下的 Windows 10 操作系统的安装方法，最后还介绍了使用 Windows To Go 功能在 USB 移动存储设备中安装 Windows 10 操作系统的方法。

2.1 安装前的准备工作

在安装最新版本的操作系统之前，为了让整个安装过程更加顺利，通常需要做一些准备工作。本节详细介绍了在安装 Windows 10 操作系统之前需要了解的一些内容，包括安装 Windows 10 的系统要求、安装 Windows 10 的几种方式、32 位与 64 位操作系统的选择标准、准备硬件驱动程序以及备份原有数据。

2.1.1 安装 Windows 10 的系统要求

虽然 Windows 10 是微软最新的 Windows 操作系统，但是它对计算机硬件的要求与 Windows 7 和 Windows 8 基本相同。这意味着如果以前在计算机中安装过 Windows 7 或 Windows 8，那么现在无需对硬件进行升级就可以正常安装 Windows 10。表 2-1 列出了 Windows 10 对计算机硬件的要求。

表 2-1　Windows 10 对计算机硬件的要求

硬件设备	性能要求
CPU	1GHz 或具有更快速度的处理器（需要支持 PAE、NX 和 SSE2），或者为 SoC
内存	32 位的 Windows 10 操作系统：内存为 1GB 或更大容量 64 位的 Windows 10 操作系统：内存为 2GB 或更大容量
硬盘	32 位的 Windows 10 操作系统：硬盘可用空间为 16GB 或更大容量 64 位的 Windows 10 操作系统：硬盘可用空间为 20GB 或更大容量
显卡	带有 WDDM 1.0 驱动程序的 DirectX 9 或 DirectX 更高版本的图形设备
显示分辨率	800×600 或更高分辨率

提示

PAE是指物理地址扩展，它使32位架构的CPU可以在具备相应能力的Windows版本中使用超过4GB容量的物理内存，PAE是使用NX的前提条件；NX是指处理器位，它可以帮助处理器保护计算机免受恶意软件的攻击；SSE2是指流式处理SIMD扩展2，它是一套由越来越多的第三方应用和驱动程序使用的关于处理器的标准指令集。CPU必须支持以上3个功能才能运行Windows 10。WDDM是Windows Display Driver Model的简写，它是自Windows Vista以来Windows操作系统专用的图形驱动程序。

除了表 2-1 列出的硬件要求外，在安装 Windows 10 之前，还需要注意计算机固件接口的类型与硬盘分区形式必须相匹配。如果计算机固件接口的类型是 BIOS，那么需要使用 MBR 分区形式的硬盘来安装 Windows 10；如果计算机固件接口的类型是 UEFI，那么需要使用 GPT 分区形式的硬盘来安装 Windows 10。

有关固件接口类型的更多内容，请参考本书第 3 章。有关 MBR 和 GPT 的更多内容，请参考本书第 12 章。

下面还介绍了在使用 Windows 10 的某些功能时需要具备的特殊要求，以及从低版本 Windows 操作系统升级到 Windows 10 后自动删除的功能。

1. 使用Windows 10的某些功能时需要具备的要求

除了满足 Windows 10 正常运行的基本硬件要求以外，在使用 Windows 10 的某些功能时还有一些特殊的要求，具体如下。

◆ Windows 10 中的某些功能需要使用

Microsoft 账户。

◆ Windows 10 中的【Groove 音乐】和【电影和电视】两个应用仅在某些地区才能获得音乐和视频流。

◆ 为了使某些程序和游戏拥有最佳性能，需要与 DirectX 10 或更高版本兼容的显卡。

◆ 所有 Windows 10 版本都提供了 Continuum 功能（平板电脑模式）。在台式计算机中用户需要在【操作中心】中手动开启和关闭 Continuum 功能，而在具有 GPIO 指示器的平板电脑和二合一设备，或那些带有笔记本电脑和平板电脑指示器的设备中则可以配置为自动开启 Continuum 功能。

◆ 为了获得更好的语音识别功能，需要安装高保真麦克风阵列与公开麦克风阵列几何的硬件驱动程序。

◆ Windows Hello 功能需要专门用于识别人脸或检测虹膜的补光红外摄像头，或支持 Window Biometric Framework 的指纹读取器。

◆ 双重身份验证需要使用 PIN、生物识别（指纹读取器或补光红外摄像头），或具有 WiFi、蓝牙功能的手机。

◆ 安全启动功能要求固件支持 UEFI v2.3.1 Errata B，而且在 UEFI 签名数据库中还要包含 Microsoft Windows 证书颁发机构。

◆ BitLocker 功能需要受信任的平台模块（TPM 1.2 和 TPM 2.0），BitLocker To Go 功能需要 U 盘，只有 Windows 10 专业版和 Windows 10 企业版提供这两个功能。

◆ 设备加密功能要求计算机具备 InstantGo 和 TPM 2.0。

◆ 客户端 Hyper-V 功能需要 CPU 具备 SLAT（二级地址转换）功能，而且要求 Windows 10 操作系统必须为 64 位且需要额外的 2GB 内存。只有 Windows 10 专业版和 Windows 10 企业版提供 Hyper-V 功能。

◆ 只有配备了支持多点触控的显示器或平板电脑才能使用触控功能。

◆ 如果想要在没有键盘的平板电脑中启用登录屏幕之前的安全登录（Ctrl+Alt+Delete），那么需要使用平板电脑上的 Windows 按钮 + 电源按钮代替【Ctrl+Alt+Delete】组合键。

◆ 应用程序的最小分辨率决定了可贴靠的应用程序的数量。

◆ 只有同时具备 Windows 显示驱动模型 WDDM 1.3 的显卡和 WiFi 直连的无线网卡的计算机才能使用 Miracast 功能。

◆ 只有同时具备 WiFi 直连的无线网卡和打印设备的计算机才能使用 WiFi 直连打印功能。

◆ 只有支持联网待机的计算机才能使用 InstantGo 功能。

◆ 如果要在 64 位的计算机中安装 64 位的 Windows 10 操作系统，CPU 需要支持 CMPXCHG16b、PrefetchW 和 LAHF/SAHF。

2. 从低版本 Windows 操作系统升级到 Windows 10 后自动删除的功能

在从低版本 Windows 操作系统升级到 Windows 10 后将会自动删除以下功能。

◆ 从带有 Windows Media Center 的 Windows 操作系统升级到 Windows 10 后，将会删除原来的 Windows Media Center。

◆ 从 Windows 7 升级到 Windows 10 后将会删除 Windows 7 中的桌面小工具。

◆ 从 Windows 7 升级到 Windows 10 后将会删除 Windows 7 中的纸牌、扫雷和红心大战等游戏。Windows 10 提供了类似的纸牌和扫雷游戏，名为 Microsoft Solitaire Collection 和 Microsoft Minesweeper。

◆ 如果在现有的操作系统中安装了 Windows Live Essentials，在升级到 Windows 10 后将使用 Windows 10 内置版本的 OneDrive 代替之前的 OneDrive 应用程序。

◆ 如果计算机配备了 USB 软盘驱动器，在升级到 Windows 10 后需要从 Windows Update 或软盘驱动器制造商的网站下载最新的驱动程序。

2.1.2 安装 Windows 10 的几种方式

安装 Windows 10 的方式主要包括全新安装、

升级安装、多系统安装3种，下面将介绍这3种安装方式的适用环境。

1. 全新安装

需要全新安装 Windows 10 操作系统的原因通常有以下几种。

◆ 当前操作系统不支持升级到 Windows 10。

◆ 新买的计算机中没有安装任何操作系统。

◆ 现有操作系统存在运行故障，或无法正常启动。

◆ 想要清除操作系统中的所有数据和用户文件，将操作系统恢复到初始安装环境。

◆ 对现有的硬盘分区结构不满意，希望重新对硬盘进行分区。

如果在全新安装之前硬盘中已经安装了操作系统，那么在全新安装后会完全覆盖原有的操作系统，而且会彻底删除原有操作系统所在的磁盘分区中的所有内容，包括系统设置、用户的个人文件和数据、系统中安装的应用程序等。全新安装后需要重新安装所需使用的应用程序。需要拥有具备启动功能的安装光盘或 U 盘才能进行全新安装，可以使用微软提供的 Media Creation Tool 工具创建 Windows 10 安装介质，具体方法请参考本章 2.2.1 节。

如果需要在新买的计算机或硬盘中安装操作系统并存储数据，那么需要先对其进行分区和格式化。对于一直处于使用中的硬盘而言，在重新安装 Windows 10 之前可以重新调整硬盘的分区结构，或通过格式化操作删除硬盘中的所有内容。Windows 10 安装程序提供了对硬盘进行分区和格式化的工具，具体内容请参考本章 2.2.3 节。

如果是在计算机中第一次安装 Windows 10，那么需要在安装完成后输入 Windows 10 的产品密钥以便激活 Windows 10 操作系统。

 有关全新安装 Windows 10 的更多内容，请参考本章 2.2 节。

2. 升级安装

升级安装是指将计算机中安装的早期版本的 Windows 操作系统，通过称为"升级"的安装方式更换为 Windows 10。升级后会保留原有操作系统中的用户个人文件和数据、系统设置以及安装过的应用程序。简单来说，升级安装 Windows 10 就是使用 Windows 10 替换掉计算机中原有的 Windows 操作系统，而原系统中的设置、安装好的应用程序以及用户个人数据在升级到 Windows 10 后保持不变且大部分仍然可用。升级安装 Windows 10 后可以自动激活 Windows 10，而不需要提供 Windows 10 的产品密钥。

 有关升级安装 Windows 10 的更多内容，请参考本章 2.3 节。

3. 多系统安装

现在越来越多的用户都会在计算机中安装不止一种操作系统，一个原因是在保留已经使用熟练的操作系统的情况下可以体验最新系统的新功能；另一个原因是出于安全和兼容性方面的考虑。由于最新的系统通常都会存在很多不完善的地方，使用过程中可能会出现一些运行或应用程序兼容性方面的问题。为了防止自己常用的一些应用程序无法在最新的系统中正常运行，因此可以在安装新系统时保留原来的系统。

Windows 10 可以很好地与早期版本的 Windows 操作系统共存。Windows XP、Windows 7 和 Windows 8 是在 Windows 10 发布以前用户数量较多的 3 个 Windows 操作系统版本，尤其以 Windows XP 和 Windows 7 居多。

 有关多系统安装的更多内容，请参考本章 2.4 节。

2.1.3 32 位与 64 位操作系统的选择标准

读者可能在很多地方看到过 32 位（x86）和 64 位（x64）这两个词，有时是指 CPU，有时则是指操作系统，这可能很容易导致混乱。在 CPU 中所说的 32 位和 64 位指的是 CPU 的架构，而在操作系统中所说的 32 位和 64 位则是根据 CPU 的架构来进行划分的。32 位操作系统针对于 32 位架构的 CPU，64 位操作系统针对于 64 位架构的 CPU。但是 32 位和 64 位架构的 CPU 并不是与 32 位和 64 位的操作系统一一对应的，具体对应情况如表 2-2 所示。

表 2-2　CPU 架构与可安装的操作系统的对应关系

CPU 架构	32 位操作系统	64 位操作系统
32 位 CPU	可以安装	不能安装
64 位 CPU	可以安装	可以安装

在安装 32 位和 64 位操作系统的选择上，首先要考虑的是计算机中安装的 CPU 的架构。如果是 64 位架构的 CPU，那么可以安装 32 位或 64 位的操作系统；如果是 32 位架构的 CPU，则只能安装 32 位的操作系统。

对于 64 位架构的 CPU 而言，如果计算机中安装了 4GB 以上的内存，那么通常首选 64 位操作系统，因为它可以支持 4GB 以上的内存，而 32 位操作系统只能支持最大 4GB 的内存。虽然 64 位操作系统理论上支持最大 4GB 的内存，但是实际上真正可用的内存容量通常不足 4GB。现在的双核 CPU 基本都是 64 位架构的，而现在的内存容量通常都很大，价格也比较便宜。为了便于以后扩展内存容量，建议选择安装 64 位的操作系统，而且理论上 64 位 CPU 的运算速度比 32 位 CPU 快一倍。

在 64 位操作系统中必须安装 64 位版本的硬件驱动程序，32 位版本的驱动程序可能无法正常安装。即使可以安装，也可能会导致系统不稳定甚至损坏硬件。大多数 32 位的应用程序都可以在 64 位操作系统中安装和运行，很多应用程序也有对应的 64 位版本。如果希望获得更好的性能，最好在 64 位操作系统中安装 64 位版本的应用程序。

2.1.4　准备好硬件的驱动程序

购买的硬件通常都带有驱动程序安装光盘，如果在新安装的系统中无法识别硬件，或者系统自带的驱动程序的版本太低而与硬件不匹配，那么可以使用安装光盘为硬件安装最匹配的驱动程序。另一种方法是在安装好系统并配置好 Internet 连接后，从硬件制造商的官方网站下载与硬件型号相匹配的驱动程序。以后还可以定期下载硬件驱动程序的最新版本，新版本的驱动程序通常可以提升硬件的性能或者解决早期版本的驱动程序中存在的问题。

如果不知道计算机中的某个硬件的具体型号，那么可以使用操作系统内置的工具进行检测。例如，可以右击【开始】按钮■并选择【运行】命令，在打开的对话框中输入"msinfo32"命令后按【Enter】键，然后在打开的【系统信息】窗口中可以看到操作系统的摘要信息，包括 CPU 和主板的型号、BIOS 版本等内容。用户还可以使用一些专用工具（如 Everest）来检测计算机中的各个硬件的具体型号及其相关参数。这些工具通常都不是 Windows 操作系统内部提供的工具，需要单独下载和安装。

在安装好操作系统后，用户也可以使用专门用于搜索和安装驱动程序的工具来安装硬件的驱动程序，比如驱动精灵。此类软件可以自动检测与硬件型号匹配的驱动程序的最新版本，然后由用户来选择是否进行安装。使用起来比较方便，省去了用户自己查看硬件型号并在 Internet 上查找相应驱动程序的麻烦。

2.1.5　备份原有数据

安装 Windows 10 以前应该对计算机中的重要数据进行备份，尤其希望在重新安装操作系统时对硬盘进行重新分区与格式化的情况下，更需要将计算机中的数据备份到移动存储设备中，以免在对硬盘分区和格式化后丢失硬盘中的所有内容。

遗憾的是，在 Windows 10 中没有提供 Windows 早期版本中的轻松传送功能，因此无法使用轻松传送功能将原系统中的设置和数据备份并还原到 Windows 10 中。不过可以使用微软与 Laplink 合作的 PCmover Express 工具代替以前的 Windows 轻松传送程序。对 PCmover Express 工具感兴趣的读者可以上网搜索、下载和使用。

除了使用专门的工具备份与还原操作系统中的设置和数据外，很多用户使用的更多的方法是手动将重要的个人数据和文件复制到 USB 移动存储设备中，如 U 盘或移动硬盘。如果准备全新安装 Windows 10 并且要对整个硬盘进行重新分区，或者希望全盘格式化以清除以前的所有数据，那么在进行这些操作之前应该将计算机中存储的个人数据和文件进行备份，以防丢失所有重要数据。

如果自己使用的计算机位于一个局域网中，那么还可以通过网络连接将计算机中的重要文件和数据备份到网络中的共享文件夹中。

> **交叉参考**　有关使用 U 盘和移动硬盘的更多内容，请参考本书第 6 章。有关网络连接和资源共享的更多内容，请参考本书第 20 章。

2.2　全新安装 Windows 10

商家通常会在出售的品牌机中预装指定的操作系统，而由用户购买配件并托付商家进行组装的计算机，商家也可以为用户安装好指定的操作系统。对于熟悉操作系统安装的用户而言，可能更愿意根据自身需要由自己来安装操作系统。另外，如果计算机出现严重问题而导致无法启动，在尝试了各种修复方法但仍无法解决问题时，则只能重新安装操作系统。本节详细介绍了全新安装 Windows 10 操作系统的相关内容，包括创建 Windows 10 安装介质、设置计算机从光驱或 USB 驱动器启动，以及全新安装 Windows 10 的操作过程。

2.2.1　创建光盘或 U 盘安装介质

微软并未提供 Windows 10 操作系统的安装光盘，因此如果想要全新安装 Windows 10，那么需要有一个包含了 Windows 10 安装程序且能够引导计算机启动并进入安装界面的安装介质，安装介质通常为光盘或 U 盘。如果创建 U 盘安装介质，U 盘的可用空间不能低于 4GB。由于不同版本的 Windows 10 操作系统的安装文件的容量并不相同，因此最好使用 8GB 或更大容量的 U 盘来用作安装介质。如果创建光盘安装介质，则必须使用 DVD 光盘。本节详细介绍了创建 Windows 10 安装介质的两种方法。

1. 使用Media Creation Tool工具创建安装介质

如果对如何制作带有启动功能的 Windows 10 安装光盘或 U 盘并不是很熟悉，则可以使用微软提供的 Media Creation Tool 工具创建 Windows 10 安装介质。使用该工具可以按照向导提示轻松完成创建安装介质的过程，但是在创建过程中需要始终保持到 Internet 的连接。首先到微软官方网站下载 Media Creation Tool 工

具，下载后的文件名为 MediaCreationTool，如图 2-1 所示。

图2-1　下载后的MediaCreationTool文件

> **注意**　Media Creation Tool工具不支持创建从Windows 7企业版和Windows 8企业版升级到Windows 10企业版的安装介质。

使用 Media Creation Tool 工具创建 Windows 10 安装介质的具体操作步骤如下。

STEP 1 双击 MediaCreationTool 文件，打开如图 2-2 所示的对话框，需要单击【接受】按钮接受许可条款。

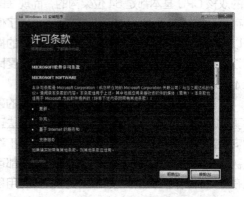

图2-2　接受许可条款

STEP 2 进入如图 2-3 所示的界面，选中【为另一台电脑创建安装介质】单选按钮，然后单击【下一步】按钮。

图2-3　选中【为另一台电脑创建安装介质】单选按钮

STEP 3 进入如图 2-4 所示的界面，默认自动选中了【对这台电脑使用推荐的选项】复选框，这样系统会根据当前计算机中所安装的操作系统的版本、体系结构（CPU 架构）以及语言来自动选择最合适的 Windows 10 版本。如果想要自己选择，可以取消选中【对这台电脑使用推荐的选项】复选框，然后在上方的 3 个下拉列表中进行选择，选择完成后单击【下一步】按钮，如图 2-5 所示。

图2-4　使用系统推荐的安装选项

图2-5　自定义设置安装选项

> 提示
> 在版本下拉列表中的Windows 10包括了Windows 10专业版。

STEP 4 进入如图 2-6 所示的界面，选择要创建的安装介质类型。如果选中【U 盘】单选按钮，则需要将 8GB 或更大容量的 U 盘连接到计算机中；如果选中【ISO 文件】单选按钮，系统会将 Windows 10 映像文件下载到本地计算机的硬盘中，然后再将其刻录到 DVD 光盘中。这里假设选择创建 U 盘安装介质，然后单击【下一步】按钮。

图2-6　选择要创建的安装介质类型

STEP 5 进入如图 2-7 所示的界面，选择用于创建安装介质的 U 盘，然后单击【下一步】按钮。

图2-7　选择用于创建安装介质的U盘

STEP 6 系统开始从微软官方网站下载相应版本的 Windows 10 安装文件，如图 2-8 所示。下载完成后会自动验证下载的安装文件，如图 2-9 所示。

图2-8　开始下载Windows 10安装文件

STEP 7 完成验证后，开始创建 Windows 10 安装介质，如图 2-10 所示。创建完成以后会显示如图 2-11 所示的界面，单击【完成】按钮即可。

图2-9　下载完成后对下载的内容进行验证

图2-10　开始创建Windows 10安装介质

图2-11　创建完成的安装介质

创建完成后的U盘安装介质的卷标会被自动设置为"ESD-USB"。在U盘的根目录中可以看到如图2-12所示的Windows 10安装文件，本例中创建的是Windows 10专业版的安装介质，以后即可使用该U盘启动计算机并安装Windows 10操作系统。

图2-12　创建好的U盘安装介质中包含的内容

2. 手动创建光盘或U盘安装介质

对于已经拥有Windows 10操作系统安装映像文件且对计算机操作有一定经验的用户而言，无需使用前面介绍的方法利用Media Creation Tool工具重复下载Windows 10安装文件，只需手动将Windows 10安装映像文件刻录到光盘或复制到U盘中即可完成Windows 10安装介质的制作。这里仍以制作U盘安装介质为例，具体操作步骤如下。

STEP 1 将下载好的Windows 10安装映像文件加载到虚拟光驱中。

STEP 2 进入虚拟光驱，按【Ctrl+A】组合键选择虚拟光驱中的所有内容，然后按【Ctrl+C】组合键将所有内容复制到Windows剪贴板。

STEP 3 将用作安装介质的U盘连接到计算机，然后进入U盘根目录，在空白处单击鼠标右键，在弹出的菜单中选择【粘贴】命令，即可将Windows 10安装文件复制到U盘中。

 提示

如果U盘中存储着一些文件，应该提前将这些文件备份到其他移动存储设备中，然后对U盘进行格式化。

交叉参考 虽然也可以使用DiskPart命令行工具创建Windows 10安装介质，但是操作方法不如上面介绍的方法简便快捷。有关使用DiskPart命令行工具创建磁盘分区以及进行格式化的更多内容，请参考本书第32章。

光盘安装介质的制作方法与U盘类似，但是需要在系统中安装刻录软件，然后将Windows 10安装映像文件添加到要刻录的内容中，最后在带有刻录功能的光驱中放入一张可擦写DVD光盘，使用刻录软件进行刻录即可。

2.2.2　设置计算机从光驱或USB驱动器启动

默认情况下，每次按下计算机的电源按钮后都会从硬盘驱动器启动计算机并进入其中安装的操作系统。由于全新安装Windows 10操作系统时需要从安装介质启动计算机，因此需要在固件设置程序中将计算机的默认启动设备更改为光驱或 USB 驱动器，具体设置为哪个设备由所制作的 Windows 10 安装介质的类型决定。计算机固件主要分为 BIOS 和 UEFI 两种类型，本节以 BIOS 为例介绍设置计算机启动设备的方法，本书第 3 章将会对 BIOS 与 UEFI 进行更多介绍。

用户按下计算机的电源按钮后将会启动计算机。在刚启动时（通常是在看到制造商徽标时）的黑屏界面中按下某个键进入 BIOS 设置界面，该按键通常是键盘上的某个功能键，如【F1】【F2】【Delete】或【Esc】键，通常可以在主板说明书或主板制造商的官方网站中找到用于进入 BIOS 设置界面的按键。

> 提示
>
> 通常只有在全新安装操作系统时才会从光驱或 USB 驱动器启动计算机，在其他时候可能只是临时使用这种方式来启动计算机，因此可以在开机后按【F11】或【F12】键（不同厂商的主板或 BIOS 的该按键可能不同）来显示选择临时启动设备的列表，从中选择本次用于启动计算机的设备。这样就不用在 BIOS 中永久性地修改启动计算机的默认设备，而只是临时一次使用选择的设备启动计算机。

不同的固件厂商所设计的固件设置界面通常具有不同的界面布局和选项名称。早期的固件设置界面都是纯英文的，而且只支持键盘操作。现在有很多新的固件设置界面已经开始支持中文环境，而且可以在界面中使用鼠标来进行操作。Award BIOS 和 AMI BIOS 是最常见的两类 BIOS，虽然 BIOS 厂商不同，但是设置方法类似。下面介绍了针对这两类 BIOS 设置第一启动设备的方法，第一启动设备即启动计算机的默认设备。

◆ 如果是 Award BIOS，那么通常需要进入【Advanced BIOS Features】类别中，然后将名为【First Boot Device】选项设置为光驱（CDROM 或 ATAPI DVD）或 USB 驱动器，如图 2-13 所示，该项表示第一启动设备。也有些 Award BIOS 提供的第一启动设备选项位于【Boot Configuration Features】类别中，并在其中可以找到【Boot Device Priority】选项，这种界面的选项名称与 AMI BIOS 类似。

图2-13　在 Award BIOS 中设置第一启动设备

◆ 如果是 AMI BIOS，那么通常需要进入【Boot】类别中，然后找到【Boot Device Priority】选项，其中的【1st Boot Device】表示第一启动设备，如图 2-14 所示，将该项设置为光驱（CDROM 或 ATAPI DVD）或 USB 驱动器。也有些 BIOS 的设置方式是通过【+】和【-】按钮来调整相应设备的启动顺序。

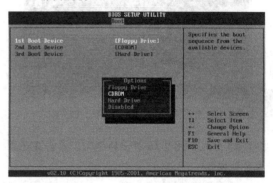

图2-14　在 AMI BIOS 中设置第一启动设备

用户在设置以上两类 BIOS 的第一启动设备时，通常需要使用键盘方向键选择要设置的选项，按【Enter】键后会打开一个包含不同类型设备的列表，从中选择要作为第一启动设备的设备名称。设置好后需要保存所做的修改并重启计算机（通常是按【F10】键）。重启计算机后，即可从设置好的设备（如光驱或 USB 驱动器）启动计算机。

2.2.3　开始全新安装 Windows 10

创建好 Windows 10 的安装介质后，接下来就可以重新启动计算机，并从安装介质启动 Windows 10 安装程序开始进行安装了。这里介绍使用 U 盘安装 Windows 10 的方法，使用光盘安装 Windows 10 的方法与此类似。全新安装

Windows 10 操作系统的具体操作步骤如下。

STEP 1 将创建好 Windows 10 安装程序的 U 盘连接到计算机，然后重新启动计算机。使用本章 2.2.2 节介绍的方法进入 BIOS 设置界面并将 USB 驱动器设置为第一启动设备，最后保存并退出 BIOS。

STEP 2 计算机再次重启时将会自动检测 U 盘中的内容，稍后会显示如图 2-15 所示的 Windows 10 安装界面。Windows 10 安装界面支持鼠标操作，选择好 Windows 10 操作系统的语言、时间和货币格式、键盘和输入法以后单击【下一步】按钮。

图2-15　选择语言、时间货币格式、键盘输入法

STEP 3 进入如图 2-16 所示的界面，单击【现在安装】按钮。

图2-16　单击【现在安装】按钮开始安装

STEP 4 进入如图 2-17 所示的界面，在文本框中输入 Windows 10 产品密钥，然后单击【下一步】按钮。如果现在不想输入，则可以单击【跳过】按钮，在安装好 Windows 10 以后再输入产品密钥。

STEP 5 如果在 STEP 4 中输入了正确的产品密钥，将进入如图 2-18 所示的界面，选中【我接受许可条款】复选框，然后单击【下一步】按钮。

图2-17　输入Windows 10产品密钥

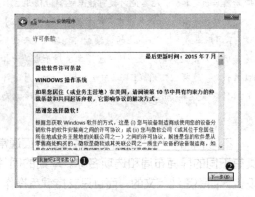

图2-18　接受许可条款

注意 如果在STEP 4中未输入产品密钥而单击【跳过】按钮，则会显示一个选择要安装的Windows 10版本的界面。如果已经拥有了指定版本的产品密钥，则需要选择与密钥对应的Windows 10版本，否则在安装好Windows 10以后将无法使用已拥有的产品密钥激活不匹配的Windows 10版本。

提示 在Windows 10安装界面的底部会显示图2-19所示的安装进度条，以提示用户当前的安装步骤在整个安装过程中所处的位置。

图2-19　通过进度条提示用户当前的安装进度

STEP 6 进入如图 2-20 所示的界面，选择【自定

义：仅安装 Windows（高级）】选项。

图2-20　选择【自定义：仅安装Windows（高级）】选项

STEP 7 进入如图 2-21 所示的界面，选择 Windows 10 的安装位置。对于之前安装过操作系统的硬盘而言，在其上通常包含多个分区，选择用于安装 Windows 10 的分区，然后单击【下一步】按钮；如果是新买的硬盘并且还没有分区和格式化，那么通常只会包含一项，此时进行以下操作。

图2-21　选择Windows 10的安装位置

◆ 单击【新建】按钮，然后在【大小】文本框中输入硬盘第一个主分区的容量（通常所说的 C 盘）。假设要将第一个主分区设置为 30GB，由于 1GB=1024MB，所以 30GB=30720MB。但是由于系统还会额外创建一个 500MB 的系统分区，因此如果希望主分区的容量正好等于 30GB，那么还需要在 30720MB 的基础上再加上一个 500MB，因此应该输入 31220MB，如图 2-22 所示。设置好后

单击【应用】按钮，在弹出的对话框中单击【确定】按钮即可创建第一个主分区，同时还会自动创建一个系统分区，如图 2-23 所示。

图2-22　单击【新建】按钮创建第一个分区

图2-23　创建好的第一个分区

> **注意** 不能在系统分区中安装操作系统，在安装好Windows 10后系统分区也不会显示在文件资源管理器中。不能将系统分区删除，因为该分区存储着正常启动Windows所需的引导信息以及Windows RE的相关文件（Windows RE即Windows恢复环境，可用于在计算机发生故障时启动计算机并进行故障修复）。有关Windows恢复环境的更多内容，请参考本书第29章。

◆ 按照相同的方法对硬盘剩余空间继续分区，分区的容量大小可根据实际需要进行设置，如图 2-24 所示。完成后需要在列表中选择要安装 Windows 10 的分区，然后单击下方的【格式化】按钮对所选分区进行格式化，在弹出的对话框中单击【确定】按钮开始格式化。很快就会完成格式

化操作，完成格式化后单击【下一步】按钮。其他分区可以在安装好 Windows 10 后再进行格式化。

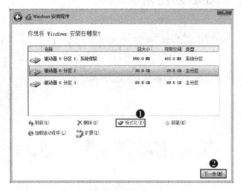

图2-24　为硬盘创建好分区并准备安装Windows 10

 有关硬盘分区和格式化的更多内容，请参考本书第 12 章。

注意 如果计算机的固件接口是UEFI，那么将会收到 "Windows无法安装到此磁盘，选定磁盘不是GPT分区类型的磁盘" 的错误消息，此时需v要将当前硬盘从MBR分区形式转换为GPT分区形式。按【Shift+F10】组合键打开【命令提示符】窗口，然后依次输入下面的命令，每输入一行命令都需要按一次【Enter】键。disk number表示要进行分区形式转换的硬盘编号，该编号从0开始，第一个硬盘的编号为0，第二个硬盘的编号为1。转换完成后单击【命令提示符】窗口右上角的叉子将窗口关闭，然后继续安装Windows 10。

```
diskpart
list disk
select disk <disk number>
clean
convert gpt
exit
```

STEP 8 进入如图 2-25 所示的界面，开始安装 Windows 10 操作系统并会显示安装进度，项目左侧标记为对勾，则表示该项安装已完成。界面中的所有步骤都安装完成后会提示用户重启计算机，用户可以单击【立即重启】按钮立刻重启，也可以等待系统自动重启，如图 2-26 所示。

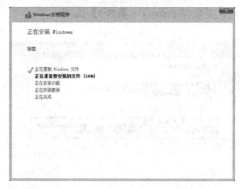

图2-25　开始安装Windows 10操作系统

图2-26　要求重启计算机

STEP 9 重启计算机后，安装过程开始为硬件设备安装驱动程序并进行初始化。完成后会显示如图 2-27 所示的界面，对系统的常规选项进行设置。用户可以单击右下角的【使用快速设置】按钮自动应用推荐的设置方式，熟悉设置项含义的用户也可以选择左下角的【自定义设置】命令对系统选项进行自定义设置。这里单击【使用快速设置】按钮。

图2-27　选择对系统选项进行设置的方式

STEP 10 系统开始应用默认的选项设置。完成后会显示如图 2-28 所示的界面，在第一个文本框中输入用于登录 Windows 10 的用户账户的名称，

密码为可选设置。设置好名称后单击【下一步】
按钮。

图2-28　设置用户账户的名称和密码

STEP 11 系统开始进行最后的设置，完成后会自
动使用前面创建的用户账户登录 Windows 10。

如果之前输入了正确的产品密钥，在计算
机连接到 Internet 后即可进行激活。如果之前
没有输入产品密钥，则需要在 Windows 10 中输
入产品密钥并激活 Windows 10。右击【开始】
按钮，在弹出的菜单中选择【系统】命令，
在打开的【系统】窗口的底部可以看到当前
Windows 10 操作系统的激活状态，如图 2-29
所示。

图2-29　在【系统】窗口中查看Windows激活状态

如果还未激活，则可以单击【激活 Windows】
链接，将会打开【设置】窗口并自动进入如
图 2-30 所示的【激活】界面。用户可以单击【激
活】按钮使用当前已经输入好的产品密钥来激活
Windows 10，也可以单击【更改产品密钥】按
钮并输入其他产品密钥来进行激活，还可以单
击【通过电话激活】按钮通过电话的方式来激
活。激活成功后会显示"Windows 已激活"的
提示信息。

图2-30　使用指定的方式激活Windows

2.3　升级安装 Windows 10

微软为 Windows 用户提供了免费一年的
Windows 10 升级计划。从微软发布 Windows 10
之日起的一年内，用户可以从支持升级的现有的
Windows 操作系统免费升级到 Windows 10，升级
后会自动激活 Windows 10。除了使用微软提供的
免费升级计划外，用户也可以使用 Windows 10 安
装映像文件将当前操作系统升级到 Windows 10。
本节详细介绍了升级安装 Windows 10 的版本升级
策略、升级安装的几种方式以及具体的升级方法。

2.3.1　了解 Windows 10 操作系统的升级策略

升级安装 Windows 10 所涉及的内容从某种
程度而言可能更为复杂一些，因为不但需要满足
Windows 9 所需的硬件要求，还要考虑是否支持
从当前系统升级到 Windows 10，以及可以从当
前系统升级到 Windows 10 的哪个版本。表 2-3
和表 2-4 显示了从 Windows 7 和 Windows 8 升
级到 Windows 10 的版本对应情况。

表 2-3　从 Windows 7 升级到 Windows 10 的版本对应情况

升级前的 Windows 7 版本	升级后的 Windows 10 版本
Windows 7 入门版	Windows 10 家庭版
Windows 7 家庭基础版	Windows 10 家庭版
Windows 7 家庭高级版	Windows 10 家庭版
Windows 7 专业版	Windows 10 专业版 /Windows 10 企业版（仅限批量授权版本）
Windows 7 旗舰版	Windows 10 专业版
Windows 7 企业版	Windows 10 企业版

表 2-4   从 Windows 8 升级到 Windows 10 的版本对应情况

升级前的 Windows 8/8.1 版本	升级后的 Windows 10 版本
Windows 8 标准版	Windows 10 家庭版
Windows 8 专业版	Windows 10 专业版 /Windows 10 企业版（仅限批量授权版本）
Windows 8 企业版	Windows 10 企业版

如果计算机中安装的是 Windows 7 SP1 或 Windows 8.1 更新的操作系统版本，那么可以使用微软的 Windows Update 或使用与微软合作的腾讯公司和奇虎公司提供的专用升级工具免费在线升级到 Windows 10。如果现有操作系统是 Windows 7、Windows 8、Windows 8.1， 则可以使用 Windows10 的安装映像文件（iso 文件）升级到 Windows 10。如果现有操作系统是 Windows XP 或 Windows Vista，则需要先将它们升级到 Windows 7，然后才能升级到 Windows 10。这意味着无法从 Windows XP 和 Windows Vista 直接升级到 Windows 10。

2.3.2   升级到 Windows 10 的方式

微软大力推广 Windows 10 操作系统，推出了自 Windows 10 发布之日起的一年内由现有操作系统升级到 Windows 10 的免费升级计划。升级安装不需要使用 Windows 10 安装介质启动计算机，也不需要对硬盘进行分区和格式化，整个安装过程与全新安装类似，只是最开始启动安装界面的方式有所不同。用户可以使用以下 3 种方式从现有的 Windows 操作系统升级到 Windows 10。

1. 使用Windows Update

如果在升级到 Windows 10 之前计算机中安装的操作系统是 Windows 7 SP1 或 Windows 8.1 更新，那么可以通过系统中的 Windows Update 更新功能来使用微软的免费升级计划，自动从当前操作系统升级到 Windows 10 的对应版本。

单击任务栏中的【获取 Windows 10 应用】按钮 ⊞，在打开的对话框中显示了 Windows 10 操作系统一些重要的新功能。单击对话框左上角的 ≡ 图标，然后在打开的菜单中选择【检查你的电脑】命令，如图 2-31 所示。系统将开始检查计算机中的硬件设备、应用程序等是否

与 Windows 10 相兼容，检查结束后会显示如图 2-32 所示的兼容性报告。如果所有项目都与 Windows 10 兼容，那么就可以准备升级安装 Windows 10 操作系统了。

图2-31   选择【检查你的电脑】命令以检查系统兼容性

图2-32   Windows 10兼容性报告

2. 使用与微软合作的第三方专用升级工具

除了使用 Windows 操作系统中的 Windows Update 升级到 Windows 10 外，用户还可以使用与微软合作的腾讯公司和奇虎公司提供的升级工具升级到 Windows 10。这些工具在开始升级之前也会检查当前计算机的硬件配置以确定是否符合 Windows 10 的升级要求。通过腾讯公司和奇虎公司升级的 Windows 10 操作系统中将会带有这两个公司的一些定制功能，比如杀毒软件、预设的浏览器搜索引擎以及指定的浏览器首页等，不过用户可以决定在升级成功后是否保留这些功能。

3. 使用Windows 10安装映像文件手动升级

如果已经超过了微软的 Windows 10 免费升级计划，或者希望自己手动升级 Windows 10，那么用户还可以选择在任何时间手动升级安装 Windows 10 操作系统，但是需要准备好 Windows 10 安装映像文件与虚拟光驱，或包含 Windows 10 安装

程序的物理光盘和物理光驱。由于升级安装是在原有操作系统的基础上进行的，因此不需要更改计算机固件中的第一启动设备，也不需要制作启动和安装介质。

除了使用虚拟光驱或物理光驱加载 Windows 10 映像文件或物理光盘的方式升级到 Windows 10 外，用户还可以使用以下两种方法升级安装 Windows 10。

◆ 使用本章 2.2.1 节介绍的 Media Creation Tool 工具创建用于从当前系统升级到 Windows 10 的安装介质，只需在创建向导中选择【立即升级这台电脑】而不是【为另一台电脑创建安装介质】选项即可。

◆ 使用本章 2.2.3 节介绍的全新安装 Windows 10 的方法，在 STEP 6 中将安装类型选择为【升级：安装 Windows 并保留文件、设置和应用程序】即可执行升级安装。

2.3.3　开始升级安装 Windows 10

微软的免费升级计划仅限于 Windows 10 发布后的一年内，由于本书出版之际已经超过了免费升级期限，因此这里主要介绍使用 Windows 10 安装映像文件进行手动升级安装 Windows 10 的方法，具体操作步骤如下。

STEP 1 在当前系统中安装一个虚拟光驱软件，然后在虚拟光驱中加载 Windows 10 安装映像文件。

STEP 2 系统默认会弹出运行对话框，自动运行操作系统的 Setup.exe 文件。如果之前取消了程序的自动运行功能，则可以进入虚拟光驱的根目录，然后双击其中的 Setup.exe 文件来运行 Windows 10 安装程序。

STEP 3 稍后会自动启动安装程序向导并显示如图 2-33 所示的对话框，这里可以选择是否下载并安装更新，但必须确保计算机已经连接到 Internet。也可以选择现在不安装更新，在安装好 Windows 10 后再安装更新。选择所需选项后单击【下一步】按钮。

STEP 4 系统开始检测当前计算机的硬件兼容性。检测通过后会要求用户输入 Windows 10 操作系统的密钥，如图 2-34 所示，系统会根据用户输入的密钥自动选择要安装的 Windows 10 版本。

图2-33　启动安装程序向导

图2-34　输入Windows 10产品密钥

STEP 5 进入如图 2-35 所示的界面，需要单击【接受】按钮才能进入下一步。

图2-35　接受许可条款

> 提示
> 如果要升级到Windows 10企业版，则会直接进入许可条款界面，而跳过输入Windows产品密钥的界面。

STEP 6 进入如图 2-36 所示的界面，选择想要将哪些内容保留到升级后的 Windows 10 操作系统中，包括用户的个人文件、安装的应用程序以及 Windows 系统设置。选择好后单击【下一步】按钮。

图2-36　选择要保留的内容

STEP 7 进入如图 2-37 所示的界面，对前几步所做的设置进行确认。确认无误后单击【安装】按钮开始升级安装 Windows 10。后续安装过程与前面介绍的全新安装 Windows 10 基本相同，这里就不再赘述了。

图2-37　安装前进行确认

升级安装完成后会在安装 Windows 10 的磁盘分区中包含一个名为 Windows.old 的文件夹，其中存储着升级前的操作系统的相关文件与用户个人文件，这些文件可用于日后回滚到升级前的操作系统版本。

2.4　多系统安装

现在已经有越来越多的用户在计算机中同时安装两个或多个操作系统。有很多原因导致了这种需求，例如某些程序在新的操作系统中存在兼容性问题，而在原有操作系统中运行良好，那么用户就会在保留原有操作系统的同时安装新的操作系统。有的用户同时安装多个操作系统是为了方便在不同系统中进行测试，也可能是担心最新的操作系统存在 bug 而影响正常的使用。本节介绍了同时安装多个操作系统的方法以及需要注意的一些问题。有关多系统启动配置方面的更多内容将在本书第 3 章进行介绍。

2.4.1　在多系统安装之前需要注意的问题

在计算机中同时安装多个操作系统比只安装一个操作系统需要考虑更多的问题，整个过程也相对复杂一些。如果希望在计算机中同时安装多个操作系统，那么在安装之前需要注意以下几个问题。

◆ 每个操作系统必须安装到各自独立的磁盘分区中。

◆ 安装每个操作系统时必须使用全新安装，不能使用升级安装。

◆ 为了减少不必要的麻烦，最好按照操作系统的版本新旧程度从低版本到高版本的顺序进行安装。例如，如果希望在计算机中同时安装 Windows XP、Windows 7 和 Windows 10，那么应该先安装 Windows XP，然后安装 Windows 7，最后安装 Windows 10。如果不按照版本从旧到新的顺序安装操作系统，很可能会发生启动引导信息被旧版本覆盖而导致较新版本的操作系统无法正常启动的问题。

◆ 在安装相对较新版本的操作系统时，为了避免在光盘或 U 盘引导环境下进行全新安装后出现盘符错乱的问题，最好在已经安装的较旧版本的操作系统中启动新版本操作系统的安装程序来进行安装。

在安装了多个操作系统的多系统启动环境中，下面两个概念可能比较容易引起混乱。

◆ 系统分区（活动分区）：包含用于多操作系统环境下系统的启动引导信息。在计算机中通过使用光盘或 U 盘引导的方式全新安装多个操作系统时，如果最先安装的是 Windows XP，那么系统分区和 Windows 分区通常都位于 C 盘；如果最先安装的是 Windows Vista/7/8/10 中的任意一个，而且在安装之前对硬盘进行了分区和格式化操作,那么将会自动创建一个几百兆的系统分区用于存储计算机中安装的所有操作系统的启动引导信息。系统分区是硬盘中的第一个分区并且默认处于隐藏状态,在 Windows 资源管理器或文件资源管理器中不会显示该分区。

◆ 启动分区(Windows 分区):安装 Windows 操作系统的磁盘分区,该分区包含与 Windows 操作系统相关的文件和文件夹,比如 Windows 文件夹、Program Files 文件夹等。在 64 位操作系统中还会包含一个 Program Files(x86)文件夹,用于存储在操作系统中安装的 32 位应用程序。

 有关系统分区、Windows 分区以及多系统启动方面的更多内容,请参考本书第 3 章。

2.4.2 开始多系统安装

如果在安装多个操作系统之前已经对上一节列出的问题加以注意,那么进行多系统安装的过程则会相对比较简单。例如,如果准备在计算机中安装 Windows XP、Windows 7 和 Windows 10 这 3 个操作系统,那么可以按照以下方式进行安装。

STEP 1 使用 Windows XP 的安装光盘启动计算机并进入 Windows XP 的安装界面。如果是一块新硬盘,可能需要对其进行分区和格式化;如果是一直在使用的硬盘,可能不需要重新分区,但仍需要在安装前对分区进行格式化。

STEP 2 完成硬盘的分区和格式化后,在硬盘的第一个主分区(通常是分区 C)中开始安装 Windows XP。

STEP 3 完成 Windows XP 的安装后,按照版本从低到高的顺序,接下来应该安装 Windows 7。启动到已经安装好的 Windows XP 操作系统中,将 Windows 7 安装光盘放入光驱中,或将 Windows 7 安装映像文件加载到虚拟光驱中。安装程序通常会自动运行,在进入【您想进行何种类型的安装】界面时选择【自定义(高级)】选项而不是【升级】选项,如图 2-38 所示。

图2-38 安装Windows 7时的选项

注意 如果采用光盘或U盘引导的方式来安装下一个操作系统,那么在安装好后可能会出现盘符错乱的问题,而从已安装的操作系统界面中启动下一个要安装的操作系统的安装程序通常不会出现此类问题。

STEP 4 在进入的界面中选择用于安装 Windows 7 的磁盘分区,选择一个与已经安装好的 Windows XP 不同的磁盘分区。然后按照安装向导提示完成后续安装步骤,即可完成 Windows 7 的安装。此时已经安装好了 Windows XP 和 Windows 7 两个操作系统,接下来安装 Windows 10。

STEP 5 与在 Windows XP 环境下安装 Windows 7 的方法类似,首先启动到已经安装好的 Windows 7 操作系统中,然后将 Windows 10 安装光盘放入光驱中,或将 Windows 10 安装映像文件加载到虚拟光驱中。安装程序通常会自动运行,此时需要关闭自动运行的程序。打开 Windows 资源管理器并进入光驱根目录中名为 sources 的文件夹,然后双击其中的 setup 文件从而启动 Windows 10 安装程序。

STEP 6 在进入【你想执行哪种类型的安装】界面时选择【自定义:仅安装 Windows(高级)】选项而不是【升级:安装 Windows 并保留文件、设置和应用程序】选项,如图 2-39 所示。

STEP 7 在进入的界面中选择用于安装 Windows 10 的磁盘分区,选择一个与已经安装好的 Windows XP 和 Windows 7 不同的磁盘分区。然后按照安装向导提示完成后续安装步骤,即可完成 Windows 10 的安装。至此已经安装好了 Windows XP、Windows 7 和 Windows 10 三个操作系统。

图2-39　安装Windows 10时的选项

STEP 8 完成所有安装后，以后每次启动计算机时都会显示一个操作系统的选择列表，其中列出了安装的所有操作系统的名称，Windows XP或更早版本的Windows操作系统会显示为"早期版本的Windows"。选择列表中的操作系统名称即可启动对应的操作系统。如果在多系统环境中安装了Windows XP或更早版本的Windows操作系统中的两个或更多个，则需要在选择"早期版本的Windows"后继续选择要启动到哪个早期版本。

> **注意** 如果在安装多系统时没有按照版本从低到高的顺序进行安装，那么在安装后可能会出现某些操作系统无法正常启动的问题，此时需要修复系统启动信息，具体方法请参考本书第3章。

2.5 使用 Windows To Go 将 Windows 10 安装到 USB 设备中

无论在计算机中是否安装了Windows 10操作系统，用户都可以使用Windows To Go功能将Windows 10操作系统安装到USB移动存储设备（如U盘、移动硬盘等）中，然后使用这些设备中的Windows 10操作系统来启动计算机。本节详细介绍了在USB移动存储设备（以下简称USB设备）中安装、设置与使用Windows 10操作系统的方法，还介绍了在操作过程中需要注意的一些问题。

2.5.1 Windows To Go 简介

很多用户通常都会固定地使用同一台计算

机，每次启动计算机后都会进入相同的操作系统。由于某些原因可能需要在一段时间内使用其他计算机。即使在其他计算机中安装的操作系统与用户之前所使用的操作系统完全相同，但是不同的桌面布局、界面外观以及其他一些不同的系统环境设置方式也会让用户感觉陌生并给用户的使用带来不便。

通过Windows To Go功能可以很好地解决上面遇到的问题。将Windows操作系统安装到USB设备后，用户就可以随身携带该USB设备并将其连接到任何符合Windows To Go运行要求的计算机上，然后可以启动在该USB设备中安装的Windows操作系统。由于用户可以始终使用通过Windows To Go功能在USB设备中安装的Windows操作系统，因此Windows To Go功能为用户带来了一致性的操作体验并提高了工作效率。

Windows To Go是Windows 10企业版和Windows 10教育版中提供的功能，用户可以使用该功能将Windows 10操作系统安装到USB设备中，然后使用该设备中的Windows 10操作系统来启动计算机。将安装到USB设备中的Windows 10操作系统称为"Windows To Go工作区"，而将包含Windows To Go工作区的USB设备称为"Windows To Go驱动器"。

可以使用Windows To Go驱动器来启动不同的计算机。当使用Windows To Go驱动器首次启动某台计算机时，它会检测连接到该计算机的所有硬件设备并安装所需的驱动程序。以后使用Windows To Go驱动器再次启动同一台计算机时，它就可以识别这台计算机中的硬件设备并自动加载正确的驱动程序。

由于Windows To Go工作区提供了一个完整的Windows 10操作系统环境，因此可以在Windows To Go工作区中安装并运行所有适用于Windows 10的应用程序。但是如果在Windows To Go工作区中安装了某些绑定到特定计算机硬件设备的应用程序，那么当将该Windows To Go驱动器连接到其他具有不同硬件配置的计算机时，在使用这些具有绑定特定的应用程序时可能会出现问题。

Windows To Go工作区与使用Windows安

装程序正常安装的 Windows 操作系统相比具有以下一些区别和限制。

◆ 为了便于在不同的计算机中使用 Windows To Go 工作区，Windows To Go 工作区中的休眠功能默认处于禁用状态。用户可以在需要使用休眠功能的时候通过设置组策略来启用。

◆ 为了提高 Windows To Go 工作区中数据的安全性，在将 Windows To Go 驱动器连接到正处于运行状态的计算机时，Windows To Go 驱动器不会显示在文件资源管理器中。

◆ 在 Windows To Go 工作区中无法使用 Windows 恢复环境。

◆ 在 Windows To Go 工作区中无法使用系统恢复与系统重置功能。

◆ 早期版本的 Windows To Go 工作区无法升级到更新版本的 Windows To Go 工作区。

除了以上限制，在 Windows RT 操作系统的计算机和 Mac 计算机中都无法运行 Windows To Go 工作区。

2.5.2　使用 Windows To Go 的前提条件

Windows To Go 工作区是一个完整的 Windows 10 操作系统环境，因此运行 Windows To Go 工作区的计算机需要具备运行 Windows 10 操作系统的硬件要求。由于 Windows 10 操作系统与 Windows 7 操作系统对硬件的要求基本相同，所以用于运行 Windows To Go 工作区的计算机中安装的操作系统至少应该是 Windows 7。如果计算机的硬件配置符合安装 Windows 7 操作系统的最低标准，但安装的却是 Windows XP 或 Windows Vista，那么可能也可以运行 Windows To Go 工作区。表 2-5 列出了对正常运行 Windows To Go 工作区的计算机的硬件要求。

表 2-5　对运行 Windows To Go 工作区的
计算机的硬件要求

硬件设备	要求
固件（BIOS/UEFI）	支持 USB 设备启动
CPU	至少 1GHz
内存	至少 2GB

续表

硬件设备	要求
显卡	带有 WDDM 1.2 或更高版本驱动程序的 DirectX 9 图形设备
外部 USB 集线器	不受支持。必须将 Windows To Go 驱动器连接到计算机主板的 USB 接口上
USB 接口标准	必须为 USB 2.0 或更高标准的接口，建议使用 USB 3.0 标准的接口以提供高速度
USB 设备	Windows To Go 只支持使用通过微软认证的 U 盘，而对移动硬盘则无此限制
USB 设备的可用空间	至少 16GB，对于 U 盘而言只能使用 32GB 或更大的 U 盘

除了计算机固件必须支持 USB 设备启动外，Windows To Go 工作区还需要与计算机中的 CPU 的体系结构以及固件相兼容，具体要求如表 2-6 所示。

表 2-6　Windows To Go 工作区与计算机中的
CPU 的体系结构以及固件之间的兼容性要求

计算机的固件类型	计算机中的 CPU 的体系结构	兼容的 Windows To Go 工作区的体系结构
BIOS	32 位	仅适用于 32 位版本
BIOS	64 位	32 位和 64 位
UEFI	32 位	仅适用于 32 位版本
UEFI	64 位	仅适用于 64 位版本

从表 2-6 可以看出，对于使用 BIOS 固件的计算机而言，如果计算机中的 CPU 是 32 位的，那么只能使用 32 位的 Windows To Go 工作区；如果计算机中的 CPU 是 64 位的，则可以使用 32 位或 64 位的 Windows To Go 工作区。对于使用 UEFI 固件的计算机而言，不同体系结构的 CPU 只能使用相对应的 Windows To Go 工作区，即 32 位的 CPU 只能使用 32 位的 Windows To Go 工作区，64 位的 CPU 只能使用 64 位的 Windows To Go 工作区。

2.5.3　使用 Windows To Go 在 USB 设备中安装操作系统

在开始安装 Windows To Go 工作区之前，需要做好以下准备工作。

◆ 确保用于运行 Windows To Go 工作区的计算机符合 Windows To Go 的硬件要求。

◆ 确保用于安装 Windows To Go 工作区的 USB 设备符合 Windows To Go 的硬件要求。

◆ 将 Windows 10 操作系统的映像文件加载到虚拟光驱中，或者将 Windows 10 操作系统的安装光盘放入物理光驱中。

◆ 确保当前登录 Windows 系统的用户具有管理员权限。

完成以上准备工作后就可以在 USB 设备中安装 Windows To Go 工作区了。Windows 10 提供的【创建 Windows To Go 工作区】程序向导可以帮助用户在 USB 设备中安装 Windows To Go 工作区，具体操作步骤如下。

STEP 1 将用于安装 Windows To Go 工作区的 USB 设备连接到计算机，本例使用移动硬盘来进行安装。

> **注意** 如果将USB 2.0接口标准的USB设备插入主板上的 USB 3.0标准的接口，则只能使用USB 2.0标准的传输速度。主板上的USB 3.0接口通常标记为蓝色。

STEP 2 右击【开始】按钮 ▦，在弹出的菜单中选择【控制面板】命令，打开【控制面板】窗口。将【查看方式】设置为【大图标】或【小图标】，然后单击【Windows To Go】链接，如图 2-40 所示。

图2-40 单击【Windows To Go】链接

> **提示** 也可以在任务栏的搜索框中输入"Windows To Go"来启动【创建Windows To Go工作区】程序向导。

STEP 3 打开【创建 Windows To Go 工作区】对话框，经过检测后将在列表框中显示已经连接到

计算机的 USB 设备，如图 2-41 所示。选择要安装 Windows To Go 工作区的 USB 设备，然后单击【下一步】按钮。

图2-41 选择要安装Windows To Go工作区的USB设备

STEP 4 进入如图 2-42 所示的界面，系统将会搜索计算机中的物理光驱和虚拟光驱中的内容，然后将检测到的 Windows 安装文件显示在列表框中。如果没有检测到 Windows 安装文件，则可以单击【添加搜索位置】按钮后在打开的对话框中手动选择 Windows 安装文件（install.wim 文件）所在的文件夹。在列表框中选择要安装的 Windows 版本，然后单击【下一步】按钮。

图2-42 选择要安装的Windows版本

STEP 5 进入如图 2-43 所示的界面，在这里选择是否为即将安装的 Windows To Go 工作区的 USB 设备设置 BitLocker 加密。选中【在我的 Windows To Go 工作区使用 BitLocker】复选框，然后在下面的两个文本框中输入相同的密码，即可为 Windows To Go 工作区设置 BitLocker 加密。如果不想设置 BitLocker 加密，可以直接单击【跳过】按钮。

图2-43　选择是否对Windows To Go工作区
设置BitLocker加密

STEP 6 进入如图 2-44 所示的界面，确定当前用于创建 Windows To Go 工作区的 USB 设备是否是想要使用的。此外，应该在开始创建之前对 USB 设备中的重要数据进行备份，因为创建过程中将会格式化 USB 设备并删除其中的所有数据。

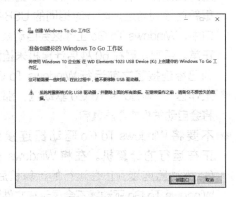

图2-44　创建之前的检查工作

注意 如果准备利用即将创建的Windows To Go工作区作为母工作区来创建更多个Windows To Go工作区到其他USB设备中，则不能设置BitLocker加密。

STEP 7 确认无误后单击【创建】按钮，系统开始在指定的 USB 设备中创建 Windows To Go 工作区，如图 2-45 所示。创建时间由计算机中的 CPU 速度、内存大小、USB 接口标准等多种因素决定，通常至少需要 30 分钟。

STEP 8 完成后将会显示如图 2-46 所示的界面，询问用户是否设置 Windows To Go 启动选项。如果选中【是】单选按钮，那么将在重启计算机后自动启动到 Windows To Go 工作区，前提是 Windows To Go 驱动器已经连接到计算机。

图2-45　开始安装Windows To Go工作区

图2-46　可以设置Windows To Go启动选项

提示 如果在完成界面中没有设置Windows To Go启动选项，那么也可以在以后进行设置，具体方法请参考本章2.5.4节。

2.5.4　设置 Windows To Go 启动选项

如果计算机中安装的是 Windows 8 或更高版本的 Windows 操作系统，那么可以直接在操作系统中通过设置 Windows To Go 启动选项来从 USB 设备启动计算机，以便实现从 Windows To Go 工作区启动计算机，而不必通过修改计算机的固件来设置 USB 为第一启动设备。只有使用具有管理员权限的用户账户登录系统，才能设置 Windows To Go 启动选项。设置 Windows To Go 启动选项的具体操作步骤如下。

STEP 1 在任务栏的搜索框中输入"Windows To Go"，然后在搜索结果列表中选择【更改 Windows To Go 启动选项】命令。

STEP 2 打开如图 2-47 所示的对话框，选中【是】单选按钮，然后单击【保存更改】按钮。下次启动计算机之前如果已经将包含 Windows To Go 工作区的 USB 设备连接到计算机，那么将会自动从 Windows To Go 工作区启动计算机。

图2-47　设置从Windows To Go工作区启动计算机

> **提示**
> 如果要在Windows 7操作系统中使用包含Windows To Go工作区的USB设备来启动计算机，那么需要手动修改固件设置，具体方法请参考本章2.2.2节。

除了上面介绍的方法外，还可以使用 Pwlauncher 命令行工具来设置从 Windows To Go 工作区启动计算机。右击【开始】按钮，在弹出的菜单中选择【命令提示符（管理员）】命令，以管理员身份打开【命令提示符】窗口，输入下面的命令后按【Enter】键即可。

```
pwlauncher /enable
```

2.5.5　使用 Windows To Go 工作区

如果要使用 Windows To Go 工作区，只需关闭计算机电源，然后将安装了 Windows To Go 工作区的USB设备连接到计算机的 USB 接口中。打开计算机电源后将会自动启动到 Windows To Go 工作区中。

如果不想使用 Windows To Go 工作区了，则需要先关闭 Windows To Go 工作区，然后关闭计算机电源，再拔出连接到计算机的 Windows To Go 驱动器，最后重新打开计算机电源并启动

计算机硬盘中安装的操作系统。

可以在 Windows To Go 工作区中使用几乎所有的 Windows 功能，但是在使用中需要注意以下几点。

◆ 不要在 Windows To Go 工作区中安装非 Microsoft 核心的 USB 驱动程序。

◆ 在运行 Windows To Go 工作区时，始终应该先关闭 Windows To Go 工作区，然后再断开 Windows To Go 驱动器与计算机之间的连接。在没有关闭 Windows To Go 工作区的情况下直接断开 Windows To Go 驱动器与计算机的连接，有可能会损坏 Windows To Go 驱动器。

◆ 如果在运行 Windows To Go 工作区时断开了 Windows To Go 驱动器与计算机的连接，那么计算机将会冻结 60 秒，在此期间如果用户将 Windows To Go 驱动器重新连接到与之前断开时相同的 USB 接口中，Windows To Go 工作区会自动恢复正常。否则如果在 60 秒后计算机未检测到已经连接了之前运行 Windows To Go 工作区的 Windows To Go 驱动器，那么将会自动关机或蓝屏重启。

◆ 不要将 Windows To Go 驱动器连接到正在运行的计算机。在将 Windows To Go 驱动器连接到正在运行的计算机后，Windows To Go 驱动器不会显示在文件资源管理器中。这是因为在 Windows To Go 驱动器上设置了 NO_DEFAULT_DRIVE_LETTER 标志，该标志可以防止 Windows 操作系统自动将驱动器号分配给 Windows To Go 驱动器上的分区，从而避免在 Windows To Go 驱动器与计算机之间意外泄露数据。

系统启动配置

很多用户可能都会在计算机中同时安装两个或更多个操作系统，一方面可以体验新版操作系统的新功能和特性，另一方面也可以在旧版操作系统中继续使用运行良好的应用程序。当同时安装了多个操作系统后，可能需要配置系统的启动方式以决定计算机从哪个操作系统启动。此外，安装多个操作系统时使用的不同安装顺序可能会导致系统出现某些启动和运行问题，以及在日后继续添加新的操作系统时出现其他一些问题。通过配置系统启动选项可以管理多个系统的启动方式，还可以解决多系统配置和使用过程中出现的各种问题。本章详细介绍了使用图形界面的系统启动配置工具以及命令行工具对系统启动进行配置的方法。如果在计算机中只安装了一种操作系统，那么可以跳过本章内容。

3.1 Windows 操作系统的启动过程

Windows 操作系统的启动过程涉及多个环节。尤其对于在计算机中同时安装了多个操作系统的情况而言，所涉及的启动过程更加复杂，而且很容易出现由于系统安装和配置不当所导致的系统启动方面的问题。可以将安装了多个操作系统的计算机称为多系统启动环境（或多重引导系统）。了解 Windows 操作系统的启动过程不但可以在系统启动出现问题时易于确定问题根源，还有利于更好地安装和配置多系统启动环境。由于 Windows Vista 及其后来版本的 Windows 操作系统的启动过程与 Windows XP 存在一些显著区别，因此本节会分别对这两种不同的启动过程进行介绍。在开始介绍 Windows 操作系统的启动过程之前，先介绍与系统启动紧密相关的两方面内容——计算机固件与磁盘的特定区域。

3.1.1 了解计算机固件

操作系统的整个启动过程涉及多个不同阶段，以及硬件和系统组件等多个部分，固件是最先参与系统启动的部分。固件是主板上的一块芯片，其中包含用于初始化计算机和操作系统的代码。每台计算机都有固件，固件与操作系统之间的接口负责系统的启动工作。固件接口的类型决定了固件接口的工作方式与所要执行的任务。固件接口主要分为以下 3 种类型。

◆ BIOS（Basic Input/Output System）：基本输入 / 输出系统。

◆ EFI（Extensible Firmware Interface）：可扩展固件接口。

◆ UEFI（Unified Extensible Firmware Interface）：统一可扩展固件接口。

下面分别对这 3 种类型的固件接口进行简要介绍。

1. BIOS

BIOS 是已经沿用了多年的固件接口类型，它为计算机提供最底层、最基本的硬件检测和初始化工作，到目前为止很多计算机的固件接口仍然是 BIOS。BIOS 实际上是一组代码，而位于主板上的固件是称为 CMOS 的芯片，BIOS 存储在 CMOS 芯片中，其中存储的内容在计算机断电后不会丢失。

BIOS 主要基于 x86 和 16 位实模式架构，起初是为了让计算机可以在通电后启动而设计的，作为固件到操作系统之间的接口并负责对平台进行初始化。在计算机通电后，BIOS 将会检测计算机中连接的所有硬件设备是否都存在并可以正常工作，然后才会开始加载操作系统。总体而言，BIOS 主要提供了以下功能。

◆ 启动服务：启动服务提供操作系统加载服务，并用于访问完成操作系统启动所需的平台功能，包括一系列接口和协议。这些服务提供给需要访问平台功能的驱动程序和应用程序使用。在将控制权转移给操作系统后将会停止启动服务。

- 运行时服务：运行时服务是操作系统运行过程中对底层的重要平台硬件提供访问的接口。可以在启动过程中使用运行时服务，也可以在操作系统加载程序结束启动服务后使用运行时服务。
- 高级配置与电源管理（ACPI）：实现操作系统直接对系统进行配置，以及对电源进行管理的一种基于表的接口。
- 系统管理 BIOS 服务（SMBIOS）：SMBIOS 也是一种基于表的接口，是主板或系统制造者以标准格式显示产品管理信息所需遵循的统一规范。SMBIOS 可以将与特定平台有关的管理信息提供给操作系统或基于操作系统的管理代理。

如果想要在固件接口为 BIOS 的计算机中安装 Windows 操作系统，那么必须使用 MBR 分区形式的硬盘。GPT 分区形式的硬盘在 BIOS 计算机中只能用于存储数据，而不能安装操作系统。

2. EFI和UEFI

EFI 的出现主要是为了可以兼容不同架构和平台的计算机硬件。虽然 EFI 是 Intel 针对 Itanium（安腾）计算机开发的固件接口，但是也可以用于非 Itanium 计算机。UEFI 是在 EFI 1.10 版本的基础上发展而来的，用于代替早期的 BIOS 固件接口。UEFI 是一种模块化组件，采用了将硬件控制和系统软件分开设计的方式，为后期功能的开发提供了极大的灵活性。总体而言，UEFI 具有以下一些特点。

- UEFI 的图形化界面与鼠标操作的支持使用户设置固件选项变得更直观、更容易。
- 由于不再需要像传统 BIOS 那样进行自检，因此 UEFI 加快了系统的启动速度，同时也提高了从休眠状态的恢复速度。
- 基于 UEFI 的预启动安全保护功能可以防范 Rookit 攻击，提高计算机的安全性。
- 如果希望在基于 UEFI 的计算机中安装 Windows 操作系统，那么必须使用 GPT 分区形式的硬盘。
- UEFI 支持容量大于 2TB 的硬盘以及 4 个以上的分区。
- 可以直接在 UEFI 模式下运行位于 FAT16 或 FAT32 文件系统中 .efi 扩展名的驱动程序文件和应用程序文件。
- 相对 BIOS 而言，可以将 UEFI 看做是一种微型操作系统。即使在 UEFI 计算机中没有安装任何操作系统，也可以使用 UEFI 提供的很多功能并执行很多操作。
- 某些基于 UEFI 的计算机所包含的模拟传统 BIOS 的兼容性支持模块（CSM）可以为用户提供更强的灵活性和兼容性。如果要在基于 UEFI 的计算机中使用 BIOS 兼容模式，则需要禁用 UEFI 的安全启动功能。
- 32 位或 64 位版本的 Windows 10 和 Windows 8 都支持 UEFI 启动，而只有 64 位版本的 Windows Vista 和 Windows 7 才支持 UEFI 启动，Windows XP 以及更早版本的 Windows 操作系统不支持 UEFI 启动。
- 在 UEFI 模式下，Windows 操作系统版本必须与计算机架构相匹配。64 位架构的计算机只能运行 64 位版本的 Windows 操作系统，32 位架构的计算机只能运行 32 位版本的 Windows 操作系统。而在传统 BIOS 模式下，可以在基于 64 位架构的计算机中运行 32 位版本的 Windows 操作系统。

UEFI 不仅是一种固件接口的类型，还是一种工业标准。包括微软在内的 140 多个顶尖的技术公司加入到后来成立的 UEFI 论坛，形成了 UEFI 开发的国际化组织。

3. 查看计算机固件的类型

可以使用下面的方法查看计算机固件的类型，具体操作步骤如下。

STEP 1 单击【开始】按钮，在打开的【开始】菜单中选择【所有应用】命令，然后在所有程序列表中选择【Windows 管理工具】⇒【系统信息】命令。或者按【Windows 徽标 +R】组合键打开【运行】对话框，输入"msinfo32.exe"命令后按【Enter】键。

STEP 2 打开【系统信息】窗口，在左侧窗格中选择【系统摘要】根节点，然后在右侧窗格中查看【BIOS 模式】项目右侧的内容。如果显示为【传统】则说明固件的类型是 BIOS，如果显示为【UEFI】则说明固件的类型是 UEFI。如图 3-1 所示，显示的计算机固件类型为 BIOS。

图3-1 查看固件的类型

3.1.2 理解与系统启动相关的磁盘的几个重要部分

　　一块物理硬盘在 Windows 操作系统中的使用方式可以是基本磁盘和动态磁盘两种类型之一。无论是基本磁盘还是动态磁盘，MBR 分区形式的磁盘都包括系统、启动、活动 3 个重要部分，Windows 操作系统的正常启动离不开它们。下面分别介绍这 3 个部分的作用。

交叉参考　　有关基本磁盘与动态磁盘、MBR 与 GPT 分区形式的更多内容，请参考本书第 12 章。

1. 系统

　　系统分区是包含启动 Windows 所需的硬件特定文件的分区，这种文件与当前的硬件环境密不可分。在 x86 计算机中系统分区必须是被标记为活动的主分区，在动态磁盘上将系统分区称为系统卷。在安装 Windows 操作系统的过程中，硬件特定文件被存储到系统分区中以便使计算机提供以下功能。

◆ 恢复工具：一些恢复工具需要单独的系统分区，比如 Windows 恢复环境。

◆ 安全工具：一些安全工具需要单独的系统分区，比如 BitLocker。

◆ 多个操作系统：如果计算机中安装了多个操作系统，在启动计算机时将会显示一个操作系统列表，用户可以从中选择要启动的操作系统。由于系统启动文件位于独立的系统分区中，因此可以安全地删除特定的操作系统或安装新的操作系统。

　　系统分区可以但不必与启动分区是同一个分区。在包含 Windows XP 和 Windows Vista 或更高版本的多系统环境中，系统分区通常与安装 Windows XP 的分区是同一个分区。在由 Windows Vista 或更高版本的 Windows 操作系统所组成的单系统或多系统环境中，在安装系统时会自动创建一个几百兆大小的系统分区。它是一个独立的分区，只能在【磁盘管理】窗口中看到系统分区，在【此电脑】窗口中不会显示该分区。

2. 启动

　　启动（或引导）分区是安装了 Windows 操作系统的分区，其中包含 Windows 操作系统文件及其相关的支持文件。在动态磁盘上将启动分区称为启动卷。计算机中只能有一个系统分区，但是在多系统环境中，安装的每个操作系统都有一个启动分区。例如，在计算机中同时安装了 Windows 7 和 Windows 10，那么这台计算机中包含一个系统分区和两个启动分区，一个启动分区是安装了 Windows 7 的分区，另一个启动分区是安装了 Windows 10 的分区。

3. 活动

　　活动分区是用于启动 x86 计算机的分区，其中包含启动操作系统所需的启动文件。标记为活动的分区必须是基本磁盘中的一个主分区或动态磁盘中的一个简单卷。活动分区与系统分区一定是同一个分区，但是与启动分区并非必须是同一个分区。

3.1.3 Windows Vista/7/8/10 的启动过程

　　Windows 10 虽然是微软 Windows 操作系统的最新版本，但是其启动过程与 Windows Vista/7/8 类似。下面以在基于 BIOS 的计算机中启动 Windows 10 操作系统为例，介绍了从按下计算机电源按钮到启动并登录 Windows 10 操作系统的整个过程中所发生的操作，具体如下。

STEP 1 按下计算机电源按钮后，首先进行通电自检（POST，Power On Self Test），由 BIOS 检测和识别硬件并完成硬件的基本配置。然后查找第一启动设备，接着从该设备读取并运行主引导记录（MBR，Master Boot Record），之后将控制权交给 MBR。

STEP 2 MBR 查找其所在硬盘的硬盘分区表，找到标记为"活动"的主分区。然后在该分区的根目录中找到并运行操作系统的加载程序（文件名为 Bootmgr），即 Windows 启动管理器，之后将控制权交给 Windows 启动管理器。

STEP 3 Windows 启动管理器读取启动配置数据（BCD，Boot Configuration Data）存储中的内容以决定操作系统的启动方式。

- 如果计算机中只安装了一个操作系统，或将操作系统列表的显示时间设置为 0，那么将不会显示系统启动列表，Windows 启动管理器会直接运行 Windows 启动加载器（Windows Boot Loader，文件名为 Winload.exe）。
- 如果计算机中同时安装了多个操作系统，Windows 启动管理器会根据 BCD 存储中的内容创建并显示一个系统启动列表，用户可以从中选择要启动的操作系统。
- 如果是从休眠状态恢复计算机，那么 Windows 启动管理器将会运行 Windows 恢复加载器（文件名为 Winresume.exe）。

STEP 4 Windows 启动管理器运行 Windows 启动加载器，启动加载器使用固件接口的启动服务完成操作系统的启动工作并加载操作系统及其相关数据。

- 加载操作系统内核 Ntoskrnl.exe 和硬件抽象层 HAL（文件名为 Hal.dll）。
- 加载注册表中的 HKEY_LOCAL_MACHINE\SYSTEM 子键。
- 加载注册表中的 HKEY_LOCAL_MACHINE\SYSTEM\Services 子键中存储的硬件设备驱动程序。
- 启用内存分页。

STEP 5 加载完所需数据后，Windows 启动加载器将控制权交给操作系统内核。系统内核和 HAL 开始初始化 Windows 操作系统并处理位于注册表中的 HKEY_LOCAL_MACHINE\SYSTEM\CurrentControlSet 子键中的配置信息，然后启动设备驱动程序和系统服务。

STEP 6 内核启动会话管理器（文件名为 Smss.exe），然后执行以下操作。

- 创建系统环境变量并对系统环境进行初始化。

- 启动 Win32 子系统（文件名为 Csrss.exe），将文本显示模式切换为图形显示模式。
- 启动 Windows 登录管理器（文件名为 Winlogon.exe），然后启动服务控制管理器（文件名为 Services.exe）和本地安全机构（文件名为 Lsass.exe）并等待用户登录。
- 创建虚拟内存页面文件。
- 对一些必要的文件进行重命名。

STEP 7 在使用用户名和密码进行登录后，登录用户界面和默认凭据提供程序会将用户名和密码等信息传递给本地安全机构以进行身份验证。验证通过后 Windows 登录管理器会运行 Userinit.exe 和 Windows 外壳，Userinit.exe 会创建用户环境变量以便初始化用户环境，还会运行所有需要自动启动的 Windows 服务。最后完成系统登录并显示 Windows 桌面。

当使用安全模式等非常规模式启动系统时，实际上只是临时修改了系统的启动方式，而并没有永久性地修改 BCD 存储中的内容。此外，用户可以通过编辑 BCD 存储中的内容来控制操作系统的启动方式。BCD 存储包含在一个名为 BCD 的注册表文件中，固件接口的类型决定了 BCD 文件在磁盘中的位置。

- 基于 BIOS 的计算机：BCD 文件位于活动分区的 Boot 文件夹中。
- 基于 EFI/UEFI 的计算机：BCD 文件位于 EFI 系统分区中。

3.1.4 Windows XP 的启动过程

虽然本书的主题是 Windows 10，但是由于很多用户会在计算机中安装 Windows 10 的同时再额外安装 Windows XP，因此了解 Windows XP 的启动过程对于本章后面将要介绍的多系统启动环境的安装与配置非常重要。

从整体上而言，Windows XP 操作系统的启动过程与 Windows Vista/7/8/10 的启动过程非常类似，但是也存在一些关键区别。这里不再重复介绍 Windows XP 启动的详细过程，而只介绍其与 Windows Vista/7/8/10 启动过程中存在的一些区别。

首先，Windows XP 的启动管理器是 Ntldr 而不是 Bootmgr，Ntldr 位于活动分区的根目录中。其次，Windows XP 是使用一个名为 Boot.ini 的文件来保存系统的启动参数而不是 BCD 存储。对于 Windows XP 而言，Ntldr 程序负责处理加载操作系统的任务，读取 Boot.ini 文件中的内容以决定系统的启动方式。除此以外，Windows XP 与 Windows Vista/7/8/10 的启动过程基本相同。

3.1.5 理解多系统启动环境

本章前面曾介绍过，多系统启动环境是指在一台计算机中同时安装了多个操作系统的操作环境。如果在计算机中同时安装了多个 Windows 操作系统，而且所有这些操作系统都是 Windows Vista 之前的版本，那么每个操作系统的名称都会显示在系统启动列表中。但是如果在计算机中安装的操作系统既包括 Windows XP 或 Windows 更低版本，又包括 Windows Vista 或 Windows 更高版本，那么 Windows XP 以及 Windows 更低版本的操作系统会在系统启动列表中统一显示为"早期版本的 Windows"，而 Windows Vista 以及 Windows 更高版本的操作系统则会以各自的名称显示在系统启动列表中，如图 3-2 所示。

图3-2 在多系统启动环境下显示的系统启动列表

出现这种情况是由于这些系统所使用的启动方式不同。Windows XP 以及 Windows 更低版本使用 Ntldr 来启动系统，而 Windows Vista 以及 Windows 更高版本则使用 Bootmgr 来启动系统。在包含使用了这两种启动方式的多系统启动环境中，系统启动列表通常是由 Bootmgr 创建的，而且会自动将所有使用 Ntldr 启动方式的操作系统的名称统一显示为"早期版本的 Windows"，正如图 3-2 中显示的那样。

如果在计算机中同时安装了 Windows XP、Windows 2000 和 Windows 10，那么在系统启动列表中会显示"早期版本的 Windows"和"Windows 10"两项。如果选择了【早期版本的 Windows】选项，那么 Windows 10 的 Bootmgr 会先启动 Ntldr，并会再次显示一个系统启动列表，其中会显示 Windows XP 和 Windows 2000 两个操作系统，这样用户就可以选择要启动到哪个 Windows 早期版本了。

Bootmgr 可以向下兼容 Windows XP 以及 Windows 更低版本，但是 Ntldr 不能向上兼容 Windows Vista 以及 Windows 更高版本。如果先安装 Windows Vista 以及 Windows 更高版本，再安装 Windows XP 以及 Windows 更低版本，那么 Bootmgr 就会被 Ntldr 取代，这意味着 Windows Vista 以及 Windows 更高版本将会失去引导能力而无法正常启动。

3.2 使用系统启动配置工具设置系统启动项

Windows 10 提供了图形界面工具和命令行工具来设置多系统启动环境中的系统启动选项。本节将介绍使用图形界面工具设置系统启动选项的方法，命令行工具的使用方法将在本章 3.3 节进行介绍。有关在计算机中同时安装多个操作系统的方法请参考本书第 2 章。

3.2.1 设置默认启动的系统以及系统启动列表的显示时间

早期的多系统启动列表是在黑色背景下以纯文本方式显示的多个操作系统的名称。在 Windows 8 中首次出现了图形化的系统启动列表，可以使用键盘或鼠标选择要启动的操作系统，Windows 10 仍然沿用这种图形化模式，如图 3-3 所示。

在显示系统启动列表时，所有安装好的操作系统的名称会依次排列在列表中，而且还会显示一个倒计时的时间，它表示显示系统启动列表的时间长短。用户可以使用键盘中的方向键或鼠标来选择要启动的操作系统。如果在做出选择前想要取消倒计时状态，只需在系统启动列表界面中拖动鼠标或按键盘上的任意键。如果在时间限制范围内没有做出选择，就会自动启动被指定为默认启动的操作系统。默认启动的操作系统通常是在多系统环境中最后安装的那个操作系统，用户也可以根据实际情况改变默认启动的操作系统。

图3-3　图形化的启动列表

> **注意**　Windows 10使用的图形化的系统启动列表对应于%SystemRoot%\System32文件夹中的Bootim.exe文件。由于Windows 7以及Windows更低版本并未使用这种图形化方式，因此在Windows 10与Windows 7以及Windows更低版本组成的多系统启动环境中，如果想要启动Windows 7或Windows更低版本，则需要经历以下启动过程。
>
> 　启动Windows 10⇨运行Bootim.exe⇨设置临时启动项⇨重新启动计算机⇨使用Bootmgr加载Windows 7或Windows更低版本

　　用户可以根据需要设置在倒计时结束时默认启动的操作系统，还可以控制显示系统启动列表的时间长短，具体操作步骤如下。

STEP 1　右击【开始】按钮，在弹出的菜单中选择【系统】命令，打开【系统】窗口，单击左侧列表中的【高级系统设置】链接。

STEP 2　打开【系统属性】对话框的【高级】选项卡，单击【启动和故障恢复】中的【设置】按钮，如图 3-4 所示。

STEP 3　打开如图 3-5 所示的【启动和故障恢复】对话框，在【默认操作系统】下拉列表中选择要作为默认启动的操作系统。选中【显示操作系统列表的时间】复选框后，可以在其右侧设置显示系统启动列表的时间长短。设置好以后单击【确定】按钮，依次关闭打开的对话框。

图3-4　单击【启动和故障恢复】中的【设置】按钮

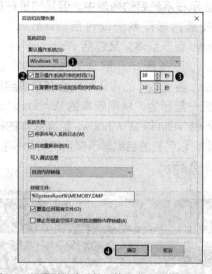

图3-5　设置默认启动的系统和启动列表的显示时间

> **提示**　如果取消选中【显示操作系统列表的时间】复选框，或者在选中【显示操作系统列表的时间】复选框时将其右侧的值设置为0，则在启动计算机时将不会显示系统启动列表，而是直接启动到默认启动的操作系统中。

3.2.2　配置系统启动选项

　　通过系统配置工具可以控制操作系统的启动方式，比如可以选择以诊断模式启动系统，此时只会加载系统启动所必需的设备和服务。还可以在系统配置工具中设置有关系统启动的更多选项，比如以指定的安全引导方式启动系统，以及上一节介绍的默认启动的操作系统和系统启动列表的显示时间。可以使用下面的方法启动系统配置工具并设置系统启动选项，具体操作步骤如下。

STEP 1 右击【开始】按钮■，然后在弹出的菜单中选择【运行】命令，在打开的【运行】对话框中输入"msconfig.exe"命令后按【Enter】键。

STEP 2 打开【系统配置】对话框，在【常规】选项卡中可以选择一种启动模式，如图3-6所示。如果选中【有选择的启动】单选按钮，则可以选择启动选项，比如是否在启动时加载系统服务。

图3-6　设置系统启动模式

STEP 3 切换到如图 3-7 所示的【引导】选项卡，可以在该选项卡中进行以下设置。

图3-7　设置系统启动选项

◆ 设置默认启动的操作系统和倒计时时间：在列表框中选择一个操作系统，然后单击【设为默认值】按钮可以将其设置为默认启动的操作系统。还可以在【超时】文本框中设置系统启动列表的显示时间。

◆ 删除不再需要启动的操作系统：在列表框中选择当前未处于运行状态的操作系统，

然后单击【删除】按钮可以将该系统从系统启动列表中删除。

◆ 设置启动选项：可以通过选中【安全引导】复选框，然后选择其下方的某个选项来使用安全模式启动系统。同时还可以选择额外的启动选项，如【无 GUI 引导】。

◆ 设置高级选项：单击【高级选项】按钮，打开如图 3-8 所示的【引导高级选项】对话框，可以设置操作系统使用的 CPU 数量、内存容量以及其他调试选项。

图3-8　设置高级选项

3.3　使用 BCDEdit 命令行工具设置系统启动项

虽然可以使用上一节介绍的图形界面工具设置系统启动选项，但是如果希望对系统启动选项进行更多以及更灵活的控制，则需要使用 BCDEdit 命令行工具。BCDEdit 命令行工具可以直接编辑 BCD 存储中的内容，以便根据用户的需要来控制系统的启动方式。

3.3.1　查看系统启动项的详细内容

在基于 BIOS 的计算机中，BCD 存储中通常包含以下几类内容。

◆ 一个 Windows 启动管理器及其相关内容：BCD 存储中只会包含一个 Windows 启动管理器，用于启动 Windows 启动加载器。

◆ 一个或多个 Windows 启动加载器及其相关内容：对于安装了多个 Windows Vista 或 Windows 更高版本的计算机而言，BCD 存储中会包含多个 Windows 启动加载器，每一个加载器对应一个 Windows 操作系统。

- ◆ Windows 旧 OS 加载器：如果计算机中安装了 Windows XP 或 Windows 更低版本，那么在 BCD 存储中就会包含一个 Windows 旧 OS 加载器。

可以使用 BCDEdit 命令行工具查看 BCD 存储中包含的内容，只需右击【开始】按钮，然后在弹出的菜单中选择【命令提示符（管理员）】命令，以管理员身份打开【命令提示符】窗口，输入 "bcdedit.exe" 命令后按【Enter】键。在【命令提示符】窗口中将会显示当前计算机中的 BCD 存储中的内容，如图 3-9 所示。

图3-9　查看BCD存储中的内容

> **提示**
> 在输入.exe扩展名的命令时，可以省略扩展名，即不需要输入.exe。BCDEdit命令行工具对应于名为Bcdedit.exe的文件，该文件位于%SystemRoot%\System32文件夹中。

在 Windows 启动管理器以及每一个启动加载器中都包含了很多属性，了解这些属性的含义才能理解 BCD 存储中的内容，表 3-1 和表 3-2 分别列出了 Windows 启动管理器和 Windows 启动加载器的属性及其含义。

表 3-1　Windows 启动管理器的属性及其含义

属性	说明
标识符	Windows 启动管理器的标识符，如 {bootmgr}
device	Windows 启动管理器程序文件的位置，如 partition=C:
description	对 Windows 启动管理器的描述，如 Windows Boot Manager
locale	计算机的区域设置，如 zh-CN
inherit	被继承的内容列表，如 {globalsettings}
default	默认启动的操作系统的标识符，如 {current} 表示当前正在运行的操作系统的标识符
resumeobject	恢复应用程序的标识符
displayorder	系统启动列表中操作系统的显示顺序
toolsdisplayorder	显示工具菜单时项目的显示顺序
timeout	系统启动列表的显示时间，以"秒"为单位，如 30

表 3-2　Windows 启动加载器的属性及其含义

属性	说明
标识符	Windows 启动加载器的标识符，如 {current} 表示当前运行的操作系统的启动加载器。对于 Windows 旧 OS 加载器而言会显示为 {ntldr}
device	Windows 启动加载器的驱动器盘符，如 partition=C:
path	Windows 启动加载器的路径，如 \Windows\system32\winload.exe。与 device 属性结合在一起可以得到 Windows 启动加载器程序文件的完整路径
description	对 Windows 启动加载器的描述，如 Windows 10
locale	计算机的区域设置，如 zh-CN
inherit	被继承的内容列表，如 {bootloadersettings}
osdevice	Windows 文件夹所在的驱动器盘符，如 partition=C:
systemroot	Windows 文件夹的路径，如 \Windows。与 osdevice 属性结合在一起可以得到 Windows 文件夹的完整路径
resumeobject	恢复应用程序的标识符
nx	对操作系统和所有进程启用 DEP（数据执行保护），包括操作系统内核和驱动程序
bootmenupolicy	系统启动列表的显示方式

在表 3-1 和表 3-2 中会看到很多由一对大括号括起的内容。这些内容是一些通用标识

符，用于标识特定的内容，常用的有 {current}、{default}、{bootmgr} 和 {ntldr} 等。用户在 BCD 存储中还会看到类似如下格式的由一对大括号括起的内容，这类内容称为 GUID（Global Unique Identifier，全局唯一标识符），每一个 GUID 对应一个操作系统，各个 GUID 之间不会出现重复。在使用 BCDEdit 命令行工具设置 BCD 存储中的特定操作系统时需要使用 GUID。

```
{b9770f8f-959a-11e6-9ef6-ba21329be098}
```

如果想要查看计算机中安装的所有操作系统对应的 GUID，则需要以管理员身份打开【命令提示符】窗口，输入下面的命令后按【Enter】键。

```
bcdedit /v
```

3.3.2 设置默认启动的系统以及系统启动列表的显示时间

BCDEdit 命令行工具包含了用于实现不同功能的大量选项。选项通常由斜线与一个特定的英文单词组成，例如 /delete 表示删除 BCD 存储中指定的项。本章 3.2.1 节介绍了使用图形界面工具设置默认启动的系统以及系统启动列表显示时间的方法，使用 BCDEdit 命令行工具也可以实现相同的功能。

可以使用下面的命令设置默认启动的系统，其中的 GUID 表示要设置为默认启动的系统所对应的标识符。可以使用上一节介绍的 BCDEdit 命令行工具的 /v 选项来获取系统的标识符。

```
bcdedit /default GUID
```

例如，如果 Windows 10 的 GUID 为 {b9770f93-959a-11e6-9ef6-ba21329be098}，那么下面的命令会将 Windows 10 设置为默认启动的系统。

```
bcdedit /default {b9770f93-959a-11e6-9ef6-ba21329be098}
```

设置系统启动列表的显示时间比较简单，可以在 BCDEdit 命令行工具中使用 /timeout 选项。例如，下面的命令将系统启动列表的显示时间设置为 45 秒。

```
bcdedit /timeout 45
```

3.3.3 更改系统启动列表中的系统显示顺序

无论多系统启动环境中各系统在系统启动列表中的排列顺序如何，用户都可以使用 BCDEdit 命令行工具更改这些系统在系统启动列表中的显示顺序。为此需要在 BCDEdit 命令行工具中使用 /

displayorder 选项，后面按照希望显示的顺序依次输入每个系统的 GUID，命令如下。

```
bcdedit /displayorder GUID1 GUID2 GUID3……
```

例如，如果在计算机中同时安装了 Windows 7 和 Windows 10，则这两个系统的 GUID 如下。

◆ Windows 7：{246918e5-3c1a-11e6-8802-a50463125a3e}

◆ Windows 10：{246918e9-3c1a-11e6-8802-a50463125a3e}

默认的系统启动列表中的显示顺序为 Windows 10 在上，Windows 7 在下。如果希望将显示顺序更改为 Windows 7 在上，Windows 10 在下，那么需要在以管理员身份打开的【命令提示符】窗口中输入使用下面的命令后按【Enter】键，如图 3-10 所示。

```
bcdedit /displayorder {246918e5-3c1a-11e6-8802-a50463125a3e} {246918e9-3c1a-11e6-8802-a50463125a3e}
```

图3-10 更改系统启动列表中的系统显示顺序

重启计算机后显示的系统启动列表如图 3-11 所示，此时的 Windows 7 位于列表的上方，Windows 10 位于列表的下方。

图3-11 更改系统启动列表中的系统显示顺序的效果

如果希望将某个系统移动到系统启动列表的顶部或底部，那么可以在 BCDEdit 命令行工具

中使用 /displayorder 选项的同时，再配合使用 /addfirst 或 /addlast 选项。例如，下面的命令将指定的操作系统移动到系统启动列表的顶部。

```
bcdedit /displayorder {246918e5-3c1a-
11e6-8802-a50463125a3e} /addfirst
```

3.3.4 临时指定下次要启动的系统并跳过系统启动列表

有时用户可能希望临时启动到某个操作系统，而不是系统启动列表中默认启动的操作系统，此时可以使用 BCDEdit 命令行工具的 /bootsequence 选项来更改系统启动顺序。在下次重启计算机时，将会直接启动所指定的操作系统，而跳过系统启动列表；当再次重启计算机时，则会自动恢复到最初的启动顺序。

假设在计算机中同时安装了 Windows 7 和 Windows 10 两个操作系统，Windows 7 是默认启动的操作系统，Windows 10 的 GUID 为 {246918e9-3c1a-11e6-8802-a50463125a3e}。以管理员身份打开【命令提示符】窗口，输入下面的命令后按【Enter】键，下次重启计算机时不会显示系统启动列表，而且会直接启动到 Windows 10 操作系统中。

```
bcdedit /bootsequence {246918e9-3c1a-
11e6-8802-a50463125a3e}
```

3.4 从多系统启动环境中删除指定的操作系统

在由 Windows XP/Vista/7/8/10 等不同的操作系统所组成的多系统环境中，通常是由 Bootmgr 来管理所有操作系统的启动信息。当格式化了安装某个操作系统的磁盘分区后，将会删除与该系统相关的所有文件。然而在每次按下计算机电源开关后，已删除的操作系统的名称仍然会显示在系统启动列表中，这意味着已删除的操作系统的启动信息仍然保留在 Bootmgr 启动管理器中。由于 Windows XP 与 Windows Vista 及更高版本的 Windows 操作系统的启动配置信息不同，因此本节将分别介绍从多系统启动环境中删除 Windows XP，以及删除 Windows Vista 或 Windows 更高版本的方法。

3.4.1 从多系统启动环境中删除 Windows XP

以 Windows XP 和 Windows 10 组成的双系统环境为例，如果想要删除 Windows XP 并保留 Windows 10，那么可以使用下面的方法，具体操作步骤如下。

STEP 1 启动 Windows 10 操作系统，以管理员身份打开【命令提示符】窗口，输入下面的命令后按【Enter】键，如图 3-12 所示，将 Windows XP 操作系统的启动信息从启动管理器中删除。

```
bcdedit /delete {ntldr} /f
```

图3-12　使用BCDEdit命令行工具删除 Windows XP的启动信息

STEP 2 以后启动计算机时在系统启动列表中将不会再显示【早期版本的 Windows】选项。打开文件资源管理器，进入 Windows XP 所在的磁盘分区，删除与 Windows XP 相关的所有文件即可。

> **提示**
> 如果是按照版本从低到高的顺序先安装 Windows XP，后安装 Windows 10，那么 Windows XP 所在的磁盘分区通常会被指定为系统分区，其中包含用于引导所有系统的启动信息。即使已经从 BCD 存储中删除了 Windows XP 的启动信息，但是 Windows 10 的启动信息仍然包含在 BCD 存储，而包括 BCD 存储在内的与系统启动相关的文件仍然位于系统分区中，每次启动 Windows 10 时都会加载和使用这些信息，因此无法格式化 Windows XP 所在的磁盘分区。

3.4.2 从多系统启动环境中删除 Windows Vista/7/8/10

如果计算机中安装的多个操作系统都是 Windows Vista 以及 Windows 更高版本，那么所有操作系统都将使用相同的启动管理器 Bootmgr，在这种环境下删除其中的某个操作系统比较容易。为了便于描述，这里以 Windows 7 和 Windows 10 组成的双系统环境为例。如果想要删除 Windows 7，那么可以使用下面的方法。

STEP 1 启动 Windows 10 操作系统，使用本章 3.2.1 节介绍的方法打开【启动和故障恢复】对话框，然后在【默认操作系统】下拉列表中将默认启动的操作系统设置为 Windows 10。

STEP 2 使用本章 3.2.2 节介绍的方法打开【系统配置】对话框,然后切换到【引导】选项卡,在列表框中选择要删除的 Windows 7 操作系统,然后单击【删除】按钮,如图 3-13 所示,即可将 Windows 7 操作系统的启动信息从启动管理器中删除。

图3-13　删除不再需要的Windows操作系统

> **注意** 在列表框中总有一个操作系统的右侧会显示"当前 OS"和/或"默认 OS"的文字。如果要删除的 Windows 操作系统右侧显示"当前 OS"文字,那么在删除该系统之前必须先启动其他系统,因为无法删除当前正处于运行状态的系统。这也正是本例 STEP 1 中先启动 Windows 10 的原因。

STEP 3 进入 Windows 7 所在的磁盘分区,然后删除其中包含的所有文件。

如果要从 Windows XP 和 Windows 10 组成的双系统环境中删除 Windows 10,由于 Windows XP 使用的启动管理器是 Ntldr,不支持使用 Windows 10 所使用的启动管理器 Bootmgr,因此如果直接删除 Windows 10,将会导致每次开机时自动进入启动修复界面。为此可以使用 Bootsect 命令行工具将启动管理器从 Bootmgr 切换为 Ntldr。

STEP 1 启动 Windows XP 操作系统,安装一款虚拟光驱软件,然后使用虚拟光驱加载 Windows 10 的安装映像文件。

STEP 2 打开【命令提示符】窗口,如果虚拟光驱的盘符是 F,那么输入下面的命令后按【Enter】键,将使用 Windows XP 的 Ntldr 作为启动管理器来引导系统。

```
F:\boot\bootsect.exe /nt52 All /force
```

> **提示** 上面命令中的 nt52 表示 Windows XP 或 Windows 更低版本所使用的 Ntldr 启动管理器。如果改为 nt60 则表示 Windows Vista 或 Windows 更高版本所使用的 Bootmgr 启动管理器。

STEP 3 格式化 Windows 10 所在的磁盘分区,即可将其从计算机中彻底删除,以后可以正常启动剩下的 Windows XP 操作系统。

3.4.3 解决多系统启动环境中无法启动某个系统的问题

在计算机中安装和配置多系统启动环境时最常遇到的一个问题是突然无法正常启动某个系统。出现这类问题的主要原因是安装多个操作系统时没有遵循从低版本到高版本的安装顺序。例如,希望构建由 Windows XP 和 Windows 10 组成的双系统环境,但是在实际安装时先安装的是 Windows 10,后安装的是 Windows XP,最终导致无法正常启动 Windows 10。

如果在 Windows PE 或 Windows RE 环境下进行系统的启动修复,通常可以使 Windows 10 正常启动,但是可能又会遇到无法正常启动 Windows XP 的问题。此时可以使用 BCDEdit 命令行工具将 Windows XP 的启动信息添加到 BCD 存储中,从而恢复正常的 Windows XP 和 Windows 10 双系统启动环境。假设将 Windows XP 操作系统安装在磁盘分区 C 中,以管理员身份打开【命令提示符】窗口,然后输入下面的代码,每输入一行代码按一次【Enter】键,如图 3-14 所示。

```
bcdedit /create {ntldr} /d "Windows XP"
bcdedit /set {ntldr} device partition=C:
bcdedit /set {ntldr} path \ntldr
bcdedit /displayorder {ntldr} /addfirst
```

图3-14　添加Windows XP的启动信息

虚拟化技术与安装虚拟操作系统

如果使用过 VMware 虚拟机，那么可能对虚拟化技术并不陌生。通过虚拟化技术可以非常方便地安装、使用或测试各种不同类型的操作系统或组建网络环境，提高对计算机硬件资源的利用率，虚拟化技术有着物理计算机无法比拟的灵活性和安全性。微软在 Windows 10 中提供了 Hyper-V 虚拟化技术，利用该技术可以在 Windows 10 中创建虚拟机并在虚拟机中安装操作系统，虚拟硬盘则为在虚拟机中安装操作系统和存储数据提供了方便，而且也可以用于物理计算机。本章详细介绍了使用 Hyper-V 虚拟化技术安装、配置与管理虚拟机和虚拟硬盘等方面的内容。

4.1 使用 Hyper-V 创建与管理虚拟机

可以通过 Hyper-V 虚拟化技术创建虚拟机，然后在虚拟机中安装操作系统；与在物理计算机中安装操作系统一样方便。在物理计算机中安装的每个虚拟机都是在各自独立的环境中运行的虚拟化的计算机系统，这意味着 Hyper-V 技术允许用户在同一台物理计算机中安装多个虚拟机，并在每个虚拟机中安装不同的操作系统。为了明确区分位于物理计算机与虚拟机中的操作系统，本章将使用"主操作系统"和"来宾操作系统"两个术语。

◆ 主操作系统：物理计算机中安装的操作系统。

◆ 来宾操作系统：Hyper-V 虚拟机中安装的操作系统。

4.1.1 使用 Hyper-V 功能的系统要求

只有满足一定的要求才能使用 Hyper-V 功能。首先只有 Windows 10 专业版和 Windows 10 企业版中提供了 Hyper-V 功能。其次，Hyper-V 功能对 CPU 有以下几个要求。

◆ CPU 是基于 64 位架构的。

◆ CPU 支持硬件虚拟化。不同的 CPU 生产厂商可能会使用不同的硬件虚拟化名称，Intel 公司生产的 CPU 的硬件虚拟化的名称是 VT-x，AMD 公司生产的 CPU 的硬件虚拟化的名称是 AMD-V。

◆ CPU 支持 SLAT（二级地址转换）功能。

◆ 启用硬件 DEP（数据执行保护）功能，即启用 Intel 公司的 CPU 的 XD 位（执行禁用位）或 AMD 公司的 CPU 的 NX 位（无执行位）。

在程序访问内存时会经过一个从逻辑地址到物理地址的映射的过程，在虚拟环境中也会经过同样的过程而且可能会更复杂。在虚拟环境中第一次映射出来的"物理地址"是虚拟机中的虚拟地址，而非真正的物理地址，因此需要通过虚拟机将该虚拟地址再次映射为实际的物理地址，这样就会在一定程度上限制了系统的访问速度。SLAT（Second Level Address Translation，二级地址转换）技术可以在 Hyper-V 中提供更有效的内存访问方式，从而加快内存的虚拟地址与物理地址之间的转换速度。

SLAT 技术在 Intel 和 AMD 两个厂商生产的 CPU 中的名称有所不同。SLAT 技术在 Intel 生产的 CPU 中称为 EPT（Extended Page Tables，扩展页表），而在 AMD 生产的 CPU 中称为 RVI（Rapid Virtualization Indexing，快速虚拟化索引）。

DEP（Data Execution Prevention，数据执行保护）是为了防止在系统中运行恶意代码的一套软硬件技术，能够对内存进行特定检查。DEP 技术的基本原理是将数据所在的内存页标识为不可执行状态，当程序溢出时将会尝试在数据页面中执行指令，此时 CPU 将抛出异常信号，而不会去执行恶意代码。根据实现的机制不同可将 DEP 分为硬件 DEP 和软件 DEP 两种。本节前面介绍的 Hyper-V 对硬件的要求所包括的 DEP 指的是硬件 DEP 功能。

4.1.2　检测 CPU 是否满足使用 Hyper-V 功能的要求

通过上一节的学习，我们已经了解到正常使用 Hyper-V 功能所需具备的硬件要求，接下来需要检测计算机中的硬件是否满足 Hyper-V 功能对硬件的要求。

1. 检测CPU是否基于64位架构

检测 CPU 是否基于 64 位架构的方法很简单，右击【开始】按钮⊞后在弹出的菜单中选择【系统】命令，打开【系统】窗口，其中显示了操作系统的基本情况。如果在【系统类型】中显示的内容为"64 位操作系统，基于 x64 的处理器"，则说明当前计算机中的 CPU 基于 64 位架构，如图 4-1 所示。

图4-1　检测CPU是否基于64位架构

2. 检测CPU是否支持硬件虚拟化

近几年的 CPU 基本都支持硬件虚拟化技术，用户可以使用以下 4 种方法检测计算机中的 CPU 是否支持硬件虚拟化。

◆ 右击任务栏的空白处，在弹出的菜单中选择【任务管理器】命令，打开【任务管理器】窗口，切换到【性能】选项卡，如果【虚拟化】右侧显示为"已启用"，则说明 CPU 支持并已启用硬件虚拟化，如图 4-2 所示。

◆ 单击【开始】按钮⊞，在打开的【开始】菜单中选择【所有应用】列表，然后在打开的所有程序列表中选择【Windows 管理工具】⇨【系统信息】命令，打开【系统信息】窗口。如果在【系统摘要】中的【Hyper-V- 固件中启用的虚拟化】显示为【是】，则说明 CPU 支持硬件虚拟化，如图 4-3 所示。

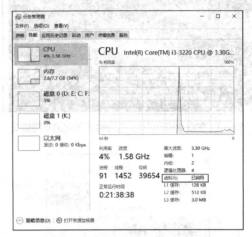

图4-2　在任务管理器中查看硬件虚拟化的支持情况

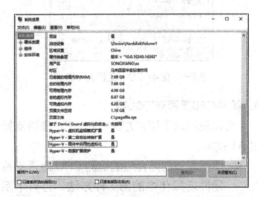

图4-3　通过系统信息查看硬件虚拟化的支持情况

◆ 右击【开始】按钮⊞后在弹出的菜单中选择【命令提示符（管理员）】命令，以管理员权限打开【命令提示符】窗口，输入"systeminfo"命令后按【Enter】键，在显示的所有内容底部，如果【固件中已启用虚拟化】显示为【是】，则说明 CPU 支持硬件虚拟化，如图 4-4 所示。

◆ 下载第三方 CPU 检测工具，如 CPU-Z。启动 CPU-Z 后切换到【处理器】选项卡，如果在【指令集】中显示了 VT-x（见图 4-5），则说明 Intel 的 CPU 支持硬件虚拟化；如果在【指令集】中显示了 AMD-V，则说明 AMD 的 CPU 支持硬件虚拟化。

图4-4　在命令提示符中查看硬件虚拟化的支持情况

图4-5　使用CPU-Z工具进行检测

3. 检测CPU是否支持SLAT

可以使用以下两种方法检测 CPU 是否支持 SLAT 技术。

◆ 使用本节前面介绍的检测 CPU 是否支持硬件虚拟化中的第 2 种方法，打开【系统信息】窗口，如果在【系统摘要】中的【Hyper-V- 第二级地址转换扩展】显示为【是】，则说明 CPU 支持 SLAT。

◆ 使用本节前面介绍的检测 CPU 是否支持硬件虚拟化中的第 3 种方法，以管理员权限打开【命令提示符】窗口，输入 "systeminfo" 命 令 后 按【Enter】键，在显示的所有内容底部如果【二级地址转换】显示为【是】，则说明 CPU 支持 SLAT。

4. 检测CPU是否支持硬件DEP

可以使用下面的方法检测 CPU 是否支持硬件 DEP 功能，具体操作步骤如下。

STEP 1 右击【开始】按钮⊞，然后在弹出的菜单中选择【系统】命令，打开【系统】窗口，单击左侧列表中的【高级系统设置】链接。

STEP 2 打开【系统属性】对话框的【高级】选项卡，单击【性能】组中的【设置】按钮，如图 4-6 所示。

图4-6　单击【性能】组中的【设置】按钮

STEP 3 打开【性能选项】对话框，切换到【数据执行保护】选项卡，如果选项卡底部显示了 "你的计算机处理器支持基于硬件的 DEP" 的内容，则说明 CPU 支持硬件 DEP 功能，如图 4-7 所示。

图4-7　查看CPU是否支持硬件DEP

4.1.3　启用 Hyper-V 功能

默认情况下，Windows 10 操作系统并没有启用 Hyper-V 功能。如果希望使用 Hyper-V 功能来安装虚拟机，首先需要启用该功能，具体操作步骤如下。

STEP 1 右击【开始】按钮▦，然后在弹出的菜单中选择【程序和功能】命令，打开【程序和功能】窗口，单击左侧的【启用或关闭 Windows 功能】链接，如图 4-8 所示。

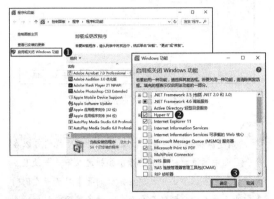

图4-8 选中【Hyper-V】复选框

STEP 2 打开【Windows 功能】对话框，选中【Hyper-V】复选框，然后单击【确定】按钮。

STEP 3 系统开始安装 Hypcr-V 组件，并显示安装进度，如图 4-9 所示。

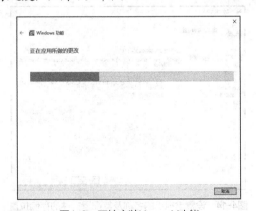

图4-9 开始安装Hyper-V功能

STEP 4 安装完成后会显示如图 4-10 所示的界面，单击【立即重新启动】按钮将会重新启动计算机。

STEP 5 重启计算机后将会在【开始】菜单的【所有应用】列表中的【Windows 管理工具】文件夹中显示【Hyper-V 管理器】命令，选择该命令会打开【Hyper-V 管理器】窗口。如果在左侧窗格中显示了当前计算机的名称（如本例中的 SONGXIANG），则表示成功安装了 Hyper-V 功能，如图 4-11 所示。

图4-10 单击【立即重新启动】按钮重新启动计算机

图4-11 成功安装Hyper-V功能

> (提示)
> Hyper-V 管理器是一个 Microsoft 管理控制台（MMC）管理单元。Microsoft 管理控制台是 Windows 操作系统提供的用于管理计算机各种功能并具有统一界面结构和操作方式的容器。用户通过在 Microsoft 管理控制台中加载相应的管理单元实现对系统的不同功能进行管理。管理单元是指可以添加到 Microsoft 管理控制台的一个或一组工具，这些工具主要用于管理 Windows 操作系统中的硬件、软件、网络组件以及安全功能等。控制面板中的【管理工具】类别中的工具都是 MMC 管理单元。在本书介绍 Windows 10 的很多功能时都会用到 Microsoft 管理控制台。

成功安装好的 Hyper-V 包括 Hyper-V 管理工具以及 Hyper-V 平台的相关组件，如 Hyper-V 虚拟机管理服务、Hyper-V 虚拟机监控程序等。Hyper-V 管理工具包括以下两种。

◆ 基于 GUI 的管理工具：Hyper-V 管理器、Microsoft 管理控制台（MMC）管理单元以及虚拟机连接，该连接提供了对虚拟机视频输出的访问权，从而使用户可以与虚拟机进行交互。

◆ 特定于 Hyper-V 的 Windows PowerShell：提供了对 GUI 中所有可用功能以及整个 GUI 中不可用功能的命令行访问权。

4.1.4 创建虚拟机

在虚拟机中安装操作系统之前，需要先创建虚拟机，这相当于在物理计算机中安装操作系统之前必需先购置一台计算机，并配置好确保计算机正常运转所需要的各个硬件，然后才能在其中安装操作系统。使用本章 4.1.3 节介绍的方法启用 Hyper-V 功能后，就可以开始创建虚拟机了，在 Hyper-V 中创建虚拟机主要包括以下几个部分。

◆ 设置虚拟机文件的名称和保存位置。
◆ 选择虚拟机的版本。
◆ 设置虚拟机所用的内存大小。
◆ 设置虚拟机的网络。
◆ 设置虚拟机所用的虚拟硬盘。

在 Hyper-V 中创建虚拟机的具体操作步骤如下。

STEP 1 单击【开始】按钮 ⊞，在打开的【开始】菜单中选择【所有应用】列表，然后在所有程序列表中选择【Windows 管理工具】⇨【Hyper-V 管理器】命令。

STEP 2 打开【Hyper-V 管理器】窗口，右击左侧窗格中的本地计算机，然后在弹出的菜单中选择【新建】⇨【虚拟机】命令，如图 4-12 所示。

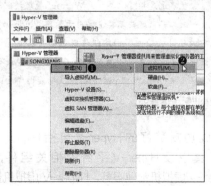

图4-12　选择新建虚拟机的命令

STEP 3 打开【新建虚拟机向导】对话框，如图 4-13 所示，单击【下一步】按钮。如果以后再次创建虚拟机时不想再显示该对话框，则可以在

单击【下一步】按钮之前选中【不再显示此页】复选框。

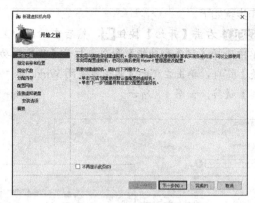

图4-13　启动新建虚拟机向导

> **提示** 创建虚拟机需要多个步骤才能完成。虽然可以在每个界面中通过单击【下一步】按钮进入下一个设置界面，但是也可以单击【新建虚拟机向导】对话框左侧列表中的名称来跳转到任意界面，跳过的界面中包含的选项将使用系统提供的默认值。

STEP 4 进入如图 4-14 所示的界面，在这里需要设置虚拟机的名称及其文件的存储位置。设置好后单击【下一步】按钮。

图4-14　设置虚拟机的名称及其配置文件的存储位置

◆ 设置虚拟机名称：在【名称】文本框中输入虚拟机的名称。为了便于通过名称识别虚拟机中安装的操作系统，应该为虚拟机起一个易于识别的名称。

◆ 选择虚拟机文件的保存位置：默认情况下系统会在安装 Windows 10 的磁盘分区中存储与虚拟机相关的所有文件。由于创建的虚拟机会包含很多文件而且总容量很大，为了避免过多占用系统分区的可用空间，因此最好将虚拟机文件存储在其他非 Windows 分区中。为此可以选中【将虚拟机存储在其他位置】复选框，然后单击【浏览】按钮选择用于保存虚拟机文件的文件夹，如图 4-15 所示。

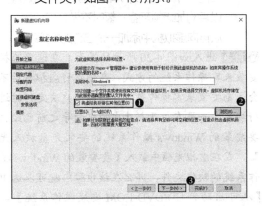

图4-15　自定义设置虚拟机配置文件的存储位置

STEP 5 进入如图 4-16 所示的界面，在这里选择要创建的虚拟机的版本，分为以下两种：第一代使用 BIOS 固件，支持安装 Windows 7/8/8.1/10 等操作系统；第二代使用 UEFI 固件，同时会启用安全启动功能，而且只能安装 64 位架构的 Windows 8 或更高版本的 Windows 操作系统。表 4-1 列出了第一代和第二代虚拟机对 Windows 7 及更高版本的 Windows 操作系统的支持情况。选择好虚拟机版本以后单击【下一步】按钮。

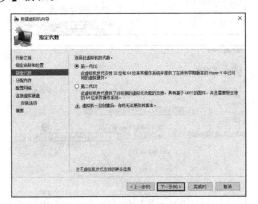

图4-16　选择虚拟机的版本

注意 在第二代虚拟机中安装操作系统时，只能加载 .iso 格式的操作系统映像文件，而无法使用物理光驱和虚拟光驱。

表 4-1　虚拟机版本对 Windows 7 及更高版本的 Windows 操作系统的支持情况

32 位或 64 位 Windows 操作系统	第一代虚拟机	第二代虚拟机
32 位 Windows 10	支持	不支持
32 位 Windows 8.1	支持	不支持
32 位 Windows 8	支持	不支持
32 位 Windows 7	支持	不支持
64 位 Windows 10	支持	支持
64 位 Windows 8.1	支持	支持
64 位 Windows 8	支持	支持
64 位 Windows 7	支持	不支持
64 位 Windows Server 2012 R2	支持	支持
64 位 Windows Server 2012	支持	支持
64 位 Windows Server 2008 R2	支持	不支持
64 位 Windows Server 2008	支持	不支持

提示 除了表 4-1 列出的操作系统外，用户也可以在 Hyper-V 虚拟机中安装早期版本的 Windows 操作系统，比如 Windows XP 和 Windows Vista。用户还可以在虚拟机中安装非 Windows 操作系统，如 Ubuntu、FreeBSD 等。

STEP 6 进入如图 4-17 所示的界面，在这里为虚拟机中的操作系统设置可用的内存大小。最小可以设置为 32MB，最大可以设置为物理内存的 80%。设置的内存大小不能低于要在虚拟机中安装的操作系统的内存最低推荐量，否则会严重影响来宾操作系统的性能甚至无法运行。用户可以选中【为此虚拟机使用动态内存】复选框以便让虚拟机根据来宾操作系统及其中运行的程序动态调整所使用的内存大小，从而优化虚拟机的性能。设置好以后单击【下一步】按钮。

STEP 7 进入如图 4-18 所示的界面，在这里对网络进行设置，此时保持默认值，然后单击【下一步】按钮。

交叉参考 有关虚拟机的网络连接设置，请参考本章 4.1.8 节。

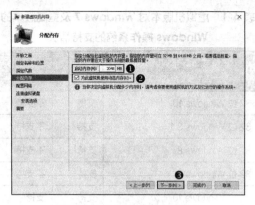

图4-17　设置虚拟机的内存大小

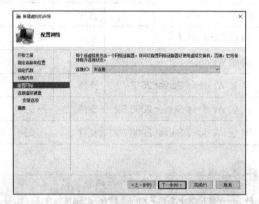

图4-18　设置虚拟机的网络连接

STEP 8 进入如图 4-19 所示的界面，在这里选择将虚拟硬盘连接到虚拟机的方式。用户可以选择已有的虚拟硬盘，也可以创建新的虚拟硬盘。设置完成后单击【下一步】按钮。虚拟硬盘的连接方式分为以下 3 种。

图4-19　选择将虚拟硬盘连接到虚拟机的方式

◆ 创建虚拟硬盘：创建一个 VHDX 格式的虚拟硬盘，可以设置虚拟硬盘的名称和存储位置。单击【浏览】按钮可以选择用于存

储虚拟硬盘的其他位置。新建的虚拟硬盘的最大容量为 64TB，可以根据要安装的来宾操作系统以及使用虚拟机的方式设置合适的虚拟硬盘的大小。

◆ 使用现有虚拟硬盘：选择计算机中已经存在的一个 VHD 或 VHDX 格式的虚拟硬盘。

◆ 以后附加虚拟硬盘：暂时不做任何设置，以后再向虚拟机中添加一个已有的虚拟硬盘。

STEP 9 进入如图 4-20 所示的界面，在这里选择安装来宾操作系统的方式。在创建好虚拟机后不会立刻安装来宾操作系统，而由用户决定何时进行安装。如果在打开新建虚拟机向导之前已经将要安装的 Windows 操作系统的安装光盘放入光驱，或在虚拟光驱中载入了要安装的 Windows 操作系统的映像文件，那么在该步骤中就可以选中【从可启动的 CD/DVD-ROM 安装操作系统】单选按钮，然后选择要安装的 Windows 操作系统所在的物理光驱或 iso 格式的操作系统映像文件。设置好以后单击【下一步】按钮。

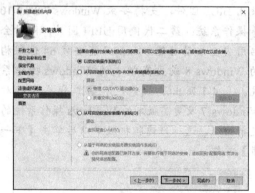

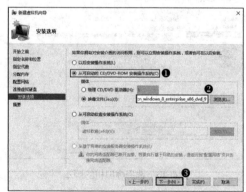

图4-20　选择安装来宾操作系统的方式

STEP 10 进入如图 4-21 所示的界面，在这里显示了对前几步设置的汇总信息。如果确认无误可以

单击【完成】按钮，系统开始创建虚拟机并根据STEP 9 中的设置来决定是否立刻安装指定的操作系统。

图4-21　显示了前几步设置的汇总信息

STEP 11 如果在 STEP 9 中选中的是【以后安装操作系统】单选按钮，那么在单击【完成】按钮后会返回【Hyper-V 管理器】窗口。此时选择左侧窗格中的计算机名称，然后在中间窗格中会显示刚创建好的虚拟机，如图 4-22 所示。接下来就可以在该虚拟机中安装来宾操作系统了。

图4-22　创建好的虚拟机

4.1.5　在虚拟机中安装操作系统

如果在上一节创建虚拟机时选择了【以后安装操作系统】单选按钮，那么以后在虚拟机中安装操作系统之前，必须先将操作系统安装光盘放入物理光驱，或者将操作系统映像文件载入虚拟光驱，在虚拟机检测到物理光驱或虚拟光驱中的安装介质以后才能开始安装指定的操作系统。除了使用物理光驱或虚拟光驱以外，用户也可以

通过在虚拟机中载入 .iso 格式的操作系统映像文件来安装操作系统，这意味着虚拟机可以直接加载 .iso 格式的映像文件，而无需预先将映像文件载入虚拟光驱中。以上仅针对于使用第一代虚拟机而言，如果使用的是第二代虚拟机，则支持使用 .iso 格式的操作系统映像文件来安装操作系统。

无论使用哪种方法，为了让虚拟机可以准确定位到包含安装介质的位置，都需要对虚拟机进行以下设置：打开【Hyper-V 管理器】窗口，在左侧窗格中选择本地计算机，然后在中间的窗格中用鼠标右键单击要安装操作系统的虚拟机，在弹出的菜单中选择【设置】命令，如图 4-23 所示。在打开的对话框的左侧列表中选择【DVD 驱动器】，然后在右侧根据操作系统安装介质的类型进行选择。例如，如果将操作系统安装光盘或映像文件载入了物理或虚拟光驱，那么需要选中【物理 CD/DVD 驱动器】单选按钮，然后在下方的下拉列表中选择物理或虚拟光驱所在的盘符，如图 4-24 所示。

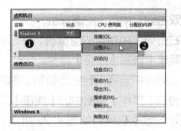

图4-23　选择【设置】命令

图4-24　选择安装光盘或映像文件所在的光驱

除了使用右键菜单中的命令来打开虚拟机的设置对话框外，用户也可以在选择某个虚拟机后，使用【Hyper-V管理器】窗口右侧的【操作】窗格中的命令来执行与Hyper-V或选中的虚拟机相关的操作。

如果不想使用虚拟光驱，那么可以选中【映像文件】单选按钮，然后可以单击【浏览】按钮来选择用于安装操作系统的映像文件。无论使用哪种方法，设置好后单击【确定】按钮返回【Hyper-V管理器】窗口，接下来就可以在虚拟机中安装操作系统了。

在【Hyper-V管理器】窗口的左侧窗格中选择本地计算机，在中间窗格中会显示本地计算机中包含的所有虚拟机列表。每个虚拟机都有一个独立的窗口以便于进行互不干扰的独立操作，在虚拟机中安装来宾操作系统以及对操作系统的配置与使用都是在虚拟机窗口中进行的，在Hyper-V中将打开虚拟机窗口的操作称为"虚拟机连接"。可以使用以下3种方法打开虚拟机窗口。

- ◆ 双击列表中指定的虚拟机。
- ◆ 右击列表中指定的虚拟机，然后在弹出的菜单中选择【连接】命令。
- ◆ 在列表中选择指定的虚拟机，然后选择右侧的【操作】窗格中的【连接】命令。

打开的虚拟机窗口如图4-25所示，它独立于【Hyper-V管理器】窗口，因此可以单独调整虚拟机窗口的状态而不受【Hyper-V管理器】窗口的限制。单击工具栏中的【启动】按钮，使用预先设置好的物理光驱、虚拟光驱或载入的

图4-25 虚拟机窗口

映像文件中的操作系统安装文件启动虚拟机，类似于使用真实的操作系统安装光盘启动本地计算机。稍后将会显示安装操作系统的初始界面，如图4-26所示，然后就可以像在物理计算机中安装操作系统一样，在虚拟机中安装来宾操作系统。

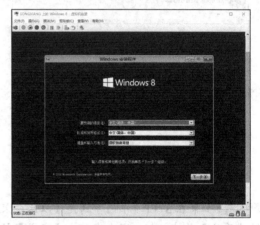

图4-26 显示操作系统的安装界面

虚拟机窗口中包含一个工具栏，工具栏中包含了用于执行与虚拟机相关功能的命令按钮，各按钮的功能如下。

- ◆ 【Ctrl+Alt+Delete】按钮 ☝：与在物理计算机的主操作系统中按下【Ctrl+Alt+ Delete】组合键的功能相同。
- ◆ 【启动】按钮 ⏻：启动虚拟机，如果已经在虚拟机中安装好操作系统，那么将会启动该操作系统；如果没有安装任何操作系统，但是已经在虚拟机中加载了操作系统安装介质，则会启动操作系统安装程序。
- ◆ 【强行关闭】按钮 ⏾：无论虚拟机处于任何状态，单击该按钮将关闭虚拟机，相当于按下物理计算机的电源按钮强制关机。
- ◆ 【关闭】按钮 ⏻：关闭虚拟机，相当于在操作系统中执行正常的关机操作。需要安装集成服务才能使用该功能。
- ◆ 【保存】按钮 ⏻：保存虚拟机的当前状态并关闭虚拟机。
- ◆ 【暂停】按钮 ⏸：暂时停止虚拟机当前的运行状态，随时可以从暂停的位置继续运行虚拟机，该按钮的功能类似于媒体播放器中的暂停按钮。
- ◆ 【重置】按钮 ⏩：将虚拟机中的操作系统恢复到初次安装后的状态，类似于手机、

平板电脑等设备提供的恢复出厂设置的功能。

◆【检查点】按钮 ▣：将虚拟机当前的系统状态保存下来，在以后任何时候可以恢复到所保存的某个状态中。有点类似于物理计算机中的操作系统所提供的系统还原功能，不过虚拟机中的检查点功能更加方便快捷。

◆【还原】按钮 ↺：将虚拟机中的系统状态恢复到最近保存的检查点。

◆【增强会话】按钮 ▣：在 Windows 8.1 和 Windows 10 操作系统的 Hyper-V 中提供了增强会话功能。使用该功能可以为在虚拟机与物理计算机之间进行操作和共享数据提供方便。增强会话功能的使用方法将在本章 4.1.7 节进行详细介绍。

4.1.6 安装 Hyper-V 集成服务

为了提高虚拟机的性能，以及更易于与物理计算机之间进行数据与设备的交互和共享，在虚拟机中安装好来宾操作系统后应该安装 Hyper-V 集成服务。集成服务是 Hyper-V 提供的软件包，主要用于改进物理计算机与虚拟机之间的集成度。如果在虚拟机中安装的来宾操作系统是 Windows 8 或更高版本，那么在安装操作系统的同时会自动安装 Hyper-V 集成服务。如果安装的操作系统的版本低于 Windows 8，那么在安装好操作系统后可以在虚拟机窗口的菜单栏中单击【操作】➪【插入集成服务安装盘】命令，将会自动在虚拟 DVD 驱动器中加载安装盘并安装 Hyper-V 集成服务。

> **注意** 如果物理计算机中安装的是 Windows 10 操作系统，则将不再为用户提供手动安装集成服务的功能。如果在 Windows 10 操作系统的 Hyper-V 中安装 Windows XP 或 Windows Vista 来宾操作系统，则将无法为 Windows XP 安装集成服务。可以从网上下载集成服务安装盘（vmguest.iso 映像文件），或者从 Windows 8.1 的 %WinDir%\System32 文件夹中提取 vmguest.iso 文件。然后在物理计算机中将其加载到虚拟光驱中，接着在 Windows XP、Windows Vista 或 Windows 7 来宾操作系统中进行安装。

安装集成服务后，可以在虚拟机窗口中单击

菜单栏中的【文件】➪【设置】命令，打开虚拟机设置对话框，在左侧列表中选择【集成服务】选项，然后在右侧可以看到已安装的集成服务，如图 4-27 所示。还可以通过选中或取消选中集成服务名称左侧的复选框来添加或删除虚拟机中的集成服务。

图 4-27 查看和更改在虚拟机中安装的集成服务

当来宾操作系统的版本低于 Windows 8 时，如果不安装集成服务，操作上的一个最明显的问题是在将鼠标从虚拟机转移到物理计算机时，需要按下键盘上的【Ctrl+Alt+ ←】组合键。用户可以根据操作习惯更改默认的按键组合，方法如下：在【Hyper-V 管理器】窗口的左侧窗格中选择本地计算机，然后在右侧的【操作】窗格中选择【Hyper-V 设置】命令。打开 Hyper-V 设置对话框，在左侧列表中选择【鼠标释放键】选项，然后在右侧的【释放键】下拉列表中选择一种按键组合，如图 4-28 所示。

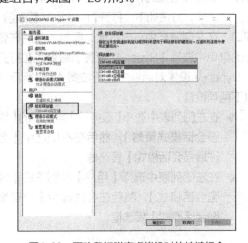

图 4-28 更改鼠标脱离虚拟机时的按键组合

4.1.7 启用 Hyper-V 增强会话功能以使用本地资源

增强会话功能可以使在虚拟机与物理计算机之间复制与粘贴文件的操作更方便，而且通过该功能还可以让虚拟机使用物理计算机中的硬件设备和配置，比如物理计算机中的显示器配置、声卡、USB 设备、打印机等。需要具备一定的条件才能正常启用增强会话功能，具体包括以下几点。

- 在【新建虚拟机向导】对话框中创建虚拟机时选择【第一代】或【第二代】虚拟机都可以启用增强会话功能。
- 在虚拟机中安装的来宾操作系统的版本必须是 Windows 8.1 及更高版本，或者是 Windows Server 2012 R2 及更高版本。
- 安装好来宾操作系统以后，需要启用服务器增强会话模式和用户增强会话模式。

在满足前两个条件并安装好来宾操作系统后，需要检查是否已经启用服务器增强会话模式和用户增强会话模式，如果未启用，则需要手动启用这两项，方法如下：打开【Hyper-V 管理器】窗口，在左侧窗格中右击本地计算机，然后在弹出的菜单中选择【Hyper-V 设置】命令，在打开的 Hyper-V 设置对话框中进行如图 4-29 所示的以下两项设置。

- 在左侧列表中选择【服务器】类别下的【增强会话模式策略】，然后在右侧选中【允许增强会话模式】复选框。
- 在左侧列表中选择【用户】类别下的【增强会话模式】，然后在右侧选中【使用增强会话模式】复选框。

图4-29　启用增强会话功能的选项设置

安装好来宾操作系统并启用了【允许增强会话模式】和【增强会话模式】两个选项后，在下次启动来宾操作系统后会自动显示如图 4-30 所示的对话框。如果未显示该对话框，则可以单击虚拟机连接窗口工具栏中的【增强会话】按钮 🖥 启用增强会话功能。在对话框中可以通过拖动滑块来调整来宾操作系统的显示分辨率大小。单击对话框左下角的【显示选项】按钮，将会在该对话框中显示更多选项，如图 4-31

所示。

图4-30　用于设置增强会话功能的对话框

图4-31　展开提供增强会话功能设置项的对话框

> **提示**
>
> 　　如果在关闭了增强会话功能并在以后任何时候重新启用该功能后，在每次连接到虚拟机时都应用相同的设置，则可以选中【保存我的设置以便在将来连接到此虚拟机】复选框，这样以后每次连接到虚拟机时将不需要对增强会话功能中的选项进行重复设置。

　　切换到【本地资源】选项卡，这里可以设置虚拟机使用物理计算机中的音频和设备的方式，如图 4-32 所示。单击【远程音频】中的【设置】按钮可以设置虚拟机的音频重定向到物理计算机中安装的声卡，如图 4-33 所示，这样可以为来宾操作系统提供声音功能。

图4-32　设置虚拟机使用物理计算机中的音频和设备

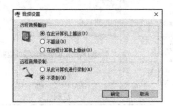

图4-33　设置虚拟机中的音频

　　在【本地设备和资源】组中可以选择允许虚

拟机使用物理计算机中的打印机和剪贴板。如果单击【更多】按钮，则可以选择允许虚拟机使用物理计算机中的驱动器（本地硬盘驱动器、光盘驱动器、移动硬盘、U 盘等）、智能卡以及即插即用设备，如图 4-34 所示。完成后单击【确定】按钮。

图4-34　设置允许虚拟机使用物理计算机
　　　　　中的驱动器和其他设备

　　设置好增强会话功能的选项后单击【连接】按钮，Hyper-V 自动将设置的选项应用到正在启动的来宾操作系统中，之后来宾操作系统将会按照设置的分辨率进行显示，而且可以在来宾操作系统中使用物理计算机中的剪贴板、打印机、各种类型的驱动器以及即插即用设备。

4.1.8　配置 Hyper-V 虚拟网络

　　默认情况下，在虚拟机中安装好的来宾操作系统无法使用网络功能，需要通过手动配置才能为虚拟机中的来宾操作系统提供网络连通和访问功能。为了让虚拟机获得网络功能，需要使用 Hyper-V 提供的虚拟交换机。虚拟交换机是一个基于 OSI（开放系统互联）模型第 2 层的以太网交换机，提供了将虚拟机同时连接到虚拟网络和物理网络的功能。在 Hyper-V 中可以创建以下 3 种类型的虚拟网络。

◆ 外部虚拟网络：允许虚拟机与用户创建的其他虚拟机、物理计算机以及外部网络（如 Internet）中的计算机进行互相通信。创建外部虚拟网络时，物理计算机中的操作系统会使用一个新的虚拟网卡来连接物理网络，同时会将虚拟网络服务协议绑定到物理网卡，所有的网络通信都通过虚拟交换机传输。

◆ 内部虚拟网络：允许在用户创建的多个虚拟机之间，以及虚拟机与物理计算机之间进行互相通信。内部虚拟网络是一种未绑定到物理网卡的虚拟网络，它无法访问外部网络，如 Internet。

◆ 专用虚拟网络：只允许在用户创建的多个虚拟机之间进行互相通信。虚拟机无法与物理计算机，以及外部网络中的计算机进行通信。

注意 为了使虚拟网卡能够正常工作，需要安装Hyper-V集成服务。

配置虚拟网络的具体操作步骤如下。

STEP 1 打开【Hyper-V 管理器】窗口，在左侧窗格中右击本地计算机，然后在弹出的菜单中选择【虚拟交换机管理器】命令。

STEP 2 打开【虚拟交换机管理器】对话框，在右侧的列表框中选择要配置的虚拟网络类型，如【外部】，然后单击【创建虚拟交换机】按钮，如图 4-35 所示。

图4-35 选择要创建的虚拟网络类型

STEP 3 打开如图 4-36 所示的对话框，在【名称】文本框中可以为虚拟交换机设置一个易于识别的名称。下方自动选中了【外部网络】单选按钮以创建外部虚拟网络，然后在其下方的下拉列表中选择所要连接到的物理网卡。设置好以后单击【确定】按钮。

STEP 4 弹出如图 4-37 所示的对话框，在创建虚拟交换机的过程中可能会中断物理计算机与其所在网络之间的连接。单击【确定】按钮应用网络更改，稍后即可创建虚拟交换机，并且自动恢复物理计算机之前的网络连接。

图4-36 设置虚拟交换机

图4-37 确定是否应用网络更改以创建虚拟交换机

STEP 5 对虚拟机的网络进行设置，使其获得网络功能。在【Hyper-V 管理器】窗口的左侧窗格中选择本地计算机，然后在中间窗格中右击要设置的虚拟机，在弹出的菜单中选择【设置】命令。

STEP 6 打开虚拟机设置对话框，在左侧列表中选择【网络适配器】选项，然后在右侧的【虚拟交换机】下拉列表中选择前面步骤中创建的虚拟交换机，如图 4-38 所示。单击【确定】按钮完成设置。

图4-38 将虚拟机的网卡设置为创建的虚拟交换机

经过该设置的虚拟机就拥有了网络访问功

能。由于本例中设置的是外部虚拟网络，因此可以在虚拟机的来宾操作系统中访问物理计算机中的共享资源以及 Internet。在物理计算机中打开【网络和共享中心】窗口，然后单击左侧列表中的【更改适配器设置】链接，在打开的窗口中可以看到创建的虚拟交换机，如图 4-39 所示。

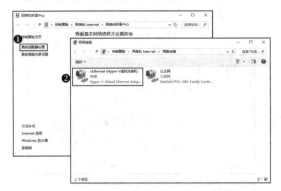

图4-39　在物理计算机中可以看到创建的虚拟交换机

4.1.9　在虚拟机中加载已有的虚拟硬盘或物理硬盘

除了在创建虚拟机时创建新的虚拟硬盘以外，用户还可以在创建好虚拟机以后加载物理计算机中已经存在的虚拟硬盘。每个虚拟硬盘都以一个独立文件的形式存储在物理计算机中。

1. 在创建虚拟机时加载已有的虚拟硬盘

可以在创建虚拟机的过程中加载已有的虚拟硬盘。在本章 4.1.4 节介绍创建虚拟机的过程进行到 STEP 8 时，可以选中【使用现有虚拟硬盘】单选按钮，然后单击【浏览】按钮选择要加载的虚拟硬盘，如图 4-40 所示。

图4-40　在创建虚拟机时加载已有的虚拟硬盘

2. 在创建好的虚拟机中加载已有的虚拟硬盘

即使在虚拟机中已经安装好了操作系统，也

可以在该虚拟机中加载安装了其他操作系统的虚拟硬盘，这样就可以灵活地在同一个虚拟机中使用不同的虚拟硬盘。在创建好的虚拟机中加载已有的虚拟硬盘的具体操作步骤如下。

STEP 1 打开【Hyper-V 管理器】窗口，在左侧窗格中选择本地计算机，然后在中间窗格中右击要设置的虚拟机，在弹出的菜单中选择【设置】命令。

STEP 2 打开虚拟机设置对话框，在左侧列表中选择【硬盘驱动器】，然后在右侧单击【浏览】按钮，选择物理计算机中存储的已有的虚拟硬盘即可，如图 4-41 所示。

图4-41　在创建好的虚拟机中加载已有的虚拟硬盘

3. 在虚拟机中加载物理硬盘

除了在虚拟机中加载虚拟硬盘以外，也可以将物理硬盘加载到虚拟机中，物理硬盘也包括移动硬盘。在加载前必须先将物理硬盘设置为脱机状态，具体操作步骤如下。

STEP 1 右击【开始】按钮▦，然后在弹出的菜单中选择【磁盘管理】命令。

STEP 2 打开【磁盘管理】窗口，右击要设置为脱机状态的硬盘，然后在弹出的菜单中选择【脱机】命令，如图 4-42 所示。

> **注意** 只能将当前未处于使用状态的硬盘设置为脱机状态。

STEP 3 将指定硬盘设置为脱机状态后，打开【Hyper-V 管理器】窗口，在中间窗格中右击要加载物理硬盘的虚拟机，然后在弹出的菜单中选择【设置】命令。

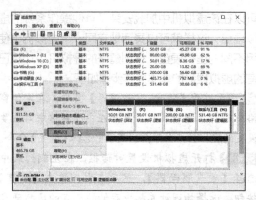

图4-42　将指定的硬盘设置为脱机状态

列表中选择【虚拟机】和【虚拟硬盘】，然后在右侧通过单击【浏览】按钮选择一个存储位置，如图 4-44 所示。

STEP 4 打开虚拟机设置对话框，在左侧列表中选择【硬盘驱动器】，然后在右侧选中【物理硬盘】单选按钮，然后在下方的下拉列表中选择已设置为脱机状态的物理硬盘即可，如图 4-43 所示。

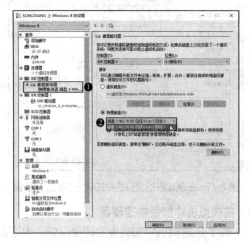

图4-43　在虚拟机中加载物理硬盘

图4-44　设置虚拟机配置文件与虚拟硬盘的默认存储位置

4.1.10 设置虚拟机配置文件与虚拟硬盘的默认存储位置

每次新建虚拟机时，Hyper-V 都会将虚拟机配置文件以及虚拟硬盘存储到默认位置。虽然用户可以选择其他位置，但是每次都要进行手动修改并不是很方便。用户可以通过对 Hyper-V 管理器进行设置来改变虚拟机配置文件与虚拟硬盘的默认存储位置，以后再创建虚拟机时就会自动使用修改后的位置。设置存储虚拟机配置文件与虚拟硬盘的默认存储位置的具体操作步骤如下。

STEP 1 打开【Hyper-V 管理器】窗口，在左侧窗格中右击本地计算机，然后在弹出的菜单中选择【Hyper-V 设置】命令。

STEP 2 打开 Hyper-V 设置对话框，分别在左侧

4.2 使用虚拟硬盘

虚拟硬盘（VHD，Virtual Hard Disk）是虚拟机的必备组件之一，它承载着虚拟机正常运行所需要的操作系统及其相关文件。在用户使用虚拟机的过程中，虚拟硬盘还担负着存储用户个人数据的任务。本节详细介绍了创建、设置以及使用虚拟硬盘的方法。

4.2.1 虚拟硬盘简介

虚拟硬盘并不是真正的物理硬盘，而是具有与物理硬盘类似功能的一种文件。虚拟硬盘作为虚拟机中的硬盘驱动器来使用，为虚拟机提供了存储空间。每个虚拟机至少需要一个虚

拟硬盘用于安装来宾操作系统。与物理硬盘的使用方法类似，可以对虚拟硬盘进行分区、格式化、移动和复制文件、设置磁盘配额等操作，对虚拟硬盘的操作不会影响到物理硬盘，因此非常安全可靠。

虚拟硬盘也可用于物理计算机，可以在物理计算机中加载虚拟硬盘，从而为物理计算机提供额外的硬盘及其包含的分区，然后用户就可以访问虚拟硬盘中的内容。还可以使用虚拟硬盘中的操作系统来启动物理计算机，类似于使用物理硬盘启动物理计算机。

Windows 10 操作系统支持 VHDX 和 VHD 两种格式的虚拟硬盘，VHDX 是从 Windows 8 开始支持的虚拟硬盘格式。与 VHD 格式相比，VHDX 格式包括以下一些新功能。

◆ VHDX 格式支持最大 64TB 的存储容量，VHD 格式仅支持最大 2TB 的存储容量。

◆ 通过记录对 VHDX 元数据结构的更新，避免在发生意外断电时数据受到损坏。

◆ 由于改进了虚拟硬盘格式的对齐方式，因此可以在使用了高级格式化功能的大扇区的物理硬盘上更好地工作。

◆ 满足了动态磁盘和差分磁盘使用较大的数据块的工作负荷需求。

◆ 在 4KB 扇区大小的虚拟硬盘中使用专门为 4KB 扇区而设计的应用程序以及进行其他工作时，可以提高虚拟硬盘的性能。

◆ 可以存储用户想要记录的文件的自定义元数据，比如操作系统版本或应用程序的修补程序。

◆ 高效地表示数据（也称为"剪裁"），使文件体积更小，而且允许物理存储设备回收未使用的空间。

> **提示**
> 高级格式化是国际硬盘设备与材料协会（International Disk Drive Equipment and Materials Association，IDEMA）为新型数据结构格式所采用的名称，它定义了硬盘介质上所用基本扇区大小的增长量级。硬盘上存储的数据需要格式化到小的逻辑块中，将这些逻辑块称为"扇区"。传统的扇区大小为512字节，在新的规定中，IDEMA将硬盘扇区的大小从512字节提升到4096字节（4KB）。

可以创建以下 3 种类型的虚拟硬盘：固定虚拟硬盘（固定 VHD）、动态虚拟硬盘（动态 VHD）、差分虚拟硬盘（差分 VHD）。下面介绍了这 3 种虚拟硬盘类型的特点。

1. 固定大小VHD

固定大小 VHD 的大小不会随其内部存储的数据容量的大小而自动调整。固定大小 VHD 文件的大小即为初始创建时的大小，即使最初创建固定大小 VHD 时在其内部未包含任何内容，只要固定大小 VHD 被创建出来，就会在物理硬盘中占据与所设置的固定大小 VHD 文件大小相同的存储空间。与其他类型的 VHD 相比，固定大小 VHD 可以提供更好的性能，这是因为它们存储在物理硬盘的连续扇区中。

2. 动态扩展VHD

动态扩展 VHD 的大小会随着其中包含的数据容量的大小而自动调整。因此，在最初创建动态扩展 VHD 时其文件大小可能非常小，因为其中还未包含任何内容。但是随着向动态扩展 VHD 中写入数据的不断增多，动态扩展 VHD 的大小会随之增加，直到达到创建动态扩展 VHD 时为其设置的容量上限。动态扩展 VHD 可以最有效地使用物理硬盘的存储空间。

3. 差分VHD

差分 VHD 是基于一个现有的 VHD 而创建的，可以将所基于的这个现有的 VHD 称为父 VHD，而将创建的差分 VHD 称为子 VHD。如果已经在父 VHD 中安装好了操作系统、驱动程序、应用程序，并且存储了所有需要使用的文件和数据。那么在创建差分 VHD 时，该 VHD 会关联到父 VHD，此时子 VHD（差分 VHD）继承了父 VHD 中的所有内容，与父 VHD 中的内容完全相同。以后可以随意修改子 VHD 中的内容，修改结果不会对父 VHD 产生任何影响。在建立了子 VHD 与父 VHD 之间的关联后，将不能随意修改父 VHD 中的内容，否则将会破坏它们之间的关联并导致子 VHD 无法正常使用。

从另一方面来看，创建的父 VHD 相当于一个硬盘的完整备份。当子 VHD 损坏而无法使用时，可以通过父 VHD 重建一个一模一样的子 VHD，这样将为系统的备份与还原提供极大的方便。创建的差分 VHD 的初始容量可能很小，但是在以后的使用中会不断增大差分 VHD 的容量。

下面列出了在创建虚拟硬盘之前需要注意的一些问题。

◆ 只有具有管理员权限的用户才能创建虚拟硬盘。

◆ 不应该在加密的文件夹中创建虚拟硬盘。如果已使用加密文件系统（EFS）加密 VHD 文件，Hyper-V 将不支持使用存储媒体，但是可以使用存储在加密的 BitLocker 驱动器上的文件。

◆ 不能将创建的虚拟硬盘存储在使用 NTFS 压缩的文件夹中。

◆ 最好在使用差分 VHD 之前先为父 VHD 设置写保护或锁定，因为一旦某些进程修改了父 VHD，那么与其相关的任何差分 VHD 都将失效，存储在差分 VHD 的所有数据也都将丢失。

◆ 如果创建的是用于启动物理计算机的差分 VHD，那么必须将差分 VHD 与其关联的父 VHD 保存在同一个文件夹中。

4.2.2　创建虚拟硬盘

可以使用以下 4 种方法创建虚拟硬盘。

◆ 在【磁盘管理】窗口中创建虚拟硬盘。

◆ 使用 Hyper-V 的【新建虚拟机向导】对话框创建虚拟硬盘。在本章 4.1.4 节介绍创建虚拟机的 STEP 8 中将会创建一个虚拟硬盘，因此本节不再进行介绍。

◆ 使用 Hyper-V 的【新建虚拟硬盘向导】对话框创建虚拟硬盘。

◆ 使用 DiskPart 命令创建虚拟硬盘。

下面将介绍使用上面列出的后 3 种方法来创建固定大小 VHD、动态扩展 VHD、差分 VHD 的详细步骤。

1. 在【磁盘管理】窗口中创建固定大小VHD

如果没有启用 Windows 10 操作系统中的 Hyper-V 功能，那么可以在【磁盘管理】窗口中创建虚拟硬盘，具体操作步骤如下。

STEP 1 右击【开始】按钮 ，然后在弹出的菜单中选择【磁盘管理】命令。

STEP 2 打开【磁盘管理】窗口，单击菜单栏中的【操作】➪【创建 VHD】命令。

STEP 3 打开如图 4-45 所示的对话框，如果要创建固定大小 VHD，则需要进行以下设置。

图4-45　创建固定大小VHD时的选项设置

◆ 单击【浏览】按钮选择用于存储将要创建的虚拟硬盘的文件夹，并输入一个易于识别的名称，该名称就是即将创建的虚拟硬盘的文件名。

◆ 在【虚拟硬盘大小】右侧的文本框中输入表示虚拟硬盘容量上限的数字，可以在右侧的下拉列表中选择容量单位，这里创建的是一个 20GB 大小的虚拟硬盘。

◆ 在【虚拟硬盘格式】组中选择要创建的虚拟硬盘的格式：VHD 或 VHDX。

◆ 在【虚拟硬盘类型】组中选中【固定大小】单选按钮，以创建固定大小 VHD。

STEP 4 设置好以后单击【确定】按钮，系统将按照设置的选项开始创建固定大小 VHD，并在【磁盘管理】窗口的右下角显示创建进度，如图 4-46 所示。

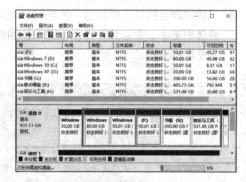

图4-46　正在创建虚拟硬盘并显示创建进度

STEP 5 创建好的虚拟硬盘会显示在【磁盘管理】窗口中，其状态会显示为"没有初始化"。需要对其进行初始化与格式化以后才能正常使用。右击新建的虚拟磁盘，右击的位置必须位于显示有"没有初始化"文字的矩形区域内，然后在弹出的菜单中选择【初始化磁盘】命令，如图 4-47 所示。

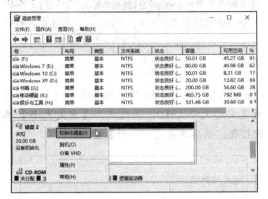

图4-47　对虚拟硬盘执行初始化操作

STEP 6 打开如图 4-48 所示的对话框，列表中会自动选中新建的虚拟硬盘。在下方选择 MBR 或 GPT 分区类型，然后单击【确定】按钮开始初始化虚拟硬盘。

图4-48　初始化虚拟硬盘前的选项设置

 交叉参考　有关【磁盘管理】窗口的更多内容，请参考本书第 12 章。

STEP 7 初始化完成后，虚拟硬盘的状态会由"没有初始化"改为"联机"。接下来需要分区并格式化虚拟硬盘，然后才能使用它。右击显示虚拟硬盘分区的矩形区域，然后在弹出的菜单中选择【新建简单卷】命令，如图 4-49 所示。

STEP 8 打开【新建简单卷向导】对话框，根据向导为虚拟硬盘创建分区并进行格式化。完成后系统会自动打开该虚拟硬盘，在【磁盘管理】窗口中该虚拟硬盘会显示"状态良好"的文字，同

时该虚拟硬盘也会显示在文件资源管理器中，如图 4-50 所示。

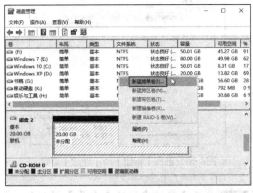

图4-49　选择【新建简单卷】命令

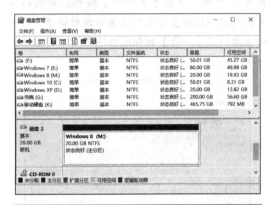

图4-50　完成初始化以后的虚拟硬盘

2. 使用Hyper-V的【新建虚拟硬盘向导】对话框创建固定大小VHD

如果启用了 Hyper-V 功能，则可以在【Hyper-V 管理器】窗口中使用【新建虚拟硬盘向导】对话框来创建虚拟硬盘，具体操作步骤如下。

STEP 1 打开【Hyper-V 管理器】窗口，右击左侧窗格中的本地计算机，然后在弹出的菜单中选择【新建】⇨【硬盘】命令，如图 4-51 所示。

图4-51　选择【新建】➪【硬盘】命令

STEP 2 打开【新建虚拟硬盘向导】对话框，如图 4-52 所示，单击【下一步】按钮。如果以后再次创建虚拟硬盘时不想再显示该对话框，则可以在单击【下一步】按钮之前选中【不再显示此页】复选框。

图4-52　启动新建虚拟硬盘向导

STEP 3 进入如图 4-53 所示的界面，在这里选择要创建的虚拟硬盘的文件格式。如果想要使用大于 2TB 的虚拟硬盘，则需要选择 VHDX 格式。设置好以后单击【下一步】按钮。

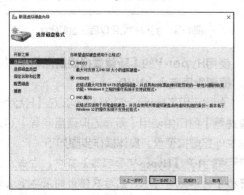

图4-53　选择虚拟硬盘的文件格式

> **提示**
> 创建虚拟硬盘需要多个步骤才能完成。虽然可以在每个界面中通过单击【下一步】按钮来进入到下一个设置界面，但是也可以单击【新建虚拟硬盘向导】对话框左侧列表中的名称来跳转到任意界面，跳过的界面中包含的选项将使用系统提供的默认值。如果直接单击【完成】按钮，则将自动创建一个容量为127GB的动态扩展VHD。

STEP 4 进入如图 4-54 所示的界面，由于要创建的是固定大小 VHD，因此选中【固定大小】单选按钮，然后单击【下一步】按钮。

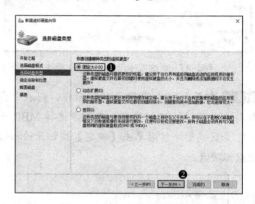

图4-54　选择虚拟硬盘的类型

STEP 5 进入如图 4-55 所示的界面，在【名称】文本框中输入要创建的虚拟硬盘的名称，然后单击【浏览】按钮，在打开的对话框中选择用于存储虚拟硬盘的文件夹。返回【新建虚拟硬盘向导】对话框后单击【下一步】按钮。

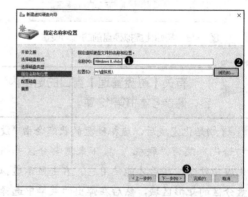

图4-55　设置虚拟硬盘的名称和存储位置

STEP 6 进入如图 4-56 所示的界面，选中【新建空白虚拟硬盘】单选按钮，然后在【大小】文本框中输入一个数字，该数字表示要创建的虚拟硬盘的容量。设置好以后单击【下一步】

按钮。

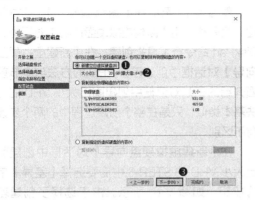

图4-56　设置要创建的虚拟硬盘的容量

STEP 7 进入如图 4-57 所示的界面，此处汇总了前几步的设置结果，如果确认无误，可以单击【完成】按钮开始创建虚拟硬盘。

图4-57　汇总了前几步的设置结果

接下来需要在【磁盘管理】窗口中对新建的虚拟硬盘进行初始化与格式化，然后才能使用虚拟硬盘，初始化与格式化的具体方法请参考方法 1。

3. 使用DiskPart命令创建固定大小VHD

除了以上两种方法外，用户还可以使用 DiskPart 命令行工具创建虚拟硬盘，具体操作步骤如下。

STEP 1 右击【开始】按钮Ⅲ，在弹出的菜单中选择【命令提示符 (管理员)】命令，以管理员身份打开【命令提示符】窗口。

STEP 2 输入"diskpart"命令后按【Enter】键，进入 DiskPart 命令环境。然后输入下面的命令，将在 H 盘根目录中创建一个名为 Windows 8 的固定大小 VHD，其容量上限为 20GB。maximum

参数的单位是 MB。在创建的过程中会显示百分比进度，如图 4-58 所示。

```
create vdisk file="H:\Windows 8.vhd"
type=fixed maximum=20000
```

图4-58　输入命令以创建固定大小VHD

> **提示**
>
> 由于type参数的默认值是fixed，表示创建的是固定大小VHD，因此可以省略type部分，命令改写为下面的形式：
> ```
> create vdisk file="H:\Windows 8.vhd"
> maximum=20000
> ```

STEP 3 创建完成后会在【命令提示符】窗口中显示"成功创建"的信息。此时只是创建了一个虚拟硬盘，还需要对其进行初始化与格式化才能正常使用。在未退出 DiskPart 命令环境的情况下继续输入下面的命令，如图 4-59 所示，每输入一行命令都需要按一次【Enter】键。

图4-59　使用DiskPart命令初始化与格式化虚拟硬盘

列出计算机中的所有虚拟硬盘：
```
list vdisk
```
选择新建的虚拟硬盘：
```
select vdisk file="H:\windows 8.vhd"
```

注意 如果虚拟硬盘的完整路径中包含有空格，则需要在输入上面的命令中使用英文双引号将虚拟硬盘的完整路径括起，否则系统会显示错误信息。

将新建的虚拟硬盘加载到物理计算机中：

```
attach vdisk
```

在虚拟硬盘中创建主分区：

```
create partition primary
```

为创建的主分区分配盘符：

```
assign letter=M
```

注意 在输入上面的命令并按【Enter】键以后，可能会弹出图4-60所示的对话框，要求用户对新建的虚拟硬盘进行格式化。由于本例介绍的是使用DiskPart命令创建虚拟硬盘，因此在出现该对话框时单击【取消】按钮将其关闭。

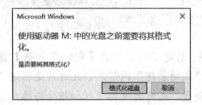

图4-60 为创建的主分区分配盘符以后显示的对话框

使用 NTFS 文件系统快速格式化虚拟硬盘的主分区并设置卷标：

```
format quick label=Win8vhd fs=ntfs
```

输入 "exit" 命令后按【Enter】键，退出 DiskPart 命令环境，然后关闭【命令提示符】窗口。此时的虚拟硬盘就可以正常使用了。

4. 创建动态扩展VHD

与创建固定大小 VHD 的方法类似，用户可以使用【磁盘管理】窗口、【新建虚拟硬盘向导】对话框以及 DiskPart 命令行工具来创建动态扩展 VHD。使用前两种方法创建虚拟硬盘时，只需在选择虚拟硬盘类型的步骤中选择【动态扩展】选项即可。而使用 DiskPart 命令行工具创建虚拟硬盘时，只需将 type 参数设置为 expandable，表示创建的是动态 VHD，其他代码与创建固定大小 VHD 时输入的完全相同，下面的命令将在 H 盘根目录下创建一个名为 Windows 8 的动态扩展 VHD，其容量上限为 20GB：

```
Create vdisk file="H:\Windows 8.vhd"
type=expandable maximum=20000
```

5. 创建差分VHD

差分 VHD 无法在【磁盘管理】窗口中创建，而只能使用【新建虚拟硬盘向导】对话框或 DiskPart 命令行工具来创建。在【新建虚拟硬盘向导】对话框中创建差分 VHD 的方法与本节前面介绍的在该对话框中创建固定大小 VHD 的方法基本类似，只是在整个创建过程中的两个步骤有所区别。

在【新建虚拟硬盘向导】对话框中创建固定大小 VHD 的 STEP 3 中需要选择【差异】单选按钮，如图 4-61 所示。由于选择了创建差分 VHD，因此在后续步骤中会出现不同的选项，单击【下一步】按钮后设置虚拟硬盘的名称和存储位置。然后单击【下一步】按钮将进入图 4-62 所示的界面，单击【浏览】按钮来选择要创建的差分 VHD 所基于的父 VHD。选择好以后单击【下一步】按钮完成向导的后续步骤即可。

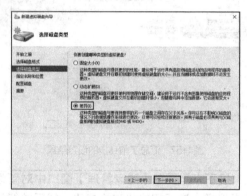

图4-61 选中【差异】单选按钮

图4-62 选择创建的差分VHD所基于的父VHD

如果想要使用 DiskPart 命令创建差分 VHD，需要以管理员身份打开【命令提示符】窗口，输入"diskpart"命令后按【Enter】键以进入DiskPart命令环境。然后输入下面的命令来创建差分 VHD，通过 parent 参数指定所基于的父VHD 的完整路径。

```
Create vdisk file="H:\Windows 8.vhd"
parent="H:\虚拟机\Windows 8.vhd"
```

完成后需要使用前面介绍的方法，继续在DiskPart 命令环境中输入命令来分区与格式化新建的虚拟硬盘。

注意 创建差分VHD时，所基于的父VHD当前不能处于使用或加载状态，否则系统会显示错误信息。

4.2.3 加载与卸载虚拟硬盘

在创建好虚拟硬盘后，系统会自动将其加载到计算机中，并在文件资源管理器中显示该虚拟硬盘包含的所有分区。无论在任何时候都可以非常方便地将虚拟硬盘加载到计算机中，或者卸载当前处于加载状态的虚拟硬盘。加载与卸载虚拟硬盘的操作与在虚拟光驱中加载映像文件以及将映像文件从虚拟光驱中弹出的操作非常相似。在 Windows 10 中将加载虚拟硬盘的操作称为"附加 VHD"，将卸载虚拟硬盘的操作称为"分离 VHD"。

如果要在计算机中加载虚拟硬盘，可以打开文件资源管理器，找到并右击要加载的虚拟硬盘文件，然后在弹出的菜单中选择【装载】命令，如图 4-63 所示。如果不需要使用虚拟硬盘了，只需在文件资源管理器中右击虚拟硬盘的磁盘分区，然后在弹出的菜单中选择【弹出】命令，如图 4-64 所示，这样可以将虚拟硬盘从计算机中卸载。

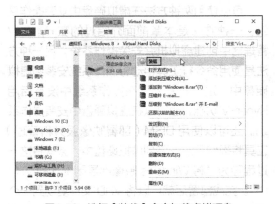
图4-63 选择【装载】命令加载虚拟硬盘

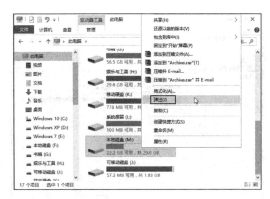
图4-64 选择【弹出】命令卸载虚拟硬盘

4.2.4 转换虚拟硬盘的格式和类型

在创建虚拟硬盘时需要将虚拟硬盘格式设置为 VHD 或 VHDX，然而在以后的使用中可能需要在这两种格式之间进行转换，也可能根据使用需求希望将固定大小 VHD 转换为动态扩展VHD。使用 Hyper-V 管理器提供的磁盘编辑功能可以很方便地将虚拟硬盘转换为其所支持的格式与类型，具体操作步骤如下。

STEP 1 打开【Hyper-V 管理器】窗口，右击左侧窗格中的本地计算机，然后在弹出的菜单中选择【编辑磁盘】命令。

STEP 2 打开【编辑虚拟硬盘向导】对话框，单击【下一步】按钮，如图 4-65 所示。

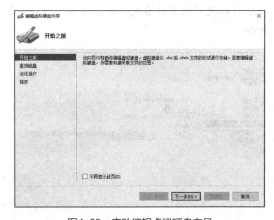
图4-65 启动编辑虚拟硬盘向导

STEP 3 进入如图 4-66 所示的界面，单击【浏览】按钮后选择要转换格式的虚拟硬盘。选择好以后单击【下一步】按钮。

STEP 4 进入如图 4-67 所示的界面，选中【转换】单选按钮，然后单击【下一步】按钮。

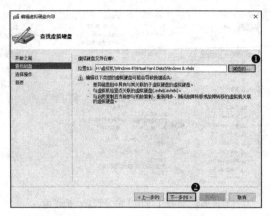

图4-66　选择要转换格式的虚拟硬盘

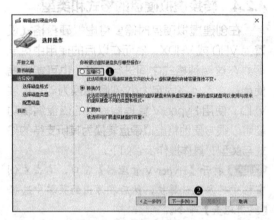

图4-67　选中【转换】单选按钮

STEP 5 进入如图 4-68 所示的界面，选择要将虚拟硬盘转换到的目标格式，然后单击【下一步】按钮。

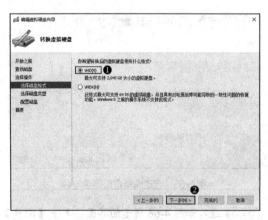

图4-68　选择要将虚拟硬盘转换到的目标格式

STEP 6 进入如图 4-69 所示的界面，选择要将虚拟硬盘转换到的目标类型，然后单击【下一步】按钮。

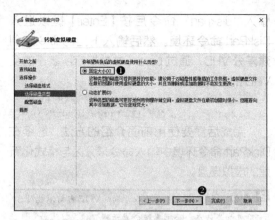

图4-69　选择要将虚拟硬盘转换到的目标类型

STEP 7 进入如图 4-70 所示的界面，单击【浏览】按钮后设置转换后的虚拟硬盘的存储位置及文件名称。设置好以后单击【下一步】按钮。

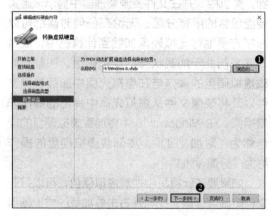

图4-70　设置转换后的虚拟硬盘的存储位置和名称

STEP 8 在进入的界面中汇总了前几步的设置结果，确认无误后单击【完成】按钮，即可将虚拟硬盘转换为指定的格式和类型。

4.2.5　在虚拟硬盘中安装操作系统

可以使用两种方法在虚拟硬盘中安装操作系统，一种方法是本章前面介绍过的在 Hyper-V 管理器中创建虚拟机并安装操作系统。另一种方法是使用命令行工具手动将操作系统安装到虚拟硬盘中，这意味着即使在操作系统中没有启用 Hyper-V 功能，也可以在虚拟硬盘中安装操作系统。还可以使用 DISM（部署映像服务和管理）工具将操作系统安装到虚拟硬盘中，微软将这一过程称为"将 Windows 映像部署到附加的 VHD 中"。完成部署后就可以将 VHD 文件复制到一个或多个系统中，以便在虚拟机中运行该 VHD 或者将其用于启动物理计算机。在虚拟硬盘中安装操作系统的具体操作步骤如下。

STEP 1 使用本章 4.2.2 节介绍的任意一种方法创建一个容量不小于 30G 的 VHD 文件。如果希望有更好的性能，则应该创建固定大小类型的 VHD。

STEP 2 使用 VHD 的所有容量创建一个主分区，使用 NTFS 文件系统格式化该分区并为其设置一个盘符，如 M。

STEP 3 将要安装的操作系统的映像文件加载到虚拟光驱中。进入虚拟光驱，然后从 Sources 文件夹中将 install.wim 文件复制到物理硬盘的某个分区中，如复制到 H 盘根目录。

STEP 4 以管理员身份打开【命令提示符】窗口，然后输入下面的命令将 install.wim 文件中包含的操作系统的安装文件复制到 VHD 中，如图 4-71 所示。

```
dism /apply-image /imagefile:H:\
install.wim /index:1 /ApplyDir:M:\
```

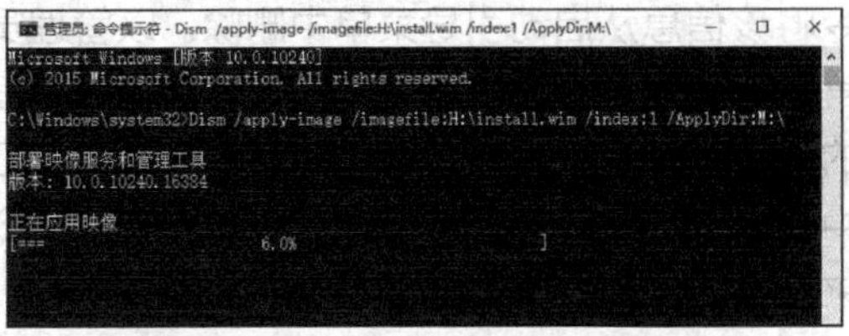

图4-71 将操作系统安装到虚拟硬盘中

4.2.6 从虚拟硬盘启动计算机

当在虚拟硬盘中安装好操作系统后，可以使用虚拟硬盘中安装的操作系统来启动物理计算机。从虚拟硬盘启动物理计算机需要具备以下两个条件。

◆ 物理计算机中安装的操作系统必须是 Windows 7 或更高版本的 Windows 操作系统，具体包括：Windows 7 企业版和旗舰版、Windows 8/8.1 企业版和专业版、Windows 10 企业版和专业版、Windows Server 2008 R2（不包括 Foundation 版本）、Windows Server 2012/2012 R2。

◆ 物理计算机中至少需要两个磁盘分区：一个分区用于安装 Windows 操作系统并存储系统的启动配置信息。另一个分区存储着用于启用计算机的虚拟硬盘文件，该分区必须拥有足够的可用空间。

用于启动物理计算机的虚拟硬盘包括以下一些限制。

◆ 不能使用设置了 BitLocker 驱动器加密的 VHD 来启动物理计算机。

◆ 不能使用设置了 EFS 加密或 NTFS 压缩的 VHD 来启动物理计算机。

◆ 不能使用存储在服务器消息块（SMB）上的 VHD 来启动物理计算机。

◆ 如果使用 VHDX 格式的虚拟硬盘来启动物理计算机，那么物理计算机中的操作系统必须是 Windows 8/8.1、Windows 10 或 Windows Server 2012/2012 R2。

◆ 不能使用嵌套的 VHD 来启动物理计算机。

◆ 用于启动物理计算机的 VHD 不支持休眠模式。

◆ 不能将附加的 VHD 配置为"动态磁盘"。此处所说的动态磁盘指的是一种磁盘类型，而非本章所说的动态扩展 VHD。通常使用的硬盘被配置为基本磁盘，动态磁盘则提供了基本磁盘所不具有的功能，比如创建跨多个磁盘的卷（即跨区卷和带区卷）的能力，以及创建容错卷（即镜像卷和 RAID-5 卷）的能力。

在了解了以上内容并在上一节将操作系统映像安装到虚拟硬盘后，接下来就可以配置从虚拟硬盘启动物理计算机了。为了让虚拟硬盘能够启动物理计算机，需要使用 BCDedit 命令行工具为创建的 VHD 设置启动引导信息，并将创建的引导信息添加到物理计算机的引导菜单中，从而实现使用 VHD 中安装的操作系统来启动物理计算机。

以管理员身份打开【命令提示符】窗口，然后输入下面的命令来复制当前 Windows 操作系统中的引导信息，之后将会修改复制后的副本用于设置虚拟硬盘的引导信息。其中的 {default} 表示与启动管理器默认应用程序项对应的标识符（guid），/d 选项后面的部分为用户输入的任意内容，该内容表示的是显示在系统启动列表中用于启动到虚拟硬盘中安装的操作系统的名称，所以应该输入一个易于识别操作系统版本的名称。

```
bcdedit /copy {default} /d "Windows 8 VHD"
```

执行完上面的命令后，系统会返回如图 4-72 所示的一串数字，需要复制包含大括号在内的这串数字以便在接下来的命令中使用。在【命令提示符】窗口中输入下面的命令，设置 VHD 引导信息中的 device 和 osdevice 两项。需要使用之前获得的那串数字来替换命令中的 {guid} 部分，输入时需要包括数字两侧的大括号。下面命令中的 VHD FilePath 需要使用创建的虚拟硬盘的完整路径来进行替换。

图4-72　复制现有的引导信息并返回一个标识符

```
bcdedit /set {guid} device vhd=VHD FilePath
bcdedit /set {guid} osdevice vhd=VHD FilePath
```

例如，本例中获得的标识符为 {0be1d465-4595-11e5-a528-810aaca06319}，虚拟硬盘的文件名是 Win8.vhd，存储在 H 盘根目录中，那么需要将上面的命令改为以下形式。需要注意的是，表示虚拟硬盘文件所在的盘符必须用方括号括起。

```
bcdedit /set {0be1d465-4595-11e5-a528-
810aaca06319} device vhd=[H:]\win8.vhd
bcdedit /set {0be1d465-4595-11e5-a528-
810aaca06319} osdevice vhd=[H:]\win8.vhd
```

如果希望将虚拟硬盘中的操作系统设置为计算机默认启动的操作系统，那么可以输入下面的命令，其中的 {guid} 为用户获得的包含大括号在内的一串数字。

```
bcdedit /default {guid}
```

如果要取消 VHD 作为操作系统的默认启动项，则可以输入下面的命令：

```
bcdedit /set {guid} detecthal on
```

4.2.7　删除虚拟硬盘及其启动引导信息

当用户不再需要使用虚拟硬盘时，直接在物理硬盘中将虚拟硬盘文件删除即可，就像删除计算机中的其他文件一样。如果删除之前已经加载了虚拟硬盘，那么需要先卸载虚拟硬盘，然后才能将其删除。

 有关加载和卸载虚拟硬盘的方法，请参考本章 4.2.3 节。

如果使用上一节介绍的方法为虚拟硬盘创建了启动引导信息，那么需要使用 BCDedit 命令将该信息从启动引导菜单中删除。以管理员身份打开【命令提示符】窗口，然后输入下面的命令后按【Enter】键。{guid} 为安装到 VHD 中的操作系统标识符，可以使用 bcdedit/v 命令来查看。

```
bcdedit /delete {guid} /cleanup
```

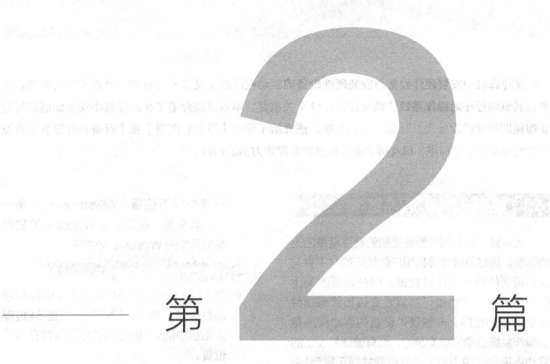

第 2 篇

安装与管理硬件和软件

本篇主要介绍安装与管理硬件设备和软件程序方面的内容。该篇包括以下 3 章：

第 5 章　安装与管理硬件设备和驱动程序
第 6 章　使用与管理外围设备
第 7 章　安装与管理应用程序

安装与管理硬件设备和驱动程序

在计算机中安装硬件设备与安装硬件设备的驱动程序通常是密不可分的，是否正确安装硬件设备及其驱动程序对操作系统的性能及稳定性至关重要。本章详细介绍了在计算机中安装即插即用与非即插即用硬件设备及其驱动程序的方法，还介绍了使用【设备管理器】和【设备和打印机】管理硬件设备及其驱动程序，以及解决硬件设备的故障等方面的内容。

5.1 硬件设备驱动程序概述

大多数计算机用户都会接触到硬件设备的驱动程序。虽然品牌计算机用户最初可能并不会与硬件设备的驱动程序打交道，但在以后的使用中由于某些原因也很可能需要安装和管理硬件设备的驱动程序。一些硬件设备的驱动程序是由操作系统自动完成安装的，而有些硬件设备的驱动程序需要由用户手动安装后才能正常使用。虽然在正确安装硬件设备的驱动程序后，用户几乎不会再与这些驱动程序有任何交互，但是对硬件设备驱动程序的基本概念有一定的了解仍然很有必要。

5.1.1 什么是硬件设备驱动程序

硬件设备驱动程序是一种让操作系统与硬件设备进行彼此通信的程序。硬件设备驱动程序通常不会直接使用硬件设备，而是由硬件抽象层（HAL，Hardware Abstraction Layer）负责处理操作系统与硬件设备之间的底层通信，硬件设备驱动程序则用于描述操作系统该如何通过 HAL 来使用硬件设备。正确安装好硬件设备驱动程序后，在操作系统启动过程中将会自动加载已安装的驱动程序，这些驱动程序会作为操作系统的一部分在内核模式下运行，无需用户干预。

在安装好的 Windows 10 操作系统中包含了大量的硬件设备驱动程序。与 32 位和 64 位操作系统对应的是，驱动程序也分为 32 位和 64 位，这些驱动程序存储在下面的位置中。

◆ 在 32 位 Windows 10 中，32 位驱动程序

存储在以下位置，%SystemRoot% 是一个环境变量，表示安装 Windows 10 的磁盘分区中的 Windows 文件夹。

```
%SystemRoot%\System32\DriverStore\
FileRepository
```

◆ 在 64 位 Windows 10 中，64 位驱动程序的存储位置与上面的相同，但是 64 位操作系统中的 32 位驱动程序则存储在以下位置。

```
%SystemRoot%\SysWOW64\DriverStore\
FileRepository
```

FileRepository 是受系统保护的文件夹，其中包含了已批准在计算机中安装的硬件设备驱动程序包。由于这些驱动程序带有微软的数字签名，因此它们是安全可靠的，计算机中的标准用户无需提升用户权限即可使用这些驱动程序来安装硬件设备。DriverStore（驱动存储）文件夹中包含了针对本地化驱动信息的子文件夹，系统中配置的每种语言都有对应的子文件夹。例如，要了解有关本地化的中文驱动信息，可以使用名为 zh-CN 的子文件夹。

硬件设备驱动程序中的 .inf 文件用于控制驱动程序的安装以及向注册表写入硬件设备的配置信息，该文件还会标记在安装驱动程序时需要用到的相关文件。在安装硬件设备的驱动程序时，驱动程序会被写入以下位置。安装好的每个驱动程序都有一个 .sys 文件，有些驱动程序还包括 .dll、.dat 和 .exe 等文件。

```
%SystemRoot%\System32\drivers
```

5.1.2 驱动程序数字签名

微软对安装在 Windows 操作系统中的硬件

设备的驱动程序有严格的要求。虽然允许用户安装任何来源的驱动程序，但是只有经过数字证书和数字签名的驱动程序才能确保不会影响系统的稳定性。由于运行在内核模式下的硬件设备驱动程序具有访问 Windows 操作系统中的所有资源的权限，因此对于系统的稳定性而言，硬件设备驱动程序是否可信至关重要。可信的驱动程序至少需要满足以下两点。

◆ **来源可靠**：为了防止恶意代码仿冒驱动程序，驱动程序必须来自于声明它的地方。

◆ **未被篡改**：为了防止在驱动程序中加入恶意或导致系统不稳定的代码，必须确保没有对驱动程序进行过任何改动。

数字证书通常由证书颁发机构（CA，Certificate Authority）颁发，用于证明组织的身份。为了帮助 Windows 确认驱动程序的来源是否可靠，数字签名使用数字证书中的信息对驱动程序中包含的具体内容进行加密。

驱动程序包中的每个文件都有一个对应的哈希值，可以将这个哈希值称为"指纹"。驱动程序包中的每个文件的指纹包含在数字签名中，具体而言驱动程序包中的所有指纹存储在扩展名为 .cat 的文件中，将该文件称为"安全目录文件"。对驱动程序包中的任何一个文件进行修改都会导致指纹发生变化，从而可以帮助用户来确认驱动程序是否被篡改过。

 有关查看驱动程序文件的数字签名与安全目录文件的方法，请参考本章 5.3.3 节。

微软的 Windows 硬件质量实验室（WHQL，Windows Hardware Quality Labs）负责对硬件设备的驱动程序进行稳定性检测，WHQL 会为通过检测的硬件设备驱动程序添加数字签名，因此在 Windows 操作系统中使用带有微软数字签名的驱动程序是非常安全可靠的。

注意 在64位操作系统中只能安装带有数字签名的驱动程序，而在32位操作系统中安装的驱动程序并没有此要求。

通常情况下，非正式版驱动程序以及被第三方修改过的驱动程序都不会包含数字签名。在安装不包含数字签名的驱动程序时会显示警告信息，虽然用户可以选择继续安装，但是可能会影响系统的稳定与安全。

5.1.3 硬件设备驱动程序的安装原理

在本章 5.1.1 节曾介绍过，Windows 操作系统内置的大量硬件设备的驱动程序文件位于 DriverStore 文件夹中，具有标准权限的用户可以使用该文件夹中的驱动程序来安装相应的硬件设备，但是不能向该文件夹中添加新的驱动程序，或者从该文件夹中删除驱动程序。默认情况下只有 SYSTEM 账户才拥有对 DriverStore 文件夹的完全控制权限。

 有关文件和文件夹权限的更多内容，请参考本书第 17 章。

在将硬件设备连接到计算机后，系统将会开始检测所连接的设备并准备安装该设备的驱动程序。图 5-1 所示为在 Windows 操作系统中安装硬件及其驱动程序的整个过程，图中的 PnP（Plug and Play）服务是指 Windows 操作系统中运行的即插即用服务。

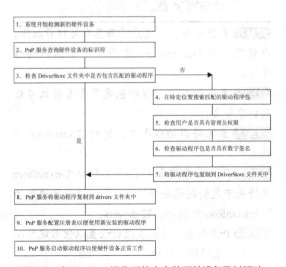

图5-1　在Windows操作系统中安装硬件设备及其驱动程序的整个过程

安装硬件设备驱动程序的具体过程如下。

STEP 1 将硬件设备连接到计算机，系统开始检测所连接的硬件设备，并向 PnP 发出信号以使该硬件设备可操作。

STEP 2 PnP 服务通过查询硬件设备的标识符来识别所连接的硬件设备。

STEP 3 PnP 服务在 DriverStore 文件夹中搜索与硬件设备匹配的驱动程序包。如果找到匹配的驱动程序包，将会转到 STEP 8；如果未找到匹配的驱动程序包，则会转到 STEP 4。如果找不到合适的驱动程序包，将会自动停止安装过程。

STEP 4 系统将在以下位置中搜索与硬件设备匹配的驱动程序包。

◆ 由 DevicePath 键值指定的文件夹，该键值位于注册表的以下路径中。可以编辑该键值以包括经常用于存储驱动程序的文件夹。可以添加多个文件夹，但是各文件夹之间必须使用分号分隔，且必须确保其中包括 %systemroot%\inf 项。

```
HKEY_LOCAL_MACHINE/Software/Microsoft/
Windows/CurrentVersion
```

◆ 在微软的 Windows Update 网站中搜索匹配的驱动程序。

◆ 从指定的安装介质中搜索匹配的驱动程序，比如驱动程序安装光盘。

 交叉参考 有关注册表的更多内容，请参考本书第 31 章。

STEP 5 系统检查当前用户是否具有管理员权限，以便可以向 DriverStore 文件夹中添加驱动程序包。

STEP 6 系统检查驱动程序包是否具有有效可信的数字签名。

STEP 7 系统将驱动程序包复制到 DriverStore 文件夹中。

STEP 8 PnP 服务将驱动程序文件从 DriverStore 文件夹中复制到设备安装的位置，该位置通常为 %SystemRoot%\System32\drivers。

STEP 9 PnP 服务对注册表进行设置以便系统可以使用新安装的驱动程序。

STEP 10 PnP 服务启动新安装的驱动程序，此时新的硬件设备就可以正常使用了。

STEP 3 ～ STEP 7 中的过程称为"暂存"。系统在暂存过程中将会执行所有必要的安全检查，包括验证管理员权限以及确认驱动程序数

字签名的有效性。检查通过后，系统会将驱动程序包复制到安全位置，以便 PnP 服务可以访问该驱动程序包。系统成功暂存了驱动程序包后，任何登录该系统的用户只需连接好相应的硬件设备，系统就会使用 DriverStore 文件夹中匹配的驱动程序进行安装，完成安装后硬件设备即可正常工作。

5.2 安装硬件设备及其驱动程序

从硬件设备与计算机的连接和使用方式来看，可以将硬件设备分为即插即用与非即插即用两类。本节将介绍安装即插即用与非即插即用两类不同硬件设备及其驱动程序的方法。

5.2.1 安装即插即用设备及其驱动程序

即插即用（PnP，Plug and Play）技术是指将硬件设备连接到计算机后，无需用户手动安装硬件设备的驱动程序，也不需要对硬件设备的参数进行复杂设置，操作系统能够自动识别所连接的硬件设备，并自动完成系统资源的分配（I/O 端口和 IRQ 中断等）、相关参数的设置以及驱动程序的安装，稍后就可以使用该硬件设备了。

提示 与"即插即用"容易混淆的一个概念是"热插拔"，虽然从某些硬件设备的使用方式上来看这两个概念有些相似，但是它们仍属于两个不同的概念。"即插即用"是指将硬件设备连接到计算机后，操作系统可以自动检测并安装该硬件设备的驱动程序，稍后该硬件设备即可正常使用。"热插拔"是指可以在不关闭操作系统或计算机电源的情况下，随时将硬件设备连接到计算机或断开与计算机的连接，而不会对硬件设备以及其中存储的数据造成破坏。

在 PnP 技术出现以前，I/O 端口和 IRQ 中断等系统资源的分配工作是由用户手动完成的。对于普通计算机用户而言，对连接到计算机上的硬件设备进行跳线等设置并不是件容易事。由于操作系统中的资源数量有限，因此在手动分配 IRQ 中断等资源时可能会发生资源冲突的问题，导致硬件设备无法使用甚至系统崩溃。

PnP 技术的出现使硬件设备的系统资源分配

实现了自动化，操作系统会自动为新添加的硬件设备分配一个不存在冲突的 I/O 端口和 IRQ 中断，以及 DMA 通道和内存地址等其他所需的系统资源。

即插即用设备的安装主要分为两类，一类是安装 USB 设备，另一类是安装非 USB 设备。在将 USB 设备第一次连接到计算机后将会显示类似图 5-2 所示的对话框，系统通常可以自动检测 USB 设备并安装好相应的驱动程序，稍后即可使用 USB 设备。

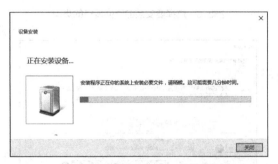

图5-2　系统自动为USB设备安装驱动程序

另一类是像显卡、声卡、网卡等需要连接到主板特定插槽上的非 USB 设备。Windows 10 内部集成了大量硬件设备的驱动程序，所以在安装好 Windows 10 后可能会发现在没有专门安装任何硬件设备（显卡、声卡、网卡）的驱动程序的情况下，所有硬件设备也都可以正常工作。不过有时也会出现某些硬件设备不能正常工作的情况，这通常是由于这些硬件设备过旧或过新，而 Windows 10 中没有包含适合这些硬件设备的驱动程序，此时需要单独安装这些硬件设备的驱动程序。

将包含硬件设备驱动程序的安装光盘放入光驱中，如果没有关闭系统的自动运行功能，则会显示一个对话框并提示用户选择光盘中的安装文件，然后按照安装向导进行安装即可。如果是从网上下载的驱动程序，那么通常需要先解压缩下载的文件包，然后进入解压缩后的文件夹，双击其中的安装文件（通常是 setup.exe 文件）进行安装即可。如果下载的是一个可执行文件（扩展名为 .exe），那么直接双击该文件即可安装驱动程序。

注意 在从硬件设备的官方网站上下载驱动程序时需要注意，必须下载与硬件设备型号完全一致的驱动程序，而且还需要根据操作系统的架构下载对应的32位或64位版本的驱动程序。否则在安装好驱动程序后很可能会导致系统不稳定甚至崩溃。在硬件设备的官方网站上通常都会有驱动程序的详细信息。

交叉参考 使用安装光盘或安装文件安装驱动程序的过程与安装普通应用程序基本相同，安装普通应用程序的具体过程请参考本书第 7 章。

在安装好驱动程序后可能会弹出一个对话框，如果确定驱动程序已经正确安装并能正常使用硬件设备，则可以选择【这个程序已经正确安装】，否则选择【使用推荐的设置重新安装】再重新安装一次驱动程序。

5.2.2　安装非即插即用设备及其驱动程序

"非即插即用"这一术语通常适用于较旧的设备。在将很多较旧的硬件设备连接到计算机后，操作系统通常无法自动检测到这些设备，或者即使检测到这些设备也无法为它们安装正确的驱动程序。因此在安装非即插即用设备时，通常需要用户手动检测硬件设备并安装相应的驱动程序。如果要安装的硬件设备带有驱动程序安装光盘，那么应该使用安装光盘进行安装。如果没有安装光盘，则可以使用添加硬件向导来安装硬件设备，具体操作步骤如下。

STEP 1 右击【开始】按钮 ⊞，在弹出的菜单中选择【设备管理器】命令。

STEP 2 打开【设备管理器】窗口，右击列表顶部的计算机名，然后在弹出的菜单中选择【添加过时硬件】命令，如图 5-3 所示。

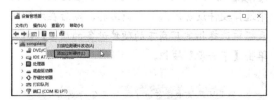

图5-3　选择【添加过时硬件】命令

STEP 3 打开如图 5-4 所示的对话框，单击【下一步】按钮。

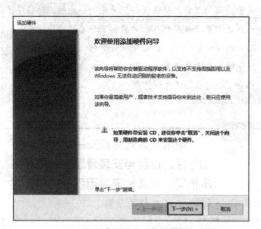

图5-4 打开【添加硬件】向导对话框

STEP 4 进入如图 5-5 所示的界面，选中【安装我手动从列表选择的硬件（高级）】单选按钮，然后单击【下一步】按钮。

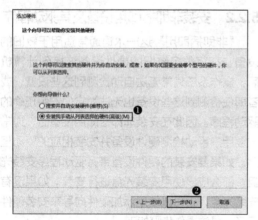

图5-5 选中【安装我手动从列表选择的硬件（高级）】单选按钮

STEP 5 进入如图 5-6 所示的界面，在列表框中选择要安装的硬件设备的类型，然后单击【下一步】按钮。

STEP 6 进入如图 5-7 所示的界面，在左侧列表框中选择硬件设备所属的厂商名称，然后在右侧列表框中选择指定厂商下的硬件设备的型号，然后单击【下一步】按钮。

> **提示**
> 如果计算机中已经有了硬件设备的驱动程序包，则可以单击【从磁盘安装】按钮直接使用该驱动程序包进行安装。

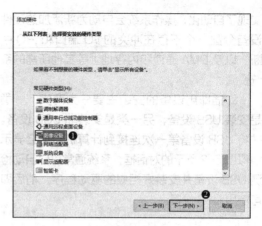

图5-6 选择要安装的硬件设备的类型

图5-7 选择硬件设备的厂商和型号

STEP 7 进入如图 5-8 所示的界面，名称文本框中显示了硬件设备的默认名称，可以根据需要修改该名称，然后单击【下一步】按钮。

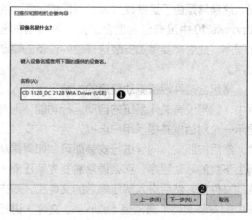

图5-8 设置硬件设备的名称

STEP 8 进入如图 5-9 所示的界面，单击【完成】按钮即可完成硬件设备的安装。

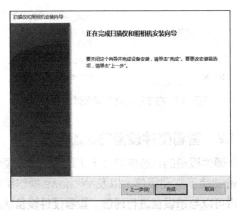

图5-9　完成硬件设备的安装

5.3　管理硬件设备及其驱动程序

Windows 操作系统提供了便于用户对计算机中已安装的管理硬件设备及其驱动程序进行管理的专用工具。管理任务主要包括查看硬件设备的状态信息与驱动程序的详细信息、查看有问题的硬件设备、卸载和重装硬件设备及其驱动程序、更新和回滚硬件设备的驱动程序、禁用和启用硬件设备，设置特定硬件设备的特殊选项等。

5.3.1　设备管理器简介

设备管理器中列出了计算机中包括的所有硬件设备，通过图形化的视图方式对所有硬件设备及其驱动程序进行统一管理。使用设备管理器可以安装和更新硬件设备的驱动程序、更改硬件设备的属性设置和系统资源，以及查看与解决硬件设备存在的问题。由于在硬件设备的安装过程中系统会自动为其分配资源，因此通常不需要使用设备管理器更改硬件设备的系统资源设置，具体而言，使用设备管理器可以完成以下任务。

◆ 基于不同的排序方式查看所有硬件设备。
◆ 显示处于隐藏状态的硬件设备。
◆ 检查计算机中的硬件设备是否正常工作。
◆ 查看硬件设备及其驱动程序的详细信息。
◆ 更新硬件设备的驱动程序。
◆ 启用、禁用或卸载硬件设备。
◆ 回滚到硬件设备驱动程序的前一个版本。
◆ 设置硬件设备的系统资源、电源管理与高级选项。

可以使用以下几种方法打开【设备管理器】窗口。

◆ 右击【开始】按钮，然后在弹出的菜单中选择【设备管理器】命令。
◆ 右击【开始】按钮，在弹出的菜单中选择【计算机管理】命令，打开【计算机管理】窗口，然后在左侧窗格中展开【系统工具】节点并选择其中的【设备管理器】。
◆ 打开【控制面板】窗口，将【查看方式】设置为【大图标】或【小图标】，然后单击【设备管理器】链接。
◆ 在任务栏中的搜索框、【运行】对话框或【命令提示符】窗口中输入"devmgmt.msc"命令后按【Enter】键。

除了第 2 种方法是在【计算机管理】窗口中显示设备管理器以外，其他 3 种方法都将打开独立的【设备管理器】窗口，如图 5-10 所示。列表中显示了计算机中包括的所有硬件设备类型，双击设备类型的名称或单击名称左侧的三角按钮可以展开设备类型中包括的具体硬件设备。如图 5-11 所示，显示了计算机中包括的所有磁盘驱动器。

图5-10　【设备管理器】窗口

图5-11　显示具体的硬件设备

默认情况下，设备管理器中的所有硬件设备是按照设备类型进行自动排列的。用户可以根据需要选择其他排列方式，只需单击【设备管理器】窗口菜单栏中的【查看】命令，然后在弹出的菜单中选择一种排列方式，如图 5-12 所示。表 5-1 列出了所有排列方式及其说明。

图5-12　选择硬件设备的排列方式

> 提示
> 如果选择【显示隐藏的设备】命令，则会显示处于隐藏状态的硬件设备。这类设备通常是已经安装好了驱动程序，但是当前未连接到计算机。

表 5-1　在【设备管理器】窗口中可以选择的硬件设备的排列方式

排列方式	说明
依类型排序设备	按所安装的硬件设备的类型进行排列
依连接排序设备	按硬件设备在计算机中的连接方式进行排列
依类型排序资源	按硬件设备所使用的系统资源的类型进行排列。系统资源的类型包括以下几种： ◆ 内存 ◆ 输入／输出（I/O） ◆ 直接内存访问（DMA） ◆ 中断请求（IRQ）
依连接排序资源	按连接类型排列所有已分配的系统资源

右击硬件设备类型的名称，在弹出的菜单中通常只包括【扫描检测硬件改动】和【属性】两个命令。如果右击具体的硬件设备，在弹出的菜单中将会包括多个命令。根据右击的设备不同，弹出的菜单中包括的命令将会略有差异，主要的区别在于是否包括【禁用】命令，如图 5-13 所示。无法禁用不包括【禁用】命令的硬件设备，如 CPU 和硬盘。

图5-13　右击不同硬件设备弹出的菜单

5.3.2　查看硬件设备的状态信息

硬件设备的状态信息显示了是否已为该硬件设备安装了驱动程序，以及 Windows 操作系统是否可以与该设备进行通信。查看硬件设备状态信息的具体操作步骤如下。

STEP 1 使用本章 5.3.1 节介绍的方法打开【设备管理器】窗口，右击要查看状态信息的硬件设备，然后在弹出的菜单中选择【属性】命令。

STEP 2 打开硬件设备的属性对话框，在【常规】选项卡中显示了该硬件设备的信息，包括设备名称、类型、制造商以及当前的工作状态是否正常等，如图 5-14 所示。

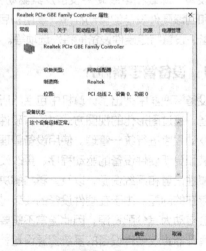

图5-14　查看硬件设备的状态信息

> 提示
> 如果硬件设备存在问题，则会显示问题的类型，还可能包括问题代码和编号，以及建议的解决方案。

STEP 3 切换到【详细信息】选项卡，在【属性】下拉列表中选择一个属性名称，下方的列表框中会自动显示该属性的值，即对所选属性名的描述信息，如图 5-15 所示。例如，在【属性】下拉列表中选择【设备描述】选项，下方的列表框中会显示该硬件设备的名称。如果在【属性】下拉列表中选择【提供商】选项，下方的列表框中将会显示该硬件设备的制造商。

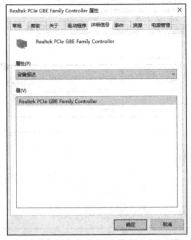

图5-15　查看设备的更多状态信息

5.3.3　查看驱动程序的详细信息

安装硬件设备驱动程序的过程几乎是自动的。安装完成后可能想要了解驱动程序都包括哪些相关文件，或者想要确定所安装的驱动程序是否包含微软的数字签名等信息。本节将介绍查看以上这些信息的方法。

1. 查看驱动程序的数字签名与相关文件

在操作系统中安装的驱动程序可能会包括多种类型的文件，如.sys 文件、.dll 文件、.inf 文件、.exe 文件以及其他类型的文件。用户可以使用下面的方法查看驱动程序的相关文件及其所在的路径，具体操作步骤如下。

STEP 1 使用本章 5.3.1 节介绍的方法打开【设备管理器】窗口，右击要查看驱动程序文件的硬件设备，然后在弹出的菜单中选择【属性】命令。

STEP 2 打开硬件设备的属性对话框，切换到【驱动程序】选项卡，可以看到驱动程序的提供商、发布日期、程序版本。如果在【数字签名者】右侧看到 "Microsoft Windows Hardware Compatibility Publisher"，则说明该驱动程序通过了微软的数字签名，如图 5-16 所示。

图5-16　查看驱动程序的数字签名

STEP 3 用户如要查看驱动程序的相关文件，可以单击【驱动程序详细信息】按钮，打开如图 5-17 所示的对话框，列表中显示了与硬件设备相关的驱动程序文件，下方显示了当前选中文件的相关信息。

图5-17　查看与硬件设备相关的驱动程序文件

2. 查看安全目录文件

在本章 5.1.2 节曾经介绍过安全目录文件，它是一个扩展名为 .cat 的文件，其中存储着驱动程序包中的所有指纹。用户可以使用下面的方法查看与驱动程序相关的安全目录文件，具体操作步骤如下。

STEP 1 使用本节前面介绍的查看驱动程序文件的方法，找到硬件设备的驱动程序主文件的名称，即扩展名为 .sys 文件的名称，例如本例中为 Rt630×64.sys。

STEP 2 进入 %SystemRoot%\System32\DriverStore\FileRepository 文件夹，查找与 Rt630×64.sys 名称开头的文件夹，如图 5-18 所示。本例中为 rt630x64.inf_amd64_6c7c0b6b9ecdbbef。

图5-18　查找以驱动程序文件名称开头的文件夹

STEP 3 打开找到的文件夹，其中扩展名为 .cat 的文件就是安全目录文件，本例中为 rt630×64.cat，如图 5-19 所示。

图5-19　找到.cat文件

STEP 4 双击 .cat 文件打开【安全目录】对话框，在【安全目录】选项卡的【目录项】列表框中显示了对应于不同驱动程序文件的指纹。选择一个指纹后可以在下方的【项目详细信息】列表框中看到该指纹的详细信息，其中包括该指纹对应的驱动程序文件的名称，如图 5-20 所示。

（提示）
　　如果在文件夹中看不到文件的扩展名，则可以在文件资源管理器的功能区的【查看】选项卡中选中【文件扩展名】复选框。

图5-20　查看安全目录文件中的指纹

STEP 5 在【安全目录】对话框中除了可以查看安全目录文件以外，还可以在【常规】选项卡中单击【查看签名】按钮来查看驱动程序数字签名的详细信息，如图 5-21 所示。单击【查看证书】按钮将会在打开的【证书】对话框中显示证书的详细情况，如图 5-22 所示。

图5-21　查看数字签名的详细信息

图5-22　查看证书的详细信息

5.3.4　查看有问题的硬件设备

除了在【设备管理器】窗口中查看硬件设备的驱动程序等信息外，用户还可以检查是否存在有问题的硬件设备。如果在【设备管理器】窗口中的某个硬件设备名称左侧显示了一个带有黄色叹号的图标，如图 5-23 所示，则说明该硬件设备存在问题而无法正常工作，最可能的原因通常是没有正确安装驱动程序。这个问题可以使用以下 3 种方法解决。

图5-23　带有叹号图标的是有问题的硬件设备

◆ 在【设备管理器】窗口中右击列表中的任意一项，然后在弹出的菜单中选择【扫描检测硬件驱动】命令，系统会扫描和检测计算机中的所有硬件设备，并自动为有问题的硬件设备安装驱动程序。

◆ 通过为有问题的硬件设备更新驱动程序来解决硬件设备不能正常工作的问题。该方法将在本章 5.3.6 节进行介绍。

◆ 卸载有问题的硬件设备，然后重新检测并安装该硬件设备的驱动程序。该方法将在本章 5.3.5 节进行介绍。

5.3.5　卸载和重装有问题的硬件设备

如果硬件设备本身存在问题，驱动程序与系统存在兼容性问题，或者想从计算机中彻底删除某个硬件设备，那么需要执行卸载操作。对于 USB 设备而言，只需从计算机上断开或拔出设备即可使系统不再加载和使用该硬件设备的驱动程序。对于非 USB 设备而言，通常需要在【设备管理器】窗口中执行卸载操作，然后在关闭计算机后断开设备与计算机之间的连接。在【设备管理器】窗口中执行卸载操作的具体操作步骤如下。

STEP 1 使用本章 5.3.1 节介绍的方法打开【设备管理器】窗口，右击要卸载的硬件设备，然后在弹出的菜单中选择【卸载】命令。

STEP 2 打开如图 5-24 所示的【确认设备卸载】对话框，如果卸载设备的同时还要从驱动程序存储区（DriverStore）中删除设备驱动程序包，则需要选中【删除此设备的驱动程序软件】复选框。

图5-24　确认是否卸载硬件设备以及是否删除驱动程序

> **提示**
> 从存储区中删除设备驱动程序包并不会卸载任何使用该驱动程序的当前操作设备，只会删除存储区中驱动程序包的副本而不会更改驱动程序文件的已安装副本。从存储区中删除程序包后，如果将使用该驱动程序的新设备连接到计算机，系统将会在标准位置上搜索驱动程序包，而且可能还会提示用户插入驱动程序安装介质。

STEP 3 单击【确定】按钮，关闭【确认设备卸载】对话框，完成硬件设备的卸载。然后关闭计算机并断开硬件设备与计算机之间的连接。

如果以后需要重新使用已卸载的硬件设备，那么必须将该硬件设备连接到计算机，然后重新安装该硬件设备的驱动程序。如果在卸载硬件设备时选择了【删除此设备的驱动程序软件】选项，那么计算机中可能已经不包含该硬件设备的驱动程序包，为了完成驱动程序的安装，通常会要求用户插入包含驱动程序的安装介质。如果计算机没有自动检测到未安装的硬件设备，则可以在【设备管理器】窗口中单击菜单栏中的【扫描检测硬件改动】命令扫描硬件设备。

> **交叉参考** 有关硬件设备驱动程序的安装方法，请参考本章 5.2 节。

5.3.6 更新硬件设备的驱动程序

硬件设备驱动程序的最新版本通常可以解决早期版本中存在的某些兼容性问题，从而解决由驱动程序导致的系统不稳定或崩溃等问题，而且更新版本的驱动程序通常可以更好地发挥硬件设备的性能。此外，可以通过更新驱动程序来解决硬件设备未正确安装的问题。更新硬件设备驱动程序的具体操作步骤如下。

STEP 1 使用本章 5.3.1 节介绍的方法打开【设备管理器】窗口，右击要更新驱动程序的硬件设备，然后在弹出的菜单中选择【更新驱动程序软件】命令。

STEP 2 打开如图 5-25 所示的【更新驱动程序软件】对话框，其中包括以下两种更新方式。

图5-25　选择更新驱动程序的方式

◆ 自动搜索更新的驱动程序软件：自动从计

算机或 Internet 中搜索最新的驱动程序。

◆ 浏览计算机以查找驱动程序软件：手动指定包含最新驱动程序的文件夹。

STEP 3 如果选择【自动搜索更新的驱动程序软件】选项，系统将自动从本地计算机和 Internet 中查找与硬件设备匹配的驱动程序的最新版本，如果找到将会自动进行安装。安装完成后会显示如图 5-26 所示的对话框，单击【关闭】按钮即可。

图5-26　更新驱动程序安装完成

STEP 4 如果选择【浏览计算机以查找驱动程序软件】选项，则将进入如图 5-27 所示的界面，单击【浏览】按钮选择驱动程序所在的文件夹。可以选中【包括子文件夹】复选框以便可以同时在所选文件夹的子文件夹中查找驱动程序。然后单击【下一步】按钮，跳过 STEP 5 和 STEP 6，开始搜索并安装驱动程序。

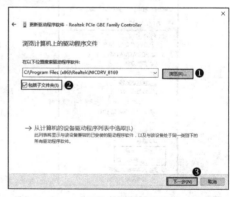

图5-27　手动选择驱动程序所在的文件夹

STEP 5 如果在步骤 STEP 4 中选择【从计算机的设备驱动程序列表中选取】选项，则将进入如图 5-28 所示的界面，默认选中了【显示兼容硬件】复选框，因此列表中只列出与当前硬件设备兼容的驱动程序。

图5-28 手动从列表中选择设备驱动程序

STEP 6 如果希望选择更多的设备驱动程序，则可以取消选中【显示兼容硬件】复选框，然后在左侧列表框中选择硬件设备的厂商，并从右侧列表框中选择具体的硬件设备，如图5-29所示。选择好以后单击【下一步】按钮。

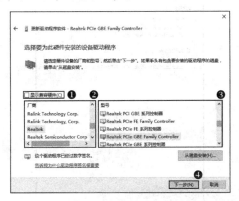

图5-29 选择更多的硬件设备

STEP 7 系统开始安装更新版本的驱动程序，安装完成后单击【完成】按钮即可。

5.3.7 回滚硬件设备驱动程序以解决系统问题

用户有时可能会发现在安装了较新版本的驱动程序后系统变得不稳定甚至硬件设备无法正常工作。通过回滚驱动程序可以将硬件设备的驱动程序恢复到安装更新版本之前的版本，通常可以解决安装更新版本驱动程序所引发的一系列问题。回滚硬件设备驱动程序的具体操作步骤如下。

STEP 1 使用本章5.3.1节介绍的方法打开【设备管理器】窗口，右击要回滚驱动程序的硬件设备，然后在弹出的菜单中选择【属性】命令。

STEP 2 打开硬件设备的属性对话框，切换到【驱动程序】选项卡，然后单击【回滚驱动程序】按钮，如图5-30所示。

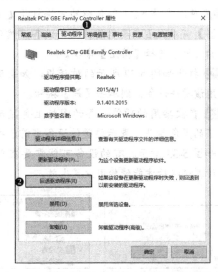

图5-30 单击【回滚驱动程序】按钮将驱动程序
恢复到前一版本

STEP 3 打开如图5-31所示的对话框，如果确定要回滚驱动程序，则单击【是】按钮将驱动程序恢复到前一个版本。

图5-31 对回滚操作进行确认

注意 只有为同一个硬件设备安装过至少两个版本的驱动程序，才能从较新版本回滚到较旧版本。如果只为硬件设备安装过一次驱动程序，则将无法使用回滚驱动程序功能。

5.3.8 禁用和启用硬件设备

可以将暂时不使用的硬件设备设置为禁用状态。禁用并不会从系统中卸载硬件设备的驱动程序，因此便于以后随时重新启用硬件设备。禁用硬件设备时，硬件设备虽然与计算机保持物理连接，但是系统会更新注册表，以便在启动计算机时不加载所禁用的硬件设备的驱动程序，而且还会释放分配给硬件设备的系统资源。无法禁用计算机的核心设备，如CPU和硬盘驱动器。禁用和启用硬件设备对于希望使用不同硬件配置的计算机，或排除由硬件设备引起的系统故障而言是非常有用的。禁用硬件设备的具体操作步骤如下。

STEP 1 使用本章 5.3.1 节介绍的方法打开【设备管理器】窗口，右击要禁用的硬件设备，然后在弹出的菜单中选择【禁用】命令。

STEP 2 打开如图 5-32 所示的对话框，如果确定要禁用该硬件设备，则单击【是】按钮。

STEP 3 在被禁用的硬件设备的图标上会显示一个向下的黑色箭头，表示该硬件设备当前已被禁用，如图 5-33 所示。有的设备可能需要在重新启动计算机以后才能使禁用设置生效。

图5-32 对禁用硬件设备进行确认　图5-33 将硬件设备设置为禁用状态

用户可以随时启用处于禁用状态的硬件设备以便可以重新使用它们。只需在【设备管理器】窗口中右击处于禁用状态的硬件设备，然后在弹出的菜单中选择【启用】命令即可。

5.3.9 设置特定硬件设备的特殊选项

设备管理器为某些硬件设备提供了一些特殊选项，这些选项都位于硬件设备的属性对话框中。在【设备管理器】窗口中右击硬件设备，然后在弹出的菜单中选择【属性】命令将会打开硬件设备的属性对话框。针对某些硬件设备的特殊选项位于以下几个选项卡中。

- ◆【策略】选项卡：在硬盘、移动硬盘、U 盘等磁盘驱动器中提供了【策略】选项卡，用于设置是否对磁盘驱动器开启数据写入缓存的功能，如图 5-34 所示。开启写入缓存以后，可以改进磁盘驱动器的数据读写性能，但是如果发生停电或死机等突发故障时，很可能会导致数据损坏或丢失。对于 USB 移动存储设备而言，开启写入缓存以后，为了避免数据损坏或丢失，在断开 USB 设备与计算机的连接之前，必须使用【安全删除硬件并弹出媒体】图标将 USB 设备与计算机断开，然后才能从计算机上拔出 USB 设备。如果不开启写入缓存，

则将不需要使用【安全删除硬件并弹出媒体】图标断开 USB 设备与计算机的连接。

图5-34 硬盘驱动器和移动硬盘的【策略】选项卡

- ◆【电源管理】选项卡：【电源管理】选项卡通常会出现在鼠标、键盘、网卡等硬件设备的属性对话框中，如图 5-35 所示。可以通过【电源管理】选项卡来设置硬件设备与 Windows 电源选项交互的方式，主要包括控制硬件设备在各种条件下的耗电方式，以及计算机运行在各种节能状态的情况下系统对来自硬件设备的事件的响应方式。例如，可以通过选中【允许此设备唤醒计算机】复选框，允许使用鼠标唤醒处于睡眠状态中的计算机。
- ◆【高级】选项卡：可以在网卡的【高级】选项卡中设置网卡的一些属性，如图 5-36 所示，具体可以设置哪些属性依赖于网卡本身。设置前应该仔细阅读网卡制造商的使

用指南以确定需要更改哪些设置。

图5-35　鼠标和网卡的【电源管理】选项卡

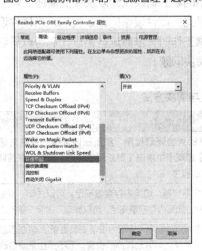

图5-36　【高级】选项卡

◆【DVD 区域】选项卡：该选项卡仅限于
DVD 驱动器，如图 5-37 所示。DVD 驱动
器默认配置为播放用户所在国家或区域的

光盘并进行了特定的编码。如果想要使用
DVD 驱动器正常播放来自其他国家的光盘，
则需要更改区域设置。可以更改的区域设置
的次数是有限制的，可以通过查看【所剩更
改次数】右侧的数字来了解所剩的区域更改
次数，当次数显示为 0 时将无法再更改区域。

图5-37　【DVD区域】选项卡

 有关鼠标、键盘等硬件设备在电源
管理方面的设置，请参考本书第 11 章。

5.3.10　在【设备和打印机】窗口中管理硬件设备

用户可能经常需要将不同的外部设备连接到
计算机，如 U 盘、移动硬盘、打印机、扫描仪、
数码相机等。使用 Windows 10 中的【设备和打
印机】窗口可以对连接到计算机的所有外部设备
进行统一管理。用户可以使用下面的方法打开
【设备和打印机】窗口。

STEP 1 右击【开始】按钮　，然后在弹出的菜
单中选择【控制面板】命令。

STEP 2 打开【控制面板】窗口，将【查看方式】
设置为【大图标】或【小图标】，然后单击【设
备和打印机】链接。

打开的【设备和打印机】窗口如图 5-38 所
示，其中以缩略图的方式显示了当前与计算机连
接的所有外部设备。窗口的底部会显示当前所选
设备的基本信息，包括制造商、设备类别、设备
型号等内容。用户可以单击工具栏中的【添加设
备】按钮添加新的设备，然后按照向导进行操作。

图5-38 【设备和打印机】窗口

 交叉参考 有关在【设备和打印机】窗口中添加打印机的方法，请参考本书第6章。

当在【设备和打印机】窗口中选择某个设备的缩略图时，工具栏中将会动态显示适用于当前所选设备的命令。例如，当选择移动硬盘时（本例中为图5-39所示的Elements 1023），工具栏

图5-39 工具栏中的命令会根据当前所选设备动态更新

中会新增【自动播放】【浏览文件】【删除设备】3个命令。也可以右击设备并在弹出的菜单中选择要执行的命令，如图5-40所示。

图5-40 使用鼠标右键菜单命令来操作设备

用户还可以通过【设备和打印机】窗口进入某个设备的功能设置界面。例如，要对鼠标进行设置，则可以右击表示鼠标的缩略图，然后在弹出的菜单中选择【鼠标设置】命令，这样将会打开【鼠标属性】对话框，从而对鼠标的功能进行设置。

 交叉参考 有关鼠标和键盘的具体设置方法，请参考本书第11章。

5.4 硬件错误代码的含义与解决方法

当系统检测到某个硬件设备存在问题时，会在【设备管理器】窗口中改变该设备的图标外观，同时会在该设备的属性对话框的【常规】选项卡中显示问题的错误代码以及简要描述。表5-2列出了常见的硬件设备的错误代码。当硬件设备无法正常工作时，依靠这些错误代码可以更容易锁定和解决问题。

表5-2 硬件错误代码的含义与解决方法

错误代码	错误描述	解决方法
1	该设备没有正确配置	下载该设备的兼容驱动程序，然后在该设备的属性对话框的【驱动程序】选项卡中单击【更新驱动程序】按钮，并按照向导安装新的驱动程序
2	该设备的驱动程序可能发生了错误，或者系统内存资源或其他资源不足	检查可用的内存容量，如果内存容量不足，可以关闭一些应用程序来释放内存；如果内存容量充足，可以卸载并重装设备驱动程序
10	该设备无法启动	可以单击【更新驱动程序】按钮为设备安装更新版本的驱动程序，应该手动指定更新版本驱动程序的位置，而不是由系统自动搜索
12	该设备无法找到足够的空闲可用资源。如果想要使用该设备，可能需要禁用该系统中的一个或者更多其他设备	分配给该设备的系统资源与其他设备发生冲突，或者固件的配置有误。使用该设备的属性对话框中的【资源】选项卡更改资源配置，或者检查固件设置
14	该设备在重启动系统之前无法正常工作	重新启动计算机后即可使设备正常工作

续表

错误代码	错误描述	解决方法
16	Windows 无法确定该设备使用的资源	使用设备属性对话框中的【资源】选项卡重新为设备分配系统资源
18	重新安装该设备的驱动程序	重新为设备安装驱动程序
19	注册表可能出错	注册表中保存了设备的错误信息。重新安装设备的驱动程序，或者使用系统还原功能将系统还原到某个可以正常运行的还原点。如果曾经创建过系统映像，则可以使用映像还原计算机
21	Windows 已删除该设备	设备已从计算机中删除，需要在设备管理器中使用【扫描检测硬件改动】命令重新检测设备。如果检测不到，可以重新启动计算机以自动检测设备
22	该设备已被禁用	在设备管理器中右击该设备，然后在弹出的菜单中选择【启用】命令
24	该设备目前无法正常工作，或没有安装完整的驱动程序	有可能是硬件已损坏或安装了不兼容的驱动程序。更换新的硬件或者重新安装兼容的驱动程序
28	该设备没有安装驱动程序	为设备安装兼容的驱动程序
29	该设备已禁用，因为该设备的固件没有提供所需的资源	仔细阅读设备的说明书以了解如何为该设备分配系统资源，也可能需要在固件中启用该设备或者升级固件
31	该设备无法正常工作，因为 Windows 无法加载该设备需要的驱动程序	为设备重新安装兼容的驱动程序
32	该驱动程序所需的服务被禁用	检查事件日志以了解需要启动哪个服务
33	Windows 无法决定该设备所需的资源	通常说明设备已损坏或设备较老。仔细阅读设备说明书以了解如何为设备分配系统资源
34	Windows 无法决定该设备的设置	对于较老的设备，必须手动为设备设置跳线或者设置计算机固件，然后在设备属性对话框的【资源】选项卡中分配系统资源
35	您的计算机的系统固件没有足够信息，无法正确配置并使用这个设备	该错误常见于多处理器的计算机中。更新固件并检查固件选项以使用多处理器规范
36	这个设备正在请求 PCI 中断，但是却被配置为使用 ISA 中断（反之亦然）	如果设备位于 PCI 插槽中，但是在固件中将该插槽设置为老设备预留则会出现该错误。检查固件设置以更正该错误
37	Windows 无法对该设备的驱动程序进行初始化	为该设备安装更新版本的驱动程序
38	Windows 无法加载该设备的驱动程序，因为该设备的老版本驱动程序还保留在内存中	重新启动计算机以将老版本驱动程序从内存中删除
39	Windows 无法加载该设备的驱动程序，驱动程序可能是错误的	确保该设备已正确连接到计算机并处于启用状态。然后为设备重新安装当前或更新版本的驱动程序
40	Windows 无法访问该硬件，因为注册表中该硬件服务的关键信息丢失或错误	重装该设备的驱动程序已更新注册表中的无效信息
41	Windows 成功加载了该设备的驱动程序，但是无法找到硬件设备	确保设备已正确连接到计算机，然后重装该设备的驱动程序。对于较老的设备，可以使用添加硬件向导来进行重装
42	由于系统中已有一个重复的设备，Windows 无法加载该设备的驱动程序	重新启动计算机通常可以解决该问题
43	由于设备有问题，Windows 已将其停止	卸载并重装该设备，或者安装更新版本的驱动程序
44	某个应用程序或服务已停止该硬件设备	重新启动计算机，或者安装更新版本的驱动程序
46	由于操作系统正在关机，Windows 无法访问该硬件设备	重新启动计算机即可使用设备正常工作
47	由于已准备进行安全删除，Windows 无法使用该硬件设备，但该设备还未从计算机删除	重新启动计算机，或者从计算机上拔出该设备后再重新插入
48	由于该设备会给 Windows 带来问题，因此该设备的软件无法启动，联络硬件供应商以获取新版本的驱动程序	为设备重新安装更新版本的驱动程序

使用与管理外围设备

外围设备是指从计算机外部连接到计算机的设备。是否连接了外围设备通常不会影响计算机的正常启动和运行，但是连接外围设备后可以为计算机提供额外的功能，比如连接打印机后可以将计算机中的内容打印到纸张上。如今外围设备已成为计算机不可缺少的一部分。本章介绍了打印机、数码相机、智能手机、平板电脑、U 盘和移动硬盘等常用外围设备的相关内容。

6.1 打印机

打印机一直都是办公环境中不可缺少的输出设备。使用打印机可以将计算机中的内容输出到纸张上。本节介绍了打印机的类型与功能，还介绍了安装和设置打印机，以及打印文件的方法，最后列举了一些在使用打印机时经常遇到的问题及解决方法。

6.1.1 打印机的类型与功能简介

打印机分为针式打印机、喷墨打印机、激光打印机 3 种类型，这 3 种打印机的打印方式、用途和特点各不相同，分别在不同的应用领域发挥着重要作用。下面介绍了这 3 种打印机的工作原理、特点、用途等方面的内容。

1. 针式打印机

针式打印机通过机内主板上的字符库芯片，利用字型编码矩阵电路驱动打印头中的打印针撞击色带和打印纸，色带上的油墨粘附在打印纸上而形成由点阵组成的字符和图形。针式打印机分为通用打印机和专用打印机两类，通用打印机指的是滚筒式打印机，如图 6-1 所示，主要用于个人和办公环境。专用打印机指的是平推式打印机，如图 6-2 所示，主要用于银行、证券、邮电、交通、医疗等打印需求量大的行业。专用打印机还可以分为票据打印机和存折打印机两种。

图6-1 滚筒式打印机

图6-2 平推式打印机

针式打印机结构简单，耗材费用低，而且具有复写能力，比如打印财务部门常用的多联单据。但是针式打印机体积较大、打印分辨率低、打印速度慢、打印噪声大，而且打印针很容易损坏。

2. 喷墨打印机

喷墨打印机通过由计算机输出的打印信号控制喷墨打印机上的喷头，依照不同的打印程序将喷头中的墨水喷射到打印纸上从而形成文字和图形，如图 6-3 所示。喷墨打印机主要用于个人用户或小型办公环境。

图6-3 喷墨打印机

可以按照不同的方式对喷墨打印机进行划分，具体如下。

- ◆ 根据用途可以分为以下几类：普通喷墨打印机、数码照片喷墨打印机和便携式喷墨打印机。
- ◆ 根据色彩可以分为以下几类：单色打印机、色彩打印机、三色打印机、四色打印机和六色打印机。
- ◆ 根据工作方式可以分为以下两类：压电式喷墨打印机和气泡式喷墨打印机。
- ◆ 根据打印幅面可以分为以下几类：A4 纸喷墨打印机、A3 纸喷墨打印机和 A2 纸喷墨打印机。

喷墨打印机应用范围广，既可打印文件资料，也可打印照片。喷墨打印机的打印分辨率高、打印噪声小、打印速度快、打印机价格便宜。由于喷墨打印机需要使用墨水才能正常工作，所以如果经常进行打印任务，墨水消耗得比较快，耗材费用较高。

3. 激光打印机

激光打印机是一种将激光扫描技术与电子显像技术相结合的非击打式输出设备，分为黑白激光打印机和彩色激光打印机两种，如图6-4所示。激光打印机利用计算机输出的点阵图文信号和机内高频脉冲信号进行调制，并驱动激光发生器产生激束，由多棱扫描镜反射到感光鼓（硒鼓）表面上，形成由角速度扫描变成线速度扫描过程。感光鼓是一个具有受光导通功能的光敏器件，其表面经过激光束扫描而自动导通形成电位差。形成电位差潜像的感光鼓旋转到装有碳粉的磁辊位置时会自动吸附碳粉，以便在感光鼓上形成粉墨状图像，形成粉墨状图像的感光鼓再转印到打印纸上，再经过高温定影、加压以后，即可在打印纸上形成固定的图像。

图6-4 激光打印机

激光打印机的打印分辨率高，打印速度快，打印噪声小，使用寿命长。彩色激光打印机的打印色彩逼真。不过激光打印机本身的价格较高。

6.1.2 了解打印机的主要参数

本节介绍了打印机的主要参数，包括打印分辨率、打印幅面、打印速度、打印月负荷量、打印语言以及打印接口。

1. 打印分辨率

打印分辨率又称为输出分辨率，是判断打印机输出效果和质量的最重要的参考标准。打印质量是指打印出的字符的清晰度和美观度。打印分辨率是指打印输出时在横向和纵向两个方向上每英寸最多能够打印的点数，以dpi（dot per inch）表示。激光打印机在横向和纵向两个方向上的打印分辨率通常是相同的，但也可以进行人为调整。喷墨打印机在横向和纵向两个方向上的打印分辨率相差很大。喷墨打印机的打印分辨率一般是指横向喷墨表现力。针式打印机的打印分辨率通常为360×180dpi。喷墨打印机的打印分辨率规格有很多种，如1200×600dpi、1200×1200dpi、4800×1200dpi、5760×1440dpi等。激光打印机的打印分辨率在600×600dpi及以上。

2. 打印幅面

打印幅面是指打印机可以打印输出的页面大小。打印机的打印幅面主要分为A3、A4和A5等。打印幅面越大，打印机的打印范围越大。

3. 打印速度

打印速度是指打印机每分钟可以输出的页面数，以ppm（pages per minute）表示。ppm是衡量打印机打印速度的重要标准。

4. 打印月负荷量

打印月负荷量是指打印机一个月所能承受的打印的最大数量。打印月负荷量越高，打印机的使用寿命越长。如果当月打印数量比打印月负荷量高出很多，那么有可能会造成打印机硬件的损坏。因此应该根据打印机的预计使用情况来选择具有合适的打印月负荷量的打印机。

5. 打印语言

打印语言是指用于控制和管理打印机并按照用户的指定要求进行打印工作的命令。打印机语言通常分为页面描述语言和嵌入式语言两种。

6. 打印接口

打印接口是指在打印机上提供的与计算机相连的端口。打印机的接口类型主要包括并行接口与USB接口。与其他USB设备类似，打印机的USB接口也支持热插拔功能，可以在不关闭计算机的情况下随时连接或断开计算机。具有网络功能的打印机还会提供RJ-45网络接口以连接网线，然后将打印机作为网络打印机使用。

6.1.3 安装与设置打印机

打印机的安装分为硬件安装和软件安装两部分。硬件安装是指将打印机通过连接线正确连接到计算机，软件安装是指在将打印机正确连接到计算机后，为了使打印机正常工作而在计算机中安装的打印机驱动程序。硬件安装通常很简单，只需根据打印机的接口类型使用正确的连接线将打印机与计算机连接起来即可。对于带有网络接口的打印机，需要将网线插入打印机的 RJ-45 接口中。

根据打印机与计算机的相对位置以及使用方式，可以将打印机分为本地打印机和网络打印机。本地打印机直接连接到本地计算机。网络打印机则分为两种情况：一种是将打印机连接到局域网中的某台计算机，然后再将该打印机设置为共享打印机；另一种是打印机本身提供了网络接口，直接将网线连接到打印机上并为其设置 IP 地址。

打印机的软件安装则根据打印机的接口类型而有所不同。对于 USB 接口的打印机，将连接打印机的 USB 连接线插入计算机的 USB 接口，系统可能会自动检测并安装好打印机。如果系统中不包含适合打印机的驱动程序，或打印机的接口是串口或并口，那么通常需要用户手动安装打印机的驱动程序才能完成打印机的安装过程，而且在安装前需要准备好与打印机配套的驱动程序安装光盘或从网上下载的驱动程序安装文件。

1. 安装打印机

安装打印机的具体操作步骤如下。

STEP 1 将打印机正确连接到计算机并开启打印机的电源。如果打印机的接口是串口或并口，需要在关闭计算机的情况下连接打印机；如果打印机是 USB 接口，则可以在不关闭计算机的情况下直接连接打印机。

STEP 2 单击【开始】按钮■，然后在打开的【开始】菜单中选择【设置】命令。

STEP 3 在打开的【设置】窗口中选择【设备】选项，在进入的界面左侧自动选中【打印机和扫描仪】选项，然后在右侧单击【添加打印机或扫描仪】按钮，如图 6-5 所示。

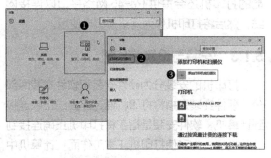

图6-5　单击【添加打印机或扫描仪】按钮

也可以在【控制面板】窗口中单击【硬件和声音】类别中的【查看设备和打印机】链接，然后在打开的【设备和打印机】窗口中单击【添加打印机】按钮来安装打印机，如图6-6所示。

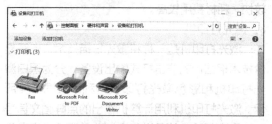

图6-6　单击【添加打印机】按钮来安装打印机

交叉参考　有关在计算机中安装其他硬件和驱动程序的更多内容，请参考本书第 5 章。

STEP 4 系统开始搜索与计算机连接的新的打印机。如果找到已连接到计算机的打印机，则会显示出来，选择要安装的打印机并单击【添加设备】按钮即可安装该打印机。如果要安装的打印机没有显示出来，则需要单击【我需要的打印机不在列表中】链接，如图 6-7 所示。

图6-7　单击【我需要的打印机不在列表中】链接

STEP 5 打开如图 6-8 所示的【添加打印机】对话框，其中提供了 5 个选项，分别适用于在不同的情况下安装打印机，具体如下。

◆ 我的打印机有点老。请帮我找到它：可以选择该项让系统检测并安装型号较老的打印机。

◆ 按名称选择共享打印机：如果要添加网络中的共享打印机，则可以选择该项，然后单击【浏览】按钮，在打开的对话框中选择网络中已经共享打印机的计算机，可能需要输入登录凭证。然后选择共享的打印机并自动安装打印机的驱动程序。

图6-8　选择安装打印机的方式

◆ 使用 TCP/IP 地址或主机名添加打印机：如果网络打印机有自己的 IP 地址，那么可以选择该项，然后单击【下一步】按钮。在打开的对话框中输入打印机的 IP 地址，如图 6-9 所示，端口号会自动填好，通常保持默认设置即可。然后单击【下一步】按钮安装打印机驱动程序。

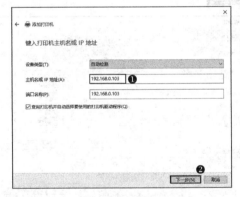

图6-9　输入网络共享打印机的IP地址

◆ 添加可检测到的 Bluetooth、无线或网络打印机：选择该项可以添加蓝牙或无线打印机。

◆ 通过手动设置添加本地打印机或网络打印机：如果使用以上 4 种方法都不能正常添加打印机，那么可以选择该项由用户手动设置打印机。单击【下一步】按钮后选择打印机的端口号，然后在图 6-10 所示的界面中选择要添加的打印机的厂商名称和打印机的具体型号。单击【下一步】开始安装指定型号打印机的驱动程序。用户还

可以单击【Windows 更新】按钮或【从磁盘安装】按钮从 Windows Update 网站或程序安装光盘安装驱动程序。

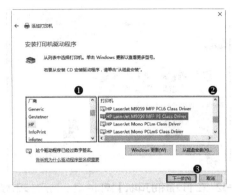

图6-10　选择打印机的厂商和具体型号

STEP 6　无论选择哪种安装方式，在安装好打印机及其驱动程序以后，可以单击【打印测试页】按钮测试打印机能否正常工作，如图 6-11 所示。

图6-11　单击【打印测试页】按钮测试打印机能否正常工作

2．设置打印机

安装好打印机的驱动程序后，还可以对打印机进行一些设置。例如，当安装了不止一台打印机时，可以将常用的打印机设置为默认打印机，这样在执行打印任务时系统就会自动使用默认的打印机进行打印。可以在【设备和打印机】窗口中设置打印机。在【控制面板】窗口将【查看方式】设置为【大图标】或【小图标】，然后单击【设备和打印机】链接将会打开【设备和打印机】窗口。

在【打印机】类别下显示了在当前系统中安装好的物理打印机和虚拟打印机，如图 6-12 所示。打印机图标上带有对勾标记的表示该打印机是系统中的默认打印机。如果想要将其他打印机

设置为默认打印机，则可以右击要设置的打印机，然后在弹出的菜单中选择【设置为默认打印机】命令，如图 6-13 所示。

图6-12　在【设备和打印机】窗口中显示了所有安装好的打印机

图6-13　设置默认打印机

除了设置默认打印机外，还可以在打印机的鼠标右键菜单中选择【打印机属性】命令，然后在打开的打印机属性对话框中设置打印机的相关选项。例如，可以在打印机属性对话框的【共享】选项卡中设置打印机的共享选项，只需选中【共享这台打印机】复选框，然后在【共享名】文本框中设置共享打印机时显示的打印机名称，如图 6-14 所示。

图6-14　设置打印机共享

6.1.4　打印文件

几乎所有的应用程序都提供了打印功能，大到 Microsoft Word 程序，小到记事本程序，都可以在这些程序中找到执行打印操作的命令。在开始打印之前，应用程序通常都提供了对页面的尺寸、边距等进行设置的选项。不同应用程序所提供的打印前的页面设置界面可能存在较大差异。图 6-15 所示为 Word 2016 应用程序的打印设置界面与记事本程序的打印设置界面，可以发现两种程序所提供的打印设置选项有很大不同。

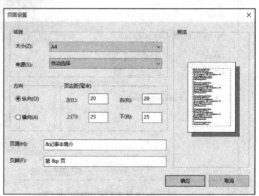

图6-15　Word程序和记事本程序的打印设置界面

除了物理打印机外，还可以使用虚拟打印机。虚拟打印机是一种应用程序，在正确安装好虚拟打印机后，可以在【设备和打印机】窗口中看到已安装的虚拟打印机。虚拟打印机与真正的物理打印机类似，只不过虚拟打印机并不会将内容打印到纸张上，而是以特定格式的文件保存在计算机中，常见的格式有 PDF、JPG 等。有些应用程序自带虚拟打印机，在安装这些程序时会自动安装相应的虚拟打印机。有些虚拟打印机则是专门的应用程序，就像安装其他应用程序一样安装这类虚拟打印机。

6.1.5 解决执行打印命令后打印机没反应的问题

有时会出现执行打印命令后打印机没有任何反应的问题。除了打印机本身的故障外，还可能包括以下一些原因。

1. 打印机缺纸或墨盒里没有墨水

如果打印机中没有装载打印纸，或墨盒中的墨水已经用完，那么在执行打印命令时打印机不会进行打印。在打印机中放入打印纸或更换墨盒即可解决问题。

2. 打印机与计算机之间的连接问题

打印机与计算机之间的连接问题分为以下两种。

◆ 连接线本身损坏，例如连接线中的一根或几根断裂了。可以更换新的连接线。

◆ 连接线两端连接的打印机或计算机的并口或 USB 接口接触不良。通过打印机上的联机指示灯可以判断打印机是否与计算机正常连接：如果指示灯常亮说明连接正常；如果指示灯闪烁或不亮，则说明连接不正常。更换出现问题的接口。

3. 未安装打印机驱动程序或安装不正确

如果只将打印机连接到计算机，但没有在计算机中安装与打印机型号匹配的驱动程序，那么系统也将无法命令打印机执行打印操作。然而，如果安装了与打印机型号不匹配的驱动程序，也很有可能无法正常使用打印机执行打印任务。可以到打印机制造商的官方网站下载与打印机配套的驱动程序并进行安装。

4. 设置了错误的打印机端口

由于误操作而错误地设置或修改了打印机的端口也会导致打印机无法进行打印。在【设备和打印机】窗口中右击要设置的打印机，然后在弹出的菜单中选择【打印机属性】命令。在打开对话框的【端口】选项卡中选择正确的打印机端口即可，最常用的端口是 LPT1，如图 6-16 所示。

5. 关闭了BIOS中的打印端口

BIOS 为计算机提供最底层的、最直接的硬件设置和控制功能。BIOS 包括对计算机中各种输入和输出设备的启用和关闭的设置项，如果在 BIOS 中关闭了打印机端口，那么在启动 Windows 操作系统后将无法使用打印机。因此，如果发现执行打印命令后打印机没有任何反应，可以进入 BIOS 设置界面中检查打印机端口是否设置为 Disabled。如果是，则应将打印机端口改为 Enabled。

图6-16 设置打印机的端口

6. 未启动Print Spooler打印服务

Print Spooler 是 Windows 操作系统中用于在后台执行打印任务并处理系统与打印机交互的一个服务，如图 6-17 所示。如果未启动 Print Spooler 服务，则需启动该服务才能执行正常的打印操作。

图6-17 启动Print Spooler打印服务

7. 打印时选择了错误的打印机

如果在打印时系统没有找到用户所指定的打印机，那么就会自动使用默认打印机进行打印。但是如果默认打印机当前没有连接到计算机，那么就会出现无法打印的问题。只需将默认打印机连接到计算机，或将用户所指定的打印机连接到计算机即可进行打印。

8．系统磁盘分区的可用空间过小

当硬盘驱动器的系统分区的可用空间过小时，系统可能会自动阻止用户执行打印任务。此时需要清理系统分区中的无用内容，比如删除浏览器的缓存文件、删除安装应用程序时的临时文件等，还可以卸载不使用的应用程序，从而为系统分区释放更多的可用空间。

6.1.6 解决打印时提示 Not Enough Disk Space to Print 的问题

打印时显示"Not Enough Disk Space to Print"提示信息可能是由于缓冲文件太大所致。打印机管理器缓冲文件时会占用一定的磁盘空间，此时打印小容量的文件或关闭打印机管理器通常可以解决该问题。更好的解决方法是清理硬盘中的无用文件，以便腾出更多可用空间。

6.1.7 解决开机后打印头不复位的问题

有时会遇到开机后打印头不能复位的问题，出现该问题的原因及解决方法有以下几种。

◆ 打印机内部有阻塞物导致打印头无法正常归位。可以关闭打印机电源，然后打开打印机机盖，从走纸通道中取出打印纸或其他阻塞物。

◆ 墨盒舱盖没有盖紧。可以打开墨盒舱盖，向下推墨盒直到锁定到位（发出咔嗒声），然后合上墨盒舱盖直到发出咔嗒声。

◆ 打印机所在环境的温度过低，导致打印机字车导轨的润滑剂凝固从而影响字车的移动。打印机的工作环境温度一般在 10 ～ 35℃，可以将打印机移动到合适的温度环境内一段时间，然后检查打印头是否可以复位。

6.1.8 解决打印机里有纸但计算机提示无纸的问题

打印机是通过传感器来测试是否已装载了纸张。光电管发射光束照射在纸张的表面上，打印机通过感光器件是否接收到纸张表面的反光来判断是否已正确装载纸张。如果光电管不发光，或者光电管被灰尘污染而只能发出微弱的光，那么纸张表面没有光电管发出的光，或感光器无法接收到纸张表面反射回来的光束，打印机将会认为没

有正确装载纸张。这种情况下需要将打印机送到指定的维修点进行修理。此外，还有以下两种原因可能会导致打印机里有纸但计算机提示无纸的问题。

◆ 打印机连线或接口损坏造成连接错误。可以更换一条连接电缆以检查是否可以解决问题。

◆ 打印机驱动程序版本过老或驱动程序存在bug。更新打印机驱动程序，或卸载打印机驱动程序后再重新进行安装。

6.1.9 解决打印时出现嘎嘎声并报警的问题

如果在打印时出现嘎嘎声并报警，那么可能是由于日常使用中没有注意清除打印机的灰尘。打印机的使用环境可能存在较多灰尘，灰尘聚积在打印头移动的导轨上并与润滑油混合在一起。久而久之越积越多，形成很大的阻力，最终导致打印头无法顺利移动。关闭打印机的电源，然后将打印头导轨上的赃物清除掉，再滴些机油并移动打印头使油均匀分布，通常可以解决问题。

6.1.10 解决打印完一行后出现停顿的问题

在打印文件时，每打印完一行内容后都会出现停顿的问题。出现这个问题的主要原因是打印头导轨干涩不够润滑而导致打印头在移动时受到较大阻力。如果不及时解决这个问题，时间久了可能会烧坏打印头驱动电路。可以在关闭打印机电源后，在打印头导轨上涂些机油，然后来回移动打印头使油均匀分布。重新打开打印机的电源，如果还存在打印头受阻问题，则可能是打印头的驱动电路损坏，需要送到指定维修点进行修理或更换零件。

6.1.11 解决打印机打印的字符或图形不完整的问题

使用针式打印机打印出的字符或图形不完整的原因主要有以下几种。

◆ 打印头有断针。可以更换打印针来解决问题。

◆ 长时间未清洗打印头，脏物较多。可以清洗打印头，方法如下：卸掉打印头上的两个固定螺钉，拿下打印头，用针或小钩清除打印头前、后夹杂的脏物，然后在打印头的后部

看得见针的位置滴些机油。不装色带空打几张纸后再装上色带，通常可以解决问题。

◆ 打印头驱动电路有故障。可以更换驱动电路。

◆ 打印色带的使用时间过长。可以更换新的色带。

使用喷墨打印机打印出的字符或图形不完整的原因主要有以下两种。

◆ 墨盒中的墨水已用尽。可以更换一个装满墨水的新墨盒。

◆ 长时间未使用打印机，或受日光照射导致打印喷头堵塞。如果墨盒里还有墨水，那么可以确定是打印喷头堵塞了。取下墨盒，对于墨盒喷嘴不是一体的打印机需要取下喷嘴，将喷嘴放入温水中浸泡一会儿。但要避免电路板部分浸在水中，以防短路而烧毁打印机。

6.1.12 解决打印机打印时输出白纸的问题

使用针式打印机打印时输出白纸的主要原因有色带油墨干涸、色带拉断、打印头损坏等，可以及时更换色带或维修打印头。

使用喷墨打印机打印时输出白纸的主要原因有打印喷头堵塞、墨盒里没有墨水等，可以清洗打印机的喷头或更换一个装满墨水的墨盒。

使用激光打印机打印时输出白纸的主要原因有显影辊没有吸到墨粉（显影辊的直流偏压未加上），或是感光鼓未接地，导致负电荷无法向地释放，激光束不能在感光鼓上起作用。此外，激光打印机的感光鼓不旋转也不会产生影像并转印到纸张上。关闭激光打印机的电源，取出墨粉盒，打开盒盖上的槽口，在感光鼓的非感光部位做个记号后重新装入激光打印机内。开机运行一会儿，再取出墨粉盒以检查记号是否移动了，由此可判断感光鼓能否工作正常。如果墨粉不能正常供给或激光束被挡住，也会出现打印时输出白纸的问题。因此需要检查墨粉是否已用完、墨盒是否正确装入激光打印机内、激光照射通道上是否有遮挡物或密封胶带是否已被取掉。进行以上检查时确保已关闭激光打印机的电源，因为激光束对人的眼睛有害。

6.2 数码相机

数码相机是家居必备的电子设备之一。即使从未经过专门的摄影培训和学习，普通用户也可以使用数码相机拍摄出具有高质量画面的照片。伴随着配备高像素摄像头的智能手机的出现，数码相机的市场占有率在逐渐下降。然而，很多人在外出旅游拍照时仍然喜欢使用数码相机，尤其是一些摄影爱好者。本节介绍了需要了解的数码相机的重要参数，还介绍了将拍摄好的照片从数码相机传输到计算机的方法，最后列举了一些在使用数码相机时经常遇到的问题及解决方法。

6.2.1 了解数码相机的主要参数

数码相机的英文全称是 Digital Still Camera，简称为 DC（Digital Camera），是一种利用电子传感器将光学影像转换为电子数据的照相机。按用途可以将数码相机分为卡片相机、长焦相机、微单相机、单反相机等几种，如图 6-18 所示。使用数码相机拍摄的照片自动存储在相机的存储卡中，利用 USB 连接线或读卡器可以将存储卡中的照片传输到计算机中。

图6-18　数码相机

下面介绍了数码相机的主要参数。

1. 感光器件

感光器是数码相机最核心的成像部件，它是数码相机最关键的部分。目前感光器分为两种：一种是 CCD（电荷耦合器件），另一种是 CMOS（互补金属氧化物半导体）。

◆ CCD（Charge Coupled Device）的中文名称是"电荷耦合器件图像传感器"。它能把光源信号转变成电荷信号，通过数字转换器芯片将模拟信号转换为数字信号，最后经过压缩将信息保存到数码相机的存储卡中。CCD 由大量的感光单元组成，当光线与图像从镜头投射到 CCD 表面上时，每个感光单元会将产生的不同的电荷信号叠加在一起，从而构成一幅完整的数码照片。CCD 尺寸越大，感光面积越大，成像效果越好，图像越清晰。

◆ CMOS（Complementary Metal Oxide Semiconductor）的中文名称是"互补金属氧化物半导体"。CMOS 本是计算机主板上一种重要的芯片，用于保存操作系统的引导信息。数码相机中的 CMOS 的制造技术与计算机主板上的 CMOS 芯片没什么区别，主要是利用硅和锗两种元素制作而成的半导体，半导体两极的互补效应所产生的电流可被处理芯片记录并解读成影像。在相同的分辨率下，CMOS 的价格低于 CCD，而且 CMOS 产生的图像质量也比 CCD 要低一些。绝大多数的消费级别以及高端数码相机都使用 CCD 作为感光器。CMOS 主要用于需要使用大尺寸感光器件的单反机上。

2. 镜头

镜头在数码相机中的重要性仅次于感光器。镜头内部通常由很多组镜片组成，镜片的材料分为玻璃和树脂两种。玻璃镜片在成像效果上更好一些，但是制造成本较高，在消费级数码相机上使用更多的是树脂镜片。树脂镜片比较轻薄，制作过程也相对容易。随着工艺的不断改进，树脂镜片的成像质量与玻璃镜片已经相差不大。

光圈是与镜头紧密相关的部分，通常位于镜头内。光圈（Aperture）是一种用来控制光线透过镜头进入机身内感光面的光量装置。平常所说的光圈值 F2.8、F8、F16 等指的是光圈"系数"，是相对光圈，而非光圈的物理孔径。光圈值与光圈的物理孔径及镜头到感光器件的距离有关，光圈值与光圈的物理孔径大小成反比。光圈越大（即光圈值越小），进光量越多；光圈越小（即光圈值越大），进光量越少。一般消费型数码相机的光圈范围是 F2.8～F16，而专业数码相机的感光器件面积大，镜头与感光器件之间的距离比较远，光圈值可以很小。

3. ISO感光度

ISO 是数码相机的 CCD 或 CMOS 对光线反应的敏感程度的测量值。通过调节数码相机的 ISO 大小，可以改变图片的亮度和对比度。平时拍照时应该将 ISO 设置在相对较低的位置上，因为低 ISO 值拍出的图片更清晰、更细腻。将 ISO 值设置得太高会在图像上产生很多噪点，以至于损失图像的更多细节。

4. 白平衡

白平衡（White Balance）是数码相机在环境光线使得被拍景物反射的光谱成分改变后，拍摄出的照片仍能正确还原物体的真实色彩而不产生色偏的一种电子调节机制。由于数码相机不具备人眼对颜色的自动调节功能，因此需要借助白平衡功能来还原被拍照物的真实颜色，以便得到最接近人眼所看到的色彩。

目前几乎所有的数码相机都具有白平衡调整功能。为了使白平衡的调整过程更简单，数码相机通常都预置了多种白平衡模式，比如自动白平衡、白炽灯白平衡、荧光灯白平衡、手动白平衡等，用户通过选择不同的预置模式即可快速设置好适用于不同光线环境下的白平衡参数。

5. 快门

快门（Shutter）是用于控制数码相机的感光片有效曝光时间的装置。为了保护照相机内的感光器件不会被曝光，快门总是处于关闭状态。在拍照之前调整好快门速度后，只要按住照相机的快门按钮，在快门开启与闭合的间隙，通过镜头的光线会使照相机内的感光片获得正确曝光，光线穿过快门进入感光器件，最后将拍摄的信息写入存储卡。

6. 闪光灯

闪光灯（Flash Light）是加强曝光量的方式之一，在昏暗的环境下使用闪光灯有助于让所拍摄的景物更明亮。中低档数码相机通常具有"自动闪光""消除红眼"与"关闭闪光灯"3 种闪光灯模式。高档数码相机可能还提供了"强制闪光"和"慢速闪光"功能。在使用闪光灯拍摄人物时容易出现"红眼"现象，这是由于闪光灯发出的光线在人眼的瞳孔处发生残留所产生的问题。很多数码相机都提供了消除红眼的功能，在闪光灯开启前先打出微弱的光线以让瞳孔适应，然后再执行真正的闪光从而避免出现"红眼"问题。

7. 像素数

数码相机的像素数分为有效像素（Effective Pixels）和最大像素（Maximum Pixels）两种。最大像素是感光器件的真实像素，该数据通常包含了感光器件的非成像部分。有效像素是指真正参与感光成像的像素值，是通过在镜头变焦倍率下换算出来的数值。数码相机的像素数越大，拍摄出的静态图像的分辨率越大，图片所占用的磁盘空间也越大。

8．分辨率

读者有时可能会将分辨率与像素数相混淆。分辨率是指单位成像尺寸上包含的像素总数，这与密度的概念有些类似。通常像素越大，分辨率越高，反之亦然。对于一张图片而言，像素是固定不变的，但是分辨率却是可以随时改变的，随着图像的放大，分辨率将逐渐减小。

9．光学变焦和数码变焦

数码相机包括光学变焦和数码变焦两种变焦模式。光学变焦依赖于光学镜头的结构，通过镜头内镜片组的移动来放大或缩小被拍摄的对象，变焦方式与35mm相机差不多。光学变焦的倍数越大，所能拍摄的景物越远。数码变焦是通过数码相机内的处理器将图片内的每个像素的面积增大，从而达到放大图片的目的。通过数码变焦可以放大拍摄的景物，但是它的清晰度会有一定程度的下降，因此在选购数码相机时应以光学变焦为参考标准，而不是数码变焦。

10．液晶屏尺寸

数码相机与传统相机最大的区别是它拥有一个可以及时浏览图片的屏幕，将其称为数码相机的显示屏。显示屏通常为液晶结构，因此称为液晶显示屏，即LCD（Liquid Crystal Display）。LCD的主要作用是拍摄前的取景以及浏览拍摄的照片。

显示屏尺寸与像素大小是LCD的两个主要参数。显示屏尺寸以"英寸"为单位，如2.0英寸、2.5英寸、3.5英寸等。LCD的尺寸越大，取景越方便，但是电力消耗也越大。除了LCD的尺寸以外，LCD的像素数也很重要。像素越高可以显示图片的更多细节和色彩，图片看上去更清晰。

11．存储介质

使用数码相机拍摄的照片存储在存储介质中。常见的存储介质有CF卡、SD卡、MMC卡、SM卡、记忆棒（Memory Stick）等。使用USB连接线或读卡器将数码相机的存储卡连接到计算机，即可将数码相机中拍摄的照片传输到计算机中。

6.2.2 将数码相机中的照片和视频传送到计算机中

在使用数码相机拍摄好照片或录制好视频以

后，通常都会将它们传输到计算机中进行长期保存或进一步处理。将数码相机的数据线的两端分别连接到数码相机的数据接口与计算机的USB接口上，系统会自动识别数码相机的磁盘分区。右击代表数码相机的磁盘分区，然后在弹出的菜单中选择【导入图片和视频】命令，如图6-19所示。

图6-19　右击数码相机的磁盘分区并选择
【导入图片和视频】命令

系统开始查找数码相机中的照片和视频，稍后会显示如图6-20所示的对话框，可以选择导入所有照片和视频，或者选择只导入部分照片和视频。在单击【下一步】按钮之前，还可以单击对话框左下角的【更多选项】链接，打开【导入设置】对话框，如图6-21所示。在这里可以对导入的方式进行设置，比如默认将照片和视频都导入当前登录了操作系统的用户文件夹下的【图片】子文件夹中。可以根据需要改变默认导入的位置，单击【浏览】按钮可以从计算机中选择任意一个有效的文件夹作为导入文件的位置。还可以设置导入计算机中的文件夹和文件的命名方式，以及其他一些自动化选项，比如选中【导入后从设备删除文件】复选框可以在将文件导入计算机以后自动将数码相机中的文件删除。设置好以后单击【确定】按钮。

图6-20　选择导入照片和视频的方式

如果在选择导入照片和视频的范围时选择了【查看、组织和分组要导入的项目】单选按钮，那么将会显示如图6-22所示的界面，选择要将哪些照片和视频导入计算机。选择好以后单击【导入】按钮，即可将选中的内容导入计算机中，导入时会显示如图6-23所示的导入进度。如果在前面的步骤中选择的是【立即导入所有新项目】单选按钮，那么【下一步】会变为【导入】按钮，单击【导入】按钮即可将数码相机中的所有内容导入计算机中。

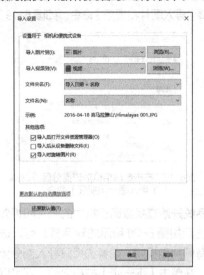

图6-21　设置导入文件的方式

图6-22　选择要导入的内容

图6-23　导入过程中会显示导入进度

除了使用上面的方法将数码相机中的照片和视频导入计算机外，也可以像使用移动存储设备（如U盘）那样，在文件资源管理器中打开数码相机的磁盘分区，然后进入其中保存照片和视频的文件夹，使用【剪切】【复制】【粘贴】等命令将照片和视频移动或复制到计算机中。

如果觉得每次从数码相机向计算机传输文件时使用连接线比较麻烦，那么可以购买读卡器。只需将数码相机中的存储卡（SD卡）取出并放入读卡器中，然后将读卡器的USB插头插入计算机的USB接口中，就可以读取存储卡中的文件了。需要注意的是，在将存储卡插入读卡器时有方向和正反面之分。

6.2.3　解决数码相机电池寿命变短的问题

随着使用数码相机的时间的延长，用户可能会发现数码相机的电池寿命变短。以前充满电的数码相机可以拍上百张图片，而现在可能只拍了几十张或十几张就没电了。造成电池寿命变短的原因及解决方法有以下几种。

◆ 拍照时频繁使用变焦操作。为了节省电量，可以减少变焦的使用次数。

◆ 拍照时频繁使用闪光灯。闪光灯非常耗电，所以非必要时尽量不用闪光灯。

◆ 使用连拍功能。数码相机的连拍功能通常借助机身内置的缓存来暂时保存数码相片，经常使用这些缓存会带来过多的电力消耗，可以尽量少用或不用连拍功能。

◆ 使用视频录制功能录制视频。可以在平时不使用视频录制功能。

除了以上介绍的在使用数码相机的过程中降低电能损耗外，下面还介绍了延长电池使用寿命的电池保养方法。

◆ 应该对第一次使用的电池进行充电。锂电池的充电时间一定要超过6小时，如果充电时间不够，将会直接影响电池日后的使用寿命。

◆ 最好不要在电池电量未完全耗尽时充电。

◆ 充满电后的电池比较热，待其冷却后再装入数码相机。

◆ 不要将电池与金属物品放在一起以防短路。

◆ 如果长时间不使用数码相机，应该从数码相机中取出电池并将其放在阴凉干燥处。即使长期不使用数码相机，也应该定期对电池进行充放电操作，避免由于长期不对电池充电而导致无法再向电池充进去电的问题。

◆ 定期对电池进行清洁，保持电池两端的接触点和电池盖子的内部干净，以避免电量的无故流失。可以使用柔软清洁的干布擦拭，但绝对不能使用具有腐蚀溶解作用的清洁剂来擦拭电池、充电器以及数码相机的其他部件。

6.2.4 解决数码相机的液晶显示屏模糊不清的问题

数码相机的液晶显示屏可能会出现模糊不清的问题，出现这类问题的原因及解决方法有以下几种：

◆ 亮度设定不对。重新调整亮度设置。
◆ 液晶显示屏可能受电磁干扰。将液晶显示屏放置在远离强磁场的地方。
◆ 在数码相机正在自动对焦时移动了数码相机。通常自动对焦的数码相机会在移动后重新进行对焦，所以液晶显示屏会有短暂的模糊，这属于正常现象。

6.2.5 解决拍摄近物不清晰的问题

在使用数码相机拍摄近距离的景物时，用户可能会发现所拍出的照片有些模糊，清晰度不好。如果所拍摄的景物距离数码相机过近，就会超出焦距的对焦范围，所以拍出的照片会不清晰。很多数码相机都带有近距离拍摄的功能，功能名称一般叫做"微距"或"近景"，只要在拍照之前选择近距离拍摄模式，就能解决拍摄近物不清晰的问题。

6.2.6 解决数码相机与计算机无法正常连接的问题

数码相机无法与计算机连接，在计算机中看不到数码相机中的照片，也无法访问数码相机所在的磁盘分区。出现这类问题的原因及解决方法有以下几种。

◆ 数码相机与计算机之间的连接线没有插好或已损坏。可以重新使用连接线连接数码相机与计算机，并确保插头与接口之间紧密连接。如果有备用的连接线，可以更换新的连接线。
◆ 数码相机处于关闭状态。按下数码相机的电源按钮以启动数码相机。
◆ 数码相机的电池电量已耗尽。更换其他电池或使用交流电源转接器。

6.2.7 解决数码相机无法识别存储卡的问题

数码相机有时可能无法识别其内部安装的存储卡，出现这个问题的原因及解决方法有以下几种。

◆ 存储卡芯片损坏，需要更换存储卡。
◆ 使用的存储卡类型与数码相机不兼容。需要使用数码相机支持的存储卡类型。
◆ 存储卡内的影像文件已破坏也有可能造成无法识别存储卡的问题。通常是由于在使用数码相机进行拍摄的过程中将存储卡取出，或在拍摄过程中由于电力不足而导致数码相机自动关闭。如果在数码相机中重新插入存储卡或有足够电力的情况下重新开启数码相机后问题仍然存在，那么可能需要格式化存储卡。

6.3 智能手机

手机是人们持有及使用率最高的电子设备。近年来智能手机的迅速发展与普及使得早期的键盘式手机逐步退出了手机市场。智能手机拥有键盘式手机无法比拟的3大优势：功能强大的操作系统、可自由定制的应用软件、清晰度高且易于操作的触摸屏。本节介绍了智能手机操作系统的分类与功能，还介绍了在智能手机与计算机之间传输数据的方法，最后列举了一些在使用智能手机时经常遇到的问题及解决方法。

6.3.1 智能手机操作系统的分类与功能简介

目前最流行、使用最广泛的3类智能手机操作系统分别是iOS、Android和Windows Phone。虽然同一类操作系统在不同厂商、不同型号的手机中显示的外观不完全相同，但是iOS、Android和Windows Phone这3类不同的操作系统的外观却存在着明显区别。如图6-24所示，由左到右依次为iOS、Android和Windows Phone操作系统的界面外观。下面将分别介绍这3类操作系统。

1. iOS

iOS是Apple（苹果）公司为该公司生产的iPhone、iPad、iPod等移动设备开发的操作系统。iOS操作系统架构分为以下4层：核心操作系统层（the Core OSlayer）、核心服务层（the Core

Serviceslayer）、媒体层（the Media layer）、可轻触层（the Cocoa Touchlayer）。iOS 操作系统只支持安装苹果公司开发的应用程序。正因为如此，iOS 操作系统的安全性较高，因为用户不能随意安装其他厂商开发的软件，在很大程度上避免了软硬件不兼容的情况。虽然用户在 iOS 操作系统中安装软件时会受到很大的限制，但是苹果公司在自家 APP Store 上为用户提供了大量免费和付费的应用程序，用户可以根据需要下载安装和使用。

图6-24　3类主流智能手机操作系统的界面外观

在数据传输方面，必须在计算机中安装好苹果的 iTunes 管理程序后，才能在安装 iOS 操作系统的苹果移动设备与计算机之间传输数据，操作起来比较烦琐。在安全性方面，如果用户开启了苹果的 Touch ID 指纹识别技术，将能以更高的安全性保护用户数据的安全，防止其他任何人非法登入。如果自己的苹果移动设备不慎丢失或被盗，当对该设备进行二次刷机或强行开启手机的锁屏密码后，必须要输入第一次使用该设备所注册的 Apple ID 的密码才能进行解锁。这样可以确保即使设备被盗，对方也无法进入系统并获取其中的数据和资料。

2．Android

Android 是 Google（谷歌）公司开发的移动端操作系统，是一种基于 Linux 的自由及开放源代码的操作系统，主要用于智能手机和平板电脑等移动设备。Android 的中文发音通常是"安卓"。Android 操作系统的兼容性非常高，用户可以在 Android 操作系统中安装从各种渠道获得的应用程序，在安装和使用应用程序方面有着很大的选择权，受到的限制很小。但也正因为如此，相对于 iOS 操作系统而言，Android 操作系统可能更容易出现软硬件不兼容的情况，甚至更易感染病毒或受到恶意程序的破坏。另外，Android 操作系统在用户的操作体验设计方面不如苹果公司的

iOS 操作系统更细腻、更人性化。

与 iOS 操作系统不同，如果需要在安装 Android 操作系统的移动设备与计算机之间传输数据，只需将此类移动设备正确与计算机连接，然后就可以在文件资源管理器中对文件进行移动、复制、删除等操作，无需额外安装专门的管理程序。

3．Windows Phone

Windows Phone 是 Microsoft（微软）公司开发的手机操作系统。如果 iOS 和 Android 两种操作系统侧重于娱乐为主的话，那么 Windows Phone 操作系统除了娱乐外，更侧重于办公应用。在界面设计上，Windows Phone 使用了称为 Metro 的界面风格，应用程序的图标以磁贴的形式出现在界面中，这些磁贴的形状为正方形或矩形，在磁贴上可以动态显示与其所代表的应用程序相关的一些信息。用户可以随意增加、删除或排列磁贴。

如果使用 Microsoft 账户登录 Windows Phone 操作系统，则可以同步账户中保存的系统和用户个人设置，这样在任何安装 Windows Phone 操作系统的设备上登录后，无需重复设置即可获得完全相同的操作体验。此外，与苹果的 App Store 类似，微软在其 Windows 应用商店中提供了大量的免费和付费应用，用户可以根据需要下载安装使用。

综合来看，在 iOS、Android 和 Windows Phone 3 种操作系统中，iOS 操作系统的安全性最高，用户体验设计做得最好，给人以高贵华丽精致的感觉，而且为用户提供了大量丰富的应用程序，软硬件兼容性最好；Android 操作系统更加大众化一些，用户在界面和功能方面的可定制性最高，软件的安装和使用几乎不受限制，但随之而来的是软硬件兼容性和安全性的下降；Windows Phone 则居于以上两者之间，主要侧重于办公应用，而且使用 Microsoft 账户登录 Windows Phone 操作系统将会带来一致性的操作体验和数据同步功能。

6.3.2　使用 Windows 10 手机助手连接智能手机

在 Windows 10 操作系统中连接智能手机时将不再需要额外安装驱动程序或下载专门的手机管理程序，因为可以使用 Windows 10 内置的【手机助手】应用来建立智能手机与计算机之间的连接并对手机中的照片、音乐、视频以及其他文件

进行管理，操作非常方便。

启动【手机助手】应用与将智能手机连接到计算机这两个操作的先后顺序并不重要，因为在启动【手机助手】应用以后，只要系统检测到有智能手机连接到计算机中，就会进行自动识别。单击【开始】按钮，在打开的【开始】菜单中选择【所有应用】命令，然后在所有程序列表中选择【手机助手】命令，将会启动【手机助手】应用并打开如图6-25所示的窗口，其中显示了智能手机最常用的3种平台：Windows Phone、Android和iOS。

图6-25　【手机助手】窗口

如果在启动【手机助手】应用之前没有将智能手机连接到计算机中，那么在启动该应用后即可将智能手机连接到计算机中，【手机助手】应用通常能够自动检测到智能手机的型号，并在【手机助手】窗口的下方显示如图6-26所示的信息和命令。其中列出了智能手机的存储容量状况，还提供了【将照片和视频导入到】和【传输其他文件】两个命令，用于将智能手机中的照片、视频和其他类型的文件导入计算机中。

图6-26　显示手机内的存储容量信息以及导入
文件的相关命令

> **提示**
> 如果不想显示手机的信息和相关命令，则可以单击窗口中间位置上的【隐藏】按钮。如果之后又想显示手机的信息和命令，可以单击窗口底部的【显示】按钮。

此外，在将手机连接到计算机中以后，可以在【手机助手】窗口列出的3种平台中选择与当前连接的智能手机相同的平台，系统会显示一个界面要求用户使用Microsoft账户进行登录。成功登录后会显示如图6-27所示的界面，可以选择要在手机中安装的应用，然后可以使用它们建立与计算机之间的连接与数据传输。

图6-27　选择要安装的应用

6.3.3　在智能手机与计算机之间传输文件

使用上一节介绍的Windows 10内置的【手机助手】应用可以很方便地建立智能手机与计算机之间的连接。启动【手机助手】应用以后在窗口中选择【将照片和视频导入到】命令，系统会自动启动Windows 10中的【照片】应用并开始检测智能手机中的照片和视频，然后将其导入计算机中，如图6-28所示。

图6-28　检测智能手机中的照片和视频并导入计算机中

如果不想让系统自动将智能手机中的所有照片和视频导入计算机中，那么还可以在【手机助手】窗口选择【传输其他文件】命令，将会打开文件资源管理器并进入智能手机所在的根目录，根据智能手机中是否安装了外部存储卡将会显示不同的磁盘分区数量。与在文件资源管理器中操作本地计算机中的文件类似，可以进入智能手机中的根目录及其中的文件夹，如图 6-29 所示，然后将文件夹中存储的照片、视频、音乐以及其他类型的文件移动或复制到本地计算机中。

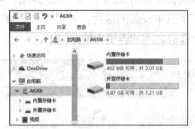

图6-29　在文件资源管理器中移动和复制文件

6.3.4　解决智能手机无法与计算机连接的问题

使用连接线将智能手机连接到计算机后，计算机无法识别智能手机，也不能访问智能手机中的文件。出现这类问题的原因及解决方法有以下几种。

◆ 智能手机的 USB 连接线损坏。更换新的连接线通常可以解决问题。如果仍有问题，可以将手机的 USB 连接线插到计算机的不同 USB 接口中。

◆ 智能手机的驱动程序没有正确安装。使用智能手机附带的光盘安装驱动程序，或者到手机制造商的官方网站下载与手机型号对应的驱动程序并进行安装。

◆ 没有开启智能手机中的 USB 调试功能。

通常需要开启 Android 手机中的 USB 调试功能，才能在计算机中访问 Android 手机的磁盘分区。需要在 Android 手机中找到【系统设置】选项，进入后找到【开发人员】选项，然后选择【USB 调试】选项即可开启 USB 调试功能。由于 Android 手机的型号和版本非常多，所以具体的操作步骤以及设置项的名称可能会存在细微差别。

◆ 为了可以在苹果 iPhone 智能手机与计算机之间传输数据，需要安装苹果公司的 iTunes 应用程序。

◆ 如果使用的是微软的 Windows Phone 手机且手机操作系统的版本低于 Windows Phone 8，则需要先在计算机中安装微软的 Zune 应用程序，类似于苹果的 iTunes。

如果以上几种方法仍然不能解决问题，那么可能是由于手机内部的主板线路或 USB 接口出现问题，需要到手机指定的维修点进行检测和修理。

6.3.5　解决安装程序时提示内存不足无法安装的问题

在购买到的智能手机中已经安装了很多预装软件，包括确保系统正常运行的系统组件，以及为用户提供各种应用功能的应用程序。以上这些内容可能会占据手机中一半以上的内部存储空间。在使用手机的过程中，用户还会根据个人需要安装不同类型的应用程序，手机的内部存储空间可能很快就会被占满，以至于在某次安装应用程序时系统会显示"内存空间不足，无法进行安装"的提示信息。内部存储空间不足不但会阻止用户安装新的应用程序，还会影响现有程序的使用。例如，可能会导致无法启动某些程序。

智能手机通常会显示 3 种类型的存储空间，分别是：RAM、内部存储空间、内置存储卡。智能手机的 RAM 与计算机的内存类似，是运行内存，当前启动的应用程序的部分数据会驻留在 RAM 中，一旦手机关机，RAM 中的数据会立刻消失。如果 RAM 的空闲容量过少，在手机中进行各种操作时会出现明显的迟缓卡顿现象。对于当前已经启动但并不使用的应用程序，可以结束该程序的运行。对于一些系统组件，即使结束了组件的运行，稍后系统仍然会重新运行该组件。另外，用户可以自定义设置安装的应用程序的自启动方式。默认情况下，用户安装的应用程序会被设置为开机自启动，每次启动手机后这些程序会自动运行并占用一定的 RAM 容量。可以取消不常用的应用程序的自动运行功能以节省开机后的 RAM 占用量。

　　智能手机的内部存储空间类似于计算机的硬盘驱动器，甚至可以认为是计算机中用于安装操作系统和应用程序的启动分区。如果智能手机的内部存储空间的可用量过小，系统将会禁止用户继续安装新的应用程序，而且还会导致一些现有功能无法正常使用。

　　内置存储卡（如 MicroSD 卡）是用户额外在手机中安装的、用于扩展内部存储容量的存储卡。默认情况下应用程序会被安装到智能手机的内部存储空间中，但是可以在应用程序管理界面中将已安装的应用程序的部分数据转移到内置存储卡中，以便释放一些内部存储空间的容量。

　　此外，可以在智能手机中下载一些专门的清理工具，以便自动检测和清理上网缓存数据、卸载应用程序后残留的文件，从而获得更多的可用空间。

6.3.6 解决启动照相机程序时显示错误提示信息的问题

　　如果在启动智能手机中的照相机程序时出现错误提示信息并且无法进行拍照，可能的原因及解决方法有以下几种。

◆ 如果照相机程序是用户后来下载安装的，而不是购买智能手机时系统自带的照相机功能，那么有可能是由于照相机程序与其他程序或系统本身不兼容。可以卸载其他可疑程序后检查照相机程序是否可以正常运行。如果仍无法运行，则可以卸载用户自己安装的照相机程序，然后重新安装智能手机自带的照相机程序。如果找不到手机自带的照相机程序的安装文件，则可以恢复手机的出厂设置，但在恢复前需要备份手机中的文件和数据。

◆ 智能手机的内部存储空间过小也会导致照相功能无法使用。可以清理手机的内部存储空间。

◆ 检查手机电池的电量是否充足，电量过低也可能导致照相功能无法使用。

6.3.7 解决触摸屏反应缓慢或不正确的问题

　　智能手机的触摸屏反应缓慢或感应出错的原因及解决方法有以下几种。

◆ 为触摸屏安装了保护盖或可选配件，导致触摸屏不能正常工作。可以将保护盖或可选配件拆下。

◆ 在触摸手机屏幕时佩戴了手套，或者手指不干净或沾有液体，都会导致触摸屏反应迟缓。可以摘下手套并将手指擦干净。

◆ 如果触摸屏受到刮擦或损坏，也会导致屏幕上的相应位置对手指的触摸不敏感甚至无响应。可以更换新的屏幕。

◆ 有时可能由于系统刚启动，系统资源占用较大而导致系统反应缓慢，在操作触摸屏时有种触摸屏不好用的错觉。待系统启动一段时间后恢复正常的性能，这种现象就会消失。

6.3.8 解决智能手机无响应的问题

　　有时在使用智能手机的过程中，智能手机突然没有了任何反应，即使长按电源键都无法关机。这时只能拆开智能手机的后盖并取出电池，再将电池安回并重新开机。如果开机后出现无响应的问题，那么可以将手机恢复到出厂设置。在执行该操作之前应该先备份手机中的重要文件和数据，因为在恢复出厂设置时会自动删除用户的个人数据以及安装的应用程序。

6.4 平板电脑

　　无论是看电影还是玩游戏或是上网冲浪，使用平板电脑都拥有更好的视觉体验。本节介绍了平板电脑的分类及其操作系统类型，还介绍了在平板电脑与计算机之间传输数据的方法，最后列举了一些在使用平板电脑时经常遇到的问题及解决方法。

6.4.1 平板电脑简介

　　平板电脑已逐渐成为人们生活娱乐中不可缺少的一部分。使用平板电脑可以非常方便地上网、听歌、看电影、玩游戏，如图 6-30 所示。平板电脑在很多方面与智能手机类似，比如操作系统主要也分为 iOS、Android 和 Windows Phone 等几类，输入方式也是以触摸屏为主，开关机的方法也基本相同。

图6-30　平板电脑

平板电脑与智能手机存在着两个非常明显的区别：屏幕尺寸的大小，以及是否可以拨打电话。平板电脑的屏幕尺寸显然比智能手机大得多，至少是智能手机屏幕尺寸的 2 ～ 3 倍。每部智能手机都可以拨打电话，但是大多数平板电脑并不具备电话拨打功能。不过某些平板电脑也配有可以安装 SIM 卡的插槽，这样就可以使用平板电脑拨打电话了。

另一方面，有时可能会觉得平板电脑与笔记本电脑之间的差别很小，其实两者之间有很大的不同，具体包括以下几点。

◆ 平板电脑只提供了虚拟键盘而没有物理键盘；笔记本电脑带有物理键盘，打字更方便。

◆ 由于平板电脑没有物理键盘，也没有像笔记本电脑一样的折叠屏幕，因此平板电脑体积小、重量轻、便携性好；笔记本电脑虽然较台式计算机具有更轻的重量、更好的便携性，但与平板电脑相比在便携性方面就自愧不如了。

◆ 平板电脑的硬件配置低于笔记本电脑的硬件配置。平板电脑通常只适合日常的娱乐活动，比如上网、听歌、看电影、玩游戏等；笔记本电脑不但具备平板电脑的娱乐功能，还可以进行各种办公应用或完成更专业的图形设计之类的任务。

6.4.2　在平板电脑与计算机之间传输文件

与智能手机与计算机之间传输文件的方法类似，用户可以使用文件资源管理器中在平板电脑与计算机之间传输文件。但是对于苹果公司的 iPad 而言，由于其具有严格的安全限制，所以无法像其他平台的平板电脑那样可以直接在文件资源管理器中对文件进行移动和复制等操作。

对于苹果公司的 iPad 而言，在与计算机之间传输文件时的操作有些特殊。如果只是将 iPad

中的照片和视频传输到计算机中，那么需要将 iPad 连接到计算机，在 iPad 中会显示是否信任此电脑的提示信息，选择【信任】以便连接到计算机。然后在计算机中打开文件资源管理器，右击 iPad 驱动器并在弹出的菜单中选择【导入图片和视频】命令，如图 6-31 所示，此时平板电脑被识别为相机。系统开始查找 iPad 中的图片和视频，如图 6-32 所示。稍后会询问用户是导入指定的照片和视频，还是导入 iPad 中的全部照片和视频。可以单击【更多选项】链接在如图 6-33 所示的对话框中选择照片和视频导入计算机中的哪个位置上，选择好以后即可开始导入照片和视频。

图6-31　选择【导入图片和视频】命令

图6-32　正在查找iPad中的照片和视频

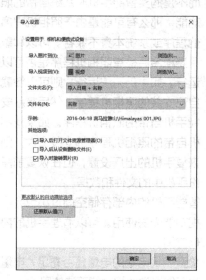

图6-33　导入前的设置

如果仅仅是将 iPad 中的照片和视频导入计算机中,那么使用上面介绍的方法就可以完成。但是在实际使用中经常需要将计算机中的内容传输到 iPad 中,比如将下载的歌曲和电影复制到 iPad 以便在 iPad 中收听和观看。由于 iPad 安全性保护的原因,用户无法随意向 iPad 中移动或复制文件。此时需要在计算机中安装苹果公司的 iTunes 管理程序,它是专门用于对连接到计算机的 iPad、iPod 或 iPhone 等移动设备中的文件和数据进行管理的工具。利用 iTunes,用户就可以将计算机中的文件传输到 iPad 中了。

从苹果公司官方网站下载 iTunes 程序后进行安装。安装好后启动 iTunes 程序,然后将 iPad 连接到计算机,在 iPad 中选择【信任】选项以信任当前正在连接的计算机。在 iTunes 程序中会显示如图 6-34 所示的对话框,单击【继续】按钮。单击工具栏中 ▢ 按钮切换到如图 6-35 所示的界面,这里显示了 iPad 的摘要信息。

图6-34 选择是否允许计算机访问iPad中的内容

图6-35 显示iPad的摘要信息

选择左侧列表中的【应用】选项,在进入的界面中显示了当前 iPad 中安装的应用程序,在【应用】列表框中选择某个应用,将会在右侧显示 iPad 中包含适用当前所选应用的文件。图 6-36 所示为能在暴风影音播放器中播放的视频文件。

如果要将计算机中的视频传输到 iPad 中以便可以在 iPad 中观看,可以单击界面下方的【添加文件】按钮,在打开的对话框中定位到计算机中存储视频的文件夹,选择要传输到 iPad 中的

视频文件,如图 6-37 所示,然后单击【打开】按钮,即可将选择的一个或多个视频传输到 iPad 中,如图 6-38 所示。

图6-36 查看iPad中的应用程序及相关文件

图6-37 选择要传输到iPad中的文件

图6-38 将计算机中的文件传输到iPad中

如果想要将 iPad 中的文件传输到计算机中,只需在列表框中选择要传输的文件,然后单击下方的【保存到】按钮,接着选择要保存到的计算机中的文件夹即可。选择文件时支持使用【Ctrl】和【Shift】键进行多选的操作。如果要删除 iPad 中的文件,可以在列表框中选择要删除的文件,然后按【Delete】键,在弹出的对话框中单击【删除】按钮即可将所选文件删除。

6.4.3 解决平板电脑无法开机的问题

平板电脑无法开机的原因及解决方法有以

下几种。

- ◆ 平板电脑的电池电量不足。使用充电器对平板电脑充电，1～2个小时后再开机。
- ◆ 平板电脑处于休眠状态。可以按电源键后观察屏幕是否有显示。
- ◆ 平板电脑处于死机状态。可以连接原装充电器，再用细针轻捅一下复位键，看屏幕是否有显示。
- ◆ 平板电脑的固件损坏。将平板电脑连接到台式计算机，检测计算机是否可以识别平板电脑。如果可以识别，则下载与平板电脑型号对应的固件，然后刷新固件。该操作有风险，在刷新固件前需要确保平板电脑的电池具有充足的电量。如果计算机不能识别平板电脑，则只能将平板电脑送到指定维修点进行修理。

6.4.4　解决平板电脑无法正常运行的问题

平板电脑无法正常运行的情况可能发生在Android系统中，因为在该系统中安装应用程序基本不会受到任何限制。如果在平板电脑中安装了非法软件或带有病毒的软件，则很可能会导致平板电脑出现异常而无法正常运行。可以先尝试恢复出厂设置，如果仍无法解决问题，则可以考虑刷新固件。在上一节曾经提到过，刷新固件的操作存在一定风险，操作之前需要确保平板电脑的电池电量充足。不同机型的固件的刷新方式并不完全相同，刷新前可以到平板电脑制造商的官方网站查看刷新方法，并下载与机型对应的固件升级安装文件。

6.4.5　解决平板电脑无法与计算机连接的问题

与本章6.3.4节介绍的智能手机与计算机无法正常连接的问题类似，首先检查平板电脑与计算机之间的USB连接线是否有损坏。如果没有损坏，则可以换一个计算机上的USB接口重新进行连接。如果问题依旧，则可以检查平板电脑中的USB调试模式是否已开启。

另外需要注意在将平板电脑连接到计算机时，平板电脑是否处于休眠状态或待机锁定状态。在休眠状态下系统会关闭平板电脑的所有外设，此时将平板电脑连接到计算机时将无法被识别，按平板电脑上的电源键唤醒系统后才能恢复正常的连接。在待机锁定状态下，如果想要让计算机能够正确识别平板电脑，则需要在平板电脑中输入锁定密码才行。

6.4.6　解决触摸屏反应不灵敏的问题

平板电脑触摸屏反应不灵敏的原因与解决方法与本章6.3.7节介绍的智能手机的这类问题类似，可以进行相互参考。如果触摸屏失控且无法初始化和正常操作，则可以对触摸屏进行重新校正。该设置通常位于【系统设置】选项中，然后在【显示】选项中找到【触摸屏校准】选项，最后根据提示向导单击【＋】中心进行校正，之后触摸屏将会恢复正常。

6.4.7　解决运行多个程序后死机的问题

在平板电脑中运行多个程序后死机的原因及解决方法有以下几种。

- ◆ 正在运行的程序与其他程序或进程甚至操作系统不兼容。逐一排查可能造成死机的程序，然后将其卸载。
- ◆ 当前可用存储空间过小导致程序无法正确运行。手动清理存储空间，或下载专门的清理工具进行自动检查和清理。
- ◆ 系统中安装了非法程序或病毒程序。下载防护程序对系统实施安全保护，或恢复出厂设置以使系统还原到最初状态。恢复出厂设置前需要备份用户的个人数据。

6.4.8　解决屏幕显示非中文或乱码的问题

出现屏幕中显示非中文或乱码的原因通常是因为没有在系统中设置正确的语言选项。只需在系统设置中将语言设置为【中文（简体）】，一般即可解决非中文和乱码的问题。

6.4.9　解决无法连接WiFi的问题

安装好了无线路由器，但是平板电脑无法连接WiFi，出现这个问题的原因及解决方法有以下几种。

- ◆ 平板电脑不在无线路由器的信号覆盖范围内。可以将平板电脑移动到距离无线路由器较近的位置。
- ◆ 连接到错误的WiFi或输入了错误的WiFi连接密码。检查连接到的WiFi名称是否正确，以及输入的 WiFi 连接密码是否正确。

◆ 无线路由器没有开启 DHCP 功能。在计算
机中输入无线路由器的 IP 地址，进入无线
路由器的设置界面后开启 DHCP 功能，从而
让无线路由器自动为网络设备分配 IP 地址。

6.5 移动存储设备

U 盘和移动硬盘是最常用的两种移动存储设
备，本节介绍了这两种存储设备的功能和使用方法。

6.5.1 使用 U 盘

U 盘的全称是 USB 闪存驱动器，英文是
USB Flash Drive，如图 6-39 所示。U 盘是一种移
动存储设备，通过 USB 接口与计算机相连，从而
在 U 盘与计算机之间传输文件。USB 是通用串行
总线的英文缩写。USB 设备的最大特点是支持热
插拔和即插即用功能。当 USB 设备插入计算机的
USB 接口时，操作系统会自动检测该设备并加载
所需的驱动程序，用户通常无需额外为 USB 设备
安装驱动程序即可直接使用。常用的 USB 设备包
括键盘、鼠标、数码相机、扫描仪、打印机等。

图6-39　U盘

现在的 U 盘都具有相当大的存储容量，比
如 4GB、8GB、16GB、32GB、64GB、128G、
256GB，甚至还有更大的 512GB、1TB 等，因此
可以在 U 盘中存储大量的文件和数据。U 盘通常
用于以下几种用途。

◆ 存储音乐、视频、图片以及用户的其他个
人文件。
◆ 用于引导操作系统启动的启动介质，或用
于安装操作系统并带有引导功能的操作系
统安装介质。
◆ 通过 ReadyBoost 功能利用 U 盘来扩充系
统内存容量，从而提高系统性能。
◆ 使用 Windows To Go 功能在 U 盘中安
装 Windows 10 操作系统，然后将 U 盘
带在身边就可以随时随地使用 U 盘中的

Windows 操作系统。

交叉参考　有关 ReadyBoost 功能的更多内容，
请参考本书第 28 章，有关 Windows To
Go 的更多内容，请参考本书第 2 章。

USB 接口主要有 3 种标准，分别是 USB
1.1、USB 2.0 和 USB 3.0，USB 1.1 和 USB 2.0 已
经统一为 USB 2.0。目前广泛使用的是 USB 2.0 和
USB 3.0 两个标准。USB 2.0 的传输带宽最大可
以达到 480Mbit/s，而且能够向下兼容 USB 1.1。
需要注意的是，此处的单位是 Mbit/s，它表示的
是"兆位 / 秒"，其中的字母 b 是小写形式，表示
bit(位)，而不是通常用于描述存储容量的 Byte(字
节)。一个字节等于 8 位，那么 480Mbit/s 相当
于 60MB/s，可以通过公式 480÷8=60 计算得到。

USB 3.0 的最大传输带宽可以达到 5.0Gbit/s。
不过在将 USB 3.0 标准中的带宽转换为速度时
并不是将带宽除以 8 而是除以 10。这是因为在
USB 2.0 标准的基础上新增了一对纠错码，以至
于采用了与 SATA 相同的 10bit 传输模式。那么
在 USB 3.0 标准中 5.0Gbit/s 的带宽所对应的速
度是 5.0×1000÷10=500MB/s。

与机械硬盘不同，U 盘中没有机械部件，因此
在读写数据时断开 U 盘与计算机的连接不会损坏
U 盘硬件，但可能会破坏正在处理的数据。使用完
U 盘后要从计算机的 USB 接口上拔下来以断开它
与计算机的连接。如果 U 盘上的指示灯一直在闪
烁，则说明 U 盘正在与计算机交换数据，最好等指
示灯停止闪烁后再从计算机上拔下 U 盘。拔下 U 盘
之前可以使用以下两种方法从操作系统中删除 U 盘。

◆ 在任务栏的通知区域中右击 USB 设备图标
，在弹出的菜单中显示了当前所有连接
到计算机的 USB 设备。选择要断开的表示
U 盘的命令，如选择【弹出 Flash Disk】命
令，如图 6-40 所示。系统会显示通知横幅
以提醒用户 U 盘已被安全删除。此时就可
以将 U 盘从计算机的 USB 接口上拔下来了。
◆ 除了上面介绍的方法外，用户还可以在【此
电脑】窗口中右击代表 U 盘的磁盘分区，
然后在弹出的菜单中选择【弹出】命令以
从操作系统中删除 U 盘，如图 6-41 所示。

图6-40　断开U盘与计算机的连接

图6-41　选择【弹出】命令也可以删除U盘

6.5.2　使用移动硬盘

移动硬盘也是一种移动存储设备，使用方式与U盘类似，如图6-42所示。与U盘相比，移动硬盘的体积较大，但是能够提供更大的存储容量，而且数据的读写速度也比U盘快。移动硬盘与计算机中安装的硬盘驱动器类似，只不过移动硬盘是外接到计算机的USB接口上，而硬盘驱动器则是安装在计算机的机箱内。由于移动硬盘与其他USB设备一样支持热插拔和即插即用功能，因此在使用方式上移动硬盘比硬盘驱动器更灵活。

图6-42　移动硬盘

很多用户可能会在使用U盘还是移动硬盘之间难以做出选择。这里列出的几条建议可能会对最终的选择提供一些帮助。

◆ 如果经常需要在不同计算机之间传输数据，而这些计算机的位置相隔较远，而且它们之间无法通过网络相连接，那么常备一个U盘并将其用作数据搬运是有用的。

◆ 如果平时很少需要在不同的计算机之间传输数据，而只是为了防止由于硬盘驱动器的故障所导致的数据丢失，那么就需要一个大容量的移动硬盘来经常备份计算机中的数据。

◆ 如果同时满足以上两种使用需求，则可以同时使用U盘和移动硬盘。

大多数用户通常都使用的是机械式移动硬盘。还有一种硬盘是固态硬盘，即SSD（Solid State Drives）。与机械硬盘相比，固态硬盘具有很多明显的优势。

◆ 读写速度快：由于固态硬盘采用闪存作为存储介质，因此其读写速度比机械硬盘更快。

◆ 低功耗、无噪声：固态硬盘在工作时为零噪声，而且功耗比机械硬盘更低。

◆ 适应更大的温度范围：大多数固态硬盘可以工作在10～70℃的范围内，环境适应性强。

◆ 抗摔防震：由于固态硬盘内部不包含机械部件，因此在固态硬盘遭受外部碰撞、震荡或发生角度倾斜时几乎不会损坏或丢失其中的数据。

◆ 轻便易携带：固态硬盘比机械硬盘的体积更小、重量更轻，因此更便于携带。

不过由于固态硬盘的价格贵、容量低、使用寿命受擦写次数的限制、硬盘损坏后数据难以恢复，因此固态硬盘不如机械硬盘的应用范围广。

安装与管理应用程序

虽然 Windows 10 操作系统已经内置了大量应用，能够满足日常生活和娱乐的基本使用需求，但是对于经常处理特定任务的用户而言，还需要在 Windows 10 中安装不同类型的应用程序。Windows 10 提供了多种运行程序的方法，还提供了用于解决早期程序与 Windows 10 之间存在兼容性问题的工具。用户还可以根据使用需要，为不同类型的设备设置程序的自动播放功能。本章详细介绍了在 Windows 10 中安装、运行和管理应用程序的相关内容，最后还介绍了添加和删除 Windows 系统功能的方法。

7.1　安装和卸载应用程序

为了完成不同类型的任务，用户通常会在系统中安装所需使用的应用程序。在 Windows 10 中安装和运行应用程序会受到用户账户控制的影响。本节主要介绍安装和卸载应用程序的内容，运行与管理应用程序的方法将在本章后续内容中进行介绍。

7.1.1　在 32 位和 64 位操作系统中安装应用程序的区别

32 位（x86）和 64 位（x64）操作系统是基于 CPU 架构而言的。为了让操作系统在不同架构的 CPU 中获得更好的性能，因此操作系统也分为 32 位和 64 位两种。32 位和 64 位架构的 CPU 对 32 位和 64 位操作系统的影响已经在本书第 2 章介绍过，因此这里不再赘述。

为了让应用程序可以在 32 位和 64 位操作系统中稳定运行，很多软件开发商会为应用程序分别设计出 32 位和 64 位两种版本。32 位版本的应用程序可以安装在 32 位和 64 位操作系统中，64 位版本的应用程序则只能安装在 64 位操作系统中。

很多用户可能会担心将 32 位版本的应用程序安装到 64 位操作系统后，这些应用程序不能正常运行或出现一些问题。实际上 64 位操作系统可以正常运行绝大多数 32 位应用程序，但也会有极少数的例外情况。表 7-1 列出了在 32 位和 64 位操作系统中安装应用程序时存在的几个区别，虽然驱动程序不属于应用程序，但是也被包含在该比较中。

表 7-1　在 32 位和 64 位操作系统中安装应用程序时存在的区别

比较项目	32 位操作系统	64 位操作系统
安装 16 位应用程序	可以安装	不可以安装
安装 32 位应用程序	可以安装	可以安装
安装 64 位应用程序	不可以安装	可以安装
安装 32 位驱动程序	可以安装	不可以安装
安装 64 位驱动程序	不可以安装	可以安装
应用程序的默认安装路径	默认安装在 Windows 磁盘分区的 Program Files 文件夹中	32 位应用程序默认安装在 Windows 磁盘分区的 Program Files（x86）文件夹中；64 位应用程序默认安装在 Windows 磁盘分区的 Program Files 文件夹中

由于 64 位操作系统支持 4G 以上的内存容量，而 32 位操作系统只支持最大 4G 的内存容量，因此对于经常需要同时运行消耗大量内存的多个应用程序的用户而言，应该考虑使用 64 位操作系统。

7.1.2 用户账户控制对安装和运行应用程序的影响

用户账户控制改变了以往在 Windows XP 以及更早版本的 Windows 操作系统中安装和运行应用程序的方式。Windows 10 为用户提供了标准用户和管理员用户两种用户账户类型，同时为应用程序提供了标准应用程序和管理应用程序两种级别。所有用户都可以运行标准应用程序，但是管理应用程序需要管理员访问令牌才能正常运行，并对系统进行安全性设置以及向系统关键位置写入数据。

在用户运行一个应用程序时，无论该用户属于哪种账户类型，用户账户控制都会自动将该用户转变为标准用户，此时该用户具有标准用户的操作权限。如果当前运行的应用程序需要管理员访问令牌才能继续执行操作时，用户将会看到一个要求提升权限的对话框，当前用户的账户类型决定了对话框中显示的内容与操作方式。系统将根据用户对提升权限执行的操作来决定如何对应用程序执行后续操作，分为以下两种情况。

◆ 如果当前用户是标准用户，那么该用户需要输入系统中已经存在的管理员用户账户的登录凭据（即账户密码），然后才能执行后续操作。

◆ 如果当前用户是管理员用户，那么只需直接同意提升权限即可执行后续操作，不需要输入管理员用户账户的密码。

有关用户账户控制的更多内容，请参考本书第 16 章。

应用程序清单是应用程序中的一个文件，其中包含了应用程序的请求运行级别的信息，系统通过应用程序清单文件来确定当前运行的应用程序所需要的用户权限。例如，如果应用程序需要对系统进行具有管理权限级别的访问，那么该程序将会使用"需要管理员"的请求运行级别进行标识。下面列出了应用程序中可以包含的 3 种请求运行级别。

◆ RunAsInvoker：使用与当前用户同等的权限运行应用程序。在该运行级别下，所有用户都可以使用标准用权限运行应用程序。只有在运行当前应用程序的父进程具有管理员访问令牌时，当前应用程序才会使用管理员权限运行。例如，使用管理员权限打开【命令提示符】窗口，然后在命令提示符中输入命令启动了一个应用程序，那么该程序将具有管理员访问令牌。

◆ RunAsHighest：使用当前用户具有的最高权限运行应用程序，这意味着标准用户运行应用程序时只能使用标准访问令牌运行，而管理员用户运行应用程序时则具有管理员访问令牌。对于其他用户而言，将会以该用户所具有的最高权限来运行应用程序。例如，Backup Operators 组中的用户可以运行备份应用程序，但是无法运行需要管理员访问令牌的应用程序。

◆ RunAsAdmin：使用管理员权限运行应用程序。这类应用程序只能由管理员运行，标准用户需要通过提升权限才能运行。

在用户账户控制出现以前，早期的应用程序并未包含针对用户账户控制的设计，因此这些不支持用户账户控制并且需要管理员权限才能正常运行的应用程序在 Windows 10 中会运行在特殊的兼容模式下，并通过文件系统和注册表虚拟化技术获得文件和注册表的虚拟化视图。当不支持用户账户控制的应用程序需要向系统关键位置（如 Windows 分区中的 Program Files 文件夹）写入数据时，实际上是写入系统为该程序提供的文件和注册表内容的专用虚拟化副本中，而不是真正的系统关键位置。这些副本位于当前用户的配置数据中，这意味着不同用户运行不支持用户账户控制的应用程序时都会获得各自独立的文件和注册表内容的虚拟化副本。

当用户安装应用程序时，由于需要向系统目录和注册表中写入所安装的程序的相关信息和数据，因此用户账户控制将会检测到安装程序所需要的管理员访问令牌，并向用户发出需要提升权限的提示信息。只有在标准用户输入管理员用户账户的密码以提升权限，或者管理员用户同意提升权限后，安装程序才能继续执行后续的安装操作，这样就可以避免在用户不知情的情况下自动安装程序。

7.1.3　安装应用程序的通用流程

　　安装应用程序的实际过程通常并不复杂，而且大多数应用程序都通过安装向导来将其安装到系统中。因此在安装很多应用程序时都具有相似的安装界面和安装步骤，即使对计算机操作并不是很熟悉的普通用户也可以完成应用程序的安装。下面总结了安装应用程序时的通用流程，在安装某个具体的应用程序时，个别步骤可能会有所不同，但从整体上而言，大多数应用程序的安装都会遵循本节介绍的通用流程。

1．启动安装程序

　　如果安装程序位于光盘中，那么在将光盘放入光驱后，系统通常会自动运行光盘中的安装程序。如果安装程序没有自动运行，则可以进入安装文件所在的文件夹，然后双击安装文件以启动安装程序。安装文件的名称通常为"Setup.exe"或"Install.exe"。

　　如果将安装光盘放入光驱后没有自动启动安装程序，可能是由于关闭了系统中的程序自动播放功能。有关设置程序自动播放功能的方法，请参考本章7.1.3节。

2．运行程序安装向导

　　在显示程序安装向导之前，系统会检测安装程序所需的用户权限。如果安装程序需要管理员访问令牌才能运行（通常都需要），系统将会显示提升权限对话框，只有提升权限后才能继续安装过程。在获得管理员权限后会打开程序安装向导，在安装向导的第一个界面中通常只需单击【下一步】按钮。在接下来的界面中可能会显示关于正在安装的程序的许可协议，只有同意许可协议才能继续进行安装。许可协议可能会以复选框的形式显示，或者通过在界面中单击【是】或【否】按钮来同意或不同意许可协议。

3．选择安装方式

　　同意程序的许可协议后，如果正在安装的是一个相对复杂的程序，那么通常会在一个界面中为用户提供包括默认安装和自定义安装在内的不同安装方式的选项。

◆　默认安装会使用程序自身设置好的安装路径和安装组件进行自动安装，这种方式适合对计算机不太熟悉的用户。

◆　自定义安装则为用户提供了更灵活的安装方式，用户可以选择程序的安装位置以及想要安装的程序组件。组件是指程序中包括的功能单元，比如在安装 Microsoft Office 程序时可以选择安装 Word、Excel、PowerPoint 等其中的一个、几个或全部，还可以选择是否安装一些附加功能。通常只有复杂或大型的程序才会为用户提供选择安装组件的选项，而小型程序可能只提供选择安装路径的选项。

4．完成安装

　　按照程序安装向导的指引，在每个界面中设置好所需的选项，然后一路单击【下一步】按钮，直到开始安装并最终完成整个安装过程。在最后完成的界面中，可能需要单击【完成】或【关闭】按钮来关闭安装向导界面。在安装好某些应用程序后，可能需要重新启动计算机，之后才能正常使用这些应用程序。系统通常会自动将应用程序的快捷方式添加到【开始】菜单和 Windows 桌面上，用户可以使用快捷方式来启动应用程序。

　　提示　某些设计不规范或存在缺陷的程序在安装完成后可能并不会向【开始】菜单和Windows桌面等位置添加快捷方式，为此用户可以手动创建程序的快捷方式，具体方法请参考本章7.2.5节。

　　在安装过程中以及安装完成后运行程序时的不同阶段都可能会遇到一些问题。例如，在启动安装程序时系统无法成功检测到安装程序所需的权限，而导致无法启动安装程序进行程序的安装。出现这种问题通常是由于在这类安装程序中使用了"嵌入清单"技术，通过将该技术中 RequestedExecutionLevel 的值设置为 RequireAdministrator 而覆盖了 Windows 操作系统对安装程序所需权限的检测结果，因此导致程序安装失败。解决该问题的一种常用方法是退出当前安装过程，右击安装程序对应的可执行文件，然后在弹出的菜单中选择【以管理员身份运行】命令。

用户有时还可能会遇到在程序彻底安装完成前，由于某种原因导致没有显示正常的安装完成界面，而且系统会显示程序兼容性助手对话框。如果确定程序已经正确安装，则可以在程序兼容性助手对话框中选择【这个程序已经正确安装】选项，否则可以选择【使用推荐设置重新安装】选项让系统尝试对安装程序进行兼容性修复后再重新安装一次。

7.1.4　更改和修复已安装的应用程序

在安装复杂的应用程序的过程中可能没有安装应用程序包含的所有功能和组件，在以后的使用中可能会发现需要使用某个未安装的功能，这时可以更改应用程序的安装选项以添加所缺少的功能和组件。另一方面，如果在安装过程中对应用程序进行了完整安装，那么也可以在以后将很少或根本不使用的功能从现有应用程序中删除，以节省其所占用的硬盘空间。有些应用程序还带有修复功能，当应用程序在运行和使用的过程中出现问题时，可以通过修复功能来尝试解决。

正常安装好的应用程序会显示在【程序和功能】窗口中。在该窗口中可以对系统中安装好的应用程序进行管理，包括添加或删除程序的功能、修复程序以及卸载程序。用户可以使用以下两种方法打开【程序和功能】窗口。

◆ 右击【开始】按钮⊞，然后在弹出的菜单中选择【程序和功能】命令。

◆ 打开【控制面板】窗口，将【查看方式】设置为【大图标】或【小图标】，然后单击【程序和功能】链接。

在打开的【程序和功能】窗口中显示了系统中已安装的应用程序列表，如图 7-1 所示。列表左侧显示的是应用程序的名称，右侧是该应用程序的发布者。在列表中选择一个应用程序，如果在列表上方的工具栏中出现【更改【修复【卸载】等按钮，则说明可以对所选程序进行相关操作。用户也可以右击列表中的某个程序，然后在弹出的菜单中选择要执行的操作，如图 7-2 所示。

图 7-2 中各菜单命令的作用如下。

◆ 【更改】命令：添加或删除程序中包含的功能。

◆ 【修复】命令：对程序可能发生的安装和运行错误进行修复。

◆ 【卸载】命令：将应用程序从系统中彻底删除。

图7-1　在【程序和功能】窗口中管理已安装的应用程序

图7-2　使用鼠标右键菜单命令执行操作

【卸载】命令通常是固定出现的，但是根据所选的程序，【更改】和【修复】命令并不一定会出现。如果未显示【更改】和【修复】命令，则说明无法添加和删除该程序的功能，以及修复程序错误。

7.1.5　卸载已安装的应用程序和 Windows 10 内置应用

卸载是指将已安装的应用程序从系统中删除，包括在安装程序时向 Program Files 文件夹复制的程序文件，以及在注册表中写入的程序的相关信息。在 Windows 10 中卸载用户安装的应用程序与卸载 Windows 10 内置应用的方法截然不同，下面将分别进行介绍。

1. 卸载用户安装的应用程序

如果不再使用某个应用程序，或在应用程序出现问题并尝试修复后仍不能解决问题，那么可以将该应用程序卸载。对于第二种情况，可以在卸载应用程序后再重新进行安装来尝试解决问题。通常可以使用以下几种方法来卸载用户安装的应用程序。

◆ 使用应用程序自带的卸载程序：对于设计规范的应用程序，在正确安装后通常会自带一个卸载程序。可以在【开始】菜单的所有程序列表中查找要卸载的应用程序的文件夹，并在其中找到相应的卸载程序。

◆ 使用【程序和功能】窗口中的卸载命令：

如果应用程序未提供卸载程序,那么可以在【程序和功能】窗口中选择要卸载的应用程序,然后单击工具栏中的【卸载】按钮,或右击要卸载的应用程序,然后在弹出的菜单中选择【卸载】命令。

◆ 使用【设置】窗口中的卸载功能:单击【开始】按钮█,在打开的【开始】菜单中选择【设置】命令。在打开的【设置】窗口中选择【系统】选项,在进入的界面左侧选择【应用和功能】选项,然后在右侧选择要卸载的应用程序并单击【卸载】按钮,如图 7-3 所示。

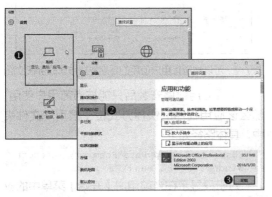

图7-3 在【设置】窗口中卸载应用程序

◆ 使用专门的卸载工具:如果以上两种方法都不能卸载应用程序,还可以使用一些专用工具卸载应用程序,比如微软的 Windows Installer Cleanup 或第三方工具。

由于程序设计上的不足可能会导致应用程序不能完全卸载。最常见的一种情况是在卸载应用程序后,与应用程序相关的一些文件和文件夹仍然残留在应用程序的安装文件夹中,用户需要手动删除这些残留的内容。将一些不需要安装就可以直接使用的程序称为绿色软件,这类程序通常不会向注册表写入数据,因此不需要安装就可以直接使用。当不再使用这类程序时,只需像删除普通文件或文件夹那样删除这类程序即可。

2. 卸载Windows 10内置应用

Windows 10 并未提供系统内置应用的卸载命令或专用界面,如果想要卸载 Windows 10 内置应用,则需要通过 PowerShell 命令行窗口来完成,具体操作步骤如下。

STEP 1 单击【开始】按钮█,然后在打开的【开

始】菜单中选择【所有应用】命令。

STEP 2 在所有程序列表中展开【Windows PowerShell】文件夹,然后右击其中的【Windows PowerShell】命令,在弹出的菜单中选择【以管理员身份运行】命令。

提示
用户也可以在任务栏的搜索框中输入"PowerShell",然后在查找结果列表中右击【Windows PowerShell】命令并选择【以管理员身份运行】命令,如图7-4所示。

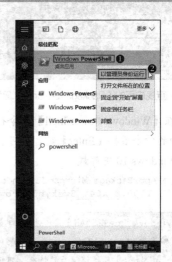

图7-4 通过搜索的方式运行PowerShell

STEP 3 以管理员权限打开【管理员:Windows PowerShell】命令行窗口,输入下面的命令后按【Enter】键,将会显示 Windows 10 内置的所有应用的详细信息,如图 7-5 所示。信息分为左右两列,左列是信息的属性名称,右列是与属性对应的值。例如,【Name】属性表示应用的英文名称。

```
Get-AppxPackage
```

图7-5 显示Windows 10所有内置应用的相关信息

STEP 4 需要根据想要删除的应用找到对应的英文

名称，然后记下【PackageFullName】属性的值，该值表示的是应用的程序文件包的名称。例如，如果想要卸载 Windows 10 中的【地图】应用，那么需要找到【Name】属性为【Microsoft.WindowsMaps】的部分，然后找到【PackageFullName】属性的值为【Microsoft.WindowsMaps_4.1603.1190.0_x64__8wekyb3d8bbwe】，如图 7-6 所示。在后面的步骤中需要用到该属性值。

```
Name           : Microsoft.WindowsMaps
Publisher      : CN=Microsoft Corporation, O=Microsoft Corporation, L=Redmond,
                 ngton, C=US
Architecture   : X64
ResourceId     :
Version        : 4.1603.1190.0
PackageFullName : Microsoft.WindowsMaps_4.1603.1190.0_x64__8wekyb3d8bbwe
InstallLocation : C:\Program Files\WindowsApps\Microsoft.WindowsMaps_4.1603.119
                 _8wekyb3d8bbwe
IsFramework    : False
PackageFamilyName : Microsoft.WindowsMaps_8wekyb3d8bbwe
PublisherId    : 8wekyb3d8bbwe
IsResourcePackage : False
```

图7-6　查找应用的【PackageFullName】属性的值

STEP 5 在【Windows PowerShell】命令行窗口中输入下面的命令后按【Enter】键，即可将相应的应用从 Windows 10 中卸载。

```
Remove-AppxPackage Microsoft.WindowsMaps_
    4.1603.1190.0_x64__8wekyb3d8bbwe
```

技巧【Windows PowerShell】命令行窗口支持鼠标选择以及键盘复制、粘贴等操作方式。因此对于类似【PackageFullName】属性值很长的情况，可以通过复制、粘贴操作来减轻输入量。

7.1.6　让应用程序可被所有用户或指定用户使用

大多数应用程序在安装后都会在计算机中的每一个用户的【开始】菜单中创建该应用程序的快捷方式，每个用户都可以运行并使用该应用程序。一些考虑周到的应用程序在安装过程中会询问用户在安装后该程序是仅供自己使用还是提供给计算机中的所有用户使用，而有些应用程序在安装后只能被当前用户使用，其他用户无法使用。

如果应用程序安装后可以被计算机中的所有用户使用，那么说明该应用程序的快捷方式位于以下路径中，该位置是所有用户都可以访问的用于保存应用程序快捷方式的公共位置。ProgramData 文件夹默认为隐藏文件夹，需要在文件资源管理器的【查看】选项卡中选中【隐藏的项目】复选框才会显示该文件夹。

```
%SystemDrive%\ProgramData\Microsoft\
Windows\Start Menu\Programs
```

如果在文件资源管理器中使用鼠标进行导航，那么可以依次打开以下文件夹，如图 7-7 所示。

```
%SystemDrive%\ProgramData\Microsoft\
Windows\【开始】菜单\程序
```

图7-7　可以被所有用户使用的程序快捷方式的所在位置

如果应用程序安装后只能被当前用户使用，那么该应用程序的快捷方式位于该用户文件夹中，具体路径如下：

```
%UserProfile%\AppData\Roaming\Microsoft\
Windows\Start Menu\Programs
```

对于只显示在当前用户【开始】菜单中的应用程序而言，如果希望让该应用程序的快捷方式显示在所有用户的【开始】菜单中，只需按照上面介绍的路径将位于当前用户【开始】菜单中的应用程序快捷方式复制并粘贴到所有用户都可以访问的【开始】菜单中。同理，如果只想让当前用户使用某一应用程序，而不希望让该应用程序出现在其他用户的【开始】菜单中，那么可以将该应用程序的快捷方式从所有用户都可以访问的【开始】菜单中剪切并粘贴到当前用户的【开始】菜单中。简言之就是根据所希望的应用程序使用范围的不同，将应用程序快捷方式在上面介绍的两个位置之间进行剪切、复制和粘贴。

注意 通过上面介绍的方法只能隐藏计算机中安装了某个应用程序的情况，但实际上并不能阻止用户通过文件资源管理器或【运行】对话框来执行指定的应用程序。

7.2　运行程序

Windows 10 为用户提供了运行应用程序的

多种方式，可以根据不同情况和使用需要选择相应的方式来运行应用程序。

7.2.1 运行一个程序

在 Windows 10 中可以通过【开始】菜单、桌面快捷方式、【运行】对话框、任务栏中的搜索框等多种方法来运行一个程序，下面将分别介绍运行程序的几种方法。

1. 使用【开始】菜单运行程序

使用【开始】菜单运行程序通常是最常使用的方法。因为在默认情况下，程序安装好后都会自动在【开始】菜单中创建该程序的文件夹，其中包括运行该程序的命令。也有些程序的运行命令直接显示在【开始】菜单中，而不是位于程序文件夹中。无论哪种情况，都可以通过【开始】菜单来运行指定的程序。

只需单击【开始】按钮，然后在打开的【开始】菜单中选择【所有应用】命令，在显示包含了所有程序的列表中展开要运行的程序的文件夹，然后选择其中的用于运行程序的命令。

2. 使用桌面快捷方式运行程序

如果程序的快捷方式图标位于桌面上，那么可以直接双击桌面上的快捷方式图标来运行相应的程序。在桌面上创建程序快捷方式的方法将在本章 7.2.5 节进行介绍。

3. 使用【运行】对话框运行程序

对于 Windows 操作系统自带的管理程序，可以直接在【运行】对话框中运行。用户可以使用以下两种方法打开【运行】对话框。

◆ 右击【开始】按钮，然后在弹出的菜单中选择【运行】命令。

◆ 按【Windows 徽标 +R】组合键。

打开【运行】对话框后，可以在文本框中输入系统命令来运行系统管理程序。例如，要运行注册表编辑器，可以在文本框中输入"regedit.exe"命令，如图 7-8 所示，然后按【Enter】键或单击【确定】按钮。输入命令时可以省略扩展名 .exe。

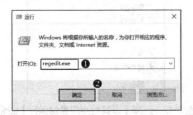

图7-8 在【运行】对话框中输入程序的可执行命令

如果以前在【运行】对话框中通过输入命令成功运行过一些程序，那么所有这些成功运行的命令都会被记录在【运行】对话框中。以后再次通过【运行】对话框运行这些程序时，可以单击文本框右侧的下拉按钮，然后从列表中选择曾经使用过的命令。

4. 使用任务栏中的搜索框运行程序

除了以上 3 种方法外，还可以在任务栏的搜索框中输入要运行的程序对应的可执行命令，系统会根据用户输入的内容进行自动匹配。找到的最佳匹配项会显示在列表的顶部，选择该项即可运行相应的程序。

交叉参考 在 Windows 10 任务栏搜索框进行搜索的更多内容，请参考本书第 14 章。

7.2.2 以管理员身份运行程序

Windows 10 中的用户账户控制功能可以自动检测用户正在执行的操作，如果操作需要管理员访问令牌，系统将会显示提升权限对话框，提升权限后会以管理员权限继续执行当前操作。但是由于早期专门为 Windows XP 或更早版本的 Windows 操作系统设计的应用程序每次运行时都需要管理员权限，而这些程序又与 Windows 10 中的用户账户控制不兼容，因此可能会导致程序运行失败。遇到这种问题时，可以以管理员身份运行指定的程序，而不是被动地由系统检测程序所需的权限后再提升权限。

1. 以管理员身份运行程序一次

用户可以在某次运行程序时使用管理员身份运行，只需在【开始】菜单中右击要运行的程序，然后在弹出的菜单中选择【以管理员身份运行】命令，如图 7-9 所示，即可以管理员身份运行该程序。此方法同样适用于桌面或其他位置中的程序快捷方式或可执行文件。

图7-9 以管理员身份运行程序一次

2. 总是以管理员身份运行程序

为了解决针对 Windows XP 设计的早期程序在 Windows 10 中无法正常运行的问题，可能需要让该程序每次都以管理员身份运行。使用下面的方法可以让程序总是以管理员身份运行，具体操作步骤如下。

STEP 1 右击程序的可执行文件或快捷方式，然后在弹出的菜单中选择【属性】命令。

STEP 2 打开程序的属性对话框，切换到【兼容性】选项卡，然后选中【以管理员身份运行此程序】复选框，如图 7-10 所示。

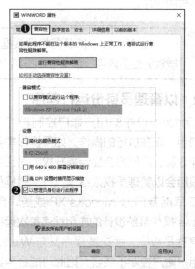

图7-10　选中【以管理员身份运行此程序】复选框

STEP 3 单击【确定】按钮，关闭程序的属性对话框。

以上设置仅针对当前用户有效，如果希望让计算机中的所有用户每次都自动以管理员身份运行某个程序，那么可以在程序属性对话框的【兼容性】选项卡中单击【更改所有用户的设置】按钮，然后在打开的对话框中选中【以管理员身份运行此程序】复选框，如图 7-11 所示。

> **提示**
> 在右击【开始】菜单中的程序时，会发现在弹出的菜单中没有【属性】命令。此时可以选择菜单中的【打开文件所在的位置】命令，系统将打开该程序的可执行文件所在的文件夹并自动选中该文件，然后按照上面介绍的方法为这个文件设置兼容性选项。

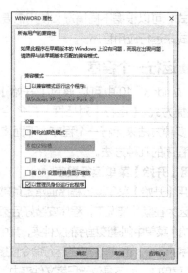

图7-11　设置所有用户以管理员身份运行程序

7.2.3　以其他用户的身份运行程序

用户有时可能需要以计算机中的其他用户身份来运行程序，为此可以在按住【Shift】键后右击要运行的程序的可执行文件，在弹出的菜单中会多出一个【以其他用户身份运行】命令，如图 7-12 所示。选择该命令后系统将会显示如图 7-13 所示的对话框，输入要使用的用户账户的登录凭据（用户名和密码），单击【确定】按钮后将以该用户身份运行当前程序。

> **注意** 在输入其他用户的登录凭据时，该用户账户必须包含密码，否则无法以其他用户的身份运行程序。

图7-12　选择【以其他用户身份运行】命令

图7-13　输入其他用户的登录凭据

7.2.4　让程序随计算机启动而自动运行

在安装某些应用程序后，下次启动计算机时会发现登录系统后这些程序会自动运行。这些具有自动运行功能的程序位于图 7-14 所示的位置，具体路径如下。可以将需要的程序的可执行文件或快捷方式复制并粘贴到该路径中，以后启动计算机时，该路径中的程序都将自动运行。

```
%SystemDrive%\ProgramData\Microsoft\
Windows\Start Menu\Programs\StartUp
```

图7-14　添加随计算机启动而自动运行的程序

提示　与前面介绍的类似，ProgramData文件夹默认为隐藏文件夹，需要在文件资源管理器的【查看】选项卡中选中【隐藏的项目】复选框才会显示该文件夹。

7.2.5　为程序创建快捷方式

快捷方式是由程序的可执行文件创建出来的，可以将快捷方式放置在一个用户最容易操作的位置上，然后通过快捷方式来运行指定的程序。【开始】菜单中显示的程序的所有命令其实就是程序的快捷方式。虽然双击程序的快捷方式或可执行文件都可以运行程序，但是它们之间存在着本质区别，具体包括以下几点。

◆ 可执行文件包含了实际的数据和程序代码，是一个实实在在的文件。快捷方式只是一个指向可执行文件的链接标记，其中并不包含与程序本身相关的数据和代码。

◆ 可执行文件的扩展名通常是 .exe，快捷方式的扩展名是 .lnk。

◆ 快捷方式图标的左下角默认会显示一个小箭头，如图 7-15 所示，由此可以很容易分辨出快捷方式与可执行文件。

除了使用快捷方式运行程序外，还可以通过快捷方式快速打开程序所在的文件夹并定位可执行文件的位置。只需右击快捷方式图标，然后在弹出的菜单中选择【打开文件所在的位置】命令，如图 7-16 所示。

图7-15　快捷方式图标　　图7-16　通过快捷方式快速打开程序所在的文件夹

可以为不同类型的对象创建快捷方式，最常见的是为程序、文件和文件夹创建快捷方式。之后就可以通过快捷方式快速运行程序或打开文件和文件夹，而不必每次都要在文件资源管理器中进行烦琐的导航。

可以在 Windows 桌面、【开始】菜单或任意文件夹中创建快捷方式。在桌面上创建快捷方式最方便，因为在右击程序的可执行文件后，在弹出的菜单中可以选择【发送到】⇨【桌面快捷方式】命令将快捷方式创建到桌面上。如果要在 Windows 桌面以外的其他位置上创建快捷方式，除了可以使用复制和粘贴等操作将桌面上创建好的快捷方式放置到目标位置外，还可以使用下面的方法，具体操作步骤如下。

STEP 1 定位到要创建快捷方式的目标位置，然后右击目标位置范围内的空白处，在弹出的菜单中选择【新建】⇨【快捷方式】命令。打开【创建快捷方式】对话框，单击【浏览】按钮，如图 7-17 所示。

图7-17　单击【浏览】按钮

STEP 2 在打开的对话框中选择要创建快捷方式的程序的可执行文件名、希望创建快捷方式的任意文件或文件夹，这里选择的是运行 IE 浏览器的可执行文件，如图 7-18 所示，然后单击【确定】按钮。

图7-18　选择所创建的快捷方式的来源对象

STEP 3 返回【创建快捷方式】对话框，所选的文件或文件夹的完整路径会被自动添加到【创建快捷方式】对话框中，如图 7-19 所示，然后单击【下一步】按钮。

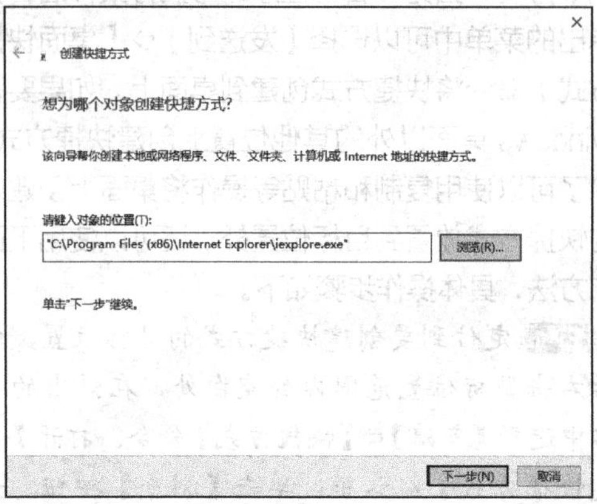

图7-19　【创建快捷方式】对话框

STEP 4 进入如图 7-20 所示的界面，设置快捷方式的名称，可以在文本框中输入一个易于识别的名称。然后单击【完成】按钮，即可在指定的位置创建快捷方式。

图7-20　设置快捷方式的名称

7.3　管理正在运行的程序

Windows 10 通过任务管理器实时监控系统中正在运行的应用程序和后台运行的系统服务。当程序占用系统资源过多而影响系统的正常运行或导致程序无响应时，用户可以随时结束程序的运行。本节主要介绍使用任务管理器管理正在运行的应用程序的方法，有关使用任务管理器监控系统性能方面的内容将在本书第 28 章进行介绍。

7.3.1　任务管理器简介

任务管理器是 Windows 操作系统自带的一个用于监控和管理系统资源的实用工具。通过任务管理器，不仅可以查看 CPU、内存、硬盘等系统资源的使用情况，还可以对正在运行的程序、进程和服务进行管理。用户可以使用以下几种方法启动任务管理器。

◆ 右击任务栏中的空白处，然后在弹出的菜单中选择【任务管理器】命令。

◆ 按【Ctrl + Alt + Delete】组合键进入安全桌面，然后选择【任务管理器】命令。

◆ 单击【开始】按钮 ，在打开的【开始】菜单中选择【所有应用】命令，然后在所有程序列表中选择【Windows 系统】⇨【任务管理器】命令。

◆ 右击【开始】按钮 并选择【运行】命令，

然后在打开的对话框中输入"taskmgr.exe"命令后按【Enter】键。

打开如图 7-21 所示的【任务管理器】窗口，默认情况下运行于简略模式，其中显示了当前正在运行的应用程序，如图 7-22 所示。单击窗口左下角的【详细信息】按钮，即可将任务管理器切换到详细模式，其中包括【进程】【性能】【应用历史记录】【启动】【用户】【详细信息】和【服务】几个选项卡，如图 7-22 所示。每个选项卡中可以执行的操作根据选项卡中的内容类别而有所不同。

图7-21　运行于简略模式下的任务管理器

图7-22　运行于详细模式下的任务管理器

提示　如果希望任务管理器始终位于其他打开的窗口的最上方，可以单击【任务管理器】窗口菜单栏中的【选项】⇨【置于顶层】命令。

7.3.2　在任务管理器中运行新的程序

本章 7.2.1 节介绍了运行程序的几种方法，

实际上还可以在任务管理器中运行程序，具体操作步骤如下。

STEP 1 使用上一节的方法打开【任务管理器】窗口，然后单击菜单栏中的【文件】⇨【运行新任务】命令。

STEP 2 打开如图 7-23 所示的【新建任务】对话框，在文本框中输入要执行的命令或程序的可执行文件的名称，有时需要输入程序的完整路径。

图7-23　在【任务管理器】窗口中运行新的程序

STEP 3 单击【确定】按钮或按【Enter】键即可运行指定的程序。

提示　单击文本框右侧的下拉按钮，可以在打开的下拉列表中选择以前曾经运行过的命令，而且该下拉列表中包含的内容与【运行】对话框的下拉列表中的内容相同。

7.3.3　定位程序所在的位置与对应的文件

本章 7.2.5 节曾介绍过通过快捷方式来快速打开程序所在的文件夹以及定位程序的可执行文件。使用任务管理器也可以快速打开当前正在运行的某个程序所在的文件夹以及定位程序的可执行文件，方法有以下两种。

◆ 如果任务管理器运行于简略模式下，则可以右击列表中要定位的程序或进程，然后在弹出的菜单中选择【打开文件所在的位置】命令，如图 7-24 所示。

图7-24　在简略模式下定位程序的位置和文件

◆ 如果任务管理器运行于详细模式下，则可以在【进程】选项卡中右击要定位的程序或进程，然后在弹出的菜单中选择【打开文件所在的位置】命令，如图 7-25 所示。

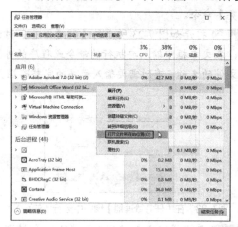

图7-25　在详细模式下定位程序的位置和文件

无论使用以上哪种方法，系统都将自动打开该程序所在的文件夹并选中与其对应的可执行文件。

7.3.4　强制结束无响应的程序

由于程序本身或系统方面的原因，在程序运行过程中可能会出现程序无响应的情况，此时无法操作处于无响应状态的程序，也无法通过常规方法关闭该程序。使用任务管理器可以强制结束该程序。简略模式或详细模式的任务管理器都提供了强制结束程序运行的命令，具体如下。

◆ 如果任务管理器运行于简略模式下，可以右击列表中处于无响应状态的程序，然后在弹出的菜单中选择【结束任务】命令。

◆ 如果任务管理器运行于详细模式下，可以在【进程】选项卡中右击处于无响应状态的程序或进程，然后在弹出的菜单中选择【结束任务】命令。

> **注意**　【结束任务】命令也可用于结束正常运行的程序。如果在无响应的情况下强行结束某些应用程序（如 Microsoft Word），可能会丢失正在编辑的数据。

7.4　设置程序的兼容性

应用程序兼容性问题一直都是在从旧版操作

系统升级到新版操作系统的过程中最为重要、最不容易解决的问题之一。如果在旧版操作系统中可以正常运行的程序在新版操作系统中无法正常运行，那么将会极大地影响用户的操作体验，这也是判断一个操作系统成功与否的因素之一。使用 Windows 10 自带的兼容性设置向导可以解决大部分程序的兼容性问题，经验丰富的用户则可以绕过向导而直接配置应用程序的兼容性选项。

7.4.1　使用程序兼容性向导设置程序的兼容性

由于 Windows Vista 与 Windows XP 或更早版本的 Windows 操作系统的内部结构存在着很大差异，因此很多在 Windows XP 中可以正常运行的应用程序在 Windows Vista 中却变得不稳定甚至无法运行。随后发布的 Windows 7/8/10 等操作系统持续不断地对应用程序兼容性进行改进。如果发现某个应用程序与 Windows 10 不兼容，那么可以使用 Windows 10 自带的程序兼容性向导来帮助用户解决该程序的兼容性问题。使用程序兼容性向导设置程序兼容性的具体操作步骤如下。

STEP 1 右击要设置兼容性的程序的可执行文件，然后在弹出的菜单中选择【兼容性疑难解答】命令，如图 7-26 所示。

图7-26　选择【兼容性疑难解答】命令

STEP 2 系统开始进行检测，稍后将打开【程序兼容性疑难解答】对话框，选择【尝试建议的设置】选项，如图 7-27 所示。

STEP 3 进入如图 7-28 所示的界面，系统已经自动为程序选择了一个 Windows 操作系统版本，默认选择的是 Windows XP SP3（SP3 即 Service

Pack 3）。单击【测试程序】按钮，系统将在所选版本的操作系统下模拟运行选定的程序，以便检测程序是否可以正常运行。

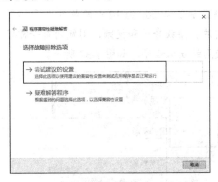

图7-27　选择【尝试建议的设置】选项

图7-28　兼容性向导自动为程序选择早期版本的Windows

STEP 4 测试完成后单击【下一步】按钮，进入如图7-29所示的界面，可以根据程序运行的测试结果来进行选择，具体如下。

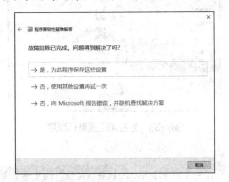

图7-29　根据测试结果选择相应的选项

◆ 如果选择【是，为此程序保存这些设置】选项，程序兼容性向导将自动保存之前的兼容性设置，最后单击【关闭】按钮完成整个设置过程。

◆ 如果程序在上一步所做的兼容性测试中不能正常运行，那么可以选择【否，使用其他设置再试一次】选项，此时将进

入如图7-30所示的界面，需要用户选择程序未正常运行的原因或出现的状况，然后单击【下一步】按钮继续使用新的配置选项对程序进行测试。

图7-30　选择程序未正常运行的原因或出现的状况

◆ 选择【否，向 Microsoft 报告错误，并联机查找解决方案】选项，则将程序兼容性问题向微软报告。

7.4.2　手动设置程序的兼容性

有经验的用户可以绕过程序兼容性向导而直接配置程序的兼容性选项，具体操作步骤如下。

STEP 1 右击要设置兼容性的程序的可执行文件，然后在弹出的菜单中选择【属性】命令。

STEP 2 打开文件的属性对话框，切换到【兼容性】选项卡，选中【以兼容模式运行这个程序】复选框，然后在下方的下拉列表中选择一个操作系统版本，如图7-31所示。根据该程序以前可以正常运行的操作系统版本来进行选择，对于早期的程序可以直接选择 Windows XP 操作系统。

图7-31　选择在兼容模式下运行程序的操作系统版本

STEP 3 如果有必要，用户还可以设置兼容模式中的颜色模式、屏幕分辨率以及禁止高 DPI 缩放等选项。设置好后单击【确定】按钮关闭文件的属性对话框。

以上设置仅针对当前登录系统的用户。如果需要为计算机中的所有用户设置某个程序的兼容性选项，那么需要单击文件属性对话框的【兼容性】选项卡中的【更改所有用户的设置】按钮，然后在打开的对话框中进行与当前用户兼容性选项类似的设置。

7.5 设置程序的默认使用方式

为了让程序能够更人性化、更智能地响应用户的操作，Windows 10 提供了可供设置的程序默认使用方式的选项。通过对程序默认使用方式的设置，可以在用户执行某种操作时，让系统自动按照预先设置好的方式来运行程序，这种方式通常是更符合用户个人习惯的方式。本节介绍的程序的默认使用方式包括以下两方面。

◆ 打开文件时所使用的默认程序。
◆ 程序的自动播放功能。

7.5.1 为系统中的应用设置默认程序

系统可能提供可以实现相同功能的多种程序，用户也可能会额外安装自己熟练使用的可以实现相同功能的类似程序。当系统中包括不止一种可以实现相同功能的程序时，就会涉及默认程序的问题。默认程序是指在用户双击某个文件后，将会自动启动并在其中打开这个文件的程序。

例如，用户在计算机中存储了很多视频文件，Windows 10 系统自带了【电影和电视】应用以及 Windows Media Player 播放器，而用户后来又安装了 QQ 影音和暴风影音两种多媒体播放器，以上列出的几种程序都可以播放视频文件。用户可以将其中一种常用的程序指定为打开大多数类型的视频文件的默认程序。当用户双击某个视频文件时，系统就会自动启动用户所设置的默认程序来播放视频文件。在 Windows 10 中可以使用两种方法来设置默认程序，下面将分别进行介绍。

1. 在【设置】窗口中对系统常规应用设置默认程序

可以在【设置】窗口中为系统中的常规应用设置默认程序，具体操作步骤如下。

STEP 1 单击【开始】按钮田，然后在打开的【开始】菜单中选择【设置】命令。

STEP 2 在打开的【设置】窗口中选择【系统】选项，在进入的界面左侧选择【默认应用】选项，右侧显示了 Windows 10 中的收发电子邮件、浏览图片、播放音乐和视频、浏览网页等常规应用所使用的默认程序，如图 7-32 所示。

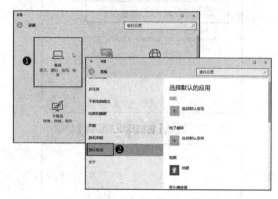

图7-32 在【设置】窗口中查看系统常规应用的默认程序

STEP 3 可以为没有设置默认程序的应用选择一个默认程序，也可以为已经设置了默认程序的应用更改默认程序。单击【选择默认应用】按钮，然后在打开的列表中可以为当前应用选择一个默认程序，如图 7-33 所示。使用类似的方法，用户可以为已有默认程序的应用重新选择默认程序。

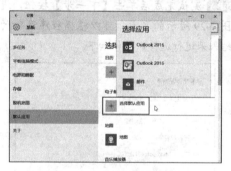

图7-33 为应用设置默认程序

> 提示
> 单击【重置】按钮可以将所有应用恢复为系统最初指定的默认程序。

2. 在【控制面板】窗口中设置默认程序

除了在【设置】窗口中设置默认程序以外，用户也可以选择在【控制面板】窗口中进行设置，具体操作步骤如下。

STEP 1 右击【开始】按钮田，然后在弹出的菜单中选择【控制面板】命令。

STEP 2 打开【控制面板】窗口，将【查看方式】设置为【大图标】或【小图标】，然后单击【默认程序】链接。进入如图7-34所示的【默认程序】界面，单击【设置默认程序】链接。

图7-34　单击【设置默认程序】链接

> **提示**
> 在【设置】窗口中的【系统】⇨【默认应用】界面的右侧，单击【按应用设置默认值】链接，也可以打开【设置默认程序】窗口。

STEP 3 系统开始检测安装的所有程序及其默认设置，稍后将打开如图7-35所示的【设置默认程序】窗口。在左侧列表中选择要设置为默认程序的程序名称，右侧的文本框中显示了当前所选程序的功能，用户可能还会看到该程序作为不同类型文件的默认程序的数量。下方提供了两个选项。

图7-35　【设置默认程序】窗口

◆ 将此程序设置为默认值：选择该项将当前程序设置为其支持的所有文件类型的默认程序。

◆ 选择此程序的默认值：选择该项将会进入如图7-36所示的界面，用户可以选择要将当前程序设置为默认程序的文件类型，设置好以后单击【保存】按钮。

图7-36　为程序选择使其作为其默认程序的文件类型

3. 禁止用户使用非默认程序

如果系统中包含用于实现同一功能的多个程序，那么即使设置了默认程序，用户仍然可以从【打开方式】列表中选择同类其他程序来执行当前操作。【打开方式】列表是用户右击某个文件后，在鼠标右键菜单中指向【打开方式】命令后自动打开的列表，其中包含了用于打开当前文件类型的所有可用程序。图7-37所示的【打开方式】列表中显示了【Groove 音乐】和【Windows Media Player】两个程序，表示使用这两个程序都可以打开当前的音频文件。

图7-37　【打开方式】列表中显示了可以打开当前文件的所有可用程序

如果不想在【打开方式】列表中显示非默认程序，那么可以使用下面的方法隐藏除了默认程序以外的其他同类程序，具体操作步骤如下。

STEP 1 使用本节前面介绍的方法进入【默认程序】界面，然后单击【设置程序访问和计算机的默认值】链接。

STEP 2 打开如图7-38所示的窗口，系统提供了3种设置方案，可用于设置计算机中常规应用所使用的默认程序，名为【Microsoft Windows】的方案使用 Windows 内置的程序作为常规应用的默认程序；名为【非 Windows】的方案使用由用户安装的第三方程序来作为常规应用的默认程序；名为【自定义】的方案混合使用了 Windows 操作系统内置的程序以及用户安装的第三方程序。

图7-38　统一设置系统应用的默认程序

STEP 3 要隐藏【打开方式】列表中指定的程序，需要选择【自定义】单选按钮并展开其中包含的选项。如果未展开其中的选项，可以单击【自定义】右侧的 ≫ 按钮。在不同的选项中可能都会看到包含【启用对此程序的访问】复选框，如图 7-39 所示，通过取消选中该复选框可以让其左侧的程序不显示在相应文件类型的【打开方式】列表中。例如，如果取消选中【Windows Media Player】右侧的【启用对此程序的访问】复选框以后，在右击音频文件时在【打开方式】列表中将不会再显示 Windows Media Player 程序。

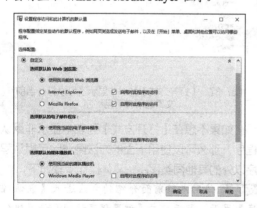

图7-39　设置非默认程序的访问方式

7.5.2　为指定的文件类型设置默认程序

上一节介绍的是同时为多种文件类型设置同一个默认程序。如果想要为其中的某个特定文件

类型设置一个不同的默认程序，那么需要使用本节介绍的方法。用户可以使用以下两种方法指定的文件类型设置默认程序。

◆ 使用本章 7.5.1 节介绍的方法进入【设置】窗口中的【系统】⇨【默认应用】界面，然后单击界面右侧的【选择按文件类型指定的默认应用】链接，进入如图 7-40 所示的界面，左侧的【名称】列显示了系统支持的所有文件类型的扩展名，右侧的【默认应用】列中的每个应用或程序是对应于左侧的文件类型的默认程序。单击要设置的文件类型对应的【默认应用】列中的按钮，然后在打开的列表中为该文件类型选择一个默认程序。

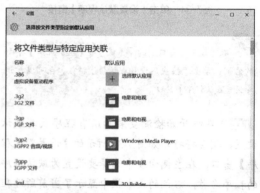

图7-40　在【设置】窗口中为指定的文件类型设置默认程序

◆ 使用本章 7.5.1 节介绍的方法进入【控制面板】窗口中的【默认程序】界面，然后单击【将文件类型或协议与程序关联】链接，进入如图 7-41 所示的界面。列表框中显示了系统中支持的所有文件类型的扩展名，选择一个文件类型后单击【更改程序】按钮，然后在打开的列表中为该文件类型选择一个默认程序。

图7-41　在【控制面板】窗口中为指定的文件类型设置默认程序

7.5.3　设置程序的自动播放

　　用户可能希望将 CD 音乐光盘放入光驱后系统能够自动播放其中的音乐，或者在将数码相机连接到计算机后，系统可以自动将其中的照片传输到计算机中。默认情况下，当在 Windows 10 中将 CD 音乐光盘放入光驱后将会显示如图 7-42 所示的系统通知消息，可以将该消息面板称为"条幅"。单击通知消息后将会显示如图 7-43 所示的界面，由于光盘中包含的是音乐，因此界面中会提供用于播放音乐的程序，选择一个程序后即可在该程序中播放 CD 光盘中的音乐。如果放入的是一个数据光盘，那么在单击通知消息后所显示的界面中会包含适用于光盘内容的选项。

图7-42　Windows 10中的　图7-43　选择要执行的操作
通知消息

　有关系统通知消息的更多内容，请参考本书第 11 章。

　　除了 CD、DVD 等光盘介质外，在将 USB 移动存储设备、手机存储卡连接到计算机后也具有类似的操作方式。为了让不同类型的外部存储设备在连接到计算机时可以自动执行所希望的操作，用户需要对系统中的程序自动播放功能进行设置。

　　使用本章 7.5.1 节介绍的方法进入【控制面板】窗口中的【默认程序】界面，然后单击【更改"自动播放"设置】链接，进入如图 7-44 所示的【自动播放】界面。自动播放功能的设置方式是按设备或介质类型来划分的，包括可移动驱动器、照相机存储设备、CD/DVD 光盘、软件以及智能手机。对每一种介质类型中可能包含的文件类型又进行了进一步划分。例如，可移动驱动器中可能包含图片、视频、音乐，或同时包含以上多种类型的内容。

　　要启用系统中的程序自动播放功能，首先需要选中【自动播放】界面中的【为所有媒体和设备使用自动播放】复选框，然后可以针对不同类型的设备以及可能包含的不同类型的内容来设置自动播放方式。

图7-44　为不同类型的设备设置自动播放选项

　　例如，对于可移动驱动器而言，首先选择一个整体性的自动播放方式，如图 7-45 所示。如果希望在将 U 盘或移动硬盘等设备连接到计算机时能够自动打开设备所在的驱动器的根目录，则可以选择【打开文件夹以查看文件（文件资源管理器）】选项；如果不想进行任何操作以免干扰用户当前的工作，则可以选择【不执行操作】选项。

图7-45　为可移动驱动器设置全局自动播放方式

　　设置好可移动驱动器的全局自动播放方式后，接下来可以为可移动驱动器中可能包含的不同类型的内容设置各自的自动播放方式。默认情况下，系统将可移动驱动器中存储的每一种类型的内容都设置为使用默认程序进行播放。可以通过选中【为每种媒体选择相应的操作】复选框来激活每一种内容类型的设置选项，然后分别从不同类型内容的下拉列表中选择希望的自动播放方式，如图 7-46 所示。

图7-46　分别为不同类型的内容设置自动播放方式

对其他类型的设备或介质设置自动播放的方法与上面介绍的设置可移动驱动器类似。在更改了系统默认的自动播放选项后，如果希望恢复系统原来的默认设置，那么可以单击【自动播放】界面底部的【重置所有默认值】按钮。如果想要禁用所有设备的自动播放功能，则可以取消选中【为所有媒体和设备使用自动播放】复选框。设置完成后单击【保存】按钮保存设置结果。

除了使用上面介绍的方法设置自动播放方式外，也可以在 Windows 10 的【设置】窗口中进行设置。首先打开【设置】窗口，然后选择【设备】➪【自动播放】选项进入如图 7-47 所示的界面，在右侧可以为可移动驱动器、照相机内存卡、智能手机等多个设备设置自动播放方式。要想使所设置的自动播放方式生效，必须确保已将上方的【在所有媒体和设备上使用自动播放】选项设置为开启状态。

图7-47　在【设置】窗口中设置自动播放功能

7.6　添加和删除 Windows 系统功能

默认情况下，在安装 Windows 10 的过程中并不会完全安装 Windows 10 包含的所有功能。如果发现想要使用的某项系统功能当前不可用，那么可以使用下面的方法来安装，具体操作步骤如下。

STEP 1 右击【开始】按钮▦，然后在弹出的菜单中选择【程序和功能】命令。

STEP 2 打开【程序和功能】窗口，单击左侧的【启用或关闭 Windows 功能】链接，如图 7-48 所示。

STEP 3 打开如图 7-49 所示的【Windows 功能】窗口，其中显示了 Windows 10 包括的所有功能，

如果功能名称的左侧显示【+】按钮，则说明该功能还包含子功能，单击【+】按钮将会显示其中包含的子功能。通过选中与功能名称对应的复选框可以安装相应的功能。复选框的选择状态分为以下 3 种。

图7-48　单击【启用或关闭Windows功能】链接

- ◆ 未选中：不包含任何标记的复选框，表示该功能未被安装。
- ◆ 全部选中：包含对勾标记的复选框，表示安装该功能及其中包含的所有子功能。
- ◆ 部分选中：包含黑色方框标记的复选框，表示安装了该功能中包含的部分子功能，而不是全部子功能。

图7-49　选择要安装的Windows系统功能

STEP 4 选择好要安装的功能对应的复选框，然后单击【确定】按钮，系统将开始安装用户所选择的功能。

用户可以从系统中删除不再需要的系统功能。只需打开【Windows 功能】窗口，然后取消选中要删除的功能对应的复选框，最后单击【确定】按钮。

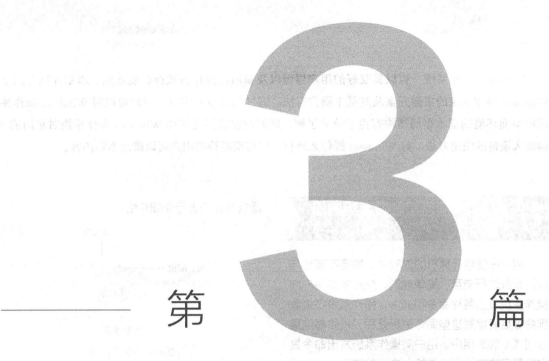

第 —————— 3 —————— 篇

Windows 桌面管理与系统设置

本篇主要介绍 Windows 桌面的基本操作、开始菜单和任务栏的设置与使用，以及对 Windows 10 系统环境进行设置等方面的内容。该篇包括以下 4 章：

第 8 章　Windows 操作系统的基本操作

第 9 章　设置桌面显示环境

第 10 章　设置开始菜单和任务栏

第 11 章　设置系统环境

Windows 操作系统的基本操作

Windows 操作系统一直以其友好的用户界面以及易用的操作方式而倍受欢迎。本章详细介绍了 Windows 操作系统的桌面元素及其基本操作方法。通过阅读本章内容，用户可以对 Windows 操作系统的桌面环境的基本布局结构有更系统的了解，同时能够掌握在使用 Windows 操作系统时常用的 3 种输入设备的使用方法。对 Windows 操作系统有一定使用经验的用户可以跳过本章内容。

8.1 鼠标、键盘和触摸手势的操作方法

用户在使用计算机的过程中，需要不断地与操作系统进行交互。简单地说，交互就是用户向操作系统发出各种命令和请求，操作系统在接收到命令后开始对这些命令进行处理，最终将结果返回或呈现给用户。用户向操作系统发出命令其实就是用户向操作系统输入内容的过程，这些内容可以是具体的文本或图形，也可以是运行应用程序所需的鼠标单击或双击等操作。用户通常可以使用 3 种方式向操作系统发出命令：鼠标、键盘、触摸屏。本节将详细介绍这 3 种方式的操作方法。

8.1.1 使用鼠标

鼠标一般包含两个按钮："主要按钮"（通常为鼠标左侧的按键）和"次要按钮"（通常为鼠标右侧的按键），如图 8-1 所示。主要按钮在大多数操作中使用得更频繁。如不特别指明，本书中的鼠标左键指的都是主要按钮。在很多鼠标的左键和右键之间包含一个滚轮，它可以帮助用户在浏览文档和网页时更方便地翻页，或在窗口中包含很多项目时更容易地移动滚动条。在一些鼠标中还可以按下滚轮来作为第 3 个按钮使用。有些鼠标还包含一些附加按钮，例如包含用于切换鼠标精确度的按钮，还可能包含用于在网页中前进或后退的按钮。

鼠标的操作方式主要分为以下几种：指向、按下、拖动、单击、双击、右击、滚动滚轮。下面将对它们进行详细介绍。

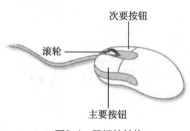

图8-1 鼠标的结构

1. 指向

"指向"是指将鼠标指针移动到某个对象上。指向类似于移动鼠标的操作，但与移动不同的是，指向具有明确的目标位置。当鼠标指针位于不同位置时，指针的形状可能有所不同。例如，默认情况下鼠标指针显示为 ▯ 的形状，如果将鼠标指针指向网页中的链接，鼠标指针通常会变为 🖑 的形状。

在 Windows 操作系统中使用鼠标进行大多数操作前，都需要先将鼠标指针指向要操作的对象，然后再进行下一步操作。除此以外，指向操作还经常用于显示界面命令的功能说明。例如，在应用程序或窗口中指向某个命令或对象时，通常会显示一个提示框，其中的内容用于说明当前所指向的命令的功能或对象的名称，如图 8-2 所示。

图8-2 指向命令时会显示命令的功能说明

2. 按下

"按下"是指单击鼠标左键或右键后不松手，即按住按键不放。

3. 拖动

"拖动"是指将鼠标指针移动到某个对象上，然后按住鼠标左键或右键的同时向目标位置移动，到达目标位置后释放按下的鼠标按键。拖动操作由指向、按下、移动3个操作组成。拖动操作通常用于在 Windows 桌面或窗口中移动图标、文件、文件夹等对象，也可以用来在 Windows 桌面上移动窗口的位置，还可用于复制对象的操作。例如，在窗口中使用鼠标右键拖动一个文件后，在释放鼠标右键后将会弹出一个菜单，其中包括复制和移动操作的相关命令，如图 8-3 所示。

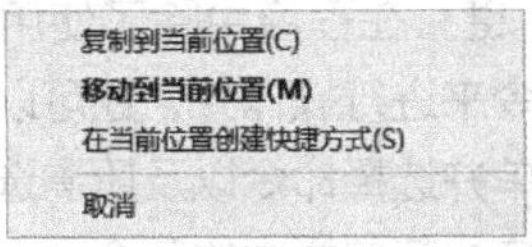

图8-3 使用鼠标右键拖动对象后弹出的菜单

4. 单击

"单击"是指按下鼠标左键一次并松开，而不像按下时单击鼠标按键一次以后按住不松手。单击操作通常用于选择对象、打开菜单、执行命令、在超链接中进行跳转，是使用最频繁的鼠标操作。

5. 双击

"双击"是指快速按下鼠标左键两次并松开。"快速按下鼠标左键两次"的含义等同于单击两次。需要注意的是，如果两次单击的时间间隔过长，操作系统会认为用户执行的是两次独立的单击而不是双击操作。双击操作主要用于打开桌面或窗口中的对象，或从桌面上启动应用程序。例如，双击桌面上的应用程序图标可以该程序，而双击窗口中的文件夹图标会打开该文件夹。

6. 右击

"右击"是指按下鼠标右键一次并松开。在右击对象时会弹出一个菜单，通常将该菜单称为快捷菜单或上下文菜单，菜单中的命令与所右击的对象紧密相关，便于对右击的对象执行一些常用的操作。例如，右击桌面上的【回收站】图标时，将会弹出一个快捷菜单，其中包含【打开】【清空回收站】【重命名】【属性】等命令，如图 8-4 所示。

图8-4 鼠标的右键快捷菜单

7. 滚动滚轮

如果鼠标带有滚轮，用户可以在浏览文档和网页时使用滚轮翻页或在垂直或水平方向上移动页面中的显示区域。

交叉参考 在 Windows 10 中可以对鼠标功能进行设置，包括切换左右键功能、鼠标指针的移动速度、双击时的击键速度、滚轮的滚动范围等方面，具体内容请参考本书第 11 章。

8.1.2 使用键盘

键盘是用户向计算机输入信息的主要工具。虽然可以使用鼠标和操作系统提供的软键盘来代替物理键盘的输入，但使用物理键盘输入内容更为方便和高效。标准键盘包含左、中、右3个部分，如图 8-5 所示。左侧部分为键盘的主区域，包括 26 个英文字母键、0～9 数字键、各种功能键和控制键；中间部分包括导航键和几个控制键；右侧部分是数字键盘，用于快速输入数字，该部分的顶部包含3个指示灯，用于指示特殊按键当前的工作状态。

图8-5 键盘

根据功能可以将键盘上的所有按键分为以下几类。

◆ 键入键：用于输入字母、数字、标点符号以及其他符号的按键。

◆ 控制键：可以单独使用或与其他按键组合使用，以便执行某些操作。【Esc】【Shift】【Ctrl】【Alt】和【Windows 徽标】键是几个比较常用的控制键。例如，【Ctrl+C】组合键用于执行复制操作，表示按住【Ctrl】键以后再按字母【C】键。等效于菜单命令的按键或按键组合被称为"快捷键"，【Ctrl+C】就是复制操作的快捷键。

◆ 功能键：功能键包括【F1】键～【F12】键，用于执行特定任务。例如，在 Windows 操作系统桌面上按【F1】键可以打开系统帮助窗口，在某个应用程序中按【F1】键会打开该程序的帮助窗口。不过有些功能键在不同的应用程序中的功能并不相同。例如，在 Windows 操作系统桌面或 IE 浏览器中按【F5】键会刷新桌面或网页内容，但是在 Microsoft Word 应用程序中按【F5】键则会打开【查找和替换】对话框中的【定位】选项卡。

◆ 导航键：用于在窗口、网页或文档中移动、定位和编辑对象或文本。导航键包括箭头键、【Insert】、【Delete】、【Home】、【End】、【Page Up】和【Page Down】等键。

◆ 数字键盘：数字键盘位于键盘的最右侧，如图 8-6 所示，主要用于快速输入数字。

图8-6　数字键盘

键盘中一些键的用法不像字母键和数字键那么简单，下面介绍几个具有特殊或复杂用法的按键。

◆【Esc】键：使用该键通常可以关闭在应用程序中打开的对话框，相当于单击对话框中的【取消】按钮，同时放弃本次在对话框中进行的操作。

◆【Enter】键：也叫回车键，在 Windows 操作系统中，如果选中一个图标后按【Enter】键，将会启动相应的程序或执行某个命令。在网页浏览器的地址栏或搜索框中输入内容后按【Enter】键，则会执

行跳转或搜索操作。在文本编辑类的程序中用作文本输入时的分段换行操作。

◆【Shift】键：键盘中的很多按键上包含上、下两行内容。平时直接按这些键输入的是按键上位于下面一行内容。如果要输入按键上位于上面一行的内容，需要按住【Shift】键后再按相应的键。如果要输入大写字母，可以按住【Shift】键后按相应的字母键。

◆【Ctrl】键：【Ctrl】键通常与某个字母键结合使用，用作命令的快捷键。例如，本节前面介绍过的【Ctrl+C】组合键来进行复制操作，而【Ctrl+V】组合键用来执行粘贴操作。

◆【Alt】键：在程序中除了使用鼠标单击菜单命令来进行操作外，还可以使用键盘打开菜单并选择命令以及所需选项。早期很多程序的菜单栏中的每个命令的右侧都会带有一个包含下划线的字母，可以在按下【Alt】键后再按与带下划线的字母对应的字母键来打开菜单。比如在 Word 2003 中，可以通过按【Alt+E】组合键打开【编辑】菜单，如图 8-7 所示。对于菜单中包含的命令也可以进行类似操作。最近几年的很多程序都将程序界面设计为功能区的形式，比如 Windows 10 中的写字板和画图程序，Microsoft Office 2007 及更高版本中的 Word 和 Excel 等。对于这类使用功能区界面的程序，在按下【Alt】键后会在功能区中显示快捷键字母，如图 8-8 所示。按下某个字母后会继续显示选项卡中的具体命令的字母，然后继续选择相应字母来执行具体的命令。对话框中的选项也可以使用类似的方法进行操作。如果对话框中某个选项带有下划线的字母，则表示可以同时按【Alt】和该字母键来选择该选项。

◆【Windows 徽标】键：该键位于【Ctrl】键和【Alt】键之间，该键通常配合其他键来执行一些快捷操作。例如，同时按【Windows 徽标】键和【Tab】键，相当于单击任务栏中的【任务视图】按钮，将会

进入虚拟桌面环境。单独使用【Windows
徽标】键会打开【开始】菜单。

图8-7　借助【Alt】键　图8-8　借助【Alt】键在功能区
打开指定的菜单　　　界面中选择命令

◆【Caps Lock】键：这是一个开关键，按一
次该键后，键盘右侧顶部的【Caps Lock】
指示灯变亮（有的键盘为【Caps】），表
明现在处于大写锁定模式。此时按字母键
将直接输入大写字母，而不像平时需要按
住【Shift】键后再按字母键才能输入大写
字母。【Caps】指示灯点亮时按【Caps
Lock】键可关闭指示灯，表示退出大写锁
定模式。

◆【Num Lock】键：与【Caps Lock】键的用
法类似，【Num Lock】也是一个开关键。按
一次该键后键盘右侧顶部的【Num Lock】
指示灯变亮（有的键盘为【Num】），此时
可以使用数字键盘输入数字。【Num Lock】
指示灯不亮时数字键盘中的按键用于导航功
能，即按键上位于下面一行的内容。

8.1.3　使用触摸手势

如果计算机配置了触摸屏，就可以在触摸屏
上通过使用触摸手势来使用 Windows 10 操作系
统。Windows 10 操作系统的界面元素的外观与
操作方式都非常适合在触摸屏中操作。下面详细
介绍一下触摸手势的操作方法，根据触摸操作时
同时使用手指的数量，可以分为以下 4 类：单指
操作、双指操作、三指操作和四指操作。

1．单指操作

◆ 一个手指按在某个对象上大约停留1秒钟，

如图 8-9 所示，可以打开该对象的快捷菜
单，等同于鼠标右键单击的操作。

◆ 一个手指单击某个对象，如图 8-10 所示，
可以选择该对象、运行应用程序或打开网
页中的链接，具体执行哪种操作取决于单
击的对象类型。等同于鼠标的单击操作。

图8-9　按住对象　　　图8-10　单击对象

◆ 一个手指在屏幕中滑动，如图 8-11 所示，
等同于滚动鼠标滚轮的操作。

◆ 一个手指拖曳某个对象，如图 8-12 所示，
可以将对象从一个位置移动到另一个位
置，等同于鼠标的拖动操作。

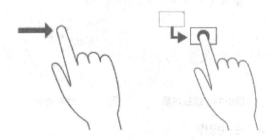

图8-11　滑动以实现滚动效果　图8-12　拖动某个对象

◆ 一个手指从屏幕右侧向内滑动，如图 8-13
所示，可以打开操作中心。

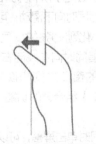

图8-13　从屏幕右侧向内滑动

◆ 一个手指从屏幕左侧向内滑动，可以在任
务视图中查看所有打开的应用。

◆ 一个手指从屏幕顶部向内滑动，可以查看
全屏应用中的标题栏。

◆ 一个手指从屏幕底部向内滑动，可以在全屏应用中查看任务栏。

2. 双指操作

◆ 两个手指单击某个对象，可以打开该对象的快捷菜单，等同于鼠标右键单击的操作。

◆ 两个手指同时向上、下、左、右 4 个方向滑动，等同于滚动鼠标滚轮的操作。

◆ 两个手指向内进行捏合操作，如图 8-14 所示，可以缩小显示当前正在浏览的图片或网页内容，等同于按住【Ctrl】键后向下滚动鼠标滚轮的操作。

◆ 两个手指向外进行拉伸操作，可以放大显示当前正在浏览的图片或网页内容，等同于按住【Ctrl】键后向上滚动鼠标滚轮的操作。

◆ 将两个手指放在一个对象上，然后旋转手指，如图 8-15 所示，该对象将沿手指旋转的方向进行旋转。

图8-14 缩放对象　　图8-15 旋转对象

3. 三指操作

◆ 三个手指同时单击屏幕，可以唤醒 Cortana，打开搜索功能。

◆ 三个手指同时向上滑动，可以打开任务视图，同时会显示所有打开的窗口。

◆ 三个手指同时向下滑动，可以将所有打开的窗口最小化到任务栏中，同时会显示桌面。

◆ 三个手指同时向左或向右滑动，可以依次在打开的窗口之间切换显示，等同于按【Alt+Tab】组合键的功能。

4. 四指操作

四个手指同时单击屏幕，可以打开操作中心。

8.2　Windows 桌面元素

Windows 桌面元素是用户与 Windows 操作系统进行交互所频繁使用的工具。从狭义上讲，

Windows 桌面元素包括 Windows 桌面、桌面背景、开始菜单、任务栏这些在登录 Windows 系统后直观显示的内容；从广义上讲，除了以上这些元素外，还可以包括用户与操作系统交互时所使用的窗口、对话框、菜单和命令等内容。本节将对 Windows 桌面元素中包括的各部分内容进行简要介绍。

8.2.1　桌面与桌面背景

Windows 桌面是启动计算机并登录 Windows 系统后看到的占满整个屏幕的区域，如图 8-16 所示。在 Windows 操作系统中启动程序或打开文件夹时，它们都会显示在桌面上。用户可以将程序和文件对应的图标放到桌面上，并且可以对这些图标进行排列和对齐。图标是代表文件、文件夹、程序和其他对象的小图片，双击桌面上的图标可以启动程序、在程序中打开文件或打开文件夹窗口。在安装好 Windows 操作系统并首次登录系统时，桌面上通常只包含一个【回收站】图标■。

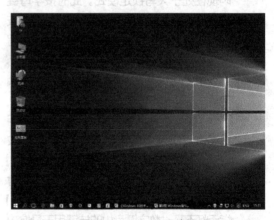

图8-16　Windows 10桌面

默认情况下，任务栏位于 Windows 桌面的底部，其中以按钮的形式显示了当前正在运行的程序以及打开的文件夹的所有窗口。任务栏的最左侧是【开始】按钮■，单击该按钮会打开【开始】菜单，如图 8-17 所示。使用【开始】菜单可以访问计算机中安装的程序、文件夹以及计算机设置。

桌面背景是指桌面上显示的图案，可以使用图片、颜色作为桌面背景图案，Windows 10 还支持类似幻灯片方式的动态更换背景图片的功能。在桌面背景上单击鼠标右键将会弹出一个菜单，其中包含了与桌面背景、桌面图标和显示设

置方面的命令，如图 8-18 所示。

图8-17 打开【开始】菜单后的Windows 10桌面

图8-18 桌面右键快捷菜单

 交叉参考 有关桌面图标和背景的相关操作
与设置方法，请参考本书第 9 章。

8.2.2 开始菜单

Windows 10 恢复了令所有用户怀念的开始
菜单，同时还扩展了开始菜单的功能。更确切地
说是将早期 Windows 操作系统中的开始菜单与
Windows 8 中的 Metro 界面进行了整合，最终形
成了 Windows 10 中的开始菜单和开始屏幕的结
合体。使用开始菜单可以执行以下操作。

- ◆ 打开常用文件夹。
- ◆ 调整计算机设置。
- ◆ 运行用户安装的应用程序。
- ◆ 启动 Windows 内置工具。
- ◆ 注销当前用户账户或切换到其他用户账户。
- ◆ 使计算机进入睡眠或休眠模式。
- ◆ 重启和关闭计算机。

在启动计算机并登录 Windows 10 后，单
击【开始】按钮 将打开图 8-19 所示的【开
始】菜单。【开始】菜单左侧三分之一的部分与
Windows 早期版本中的【开始】菜单的外观相仿，
在该部分的顶部显示了当前登录 Windows 系统
的用户名，中间部分显示了用户经常使用的应用
程序的名称，底部显示了【文件资源管理器】【设
置】【电源】和【所有应用】4 个命令。右侧三分
之二的部分是【开始】屏幕，其中排列着很多磁
贴，磁贴的外观和操作方法与 Windows 8 中的磁
贴类似。可以将常用的应用和程序以磁贴的形式
添加到【开始】屏幕中。

图8-19 Windows 10中的【开始】菜单和【开始】屏幕

【开始】菜单底部的 4 个命令的功能如下。

- ◆ 文件资源管理器：打开文件资源管理器并进
  行文件导航与文件管理等操作。有关文件资
  源管理器的更多内容请参考本书第 13 章。
- ◆ 设置：打开如图 8-20 所示的【设置】窗
  口，这是 Windows 10 提供的用于对系统进
  行各项设置的主界面。【设置】与【文件资
  源管理器】两个命令可以从【开始】菜单中
  删除，或者可以将其他常用的文件夹以类似
  于这两个命令的形式添加到【开始】菜单中，
  具体方法请参考本书第 10 章。
- ◆ 电源：打开电源菜单，从中选择对计算机
  进行睡眠、重启、关闭等操作。
- ◆ 所有应用：显示 Windows 10 内置的所有
  应用以及由用户安装的所有应用程序，用
  户从中选择要启动的应用或程序。

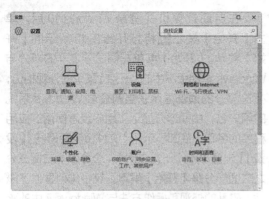

图8-20 用于对操作系统进行各项设置的【设置】窗口

 交叉参考 有关【开始】菜单的使用与设置方面的更多内容，请参考本书第 10 章。

8.2.3 任务栏

任务栏是一个位于桌面底部的水平矩形长条。通常情况下任务栏始终可见，在桌面上打开的窗口不会覆盖在任务栏上。任务栏分为以下 3 个部分。

◆ 【开始】按钮：位于任务栏的最左侧，单击该按钮将打开【开始】菜单。

◆ 中间部分：以按钮的形式显示当前打开的程序、文件和文件夹。

◆ 通知区域：位于任务栏的最右侧，用于显示日期和时间、正在运行的特定程序图标、计算机设置状态图标等信息。用户可以设置图标的显示或隐藏状态。

当打开多个窗口时，每个窗口都会在任务栏中有一个对应的按钮。大多数情况下，打开的多个窗口会在桌面上彼此覆盖，但只有位于最上面的窗口才能与用户交互，将这个窗口称为活动窗口。图 8-21 所示的标题栏名称为"驱动器工具 Windows 7（E：）"的窗口是活动窗口。

如果要与非活动的某个窗口交互，那么需要切换到这个窗口。根据窗口的不同状态可以使用不同的方法切换窗口。

◆ 多个窗口未最大化时：对于窗口都未最大化的情况，可以单击要切换到的非活动窗口的任意部分，以激活该窗口并使其处于所有窗口的最上面成为活动窗口。

图8-21 在所有窗口最上面的是活动窗口

◆ 多个窗口最大化时：如果多个窗口处于最大化状态，当要切换到某个非活动窗口时将无法使用第一种方法，因为活动窗口完全覆盖住了其他窗口。此时可以单击任务栏中与窗口对应的按钮来使某个窗口成为活动窗口。如图 8-22 所示，在任务栏中名为"Windows 10"的窗口按钮是活动窗口，活动窗口对应的窗口按钮的颜色与其他非活动窗口的窗口按钮的颜色有所区别。

图8-22 使用任务栏中的窗口按钮来切换窗口

将鼠标指针指向任务栏上的窗口按钮时会弹出一个小图片，其中显示了该窗口内容的预览缩略图，如图 8-23 所示。这样便于用户在切换到某个窗口之前先对窗口中的内容进行确认，或随时查看窗口中工作的进度或状态而不需要立刻切换到该窗口。如果窗口中正在播放视频或动画，在缩略图中也会持续播放。

图8-23 使用窗口按钮的缩略图预览窗口中的内容

如果打开了相同类型的多个窗口，比如打开了多个 Word 文档窗口，在将鼠标指针指向任务栏中的这些窗口按钮中的其中一个时，会同时显示所有该类型的窗口缩略图，如图 8-24 所示。将鼠标指针指向某个缩略图就能以窗口最大化的方式看到窗口中的内容，但实际上现在窗口并未最大化而只是一个临时的预览。如果确实要切换到某个窗口,只需单击窗口缩略图即可。

图8-24 同时显示同类型的多个窗口的缩略图

通知区域位于任务栏的右侧,其中包含了当前系统正在运行的一些程序的图标,这些图标表示计算机上某程序的状态为程序的特定设置提供的便捷访问途径。不同用户的通知区域中显示的图标类型并不是完全相同和固定的,主要取决于系统中安装的程序、服务以及计算机制造商设置计算机的方式。图 8-25 所示就是任务栏中的通知区域。

图8-25 任务栏中的通知区域

将鼠标指针指向通知区域中的某个图标时,可以看到该图标的名称和设置状态。例如,指向音量图标时将显示计算机的当前音量级别。单击音量图标会显示用于调整音量的控件,如图 8-26 所示,拖动滑块可以调整系统音量。而右击通知区域中的图标则会弹出一个快捷菜单,其中显示了与图标代表的程序的相关命令,如图 8-27 所示。例如,右击网络图标,在弹出的菜单中选择【打开网络和共享中心】命令,可以打开【网络和共享中心】窗口。

图8-26 调整音量的控件

图8-27 右击图标将会打开快捷菜单

通知区域中的某些图标如果在一段时间内未处于活动状态,它们就会自动隐藏起来,可以单击通知区域中的按钮来查看隐藏的图标。

> **交叉参考** 有关任务栏的使用与设置方面的更多内容,请参考本书第 10 章。

8.2.4 窗口和对话框

如果将 Windows 桌面看做是用户在使用 Windows 操作系统时的入口,那么窗口就是用户在使用某个具体程序或应用时的入口。每次启动程序、应用或打开文件夹时,在屏幕中呈现出来的框架结构的界面就是窗口。虽然不同程序的窗口的外观并不相同,但是所有窗口在整体的布局结构上却存在很多共点。图 8-28 所示是在 Windows 10 中打开的【设备管理器】窗口(右击【开始】按钮后选择【设备管理器】命令)。

窗口通常包括以下几个部分。

◆ 标题栏:标题栏位于窗口顶部,其中显示了程序的名称,如"设备管理器"。名称左侧通常会显示程序图标。如果打开的是文件夹窗口,则会在标题栏中显示当前定位到的文件夹的名称。如果打开的是记事本或 Microsoft Word 这样的程序,标题栏中除了显示程序名称外,还会显示当前在该程序中打开的文件的名称。

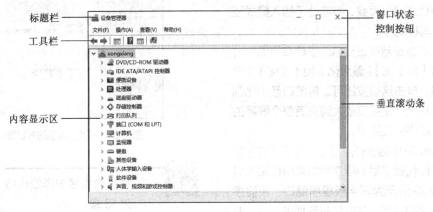

图8-28 【设备管理器】窗口

◆ 菜单栏：菜单栏位于标题栏下方，菜单栏中通常包含程序提供的所有可操作的命令，是程序与用户之间进行交互的最主要且全面的方式。如【设备管理器】窗口中有"文件""操作"等文字的一行就是菜单栏。通过单击菜单栏中的标题可以在弹出的菜单中选择具体的命令或选项。

◆ 工具栏：菜单栏的下方是工具栏，其中列出了很多个小图标，每个图标都与菜单栏中的某个命令相对应，通过单击图标可以执行对应的命令，这样可以节省用户在菜单中查找命令的时间。

◆ 内容显示区：工具栏下方的大面积区域用于显示窗口中的主体内容。不同程序窗口中的内容各不相同。例如，【设备管理器】窗口中显示了计算机中包括的不同类型的设备；记事本程序窗口中显示了用户输入的文本；Microsoft Word 程序窗口中显示了当前打开的文档的内容。

◆ 滚动条：分为水平滚动条和垂直滚动条，在图 8-28 所示的【设备管理器】窗口中只包含垂直滚动条。滚动条不一定会出现在窗口中，是否显示滚动条由窗口尺寸及窗口中所含内容的多少而定。使用鼠标拖动滚动条可以查看窗口中未显示在屏幕上的内容。

◆ 状态栏：状态栏位于窗口底部，用于显示当前窗口的工作状态等信息。例如，记事本程序窗口的状态栏中会显示插入点的当前位置；Microsoft Word 程序窗口的状态栏中可以显示更多信息，比如插入点所在的当前页面中的行列位置和页码、文档的当前页码和总页数、当前处于插入模式还是改写模式等。

◆ 窗口状态控制按钮：标题栏最右侧通常会包含【最小化】【最大化】和【关闭】3个按钮，单击这些按钮可以将窗口最小化到任务栏上，使窗口放大到充满整个屏幕的尺寸或将窗口关闭。

Windows 10 中的很多内置程序使用了称为功能区的新界面代替了早期程序中的菜单栏和工具栏。如图 8-29 所示为写字板程序窗口，该程序的界面使用了功能区。功能区由选项卡、组、命令 3 部分组成，命令按功能类型被划分到不同的组中。要使用功能区中的命令，需要先切换到特定的选项卡，然后在某个组中找到要使用的命令。例如，要在写字板程序中插入图片，需要先切换到【主页】选项卡，然后在【插入】组中单击【图片】按钮。

图8-29 写字板程序窗口

还有一种特殊的窗口，它的外观和功能与普通窗口类似。这类窗口通常无法最大化或最小化，而且用户必须对窗口进行处理并关闭窗口后才能对窗口所属的程序继续进行操作，这类特殊的窗口称为对话框。对话框可以包含大量选项供用户选择，程序会根据用户的选择来执行特定的任务或设置。有些对话框可能不包含任何选项，而只返回一些简单的信息。例如，在图 8-30 所示的对话框中只包含一些信息而没有任何选项，用户在单击【确定】按钮之前无法在该对话框所属的程序中进行任何其他操作。

图8-30 只返回信息的对话框

 有关功能区的详细内容，请参考本书第 13 章。

8.2.5 菜单、命令和界面控件

无论一个程序的界面是使用早期的菜单栏和工具栏还是使用较新的功能区，在用户与程序交互的过程中都会接触到多种不同类型的菜单、命令以及界面控件。所谓界面控件，是指程序界面中提供的可操作的元素。例如，按钮是一种最常见的界面控件，滚动条也是一种界面控件，用于输入内容的文本框也是界面控件。本节将介绍在Windows 操作系统中经常遇到的界面控件的外观与使用方法。

1. 菜单和命令

上一节曾经介绍过，很多程序的早期版本使用的是菜单栏和工具栏界面环境。要执行一个命令，用户必须单击菜单栏中的某个标题，然后在弹出的菜单中选择要使用的命令，如图 8-31 所示。有的命令会包含一个黑色右箭头，将鼠标指针移动到这种命令上时会弹出一个菜单，这个菜单称为子菜单。当一个程序很复杂且命令很多时，可能会包括多个级别的子菜单。如果工具栏中包含有与想要执行的命令对应的图标，可以直接单击工具栏中的图标来快速执行对应的命令。根据当前程序所处的状态或环境，某些命令可能暂时不可用，这类命令通常显示为灰色。

图8-31 菜单和命令

2. 命令按钮

命令按钮是最常遇到且使用频繁的界面控件。每个对话框至少包含一个命令按钮（通常是【确定】按钮），有的对话框会包含两个或更多个命令按钮。单击命令按钮会执行一个操作。例如，在 Microsoft Word 程序中新建一个文档，然后在其中输入一些内容，按【Alt+F4】组合键退出 Word 程序，此时会弹出类似图 8-32 所示的

对话框，询问用户是否保存当前文档。该对话框包含 3 个命令按钮，用户可以根据实际需要选择单击不同的按钮来执行不同的操作。

图8-32 命令按钮

> **提示**
>
> 对话框中有一个按钮可以自动接收用户对【Enter】键做出的响应。这个按钮被称为默认按钮，它的四周会带有一个与其他按钮不同的轮廓，以此可以很容易识别对话框中哪个按钮是默认按钮。当按下【Enter】键时相当于使用鼠标单击了默认按钮。图8-32 中的默认按钮是【保存】按钮。

在使用鼠标指针指向某些按钮时，按钮会自动分为两部分，这种按钮是拆分按钮，如图 8-33 所示。单击拆分按钮的左侧部分将会执行一个命令，单击按钮右侧的箭头会弹出一个菜单。也有些按钮会包含一个与拆分按钮类似的黑箭头，但是当鼠标指向这类按钮时，按钮不会分为两部分，单击这类按钮将会弹出一个菜单。

图8-33 拆分按钮

3. 文本框

文本框允许用户在其中输入信息，例如要查找的内容或密码等，然后交由程序进行处理。在图 8-34 所示的文本框中输入了"计算机"，单击【查找下一个】按钮后程序就会在文档中查找匹配的内容。

图8-34 文本框

要在文本框中输入内容，需要单击文本框内部，此时会显示一个闪烁的短竖线，将其称为插入点，它决定了输入内容的当前位置。当在文本框中输入一些内容以后，可以使用鼠标单击或键盘上的 4 个方向键来将插入点定位到已输入的内容当中，

以便于对已输入内容进行插入或修改等操作。

4. 单选按钮

在对话框中进行选项设置时，经常会看到单选按钮。单选按钮通常会成组出现，但只允许用户从中选择其中之一，选中的单选按钮的左侧会出现一个圆点标记。一组单选按钮会由一个方框包围起来，从而告诉用户这些单选按钮属于同一组，组的名称通常位于方框左上方的位置。如图 8-35 所示，包含了两个单选按钮，它们属于同一个组，组名是【方向】，其中的【纵向】选项被选中。

图8-35 单选按钮

5. 复选框

复选框可以单独出现，也可以成组出现。与单选按钮不同的是，用户可以同时选中同一个组中的多个或全部复选框，选中的复选框的左侧会出现一个对勾标记。如图 8-36 所示，包含 5 个复选框，选中了其中 4 的个复选框。单击选中的复选框左侧的对勾标记，将会取消选中该复选框。

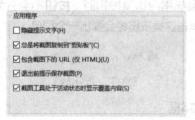

图8-36 复选框

> 提示
> 对于单选按钮来说，必须在一个组中选中某个单选按钮，而无法取消全部选项的选中状态。

6. 滑块

滑块为用户提供了另一种设置或输入方式，它允许用户使用鼠标拖动称为滑块的标记在一个包含刻度的范围内移动，滑块移动到的位置就是将要设置或输入的值。图 8-37 所示是一个滑块的示例，它用于设置鼠标指针的移动速度。

7. 列表框

当需要从大量的选项中选择其中一项时，列表框非常有用。在列表框中显示了多个选项，这些选项从上到下排列，单击某个选项即可将其选中。有时还会在列表框的上方提供一个文本框，

用户可以通过在文本框中输入内容来快速锁定列表中的某一项。当在列表框中选中某个选项时，文本框中也会自动显示该选项，如图 8-38 所示。当选项数量过多时，会在列表框的右侧显示一个垂直滚动条，拖动滚动条可以显示未在列表框中显示出来的其他项。与下拉列表不同的是，无须打开列表就可以看到某些或所有选项。

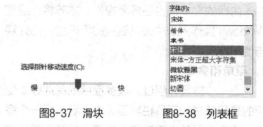

图8-37 滑块　　　　图8-38 列表框

8. 下拉列表

下拉列表的功能类似于列表框，也用于从多个选项中选择其中之一，但是两者的外观有所不同。图 8-39 所示是一个下拉列表的示例，默认情况下只显示当前选中的选项。如果需要选择其他选项，需要单击下拉列表右侧的箭头，然后在打开的列表中选择所需选项。

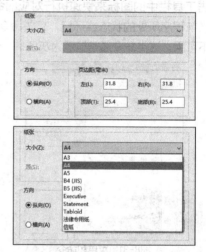

图8-39 下拉列表

9. 滚动条

当窗口中的内容过多而无法在窗口的显示区域内完全显示时，就会自动在窗口中出现滚动条。滚动条分为水平和垂直两种，分别用来调整窗口中横向和纵向上的内容。图 8-40 显示了一个窗口中的水平滚动条和垂直滚动条。用户可以直接拖动滚动条来快速改变窗口中显示的内容，也可以单击滚动条两端的箭头对显示的内容进行微调。

图8-40 滚动条

10. 选项卡

一个对话框中的选项数量很有限，但是可以通过使用选项卡来解决选项数量受限的问题。通过在对话框中放置多个选项卡，能够实现数倍于以往对话框所能容纳的选项数量。每个选项卡的顶部有一个标签，标签显示了选项卡的名称，单击选项卡的标签可以切换到与标签对应的选项卡中。每次只能显示对话框中的一个选项卡，而不能同时显示所有选项卡。图 8-41 所示的对话框中包含了 5 个选项卡，当前显示的是【指针选项】选项卡中的选项。

图8-41 选项卡

8.3 窗口的基本操作

在使用 Windows 操作系统的过程中，打开的窗口数量通常不止一个，比如打开一个文件夹窗口，然后启动了几个程序，每个程序都至少包含一个窗口，这样就会同时出现几个窗口。掌握窗口的基本操作可以更好地使用与操作窗口，本节将介绍窗口的基本操作。本节所指的窗口是类似于文件资源管理器的普通窗口，而不是用于设置选项的对话框。

8.3.1 移动窗口

在平时操作中可能经常要调整窗口的位置。

要移动窗口，只需单击窗口标题栏中的空白处，然后按住鼠标左键并将窗口拖动到目标位置。避免单击任务栏左侧的程序图标，或任务栏右侧的窗口状态控制按钮。

8.3.2 更改窗口大小

在 Windows 操作系统中调整窗口大小的方式分为以下几种。

◆ 将窗口铺满整个屏幕：单击窗口标题栏右侧的【最大化】按钮 □，如图 8-42 所示。可以将窗口放大到占满整个屏幕，也可以双击标题栏中的空白处将窗口最大化。

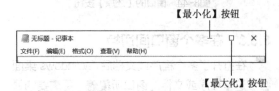

图8-42 窗口的【最大化】按钮和【最小化】按钮

◆ 将窗口隐藏到任务栏中：单击窗口标题栏右侧的【最小化】按钮 —，可以将窗口隐藏到任务栏，任务栏中会显示一个与窗口对应的按钮。在窗口处于活动状态且未最小化时，可以通过单击任务栏上的窗口按钮来将其最小化。最小化窗口并不是将其关闭或删除窗口内容，而只是暂时将窗口从桌面上隐藏起来。

◆ 将窗口调整到任意大小：可以将鼠标指针移动到窗口的上、下、左、右 4 个边框上，当鼠标指针变为垂直或水平双箭头时，拖动鼠标即可调整窗口的高度或宽度。如果希望保持原来的宽高比放大或缩小窗口，可以将鼠标指针指向窗口的 4 个角，当鼠标指针变为斜向双箭头时拖动鼠标，如图 8-43 所示。

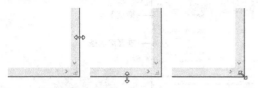

图8-43　使用鼠标调整窗口的大小

注意　无法调整已经最大化窗口的大小，必须先将其还原为原来的大小后才能调整。

◆ 还原窗口到原来的大小：如果要将最大化的窗口还原到原来的大小，可以单击窗口标题栏右侧的【还原】按钮 ，如图 8-44 所示，或双击标题栏中的空白处。如果要将已经最小化的窗口重新显示到桌面上，可以单击任务栏中对应的窗口按钮。

【还原】按钮

图8-44　窗口的【还原】按钮

8.3.3　在多个窗口间切换

在打开了多个程序或文档后，Windows 桌面会被这些程序或文档的窗口所覆盖，更重要的是这些窗口彼此之间相互覆盖，使切换到指定窗口的操作变得困难。用户可以使用以下几种方法快速切换到指定窗口。

◆ 使用任务栏中的窗口按钮：所有打开的程序或文档都会在任务栏中有一个对应的按钮，每个按钮上会显示程序或文档的名称，通过单击任务栏中的窗口按钮可以快速切换到指定的窗口。

◆ 使用【Alt+Tab】组合键：打开的窗口数量越多，任务栏中每个窗口按钮的宽度就会越窄，导致窗口上的名称无法完全显示，这样将很难知道每个窗口的作用。此时可以按【Alt+Tab】组合键，将会显示类似如图 8-45 所示的界面，每个窗口会以缩略图的形式排列在一起，单击某个缩

略图即可切换到对应的窗口。

图8-45　按【Alt+Tab】组合键显示窗口缩略图的列表

◆ 使用任务视图：还有一种切换窗口的方法，可以单击任务栏中的【任务视图】按钮 ，进入如图 8-46 所示的虚拟桌面环境，单击某个窗口缩略图即可切换到该窗口。按【Esc】键可以在不单击任何缩略图的情况下退出虚拟桌面环境。

图8-46　在虚拟桌面中切换窗口

8.3.4　对齐与排列窗口

用户有时可能需要将打开的几个窗口按照某种标准快速排列整齐。Windows 10 提供了 3 个命令用来对齐和排列打开的窗口。右击任务栏，在弹出的菜单中选择要对窗口进行排列的【层叠窗口】【堆叠显示窗口】【并排显示窗口】3 个命令，如图 8-47 所示。图 8-48 所示为选择【层叠窗口】命令后对打开的所有窗口进行排列后的结果。

图8-47　自动排列窗口的3个命令

图8-48　层叠多个窗口后的结果

注意 如果所有窗口都已经最小化到任务栏中，那么这3个命令将会被禁用。

除了使用前面介绍的 3 个命令来排列窗口以外，用户还可以使用贴靠对齐功能通过鼠标拖动窗口来自动排列窗口。贴靠对齐功能是指在将窗口移动到紧靠屏幕边缘的位置上时，窗口大小会自动调整到相对于屏幕尺寸的某个特定比例。

1. 并排查看两个窗口

如果希望并排查看两个窗口，可以单击其中一个窗口的标题栏，然后将窗口向屏幕的左边缘或右边缘拖动，当显示一个透明的窗口轮廓时释放鼠标左键，即可展开窗口，使其自动占满屏幕的二分之一区域，即窗口高度与屏幕等高，宽度为屏幕的一半。打开的其他窗口会以缩略图的形式显示在屏幕的另一半区域内，单击某个缩略图，即可将其放大到占满屏幕二分之一的尺寸，从而达到并排查看两个窗口的效果，如图 8-49 所示。

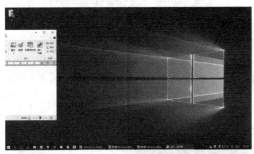

图8-49　并排查看窗口

提示 用户无需担心在使用贴靠对齐功能以后，窗口的原始尺寸会被改变。要还原窗口的原始大小，只需单击贴靠对齐后的窗口的标题栏，然后将窗口拖动到屏幕中的任意位置，只要这个位置不是位于紧靠屏幕的4个边缘即可。

2. 四分之一屏幕排列窗口

Windows 10 还支持自动在一个屏幕上整齐排列 4 个窗口。与并排查看两个窗口的操作类似，单击某个窗口的标题栏，然后将该窗口向屏幕的 4 个角中的任一角拖动。当显示一个透明的窗口轮廓时释放鼠标左键，即可展开窗口使其自动占满屏幕的四分之一区域，即窗口的高度和宽度均为屏幕高、宽的一半，如图 8-50 所示。

图8-50　四分之一屏幕排列窗口

3. 垂直展开窗口

垂直展开窗口是指窗口的高度自动调整到与屏幕等高，而窗口的宽度保持不变。要垂直展开一个窗口，需要将鼠标指针指向窗口的上边框或下边框，当鼠标指针变为垂直双箭头时，将窗口的边框拖动到屏幕的顶部或底部。当在桌面上显示一个与屏幕等高的透明矩形轮廓时释放鼠标左键，如图 8-51 所示，即可使窗口的高度扩展到桌面的高度，而窗口的宽度保持不变。

4. 最大化窗口

本章的 8.3.2 节中曾介绍过将窗口最大化的两种常用方法，贴靠对齐功能也提供了将窗口最大化的方法。首先单击窗口的标题栏，然后将标题栏拖动到屏幕的顶部，当屏幕四周显示一个虚拟的窗口轮廓时释放鼠标左键，窗口就会自动最大化。

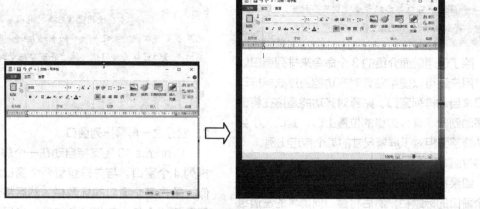

图8-51　垂直展开窗口

8.3.5　关闭窗口

与最小化窗口不同，关闭窗口会将窗口从桌面和任务栏中删除，而不是最小化到任务栏。当不再使用打开的程序或文档时，应该及时关闭它们的窗口以释放占用的系统资源，同时可以清理无用窗口而使桌面更整洁。关闭一个窗口只需单

击窗口标题栏右侧的【关闭】按钮 × 。

> **提示**
> 在关闭程序的文档窗口（如Word文档窗口）时，如果未保存对文档的任何修改工作，则会显示一条消息，以提醒用户是否对文档进行保存。

Chapter 9 设置桌面显示环境

桌面是所有用户在使用 Windows 操作系统的过程中需要频繁接触的环境。用户可以将应用程序、文件以及文件夹放到桌面上，从而快速启动或打开这些内容。对桌面美观度有要求的用户则可以将自己喜欢的图片设置为桌面背景，还可以设置窗口的颜色与图标的外观。除了以上内容，本章还将介绍 Windows 10 提供的用于优化显示环境的一些内置工具的使用方法。

9.1 设置桌面图标

安装好 Windows 10 操作系统后，桌面上只有一个【回收站】图标，这对于平时要进行的一些常用操作而言很不方便，比如从桌面打开控制面板或用户文件夹。可以将默认的几个 Windows 系统图标添加到桌面上。除了添加系统图标外，还可以将应用程序的快捷方式、文件或文件夹的图标添加到桌面上，以便提高操作效率。本节还将介绍设置图标显示方式与排列图标的方法。

9.1.1 显示或隐藏桌面系统图标

除了回收站外，桌面上的系统图标还包括以下 4 个：计算机、网络、控制面板、用户文件夹（文件夹名称以当前登录 Windows 系统的用户名命名）。在 Windows 10 中将以前 Windows 版本中的"计算机"图标改名为"此电脑"。显示桌面系统图标的具体操作步骤如下。

STEP 1 右击桌面空白处，然后在弹出的菜单中选择【个性化】命令。

STEP 2 打开【设置】窗口的【个性化】设置界面，在左侧选择【主题】，然后在右侧单击【桌面图标设置】链接，如图 9-1 所示。

图9-1　单击【桌面图标设置】链接

STEP 3 打开【桌面图标设置】对话框，选中要显示在桌面上的图标所对应的复选框，如图 9-2 所示。

图9-2　选择要显示在桌面上的系统图标

提示
　　如果希望图标外观可以随着不同的主题自动改变，则需要选中【允许主题更改桌面图标】复选框。用户也可以手动更改图标的外观，在列表框中选择一个图标，然后单击【更改图标】按钮，在打开的【更改图标】对话框中选择图标的新样式，如图9-3所示。

 交叉参考　　有关主题的更多内容，请参考本章 9.3 节。

STEP 4 单击【确定】按钮，关闭【桌面图标设置】对话框，选中的图标会显示在桌面上。

141

图9-3 手动更改图标的外观

如果想要隐藏系统图标，只需重复上述操作，然后在打开的【桌面图标设置】对话框中取消选中要隐藏的图标对应的复选框即可。

9.1.2 添加和删除桌面图标

除了可以向桌面添加 Windows 默认的系统图标外，用户还可以根据需要添加以下 3 种用途的图标。

◆ 应用程序启动文件的快捷方式：创建应用程序启动文件的快捷方式图标，通过双击快捷方式来启动相应的程序。

◆ 某种类型的文档：可以是文档本身的图标，也可以是指向文档本身的快捷方式。

◆ 文件夹：可以是文件夹本身的图标，也可以是指向文件夹本身的快捷方式。

应用程序快捷方式的创建方法已在本书第 7 章进行过详细介绍，后两种用途的图标的创建方法实际上与创建应用程序的快捷方式没有太大区别。例如，平时可能经常要访问 F 盘 "公司文件和数据" 文件夹下的名为 "销售部" 的子文件夹中的内容，如果每次都使用鼠标双击的方式导航到目标文件夹，操作起来相对较为烦琐。此时可以右击目标文件夹（如 "销售部" 文件夹），在弹出的菜单中选择【发动到】➡【桌面快捷方式】命令，如图 9-4 所示。这样就可以在桌面上添加一个该文件夹的快捷方式图标，以后只需在桌面上双击该快捷方式图标，即可打开对应的文件夹。

使用类似的方法，也可以为某个文件创建快

捷方式，只需右击该文件，然后在弹出的菜单中选择【发动到】➡【桌面快捷方式】命令。无论创建文件夹还是文件的快捷方式，在桌面上生成的快捷方式图标只是一个指向文件夹或文件的链接，而非文件夹或文件本身，因此删除快捷方式图标并不会删除与其对应的文件夹或文件本身。

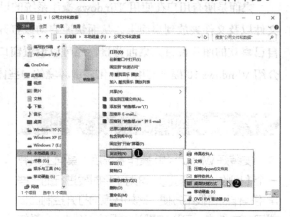

图9-4 为指定文件夹创建快捷方式

如果要删除一个图标，可以先选择这个图标，然后按【Delete】键。也可以右击要删除的图标，然后在弹出的菜单中选择【删除】命令。使用以上两种方法都会将删除的图标移入回收站。

> **注意** 不能删除桌面上的回收站图标，而只能使用本章 9.1.1 节介绍的方法在桌面上不显示回收站图标。

如果要一次性删除多个图标，可以使用以下几种方法选择这些图标后再执行删除操作。

◆ 选择连续的多个图标方法 1：按住鼠标左键并拖动，使鼠标拖动过的区域覆盖住要选择的所有图标。

◆ 选择连续的多个图标方法 2：单击一个图标，然后按住【Shift】键，再单击另一个图标，这样将自动选中包含这两个图标在内且位于这两个图标之间的所有图标。

◆ 选择不连续的多个图标方法 1：按住【Ctrl】键后，依次单击要选择的每一个图标。完成后释放【Ctrl】键，这样将同时选中单击过的每一个图标。

◆ 选择不连续的多个图标方法 2：如果除了少数几个图标以外，要选择绝大多数图标，可以先按【Ctrl+A】组合键选择桌面或当前文件夹中的所有图标，然后按住【Ctrl】键的同时依次单击不想选择的图标，以便取消对它们的选择。

> **注意** 对于使用【Shift】键选择连续多个图标的方法，在操作时需要注意起始图标和结束图标的位置关系，因为在某些情况下使用【Shift】键后的选择结果可能并未实现预期效果。

9.1.3　设置图标的显示方式

图标的显示方式决定了桌面或文件夹中的图标以何种外观显示。在桌面和文件夹两种环境下图标的显示方式及其相关命令有一些区别。当在桌面空白处单击鼠标右键并选择【查看】命令后会弹出如图9-5所示的子菜单，其中的【大图标】【中等图标】和【小图标】3个命令用于调整桌面图标的尺寸大小，图9-6所示为使用这3个命令显示图标的不同效果。

图9-5　用于设置桌面图标显示方式的菜单和命令

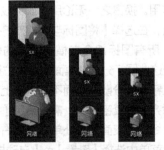

图9-6　使用不同的尺寸大小显示图标

【自动排列图标】和【将图标与网格对齐】两个命令用于指定图标的排列方式，这两个命令将在本章9.1.4节进行介绍。【显示桌面图标】命令用于显示或隐藏桌面上的所有图标，因此如果希望拥有一个没有任何图标的"干净"桌面，可以取消选择【显示桌面图标】命令，即去掉该命令左侧的勾选标记。

如果是在某一文件夹中的空白处单击鼠标右键，将会弹出如图9-7所示的菜单，其中包含更多用于控制图标显示方式的命令。

图9-7　用于设置文件夹中的图标显示方式的菜单和命令

除了包含与桌面右键菜单中相同的大图标、中等图标和小图标3个命令外，在文件夹右键菜单中还包括以下几个用于控制图标显示方式的命令。

◆ 超大图标：比使用【大图标】命令可以显示更大尺寸的图标。对于图片而言，在【超大图标】【大图标】和【中等图标】这3种显示方式下能够显示图片的缩略图，这样不用打开图片文件即可预览图片内容。

◆ 列表：所有图标以图标类型标识和文件名的方式按"列"排列显示，如图9-8所示。不同类型的文件其图标标识的外观并不相同。

图9-8　以【列表】方式显示图标

◆ 详细信息：每个图标会占用单独的一行来显示与其相关的信息，这种显示方式就像Excel工作表或数据库软件中的表，如图9-9所示。通过这种显示方式可以一次性查看每个图标所对应的文件的多条信息，比如可以查看文件的创建日期、类型、大小。可以自定义【详细信息】方式下显示的列的类别，还可以使用这些列对所有图标进行排序和筛选，具体方法请参考本书第14章。

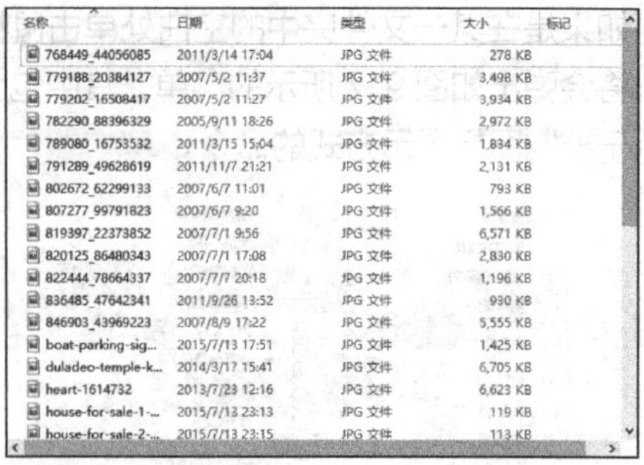

图9-9 以【详细信息】方式显示图标

◆ 平铺：图 9-10 所示为在【平铺】方式下
显示的图标。该方式下显示的图标尺寸比
【列表】方式下要大得多，而且对于图片
文件来说会显示图片的缩略图。同时在每
个图标右侧会显示与图标所对应的文件相
关的名称、类型和大小。

图9-10 以【平铺】方式显示图标

◆ 内容：图 9-11 所示为在【内容】方式下
显示的图标。每个图标单独占据一行，每
行可能包含两列或多列。这种方式与【详细
信息】显示方式类似，都会显示与文件相关
的多条信息，与【详细信息】方式最大的区
别在于对于图片文件而言，可以显示图片的
缩略图，而在【详细信息】方式下只显示图
标类型标识，而不会显示缩略图。

图9-11 以【内容】方式显示图标

9.1.4 排列图标

由于从桌面启动应用程序、打开文件或文件
夹非常方便，所以很多用户喜欢将应用程序、文
件夹或文件的快捷方式添加到桌面上以加快启动
或打开的速度。当桌面上包含多个图标后，可能
希望它们以某种方式进行排列。这时可以右击桌
面空白处，在弹出的菜单中选择【排列方式】命
令，然后在子菜单中将看到图 9-12 所示的对图
标进行排序的命令，可以让桌面上的所有图标按
其中一种方式自动排列。

图9-12 用于设置桌面图标排列方式的命令

上一节曾经提到的【自动排列图标】和【将
图标与网格对齐】两个命令，对于在桌面上如何
控制图标的位置起到了重要作用。默认情况下，
【将图标与网格对齐】命令被自动选中，这意味
着用户可以将桌面图标随意拖动到桌面上的某个
位置，但是在释放鼠标左键时会发现图标被吸附
到某个特定位置上，而未必是图标当前所在的位
置。这一特性依赖于【将图标与网格对齐】命令
所起的作用。换言之，无论用户如何改变多个图
标的位置，在选择【将图标与网格对齐】命令的
情况下，所有图标都会在横平竖直的位置上对
齐，即使这些图标分散在桌面的不同位置上。

如果希望让分散在桌面不同位置上的所有图
标快速对齐并且紧密排列，需要使用【自动排列
图标】命令。在桌面空白处单击鼠标右键，然后
在弹出的菜单中选择【查看】➩【自动排列图标】
命令以后，之前桌面上分散放置的所有图标，都
会自动从桌面最左侧开始，按列的顺序从上到下
自动排列。一列排满以后，在下一列继续排列图
标，如图 9-13 所示。此时即使使用鼠标拖动任
一图标到桌面任意位置，释放鼠标左键后，图标
可能会与其他图标的位置互换，但是仍会在限定
的列范围内自动排列。

如果在任一文件夹的空白处单击鼠标右键，

在弹出的菜单中选择【排序方式】命令，将会显示图 9-14 所示的排列命令。不仅可用的命令比桌面图标多，而且还可以使用【更多】命令添加更多排序命令。

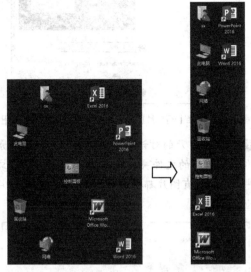

图9-13 使用【自动排列图标】命令排列图标

图9-14 设置文件夹中图标排列方式的命令

 交叉参考 有关文件排序和筛选的详细内容，请参考本书第 14 章。

9.2 设置桌面背景

桌面背景是用户在美化桌面显示环境中经常需要设置的项目。由于桌面背景占据着整个屏幕，因此它最显眼，而且设置效果也最具视觉冲击力。用户可以选择一张喜欢的图片作为桌面背景，也可以同时选择多张图片作为桌面背景，从而实现类似于幻灯片放映的定时自动更换图片的动态背景效果。

9.2.1 将单张图片设置为桌面背景

用户可以从 Windows 10 预置的图片中选择

一张图片作为桌面背景，具体操作步骤如下。

STEP 1 右击桌面空白处，然后在弹出的菜单中选择【个性化】命令。

STEP 2 打开【设置】窗口中的【个性化】设置界面，在左侧选择【背景】选项，然后在右侧的【背景】下拉列表中选择【图片】选项，接着在下方的预置图片中选择一张，在上方的【预览】中可以看到应用所选图片后的桌面背景效果，如图 9-15 所示。

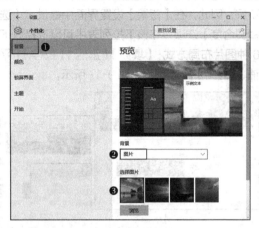

图9-15 在【背景】下拉列表中选择【图片】选项并选择一张图片作为桌面背景

STEP 3 确定效果无误后，关闭【设置】窗口即可完成设置。

用户可能更希望将自己喜欢的图片设置为桌面背景，这些图片来自于平时的收集并存储在计算机中。用户可以在图 9-15 中单击【浏览】按钮，在打开的对话框中导航到图片所在的文件夹，然后双击要设置为桌面背景的图片，如图 9-16 所示。

图9-16 通过单击【浏览】按钮从计算机中选择一张图片

技巧 如果希望选择某种文件类型的图片，可以打开【选择图片】按钮上方的下拉列表，然后从中选择所需的图片格式。

此时系统会返回【背景】设置界面，如果对预览中的设置效果感觉满意，就可以关闭【设置】窗口完成桌面背景的设置。但是由于在计算机中收集的图片的尺寸大小并不统一，而且在为桌面背景选择图片时，图片尺寸很可能与屏幕尺寸不匹配，这样就会导致设置后背景图片的显示效果不好。因此，在【背景】设置界面中提供了【选择契合度】选项，在该下拉列表中可以选择以下6种图片布局方式：【填充】【适应】【拉伸】【平铺】【居中】【跨区】，如图9-17所示。

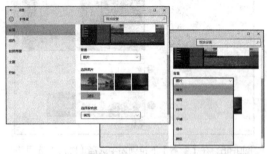

图9-17　【选择契合度】下拉列表中包含的6个选项

通常选择【填充】或【跨区】选项的背景显示效果最好，而选择【适应】选项很容易在屏幕两侧出现黑边，选择【拉伸】选项很容易让图片变形，选择【平铺】或【居中】选项则很容易在屏幕中只显示出图片的一部分。

9.2.2 将多张图片以幻灯片放映的形式设置为桌面背景

如果觉得桌面背景始终显示同一张图片过于枯燥，那么可以为桌面背景同时设置多张图片，并以类似幻灯片放映的方式定时在这些图片之间自动切换，从而形成动态的桌面背景效果。设置幻灯片放映方式的桌面背景的具体操作步骤如下。

STEP 1 右击桌面空白处，然后在弹出的菜单中选择【个性化】命令。

STEP 2 打开【设置】窗口中的【个性化】设置界面，在左侧选择【背景】选项，在右侧的【背景】下拉列表中选择【幻灯片放映】选项，然后单击【为幻灯片选择相册】链接下方的【浏览】按钮，如图9-18所示。

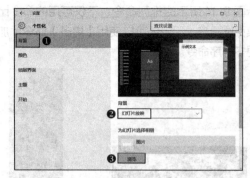

图9-18　选择【幻灯片放映】选项并单击【浏览】按钮

STEP 3 在打开的对话框中选择要作为桌面背景的图片所在的文件夹，如图9-19所示。所选文件夹中的所有图片都将作为桌面背景进行幻灯片的轮流放映。

图9-19　选择包含要作为幻灯片放映的图片所在的文件夹

STEP 4 单击【选择此文件夹】按钮后返回【背景】设置界面，此时所选文件夹的名称会出现在【为幻灯片选择相册】的下方。在【更改图片的频率】下拉列表中选择各图片之间切换的时间间隔，如图9-20所示。

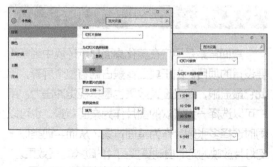

图9-20　设置幻灯片中图片之间切换的时间间隔

STEP 5 可以设置图片背景的契合度，选项的含义与设置方法与上一节相同，此处不再赘述。

9.2.3 使用一种纯色作为桌面背景

如果不喜欢图片，还可以选择一种颜色作为桌面背景，类似于早期的 Windows 2000 操作系统默认的蓝色背景。设置纯色作为桌面背景的具体操作步骤如下。

STEP 1 右击桌面空白处，然后在弹出的菜单中选择【个性化】命令。

STEP 2 打开【设置】窗口中的【个性化】设置界面，在左侧选择【背景】选项，在右侧的【背景】下拉列表中选择【纯色】选项，然后在下方的颜色列表中选择一种颜色，如图 9-21 所示。

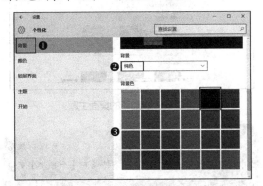

图9-21 选择【纯色】选项后在颜色列表中选择一种颜色

9.3 设置桌面主题

桌面主题是指由桌面背景、窗口颜色、桌面图标样式、鼠标指针形状、系统声音等多个部分组成的一套桌面外观和音效的方案。Windows 10 提供了几种预置的主题方案，通过选择不同的方案可以在不同主题之间快速切换。用户还可以创建新的主题，从而像使用预置主题一样快速切换到自己创建的主题中。

9.3.1 使用 Windows 预置的桌面主题

Windows 10 提供了 3 种预置主题，其名称分别为"Windows""Windows 10"和"鲜花"。Windows 10 默认使用的是名为"Windows"的主题。切换到其他主题的具体操作步骤如下。

STEP 1 右击桌面空白处，然后在弹出的菜单中选择【个性化】命令。

STEP 2 打开【设置】窗口中的【个性化】设置界面，在左侧选择【主题】选项，然后在右侧单击【主题设置】链接，如图 9-22 所示。

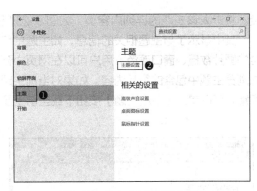

图9-22 单击【主题设置】链接

STEP 3 打开如图 9-23 所示的【个性化】窗口，在【Windows 默认主题】类别下显示了 3 种 Windows 预置主题，从中选择一种，即可一次性改变 Windows 桌面背景、窗口颜色、桌面图标样式、系统声音等内容。

图9-23 选择Windows预置主题

除了系统预置的 3 种主题外，用户还可以单击图 9-23 中的【联机获取更多主题】链接，然后在打开的网页中选择微软提供的更多主题。页面左侧列出了主题的分类标题，选择一个类别，右侧将显示所选类别下包含的所有主题，如图 9-24 所示。单击某个主题下的【详细信息】链

图9-24 查看微软提供的更多主题

接，将进入该主题的详细内容页，如图 9-25 所示，其中显示了与主题相关的信息，如主题中包含的图片数量、窗口颜色。用户可以在网页中预先浏览主题中包含的图片内容。如果对当前主题满意，可以单击【下载主题】按钮下载当前主题并在计算机中使用。

图9-25　查看主题细节并进行下载

9.3.2　创建新的桌面主题

如果觉得 Windows 预置的桌面主题的外观不能完全符合自己的要求，则可以创建新的主题。虽然 Windows 10 默认使用名为"Windows"的主题，但是只要用户对桌面背景、窗口颜色、系统声音、鼠标指针形状中的任意一项做了调整，在【个性化】窗口中就会自动出现一个名为"未保存的主题"的新主题，然后执行以下步骤即可创建并保存新主题。

STEP 1　右击名为"未保存的主题"主题，然后在弹出的菜单中选择【保存主题】命令，如图 9-26 所示。

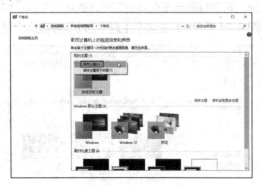

图9-26　右击新主题并选择【保存主题】命令

STEP 2　打开【将主题另存为】对话框，在【主题名称】文本框中输入新主题的名称，如图 9-27 所示。

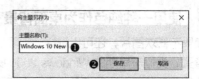

图9-27　输入新主题的名称

STEP 3　单击【保存】按钮，即可创建新的主题，如图 9-28 所示。

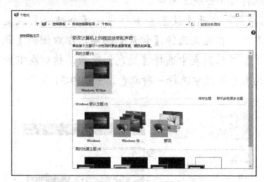

图9-28　创建新的桌面主题

> **提示**
> 　　用户创建的新主题位于以下路径中，可以从该路径中删除主题对应的文件，该方法与在【个性化】窗口中删除主题的效果相同。
> 　　%UserProfile%\AppData\Local\Microsoft\Windows\Themes。
> 　　%UserProfile%是一个系统环境变量，表示当前登录 Windows 系统的用户配置文件夹，而不需要关心操作系统具体安装到哪个磁盘分区以及用户的名称是什么。关于环境变量的更多内容，请参考本书第13章和第37章。

用户如要更改窗口颜色，可以右击桌面空白处，在弹出的菜单中选择【个性化】命令，然后在打开的窗口左侧选择【颜色】选项，接着在右侧的颜色列表中为窗口选择一种颜色，如图 9-29 所示。

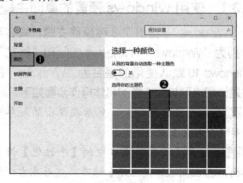

图9-29　为窗口选择一种颜色

更改与主题相关的桌面背景的方法请参考本章 9.2 节，更改与主题相关的桌面图标样式的方法请参考本章 9.1.1 节，更改与主题相关的系统声音和鼠标指针形状的方法请参考本书第 11 章。

9.3.3　删除桌面主题

用户可以删除不再使用的桌面主题，具体操作步骤如下。

STEP 1　右击桌面空白处，然后在弹出的菜单中选择【个性化】命令。

STEP 2　打开【设置】窗口中的【个性化】设置界面，在左侧选择【主题】选项，然后在右侧单击【主题设置】链接。

STEP 3　打开【个性化】窗口，如果要删除的主题正在被使用，则必须选择一个其他主题，这是因为无法删除正在使用的主题，这就像无法删除正在打开的文件一样。

STEP 4　选择一个其他主题后，右击要删除的主题，在弹出的菜单中选择【删除主题】命令，如图 9-30 所示，即可将该主题删除。

图9-30　删除主题

9.4　设置屏幕保护程序

用户可以为系统设置一个屏幕保护程序，在不使用鼠标或键盘达到一定时长后，系统就会自动进入屏幕保护状态，这样在离开计算机的期间将会禁止任何人进入系统桌面并查看其中包含的任何内容。设置屏幕保护程序的具体操作步骤如下。

STEP 1　右击桌面空白处，然后在弹出的菜单中选择【个性化】命令。

STEP 2　打开【设置】窗口中的【个性化】设置界面，在左侧选择【锁屏界面】选项，然后在右侧单击【屏幕保护程序设置】链接，如图 9-31 所示。

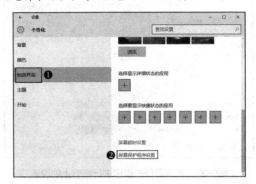

图9-31　单击【屏幕保护程序设置】链接

STEP 3　打开【屏幕保护程序设置】对话框，在【屏幕保护程序】下拉列表中选择一种屏幕保护的类型，如图 9-32 所示。单击【预览】按钮可以全屏预览所选屏幕保护程序的运行效果。

图9-32　设置屏幕保护程序

STEP 4　在选择一个屏幕保护程序后，如果右侧的【设置】按钮变为可用状态，可以单击该按钮对当前所选的屏幕保护程序进行一些细节上的设置，如图 9-33 所示。

STEP 5　【屏幕保护程序设置】对话框中的【等待】文本框用于指定在无人操作鼠标或键盘多久以后启动屏幕保护程序，最短可以设置为 1 分钟。

STEP 6　如果选中【在恢复时显示登录屏幕】复选框，在准备退出屏幕保护程序时系统会要求用户输入当前用户登录 Windows 的密码。如果密码错误，将无法退出屏幕保护程序，这样就能起到保护计算机安全的作用。

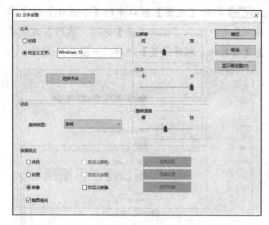

图9-33 对屏幕保护程序进行细节上的设置

STEP 7 设置完成后单击【确定】按钮，关闭【屏幕保护程序设置】对话框。

 另一种在无人值守计算机的情况下保护计算机安全的方法是使用锁屏功能，有关锁屏功能的详细内容，请参考本书第 15 章。

9.5 优化显示设置

Windows 操作系统提供了用于改善显示质量的辅助工具，包括对屏幕分辨率和刷新率、显示颜色以及文本显示效果几个方面的调整。除了可以改善显示质量，还能够降低由于长时间面对计算机屏幕而给眼睛带来的伤害。

9.5.1 设置分辨率和刷新率

分辨率和刷新率是计算机显示设备的两个重要参数，它们直接影响着显示质量。屏幕分辨率是指显示器的水平方向和垂直方向上像素点的总数目。例如，1024×768 表示在屏幕的水平方向上包含 1024 个像素点，在垂直方向上包含 768 个像素点。分辨率越大，屏幕中的内容显示得越清晰，这是因为水平方向和垂直方向上的像素点的增多可以显示出画面的更多细节。如今广泛使用的液晶显示器都有一个最佳分辨率，只有在这个分辨率下屏幕中的内容才会显示到最清晰的状态，而设置为其他分辨率则会使内容模糊不清。

一个容易让人产生混淆的概念是显卡分辨率。显卡控制着计算机图形对象的输出，它在计算机主机与显示器之间起到了纽带的作用。不同型号的显卡提供了多套分辨率方案（如 1440×900、1024×768、800×600 等）。与液晶显示器的最佳分辨率不同，显卡有一个最大分辨率，指的是显卡能够提供的分辨率的极限值。

在操作系统中设置分辨率时，将会看到分辨率列表中提供了可供选择的多种分辨率方案的选项。如果使用的是液晶显示器，在分辨率列表中通常会有一项标有"推荐"二字的分辨率选项，它就是显示器的最佳分辨率，选择该分辨率可以让显示效果最清晰。在操作系统中可以设置到的最大分辨率由显示器分辨率和显卡分辨率共同决定。例如，19 英寸显示器支持的最大分辨率为 1440×900，而某型号显卡支持的最大分辨率为 2560×1600，那么在由这个显示器和显卡组成的计算机系统中，能设置到的最大分辨率只有 1440×900，最终可设置到的分辨率最大上限由这两个参数中较低的数值决定。

1. 设置分辨率

了解以上概念后，在 Windows 10 中设置分辨率的操作变得非常简单，具体操作步骤如下。

STEP 1 右击桌面空白处，然后在弹出的菜单中选择【显示设置】命令。

STEP 2 打开【设置】窗口中的【系统】设置界面，在左侧选择【显示】选项，然后在右侧单击【高级显示设置】链接，如图 9-34 所示。

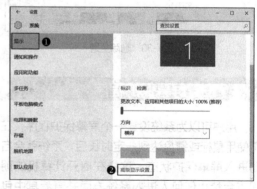

图9-34 单击【高级显示设置】链接

STEP 3 进入【高级显示设置】界面，在【分辨率】下拉列表中选择一种合适的分辨率，通常选择带有"推荐"二字的选项可以确保达到最佳显示效果，如图 9-35 所示。

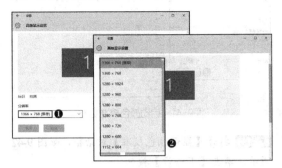

图9-35　选择合适的分辨率

STEP 4 选择好之后单击【应用】按钮，屏幕会变黑几秒，这是因为正在进行分辨率转换。稍后会显示如图 9-36 所示的提示信息，如果对转换后的分辨率感到满意，用户可以单击【保留更改】按钮应用新设置的分辨率，否则单击【还原】按钮恢复到设置前的分辨率。

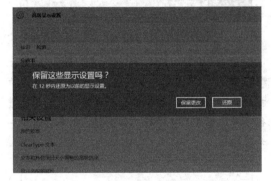

图9-36　确认是否保留对分辨率的更改

2. 设置刷新率

除了分辨率，还有一个与显示质量密切相关的参数——刷新率。刷新率是指屏幕中的画面每秒被重绘的次数。刷新率越高，屏幕中画面的闪烁感越不明显，看起来也就越稳定。如果刷新率过低，长时间面对屏幕会让眼睛感到不适，甚至对眼睛造成一定伤害。此外，设置不正确的刷新率也可能会对显示器和显卡造成不同程度的损坏。液晶显示器的刷新率一般都被固定在 60Hz，无法随便选择刷新率，除非改变分辨率才有可能显示其他刷新率选项。设置刷新率的具体操作步骤如下。

STEP 1 右击桌面空白处，然后在弹出的菜单中选择【显示设置】命令。

STEP 2 打开【设置】窗口中的【系统】设置界面，在左侧选择【显示】选项，然后在右侧单击【高级显示设置】链接。

STEP 3 进入【高级显示设置】界面，单击【显示适配器属性】链接，如图 9-37 所示。

图9-37　单击【显示适配器属性】链接

STEP 4 打开如图 9-38 所示的对话框，切换到【监视器】选项卡，在【屏幕刷新频率】下拉列表中选择刷新率。

图9-38　设置刷新率

注意 用户可能发现在【屏幕刷新频率】下拉列表中包含一个或多个刷新率选项，具体包含哪些选项取决于屏幕所支持的刷新率以及当前设置的分辨率。例如，在1366×768分辨率下，【屏幕刷新频率】下拉列表中只有【60赫兹】一项。如果将分辨率改为1024×768，在【屏幕刷新频率】下拉列表中将会包含【60赫兹】【70赫兹】和【75赫兹】3项，如图9-39所示。用户可以切换到【适配器】选项卡，然后单击【列出所有模式】按钮以查看显卡支持的所有分辨率与刷新率规格，如图9-40所示。

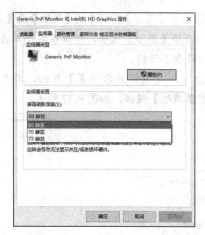

图9-39　不同分辨率下包含多个刷新率选项

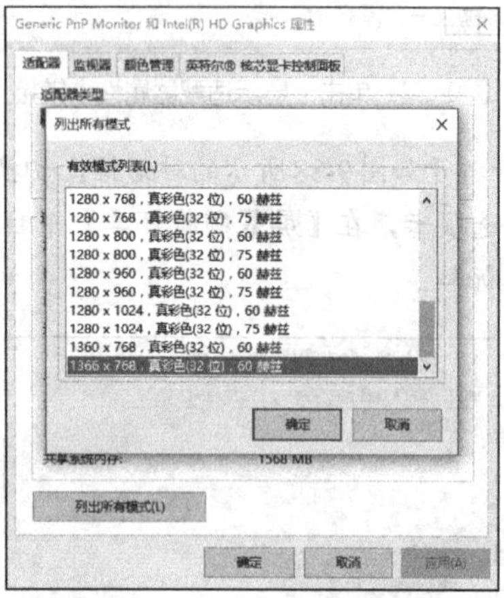

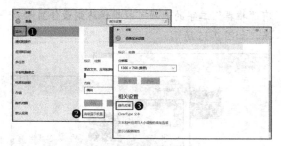

图9-41　启动颜色校准功能

STEP 4 打开【显示颜色校准】对话框，如图 9-42 所示，单击【下一步】按钮。

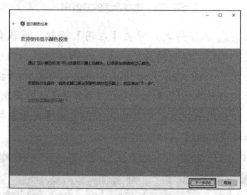

图9-40　查看显卡支持的所有分辨率和刷新率规格

9.5.2　校准显示颜色

校准显示颜色的主要目的是希望屏幕显示出的颜色尽可能没有偏差并达到最佳显示效果。外接显示器上通常都有调整显示效果的功能按钮，可以通过按钮来进行手动调整。由于笔记本电脑的屏幕与机身合为一体，通常没有预留用于调整显示效果的外置按钮，所以可以使用 Windows 10 提供的内部工具来对显示效果进行调整，具体操作步骤如下。

STEP 1 右击桌面空白处，然后在弹出的菜单中选择【显示设置】命令。

STEP 2 打开【设置】窗口中的【系统】设置界面，在左侧选择【显示】选项，然后在右侧单击【高级显示设置】链接，如图 9-41 所示。

STEP 3 进入【高级显示设置】界面，单击【颜色校准】链接。

图9-42　【显示颜色校准】对话框

STEP 5 进入如图 9-43 所示的界面，这里让用户首先使用调整显示器本身的物理按钮对显示器进行设置。如果无法进行正常设置，则单击【下一步】按钮。

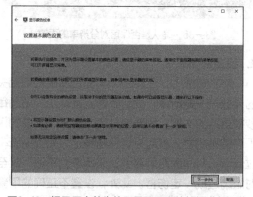

图9-43　提示用户首先使用显示器上的按钮进行调节

STEP 6 进入如图 9-44 所示的界面，这里给出了设置伽玛值的参考标准，该标准将在下一步设置中用到。了解之后单击【下一步】按钮。

STEP 7 进入如图 9-45 所示的界面，在调节伽玛值时，需要拖动滑块将每个圆圈中间的小点调到消失为止，调整好后单击【下一步】按钮。

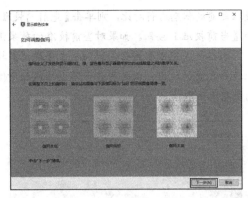

图9-44 设置伽玛值的标准

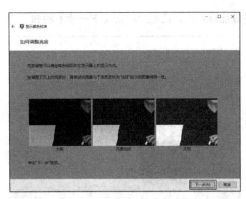

图9-47 设置亮度的标准

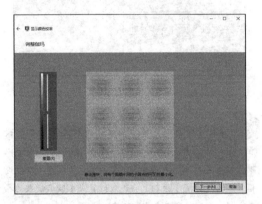

图9-45 调整伽玛值

STEP 8 进入如图 9-46 所示的界面，提示用户找到显示器上负责调整亮度和对比度的按钮或控件。准备好之后单击【下一步】按钮。如果显示器上没有此类按钮，则单击【跳过亮度和对比度调整】按钮。

STEP 10 进入如图 9-48 所示的界面，调整亮度时，需要将图像左上角的"X"调整到与其四周黑色区域相一致。设置后单击【下一步】按钮。

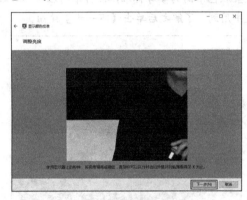

图9-48 调整亮度

STEP 11 进入如图 9-49 所示的界面，这里给出了设置对比度的参考标准，该标准将在下一步设置中用到。了解之后单击【下一步】按钮。

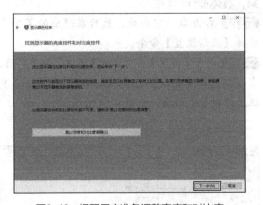

图9-46 提醒用户准备调整亮度和对比度

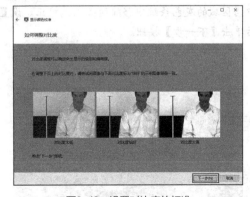

图9-49 设置对比度的标准

STEP 9 进入如图 9-47 所示的界面，这里给出了设置亮度的参考标准，该标准将在下一步设置中用到。了解之后单击【下一步】按钮。

STEP 12 进入如图 9-50 所示的界面，调整对比度时，需要尽可能增大画面中各颜色之间的差别，使每一部分都十分明显，但也要确保白色衣服上的褶皱能够看清。设置后单击【下一步】按钮。

图9-50 调整对比度

STEP 13 进入如图 9-51 所示的界面，这里给出了设置颜色平衡的参考标准，该标准将在下一步设置中用到。了解之后单击【下一步】按钮。

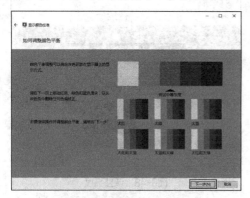

图9-51 设置颜色平衡的标准

STEP 14 进入如图 9-52 所示的界面，调整颜色平衡时，通过移动画面下方的红、绿、蓝滑块来从中间区域的灰色条纹中移除所有色偏校正。设置后单击【下一步】按钮。

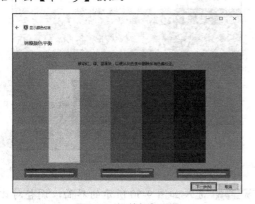

图9-52 调整颜色平衡

STEP 15 进入如图 9-53 所示的界面，如果希望和

校准之前的状态进行对比，则单击【先前的校准】和【当前校准】按钮。如果对当前校准的效果满意，则单击【完成】按钮。否则单击【取消】按钮放弃之前的校准，但是用显示器上的按钮所做的调整无法取消。

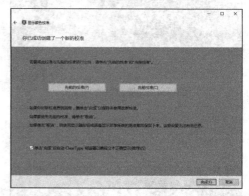

图9-53 完成校准

(提示)
如果希望在颜色校准后立刻进行文本效果的设置，可以选中【单击"完成"后启动ClearType调谐器以确保文本正确显示（推荐）】复选框。如果选中该复选框并单击【完成】按钮，将进入设置文本显示效果的界面，详细内容请参考本章9.5.3节。

9.5.3 调整文本显示效果

由于显示器的类型不同，所以会在计算机屏幕中呈现出不同的文本显示效果。使用 Windows 10 提供的 ClearType 功能可以调整文本显示效果，具体操作步骤如下。

STEP 1 右击桌面空白处，然后在弹出的菜单中选择【显示设置】命令。

STEP 2 打开【设置】窗口中的【系统】设置界面，在左侧选择【显示】选项，然后在右侧单击【高级显示设置】链接，如图 9-54 所示。

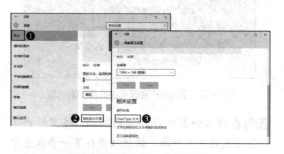

图9-54 启动ClearType功能

STEP 3 进入【高级显示设置】界面，单击【ClearType 文本】链接。

STEP 4 打开如图 9-55 所示的【ClearType 文本调谐器】对话框，默认情况下系统已自动选中【启用 ClearType】复选框，说明已启用该功能，直接单击【下一步】按钮。

单击【下一步】按钮。

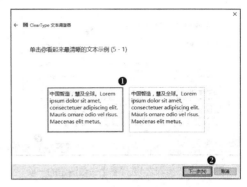

图9-57 5步骤之1选择看起来最清楚的一项

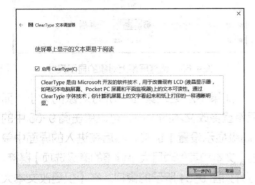

图9-55 【ClearType文本调谐器】对话框

STEP 5 为了正确使用 ClearType 技术，要求显示器必须显示在标准的分辨率下，因此系统开始检测当前显示器分辨率并自动将其设置为标准状态，如图 9-56 所示。然后单击【下一步】按钮。

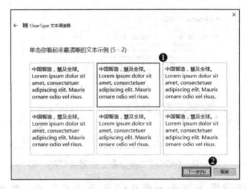

图9-58 5步骤之2选择看上去最清楚的一项

STEP 8 进入如图 9-59 所示的界面，这是 5 步设置中的第 3 步，选择看起来最清楚的一项，然后单击【下一步】按钮。

图9-56 检测显示器分辨率并自动将其设置为标准状态

> （提示）
> 显示器分辨率的标准状态是指在显卡驱动程序正常工作的状态下，显示器可调整到的最佳分辨率。

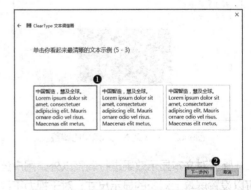

图9-59 5步骤之3选择看上去最清楚的一项

STEP 6 进入如图 9-57 所示的界面，选择显示效果较清晰的一项，然后单击【下一步】按钮。从此界面开始，将通过 5 个步骤对文本的显示效果进行调整。

STEP 7 进入如图 9-58 所示的界面，这是 5 步设置中的第 2 步，选择看起来最清楚的一项，然后

STEP 9 进入如图 9-60 所示的界面，这是 5 步设置中的第 4 步，选择看起来最清楚的一项，然后单击【下一步】按钮。

STEP 10 进入如图 9-61 所示的界面，这是 5 步设置中的第 5 步，选择看起来最清楚的一项，然后单击【下一步】按钮。

图9-60 5步骤之4选择看上去最清楚的一项

图9-61 5步骤之5选择看上去最清楚的一项

STEP 11 当显示如图9-62所示的界面时，单击【完成】按钮，完成对文本效果的调整。

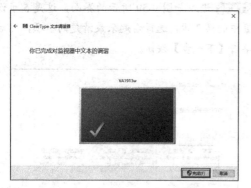

图9-62 完成文本显示效果的调整

除了对文本显示效果进行调整以外，用户还可以设置屏幕上对象的显示尺寸，对于视力不好的用户来说这是非常有用的功能。右击桌面空白处并选择【显示设置】命令，打开【设置】窗口的【系统】设置界面，在左侧选择【显示】选项，然后在右侧通过拖动滑块来调整对象的尺寸大小，如图9-63所示，默认大小为100%。设置好以后单击【应用】按钮，重启计算机使新设置生效。

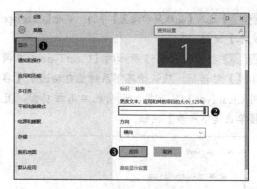

图9-63 调整屏幕上对象的显示尺寸

如果不想更改桌面上所有对象的大小，而只希望更改文本的大小，可以单击图9-63中的【高级显示设置】链接，然后在进入的界面中单击【文本和其他项目大小调整的高级选项】链接，打开如图9-64所示的窗口。在【仅更改文本大小】下方的下拉列表中选择要设置的文本所属的位置，然后在右侧的下拉列表中选择一个数字，该数字表示的是文本的字号，以"磅"为单位。设置好以后单击右侧的【应用】按钮。

图9-64 只改变指定位置上的文本大小

> **提示**
>
> 如果单击图9-64中的【设置自定义缩放级别】链接，可以在打开的如图9-65所示的对话框中自定义设置文本的显示比例。

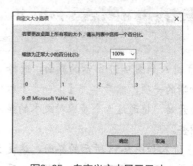

图9-65 自定义文本显示尺寸

开始菜单和任务栏是 Windows 操作系统中两个最重要的界面元素。用户在使用 Windows 操作系统进行各种工作和处理各种操作的过程中，通常都会用到开始菜单和任务栏。比如使用开始菜单或任务栏启动 Windows 内置应用或用户安装的应用程序；使用任务栏在当前打开的所有窗口之间进行快速切换或关闭某个窗口；查看和处理任务栏中显示的各种系统信息等。在经历了多次外观和功能上的变革后，Windows 10 最终创建出了集漂亮的外观、便捷的操作、强大的功能于一体的开始菜单和任务栏。本章详细介绍了开始菜单和任务栏的使用方法及其相关设置。

10.1 设置开始菜单

虽然开始菜单在 Windows 8 中被取消了，但是在 Windows 10 中又恢复回来了，而且 Windows 10 中的开始菜单比 Windows 7 以及 Windows 更早版本中的开始菜单拥有更强大的功能、更便捷的操作方式。本节将详细介绍使用与设置开始菜单的方法。

10.1.1 让开始菜单全屏显示

默认情况下，在单击【开始】按钮 ▦ 后将会打开【开始】菜单，它占据了很大一部分空间。如果觉得【开始】菜单的尺寸还不够大，可以在打开【开始】菜单后将鼠标移动到【开始】菜单的上边缘或右边缘处，当鼠标指针变为双向箭头时，按住鼠标左键并进行拖动，即可调整【开始】菜单的大小。用户也可以让【开始】菜单直接以全屏方式显示，以提供最大的视觉体验，可以使用以下两种方法。

◆ 在【开始】菜单中选择【设置】命令，然后在打开的【设置】窗口中选择【个性化】界面，在进入的【个性化】设置界面左侧选择【开始】选项，然后在右侧拖动滑块将【使用全屏幕"开始"菜单】设置为开启状态，如图 10-1 所示。

◆ 另一种让【开始】菜单全屏显示的方法是切换到平板模式。单击任务栏右侧的【操作中心】图标，在打开的面板中单击【平板模式】按钮，如图 10-2 所示。

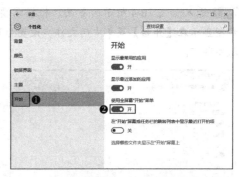

图10-1 让【使用全屏幕"开始"菜单】选项处于开启状态

图10-2 切换到平板模式

10.1.2 设置在开始菜单中显示常用的文件夹

默认情况下，在 Windows 10 中打开的【开始】菜单中会包含【文件资源管理器】和【设置】两个命令，选择这两个命令将分别打开【文件资源管理器】和【设置】窗口。用户可能平时要经常访问"网络""个人用户文件夹"等多个系统特定位置上的内容。为了加快访问速度，用户可以将用于进入这些位置的命令添加到【开始】菜单中，具体操作步骤如下。

STEP 1 右击桌面空白处，然后在弹出的菜单中选择【个性化】命令。

STEP 2 打开【设置】窗口中的【个性化】设置

界面，在左侧选择【开始】选项，然后在右侧单击【选择哪些文件夹显示在"开始"屏幕上】链接，如图 10-3 所示。

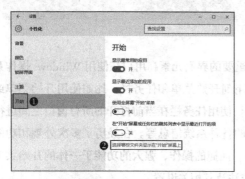

图10-3　单击【选择哪些文件夹显示在"开始"屏幕上】链接

STEP 3 进入如图 10-4 所示的界面，根据需要，将希望显示在【开始】菜单中的文件夹设置为开启状态即可。

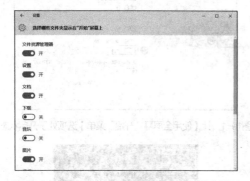

图10-4　设置显示在【开始】菜单中的文件夹类型

STEP 4 设置好以后，在【开始】菜单中将会看到新增的文件夹对应的命令，如图 10-5 所示。选择这些命令即可快速打开相应的文件夹。

图10-5　在【开始】菜单中添加新命令

10.1.3　将项目固定到开始屏幕或取消固定

上一节介绍的方法只适用于有限的几个由系统提供的固定文件夹。虽然【开始】菜单会根据应用程序的使用频率将用户最常使用的几个程序显示在【开始】菜单的顶部，但是要想启动频繁使用的其他应用程序还是需要到【开始】菜单的【所有应用】列表中去查找。为了加快常用程序的启动速度，用户可以将这些程序以磁贴的形式添加到【开始】屏幕中。用户可以将任意应用程序的可执行命令或指定文件夹添加到【开始】屏幕中，只需右击要添加的内容，然后在弹出的菜单中选择【固定到"开始"屏幕】命令即可。右击的内容可以是【开始】菜单中的项目，也可以是文件夹或文件夹中的可执行文件，如图 10-6 所示。

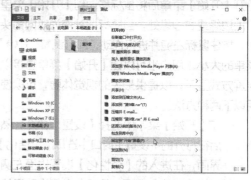

图10-6　将指定内容添加到【开始】屏幕中

用户手动添加到【开始】屏幕中的内容与【开始】屏幕中默认包含的内容在外观和操作方式上没什么区别。图 10-7 所示的【Word 2016】【Excel 2016】和【PowerPoint 2016】3 项是手动添加到【开始】屏幕中的。

图10-7 将所需项目添加到【开始】屏幕中

安装好 Windows 10 后，系统会自动向【开始】屏幕中添加一些 Windows 操作系统的内置应用。用户可以将其中不常用的应用从开始屏幕中删除，以便为自己常用的应用或程序留出空间。在【开始】屏幕中右击要删除的磁贴，然后在弹出的菜单中选择【从"开始"屏幕取消固定】命令将其从【开始】屏幕中删除，如图10-8 所示。

图10-8 将磁贴从【开始】屏幕中删除

10.1.4 调整磁贴的位置和大小

用户可以随意调整【开始】屏幕中磁贴的位置和大小，以便对它们进行重新组织。要移动磁贴的位置，需要将鼠标指针移动到磁贴上面，然后按住鼠标左键将磁贴拖动到【开始】屏幕的另一个位置上。拖动过程中【开始】屏幕会变暗，如图 10-9 所示，直到达到目标位置并释放鼠标左键。

用户可能已经注意到【开始】屏幕中所有磁贴的大小并不完全相同，大多数磁贴呈正方形。但有的磁贴呈矩形，而且它们的尺寸是普通正方形磁贴的两倍。可能还有更大的磁贴，它们的尺寸是普通正方形磁贴的 4 倍。也有更

小的磁贴，它们的尺寸只有普通正方形磁贴的四分之一。如图 10-10 所示，显示了【开始】屏幕中具有不同大小的磁贴。要改变磁贴的大小，需要右击磁贴并在弹出的菜单中选择【调整大小】命令，然后在子菜单中选择某个尺寸，如图 10-11 所示。

图10-9 移动磁贴时【开始】 图10-10 不同大小的磁贴
屏幕自动变暗

图10-11 调整磁贴的大小

注意 在调整Windows内置应用的磁贴时，其尺寸选项通常包括【小】【中】【宽】【大】四项或【小】【中】【宽】3项，而由用户手动添加到【开始】屏幕中的应用程序的磁贴通常只有【小】【中】两项。

10.1.5 为磁贴分组以便于管理并为组设置名称

安装好 Windows 10 后，在打开【开始】菜单时会看到【开始】屏幕中包含很多个磁贴。而且可能已经注意到，从整体布局来看，磁贴被分为左、右两组，两组磁贴的顶部各有一个名称，用于标识磁贴组的功能或用途。图 10-12 所示的"生活动态"和"播放和浏览"两个名称就是两个磁贴组的名称。

用户手动向【开始】屏幕中添加的磁贴会被自动分到一个新建的组中。如果不想创建新的组而是将新添加到【开始】屏幕中的磁贴放入已有

的某个组中，可以使用鼠标将磁贴拖动到所需组的范围内，然后释放鼠标左键即可，接下来在该组范围内拖动磁贴以将其移动到合适的位置。

图10-12　【开始】屏幕中的磁贴被分为多个组

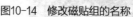

图10-14　修改磁贴组的名称　　图10-15　为没有名称的
　　　　　　　　　　　　　　　　　　　　　新组设置名称

用户也可以将一个组中的磁贴从组中拖出来，从而创建一个新的组并包含该磁贴。在【开始】屏幕中将磁贴向空白处拖动，当显示一条如图10-13所示的粗线条时，释放鼠标左键，即可创建新的磁贴组，并将正在拖动的磁贴放入该组中。

图10-13　创建新的磁贴组

用户可以修改已有的磁贴组的名称，或者为新建的磁贴组设置名称。对于已有的磁贴组，要修改其名称，只需单击组名称，进入编辑状态，使用编辑键（如【Backspace】键和【Delete】键）删除原来的名称，输入新名称后按【Enter】键或单击【开始】菜单的空白处进行确认即可，如图10-14所示。

新创建的组默认不包含任何名称，要为新组设置名称，需要将鼠标移动到该组上方大概显示组名的位置，当显示如图10-15所示的"命名组"几个字时，单击鼠标左键即可进入名称编辑状态，输入组的名称并按【Enter】键确认即可。

10.1.6　开启或关闭磁贴的动态显示功能

动态磁贴是指可以在磁贴图标上滚动显示不同信息的磁贴，例如【天气】和【资讯】两个应用的磁贴都是动态磁贴。Windows 10 内置应用的磁贴都属于动态磁贴，即使其中一些磁贴图标上并未显示动态信息。由用户手动添加的磁贴通常不具备这种动态显示功能。用户可以控制是否要在动态磁贴上显示动态信息，可以随时关闭或开启动态显示功能。

打开【开始】菜单，在【开始】屏幕中右击要开启或关闭的动态磁贴，然后在弹出的菜单中选择【打开动态磁贴】或【关闭动态磁贴】命令以开启或关闭磁贴的动态显示功能，如图10-16所示。

图10-16　开启或关闭动态磁贴

10.1.7　开启或关闭最常用或最近添加的应用或程序

如果用户经常启动某个程序，Windows 10会记录用户使用该程序的频率，并将该程序显示在【开始】菜单的【最常用】类别中，以后用户就可以从此处启动该程序，从而简化用户启动常用程序的操作。另一方面，当用户在 Windows 10 中安装了新的应用程序后，系统会在【开始】菜单的【最常用】类别下方新增一个名为【最近添加】的类别，并在该类别中显示最近安装的应用程序的具体项目，如图 10-17 所示。

图10-17　【开始】菜单中的【最常用】和
【最近添加】两个类别

如果不喜欢这两个功能，可以随时将它们关闭，具体操作步骤如下。

STEP 1 单击【开始】按钮⊞，然后在打开的【开始】菜单中选择【设置】命令。

STEP 2 在打开的【设置】窗口中选择【个性化】选项，在进入的界面左侧选择【开始】选项，然后在右侧拖动滑块将【显示最常用的应用】和【显示最近添加的应用】设置为关闭状态，如图 10-18 所示。

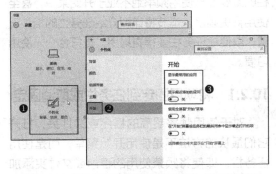

图10-18　关闭【最常用】和【最近添加】两个功能

> **注意** 一旦关闭了【显示最常用的应用】功能，系统将会清空之前对用户经常使用的应用程序的记录。重新开启该功能后在【开始】菜单的【最常用】类别中将会显示Windows 10默认的应用和项目。

10.1.8　显示或隐藏应用程序最近打开的项目

大多数应用程序都能够自动记录在程序中曾经打开过的文档名称和路径，这样在每次启动这个应用程序后就可以从最近打开的文件列表中快速打开经常使用的文档。Windows 10 也有类似的功能，用户可以在【开始】菜单的【最常用】类别中找到要启动的程序，然后单击该程序右侧的▇箭头，在弹出的菜单中显示了使用该程序最近打开的文档列表。如图 10-19 所示，显示的是使用 Microsoft Word 程序打开的文档列表，在列表中选择某个文档即可直接启动应用程序并打开该文档。

图10-19　使用Windows 10的记忆功能可以快速启动应用程序并打开曾经使用过的文档或项目

从个人隐私的角度考虑，用户可能并不喜欢这个功能，那么可以将其关闭，具体操作步骤如下。

STEP 1 单击【开始】按钮⊞，然后在打开的【开始】菜单中选择【设置】命令。

STEP 2 在打开的【设置】窗口中选择【个性化】选项，在进入的界面左侧选择【开始】选项，然后在右侧拖动滑块将【在"开始"屏幕或任务栏的跳转列表中显示最近打开的项】设置为关闭状态，如图 10-20 所示。

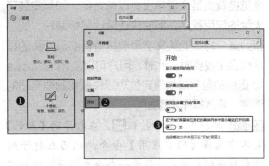

图10-20　关闭【在"开始"屏幕或任务栏的跳转列表中显示最近打开的项】功能

　　【在"开始"屏幕或任务栏的跳转列表中显示最近打开的项】功能也同时控制着任务栏按钮上的跳转列表中显示的内容。例如，当开启该功能时，如果在Microsoft Word程序中打开过几个文档，当启动Word程序使其在任务栏中显示按钮后，右击Word程序的任务栏按钮，在弹出的菜单中可以看到曾经打开过的Word文档的名称，如图10-21所示。单击某个名称即可在Word中打开对应的文档。该功能同样也可以作用于曾经打开过的文件夹。当右击任务栏中的文件资源管理器时，会在弹出的菜单中显示最近打开过的文件夹的名称。

图10-21　【在"开始"屏幕或任务栏的跳转列表中显示最近打开的项】功能对任务栏跳转列表的影响

10.1.9　快速找到想要启动的程序或项目

　　在刚开始使用 Windows 10 的【开始】菜单时，用户可能会感到有些不适应，尤其在打开的【开始】菜单中选择【所有应用】命令后会发现所有程序都按英文字母或拼音首字母被分类列出。由于经过首字母分类后，各程序名称之间存在一定的间隔，所以以无论从视觉上还是感觉上都会觉得查找某个程序没有以前方便。如果安装了大量的应用程序，即使快速滚动鼠标滚轮，要想查到某个特定的英文字母或拼音首字母开头的程序也会比较费时。此时，用户可以使用 Windows 10 提供的首字母快速定位功能快速找到要启动的程序，具体操作步骤如下。

STEP 1 单击【开始】按钮，在打开的【开始】菜单中选择【所有应用】命令，然后在打开的所有程序列表中单击任意一个分类字母，比如字母 A。

STEP 2 进入如图 10-22 所示的界面，此时会显示26 个英文字母、26 个拼音首字母以及 0～9 数字。只要知道要启动的程序的名称是英文还是中文的，就可以选择不同的首字母，以便快速定位到【开始】菜单中所需程序的位置上。

图10-22　通过英文或拼音首字母快速定位指定的程序

　　用户可能已经发现，在首字母界面中列出的所有内容中，有的内容是白色的，有的内容却是深灰色的。深灰色的内容表示【开始】菜单中没有首字母为该字母或数字的程序。

10.2　设置任务栏

　　在使用 Windows 操作系统的过程中，任务栏的重要性与使用频率绝不亚于开始菜单，甚至使用得更频繁。本节将详细介绍任务栏的相关设置，以便让任务栏变得更易用，更符合个人使用习惯。

10.2.1　将项目固定到任务栏或取消固定

　　对于使用频率超高的程序或文件夹，打开它们最快的方法不是使用开始菜单，而是使用任务栏。即使将频繁使用的程序或文件夹添加到开始屏幕中，每次打开它们也需要两步，第一步是单击【开始】按钮打开【开始】菜单，第二步是在【开始】屏幕中单击它们。虽然可以按【Windows 徽标】键（位于【Ctrl】键和【Alt】键之间）来打开【开始】菜单，然后使用鼠标单击要启动的程序或文件夹，但仍需执行两步操作。

如果将程序或文件夹添加到任务栏中，每次打开它们只需在任务栏中单击相应的图标即可。与向【开始】屏幕添加磁贴的方法类似，右击要添加到任务栏的应用程序，然后在弹出的菜单中选择【固定到任务栏】命令，如图 10-23 所示。可被添加到任务栏中的应用程序可以来自于以下几个位置。

◆ 【开始】菜单的【最常用】分类中的项目。
◆ 【开始】菜单的【最近添加】分类中的项目。
◆ 【开始】菜单的【所有应用】列表中的项目。
◆ 【开始】屏幕中的磁贴。
◆ 文件夹中扩展名为 exe 的可执行文件，如图 10-24 所示。

图10-23 右击应用程序并 图10-24 将.exe文件添加到
选择【固定到任务栏】命令 任务栏中

图 10-25 所示为将 Word、Excel、PowerPoint 3 个应用程序添加到了任务栏中。用户可以调整图标在任务栏中的排列顺序，如图 10-26 所示，只需使用鼠标拖动图标即可改变其位置。

图10-25 将应用程序添加到 图10-26 调整图标在任
任务栏中 务栏中的排列顺序

除了向任务栏添加应用程序外，用户还可以将常用文件夹添加到任务栏中。首先需要确保已将文件资源管理器固定到任务栏中，默认情况下 Windows 10 已将文件资源管理器固定到任务栏。打开文件资源管理器，找到想要添加到任务栏中的文件夹，然后使用鼠标将该文件夹拖动到任务栏中的文件资源管理器图标 上，当显示如图 10-27 所示的"固定到文件资源管理器"

文字时释放鼠标左键，即可将文件夹固定到文件资源管理器中。右击任务栏中的文件资源管理器图标，用户可以在打开的列表中看到刚刚固定的文件夹的名称，如图 10-28 所示。

图10-27 将文件夹添加到 图10-28 在文件资源管
任务栏中 理器的鼠标右键列表中
可以看到固定的文件夹

提示 用户可能会发现无法更改已固定在列表中的文件夹的位置。要调整它们的位置，需要打开文件资源管理器，然后双击左侧列表中的【快速访问】节点以展开快速访问中的项目。使用鼠标将某个项目拖动到其他项目的上方或下方，拖动过程中会显示一条黑色的粗线，它指示了当前移动到的位置，如图10-29所示。

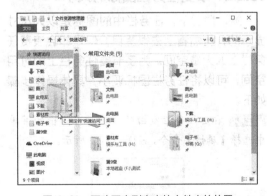

图10-29 更改固定列表中的文件夹的位置

如果不再需要任务栏中的某个程序，可以右击任务栏中该程序的图标，然后在弹出的菜单中选择【从任务栏取消固定此程序】命令将程序图标从任务栏中删除。如果要删除任务栏中固定的文件夹，需要先右击任务栏中的文件资源管理器，在打开的列表中右击要删除的文件夹，然后在弹出的菜单中选择【从此列表取消固定】命令，如图10-30所示。

图10-30　从固定列表中删除文件夹

有时由于系统的原因，可能会出现无法删除固定到任务栏中的文件资源管理器图标上的文件夹的情况。用户可以通过删除以下两个文件夹中的所有内容来解决此问题，其中的%APPDATA%表示的是当前登录系统的用户文件夹中的AppData\Roaming文件夹。

```
%APPDATA%\Microsoft\Windows\Recent\
AutomaticDestinations
%APPDATA%\Microsoft\Windows\Recent\
CustomDestinations
```

10.2.2　改变任务栏图标的大小

默认情况下，任务栏中的图标是以大尺寸显示的，虽然看上去很醒目，但是却会浪费任务栏上的大量空间。为了节省任务栏上的可用空间，可以将任务栏图标调小，具体操作步骤如下。

STEP 1 右击任务栏空白处，然后在弹出的菜单中选择【属性】命令，如图10-31所示。

图10-31　选择【属性】命令

STEP 2 打开【任务栏和"开始"菜单属性】对话框，在【任务栏】选项卡中选中【使用小任务栏按钮】复选框，如图10-32所示。

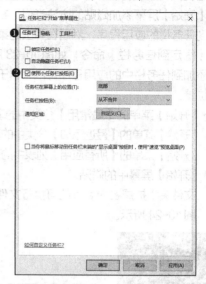

图10-32　选中【使用小任务栏按钮】复选框

STEP 3 单击【确定】按钮，关闭【任务栏和"开始"菜单属性】对话框，任务栏中的图标将变为小尺寸。图10-33所示为任务栏图标大尺寸与小尺寸的对比效果。

图10-33　任务栏图标改变大小前后的对比

提示

当以小尺寸模式显示任务栏图标时，任务栏中的搜索框会自动显示为图标，而不是默认的文本框。如果用户觉得在图标大尺寸显示模式下搜索框占据了太大面积，可以右击任务栏空白处或搜索框，在弹出的菜单中选择【搜索】⇨【显示搜索图标】命令，如图10-34所示，这样可以让搜索框显示为图标而不是文本框的外观。

图10-34　让搜索框显示为图标

10.2.3 设置任务栏按钮的合并方式

默认情况下，当打开多个文件夹窗口或多个同类型文档时，它们在任务栏中会合并在同一个任务栏按钮上。当要在文件夹窗口或同类型文档之间切换时，需要将鼠标指向或单击某个任务栏按钮，然后在显示的缩略图列表中选择要切换到的窗口，如图 10-35 所示。

图10-35 默认情况下任务栏按钮按类别自动合并

虽然同类型窗口可以合并在一起只占用一个任务栏按钮的空间，但是在这些窗口之间进行切换很不方便。用户可以通过设置将所有打开的窗口的任务栏按钮依次排列在任务栏中，这样每个任务栏按钮都能够显示其所对应的窗口的标题，直接单击任务栏按钮即可切换到相应的窗口中。取消任务栏按钮合并的具体操作步骤如下。

STEP 1 右击任务栏空白处，然后在弹出的菜单中选择【属性】命令。

STEP 2 打开【任务栏和"开始"菜单属性】对话框，在【任务栏】选项卡的【任务栏按钮】下拉列表中选择【从不合并】选项，如图 10-36 所示。

图10-36 设置任务栏按钮的合并方式

STEP 3 单击【确定】按钮，关闭【任务栏和"开始"

菜单属性】对话框，可以看到所有打开的窗口的任务栏按钮都平铺在任务栏上，如图 10-37 所示。

图10-37 所有任务栏按钮都平铺在任务栏上

提示
在【任务栏按钮】下拉列表中包含【当任务栏被占满时合并】选项，如果选择该项，当任务栏有足够的空间时，每一个任务栏按钮都会平铺到任务栏上，类似于选择【从不合并】选项的效果。但是，任务栏不再有足够的空间显示下一个任务栏按钮时，将会自动合并同类型的任务栏按钮。

10.2.4 锁定跳转列表中的项目以将常用项目固定在列表中

任务栏跳转列表是指右击任务栏中的任意图标或任务栏按钮所打开的列表，列表中存储的项目是曾经打开过的文件夹或文档，通过选择列表中的项目可以快速打开以前曾经打开过的文件夹或文档。当不断打开同类型的新项目时，跳转列表中的旧项目会被新项目逐渐挤出列表。用户可能希望让使用率频繁的项目始终显示在跳转列表中，以便于随时打开它们，可以使用以下两种方法将该项目固定在跳转列表中。

◆ 右击任务栏按钮，在打开的跳转列表中将鼠标移动到要固定的项目上，此时项目右侧会显示锁定标记，单击该标记即可将当前项目固定在跳转列表中，如图 10-38 所示。固定后的项目显示于跳转列表的顶端，同时会新增一个名为"固定"的组。

图10-38 通过单击锁定标记将项目固定在跳转列表中

◆ 右击跳转列表中要固定的项目，在弹出的菜单中选择【固定到此列表】命令，如图 10-39 所示。

用户可以使用以下两种方法解除跳转列表中固定的项目。

图10-39 使用鼠标右键菜单命令来固定项目

- 将鼠标指针指向跳转列表中要解除固定的项目，当该项目右侧显示 标记时单击该标记。
- 右击跳转列表中要解除固定的项目，然后在弹出的菜单中选择【从此列表取消固定】命令。

10.2.5 改变任务栏的位置

任务栏默认位于屏幕底部，用户可以根据个人习惯将任务栏置于屏幕顶部、左侧或右侧。要想改变任务栏的位置，需要先解除任务栏的锁定状态，然后将鼠标移动到任务栏的空白处并按住鼠标左键不放，将任务栏拖动到屏幕的其他3个位置上。图10-40所示为将任务栏置于屏幕顶部的效果。

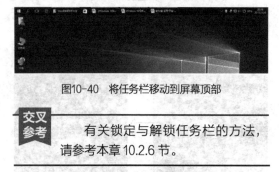

图10-40 将任务栏移动到屏幕顶部

> **交叉参考** 有关锁定与解锁任务栏的方法，请参考本章 10.2.6 节。

10.2.6 锁定与解锁任务栏

当任务栏处于锁定状态时，用户无法随意调整任务栏的位置。只有在解锁以后才能将任务栏移动到屏幕4个边缘的位置上。右击任务栏空白处，在弹出的菜单中可以看到包含一个【锁定任务栏】命令，如图10-41所示。如果该命令左侧带有勾选标记，表示当前任务栏处于锁定状态；

相反，如果该命令左侧没有勾选标记，说明任务栏当前未被锁定。根据需要选择或取消选择【锁定任务栏】命令即可设置任务栏的锁定状态。

图10-41 根据需要选择或取消选择【锁定任务栏】命令

10.2.7 设置任务栏的自动隐藏

默认情况下，任务栏始终显示在桌面上，即使打开一个窗口并将其最大化显示，也不会覆盖于任务栏之上。不过有时在程序窗口中浏览长文档或大图片时，用户可能希望在一个屏幕范围内尽可能显示内容的更多部分，这时可以将任务栏隐藏起来，具体操作步骤如下。

STEP 1 右击任务栏空白处，然后在弹出的菜单中选择【属性】命令。

STEP 2 打开【任务栏和"开始"菜单属性】对话框，在【任务栏】选项卡中选中【自动隐藏任务栏】复选框，如图 10-42 所示。

图10-42 选中【自动隐藏任务栏】复选框

STEP 3 单击【确定】按钮，关闭【任务栏和"开始"菜单属性】对话框。只要鼠标指针不在任务栏区域内，任务栏就会自动隐藏起来。当需要使用任务栏时，只需将鼠标移动到任务栏范围内，任务栏就会自动显示出来。

提示

　　自动隐藏任务栏功能不受锁定任务栏的限制。换言之，即使当前任务栏处于锁定状态，只要启用了自动隐藏任务栏功能，任务栏仍会自动隐藏。

10.2.8　设置任务栏的速览功能

　　Windows 7 和 Windows 8 都提供了速览功能，不过当时将该功能称为 Aero Peek。当在Windows 7 中将鼠标移动到任务栏最右端（即屏幕右下角）时，无论当前在桌面上打开了多少个窗口，所有这些窗口都会自动变为透明状态，从而可以清楚显示 Windows 桌面。在 Windows 8 中保留了该功能，不过将该功能的操作方式分为鼠标指向与单击两种情况。在 Windows 10 中则将 Aero Peek 改名为"速览"，但其功能与Windows 8 中的完全相同。设置任务栏速览功能的具体操作步骤如下。

STEP 1 右击任务栏空白处，然后在弹出的菜单中选择【属性】命令。

STEP 2 打开【任务栏和"开始"菜单属性】对话框，在【任务栏】选项卡中是否选中【当你将鼠标移动到任务栏末端的"显示桌面"按钮时，使用"速览"预览桌面】复选框，决定了速览功能的操作方式，如图 10-43 所示。

图10-43　设置速览功能的操作方式

◆ 如果选中该复选框，当鼠标指针指向任务栏最右端时将显示桌面内容。

◆ 如果取消选中该复选框，使用鼠标指针单击任务栏最右端时才会显示桌面内容。

STEP 3 设置好以后单击【确定】按钮，关闭【任务栏和"开始"菜单属性】对话框。

10.2.9　设置任务栏通知区域中显示的图标

　　在通知区域中显示大量图标后会很快占满任务栏中的可用空间，从而使任务栏中的程序或窗口按钮的宽度变窄，以至于无法完整显示程序或窗口的名称。用户可以将不常用或一直处于后台运行的静默程序的图标隐藏起来，为任务栏腾出更多可用空间。设置通知区域中显示的图标的具体操作步骤如下。

STEP 1 右击任务栏空白处，然后在弹出的菜单中选择【属性】命令。打开【任务栏和"开始"菜单属性】对话框，在【任务栏】选项卡中单击【自定义】按钮，如图 10-44 所示。

图10-44　单击【自定义】按钮

STEP 2 打开【设置】窗口中的【系统】设置界面，单击右侧的【选择在任务栏上显示哪些图标】链接，如图 10-45 所示。

图10-45　单击【选择在任务栏上显示哪些图标】链接

户安装的应用程序产生的图标。由于任务栏的空间有限，在任务栏中多显示一个图标，任务栏的剩余可用空间就会变少一点，因此可以将平时不需要时刻观察状态变化或进行操作的系统图标隐藏起来，具体操作步骤如下。

STEP 1 右击任务栏空白处，然后在弹出的菜单中选择【属性】命令。打开【任务栏和"开始"菜单属性】对话框，在【任务栏】选项卡中单击【自定义】按钮，如图 10-47 所示。

STEP 3 进入如图 10-46 所示的界面，在这里可以对以前在通知区域中曾经出现过的图标的显示状态进行开启或关闭的设置。如果需要对所有图标进行统一设置，可以使用最上方的【通知区域始终显示所有图标】选项。

图10-47 单击【自定义】按钮

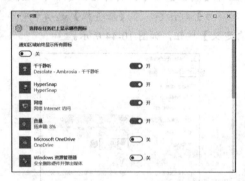

图10-46 设置通知区域中图标的显示状态

如果只是偶尔设置某个图标的显示或隐藏，则无需打开上述对话框，只需在通知区域中进行手动操作，具体如下。

◆ 将图标隐藏起来：在通知区域中单击要隐藏的图标，按住鼠标左键并拖动该图标到 ∧ 按钮上。此时会打开一个列表，其中包括所有隐藏的图标，将正在拖动的图标拖动到列表中的适当位置。

◆ 将隐藏的图标显示出来：与上面的操作相反。首先单击通知区域中的 ∧ 按钮，在打开的列表中显示了当前处于隐藏状态的所有图标。将要显示出来的图标拖动到通知区域中。

STEP 2 打开【设置】窗口中的【系统】设置界面，单击右侧的【启用或关闭系统图标】链接，如图 10-48 所示。

图10-48 单击【启用或关闭系统图标】链接

10.2.10 启用或关闭系统图标

音量、网络、操作中心等图标都属于系统图标，即系统内置功能所对应的图标，而不是由用

STEP 3 进入如图 10-49 所示的界面，在这里为系统图标设置启用或关闭状态。

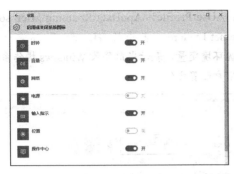

图10-49　为系统图标设置开启或关闭状态

10.3 设置任务栏中的工具栏

虽然 Windows 操作系统已经发展到了 Windows 10，但是有些用户可能仍然习惯于 Windows XP 任务栏中的快速启动栏和工具栏的使用方式。Windows 10 仍然保留了工具栏功能，工具栏的主要用途在于可以快速访问计算机中的某个指定位置，如文件夹、文件甚至是网页。用户可以在任务栏中显示预置的工具栏，也可以创建符合个人需要的工具栏。

10.3.1 显示预置的工具栏

Windows 10 提供了几种预置的工具栏，用户可以方便地将它们添加到任务栏上。右击任务栏空白处，在弹出的菜单中选择【工具栏】命令，在显示的子菜单中可以看到包含【地址】【链接】桌面】和【新建工具栏】4 个命令，如图 10-50 所示。

图10-50　预置的工具栏选项

前 3 个命令是系统预置的工具栏类型，第 4 个命令用于创建新的工具栏，该内容将在本章 10.3.2 节介绍。使用前 3 个命令创建的工具栏的功能如下。

◆ 地址：该工具栏提供一个文本框，在其中可以输入本地计算机中的文件夹或文件的完整路径，也可以输入 Internet 网址或局域网路径。如果输入的路径正确，在按下

【Enter】键后可以直接打开指定的文件夹、文件、网页或网络文件夹。

◆ 链接：该工具栏用于访问 IE 浏览器的【收藏夹】菜单中的【链接】文件夹。

◆ 桌面：该工具栏用于访问本地计算机桌面上的所有内容，这样就不用最小化所有打开的窗口或使用速览功能即可直接访问桌面上的内容。

图 10-51 所示为在任务栏中分别添加【地址】【链接】和【桌面】3 个工具栏后的效果。单击【桌面】工具栏右侧的三角按钮将会弹出如图 10-52 所示的包含桌面内容的列表，使用鼠标指针指向带有黑色三角的某个项目后将会继续显示其中包含的内容。双击项目将会打开对应的文件夹，如果单击项目中包含的文件，则会在默认程序中打开该文件。

图10-51　【地址】【链接】和【桌面】3个工具栏

图10-52　【桌面】工具栏中的内容

如果要删除任务栏中的工具栏，只需右击任务栏空白处或任一工具栏，在弹出的菜单中选择【工具栏】命令，然后在显示的子菜单中取消选择不需要的工具栏名称即可。

10.3.2 创建新的工具栏

预置的工具栏虽然添加方便，但很多时候可能更需要创建针对性强、适用于特殊需要的工具栏。例如，用户可能要经常访问计算机中的某个文件夹及其中包含的子文件夹和文件，那么可以在任务栏中为该文件夹创建一个工具栏，以后就可以直接在任务栏中访问该文件夹及其中的所有内容。创建工具栏的具体操作步骤如下。

STEP 1 右击任务栏空白处，然后在弹出的菜单中选择【工具栏】⇨【新建工具栏】命令。

STEP 2 打开【新工具栏 - 选择文件夹】对话框，选择要添加到工具栏中的文件夹，如图 10-53 所示。

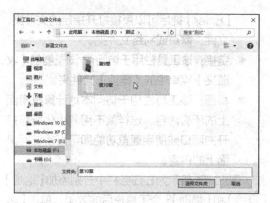

图10-53 选择要添加到工具栏中的文件夹

STEP 3 单击【选择文件夹】按钮，将在任务栏中添加上一步选择的文件夹，这就是新建的工具栏。单击工具栏名称右侧的三角按钮，在弹出的菜单中可以看到该文件夹中包含的子文件夹和文件。单击文件将在默认的程序中打开该文件，如果使用鼠标指针指向某个文件夹，则会继续显示该文件夹中的内容，如图10-54所示。

图10-54 通过工具栏访问指定文件夹中的内容

通过向任务栏中添加工具栏，在 Windows 10 中也可以模仿 Windows XP 中的快速启动栏，具体操作步骤如下。

STEP 1 打开文件资源管理器，显示功能区中的【查看】选项卡，然后选中【隐藏的项目】复选框，如图10-55所示，这样可以显示计算机中所有具有隐藏属性的文件和文件夹。

图10-55 选中【隐藏的项目】复选框

STEP 2 关闭打开的文件资源管理器。右击任务栏空白处，在弹出的菜单中选择【工具栏】⇨【新建工具栏】命令。

STEP 3 打开【新工具栏 - 选择文件夹】对话框，选择要添加到工具栏中名为 Quick Launch 的文件夹，如图10-56所示。该文件夹位于以下路径

中：%UserProfile%\AppData\Roaming\Microsoft\Internet Explorer。其中的 %UserProfile% 是一个系统环境变量，表示当前登录 Windows 操作系统的用户配置文件夹。

图10-56 选择快速启动文件夹

交叉参考 有关环境变量的更多内容，请参考本书第13章和第37章。

STEP 4 单击【选择文件夹】按钮，关闭【新工具栏 - 选择文件夹】对话框。此时会在任务栏中添加一个名为 Quick Launch 的工具栏，如图10-57所示。

STEP 5 右击名称 Quick Launch，在弹出的菜单中取消选择【显示文本】和【显示标题】两项，如图10-58所示。

图10-57 在任务栏中　　图10-58 取消选择【显示
添加新工具栏　　　文本】和【显示标题】两项

STEP 6 确保当前没有锁定任务栏，然后拖动工具栏左侧的双竖线，将工具栏中的所有按钮图标都显示到任务栏中，如图10-59所示。这样就创建好了快速启动栏。

图10-59 让工具栏中的所有按钮都显示出来

Chapter

11

设置系统环境

很多使用过 Word 或 Excel 应用程序的用户都会有这样的体验，安装好 Word 或 Excel 程序后，在第一次启动这些程序时会根据个人操作习惯以及经常使用的命令，对 Word 或 Excel 程序的界面进行一些自定义设置。相对于 Word 或 Excel 而言，Windows 操作系统具有更加庞大和复杂的体系结构。为了让操作系统更适合用户的使用习惯，用户也可以对操作系统的各方面进行自定义设置。本章从多个方面介绍了设置 Windows 10 系统使用环境的方法，包括系统通知方式和操作中心、系统日期和时间、语言输入法和字体、系统声音、鼠标和键盘、电源管理以及定位功能等内容。

11.1 设置系统消息的通知方式

Windows 10 使用全新的方式向用户发送系统消息，而且为用户处理消息提供了一些新的方法。对用户而言，Windows 10 中的"消息通知"是一项非常有用且重要的功能，"操作中心"是用户查看和处理各种消息的主要操作环境。本节将介绍 Windows 10 中消息通知的查看、处理以及管理的方法。

11.1.1 设置消息的通知方式

Windows 10 提供了新的通知方式以向用户发送系统和应用消息。例如，在安装完系统更新后，Windows 会提醒用户重启计算机以彻底完成系统更新；当监测到系统性能过低时，Windows 会向用户发出消息以提供改善系统性能的建议；当用户将 U 盘或移动硬盘接入计算机时，系统会提醒用户已接入可移动磁盘，并且会显示如图 11-1 所示的提示框并伴随着声音提醒。此处的提示框在 Windows 10 中被称为"横幅"，它是一种非常醒目的提示方式。

图11-1　Windows 10中用于向用户发出消息的横幅

提示

在收到新消息后，【操作中心】图标会由原来的透明状 🗎 变为白色 🗎，以此来表示有未读的消息。在单击【操作中心】图标打开【操作中心】面板浏览消息后，该图标会恢复为透明状。

单击【操作中心】图标 🗎，在打开的面板中可以浏览收到的所有消息。如果某条消息的内容未能完全显示出来，可以单击消息右侧三角按钮 ∨ 以显示消息的全部内容，如图 11-2 所示。如果在整条消息上单击，将会打开与消息内容相关的设置界面。例如，当单击如图 11-2 所示的【安全性与维护】类别下的消息时，会自动打开【任务管理器】窗口中的【启动】选项卡，让用户对系统启动项进行配置。如果右击某条消息，将会弹出如图 11-3 所示的菜单，可以选择【关闭此应用的通知】命令，这样以后该应用的通知将不会再向用户发送；选择【转到通知设置】命令，则会自动打开通知方式的设置界面。

如果要删除某条消息，可以在【操作中心】面板中将鼠标指向要删除的消息，然后单击消息右侧出现的叉子。如果要删除【操作中心】面板中的所有消息，可以单击面板右上角的【全部清除】命令。

171

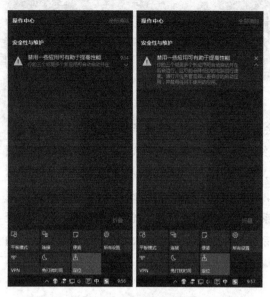

图11-2　在【操作中心】面板中查看消息的详细
内容并进行处理

图11-3　通知消息上的鼠标右键菜单

用户可以调整 Windows 向用户发送消息的通知方式，具体操作步骤如下。

STEP 1 单击【开始】按钮，然后在打开的【开始】菜单中选择【设置】命令。

> **提示**
> 单击任务栏通知区域中的【操作中心】图标，在打开的【操作中心】面板中单击【所有设置】按钮，也可以打开【设置】窗口。

STEP 2 在打开的【设置】窗口中选择【系统】

选项，在进入的界面左侧选择【通知和操作】选项，然后在右侧拖动滑块来设置各通知选项的开启或关闭状态，如图 11-4 所示。

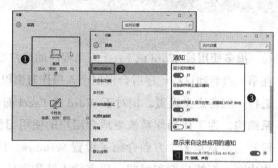

图11-4　设置Windows向用户发送通知消息的方式

STEP 3 在【显示来自这些应用的通知】类别中可以对不同的应用的消息通知方式进行单独设置。单击类别中的某项的名称，进入如图 11-5 所示的设置界面，可以设置当前所选项目的消息通知方式。

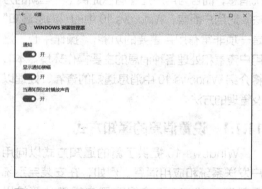

图11-5　对不同的应用的消息通知方式进行单独设置

> **注意**　【显示来自这些应用的通知】类别中的项目是已经成功通过操作中心提示过的应用或程序。如果是刚刚安装的程序且还没由系统发出过任何相关消息，则该程序不会出现在【显示来自这些应用的通知】类别中。此外，如果将【显示应用通知】设置为关闭状态，那么【显示来自这些应用的通知】类别中的所有设置都将被禁用。

STEP 4 单击【设置】窗口左上角的图标，返回【设置】窗口的主界面，然后选择【轻松使用】选项。在进入的界面左侧选择【其他选项】选项，然后在右侧可以设置通知的显示时间，如图 11-6 所示。

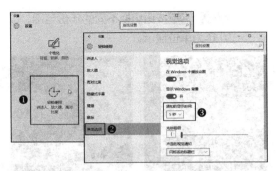

图11-6　设置通知的显示时间

如果不希望 Windows 向用户发送任何通知
消息，可以单击任务栏通知区域中的【操作中心】
图标，然后在打开的面板中单击【免打扰时间】
按钮；或右击【操作中心】图标，然后在弹出的
菜单中选择【打开免打扰时间】命令，如图 11-7
所示。禁止系统向用户发送任何消息以后，【操作
中心】图标的外观将显示为 📵。重新打开消息通
知功能只需右击【操作中心】图标 📵，然后在弹
出的菜单中选择【关闭免打扰时间】命令。

图11-7　禁止Windows向用户发送通知消息的两种方法

11.1.2 自定义操作中心 4 个快速操作 按钮的功能

在单击任务栏通知区域中的【操作中心】图
标所打开的【操作中心】面板下方排列着一些矩
形的按钮，如图 11-8 所示。通过单击这些按钮可
以快速切换到某种状态后执行某些操作。比如单击
【免打扰时间】按钮可以关闭所有通知提示，单击
【所有设置】按钮可以打开通知方式的设置界面，单
击【平板电脑】按钮将切换到平板电脑模式。

图11-8　【操作中心】面板的下方包含了一些快捷按钮

用户可能已经注意到在按钮区域的右上方有
一个【折叠】命令，选择该命令后将只显示最上
面一行的 4 个按钮。换言之，无论是否选择【折

叠】命令，【操作中心】面板中第一行的 4 个按
钮始终显示。Windows 10 允许用户改变这 4 个
按钮的功能，不过可选择的功能范围是有限的。
设置【操作中心】面板下方第一行 4 个按钮的功
能的具体操作步骤如下。

STEP 1 单击【开始】按钮 ⊞，然后在打开的【开
始】菜单中选择【设置】命令。

STEP 2 在打开的【设置】窗口中选择【系统】
选项，在进入的界面左侧选择【通知和操作】选
项，然后在右侧可以看到与操作中心面板下方第
一行 4 个按钮对应的 4 个图标，如图 11-9 所示。

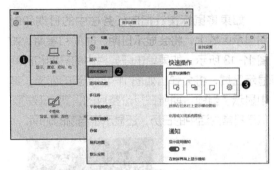

图11-9　设置【操作中心】面板下方第一行4个按钮的功能

STEP 3 单击任意一个图标，从打开的列表中选
择一种功能，如图 11-10 所示。

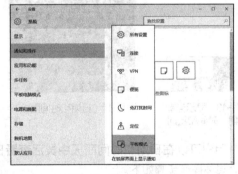

图11-10　更改按钮的功能

11.2 设置系统日期和时间

Windows 操作系统提供了日期和时间的显
示功能，默认位于任务栏的最右侧。默认情况
下任务栏以大图标模式显示，此时系统会同时显
示日期和时间。如果将任务栏设置为小图标显示
模式，则只会显示系统时间。除了可以设置日期
和时间外，还可以更改日期和时间的显示格式、
选择时区、添加拥有不同时区的多个时钟、与

Internet 时间进行校准。本节将介绍与系统日期和时间设置相关的操作方法。

11.2.1　查看日期和时间

进入 Windows 10 的桌面后，可以看到任务栏的最右侧显示了当前的系统日期时间，如图 11-11 所示。如果将任务栏图标设置为小图标模式，将会只显示系统时间，如图 11-12 所示。

图11-11　默认情况下同时　　图11-12　任务栏小图标
显示系统日期和时间　　　　模式下只显示系统时间

如果将鼠标指针指向任务栏中的日期和时间显示区域上，将会显示日期、时间和星期，如图 11-13 所示。如果单击任务栏中的日期和时间显示区域，将会弹出如图 11-14 所示的面板，其中显示了当前日期所在月份整月的日期，形式类似于日常生活中的日历，还显示了当前的时间。

图11-13　显示当前　　　图11-14　日期和时间面板
日期、时间和星期

用户可以在日期和时间面板中灵活查看日期，具体操作步骤如下。

◆ 使用 ∧ 和 ∨ 按钮以"月"为单位查看各月的日期。
◆ 单击图 11-14 中显示"2015 年 11 月"的区域，此时面板中的内容显示如图 11-15 所示，这样便于快速选择要查看的月份，此时使用 ∧ 和 ∨ 按钮切换不同的年份。
◆ 如果当前已进入上一步操作的界面中，可以单击图 11-15 中显示"2016"的区域，此时面板中的内容显示如图 11-16 所示，这样便于快速选择要查看的年份。此时使

用 ∧ 和 ∨ 按钮切换不同的年份范围，以 10 年为单位显示。

图11-15　快速选择月份　　图11-16　快速选择年份

11.2.2　设置日期和时间

如果发现日期和时间不正确，可以随时进行调整，具体操作步骤如下。

STEP 1 单击任务栏中显示日期和时间的区域，在打开的面板中选择【日期和时间设置】命令；或者右击任务栏中显示日期和时间的区域，然后在弹出的菜单中选择【调整日期 / 时间】命令，如图 11-17 所示。

图11-17　选择【调整日期/时间】命令

STEP 2 打开【设置】窗口的【时间和语言】设置界面，并自动选中左侧的【日期和时间】选项，默认情况下右侧的【自动设置时间】选项处于开启状态，此时无法更改日期和时间，如图 11-18 所示。

> 提示
> 用户可以使用【自动设置时间】选项自动调整系统的时间。

图11-18　设置【日期和时间】的界面

STEP 3 使用鼠标拖动滑块使【自动设置时间】选项处于关闭状态，然后单击【更改】按钮，如图11-19所示。

图11-19　关闭【自动设置时间】功能后单击【更改】按钮

STEP 4 打开如图11-20所示的【更改日期和时间】对话框，在各下拉列表中提供了日期和时间选项，可以根据需要进行设置。

图11-20　更改日期和时间

STEP 5 设置好以后单击【更改】按钮，关闭【更改日期和时间】对话框。

　　用户可能发现在【更改日期和时间】对话框中只能设置时间的"小时"和"分钟"，而不能设置"秒"。通常在调整时间时无需设置秒数，但是如果想要设置秒数，可以执行以下操作。

STEP 1 右击【开始】按钮■，然后在弹出的菜单中选择【控制面板】命令。

STEP 2 打开【控制面板】窗口，将【查看方式】

设置为【大图标】或【小图标】，然后单击【日期和时间】链接，如图11-21所示。

图11-21　将【查看方式】设置为【小图标】后单击【日期和时间】链接

STEP 3 打开【日期和时间】对话框，单击【更改日期和时间】按钮，如图11-22所示。

图11-22　单击【更改日期和时间】按钮

STEP 4 打开【日期和时间设置】对话框，单击右下方用于设置时间的文本框中的秒数，然后输入所需的秒数或使用文本框右侧的微调按钮进行调整，如图11-23所示。

图11-23　手动设置秒数

STEP 5 单击【确定】按钮，依次关闭所有打开的对话框。

11.2.3　更改日期和时间格式

图 11-24 所示是日期和时间在 Windows 操纵系统中的默认格式。如果对日期和时间格式有特殊需要，则可以进行自定义设置，具体操作步骤如下。

一周的第一天：	星期一
短日期：	2015/11/7
长日期：	2015年11月7日
短时间：	22:46
长时间：	22:46:56

图11-24　系统中日期和时间的默认格式

STEP 1 右击任务栏中显示日期和时间的区域，在弹出的菜单中选择【调整日期 / 时间】命令。

STEP 2 打开【设置】窗口并自动进入【日期和时间】设置界面，单击右侧的【更改日期和时间格式】链接，如图 11-25 所示。

图11-25　单击【更改日期和时间格式】链接

STEP 3 进入如图 11-26 所示的界面，在这里可以设置日期和时间的格式，其中 yyyy 表示"年"，M 表示"月"，d 表示"日"，H 表示"小时"，mm 表示"分"，ss 表示"秒"。

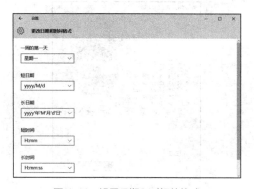

图11-26　设置日期和时间的格式

11.2.4　设置时区

在安装 Windows 10 操作系统的过程中，其中有一个步骤是要求用户设置时区。在安装完操作系统后，用户可以随时更改时区设置，从而可以查看不同时区中的日期和时间。设置时区的具体操作步骤如下。

STEP 1 右击任务栏中显示日期和时间的区域，在弹出的菜单中选择【调整日期 / 时间】命令。

STEP 2 打开【设置】窗口并自动进入【日期和时间】设置界面，在右侧的【时区】下拉列表中选择所需的时区，如图 11-27 所示。

图11-27　设置时区

11.2.5　设置多个时钟

Windows 操作系统中的每一个时钟只能显示一个时区下的时间。在某些情况下可能需要了解多个地区的时间。Windows 10 允许用户额外添加两个时钟，这样系统中一共就可以有 3 个时钟。在 Windows 中添加新时钟的具体操作步骤如下。

STEP 1 右击任务栏中显示日期和时间的区域，在弹出的菜单中选择【调整日期 / 时间】命令。

STEP 2 打开【设置】窗口并自动进入【日期和时间】设置界面，单击右侧的【添加不同时区的时钟】链接，如图 11-28 所示。

图11-28　单击【添加不同时区的时钟】链接

STEP 3 打开【日期和时间】对话框的【附加时钟】选项卡，要添加新的时钟，需要选中【显示此时钟】复选框，然后在【选择时区】下拉列表中选择时区，最后在【输入显示名称】文本框中为时钟设置一个名称，如图 11-29 所示。

图11-29 设置新的时钟

STEP 4 设置好以后单击【确定】按钮，关闭【日期和时间】对话框。当鼠标移动到任务栏中显示日期和时间的区域上时，会显示相应数量的时间。如图 11-30 所示，显示了 3 个地区的时间。如果单击任务栏中显示日期和时间的区域，将会在弹出的面板中显示 3 个地区的时间，后添加的两个地区的时间以小字体显示，而且会分别显示地区的名称，如图 11-31 所示。

图11-30 在提示框中显示多个地区的个时间　　图11-31 在面板中同时显示多个地区的时间

11.2.6 设置与 Internet 时间同步

在使用计算机一段时间后，用户可能会发现任务栏中显示的系统时间出现一些误差，这时可以设置与 Internet 时间进行同步以便更正系统时间，还可以避免由于与 Internet 时间不一致而导致的一些有关网络功能方面的问题。设置与 Internet 时间同步的具体操作步骤如下。

STEP 1 右击任务栏中显示日期和时间的区域，在弹出的菜单中选择【调整日期/时间】命令。

STEP 2 打开【设置】窗口并自动进入【日期和时间】设置界面，单击右侧的【添加不同时区的时钟】链接，如图 11-32 所示。

图11-32 单击【添加不同时区的时钟】链接

STEP 3 打开【日期和时间】对话框，切换到【Internet 时间】选项卡，然后单击【更改设置】按钮，如图 11-33 所示。

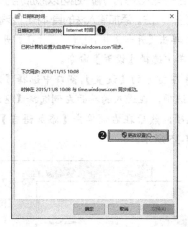

图11-33 单击【更改设置】按钮

STEP 4 打开【Internet 时间设置】对话框，选中【与 Internet 时间服务器同步】复选框，在【服务器】下拉列表中选择一个服务器后单击【立即更新】按钮，系统时间将自动与所选服务器中的时间进行同步，如图 11-34 所示。

图11-34　设置与Internet时间进行同步

STEP 5 单击【确定】按钮，依次关闭所有打开的对话框。

11.3　设置语言、输入法和字体

如果安装的是 Windows 10 中文版操作系统，那么 Windows 10 界面中的文字会以中文显示。Windows 10 允许用户更改当前操作系统界面的显示语言，也允许用户添加某种语言下的输入法。输入法是用户在操作系统中输入内容的工具，Windows 10 默认包括微软拼音输入法。此外，用户还可以在 Windows 10 中安装新的字体，以便可以在文本编辑工具中使用这些新的字体来获得文字的不同显示效果。

11.3.1　设置输入法

输入法依附于某种语言之下，即使 Windows 10 当前只安装了一种界面显示语言，但除了添加该语言所包含的输入法外，用户还可以添加用于输入其他语言的输入法。添加输入法的具体操作步骤如下。

STEP 1 单击【开始】按钮，然后在打开的【开始】菜单中选择【设置】命令。

STEP 2 在打开的【设置】窗口中选择【时间和语言】选项，在进入的界面左侧选择【区域和语言】选项，然后在右侧单击【添加语言】按钮，如图 11-35 所示。

图11-35　进入语言设置界面

> **提示**
> 用户也可以单击任务栏右侧的语言和输入法图标（默认位于【操作中心】图标与【日期和时间】图标之间），然后在弹出的菜单中选择【语言首选项】命令来进入设置界面，如图11-36所示。

图11-36　选择【语言首选项】命令

STEP 3 进入如图 11-37 所示的界面，在这里选择要添加的语言输入法。假设选择的语言是 English，那么需要在进入的界面中选择该语言下的子类别。不过并不是所有语言都包含子类别。

图11-37　选择要添加的语言输入法及其语言子类别

STEP 4 系统开始安装所选语言的输入法，稍后需要重启计算机以完成安装。

安装好某个语言的输入法后，可以在任务栏中单击语言图标，然后在弹出的菜单中选择新安装的输入法。也可以按【Ctrl+Shift】组合键依次在各输入法之间切换。

可以在同一种语言下添加多种输入法，比如在中文下除了使用默认的微软拼音输入法外，还可以添加五笔输入法，具体操作步骤如下。

STEP 1 使用本节前面介绍的方法进入【区域和语言】设置界面，单击要添加输入法的语言，例如"中文（中华人民共和国）"，然后单击该语言上的【选项】按钮。

STEP 2 进入如图 11-38 所示的界面，单击【添加键盘】按钮，然后在弹出的菜单中选择要添加的输入法，如【微软五笔输入法】。

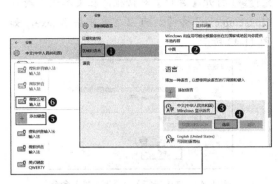

图11-38　添加某种语言下的其他输入法

> (提示)
> 单击图11-38中的【设置为默认语言】按钮可以将相应的语言设置为默认语言。当操作系统中安装了不止一种语言时该功能比较有用。

用户可以对某些输入法的使用方式进行一些细节方面的设置。在【区域和语言】设置界面中单击输入法所属的语言，进入输入法设置界面后单击要设置的输入法，然后单击该输入法上的【选项】按钮，如图11-39所示，在进入的输入法设置界面中进行设置。对于不再需要的输入法，可以单击该输入法上的【删除】按钮将其删除。

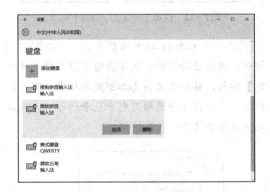

图11-39　设置或删除输入法

11.3.2　设置界面显示语言

为了让操作系统中的菜单、对话框以及其他用户界面项目以不同的语言显示，需要安装相应的语言包。例如，Windows 10 中文版的界面显示语言默认为中文简体，可以通过安装其他特定的界面语言包让 Windows 10 界面以中文繁体

或其他语言显示。界面语言包通常是一个名为 lp.cab 的文件。可以使用 3 种方法在 Windows 10 中安装界面语言，第一种方法是随 Windows 更新自动下载并安装界面语言；第二种方法是在语言设置界面中单击专门的下载链接来下载并安装界面语言；第三种方法是在微软官方网站上手动下载并安装界面语言。

1. 在语言设置界面中安装界面显示语言

由于第一种方法几乎是自动完成的，所以这里主要介绍后两种方法。第二种方法的具体操作步骤如下。

STEP 1 使用上一节介绍的方法进入【区域和语言】设置界面，通过单击【添加语言】按钮添加所需的语言类别。

STEP 2 在【区域和语言】设置界面中单击添加后的输入法，然后单击该输入法上的【选项】按钮。

STEP 3 在进入的界面中单击"下载语言包"文字下方的【下载】按钮，如图 11-40 所示。

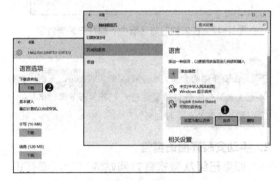

图11-40　下载界面语言

STEP 4 系统将开始自动下载当前所选语言的语言包文件，下载完成后会自动进行安装，并会通过进度条来显示下载和安装的进度。安装完成后重启计算机以完成整个安装过程。

如果是在控制面板中安装界面语言，可以打开【控制面板】窗口，然后单击【时钟、语言和区域】类别下的【添加语言】链接。进入如图 11-41 所示的界面，单击语言列表中要安装的界面语言右侧的【选项】链接，在进入的界面中单击【下载并安装语言包】链接安装界面语言。

打开如图 11-42 所示的对话框，系统开始自动下载并安装指定的语言包。安装完成后重启计算机使安装生效。

图11-41 使用控制面板安装界面语言

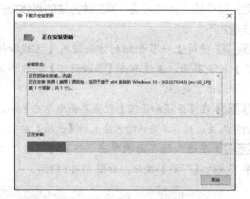

图11-42 在单独的对话框中下载并安装语言包

提示

　上面介绍的方法其实也是在安装Windows更新，只不过安装的仅是针对语言方面的更新，而不像Windows更新那样安装的是多种更新。

2. 手动安装界面语言包

如果已经从微软官方网站或其他渠道获得了界面语言包，则可以使用第三种方法将语言包安装到 Windows 10 操作系统中，具体操作步骤如下。

STEP 1 右击【开始】按钮 ，然后在弹出的菜单中选择【运行】命令。

STEP 2 打开【运行】对话框，在文本框中输入"lpksetup.exe"命令，可以省略扩展名 .exe，如图 11-43 所示。

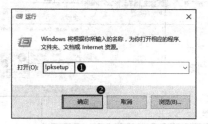

图11-43 在【运行】对话框中输入命令

STEP 3 按【Enter】键或单击【确定】按钮，打开【安装或卸载显示语言】对话框，选择【安装显示语言】选项，如图 11-44 所示。

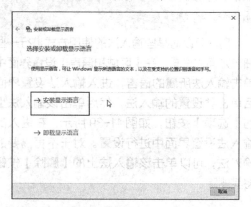

图11-44 选择【安装显示语言】选项

STEP 4 进入如图 11-45 所示的界面，单击【浏览】按钮，然后选择下载好的界面语言包并单击【确定】按钮，将所选文件添加到文本框中，下方的列表框中会显示所选语言包中包含的语言。确认无误后单击【下一步】按钮。

图11-45 选择要安装的界面语言包

STEP 5 进入如图 11-46 所示的界面，选中【我接受许可条款】单选按钮。然后单击【下一步】按钮，开始安装选定的语言。

图11-46　接受许可条款后开始安装语言

3. 将安装好的语言设置为操作系统界面的显示语言

无论使用哪种方法安装界面语言，在安装完成后如果要使用新安装的语言作为操作系统界面的显示语言，都需要进行以下两种设置之一。

◆ 使用本节前面介绍的方法进入【区域和语言】设置界面，在右侧单击要设置为界面语言的语言，然后单击语言上的【设置为默认语言】按钮。

◆ 在【控制面板】窗口中单击【时钟、语言和区域】类别下的【添加语言】链接，在进入的界面中选择语言列表中要作为界面语言的语言，然后单击上方的【上移】按钮以便将该语言移动到语言列表的顶部，如图 11-47 所示。或者也可以单击语言列表中要作为界面语言的语言右侧的【选项】链接，然后在进入的界面中单击【使该语言成为主要语言】链接，如图 11-48 所示。

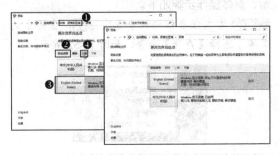

图11-47　单击【上移】按钮将语言移动到列表的顶部

图11-48　单击【使该语言成为主要语言】链接
设置界面显示语言

完成以上设置后，注销当前用户并重新登录系统，或在下次启动 Windows 并登录到桌面以后，系统将会使用设置的语言作为界面显示语言。

在为操作系统设置了新的显示语言后，用户可能会发现操作系统欢迎屏幕、新建用户账户等界面仍然显示之前的语言或乱码，此时可以使用下面的方法来解决。

STEP 1 打开【控制面板】窗口，然后单击【时钟、语言和区域】类别下的【更改日期、时间或数字格式】链接。

STEP 2 打开【区域】对话框，切换到【管理】选项卡，然后单击【复制设置】按钮，如图 11-49 所示。

图11-49　单击【复制设置】按钮

STEP 3 打开如图 11-50 所示的对话框，选中下方的【欢迎屏幕和系统账户】和【新建用户账户】

两个复选框，然后单击【确定】按钮。重启计算机后即可解决界面语言的显示问题。

图11-50　选择对话框下方的两个复选框

4．卸载界面显示语言

用户可以随时卸载不再使用的语言。按【Windows 徽标 +R】组合键，打开【运行】对话框，在文本框中输入"lpksetup.exe"命令后按【Enter】键，打开【安装或卸载显示语言】对话框。在列表框中选择要卸载的显示语言，如图 11-51 所示，然后单击【下一步】按钮开始进行卸载。

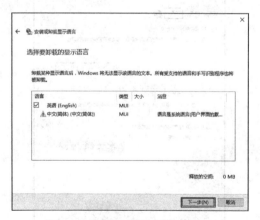

图11-51　选择要卸载的界面显示语言

11.3.3　在系统中添加新字体

在任何一款文本编辑工具中都会涉及字体。字体是文字的形状外观，不同字体的文字具有不同的形状、大小、风格等特点。Windows 10 自带了大量的字体，如果为了特殊的文档排版或文本设计需要使用系统中没有的字体，那么在使用这些字体之前需要先将它们安装到系统中。默认情况下，Windows 操作系统中的所有字体位于以下路径中。

```
%SystemRoot%\Fonts
```

%SystemRoot% 是一个系统环境变量，表示 Windows 10 操作系统的安装路径。假设将 Windows 10 安装到了磁盘分区 C，那么 %SystemRoot% 表示的路径是 C:\Windows。

从网上下载某种字体对应的字体文件，然后使用以下两种方法将新字体安装到系统中。

◆ 右击字体文件，然后在弹出的菜单中选择【安装】命令。
◆ 将代表新字体的字体文件复制到 Fonts 文件夹中。

11.4　设置系统声音

系统声音为用户在 Windows 操作系统中进行的各种活动提供了不同的声音效果，以此来给用户的操作发出提醒或警告的声音反馈，用户可以通过不同的声音来了解当前操作的状态或结果。例如，在将移动存储设备连接到计算机时，系统会发出连接提示音，而且会使用不同的声音来表示连接成功或失败。Windows 操作系统为不同任务提供了一套默认的声音方案，用户可以根据需要更改或关闭指定任务的声音，还可以创建新的声音方案。

11.4.1　为系统事件选择提示音

系统已经为大多数任务指定了提示音，用户可以根据实际需要更改或关闭指定任务的提示音，具体操作步骤如下。

STEP 1 右击任务栏中的音量图标，在弹出的菜单中选择【声音】命令，如图 11-52 所示。

图11-52　选择【声音】命令

如果已经使用第10章介绍的方法关闭了任务栏上的音量图标，那么可以使用以下两种方法进入设置系统声音的界面：右击桌面空白处并选择【个性化】命令，在打开的窗口左侧选择【主题】选项，然后单击右侧的【高级声音设置】链接，如图11-53所示；或者打开【控制面板】窗口，将【查看方式】设置为【大图标】或【小图标】后单击【声音】链接，如图11-54所示，然后在打开的对话框中切换到【声音】选项卡。

图11-53　单击【高级声音设置】链接

图11-54　单击【声音】链接

STEP 2 打开如图11-55所示的【声音】对话框的【声音】选项卡，在【程序事件】列表框中列出了系统中所有可以指定声音的事件（即任务）。事件名称左侧带有喇叭图标的是表示该事件当前已经设置了声音。选择一个带有喇叭图标的事件，单击【测试】按钮可以听到该事件的声音。如果对当前设置的声音不满意，可以在下方的【声音】下拉列表中选择其他声音，如图11-56所示。如果没找到想要的声音，还可以单击【浏览】按钮在计算机中搜索声音文件，只支持wav格式的声音文件。

图11-55　为系统任务设置声音

图11-56　从列表中选择一种预置声音

如果想要删除某个事件的声音，可以在【程序事件】列表框中选择该事件，然后在【声音】下拉列表中选择【无】选项。

STEP 3 设置好以后单击【确定】按钮，关闭【声音】对话框。

11.4.2　创建新的声音方案

上一节介绍了为系统任务设置声音的方法，用户可能已经注意到在【声音】对话框中有一个【声音方案】选项，默认情况下该选项设置为【Windows 默认】，表示当前使用名为"Windows 默认"的声音方案，在该方案中包含了为系统中的不同任务设置好的声音。

一旦在【程序事件】列表框中更改了任意一个事件的声音，在【声音方案】中的【Windows默认】将显示为【Windows默认（已修改）】。此时可以单击【另存为】按钮，然后在打开的【方案另存为】对话框中输入新方案的名称，如图11-57所示，单击【确定】按钮后将当前为系统事件设置的所有声音保存为另一个方案，新创建的方案会出现在【声音方案】下拉列表中，如图11-58所示。以后可以在不同的声音方案之间快速选择，这种创建和操作方式类似于Windows桌面主题。

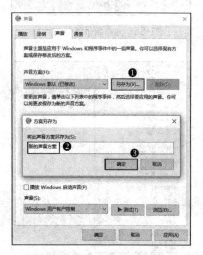

图11-57　创建新的声音方案

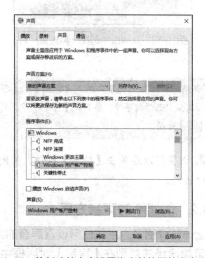

图11-58　将新建的方案设置为当前使用的声音方案

对于不再有用的声音方案，可以在【声音方案】下拉列表中选择该方案，然后单击右侧的【删除】按钮，在弹出的对话框中单击【是】按

钮将所选方案删除，如图11-59所示。

图11-59　删除声音方案

11.5　设置鼠标和键盘

鼠标和键盘是整个计算机系统中的输入设备，用户通过鼠标和键盘向计算机输入新数据或发出指令，计算机接收到数据和指令后便开始进行处理。早期的DOS系统时代主要以键盘输入命令为主来操作计算机，后来出现的Windows操作系统由于使用了GUI图形用户界面，因此用户主要使用鼠标来操作计算机中的图标、图形、文件等对象。在Windows操作系统中使用鼠标和键盘的方法在本书第8章已进行过详细介绍，本节主要介绍设置鼠标和键盘的功能选项，以便让它们的使用方式更适合用户的个人习惯。

11.5.1　设置鼠标按键和滚轮的工作方式

鼠标的种类很多，从早期的机械滚轮鼠标，到如今使用率非常广泛的光电鼠标，还有不需要连接线的无线鼠标，不同类型的鼠标其物理外观和性能都有所区别。鼠标在使用时最重要的两个指标是灵敏度和精确度，由于Windows操作系统中的大部操作都是通过鼠标完成的，因此鼠标使用起来是否顺手将直接影响操作体验和效率。如果发现在使用鼠标的过程中鼠标指针移动缓慢且定位不准确、按键不灵敏，那么在决定更换一个新鼠标之前可以先对鼠标的功能设置进行一些调整，从而可以在一定程度上改善鼠标的性能。进入鼠标设置界面的具体操作步骤如下。

STEP 1 单击【开始】按钮，然后在打开的【开始】菜单中选择【设置】命令。

STEP 2 在打开的【设置】窗口中选择【设备】选项，然后在进入的界面左侧选择【鼠标和触摸板】选项，右侧列出了鼠标的常用设置，如图11-60所示。

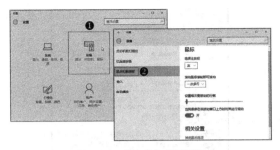

图11-60　进入鼠标设置界面

图 11-60 中具体包括以下几项。

◆ 选择主按钮：用于执行鼠标选择和拖放等
操作的按钮，默认设置为【左】。

◆ 滚动鼠标滚轮即可滚动：包含【一次多行】
和【一次一个屏幕】两项。如果选择【一
次多行】选项，则还需要指定【设置每次
要滚动的行数】选项中的行数。如果选择
【一次一个屏幕】选项，【设置每次要滚动的
行数】选项将自动变为不可用状态。

◆ 设置每次要滚动的行数：如果将【滚动鼠
标滚轮即可滚动】设置为【一次多行】，
则需要在这里通过滑块指定鼠标滚轮一次
滚动的行数。将鼠标指针指向滑块会显示
当前设置的行数值，如图 11-61 所示。

图11-61　查看鼠标滚动的行数

◆ 当鼠标指针悬停在非活动窗口上方时对鼠
标进行滚动：当至少有两个窗口显示在桌
面上且它们未被最小化到任务栏时，通常
情况下鼠标和键盘的操作只对处于最上方
的活动窗口有效。如果使该选项处于开启
状态，当鼠标指针位于非活动窗口范围上
方并滚动鼠标滚轮时，非活动窗口中的滚
动条会进行滚动，如图 11-62 所示。

如果还想对鼠标进行更多设置，可以单击
【其他鼠标选项】链接打开【鼠标属性】对话框。
打开该对话框的另一种方法是在【控制面板】窗
口中将【查看方式】设置为【大图标】或【小图
标】，然后单击【鼠标】链接。【鼠标属性】对话

框包含 5 个选项卡，可以对鼠标的功能进行全面
设置。图 11-63 所示的【鼠标键】选项卡主要用
于设置鼠标左、右键的功能，具体如下。

非活动
窗口

鼠标的
位置

活动窗口

图11-62　当鼠标指针悬停在非活动窗口上方时
对鼠标进行滚动

图11-63　设置鼠标左、右键的功能

◆ 如果希望交换左、右键的功能，需要选中
【切换主要和次要的按钮】复选框。该项
与前面介绍的【选择主按钮】选项的功能
相同。

◆ 通过拖动【速度】中的滑块可以改变双击时
的响应速度。越快说明在双击鼠标时必须缩
短对鼠标左键进行两下击键之间的时间间隔。

◆ 如果希望单击一次鼠标而不用按住鼠标按
键即可实现"按下"的功能（如"拖动"
操作），则需要选中【启用单击锁定】复
选框。然后单击右侧的【设置】按钮设置
按下鼠标按键多久才能锁定单击而变成
"持续按下"的功能。

如果想要改变鼠标指针的外观，可以切换到
【指针】选项卡，如图 11-64 所示。在【方案】
下拉列表中选择一个定义好的鼠标指针方案，可

以整体改变系统内不同事件的指针外观。如果只想改变个别事件的指针外观，可以在【自定义】列表框中选择要改变的项目，然后单击【浏览】按钮选择新的指针图标，如图 11-65 所示。如果希望恢复系统默认的鼠标指针外观，可以单击【使用默认值】按钮。

图11-64　设置鼠标指针的外观

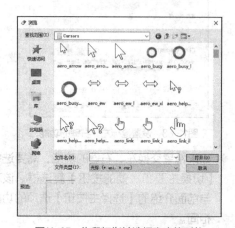

图11-65　为鼠标指针选择喜欢的形状

> **提示**
> 当改变了至少一个鼠标指针的外观后，可以单击【另存为】按钮将整体保存为一个鼠标指针方案。新建的方案将出现在【方案】下拉列表中，以后就可以在多个不同方案之间进行选择，从而快速改变整套鼠标指针的形状。对于不再使用的方案，可在【方案】下拉列表中选择后单击【删除】按钮将其删除。

图 11-66 所示的【指针选项】选项卡主要对鼠标指针在操作时的不同形态进行设置，具体如下。

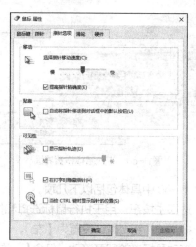

图11-66　设置鼠标指针在操作时的外观

◆ 选择指针移动速度：通过拖动滑块可以调整在屏幕中移动鼠标时鼠标指针的移动速度，该项设置对于指针移动不够灵敏的鼠标有很大作用。如果鼠标指针的定位不够准确，可以选中【提高指针精确度】复选框来提高精确度。

◆ 自动将指针移动到对话框中的默认按钮：在系统中打开的每个对话框，都有一个默认按钮，该按钮对应于在对话框中按下【Enter】键起作用的按钮。选择该项后，在打开一个对话框时鼠标指针将自动贴靠到该按钮上，这样用户就不需要将鼠标移动到默认按钮上，而直接执行单击操作即可。

◆ 显示指针轨迹：选择该项可以在移动鼠标时显示一个尾巴，这有助于视力欠佳的用户能够看清屏幕上的鼠标位置。鼠标移动时其尾巴的长度由下方的滑块决定。

◆ 在打字时隐藏指针：选择该项可以在输入文字时暂时隐藏鼠标指针，以防止鼠标指针对显示造成的干扰。

◆ 当按【Ctrl】键时显示指针的位置：选择该项可以通过随时按下【Ctrl】键，以醒目的标记提醒用户鼠标指针当前的位置。

图 11-67 所示的【滑轮】选项卡用于设置鼠标滚轮的操作方式，包含的两个选项分别用于设置垂直滚动和水平滚动的操作方式。垂直滚动的设置等同于前面介绍的【滚动鼠标滚轮即可滚动】和【设置每次要滚动的行数】两个选项。水平滚动可指定一次滚动多少个字符。

图11-67 设置鼠标滚轮的操作方式

图 11-68 所示的【硬件】选项卡用于查看鼠标是否正常工作，用户可以通过【属性】按钮在打开的对话框中对鼠标进行硬件和驱动程序方面的管理，如图 11-69 所示。

图11-68 【硬件】选项卡

图11-69 单击【属性】按钮打开的对话框

有关硬件和驱动程序安装的更多内容，请参考本书第 5 章。

除了以上对鼠标的设置外，用户还可以对鼠标进行轻松使用方面的设置。打开【设置】窗口，选择【轻松使用】后进入如图 11-70 所示的界面，在左侧列表中选择【鼠标】选项，然后在右侧可以设置鼠标指针的大小和颜色。在【鼠标键】类别下可以设置使用键盘代替鼠标键的功能，如图 11-71 所示。

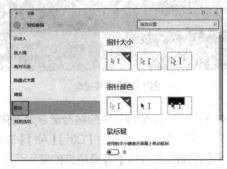

图11-70 设置鼠标的指针大小和颜色

图11-71 设置使用键盘代替鼠标键的功能

11.5.2 设置键盘

除了设置鼠标，Windows 10 还提供了对键盘的使用方式进行设置的功能。要进入键盘设置界面，需要在【设置】窗口中选择【轻松使用】选项，然后在进入的界面左侧选择【键盘】选项，如图 11-72 所示。

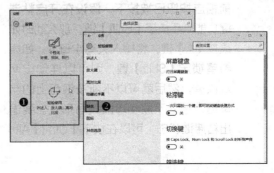

图11-72 进入键盘设置界面

在键盘设置界面中，用户可以对以下几种按键类型进行设置。

◆ 屏幕键盘：如果将【打开屏幕键盘】选项设置为开启状态，将会在屏幕中显示一个模拟键盘，如图 11-73 所示，用户可以通过使用鼠标单击模拟键盘上的按键来进行与物理键盘等效的输入。单击屏幕键盘右上角的叉号 × 可以将其关闭。

图11-73　屏幕键盘

◆ 粘滞键：Windows 中的粘滞键专为简化组合按键而设计，为【Ctrl】【Alt】【Shift】【Windows 徽标】等键与其他键组合使用时提供方便。例如，复制命令的组合键是【Ctrl+C】，使用粘滞键后直接按【C】键即可执行复制操作。将设置界面中的【一次只需按一个键，即可启动键盘快捷方式】选项设置为开启状态后，下方会新增几个选项用于对粘滞键的使用方式进行详细设置，如图 11-74 所示。连续按5 次【Shift】键将弹出如图 11-75 所示的提示信息，单击【是】按钮将启用粘滞键功能并在任务栏的通知区域中显示粘滞键图标。【Ctrl】【Alt】【Shift】【Windows 徽标】这几个键对应于图标中不同的白色矩形，按这几个键中的任意一个键，图标中对应的矩形会变为透明，表示当前相应按钮已被按下。假设在开启粘滞键功能以后按了【Shift】键，那么此时如果按【A】键，将输入大写字母 A。如果希望锁定【Shift】键，则可以连续按两次该键，然后就可以不断按键盘上的字母键来输入不同字母的大写形式。要退出粘滞键状态，可以在按下【Ctrl】【Alt】

【Shift】【Windows 徽标】中的任一键后，再按另一个键。

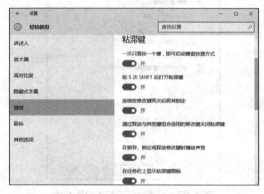

图11-74　与粘滞键功能相关的设置项

图11-75　启用粘滞键功能

◆ 切换键：将【按 Caps Lock、Num Lock 和 Scroll Lock 时听到声音】选项设置为开启状态以后，在下方将新增【按住 Num Lock 键 5 秒以打开切换键】选项。此时可以通过长按【Num Lock】键来开启或不关闭切换键功能。当用户按【Caps Lock】【Num Lock】或【Scroll Lock】键时系统将会发出提示音。

◆ 筛选键：将【忽略或减慢短暂或重复的击键并调整键盘重复速率】选项设置为开启状态以后，下方会新增几个选项，它们用于设置按键的频率。

除了在【设置】窗口中对键盘进行设置外，Windows 10 也提供了与鼠标设置类似的从控制面板访问的设置对话框。在【控制面板】窗口中将【查看方式】设置为【大图标】或【小图标】，然后单击【键盘】链接即可打开如图 11-76 所示的【键盘属性】对话框，这里主要设置字符重复速度和光标闪烁速度。

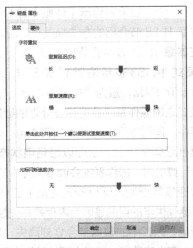

图11-76 【键盘属性】对话框

工作模式	计算机状态	说明
S2	待机	与S1类似,计算机中的多个设备被关闭,CPU和缓存也被关闭
S3	待机	除了内存以外,计算机中的其他所有设备都会被关闭
S4	休眠	将内存中的数据保存到硬盘上以后,彻底关闭计算机
S5	关机	彻底关闭计算机,所有设备都会被关闭

虽然 ACPI 规范有 6 种工作模式,但是在实际使用中计算机通常只支持其中的几种模式。用户可以使用下面介绍的方法查看计算机支持 ACPI 规范的哪些工作模式。

STEP 1 右击【开始】按钮 ⊞,然后在弹出的菜单中选择【命令提示符】命令。

STEP 2 打开【命令提示符】窗口,输入下面的命令后按【Enter】键。

```
powercfg -a
```

STEP 3 在窗口中将显示计算机支持的 ACPI 工作模式。从图 11-77 所示的结果可以看出,所检测的计算机支持 ACPI 规范的 S3 工作模式,而不支持 S1 和 S2 工作模式。

图11-77 查看计算机支持的ACPI工作模式

对于不同的计算机和硬件设备以及驱动程序,S1～S3 这 3 种待机模式可能会有不同的效果。例如,在某些计算机进入待机模式后,计算机机箱上的电源按钮的指示灯会闪烁,而且计算机机箱内部的风扇会停止转动。而有的计算机在进入待机模式后,计算机机箱上的电源按钮的指示灯仍然常亮,而且机箱内部的风扇可能还在运转。

11.6 设置电源管理

电源是计算机的动力之源,电源的质量与管理方式决定着整个计算机平台的功耗和稳定性。尤其对于笔记本电脑而言,电源的管理直接决定着笔记本电脑的待机和持续运行时间。Windows 10 为用户预置了 3 种电源计划,每种电源计划适用于不同的工作环境。如果对预置的电源计划不满意,可以对它们进行修改,或者创建新的电源计划。此外,用户还可以对电源相关的选项进行一系列详细设置。

11.6.1 ACPI 电源管理规范简介

运行 Windows 操作系统的计算机几乎都是使用 ACPI(Advanced Configuration and PowerManagement Interface,高级配置和电源管理接口)规范来对电源进行管理的。ACPI 规范定义了 Windows 操作系统、主板 BIOS 以及系统硬件之间的工作接口,这些接口允许在 Windows 操作系统中对电源的工作方式进行配置和管理。ACPI 规范包括 6 种工作模式,如表 11-1 所示。

表11-1 ACPI 规范的 6 种工作模式

工作模式	计算机状态	说明
S0	正常运行	计算机处于正常状态,所有设备全面运行
S1	待机	计算机中的多个设备被关闭,但 CPU、内存和风扇继续工作

11.6.2 判断计算机是否支持 ACPI 规范

现在大多数计算机已经全面支持 ACPI 规范。如果不知道自己的计算机是否支持 ACPI 规范，那么可以使用下面的方法进行检测，具体操作步骤如下。

STEP 1 右击【开始】按钮 ▦，然后在弹出的菜单中选择【系统】命令。

STEP 2 打开如图 11-78 所示的【系统】窗口，单击左侧的【设备管理器】链接。

图11-78 单击【设备管理器】链接

STEP 3 打开【设备管理器】窗口，双击列表中的【计算机】节点，如果展开的项目中包含【ACPI x64-based PC】，则说明计算机支持 ACPI 规范。用户还可以双击列表中的【系统设备】节点，如果展开的项目中包含【Microsoft ACPI-Compliant System】，也说明当前计算机支持 ACPI 规范，如图 11-79 所示。

图11-79 检查计算机是否支持ACPI规范

11.6.3 理解操作系统中的睡眠模式和休眠模式

Windows 10 支持睡眠和休眠两种电源管理模式。默认情况下，在【开始】菜单中选择【电源】命令，然后在打开的电源菜单中可以看到【睡眠】命令。如果未显示【休眠】命令，可以使用本章 11.1.6 节介绍的方法来进行添加。

在本章 11.6.1 节中介绍的 ACPI 规范的 6 种工作模式中，S3 表示睡眠模式 STR，STR 即 Suspend To RAM，意为"挂起到内存"。在进入睡眠模式之前操作系统会将正在处理的数据保存于内存中，同时电源会持续为内存供电，但是会切断其他设备的电源，从而以最省电状态运行。当唤醒计算机时，操作系统会读取内存中的数据，以便快速恢复到进入睡眠模式之前的工作状态。为内存继续供电的目的是因为内存是易失性设备，一旦断电，内存中的数据就会立刻消失，为了一直保留内存中的数据，所以必须持续为内存供电。

ACPI 规范中的 S4 工作模式表示休眠模式 STD，STD 即 Suspend To Disk，意为"挂起到硬盘"。休眠与睡眠的工作方式存在以下 3 个区别。

◆ 数据保存位置不同：在进入休眠模式之前，操作系统会将当前内存中正在处理的所有数据以一个文件的形式保存到硬盘上。这个文件的名称是 Hiberfil.sys，该文件位于 %SystemRoot% 中，即安装 Windows 10 操作系统所在磁盘分区的 Windows 文件夹。Hiberfil.sys 文件的大小与计算机中安装的物理内存的大小完全相同，可以认为是操作系统在硬盘上为内存创建了一个完整的备份。

◆ 设备加电方式不同：进入休眠模式以后，计算机中的所有设备的电源都会被切断，与使用操作系统中的【关机】命令一样，会彻底关闭计算机，之后不存在任何电力损耗，不像睡眠模式会保留对内存的供电。

◆ 恢复数据方式不同：如果上一次使用休眠模式关闭了计算机，下次开机时操作系统会查找 Hiberfil.sys 文件，然后将该文件中的所有内容读入物理内存，从而可以跳过普通开机时的系统自检而快速启动操作系统，不像睡眠模式在唤醒时直接读取内存中的数据。

由此可知，睡眠模式的进入速度与唤醒速度都非常快，通常只需几秒的时间。而休眠模式的进入速度和开机速度都比睡眠模式慢，这是因为操作系统对硬盘的读写速度要远慢于内存。此外，为了保存和恢复内存中的数据，休眠模式会占据与内存同等大小的硬盘空间。

11.6.4 使用预置电源计划

为了让用户在不同的环境中使用计算机时能够对电源进行更好的管理，Windows 10 预置了"平衡""节能""高性能" 3 种电源计划，用户可以根据实际的使用环境随时在这 3 种电源计划之间进行切换。选择预置电源计划的具体操作步骤如下。

STEP 1 右击【开始】按钮田，然后在弹出的菜单中选择【电源选项】命令。

STEP 2 打开【电源选项】窗口，默认显示了【平衡】和【节能】两种电源计划。单击"显示附加计划"文字右侧的◎按钮，将显示【高性能】电源计划，同时"显示附加计划"文字会显示为"隐藏附加计划"，如图 11-80 所示。

图11-80　Windows预置的3种电源计划

通过选中电源计划名称左侧的单选按钮，可以快速在这 3 种预置电源计划之间切换。3 种电源计划的具体功能如下。

◆ 平衡：这是一种性能与节能互相平衡的电源管理方式。当计算机运行大型程序或进行大量计算时，电源会提供完全的性能；当计算机处于空闲时，则会自动采用节能设置以便降低电能损耗。

◆ 节能：这种方式通常用于笔记本电脑，因为【节能】模式可以通过降低系统性能和屏幕亮度来节省电池电量的损耗，从而能够延长笔记本电脑的续航时间。

◆ 高性能：这种方式用于在运行大型程序或处理大型数据时，为了使计算机始终在全速状态下运转而采用的电源管理方式。该方式下系统会将屏幕亮度调到最大并将计

算机性能提升到最佳状态。【高性能】电源计划适合于使用交流电源供电的台式机，而对于笔记本电脑而言则会严重缩短电池的使用时间。

如果预置电源计划无法满足使用需求，可以单击电源计划右侧的【更改计划设置】链接，进入如图 11-81 所示的【编辑计划设置】界面，其中显示了所选择的电源计划的默认设置，可以根据个人需要进行修改。修改好以后单击【保存修改】按钮保存修改结果。

图11-81　修改电源计划

如果在修改电源计划以后想要恢复默认设置，可以单击【还原此计划的默认设置】链接，然后在弹出的对话框中单击【是】按钮，如图 11-82 所示。

图11-82　是否还原电源计划的确认信息

> **提示**　如果使用的是笔记本电脑，在修改电源计划时还会包括使用电池的类似选项。而对于台式机来说，则只有交流电源的相关设置项。

除了通过控制面板来修改电源计划外，用户也可以在 Windows 10 的【设置】窗口中完成相同的设置，具体操作步骤如下。

STEP 1 单击【开始】按钮田，然后在打开的【开始】菜单中选择【设置】命令。

STEP 2 在打开的【设置】窗口中选择【系统】选项，在进入的界面左侧选择【电源和睡眠】选项，然后在右侧修改当前启用的电源计划的相关选项，如图 11-83 所示。

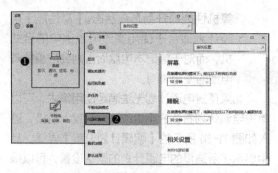

图11-83　在【设置】界面中修改当前电源计划

11.6.5　创建新的电源计划

除了修改预置的电源计划以外，用户也可以创建新的电源计划，这样就可以在预置的3种电源计划与创建的电源计划之间快速切换。创建电源计划的具体操作步骤如下。

STEP 1　右击【开始】按钮，然后在弹出的菜单中选择【电源选项】命令。

STEP 2　打开【电源选项】窗口，单击左侧的【创建电源计划】链接。

STEP 3　进入如图11-84所示的【创建电源计划】界面，选择一个与要创建的电源计划较为接近的预置电源计划，然后在下方的文本框中输入新的电源计划的名称。完成后单击【下一步】按钮。

图11-84　从预置电源计划中选择其中之一作为
新电源计划的起点

STEP 4　进入如图11-85所示的界面，这里提供的选项与上一节介绍的修改电源计划的选项相同。设置好以后单击【创建】按钮。

图11-85　设置新电源计划的选项

STEP 5　返回【电源选项】窗口，可以看到系统已经选中了新建的电源计划，如图11-86所示。

图11-86　创建并选中了新建的电源计划

与修改预置电源计划类似，可以单击新建的电源计划右侧的【更改计划设置】链接来对其进行修改。对于不再使用的电源计划，可以随时将其删除，但前提是当前没有使用要删除的电源计划。用户只能删除创建的电源计划，而无法删除系统预置的电源计划。要删除用户创建的电源计划，需要单击该电源计划右侧的【更改计划设置】链接，在进入如图11-87所示的界面中单击【删除此计划】链接，然后在弹出的对话框中单击【确定】按钮即可删除该电源计划。

图11-87　删除创建的电源计划

11.6.6　对电源选项进行详细设置

在前面介绍修改与创建电源计划时已经看到，用户可以设置的选项非常有限。如果对电源的自定义设置有更高的要求，可以使用Windows 10提供的详细的电源选项设置功能。对电源选项进行详细设置的具体操作步骤如下。

STEP 1　右击【开始】按钮，然后在弹出的菜单中选择【电源选项】命令。

STEP 2　打开【电源选项】窗口，单击要设置的电源计划右侧的【更改计划设置】链接。然后在进入的界面中单击【更改高级电源设置】链接。

> **注意** 以上操作是仅针对于某个具体的电源计划而言的，而【电源选项】窗口左侧列出的几项设置则是针对所有电源计划的。

STEP 3 打开如图 11-88 所示的【电源选项】对话框。单击【＋】号展开要设置的项，然后进行具体的设置。如果希望恢复到当前计划设置前的初始状态，可以单击【还原计划默认值】按钮。

图11-88　设置电源的高级选项

> **提示** 如果遇到无法设置某个选项时（即选项呈灰色不可用状态），可以单击【电源选项】对话框中的【更改当前不可用的设置】链接来解决此问题。

下面对【电源选项】对话框中提供的电源选项的功能进行详细介绍。如果使用笔记本电脑进行设置，那么每项设置都会同时包含【使用电池】和【接通电源】两个子项，如果使用台式机进行设置，则只会包含一个子项。

◆ sx 的电源计划：设置当计算机从睡眠模式唤醒时，是否需要使用密码来解除锁定。该项的名称是当前正在设置的电源计划的名称，这意味着如果当前设置的是名为"高性能"的电源计划，该项的名称将不是"sx 的电源计划"，而是"高性能"。

◆ 硬盘：设置操作系统在一段时间内没有读写操作后，硬盘将自动进入睡眠模式。可以根据需要更改硬盘进入睡眠模式前的等待时间，如图 11-89 所示。

□ **硬盘**
　　□ **在此时间后关闭硬盘**
　　　　设置: 20 分钟

图11-89　硬盘设置

◆ Internet Explorer：通过调整 JavaScript 计时器频率，从而在浏览网页时可以节省电量，如图 11-90 所示。

◆ 桌面背景设置: Windows 10 允许用户将桌面背景设置为类似于幻灯片放映的多张图片动态播放方式。对于笔记本电脑而言，幻灯片式的背景比较耗电，因此可以通过该项设置关闭幻灯片式的背景，如图 11-91 所示。

□ **Internet Explorer**　　　　□ **桌面背景设置**
　□ **JavaScript 计时器频率**　　□ **放映幻灯片**
　　　设置: 最高性能　　　　　　　设置: 可用

图11-90　Internet Explorer设置　　图11-91　桌面背景设置

◆ 无线适配器设置：当具备无线网卡的计算机进行与网络相关的操作时，处于工作状态的无线网卡也会耗费较大的电量，可以通过该项设置调整无线网卡的电量消耗程度，如图 11-92 所示。

◆ 睡眠：设置计算机的睡眠和休眠模式，如图 11-93 所示。其中，【在此时间后睡眠】用于设置操作系统进入睡眠的时间；【允许混合睡眠】用于设置在混合睡眠模式下计算机由待机转为睡眠的时间。混合睡眠结合了睡眠和休眠两种模式，进入睡眠模式后，除了内存中会保存数据外，系统还会将数据保存到硬盘上，此时如果切断计算机电源，就会自动由睡眠模式转换为休眠模式；【在此时间后休眠】用于设置操作系统进入休眠的时间；【允许使用唤醒定时器】用于设置允许通过预先设定的计划事件来唤醒计算机。

□ **睡眠**
　　□ **在此时间后睡眠**
　　　　设置: 10 分钟
　　□ **允许混合睡眠**
　　　　设置: 启用
　　□ **在此时间后休眠**
　　　　设置: 从不
□ **无线适配器设置**　　　□ **允许使用唤醒定时器**
　□ **节能模式**　　　　　　　设置: 启用
　　　设置: 最高性能

图11-92　无线适配器设置　　　图11-93　睡眠设置

◆ USB 设置：通过设置该项决定在进入睡眠模式后，系统是否自动关闭没有连接设备的 USB 端口，已连接设备的 USB 端口不会受到影响，如图 11-94 所示。

◆ 电源按钮和盖子：设置计算机机箱上的物理电源按钮与合上笔记本电脑盖子所执行的操作，如图 11-95 所示。

```
                          ⊟ 电源按钮和盖子
                              ⊟ 电源按钮操作
⊟ USB 设置                         设置：关机
    ⊟ USB 选择性暂停设置           ⊟ 睡眠按钮操作
        设置：已启用                    设置：睡眠
```

图11-94 USB设置   图11-95 电源按钮和盖子设置

◆ PCI Express：设置连接到计算机 PCI 接口的设备的节能方式，如图 11-96 所示。

◆ 处理器电源管理：很多应用并不需要 CPU全速运行，可以通过该设置调整 CPU 的工作强度，包括性能、散热方式等方面，如图 11-97 所示，这样可以降低 CPU 的耗电量。但是降低 CPU 性能的同时系统的响应速度会有所下降。

```
                          ⊟ 处理器电源管理
                              ⊟ 最小处理器状态
                                    设置：5%
                              ⊟ 系统散热方式
⊟ PCI Express                      设置：主动
    ⊟ 链接状态电源管理          ⊟ 最大处理器状态
        设置：中等电源节省量          设置：100%
```

图11-96 PCI Express设置   图11-97 处理器电源管理设置

◆ 显示：设置与显示方面相关的节能选项，如图 11-98 所示。

```
⊟ 显示
    ⊟ 在此时间后关闭显示
        设置：5 分钟
    ⊟ 启用自适应亮度
        设置：关闭
```

图11-98 显示设置

◆ "多媒体"设置：设置在局域网中共享媒体时计算机如何进入睡眠模式，以及播放

视频时是以优化视频质量为主还是以节省电量为主，如图 11-99 所示。例如，如果希望在共享媒体时计算机仍然可以进入睡眠模式，需要将【共享媒体时】设置为【允许计算机睡眠】；如果希望计算机在进入睡眠模式以后，后台工作仍可以继续进行，例如继续共享视频或从网上下载文件和资源，则需要将【共享媒体时】设置为【允许计算机进入离开模式】；如果不希望计算机在一段时间无任何操作后进入睡眠模式，可以将【共享媒体时】设置为【阻止计算机在一段时间不活动后进入睡眠模式】。

```
⊟ "多媒体"设置
    ⊟ 共享媒体时
        设置：阻止计算机在一段时间不活动后进入睡眠状态
    ⊟ 播放视频时
        设置：优化视频质量
```

图11-99 "多媒体"设置

◆ 电池：该设置仅针对笔记本电脑，用于控制笔记本电脑电池电量的使用方式。

11.6.7 启用或禁用鼠标和键盘唤醒处于睡眠模式的计算机

当计算机进入睡眠模式后，计算机机箱上的电源按钮的指示灯通常会不断闪烁，按下电源按钮后能够唤醒计算机以使其恢复到正常的工作状态。用户也可以使用鼠标或键盘来唤醒计算机，为此需要检查是否已启用鼠标或键盘的唤醒功能，具体操作步骤如下。

STEP 1 右击【开始】按钮⊞，然后在弹出的菜单中选择【设备管理器】命令。

STEP 2 打开【设备管理器】窗口，在列表中双击【键盘】节点，然后在展开的列表中双击键盘名称，如"HID Keyboard Device"。

STEP 3 打开键盘属性对话框，切换到【电源管理】选项卡，然后选中【允许此设备唤醒计算机】复选框，如图 11-100 所示。

STEP 4 鼠标唤醒功能的设置方法与键盘类似，只需在【设备管理器】窗口的列表中双击鼠标设备节点，如【鼠标和其他指针设备】，然后在展开的列表中双击鼠标名称，接着在打开的对话框

的【电源管理】选项卡中选中【允许此设备唤醒计算机】复选框。

图11-100 启用键盘唤醒计算机功能

注意 如果使用鼠标或键盘无法唤醒睡眠模式下的计算机，则可能需要对主板BIOS进行设置。在BIOS的【高级】设置类别中找到【唤醒事件设置】子类别，然后将其中的【USB设备从S3唤醒】设置为开启状态，不同品牌的BIOS所包含的设置项的名称可能会有所不同。

11.6.8 唤醒计算机时输入密码以保护计算机安全

如果不希望别人随意唤醒处于睡眠模式的计算机以便可以看到计算机中的内容，可以设置在唤醒计算机时输入密码，只有输入正确的密码才能使计算机恢复到正常工作状态。使用该功能的前提条件是已经为当前登录 Windows 的用户账户设置了密码。启用唤醒计算机时输入密码功能的具体操作步骤如下。

STEP 1 右击【开始】按钮⊞，然后在弹出的菜单中选择【电源选项】命令。

STEP 2 打开【电源选项】窗口，单击左侧的【唤醒时需要密码】链接。

STEP 3 进入如图 11-101 所示的界面，默认情况下【需要密码】选项处于禁用状态，需要单击【更改当前不可用的设置】链接，然后才能选中【需要密码】单选按钮。设置好以后单击【保存修改】按钮。

交叉参考 有关设置用户账户密码的方法，请参考本书第 15 章。

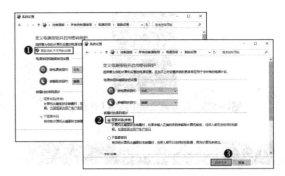

图11-101 启用唤醒计算机时输入密码功能

11.6.9 将【休眠】命令添加到【电源】菜单中

默认情况下，在【开始】菜单中选择【电源】命令，在打开的电源菜单中包含【睡眠】【关机】和【重启】3 个命令。用户可能希望将【休眠】命令添加到电源菜单中，具体操作步骤如下。

STEP 1 右击【开始】按钮⊞，然后在弹出的菜单中选择【电源选项】命令。

STEP 2 打开【电源选项】窗口，单击左侧的【选择电源按钮的功能】链接。

STEP 3 进入如图 11-102 所示的界面，可以看到界面下方包含【睡眠】【休眠】等选项，但默认情况下无法选择它们。单击界面上方的【更改当前不可用的设置】链接，然后选中界面下方的【休眠】复选框。

图11-102 启用【休眠】选项

STEP 4 单击【保存修改】按钮。然后单击【开始】按钮⊞，在打开的【开始】菜单中选择【电源】命令，接着在弹出的菜单中可以看到新增的【休眠】命令，如图 11-103 所示。

图11-103 在电源菜单中添加【休眠】命令

11.7 设置定位功能

Windows 10 中的一些应用可以通过收集用户的位置数据来提供更有用的信息。例如，"地图"和"天气"应用可以通过收集与用户相关的地理位置方面的数据，从而为用户提供用户所在地区的地图指南与天气情况。Windows 10 默认开启了定位功能，用户可以根据需要随时关闭或重新开启该功能，也可以自定义设置有权访问用户位置数据的应用类型，还可以定期清除存储在计算机中的位置历史数据。

11.7.1 开启或关闭定位功能

定位功能默认为开启状态，如果不想使用该功能可以随时将其关闭。用户可以使用以下两种方法关闭当前登录 Windows 用户的定位功能。

◆ 单击任务栏右侧的【操作中心】图标，打开【操作中心】面板。如果当前已开启定位功能，【定位】按钮默认将会呈蓝色显示，此时单击该按钮，其上的蓝色消失则说明已关闭定位功能。

◆ 单击【开始】按钮，在打开的【开始】菜单中选择【设置】命令。在打开的【设置】窗口中选择【隐私】命令，在进入的界面左侧选择【位置】选项，然后在右侧拖动滑块将【定位】设置为关闭状态，如图 11-104 所示。

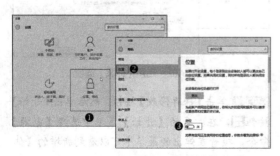

图11-104 在系统设置中关闭定位功能

用户还可以一次性关闭所有使用同一台计算机的 Windows 10 用户的定位功能。为此必须使用管理员账户登录 Windows 10，然后按照上面介绍的方法进入如图 11-105 所示的界面，单击【更改】按钮，在进入的界面中拖动滑块将选项设置为关闭状态。

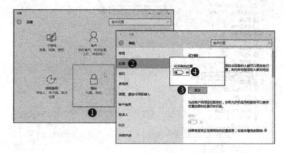

图11-105 关闭所有用户的定位功能

注意 一旦使用管理员账户关闭了所有用户的定位功能，那么其他所有用户都无法再开启该功能，除非使用任一管理员账户重新开启定位功能。

11.7.2 设置允许使用位置数据的应用

Windows 10 中的很多应用都可以使用位置数据来为用户提供更为精确的、与用户紧密相关的信息，比如天气、地图、资讯等应用。用户可以根据实际情况指定哪些应用可以使用位置数据，具体操作步骤如下。

STEP 1 单击【开始】按钮，然后在打开的【开始】菜单中选择【设置】命令。

STEP 2 在打开的【设置】窗口中选择【隐私】选项，在进入的界面左侧选择【位置】选项，然后可以在右侧的【选择可以使用你的位置信息的应用】栏目下看到列出的多个应用，每个应用右侧都包含一个与其对应的开关，如图 11-106 所示。通过拖动滑块来控制开关的开启或关闭状态，以此来决定相应的应用是否可以使用位置数据。

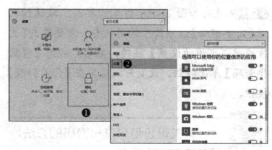

图11-106 通过设置开关的开启或关闭状态来决定应用是否可以使用位置数据

11.7.3 清除位置历史数据

位置的相关数据会自动在计算机中保存一段时间，用户可以及时清除一段时间内的无用位置信息，这样可以让应用使用未来更新后的正确的位置数据。清除位置历史数据的具体操作步骤如下。

STEP 1 单击【开始】按钮 ，然后在打开的【开始】菜单中选择【设置】命令。

STEP 2 在打开的【设置】窗口中选择【隐私】选项，在进入的界面左侧选择【位置】选项，然后在右侧单击【清除】按钮即可清除计算机中保存的所有位置数据，如图 11-107 所示。

> **技巧** 可以使用下面介绍的方法快速进入【隐私】界面，单击任务栏右侧的【操作中心】图标 ，在打开的操作中心面板的下方右击【定位】按钮，在弹出的菜单中选择【转到设置】命令，如图11-108所示。

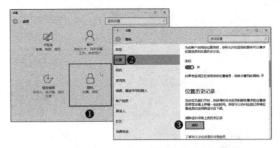

图11-107　单击【清除】按钮清除位置历史数据

图11-108　选择【转到设置】命令

第 4 篇

磁盘管理与文件系统

本篇主要介绍在 Windows 10 中使用与管理磁盘、分区以及文件和文件夹的方法。该篇包括以下 3 章：

磁盘是存储计算机数据的主要设备，可以包括硬盘、软盘、移动硬盘等多种类型的磁存储设备。虽然本章介绍的内容主要针对于硬盘，但是由于大多数内容同时适用于其他磁存储介质，因此在很多地方会使用"磁盘"代替"硬盘"。根据存储数据的容量、性能以及其他方面的不同需求，应该选择合适的磁盘类型、分区形式和文件系统。可以将磁盘分为基本磁盘和动态磁盘两种，磁盘还有 MBR 和 GPT 两种分区形式。在磁盘中存储数据之前必须先使用一种文件系统来进行格式化。与磁盘相关的内容可能显得错综复杂，因此本章首先详细介绍了磁盘的一些基本概念、知识和相关术语，然后介绍了管理磁盘、分区和卷的各种操作以及释放磁盘空间的几种方法。

12.1　磁盘与文件系统概述

本节对磁盘和文件系统的相关内容进行了详细介绍，包括基本磁盘和动态磁盘、MBR 和 GPT 两种分区形式、分区和卷等内容。还介绍了磁盘的逻辑结构以及 Windows 操作系统支持的几种主要的文件系统。理解以上这些内容对本章后面将要介绍的磁盘的各种管理操作非常重要。

12.1.1　理解磁盘类型和分区形式、分区和卷

基本磁盘和动态磁盘是硬盘在 Windows 操作系统中的两种配置类型。所有版本的 Windows 操作系统以及早期的 DOS 系统能够识别和使用基本磁盘，但是只有 Windows 2000 或更高版本的 Windows 操作系统才能识别和使用动态磁盘。

无论是基本磁盘还是动态磁盘，在磁盘中存储数据之前都必须先在磁盘中创建分区或卷，然后使用一种指定的文件系统对分区或卷进行格式化，最后为格式化好的分区或卷分配驱动器号。分区是在基本磁盘中划分出的独立单元，用于存储文件和数据，各个分区在逻辑上相对独立。在动态磁盘中划分出的独立单元称为"卷"。虽然"分区"和"卷"这两个词分别用于基本磁盘和动态磁盘，但是它们通常可以互换使用。如果都使用"卷"来统一进行描述，那么可以将基本磁盘中格式化好的分区称为"基本卷"，而将动态磁盘中格式化好的卷称为"动态卷"。

每个磁盘包括一个分区形式，分为 MBR 和 GPT 两种类型。为了便于描述，将使用 MBR 分区形式的磁盘称为 MBR 磁盘，将使用 GPT 分区形式的磁盘称为 GPT 磁盘。MBR（Master Boot Record，主引导记录）包含一个分区表，用于描述分区在磁盘中的位置以及分区所使用的文件系统。磁盘的第一个扇区包含主引导记录和一个用于引导系统的二进制文件（即主引导代码），该扇区会自动隐藏起来，而且不会被计算到为磁盘划分的分区中。目前很多用户使用的是 MBR 磁盘。

GPT（GUID Partition Table，全局唯一标识分区表）是一种由基于 Itanium 计算机中的 EFI（可扩展固件接口）使用的磁盘分区形式，用于替代早期 BIOS 固件所使用的 MBR。MBR 磁盘的分区信息存储在主引导记录中，而 GPT 磁盘分区表的位置信息存储在 GPT 分区表头中。出于兼容性考虑，磁盘的第一个扇区仍然用作 MBR，然后才是 GPT 分区表头。此外，在磁盘的最后包含一份 GPT 分区表副本，以防分区表信息损坏而导致无法启动操作系统。

MBR 基本磁盘可以包括主分区、扩展分区和逻辑分区（逻辑驱动器）3 种分区类型。一个 MBR 基本磁盘最多可以包括 4 个主分区，或者包括 3 个主分区加 1 个扩展分区。主分区用于启动操作系统或存储数据。无法直接在扩展分区中存储数据，需要先在扩展分区中创建逻辑驱动器，然后才能在逻辑驱动器中存储数据。由于可

以在扩展分区中创建多个逻辑驱动器，这样就可以在基本磁盘中创建 4 个以上的分区。无论是主分区还是逻辑驱动器，都需要为其分配一个驱动器号。驱动器号是一个从 A 到 Z 的字母，由于字母 A 和 B 已经留给了软盘驱动器，因此可以为磁盘分区分配的驱动器号的范围为 C ～ Z。

在 Windows 操作系统环境下，MBR 分区形式支持最大 2TB 的物理磁盘，以及最大 2TB 的分区。超过 2TB 的物理磁盘需要使用 GPT 分区形式，否则超出 2TB 的部分无法被系统识别。GPT 基本磁盘包括两个必备分区以及一个或多个数据分区，必备分区是 EFI 系统分区和 MSR（Microsoft Reserved）保留分区。GPT 分区形式支持 MBR 分区形式所无法比拟的超大容量的物理磁盘，GPT 基本磁盘最多可以创建 128 个分区，而且可以支持最大 256TB 的分区（理论上为 18EB）。

> 在使用不同的文件系统格式化分区时，MBR 或 GPT 磁盘所支持的分区的最大容量将会有所不同。

MBR 和 GPT 分区形式与基本磁盘和动态磁盘之间没有必然联系。换言之，基本磁盘或动态磁盘都可以使用 MBR 或 GPT 分区形式。MBR 磁盘和 GPT 磁盘在实际使用中还有一个需要注意的问题，如果在固件为 BIOS 的计算机中使用 GPT 磁盘，那么该磁盘只能用作数据存储，而不能在其中安装操作系统并用于启动系统。如果希望在 GPT 磁盘中安装操作系统并启动系统，那么计算机固件必须是 UEFI。此外，Windows XP 以及更早版本的操作系统无法识别 GPT 磁盘。

> **交叉参考**　　有关 BIOS 和 UEFI 的更多内容，请参考本书第 3 章。

大多数个人计算机中的硬盘通常都配置为基本磁盘，追求高性能以及数据容错能力的个人或企业用户才会将硬盘配置为动态磁盘。无论使用 MBR 还是 GPT 分区形式，在动态磁盘中都可以创建无数量限制的卷。简单卷是动态磁盘中最基本的卷，相当于基本磁盘中的主分区。除了简单卷，在动态磁盘中还可以包括跨区卷、带区卷、镜像卷和 RAID-5 卷。与基本磁盘相比，动态磁盘具有以下几个主要优势。

◆ 动态磁盘可以在不需要重启计算机的情况下就能完成对磁盘的修改任务。

◆ 在动态磁盘中可以创建同时来自于多个物理磁盘可用空间的卷，这样可以将多个物理磁盘中的空间整合到一起作为一个整体来使用。

◆ 通过在动态磁盘中创建带区卷和镜像卷，可以提高数据读写性能和容错功能。

基本磁盘可以在不损失数据的情况下直接转换为动态磁盘，但是动态磁盘要想转换为基本磁盘，则需要删除动态磁盘中的所有卷，然后再进行转换。

> **交叉参考**　　有关基本磁盘和动态磁盘之间的转换方法，请参考本章 12.2.3 节。

12.1.2 了解 Windows 操作系统中的文件系统类型

文件系统是操作系统在磁盘中组织和存储文件的逻辑结构和方法。在磁盘中存储文件之前，需要先使用一种特定的文件系统对磁盘分区进行格式化，以便对磁盘空间进行组织和分配，然后才能在磁盘分区中存储文件。文件系统只能作用于磁盘分区，不能对一个或多个文件夹设置文件系统。

不同的文件系统决定了存储文件和数据的方式、容量大小以及其他一些特性。在决定使用哪种文件系统格式化磁盘分区之前，应该对这几种文件系统的特性有所了解。本节将介绍 Windows 操作系统支持的几种主要的文件系统，包括 FAT16、FAT32、exFAT、NTFS 和 ReFS。

1. 磁盘的结构

由于文件系统与磁盘结构联系紧密，因此在开始介绍文件系统之前先来介绍一下磁盘的结构。每个磁盘的表面被逻辑划分为磁道和扇区。磁道是磁盘表面的同心圆，图 12-1 所示的灰色部分就是磁盘中的一个磁道。越靠近圆心的磁道其周长越小，越远离圆心的磁道其周长越大。每个磁道被分为多个扇区，扇区是其所在磁道上的一段圆弧，即图 12-1 所示的灰色部分包含的多个小部分的其中之一。扇区是磁盘存储数据的最基本单元，每个扇区的容量通常为 512 字节。

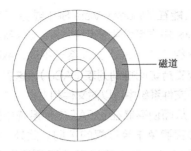

图12-1　磁盘的结构

最常见的磁盘类型是软盘和硬盘。对于容量为 1.44MB 的软盘而言，软盘包括上、下两个表面，每个表面有 80 条磁道，每个磁道有 18 个扇区，每个扇区的容量为 512 字节，那么磁盘的总容量可以由以下公式计算得出，其中的数字 2 表示软盘的两个表面。

```
1.44MB=80×18×512×2÷1024
```

硬盘与软盘的结构类似，但是比软盘要复杂一些。一个硬盘由多个连接在主轴上的磁盘片组成。每个磁盘片分为上、下两面，每一面都拥有与前面介绍的完全相同的磁盘逻辑结构。各个磁盘片表面相同位置上的磁道上下一一对应，从而形成了多个柱面。每个磁盘片的上下表面附近各有一个读写头，用于读写磁盘数据，所有的读写头每次可以访问一个柱面。虽然硬盘的每个扇区的容量也为 512 字节，但是却包含数量更多的磁道和扇区，因此硬盘的容量比软盘大得多。

可以通过为磁道和扇区进行编号的方式来定位和管理磁道和扇区。磁盘最外层的磁道为 0 磁道，由外向内依次为磁道编号。扇区的编号从 0 磁道开始，磁盘的起始扇区为 0 磁道 1 扇区，其后为 0 磁道 2 扇区、0 磁道 3 扇区，以此类推。完成 0 磁道所有扇区的编号以后，开始为 1 磁道的所有扇区进行编号。1 磁道的起始扇区的编号为 0，磁道最后一个扇区的编号加 1。所有磁道和扇区都以相同的方法进行编号，直到磁盘的最后一个磁道的最后一个扇区。例如，某个硬盘有 2048 个磁道，每个磁道有 63 个扇区，那么 0 磁道的所有扇区的编号为 1～63，1 磁道的起始扇区的编号为 64，最后一个磁道的最后一个扇区的编号为 129024，即 2048 乘以 63 的计算结果。

可以在 Windows 操作系统中查看硬盘包含的磁道、扇区以及柱面的具体情况，具体操作步骤如下。

STEP 1 单击【开始】按钮 ⊞，在打开的【开始】菜单中选择【所有应用】命令，然后在打开的所有程序列表中选择【Windows 管理工具】➪【系统信息】命令。

STEP 2 打开【系统信息】窗口，在左侧窗格中依次展开【组件】➪【存储】节点，然后选择其中的【磁盘】，在右侧窗格中显示了连接到计算机的所有磁盘。可以在其中看到每个磁盘包含的磁道数、扇区数、柱面数、每个磁道包含的扇区数以及每个扇区包含的字节数，如图 12-2 所示。

图12-2　查看磁盘的具体情况

虽然扇区是磁盘存储数据时的最基本单位，但是由于硬盘的容量非常大，为了提高访问和管理磁盘数据的效率，Windows 操作系统以"簇"（或称为"块"）为单位来为文件分配磁盘空间。簇是对扇区的逻辑性分组，每个簇包含一定数量的扇区。用户在格式化磁盘分区时可以选择簇的大小，簇的默认大小以及用户可选择的大小由文件系统的类型以及磁盘分区的容量决定。例如，如果将簇的大小指定为 4096 字节，对于每个扇区为 512 字节的磁盘而言，该磁盘的每个簇包含 8 个扇区。

每个簇只能由一个文件占用，这意味着如果该文件的容量比簇的容量小，那么这个簇中未被占用的剩余空间就会被浪费掉。如果一个簇不足以容纳一个文件，那么在占满这个簇以后，文件的剩余部分会继续占用下一个簇，直到容纳下整个文件为止。同一个文件中包含的数据并不一定存放在连续的多个簇中，而可能位于不连续的多个簇中。由于有了文件分配表这一机制，从而使操作系统可以准确找到位于多个不连续簇中的数据并将它们组合还原为整个文件。FAT 文件系统可以将簇标记为未使用、使用、损坏或保留等不同状态。有关文件分配表的内容将在本节后面的 FAT 文件系统中进行介绍。

2. FAT16/FAT32文件系统

FAT 文件系统通过文件分配表（File Allocation Table）来存储和管理磁盘中的文件。在文件分配表中记录了文件和文件夹所占用的簇在磁盘中的位置。有关磁盘类型、开始扇区和结束扇区以及活动分区等信息保存在磁盘的引导扇区中。文件分配表包括一个主表和一个副表，副表作为主表的备份，可以在主表损坏的情况下用于恢复主表中的数据。

在 FAT 文件系统中存储的文件如果不止占用一个簇，那么该文件占用的第一个簇有一个指针指向该文件占用的第二个簇，该文件占用的第二个簇有一个指针指向该文件占用的第三个簇，直到文件占用的最后一个簇。在文件占用的最后一个簇中有一个 EOF 标志，表示到达了文件结尾。这样无论文件占用的多个簇是否连续，系统都可以正确找到与同一个文件相关的所有簇并访问整个文件。

Windows 操作系统使用过 4 种 FAT 文件系统，包括 FAT12、FAT16、FAT32 和 exFAT，FAT16 通常可以简称为 FAT。前 3 种文件系统的主要区别在于它们的文件分配表中各个记录项所用的位数（bit）。每种文件系统名称中的数字表明了各自的位数，如 FAT16 文件系统使用 16 位的文件分配表，FAT32 文件系统使用 32 位的文件分配表。exFAT 文件系统将在本节后面的内容中进行介绍。

不同位数的 FAT 文件系统决定了磁盘分区的容量上限。FAT16 文件系统支持最大容量为 2GB 的分区，但是在允许使用 64KB 大小的簇的系统中则可以支持最大 4GB 的分区。FAT32 文件系统支持最大容量为 2TB（即 2048GB）的分区，但是如果使用 Windows 操作系统提供的格式化工具，则只能支持最大 32GB 的分区。由于 FAT32 文件系统的簇可以设置得更小，因此该文件系统可以更好地避免磁盘空间的浪费。除此以外，FAT32 文件系统和 FAT16 文件系统在工作原理及其他方面并无太大区别。FAT12 文件系统主要用于早期的 DOS 操作系统，只支持最大容量为 16MB 的分区。

3. exFAT文件系统

exFAT 文件系统只能用于可移动存储设备，无法将硬盘驱动器格式化为 exFAT 文件系统，而且只能在 Windows Vista SP1 或更高版本的 Windows 操作系统中使用 exFAT 文件系统。与前面介绍的 3 种 FAT 文件系统不同，exFAT 文件系统支持访问控制列表（ACL），这意味着在 exFAT 文件系统中可以对文件和文件夹进行权限设置，从而使存储在 exFAT 文件系统中的文件和文件夹避免未经授权的访问。此外，exFAT 文件系统支持更大的磁盘分区容量以及单文件容量，exFAT 文件系统允许簇的最大容量为 32768KB，即 32MB。

4. NTFS文件系统

NTFS 文件系统与 FAT16 和 FAT32 文件系统相比有很大的区别。NTFS 文件系统使用的是称为"主文件表（MFT，Master File Table）"的结构来存储和管理磁盘中的文件。主文件表使用一个关系型数据库来保存磁盘中的文件和文件夹的信息，以及有助于维护分区的一些额外信息。主文件表在 NTFS 文件系统中的作用相当于 FAT 文件系统中的文件分配表，它是 NTFS 文件系统的核心。与文件分配表不同的是，NTFS 文件系统中的主文件表不仅包括指向磁盘中的文件所在簇的位置指针，还可能包括文件属性以及文件中的数据，这取决于文件的大小。NTFS 文件系统支持最大容量为 2TB 的分区。

由于 NTFS 文件系统使用了高级数据结构，因此在磁盘性能、可靠性和空间利用率等方面有了大量改进，同时还提供了很多高级功能，包括文件权限控制、文件加密、磁盘配额设置、磁盘压缩、数据恢复等。无论是个人用户还是企业用户，NTFS 文件系统相对于 FAT 文件系统而言可能都是更好的选择。

有关 NTFS 文件系统提供的文件权限控制、文件加密、磁盘配额、数据恢复等高级功能，请参考本书的第 17 章～第 19 章以及第 29 章。

5. ReFS文件系统

与 FAT 文件系统相比，虽然 NTFS 文件系统具有更好的性能以及更多高级功能，但是随着计算机技术的不断发展以及应用范围的不断扩大，NTFS 文件系统也在逐渐变得无法满足使用需求。ReFS（Resilient File System，弹性文件系统）是 Windows 8.1 和 Windows Server 2012 操作系统中新增的文件系统。由于 ReFS 文件系统是在 NTFS 文件系统的基础上发展而来，因此与 NTFS 文件系统具有良好的兼容性。ReFS 文件系统可以支持超大容量的分区和单文件，而且具备自动修复损坏数据的功能。但是 ReFS 文件系统不能用于操作系统的启动分区，只能用于存储数据的分区，而且不能在可移动存储设备中使用。

有关系统分区和启动分区的概念，请参考本书第 3 章。

12.2 磁盘、分区和卷的基本操作

本节详细介绍了与磁盘、分区、卷相关的各种操作。由于分区和卷的大多数操作基本相同，因此本节主要以分区为例来进行介绍，只有在操作有区别的地方才会对卷进行单独介绍。本节介绍的磁盘的各种操作主要以图形界面为主，使用 Windows 命令行工具完成相同操作的方法将在本书第 32 章进行详细介绍。

12.2.1 使用【磁盘管理】窗口

Windows 操作系统提供了专门用于管理计算机中的磁盘及其所包含的分区或卷的系统工具——【磁盘管理】窗口。在【磁盘管理】窗口中可以对硬盘驱动器、移动硬盘、USB 移动存储设备等连接到计算机的不同类型的磁盘进行管理，大多数操作无需重新启动计算机即可立即生效。具体而言，在【磁盘管理】窗口中可以完成以下任务。

◆ 查看正确连接到计算机并能被系统识别的物理磁盘的个数和容量、磁盘类型、每个物理硬盘包含的磁盘分区数量，以及各磁盘分区的总容量和可用空间、文件系统类型、状态等信息。
◆ 对新安装的物理硬盘进行初始化。
◆ 在基本磁盘和动态磁盘之间进行互相转换。
◆ 在基本磁盘中创建主分区、扩展分区和逻辑驱动器。

◆ 在动态磁盘中创建不同类型的卷。
◆ 格式化分区或卷并指定要使用的文件系统。
◆ 为分区或卷分配驱动器号和卷标。
◆ 将分区标记为活动分区。
◆ 扩展或压缩分区或卷的容量。
◆ 删除分区或卷。

可以使用以下几种方法打开【磁盘管理】窗口。

◆ 右击【开始】按钮，然后在弹出的菜单中选择【磁盘管理】命令。
◆ 右击【开始】按钮，然后在弹出的菜单中选择【计算机管理】命令；或者右击桌面上的【此电脑】图标，然后在弹出的菜单中选择【管理】命令。打开【计算机管理】窗口，在左侧窗格中展开【存储】节点，然后选择其中的【磁盘管理】。
◆ 在任务栏中的搜索框、【运行】对话框或【命令提示符】窗口中输入"diskmgmt.msc"命令后按【Enter】键。

除了第 2 种方法是在【计算机管理】窗口中显示磁盘管理界面以外，其他两种方法都将打开独立的【磁盘管理】窗口，如图 12-3 所示。

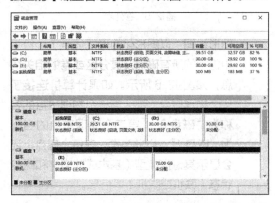

图12-3 【磁盘管理】窗口

【磁盘管理】窗口提供了 3 种视图用于显示计算机中的所有磁盘及其分区和卷。可以通过单击窗口菜单栏中的【查看】⇨【顶端】命令和【查看】⇨【底端】命令，为窗口上方和下方分别设置不同的视图方式。各视图的说明如下。

◆ 磁盘列表：以列表的形式显示了当前与计算机连接的所有物理磁盘的相关信息，如图 12-4 所示。这些信息包括磁盘编号、磁盘类型（基本磁盘或动态磁盘）、磁盘

总容量、磁盘中未分配的空间、磁盘状态（联机或脱机）、磁盘设备接口类型、磁盘分区形式（MBR 或 GPT）。

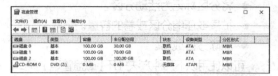

图12-4 磁盘列表

◆ 卷列表：以列表的形式显示了计算机中包括的所有磁盘分区或卷的相关信息，如图 12-5 所示。这些信息包括分区或卷的驱动器号、文件系统、状态和类型（系统、启动、活动、页面文件等）、总容量和可用空间及其百分比。卷列表中还会显示不在【此电脑】窗口中显示的系统保留分区。

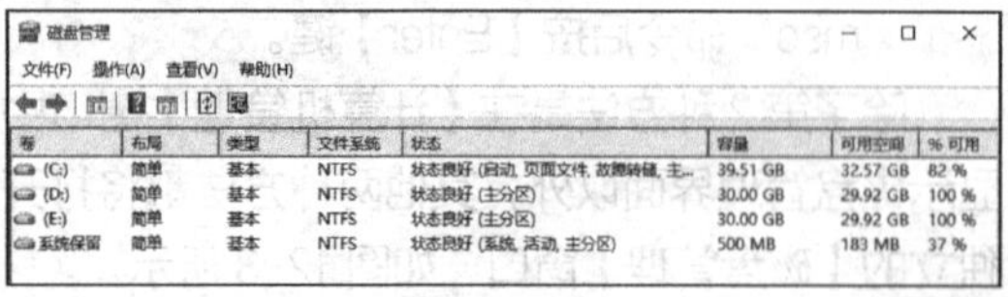

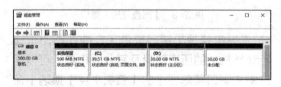

图12-5 卷列表

◆ 图形视图：以图形化的形式显示了计算机中包括的所有磁盘及其分区或卷的相关信息，如图 12-6 所示。如果计算机连接了多个物理磁盘，那么第一个物理磁盘的名称为"磁盘 0"，第二个物理磁盘的名称为"磁盘 1"，以此类推。在每个磁盘上还会显示其磁盘类型（基本或动态）和磁盘状态（联机或脱机）等信息。

图12-6 图形视图

> **注意** 只有对状态显示为"联机"的磁盘才能进行与磁盘、分区和卷相关的各种操作。如果在图形视图中某个磁盘显示为"脱机"，那么必须先将其变为联机状态，方法为右击图形视图中的该磁盘，然后在弹出的菜单中选择【联机】命令，如图12-7所示。

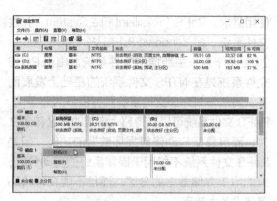

图12-7 将磁盘状态由脱机改为联机

12.2.2 初始化新的物理硬盘

在计算机中安装好新的没有使用过的物理硬盘后，如果在 Windows 10 中打开【磁盘管理】窗口，系统将会自动检测到新安装的硬盘并打开【初始化磁盘】对话框，如图12-8所示。在列表框中已经选中新的硬盘，用户需要为新硬盘选择所需的分区形式。选择好硬盘的分区形式后单击【确定】按钮，系统开始初始化硬盘。

图12-8 【初始化磁盘】对话框

完成后就可以为新硬盘创建分区或卷，然后投入正常的使用中。初始化以后的硬盘会在【磁盘管理】窗口下方的图形视图中显示为"联机"状态，而且由于此时还没有为该硬盘创建分区或卷，硬盘空间会显示为"未分配"状态，如图 12-9 所示的【磁盘 1】。

> **注意** Windows XP以及更早版本的Windows操作系统无法识别GPT分区形式。建议总容量大于2TB的硬盘或安腾计算机才选择GPT分区形式。

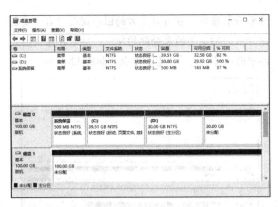

图12-9 初始化以后的硬盘

对于初始化后的磁盘，可以将其转换为 MBR 或 GPT 分区形式。使用本章 12.2.1 节介绍的方法打开【磁盘管理】窗口，在窗口下方的图形视图中右击要转换分区形式的磁盘，然后在弹出的菜单中选择【转换成 GPT 磁盘】或【转换成 MBR 磁盘】命令，如图 12-10 所示。菜单中显示哪个命令取决于磁盘的当前分区形式。需要注意的是，无论将 MBR 转换为 GPT，还是将 GPT 转换为 MBR，都要求待转换的磁盘为空，即磁盘中不包含任何分区或卷。

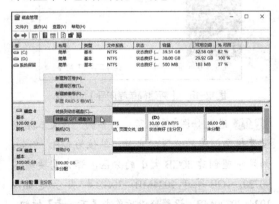

图12-10 转换磁盘的分区形式

12.2.3 基本磁盘与动态磁盘之间的相互转换

默认情况下，磁盘会被自动创建为基本磁盘。如果想要使用动态磁盘，那么需要将基本磁盘手动转换为动态磁盘。基本磁盘可以在不破坏数据的情况下转换为动态磁盘，所有主分区和逻辑驱动器都会转换为简单卷。

如果想要将基本磁盘转换为动态磁盘，可以使用本章 12.2.1 节介绍的方法打开【磁盘管理】

窗口，在窗口下方的图形视图中右击要转换为动态磁盘的基本磁盘，然后在弹出的菜单中选择【转换到动态磁盘】命令，如图 12-11 所示。打开如图 12-12 所示的对话框，在列表框中已经选中右击的硬盘，还可以选择其他要转换的硬盘。单击【确定】按钮后将所有选中的硬盘转换为动态磁盘。

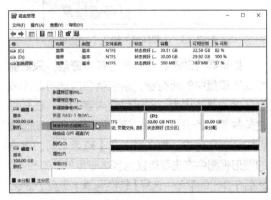

图12-11 将基本磁盘转换为动态磁盘

图12-12 选择要转换为动态磁盘的硬盘

> **提示**
> 在将包括系统分区、启动分区的磁盘转换为动态磁盘时，在【磁盘管理】窗口中选择【转换到动态磁盘】命令后，需要通过重新启动计算机来完成转换过程。

如果要转换的硬盘中包括一个或多个分区，那么在单击【确定】按钮后将会显示如图 12-13 所示的对话框。如果硬盘满足转换为动态磁盘的条件，那么【将转换】列中显示的就是【是】。单击【转换】按钮，在弹出的警告对话框中单击【是】按钮，即可将硬盘转换为动态磁盘。转换完成后，原来的基本磁盘中的分区会被自动转换为动态磁盘中的简单卷，容量保持不变。

图12-13 【要转换的磁盘】对话框

如果要将动态磁盘转换为基本磁盘，只需删除动态磁盘中的所有卷，系统就会自动将动态磁盘转换为基本磁盘。对于包含内容的卷，在删除之前需要先备份其中的内容。如果没有在动态磁盘中创建任何卷，那么可以在【磁盘】窗口下方的图形视图中右击要转换为基本磁盘的动态磁盘，然后在弹出的菜单中选择【转换到基本磁盘】命令。

 交叉参考 有关基本磁盘和动态磁盘的详细介绍，请参考本章 12.1.1 节。

12.2.4 创建分区、逻辑驱动器和简单卷

如果要在硬盘中创建分区或卷，该硬盘首先必须还有未分配的磁盘空间。未分配空间是指硬盘中未分区和未格式化的空间。如果硬盘中没有未分配空间，则需要通过压缩或删除现有分区来解决。

本章前面曾经介绍过，一个基本磁盘最多可以包括 4 个主分区，或 3 个主分区加一个扩展分区。通过在扩展分区中创建逻辑驱动器，可以在基本磁盘中创建 4 个以上的分区。如果硬盘中只有一个或两个主分区，那么此时创建新分区时，该分区会被自动指定为主分区。如果基本磁盘中已经包括 3 个主分区，那么当再创建新分区时，系统会将磁盘的剩余容量自动指定为扩展分区，然后根据用户为新分区设置的容量在扩展分区中创建一个或多个逻辑驱动器。

从存储数据方面来看，逻辑驱动器与主分区并无明显区别。但是从系统启动方面来看，只有主分区可以被标记为"活动"状态并作为系统启动的分区，而逻辑驱动器则不具备此功能。创建新分区的具体操作步骤如下。

STEP 1 使用本章 12.2.1 节介绍的方法打开【磁

盘管理】窗口。在窗口下方的图形视图中右击要创建分区的磁盘中的未分配的空间，然后在弹出的菜单中选择【新建简单卷】命令，如图 12-14 所示。

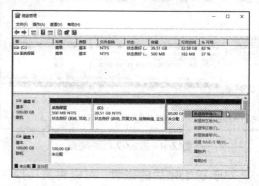

图12-14 选择【新建简单卷】命令

STEP 2 打开如图 12-15 所示的【新建简单卷向导】对话框，单击【下一步】按钮。

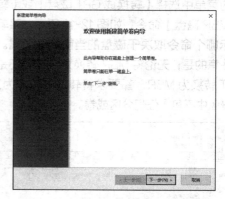

图12-15 【新建简单卷向导】对话框

STEP 3 进入如图 12-16 所示的界面，在文本框中设置想要创建的分区的容量，单位为 MB。例如，如果希望创建 30GB 大小的分区，那么需要输入30720。1GB 等于 1024MB，30GB 相当于是 30×1024=30720MB。设置好以后单击【下一步】按钮。

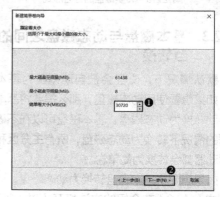

图12-16 设置分区容量

STEP 4 进入如图 12-17 所示的界面，选择是否为新建的分区分配驱动器号。为了可以正常访问新建的分区，可以选中【分配以下驱动器号】单选按钮，然后在右侧的下拉列表中为分区选择一个驱动器号。设置好以后单击【下一步】按钮。

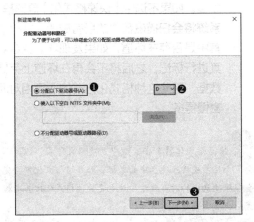

图12-17 选择是否为分区分配驱动器号

STEP 5 进入如图 12-18 所示的界面，选择是否格式化新建的分区。如果希望在创建分区的过程中对该分区进行格式化，那么可以选中【按下列设置格式化这个卷】单选按钮，然后对格式化选项进行设置。完成后单击【下一步】按钮。

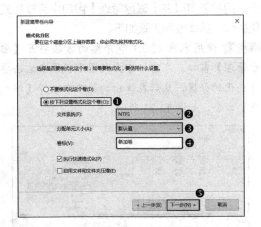

图12-18 选择是否格式化新建的分区

 交叉参考　有关格式化选项的详细说明，请参考下一节。

STEP 6 进入如图 12-19 所示的界面，其中显示了前几步设置的汇总信息。确认无误则单击【完成】按钮，系统将开始创建新的分区，根据用户在前几步的设置对新分区分配驱动器号并进行格式化。

图12-19 显示新建分区设置的汇总信息

（提示）在动态磁盘中创建简单卷的方法与在基本磁盘中创建分区的方法基本相同，这里就不再赘述了。

12.2.5 对分区和卷进行格式化

格式化分为低级格式化和高级格式化两种类型。低级格式化又称为物理格式化，主要用于为空白硬盘划分柱面、磁道和扇区等存储单元以建立基本的存储结构。硬盘生产商会在硬盘出厂前对硬盘进行一次低级格式化。通常情况下，用户不需要对硬盘进行低级格式化，只有在硬盘坏道过多而导致存储数据产生错误，甚至根本无法使用时才需要对硬盘进行低级格式化。

Windows 操作系统提供的格式化功能属于高级格式化。高级格式化又称为逻辑格式化，是指根据用户指定的文件系统（如 FAT32、NTFS 等）在磁盘中创建用于存放文件分配表、目录表等文件管理用途的磁盘空间，并对主引导记录分区表的相应区域进行重写，为用户使用磁盘分区存储文件做好准备。只有进行过低级格式化的硬盘才能对其进行高级格式化。格式化会删除分区中的所有内容，因此在对分区进行格式化之前应该先备份其中的内容。

注意 无法对当前正在使用的分区或卷进行格式化（如系统分区和启动分区），这样可以避免意外删除Windows操作系统。

在上一节介绍的创建新分区的过程中，如果没有对分区进行格式化，那么可以在以后任何时候格式化该分区。Windows 10 允许用户在两个不同的图形界面环境中对分区进行格式化，包括【此电脑】窗口和【磁盘管理】窗口，下面将分别进行介绍。

1. 在【此电脑】窗口中格式化分区

双击桌面上的【此电脑】图标打开【此电脑】窗口，右击要格式化的分区，然后在弹出的菜单中选择【格式化】命令，打开如图 12-20 所示的对话框，需要用户设置的选项主要包括以下几个。

图12-20　设置格式化选项

◆ 文件系统：可以选择将分区格式化为哪种类型的文件系统，可选项取决于当前分区的容量。对于大于 32GB 的分区，则只能将其格式化为 NTFS 文件系统；对于不超过 4GB 的分区，可以将其格式化为 NTFS、FAT32 或 FAT 文件系统；对于大于 4GB 但小于 32GB 的分区，则可以将其格式化为 NTFS 或 FAT32 文件系统。如果希望使用文件权限设置、EFS 加密文件系统、文件压缩等高级功能，则需要选择格式化为 NTFS 文件系统。

◆ 分配单元大小：设置分区中的簇的大小。有关簇的概念请参考本章 12.1.2 节。

◆ 卷标：分区的标题名称。如果不设置卷标，则默认使用"本地磁盘 C""本地磁盘 D"等名称。

◆ 快速格式化：选中【快速格式化】复选框，

系统会以最快的速度完成对分区的格式化，但是不会检查分区中是否存在错误，仅仅是清除磁盘的 FAT 文件分配表，从而让系统认为磁盘上已经没有文件了，并没有真正地格式化磁盘，因此经过快速格式化后的磁盘数据可以通过恢复工具进行恢复。如果不选中【快速格式化】复选框，系统将会扫描磁盘中的所有磁道，并检查其中是否存在坏道。如果发现坏道就会对其进行标记，之后将不会再在坏道上存储数据，因此这种格式化方式的速度相对而言慢得多。

> （提示）
> 快速格式化将会在硬盘中创建新文件表，但是不会完全覆盖或擦除硬盘中的数据，而普通格式化则会完全擦除硬盘中的所有数据，这也是快速格式化比普通格式化速度快的原因。

设置好格式化选项后单击【开始】按钮，在弹出的警告对话框中单击【确定】按钮，系统将开始对指定分区进行格式化，完成后就可以正常使用该分区了。

2. 在【磁盘管理】窗口中格式化分区

除了在【此电脑】窗口中对分区进行格式化外，用户还可以在【磁盘管理】窗口中完成格式化操作，具体操作步骤如下。

STEP 1 使用本章 12.2.1 节介绍的方法打开【磁盘管理】窗口。在窗口下方的图形视图中右击要格式化的分区，然后在弹出的菜单中选择【格式化】命令，如图 12-21 所示。

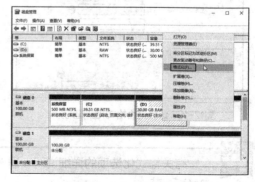

图12-21　选择【格式化】命令

STEP 2 打开如图 12-22 所示的对话框，设置好【卷标】【文件系统】【分配单元大小】等选项后单击【确定】按钮，在弹出的警告对话框中单击【确定】按钮，系统将开始对所选分区进行格式化。

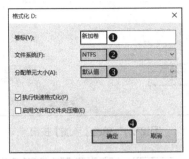

图12-22　在【磁盘管理】窗口中格式化分区

12.2.6　将分区和卷转换为 NTFS 文件系统

出于更好的性能以及文件安全性方面的考虑，用户可能想要在分区中使用 NTFS 文件系统。如果想要将一直使用 FAT/FAT32 文件系统的分区改为 NTFS 文件系统，一种方法是重新使用 NTFS 文件系统对各个分区进行格式化，但是在格式化之前需要对文件进行备份，格式化完成后还要将备份的文件还原到相应的分区中。另一种更好的方法是使用 Windows 操作系统中的 Convert 命令行工具，使用该命令可以将分区无损转换为 NTFS 文件系统。无损意味着在转换为 NTFS 文件系统后分区中的内容不会受到任何破坏，这样可以节省备份与还原文件所需耗费的大量时间。

> **注意** Convert命令可以将FAT/FAT32文件系统的分区转换为NTFS文件系统，但是不能进行反向转换。如果想要将NTFS文件系统转换为FAT/FAT32文件系统，只能先删除要转换文件系统的分区，然后再重建分区，并使用FAT/FAT32文件系统进行格式化。

例如，如果想要将文件系统为 FAT32 的磁盘分区 D 转换为 NTFS 文件系统，那么需要以管理员身份打开【命令提示符】窗口，然后输入下面的命令后按【Enter】键，磁盘分区 D 将会自动转换为 NTFS 文件系统，如图 12-23 所示。

```
convert D:/fs:ntfs
```

Convert 命令的格式如下：

```
Convert volume /FS:NTFS [/V] [/
Cvtarea:filename] [/Nosecurity] [/X]
```

图12-23　转换分区格式为NTFS文件系统

各参数的含义如下。

◆ volume：要转换为 NTFS 文件系统的分区盘符，即主分区或逻辑驱动器的驱动器号，后面必须加一个冒号。

◆ /FS:NTFS：将指定的分区转换为 NTFS 文件系统。

◆ /V：以更详细的信息显示。

◆ /Cvtarea:filename：指定分区根目录中的一个连续文件，该文件当前占用的空间将为 MFT 上存储的 NTFS 系统文件保留。省略该参数 Convert 命令将使用默认值，该参数有助于减少 MFT 的碎片。

◆ /Nosecurity：设置 NTFS 权限以便让所有用户（即 Everyone 用户组）都有权访问。

◆ /X：在转换格式前强制卸载要转换的分区。

在使用 Convert 命令转换分区的文件系统时需要注意，如果要转换的分区是启动分区，即标记为活动分区的安装了 Windows 操作系统的分区，或是同时包含了系统和启动的分区。由于在系统启动后这类分区始终处于使用状态，因此在使用 Convert 命令转换分区的文件系统时，不会立刻完成格式转换操作，而是显示一个提示信息询问用户是否在下次启动系统时完成转换操作，只需单击【是】按钮即可。

12.2.7　将分区标记为活动分区

如果在计算机中同时安装了 Windows XP 和 Windows 10，而且遵循从低版本到高版本的安装顺序，那么安装 Windows XP 的分区会被标记为活动分区，此时系统分区和 Windows XP 所在的分区位于同一个分区，不会出现独立的系统分区。如果在计算机中没有安装 Windows XP 或更低版本的 Windows 操作系统，那么在安装系统的过程中会自动创建独立的系统分区并会将其标记为活动分区，此时的系统分区与启动分区是两个不同的分区。

每个物理硬盘只能有一个活动分区。只能将基本磁盘中的主分区标记为活动分区，不能将扩展分区或逻辑驱动器标记为活动分区。如果计算机中安装了多个硬盘，那么可以为每个硬盘设置一个活动分区。当拥有不止一个活动分区时，计算机固件检测到的第一个硬盘上的活动分区将作为启动计算机的分区。

在【磁盘管理】窗口中的卷列表或图形视图中可以看到名为"系统保留"的系统分区，但是在文件资源管理器中并不显示系统分区，主要是为了保护系统分区不会受到任何破坏。要将指定分区标记为活动分区，可以使用本章 12.2.1 节介绍的方法打开【磁盘管理】窗口，在窗口下方的图形视图中右击要标记为活动分区的主分区，然后在弹出的菜单中选择【将分区标记为活动分区】命令。

> **注意** 如果错误地将不包含系统启动文件的分区标记为活动分区，可能会导致系统无法启动。

12.2.8 分配、更改或删除驱动器号和卷标

无论在创建新分区的过程中是否为指定分区分配了驱动器号，以后都可以随时为分区分配、更改或删除驱动器号。如果删除了驱动器号，则将无法访问该分区。如果在创建分区或格式化时没有为分区设置卷标，那么可以随时为指定分区添加或修改卷标。使用本章 12.2.1 节介绍的方法打开【磁盘管理】窗口，在窗口下方的图形视图中右击要设置驱动器号的分区，然后在弹出的菜单中选择【更改驱动器号和路径】命令，接着可以执行以下操作。

◆ 如果还没有为分区分配驱动器号，那么将会打开如图 12-24 所示的对话框。单击【添加】按钮，在打开的对话框中选中【分配以下驱动器号】单选按钮，然后在右侧的下拉列表中选择要为分区指定的驱动器

号，如图 12-25 所示。

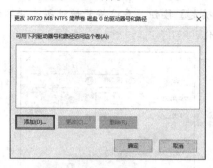

图12-24　单击【添加】按钮

图12-25　为分区指定驱动器号

◆ 如果已经为分区分配了驱动器号，那么将会打开如图 12-26 所示的对话框，选择其中要更改或删除的驱动器号，然后执行以下操作：单击【更改】按钮可以更改当前已分配的驱动器号，操作方法与上面介绍的相同；如果要删除已分配的驱动器号，则可以单击【删除】按钮，然后在弹出的警告对话框中单击【是】按钮。

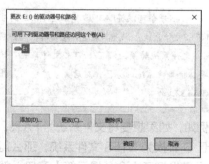

图12-26　更改或删除驱动器号

> **注意** 最好不要随意更改系统分区或启动分区的驱动器号，因为有可能会导致系统无法正常启动。如果更改正处于使用状态的其他分区的驱动器号，那么会显示如图12-27所示的警告信息。此时应该关闭该分区中打开的文件或程序，然后重新修改分区的驱动器号。

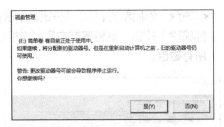

图12-27 更改使用中的驱动器号时显示的警告信息

对于想要分配的驱动器号已经被占用的情况，需要使用迂回的方式解决。例如，计算机中当前已分配的最后一个驱动器号为E，但是现在希望为新建的分区分配该驱动器号，那么需要先将当前正在占用驱动器号为E的设备的驱动器号修改为当前未被分配的其他驱动器号（如F），然后再将新建的分区的驱动器号设置为E。

如果要为分区设置卷标，可以使用以下两种方法。

◆ 双击桌面上的【此电脑】图标，打开【此电脑】窗口，右击要设置卷标的分区，然后在弹出的菜单中选择【属性】命令。打开指定分区的属性对话框，在【常规】选项卡上方的文本框中输入新的卷标。

◆ 使用本章12.2.1节介绍的方法打开【磁盘管理】窗口，在窗口下方的图形视图中右击要设置卷标的分区，然后在弹出的菜单中选择【属性】命令，接着与第一种方法相同，在打开的分区属性对话框的【常规】选项卡中设置卷标。

12.2.9 删除分区、逻辑驱动器和卷

用户可能需要删除分区或逻辑驱动器以便重新进行分区，也可能想要将NTFS文件系统的分区转换为FAT32文件系统，那么就必须先删除该分区。对于包含扩展分区的基本磁盘而言，如果要删除扩展分区，则需要先删除逻辑驱动器；对于不包含扩展分区的基本磁盘而言，可以直接删除主分区。无论哪种情况，删除主分区和逻辑驱动器的方法基本相同，而删除扩展分区的方法则略有不同。首先使用本章12.2.1节介绍的方法打开【磁盘管理】窗口，然后使用下面的方法删除主分区、扩展分区和逻辑驱动器。

◆ 删除主分区：在【磁盘管理】窗口下方的图形视图中右击要删除的主分区，然后在

弹出的菜单中选择【删除卷】命令，在弹出的警告对话框中单击【是】按钮。

◆ 删除扩展分区：只有在删除磁盘中的所有逻辑驱动器以后，才能删除扩展分区。在【磁盘管理】窗口下方的图形视图中右击要删除的扩展分区，然后在弹出的菜单中选择【删除分区】命令，如图12-28所示。在弹出的警告对话框中单击【是】按钮。

◆ 删除逻辑驱动器：在【磁盘管理】窗口下方的图形视图中右击要删除的逻辑驱动器，然后在弹出的菜单中选择【删除卷】命令，在弹出的警告对话框中单击【是】按钮。

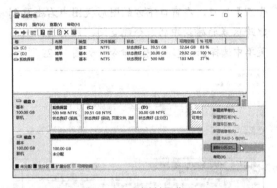

图12-28 删除扩展分区

> **注意** 无法删除系统分区、启动分区或任何包含虚拟内存页面文件的分区，因为Windows操作系统需要这些分区中包含的特定信息才能正常启动。对于只有一个分区的硬盘也不能删除该硬盘中的分区。

12.2.10 创建跨区卷、带区卷和镜像卷

简单卷是动态磁盘中最基本的卷。除了简单卷，还可以创建跨区卷、带区卷、镜像卷、RAID-5卷等不同类型的高级卷。创建高级卷需要计算机中至少包括两个硬盘，而且要创建高级卷的这些硬盘必须为同一种磁盘类型，即同时为基本磁盘或动态磁盘。如果一个硬盘是基本磁盘，另一个硬盘是动态磁盘，则无法创建高级卷。如果使用两个或多个基本磁盘来创建高级卷，那么在创建过程中系统会自动将基本磁盘转换为动态磁盘。本节将介绍创建高级卷的方法。由于RAID-5卷需要在Windows Server版本的操作系统中才能创建，因此本节不会对其

进行介绍。

1. 创建跨区卷

跨区卷是将多个硬盘中的未分配空间合并到一起而作为一个卷来使用。如果想要使用一个很大的空间，那么可以同时集合多个硬盘中的空间来实现，在使用跨区卷时用户并不会感觉到跨区卷的空间来自于多个硬盘。跨区卷最多可以使用来自 32 个动态磁盘中的卷。跨区卷不具备容错功能，这意味着如果跨区卷涉及的其中一个硬盘出现故障，那么整个跨区卷都将无法工作，跨区卷中的所有数据都会丢失。创建跨区卷的具体操作步骤如下。

STEP 1 使用本章 12.2.1 节介绍的方法打开【磁盘管理】窗口，在窗口下方的图形视图中右击要创建跨区卷的磁盘中的未分配空间，然后在弹出的菜单中选择【新建跨区卷】命令，如图 12-29 所示。

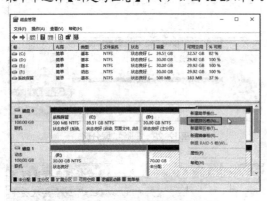

图12-29 选择【新建跨区卷】命令

STEP 2 打开【新建跨区卷】对话框，单击【下一步】按钮，进入如图 12-30 所示的界面。左侧列表框中显示了可以用于跨区卷的磁盘，右侧列表框中显示了准备用于跨区卷的已添加的磁盘。下方的【卷大小总数】表示将要创建的跨区卷的容量大小，【最大可用空间量】表示在右侧列表框中当前选中的磁盘能提供给跨区卷使用的最大容量，【选择空间量】表示为右侧列表框中当前选中的磁盘设置的用于跨区卷的容量。在该界面中可以进行以下几个操作。

◆ 添加跨区卷要使用的另一个或多个磁盘：从左侧列表框中选择用于创建跨区卷的另一个或多个磁盘，然后单击【添加】按钮，将所选磁盘添加到右侧列表框中。对于添加错误的磁盘，可以在右侧列表框中选择

该磁盘，然后单击【删除】按钮。单击【全部删除】按钮，则将清空右侧列表框中的所有磁盘。

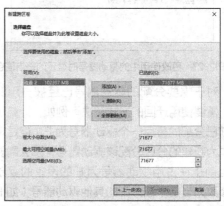

图12-30 设置跨区卷所用磁盘及其容量

◆ 单独设置每个磁盘用于跨区卷的容量：在右侧列表框中选择某个磁盘，然后在【选择空间量】文本框中输入该磁盘提供给跨区卷的容量。本例使用磁盘 1 的 20GB 空间和磁盘 2 的 30GB 空间来创建跨区卷。换言之，创建的跨区卷的容量为 50GB。

◆ 统一设置所有磁盘用户跨区卷的容量：如果希望所有用于跨区卷的磁盘提供相同大小的容量，那么可以在右侧列表框中按住【Shift】键的同时依次单击每一个磁盘以同时选中所有磁盘，然后在【选择空间量】文本框中输入用于跨区卷的容量。

STEP 3 设置好以后单击【下一步】按钮，进入如图 12-31 所示的界面，为跨区卷分配驱动器号，然后单击【下一步】按钮。

STEP 4 进入如图 12-32 所示的界面，为跨区卷选择文件系统、分配单元大小、卷标等信息。设置

好以后单击【下一步】按钮。

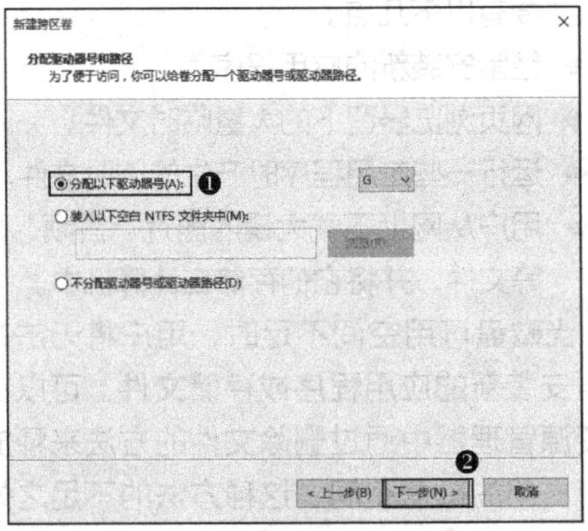

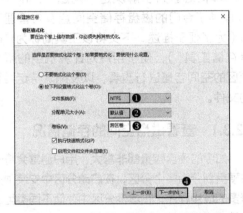

图12-31　为跨区卷分配驱动器号

图12-32　为跨区卷设置分区相关信息

STEP 5 进入如图 12-33 所示的界面，这里汇总了前几步设置的相关信息。如果确认无误则单击【完成】按钮，系统将按照用户的设置创建跨区卷。本例中创建的跨区卷同时使用了来自磁盘 1 和磁盘 2 的空间，其中占用了磁盘 1 的 20GB 空间，占用了磁盘 2 的 30GB 空间，跨区卷的总空间为 50GB，如图 12-34 所示。

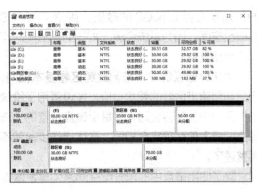

图12-33　汇总前几步设置的相关信息

图12-34　创建完成的跨区卷

删除跨区卷的方法很简单，只需删除跨区卷所使用的任意一个磁盘中的空间，即可同时删除该跨区卷所使用的其他一个或多个磁盘中的空间。删除方法与本章 12.2.9 节介绍的删除普通分区和卷的方法相同。

2．创建带区卷

带区卷与跨区卷类似，也是将两个或多个硬盘中的未分配空间合并到一起而作为一个卷来使用，最多可以使用来自 32 个动态磁盘中的卷，而且也不具备容错功能。与跨区卷不同的是，带区卷能提供更快的磁盘读 / 写速度，这是因为带区卷中的数据被均匀地以带区形式跨磁盘交替分配，在读写数据时，带区卷中的数据会被拆分成多个 64KB 大小的块，然后分散读取或写入组成带区卷的多个硬盘中。此外，创建好的带区卷无法再扩展其自身大小，而跨区卷则可以扩展其自身大小。

创建带区卷的方法与创建跨区卷基本相同，具体操作步骤可以参考跨区卷的创建过程，这里就不再赘述了。与创建跨区卷的唯一区别是在设置用于带区卷的两个或多个磁盘的容量时，为每个磁盘设置的【选择空间量】值必须完全相同。如果两个或多个磁盘的【选择空间量】值不相同，则以其中的最小值为准。

3．创建镜像卷

镜像卷与跨区卷和带区卷的最大区别在于它具备容错功能。镜像卷通过使用两个硬盘中大小相同的卷来存储完全相同的数据，这意味着镜像卷在存储数据的同时保存了一个副本。当一个硬盘中的数据出现问题时，可以使用另一个硬盘中的数据副本，相当于提供了数据备份功能。镜像卷虽然提供了容错功能，但它的缺点也很明显，需要使用两倍于数据容量的空间来存储数据。例如，如果要存储 50GB 的数据，则需要 100GB 的磁盘空间，因为系统会将 50GB 的数据同时写入两个硬盘中。

创建镜像卷的方法与创建跨区卷基本相同，而且与创建带区卷的要求类似，在设置用于镜像卷的两个磁盘的容量时，为每个磁盘设置的【选择空间量】值必须完全相同，具体操作步骤就不再赘述了。

除了使用磁盘中的未分配空间来创建镜像卷以外，镜像卷还可以基于一个现有的分区或简单卷来进行创建，而不必非得是磁盘中的未分配空间，这一点比创建跨区卷和带区卷更灵活。在【磁盘管理】窗口下方的图形视图中右击现有的分区或简单卷，然后在弹出的菜单中选择【添加镜像】命令，如图 12-35 所示。打开如图 12-36 所示的【添加镜像】对话框，选择用于创建镜像卷的另一个磁盘，然后单击【添加镜像】按钮，系统将开始创建镜像卷。

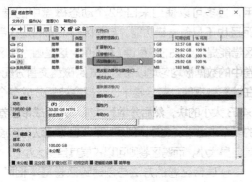

图12-35　基于现有分区或简单卷创建镜像卷

图12-36　选择用于镜像卷的另一个磁盘

12.3　释放磁盘空间的方法

正常情况下，使用计算机的时间越久，磁盘

的可用空间就会变得越来越小。导致这个问题的原因主要有以下几点。

◆ 经常安装新的应用程序。
◆ 网页浏览器留下的大量临时文件。
◆ 运行一些应用程序时产生的临时文件。
◆ 用户从网上下载大量的图片、音频、视频等文件，并将它们存储在计算机中。

当磁盘可用空间不足时，用户将无法在其中再安装新的应用程序或存储文件。可以在文件资源管理器中通过删除文件的方法来释放文件所占用的磁盘空间。这种方法的不足之处在于无法按特定的类型来删除文件，而且删除的也不够彻底。为了解决这一问题，Windows 10 提供了专门的磁盘存储空间查看与管理工具（为了便于描述，下文将该工具简称为"磁盘存储工具"），便于用户对计算机中的所有分区的空间容量进行查看，以及删除特定类型的文件。

12.3.1　查看磁盘空间的存储情况

如今的硬盘容量都非常大，用户通常会将一块硬盘划分为多个分区，在启动分区中安装种类繁多的应用程序，在其他分区中存储不同类型的文件，比如图片、音频、视频、文本文件等。虽然可以在文件资源管理器中查看所有分区的空间使用情况，但是很难统计不同类型的内容所占用的磁盘空间。使用 Windows 10 提供的磁盘存储工具可以让用户对磁盘中存储的各类型内容所占用的磁盘空间一目了然。

单击【开始】按钮，然后在打开的【开始】菜单中选择【设置】命令。在打开的【设置】窗口中选择【系统】选项，在进入的界面左侧选择【存储】选项，在右侧的【存储】类别中显示了计算机中包含的所有分区，以及每个分区的总容量和已用容量，同时还提供了可视化的条形图，如图 12-37 所示。

如果想要查看特定分区空间的具体使用情况，那么可以在右侧单击该分区，进入如图 12-38 所示的界面。上方以堆积条形图的形式显示了不同类型的内容所占用的磁盘空间的容量，下方分别显示了每一类内容占用的磁盘空间容量。单击某类内容，可以在进入的界面中查看该类内容包含的具体项目，以及每个项目占用的磁盘空间容量。

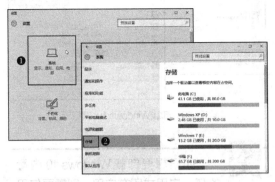

图12-37　查看所有分区的空间使用情况

图12-38　查看特定分区的空间使用情况

12.3.2　删除不需要的文件和应用

通过使用上一节介绍的磁盘存储工具，用户不仅可以非常方便地删除特定类型的文件，还可以卸载 Windows 10 的内置应用以及用户安装的应用程序。本节将介绍使用磁盘存储工具删除不需要的文件和应用的方法。

1．清空回收站

回收站是 Windows 操作系统的一个垃圾回收功能。当用户删除不需要的文件时，这些文件默认会被自动放入回收站中。如果以后发现误删了某些文件，则可以从回收站中恢复这些文件。如果将文件从回收站中删除了，那么用户将无法再恢复这些文件。这也意味着在将文件从回收站中删除之前，回收站中的这些文件一直占用着一定量的磁盘空间。每个分区有一个对应的回收站。换言之，回收站只存放从与其所属的分区中删除的文件。

交叉参考 有关回收站的更多内容，请参考本书第 13 章。

释放磁盘空间的一个最简单的方法就是清空回收站中的所有内容，用户可以使用本书第 13 章介绍的方法直接对回收站进行操作，也可以使用 Windows 10 提供的磁盘存储工具来删除回收站中的内容。

使用本章 12.3.1 节介绍的方法打开【设置】窗口并进入【系统】⇨【存储】界面，在右侧的【存储】类别中单击要删除的文件所属的分区。然后在进入的界面中选择【临时文件】类别，在进入的【临时文件】界面中单击【回收站】下方的【清空回收站】按钮，如图 12-39 所示。在弹出的界面中单击【是的，我确定】按钮，即可删除所选分区的回收站中的所有内容。

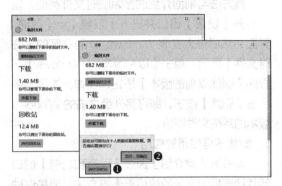

图12-39　删除指定分区的回收站中的所有内容

2．删除临时文件

使用 Windows 10 中的磁盘存储工具，可以非常方便地删除系统和应用程序产生的临时文件。与前面介绍的清空回收站的方法类似，打开【设置】窗口并进入【系统】⇨【存储】界面，在右侧的【存储】类别中单击要删除临时文件所属的分区，通常是安装 Windows 10 的分区。在进入的界面中选择【临时文件】类别，然后在进入的【临时文件】界面中单击【临时文件】下方的【删除临时文件】按钮，在弹出的界面中单击【是的，我确定】按钮，即可删除所选分区中包含的临时文件。

3．删除已下载的文件

由于系统无法判断用户下载的所有文件是否包含有用的文件，因此无法在磁盘存储工具中直

接删除下载的文件，但可以利用该工具快速定位
包含下载文件的文件夹，然后由用户进行选择性
删除。与前面介绍的删除临时文件的方法类似，
首先打开【设置】窗口并进入【系统】➡【存储】
界面，然后进入安装 Windows 10 的分区的【临
时文件】界面。单击【下载】下方的【查看下载】
按钮，系统会自动打开下载文件的默认存储位
置，用户可以根据需要删除其中下载项。

**4．删除升级到Windows 10后保留的早期版本
的系统文件**

从早期版本的 Windows 升级到 Windows 10 后，
系统会自动保留用于恢复到升级之前的 Windows
版本所需的系统文件，这些文件占用大量的磁盘
空间。如果不准备再恢复到升级之前的 Windows
版本，那么可以将保留的系统文件删除以释放它
们所占用的磁盘空间。

其方法与前面介绍的删除临时文件类似，首
先打开【设置】窗口并进入【系统】➡【存储】
界面，然后进入安装 Windows 10 的分区的【临
时文件】界面。单击【以前版本的 Windows】下
方的【删除以前的版本】按钮，在弹出的界面中
单击【删除】按钮，即可将升级之前的 Windows
版本的系统文件删除。

5．卸载不再使用的应用

本书第 7 章介绍了通过【程序和功能】窗口
卸载计算机中安装的应用程序的方法，但是这种
方法只能卸载用户安装的应用程序，而不能卸
载 Windows 10 的内置应用。利用 Windows
10 的磁盘存储工具不但可以卸载用户安装的
应用程序，还可以卸载一部分 Windows 10
的内置应用。

其方法与前面介绍的清空回收站类似，首先
打开【设置】窗口并进入【系统】➡【存储】界面，
在右侧的【存储】类别中单击应用所在的分区，
通常为安装 Windows 10 的分区。然后在进入的
界面中选择【应用和游戏】类别，在进入的【应
用和游戏】界面中列出了系统中内置的应用和用
户安装的应用程序，单击想要删除的应用，如果
该应用右下角的【卸载】按钮显示为可用状态，
则说明可以卸载该应用，如图 12-40 所示。单击
【卸载】按钮，然后在弹出的界面中单击【卸载】
按钮，即可卸载该应用。

图12-40　卸载Windows 10内置应用

如果想要卸载 Windows 10 内置
的任一应用或所有应用，则需要使用
PowerShell 才能完成，具体方法请参
考本书第 7 章。有关 PowerShell 的更
多内容，请参考本书第 34 章。

12.3.3　转移文件的位置

对于指定的分区，可以通过将文件转移到其
他分区的方式来达到增加分区可用空间的目的。
下面介绍了转移文件位置的两种方法。

1．将文件移动到其他驱动器

用户可以根据实际情况，将可用空间不多的
分区中的一些文件和文件夹移动到其他分区中。
对于启动分区而言，这种移动文件和文件夹的操
作需要格外谨慎。因为一旦改变了系统文件的位
置，可能会导致出现不可预料的系统问题。由于
本书第 13 章详细介绍了移动文件和文件夹的方
法，因此这里就不再赘述了，具体内容请参考本
书第 13 章。

2．更改文件的默认保存位置

默认情况下，当用户向文档、图片、音乐和
视频 4 个库中添加文件时，这些文件实际上会自
动保存到安装 Windows 10 的分区中的当前登录
系统的用户个人文件夹的【文档】【图片】【音乐】
和【视频】4 个子文件夹中。另一方面，在将外
部移动存储设备中的图片、音乐等文件导入计算
机中时，默认也会根据文件的具体类型分别导入
以上 4 个文件夹中。为了避免过多地占用启动分
区的空间，可以将不同类型文件的默认保存位置
更改到其他分区中，具体操作步骤如下。

STEP 1 单击【开始】按钮⊞，然后在打开的【开
始】菜单中选择【设置】命令。

STEP 2 在打开的【设置】窗口中选择【系统】选项，在进入的界面左侧选择【存储】选项，然后在右侧的【保存位置】类别中显示了每类文件的默认保存位置。单击要更改的保存位置，然后在打开的下拉列表中选择所需的分区，如图 12-41 所示。

图12-41　更改文件的默认保存位置

为特定类型的文件设置了新的默认保存位置后，系统会自动在所选分区的根目录中创建与当前用户同名的文件夹，并在该文件夹中创建与当前设置的文件类型对应的文件夹。例如，如果当前将文档的默认保存位置设置为 G 盘，当前登录系统的用户名为 sx，那么系统会自动创建名为 Documents 的子文件夹，其完整路径如下：

```
G:\sx\Documents
```

12.3.4　使用 Windows 磁盘清理程序

Windows 10 提供了磁盘清理程序，使用该工具可以检测磁盘中不再需要的文件并进行删除，为用户清理垃圾文件提供了方便。磁盘清理工具可以检测到包括但不限于以下类型的临时文件、系统文件或其他可删除的无用文件。

◆ 设置日志文件：与 Windows 系统日志相关的文件。

◆ Windows Defender：Windows Defender 使用的非关键性文件。

◆ 已下载的程序文件：在浏览某些网页时通过浏览器下载的程序文件，包括 ActiveX 控件和 Java 小程序等。

◆ Internet 临时文件：包括浏览网页时缓存到本地计算机中的相关文件和数据，以便下次浏览同一个网页时可以快速加载网页中的内容。

◆ 脱机网页：脱机网页文件存储在本地计算机中，用于在未连接 Internet 的情况下浏览网页内容。

◆ 系统存档的 Windows 错误报告文件：用于错误报告和解决方案检查的文件。

◆ 系统队列中的 Windows 错误报告文件：同上。

◆ 设备驱动程序包：包括通过 Windows Update 或其他来源安装的所有设备驱动程序包的副本，即使安装了更新版本的驱动程序包也仍然保留旧的版本。

◆ 以前的 Windows 安装：如果是从 Windows 早期版本升级到 Windows 10，那么会在安装 Windows 10 的分区中包含名为 Windows.old 的文件夹，该文件夹中包含升级之前的 Windows 操作系统的相关文件。

◆ 回收站：每个分区都有一个对应的回收站，用户删除的文件会暂时保存在回收站中，直到用户从回收站中删除这些文件才能释放它们所占用的磁盘空间。

◆ 临时文件：临时文件是应用程序使用的临时数据和文件，程序关闭时会自动删除临时文件。临时文件存储在启动分区中的 Windows 文件夹中的 Temp 文件夹中，还包括用户个人文件夹中的 Temp 文件夹。

◆ 临时的 Windows 安装：Windows 安装程序使用的安装文件，它们是在系统安装过程中遗留下来的。

◆ 缩略图：系统在用户第一次打开一个文件夹后保留文件夹中的所有文档、图片、视频的缩略图，以便以后再次打开同一个文件夹时可以快速显示文件的缩略图。

◆ 用户文件历史记录：用于在文件历史记录功能中恢复文件版本的文件。删除此类文件，则将无法恢复文件的历史版本。

用户可以使用以下几种方法运行磁盘清理程序。

◆ 双击桌面上的【此电脑】图标，在打开的窗口中右击要进行磁盘清理的分区，然后在弹出的菜单中选择【属性】命令。打开分区的属性对话框，在【常规】选项卡中单击【磁盘清理】按钮。

◆ 单击【开始】按钮，在打开的【开始】

菜单中选择【所有应用】命令，然后在所有程序列表中选择【Windows 管理工具】⇒【磁盘清理】命令。

◆ 打开【控制面板】窗口，将【查看方式】设置为【大图标】或【小图标】，然后单击【管理工具】链接，在进入的界面中双击【磁盘清理】命令。

◆ 在任务栏中的搜索框、【运行】对话框或【命令提示符】窗口中输入 "cleanmgr.exe" 命令后按【Enter】键。

打开【磁盘清理：驱动器选择】对话框，在【驱动器】下拉列表中选择要清理垃圾文件的分区，如图 12-42 所示，然后单击【确定】按钮。系统开始对所选分区进行扫描并统计可以释放的磁盘空间。扫描完成后将会自动打开如图 12-43 所示的【磁盘清理】对话框，在列表框中选择要清理的内容类型。列表框下方显示的数字表示当前已选中的内容所占用的磁盘空间，也就是清理当前选中的内容以后能够释放的磁盘空间。

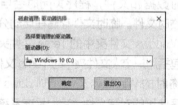

图12-42 选择要清理垃圾文件的磁盘分区

> 💬 **提示**
> 对于不确定的内容类型，可以在选择之后单击【查看文件】按钮，系统会自动打开所选内容类型所在的文件夹。

如果希望删除系统文件，则需要单击【清理系统文件】按钮，此时会再次打开【磁盘清理：驱动器选择】对话框，选择要清理系统文件的分区后单击【确定】按钮。稍后将会打开与前面打开的类似的【磁盘清理】对话框。在【磁盘清理】选项卡中新增了几类内容，包括 Windows

Defender、以前的 Windows 安装、临时的 Windows 安装等。在对话框中还新增了一个【其他选项】选项卡，如图 12-44 所示，可以在该选项卡中设置对已安装的程序和系统还原点等的清理。

图12-43 选择要清理的内容类型

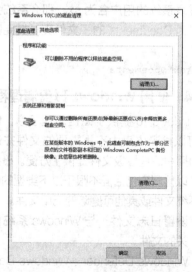

图12-44 在【其他选项】选项卡中对其他内容进行清理

选择好要清理的内容类型后单击【确定】按钮，然后在打开的对话框中单击【删除文件】按钮，系统将开始清理所选择的文件。

Chapter 13 管理文件和文件夹

Windows 操作系统由各种类型的文件组成，用户平时使用的数据都是以文件的形式存储在计算机中。对文件的操作与管理是 Windows 操作系统中进行的最频繁的操作，因此，熟练掌握文件和文件夹的相关操作至关重要。本章详细介绍了文件和文件夹在使用与设置方面的内容，包括文件资源管理器的结构与基本操作、在文件夹中导航、文件和文件夹的基本操作、压缩与解压缩文件和文件夹、设置文件和文件夹的高级选项，以及回收站的设置与使用等内容。有关在 Windows 操作系统中搜索文件和数据的内容将在本书第 14 章进行详细介绍。

13.1 文件资源管理器概述

使用过 Windows 操作系统的用户对 Windows 资源管理器应该非常熟悉，它是 Windows 操作系统内置的文件管理实用程序，用于对文件和文件夹进行各种常规操作与管理。在 Windows 8 中将早期 Windows 操作系统中的"Windows 资源管理器"改名为"文件资源管理器"，同时将界面设计为 Ribbon 功能区的外观和结构。本节将对 Windows 10 操作系统中的文件资源管理器进行概括性介绍，包括文件资源管理器的整体结构、文件资源管理器在 Windows 10 操作系统中的新变化、Ribbon 功能区的界面说明等内容。关于文件资源管理器的具体操作方法将在本章后续内容中进行详细介绍。

13.1.1 文件资源管理器的整体结构

在 Windows 10 中可以使用以下 3 种方法打开文件资源管理器。

◆ 单击任务栏中的【文件资源管理器】按钮 🗂，如图 13-1 所示。

◆ 单击【开始】按钮 🔳，在打开的【开始】菜单中选择【文件资源管理器】命令。

◆ 按【Windows 徽标 +E】组合键。

图13-1　任务栏中的【文件资源管理器】按钮

打开的文件资源管理器如图 13-2 所示，默认会显示【快速访问】类别中包含的项目，这些项目是用户经常使用的文件夹和最近使用过的文件。可以通过设置来改变打开文件资源管理器时默认显示的内容，具体方法请参考本章 13.1.4 节。文件资源管理器具有一般窗口的结构和特征，包括构成窗口的基础元素，比如标题栏、功能区、内容显示区、窗口状态控制按钮、滚动条等部分。除了窗口的基本组成元素外，文件资源管理器的主体结构可以分为以下几个部分。

有关窗口的更多内容，请参考本书第 8 章。

◆ 地址栏：地址栏显示了当前文件或文件夹在计算机中的位置，术语将其称为"绝对路径"或"完整路径"。例如，路径"H:\素材库"表示的是磁盘分区 H 中名为"素材库"的文件夹，但在文件资源管理器中，两个位置之间使用 ⟩ 符号进行连接，如图 13-3 所示。地址栏除了具有显示路径的功能外，还可以作为可操作的控件用于在不同文件夹之间导航，具体方法请参考本章 13.2.2 节。

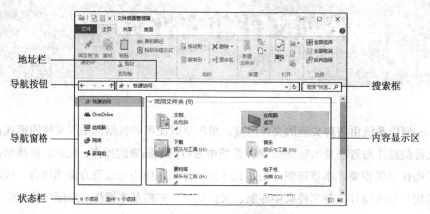

地址栏

导航按钮 ——— 搜索框

导航窗格 ——— 内容显示区

状态栏 ———

图13-2 Windows 10中的文件资源管理器

图13-3 地址栏显示了文件或文件夹在计算机中的位置

交叉参考 有关路径的更多内容，请参考本章13.2.1节。

◆ 搜索框：可以在搜索框中输入要查找的内容，以便在当前文件夹及其子文件夹中快速找到指定的内容。

◆ 导航按钮：导航按钮一共有4个，用于从当前位置跳转到其他位置，这些位置可以是文件夹、子文件夹、库以及网络位置。

交叉参考 有关导航按钮的具体功能与操作方法，请参考本章13.2.2节。

◆ 导航窗格：导航窗格为用户提供了快速访问计算机中特定位置的方法。在导航窗格中可以访问的位置按类型进行了分组，比如"快速访问""此电脑""网络""家庭组"等。每个类别包括了具体的可访问位置，比如在"此电脑"类别中包括计算机中的所有磁盘分区，每个磁盘分区又包括多个文件夹。如果文件资源管理器中未显示导航窗格，可以在功能区中的【查看】选项卡中单击【导航窗格】按钮，然后在弹出的菜单中选择【导航窗格】命令，如图13-4所示。

◆ 内容显示区：该区域显示了当前文件夹中包含的所有文件和子文件夹，默认情况下不会显示隐藏的文件和文件夹，以

及所有文件的扩展名。显示隐藏的文件和文件夹以及文件扩展名的方法请参考本章13.5.1节。

图13-4 在文件资源管理器中显示导航窗格

◆ 状态栏：状态栏位于文件资源管理器的底部。在文件资源管理器中选择文件或文件夹后，在状态栏中会显示所选对象的数量和容量。如果不选择任何对象，状态栏中只显示当前文件夹中包含的对象总数。状态栏右侧包含两个视图按钮，它们的功能与【详细信息】和【大图标】两个命令的功能相同。右击窗口内的空白处，在弹出的菜单中选择【查看】命令，然后在弹出的子菜单中可以看到这两个命令，如图13-5所示。

图13-5 文件资源管理器中的视图按钮与图标显示方式命令的对应关系

有关视图类型与图标显示方式的更多内容，请参考本书第9章。

在文件资源管理器中还可以显示详细信息窗格和预览窗格。详细信息窗格用于显示所选对象的相关信息，比如文件类型、文件大小、文件的创建日期等内容，如图13-6所示。预览窗格用于显示所选文件的内容，如图13-7所示，这样在打开文件之前就可以预先看到文件中的内容，然后再决定是否需要打开该文件。在功能区的【查看】选项卡中单击【详细信息窗格】和【预览窗格】按钮可以显示或隐藏这两个窗格。

图13-6　在详细信息窗格中查看所选对象的相关信息

图13-7　在预览窗格中查看文件内容

　有关文件类型与文件格式的更多内容，请参考本章13.2.1节。

13.1.2　文件资源管理器在 Windows 10 中的新变化

通过上一节内容，我们可以了解 Windows 10 中的文件资源管理器的整体结构。如果用户曾经使用过 Windows 8 操作系统，可能会发现 Windows 10 中的文件资源管理器的界面环境发生了一些新变化，具体包括以下几点。

◆ 【计算机】改名为【此电脑】：很多 Windows XP 用户对桌面上名为"我的电脑"的图标非常熟悉，双击该图标将打开【我的电脑】窗口，然后可以查看或进入指定的磁盘分区。从 Windows Vista 操作系统开始将"我的电脑"图标改名为"计算机"，此名称一直沿用到 Windows 8 操作系统。而在 Windows 10 操作系统中又对该图标进行了一次更名，将其名称改为"此电脑"。在 Windows 10 桌面和文件资源管理器中，以前的【计算机】会显示为【此电脑】。

◆ 新增【快速访问】节点：在文件资源管理器左侧的导航窗格中新增了一个名为"快速访问"的节点，该节点下包含的项目是用户经常访问的文件夹。用户可以管理该节点下的项目，对其中的项目进行添加或删除等操作。

◆ 新增【OneDrive】节点：在文件资源管理器左侧的导航窗格中新增了一个名为"OneDrive"的节点，该节点下包含的项目是用户在微软云存储中包含的文件夹，便于用户在本地计算机中完成文件上传和下载等管理任务。

◆ 功能区界面：如果是从 Windows 7 或更早版本的 Windows 操作系统升级到 Windows 10，可能会对 Windows 10 中的文件资源管理器的界面外观感到陌生。在 Windows 8 操作系统中首次使用了功能区界面，它是一个横向贯穿于文件资源管理器窗口的矩形区域，所有命令都以图形化的方式排列在功能区中。如今的很多应用程序都使用了功能区界面，如 Office 2007/2010/2013/2016，还有越来越多的非微软程序也开始使用功能区界面。

　有关功能区界面的更多内容，请参考下一节。

13.1.3 了解文件资源管理器的功能区界面环境

在本书第 8 章介绍窗口时曾对功能区界面进行过简单介绍。由于 Windows 10 自带的一些程序使用了功能区界面，而且现在越来越多的非微软程序也开始使用功能区界面，所以熟悉功能区界面的布局结构并掌握基本使用方法很有必要。

1. 功能区的基本结构

Windows 10 中的文件资源管理器、写字板、画图等程序都使用了功能区界面。接触过早期程序界面的用户对层叠嵌套式的菜单栏深刻体会，想要找到一个命令可能需要翻遍整个菜单栏。Office 2007 及其后续版本以及 Windows 10 中的一些程序使用功能区界面代替了早期程序中的菜单栏和工具栏。

图 13-8 所示为 Windows 10 中的文件资源管理器的功能区界面，它由选项卡、组、命令 3 个部分组成。每个选项卡的顶部包含用于标识该选项卡类别和用途的文字，例如【主页】和【共享】选项卡。每个选项卡中的命令按功能类别被划分为多个组，例如【主页】选项卡中的【剪贴板】和【选择】组。组中的每个命令通常由图标和文字组成，单击一个命令将执行与该命令对应的功能。有些命令会以其他形式出现，比如列表框、复选框等，它们允许用户选择单个或多个选项。

2. 上下文选项卡

当在文件资源管理器中选择不同类型的文件时，功能区中可能会自动出现新的选项卡。这些选项卡中的命令仅适用于当前所选对象。取消选择当前对象的同时，新增的选项卡会自动消失。将这类选项卡称为"上下文选项卡"，

这意味着它们的显示状态会根据当前的操作环境自动调整。例如，选择一个 MP3 音乐文件，功能区中会自动显示【播放】选项卡，其中提供了用于播放音乐的相关命令，如图 13-9 所示。

图13-9　选择特定类型的文件时将激活上下文选项卡

3. 【文件】按钮

功能区中的第一个选项卡的左侧是【文件】按钮，单击该按钮将打开如图 13-10 所示的菜单，其中包括与文件资源管理器程序本身相关的命令。例如，选择【打开新窗口】命令将打开一个与当前窗口完全相同的窗口，窗口中定位到的位置也与之前的窗口相同。

图13-10　单击【文件】按钮打开的菜单

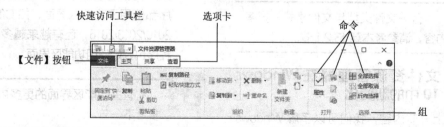

图13-8　文件资源管理器的功能区界面

4. 快速访问工具栏

功能区上方有一个类似于早期程序中的工具栏的元素，将其称为"快速访问工具栏"。将鼠标指针指向快速访问工具栏中的按钮并稍作停留，会自动显示该按钮的名称。如果存在等效的快捷键，会在按钮名称右侧的括号中显示出来，如图13-11所示。如果按钮呈灰色显示，说明该按钮在当前环境下不可用。

图13-11　鼠标指针指向按钮时显示按钮名称和快捷键

快速访问工具栏的右侧有一个下拉按钮，单击该按钮将弹出一个菜单，其中名称左侧带有勾选标记的命令表示其已被添加到快速访问工具栏中，如图13-12所示。通过勾选或取消勾选相应的命令来决定其是否出现在快速访问工具栏中。菜单中可添加的命令数量非常有限，如果希望向快速访问工具栏中添加更多命令，可以在功能区中右击要添加的命令，然后在弹出的菜单中选择【添加到快速访问工具栏】命令，如图13-13所示。

图13-12　在下拉菜单中选择要添加的命令

图13-13　选择【添加到快速访问工具栏】命令

13.1.4　指定打开文件资源管理器时显示的内容

默认情况下，打开文件资源管理器时会显示

【快速访问】类别中的项目。Windows 10中的快速访问功能所包含的项目实际上就是在本书第10章中介绍的固定到任务栏中的项目。右击任务栏中的【文件资源管理器】按钮，将会显示【快速访问】中包含的项目，如图13-14所示。

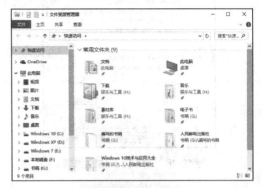

图13-14　文件资源管理器中的【快速访问】类别中的项目与固定到任务栏中的项目相同

如果希望在每次打开文件资源管理器时显示计算机中的磁盘分区，则可以进行相应设置，具体操作步骤如下。

STEP 1 打开文件资源管理器，在功能区中选择【查看】选项卡，然后单击【选项】按钮，如图13-15所示。

图13-15　单击【选项】按钮

STEP 2 打开【文件夹选项】对话框，在【常规】选项卡的【打开文件资源管理器时打开】下拉列表中选择【此电脑】选项，如图13-16所示。

STEP 3 单击【确定】按钮，关闭【文件夹选项】对话框。以后打开文件资源管理器时会显示计算机中包含的所有磁盘分区。

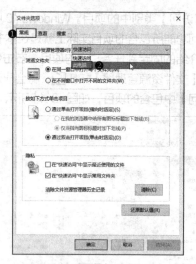

图13-16 选择【此电脑】选项

13.2 在文件资源管理器中导航

在使用文件资源管理器的过程中，最常进行的操作是在不同的文件夹之间导航。除了使用文件资源管理器提供的导航按钮外，用户还可以使用环境变量快速定位到系统中的特定位置。除了以上内容，本节还介绍了 Windows 操作系统对文件进行命名与组织的方式。

13.2.1 Windows 操作系统对文件的命名与组织方式

文件存储在硬盘、CD/DVD 光盘、U 盘或其他存储介质中。文件中包含一些数据，这些数据可以是数字、符号、文字、表格、图片、音频、视频等不同类型的内容。文件名用于识别不同类型、不同用途的文件，每个文件必须有一个文件名。并不是所有字符都能作为文件名的一部分或全部来使用，在为文件命名时需要注意以下原则和规范。

◆ 文件名不区分英文大小写。

◆ 文件名中不能包含以下任何一个字符："\" "/" ":" "?" "*" """ "|" "<" ">"。

◆ 不能使用以下名称作为文件名：Aux、Com1、Com2、Com3、Com4、Con、Lpt1、Lpt2、Lpt3、Prn、Nul。

◆ 文件名和文件的扩展名不能超过 255 个字符，此长度指的是地址栏中的整个路径的长度，而不仅仅是路径结尾的文件名的长度。

一个文件的完整名称由主文件名和文件扩展名（也称为后缀名）两部分组成，主文件名与文件扩展名之间通过一个英文句点进行分隔，如图 13-17 所示。默认情况下通常只显示主文件名，而不显示文件扩展名。主文件名用于帮助用户识别文件的作用或用途，而文件扩展名表示文件的类型，Windows 操作系统通过文件扩展名来确定使用哪种程序打开文件。

> **交叉参考** 可以通过设置让 Windows 操作系统显示文件扩展名，具体方法请参考本章 13.5.2 节。

例如，在图 13-17 所示的"注册码.txt"文件中，英文句点左侧的"注册码"3 个字是主文件名，通过这个名称可以了解到该文件是用来对某个程序进行注册而使其成为正版程序的一组密钥。英文句点右侧的"txt"是这个文件的扩展名，说明该文件是一个文本文件，双击这个文件时 Windows 操作系统会自动使用记事本程序打开该文件。还有很多其他类型的文件扩展名，比如 doc 表示 Word 文档、xls 表示 Excel 工作簿、jpg 表示 JPEG 格式的图片、exe 表示操作系统中的可执行程序、bat 表示批处理文件等。扩展名通常由 3 个字符组成，但也有 4 个字符的扩展名，比如 docx 是 Word 2007 以及 Word 更高版本中 Word 文档的扩展名。

主文件名————文件扩展名

图13-17 文件名由主文件名和文件扩展名组成

> **交叉参考** 如果同时有多个程序可以打开同一类型的文件，用户可以指定默认打开该类文件所使用的程序，设置方法请参考本书第 7 章。

Windows 操作系统包含数以万计甚至数量更多的文件，如何有序地组织和管理这些文件至关重要。在本章 13.1.1 节介绍文件资源管理器的结构时，曾经简要介绍过"路径"的概念。"路径"向用户描述了在 Windows 操作系统中找到一个特定文件的过程。一个文件或文件夹的完整路径可以使用下面的通用格式来表示。

```
驱动器名 \ 文件夹名 \ 文件名
```

下面几个都是路径的示例：

```
A:\
C:\Windows
C:\Users\songxiang\Pictures
F:\ 音乐 \Mariah Carey
```

驱动器名由一个英文字母和一个冒号组成，如 "A:" "C:" "F :" 等，可以将其称为 "磁盘驱动器 A" "磁盘驱动器 C" "磁盘驱动器 F"，也可以叫做 "A 盘" "C 盘" "F 盘"。在驱动器名、文件夹名、文件名之间使用反斜杠 "\" 进行分隔。文件夹也可以叫作 "目录"，每个磁盘分区称为 "根目录"。根目录是其所在磁盘分区的顶层文件夹，磁盘分区中的所有文件夹和文件都位

于根目录之下。

Windows 操作系统对文件的组织方式如图 13-18 所示，类似于实际生活中在文件柜中存放文件。一个文件柜分为几个抽屉，每个抽屉中可能装有多个文件袋，同时还可能装有单独散落的文件。用户可以将计算机中的整个硬盘看作文件柜，而将硬盘中包含的多个磁盘分区看作文件柜中的多个抽屉。每个磁盘分区中包括的文件夹相当于抽屉中的文件袋，而文件夹中的文件相当于文件袋中的文件。对于没有装入文件袋而直接散落在抽屉中的文件而言，相当于在磁盘分区根目录中的文件，这些文件不属于磁盘分区中的任何文件夹，而直接位于磁盘分区的根目录下。

图13-18 文件夹和文件的组织方式

使用上面的类比有助于理解计算机对文件的组织方式，但是实际情况通常要复杂得多。与文件袋中不会再放入文件袋的情况不同，在计算机的文件夹中可能会包含其他一些文件夹，而这些内嵌的文件夹称为 "子文件夹"。在这些子文件夹中可能还会包含一些文件夹，所以 "子文件夹" 是一个相对的概念，它是针对其上一级文件夹而言的，将子文件夹上一级的文件夹称为 "父文件夹"。Windows 操作系统就是使用这种文件夹多级嵌套的方式来组织计算机中的文件的。

13.2.2 使用文件资源管理器的界面工具进行导航

文件资源管理器为用户管理计算机中的文件

提供了方便。在文件夹之间导航可能是在文件资源管理器中进行的最频繁的操作。所谓导航是指在不同的磁盘分区和文件夹之间跳转位置，从而实现由一个文件夹到另一个文件夹在位置上的改变。在将文件和文件夹从一个位置移动或复制到另一个位置的过程中就涉及导航操作。Windows 10 中的文件资源管理器提供了 4 个导航命令，它们位于地址栏左侧，如图 13-19 所示。各个命令的功能如下。

← → ∨ ↑ 🖥 › 此电脑 › Windows 10 (C:) ›

图13-19 文件资源管理器提供的导航命令

◆ 【返回】按钮←：该按钮的功能类似于网

页浏览器中的【后退】按钮。单击该按钮可以返回上次访问过的文件夹位置。例如，双击桌面上的【此电脑】图标打开【此电脑】窗口，此时显示的是计算机中的所有磁盘分区。双击磁盘分区 C 进入 C 盘的根目录，然后单击【返回】按钮←，将会返回之前的【此电脑】界面。

◆ 【前进】按钮→：该按钮的功能类似于网页浏览器中的【前进】按钮，与【返回】按钮的作用相反。在使用过【返回】按钮←后，【前进】按钮→会被激活，单击【前进】按钮→会跳转到最近一次单击【返回】按钮之前所处的文件夹位置。

◆ 【最近浏览的位置】按钮：单击该按钮将会打开一个下拉列表，其中列出了最近访问过的位置，如图 13-20 所示，选择一项后即可跳转到对应的位置。

图13-20 选择跳转到最近访问过的位置

◆ 【上移到】按钮↑：单击该按钮将会定位到当前文件夹的上一级文件夹，即父文件夹。

除了文件资源管理器中专门用于导航的 4 个命令外，用户还可以使用地址栏中的路径来进行导航。地址栏中的路径不仅用于显示文件或文件夹的位置，还可以对其进行操作。路径中的▸符号连接的两个部分都是可以使用鼠标单击的，单击某个部分即可跳转到该部分所代表的位置上。▸符号本身也可以使用鼠标单击，▸符号与其左侧的文本可以认为同属一组。单击▸符号将会打开类似图 13-21 所示的菜单，其中显示的是▸符号左侧的文本所表示的文件夹中包含的子文件夹的名称，选择某个名称即可跳转到对应的文件夹中。

图13-21 使用地址栏中的路径来进行导航操作

13.2.3 使用环境变量快速打开指定的文件夹

在本书前面的内容中曾经出现过使用环境变量的例子。环境变量是操作系统中具有特定名称的对象，它可以为操作系统中的一个或多个程序提供一些必要的信息。例如，在安装一个程序时，程序本身可能需要知道 Windows 操作系统安装在哪个磁盘分区上，以及 Windows 临时文件夹位于何处。由于这些信息预先被存储在环境变量中，所以程序就可以通过读取环境变量中保存的内容来获取相应的信息，从而顺利完成程序的安装与配置。

Windows 操作系统包括两种环境变量，分别是用户变量和系统变量。用户变量只能被当前登录 Windows 操作系统的用户使用，而系统变量可以被所有 Windows 用户使用。Windows 操作系统已经预先创建好了一些环境变量，用户和系统中的程序可以直接使用它们。例如，右击【开始】按钮并选择【运行】命令，在打开的对话框中输入"%SystemDrive%"后按【Enter】键，将会自动打开安装 Windows 操作系统的磁盘分区的根目录。如果输入"%WinDir%"后按【Enter】键，则会自动打开 Windows 操作系统的安装目录（即 Windows 文件夹）。每个环境变量都是由一对百分号以及百分号之间的英文单词组成。

除了在【运行】对话框中使用环境变量外，还可以在文件资源管理器的地址栏中输入环境变量，按【Enter】键后即可打开指定的文件夹。

 交叉参考如果想要查看 Windows 操作系统中的所有预定义环境变量，请参考本书第 33 章。

13.2.4 创建、修改与删除环境变量

除了系统预定义的环境变量外，用户还可以根据需要创建新的环境变量，也可以对已有的环境变量进行修改，还可以删除不再使用的环境变量。当前登录 Windows 操作系统的用户可以创建用户变量，如果该用户同时具有管理员权限，还可以创建系统变量。换言之，系统变量只能由具有管理员权限的用户创建，而具有普通权限的用户只能创建用户变量。编辑环境变量的具体操

作步骤如下。

STEP 1 右击【开始】按钮⊞，然后在弹出的菜单中选择【系统】命令。

STEP 2 打开【系统】窗口，单击左侧列表中的【高级系统设置】链接。

STEP 3 打开【系统属性】对话框，单击【环境变量】按钮，如图 13-22 所示。

图13-22 单击【环境变量】按钮

STEP 4 打开【环境变量】对话框，在【sx 的用户变量】和【系统变量】两个列表框中分别列出了系统预定义的用户变量和环境变量，如图 13-23 所示。图中的"sx"是当前登录 Windows 操作系统的用户名。

图13-23 查看系统中预定义的环境变量

交叉参考 这里介绍的操作环境变量的方法是在 Windows 图形界面中完成的。如果希望使用 Windows 命令行工具来操作环境变量，请参考本书第 33 章。

STEP 5 在【环境变量】对话框中，【用户变量】和【系统变量】分别提供了相应的【新建】【编辑】和【删除】按钮用于对环境变量进行创建、修改和删除等操作，具体如下。

◆ 新建环境变量：单击【新建】按钮，打开如图 13-24 所示的对话框，输入变量的名称及其中包含的内容，然后单击【确定】按钮，创建的环境变量会显示在对应的列表框中，如图 13-25 所示。

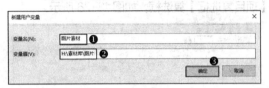

图13-24 设置新的环境变量

图13-25 创建好的环境变量

◆ 修改环境变量：在列表框中选择想要修改的环境变量，然后单击【编辑】按钮，在打开的对话框中修改环境变量的名称及其包含的内容。

◆ 删除环境变量：在列表框中选择需要删除的环境变量，单击【删除】按钮即可将其删除。

13.3 文件和文件夹的基本操作

在导航到一个文件夹以后，接下来要做的通常是对该文件夹中的文件和子文件夹进行常规的管理任务，这些任务包括对文件和文件夹的重命名、移动、复制、删除以及查看属性信息等操作。在进行以上操作之前，需要先选择要操作的文件和文件夹。

13.3.1 选择文件和文件夹

选择文件和文件夹的方法与本书第 9 章 9.1.2 节介绍的选择图标的方法类似，这里不再赘述。除此之外，Windows 10 还提供了使用复选框来选择文件和文件夹的方法。要启用复选框选择方式，需要在文件资源管理器的【查看】选项卡中选中【项目复选框】复选框，如图 13-26 所示。

图13-26 启用复选框选择方式

启用复选框选择功能以后，在文件资源管理器中将鼠标指针指向文件或文件夹时，在其左上角或左侧会显示一个复选框，选中该复选框即可选择对应的文件或文件夹，如图 13-27 所示。

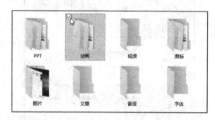

图13-27 使用复选框来选择文件和文件夹

> **提示**
> 复选框出现的位置取决于当前文件夹中图标的显示方式。例如，当图标以超大图标、大图标、中等图标、平铺、内容等方式显示时，复选框会出现在对象的左上角；以其他方式显示时复选框会出现在对象的左侧。有关图标显示方式的更多内容，请参考本书第 9 章。

分别单击不同文件或文件夹关联的复选框可以同时选择这些对象。按【Ctrl+A】组合键可以选择当前文件夹中的所有对象。如果当前图标的显示方式为【详细信息】，则可以选中内容显示区顶部的【名称】列标题左侧的复选框来快速选中所有对象，如图 13-28 所示。

如果当前位于【快速访问】【此电脑】【网络】等位置，用户可能会发现在每组文件夹的上方都

会有一个分组名称。例如，在图 13-29 所示的【此电脑】窗口中，文件夹图标被分为【文件夹】和【设备和驱动器】两个组，单击组名即可选中该组下的所有对象。单击窗口内的空白处即可取消所有对象的选中状态。

图13-28 通过复选框选择文件夹中的所有对象

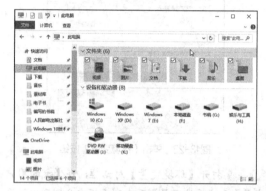

图13-29 通过分组名称选择组内所有对象

还可以使用功能区中的【主页】选项卡【选择】组中的命令来选择文件和文件夹，除了可以全选或取消全选所有对象外，还可以进行反选。例如，如果想选择当前文件夹中除了某个文件以外的其他所有文件，那么可以先选择要排除的这个文件，然后单击功能区中的【主页】⇨【选择】⇨【反向选择】按钮即可。

> **注意** 如果打开的是【此电脑】窗口，将不会显示【主页】选项卡，这是因为在【此电脑】这个位置上不能创建文件夹。

13.3.2 新建与重命名文件和文件夹

随着使用计算机时间的不断增长，计算机中的文件数量和种类会日益增多，想要快速找到某个文件将会变得越来越困难。因此，按类别对文件和文件夹进行分类管理十分有必要。与本章 13.2.1 节介绍的 Windows 操作系统对文件进行组织的方式类似，用户也需要对日常使用的文件进行归纳与整理，而文件夹正是用于对文件进行管

理的工具。

在任何一个普通的文件夹中都可以创建新的空白文件夹，但是在【此电脑】【快速访问】【网络】等特定位置中不能创建文件夹，而只能向这些位置添加现有的文件夹以便于用户访问。新建文件夹的具体操作步骤如下。

STEP 1 要新建一个文件夹，可以右击当前窗口内的空白处，然后在弹出的菜单中选择【新建】⇨【文件夹】命令，如图 13-30 所示。

图13-30 创建新的文件夹

STEP 2 选择【文件夹】命令后会在当前窗口中创建一个新的文件夹，默认名称为"新建文件夹"，名称会自动高亮显示并处于可编辑状态，如图 13-31 所示。

图13-31 新建文件夹的名称会自动高亮显示

STEP 3 在名称文本框中输入新的名称，然后按【Enter】键进行确认以完成对文件夹的命名。

> **提示**
> 也可以在输入一个名称后单击名称文本框以外的位置以确认对名称的修改。

以后可以随时修改文件夹的名称，有以下 3 种方法。

◆ 右击要改名的文件夹，在弹出的菜单中选择【重命名】命令。
◆ 选择要改名的文件夹，然后按【F2】键。
◆ 单击功能区中的【主页】⇨【组织】⇨【重命名】按钮。

在进入名称编辑状态后，可以使用键盘上的编辑键（如【Backspace】键、【Delete】键、空格键等）对名称中的任意字符进行修改，修改完成后按【Enter】键确认即可。

除了创建文件夹外，还可以创建文件。在窗口内的空白处单击鼠标右键，然后在弹出的菜单中选择【新建】命令，在打开的子菜单中列出了可以新建的文件类型，如图 13-32 所示。具体列出哪些文件类型与在当前操作系统中安装的应用程序类型有关。选择一种文件类型后即可创建该类型的一个新文件，设置好文件的名称并按【Enter】键确认即可。修改文件名称的方法与重命名文件夹的方法类似，这里不再赘述。

图13-32 通过鼠标右键菜单可以创建的文件

13.3.3 移动与复制文件和文件夹

移动与复制可能是在文件和文件夹的日常管理中最常用的两个操作。移动是指将原位置上的内容转移到目标位置上，移动完成后原位置上的内容不再存在。复制是指在目标位置上创建一个原位置上的内容的副本，复制完成后原位置和目标位置上各有一份完全相同的内容。文件和文件夹在移动和复制的操作方法上类似，但是在对文件夹进行移动和复制的操作时会更复杂一些，因为在操作过程中会涉及文件夹中包含的文件。

在 Windows 8 操作系统中改变了移动和复制文件的操作方式，Windows 10 操作系统仍然沿用这一新的方式来对文件和文件夹进行移动和复制操作。新方式下的移动和复制操作使用了可视化的操作界面，用户可以选择以简略视图或详细视图来显示移动或复制的过程。在简略视图下，只能看到当前操作已完成的百分比，而在详细视图下还可以看到一个显示操作进度和速度的图表，同时还会显示完成移动或复制所需的剩余时间以及未处理完成的项目的数量及其容量，如图

13-33 所示。

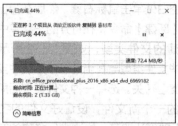

图13-33　Windows 8/10中改进的移动和复制功能

在操作过程中用户可以随时选择暂停或彻底停止正在进行的移动或复制操作，这有点类似于音频/视频播放器中的暂停和停止功能。图 13-34 所示为在移动或复制过程中单击 Ⅱ 按钮暂时停止正在进行的操作，以后可以随时单击 ▶ 按钮继续完成之前的操作。如果希望提前结束正在进行的操作，可以单击 ✕ 按钮。

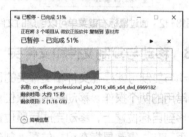

图13-34　可随时暂停或退出操作

> **提示**
> 在进行移动或复制操作时，将鼠标指针指向操作界面中表示原始位置和目标位置的文字时，鼠标指针会变为 形状并显示文件夹的完整路径，如图13-35所示。此时单击文字可以打开原始位置和目标位置的文件夹。

图13-35　单击文字链接可打开原始和目标文件夹

移动和复制操作都可以使用鼠标拖动法和菜单命令法两种方法来完成。下面分别对这两种方法进行详细介绍。

1. 使用鼠标拖动法进行移动和复制

鼠标拖动法最常用于文件和文件夹位于同一个位置上，希望将文件移动或复制到当前位置上的某个文件夹中的情况。换言之，近距离的移动和复制最适合使用鼠标拖动法。例如，在图 13-36 所示的文件夹中包含 1 个文件和 8 个子文件夹，如果希望将这个文件移动或复制到名为 "PPT" 的子文件夹中，在这种情况下使用鼠标拖动法最方便。

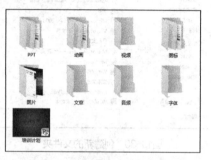

图13-36　适合使用鼠标拖动法的情况

◆ 移动文件：选择要移动的文件，然后按住鼠标左键向目标位置拖动，在将文件拖动到目标文件夹上方时会显示 "移动到 ××" 字样，如图 13-37 所示，其中的 ×× 表示文件夹的名称。此时释放鼠标左键即可将文件从原位置移动到目标位置。移动文件夹的方法与移动文件相同。

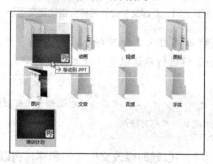

图13-37　使用鼠标拖动法移动文件

◆ 复制文件：复制文件的方法与移动文件类似，唯一区别在于需要在拖动文件的同时按住【Ctrl】键，此时会在鼠标周围显示 "复制到 ××" 字样，如图 13-38 所示。在到达目标文件夹上方后先释放鼠标左键，再释放【Ctrl】键即可完成复制操作。

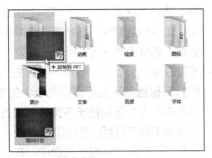

图13-38　使用鼠标拖动法复制文件

　　如果目标位置和原位置不像上面介绍的那样处于同一个位置，在使用鼠标拖动法移动或复制文件时，则需要先打开包含目标位置和原位置的两个窗口，然后再使用前面介绍过的鼠标拖动法完成移动或复制操作。

　　用户在将文件移动或复制到某个文件夹时，可能会遇到目标文件夹中包含同名文件的情况，此时会显示类似图13-39所示的提示信息，用户可以根据需要选择3种操作中的其中一种。

图13-39　目标位置包含同名文件时的提示信息

◆ 替换目标中的文件：如果确定正在移动或复制的文件是最新的且需要的，则选择该项。

◆ 跳过该文件：如果放弃当前正在进行的移动或复制操作，则选择该项。换言之，选择该项不会将当前文件移动或复制到目标位置。

◆ 比较两个文件的信息：如果选择该项，会打开类似图13-40所示的对话框。通过选择与文件对应的复选框来决定最终要保留的文件版本。如果同时选择两个复选框，会在最新移动或复制的文件名称后自动添加一个编号，以便与同名的原文件相区别。

图13-40　选择要保留的文件版本

2.　使用菜单命令法进行移动和复制

　　菜单命令是指使用鼠标右键菜单中的命令来进行移动和复制的操作。菜单命令法最适合在原位置和目标位置未处于同一个位置的情况下使用。使用菜单命令进行移动和复制操作的具体方法如下。

◆ 右击要移动或复制的文件或文件夹，弹出鼠标右键快捷菜单。如果要进行移动，则选择【剪切】命令，如果要进行复制，则选择【复制】命令。然后右击目标位置（它可以是一个文件夹图标，也可以是文件夹窗口内的空白处），在弹出的菜单中选择【粘贴】命令，如图13-41所示。

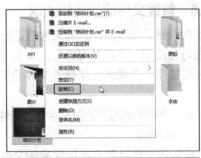

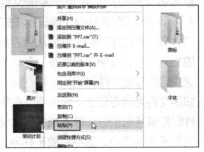

图13-41　使用菜单命令进行移动和复制操作

还可以使用与菜单命令具有同等功能的快捷键来完成移动和复制操作。【Ctrl+X】组合键相当于【剪切】命令,【Ctrl+C】组合键相当于【复制】命令,【Ctrl+V】组合键相当于【粘贴】命令。

13.3.4 删除文件和文件夹

对于计算机中不再有用的文件和文件夹,应该及时将它们删除,除了可以避免占用额外的磁盘空间,还可以防止无用文件过多所导致的混乱。可以删除一个或多个文件和文件夹,这取决于执行删除命令之前所选择的对象数量。可以使用以下两种方法删除文件和文件夹。

◆ 右击要删除的文件,然后在弹出的菜单中选择【删除】命令。

◆ 选择要删除的文件,然后按【Delete】键。

无论使用哪种方法,默认情况下都会显示一个删除文件的确认对话框,单击【是】按钮即可将文件和文件夹删除到 Windows 操作系统的回收站中。

删除到回收站中的内容并没有真正从计算机中删除,这些内容仍然占用着磁盘空间。如果希望将回收站中的内容彻底删除,请参考本章 13.6 节。

13.3.5 管理文件的技巧和建议

本节介绍了在管理计算机文件方面的一些有用技巧和建议,参考并遵循它们有助于提高文件管理效率。下面列出了管理文件的技巧和建议。

◆ 使用清晰明确的描述性文字作为文件和文件夹的名称。

◆ 重命名文件时务必保留原来的文件扩展名,以防止文件无法被正确识别和打开。

◆ 将分属于不同主题的文件分组保存到不同的文件夹中,以便于日后按主题或类别快速找到相应的文件。

◆ 如果文件之间存在上下级关系,在组织文件时应该将它们分别放入相关联的父文件夹和子文件夹中,而不是放于并列的位置或完全不相关的位置上。

◆ 将用户的个人数据文件与程序文件分开保存。最好将这两者存放于不同的磁盘分区中,即使以后重装系统也不会影响到用户数据,而且也便于备份用户数据。

◆ 不要在磁盘分区的根目录下存放文件,虽然打开磁盘分区就可以看到其中的文件,但是在磁盘分区根目录下直接存放各种文件非常不利于以后的管理和维护。

◆ 如果要访问的文件位于光盘中,在访问这些文件之前应该将它们复制到硬盘中,这样可以加快文件的访问速度,同时可以延长光驱的使用寿命。

◆ 及时删除不再使用的文件,以避免它们占据大量的磁盘空间,同时禁止文件数量的肆意泛滥也为有效管理文件提供了帮助。

◆ 定期备份重要的文件,以便在硬盘出现故障时可以恢复这些文件。

13.4 压缩和解压缩文件

从网上下载的很多文件和程序都是以压缩包的形式提供的,为了可以正常使用这些文件和程序,用户需要对下载的压缩包进行解压缩。另一方面,在将文件通过网络发送给其他人之前,通常需要对这些文件进行压缩,这样可以让文件变得更小从而以最短的时间发送给对方。如果要发送多个文件,可以通过将这些文件压缩为一个整体来简化发送过程。Windows 10 操作系统内置了压缩和解压缩实用程序,无需额外安装其他第三方压缩程序,即可对计算机中的文件进行压缩和解压缩。

13.4.1 压缩文件

使用 Windows 10 内置的压缩功能对文件进行压缩的具体操作步骤如下。

STEP 1 选择要压缩的内容,可以是一个或多个文件,也可以是文件夹。

STEP 2 右击所有选中对象中的其中之一,在弹出的菜单中选择【发送到】⇨【压缩(zipped)文件夹】命令,如图 13-42 所示。

STEP 3 系统开始对选中内容进行压缩并显示压缩进度,如图 13-43 所示。

图13-42　选择Windows操作系统内置的压缩命令

图13-43　正在对选中内容进行压缩

STEP 4 压缩完成后可以在当前文件夹窗口中看到创建的压缩文件，如图13-44所示。用户可以重命名压缩文件，以使其易于识别。

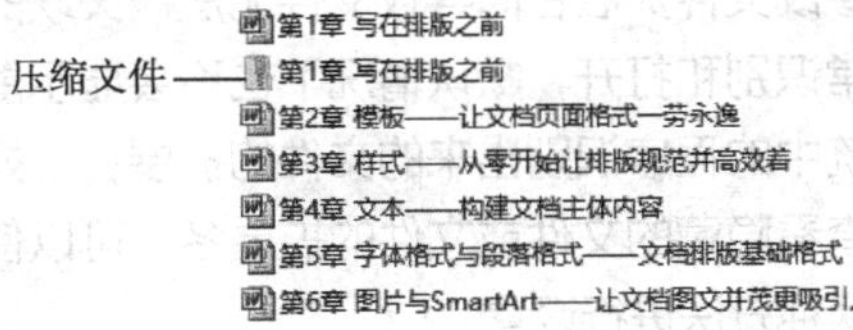

压缩文件
- 第1章 写在排版之前
- 第1章 写在排版之前
- 第2章 模板——让文档页面格式一劳永逸
- 第3章 样式——从零开始让排版规范并高效着
- 第4章 文本——构建文档主体内容
- 第5章 字体格式与段落格式——文档排版基础格式
- 第6章 图片与SmartArt——让文档图文并茂更吸引人

图13-44　压缩文件夹

13.4.2　解压缩文件

通常将一个或多个文件经过压缩后生成的文件称为压缩包。当需要使用压缩包中的文件时，需要先对压缩包进行解压缩。解压缩是指将压缩包中的内容提取出来以便恢复到压缩前的状态。解压缩文件的具体操作步骤如下。

STEP 1 右击压缩包，在弹出的菜单中选择【全部提取】命令。

STEP 2 打开如图13-45所示的对话框，文本框中自动设置好了解压缩后提取出的文件的默认位置，它与压缩包位于相同的路径下，并且使用与压缩包同名的文件夹来存放解压缩后提取出的文件，如果不存在该文件夹，则会自动创建。用户可以单击【浏览】按钮选择其他位置，或者直接在文本框中输入位置的完整路径。

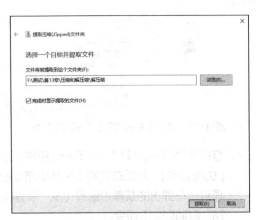

图13-45　选择解压缩文件的目标位置

> **提示**
> 如果选中【完成时显示提取的文件】复选框，在解压缩后会自动显示提取出来的文件。

STEP 3 设置好后单击【提取】按钮，系统开始对压缩包进行解压缩。

13.5　设置文件和文件夹的高级选项

文件资源管理器提供了一些设置选项，用户通过修改默认设置可以让文件资源管理器的工作方式更符合个人习惯。本节介绍了文件资源管理器中常用选项的设置方法。

13.5.1　设置【快速访问】中包含的内容

【快速访问】位置上的项目为用户快速访问特定的文件夹提供了方便，用户可以将需要经常访问的文件夹添加到【快速访问】中。本书第10章曾经介绍过将常用文件夹固定到任务栏中的方法，当右击任务栏中的文件资源管理器图标🗂时，可以在打开的列表中看到固定后的项目。在文件资源管理器的导航窗格中选择【快速访问】后，也可以看到这些项目。

除了通过向任务栏中固定文件夹的方法来向【快速访问】位置上添加项目外，用户还可以直接在文件资源管理器中添加。在文件资源管理器中右击要添加的文件夹图标，在弹出的菜单中选择【固定到"快速访问"】命令，如图13-46所示，即可将该文件夹添加到【快速访问】中。对于【快速访问】中不再需要的项目，可以随时将其删除，有以下两种方法。

图13-46 将文件夹添加到【快速访问】中

- 打开文件资源管理器，选择导航窗格中的【快速访问】，然后在右侧右击想要删除的项目，在弹出的菜单中选择【从"快速访问"取消固定】命令。
- 打开文件资源管理器，在导航窗格中双击【快速访问】，在展开的列表中右击要删除的项目，然后在弹出的菜单中选择【从"快速访问"取消固定】命令，如图13-47所示。

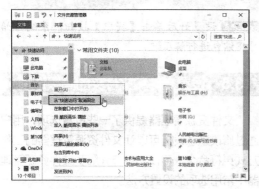

图13-47 从【快速访问】中删除文件夹

如果用户从未手动向【快速访问】中添加过任何文件夹，默认情况下【快速访问】中会显示用户经常打开的文件夹和文件，因为Windows 10认为这些内容是用户需要经常操作的，所以它们被自动记录在【快速访问】中。但是有时为了保护个人隐私，或者用户已经手动向【快速访问】中添加了所需的项目，而不想让Windows 10根据文件和文件夹的使用频率自动在【快速访问】中显示项目，那么可以进行以下设置，具体操作步骤如下。

STEP 1 打开文件资源管理器，在功能区中单击【查看】选项卡中的【选项】按钮。

STEP 2 打开【文件夹选项】对话框，在【常规】选项卡中取消选中【在"快速访问"中显示最近使用的文件】和【在"快速访问"中显示常用文件夹】两个复选框，如图13-48所示。

图13-48 隐藏【快速访问】中的所有项目

STEP 3 单击【确定】按钮，关闭【文件夹选项】对话框。

13.5.2 显示隐藏的文件和文件扩展名

默认情况下，在文件资源管理器中不会显示设置了隐藏属性的文件。同时，为了避免用户不小心修改文件扩展名而导致文件无法被关联的程序正常识别和打开，默认情况下也不会显示能够被系统中的程序识别出来的文件的扩展名。如果想要查看隐藏的文件或文件的扩展名，可以使用以下两种方法进行设置。

- 打开文件资源管理器，在【查看】选项卡中选中【文件扩展名】和【隐藏的项目】两个复选框，如图13-49所示。

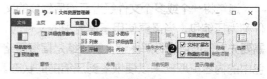

图13-49 在功能区中设置隐藏文件和文件扩展名

- 打开文件资源管理器，单击【查看】选项卡中的【选项】按钮，在打开的【文件夹选项】对话框中切换到【查看】选项卡，然后选中【显示隐藏的文件、文件夹和驱动器】单选按钮，同时取消选中【隐藏已知文件类型的扩展名】复选框，如图13-50所示。最后单击【确定】按钮关闭【文件夹选项】对话框。

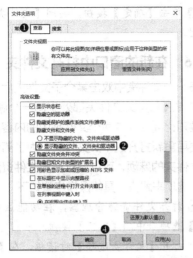

图13-50 在对话框中设置隐藏文件和文件扩展名

显示出来的隐藏文件和文件夹以半透明状态显示，如图 13-51 所示，从而可以与普通文件在外观上相区别。

图13-51 显示出来的隐藏文件和文件夹

13.5.3 显示系统文件

与设置了隐藏属性的文件类似，默认情况下Windows 操作系统文件也不会显示在文件资源管理器中。如果要查看或处理系统文件，则需要设置系统文件的可见性。操作方法与本章 13.5.2 节类似，打开【文件夹选项】对话框并切换到【查看】选项卡，然后取消选中【隐藏受保护的系统文件（推荐）】复选框。此时会弹出如图 13-52 所示的对话框，单击【是】按钮，最后单击【确定】按钮关闭【文件夹选项】对话框。

图13-52 设置显示系统文件时的警告信息

13.5.4 在标题栏中显示文件和文件夹的完整路径

默认情况下，在文件资源管理器的地址栏中显示的并非是字符形式的完整路径，而是可以进行单击操作的、由 ▸ 符号连接的表示不同文件夹的多个部分。如果要查看完整路径，需要单击地址栏中的空白处使其处于编辑状态，如图 13-53 所示。

图13-53 查看地址栏中显示的完整路径

可以通过设置让完整路径显示在文件夹窗口的标题栏中，具体操作步骤如下。

STEP 1 打开文件资源管理器，在功能区中单击【查看】选项卡中的【选项】按钮。

STEP 2 打开【文件夹选项】对话框，切换到【查看】选项卡，在列表框中选中【在标题栏中显示完整路径】复选框，如图 13-54 所示。

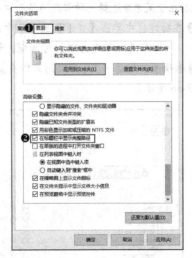

图13-54 选中【在标题栏中显示完整路径】复选框

STEP 3 单击【确定】按钮，关闭【文件夹选项】对话框。设置后打开任何一个文件夹窗口，都会在标题栏中显示该文件夹的完整路径，如图 13-55 所示。

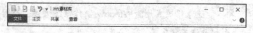

图13-55　在地址栏中显示文件夹的完整路径

> **提示**
>
> 在打开【快速访问】【此电脑】【网络】等位置时不会在窗口标题栏中显示路径信息。

13.5.5　将特定视图应用于同类型的多个文件夹

文件资源管理器中的内容在默认情况下是以"详细信息"方式显示的。在进入包含不同类型文件的文件夹时，用户可能并不希望总以"详细信息"方式来显示文件。例如，在进入包含图片的文件夹时，为了可以预览所有图片的内容，则需要以"中等图标"或"大图标"等方式显示。但是当进入其他包含图片的文件夹时，默认仍然是以"详细信息"方式显示的，如果希望预览图片内容，就必须再次手动更改显示方式。可以通过设置自动让包含同类文件的不同文件夹以相同的方式显示文件，具体操作步骤如下。

STEP 1 进入要设置显示方式的某个文件夹，右击窗口内的空白处，在弹出的菜单中选择【查看】命令，然后在子菜单中选择一种需要的显示方式。

STEP 2 在功能区中单击【查看】选项卡中的【选项】按钮，打开【文件夹选项】对话框。切换到【查看】选项卡，然后单击【应用到文件夹】按钮，如图 13-56 所示。

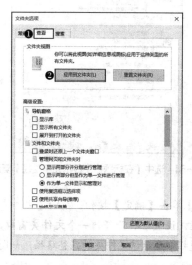

图13-56　单击【应用到文件夹】按钮

STEP 3 单击【确定】按钮，关闭【文件夹选项】对话框。

13.5.6　在新的窗口中打开文件夹

在一个文件夹中双击某个子文件夹后，打开的子文件夹与其父文件夹都处于同一个窗口中。如果要对比或处理这两个文件夹中的内容，那么就需要再重新打开这个父文件夹。为了简化重复打开文件夹的麻烦，可以通过设置文件资源管理器中的选项来解决，具体操作步骤如下。

STEP 1 打开文件资源管理器，在功能区中单击【查看】选项卡中的【选项】按钮。

STEP 2 打开【文件夹选项】对话框，在【常规】选项卡中选中【在不同窗口中打开不同的文件夹】单选按钮，如图 13-57 所示。

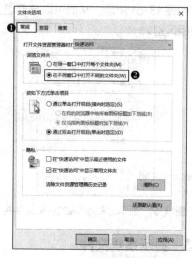

图13-57　选中【在不同窗口中打开不同的文件夹】单选按钮

STEP 3 单击【确定】按钮，关闭【文件夹选项】对话框。

13.6　使用回收站清理文件和文件夹

默认情况下，在计算机中删除文件时，这些文件并没有真正从计算机中删除，而是被移入回收站。回收站为用户提供了"后悔"的机会，如果发现误删了文件，用户可以从回收站中恢复它们；如果确定删除的文件确实不再有用，则可以将这些文件从回收站中清除。此外，用户还可以设置回收站的空间大小，以避免浪费不必要的磁盘空间。

13.6.1　恢复与清空回收站中的内容

在计算机中选择一个文件并按【Delete】键后（也可以右击文件并选择【删除】命令），该文件默认会被移入回收站中。在删除时可能还会显示如图 13-58 所示的提示信息，如果确定要删除该文件，则单击【是】按钮。

图13-58　删除文件时的确认信息

> **提示**
> 如果不想在每次删除文件时都显示是否删除的提示信息，可以右击桌面上的【回收站】图标，在弹出的菜单中选择【属性】命令，然后在打开的对话框中选中【显示删除确认对话框】复选框，如图13-59所示。

图13-59　通过设置取消删除文件前的确认信息

如果发现误删了某些文件，可以双击桌面上的【回收站】图标，在打开的【回收站】窗口中右击误删的文件，然后在弹出的菜单中选择【还原】命令，即可将该文件恢复到原来的位置。在【回收站】窗口中可以同时选择多个文件和文件夹，操作方法与在普通文件夹窗口中相同，这意味着可以一次性恢复选中的多个对象。

回收站中存放的文件会占用一定的磁盘空间，所以应该定期清理回收站中的内容。而且只有清除回收站中的内容，才能将文件从计算机中彻底删除。可以一次性清空回收站中的所有内容，也可以选择性地删除回收站中的部分内容，具体方法如下。

◆ 删除所有内容：右击桌面上的【回收站】图标，在弹出的菜单中选择【清空回收站】命令，如图 13-60 所示。

图13-60　删除回收站中的所有内容

◆ 删除部分内容：在【回收站】窗口中选择一个或多个要删除的内容，然后按【Delete】键；或者右击选区中的任一文件，然后在弹出的菜单中选择【删除】命令。

无论执行以上哪种操作，都会弹出确认删除的提示信息对话框，如果确定要彻底删除，则单击【是】按钮。

13.6.2　绕过回收站直接删除文件

默认情况下，每次删除的文件都被自动存放到回收站中。为了避免这些内容占据磁盘空间，就需要定期清理回收站。有时在删除一个文件时已经确定它不再有用，也不可能再有恢复的可能，这时可以将其绕过回收站而直接从计算机中彻底删除，方法如下。

◆ 右击要删除的文件，在弹出的菜单中选择【删除】命令之前按住【Shift】键，然后再选择【删除】命令。

◆ 如果使用【Delete】键删除文件，需要在选中文件后先按住【Shift】键，然后按【Delete】键将该文件彻底删除。

如果以后在删除每个文件时都不想再经过回收站，而是直接从计算机中彻底删除，可以进行以下设置，具体操作步骤如下。

STEP 1 右击桌面上的【回收站】图标，在弹出的菜单中选择【属性】命令。

STEP 2 打开【回收站属性】对话框，选中【不将文件移到回收站中。移除文件后立即将其删除】单选按钮，如图 13-61 所示。

图13-61　设置删除文件时不经过回收站而
直接从计算机中删除

STEP 3 单击【确定】按钮，关闭【回收站属性】
对话框。

13.6.3　合理设置回收站大小以节省磁盘空间

　　计算机中并不是只有一个回收站，而是每个磁盘分区都有各自独立的一个回收站，被删除的文件默认会进入该文件所在磁盘分区对应的回收站中。清空回收站之前，回收站中的文件仍然占据着一定的磁盘空间。为了合理利用磁盘空间以尽量避免空间的浪费，应该合理设置每个磁盘分区中的回收站的总容量。例如，如果某个磁盘分区主要用于存放音乐和电影，该磁盘分区的回收站就应该设置得大一些；如果某个磁盘分区主要

用于存放文本文件或 Word 文档，该磁盘分区可以设置得小一些。需要注意的是，如果删除的文件超过回收站容量的上限，该文件将会被直接从计算机中删除而不会放入回收站。设置回收站大小的具体操作步骤如下。

STEP 1 右击桌面上的【回收站】图标█，然后在弹出的菜单中选择【属性】命令。

STEP 2 打开【回收站属性】对话框，在列表框中选择要设置哪个磁盘分区上的回收站。然后选中【自定义大小】单选按钮并在下方的文本框中输入回收站的总容量，以 MB 为单位，如图 13-62 所示。

图13-62　设置回收站的大小

STEP 3 单击【确定】按钮，关闭【回收站属性】
对话框。

Chapter
14
使用搜索功能搜索文件和数据

数据是高速发展的科技信息时代中最具价值的资源之一。Windows 操作系统、应用程序以及用户个人所要使用的各类数据都是以文件的形式存储在计算机中的。如何高效地使用与管理计算机中的文件和数据对提高工作效率起着至关重要的作用。Windows 10 操作系统为用户提供了方便易用且功能强大的文件搜索与管理方式，既可以对指定文件夹中的文件进行排序、筛选或分组，也可以在指定的磁盘分区或整个计算机中快速查找符合特定条件的文件。此外，使用库功能可以轻松访问与管理位于多个位置上的文件。本章详细介绍了在 Windows 10 操作系统中快速定位文件和数据的方法。

14.1 通过排序和筛选查找文件

用户通过使用排序和筛选的方法，可以从大量文件中快速找到符合条件的特定文件。在介绍排序和筛选文件之前，先对在幕后支持这些操作的"元数据"的概念进行了详细介绍。

14.1.1 了解文件的元数据

文件的元数据是指文件的属性，其中包含与文件紧密相关的、能够描述文件特征的信息，类似于在描述一个人的体貌特征时使用的身高、体重、肤色、脸型等信息。元数据主要用于支持如指示存储位置、历史数据、资源查找、文件记录等功能。在 Windows 系统中可以很容易查看文件的元数据，只需打开文件资源管理器，找到要查看元数据的文件并右击该文件，然后在弹出的菜单中选择【属性】命令，在打开的文件属性对话框中切换到【详细信息】选项卡，其中显示的内容就是文件的元数据。如图 14-1 所示，显示的是一张图片的元数据，其中的分辨率、宽度、高度、照相机型号等内容都是该张图片的元数据。

由于文件的元数据用于描述文件的特征，因此在 Windows 操作系统中可以基于元数据中的一项或多项内容对文件进行排序、筛选或执行特定的搜索，从而对文件进行高效的管理。Windows 操作系统通过"筛选器"来识别文件类型并读取文件中的元数据。不同类型的文件拥有各自对应的筛选器。筛选器与用于打开某类文件的应用程序不同，筛选器的主要职责是让系统

能够识别和读取某类文件的元数据，而应用程序则是用来打开某类文件。

图14-1 一张图片文件的元数据

Windows 10 操作系统内置了大量的筛选器，可以识别很多常见的文件类型。如果想要识别某种特殊类型的文件，则需要安装与该类文件对应的筛选器。例如，在安装了 Microsoft Office 应用程序后，Windows 操作系统才能识别 Office 文件中的元数据，这是因为在安装 Office 应用程序的同时安装了 Office 类型文件的筛选器。

1. 设置文件的元数据

为了可以更好地管理文件，需要为文件设置适当的元数据，以便 Windows 操作系统能够更容易、更准确地识别每个文件，为用户对文件执

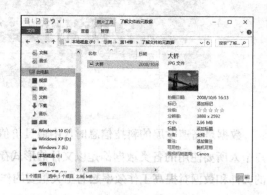

行排序、筛选以及搜索等操作提供基础。使用本章前面介绍的方法打开文件的属性对话框，然后切换到【详细信息】选项卡，其中列出了文件包含的所有元数据，分为【属性】和【值】两列。【属性】列显示的是元数据的名称，【值】列显示了对应的元数据的设置值。

每个文件默认会包含一些元数据，有的元数据可以进行修改，而有的则无法修改。将鼠标指针指向某个元数据对应的【值】列，如果出现一个文本框或可选择的下拉按钮，说明该元数据的值是可以设置的。图14-2所示的【标题】和【闪光灯模式】两项就是可以修改的元数据。在文本框中输入元数据的值，然后按【Enter】键确认。或者单击下拉按钮后在打开的下拉列表中选择元数据的值。

图14-2　可以设置其值的元数据

除了使用专门的文件属性对话框来设置文件的元数据外，还可以在文件资源管理器中进行设置。打开文件资源管理器，单击功能区中的【查看】⇨【窗格】⇨【详细信息窗格】按钮。然后选择要修改元数据的文件，此时会在窗口右侧显示文件的元数据。可以使用鼠标指针指向某项数据，如果出现文本框，则说明该项数据可以被修改。当某项元数据处于编辑状态时将会显示【保存】和【取消】按钮，如图14-3所示，单击【保存】按钮将保存修改结果。

> 💡提示
> 使用详细信息窗格的方法并不能显示文件中包含的所有元数据，而只显示一些重要的元数据。

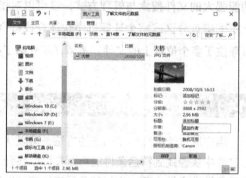

图14-3　使用文件资源管理器中的详细信息
窗格修改文件的元数据

2. 删除文件的元数据

有些文件的元数据包含了用户的个人信息，比如姓名。如果需要将包含这些信息的文件发送给其他人，那么就会存在隐私泄露的情况。为了保护个人隐私，需要删除文件中的元数据。在文件属性对话框的【详细信息】选项卡中单击【删除属性和个人信息】链接，打开如图14-4所示的【删除属性】对话框，此时有以下两种选择。

◆ 如果想要创建一个不含任何元数据的当前文件的副本，可以选中【创建不包含任何可删除属性的副本】单选按钮，然后单击【确定】按钮。

◆ 如果想将当前文件中的所有元数据删除，则可以选中【从此文件中删除以下属性】单选按钮。此时会激活下方列表框中的选项，选择要删除的元数据项目对应的复选框。如果要删除文件中的所有元数据，则可以单击【全选】按钮。选择好以后单击【确定】按钮。

图14-4 删除文件中的元数据

图14-6 选择希望添加的排序方式

14.1.2 通过排序快速整理文件

排序是指将为了在文件夹中快速找到指定的文件而按照指定的标准对文件进行排列。可以在文件夹窗口内的空白处单击鼠标右键，然后在弹出的菜单中选择【排序方式】命令，接着在弹出的子菜单中选择一种排序方式，如【名称】或【大小】，如图14-5所示。可以通过选择【递增】或【递减】命令对文件按选定的排序方式进行升序或降序排列。

图14-7 添加新的排序方式

图14-5 选择一种排序方式

默认情况下，鼠标右键菜单中包含的排序方式只有几种，但实际上系统为用户提供了大量的排序方式。选择右键菜单中的【更多】命令，打开如图14-6所示的【选择详细信息】对话框，其中列出了所有可用的排序方式。可以选中想要使用的排序方式名称左侧的复选框，单击【确定】按钮后将在右键菜单中的【排序方式】命令的子菜单中看到新增的排序方式。图14-7所示为添加了【作者】和【标题】两种排序方式。

> 提示
> 如果想要调整鼠标右键菜单中的排序方式命令的排列顺序，可以在【选择详细信息】对话框中选择与命令对应的项，然后单击【上移】或【下移】按钮以改变其位置。

需要注意的是，虽然系统为用户提供了大量可添加的排序方式，但是很多排序方式仅对特定类型的文件有效。例如，名为【字数】的排序方式就不适用于图片文件，而名为【分辨率】的排序方式则不适用于文本文件。如果在窗口中添加了对某些文件不适用的排序方式，那么在使用该排序方式对文件进行排序时，不适用此排序方式的文件将不会受到影响。

14.1.3 按不同类别对文件进行分组

Windows 系统允许用户按不同类别对文件进行分组排列。与排序不同的是，分组会按指定类别将一个文件夹中的所有文件划分为一个或多个逻辑组，每组中的文件都满足所指定的类别中的某个标准。例如，一个文件夹中包含多种不同类型的文件，如图片文件、文本文件、Word

文档、Excel 工作簿，如图 14-8 所示。如果要对其中的某类文件进行批量操作，比如将所有 Word 文档移动或复制到其他文件夹中，则可以通过分组功能来提高操作效率。

图14-8 分组前的文件

进入需要进行分组的文件所在的文件夹，右击窗口内的空白处，然后在弹出的菜单中选择【分组依据】⇨【类型】命令，如图 14-9 所示，文件夹中的所有文件将按文件类型进行分组，如图 14-10 所示。每类文件被自动划分到同一组中，每组的顶部显示了组名，分组后组的数量等于文件夹中包含的文件类型的总数。

图14-9 选择【类型】命令

图14-11 【详细信息】显示方式下的分组

交叉参考　有关文件和图标的显示方式的更多内容，请参考本书第 9 章。

14.1.4 通过筛选按指定条件精确定位文件

利用筛选功能，可以从大量文件中快速找到符合特定条件的文件。与本章前面介绍的排序和分组不同，筛选功能可以按照多个条件来查找文件，而不仅限于一个条件。首先打开包含要筛选的文件所在的文件夹，然后右击窗口内的空白处，在弹出的菜单中选择【查看】⇨【详细信息】命令，或者直接单击文件夹窗口右下方的 按钮，以便切换为【详细信息】显示方式。在该显示方式下，文件包含的元数据会分别显示在不同的列中，每列顶部的标题说明了该列数据的含义，如图 14-12 所示。

图14-10 对文件按文件类型分组

可以在分组状态下右击窗口内的空白处，然后在弹出的菜单中选择【查看】命令，最后在弹出的子菜单中选择一个命令，这样将会改变文件分组后的显示方式。图 14-11 所示为选择【详细信息】命令后文件的显示方式，每组顶部的标题左侧有一个箭头，单击该箭头将会折叠箭头所在的组中的内容。如果想要取消分组，可以右击窗口内的空白处，然后在弹出的菜单中选择【分组依据】⇨【（无）】命令。

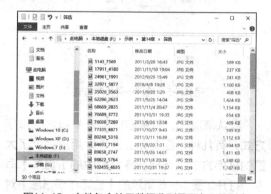

图14-12 文件包含的元数据分别显示在不同列中

通过单击列标题可以基于该列数据对当前文件夹中的所有文件进行排序，反复单击列标题则可以在升序和降序两种排序模式之间切换。除了排序，也可以将每个列标题作为筛选文件时的筛选条件。如果要筛选文件，可以将鼠标指针指向要作为筛选条件的列标题上，当标题右侧显示一个黑色箭头时单击该箭头，在打开的列表中显示了可用的筛选条件。

图 14-13 所示的是打开【大小】列标题后包含的筛选条件，可以看到对文件大小的筛选提供了 3 个范围，分别是【小（10-100KB）】、【中（100KB-1MB）】、【大（1-16MB）】。可以根据想要筛选出的文件大小来进行选择，由于每个条件是以复选框形式提供的，因此可以选择一个或多个条件，图 14-13 中选中的是【中（100KB-1MB）】复选框，故将会筛选出大小在100KB~1MB 之间的文件。在某列中设置了筛选条件后，该列标题的右侧会显示一个对勾标记，如图 14-14 所示，以表示该列正处于筛选状态。

图14-13　对文件按照选择的条件进行筛选

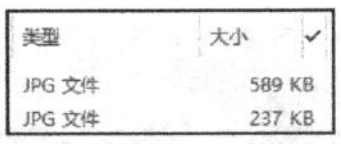

图14-14　筛选的列标题上会显示对勾标记

除了在设置了筛选的列标题右侧显示对勾标记以外，设置的筛选条件也会以按钮的形式显示在文件资源管理器的地址栏中，而且也可以接受用户的单击操作，如图 14-15 所示。如果设置了多个筛选条件，那么这些筛选条件会在地址栏中以设置它们的先后顺序从左到右依次排列显示。图 14-16 所示的地址栏中的筛选条件表示先设置的是【中（100KB-1MB）】，然后设置的是【JPG 文件】，整个筛选条件的含义是筛选出当前文件夹中文件大小在 100KB~1MB 之间的JPG 格式的图片。

图14-15　设置的筛选会显示在地址栏中

图14-16　多个筛选条件会依次显示在地址栏中

由于地址栏中的筛选条件是可单击的按钮，因此可以像单击地址栏中的文件夹按钮在不同文件夹之间跳转那样，通过单击地址栏中的筛选按钮切换到指定的筛选条件状态下。也可以单击地址栏中的筛选按钮左侧的三角按钮 ➤，然后在弹出的菜单中选择筛选条件，当前选中的筛选条件会加粗显示，如图 14-17 所示。

图14-17　通过筛选按钮左侧的三角按钮来选择筛选条件

如果要取消对某列的筛选，可以单击该列标题右侧的三角按钮，然后在打开的列表中取消所有选中的筛选条件。或者单击地址栏中作为筛选条件显示的第一个筛选按钮左侧的文件夹按钮（比如本例中名为【筛选】的文件夹），该文件夹按钮表示的是当前文件夹，这样将会删除右侧的所有筛选按钮，也就相当于清除了所有筛选条件。

14.2　使用 Windows 搜索功能

虽然使用本章前面介绍的排序和筛选等方法可以快速整理或定位特定的文件，但是灵活性明显不足，因为只能在一个指定的文件夹中执行排序和筛选操作，而且排序和筛选功能针对的只是文件中包含的元数据。计算机通常都包含了数量巨大、类型众多的文件，这些文件分散在不同的磁盘分区及其中的多个文件夹中。如果希望在计算机中快速找到某个文件，使用Windows 操作系统提供的搜索功能无疑是最佳选择。

14.2.1　开始搜索前设置筛选器和索引位置

在 Windows 10 之前的 Windows 操作系统中已经提供了强大且易用的搜索功能。然而由于在 Windows 10 中加入了新的 Cortana 功能，使得如今的搜索功能更加强大。与其他专门的搜索类软件类似，Windows 操作系统自带的搜索功能提供了索引功能，该功能会自动对系统和用户指定的文件夹进行扫描并创建文件索引，以便为以后的搜索工作做好准备。

索引文件类似于小型的数据库，其中不仅包含文件的元数据，还包含了文件中的文本内容。系统为用户指定的文件夹创建好索引后，用户在搜索文件时将会在这些指定的文件夹中进行搜索，而不需要在整个计算机中搜索。由于在创建索引时已经对这些文件夹中的内容进行过优化，因此搜索速度会明显加快。在搜索之前，需要先做好以下两项准备工作：设置筛选器与添加索引位置。

1. 设置筛选器

在本章14.1.1节介绍文件的元数据时曾简要介绍过筛选器，它的主要功能是让Windows系统正确识别不同类型的文件所包含的元数据。Windows操作系统内置了大量文件类型的筛选器，在安装某些应用程序时也会自动安装特定文件类型的筛选器，而有的程序则不会自动安装，此时需要用户手动安装与文件类型对应的筛选器。当文件拥有适合其类型的筛选器后，用户不但可以搜索文件的元数据，还可以搜索文件中包含的文本内容。可以查看系统中当前已经安装好的筛选器，具体操作步骤如下。

STEP 1 右击【开始】按钮Ⅲ，然后在弹出的菜单中选择【控制面板】命令。

STEP2 打开【控制面板】窗口，将【查看方式】设置为【大图标】或【小图标】，然后单击【索引选项】链接，如图14-18所示。

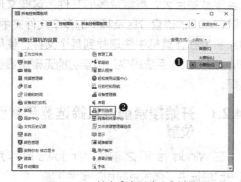

图14-18 单击【索引选项】链接

> 提示
> 也可以在任务栏的搜索框中输入"索引选项"，然后单击列表中【最佳匹配】类别下的【索引选项控制面板】来打开【索引选项】对话框，如图14-19所示。

STEP 3 打开【索引选项】对话框，单击【高级】按钮，如图14-20所示。

图14-19 通过搜索功能打开【索引选项】对话框

图14-20 单击【高级】按钮

STEP 4 打开【高级选项】对话框，切换到【文件类型】选项卡，其中显示了已经在系统中成功注册的文件类型以及对应的筛选器，如图14-21所示。例如，.doc文件（Word文档）使用的筛选器是Microsoft Office筛选器。

> 提示
> 如果某个文件扩展名的右侧显示【未注册筛选器】选项，则说明虽然该类型文件已在系统中注册，但是没有正确安装该类型文件的筛选器，这样就无法为这类文件的内容创建索引，因此需要手动安装筛选器。可以使用搜索引擎在Internet上搜索想要安装的筛选器，例如以"jpg筛选器"作为关键字进行搜索，可以查找jpg图片文件类型的筛选器。

图14-21 查看系统中已经安装的筛选器

STEP 5 当在列表框中选择一个正确安装了筛选器的文件类型后，可以在下方为该类型文件选择索引方式，分为以下两种。

◆ 仅为属性添加索引：在为文件创建的索引中只记录文件的元数据信息。

◆ 为属性和文件内容添加索引：在为文件创建的索引中同时记录文件的元数据以及文件中包含的文本内容。

STEP 6 设置好以后单击【确定】按钮，关闭【高级选项】对话框。

2. 设置索引位置

默认情况下，Windows 系统会对用户的个人文件夹以及添加到库中的文件夹创建索引，这意味着在搜索这些文件夹中的文件时，搜索速度会非常快，这是因为 Windows 系统已经对这些位置中的文件创建了索引并进行过优化。为了加快其他位置上的文件的搜索速度，用户可以将经常需要进行搜索的文件夹添加到索引位置中，以便让 Windows 系统为用户常用的文件夹创建索引。但是并不建议为整个计算机创建索引，因为这样会使创建的索引变得非常大，反而会降低文件的搜索速度。向索引位置中添加新的文件夹的具体操作步骤如下。

STEP 1 按照本节前面介绍的方法打开【索引选项】对话框，列表框中显示了已经创建好索引的位置，如图 14-22 所示。

STEP 2 单击【修改】按钮，打开【索引位置】对话框，如图 14-23 所示。在该对话框中主要进

行以下几项操作。

图14-22 查看已创建好索引的位置

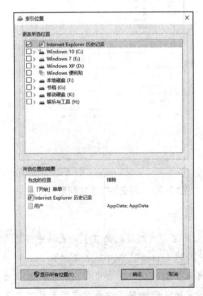

图14-23 【索引位置】对话框

◆ 将文件夹添加到索引位置中：【更改所选位置】列表框中显示了计算机中的所有磁盘分区及其中包含的所有文件夹，可以单击 ▶ 按钮以展开磁盘分区，然后查找想要添加到索引位置中的文件夹及其中包含的子文件夹。每个文件夹都带有一个复选框，选中文件夹左侧的复选框即可将其添加到索引位置中，添加后的文件夹会显示在【所选位置的摘要】列表框中。

◆ 将文件夹从索引位置中删除：如果要从索引位置中删除已添加的文件夹，只需在【更改

所选位置】列表框中取消选中对应的文件夹复选框即可。一个快捷的方法是在【所选位置的摘要】列表框中选择要删除的文件夹，在上方的【更改所选位置】列表框中会自动定位并选中该文件夹，然后取消选中文件夹对应的复选框即可将其从索引位置中删除。

◆ 排除的文件夹：如果在选择了某个文件夹以后，而没有全部选中其内部包含的所有子文件夹，那么未选中的文件夹会显示在【所选位置的摘要】列表框中的【排除】列中，如图14-24所示。

图14-24　将文件夹添加到索引位置中

提示
如果在【更改所选位置】列表框中没有看到计算机中的所有位置，则可以单击对话框底部的【显示所有位置】按钮。有些文件夹的名称右侧可能包含"不可用"几个字，这表示曾经为该文件夹创建过索引，但是后来将其从计算机中删除了导致变为无效位置。

STEP 3 设置好索引位置中包含的文件夹以后，单击【确定】按钮，关闭【索引位置】对话框。系统开始为新添加的文件夹创建索引，如果觉得该操作导致系统性能过低，可以单击【暂停】按钮暂时停止索引的创建，暂停的时间为15分钟。

14.2.2　在任务栏的搜索框中进行搜索

任务栏中的搜索框有着非常强大的搜索功能，因为它不仅可以搜索计算机中的文件和文件夹，还可以搜索系统中的设置和应用，以及浏览器的历史记录。用户既可以在本地计算机中进行搜索，也可以使用默认的网页浏览器在Internet中搜索。尤其在Windows 10操作系统中开启Cortana功能后，搜索将会变得更加智能和强大。

这里只介绍使用任务栏中的搜索框进行常规搜索的方法，有关Cortana的详细内容请参考本书第23章。

在任务栏的搜索框中输入搜索内容时，系统会自动进行动态匹配。这意味着从用户输入的第一个字符开始，系统就开始查找与其匹配的内容。随着用户继续输入更多内容，系统会继续匹配并不断更新搜索结果列表中显示的内容。图14-25所示为输入"win"和"wind"时搜索结果列表中匹配内容的变化情况。

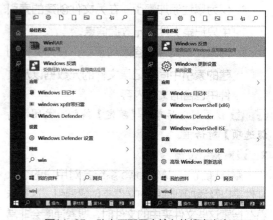

图14-25　动态匹配用户输入的搜索内容

Windows系统对搜索结果列表中显示的与用户输入的搜索内容所匹配的所有项目自动进行了分类，包括【最佳匹配】【应用】【设置】【网络】等类别。【最佳匹配】类别中显示的项目是系统根据用户输入的搜索关键字而猜测出的用户可能想要查找的内容。如果用户输入文件、应用、设置或命令的完整名称，那么【最佳匹配】类别中显示的肯定就是用户想要查找的内容；如果用户只输入了查找内容的不完整名称，那么【最佳匹配】类别中的内容就不一定是用户真正想要查找的内容。

如果只想在搜索结果列表中显示某一类内容，而不是显示匹配的所有文件、应用、设置等多种类型的内容，那么可以单击搜索结果列表顶部的图标，如图 14-26 所示。每个图标代表一类内容，从左到右依次为：⬚应用、⚙设置、▤文档、▢文件夹、▨照片、▭视频、♫音乐、🔍网络。单击某个图标后将会在搜索结果列表中显示对应类别中所匹配的内容。

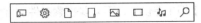

图14-26　搜索结果列表顶部的类别图标

💬 提示

也可以单击搜索结果列表中分类名称右侧的箭头来筛选搜索结果，以便只显示指定分类中的内容。

单击想要查看的匹配项即可打开它，打开的方式由匹配项的类型决定。如果它是一个应用或设置，那么将会启动应用程序或打开设置界面；如果它是一个文件，那么会在默认的应用程序中打开这个文件；如果它是一个音乐、视频或照片，则会在默认的音频 / 视频播放器或图片浏览器中打开音乐、视频或照片；如果它是一个命令，那么将会运行该命令，例如输入"cmd"命令会打开【命令提示符】窗口。

默认情况下，搜索结果列表中只显示了部分匹配项。可以在搜索结果列表中单击【我的资料】按钮将列表展开，如图 14-27 所示。也可以滚动鼠标滚轮向下浏览所有类别中的匹配项。在每个类别名称的右侧可能会显示【查看全部 ×× 个】文字链接，单击这类链接将会显示指定类别下包含的所有匹配内容，如图 14-28 所示。单击界面左上角的 ← 按钮，可以返回显示所有类别的界面中。

图14-27　显示所有类别中的匹配项

图14-28　显示指定类别中的匹配项

14.2.3　在文件资源管理器中进行搜索

除了在任务栏的搜索框中进行搜索以外，用户还可以在文件资源管理器中搜索。在以往的使用中可能已经发现，在文件资源管理器和【控制面板】窗口中的右上角有一个搜索框，可以在其中输入想要搜索的内容。搜索内容的范围取决于在文件资源管理器中当前打开的文件夹。例如，如果在文件资源管理器中打开了磁盘分区 G，那么在搜索框中输入的内容将会在 G 盘中进行搜索。虽然在文件资源管理器的搜索框中输入的搜索内容的增减，系统也会进行动态匹配以显示最新搜索结果。所有找到的匹配内容会自动在【内容】显示方式下显示，每一项结果中包含的搜索关键字会自动使用黄色底纹进行标记，如图 14-29 所示。

图14-29　在文件资源管理器中进行搜索

几乎所有适用于在文件资源管理器中进行的操作都能用于搜索结果，比如可以右击窗口内的空白处，然后在弹出的菜单中选择【显示方式】命令以将【内容】显示方式切换为其他显示方式。也可以对搜索结果进行剪切、复制、重命名、删除等操作。如果想要查看某一项搜索结果在计算机中的具体位置，则可以右击该项，然后在弹出的菜单中选择【打开文件夹的位置】或【打开文件所在的位置】命令，具体显示哪个命令取决于右击的是文件夹还是文件。

如果要清除所有搜索结果，只需单击搜索框右侧的 × 按钮。如果搜索的范围过大，比如在整个计算机中搜索，则会耗费较长的时间。如果希望在未完成搜索时就结束本次搜索，则可以单击文件资源管理器中的地址栏右侧的 × 按钮立刻结束搜索，但是会显示直到停止之前已完成的搜索结果。

14.2.4 在【设置】窗口中搜索

Windows 10 还允许用户在【设置】窗口中搜索功能设置项。单击【开始】按钮 ⊞，然后在打开的【开始】菜单中选择【设置】命令，并在打开的【设置】窗口的右上角的搜索框中输入要搜索的功能设置项，如"语言"。输入的同时系统会自动显示匹配的相关项，如图 14-30 所示。单击某一项即可进入相应的设置界面。

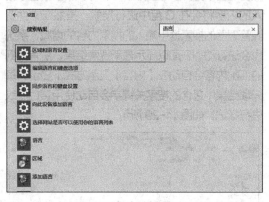

图14-30　在【设置】窗口中搜索功能设置项

上一节提到的【控制面板】窗口也具有类似的功能。在控制面板窗口右上角的搜索框中输入要搜索的功能设置项，系统会自动显示匹配的相关内容，如图 14-31 所示，单击某一项即可进入设置界面。

图14-31　在【控制面板】窗口中搜索功能设置项

14.2.5 设置灵活的搜索条件

为了能够更加灵活和精确地查找内容，可以在输入搜索内容时设置搜索条件。设置的条件越多，得到的搜索结果越精确。当在文件资源管理器的搜索框中单击时，将会激活功能区中的【搜索】选项卡，如图 14-32 所示，在该选项卡的【优化】组中提供了以下 4 类搜索条件。

图14-32　搜索条件位于【优化】组中

◆ 日期：单击【修改日期】按钮，在打开的列表中选择一个日期，以此来为待搜索内容添加日期限制。

◆ 内容类型：单击【类型】按钮，在打开的列表中选择一个应用类型，比如【音乐】或【图片】，以便搜索特定类型的内容。

◆ 文件大小：单击【大小】按钮，在打开的列表中选择一个表示文件大小的范围，以便搜索指定大小范围内的文件。

◆ 其他条件：单击【其他属性】按钮，在打开的列表中显示了用于对被搜索内容添加特殊限定条件的 4 个选项，分别是【类型】【名称】【文件夹路径】和【标记】。例如，如果选择【名称】，则会在搜索框中自动添加"名称"二字与一个冒号，如图 14-33 所示。接着在"名称"二字的右侧输入要搜索的内容，如"word"，得到的搜索结果将只匹配文件名中包含"word"一词的文件，而不会同时匹配内容中包含"word"一词的文件。

图14-33　选择【名称】后的搜索框

除了以上介绍的 4 类条件外，用户也可以在搜索框中手动输入布尔逻辑运算符和数学运算符来更灵活地设置搜索条件。例如，可以在搜索框中输入下面的条件，它表示搜索名称中包含"word"一词且容量大于 5M 的文件。

```
名称:word AND >5M
```

系统会自动记录用户每一次在搜索框中输入的搜索内容。当单击搜索框内部时，会自动显示搜索历史记录列表，如图14-34所示。用户可以从中选择以前使用过的关键词进行重新搜索，也可以在选择某个关键词后，对其进行编辑以便快速得到新的搜索关键词。如果不想显示搜索历史记录列表，可以单击搜索框内部，然后在功能区中的【搜索】选项卡中单击【最近的搜索内容】按钮，在弹出的菜单中选择【清除搜索历史记录】命令，即可清除搜索历史记录。

图14-34　搜索历史记录列表

> **注意** 在搜索框中输入搜索条件后，系统会自动显示与条件匹配的搜索结果列表。只有在列表中选择某项后，搜索框中的搜索条件才会被系统记录下来。

14.2.6　保存搜索结果以便重复使用

如果经常需要进行一些重复性的搜索操作，而且设置的搜索条件比较复杂，那么在第一次进行此类搜索后，应该将搜索保存起来，以便日后可以重复使用，这样可以减少每次重复设置搜索条件的麻烦。保存的是搜索条件，而不是搜索结果，所以不必担心在下次重复使用以前保存的搜索条件时得到不正确的结果。

例如，用户每天都需要在多个特定的文件夹中搜索昨天的某些符合条件的文件，这时就可以将搜索条件设置为"昨天"，然后再设置某些特殊的条件。因为"昨天"是一个相对日期，而不是一个绝对日期，所以到了明天再进行该搜索时，搜索条件仍然是相对于明天而言的昨天。

在输入了搜索条件并显示搜索结果列表后，用户可以使用以下两种方法保存搜索条件。

◆ 在搜索结果列表中的空白处单击鼠标右键，然后在弹出的菜单中选择【保存搜索】命令。

◆ 在功能区中的【搜索】选项卡中单击【保存搜索】按钮。

无论使用哪种方法，都将打开如图14-35所示的【另存为】对话框，保存位置自动定位到当前用户文件夹下的【搜索】文件夹中。在【文件名】文本框中输入一个名称，系统默认会自动使用搜索条件作为文件名，单击【保存】按钮即可保存当前搜索条件。

图14-35　保存搜索结果

如果需要使用以前保存过的搜索条件，可以打开当前用户文件夹中的【搜索】文件夹，在【已保存的搜索】类别下列出了用户保存的搜索条件，如图14-36所示，双击要使用的搜索条件即可重复使用该条件进行搜索。

图14-36　查看和使用以前保存的搜索条件

14.2.7　已创建索引的文件夹中的文件无法被搜索到的解决方法

有时明明已将某个文件夹添加到索引位置中，但是在搜索该文件夹中的文件时，其中的文件总是无法被搜索到。出现这种情况的原因之一可能是由该文件夹的安全设置导致的。对于要创建索引的文件夹及其中包含的内容，该文件夹必须具有SYSTEM权限。计算机中的大多数文件夹和文件都已具有该权限，但在某些情况下文件夹可能缺少SYSTEM权限。为文件夹添加SYSTEM权限的具体操作步骤如下。

STEP 1 右击要添加SYSTEM权限的文件夹，然后在弹出的菜单中选择【属性】命令。

STEP 2 打开文件夹的属性对话框，切换到【安全】选项卡，如果在【组或用户名】列表框中没有显示【SYSTEM】，那么需要单击【编辑】按钮，如图 14-37 所示。

图14-37　单击【编辑】按钮

STEP 3 打开如图 14-38 所示的对话框，单击【添加】按钮。

图14-38　单击【添加】按钮

STEP 4 打开如图 14-39 所示的对话框，在文本框中输入"SYSTEM"，然后单击【检查名称】按钮，如果输入正确无误，则会在 SYSTEM 下自动添加下划线。

> **提示**　也可以单击【高级】按钮，然后单击【立即查找】按钮，接着在展开的列表框中选择【SYSTEM】选项。

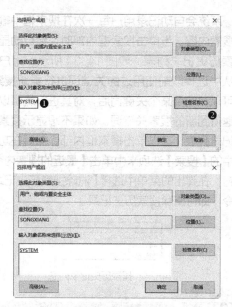

图14-39　输入并定位SYSTEM权限

STEP 5 单击【确定】按钮以关闭打开的多个对话框，即可为指定的文件夹添加 SYSTEM 权限，如图 14-40 所示。

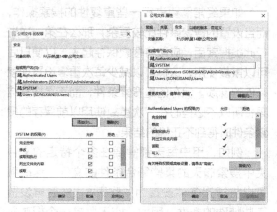

图14-40　为指定的文件夹添加SYSTEM权限

 交叉参考　有关文件和文件夹权限方面的更多内容，请参考本书第 17 章。

如果上面介绍的方法仍然不能解决问题，那么可以重建索引。重建索引可能会耗费几个小时的时间，而且在完全重建索引之前，如果在计算机中进行搜索，搜索结果可能会不完整。重建索引的具体操作步骤如下。

STEP 1 打开【控制面板】窗口，将【查看方式】设置为【大图标】或【小图标】，然后单击【索引选项】链接，在打开的【索引选项】对话框中单击【高级】按钮。

STEP 2 打开【高级选项】对话框，在【索引设置】选项卡中单击【重建】按钮，如图 14-41 所示。

图14-41 单击【重建】按钮

STEP 3 弹出如图 14-42 所示的对话框，单击【确定】按钮后将开始重新创建索引。

图14-42 单击【确定】按钮开始重建索引

14.3 使用库提高访问计算机资源的效率

库是从 Windows 7 开始提供的新功能，它为用户在同一个位置上集中访问本地计算机、外部存储设备以及网络等多个位置中的资源提供了极大方便。本节详细介绍了库的相关操作，包括向库中添加文件夹、访问库中文件夹的原始位置、创建新的库、设置库中文件的默认保存位置、优化库的性能、删除库中的文件夹以及删除库等内容。

14.3.1 库简介

如今的硬盘容量越来越大，所能存储的文件数量也越来越多，而且能够与计算机连接并使用的外部存储设备的种类繁多。用户每天可能需要

使用分散在不同设备和位置上的各类文件，在多个不同文件夹之间进行导航将会耗费大量的时间，加重了使用与管理文件的负担。

"库"功能的出现为用户访问与管理分散在多个位置上的文件提供了极大的方便。无论文件存储在什么位置，都可以通过库进行集中访问。只要将经常访问的文件夹添加到库中，以后就可以在库中统一对这些文件夹进行访问，而不再需要在所有可能的位置上反复打开文件夹以查找文件。例如，如果在 U 盘中保存了一些图片，那么可以将 U 盘中包含这些图片的文件夹添加到库中，以后每次将 U 盘连接到计算机时，都可以从库中直接访问 U 盘中的该文件夹中的图片。本章 14.3.3 节介绍了向库中添加文件夹的方法。

在某些方面，库类似于普通文件夹。可以对普通文件夹进行的大多数操作也同样适用于库。例如，可以设置库中的内容的显示方式（比如以【列表】或【详细信息】的方式显示），也可以对库中的内容进行排序、筛选或分组。系统会为添加到库中的文件夹自动创建索引。

虽然与普通文件夹很相似，但是库与普通文件夹却存在一个本质区别，库中其实并没有真正存储任何文件，而只是为用户提供了快速访问不同位置上的文件的入口。库可以收集存储在多个位置上的文件，但是这些文件仍然存储在它们原来的位置上，而不是存储在库中。前面所说的向库中添加文件夹的操作，实际上是将文件夹的真正位置报告给库。一旦将文件夹添加到库中，库就能够了解文件夹的实际位置，而且会始终监视文件夹中包含的项目。

Windows 10 操作系统默认包含 4 个库，分别是【文档】【图片】【音乐】和【视频】。通过库的名称可能会认为每个库中只能包含对应类型的内容。例如，【图片】库中只能包含图片，【音乐】库中只能包含音乐。实际上并不是这样，每个库都可以包含任何类型的内容。但是如果将相应类型的内容添加到同类型的库中，则可以为操作库中的文件带来方便，本章 14.3.6 节介绍了这方面内容。

除了系统默认提供的 4 个库以外，用户还可以根据实际需要创建新的库，然后将需要经常访

问的文件夹添加到创建的库中。本章 14.3.6 节介绍了创建新库的方法。

14.3.2 在文件资源管理器中设置库的显示和隐藏

默认情况下，在 Windows 10 的文件资源管理器的导航窗格中并未显示库。如果希望在文件资源管理器的导航窗格中显示库，可以打开文件资源管理器，然后在功能区的【查看】选项卡中单击【导航窗格】按钮，在弹出的菜单中选择【显示库】命令，如图 14-43 所示。库将出现在文件资源管理器的导航窗格中。单击【库】将会在文件资源管理器的内容显示区中显示系统默认的 4 个库，如图 14-44 所示。它们的外观与普通文件夹相似，双击某个库可以进入该库并查看其中包含的内容，就像打开普通文件夹一样。

图14-43　选择【显示库】命令

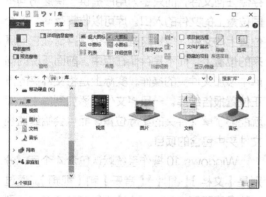

图14-44　在文件资源管理器中显示库

除了使用上面的方法在文件资源管理器的内容显示区中显示系统中的所有库以外，也可以在导航窗格中展开【库】，以显示系统中的所有库，如图 14-45 所示。然后可以继续展开某个库，以显示该库中包含的文件夹，如图 14-46 所示。无论展开导航窗格中的哪个级别的文件夹，都可以使用以下两种方法。

◆ 单击导航窗格中表示库或文件夹的项目左侧的箭头按钮 >。
◆ 双击导航窗格中表示库或文件夹的项目。

图14-45　展开【库】以显示　图14-46　展开库以显示
系统中包含的库　　　　其中包含的文件夹

如果某些库并不需要经常使用，或者只是偶尔使用，但又不想将其彻底删除，那么可以将库隐藏起来，使其不会显示在文件资源管理器的导航窗格中。只需在导航窗格中右击不想显示的库，然后在弹出的菜单中选择【不在导航窗格中显示】命令，如图 14-47 所示。

如果以后想要在导航窗格中重新显示已经隐藏了的库，那么可以在导航窗格中单击【库】，然后在文件资源管理器的内容显示区中右击要重新显示的库，在打开的对话框中选择【在导航窗格中显示】命令，如图 14-48 所示，该库将重新显示在文件资源管理器的导航窗格中。

图14-47　将指定的库　图14-48　将库重新显示在
隐藏起来　　　　导航窗格中

14.3.3 向库中添加文件夹

只有向库中添加文件夹以后，才能发挥库的实用功能。可以将来自多个不同位置的文件夹添加到库中，比如本地计算机的磁盘分区、外部存储设备（如 U 盘和移动硬盘）、网络中的共享文件夹等。表 14-1 列出了可以添加到库中的文件夹的来源位置。

表14-1 可以添加到库中的文件或文件夹的来源位置

文件或文件夹的来源位置	能否被添加到库中
计算机中的系统分区或其他分区	能
计算机中的其他硬盘	能
外部驱动器	能，但是如果断开与计算机的连接，文件和文件夹将不可用
U 盘或移动硬盘	能，但是如果断开与计算机的连接，文件和文件夹将不可用
CD 或 DVD	不能
网络	能，只要已为网络位置创建了索引，或者网络文件夹可以脱机使用
家庭组中的其他计算机	能

　　需要注意的是，只能在库中添加文件夹，而不能添加单独的文件。向库中添加文件夹的方法有两种，下面将分别进行介绍。这里假设已经将库显示在文件资源管理器的导航窗格中，设置方法请参考上一节内容。

1. 使用库属性对话框来添加文件夹

　　普通文件夹有其对应的属性对话框。库也有自己的属性对话框，但是与普通文件夹的属性对话框中显示的内容有所不同。可以在库的属性对话框中将指定的文件夹添加到库中，具体操作步骤如下。

STEP 1 打开文件资源管理器，在导航窗格中展开【库】以显示其中包含的库。

STEP 2 右击要向其中添加文件夹的库，然后在弹出的菜单中选择【属性】命令，如图 14-49 所示。

图14-49 选择【属性】命令

STEP 3 打开库属性对话框，单击【添加】按钮，如图 14-50 所示。

STEP 4 打开如图 14-51 所示的对话框，选择要添加

到库中的文件夹，然后单击【加入文件夹】按钮。

图14-50 单击【添加】按钮

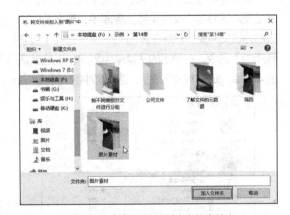

图14-51 选择要添加到库中的文件夹

STEP 5 返回库属性对话框，STEP 4 中所选择的文件夹显示在【库位置】列表框中，如图 14-52 所示。

STEP 6 可以重复 STEP 3 ～ STEP 4 继续添加其他文件夹，每个添加后的文件夹都会显示在【库位置】列表框中。最后单击【确定】按钮，关闭库属性对话框。

> **注意** 同一个文件夹只能向库中添加一次。如果库中已经存在正在添加的文件夹，那么在单击【加入文件夹】按钮后会弹出提示信息，以告知用户正在添加的文件夹已经位于库中。

图14-52 将文件夹添加到【库位置】列表框中

2. 使用鼠标右键菜单命令来添加文件夹

如果当前正在文件资源管理器中浏览文件，突然发现应该将某个文件夹添加到库中，那么此时可以右击该文件夹，然后在弹出的菜单中选择【包含到库中】命令，在弹出的子菜单中显示了系统默认的4个库，如图14-53所示，选择其中的一个即可。

图14-53 将文件夹添加到所选的库中

 交叉参考 选择【创建新库】命令，也可以将文件夹添加到一个新建的库中。有关创建新库的方法请参考本章14.3.6节。

将文件夹添加到库中以后，就可以在库中访问其所包含的所有文件夹中的文件以及子文件夹，操作方法与在文件资源管理器中访问普通文件夹和文件没什么不同。如果想要清楚了解库中的文件来自于哪些文件夹，那么可以对文件的显示方式进行设置。在某个库中的空白处单击鼠标右键，然后在弹

出的菜单中选择【排列方式】⇨【文件夹】命令，库中的所有文件将自动按照它们所属的文件夹进行分组显示，如图14-54所示。每个分组的名称对应于文件夹的名称。在每个分组名称的下方会显示与分组名称对应的文件夹的路径，由此可以很容易了解库中的每个文件夹的来源位置。

图片素材 (50)		黑色 (12)	
F:\示例\第14章		F:\示例\第9章	
5143_7569	142076_6104	768449_44056085	
17911_4180	146472_8518	779188_20384127	
24961_1991	150736_1105	779202_16508417	
32971_5877	152865_3868	789080_16753532	
35026_3563	155127_5025	791289_49628619	
62286_2623	158547_9439	802672_62299133	
68669_2835	158829_7143	807277_99791823	
70689_3772	159187_2702	819397_22373852	
76038_7289	164711_1854	820125_86480341	
77335_4871	164740_8316	822444_78664337	
80248_5318	166263_9055	836485_47642341	
84693_7194	171691_8675	846903_43969223	

图14-54 按文件所属的文件夹进行分组显示

14.3.4 从库中访问文件或文件夹的原始位置

虽然可以使用上一节介绍的方法在库中显示其所包含的所有文件夹的路径，但有时仍需要定位到库中的文件或文件夹的原始位置以进行更多操作。访问库中的文件或文件夹的原始位置非常方便，只需在库中进行以下操作。

◆ 右击要打开其原始位置的文件，然后在弹出的菜单中选择【打开文件所在的位置】命令，如图14-55所示。

图14-55 打开库中的文件的原始位置

◆ 右击要打开其原始位置的文件夹，然后在弹出的菜单中选择【打开文件夹位置】命令。

使用以上两种方法将快速打开库中的文件或文件夹所在的原始位置。如果要从定位到的原始

位置返回库中，可以单击文件资源管理器中的地址栏左侧的←按钮。

14.3.5 设置文件在库中的默认保存位置

用户可以像在普通文件夹中创建文件那样，在库中创建文件。在普通文件夹中创建的文件就位于该文件夹中，而在库中创建的文件会被保存到哪里呢？由于库只提供了一个快速访问文件的统一位置而不能存储文件，所以在库中创建的文件并不会保存到库中。这时就涉及"默认保存位置"的概念。

例如，在某个库中添加了一个文件夹，那么该文件夹就会被自动设置为默认保存位置。这意味着如果在这个库中创建了文件，或者将文件保存到这个库中，那么该文件实际上是被存储到了默认保存位置上，也就是在该库中添加的这个文件夹。

如果向同一个库中添加了多个文件夹，那么最先添加的文件夹会被系统指定为默认保存位置。如果用户希望使用库中的其他文件夹作为新建或保存文件时的默认保存位置，则可以更改该设置，具体操作步骤如下。

STEP 1 打开文件资源管理器，在导航窗格中展开【库】以显示其中包含的库。

STEP 2 右击要设置默认保存位置的库，然后在弹出的菜单中选择【属性】命令。

STEP 3 打开库属性对话框，在【库位置】列表框中显示了库中包含的所有文件夹。选择想要设置为默认保存位置的文件夹，然后单击【设置保存位置】按钮。设置为默认保存位置的文件夹左侧会显示一个对勾标记，如图14-56所示。

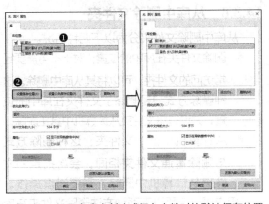

图14-56 设置在库中创建或保存文件时的默认保存位置

提示 用户也可以在【库位置】列表框中右击文件夹，然后在弹出的菜单中选择【设置为默认保存位置】命令来设置库中的默认保存位置，如图14-57所示。

图14-57 使用鼠标右键菜单命令来设置默认保存位置

STEP 4 设置好以后单击【确定】按钮，关闭库属性对话框。

14.3.6 创建新库

虽然系统已经预置了4个库，如果需要，用户仍然可以创建新的库。可以先创建一个包含任何内容的新库，然后再向库中添加所需的文件夹。也可以在添加文件夹的同时创建新库，创建的新库中包含了添加的文件夹。下面将分别介绍创建新库的两种方法。

1. 创建不包含任何内容的新库

创建不包含任何内容的新库的具体操作步骤如下。

STEP 1 打开文件资源管理器，在导航窗格中右击【库】选项，然后在弹出的菜单中选择【新建】⇨【库】命令，如图14-58所示。

STEP 2 在导航窗格中的【库】的下方新建一个库，并自动进入命名状态，为其输入一个易于识别的名称，如"公司数据"，如图14-59所示。

图14-58 选择【新建】⇨　　图14-59 创建新库
　　　　【库】命令

提示 也可以在单击导航窗格中的【库】选项以后，在右侧的内容显示区中的空白处单击鼠标右键，然后在弹出的菜单中选择【新建】⇨【库】命令。

STEP 3 按【Enter】键确认所输入的名称，这样就创建了一个新库。接下来就可以使用本章14.3.3 节介绍的方法向新建的库中添加所需的文件夹了。

2. 添加文件夹的同时创建新库

除了使用上面介绍的方法创建新库以外，用户也可以直接在添加文件夹的同时创建新库，创建的新库将会自动包含该文件夹，新库的名称自动以该文件夹的名称命名。在文件资源管理器中右击要添加到库中的文件夹，然后在弹出的菜单中选择【包含到库中】➪【创建新库】命令，如图 14-60 所示。在文件资源管理器的导航窗格中将会自动以该文件夹的名称创建一个新库，库中自动包含该文件夹，如图 14-61 所示。

图14-60 添加文件夹的同时创建新库

图14-61 创建的新库自动包含指定的文件夹

14.3.7 优化库中的文件管理方式

Windows 10 默认提供的 4 个库分别针对不同的文件类型进行了优化，这样在进入不同的库时，系统会根据该库所针对的文件类型自动提供相应的选项和视图。例如，对于系统默认的【文档】库和【图片】库而言，【文档】库中的文件默认会以【详细信息】视图方式显示，在鼠标右键菜单中提供的排序和分组命令中包含的选项是【名称】【修改日期】【类型】和【大小】；而【图片】库中的文件默认会

以【大图标】视图方式显示，在鼠标右键菜单中提供的排序和分组命令中包含的选项是【名称】【日期】【标记】【大小】和【分级】。由此可见，系统为不同类型的库提供了适用的视图方式和功能选项，使文件的管理更加智能和方便。

用户创建的库的默认类型为【常规项】，系统并没有使用特定的文件类型对用户创建的库进行优化。如果确定所创建的库主要用于保存特定类型的文件，那么可以将该库设置为指定的类型，而不使用系统默认【常规项】类型。使用特定文件类型对库进行优化的具体操作步骤如下。

STEP 1 打开文件资源管理器，在导航窗格中右击【库】，然后在弹出的菜单中选择【属性】命令。

STEP 2 打开库属性对话框，在【优化此库】下拉列表中选择库的类型，如图 14-62 所示。

图14-62 选择库的类型

STEP 3 选择好以后单击【确定】按钮，关闭库属性对话框。

14.3.8 从库中删除文件夹

从库中删除文件夹分为以下两种情况。

◆ 删除文件夹在库中的位置：对于不再需要经常访问的文件夹，可以将其从库中删除。这种删除方式只是删除了文件夹在库中的位置，并没有将文件夹从计算机中真正删除。

◆ 从计算机中删除文件夹：这种删除方式与删除普通文件夹相同，会将指定的文件夹从计算机中删除，需要谨慎操作。

用户可以使用以下两种方法删除文件夹在库中的位置。

◆ 在文件资源管理器的导航窗格中展开【库】以显示其中包含的库，然后展开库以显示库中包含的文件夹。右击要删除的文件夹，然后在弹出的菜单中【从库中删除位置】命令，如图14-63所示。

图14-63　在导航窗格中删除文件夹

◆ 在文件资源管理器的导航窗格中展开【库】以显示其中包含的库，右击要删除的文件夹所在的库，然后在弹出的菜单中选择【属性】命令。打开库属性对话框，在【库位置】列表框中选择要删除的文件夹，然后单击【删除】按钮，如图14-64所示。

图14-64　在库属性对话框中删除文件夹

以上介绍的方法都是用于删除文件夹在库中的位置，而文件夹本身并没有从计算机中删除。如果想将文件夹从计算机中删除，则可以进入某个库，右击要删除的文件夹，然后在弹出的菜单中选择【删除】命令，与删除普通文件夹的操作方法相同。

14.3.9　删除不再使用的库

如果某个库不再使用，那么可以将整个库删除。如果库中包含一个或多个文件夹，在删除库的时候也会将其中的所有文件夹删除。然而并不会将文件夹从计算机中删除，而只是删除了文件夹在库中的位置。删除库的方法有以下两种。

◆ 在文件资源管理器的导航窗格中展开【库】以显示其中包含的库，然后右击要删除的库，在弹出的菜单中选择【删除】命令。

◆ 在文件资源管理器的导航窗格中单击【库】，然后在窗口的右侧右击要删除的库，在弹出的菜单中选择【删除】命令，如图14-65所示。

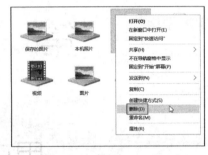

图14-65　选择【删除】命令删除指定的库

> **提示**　如果意外地删除了Windows系统默认的4个库中的一个或多个，则可以在文件资源管理器的导航窗格中右击【库】选项，然后在弹出的菜单中选择【还原默认库】命令以恢复系统默认的4个库，如图14-66所示。

图14-66　还原系统默认的库

第5篇

用户账户管理与数据访问

本篇主要介绍在 Windows 10 中创建与管理用户账户和组账户的方法，以及与账户相关的其他内容，该篇包括以下 5 章：

用户是计算机中的主体，当用户向计算机发出指令时，计算机才会开始执行相应的操作。更确切地说，用户是操作系统中的主体，因为在一台计算机中可能安装不止一种操作系统，不同操作系统中的用户是相对独立的，因此用户依赖于操作系统而非计算机本身。在操作系统中通过为每个用户创建一个用户账户来标识不同用户的身份。如果想要使用操作系统并完成不同类型的任务，那么每个用户必须在操作系统中拥有自己的用户账户，以便通过该账户登录操作系统并执行各种操作。本章首先介绍了用户账户和组账户的基本概念以及账户 SID 的工作原理，并列举了系统内建的一些常用的用户账户和组账户。然后详细介绍了在 Windows 10 中创建与管理用户账户和组账户、控制用户登录系统的方式，以及通过 Microsoft 家庭功能控制用户使用计算机的方式等内容。

15.1 用户账户和组账户简介

本节对 Windows 操作系统中的用户账户和组账户的基本概念进行了简要介绍，为学习本章后续内容建立基础。

15.1.1 登录计算机的两种方式

登录计算机的方式分为本地登录和域登录两种。本地登录是指用户在自己的计算机中启动并登录操作系统，整个过程只在用户自己的计算机中进行操作，不会涉及其他计算机。域登录是指具有有效域账户的用户都可以登录域环境中的任意一台计算机，同时可以访问域环境中拥有访问权限的所有资源。

无论使用哪种登录方式，登录计算机的用户都必须拥有一个账户，根据登录方式的不同可以将这个账户分为本地账户和域账户两种类型。无论使用本地账户还是域账户登录计算机，系统都会在用户登录时验证用户的身份，然后为用户分配相应的操作权利。本章介绍的用户账户和组账户主要是指本地用户账户和本地组账户，而非域账户。

15.1.2 理解用户账户和组账户

用户账户代表用户在操作系统中的身份。用户在启动计算机并登录操作系统时，必须使用有效的用户账户才能进入操作系统。登录操作系统

后，系统会根据用户账户的类型为用户分配相应的操作权利和权限，从而可以限制不同类型的用户所能执行的操作。Windows 操作系统中的用户账户可以分为以下 3 种类型，每种类型为用户提供不同的计算机控制级别。

◆ 管理员用户：拥有对计算机的最高级别的操作权力和权限。

◆ 标准用户：可以完成大量常规操作，但是不能进行可能会影响到系统稳定和安全的操作。

◆ 来宾用户：可以在不需要用户账户和密码的情况下登录操作系统而临时使用计算机。

> **注意** 用户的权利与权限并不相同，权利是针对于用户而言的，指的是授权用户在计算机中可以执行的操作，比如备份文件和关闭计算机。而权限是与对象相关联的一种规则，规定了哪些用户可以访问指定的对象以及访问的方式。有关权限的更多内容，请参考本书第17章。

当多个用户使用同一台计算机时，每个用户的用户账户中都包含了与用户本人相关的一系列计算机设置和个人首选项，例如桌面背景和屏幕保护程序等。这些数据保存在用户的个人配置文件中，当用户登录操作系统时将会自动加载与用户关联的配置文件。这样就可以实现不同用户在

登录同一台计算机时具有各自的自定义设置，用户配置文件与用于登录 Windows 的用户账户不同。每个用户账户至少有一个与其关联的用户配置文件。

当计算机中包含几十个或上百个用户账户时，逐一为这些用户账户分配权力和权限的工作将会变得非常烦琐，而且还很容易出错。组账户的出现解决了这个问题。通过预先为组账户分配好操作权力和权限，然后可以将具有相同操作权力和权限的多个用户账户添加到同一个组账户中，这些用户账户会自动继承这个组账户中的所有权力和权限。如果以后需要修改一组中的所有用户的权力和权限，只需修改它们所在的组的权力和权限即可，无需对这些用户进行逐一修改。用户还可以将一个用户添加到多个不同的组中，这样用户将拥有这些组中的所有权力和权限。在某些用户不需要组中的权力和权限时，还可以随时将这些用户从组中删除。通过对组而不是对个人用户分配权力和权限可以极大地简化用户账户的管理工作。

Windows 10 内建了一些默认的用户账户和组账户，可以直接使用其中的一些账户，而另一些账户则只能由系统使用以专门用于完成系统级任务，比如运行系统服务，可以将这些账户称为系统账户。管理员用户可以创建新的用户账户和组账户，然后手动为用户账户和组账户分配权力和权限。

对于用户所能使用的用户账户和组账户而言，它们之间有一个非常关键而明显的区别：用户只能使用用户账户登录操作系统并执行所需的操作，组账户则专门用于对多个用户账户进行批量管理，用户不能直接使用组账户登录系统并执行操作，而只能从组账户继承相应的权力和权限。

在 Windows 操作系统中，无论是用户账户还是组账户，系统都会为其分配一个唯一的编码，这个编码称为 SID。即使在系统中显示的用户账户的名称相同，但是两个用户账户的 SID 也肯定是不同的。这与每个人都拥有一个不会和其他人发生重复的身份证号码非常相似，即使两个人的姓名一样，他们的身份证号码也不可能完全相同。

 有关 SID 的更多内容，请参考本章 15.2.3 节。

15.2 系统内建的用户账户和组账户

Windows 10 操作系统内建了大量的用户账户和组账户，本节将对最常用的用户账户和组账户进行介绍，本节的最后还将介绍用户账户和组账户的本质——SID 的概念及其相关内容。

15.2.1 系统内建的用户账户

Administrator 和 Guest 是 Windows 10 以及早期 Windows 版本中内建的两个用户账户，这两个用户账户在 Windows 10 中默认处于禁用状态，而且用户不能删除系统内建的用户账户。

1. Administrator

Administrator 账户拥有对计算机的完全控制权限，不会受到任何限制（包括来自用户账户控制的限制），而且可以创建新的用户账户和组账户，并为账户分配权力和权限。虽然 Administrator 账户使用起来非常方便，但是同时也会降低系统的安全性，因此默认情况下系统禁用了该账户。如果需要，则可以随时启用 Administrator 账户，具体方法请看本章 15.3.3 节。Administrator 账户是 Administrators 组中的成员，可以重命名和禁用 Administrator 账户，但是无法删除 Administrator 账户。

> 注意 即使在系统中已经禁用了 Administrator 账户，但是在安全模式下仍然可以使用该账户。

2. Guest

本章前面曾经介绍过，每个使用计算机的用户都必须使用有效的用户账户登录操作系统。为了便于没有为其分配用户账户的用户临时使用计算机，系统提供了 Guest 来宾账户。即使没有为用户创建特定的用户账户，用户也可以使用 Guest 账户登录系统，但是所能执行的操作很有限，比如无法安装硬件和应用程序，也无法访问个人文件夹以及更改系统设置等。

使用 Guest 登录系统后将会临时创建一个与 Guest 账户关联的配置文件，在注销

Guest 账户后系统会自动删除与其关联的配置文件。由于 Guest 也支持匿名登录，所以可能会和 Anonymous Logon 账户相混淆。然而与 Anonymous Logon 不同的是，Guest 是真正的账户并可用于以交互方式登录系统。

使用 Guest 账户登录系统可以不需要输入密码，因此在系统安全性方面存在很大的风险，默认情况下系统禁用了 Guest 账户。如果需要使用 Guest 账户，则可以随时启用它，具体方法请参看本章 15.3.3 节。

15.2.2 系统内建的组账户

为了便于为用户创建的用户账户快速设置权利和权限，系统内建了大量的组账户，用户可以使用其中的一些组账户，而另一些组账户则只能由系统使用，用于完成系统任务。用户无法删除系统内建的组账户。下面介绍了一些在 Windows 10 中常用的内建组账户。

1. Administrators

Administrators 组中的成员都是管理员用户，上一节介绍的 Administrator 账户也是 Administrators 组中的成员，Administrator 账户的权力和权限继承自 Administrators 组。Administrators 组具有完全的计算机访问权限，可以安装硬件和应用程序，也可以更改系统安全性设置（比如访问和编辑组策略和注册表），还可以对将会影响到其他用户的设置进行更改，而且可以对其他用户账户进行配置。

2. Anonymous Logon

该组用于匿名登录。

3. Authenticated Users

该组包含通过身份验证的所有用户。即使为 Guest 账户设置了密码，该组也不包含 Guest 账户。

4. Backup Operators

该组中的成员可以备份和还原计算机中的文件和文件夹，而不管这些文件和文件夹的权限如何，这是因为 Backup Operators 组用于执行备份任务的权限高于所有文件的权限。Backup Operators 组中的成员无法更改系统安全性设置。

5. Everyone

该组包含所有有效的用户，Guest 也包含在 Everyone 组中，但是 Anonymous Logon 除外。

6. Guests

Guests 组中的成员都是来宾账户，可以从本地或远程登录计算机，但是具有较多的操作限制。

7. Local Service

Local Service 是系统中的一个虚拟账户，由操作系统直接使用，用户不能使用该账户。Local Service 是本地 Users 组中的成员，同时还属于 Authenticated Users 和 Everyone 以及另外两个组。Local Service 账户用于运行需要较少特权或登录权限的服务。默认情况下，使用该账户运行的服务具有以服务身份登录的登录特权，同时该账户还具有以下一些特权：调整进程的内存配额、更改系统时间和时区、生成安全审核以及替换进程级令牌等。

8. Local System

Local System 也称为 System，也是系统中的一个虚拟账户，是本地 Administrators 组中的成员，但是其所拥有的权力和权限要高于管理员用户，该账户同时还属于 Authenticated Users 和 Everyone 两个组。Local System 账户用于运行系统最核心的组件和服务，系统中的大多数服务都运行在 Local System 账户下，该账户具有以下一些特权：修改固件环境值、配置系统性能、配置单一进程、调试程序、生成安全审核等。

9. Network

该组包含通过网络远程访问本地计算机的所有用户。

10. Network Service

Network Service 也是系统中的一个虚拟账户。与 Local Service 类似，Network Service 账户也是本地 Users 组中的成员，因此具有标准用户的权力和权限，不能向系统重要区域写入数据。Local Service 账户用于运行需要较少特权或登录权限、但必须访问网络资源的服务。Network Service 拥有的特权与 Local Service 账户类似，而且可以在远程登录中被远程计算机认证为其本地账户。

11. Owner Rights

该账户用于限制资源所有者对资源的访问权限。

12. Power Users

Windows XP 中的 Power Users 组具有管理员

账户所具有的部分权力和权限，但在 Windows 10
中的 Power Users 组只为与早期版本的 Windows
保持兼容。

13. TrustedInstaller

默认情况下，该账户拥有所有系统文件的完
全控制权限。当用户删除系统文件时，会显示如
图 15-1 所示的对话框并禁止用户执行删除操作。

图15-1　禁止用户删除系统文件

14. Users

该组即是本章 15.1.2 节所说的标准用户
所属的用户组。管理员用户在计算机中创建
的大多数用户账户都是 Users 组中的成员，
Authenticated Users 默认也是该组的成员。
Users 组中的成员可以执行一些常规任务和操
作，比如本地登录计算机、从网络访问本地计算
机、运行应用程序、更改时区、关闭计算机等，
但是不能安装应用程序、更改系统时间、对系统
进行安全方面的设置，不能对影响其他用户的所
有设置进行更改。

虽然 Users 组的默认权限没有 Administrators
组高，但是默认情况下，当用户执行需要管理
员权限的操作时，系统会向用户发出用于提升
权限的用户账户控制提示对话框。如果用户能够
提供管理员账户的登录凭据，那么当前的标准用
户的权限将会自动提升到 Administrators 组所
拥有的权限，然后就可以执行管理员权限级别的
所有操作。

 有关用户账户控制的更多内容，
请参考本书第 16 章。

15.2.3　理解账户的 SID

SID（Security Identifier）是操作系统中的
每个账户的"身份证明"。无论是系统内建的用
户账户和组账户，还是由用户创建的用户账户和

组账户，每个账户都有唯一的 SID。在用户每次
登录系统时，系统都会为用户创建访问令牌，其
中包含用户账户的 SID、用户账户所属的用户组
的 SID，以及用户拥有的权限。SID 的相关信息
存储在注册表的受保护区域中。

 有关访问令牌的更多内容，请参
考本书第 16 章。

用户通过使用账户名称来引用账户，而系统内
部则使用 SID 来引用账户。如果删除了原来的账
户及其 SID，那么在创建一个新的用户账户时，其
SID 永远都不会与以前使用过的 SID 相同。即使
新建的用户账户与已删除的用户账户拥有相同的
名称，但是它们的 SID 也不会相同。表 15-1 列
出了常用的系统内建账户的 SID 及其对应的名称。

表 15-1　系统内建账户的 SID 及其对应的名称

SID	与 SID 对应的账户	SID	与 SID 对应的账户
S-1-0-0	Null	S-1-5-11	Authenticated Users
S-1-1-0	Everyone	S-1-5-18	Local System
S-1-2-0	Local	S-1-5-19	Local Service
S-1-3-0	Creator Owner	S-1-5-20	Network Service
S-1-5-1	Dialup	S-1-5-32-544	Administrators
S-1-5-2	Network	S-1-5-32-545	Users
S-1-5-4	Interactive	S-1-5-32-546	Guests
S-1-5-6	Service	S-1-5-32-547	Power Users
S-1-5-7	Anonymous Logon	S-1-5-32-551	Backup Operators

表 15-1 中列出的系统内建账户的 SID 具有
相同的结构。例如，Administrators 组账户的
SID 为 S-1-5-32-544，由 4 个 "-" 符号将
整个 SID 分隔为 5 组字符和数字，其中：

◆ 字母 S 表示该串字符是一个 SID；
◆ 数字 1 表示 SID 的修订级别；
◆ 数字 5 表示 SID 的颁发机构，5 代表 NT Authority；
◆ 数字 32 表示 SID 的域标识符，32 代表 "内置"；

◆ 数字 544 表示 SID 的相对标识符，544 代表 Administrators。

由用户创建的用户账户的 SID 的组成结构与系统内置账户的 SID 类似，但是 SID 的长度通常会更长。例如，下面就是一个由用户创建的用户账户的 SID。

```
S-1-5-21-2319384204-2662211735-
595857245-1001
```

其 中 的 21-2319384204-2662211735-5958 57245 表示 SID 的域标识符，表示本地计算机，这意味着本地计算机中如果还存在其他用户账户，那么该组数字都是相同的。最后一组数字 1001 表示 SID 的相对标识符，是当前用户账户与其他用户账户进行区分的标志，这意味着本地计算机中的用户账户的 SID 的最后一组数字具有唯一性，不会发生重复。

如果计算机中已经有了 SID 为 S-1-5-21-2319384204-2662211735-595857245-1001 的用户账户，那么当创建新的用户账户时，SID 中的前 4 组字符和数字完全相同，而最后一组数字会自动在前一个用户账户的 SID 的基础上加 1，比如新建用户账户的 SID 为 S-1-5-21-2319384204-2662211735-595857245-1002，以此类推。本地计算机中的 Administrator 和 Guest 账户的 SID 与用户创建的用户账户的 SID 类似，只是最后一组表示相对标识符的数字不同，具体如下。

◆ Administrator 账 户 的 SID 为：S-1-5-域标识符 -500。

◆ Guest 账户的 SID 为：S-1-5- 域标识符 -501。

可以通过注册表编辑器来查看指定 SID 所对应的用户账户的名称，具体操作步骤如下。

STEP 1 右击【开始】按钮▦，然后在弹出的菜单中选择【运行】命令，在打开的【运行】对话框中输入"regedit"命令后按【Enter】键。

STEP 2 打开【注册表编辑器】窗口，在左侧窗格中依次定位到以下路径并选择【ProfileList】子键，在 ProfileList 子键下包含了多个 SID，前 3 个通常是系统虚拟账户的 SID。

```
HKEY_LOCAL_MACHINE\SOFTWARE\
Microsoft\Windows NT\CurrentVersion\
ProfileList
```

STEP 3 选择要查看用户账户名称的 SID，然后在右侧窗格中双击名为【ProfileImagePath】的键值，在打开的对话框中即可看到与当前 SID 对应的用户账户的名称。图 15-2 所示为 SID 为 S-1-5-21-2319384204-2662211735-595857245-1001 的用户账户的名称是 VirUserW10。

图15-2　查看与SID对应的用户账户的名称

> **提示**
> 也可以不用双击右侧窗格中的键值，而直接在右侧窗格中的【数据】列中查看相应键值中包含的数据。

> **交叉参考** 有关子键、键值等注册表术语以及注册表的更多内容，请参考本书第 31 章。

还可以使用 Whoami 命令查看当前用户账户的用户名、组名以及 SID 等信息。右击【开始】按钮▦，在弹出的菜单中选择【命令提示符（管理员）】命令，以管理员身份打开【命令提示符】窗口，然后输入下面的命令并按【Enter】键，将会显示当前用户账户的相关信息，如图 15-3 所示。

```
whoami /all
```

图15-3　使用Whoami命令查看当前用户账户的相关信息

15.3 创建与管理用户账户和组账户

可以根据需要创建新的用户账户，如有必要也可以使用系统内建的 Administrator 和 Guest 两个账户。对于创建好的用户账户，可以为它们设置名称、头像等基本信息，还可以随时改变用户账户的类型。用户可以禁用暂时不使用的账户，而对于永远不再使用的账户，则可以将其从系统中删除。如果在系统中创建了多个用户账户，则可以通过组账户来对这些账户进行批量管理。标准用户只能修改自己账户的头像，而账户名称和账户类型等设置则必须由管理员用户来进行操作。

15.3.1 创建本地用户账户和 Microsoft 账户

Windows 10 支持创建本地用户账户和 Microsoft 账户并使用它们登录系统。有关 Microsoft 账户的详细介绍请参考本书第 1 章。下面将分别介绍创建这两类账户的方法。

1. 创建本地用户账户

在安装 Windows 10 操作系统的过程中，系统会要求用户创建一个管理员账户，在完成安装后会自动使用该账户登录 Windows 10。以后可以使用该管理员账户创建新的用户账户，创建的用户账户可以是管理员账户，也可以是标准账户。在 Windows 10 中创建新的本地用户账户的具体操作步骤如下。

STEP 1 单击【开始】按钮■，然后在打开的【开始】菜单中选择【设置】命令。

STEP 2 在打开的【设置】窗口中选择【账户】选项，在进入的界面左侧选择【家庭和其他用户】选项，然后在右侧单击【将其他人添加到这台电脑】按钮，如图 15-4 所示。

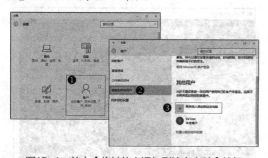

图15-4　单击【将其他人添加到这台电脑】按钮

STEP 3 打开如图 15-5 所示的对话框，单击左下方的【我没有这个人的登录信息】链接。

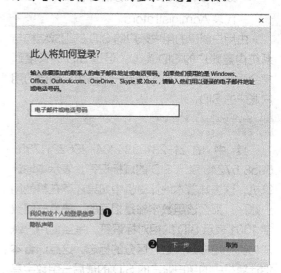

图15-5　单击【我没有这个人的登录信息】链接

STEP 4 进入如图 15-6 所示的界面，由于要创建的是本地账户，因此单击左下方的【添加一个没有 Microsoft 账户的用户】链接。

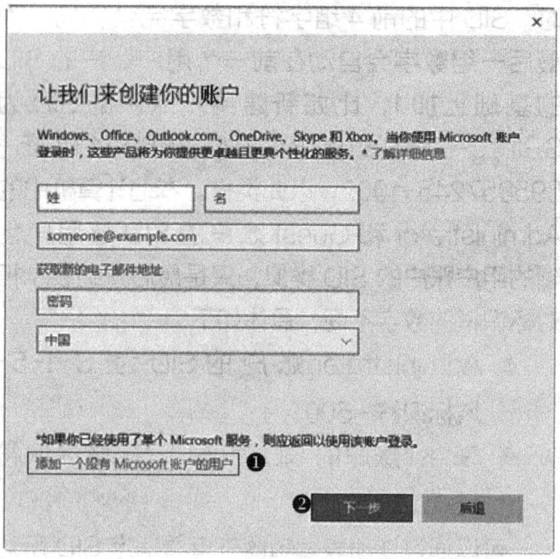

图15-6　单击【添加一个没有Microsoft账户的用户】链接

STEP 5 进入如图 15-7 所示的界面，输入用户账户的名称，是否设置密码根据用户的使用环境而定。如果新建的用户账户用于多人共用同一台计算机，那么应该为其设置密码。如果设置了密码，那么必须设置【密码提示】内容，该内容主要用于帮助用户回忆所设置的密码。设置好以后单击【下一步】按钮。

STEP 6 关闭用于创建账户的对话框并返回【设置】窗口，其中显示了新建的用户账户，如图 15-8 所示。

图15-7　设置用户账户的名称和密码

图15-8　新建的用户账户显示在账户列表中

（提示）
　　如果为账户设置了密码，那么在使用该账户登录系统时，只有输入正确的密码才能成功登录系统。如果没有为用户账户设置密码，那么该账户只能在本地计算机中登录，而不能在网络中的其他计算机中使用该账户进行网络。使用新创建的用户账户首次登录系统时，系统将会进行短暂的配置，完成后才能进入Windows系统。

交叉参考　　有关设置与管理用户账户密码的更多内容，请参考本章15.4节。

2. 创建Microsoft账户

　　可以使用现有的电子邮件地址创建一个Microsoft账户，也可以注册新的Microsoft账户。如果已经拥有了Microsoft账户，但是还没有在 Windows 10 中使用过，那么需要先将该

Microsoft 账户添加到 Windows 10 中。使用与创建本地用户账户类似的方法在【设置】窗口中单击【将其他人添加到这台电脑】按钮，打开前面 STEP 3 中的对话框，在文本框中输入 Microsoft 账户的电子邮件地址，如图 15-9 所示，然后单击【下一步】按钮。在图 15-10 所示的界面中单击【完成】按钮，即可将已有的 Microsoft 账户添加到 Windows 10 中，以后就可以使用该账户登录 Windows 10。

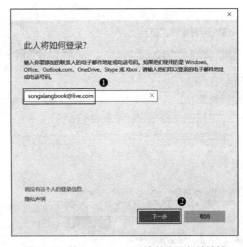

图15-9　输入Microsoft账户的电子邮件地址

图15-10　将已有的Microsoft账户添加到Windows 10中

　　如果还没有 Microsoft 账户，则需要进行注册。在输入已有 Microsoft 账户电子邮件地址的界面中单击【我没有这个人的登录信息】链接，进入前面创建本地用户账户时的 STEP 4 中的界面，此时有两种选择。

　◆ 已有电子邮件地址：如果已经拥有电子邮

件地址，则可以直接在界面中输入电子邮件地址并填写其他相关信息。

◆ 没有电子邮件地址：如果还没有电子邮件地址，则需要在界面中单击【获取新的电子邮件地址】链接，然后设置新的电子邮件地址的名称，电子邮件地址的后缀自动使用"@outlook.com"，如图15-11所示。

图15-11　注册新的电子邮件地址

无论使用以上哪种方式，设置完成后都需要单击【下一步】按钮，然后按照向导操作即可使用已有的电子邮件地址或新注册的电子邮件地址创建一个 Microsoft 账户。

15.3.2　更改用户账户的头像、名称和账户类型

在系统中创建的用户账户默认不会包含头像，因此在创建了用户账户以后，可能还需要为其设置头像。此外，用户还可以随时修改用户账户的名称和账户类型。账户头像的修改需要由账户本人完成，而账户名称和类型的修改则必须由管理员才能完成。

1．设置用户账户的头像

用户账户的头像是账户上显示的标志性图片，用户可以将自己喜欢的图片设置为用户账户的头像。在创建一个新的用户账户时，系统并未提供设置头像的选项，因此需要在创建好账户以后再设置账户的头像。设置用户账户头像的具体

操作步骤如下。

STEP 1 单击【开始】按钮，然后在打开的【开始】菜单中选择【设置】命令。

STEP 2 在打开的【设置】窗口中选择【账户】，在进入的界面左侧选择【你的账户】，然后在右侧单击【浏览】按钮，如图15-12所示。

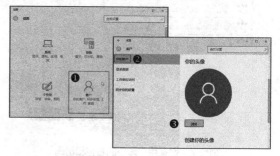

图15-12　单击【浏览】按钮

STEP 3 打开如图15-13所示的对话框，定位到包含图片的文件夹，然后双击要设置为账户头像的图片。

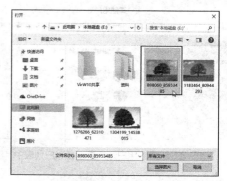

图15-13　选择要设置为账户头像的图片

STEP 4 返回【设置】窗口后，即可将选择的图片设置为当前用户账户的头像，如图15-14所示。如果选择过多次图片，那么在【设置】窗口中将会显示最近3次所使用的头像。

图15-14　为用户账户设置头像

2. 修改用户账户的名称

　　如果计算机由多个用户使用，那么为自己的用户账户起一个易于识别的名称是非常重要的。用户账户的名称会显示在欢迎屏幕和【开始】菜单中。欢迎屏幕是登录 Windows 之前要登录的用户账户的选择界面。用户账户的名称不能完全由句点或空格组成，而且不能包含以下任何一个字符：

```
\ / " [ ] : | < > + = ; , ? * @
```

注意 不能修改Guest账户的名称。

　　修改用户账户的名称需要由管理员用户完成，具体操作步骤如下。

STEP 1 打开【控制面板】窗口，将【查看方式】设置为【大图标】或【小图标】，然后单击【用户账户】链接。

STEP 2 进入如图 15-15 所示的界面，根据要更改名称的账户的不同而有以下两种选择。

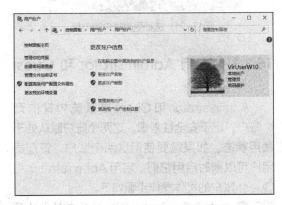

图15-15　单击【更改账户名称】链接

◆ 如果要更改当前管理员账户的名称，则单击【更改账户名称】链接，进入如图 15-16 所示的界面，在文本框中输入新名称后单击【更改名称】按钮。

◆ 如果要更改其他账户的名称，则单击【管理其他账户】链接，在如图 15-17 所示的界面中选择要修改名称的账户。

进入如图 15-18 所示的界面，单击【更改账户名称】链接，然后将进入与上面介绍的修改当前账户名称类似的界面，输入新名称后单击【更改名称】按钮。

图15-16　修改当前账户的名称

图15-17　选择要修改名称的账户

图15-18　单击【更改账户名称】链接修改账户名称

3. 更改用户账户的类型

　　在系统中新建的用户账户默认为标准用户。用户可以将标准用户更改为管理员用户，也可以将管理员用户更改为标准用户，但前提是系统中必须至少有两个管理员用户，才能将其中一个更改为标准用户。如果系统中只有一个管理员用户，则无法将其更改为标准用户。使用本节前面介绍的修改用户账户名称的方法在【控制面板】窗口中打开【用户账户】界面，根据要更改类型的账户的不同而有以下两种选择。

◆ 如果要将当前管理员用户更改为标准用户，则单击【更改账户类型】链接，进入如图 15-19 所示的界面，选中【标准】单选按钮后单击【更改账户类型】按钮。

◆ 如果要更改其他账户的类型，则单击【管理其他账户】链接，在进入的界面中选择要更改类型的账户。在进入的下一个界面中单击【更改账户类型】链接，然后将进入与上面介绍的修改当前账户的类型类似的界面，根据所选择的账户来选择要更改为的目标账户类型，然后单击【更改账户类型】按钮。

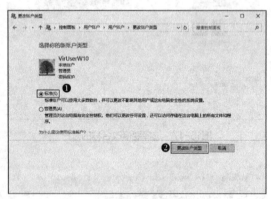

图15-19　更改用户账户的类型

用户还可以在【设置】窗口中更改用户账户的类型，具体操作步骤如下。

STEP 1　使用管理员账户登录系统，然后使用本节前面介绍的方法在【设置】窗口中选择【账户】选项，在进入的界面左侧选择【家庭和其他用户】选项。在右侧的【其他用户】类别中选择要更改类型的账户，然后单击对应的【更改账户类型】按钮，如图 15-20 所示。

STEP 2　打开如图 15-21 所示的【更改账户类型】对话框，单击【账户类型】下拉列表右侧的下拉按钮，然后在打开的列表中选择所需的账户类型，最后单击【确定】按钮。

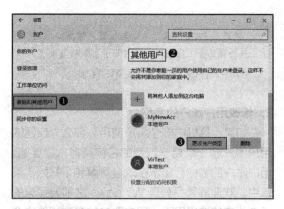

图15-20　单击【更改账户类型】按钮

图15-21　选择更改账户的类型

15.3.3　启用 Administrator 和 Guest 账户

Administrator 和 Guest 是系统内建的两个账户，出于安全性考虑，这两个账户默认处于禁用状态。如果需要使用这两个账户，管理员用户可以随时启用它们。启用 Administrator 和 Guest 账户的具体操作步骤如下。

STEP 1　右击【开始】按钮⊞，然后在弹出的菜单中选择【计算机管理】命令。

STEP 2　打开【计算机管理】窗口，在左侧窗格中依次展开【系统工具】⇨【本地用户和组】节点，然后选择其中的【用户】选项。中间窗格中显示了系统中包含的内建账户和管理员创建的账户。如果要启用系统内建的 Administrator 账户，则可以右击该账户并在弹出的菜单中选择【属性】命令，如图 15-22 所示。也可以直接双击 Administrator 账户。

图15-22　右击Administrator账户并选择【属性】命令

STEP 3 打开如图 15-23 所示的对话框，默认显示【常规】选项卡，在该选项卡中取消选中【账户已禁用】复选框，然后单击【确定】按钮，即可启用 Administrator 账户。启用 Guest 账户的方法与启用 Administrator 账户类似。

图15-23　取消选中【账户已禁用】复选框

15.3.4　禁用暂时不使用的用户账户

如果不希望使用系统中的某些用户账户，则可以暂时禁用它们。禁用用户账户与删除用户账户不同，禁用用户账户后可以随时再重新启用它们，而删除用户账户则将永远无法还原已删除的用户账户。

禁用用户账户与启用和禁用 Administrator 和 Guest 账户的方法类似，只需使用上一节介绍的方法在【计算机管理】窗口的左侧窗格中依次展开【系统工具】⇨【本地用户和组】节点并选择其中的【用户】选项，然后在中间窗格中双

击要禁用的用户账户，在打开的对话框的【常规】选项卡中选中【账户已禁用】复选框，单击【确定】按钮后即可禁用所设置的用户账户。处于禁用状态的用户账户会在其账户图标上显示一个向下的黑色箭头 。

15.3.5　创建组账户

Windows 10 内建了大量的组账户，可以根据实际情况将创建的用户账户添加到不同的组中，以便快速为多个用户分配所需的权力和权限。除了系统内建的组，管理员用户还可以创建新的组，具体操作步骤如下。

STEP 1 使用本章 15.3.3 节介绍的方法打开【计算机管理】窗口，在左侧窗格中依次展开【系统工具】⇨【本地用户和组】节点，然后右击其中的【组】，在弹出的菜单中选择【新建组】命令，如图 15-24 所示。

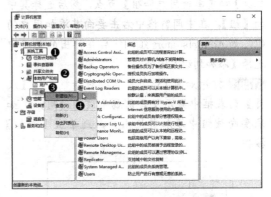

图15-24　选择【新建组】命令

STEP 2 打开如图 15-25 所示的【新建组】对话框，在【组名】文本框中输入组的名称，然后可以在【描述】文本框中输入有关组的用途的简要说明。

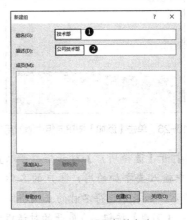

图15-25　设置组的名称

注意 创建的组账户的名称不能与系统中的其他组账户或用户账户的名称相同。

STEP 3 单击【创建】按钮，然后单击【关闭】按钮关闭【新建组】对话框，新建的组将会显示在中间窗格中。

15.3.6 将用户添加到指定的组或从组中删除用户

通过将用户添加到组中，可以节省为多个用户逐一设置相同权力和权限的时间，还会减轻以后修改多个用户的权力和权限时的工作量，而且还可以避免出现设置不统一或遗漏的情况。将用户添加到指定的组中的具体操作步骤如下。

STEP 1 使用本章15.3.3节介绍的方法打开【计算机管理】窗口，在左侧窗格中依次展开【系统工具】⇨【本地用户和组】节点，然后选择其中的【组】。在中间窗格中右击要向其添加用户的组，如Administrators组，然后在弹出的菜单中选择【添加到组】命令。

STEP 2 打开如图15-26所示的对话框，在【成员】列表框中显示了目前属于该组的用户。如果要向该组中添加其他用户，则单击【添加】按钮。

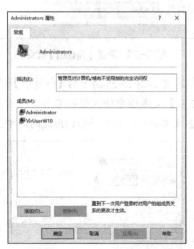

图15-26 单击【添加】按钮向组中添加用户

STEP 3 打开【选择用户】对话框，可以直接在文本框中输入要添加的用户账户的名称，如图15-27所示。如果不记得名称的正确拼写，那么可以单击【高级】按钮，在展开的对话框中单击【立即查找】按钮。在下方的列表框中选择要添加的用户账户，如图15-28所示。

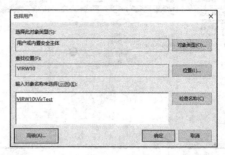

图15-27 输入要添加的用户账户的名称

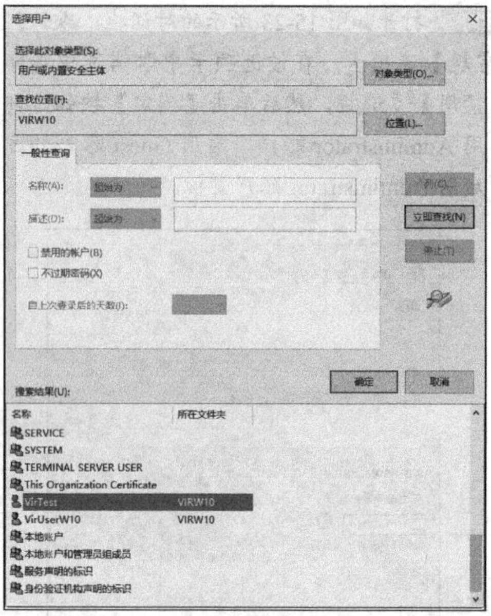

图15-28 选择要添加到组中的用户账户

提示 如果手动输入的用户名，那么可以不需要输入计算机名称。输入好用户名后单击【检查名称】按钮，如果输入的用户名正确，系统会自动在用户名左侧添加计算机名。

STEP 4 输入或选择好要添加的用户以后，单击【确定】按钮返回STEP 2中的组属性对话框，所选用户将会被添加到【成员】列表框中，如图15-29所示，表示该用户已被添加到该组中。下次使用该用户账户登录系统时，该设置即可生效。此后该用户将具有Administrators组所拥有的所有权力和权限。

如果不再需要某个用户从属于指定的组，那么可以将该用户从指定的组中删除，删除后该用户将不再具有该组的所有权力和权限。在【计算

机管理】窗口的左侧窗格中依次展开【系统工具】
⇨【本地用户和组】节点并选择其中的【组】，
然后双击中间窗格中包含要从中删除用户的组，
在打开的对话框的列表框中选择要删除的用户，
单击【删除】按钮后即可将该用户从组中删除。

图15-29　将用户添加到指定的组中

15.3.7　从系统中删除用户账户和组账户

可以将不再使用的用户账户和组账户从系统
中删除，以免带来不必要的混乱。只能删除由用
户创建的用户账户和组账户，无法删除系统内建
的用户账户和组账户。删除用户账户时可以选择
是否删除与其关联的配置文件和数据。可以使用
以下几种方法删除用户账户。

1. 在【设置】窗口中删除用户账户

Windows 10 中的【设置】窗口提供了删
除用户账户的功能，而且在删除的同时可以删除
与用户账户关联的配置文件和数据。使用本章
15.3.2 节介绍的方法在【设置】窗口中选择【账
户】选项，在进入的界面左侧选择【家庭和其他
用户】选项。在右侧的【其他用户】类别中选择
要删除的用户账户，然后单击对应的【删除】按
钮。打开如图 15-30 所示的对话框，单击【删
除账户和数据】按钮即可将所选用户及其配置文
件和数据从系统中删除。

2. 在【控制面板】窗口的【用户账户】界面中删除用户账户

在【控制面板】窗口的【用户账户】界面中
删除用户账户是以往 Windows 操作系统所提供
的方法，在 Windows 10 中仍然可以使用该方法

删除用户账户。使用该方法在删除用户账户时可
以选择保留或删除与用户账户关联的配置文件和
数据。删除用户账户的具体操作步骤如下。

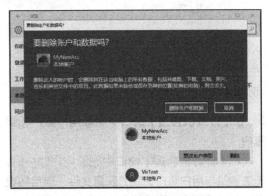

图15-30　在【设置】窗口中删除用户账户

STEP 1 使用本章 15.3.2 节介绍的方法打开【控
制面板】窗口的【用户账户】界面，单击【管
理其他账户】链接，在进入的界面中选择要删除
的用户账户。进入如图 15-31 所示的界面，单击
【删除账户】链接。

图15-31　单击【删除账户】链接

STEP 2 进入如图 15-32 所示的界面，此时有以下
两种选择。

◆ 如果希望删除用户账户及其关联的配置文
　件和数据，则单击【删除文件】按钮。
◆ 如果只想删除用户账户，但保留与其关联
　的配置文件和数据，则单击【保留文件】
　按钮。

图15-32　选择删除账户时是否保留配置文件及其相关数据

STEP 3 无论以哪种方式删除账户，都将进入如
图 15-33 所示的界面，根据选择是否保留配置文
件而会显示不同的内容。单击【删除账户】按钮

即可按 STEP 2 中选择的删除方式将用户账户从系统中删除。

图15-33　单击【删除账户】按钮删除指定的用户账户

3．在【计算机管理】窗口中删除用户账户和组账户

在【计算机管理】窗口中删除用户账户时，无法删除与用户账户关联的配置文件，而且如果想要删除组账户，则只能在【计算机管理】窗口中完成。使用本章 15.3.3 节介绍的方法打开【计算机管理】窗口，在左侧窗格中依次展开【系统工具】⇨【本地用户和组】节点，然后根据要删除的对象类型而执行以下操作。

◆ 删除用户账户：选择【本地用户和组】节点中的【用户】选项，然后在中间窗格中右击要删除的用户账户并选择【删除】命令，在弹出的如图 15-34 所示的对话框中单击【是】按钮，即可删除对应的用户账户。

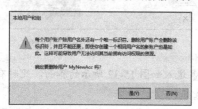

图15-34　删除用户账户之前的确认对话框

◆ 删除组账户：选择【本地用户和组】节点中的【组】选项，然后在中间窗格中右击要删除的组账户并选择【删除】命令，在弹出的如图 15-35 所示的对话框中单击【是】按钮，即可删除对应的组账户。

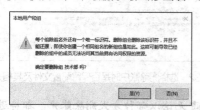

图15-35　删除组账户之前的确认对话框

15.3.8　同步账户设置

在本章 15.3.1 节介绍了使用 Microsoft 账户登录系统的诸多优点。用户可以选择在使用 Microsoft 账户登录系统后自动同步的内容类型。使用本章 15.3.2 节介绍的方法在【设置】窗口中选择【账户】选项，在进入的界面左侧选择【同步你的设置】选项，在右侧拖动滑块将【同步设置】设置为开启状态，然后在下方设置同步哪些类型的内容，如图 15-36 所示。

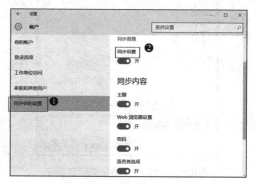

图15-36　设置同步选项

◆ 主题：Windows 主题、桌面背景和锁屏背景、用户账户的头像等。

◆ Web 浏览器设置：网页浏览器的设置和相关信息，比如收藏夹和历史记录。

◆ 密码：登录网站、应用或网络计算机的密码。

◆ 语言首选项：键盘、输入法、显示语言等方面的设置。

◆ 轻松使用：放大镜、讲述人等方面的设置。

◆ 其他 Windows 设置：文件资源管理器、鼠标等方面的设置。

 交叉参考　　有关同步密码的更多内容，请参考本书第 25 章。

15.4　设置与管理用户账户的密码

无论是否是多人使用同一台计算机，都应该为自己的用户账户设置密码，这样可以防止其他人随意使用自己的用户账户登录系统并访问个人文件，从而避免个人数据和重要信息的泄露。标准用户只能为自己的用户账户设置密码，而管理员用户则可以为计算机中的所有用户账户设置密码。本节详细介绍了设置与管理用户账户密码的相关内容，包括设置密码、创建密码重置盘、更改和删除密码。

15.4.1 为用户账户设置密码

Windows 系统中的密码可以包含字母、数字、符号和空格，密码中的字母区分大小写。创建用户账户的密码时可以设置密码提示来帮助用户记住所设置的密码，不过密码提示可以被计算机中的所有用户看到。标准用户可以在【设置】窗口中为自己的用户账户设置密码，管理员用户则可以在【设置】窗口或【控制面板】窗口中的【用户账户】界面中为自己设置密码，但只能在【用户账户】界面中为其他用户设置密码。

1. 标准用户为自己的用户账户设置密码

标准用户可以在【设置】窗口中为自己的用户账户设置密码，具体操作步骤如下。

STEP 1 使用本章 15.3.2 节介绍的方法在【设置】窗口中选择【账户】选项，在进入的界面左侧选择【登录选项】选项，然后在右侧单击【密码】类别中的【添加】按钮，如图 15-37 所示。

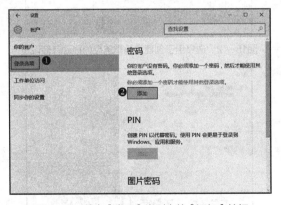

图15-37 单击【密码】类别中的【添加】按钮

STEP 2 在如图 15-38 所示的界面中输入两次相同的密码，然后在【密码提示】文本框中设置密码提示内容。设置好以后单击【下一步】按钮。

> 提示
> 如果已经创建了密码，则需要在更改密码时才能设置密码提示。

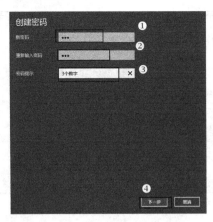

图15-38 设置密码和密码提示

STEP 3 在进入的界面中单击【完成】按钮，即可为当前用户账户设置密码。下次使用该账户登录系统时需要输入正确的密码才能进行登录。

2. 管理员用户为自己或其他用户设置密码

管理员用户可以在【设置】窗口中为自己的用户账户设置密码，方法与本节前面介绍的标准用户为自己的用户账户设置密码类似。此外，管理员用户还可以在【控制面板】窗口的【用户账户】界面中为自己或其他用户设置密码，具体操作步骤如下。

STEP 1 使用本章 15.3.2 节介绍的方法打开【控制面板】窗口的【用户账户】界面，单击【管理其他账户】链接，在进入的界面中选择要设置密码的自己的账户或其他用户的账户。

STEP 2 选择一个账户后进入如图 15-39 所示的界面，如果所选账户还没有密码，那么可以单击左侧列表中的【创建密码】链接。

图15-39 单击【创建密码】链接

STEP 3 进入如图 15-40 所示的界面，在文本框中输入两次相同的密码。在最下方的文本框中可以设置密码提示内容，但是使用该方法设置密码时密码提示内容并非必要设置。设置好以后单击【创建密码】按钮，将为所选账户创建密码。

图15-40 设置密码和密码提示

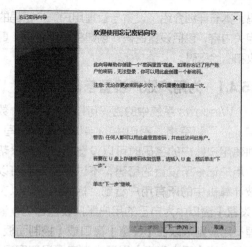

图15-41 【忘记密码向导】对话框

15.4.2 创建用户账户密码重置盘

为了避免由于遗忘密码而导致无法登录系统，以及失去对用户个人加密的文件和数据的访问权限，在为用户账户设置密码时应该及时创建密码重置盘。用户以后使用账户登录系统时如果忘记了账户密码，则可以使用密码重置盘重新设置一个密码，从而确保系统的正常登录，而且也不会影响该用户对其原有私密信息的访问。创建密码重置盘需要使用 USB 移动存储设备。需要注意的是，任何可以获得密码重置盘的用户都可以重新设置相应的用户账户的密码，所以应该将密码重置盘存放在安全的地方。这里以 U 盘为例来介绍创建密码重置盘的方法，具体操作步骤如下。

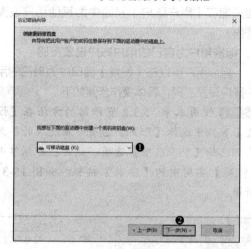

图15-42 选择用于创建密码重置盘的移动存储设备

STEP 1 将用于创建密码重置盘的 U 盘连接到计算机的 USB 接口中。使用要创建密码重置盘的用户账户登录系统。

STEP 2 使用本章 15.3.2 节介绍的方法打开【控制面板】窗口的【用户账户】界面，然后单击左侧列表中的【创建密码重置盘】链接。

STEP 3 打开如图 15-41 所示的【忘记密码向导】对话框，单击【下一步】按钮。

STEP 4 进入如图 15-42 所示的界面，选择用于创建密码重置盘的移动存储设备，然后单击【下一步】按钮。

STEP 5 进入如图 15-43 所示的界面，在【当前用户账户密码】文本框中输入当前登录系统的用户账户的密码，然后单击【下一步】按钮。

图15-43 输入当前用户账户的密码

STEP 6 系统开始创建密码重置盘，当进度到达100%时单击【下一步】按钮，进入如图 15-44 所示的界面，单击【完成】按钮完成密码重置盘的创建。

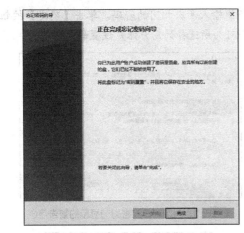

图15-44　密码重置盘创建完成

用户以后登录系统时，如果输入了错误的账户密码，将会在密码输入框的下方显示【重置密码】链接，如图 15-45 所示。此时可以将创建好的密码重置盘连接到计算机，然后单击【重置密码】链接将会打开【重置密码向导】对话框，如图 15-46 所示，该对话框的外观与创建密码重置盘时的【忘记密码向导】对话框类似。按照向导提示进行密码重置操作，完成后就可以使用重置后的新密码登录系统了。

图15-45　密码输错后显示【重置密码】链接

图15-46　使用【重置密码向导】对话框重置密码

15.4.3　更改和删除用户账户的密码

更改用户账户密码的操作最好由用户本人完成。因为如果通过管理员用户来为其他用户更改账户的密码，则会导致被更改密码的用户无法再访问其所有加密的文件以及其他一些私密信息。删除密码可以看做是更改密码的一种特殊形式，因为只要在更改密码时将新密码设置为空，即可删除原有密码。用户可以使用以下 3 种方法更改用户账户的密码。

1．在【设置】窗口中更改密码

可以在【设置】窗口中更改当前登录系统的用户账户的密码，具体操作步骤如下。

STEP 1 使用本章 15.3.2 节介绍的方法在【设置】窗口中选择【账户】选项，在进入的界面左侧选择【登录选项】选项，然后在右侧单击【密码】类别中的【更改】按钮。

STEP 2 显示如图 15-47 所示的界面，在【当前密码】文本框中输入用户账户当前所设置的密码，然后单击【下一步】按钮。

图15-47　输入用户账户的当前密码

STEP 3 进入如图 15-48 所示的界面，输入两次相同的新密码并设置密码提示，然后单击【下一步】按钮。在进入的界面中单击【完成】按钮，完成当前用户账户密码的修改。

2．在【控制面板】窗口的【用户账户】界面中更改密码

使用本章 15.3.2 节介绍的方法打开【控制面板】窗口的【用户账户】界面，单击【管理其他账户】链接，在进入的界面中选择要更改密码的用户账户，然后在进入的界面中单击【更改密码】链接。在如图 15-49 所示的界面中输入所选用户账户当前设置的密码，然后再输入两次相同的新密码，还可以选择是否设置密码提示。完成后单击【更改密码】按钮。

图15-48　设置新密码和密码提示

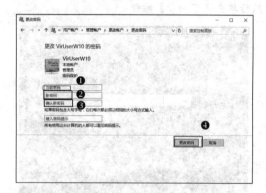

图15-49　在【控制面板】窗口中更改密码

3. 在【计算机管理】窗口中更改密码

管理员用户还可以在【计算机管理】窗口为计算机中的所有用户账户设置或更改密码，具体操作步骤如下。

STEP 1 使用本章 15.3.3 节介绍的方法打开【计算机管理】窗口，在左侧窗格中依次展开【系统工具】⇨【本地用户和组】节点并选择其中的【用户】选项。

STEP 2 在中间窗格中右击要修改密码的用户账户，然后在弹出的菜单中选择【设置密码】命令。

STEP 3 系统会显示如图 15-50 所示的对话框，提醒用户在使用这种方式修改密码后可能会出现的一些问题。如果确定要修改密码，则单击【继续】按钮，将会打开如图 15-51 所示的对话框，在文

本框中输入两次相同的密码，单击【确定】按钮后即可为所选择的用户账户设置新的密码。

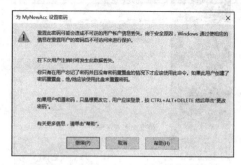

图15-50　为用户修改密码前显示的警告信息

图15-51　设置新的密码

15.5　控制用户登录系统的方式

Windows 10 为用户提供了登录系统的多种方式，适用于不同的使用环境，包括针对单一账户的本地账户与 Microsoft 账户之间的切换登录，以及针对于在多用户使用同一台计算机的情况下载多用户之间进行切换登录。可以通过锁定或注销用户账户来保护暂时不使用计算机的已登录用户的账户安全。

15.5.1　在本地账户和 Microsoft 账户之间切换

Windows 10 提供的某些应用需要用户使用 Microsoft 账户登录系统才能使用，而其他很多应用则需要使用 Microsoft 账户才能更好地发挥应用的功能。此外，如果希望在安装了 Windows 10 操作系统的不同设备之间同步用户数据和设置，则必须使用 Microsoft 账户登录系统。如果当前使用本地用户账户登录了操作系统，则可以使用下面的方法切换到 Microsoft 账户登录，具体操作步骤如下。

STEP 1 单击【开始】按钮，然后在打开的【开始】菜单中选择【设置】命令。

STEP 2 在打开的【设置】窗口中选择【账户】选项，在进入的界面左侧选择【你的账户】选项，然后在右侧

单击【改用 Microsoft 账户登录】链接，如图 15-52 所示。

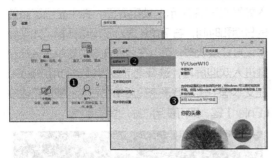

图15-52 单击【改用Microsoft账户登录】链接

STEP 3 打开如图 15-53 所示的对话框，输入要使用其登录系统的 Microsoft 账户的名称和密码，然后单击【登录】按钮。

图15-53 输入Microsoft账户的名称和密码登录系统

STEP 4 进入如图 15-54 所示的界面，需要在文本框中输入当前登录系统的用户账户的密码，然后单击【下一步】按钮即可使用 Microsoft 账户登录系统。

> **提示**
> 单击【下一步】按钮后会进入设置PIN的界面。如果暂时不想设置，则可以单击界面左下方的【跳过此步骤】链接。

重新进入【设置】窗口中的【账户】➪【你的账户】界面，可以看到使用 Microsoft 账户登录系统后显示的账户信息，如图 15-55 所示。如果以后想要使用本地用户账户登录系统，则可以单击界面右侧的【改用本地账户登录】链接，然后按照向导提示进行操作即可，如图 15-56 所示。如果需要修改 Microsoft 账户的姓名和密码等相关信息，则可

以单击界面右侧的【管理我的 Microsoft 账户】链接，将在网页浏览器中自动打开 Microsoft 账户的个人页面，可以通过单击【编辑名字】和【更改密码】链接修改 Microsoft 账户的名称和密码。

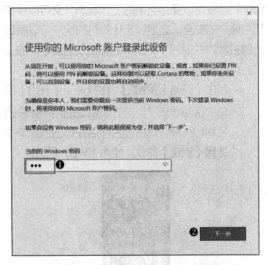

图15-54 输入当前登录系统的用户账户的密码

图15-55 使用Microsoft账户登录系统后显示的账户信息

图15-56 从Microsoft账户切换到本地账户

15.5.2 锁定与注销当前用户账户

如果用户需要离开计算机一段时间，但是过一

会儿还要继续进行当前未完成的工作，那么可以将计算机锁定。这样之前运行的程序和打开的窗口仍然会保持原状，而且其他用户也无法随意使用该用户的账户登录系统以查看用户的文件和数据。通过锁定功能既可以保持当前的工作状态，又可以保护用户账户的安全。之后锁定计算机的用户可以解锁计算机状态并返回 Windows 桌面以继续之前的工作。可以使用以下两种方法锁定计算机。

◆ 单击【开始】按钮，在打开的【开始】菜单的顶部显示了当前登录系统的用户账户的名称和头像，单击该名称后在弹出的菜单中选择【锁定】命令，如图 15-57 所示。

图15-57　在【开始】菜单中选择【锁定】命令

◆ 按【Ctrl+Alt+Delete】组合键，在进入的安全桌面中选择【锁定】命令，如图 15-58 所示。

图15-58　在安全桌面中选择【锁定】命令

提示　安全桌面主要是为了保护用户账户的安全而设计。在安全桌面环境下，只有以System权限运行的Windows组件才能接受用户的输入，因此可以有效保护用户账户的安全，防止恶意程序对用户账户进行破坏。

无论使用哪种方法选择【锁定】命令，都将进入如图 15-59 所示的锁定界面，其中显示了当前的日期和时间，右下角还显示了网络图标。如果要想恢复登录状态，可以在界面任意位置单击鼠标左键进入欢迎屏幕，选择之前设置锁定的用户账户，在文本框中输入登录密码后单击右侧的按钮或按【Enter】键，即可使用该账户登录系统。

图15-59　锁定界面

注销与锁定不同，如果选择注销，系统将会关闭当前运行的所有程序以及打开的所有窗口，然后退出当前用户账户的登录状态，但是不会关闭计算机，而是显示欢迎屏幕。此时可以选择任一有效的用户账户登录系统，包括刚刚注销的用户。通过注销当前用户后再重新登录的方式，有时可以解决系统中出现的某些问题。对于某些系统设置，可以通过注销当前用户账户而不必重启计算机来使设置结果生效。注销的操作方法与本节前面介绍的锁定类似，只是由选择【锁定】命令改为选择【注销】命令即可。

注意　无论是锁定还是注销，只有用户账户拥有密码才能起到保护账户的作用，否则任何人都可以解除锁定状态或使用用户账户登录系统。

15.5.3　在不同的用户账户之间切换

如果系统中包含多个用户账户，那么可以在不注销当前用户账户的情况下使用其他用户账户登录系统。这种方式称为"快速用户切换"。在这种方式下，从某个已登录用户切换到另一个用户时，不需要关闭当前运行的程序和打开的窗口，然后就可以使用另一个用户登录系统。当从另一个用户切换回之前的用户时，用户可以继续使用之前运行的程序和打开的窗口，不会受到任何影响。可以使用以下两种方法从当前登录系统的用户账户切换到其他用户账户。

◆ 单击【开始】按钮⊞，在打开的【开始】菜单顶部单击当前用户账户的名称，然后在弹出的菜单中选择想要登录系统的用户账户的名称。

◆ 按【Ctrl+Alt+Delete】组合键，在进入的安全桌面中选择【切换用户】命令。

使用以上任意一种方法都将进入Windows 欢迎屏幕，其中显示了系统中包含的所有用户账户，如图 15-60 所示。如果启用了系统内建的 Administrator 和 Guest 账户，那么这两个账户也会显示在欢迎屏幕中。如果使用第一种方法，那么欢迎屏幕中将会自动选中该账户，用户直接输入该账户的密码即可登录系统。如果使用第二种方法，则需要从用户账户列表中选择要登录系统的用户，然后再输入相应的密码。

图15-60　Windows 10操作系统的欢迎屏幕

提示

在【开始】菜单顶部单击用户账户名称后弹出的菜单中，如果其他用户处于系统登录状态，则会在该用户名称下方显示"已登录"字样，如图15-61所示。

图15-61　处于登录状态的用户名下方会显示"已登录"

15.5.4　使用安全登录模式登录系统

默认情况下，启动计算机后会显示欢迎屏幕，其中显示了系统中包含的所有用户账户，选择某个用户账户并输入密码后即可使用该账户登录系统。为了让系统登录环境更加安全，可以启用安全登录，用户需要按下【Ctrl+Alt+Delete】组合键才会显示登录界面，从而防止恶意程序盗取用户输入的用户名和密码。启用安全登录模式的具体操作步骤如下。

STEP 1 右击【开始】按钮⊞，然后在弹出的菜单中选择【运行】命令，在打开的【运行】对话框中输入"netplwiz"命令后按【Enter】键。

STEP 2 打开如图 15-62 所示的【用户账户】对话框，切换到【高级】选项卡，然后选中【要求用户按Ctrl+Alt+Delete（R）】复选框，最后单击【确定】按钮。

图15-62　启用安全登录模式

STEP 3 切换到其他用户或重新启动计算机后，将会显示类似于锁屏界面的安全登录环境，其中会显示"按 Ctrl+Alt+Delete 解锁"的提示文字。此时需要按【Ctrl+Alt+Delete】组合键，然后选择要登录的账户并输入密码才能登录系统。

如果以后不想使用安全登录模式了，只需重新打开【用户账户】对话框，然后在【高级】选项卡中取消选中【要求用户按 Ctrl+Alt+Delete（R）】复选框即可。

15.6　控制用户使用计算机的方式

家长控制功能最早出现在 Windows Vista 中，该功能主要用于控制用户使用计算机的方式，包括控制用户使用计算机的时间、可以玩的游戏以及可运行的程序等。在 Windows 8 中将"家长控制"改名为"家庭安全"，虽然名称不同但功能类似。Windows 10 在家长控制和家庭安全的基础上提供了更为强大的家庭功能。

15.6.1 家庭功能简介

与早期 Windows 版本中的家长控制和家庭安全不同，Windows 10 中的家庭功能只支持 Microsoft 账户而不支持本地账户。这意味着只有使用 Microsoft 账户登录 Windows 10 后才能启用并设置家庭功能，而系统中的本地用户账户则无法使用 Windows 10 家庭功能。

在使用 Windows 10 中的家庭功能之前，需要先使用 Microsoft 账户登录系统，该账户将作为"主控方"，即控制其他用户的人。然后可以添加一个或多个用户并对他们使用计算机的方式进行控制，可以将这些用户称为"受控方"。受控方的每一个用户也必须拥有自己的 Microsoft 账户并使用该账户登录 Windows 10 操作系统。

Windows 10 中的家庭功能可以提供比以往的家长控制和家庭安全更加强大的功能，这主要归功于 Microsoft 账户的使用。由于家庭功能的设置结果会保存在微软云服务器中，因此对用户的设置结果将会自动漫游到使用 Microsoft 账户登录的不同 Windows 10 设备。这样就实现了无论用户在哪个设备上登录 Windows 10 操作系统，只要使用的是同一个 Microsoft 账户，都将自动应用相同的设置限制。通过 Windows 10 家庭功能可以执行下面列出的管理操作。

◆ 限制用户使用计算机的时间。

◆ 为用户设置针对于网站、应用、游戏和电影等的浏览和运行权限。

◆ 限制用户的网络购买行为。

◆ 限制用户可以与其他人共享的信息。

◆ 定位用户在 Windows 手机上登录时的所在位置。

◆ 通过监控报告可以查看用户在 Windows 10 设备上的具体活动。

除了上面列出的对用户使用计算机和上网操作可以进行的管理操作以外，用户还可以对添加到家庭功能中的 Microsoft 账户执行以下操作：添加和删除 Microsoft 账户、查看所有已添加的 Microsoft 账户。

启用与设置 Windows 10 家庭功能需要在网页浏览器中操作，家庭功能的网址是 https://account.microsoft.com/family，打开该网址并使

用 Microsoft 账户登录，然后就可以开始设置家庭功能了。

15.6.2 添加受控的 Microsoft 账户

为了对用户设置在使用计算机和上网操作等方面的限制，需要将这些用户的 Microsoft 账户添加到家庭功能中。添加受控的 Microsoft 账户的具体操作步骤如下。

STEP 1 使用想要作为主控方的 Microsoft 账户登录 Windows 10 操作系统，具体方法请参考本章 15.5.1 节。

STEP 2 单击【开始】按钮⊞，然后在打开的【开始】菜单中选择【设置】命令。

STEP 3 在打开的【设置】窗口中选择【账户】选项，在进入的界面左侧选择【家庭和其他用户】选项，然后在右侧单击【添加家庭成员】链接，如图 15-63 所示。

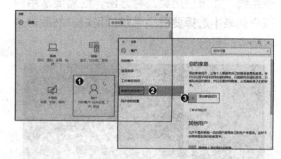

图15-63 单击【添加家庭成员】链接

STEP 4 打开如图 15-64 所示的对话框，选择要添加到家庭功能中的用户类型。如果希望添加作为受控方的用户，则需要选中【添加儿童】单选按钮；如果希望添加作为主控方的用户，则需要选中【添加

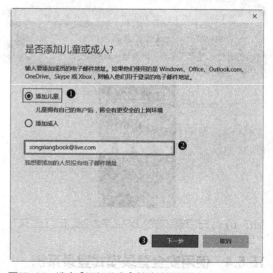

图15-64 选中【添加儿童】单选按钮并输入电子邮件地址

成人】单选按钮。由于此处要添加受控方的用户，因此选中【添加儿童】单选按钮，然后在文本框中输入用户的电子邮件地址。如果用户已经拥有了 Microsoft 账户，则直接输入 Microsoft 账户对应的电子邮件地址。设置完成后单击【下一步】按钮。

STEP 5 在进入的界面中单击【确认】按钮，系统会向上一步输入的 Microsoft 账户的电子邮件地址发送邀请，如图 15-65 所示，单击【关闭】按钮关闭对话框。只有在该用户接受邀请后，其使用计算机的方式才会受到限制。

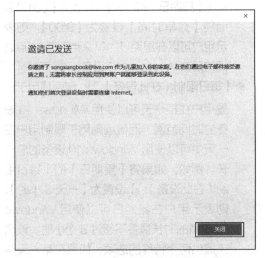

图15-65　向指定用户发送家庭功能的邀请

> **提示**
>
> 　　对于图15-64中填入的live.com类型的电子邮件地址，可以在网页浏览器中打开微软的live.com网站（https://login.live.com），然后使用图15-64中填入的Microsoft账户进行登录。登录后在页面中找到并单击【查看收件箱】链接。在进入的邮箱界面中选择左侧列表中的【收件箱】选项，然后在右侧单击发件人为【Microsoft Family】的邮件标题，打开如图15-66所示的邮件，单击【接受邀请】按钮即可接受邀请并被添加到Windows 10家庭功能中。

STEP 6 添加用户后的【设置】窗口中的【家庭和其他用户】界面如图 15-67 所示，其中显示了已添加的用户，同时显示了该用户在家庭中成员类型（儿童或成人）。如果需要向家庭中添加更多用户，则可以使用类似于上面的步骤继续添加。

图15-66　接受邀请以便加入家庭

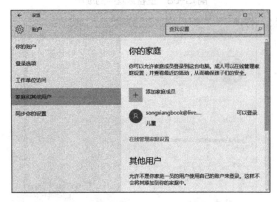

图15-67　添加的用户显示在【设置】窗口的
【家庭和其他用户】界面中

> **提示**
>
> 　　添加的受控方用户接受邀请后，系统会自动给主控方用户发送电子邮件，以告知所添加的用户已接受邀请并加入了家庭。

15.6.3　控制用户使用计算机的方式

　　向家庭功能中添加了用户以后，接下来就可以通过设置来限制这些用户使用计算机的方式了。打开上一节最后一个图所示的界面（图15-67），然后在右侧单击【在线管理家庭设置】链接。系统会自动在默认的网页浏览器中打开如图15-68 所示的【家庭】页面，其中显示了家庭中的成员，分为【孩子】与【成人】两类，【孩子】类别中的用户是受控方，【成人】类别中的用户是主控方。

　　在【孩子】类别中的每个用户的右侧显示了用于对用户进行管理的链接，可以根据想要对用户设置的控制方式来单击不同的链接，通过单击【更多】链接可以显示更多的选项。例如，如果想要限制某个用户使用计算机的时间，那么可以单击该用户右侧的

【屏幕时间】链接，进入如图15-69所示的页面。

图15-68　查看家庭中的成员

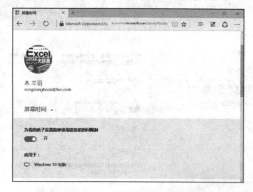

图15-69　设置用户可以使用计算机的时间

将【为我的孩子设置能够使用设备的时间限制】设置为开启状态以便激活下方的设置项，如图15-70所示。【应用于】显示了当前设置所针对的设备，这里显示的是【Windows 10 电脑】。如果当前是在 Windows 手机中进行该设置，那么将会显示手机设备。

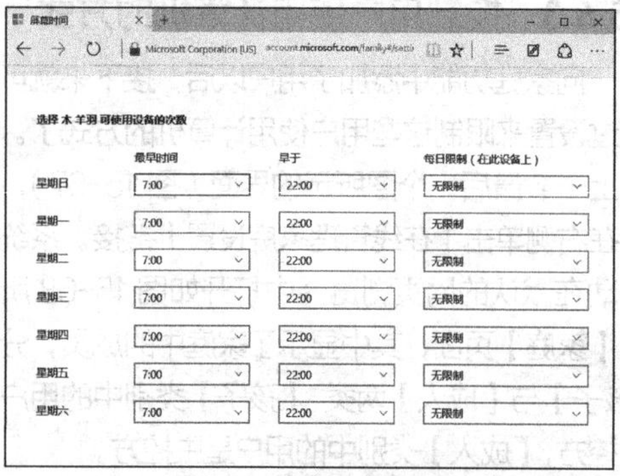

图15-70　用于设置计算机使用时间的选项

用户可以设置从周一到周日使用当前Windows 10 设备（比如本例中的 Windows 10电脑）的时间。时间设置包括3个选项。

◆ 【最早时间】：该项用于控制用户可以使用Windows 10 设备的最早时间。例如，如果将【星期日】的【最早时间】设置为【9:00】，则表示用户只能在星期一早上9点以后才能使用该 Windows 10 设备。

◆ 【早于】：该项用于控制用户可以使用Windows 10 设备的最晚时间，这意味着超过这个时间后将不能使用 Windows 10 设备。该项需要配合上一项同时使用，这样就可以限制用户在每一天可以使用Windows 10 设备的时间范围。例如，如果将【星期日】的【早于】设置为【23:00】，而将【最早时间】设置为【9:00】，则表示用户可以在星期日的早9点到晚11点之间使用该 Windows 10 设备。

◆ 【每日限制（在此设备上）】：前两项用于设置用户在某一天可以使用 Windows 10 设备的时间范围，而该项则用于限制用户在一天中可以使用 Windows 10 设备的总时长。例如，如果将【星期日】的【每日限制（在此设备上）】设置为【一天8小时】，则表示用户在星期日可以使用 Windows 10 设备的时长最多不超过 8 个小时。该项还提供两个特殊的选项，如果在某一天不想让用户使用 Windows 10 设备，则需要将该项设置为【全天阻止访问】；如果在某一天不想限制用户使用 Windows 10 设备，则可以将该项设置为【无限制】。

根据实际需要对以上3个选项进行适当的设置。设置每一项时需要从各自的下拉列表中选择合适的时间，如图15-71所示。设置完成后页面会自动对

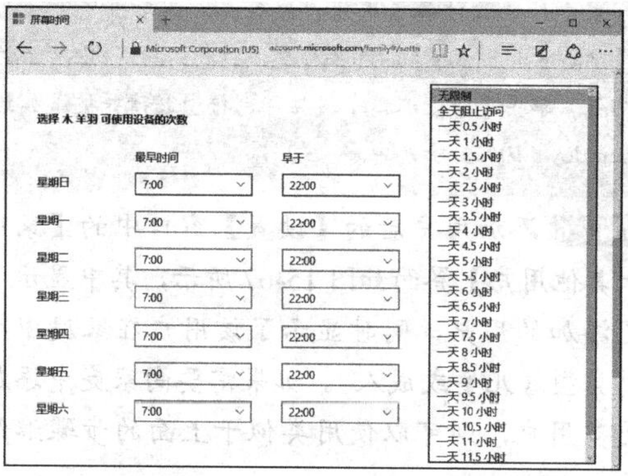

图15-71　从下拉列表中选择合适的选项

用户所选择的设置进行保存。对于用户在Windows 10设备上的其他限制的设置方法与上面介绍的设置屏幕时间类似，这里就不逐一进行介绍了。

15.6.4　监控用户使用计算机的情况

为了随时了解用户使用计算机的具体情况，用户可以在【家庭】页面中单击该用户右侧的【查看近期活动】链接，然后在进入的界面中将【活动报告已打开】设置为开启状态，如图15-72所示。如果不想获取电子邮件形式的每周活动报告，则可以取消选中【通过电子邮件向我发送每周报告】复选框。当前页面的下方会显示当前设置的用户使用计算机的具体情况。

> **注意** 为了能够获得对用户设置的网页浏览限制的相关活动报告，受控方用户需要使用Windows 10自带的Microsoft Edge或Internet Explorer浏览器。

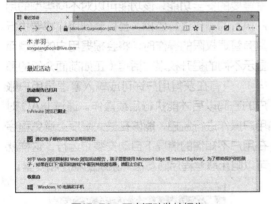

图15-72　开启活动监控报告

15.6.5　关闭家庭功能

可以随时关闭针对特定用户的家庭功能，这样该用户将不再受到任何来自家庭功能设置方面的限制，但是仍然可以使用其 Microsoft 账户登录 Windows 10 设备。用户可以使用以下两种方法关闭家庭功能设置方面的限制。

◆ 从家庭功能中删除不想再应用家庭限制的用户。
◆ 关闭对用户设置的所有家庭限制功能。

无论使用哪种方法，都需要先在网页浏览器中打开家庭功能设置页面（https://account.microsoft.com/family），然后使用主控方的 Microsoft 账户（即家庭功能中的成人账户而非

儿童账户）登录后进行以下两种设置之一。

◆ 删除家庭中的用户：对于【孩子】类别中的用户，需要单击要删除的用户右侧的【更多】链接，然后在弹出的菜单中选择【从家庭中删除】命令，如图15-73所示。在进入的确认页面中单击【删除】按钮即可将指定用户从家庭功能中删除，如图15-74所示。该操作只是将用户从家庭限制功能中删除，而该用户仍然可以使用 Microsoft 账户登录安装了 Windows 10 操作系统的设备。使用类似的方法，也可以将【成人】类别中的用户从家庭功能中删除。

图15-73　选择【从家庭中删除】命令

图15-74　确认是否将用户从家庭功能中删除

◆ 关闭所有家庭限制功能：使用上一节的方法将活动报告设置为关闭状态。然后将所有与特定用户相关的家庭限制功能都设置为关闭状态。例如，可以将【为我的孩子设置能够使用设备的时间限制】设置为关闭状态，从而关闭用户使用计算机的时间限制的功能。

16

用户账户控制

用户账户控制最初出现在 Windows Vista 操作系统中，通过该功能可以有效阻止程序在未经用户允许的情况下擅自安装或对系统关键设置随意修改。但是由于设计方面存在缺陷而导致很多用户怨声载道，因此在随后的 Windows 7/8/10 等操作系统中不断对用户账户控制进行改进。本章详细介绍了用户账户控制的相关内容，包括用户账户控制的工作原理以及更改用户账户控制安全级别的方法，还介绍了通过组策略配置用户账户控制的方法。由于本书第 7 章已经从用户账户控制对应用程序的安装和运行方面的影响进行了详细介绍，因此本章将不会对这方面内容做过多介绍。

16.1 用户账户控制的工作原理与设置方法

本节详细介绍了用户账户控制的基本概念和工作原理，了解这些内容对于设置用户账户控制的安全级别，以及对所执行的操作进行权限提升等方面都将会有所帮助。本节还介绍了设置用户账户控制的方法。

16.1.1 用户账户控制简介

在 Windows 10 操作系统中运行一个程序或执行某个命令时，可能会显示类似图 16-1 所示的要求提升操作权限的对话框，询问用户是否继续进行操作。当用户单击【是】按钮时，系统会提升用户的权限以继续执行需要管理员权限的操作，否则单击【否】按钮将终止当前操作。以上操作是针对当前用户是管理员用户而言的。如果当前用户是标准用户，那么显示的对话框将会类似图 16-2 所示，用户需要输入计算机中已存在的管理员账户的密码以后才能执行后续操作。

图16-1 针对管理员用户显示的提升权限对话框

以上介绍的在不同类型的用户执行某个操

作时所显示的提升权限的对话框就是用户账户控制。用户账户控制（UAC，User Account Control）是 Windows 10 操作系统中的一项非常重要的安全功能，该功能可以对不同类型的用户执行的操作进行监控，当检测到用户将要执行具有管理权限的操作时，将会根据用户的类型而显示不同的提升权限对话框（正如前面介绍的那样），只有在获得用户许可或输入管理员用户账户的密码以后才能执行后续操作。通过 UAC 对用户操作进行监控，能够在最大限度上避免程序在用户不知情的情况下自动安装和运行，这样就可以阻止恶意程序随意破坏系统的稳定和安全。

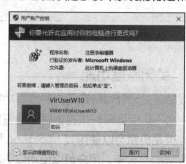

图16-2 针对标准用户显示的提升权限对话框

当用户执行的操作需要管理员权限才能继续进行时，UAC 会根据程序的不同来源而显示 4 种不同类型的提升权限对话框中的一种，具体显示哪一种由程序文件的发布者决定，文件发布者包括以下 3 种：Microsoft Windows、发布者验证（已签名）和发布者未验证（未签名）。下面对 4 种类型的提升权限对话框进行详细说明。

1. 运行Windows自带程序时显示的对话框

运行 Windows 自带程序时将会显示类似图 16-3 所示的对话框，这类对话框带有黄蓝色盾牌图标和蓝色背景。系统显示这类对话框说明当前运行的是 Windows 操作系统自带的并具有 Microsoft Windows 数字签名的程序，这类程序通常是安全可靠的。可以单击【显示详细信息】按钮显示当前运行的程序的路径和文件名称，从而可以判断程序是否安全。

图16-3 运行Windows自带程序时显示的对话框

2. 运行已知发布者的非Windows自带程序时显示的对话框

运行已知发布者的非 Windows 自带程序将会显示类似图 16-4 所示的对话框，这类对话框带有蓝色盾牌图标和蓝色背景。系统显示这类对话框说明当前运行的是非 Windows 自带的程序，但是这类程序具有有效的发布者和数字签名，这类程序对计算机而言通常是安全的。

图16-4 运行非Windows自带程序时显示的对话框

3. 运行未知发布者的程序时显示的对话框

运行未知发布者的程序时将会显示类似图 16-5 所示的对话框，这类对话框带有黄色盾牌图标和黄色背景。系统显示这类对话框说明当前运行的程序不具有来自其发布者的有效数字签名，但是这也不能完全说明该程序一定具有安全威胁，这是因为很多早期程序缺少数字签名。对于系统发出这类对话框的程序而言，用户应该确保程序具有可信任的来源。如果不确定程序是否安全，可以在 Internet 中查找该程序的名称以确定其安全性。不过对于确定诸如 SETUP.EXE 这样的通用

程序名称的来源和安全性就不那么容易了。

图16-5 运行未知发布者的程序时显示的对话框

4. 运行具有安全威胁的程序时显示的对话框

运行具有安全威胁的程序时将会显示类似图 16-6 所示的对话框，这类对话框带有红色盾牌图标和红色背景，而且未提供用于提升权限的命令。系统显示这类对话框说明当前运行的程序很可能会破坏计算机的稳定和安全，系统已经自动阻止该程序的运行。

图16-6 运行具有安全威胁的程序时显示的对话框

16.1.2 哪些操作会触发用户账户控制

Windows 自带的很多程序和设置都会同时包含标准用户和管理员用户的操作。例如，在图 16-7 所示的【日期和时间】对话框中，标准用户可以查看时钟和更改时区，但是如果想要修改日期和时间，则需要管理员权限才能进行操作，因

图16-7 同时包含标准用户和管理员用户操作的【日期和时间】对话框

为在【更改日期和时间】按钮上包含一个盾牌图标。在Windows操作系统中，如果在命令或按钮上包含有盾牌图标，则说明需要管理员权限才能进行操作。

下面列出了在 Windows 操作系统中将会触发 UAC 以提升用户权限的操作。

◆ 查看计算机中的其他用户文件夹。

◆ 向系统关键位置写入数据，例如将文件移动或复制到 Windows 文件夹或 Program Files 文件夹。

◆ 添加和删除用户账户，修改用户账户的类型。

◆ 安装和卸载应用程序。

◆ 安装硬件设备的驱动程序。

◆ 安装 ActiveX。

◆ 设置 UAC。

◆ 设置 Windows Update。

◆ 设置家长控制。

◆ 设置组策略。

◆ 设置注册表。

◆ 使用 Windows 管理控制台，比如计算机管理、设备管理器等。

◆ 以管理员身份运行程序，比如以管理员身份打开【命令提示符】窗口。

◆ 执行所有带有盾牌图标的命令。

16.1.3 用户账户控制的工作原理

UAC 通过几个关键组件的协同工作来为系统提供保护功能。只有了解了这几个组件的功能，才能更好地理解 UAC 的工作原理。与 UAC 相关的几个组件分别是：管理员访问令牌、管理员批准模式、基于完整性级别的进程保护、提升权限提示、安全桌面。下面将对每个组件进行详细介绍。

1. 管理员访问令牌

为了更好地发挥 UAC 对用户操作权限的控制功能，Windows 10 提供了标准用户和管理员用户两种用户账户类型。标准用户具有基本的操作权限，因此无法执行需要管理权限的操作。管理员用户虽然具有对计算机的完全控制权限，但是在默认情况下，系统只为管理员用户赋予和标

准用户相同的基本操作权限。

当标准用户登录计算机时，系统将为该用户创建一个标准用户访问令牌，该访问令牌包含为该用户分配的有关访问级别的信息，其中包括特定的安全标识符（SID）和 Windows 管理特权。当管理员用户登录计算机时，系统将为该用户创建两个单独的访问令牌：一个标准用户访问令牌和一个管理员访问令牌。标准用户访问令牌包含与管理员访问令牌相同的特定于用户的信息，但是从中删除了 SID 和 Windows 管理特权。

默认情况下，所有用户都将以标准用户访问令牌来执行操作，即以标准用户身份运行。只有在需要执行管理任务时，UAC 才会向用户发出提示信息，以询问是否提升权限以执行管理任务，获得权限提升后，将会使用管理员访问令牌来继续执行管理任务。

2. 管理员批准模式

无论是标准用户还是管理员用户，当用户执行需要管理员访问令牌的操作时，系统需要将当前用户的标准操作权限提升到管理员操作权限，只有获得计算机中的管理员的批准才能继续执行当前操作，因此将该模式称为"管理员批准模式"。在管理员批准模式下，即使当前用户是标准用户，只要能够提供有效的管理员账户的凭据，就可以执行当前需要管理员访问令牌的操作。在提升到管理员权限并完成当前操作以后，当前用户的操作权限仍然会恢复到标准操作权限，即使当前用户是管理员账户。通过管理员批准模式，可以明确区分标准任务和管理任务，这样就可以为系统安全起到很好的保护作用。

交叉参考　　有关 UAC 对应用程序的安装和运行方面的影响，请参考本书第 7 章。

3. 基于完整性级别的进程保护

为了保护程序进程，Windows 10 通过完整性级别将所有程序标记为从低到高的不同级别。将修改系统安全性设置或向系统关键位置写入数据的应用程序标记为"高"（如磁盘管理工具），而将执行一般性操作但有可能会影响到系统安全性的应用程序标记为"低"（如 Microsoft Edge 浏览器）。完整性级别较低的应用程序无法修改

完整性级别较高的应用程序中的数据。

4. 提升权限提示

当系统检测到用户执行需要管理员访问令牌的应用程序时，系统会根据当前用户账户类型的不同而提供用于提升权限的不同操作方式，具体分为以下两种。

◆ 许可提示：该提升权限的方式针对于管理员用户。当管理员用户执行需要管理员访问令牌的操作时，在提升权限对话框中会包含【是】和【否】两个按钮。如果想要提升权限以继续进行操作，则只需单击【是】按钮，而单击【否】按钮则将拒绝提升权限。

◆ 凭据提示：该提升权限的方式针对于标准用户。当标准用户尝试执行需要管理员访问令牌的操作时，在提升权限对话框中会显示用于输入管理员账户密码的文本框，只有输入正确的密码才能提升权限。如果计算机中包含多个管理员账户，则可以选择任意一个账户，然后输入对应的密码以提升权限。

表 16-1 列出了不同权限的用户在执行需要不同权限的操作时的权限提升情况。

表 16-1 不同权限的用户在执行需要不同权限的操作时的权限提升情况

用户账户类型	操作所需要的权限级别	权限提升情况
标准用户账户	标准权限的操作	不需要提升权限
标准用户账户	需要管理员权限的操作	需要提升到管理员权限
管理员用户账户	标准权限的操作	不需要提升权限
管理员用户账户	需要管理员权限的操作	需要提升到管理员权限

5. 安全桌面

为了在提升权限的过程中最大限度地保护系统环境的安全，UAC 通过在称为安全桌面的环境下显示提升权限对话框来实现此目的。可以将用户平时进行操作所处的环境称为"交互桌面"或"用户桌面"，而在默认情况下显示提升权限对话框时会自动进入安全桌面。安全桌面会使除了提升权限对话框以外的其他区域变暗，如图 16-8 所示。在安全桌面环境下，用户只能对提升权限对话框进行操作，

而不能进行其他任何操作，只有在用户同意或拒绝提升权限后才能返回用户桌面。

图16-8 安全桌面

16.1.4 设置用户账户控制的安全级别

Windows 10 提供了用于设置 UAC 的专用界面，可以非常方便地更改 UAC 的安全级别。通过设置 UAC 的安全级别，用户可以控制在执行需要管理员访问令牌的操作时是否显示提升权限对话框以及显示的频繁程度。设置 UAC 安全级别的具体操作步骤如下。

STEP 1 右击【开始】按钮田，然后在弹出的菜单中选择【控制面板】命令。

STEP 2 打开【控制面板】窗口，将【查看方式】设置为【类别】，然后单击【系统和安全】链接，在进入的界面中单击【更改用户账户控制设置】链接，如图 16-9 所示。

图16-9 在控制面板窗口中打开UAC设置界面

> **提示**
> 如果当前处于【用户账户】窗口中，则可以单击【更改用户账户设置】链接，如图16-10所示。

STEP 3 打开如图 16-11 所示的【用户账户控制设置】窗口，通过拖动其中的滑块来调整 UAC 的安全级

别。表16-2列出了 UAC 的安全级别及其详细说明。

图16-10 通过【用户账户】窗口打开UAC设置界面

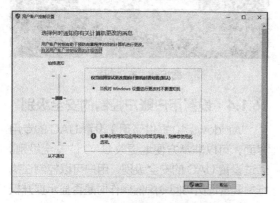

图16-11 将UAC设置为对系统进行任何
修改时都发出通知

表 16-2 UAC 的安全级别及其说明

UAC 安全级别	说明
始终通知	任何需要管理员访问令牌的操作都会通知用户以要求提升权限。这是最安全的设置，但是会频繁显示提升权限对话框
仅当应用尝试更改我的计算机时通知我（默认）	用户更改系统设置时，不显示提升权限对话框；但是程序要求修改系统设置时，则会显示提升权限对话框。设置为该安全级别，可以降低显示提升权限对话框的频率
仅当应用尝试更改计算机时通知我（不降低桌面亮度）	与上一项相同，唯一区别是在显示提升权限对话框时不会进入安全桌面，这意味着可以在处理提升权限对话框的同时进行其他操作，但这样会降低系统的安全性
从不通知	关闭 UAC 的所有提示。如果设置为该安全级别，那么对于管理员用户而言，以后在执行需要管理员访问令牌的操作时，系统不会显示提升权限的对话框并会自动为管理员用户提升权限；对于标准用户而言，以后在执行需要管理员访问令牌的操作时，系统不会显示提升权限的对话框并会自动拒绝提升权限，这意味着所有标准用户将无法再执行需要管理员访问令牌的操作。设置为该安全级别后，需要重新启动计算机才能使设置生效

用户还可以通过设置组策略对 UAC 的工作方式进行更详细的设置，这部分内容将在下一节进行介绍。

16.2 通过组策略设置用户账户控制

虽然可以在用户界面中对 UAC 的安全等级以及安全桌面等进行简单设置，但是借助组策略可以对 UAC 进行更多、更详细的设置。组策略中包含 10 个与 UAC 设置相关的策略，虽然每个策略的功能不同，但是每个策略的设置步骤是相同的，因此这里对设置步骤进行统一说明，本章后面的内容将只对每个策略的设置项的功能进行说明，而不再重复介绍操作步骤。在组策略中设置 UAC 的具体操作步骤如下。

STEP 1 右击【开始】按钮田，然后在弹出的菜单中选择【运行】命令，在打开的【运行】对话框中输入"gpedit.msc"命令后按【Enter】键。

STEP 2 打开【本地组策略编辑器】窗口，在左侧窗格中依次定位到以下路径并选择【安全选项】节点，右侧窗格中以"用户账户控制"开头的名称都是用于设置 UAC 的策略，如图16-12 所示。双击某个 UAC 策略，然后在打开的对话框中可以对该策略进行设置，完成后单击【确定】按钮。

计算机配置\Windows 设置\安全设置\安全选项

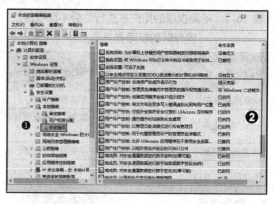

图16-12 用于设置UAC的策略

16.2.1 标准用户的提升提示行为

该策略用于设置标准用户在执行需要管理员访问令牌的操作时的提升权限的方式。在【本地组策略编辑器】窗口中双击【用户账户控制：标准用户的提升提示行为】策略，打开如图16-13所示的对话框，可以对该策略进行以下设置。

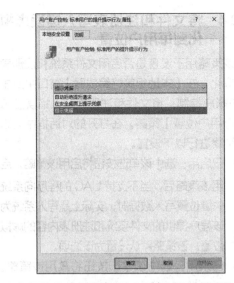

图16-13 设置【标准用户的提升提示行为】策略

◆ 自动拒绝提升请求:选择该项后,当标准用户执行需要管理员访问令牌的操作时,系统将会自动拒绝为其提升权限,这意味着标准用户无法执行任何需要管理员访问令牌的操作。

◆ 在安全桌面上提示凭据:在禁用【提示提升时切换到安全桌面】策略时如果选择该项,当标准用户执行需要管理员访问令牌的操作时,系统将会在安全桌面上显示提升权限对话框。

◆ 提示凭据:与上一项类似,只不过在禁用【提示提升时切换到安全桌面】策略时如果选择该项,在显示提升权限对话框时并不会进入安全桌面。该策略默认设置为该选项。

16.2.2 在管理员批准模式中管理员的提升权限提示的行为

该策略用于设置管理员用户在执行需要管理员访问令牌的操作时的提升权限的方式。在【本地组策略编辑器】窗口中双击【用户账户控制:管理员批准模式中管理员的提升权限提示的行为】策略,打开如图16-14所示的对话框,可以对该策略进行以下设置。

◆【不提示,直接提升】选项:选择该选项后,当管理员用户执行需要管理员访问令牌的操作时,系统将会自动为管理员用户

提升权限而不会显示提升权限对话框。

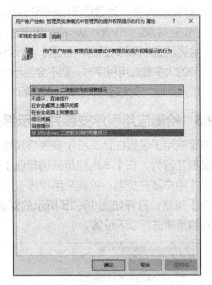

图16-14 设置【管理员批准模式中管理员的提升权限提示的行为】策略

◆【在安全桌面上提示凭据】选项:在禁用【提示提升时切换到安全桌面】策略时如果选择该选项,当管理员用户执行需要管理员访问令牌的操作时,系统将会在安全桌面上显示提升权限对话框,而且需要管理员用户输入管理员密码才能提升权限,而不是简单地通过单击【是】按钮来获得权限提升。

◆【在安全桌面上同意提示】选项:在禁用【提示提升时切换到安全桌面】策略时如果选择该选项,当管理员用户执行需要管理员访问令牌的操作时,系统将会在安全桌面上显示提升权限对话框,单击【是】按钮即可获得权限提升。

◆【提示凭据】选项:与【在安全桌面上提示凭据】选项类似,只不过在禁用【提示提升时切换到安全桌面】策略时如果选择该选项,在显示提升权限对话框时并不会进入安全桌面。

◆【同意提示】选项:与【在安全桌面上同意提示】选项类似,只不过在禁用【提示提升时切换到安全桌面】策略时如果选择该选项,在显示提升权限对话框时并不会进入安全桌面。

◆【非 Windows 二进制文件的同意提示】选项：选择该选项后，当管理员用户运行需要管理员访问令牌的非 Windows 应用程序时，系统会显示提升权限对话框，而运行 Windows 自带的大多数应用程序时，则不会显示提升权限对话框。该策略默认设置为该选项。

16.2.3 检测应用程序安装并提示提升

该策略用于设置在计算机中安装应用程序时的安装检测行为。在【本地组策略编辑器】窗口中双击【用户账户控制：检测应用程序安装并提示提升】策略，打开如图 16-15 所示的对话框，可以对该策略进行以下设置。

图16-15　设置【检测应用程序安装并提示提升】策略

◆ 已启用：选中该单选按钮将启用该策略。启用该策略后，当系统检测到应用程序的安装时将会显示提升权限对话框，只有管理员用户同意提升或标准用户输入管理员账户的凭据后才能继续进行操作。该策略默认设置为该选项。

◆ 已禁用：选中该单选按钮将禁用该策略。如果禁用该策略，在安装应用程序时系统将不会通过显示提升权限对话框的方式来提升用户的操作权限。

后面的几个策略的设置界面与该策略类似，都只包含【已启用】和【已禁用】两个选项，因此在介绍后面几个策略时为了节省篇幅，将不再提供界面截图。

16.2.4 将文件和注册表写入错误虚拟化到每用户位置

该策略用于设置是否启用文件系统和注册表的虚拟化。在【本地组策略编辑器】窗口中双击【用户账户控制：将文件和注册表写入错误虚拟化到每用户位置】策略，在打开的对话框中可以对该策略进行以下设置。

◆ 已启用：选中该单选按钮将启用该策略。启用该策略后，当不支持 UAC 的程序向系统关键位置写入数据时，实际上是写入系统为该程序提供的文件系统和注册表内容的虚拟位置。该策略默认设置为该选项。

◆ 已禁用：选中该单选按钮将禁用该策略。如果禁用该策略，程序无法将数据写入受保护的位置。

16.2.5 仅提升安装在安全位置的 UIAccess 应用程序

该策略用于设置请求使用用户界面辅助功能（UIAccess）完整性级别运行的应用程序是否必须位于操作系统的安全位置中。安全位置包括以下几个文件夹：

```
%SystemDrive%\Program Files
%SystemDrive%\Program Files(x86)
%SystemDrive%\Windows\System32
```

在【本地组策略编辑器】窗口中双击【用户账户控制：仅提升安装在安全位置的 UIAccess 应用程序】策略，在打开的对话框中可以对该策略进行以下设置。

◆ 已启用：选中该单选按钮将启用该策略。启用该策略后，只有位于安全位置中的 UIAccess 程序才能获得 UAC 权限提升。该策略默认设置为该选项。

◆ 已禁用：选中该单选按钮将禁用该策略。如果禁用该策略，位于安全位置以外的 UIAccess 程序也可以获得 UAC 权限提升。

16.2.6 提示提升时切换到安全桌面

该策略用于设置是在安全桌面上显示 UAC 提升权限对话框，还是在用户桌面上显示 UAC 提升权限对话框。在【本地组策略编辑器】窗口中双击【用户账户控制：提示提升时切换到安全桌面】策略，在打开的对话框中可以对该策略进行以下设置。

◆ 已启用：选中该单选按钮将启用该策略。启用该策略后，当系统显示提升权限对话框时将会自动进入安全桌面。该策略默认设置为该选项。

◆ 已禁用：选中该单选按钮将禁用该策略。如果禁用该策略，当系统显示提升权限对话框时不会进入安全桌面，而仍然位于用户桌面。

16.2.7 以管理员批准模式运行所有管理员

该策略用于设置所有管理员用户在执行需要管理员访问令牌的操作时是否受 UAC 的控制，即所有管理员用户是否运行在管理员批准模式下。在【本地组策略编辑器】窗口中双击【用户账户控制：以管理员批准模式运行所有管理员】策略，在打开的对话框中可以对该策略进行以下设置。

◆ 已启用：选中该单选按钮将启用该策略。启用该策略后，所有管理员用户都将运行在管理员批准模式下，当管理员用户执行需要管理员访问令牌的操作时，系统会显示提升权限对话框，需要用户的许可才能继续进行操作。该策略默认设置为该选项。

◆ 已禁用：选中该单选按钮将禁用该策略。如果禁用该策略，所有管理员用户将不会受到 UAC 的控制，这意味着当管理员用户执行需要管理员访问令牌的操作时，系统会自动提升权限而不会显示提升权限对话框。

> **提示**
> 更改该策略后，需要重新启动计算机才能使设置生效。

16.2.8 用于内置管理员账户的管理员批准模式

该策略用于设置内置的本地 Administrator 管理员账户在执行需要管理员访问令牌的操作时是否受 UAC 的控制。在【本地组策略编辑器】窗口中双击【用户账户控制：用于内置管理员账户的管理员批准模式】策略，在打开的对话框中可以对该策略进行以下设置。

◆ 已启用：选中该单选按钮将启用该策略。

启用该策略后，当本地 Administrator 管理员账户执行需要管理员访问令牌的操作时，系统会显示提升权限对话框，需要用户的许可才能继续进行操作。

◆ 已禁用：选中该单选按钮将禁用该策略。如果禁用该策略，本地 Administrator 管理员账户将不会受到 UAC 的控制，这意味着当本地 Administrator 管理员账户执行需要管理员访问令牌的操作时，系统会自动提升权限而不会显示提升权限对话框。该策略默认设置为该选项。

16.2.9 允许 UIAccess 应用程序在不使用安全桌面的情况下提升权限

该策略用于设置用户界面辅助功能（UIAccess）程序是否可以自动禁用安全桌面。在【本地组策略编辑器】窗口中双击【用户账户控制：允许 UIAccess 应用程序在不使用安全桌面的情况下提升权限】策略，在打开的对话框中可以对该策略进行以下设置。

◆ 已启用：选中该单选按钮将启用该策略。启用该策略后，UIAccess 程序，包括 Windows 远程协助在提升权限时可以自动禁用安全桌面，而显示在用户桌面上。

◆ 已禁用：选中该单选按钮将禁用该策略。如果禁用该策略，安全桌面只能由用户桌面的用户禁用，或通过禁用【用户账户控制：提示提升时切换到安全桌面】策略来禁用。该策略默认设置为该选项。

16.2.10 只提升签名并验证的可执行文件

该策略用于设置是否要求需要提升权限的应用程序必须具有可被验证的有效数字签名。在【本地组策略编辑器】窗口中双击【用户账户控制：只提升签名并验证的可执行文件】策略，在打开的对话框中可以对该策略进行以下设置。

◆ 已启用：选中该单选按钮将启用该策略。启用该策略后，只有具有可被验证的有效数字签名的应用程序才能提升权限。

◆ 已禁用：选中该单选按钮将禁用该策略。如果禁用该策略，则不要求需要提升权限的应用程序必须具有可被验证的有效数字签名。该策略默认设置为该选项。

设置 NTFS 权限控制
用户访问文件的方式

NTFS 文件系统提供了为系统中的资源设置权限的功能，通过权限可以控制哪些用户访问哪些资源。资源是对操作系统中不同类型对象的统称，具体可以包括文件、文件夹、打印机、系统服务、注册表项等。由于文件和文件夹是用户最常访问和处理的资源类型，因此本章介绍的权限所针对的对象主要以文件和文件夹为主。本章首先介绍了 NTFS 权限的类型以及配置规则等基本概念与相关知识，然后介绍了为文件和文件夹设置权限的方法，最后介绍了审核文件和文件夹访问的相关内容。

17.1 权限概述

本节介绍了 NTFS 权限的基本概念，以及基本权限和高级权限、权限的配置规则与设置原则等在开始设置权限之前需要了解和掌握的相关内容。掌握这些内容以后将会为权限的设置提供很大帮助。

17.1.1 什么是权限

Windows 操作系统中的权限是指用户或用户组对文件、文件夹以及系统中的其他对象进行访问和操作的能力，用于控制用户或用户组可以访问哪个对象以及可以对该对象执行哪些操作。例如，系统可以授予一个用户读取文件内容的权限，而授予另一个用户修改文件内容的权限，同时阻止其他用户访问该文件。

Windows 10 操作系统中的权限设置基于 NTFS 文件系统提供的权限功能。存储在 NTFS 文件系统分区中的每个文件或文件夹都有一个与其对应的访问控制列表（ACL，Access Control List）。ACL 中包括可以访问该文件或文件夹的所有用户账户、组账户以及访问类型。ACL 中的每个用户账户或组账户都对应一组访问控制项（ACE，Access Control Entry），ACE 中存储着用户账户或组账户对文件或文件夹拥有的具体的访问类型。

系统会在用户登录系统时为其创建一个访问令牌，其中包括用户的安全标识符（SID）、用户所属的用户组的 SID 以及用户权限等为该用户分配的有关访问级别的信息。当用户访问一个文件或文件夹时，系统会检查用户的访问令牌是否已经获得访问该对象并完成所需任务的授权。具体而言，系统首先检查该用户的账户或所属的组账户是否存在于要访问的文件或文件夹的 ACL 中。如果存在，则继续检查 ACL 中包含的 ACE。找到匹配的 ACE 后，将根据其中包含的访问类型来决定用户在当前对象上所拥有的具体的访问权限。如果在 ACL 中没有找到用户的相关信息，那么系统将拒绝该用户访问当前对象。

交叉
参考

有关访问令牌的更多内容，请参考本书第 16 章。有关 SID 的更多内容，请参考本书第 15 章。此外还有一种权限称为共享权限，有关共享权限的更多内容，请参考本书第 20 章。

17.1.2 理解基本权限和高级权限

对象所具有的权限由对象的类型决定。例如，对于文件和文件夹而言，它们具有读取、写入和删除等权限，而打印机则具有打印、管理打印机和管理文档等权限。由于本章介绍的权限所针对的对象主要是文件和文件夹，因此这里只讨论文件和文件夹这两种对象所具有的权限。在 Windows 操作系统中可以为文件和文件夹设置的权限分为基本权限和高级权限两大类，下面将分别介绍这两类权限。

1. 基本权限

文件夹的基本权限一共有 6 个，除了【列出文件夹内容】权限不适用于文件以外，其他 5 个权限都适用于文件。表 17-1 列出了文件和文件夹的基本权限及其说明。

表 17-1 文件和文件夹的基本权限及其说明

权限	说明
完全控制	允许或拒绝用户读取、写入、修改、创建以及删除文件和文件夹，还可以更改文件和文件夹的权限，获得文件或文件夹的所有权，对文件和文件夹具有完全的控制权限。选择【完全控制】权限的同时会自动选择其他 5 个权限
修改	允许或拒绝用户读取、写入、修改、创建以及删除文件和文件夹，但是不能获得文件和文件夹的所有权。选择【修改】权限的同时会自动选择除了完全控制以外的其他 4 个权限
读取和执行	允许或拒绝用户查看和列出文件夹中的文件和子文件夹中的内容，而且可以运行文件夹中包含的可执行文件。选择【读取和执行】权限的同时会自动选择【列出文件夹内容】和【读取】权限

续表

权限	说明
列出文件夹内容	该权限只适用于文件夹，允许或拒绝用户查看和列出文件夹中的文件和子文件夹中的内容，但是无法运行文件夹中包含的可执行文件
读取	允许或拒绝用户查看和列出文件夹中的文件和子文件夹中的内容，但是无法运行文件夹中包含的可执行文件
写入	允许或拒绝用户在文件夹中创建新文件和子文件夹，以及修改现有文件中的内容

 有关为文件和文件夹设置基本权限的方法，请参考本章 17.2.1 节。

2. 高级权限

高级权限一共有十多个，是对基本权限的细化。换言之，6 个基本权限都是由一个或多个高级权限组成的。表 17-2 列出了文件和文件夹的基本权限与高级权限的对应关系及其说明。

表 17-2 文件和文件夹的基本权限与高级权限的对应关系及其说明

基本权限	高级权限	说明
读取	列出文件夹 / 读取数据	【列出文件夹】权限允许或拒绝用户查看文件夹中的文件和子文件夹。该权限只适用于文件夹 【读取数据】权限允许或拒绝用户查看文件中的内容。该权限只适用于文件
	读取属性	允许或拒绝用户查看文件或文件夹的基本属性，如【只读】和【隐藏】属性
	读取扩展属性	允许或拒绝用户查看文件或文件夹的扩展属性。扩展属性由程序定义，不同的程序其扩展属性可能并不相同
	读取权限	允许或拒绝用户查看文件或文件夹的权限
写入	创建文件 / 写入数据	【创建文件】权限允许或拒绝用户在文件夹中创建新文件。该权限只适用于文件夹 【写入数据】权限允许或拒绝用户更改或覆盖文件内容，但是不能添加新内容。该权限只适用于文件
	创建文件夹 / 附加数据	【创建文件夹】允许或拒绝用户在文件夹中创建子文件夹。该权限只适用于文件夹 【附加数据】允许或拒绝用户在文件末尾添加新内容，但是不能更改、覆盖或删除已有内容。该权限只适用于文件
	写入属性	允许或拒绝用户更改文件或文件夹的基本属性，如【只读】和【隐藏】属性
	写入扩展属性	允许或拒绝用户更改文件或文件夹的扩展属性。扩展属性由程序定义，不同的程序其扩展属性可能并不相同
读取和执行 / 列出文件夹内容	【读取】权限对应的所有高级权限	包括【列出文件夹 / 读取数据】【读取属性】【读取扩展属性】和【读取权限】4 个高级权限
	遍历文件夹 / 执行文件	【遍历文件夹】权限允许或拒绝用户访问文件夹中的文件和子文件夹，即使没有明确为文件夹授予【读取数据】权限。该权限只适用于文件夹 【执行文件】权限允许或拒绝用户运行可执行文件。该权限只适用于文件

续表

基本权限	高级权限	说明
修改	【读取】权限对应的所有高级权限	包括【列出文件夹/读取数据】【读取属性】【读取扩展属性】和【读取权限】4个高级权限
	【写入】权限对应的所有高级权限	包括【创建文件/写入数据】【创建文件夹/附加数据】【写入属性】和【写入扩展属性】4个高级权限
	删除	允许或拒绝用户删除文件或文件夹。如果文件夹中包含了文件和子文件夹，而用户未被授予对这些文件和子文件夹的【删除】权限，那么用户将无法删除这些内容，除非在这些内容的父文件夹中对用户授予了【删除子文件夹及文件】权限
完全控制	上面列出的所有高级权限	包括【读取】【写入】【读取和执行】和【列出文件夹内容】4个权限对应的高级权限
	删除子文件夹及文件	允许或拒绝用户删除文件夹中包含的子文件夹和文件，即使没有明确为子文件夹和文件授予【删除】权限，也可以删除它们
	更改权限	允许或拒绝用户更改文件或文件夹的权限
	取得所有权	允许或拒绝用户获得文件或文件夹的所有权。管理员组中的成员可以随时获得文件或文件夹的所有权

 交叉参考　　有关为文件和文件夹设置高级权限的方法，请参考本章17.2节。

17.1.3　权限配置规则

NTFS权限内部有其已经限定好的配置规则，了解这些规则有助于正确配置文件和文件夹的权限。

1. 权限的累加

用户对文件或文件夹拥有的权限等于用户自身拥有的权限与用户所属的每一个用户组所拥有的权限的总和。例如，用户本身对文件拥有读取权限，用户所属的用户组A对文件拥有修改权限，而用户所属的用户组B对文件拥有写入权限，那么该用户最终将对文件同时拥有读取＋修改＋写入3个权限。

2. 显式权限高于继承权限

显式权限是指由用户手动设置的权限，继承权限则是指从当前对象的父对象继承而来的权限。继承权限可以避免权限设置过程中的重复操作，同时可以确保不同层次上的文件和文件夹拥有一致的权限而不会出现遗漏的情况。如果用户对继承来的权限进行了手动设置和修改，那么设置结果将覆盖继承来的权限。

例如，用户对文件夹A拥有写入权限，文件夹B是文件夹A中的一个子文件夹并继承了文件夹A的权限，因此用户对文件夹B也拥有写入权限。之后用户手动修改了用户对文件夹B的权限，拒绝了对文件夹B的写入权限。由于显式权限高于继承权限，因此用户最终对文件夹B没有写入权限。

3. 拒绝权限高于允许权限

权限包括允许和拒绝两种状态，允许表示授予用户拥有某种权限，拒绝则表示阻止用户拥有某种权限。拒绝权限高于允许权限。例如，如果一个用户同时是用户组A和用户组B的成员。用户组A对某个文件拥有读取权限，而用户组B对该文件拥有拒绝读取的权限，即未被授予读取权限，那么该用户对该文件最终没有读取权限，因为拒绝权限高于允许权限。

有一个例外情况，如果拒绝权限是通过继承权限而来，而用户后来对同一个文件或文件夹手动设置了显式的允许权限。按照显式权限高于继承权限的规则，此时的允许权限将高于拒绝权限，继承的拒绝权限不会阻止用户对该文件或文件夹所拥有的某种权限。

17.1.4　权限设置原则

了解了权限配置的基本规则以后，用户在设置权限时还应该注意一些设置原则，遵循这些原则可以提高权限的设置效率并尽可能减少遗漏和错误。下面给出了在设置权限时的一些有用建议。

1．按照文件层次结构由高到低的顺序进行设置

默认情况下，在父文件夹中设置的权限会自动传播到其内部包含的文件和子文件夹中。因此在为具有多层结构的文件夹设置权限时，应该先从最高层次的文件夹开始设置权限，这样其下属的子文件夹都会自动继承为最高层次文件夹设置的权限。如果下一层文件夹需要的某些权限与继承来的权限不同，那么只需对下一层文件夹的权限进行稍加改动即可，因为其他权限已从上一层文件夹继承而来，不需要再进行重复设置。借助权限的这种自动传播的继承特性，可以为极大地简化多层文件夹的权限设置过程。

交叉参考 有关继承权限的更多内容，请参考本章 17.2.4 节。

2．权限分配最小化

只为用户分配其所需要的权限，实现权限分配最小化。这种分配权限的方式便于对用户的权限进行管理，因为可以确保不会为用户分配过多不需要的权限。有时将这种分配方式称为最小特权原理。

3．使用组来集中管理单一用户的权限

为了便于管理多个用户的权限，应该首先考虑将权限授予用户组而不是单一的用户，只要加入同一个组的用户都将自动获得该组所拥有的权限，这样就不需要再对每个用户逐一分配权限了，而且也会为日后用户权限的变更带来很大方便。只需将用户从一个组转移到另一个组，即可使用户获得新加入的组所具有的权限，而删除已离开组所具有的权限。

4．尽量避免修改磁盘分区根目录的默认权限配置

更改磁盘分区根目录的默认权限配置可能会导致文件和文件夹的访问问题或降低系统安全性。

5．不要为文件或文件夹添加Everyone组并为其设置拒绝权限

由于 Everyone 组也包括系统中的管理员用户，因此如果为文件或文件夹添加 Everyone 组并为其设置了拒绝权限，那么包括管理员在内的所有用户都将无法访问该文件或文件夹，也包括创建该文件或文件夹的用户。对于这种情况的解决方法请参考本章 17.2.1 节。

17.2 设置文件和文件夹的权限

在了解和掌握了本章前面介绍的权限的基本内容和基础知识以后，接下来就可以开始设置具体的权限了。用户可以根据实际需要为文件或文件夹设置基本或高级权限。通过继承特性可以快速获得相同的权限，而不必逐一对不同层次上的文件或文件夹重复设置相同的权限。对于无法正常为其设置权限的文件或文件夹，则需要先获得其所有权。此外，如果在权限设置过程中出现某些问题而导致权限混乱，那么通常需要先了解一下用户在特定文件或文件夹上拥有的有效权限，以便可以进一步解决问题。

17.2.1 获得和分配文件或文件夹的所有权

通常只有文件或文件夹的所有者和管理员用户才有权为其他用户针对该文件或文件夹来分配权限。创建文件或文件夹的用户默认为该资源的所有者，所有者具有对文件或文件夹的所有权。如果所有者为文件或文件夹添加了 Everyone 组并将该组的权限都设置为拒绝，或者将该文件或文件夹中默认的 Administrators 组的所有权限都设置为拒绝。无论以上两种情况中的哪一种，管理员用户都将无法为该文件或文件夹分配权限，如图 17-1 所示。

图17-1　非所有者的管理员用户无法访问文件的权限设置

如果希望管理员用户可以为该文件或文件夹分配权限，那么必须先获得该文件或文件夹的所有权，具体操作步骤如下。

STEP 1 右击要获得所有权的文件或文件夹，然后在弹出的菜单中选择【属性】命令。

STEP 2 打开文件或文件夹的属性对话框，切换到【安全】选项卡，然后单击【高级】按钮。

STEP 3 打开文件或文件夹的【高级安全设置】对话框，单击【所有者】右侧的【更改】链接，如图 17-2 所示。

图17-2　单击【更改】链接

STEP 4 打开【选择用户或组】对话框，单击【高级】按钮展开【选择用户或组】对话框。单击【立即查找】按钮，在对话框下方的列表框中会显示系统中包含的所有账户，选择要获得所有权的管理员账户，如图 17-3 所示。

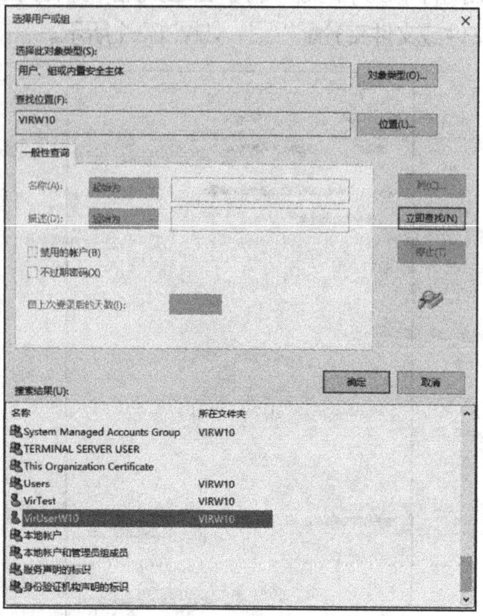

图17-3　选择要获得所有权的管理员账户

STEP 5 单击【确定】按钮，将所选账户添加到【输入要选择的对象名称】文本框中，如图 17-4 所示。如果确认无误，则单击【确定】按钮，关闭【选择用户或组】对话框。

图17-4　将所选账户添加到文本框中

STEP 6 返回文件或文件夹的【高级安全设置】对话框，此时可以看到【所有者】右侧显示的就是前面步骤中添加的管理员账户，如图 17-5 所示。

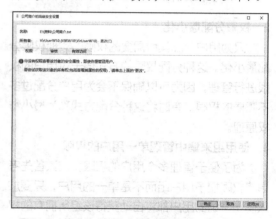

图17-5　将文件或文件夹的所有者更改为管理员账户

对于操作系统文件而言，其所有者默认为系统内建账户（如 TrustedInstaller），即使是管理员用户也无法为系统文件分配权限。解决方法与前面介绍的方法类似，也是先让管理员用户获得系统文件的所有权，然后再为系统文件分配权限。获得系统文件所有权的方法与前面介绍的获得普通文件所有权的方法类似，这里就不再赘述了。

如果想要将转移了所有权的系统文件再改回其默认所有权设置，比如将系统文件的所有者恢复为 TrustedInstaller，其操作方法与获得所有权的操作过程类似，但是可能会发现在【选择用户或组】对话框中搜索不到名为的 TrustedInstaller账户。如果直接输入 TrustedInstaller 并单击【确定】按钮，系统将会显示错误信息，无法成功添加 TrustedInstaller 账户。此时可以在【输入要选择的对象名称】文本框中输入以下名称，如图17-6 所示。单击【确定】按钮后即可成功将名为 TrustedInstaller 的系统内建账户设置为当前系统文件的所有者。

```
NT SERVICE\TrustedInstaller
```

图17-6　将系统文件的所有者恢复为系统内建账户

17.2.2　设置基本权限

无论是设置基本权限还是高级权限，负责设置权限的用户必须是为其设置权限的文件或文件夹的所有者，或已被所有者授予了执行该操作的权限。要设置文件或文件夹的基本权限，需要右击该文件或文件夹，然后在弹出的菜单中选择【属性】命令。打开文件或文件夹的属性对话框，切换到【安全】选项卡，在【组或用户名】列表框中列出了针对于当前文件或文件夹设置了权限的用户或用户组。

选择一个用户或用户组，将会在下方的列表框中显示该用户或用户组在当前文件或文件夹上所拥有的权限。由于当前选择的是 Users 用户组，因此可以看到该用户组拥有【读取和执行】【读取】两个允许权限，如图17-7 所示。这意味着 Users 用户组中的成员可以查看和列出文件夹中的文件和子文件夹中的内容，而且还可以运行文件夹中包含的可执行文件。

> **提示**
> 上面设置的是文件的权限。如果设置的是文件夹的权限，那么还会显示名为【列出文件夹内容】的权限，如图17-8所示。

如果想要更改权限设置，需要单击【安全】选项卡中的【编辑】按钮，打开如图 17-8 所示

的对话框。用户在这里可以对【组或用户名】中列出的用户或用户组的权限进行设置，也可以添加未显示的其他用户或组并为其设置权限，还可以将现有用户或用户组删除。

图17-7　查看指定用户或用户组拥有的权限

图17-8　设置文件夹权限时包括【列出文件夹内容】权限

1. 更改当前列出的用户或用户组的权限设置

在【组或用户名】列表框中选择要更改权限设置的用户或用户组，然后在下方的列表框中通过选中【允许】或【拒绝】复选框为指定用户或用户组设置是否拥有该权限，如图 17-9 所示。呈灰色显示且不可编辑的【允许】或【拒绝】复选框表示与其对应的权限是从当前文件或文件夹的父对象继承而来的。

图17-9　设置用户或用户组的基本权限

交叉参考　有关继承权限的更多内容，请参考本章17.2.4节。

2. 添加新的用户或用户组并为其设置权限

如果想要查看的用户或用户组没有出现在【组或用户名】列表框中，那么可以单击【添加】按钮，然后使用与上一节步骤 STEP 4 ~ STEP 5 类似的方法选择要添加的用户或用户组。将指定的用户或用户组添加到【组或用户名】列表框以后就可以为其设置所需的权限了，如图 17-10 所示。

图17-10　添加新的用户或用户组并未设置基本权限

> **提示**　向【组或用户名】列表框中添加的用户和用户组默认拥有【读取和执行】【列出文件夹内容】和【读取】3个权限，其中【列出文件夹内容】仅适用于文件夹。

3. 从权限列表中删除指定的用户或用户组

对于不再需要为其设置权限的用户或用户组，可以将其从文件或文件夹的权限列表中删除。使用本节前面介绍的方法打开文件或文件夹的属性对话框并切换到【安全】选项卡，然后单击【编辑】按钮。在打开的对话框的【组或用户名】列表框中选择要删除的用户或用户组，然后单击【删除】按钮即可将该用户或用户组删除。

> **注意**　如果用户或用户组包含从父对象继承来的权限，那么在单击【删除】按钮后会显示如图17-11所示的提示信息。删除这类用户或用户组之前需要先禁止继承权限，然后才能执行删除操作。

图17-11　无法删除包含继承权限的用户或用户组

17.2.3　设置高级权限

高级权限的设置比基本权限复杂得多，除了因为涉及更多细化的权限以外，还包括基本权限所没有的一些选项。使用本章17.2.1节介绍的方法打开要设置高级权限的文件或文件夹的【高级安全设置】对话框，在【权限】选项卡的【权限条目】列表框中列出了该文件或文件夹上包含的所有权限设置项目，如图 17-12 所示。每个权限项目包括【类型】【主体】【访问】【继承于】【应用于】几类信息，各信息含义如下。

◆ 类型：显示权限是允许权限还是拒绝权限。允许权限表示用户可以执行权限范围内的操作，拒绝权限表示禁止用户执行权限范围内的操作。

◆ 主体：显示权限所针对的是哪个用户或用户组。

◆ 访问：显示权限的具体类型，即本章17.1.2节介绍的基本权限包括的权限类型。

◆ 继承于：显示权限是否存在继承关系，以及由哪个对象继承而来。

◆ 应用于：显示权限的应用范围。

图17-12　查看高级权限的相关信息

用户可以更改【权限条目】列表框中列出的权限项目的具体设置，也可以添加新的权限项目，还可以将不需要的权限项目删除。

1．更改或删除当前列出的权限项目

如果想要更改某个权限项目的具体设置，可以选择该权限项目，然后单击下方的【编辑】按钮，或者直接双击要修改的权限项目。打开如图17-13所示的【权限项目】对话框，其中默认只显示了基本权限。单击右侧的【显示高级权限】链接即可显示高级权限，根据需要选中或取消选中相应权限的复选框即可。

图17-13　更改高级权限

> **注意**　如果某个权限项目中的权限设置是由父对象继承而来的，那么在【权限条目】列表框中选择该权限项目后，下方不会显示【编辑】按钮，而会显示【查看】按钮。这意味着对于存在继承权限的权限项目而言，只能查看其高级权限的设置情况而无法进行更改。只有禁止继承后才能更改这些权限项目的设置，具体方法请参考本章17.2.4节。

除了设置高级权限包括的具体权限外，还可以在【类型】下拉列表中选择当前设置的权限项目是一个允许权限还是拒绝权限。如果在该下拉列表中选择【拒绝】，那么设置完成后将禁止用户执行在高级权限中选择的所有权限所对应的操作。

 交叉参考　【权限项目】对话框中还包含一个【应用于】选项，该选项用于设置权限的继承方式，具体功能及其说明请参考下一节内容。

可以将不再需要的权限项目从【权限条目】列表框中删除，前提是该权限项目中的权限不是从父对象继承而来的，否则无法将其删除。要删除一个权限项目，只需在【权限条目】列表框中将其选中，然后单击【删除】按钮。

2．添加新的权限项目

在【高级安全设置】对话框的【权限】选项卡中单击【添加】按钮，打开如图17-14所示的【权限项目】对话框。默认情况下除了【选择主体】链接以外的其他选项都处于禁用状态。单击【选择主体】链接，然后使用与本章17.2.1节中的STEP 4～STEP 5类似的方法选择要添加的用户或用户组。完成后返回【权限项目】对话框，在下方选择要设置的具体权限。

图17-14　添加新的权限项目

17.2.4　通过继承应用权限

继承权限是从当前对象的父对象传播到当前对象的权限。换言之，继承而来的权限位于父对象上，通过继承这一特性自动传播到了父对象中

的子对象，继承是自动进行的。通过权限的继承特性可以快速设置父对象中的所有子对象的权限，这样可以确保所有子对象拥有一致的权限，而且也便于日后统一对权限进行更改。

计算机中的每个磁盘分区中的文件和文件夹的权限默认继承于该磁盘分区根目录所拥有的权限。计算机中的每个用户的个人文件和文件夹的权限默认继承于该用户的用户配置文件夹所拥有的权限，即 %UserProfile% 文件夹。

权限设置界面中呈灰色不可编辑状态的【允许】或【拒绝】复选框表示相应的权限是继承自父对象的权限。默认情况下无法对继承的权限进行更改，但是可以使用以下 3 种方法来更改继承权限。

◆ 更改父对象的权限，以使其符合子对象上的权限设置要求，更改结果默认会自动继承到父对象中的所有子对象。

◆ 禁止继承父对象的权限，并根据需要保留或删除已继承的权限。

◆ 选择与当前权限设置相反的选项，这样将会覆盖继承的权限。例如，如果【读取】权限当前设置为【允许】，那么将该权限设置为【拒绝】即可禁止该权限的继承。

根据需要可以禁止父对象中的所有子对象继承父对象的权限，也可以只禁止父对象中的特定子对象继承父对象的权限。下面将介绍这两种情况下禁止继承权限的设置方法。

1. 禁止所有子对象继承父对象的权限

可以使用下面的方法禁止所有子对象继承父对象的权限，具体操作步骤如下。

STEP 1 右击要禁止其子对象继承权限的父对象，比如某个磁盘分区，然后在弹出的菜单中选择【属性】命令。

STEP 2 打开磁盘分区的属性对话框，切换到【安全】选项卡，然后单击【高级】按钮。

STEP 3 打开磁盘分区的【高级安全设置】对话框，在【权限】选项卡中单击【更改权限】按钮，如图 17-15 所示。

STEP 4 切换到【高级安全设置】对话框的可编辑版本，然后双击要更改权限的权限项目，打开相应的【权限项目】对话框。在【应用于】下拉

列表中选择【只有该文件夹】选项，如图 17-16 所示。完成后依次单击【确定】按钮以关闭所有打开的对话框。

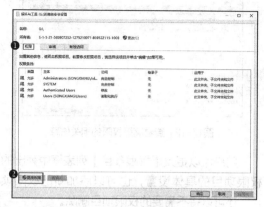

图17-15　单击【更改权限】按钮

图17-16　禁止父对象上的权限继承到子对象

如果当前设置的是文件夹的权限，那么【应用于】下拉列表中提供的选项用于指定权限的作用范围。这些选项的具体作用取决于是否选中了【仅将这些权限应用到此容器中的对象和 / 或容器】复选框，该复选框默认为未选中状态。

例如，如果在【应用于】下拉列表中选择了【此文件夹、子文件夹和文件】选项，那么是否选中【仅将这些权限应用到此容器中的对象和 / 或容器】复选框，对于当前设置的文件夹以及其中包括的文件和一级子文件夹（这里指在当前文件夹中可以直接看到的文件夹）而言并无区别。但对于一级子文件夹中包括的文件和子文件夹以及更深层次中的子文件夹和文件则将产生区别，具体如下。

◆ 不选中【仅将这些权限应用到此容器中的对象和 / 或容器】复选框：当前文件夹拥

有的权限可以向下传播到其中包括的文件、子文件夹，以及子文件夹中的文件和文件夹。

◆ 选中【仅将这些权限应用到此容器中的对象和 / 或容器】复选框：当前文件夹拥有的权限可以向下传播到其中包括的文件、子文件夹，但是不能继续传播到子文件夹中的文件和文件夹，以及更深层次的文件和子文件夹。

> **提示**
> 如果一个对象（比如文件夹）能够保存其他对象（比如文件和子文件夹），那么这个对象就可以被称为"容器"。

2. 禁止特定子对象继承父对象的权限

可以禁止特定子对象继承父对象的权限。例如，可以禁止某个磁盘分区中的某个文件或文件夹继承该磁盘分区根目录的权限。首先使用与本节前面介绍的类似方法打开要禁止继承其父对象权限的文件或文件夹的【高级安全设置】对话框，然后在【权限】选项卡中单击【禁用继承】按钮，打开如图 17-17 所示的对话框，根据需要选择两项中的其中一项。无论选择哪一项，当前设置的文件或文件夹都将立刻停止对其父对象权限的继承。

图17-17 禁止继承权限时显示的对话框

◆ 将已继承的权限转换为此对象的显式权限：保留当前文件或文件夹中所有继承自父对象的权限，并将这些权限变为显式权限。虽然所有权限看起来并未改变，但是已经断开了与父对象的权限继承关系。

◆ 从此对象中删除所有已继承的权限：删除当前文件或文件夹中所有继承自父对象的权限。

如果已经禁止了某个文件或文件夹继承其父对象的权限，以后可以随时还原继承特性，即重

新继承其父对象的所有权限。只需打开该文件或文件夹的【高级安全设置】对话框，在【权限】选项卡中单击【启用继承】按钮，然后单击【应用】按钮，父对象的权限就会自动继承下来。如果选中【使用可从此对象继承的权限项目替换所有子对象的权限项目】复选框，那么将会使继承的权限从当前文件或文件夹继续向其中包括的文件和子文件夹继续继承下去。

17.2.5 查看文件或文件夹的有效权限

有效权限表示指定的用户或用户组在某个文件或文件夹上所拥有的权限，这些权限是基于组成员身份直接授予的权限，以及从文件或文件夹的父对象继承而来的权限。用户可以使用下面的方法查看用户在指定文件或文件夹上拥有的有效权限，具体操作步骤如下。

STEP 1 使用本章 17.2.1 节介绍的方法打开要查看其有效权限的文件或文件夹的【高级安全设置】对话框，切换到【有效访问】选项卡，然后单击【选择用户】链接，如图 17-18 所示。

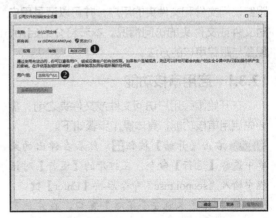

图17-18 单击【选择用户】链接

STEP 2 打开【选择用户或组】对话框，使用与本章 17.2.1 节中的 STEP 4 ～ STEP 5 类似的方法选择要查看有效权限的用户，然后单击【确定】按钮关闭【选择用户或组】对话框。

STEP 3 返回文件或文件夹的【高级安全设置】对话框，单击【查看有效访问】按钮，将在下方的列表框中显示所选用户的有效权限，在【有效访问】列中显示 ✔标记的表示用户拥有该权限，显示✘标记的表示用户没有该权限，如图 17-19 所示。

如果想要查看其他用户的有效权限，可以再次

单击【选择用户】链接选择其他用户以进行查看。

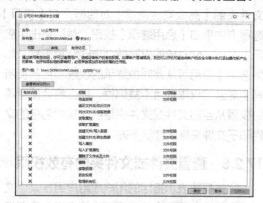

图17-19　查看用户的有效权限

17.3　审核用户对文件和文件夹的访问

正确配置 NTFS 权限可以有效防止对文件和文件夹进行未经授权的访问。如果想要了解都有哪些用户以何种方式访问了指定的文件和文件夹，则需要启用和配置审核功能。审核功能可以跟踪访问文件和文件夹的用户，并可以记录用户对文件或文件夹的访问情况。本节将介绍启用、配置与跟踪审核的方法。

17.3.1　启用审核功能

在开始跟踪用户访问文件或文件夹之前，需要先启用审核功能，具体操作步骤如下。

STEP 1 右击【开始】按钮，然后在弹出的菜单中选择【运行】命令，在打开的【运行】对话框中输入"secpol.msc"命令后按【Enter】键。

STEP 2 打开【本地安全策略】窗口，在左侧窗格中依次定位到以下路径，然后双击右侧窗格中的【审核对象访问】策略，如图 17-20 所示。

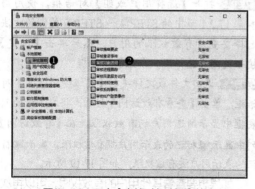

图17-20　双击【审核对象访问】策略

本地策略\审核策略

STEP 3 打开图 17-21 所示的对话框，在【本地安全设置】选项卡中选择要审核的操作类型，包括【成功】和【失败】两种，分别表示审核成功的操作和失败的操作。可以同时选择这两项，也可以选择其中之一。设置好以后单击【确定】按钮。

图17-21　选择审核的操作类型

17.3.2　配置审核功能

启用审核功能后，需要对其进行配置以便指定要审核的文件和文件夹，配置审核功能的具体操作步骤如下。

STEP 1 右击要对其进行审核的文件或文件夹，然后在弹出的菜单中选择【属性】命令。

STEP 2 打开文件或文件夹的属性对话框，切换到【安全】选项卡，然后单击【高级】按钮。

STEP 3 打开文件或文件夹的【高级安全设置】对话框，切换到【审核】选项卡，然后单击【继续】按钮，如图 17-22 所示。

图17-22　在【审核】选项卡中单击【继续】按钮

STEP 4 切换到【高级安全设置】对话框的可编辑

版本，然后单击【审核】选项卡中的【添加】按钮。

STEP 5 打开文件或文件夹的【审核项目】对话框，单击【选择主体】链接，然后使用与本章 17.2.1 节中的 STEP 4～STEP 5 类似的方法选择要添加的用户或用户组。完成后返回【审核项目】对话框，在下方选择要审核的具体权限，如图 17-23 所示，即审核用户对文件或文件夹的哪些操作。设置好以后单击【确定】按钮。

图17-23 选择要审核用户的哪些操作

STEP 6 返回文件或文件夹的【高级安全设置】对话框，可以看到前面步骤中所添加的用户已经显示在列表框中，如图 17-24 所示。可以使用类似的方法继续添加需要审核的其他用户或用户组，以后可以随时修改设置好的审核项目，只需在列表框中双击要修改的审核项目即可对其进行编辑。

图17-24 添加审核项目

17.3.3 跟踪用户对文件或文件夹的访问

启用并配置审核功能后，系统会自动跟踪配置审核时所设置的用户对指定的文件或文件夹的访问情况。可以在 Windows 事件查看器的安全日志中查看审核记录，成功的操作会在日志中被记录为审核成功事件，失败的操作则会在日志中被记录为审核失败事件。可以使用下面的方法在事件查看器中查看对用户访问文件或文件夹的跟踪情况，具体操作步骤如下。

STEP 1 右击【开始】按钮，然后在弹出的菜单中选择【运行】命令，在打开的【运行】对话框中输入 "eventvwr.msc" 命令后按【Enter】键。

STEP 2 打开【事件查看器】窗口，在左侧窗格中依次定位到以下路径，然后可以在右侧窗格中看到所有审核事件，如图 17-25 所示。通过【关键字】列中的内容可以了解到每个审核事件审核的是成功的操作还是失败的操作。

Windows 日志 \ 安全

图17-25 查看所有审核事件

STEP 3 双击【任务类别】为【文件系统】的事件，打开如图 17-26 所示的对话框，可以看到该事件的具体信息。在上方的列表框中，可以通过拖动右侧的滑块查看其中的内容，此时可以看到访问文件或文件夹的用户名以及所访问的文件或文件夹的名称。

图17-26 查看用户访问文件或文件夹的具体情况

Chapter 18

使用 EFS 加密文件系统
对文件进行加密

计算机中的文件是否安全可靠始终都是用户最关心的问题之一。计算机中存储的很多文件可能都包含了隐私数据，通常不希望其他人随便打开这些文件。尤其在很多用户同时使用同一台计算机的情况下，个人数据泄露的问题通常更容易发生。通过使用 Windows 10 提供的 EFS 功能，可以帮助用户加密重要的文件和文件夹，所有未经授权的用户都将无法访问加密后的文件。本章详细介绍了使用 EFS 功能对文件和文件夹进行加密，以及加密后对 EFS 证书和密钥进行管理等方面的内容。

18.1 EFS 简介

本节将介绍 EFS 加密文件系统的功能与基本原理，以便在开始使用 EFS 功能之前对其有一个基本了解。

18.1.1 什么是 EFS

使用本书第 26 章介绍的 BitLocker 驱动器加密功能可以对计算机中的磁盘分区进行加密，这样在启动计算机时必须输入正确的密码才能启动计算机并登录 Windows 系统。虽然 BitLocker 驱动器加密可以很好地保护计算机安全，但是如果由于某些原因正常启动了计算机并登录 Windows 系统，那么系统中的所有文件都将面临巨大的安全威胁。

Windows 10 操作系统提供了 EFS（Encrypting File System）加密文件系统功能，使用该功能可以对计算机中的文件或文件夹进行加密。对于实施加密操作的用户本人而言，加密和解密过程都非常简单，而且对加密后的文件和文件夹进行的各种操作与加密之前并不会感到有什么区别。换言之，在授权用户访问加密文件时，不需要手动对文件进行解密即可直接使用加密的文件。对于其他用户而言，当他们访问 EFS 加密的文件或文件夹时，虽然可以打开经过 EFS 加密的文件夹，但是只有具有加密文件或文件夹的 EFS 证书和密钥才能访问文件夹中的文件，否则系统将会拒绝这些用户对加密文件的访问。另一方面，即使加密的是文件夹，但是加密效果最终会

作用到文件夹中的文件上。

对文件和文件夹启用 EFS 加密以后，用户无需担心将加密后的文件和文件夹移动到计算机中的其他位置、外部存储设备或其他计算机中时文件的加密会失效。因为当其他非授权用户移动或复制 EFS 加密的文件和文件夹时，系统会显示如图 18-1 所示的对话框，即使提供了管理员权限，但是如果当前正在移动或复制加密文件或文件夹的用户没有安装与加密文件对应的 EFS 证书和密钥，那么系统将会禁止用户对加密文件和文件夹进行移动或复制操作，如图 18-2 所示，这样就可以防止非授权用户随意将加密的文件和文件夹移动或复制到不安全的位置上。

图18-1　需要管理员权限才能继续操作

图18-2　由于没有对应的EFS证书而禁止当前操作

使用 EFS 功能至少需要具备以下两个条件。

◆ 加密文件或文件夹的用户是 Administrator

组中的成员,即必须是管理员用户账户。

◆ 要进行加密的文件或文件夹所在的磁盘分区必须是 NTFS 文件系统。

18.1.2 EFS 加密原理

加密是通过对内容进行编码来增强文件安全性的一种保护方式,只有拥有解密密码的用户才能访问加密的文件。在使用 EFS 对文件和文件夹进行加密时,用户不需要设置密码,加密过程完全由系统自动完成。

使用 EFS 加密文件和文件夹以后,系统会自动为当前实施加密操作的用户提供相应的 EFS 证书和密钥,因此当前用户在任何时间都可以访问加密的文件和文件夹,而其他没有该 EFS 证书和密钥的用户则无法访问这些文件和文件夹。如果想要让其他用户也可以访问加密的文件和文件夹,则需要为这些用户提供与加密文件和文件夹对应的 EFS 证书和密钥,并且这些用户必须登录系统后安装 EFS 证书和密钥,才能正常访问加密的文件和文件夹。

EFS 使用的是公钥加密的方式。公钥加密需要使用两个不同的密钥,其中的公钥用于加密数据,而私钥用于解密数据。公钥可以公布给任何需要对数据加密的人,而私钥则保留在加密文件的用户手里。

在使用 Windows 10 中的 EFS 功能加密文件或文件夹时,系统首先会针对当前用户自动生成由一对公钥和私钥组成的密钥,然后生成一个 FEK(File Encryption Key,文件加密密钥)。接着系统会使用 FEK 和加密算法对要加密的文件进行加密,随后系统使用当前用户的公钥对 FEK 进行加密,最后删除最初生成的未加密的 FEK 以及原始文件或文件夹。加密后的 FEK 与加密文件存储在一起。当用户访问 EFS 加密的文件时,系统先使用当前用户的私钥解密 FEK,然后再使用 FEK 解密 EFS 加密的文件。

18.2 启用与禁用 EFS 加密功能

在 Windows 10 中,用户可以非常方便地对文件和文件夹启用和禁用 EFS 加密功能。本节除了介绍以上内容外,还介绍了在鼠标右键菜单中添加 EFS 加密命令的方法,这样可以便于用

户快速执行 EFS 加密操作。

18.2.1 使用 EFS 加密文件和文件夹

使用 EFS 加密文件和文件夹的方法基本相同,因此这里以加密文件夹为例进行介绍,具体操作步骤如下。

STEP 1 右击要加密的文件夹,然后在弹出的菜单中选择【属性】命令。

STEP 2 打开文件夹的属性对话框,默认显示【常规】选项卡,单击该选项卡中的【高级】按钮,如图 18-3 所示。

图18-3 单击【高级】按钮

STEP 3 打开【高级属性】对话框,选中【加密内容以便保护数据】复选框,如图 18-4 所示。

图18-4 选中【加密内容以便保护数据】复选框

STEP 4 单击【确定】按钮关闭【高级属性】对话框。返回文件夹的属性对话框并单击【确定】按钮,打开如图 18-5 所示的【确认属性更改】对话框,该对话框提供了以下两个选项,可以根

据不同需要进行选择。

◆ 仅将更改应用于此文件夹：选择该选项将只加密当前文件夹，而不会加密该文件夹中包含的任何子文件夹和文件。

图18-5　选择是否加密文件夹中的子文件夹和文件

◆ 将更改应用于此文件夹、子文件夹和文件：选择该选项将对当前文件夹以及该文件夹中包含的任何子文件夹和文件进行加密。

提示

如果加密的是文件夹中的某个文件，而该文件夹本身没有使用EFS加密，则会显示如图18-6所示的对话框，如果想要加密当前文件及其父文件夹，那么需要选中【加密文件及其父文件夹(推荐)】单选按钮，然后单击【确定】按钮。

图18-6　只加密文件夹中的文件时显示的提示信息

STEP 5 在 STEP 4 中选择好一个选项后单击【确定】按钮，将会显示如图 18-7 所示的通知消息，同时会在任务栏的通知区域中显示 图标。此时用户可以单击通知消息或 图标对加密密钥进行备份，以便在以后重装系统或将加密后的文件夹移动到其他计算机中时仍然可以正常访问加密的文件夹。使用EFS加密后的文件夹的名称将会显示为绿色。

图18-7　使用EFS加密后显示的系统通知消息和图标

交叉参考　有关备份 EFS 加密证书和密钥的方法，请参考本章 18.3.1 节。

18.2.2　关闭 EFS 加密功能

如果不想再对已加密文件或文件夹实施 EFS 加密，则可以随时对已加密文件和文件夹进行解密。解密的方法与加密类似，只需右击要解密的文件或文件夹并选择【属性】命令，在打开的属性对话框的【常规】选项卡中单击【高级】按钮，然后取消选中【加密内容以便保护数据】复选框，最后单击【确定】按钮即可完成解密操作。如果不想使用 EFS 加密功能，则禁用 EFS 加密功能闭。可以禁止对计算机中的任何文件和文件夹使用 EFS 加密功能，也可以只禁止对指定的文件夹使用 EFS 加密功能。

1. 禁止加密所有文件和文件夹

可以禁用计算机中的所有文件和文件夹的 EFS 加密功能，具体操作步骤如下。

STEP 1 右击【开始】按钮，然后在弹出的菜单中选择【运行】命令，在打开的【运行】对话框中输入 "gpedit.msc" 命令后按【Enter】键。

STEP 2 打开【本地组策略编辑器】窗口，在左侧窗格中依次定位到以下路径，然后右击【加密文件系统】并在弹出的菜单中选择【属性】命令，如图 18-8 所示。

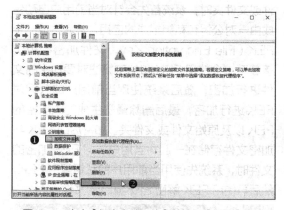

图18-8　右击【加密文件系统】并选择【属性】命令

```
计算机配置\Windows 设置\安全设置\
公钥策略\加密文件系统
```

STEP 3 打开如图 18-9 所示的对话框，默认显示【常规】选项卡，在该选项卡中选中【不允许】单选按钮，然后单击【确定】按钮，即可禁止对计算机中的所有文件和文件夹启用 EFS 加密功能。

2. 禁止加密指定的文件夹

在要禁止使用 EFS 加密的文件夹中创建一个名为 "Desktop.ini" 的文件，然后在记事本程序中打开该文件，输入以下内容后保存并关闭该文件。以后对包含该 Desktop.ini 的文件夹启用 EFS 加密时将会显示如图 18-10 所示的对话框，无法对该文件夹启用 EFS 加密。

```
[Encryption]
Disable=1
```

图18-9　选中【不允许】单选按钮

图18-10　禁用指定文件夹的EFS加密

18.2.3　将加密和解密的相关命令添加到鼠标右键菜单中

如果经常使用 EFS 加密文件和文件夹，那么可以将加密命令添加到鼠标右键菜单中，这样可以提高操作效率，具体操作步骤如下。

STEP 1 右击【开始】按钮⊞，然后在弹出的菜单中选择【运行】命令，在打开的【运行】对话框中输入 "regedit" 命令后按【Enter】键。

STEP 2 打开【注册表编辑器】窗口，在左侧窗格中依次定位到以下路径，然后在右侧窗格中的空白处单击鼠标右键，在弹出的菜单中选择【新建】⇨【DWORD(32 位) 值】命令，如图 18-11 所示。

```
HKEY_LOCAL_MACHINE\SOFTWARE\Microsoft\
Windows\CurrentVersion\Explorer\Advanced
```

STEP 3 将新建的 DWORD 键值的名称设置为 "EncryptionContextMenu"，然后双击该键值，打开如图 18-12 所示的对话框，将【数值数据】文本框中的值设置为 1，然后单击【确定】按钮。

图18-11　新建32位的DWORD值

图18-12　设置新建的DWORD值的值为1

交叉参考　有关注册表的更多内容，请参考本书第 31 章。

STEP 4 关闭【注册表编辑器】窗口。在计算机中右击 NTFS 磁盘分区中的任意一个文件或文件夹，在弹出的菜单中将会包含【加密】命令，如图 18-13 所示，使用该命令可以执行 EFS 加密操作。如果右击已加密的文件或文件夹后，则会在弹出的菜单中包含【解密】命令，使用该命令则可以执行解密操作。

图18-13　在鼠标右键菜单中添加EFS加密的相关命令

18.3　管理 EFS 证书和密钥

在对文件和文件夹设置 EFS 加密以后，对于 EFS 加密证书和密钥的管理则显得更为重要，因为这将会涉及以后出现不可预料的问题或变换应用环境后是否还可以正常访问加密文件。管理 EFS 证书和密钥主要包括备份 EFS 证书和密钥、导入 EFS 证书和密钥、新建 EFS 证书和密钥 3 个常用操作。

18.3.1　备份 EFS 证书和密钥

使用 EFS 对文件和文件夹进行加密以后，通常基于以下几个原因需要及时备份 EFS 证书和密钥。

◆ 用于访问加密文件的 EFS 证书被意外删除或损坏。

◆ 重装系统后仍然可以访问加密文件。

◆ 在其他计算机中仍然可以访问加密文件。

◆ 允许指定的其他用户访问加密文件。

为了可以正常访问加密后的文件，需要在出现以上几种情况之前备份 EFS 证书和密钥。证书和密钥是由 EFS 生成的用于访问加密文件的凭据。Windows 10 提供了多种方法用于备份 EFS 证书和密钥，包括使用证书导出向导、使用管理文件加密证书向导以及使用证书管理器 3 种方法来备份 EFS 证书。本节将分别介绍这几种方法的具体操作过程。

1. 使用证书导出向导备份EFS证书

在本章 18.2.1 节对文件或文件夹进行加密以后，系统会弹出通知消息并在任务栏的通知区域中显示加密图标📋，然后可以按照以下操作备份 EFS 证书，具体操作步骤如下。

STEP 1 单击系统通知消息或📋图标，打开如图 18-14 所示的【加密文件系统】对话框，然后选择【现在备份 (推荐)】选项。

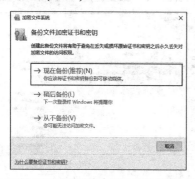

图18-14　选择【现在备份(推荐)】选项

STEP 2 打开如图 18-15 所示的【证书导出向导】对话框，单击【下一步】按钮。

图18-15　【证书导出向导】对话框

STEP 3 进入如图 18-16 所示的界面，选择导出证书的文件格式，通常保持默认设置即可，然后单击【下一步】按钮。

图18-16　选择导出的文件格式

STEP 4 进入如图 18-17 所示的界面，选中【密码】复选框，然后为备份的 EFS 证书设置保护密码，只有知道该密码的用户才能在需要访问加密文件时将证书导入系统中。设置好以后单击【下一步】按钮。

注意 只有扩展名为 .PFX 的证书才能同时包含证书和密钥。

定】按钮完成证书的备份。

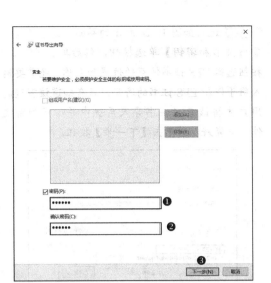

图18-17　为EFS证书设置保护密码

提示

　　如果发现上一步设置有误，则可以单击对话框左上角的 ← 按钮返回上一步。

STEP 5 进入如图 18-18 所示的界面，通过单击【浏览】按钮为备份的证书选择保存位置并设置证书的名称，最好将证书保存到可移动存储设备中。设置好以后单击【下一步】按钮。

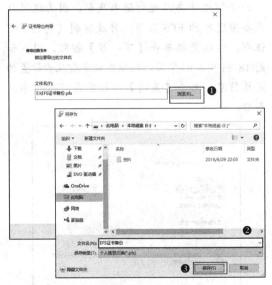

图18-18　选择EFS证书的保存位置并设置名称

STEP 6 进入如图 18-19 所示的界面，这里显示了前几步设置的汇总信息，确认无误后单击【完成】按钮。

STEP 7 弹出如图 18-20 所示的对话框，单击【确

图18-19　查看证书备份设置的汇总信息

图18-20　成功备份证书

　　如果没有在加密文件或文件夹后立即备份 EFS 证书和密钥，那么在以后想要备份 EFS 证书和密钥时可能已经无法在任务栏中找到 图标，为此可以使用下面介绍的两种方法来备份 EFS 证书和密钥。

2.　使用管理文件加密证书向导备份EFS证书

　　除了在加密文件和文件夹以后立刻备份 EFS 证书以外，用户也可以在以后任何时候备份 EFS 证书，为此可以使用管理文件加密证书向导来备份 EFS 证书，具体操作步骤如下。

STEP 1 打开【控制面板】窗口，将【查看方式】设置为【大图标】或【小图标】，然后单击【用户账户】链接。

STEP 2 进入如图 18-21 所示的界面，单击左侧列表中的【管理文件加密证书】链接。

图18-21　单击【管理文件加密证书】链接

STEP 3 打开如图 18-22 所示的【加密文件系统】对话框，在该对话框中不仅可以新建 EFS 证书，也可以备份现有的 EFS 证书。如果要继续进行操作，则单击【下一步】按钮。

图18-22　启动用于管理EFS证书的对话框

STEP 4 进入如图 18-23 所示的界面，由于这里介绍的是备份现有的 EFS 证书，因此需要选中【使用此证书】单选按钮，然后单击【下一步】按钮。可以单击【查看证书】按钮查看证书的详细信息，如果发现当前显示在【证书详细信息】列表框中的证书不是想要备份的证书，则可以单击【选择证书】按钮选择其他的证书。

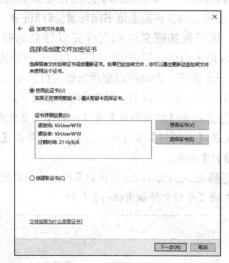

图18-23　选择要备份的EFS证书

 交叉参考　　有关新建 EFS 证书的方法，请参考本章 18.3.3 节。

STEP 5 进入如图 18-24 所示的界面，选中【现在备份证书和密钥】单选按钮，然后单击【浏览】按钮选择 EFS 证书保存的位置和名称，还需要输入用于保护 EFS 证书的密码，只有知道该密码的用户才将该 EFS 证书导入系统中并访问加密文件。设置好以后单击【下一步】按钮。

图18-24　设置EFS证书的保存位置和名称并设置保护密码

STEP 6 在进入的界面中不需要选择包含加密文件的任何文件夹以进行证书更新，因为这里只是备份现有的 EFS 证书，并没有创建新的 EFS 证书，可以直接单击【下一步】按钮。进入如图 18-25 所示的界面，此处显示了前几步设置的汇总信息，单击【关闭】按钮完成 EFS 证书的备份。

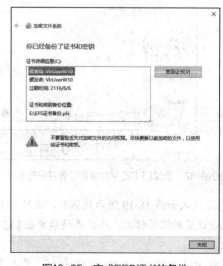

图18-25　完成EFS证书的备份

3. 使用证书管理器备份EFS证书

证书管理器中存储着计算机中的所有证书，而且提供了用于管理证书的多种工具和命令。使用证书管理器备份 EFS 证书的操作过程与使用证书导出向导备份 EFS 证书类似，只是最开始的操作不同，而后续步骤几乎相同。使用证书管理器备份 EFS 证书的具体操作步骤如下：

STEP 1 右击【开始】按钮▦，然后在弹出的菜单中选择【运行】命令，在打开的【运行】对话框中输入 "certmgr.msc" 命令后按【Enter】键。

STEP 2 打开证书管理器，在左侧窗格中双击【个人】类别，在展开的项目中选择【证书】，在右侧窗格中将会显示当前用户包含的所有证书，列标题【预期目的】中显示为【加密文件系统】的证书就是 EFS 证书。右击 EFS 证书，然后在弹出的菜单中选择【所有任务】➪【导出】命令，如图 18-26 所示。

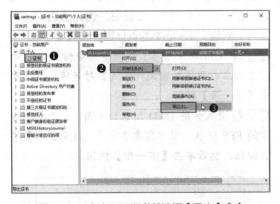

图18-26　右击EFS证书并选择【导出】命令

> **注意** 如果还未对任何文件或文件夹启用EFS加密，那么将不会看到列标题【预期目的】中显示为【加密文件系统】的证书。

STEP 3 打开与方法一相同的证书导出向导对话框，单击【下一步】按钮将进入如图 18-27 所示的界面，需要选择私钥是否与证书一起导出，通常选择一起导出，因此需要选中【是，导出私钥】单选按钮，然后单击【下一步】按钮。此后的操作步骤与方法一相同，这里就不再赘述了。

图18-27　选择私钥是否与证书一起导出

18.3.2　访问 EFS 加密的文件和文件夹

在很多情况下，用户可能会无法访问 EFS 加密的文件，并会收到系统发出的拒绝访问的提示信息。例如，为文件设置 EFS 加密的用户其 EFS 证书被意外删除或损坏，或者同一台计算机中的其他用户想要访问加密文件，或者希望将 EFS 加密文件移动到其他计算机以后仍可以正常访问。如果之前已经备份了 EFS 证书，那么只需使用想要访问加密文件的用户账户登录系统并导入 EFS 证书，即可获得加密文件的访问权限。导入 EFS 证书的具体操作步骤如下。

STEP 1 使用想要访问加密文件的用户账户登录操作系统，然后找到并双击扩展名为 .PFX 的备份的 EFS 证书文件。

STEP 2 打开如图 18-28 所示【证书导入向导】对话框，通常只为当前用户导入 EFS 证书以获得加密文件的访问权限，因此选中【当前用户】单选按钮，然后单击【下一步】按钮。

STEP 3 进入【要导入的文件】界面，由于是直接双击 EFS 证书文件而启动的证书导入向导，因此系统会在【文件名】文本框中自动填好要导入的证书路径和名称。如果证书有误，则可以单击【浏览】按钮进行重新选择，否则直接单击【下一步】按钮。

STEP 4 进入如图 18-29 所示的界面，在【密码】文本框中输入备份 EFS 证书时所设置的保护密码，可以选中【显示密码】复选框显示输入的密码对应的字符，以避免误输入。输入完成后单击【下一步】按钮。

图18-28　选择证书导入的位置

STEP 5 进入【证书存储】界面，可以选择将 EFS 证书导入证书存储的具体位置。证书存储是系统中保存证书的区域，即本章证书管理器中包含的不同类型的证书。可以保持默认选项不变，直接单击【下一步】按钮。

> **提示**
> 如果以后可能需要备份导入的EFS证书和密钥，则需要选中【标志此密钥为可导出的密钥。这将允许你在稍后备份或传输密钥】复选框。

STEP 6 进入【正在完成证书导入向导】界面，其中显示了要导入的证书的相关信息，确认无误后单击【完成】按钮。

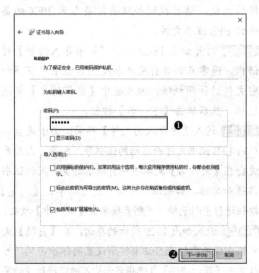

图18-29　输入证书的密码

STEP 7 弹出如图 18-30 所示的对话框，单击【确定】按钮完成证书的导入。现在用户就可以正常访问 EFS 加密文件了。

图18-30　证书导入成功

18.3.3　使用新建的 EFS 证书更新原有的 EFS 证书

用户可以定期创建新的 EFS 证书代替原有的 EFS 证书，然后将原有的 EFS 证书删除，这样可以确保使用已久的 EFS 证书不会由于任何可能的原因而泄露。在创建新的 EFS 证书时，必须对使用原有的 EFS 证书所涉及的加密文件进行更新，以建立新的 EFS 证书与加密文件之间的关联。需要注意的是，在完成新的 EFS 证书创建之前，不能先删除原有的 EFS 证书，否则即使创建了新的 EFS 证书，也无法访问加密文件。新建 EFS 证书的具体操作步骤如下。

STEP 1 使用本章 18.3.1 节介绍的备份 EFS 证书的方法二打开【加密文件系统】对话框，然后单击【下一步】按钮。

STEP 2 进入如图 18-31 所示的界面，由于要创建新的 EFS 证书，因此需要选中【创建新证书】单选按钮，然后单击【下一步】按钮。

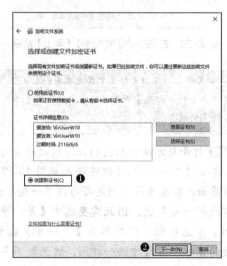

图18-31　选中【创建新证书】单选按钮

STEP 3 进入如图 18-32 所示的界面,默认选中【计算机上存储的自签名证书】单选按钮,通常保持默认即可,单击【下一步】按钮。

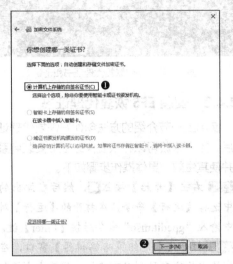

图18-32 选择要创建的证书类型

STEP 4 在进入的界面中选择新建证书的保存位置和名称,然后输入用于保护证书的密码,此步骤与本章 18.3.1 节中的方法二相同。完成后单击【下一步】按钮。

STEP 5 进入如图 18-33 所示的界面,单击【所有逻辑驱动器】左侧的 + 号,展开计算机中包含的所有磁盘分区,然后可以继续单击 + 号以展开各磁盘分区中包含的文件夹以及子文件夹。选中包含需要更新 EFS 证书的已加密文件所属的文件夹对应的复选框。选择好以后单击【下一步】按钮。

图18-33 选择需要更新证书的已加密文件所属的文件夹

STEP 6 系统开始使用新创建的 EFS 证书更新选中的文件夹中的已加密文件。更条完成后单击【关闭】按钮,即可完成新证书的创建。

创建好新证书并更新了所有已加密文件以后,就可以将原有的证书删除了。可以使用本章 18.3.1 节介绍的备份 EFS 证书的方法三打开证书管理器,可以在【个人】⇨【证书】的右侧窗格中看到外观完全相同的两个 EFS 证书,如图 18-34 所示。用户可以双击每一个证书,然后在打开的对话框的【详细信息】选项卡中通过查看【有效期从】右侧的日期和时间来分辨两个证书创建的时间先后顺序,如图 18-35 所示。

图18-34 新建证书与原有证书

图18-35 通过【有效期从】来分辨不同的证书

18.4 使用 EFS 恢复代理

通过本章前面介绍的内容可以了解到,当

无法正常访问 EFS 加密的文件时，如果之前曾经备份了 EFS 证书和密钥，那么可以将 EFS 证书和密钥导入系统中以获得加密文件的访问权限。但是如果没有备份 EFS 证书和密钥，或者丢失了备份的 EFS 证书和密钥，此时将不能访问加密的文件。可以通过设置使一个管理员用户账户拥有访问计算机中所有加密文件的权限，而且可以随时对这些加密文件进行解密，这样就不用担心任何用户的加密文件的 EFS 证书被误删或损坏等问题。这个用户账户就是 EFS 恢复代理。

18.4.1　创建 EFS 恢复代理证书

在 Windows 2000 操作系统中默认将系统内建的 Administrator 账户设置为恢复代理，而从 Windows XP 操作系统开始默认不再包含的恢复代理，但是用户可以手动创建恢复代理。恢复代理证书是一种特殊的 EFS 证书，可以在文件的加密密钥丢失或损坏的情况下恢复对 EFS 加密文件的正常访问。

需要注意的是，如果是在对文件进行 EFS 加密以后创建的恢复代理，而且为文件设置 EFS 加密的用户不是恢复代理对应的用户，那么恢复代理将无法访问该加密文件。此外，重新安装操作系统后恢复代理也将无法访问重装系统之前加密的文件，即使重新创建一个与恢复代理同名的用户账户也是如此。创建 EFS 恢复代理证书的具体操作步骤如下。

STEP 1 使用准备用作恢复代理的管理员用户账户登录系统，然后右击【开始】按钮▦，在弹出的菜单中选择【命令提示符 (管理员)】命令。

STEP 2 以管理员身份打开【命令提示符】窗口，输入下面的命令后按【Enter】键。首先定位到磁盘分区 E 的根目录，然后输入 Cipher 命令创建扩展名为 .CER（包含恢复代理证书）和 .PFX（包含恢复代理证书和密钥）的两个文件，这两个文件被创建在磁盘分区 E 的根目录中。命令执行过程中系统会要求用户输入密码并进行确认，两次必须输入相同的密码才能成功创建以上两个文件，如图 18-36 所示。

```
Cipher /R:
```

图18-36　创建恢复代理证书和密钥

18.4.2　安装 EFS 恢复代理证书

使用上一节介绍的方法创建好恢复代理证书以后，接下来就可以将恢复代理证书安装到系统中并使其生效，具体操作步骤如下。

STEP 1 右击【开始】按钮▦，然后在弹出的菜单中选择【运行】命令，在打开的【运行】对话框中输入 "gpedit.msc" 命令后按【Enter】键。

STEP 2 打开【本地组策略编辑器】窗口，在左侧窗格中依次定位到以下路径，然后右击【加密文件系统】并在弹出的菜单中选择【添加数据恢复代理程序】命令，如图 18-37 所示。

图18-37　选择【添加数据恢复代理程序】命令

> 计算机配置 \Windows 设置 \ 安全设置 \ 公钥策略 \
> 加密文件系统

STEP 3 打开如图 18-38 所示的【添加数据恢复代理向导】对话框，单击【下一步】按钮。

STEP 4 进入如图 18-39 所示的界面，单击【浏览文件夹】按钮，然后在打开的对话框中双击之前创建好的扩展名为 .CER 的文件。

STEP 5 系统将会弹出【添加数据恢复代理】对话框，单击【是】按钮。

STEP 6 返回【添加数据恢复代理向导】对话框，此时在 STEP 4 中选择的证书已被添加到列表框中，如图 18-40 所示，确认无误后单击【下一步】按钮。

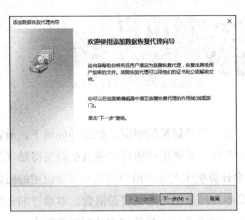

图18-38 【添加数据恢复代理向导】对话框

图18-40 添加恢复代理证书

图18-39 选择要添加的恢复代理证书

STEP 7 进入【正在完成添加数据恢复向导】界面，单击【完成】按钮完成 EFS 恢复代理证书的安装。

STEP 8 安装使用 Cipher 命令创建的扩展名为 .PFX 的文件。本例创建的扩展名为 .PFX 的文件位于磁盘分区 E 的根目录中，因此导航到磁盘分区 E 的根目录，然后双击扩展名为 .PFX 的文件，打开证书导入向导对话框，将 .PFX 文件中包含的证书和密钥导入系统中。此时已经将当前登录系统的管理员用户账户设置为恢复代理，从现在开始就可以访问以后由任意用户设置的 EFS 加密文件了。

设置磁盘配额控制用户使用磁盘的方式

在实际应用中，可能经常会遇到多个用户同时使用同一台计算机的情况。在这种环境下，最容易出现的一个问题就是由于个别用户过度占用磁盘空间而导致其他用户的可用磁盘空间变得越来越少。使用 Windows 10 提供的磁盘配额功能可以为同一台计算机中的每个用户设置其所能使用的磁盘容量上限，这样可以确保每个用户不会无节制地在磁盘中存储数据而造成资源浪费。本章详细介绍了创建与管理磁盘配额的相关内容，最后还介绍了使用 Fsutil 命令行工具管理磁盘配额的方法。

19.1 创建磁盘配额

在计算机中启用磁盘配额功能对磁盘分区以及用户权限有一些限制，启用磁盘配额功能以后，可以对现有的所有用户或以后新建的用户进行全局性设置，也可以单独为特定用户设置与其他用户不同的磁盘配额限制。本节详细介绍了启用与设置磁盘配额的方法以及需要注意的问题。

19.1.1 磁盘配额简介

磁盘配额最早出现在 Windows 2000 操作系统中，通过磁盘配额功能可以限制使用同一台计算机的多个用户所使用的磁盘空间，避免出现由于个别用户无限制地占用磁盘空间而导致的资源浪费问题。可以为本地计算机中的磁盘分区设置磁盘配额，也可以为可移动驱动器或网络中共享的磁盘分区根目录设置磁盘配额。启用磁盘配额功能至少需要具备以下两个条件。

◆ 磁盘分区的格式必须为 NTFS 文件系统，FAT16 和 FAT32 文件系统不支持磁盘配额功能。

◆ 用于启用和设置磁盘配额的用户是 Administrators 用户组中的成员。

启用并设置磁盘配额以后，系统会自动监视每个用户的磁盘空间使用情况，各个用户之间的磁盘空间的使用是相对独立、互不影响的。例如，如果为磁盘分区 E 设置的磁盘配额限制为最大 1GB，某个用户已在该分区中存储了 1GB 的文件，此时该用户的数据占用的磁盘空间已经达到了其所能使用的磁盘空间上限。该用户已经不

能再在当前磁盘分区中存储更多数据，但是只要该磁盘分区还有足够的空间，那么其他用户在该分区中仍然拥有最大 1GB 的磁盘可用空间。可以设置在即将达到磁盘空间上限时向用户发出警告，这样用户可以及时清理磁盘中存储的无用文件，从而避免在没有任何准备的情况下无法在磁盘中保存文件。

磁盘配额基于文件的所有权，这意味着如果用户 A 对某个文件拥有所有权，那么该文件会占用属于该用户的磁盘空间。如果后来将该文件的所有权转移给用户 B，那么该文件原来所占用的用户 A 的磁盘空间将得到释放，而将所有权转移给用户 B 的文件此时将会占用用户 B 的磁盘空间。

可以为计算机中包含的各个磁盘分区设置磁盘配额，而且各个分区之间的磁盘配额设置互不影响。但是如果为使用了跨越不同硬盘的跨区卷设置磁盘配额，那么属于这个跨区卷中的磁盘分区都将使用相同的磁盘配额设置。

19.1.2 启用磁盘配额功能并进行全局设置

如果当前用户是管理员账户且准备要设置磁盘配额的分区是 NTFS 文件系统，那么就可以对该分区启用并设置磁盘配额。启用磁盘配额功能的具体操作步骤如下。

STEP 1 双击桌面上的【此电脑】图标打开【此电脑】窗口，右击要启用磁盘配额的磁盘分区，然后在弹出的菜单中选择【属性】命令。

STEP 2 打开磁盘分区的属性对话框，切换到【配额】选项卡，然后单击【显示配额设置】按钮，

如图 19-1 所示。

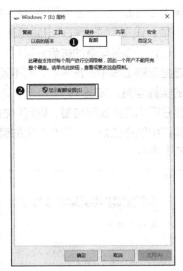

图19-1 单击【显示配额设置】按钮

STEP 3 打开磁盘分区的【配额设置】对话框，选中【启用配额管理】复选框以启用磁盘配额功能，同时激活磁盘配额设置的相关选项，如图19-2 所示。

图19-2 启用磁盘配额功能

在磁盘分区的配额设置对话框中包含的选项是针对于计算机中的所有用户的全局性设置，设置结果会作用于计算机中已经存在的所有用户以及以后创建的新用户，但是 Windows 系统内建的 Administrator 账户和 SYSTEM 账户不受磁盘配额的限制。磁盘配额的设置包括以下几个选项。

◆ 拒绝将磁盘空间给超过配额限制的用户：选择该项后，当用户占用的磁盘空间超过为其设置的上限时，系统将禁止用户继续在该磁盘分区中存储文件。如果不选择该项，即使用户占用的磁盘空间超过为其设置的磁盘空间上限，用户仍然可以在该磁盘分区中存储文件，不会受到任何限制。

◆ 不限制磁盘使用：不限制用户在磁盘分区中存储数据的容量大小。

◆ 将磁盘空间限制为：选择该项后，可以在右侧输入一个表示磁盘空间大小的数值并一个合适的单位，这样就为用户设置了可用的磁盘空间的上限。

◆ 将警告等级设为：在用户数据所占用的磁盘空间快要达到其所能使用的空间上限之前的某个值时系统向用户发出警告。例如，如果将【将磁盘空间限制为】设置为1GB，而将【将警告等级设为】设置为900MB，那么当用户在磁盘分区中存储了超过 900MB 的数据时，系统会向用户发出警告。

◆ 用户超出配额限制时记录事件：如果启用磁盘配额并设置了磁盘空间使用上限，那么系统会在用户使用的磁盘空间超出磁盘配额上限时将事件写入系统日志，管理员可以使用事件查看器来查看这些事件以了解用户使用磁盘的情况。

◆ 用户超过警告等级时记录事件：如果启用磁盘配额并设置了磁盘空间使用上限，那么系统会在用户使用的磁盘空间超出警告等级时将事件写入系统日志，管理员可以使用事件查看器来查看这些事件以了解用户使用磁盘的情况。

交叉参考 在事件查看器中包含了按时间顺序排列的历史记录，记录哪些用户超过了配额警告等级和磁盘配额限制以及发生的时间。有关事件查看器的更多内容，请参考本书第 29 章。

可以根据不同目的选择性地设置其中的几项。例如，如果想要严格限制用户在磁盘分区中所能使用的最大空间，那么必须选中【拒绝将磁盘空间给超过配额限制的用户】复选框，然后选中【将磁盘空间限制为】单选按钮并设置可用容量上限以及警告值。图 19-3 所示为计算机中的每个用户所能使用的磁盘分区 E 中的最大空间为10MB，当用户数据占用了 7MB 磁盘空间时系统会向系统日志写入事件。

图19-3　限制用户可用的磁盘空间上限

如果不想对用户所能使用的磁盘空间最大量进行限制，但是又希望可以跟踪用户在磁盘中存储数据的行为，那么可以取消选中【拒绝将磁盘空间给超过配额限制的用户】复选框，然后设置【将磁盘空间限制为】和【将警告等级设为】选项，并选中【用户超出配额限制时记录事件】和【用户超过警告等级时记录事件】两个复选框，如图19-4 所示。

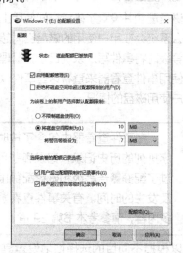

图19-4　不限制可用的磁盘空间上限但监控用户活动

设置好磁盘配额的相关选项以后，单击【确

定】按钮将会弹出如图 19-5 所示的对话框，单击【确定】按钮即可启用磁盘配额功能并应用所设置的选项。设置完成后打开【此电脑】窗口，可以看到设置了磁盘配额的磁盘分区显示的容量变为在磁盘配额上限中设置的值，而不是磁盘分区本身的实际容量，如图 19-6 所示。如果仍然显示磁盘分区本身的实际容量，则可以右击【此电脑】窗口中的空白处，然后在弹出的菜单中选择【刷新】命令。

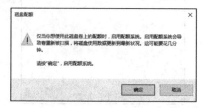

图19-5　确认是否应用磁盘配额设置

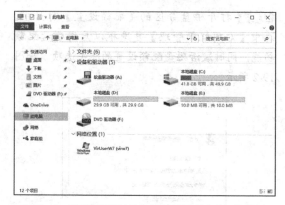

图19-6　以磁盘配额中设置的值显示磁盘分区的容量

 如果想要为某些用户设置与其他用户不同的磁盘配额选项，请参考本章19.1.3 节和19.1.4 节。

19.1.3　修改特定用户的磁盘配额设置

上一节介绍的是针对于计算机中的所有用户设置的磁盘配额选项，设置后所有用户都使用完全相同的磁盘配额方案。然而在实际应用中可能需要对某些用户设置与其他用户不同的磁盘配额方案，以便可以对这些用户所使用的磁盘空间进行一些特殊限制。可以在【配额项】窗口中修改指定用户的磁盘配额选项，具体操作步骤如下。

STEP 1 使用上一节介绍的方法打开指定磁盘分区的【配额设置】对话框，然后单击【配额项】按钮。

STEP 2 打开【配额项】窗口，其中显示了系统正在对其磁盘使用空间进行监控的用户账户及其磁盘空间的使用情况，每个用户账户对应一条记录，如图 19-7 所示。

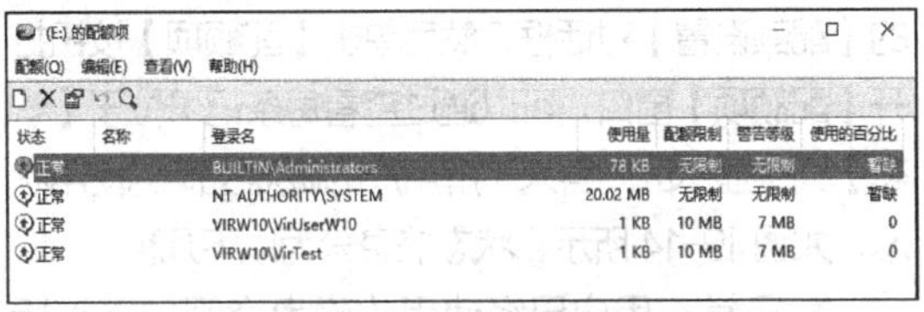

图19-7　【配额项】窗口中显示了受系统监控的用户磁盘空间的使用情况

STEP 3 右击要修改磁盘配额的记录，然后在弹出的菜单中选择【属性】命令，或者也可以直接双击要修改的记录。打开指定用户的【配额设置】对话框，可以修改限制用户使用磁盘空间的上限以及警告等级，如图 19-8 所示。完成后单击【确定】按钮。

图19-8　修改指定用户的磁盘配额

19.1.4 新建磁盘配额项

如果系统中已经存在的用户没有出现在【配额项】窗口中，那么可以使用这些用户账户登录系统，这样系统就会开始对这些账户的磁盘使用情况进行监控。如果账户已登录但仍未出现在【配额项】窗口中，则可以通过使用这些账户向设置了磁盘配额的磁盘分区写入数据来使系统对它们开始监控。此外，还可以通过新建磁盘配额项来手动添加对指定用户的磁盘空间使用情况的监控，具体操作步骤如下。

STEP 1 使用本章 19.1.2 节介绍的方法打开指定磁盘分区的【配额设置】对话框，然后单击【配

额项】按钮，在打开的【配额项】窗口中单击菜单栏中的【配额】⇨【新建配额项】命令。

STEP 2 打开如图 19-9 所示的【选择用户】对话框，单击【高级】按钮。

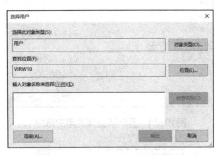

图19-9　单击【高级】按钮

STEP 3 在展开的【选择用户】对话框中单击【立即查找】按钮，将会在下方的列表框中显示系统中包括的用户账户，如图 19-10 所示。选择要添加并设置磁盘配额的用户账户，然后单击【确定】按钮，

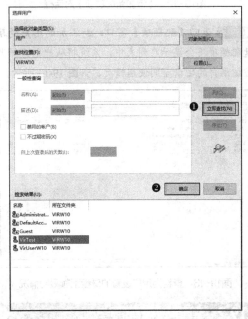

图19-10　查找本地电脑中的用户账户

STEP 4 返回 STEP 2 中的对话框并在文本框中显示了所选择的用户账户，如图 19-11 所示，确认无误后单击【确定】按钮。

STEP 5 打开【添加新配额项】对话框，如果之前对磁盘配额进行了全局性设置，那么【添加新配额项】对话框中的选项会自动使用全局性设置来进行配置，如图 19-12 所示。如果需要为该用户设置不

同于全局性设置的磁盘配额方案，则可以对磁盘配额选项进行修改，完成后单击【确定】按钮。

图19-11　显示所选择的用户账户

图19-12　【添加新配额项】对话框

STEP 6 返回【配额项】窗口，新添加的用户的磁盘配额项将会显示在列表中，系统将从此刻开始监控该用户的磁盘空间使用情况，如图 19-13 所示。

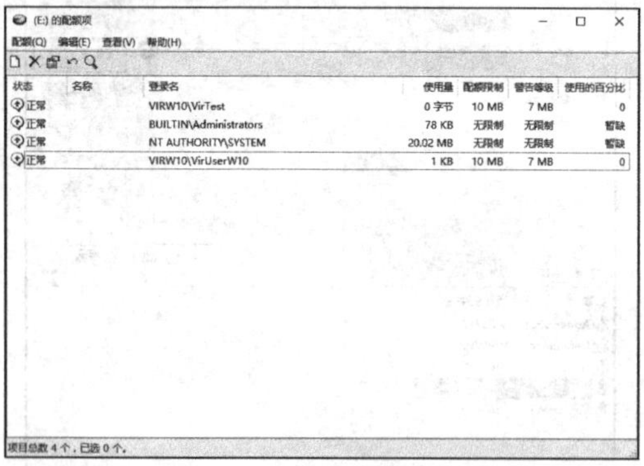

图19-13　查看为用户设置的磁盘配额限制情况

19.2　管理磁盘配额

　　启用磁盘配额功能并设置了合适的磁盘配额方案以后，系统将会开始对计算机中的用户的磁盘使用情况进行监控。管理员用户可以随时查看计算机中的其他用户在设置了磁盘配额的磁盘分区中使用磁盘空间的情况，也可以执行其他一些管理操作，包括更新磁盘配额项、导出／导入磁盘配额设置、删除磁盘配额项以及禁用磁盘配额功能。

19.2.1　查看用户的磁盘空间使用情况

　　管理员用户可以随时查看计算机中的所有用户在设置了磁盘配额的磁盘分区中使用磁盘空间的情况。使用本章 19.1.2 节介绍的方法打开指定磁盘分区的【配额设置】对话框，然后单击【配额项】按钮打开【配额项】窗口。可以通过查看每条记录位于【状态】列中显示的内容来了解用户的磁盘空间的使用状态，如图 19-14 所示，状态信息分为以下几种。

◆ 正常：用户已经使用的磁盘空间位于其所能使用的磁盘空间上限范围以内，并且也没有超过警告等级。

◆ 警告：用户已经使用的磁盘空间位于其所能使用的磁盘空间上限范围以内，但是已经超过了警告等级。

◆ 超出限制：用户已经使用的磁盘空间超过了其所能使用的磁盘空间上限。

图19-14　通过【状态】列可以了解每个用户
当前的磁盘空间使用状态

　　除了可以在【配额项】窗口中查看每个用户当前的磁盘空间使用状态以外，还可以了解用户已经使用的磁盘空间容量，以及针对该用户所设置的磁盘配额方案等信息。

　　如果用户准备向设置了磁盘配额的磁盘分区中移动或复制文件，但是该用户在该磁盘分区中剩余的可用空间不足以容纳该文件，而且启用了磁盘配额选项中的【拒绝将磁盘空间给超过配额限制的用户】选项，那么在执行移动或复制操作时将会显示如图 19-15 所示的对话框，禁用向磁盘分区中添加内容。此时只有从磁盘分区中删除一些文件以腾出一些空间，才能继续移动或复制文件的操作。

图19-15　在向可用空间不足的磁盘分区写入
数据时所显示的提示信息

19.2.2　更新磁盘配额项

有时用户可能会在启用了磁盘配额以后修改用户账户的名称。如果在修改了用户名后【配额项】窗口中显示的用户名与修改后的用户不一致，则可以单击【配额项】窗口菜单栏中的【查看】⇨【刷新】命令或按【F5】键，如图 19-16 所示，以强制对【配额项】窗口中的用户名进行更新。

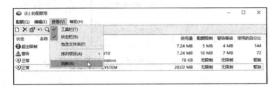

图19-16　更新磁盘配额项

用户不需要担心修改用户名后会影响系统对同一个用户账户的监控，因为系统是基于安全标识符（SID）来管理不同用户的磁盘配额的，因此即使修改了用户账户的名称，系统仍然可以继续追踪并管理该用户的磁盘配额设置而不会受到任何影响。

 交叉参考　有关 SID 的详细介绍，请参考本书第 15 章。

19.2.3　快速为多个磁盘分区设置相同的磁盘配额

如果希望将相同的磁盘配额设置应用于计算机中的其他磁盘分区，那么不需要在其他磁盘分区中重复设置相同的磁盘配额选项，而只需将当前已经设置好的磁盘配额选项以文件的形式导出，然后再将导出的文件依次导入所需的其他磁盘分区中，即可快速完成磁盘配额的统一部署。可以导出单个用户的磁盘配额设置，也可以导出多个用户或所有用户的磁盘配额设置。导出和导入磁盘配额设置的具体操作步骤如下。

STEP 1 使用本章 19.1.2 节介绍的方法打开指定磁盘分区的【配额设置】对话框，然后单击【配额项】按钮。

STEP 2 打开【配额项】窗口，根据要导出的磁盘配额的用户数量，需要执行以下不同的操作。

◆ 导出一个用户：右击列表中要导出的磁盘配额项，然后在弹出的菜单中选择【导出】命令。

◆ 导出多个用户：使用【Shift】键或【Ctrl】键配合鼠标单击，可以选择连续或不连续的多条记录，然后在选中的任一条记录上单击鼠标右键并在弹出的菜单中选择【导出】命令。

◆ 导出所有用户：在【配额项】窗口中按【Ctrl+A】组合键、单击菜单栏中的【编辑】⇨【全选】命令或通过拖动鼠标的方法选中所有记录，然后在选中的任一条记录上单击鼠标右键并在弹出的菜单中选择【导出】命令，如图 19-17 所示。

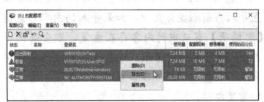

图19-17　导出所有用户的磁盘配额设置

STEP 3 无论上一步导出的是几个用户的磁盘配额设置，在选择【导出】命令后都将打开如图 19-18 所示的对话框。选择包含磁盘配额设置的文件的保存位置，并在【文件名】文本框中输入一个易于辨识的名称，最后单击【保存】按钮。

图19-18　导出用户的磁盘配额设置

STEP 4 将设置好的磁盘配额设置导出后，就可以将该文件导入其他磁盘分区中，以便快速完成其他磁盘分区的磁盘配额设置。打开其他磁盘分区的【配额项】窗口，然后单击菜单栏中的【配额】⇨【导入】命令，在打开的【导入配额设置】对话框中找到并双击要导入的磁盘配额设置文件，如图 19-19 所示。

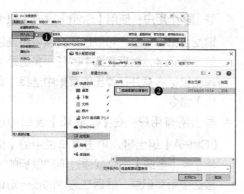

图19-19 在其他磁盘分区中导入磁盘配额设置

STEP 5 系统会自动将文件中包含的磁盘配额设置导入当前磁盘分区中。如果导入的内容与当前【配额项】窗口中的内容存在重复，则会弹出如图 19-20 所示的对话框，单击【是】按钮将使用导入的磁盘配额设置覆盖当前【配额项】窗口中的重复内容。

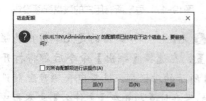

图19-20 询问用户是否替换相同项

19.2.4 删除磁盘配额项

当用户不再使用为其设置了磁盘配额的磁盘分区或计算机时，可以将与该用户相关的磁盘配额项删除，并从磁盘配额所在的磁盘分区中将该用户的文件移动到其他磁盘分区或将这些文件删除，以便释放这些文件所占用的磁盘空间。

使用本章 19.1.2 节介绍的方法打开指定磁盘分区的【配额设置】对话框，然后单击【配额项】按钮。打开【配额项】窗口，通过查看每条记录【登录名】列中的内容来分辨磁盘配额项属于哪个用户。确定后右击要删除磁盘配额项的记录，然后在弹出的菜单中选择【删除】命令。在弹出的如图 19-21 所示的对话框中单击【是】按钮，如果在要删除的磁盘配额项所在的磁盘分区中没有属于用户的文件或文件夹，即可在【配额项】窗口中删除与用户对应的磁盘配额项。

如果在磁盘分区中仍然包含与要删除的磁盘配额项关联的用户的文件或文件夹，那么在上一

步中单击【是】按钮后，将会打开如图 19-22 所示的【磁盘配额】对话框，其中显示了属于用户的文件和文件夹。用户可以通过选中【只显示文件夹】或【只显示文件】复选框，只显示用户的所有文件夹或所有文件，也可以对在列表中选中的文件和文件夹进行以下几种操作。

图19-21 删除磁盘配额项时的确认对话框

图19-22 对存在于磁盘分区中的用户文件或
文件夹进行处理

◆ 移动：将文件移动到其他磁盘分区中，可以通过【浏览】按钮指定移动到的目标位置，然后单击【移动】按钮执行移动操作，不能移动文件夹。

◆ 删除：单击【删除】按钮将从磁盘分区中删除文件，不能删除文件夹。

◆ 取得所有权：单击【取得所有权】按钮将获得文件或文件夹的所有权。

用户根据实际需要对文件进行移动、删除和取得文件所有权的操作，然后对文件夹进行取得所有权的操作。在处理完列表中显示的所有文件和文件夹以后，单击【关闭】按钮关闭【磁盘配额】对话框并自动删除了【配额项】窗口中相应的磁盘配额项。

用户可以使用【Ctrl】键或【Shift】键配合鼠标单击在列表中同时选择多个文件或文件夹。

19.2.5 关闭磁盘配额功能

如果不再需要对用户使用的磁盘空间进行限制，则可以关闭磁盘配额功能，具体操作步骤如下。

STEP 1 打开【此电脑】窗口，右击要关闭磁盘配额功能的磁盘分区，然后在弹出的菜单中选择【属性】命令。

STEP 2 打开磁盘分区的属性对话框，切换到【配额】选项卡，然后单击【显示配额设置】按钮。

STEP 3 打开磁盘分区的【配额设置】对话框，单击【配额项】按钮，在打开的【配额项】窗口中删除所有受磁盘配额限制的用户的磁盘配额项，删除方法请参考上一节内容。完成后关闭【配额项】窗口。

STEP 4 返回【配额设置】对话框，取消选中【启用配额管理】复选框，然后单击【确定】按钮。在弹出的如图 19-23 所示的对话框中单击【确定】按钮，即可关闭该磁盘分区上的磁盘配额功能。

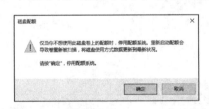

图19-23 关闭磁盘配额功能时的确认对话框

19.3 使用 Fsutil 命令管理磁盘配额

除了使用本章前面介绍的图形界面的方法来设置和管理磁盘配额以外，还可以使用 Fsutil 命令行工具来管理磁盘配额。

19.3.1 使用 Fsutil 命令查看磁盘分区的磁盘配额情况

可以使用 Fsutil 命令查看磁盘分区中的磁盘配额情况，具体操作步骤如下。

STEP 1 右击【开始】按钮，然后在弹出的菜单中选择【命令提示符（管理员）】命令，以管理员身份打开【命令提示符】窗口。

STEP 2 假设要查看磁盘分区 E 中的磁盘配额情况，那么可以输入下面的命令后按【Enter】键，将会显示如图 19-24 所示的结果，其中有关磁盘空间的容量是以"字节"为单位显示的。

```
fsutil quota query E:
```

图19-24 使用Fsutil命令查看磁盘分区的磁盘配额情况

19.3.2 使用 Fsutil 命令修改已有的磁盘配额项

可以使用 Fsutil 命令修改已有的磁盘配额项，命令格式如下。

```
Fsutil quota modify DriverName
Threshold Limit Username
```

各参数的含义如下。

◆ DriverName：磁盘配额项所设置的磁盘分区。

◆ Threshold：磁盘配额的警告等级。

◆ Limit：用户可以使用的磁盘空间上限。

◆ Username：对其设置磁盘配额限制的用户名。

使用上一节的方法以管理员身份打开【命令提示符】窗口，然后输入下面的命令后按【Enter】键，将为名为"VirTest"的用户在磁盘分区 E 中设置磁盘空间上限为 20MB，磁盘空间警告等级为 10MB 的磁盘配额，如图 19-25 所示。磁盘空间容量以"字节"为单位，20MB 相当于 20×1024×1024=20971520（字节），10MB 相当于 10×1024×1024=10485760（字节）。

```
fsutil quota modify E: 10485760
20971520 VirTest
```

图19-25 使用Fsutil命令修改已有的磁盘配额项

> **提示**
>
> 使用Fsutil命令修改了磁盘配额项以后，可以通过图形界面的【配额项】窗口来验证设置结果。用户可能会发现【配额项】窗口中的相应磁盘配额项的结果与使用Fsutil命令修改后的不同，此时可以单击菜单栏中的【查看】⇨【刷新】命令以显示最新结果。

19.3.3 使用 Fsutil 命令查看指定用户所拥有的文件和文件夹

可以使用 Fsutil 命令查看指定用户所拥有的文件和文件夹，命令格式如下：

```
Fsutil file findbysid UserName PathName
```

各参数的含义如下。

◆ Username：要查看的文件和文件夹所属的用户名。

◆ PathName：要查看的文件和文件夹所在的路径。

使用本章 19.3.1 节介绍的方法以管理员身份打开【命令提示符】窗口，然后输入下面的命令后按【Enter】键，将查看名为 "VirTest" 的用户在磁盘分区 E 中拥有的文件和文件夹，如图 19-26 所示。

```
fsutil file findbysid VirTest E:
```

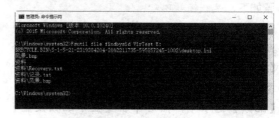

图19-26 使用Fsutil命令查看指定用户所拥有的文件和文件夹

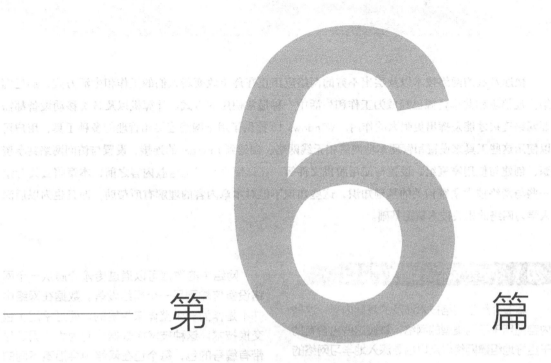

第 6 篇

网络应用与资源共享

本篇主要介绍设置、使用与管理 Windows 10 内置的网络组件与功能的方法。该篇包括以下 6 章:

Chapter

20

网络连接与资源共享

快速发展的网络技术以及层出不穷的网络应用正在逐步改变着人们的工作和生活方式，通过网络传递信息和共享资源已经成为工作和生活中一种最常使用的方式。计算机以及各类移动设备都需要网络连接才能发挥出更强大的作用。Windows 10 提供了用于网络连接和管理的多种工具，用户可以使用这些工具来设置和管理本地网络和无线网络、创建到 Internet 的连接、设置与访问网络共享资源、创建与使用家庭组、设置与使用脱机文件等。在详细介绍以上这些内容之前，本章将会先介绍一些与网络技术紧密相关的基础知识，这些知识不但对本章内容的理解有所帮助，而且也为以后深入学习网络的相关技术奠定基础。

20.1 网络技术基础

本节介绍了网络技术涉及的基础内容，这些内容适用于不同类型的网络，掌握这些内容有助于更好地组建网络以及以后更深入地学习网络的相关技术。

20.1.1 网络简介

网络是指通过电缆或某种其他介质连接在一起进行通信和资源共享的一组计算机及其相关设备。很多网络中的计算机都是通过物理介质连接在一起的，然而也有越来越多的计算机通过无线电波或红外信号来传输数据，将这种网络称为无线网络。

 有关网络类型的更多内容，请参考本章 20.1.2 节。

网络中的设备不只包括计算机，还可以包括用于处理网络信息传输的设备，比如集线器、交换机和路由器等。在组建本地网络时通常需要使用集线器或交换机，在连接不同类型的网络时，则需要使用路由器。此外，还可以让网络中的计算机共享同一个设备以便降低购买设备的成本。例如，可以将打印机连接到网络中，以便让网络中的计算机都可以使用同一台打印机。通常可以使用术语"节点"或"主机"来描述网络中的计算机或其他设备。

网络中的数据可以通过传输介质从一个网络设备传输到另一个网络设备。数据在网络中并不是作为一个整体来传输的，而是采用了包交换技术。这种技术将数据分割为大小固定且带有编号的包，每个包在网络中会沿着不同的网络路径独立传输。到达目的地的所有包的顺序并不一定与数据传输之前的包的顺序相同，在到达目的地后这些包会按照正确的顺序被重新组合为传输之前的原始内容。然而决定网络中的计算机或其他设备之间能否正常传输和处理数据的关键因素是协议。

 有关协议的更多内容，请参考本章 20.1.4 节。

决定网络性能的关键因素之一是数据传输率（也称为带宽）。数据传输率是指数据从网络中的一个位置传输到另一个位置的速率，其单位通常为 Kbit/s 或 Mbit/s，Kbit/s 表示千位 / 秒，Mbit/s 表示兆位 / 秒。带宽是基于 bit（位）而不是基于 Byte（字节）的。用户在 Internet 中进行网络活动时的网速是以 KB/s 或 MB/s 为单位的，KB/s 表示千字节 / 秒，MB/s 表示兆字节 / 秒。

由于 1 个字节由 8 个位组成，因此在给定网络带宽的情况下，如果要计算用户可以获得的最大网速，那么需要使用网络带宽除以 8。例如，如果 Internet 连接的带宽为 30Mb/s，那么用户在 Internet 中下载文件时可以获得的最大速度为 30÷8=3.75MB/s。这就是开通了 30M 宽带但是下载文件时的最大速度只有不到 4M 的原因。

> **提示**
> 在过去，宽带是指能够提供数据传输率不低于 128Kbps 的连网技术。如今的宽带的数据传输率都非常高，可以达到 10~50Mbps 甚至更高。

20.1.2　网络类型

网络可以按照不同的标准进行划分。最常使用的划分标准是按照网络覆盖的地理范围，将网络划分为个域网、局域网、城域网、广域网。

◆ 个域网（PAN，Personal Area Network）：个域网是覆盖范围最小的网络，通常是指用户在自己所拥有的无线设备之间通过蓝牙或红外线传输数据的无线网络，比如使用无线鼠标和键盘来操作计算机。

◆ 局域网（LAN，Local Area Network）：局域网中的计算机位于较小的地理范围内，比如同一间屋子、同一层楼或同一栋楼。用户家庭网络、公司内部网络等都属于局域网。

◆ 城域网（MAN，Metropolitan Area Network）：城域网的覆盖范围介于局域网与广域网之间，通常是指网络范围覆盖校园或城市的大型网络，还有诸如地区 ISP、有线电视公司等机构使用的都是城域网。

◆ 广域网（WAN，Wide Area Network）：广域网覆盖大面积的地理范围，通常由多个使用不同网络技术的小型网络组成。因特网是世界上最大的广域网，全国性的银行网络或连锁超市也属于广域网。

> **提示**
> 用户可能会经常看到"互联网"和"因特网"这两个术语，还会看到区分首字母大小写形式的 Internet 和 internet。互联网是指通过网络连接技术将多个小型网络连接在一起的大型网络，使用首字母为小写形式的 internet 表示。因特网是世界上最大的互联网，是互联网的一个实例，使用首字母为大写形式的 Internet 表示。

本章介绍的大部分内容都是针对于局域网而言的。局域网使用多种有线和无线连接技术。为了将局域网技术标准化，电气和电子工程师协会（IEEE，Institute of Electrical and Electronics Engineers）制定了编号为 802 的局域网标准。通过在 802 后面添加小数点和一个数字来表示某种特定的局域网标准。例如，IEEE802.3 表示以太网，IEEE802.5 表示令牌环网，IEEE802.11 表示无线局域网。以太网是最主要的局域网技术和标准，应用于现在的大多数局域网中。

20.1.3　网络拓扑结构与网络设备

网络拓扑结构描述了网络中的计算机和其他设备之间的连接和布局方式。在网络拓扑结构中，将网络中的每台计算机或网络设备抽象为一个点，将网络中用于连接计算机和其他设备的传输介质抽象为一条线，由点和线组成的几何图形代表了网络中的计算机和网络设备的连接方式。网络拓扑结构主要分为总线型拓扑、环形拓扑、星形拓扑和树形拓扑 4 种。

1．总线型拓扑

总线型拓扑使用一根电缆连接网络中的所有计算机和设备，如图 20-1 所示。在总线型拓扑结构的网络中，每台计算机可以与网络中的其他计算机进行通信。计算机发出的数据会沿着总线向两个方向传输到网络中的其他所有计算机。总线两端必须使用电阻端接，使到达总线两端的电压为零，以避免到达总线两端的信号向另一个方向反射。总线型拓扑结构虽然布局简单，但是如果总线电缆或网络中的任何设备出现故障，那么整个网络就会瘫痪。早期的以太网基于总线型拓扑结构。

图20-1　总线型拓扑

2．环形拓扑

环形拓扑使用一根电缆将网络中的所有计算机和设备全部串连起来形成一个圆环，如图 20-2 所示。环形拓扑与总线型拓扑有些类似，可以将环形拓扑看做是两端连接在一起的总线型拓扑。由于环形拓扑是一个闭合的网络线路，因此网络中的数据能够以无限循环的方式从一台计算机传输到下一台计算机。与总线型拓扑存在相同的问题，如果环形拓扑网络中的任何设备或线路出现故障，那么整个网络也将无法使用。

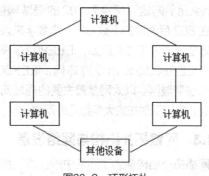

图20-2　环形拓扑

3. 星形拓扑

星形拓扑有一个中心节点，使用多根电缆将网络中的所有计算机和设备分别连接到中心节点，如图20-3所示。由于每个设备单独连接到中心节点，因此任何一条线路出现故障，都不会影响网络中的其他线路和设备，这意味着星形拓扑比总线型拓扑和环形拓扑具有更强的容错能力。由于星形拓扑网络中的所有数据都会经过中心节点，因此如果中心节点出现故障，那么整个网络将会无法工作。

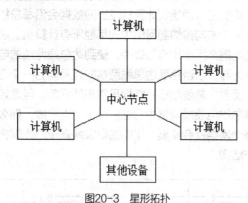

图20-3　星形拓扑

4. 树形拓扑

树形拓扑实际上是总线型拓扑和星形拓扑的结合体，由一条主干线路将多个星形拓扑网络连接起来形成一个总线型拓扑网络，如图20-4所示。树形拓扑提供了非常大的扩展性，因为在总线型拓扑网络上的各星形拓扑网络之间是相对独立的单元，因此可以随时添加或删除整组的星形拓扑网络。

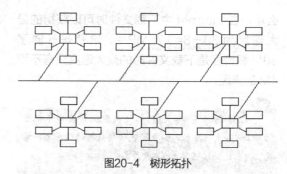

图20-4　树形拓扑

> **提示**
> 在实际应用中，为网络设计拓扑结构时可能会混合使用上面介绍的两种或多种拓扑结构，类似于树形拓扑混合使用了总线型拓扑和星形拓扑。

除了上面介绍的网络拓扑结构外，局域网中的计算机还可以组建并运行在对等网络或客户机/服务器网络两种模式下。在对等网络模式下，网络中的所有计算机都处于平等地位，每个用户设置的共享资源位于该用户所在的计算机中，因此对等网络中的共享资源非常分散。如果一个用户需要访问由多个用户设置的共享资源，那么该用户就需要在网络中查找和访问拥有这些共享资源的每一个用户。家庭网络通常工作在对等网络模式下。网络中的个人计算机通常可以称为工作站。

在客户机/服务器模式下，所有共享资源都存储在服务器中，这样网络中的所有用户在需要访问共享资源时，只需到服务器中查找即可，节省了大量时间，同时也便于在服务器中对所有共享资源进行集中管理。还可以通过服务器对网络中的所有客户机进行统一管理，提高了整个网络的稳定性和安全性。公司网络通常工作在客户机/服务器网络模式下。

5. 网络设备

在设计以太网标准的局域网时，无论使用哪种类型的网络拓扑结构或网络工作模式，在网络中经常会使用以下几个网络设备：网卡、集线器、交换机和路由器。

◆ 网卡：网卡又称为网络接口卡（NIC，Network Interface Card）或网络适配器，提供了一个用于连接网络电缆的接口，以便可以将计算机连接到网络中，以太网网卡提供的是RJ-45接口。用户可以将内置网卡安装到计算机主板的PCI插槽中，还可以使用带有 USB 接口或 PCMCIA 接口的外置网卡。

◆ 集线器和交换机：集线器（Hub）和交换机（Switch）都可以用于将多台计算机连接到同一个网络中，但是它们之间也存在一些本质区别。集线器是 OSI 参考模型中的物理层设备，在接收到数据后集线器会将数据发送到所有端口，无论端口是否是数据将要到达的目的地。集线器的所有端口共享带宽，而且在同一时间只能有两个端口互相传送数据，其他端口必须等待数据传完后才能开始工作。与集线器相比，交换机的工作效率更高，这是因为交换机可以识别数据的来源和目的地，因此数据只会在发出请求的端口和目的地端口之间传输和交互而不会影响其他端口，而且交换机的每个端口都独享带宽。交换机是 OSI 参考模型中的数据链路层层设备。

◆ 路由器：路由器是 OSI 参考模型中的网络层设备，路由器可以连接两个不同类型的网络并在它们之间传输数据，而且会选择最佳的网络路径来传输数据，比如使用路由器连接家庭网络和 Internet。如果希望多台计算机共享同一个 Internet 连接，通常也需要使用路由器，这是因为很多路由器都会提供可用于连接多台计算机的 LAN 端口。很多路由器还会提供网络安全功能，如防火墙。路由器可以是有线或无线的，无线路由器可以额外提供无线网络连接功能。

 有关 OSI 参考模型的更多内容，请参考本章 20.1.4 节。

20.1.4 网络协议与 OSI 参考模型

网络协议是指从一个网络节点向另一个网络节点有效传输数据的一组规则，它规定了对网络中传输的数据进行格式化和处理的具体方式，为网络中的设备之间传输数据以及进行各种交互建立了一种标准。为了在同一个网络中的两台计算机之间进行通信，必须在这两台计算机中运行相同的协议。网络协议为数据的编码、解码、引导

数据到达目的地以及减少干扰的影响设定了标准。具体而言，网络协议主要负责以下任务。

◆ 将数据分割为包，并在包上粘贴要将数据传输到的目的地址。

◆ 初始化传输。

◆ 控制数据流。

◆ 校验传输错误。

◆ 对已传输数据进行收到确认。

在网络发展的初期，不同类型的网络之间很难或无法进行通信。随着网络的不断发展，各个网络之间的通信需求变得越来越明显。为了让使用不同的网络技术以及使用不同厂商生产的计算机之间的通信变得更加容易，ISO（国际标准化组织）和 ITU-T（国际电信联盟的电信标准化部门）两个组织联合建立了 OSI（Open System Interconnection，开放式系统互连）参考模型，如图 20-5 所示。

图20-5　OSI参考模型

OSI 参考模型描述的是网络体系结构的理论模型，称其为理论模型是因为现在使用的协议组没有一个是完全对应于 OSI 参考模型的，主要的原因在于很多协议是在 OSI 参考模型建立以前就存在了。虽然现实中的协议组不能与 OSI 参考模型完全一致，但是 OSI 参考模型为网络设计和开发人员提供了一个通用的参考框架，以便于将复杂的网络结构分解为相对独立的单元，简化了网络设计和开发的过程。而且由于 OSI 参考模型的各个层次的相对独立性，因此在特定层上发生的变化几乎不会对其他层产生影响。

OSI 参考模型的 7 个层次由高到低依次为应用层、表示层、会话层、传输层、网络层、数据链路层、物理层。计算机向网络中发送数据时

是从应用层开始逐层向物理层传输数据，然后通过物理层将数据传输到传输介质中；而接收网络中的数据，时则是由物理层开始逐层传输到应用层。每一层负责网络通信的一个特定方面，而且该层只与其紧邻的上一层和下一层有关。网络中的每一台计算机都使用一系列协议来执行 OSI 参考模型中每一层的功能，所有这些层组成了所谓的协议组或网络栈。下面简要介绍了 OSI 参考模型中的每一层所提供的功能。

1．物理层

物理层（Physical Layer）是 OSI 参考模型的最低层，即第 1 层，该层提供了网络设备之间的物理连接功能并定义了网络设备的电气或机械标准，比如传输介质的接口类型、数据传输率等。物理层主要执行从网络中的一台计算机到另一台计算机的位数据传输，位数据是指二进制数据 0 和 1。

2．数据链路层

数据链路层（Datalink Layer）是 OSI 参考模型的第 2 层，该层定义了在数据传输过程中如何对数据进行格式化，以及控制对物理介质的访问方式。数据链路层还提供了对传输的数据进行错误检测和修正的功能，从而可以确保数据传输的可靠性。

3．网络层

网络层（Network Layer）是 OSI 参考模型的第 3 层，该层为网络中两台计算机之间的数据传输提供连接并选择最佳路径。网络层还负责将网络地址（IP 地址）转换为物理地址（MAC 地址）。

4．传输层

传输层（Transport Layer）是 OSI 参考模型的第 4 层。该层对传输的数据进行分段并编号，在数据到达目的地后会重组分段的数据以将其还原为原始数据，同时会发送收到数据的确认信息。传输层还会检查已接收到的数据的完整性，如果发现数据存在丢失的部分，那么将会要求重发这些丢失的部分。

5．会话层

会话层（Session Layer）是 OSI 参考模型的第 5 层，该层用于在网络中的两台计算机之间建立通信连接，以确保数据可以准确地发送和接收，同时还可以调整通信时的响应情况。

6．表示层

表示层（Presentation Layer）是 OSI 参考模型中的第 6 层，该层用于对网络中传输的数据按指定的格式进行格式化，还会对数据进行加密和解密，以及其他一些所需的编码转换工作。

7．应用层

应用层（Application Layer）是 OSI 参考模型中的最高层，即第 7 层，该层为用户使用的网络应用程序提供网络服务。

由于 OSI 参考模型对于网络的理解、设计和开发具有很好的参考和指导作用，因此在描述协议或网络设备时为了便于理解它们的工作方式，通常会说某协议或设备工作在 OSI 模型的第几层上。很多网络设备就是基于 OSI 模型设计的，比如集线器、交换机和路由器。

20.1.5　网络地址与域名系统

为了可以在网络中准确定位想要访问的计算机，网络中的每台计算机都需要有一个网络地址。计算机的网络地址可以是数字形式或有具体含义的多个英文单词。域名系统的出现使用户使用有意义的英文单词代替难以记忆的数字形式的网络地址成为可能。

1．网络地址

网络设备根据不同的使用目的会有多个地址，最常用的两种地址是 MAC 地址和 IP 地址。MAC（Media Access Control，介质访问控制）地址是在网卡出厂时就被自动分配了的一串唯一的数字，每个网卡都有一个 MAC 地址。MAC 地址用于标识本地网络中的系统，然而实际上该地址标识的是一个特定的网络接口。

IP 地址由 Internet 服务提供商或系统管理员指定，是一串用于识别网络中的设备的数字。IP 地址由 4 个十进制数组成，各个数字之间由英文句点分隔，下面是 IP 地址的一个示例：

```
192.168.0.1
```

在计算机中 IP 地址实际上是以一个二进制格式的数字来表示和处理的。现在使用的大多数的 IP 地址是一个 32 位的二进制数字，每 8 位为一组，因此一个 IP 地址由 4 组 8 位二进制数组成。由于一个 8 位二进制数可以表示 0~255 中的任意一个十进制数，因此一个 8 位二进制数一共可以表示 256 个十进制数。将 IP 地址的每个 8 位转换为十进制数，得到的就是 IP 地址的十进制表示形式。

IP 地址最初用于 Internet，后来也被用于本地网络。人为指定的 IP 地址是相对固定的，除非后来手动修改 IP 地址。还有一种 IP 地址是由 DHCP（Dynamic Host Configuration Protocol，动态主机配置协议）服务器自动分配的，这样在任何设备连接到网络后不需要人为设置该设备的 IP 地址，而由 DHCP 服务器自动设置，这样可以使为大量计算机设置 IP 地址的过程变得简单高效。

在 Internet 中提供持续网络服务的所有设备都有一个固定的 IP 地址，这类 IP 地址称为静态 IP 地址。而个人用户每次连接到 Internet 时都会得到一个动态 IP 地址，在下次连接到 Internet 时为该用户分配的 IP 地址可能与上次的不同。当用户断开 Internet 连接以后，Internet 服务提供商会自动收回为用户分配的动态 IP 地址。

虽然 IP 地址对 Internet 中的设备非常重要，但是在本地网络中也需要为计算机指定 IP 地址。在本地网络中可以使用以下几类 IP 地址：

```
A 类 IP 地址：10.0.0.0~10.255.255.255
B 类 IP 地址：172.16.0.0~173.31.25.255
C 类 IP 地址：192.168.0.0~192.168.255.255
```

无论 IP 地址用于 Internet 还是本地网络，每个 IP 地址都包含网络地址和主机地址两部分。A 类 IP 地址的前 8 位表示网络地址，后 24 位表示主机地址。B 类 IP 地址的前 16 位表示网络地址，后 16 位表示主机地址。C 类 IP 地址的前 24 位表示网络地址，后 8 位表示主机地址。通过这种划分方式，可以确定每类 IP 地址中可以包括的网络段的数量以及每个网络段允许分配的计算机数量。

2. 域名系统

Internet 中提供服务的计算机都有一个静态 IP 地址，由于二进制数字不便于人们的理解和记忆，因此在访问 Internet 中的计算机以及其中的内容时是通过 URL（Uniform Resource Locator，统一资源定位符）实现的。在浏览器中输入的网址称为 URL，其中包含了多个固定以及可选部分，具体为协议名称、计算机名称、端口号以及网页所属的文档名称。例如，在浏览器的地址栏中输入下面的网址可以访问微软官方网站的中文主页。

```
https://www.microsoft.com/zh-cn
```

域名说明了提供服务的计算机所属的机构或机构中的部门的名称，它是 URL 中最关键的部分。在上面的 URL 中，microsoft.com 这个部分是域名。www 是 microsoft.com 这个域中的主机名。因为该主机是作为 microsoft.com 这个域中的 Web 服务器来运行的，因此将主机命名为 www 易于识别该主机所提供的服务类型。通过主机名 + 域名的方式就可以在 Internet 中明确定位要访问的特定的计算机。域名也存在于电子邮件地址中，例如，163.com 是 songxiangbook@163.com 这个电子邮件地址的域名。

域名可以由一个或多个部分组成，而且各个部分具有等级划分。如果一个域名中包含多个部分，那么域名中的各个部分的等级从右到左依次降低，域名最右侧的部分称为顶级域名（TLD，Top Level Domain），在整个域名中具有最高等级。在上面的 URL 中，.com 就是顶级域名，表示的是商业机构。类似的还有 .edu 表示教育机构，.org 表示非商业机构等。除了用于表示机构类型的顶级域名外，还有表示国家的顶级域名，这类域名使用两个英文字母。例如，.cn 表示中国，.uk 表示英国，.au 表示澳大利亚。

为了建立域名与 IP 地址之间的对应关系，需要使用域名系统（DNS，Domain Name System）将特定的域名转换为相应的 IP 地址。早期是靠人工手动维护一个称为主机表的文件，其中包含了已知的域名以及与其对应的 IP 地址。

网络的快速发展以及世界各地提供 Internet 服务的计算机数量的不断增加，使得人工维护主机表变成很难实现的任务。域名系统的出现解决了这个问题，可以自动完成域名到 IP 地址之间的转换。将域名转换为 IP 地址的过程称为域名解析，而负责进行域名转换的计算机称为域名服务器（Domain Name Server）。

有了域名系统以后，当用户在网页浏览器的地址栏中输入网址时，用户的计算机会向域名服务器发送一个请求，域名服务器会将用户输入的网址转换为相应的 IP 地址，以便可以找到用户想要访问的 Internet 中的特定计算机。

20.2 管理本地网络

很多用户通常都拥有不止一台计算机，可以

很容易地将这些计算机连接在一起组成一个小型的局域网，以便共享这些计算机中的文件或进行其他用途。Windows 10 提供了用于管理本地网络的一些常用工具，本节将介绍使用这些工具配置与管理本地网络的方法。

20.2.1 理解 Windows 10 的网络位置和网络发现

在实际应用中，计算机可能经常需要在不同的网络之间移动和切换，而在计算机中又需要对不同的网络进行不同的配置。例如，上班时要切换到公司的局域网，下班回家后又要切换到家里的无线网络。这两种网络对计算机中包含的资源的共享方式，以及其他安全性方面的设置通常并不相同。

为了解决在不同网络之间切换时需要对网络的相关配置进行重复设置的问题，Windows 10 提供了网络位置感知服务。该服务可以自动检测到网络位置的变化，并自动调整网络配置选项以适应当前的网络位置。Windows 10 还包含了链路层拓扑发现（LLTD，Link Layer Topology Discovery）协议，从而可以支持网络设备的智能发现和映射。

系统为每个网络位置创建了相应的网络配置文件，对每个网络位置所设置的配置选项保存在相应的网络配置文件中。切换网络位置的操作实际上是在改变当前使用的网络配置文件，这样就可以在切换网络位置时自动应用正确的网络配置选项，而不再需要重复进行手动设置和修改。

在计算机第一次连接到网络时将会自动显示如图 20-6 所示的面板，用户需要选择是否启用网络发现，单击【是】按钮将会启用网络发现，单击【否】按钮则会禁用网络发现。选择的结果决定了用户所连接到的网络的位置类型并会自动应用相应的网络配置选项和安全性设置，同时还决定了用户计算机与网络中的计算机互相识别和访问的方式。Windows 10 中的网络位置分为专用网络和公用网络两种类型。

◆ 专用网络：家庭网络和工作网络属于专用网络。专用网络允许用户识别和访问网络中的其他计算机和设备，同时也允许网络中的其他计算机用户可以识别和访问用户

的计算机。

◆ 公用网络：公用网络是指无法确定其安全性的网络环境，比如机场或酒店提供的无线网络。公用网络将会禁止在用户的计算机与网络中的其他计算机之间进行互相识别和访问，这样可以更好地保护用户的计算机免受未经授权的访问。

图20-6　选择是否启用网络发现

系统会根据用户所选择的网络位置自动为网络分配一个网络发现状态，然后会为网络发现状态打开合适的 Windows 防火墙端口，从而为所连接到的网络自动应用适当的防火墙设置并提供不同的安全级别。

20.2.2 设置网络位置和网络发现

在 Windows 10 中，主要是通过【网络和共享中心】窗口中提供的功能和选项来配置与管理网络设置。右击任务栏通知区域中的【网络中心】图标，然后在弹出的菜单中选择【网络和共享中心】命令，将会打开如图 20-7 所示的【网络和共享中心】窗口，其中主要包括以下两个部分。

◆ 查看活动网络：该部分显示了当前活动网络的名称以及网络位置的类型，本例中的活动网络名为"wlansx"，网络位置的类型为专用网络。【访问类型】显示了当前是否已经连接到 Internet。【家庭组】显示了当前是否已经加入家庭组中。【连接】显示了用于连接到活动网络的本地连接的名称，本例中的本地网络名为"以太网"。

◆ 更改网路设置：该部分用于创建不同类型的网络连接，以及网络故障的诊断和疑难解答。如果要设置本地连接和网络共享选

项，则需要单击【网络和共享中心】窗口左侧列表中的【更改适配器设置】和【更改高级共享设置】链接。

图20-7 【网络和共享中心】窗口

除了在第一次连接到网络时设置网络发现和网络位置以外，以后也可以根据需要随时修改网络发现和网络位置的设置。

1. 设置网络位置

可以在【网络和共享中心】窗口中查看当前设置的网络位置的类型。如果要修改网络位置，则需要在【设置】窗口中进行设置，具体操作步骤如下。

STEP 1 单击【开始】按钮▦，然后在打开的【开始】菜单中选择【设置】命令。

STEP 2 在打开的【设置】窗口中选择【网络和Internet】，在进入的界面左侧选择【以太网】，然后在右侧单击当前已经连接的网络名称，如本例中的【以太网】，如图20-8所示。

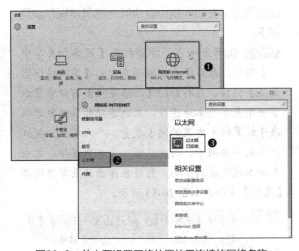

图20-8 单击要设置网络位置的已连接的网络名称

> **提示**
> 如果连接到的是无线网络，那么需要选择图20-8界面中的【WLAN】。更快打开图20-8界面的方法是单击任务栏通知区域中的【网络中心】图标，然后在打开的面板中单击【网络设置】链接。

STEP 3 进入图 20-9 所示的界面，"查找设备和内容"文字下方的开关用于切换网络位置的类型。设置为开启状态表示将网络位置设置为【专用网络】，设置为关闭状态表示将网络位置设置为【公用网络】。

图20-9 设置网络位置的类型

2. 设置网络发现

虽然在默认情况下专用网络启用了网络发现，公用网络禁用了网络发现，但是可以根据实际情况改变这种默认设置，这意味着可以在专用网络中禁用网络发现，也可以在公用网络中启用网络发现。使用本节前面介绍的方法打开【网络和共享中心】窗口，然后单击左侧列表中的【更改高级共享设置】链接。

进入如图 20-10 所示的【高级共享设置】界面，其中包括【专用】【来宾或公用】【所有网络】3 类设置，包含"当前配置文件"文字的类别表示的是当前正在使用的网络位置。【专用】和【来宾或公用】分别对应于专用网络和公用网络，而【所有网络】中的选项则适用于所有网络位置类型。

默认情况下会自动展开当前设置的网络位置中包含的选项。可以通过选中【网络发现】类别中的【启用网络发现】或【关闭网络发现】单选按钮来启用或禁用当前网络位置的网络发现。如果要设置的是当前未使用的网络位置的网络发现，那么可以单击要设置的网络位置名称右侧的按钮来展开其中包含的选项，然后再根据需要来选中【启用网络发现】或【关闭网络发现】单选按钮。

图20-10　设置网络发现

除了使用上面的方法设置网络发现以外，还可以在未启用网络发现的情况下通过网络资源管理器来启用网络发现。网络资源管理器实际上与文件资源管理器使用的是同一个窗口，只不过显示的是不同的内容。网络资源管理器主要用于访问网络中的计算机和设备，以及其他共享资源。可以使用以下两种方法打开网络资源管理器。

◆ 双击桌面上的【网络】图标。

◆ 打开文件资源管理器，然后在左侧的导航窗格中单击【网络】。

 交叉参考　有关在网络资源管理器中查看网络共享资源的更多内容，请参考本章20.5.5节。

打开网络资源管理器以后，如果当前设置的网络位置未启用网络发现，那么将会在窗口中看到包含"网络发现已关闭，看不到网络计算机和设备，单击以更改"文字的提示栏。单击该提示栏并在弹出的菜单中选择【启用网络发现和文件共享】命令，即可启用当前网络位置的网络发现，如图20-11所示。

图20-11　在网络资源管理器中启用网络发现

如果当前网络位置的类型是公用网络，那么在选择【启用网络发现和文件共享】命令后将会打开如图20-12所示的对话框，可以根据需要进行选择。

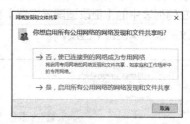

图20-12　设置公用网络中的网络发现和文件共享

◆ 否，使已连接到的网络成为专用网络：选择该选项会将公用网络改为专用网络，同时启用网络发现和文件共享。

◆ 是，启用公用网络的网络发现和文件共享：选择该选项不会改变网络位置的类型，即仍然为公用网络，同时启用公用网络中的网络发现和文件共享。

20.2.3　安装网络组件

本地网络的物理连接通常比较简单，在每台计算机中安装好网卡，然后准备一台用于连接各个计算机的网络连接设备，如集线器、交换机或路由器。使用多条网线分别建立每台计算机的网卡接口与网络连接设备的LAN端口之间的连接，这样就完成了本地网络的物理连接。对于网络连接中的计算机软件方面的安装，用户通常不需要额外安装确保网络正常运行所需的网络协议和服务等网络组件，因为在安装Windows 10的过程中会自动安装好这些功能。但是有时由于某些原因，可能需要在系统中添加未安装的一些网络协议和服务。安装网络协议或服务的具体操作步骤如下。

STEP 1 使用上一节的方法打开【网络和共享中心】窗口，然后单击左侧列表中的【更改适配器设置】链接。在打开的【网络连接】窗口中显示了一个或多个本地连接，本地连接的具体数量取决于计算机中安装的网卡数量。个人用户一般只会安装一块网卡，因此只有一个本地连接。右击表示本地连接的图标，然后在弹出的菜单中选择【属性】命令，如图20-13所示。

注意　打开【网络连接】窗口的更快方法是右击【开始】按钮 ⊞，然后在弹出的菜单中选择【网络连接】命令。

图20-13　右击本地连接并选择【属性】命令

STEP 2 打开本地连接的属性对话框，单击【安装】按钮，如图 20-14 所示。

图20-14　单击【安装】按钮

STEP 3 打开如图 20-15 所示的【选择网络功能类型】对话框，根据需要可以选择安装的网络组件，包括客户端、服务和协议，选择其中一种以后单击【添加】按钮。然后在打开的对话框中选择要安装的具体内容，单击【确定】按钮后即可进行安装。

图20-15　选择要安装的网络组件类型

> **提示**　如果连接到的是无线网络，那么需要选择图20-8界面中的【WLAN】。更快打开图20-8界面的方法是单击任务栏通知区域中的【网络中心】图标，然后在打开的面板中单击【网络设置】链接。

20.2.4　设置 IP 地址、网关和 DNS

为了使本地网络中的计算机可以进行正常通信，通常需要为网络中的所有计算机设置 IP 地址。IP 地址和 DNS 的功能已经在本章 20.1.5 节介绍过，而网关则是用于连接使用不同高层协议的网络并使它们可以进行正常通信的设备，对于很多用户而言网关通常是指路由器。设置 IP 地址、网关和 DNS 的具体操作步骤如下。

STEP 1 右击【开始】按钮，然后在弹出的菜单中选择【网络连接】命令，打开【网络连接】窗口。

STEP 2 右击表示本地连接的图标，然后在弹出的菜单中选择【属性】命令，在打开的本地连接属性对话框中双击【Internet 协议版本 4（TCP/IPv4）】。在打开的对话框中根据实际情况进行两种设置之一。

◆ 如果使用的是具有 DHCP 功能的路由器连接了网络中的计算机，那么只要启用路由器中的 DHCP 功能，然后就可以将网络中的每台计算机设置为自动获取 IP 地址和 DNS，具体方法请参考本章 20.3.4 节。

◆ 如果没有启用 DHCP 功能，那么需要为网络中的每台计算机手动设置 IP 地址、默认网关和 DNS。为此需要在图 20-16 所示的对话框中进行设置，网络中的所有计算机的 IP 地址必须位于同一个网络段中，而且 IP 地址不能重复，否则将会收到网络地址冲突的警告信息。设置好以后单击【确定】按钮。

除了常用的 Internet 协议版本 4（TCP/IPv4），还有一个 Internet 协议版本 6（TCP/IPv6），IPv6 可以分配比 IPv4 更多的 IP 地址。IPv6 地址由使用冒号分隔的 8 组十六进制字符（数字 0~9，字母 A~H）组成，如 3FFE:FFFF:

0000:2F3B:02AA:00FF:FE28:9C5A。如果某个部分包含的全是 0，那么可以只用一个 0 来表示整个部分，上面的地址可以改写为以下形式：

图20-16　手动设置计算机的IP地址、默认网关和DNS

3FFE:FFFF:0:2F3B:02AA:00FF:FE28:9C5A

对于只包含 0 的部分，可以使用双冒号来代替，从而使地址更简洁，因此上面的地址可以继续改写为以下形式：

3FFE:FFFF::2F3B:02AA:00FF:FE28:9C5A

如果多个连续的部分都只有 0，那么可以使用双冒号代替所有这些部分。例如，地址 FE80:0:0:0:0:2AA:FF:FE9A:4CA2 可以简写为以下形式：FE80::2AA:FF:FE9A:4CA2。

20.2.5　查看与设置本地连接的状态

在本地连接配置正常的情况下，可以查看本地连接的状态，包括连接的持续时间、连接速度、网络活动状况等信息，也可以根据需要随时禁用或启用本地连接。

1．查看本地连接的状态

右击【开始】按钮![icon]，然后在弹出的菜单中选择【网络连接】命令，打开【网络连接】窗口。右击要查看状态的本地连接的图标，然后在弹出的菜单中选择【状态】命令，打开如图 20-17 所示的本地连接状态对话框。其中显示了当前活动网络的连接是本地连接还是 Internet 连接、活动网络的连接已经持续了多长时间、本地连接的网络速度，以及活动网络发送和接收数据的字节数。

图20-17　本地连接状态对话框

如果用户希望查看更多信息，则可以单击【详细信息】按钮，打开如图 20-18 所示的对话框，其中显示了网卡的 MAC 地址、本地计算机的 IP 地址、默认网关和 DNS 的地址，以及是否启用了 DHCP 功能以及 DHCP 服务器的地址等内容。

图20-18　查看本地网络的配置信息

 交叉参考　　还可以使用 DOS 命令查看网络配置信息，具体方法请参考本书第 32 章。

2．禁用或启用本地连接

如果计算机中安装了多块网卡，那么可能需要禁用不需要的本地连接，为此可以在【网络连接】窗口中右击要禁用的本地连接，然后在弹出的菜单中选择【禁用】命令。禁用本地连接后，任务栏通知区域中的【网络中心】图标上会显示一个红色的叉子 。如果重新使用已禁用的本地连接，则需要右击该本地连接图标，然后在弹出的菜单中选择【启用】命令。

使用上面介绍的方法禁用本地连接的效果等同于在设备管理器中禁用网卡的效果。在执行完上述操作后，在设备管理器中可以看到网卡已处于禁用状态，如图 20-19 所示。

图20-19　禁用本地连接等同于禁用网卡

3．更改本地连接的名称

如果在计算机中安装了多块网卡，那么会在【网络连接】窗口中显示与每一块网卡对应的本地连接图标。为了可以更好地区分不同的网卡和本地连接，应该为每个本地连接设置易于识别的名称。在【网络连接】窗口中右击要重命名的本地连接的图标，然后在弹出的菜单中选择【重命名】命令，输入新名称后按【Enter】键确认更改。本地连接的名称中不能包含制表符或以下任何字符：

`\ / : * ? < > |`

20.2.6　设置工作组和计算机的名称

Windows 10 使用域、工作组和家庭组 3 种方式对网络中的计算机进行组织和管理，它们之间的主要区别在于对网络中的计算机和其他资源的不同管理方式。基于 Windows 系统的计算机在网络中必须属于某个特定的域或工作组，家庭组则不是必需的。下面介绍了域、工作组和家庭组的基本定义和特点，本节的最后还介绍了设置工作组名称和计算机名称的方法，家庭组的更多内容将在本章 20.6 节进行详细介绍。

1．域

包含大量计算机的公司网络通常需要使用域来进行统一管理，既可以提高管理效率，又可以极大地增强整个网络的安全性。域具有以下几个特点。

- ◆ 域用于组织和管理数量众多的计算机，域中的计算机可以位于不同的本地网络中。
- ◆ 每个域都有一个唯一的名称，类似于 Internet 中的网站地址。
- ◆ 域中需要一台或多台计算机作为域服务器，管理员使用域服务器控制和管理域中所有计算机的权限和安全，在域服务器中的设置修改结果会自动应用到域中的所有计算机。
- ◆ 域用户在每次访问域时必须进行身份验证，验证通过后可以使用域账户登录域中的任意一台计算机，但是域用户只具有有限的权限。

2．工作组

Windows 系统安装网络组件时会自动创建一个工作组并为其命名，因此默认情况下计算机会处于工作组环境中。工作组具有以下几个特点。

- ◆ 工作组适用于对网络中包含数量不多的计算机进行管理。
- ◆ 工作组中的所有计算机都必须位于同一个网络段中。
- ◆ 工作组中的所有计算机均为平等关系，每个用户对自己的计算机拥有完全的控制权限，其他用户无法控制自己的计算机。
- ◆ 工作组中的每台计算机都有一组用户账户，只有拥有某台计算机中的账户才能登录该计算机。
- ◆ 工作组中的共享资源位于将其共享出来的计算机中，每台计算机单独管理自己的共享资源，工作组不会对共享资源进行统一管理。

3．家庭组

家庭组是基于工作组的一种特殊的网络管理方式，它为网络中的计算机提供了更加方便的资源共享方式。家庭组中的计算机可以很容易地共享文件、图片、音乐、视频和打印机。家庭组通过密码进行保护，只有输入正确的密码才能将计算机加入家庭组中。

可以在【网络和共享中心】窗口的【查看活动网络】部分中查看计算机是否已经加入家庭组中，方法已在本章 20.2.2 节介绍过，因此这里不再赘述。如果想要查看计算机是属于域还是工作组，那么可以右击【开始】按钮，然后在弹出的菜单中选择【系统】命令，打开【系统】窗口，在【计算机名、域和工作组设置】部分中可以看到【域】或【工作组】的字样以及相应的名称。本例中为工作组，且其名称为"WORKGROUP"，如图 20-20 所示。

图20-20 查看域或工作组的名称

对于工作组而言，可以根据需要修改工作组的名称以便加入现有的另一个工作组，或者创建一个新的工作组，还可以更改计算机的名称，这样网络中的其他用户就会看到修改后的用户计算机的名称。设置工作组名称和计算机名称的具体操作步骤如下。

STEP 1 单击【系统】窗口中的【更改设置】链接，打开【系统属性】对话框，在【计算机名】选项卡中单击【更改】按钮，如图 20-21 所示。

图20-21 单击【更改】按钮

STEP 2 打开如图 20-22 所示的【计算机名 / 域更

改】对话框，在【计算机名】文本框中输入希望使用的计算机的新名称。选中【工作组】单选按钮，然后在下方的文本框中输入已经存在的工作组名称以使计算机加入该工作组中，或者输入一个不存在的名称以便创建新的工作组。

图20-22 设置工作组名称和计算机名称

STEP 3 设置好以后单击【确定】按钮，重启计算机后将使新设置的名称生效。

网络中的用户通过各自的计算机名称来进行相互识别和通信，因此网络中的计算机名称不能发生重复，而且应该使用易于识别的名称。计算机名称可以由数字 0~9、大小写形式的字母 A~Z 以及连字符（-）组成，不能仅由数字组成，而且也不能包含空格和以下任何字符：

    < > ; : " * + = \ | ? ,

20.3 连接 Internet

局域网中的计算机只能与局域网内的其他计算机进行通信和资源共享。如果希望与世界各地的计算机用户进行通信，以及获得更多有价值的资源，那么就需要将计算机连接到 Internet。本节介绍了连接 Internet 的几种方式及其所需的相关设备，还介绍了创建与共享 Internet 连接的方法。

20.3.1 连接 Internet 的两个必要条件

连接到 Internet 的计算机可以是独立的一台计算机，也可以是多台计算机同时连接到 Internet。无论连接到 Internet 的计算机的数量如何，以及使用哪种 Internet 连接方式，创建从本地计算机到 Internet 的连接都需要具备以下两个条件。

1. 连接Internet的ISP账户

ISP（Internet Service Provider，Internet 服务提供商）是指为个人用户或企业提供 Internet 连接服务的公司。使用电话拨号或宽带连接是 ISP 提供的连接到 Internet 的最常用方法。ISP 会向办理上网业务的用户提供用于创建 Internet 连接的电话号码或上网账户，以便用户可以通过 ISP 的计算机来访问 Internet。上网账户包含一个用户名及其对应的密码，用于在用户创建宽带拨号连接时使用。

> 提示
> 宽带连接是指使用DSL（用户数字线路）或有线电视网络的电缆调制解调器进行的Internet连接。

2. 连接Internet所需的网络设备

连接 Internet 所需的第二个条件是需要指定的网络设备。根据 Internet 连接方式的不同，所需的具体设备也不相同。早期的电话拨号连接需要使用传统的调制解调器，而现在常用的 ADSL 虚拟拨号连接或有线电视网络，则需要使用 ADSL 调制解调器或电缆调制解调器。如果想要让多台计算机共享同一个 Internet 连接，那么还需要用于连接多台计算机的网络设备，比如交换机或路由器。

20.3.2 连接 Internet 的几种方式及其相关设备

对于大多数个人用户而言，连接 Internet 最常使用的方法有 3 种：电话拨号、数字用户线路和有线电视网络。下面将分别介绍这 3 种连接 Internet 的方法。

1. 电话拨号

电话拨号是早期使用的连接 Internet 的方式，这种方式需要使用一个调制解调器和一条有效的电话线路，通过使用调制解调器向 ISP 拨入一个电话来建立 Internet 连接。电话拨号存在的一个问题是，在连接到 Internet 期间无法使用电话进行正常的通话。这是因为电话拨号接入 Internet 时所使用的模拟信号的频率与平时拨打电话时的语音频率相同，因此电话线路被 Internet 连接占用了，此时也就无法再拨打电话了。

调制解调器（Modem）是一个信号转换设备，负责将计算机中的数字信号转换为可以在电话线路上传输的模拟（语音）信号，这个过程称为"调制"。在信号到达目的地后，目的地的调制解调器会将接收到的模拟信号转换为数字信号以供目的地的计算机使用，这个过程称为"解调"。调制解调器的最大数据传输率理论上为 56Kbit/s，但是实际上并不会完全达到该速度。如果使用高质量的电话线，那么调制解调器的传输速度至少可以达到 45~50Kbit/s。

ISDN（Integrated Services Digital Network，综合业务数字网络）技术的出现解决了使用电话拨号连接到 Internet 时无法拨打电话的问题，这意味着在使用 ISDN 拨号连接到 Internet 时也可以拨打电话，而且 ISDN 可以提供更高的数据传输率，通常为 64Kbit/s 或 128Kbit/s。使用 ISDN 连接 Internet 的方法与电话拨号类似，也需要进行拨号才能连接到 Internet，但是用户不需要将计算机连接到调制解调器，而是连接到称为"ISDN 终端适配器"的设备上。

> 提示
> 由于采用电话拨号的Internet连接方式早已被淘汰，因此本章不会对这部分内容进行过多介绍。

2. 数字用户线路

DSL（Digital Subscriber Line，数字用户线路）是对一系列相似但又互有区别的 Internet 连接技术的统称。与电话拨号类似，DSL 技术也使用电话线作为用户计算机连接到 Internet 的传输介质，但是由于 DSL 采用了 DMT（Discrete Multi Tone，离散多音调）技术，因此提高了在电话线路上的数据传输率，而且可以提供持续的 Internet 连接。

很多个人用户使用的 ADSL 就是 DSL 技术中的一种。ADSL 是一种通过账户名和密码进行虚拟拨号的 Internet 连接方式。由于 ADSL 在电话线路上传输的是数字信号而非模拟信号，因此在用户发送和接收数据时就不再需要进行模拟信号和数字信号之间的转换了，这也可能是将 ADSL 称为虚拟拨号的原因。通过 ADSL 方式连接到 Internet 后并不会独占电话线路，因此用户仍然可以正常拨打电话。

采用 ADSL 方式的 Internet 连接其上载和下载速度不同，因此 ADSL 属于非对称数字用户线路。由于大多数用户在 Internet 中执行下载的操作要远多于上载操作，因此 ADSL 非常适合大多数用户使用。与 ADSL 相对的是 SDSL 技术，它属于对称数字用户线路，因为其上载和下载速度相同。属于 DSL 的其他技术还包括 HDSL（高速数字用户线路）、VDSL（极高速数字用户线路）等。DSL 技术和后面将要介绍的有线电视网络都属于宽带连接。

使用 ADSL 方式连接 Internet 需要使用 ADSL 调制解调器。用户在 ISP 开通上网服务并购买上网账号时，ISP 通常会附赠该设备。正常情况下，使用 ADSL 连接 Internet 的方式需要将 ADSL 调制解调器与墙上的电话线连接起来。现在很多小区宽带会在每个住户的室内墙上预先安装好网线插座，这样就可以使用网线直接将路由器和墙上的网线插座连接起来，而省略 ADSL 调制解调器，减少了需要安装和连接的网络设备，使用户连接 Internet 更加容易。

交叉参考　本章 20.3.3 节介绍了用于连接 Internet 的网络设备的多种连接方法，本章 20.3.4 节介绍了在计算机中创建 ADSL 虚拟拨号连接 Internet 的具体设置方法。

3．有线电视网络

有线电视网络是有线电视公司在有线电视服务的基础上为用户提供的 Internet 连接服务。在室内墙上通常已经安装好了用于连接有线电视的同轴电缆插座，其中包括两个插口，一个用于连接有线电视服务，另一个用于连接有线电视公司提供的 Internet 服务。

有线电视公司会为用户提供电缆调制解调器，该设备用于将计算机中的数字信号转换为可以在有线电视网络上传输的信号。将同轴电缆的一端插入室内墙上的用于 Internet 连接的同轴电缆插口中，然后将同轴电缆的另一端插入电缆调制解调器的 Cabel 端口中，再使用网线将计算机网卡与电缆调制解调器的 LAN 端口连接起来，这样就完成了电缆调制解调器与计算机之间的连接。

4．连接Internet的其他方式

除了以上介绍的 3 种连接 Internet 的方式以外，现在也有越来越多的用户使用光纤方式连接到 Internet。光纤连接方式具有更高的数据传输率以及更稳定的网络信号。无论是光纤连接 Internet，还是电话线、网线或同轴电缆连接 Internet，用户端所需要进行的网络设备的连接方法基本相同。唯一区别在于光纤连接 Internet 使用的是光纤调制解调器，而不是传统的电话拨号调制解调器或 ADSL 调制解调器。光纤调制解调器是一种将光信号转换为电信号的设备。

20.3.3　连接 Internet 的网络设备的连接方式

由于很多用户都使用 ADSL 虚拟拨号连接到 Internet，因此本节以使用 ADSL 方式连接 Internet 为例，介绍了在不同的室内布线方式以及不同的 Internet 连接需求的情况下网络设备的连接方式。

1．计算机+ADSL调制解调器

如果只有一台计算机并希望将其连接到 Internet，那么只需将电话线的一端插入墙上的电话线插座中，然后将电话线的另一端插入 ADSL 调制解调器的 Line 端口中。再使用一条网线分别插入 ADSL 调制解调器的 LAN 端口以及计算机网卡的端口中，这样就完成了网络设备的连接。

2．计算机+（无线）路由器+ADSL调制解调器

如果希望让多台计算机都可以连接到 Internet，即共享同一个 Internet 连接，那么需要在计算机与 ADSL 调制解调器之间添加一个路由器。如果希望移动设备也可以连接到 Internet，那么需要使用无线路由器。无论使用有线路由器还是无线路由器，设备的连接方法都是相同的，具体的连接方法如下。

STEP 1　使用电话线将 ADSL 调制解调器的 LINE 端口与墙上的电话线插座连接起来。

STEP 2　使用一根网线将 ADSL 调制解调器的 LAN 端口与（无线）路由器的 WAN 端口连接起来。

STEP 3　使用另一根网线将一台计算机网卡的端口与（无线）路由器的其中一个 LAN 端口连接起来。

STEP 4　如果希望其他计算机也可以连接到同一

个 Internet，那么使用与 STEP 3 类似的方法继续进行相应的连接。

3. 计算机+带有拨号功能的（无线）路由器

如果使用的是小区宽带连接到 Internet，由于在用户室内已经安装好了网线插座，而不是电话线插座，因此只需使用带有拨号功能的（无线）路由器即可完成网络设备的连接，而不再需要使用调制解调器。具体的连接方法如下。

STEP 1 使用一根网线将墙上的网线插座与（无线）路由器的 WAN 端口连接起来。

STEP 2 使用另一根网线将一台计算机网卡的端口与（无线）路由器的其中一个 LAN 端口连接起来。

STEP 3 如果希望其他计算机也可以连接到同一个 Internet，那么使用与 STEP 2 类似的方法继续进行相应的连接。

对于后两种连接方式而言，如果路由器提供的 LAN 端口数量无法满足需要接入 Internet 的计算机数量，那么可以将一台交换机连接到路由器的一个 LAN 端口中，以便扩充可接入的计算机的数量，然后将多台计算机分别连接到交换机的各个 LAN 端口中即可。

20.3.4　创建与共享 Internet 连接

在将用于 Internet 连接的网络设备安装并连接好以后，接下来就可以创建 Internet 连接了。虽然 Internet 连接的方式有很多种，但是无论使用哪种方式的 Internet 连接，最终用户在计算机中创建 Internet 连接时的设置方法都是类似的。

由于无线网络的快速发展以及各种移动设备的迅速流行，因此在连接 Internet 时很多用户都会使用带有拨号功能的无线路由器。除了可以使用无线路由器提供的多个 LAN 端口物理连接到多台计算机以外，还可以为移动设备提供无线上网功能。下面以 ADSL 虚拟拨号 + 无线路由器的方式连接到 Internet 为例来介绍用户在计算机创建 Internet 连接的方法以及需要进行的相关设置，主要包括在无线路由器中创建 ADSL 虚拟拨号连接、设置无线路由器中的无线网络，以及设置本地计算机中的网络配置选项几个部分。有线路由器的设置方法与无线路由器类似。

1. 在无线路由器中创建ADSL虚拟拨号连接

在无线路由器中创建 ADSL 虚拟拨号连接

的具体操作步骤如下。

STEP 1 打开网页浏览器，如 Microsoft Edge。在地址栏中输入路由器的 IP 地址后按【Enter】键，无线路由器的 IP 地址通常为 192.168.0.1 或 192.168.1.1，可以在无线路由器设置界面中修改这一默认地址，但是通常不需要进行此修改。

STEP 2 如果是第一次设置无线路由器，那么将会弹出图 20-23 所示的对话框，在文本框中分别输入无线路由器的用户名和密码，该用户名和密码通常印在无线路由器的底部。如果希望以后设置无线路由器时不再重复输入用户名和密码，则可以选中【记住我的凭据】复选框。

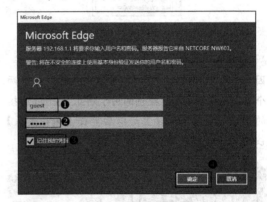

图20-23　输入无线路由器的用户名和密码

STEP 3 单击【确定】按钮，如果输入的用户名和密码正确，那么将会进入无线路由器的设置界面。无论无线路由器是什么型号的，其设置界面都具有相似性。左侧列表中显示了不同的设置类别，比如外网接入配置、内网接入配置、无线管理等。为了创建 Internet 连接，需要选择【外网接入配置】，如图 20-24 所示。

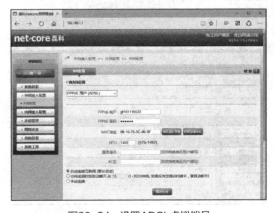

图20-24　设置ADSL虚拟拨号

STEP 4 在界面中会显示 WAN 设置的相关选项，WAN 指的就是广域网，即正在设置的 Internet 连接。使用 ADSL 虚拟拨号的用户需要选择【PPPoE 用户 (ADSL)】选项，如图 20-25 所示，使用电缆调制解调器的用户需要选择【动态 IP 用户（Cable Modem）】选项。还可以选择其他连接方式，具体选择哪种方式需要根据用户所在地区的 Internet 连接方式而定。

图20-25 选择Internet连接方式

STEP 5 由于本例介绍的是 ADSL 虚拟拨号连接，因此需要在【PPPoE 账户】和【PPPoE 密码】两个文本框中输入 ISP 提供的用于建立 Internet 连接的用户名和密码。设置好以后单击【保存生效】按钮。

> **提示**
> 有的无线路由器可能会包含额外的连接选项，如本例中的【自动连接互联网】和【手动连接】等选项。如果希望每次开启ADSL调制解调器和无线路由器电源后可以自动接入Internet，那么就需要选择【自动连接互联网】选项。

设置好 ADSL 虚拟拨号连接以后，可以测试一下是否正确连接到 Internet。为此可以在无线路由器设置界面中选择【系统状态】类别下的【接口信息】，然后单击【连接】按钮进行测试，如图 20-26 所示。

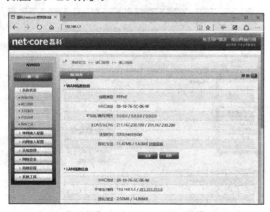

图20-26 单击【连接】按钮连接到Internet

2. 设置无线路由器的DHCP功能

如果用户经常需要将不同的计算机或移动设备连接到 Internet，为了简化以后对这些不固定设备的 IP 地址的设置，应该启用无线路由器的 DHCP 功能，以便让无线路由器为任何连接到无线网络中的设备自动分配有效的 IP 地址。

本例中的 DHCP 设置位于无线路由器设置界面中的【内网接入配置】类别下，在左侧列表中选择该类别后，在右侧的界面中将 DHCP 服务器状态设置为【开启】，然后在 IP 地址池中输入允许无线路由器自动分配的 IP 地址的范围，如图 20-27 所示。需要注意的是，输入的 IP 地址范围必须与无线路由器本身的 IP 地址位于同一个网段中。设置好以后单击【保存生效】按钮。

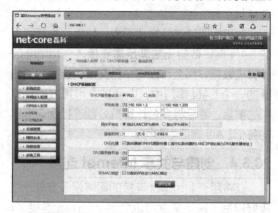

图20-27 设置无线路由器的DHCP功能

3. 设置无线网络的相关选项

无线路由器的最大优势是可以让笔记本电脑、智能手机以及其他移动设备通过无线网络接入 Internet。如果用户想要使用无线网络，那么需要在无线路由器中启用无线网络功能并对无线网络的相关选项进行设置。在无线路由器设置界面中选择【无线管理】类别，然后在其子类别中选择【基本配置】，接着在界面中设置无线网络的名称以及无线网络的频段和网络模式，如图 20-28 所示。主要设置以下 5 项。

◆ 无线状态：是否希望无线路由器提供无线网络功能，如果希望使用无线网络，则需要选择【启用】选项。

◆ 网络名称：在【网络名称】文本框中输入正在创建的无线网络的名称，以后所有具有无线连接功能的设备在接入该无线网络时，都需要通过该名称建立连接。

◆ 网络模式：通常设置为【Access Point】
无线接入点。

◆ 无线网络技术：如果希望兼容所有的无线
网络技术，那么可以选择【802.11b+g+n】
选项。

◆ SSID 广播：如果不想让附近的用户搜
索到自己创建的无线网络，那么可以将
【SSID 广播】设置为【禁止】，这样可以
避免其他非授权用户连接到自己的无线局
域网以及 Internet。

设置好无线网络的相关选项以后，单击【保
存生效】按钮保存设置结果。

图20-28　设置无线网络的基础选项

在【无线管理】类别下选择【安全管理】，
然后可以在界面中设置无线网络的安全选项，如
图 20-29 所示。这些选项主要包括安全模式、
密钥类型以及具体的密钥内容，其具体含义将在
本章 20.4.2 节进行介绍。设置好以后单击【保
存生效】按钮。

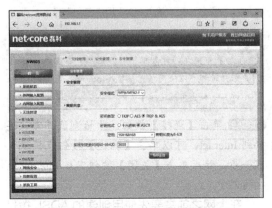

图20-29　设置无线网络的安全选项

4. 设置本地计算机中的网络配置选项

完成了以上需要在无线路由器中的相关设置
以后，接下来还需要检查并设置本地计算机中的
IP 地址是否为自动获取方式，以便在每次连接到
本地网络时可以让路由器为本地计算机或其他设
备自动分配 IP 地址。设置本地计算机网络配置
选项的具体操作步骤如下。

STEP 1 右击任务栏通知区域中的【网络中心】
图标，然后在弹出的菜单中选择【打开网络和
共享中心】命令。

STEP 2 打开【网络和共享中心】窗口，单击左
侧列表中的【更改适配器设置】链接。

STEP 3 在打开的窗口中右击本地网络图标，然后
在弹出的菜单中选择【属性】命令，如图 20-30
所示。

图20-30　选择【属性】命令

STEP 4 打开本地网络连接的属性对话框，在列表
框中双击【Internet 协议版本 4（TCP/IPv4）】选项，
然后在打开的对话框的【常规】选项卡中同时选
中【自动获得 IP 地址】和【自动获得 DNS 服务
器地址】两个单选按钮，如图 20-31 所示。

图20-31　设置本地计算机的网络配置选项

STEP 5 设置好以后单击【确定】按钮。经过该
设置以后，本地计算机就可以正常连接到 Internet
了。如果还有其他计算机连接到 Internet，那么
也需要在这些计算机中进行相同的设置。

5．使用Windows 10内置的拨号程序创建Internet连接

除了前面介绍的创建 Internet 连接的方法以外，如果用户直接将 ADSL 调制解调器连接到计算机来实现 Internet 连接，而没有使用（无线）路由器，那么可以在连接好所有设备后使用 Windows 10 的内置拨号程序创建 Internet 连接，具体操作步骤如下。

STEP 1 使用本节前面介绍的方法打开【网络和共享中心】窗口，然后单击【设置新的连接或网络】链接。

STEP 2 打开【设置连接或网络】对话框，选择【连接到 Internet】选项，然后单击【下一步】按钮，如图 20-32 所示。

图20-32　选择【连接到Internet】选项

> **提示**
> 如果之前已经创建好了一个Internet连接，那么将会显示如图20-33所示的界面，选择【设置新连接】选项可以创建另一个Internet连接。

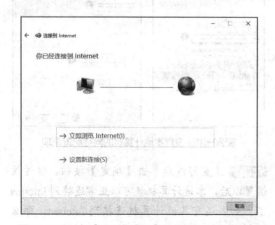

图20-33　选择【设置新连接】创建新的Internet连接

STEP 3 进入如图 20-34 所示的界面，选择【宽带（PPPoE）】选项。

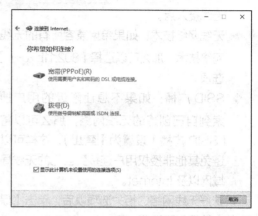

图20-34　选择【宽带（PPPoE）】选项

STEP 4 进入如图 20-35 所示的界面，输入 ISP 提供的用于建立 Internet 连接的用户名和密码，然后可以自定义设置此 Internet 连接在本地计算机中显示的名称。如果希望以后使用该 ADSL 虚拟拨号连接 Internet 时不再需要输入密码，那么可以选中【记住此密码】复选框。

图20-35　输入ADSL用户名和密码

> **提示**
> 如果希望允许计算机中的其他用户在登录各自的用户账户时都可以使用该连接接入Internet，则需要选中【允许其他人使用此连接】复选框。

STEP 5 单击【连接】按钮，开始测试并尝试连接到 Internet。可以单击【跳过】按钮直接进入下一步，然后单击【关闭】按钮完成 Internet 连接的创建。

在上网之前需要先使用创建的 ADSL 拨号

程序连接到 Internet。单击任务栏通知区域中的【网络中心】图标，在打开的面板中选择要使用的 ADSL 拨号连接，将会自动打开如图 20-36 所示的界面。在右侧选择要启动的拨号程序（如本例中的【ADSL 连接】），然后单击【连接】按钮即可将计算机连接到 Internet。

图20-36　单击【连接】按钮启动拨号程序并连接到Internet

20.3.5　设置 Internet 连接选项

如果是在路由器设置界面中创建的 Internet 连接，那么需要在网页浏览器中输入路由器的 IP 地址，然后在路由器设置界面中修改 Internet 连接的相关选项。如果使用的是 Windows 10 的内置功能创建的 Internet 连接的拨号程序，那么可以在 Windows 10 的【设置】窗口中设置 Internet 连接选项，具体操作步骤如下。

STEP 1 单击【开始】按钮，然后在打开的【开始】菜单中选择【设置】命令。

STEP 2 在打开的【设置】窗口中选择【网络和 Internet】，在进入的界面左侧选择【拨号】，然后在右侧选择要设置的拨号程序并单击【高级选项】按钮。

STEP 3 进入如图 20-37 所示的界面，如果想要修改 ADSL 拨号连接的用户名和密码等选项，需要单击【编辑】按钮。

STEP 4 打开如图 20-38 所示的对话框，在这里可以修改 ADSL 拨号连接的名称、用户名和密码等选项。设置好以后单击【保存】按钮。

除了使用上面介绍的方法以外，还可以在【Internet 选项】对话框中设置 Internet 连接选项。打开【控制面板】窗口，将【查看方式】设置为【大图标】或【小图标】，然后单击

【Internet 选项】链接。在打开的对话框中切换到【连接】选项卡，在列表框中选择要设置的拨号连接以后单击【设置】按钮，然后在打开的对话框中设置 Internet 连接的相关选项，如图 20-39 所示。

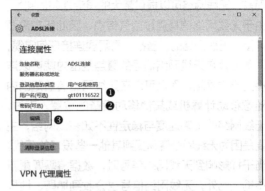

图20-37　单击【编辑】按钮

图20-38　设置Internet连接选项

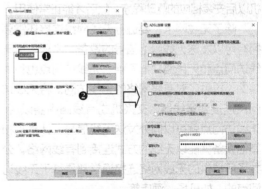

图20-39　在【Internet选项】对话框中设置Internet连接选项

20.4　设置与使用无线网络

本章 20.1.2 节介绍了网络的类型，这些网络类型同样也适用于无线网络，这意味着无线网络的类型可以分为无线个域网、无线局域网、无

线城域网、无线广域网等。本节内容主要介绍无线局域网的相关技术以及设置和使用方法。

20.4.1 无线网络中的设备和技术

对于不方便布线和设备安装的室内或建筑物而言，无线网络可以提供最大的灵活性和便利性。由于无线网络信号通过空气传播，因此所有需要连接到无线网络的设备都不再需要连接任何电缆，只要放置在无线网络信号的覆盖范围内就可以连接到无线网络，而且可以在无线网络覆盖范围内随意移动计算机或其他移动设备的位置。不过，无线网络的传输速度与稳定性不如有线网络，主要是因为无线网络容易受到其他一些设备的干扰。当干扰影响到无线网络信号时，数据将需要重新传输。此外，无线网络信号也会收到墙壁、地板等阻隔物的影响，无线网络信号会随着阻隔物厚度的增加而逐渐减弱。

与使用普通网卡连接有线网络的方式类似，如果用户希望将计算机连接到无线网络，那么需要在计算机中安装无线网卡，然后才能搜索到范围内的无线网络信号。大多数笔记本电脑都内置了无线网卡，而台式计算机通常都不具备无线网络连接功能。可以将 PCI 接口的无线网卡插入台式计算机主板的 PCI 插槽中，或者也可以使用通用于台式计算机或笔记本电脑的 USB 接口的无线网卡。无论使用哪种接口的无线网卡，都需要在连接到计算机以后安装相应的驱动程序，然后才能正常使用。

除了无线网卡，要进行无线网络连接还需要拥有可以发送无线网络信号的设备，主要包括无线访问点和无线路由器两种。无线访问点也称为基站，提供了对有线网络的无线访问。将无线访问点连接到集线器、交换机或有线路由器以后，无线访问点就可以向外发送无线信号，计算机和其他设备就能以无线的方式连接到有线网络。公共场所提供的无线网络连接通常都是基于无线访问点的，如机场、酒店等。

> **提示**
> 术语"无线访问点"通常具有两个含义：一个是指无线网络信号覆盖范围内的无线连接，即在该范围内的设备可以连接到无线网络。另一个含义是指可以提供无线信号的硬件设备，这类设备通常只是单纯地提供无线信号，而不具备交换机或路由器的功能。

个人用户使用最多的是无线路由器。无线路由器相当于整合了无线访问点和路由器或交换机的功能，这意味着无线路由器不仅可以提供无线信号，还可以通过无线路由器提供的 LAN 端口来有线连接多台计算机，实现了有线和无线两种方式的网络连接。

在安装并设置好无线网卡后，如果要将计算机连接到无线网络，还需要对无线路由器进行设置，主要包括设置无线网络的名称、密码以及选择加密技术，还需要设置其他额外选项，比如是否广播 SSID。有关在无线路由器中设置无线网络的方法已在本章 20.3.4 节介绍过，这里就不再赘述了。

现在广泛使用的无线局域网技术是基于 IEEE 802.11 标准定义的一系列无线网络技术，这些标准与以太网兼容。基于 IEEE 802.11 标准的最常见的 4 种无线网络技术包括 IEEE 802.11a、IEEE 802.11b、IEEE 802.11g 和 IEEE 802.11n。表 20-1 对这 4 种无线网络技术进行了总结和比较。

表 20-1 常用的 4 种无线网络技术

无线标准	传输频率	数据传输率	说明
IEEE 802.11a	5GHz	最高 54Mbit/s	不会受到其他设备的干扰，但是信号易受墙壁等阻隔物的影响。IEEE 802.11a 与其他 3 种标准都不兼容
IEEE 802.11b	2.4GHz	最高 11Mbit/s	信号覆盖范围广，传输速度最慢，与 IEEE 802.11g 和 IEEE 802.11n 兼容
IEEE 802.11g	2.4GHz	最高 54Mbit/s	信号覆盖范围广，不易受墙壁等阻隔物的影响，与 IEEE 802.11b 和 IEEE 802.11n 兼容
IEEE 802.11n	2.4GHz 和 5GHz	最高 600Mbit/s	信号覆盖范围最广，不易受墙壁等阻隔物的影响。传输速度最快，具体速度由硬件所支持的数据流数量决定，可以使用多个信号和天线以获得更高的速度。IEEE 802.11n 与其他 3 种标准都兼容

20.4.2 无线网络安全

由于无线网络可以通过空气自由地传播，因

此在无线网络信号覆盖范围内的任何人都有可能连接到无线网络。这意味着无线网络并不十分安全，其中传输的数据很容易泄露，包括用户访问的网站、发送和接收的文件以及所使用的用户名和密码。为了增强无线网络的安全，首先应该禁止广播无线网络的 SSID。

SSID（Service Set Identifier，服务集标识符）是由字母和数字组成的一串字符，用于标识无线网络的名称，每个无线网络都必须拥有一个 SSID。系统在拥有无线连接功能的设备中会自动扫描范围内可以检测到的无线网络，并在列表中显示所有检测到的无线网络的名称，这个名称就是无线网络的 SSID。用户通过 SSID 来连接到指定的无线网络。公开无线网络的 SSID 意味着位于无线网络信号覆盖范围内的任何用户都能搜索到该无线网络并尝试进行网络连接。为了降低安全隐患，应该禁止公开显示无线网络的 SSID，即不广播 SSID。

 有关不广播 SSID 的设置方法以及下面将要介绍的无线网络加密设置，请参考本章 20.3.4 节。

除了禁止广播 SSID 以外，另一个更重要的安全保护措施是为无线网络设置加密访问功能，即每个连接到无线网络的用户都需要提供正确的密码才能进行连接。用户可以使用以下几种无线加密类型。

1．WEP

WEP（Wired Equivalent Privacy，有线对等保密）是早期使用的无线加密技术，WEP 可以为数据提供 40 位、128 位或 512 位的私钥加密。在传输使用 WEP 加密的数据之前，会使用一个从 WEP 密钥派生的对称密钥或密码进行加密。任何想要读取该加密数据的计算机必须从 WEP 派生的密钥进行解密。由于 WEP 所生成的密钥始终是固定不变的，因此只要有足够的时间，密钥最终都可能会被破解，这也就意味着使用 WEP 方式对无线网络进行加密的安全性并不是很高。

2．WPA和WPA2

WPA 和 WPA2 是比 WEP 更安全的加密方式。WPA 和 WPA2 通过改变密钥的派生方式以及经常更改密钥来提高加密的安全性。

WPA 使用 TKIP+MIC 算法对数据进行加密并对数据进行完整性检查，以确定数据没有受到任何形式的截取和篡改。WPA2 能够提供比 WPA 更高的安全性，这是因为 WPA2 使用了与企业和政府机构相同的加密方式。在 WPA2 中使用 AES+CCMP 算法来代替 WPA 中的 TKIP+MIC，AES+CCMP 会循环加密密钥并执行更为严格的信息完整性检查。

WPA 和 WPA2 可以使用个人模式和企业模式来进行加密，企业模式比个人模式具有更高的安全性，而且这两种加密方式都使用 802.1X 进行身份验证。WPA 和 WPA2 完全兼容于 802.11a、802.11b、802.11g 和 802.11n。

需要注意的是，网络中的所有设备都必须使用相同的加密方式。例如，如果网络中有一个设备比较陈旧且只支持 WEP 加密方式，那么整个网络都必须使用 WEP 加密方式，即使有的设备支持更安全的 WPA 或 WPA2 加密方式。很多设备可以通过软件升级的方式来支持 WPA 和 WPA2 加密方式。

20.4.3 连接无线网络

所有具有无线网络连接功能的设备都可以连接到范围内可以检测到的无线网络。这里以安装了 USB 无线网卡的台式计算机为例，介绍将计算机连接到无线网络的方法。将计算机连接到无线网络的具体操作步骤如下。

STEP 1 将 USB 无线网卡连接到计算机的 USB 端口，然后使用附带的驱动程序安装光盘将无线网卡的驱动程序安装到操作系统中。

> （提示）除了无线网卡的驱动程序，安装光盘中通常还包含用于管理无线网络连接的应用程序，用户可以根据实际情况选择是否进行安装。

STEP 2 正确安装好无线网卡的驱动程序以后，还需要在无线路由器中设置无线网络的名称、密码以及其他所需的选项。由于在无线路由器中设置无线网络的方法已在本章 20.3.4 节介绍过，因此这里不再赘述。

STEP 3 完成以上两个步骤后，接下来就可以将计算机连接到指定的无线网络，可以使用以下两种方法。

◆ 单击任务栏通知区域中的【网络中心】图

标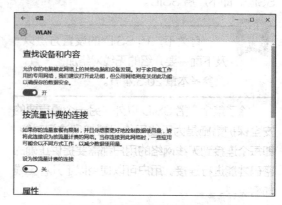，在打开的列表中显示了所有可用的无线网络，即以图标开头的名称，如图 20-40 所示。选择要连接的无线网络的名称，然后单击【连接】按钮。在显示的文本框中输入该无线网络的连接密码，然后单击【下一步】按钮。如果输入的密码正确，将会自动连接到所选择的无线网络。

图20-40　连接指定的无线网络

> **提示**
> 如果用户希望以后启动计算机并登录系统后可以自动连接该无线网络，那么可以选中【自动连接】复选框。如果要连接到的无线网络不包含密码，那么在单击【连接】按钮后即可直接连接到该无线网络。

◆ 单击【开始】按钮并选择【设置】命令，在打开的【设置】窗口中选择【网络和 Internet】，在进入的界面左侧选择【WLAN】，在右侧选择要连接的无线网络，然后单击【连接】按钮，如图 20-41 所示。后续操作与第一种方法类似。

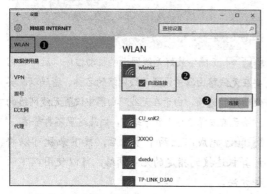

图20-41　在【设置】窗口中连接无线网络

> **技巧** 打开【设置】窗口中的【WLAN】界面的更快方法是单击任务栏通知区域中的【网络中心】图标，然后在面板中单击【网络设置】链接。

通过无线网络名称左侧的图标可以了解到无线网络信号的强弱。图标中的白色弧线越多，说明网络信号越强，白色弧线越少说明网络信号越弱。如果要断开无线网络连接，只需在无线网络列表中选择要断开的无线网络的名称，然后单击【断开连接】按钮。

与设置本地网络的网络位置类型类似，也可以设置无线网络的网络位置类型。打开图 20-41 所示的【设置】窗口中的【WLAN】界面，然后单击【高级选项】链接，在进入的界面中将【查找设备和内容】设置为开启或关闭状态，如图 20-42 所示。开启时表示当前网络位置类型为家庭或工作网络，关闭时表示当前网络位置类型为公用网络。

图20-42　设置无线网络的网络位置类型

20.4.4　连接隐藏的无线网络

如果在无线路由器中设置了不广播无线网络的 SSID，那么在用户计算机的无线网络列表中将不会显示该无线网络。为了将计算机连接到隐藏了名称的无线网络，可以单击任务栏通知区域中的【网络中心】图标，在打开的面板中单击名为【隐藏的网络】的网络后单击【连接】按钮，后续操作与上一节介绍的连接可以正常显示的无线网络的步骤相同，输入要连接的无线网络的名称和密码即可进行连接。

除了上面介绍的方法，还可以通过创建无线

网络配置文件来连接隐藏的无线网络，具体操作步骤如下。

STEP 1 使用本章 20.2.2 节介绍的方法打开【网络和共享中心】窗口，然后单击【设置新的连接或网络】链接。

STEP 2 打开【设置连接或网络】对话框，选择【手动连接到无线网络】选项，然后单击【下一步】按钮，如图 20-43 所示。

图20-43 选择【手动连接到无线网络】选项

STEP 3 进入如图 20-44 所示的界面，输入要连接到的无线网络的相关信息。为了以后可以自动连接到隐藏的无线网络，需要选中【即使网络未进行广播也连接】复选框。设置好以后单击【下一步】按钮。

STEP 4 如果输入的无线网络配置信息正确无误，那么将会创建该无线网络的配置文件，如图 20-45 所示，单击【关闭】按钮。之后就可以在无线网络列表中显示出所添加的无线网络并进行连接了。

图20-44 设置无线网络配置信息

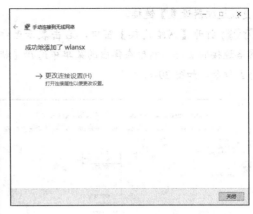

图20-45 成功创建指定的无线网络配置文件

以后可以随时删除不需要的无线网络配置文件，只需打开【设置】窗口并选择【网络和 Internet】，在进入的界面左侧选择【WLAN】，然后在右侧单击【管理 Wi-Fi 设置】链接。在进入的界面中选择要删除其配置文件的无线网络，然后单击【忘记】按钮，如图 20-46 所示。

图20-46 删除无线网络配置文件

20.4.5 禁止在不同的无线网络之间自动切换

如果在邻近区域内包含不止一个无线网络，那么在将带有无线网络连接功能的设备在这些区域之间移动时，设备可能会自动从一个无线网络连接跳转到另一个无线网络连接。即使在不移动设备的情况下，设备有时也会尝试在不同的无线网络之间自动切换。为了避免发生这种情况，可以使用下面的方法让设备始终连接到同一个无线网络，具体操作步骤如下。

STEP 1 使用本章 20.2.2 节介绍的方法打开【网络和共享中心】窗口，然后单击左侧列表中的

【更改适配器设置】链接。

STEP 2 打开【网络连接】窗口，右击表示无线网络连接的图标，然后在弹出的菜单中选择【状态】命令，如图 20-47 所示。

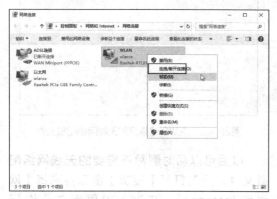

图20-47　选择【状态】命令

STEP 3 打开如图 20-48 所示的对话框，单击【无线属性】按钮。

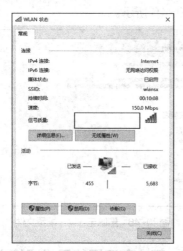

图20-48　单击【无线属性】按钮

STEP 4 打开如图 20-49 所示的无线网络属性对话框，在【连接】选项卡中取消选中【在连接到此网络的情况下查找其他无线网络】复选框，然后单击【确定】按钮。

> 提示
> 在【连接】选项卡中包含【即使网络未广播其名称也连接】选项，如果要连接到的无线网络被设置为隐藏状态，那么选择该选项则不会受其隐藏状态的影响而仍然进行连接。

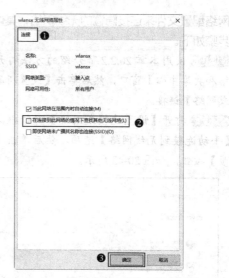

图20-49　取消选中【在连接到此网络的情况下查找其他无线网络】复选框

20.4.6　搜索不到无线网络的原因及解决方法

如果在计算机中安装了无线网卡并进行了正确配置，那么 Windows 系统将会自动检测计算机所在范围内的无线网络。如果系统没有检测到认为可以访问到的无线网络，那么可能有以下几种原因。

1. 计算机的无线开关已关闭

带有无线网络连接功能的笔记本电脑的无线开关通常位于笔记本电脑的正面下方，一些笔记本电脑可能会使用功能键组合来打开或关闭无线开关。如果关闭了无线开关，那么就相当于关闭了计算机的无线网络连接功能。将无线开关打开即可开启笔记本电脑无线网络连接功能。

对于台式计算机而言，首先检查是否已经正确连接和安装了无线网卡及其驱动程序。如果一切正常但仍无法连接无线网络，那么可以打开【网络和共享中心】窗口并单击左侧列表中的【更改适配器设置】链接，在打开的【网络连接】窗口中查看无线网卡是否处于禁用状态。如果已被禁用，那么可以右击表示无线网卡的图标，然后在弹出的菜单中选择【启用】命令，如图 20-50 所示。

2. 无线路由器或无线访问点已关闭或未正常工作

如果无线路由器或无线访问点处于关闭状态，那么计算机将无法搜索到无线网络。确保无线路由器或无线访问点处于打开状态，并且无线信号指示灯正常显示。此外，如果多台计算机或设备正在使用无线路由器或无线访问点，那么可能由于无线路由器或无线访问点太忙而无法响应新的无线连接请求。可以尝试断开其他正在与当前无线网络连接的计算机的无线连接以解决问题。

图20-50　启用处于禁用状态的无线网卡

3．计算机与无线路由器或无线访问点的距离较远

如果计算机的位置距离无线路由器或无线访问点较远，那么可能会导致计算机位于有效的无线网络信号以外，这样计算机就无法搜索到无线网络。可以移动计算机以靠近无线路由器或无线访问点来解决这个问题。

4．无线网络的SSID设置为不广播

如果以前可以正常连接的无线网络现在无法连接了，而且在无线网络列表中也看不到这个无线网络，那么很可能是因为该无线网络被设置为不广播 SSID。此时需要手动无线网络的名称和密码来连接隐藏的无线网络，或者创建无线网络配置文件并进行无线网络连接，具体方法请参考本章 20.4.4 节。

5．网络管理员阻止对某些网络进行访问

如果使用的是企业网络，那么网络管理员可能会通过组策略来控制无线网络的访问。如果确定无法连接无线网络不是由上面几个原因造成的，那么很可能是由于网络管理员已经阻止了用户对无线网络的访问，为此需要联系网络管理员来解决问题。

20.5　设置与使用网络共享资源

资源共享是网络的主要用途之一。将每台计算机中的资源共享出来以便提供给网络中的其他用户使用，可以实现资源利用率的最大化，同时也可以提高工作效率。本节将介绍 Windows 10 支持的资源共享方式和设置方法，以及如何在网络中访问和使用共享资源。

20.5.1　理解资源的共享方式和访问权限

资源的共享主要是指对计算机中的文件和文件夹的共享，当然还会包括对诸如打印机之类的外设的共享，但是本节内容以文件和文件夹的共享为主进行介绍。Windows 10 提供了以下两种基于文件和文件夹的共享方式。

◆ 公用文件夹共享：共享位于安装 Windows 10 的磁盘分区中名为"公用"的文件夹中的内容。用户需要将想要共享的文件和文件夹移动或复制到公用文件夹中。这种共享方式提供了在一个固定位置共享所有内容的方法。公用文件夹共享的详细内容将在本章 20.5.2 节进行介绍。

◆ 标准文件夹共享：标准文件夹共享是大多数用户最常使用的共享方式。这种方式不需要将文件和文件夹移动或复制到一个统一的固定位置，用户可以在文件夹所在的位置上直接为文件夹设置共享。更重要的是，标准文件夹共享可以提供灵活又安全的访问控制方式。标准文件夹共享的详细内容将在本章 20.5.3 节进行介绍。

> **提示**　两种共享方式都是以文件夹为单位进行共享的，这意味着不能直接在文件上设置共享，而需要将文件移动或复制到某个文件夹中，然后为该文件夹设置共享。

无论使用哪种共享方式，在计算机中启用网络发现以及文件和打印机共享两项功能是确保共享资源可以正常工作的前提条件。使用本章 20.2.2 节介绍的方法打开【网络和共享中心】窗口并进入【高级共享设置】界面，然后在当前网络配置文件中选中【启用网络发现】单选按钮以启用网络发现，同时还需要选中【启用文件和打印机共享】单选按钮以启用文件和打印机共享。

除了 Windows 10 提供的两种共享方式外，用户还需要了解的重要一点是共享资源的访问权限。对于本地用户而言，无论计算机中的文件夹是否被设置为共享，本地用户对文件夹的访问权限都由该文件夹上的安全设置决定，即由本书第 17 章介绍的文件访问权限决定。

对于通过网络从其他计算机访问本地计算机中的共享资源的用户而言，能否进行正常访问由该共享资源的共享权限和文件访问权限同时决定。共享权限仅限于网络中的用户访问本地计算机中的资源时才起作用，而文件访问权限始终作用于本地用户和网络中的用户。这意味着即使网络中的用户拥有对本地计算机中的共享文件夹的网络访问权限，但是如果没有对该文件夹的文件访问权限，那么该用户仍然无法访问该共享文件夹。

公用文件夹共享和标准文件夹共享在权限方面存在着一个重要区别：本地所有用户都可以访问公用文件夹中的内容，无论这个用户是普通用户还是管理员用户。而且一旦启用了公用文件夹共享，那么网络中的所有用户也将拥有与本地用户等同的公用文件夹访问权限。标准文件夹则安全得多，这是因为在标准文件夹上设置了对不同用户和用户组的文件访问权限，因此并不会允许所有用户都可以进行访问。

20.5.2　设置公用文件夹共享

公用文件夹共享是一种简单易用的共享方式，因为位于公用文件夹中的文件和子文件夹可以被任何本地用户和网络用户访问并拥有完全控制权限，这意味着不仅可以查看文件和文件夹，还可以对其进行编辑和删除等操作。用户可以在一个统一位置共享所有希望共享的文件和文件夹，而且可以快速了解到在计算机中共享的所有内容。

无论要共享的文件和文件夹具有什么权限，在将它们移动或复制到公用文件夹并启用公用文件夹共享以后，这些文件和文件夹的访问权限会自动更改以适应公用文件夹自身的权限设置，以便让所有本地用户和网络中的用户都可以访问它们。公用文件夹虽然为资源共享提供极大方便，但是用户无法对可访问公用文件夹的用户类型，以及用户可访问公用文件夹中的特定内容进行精确控制。

公用文件夹是系统默认创建好的文件夹，其中按照文件类型还会包含多个子文件夹，如图 20-51 所示。公用文件夹位于以下路径，%SystemDrive% 是一个环境变量，表示的是安装 Windows 10 操作系统的磁盘分区。

`%SystemDrive%\Users\Public`

图20-51　公用文件夹及其包含的子文件夹

如果要使用公用文件夹共享，除了需要同时启用当前网络配置文件中的网络发现和文件及打印机共享以外，还需要在【高级共享设置】界面中展开【所有网络】配置文件，然后选中【启用共享以便可以访问网络的用户可以读取和写入公用文件夹中的文件】单选按钮，如图 20-52 所示，最后单击【保存更改】按钮。

图20-52　启用公用文件夹共享

> **提示**　当不想使用公用文件夹共享时，可以选中【关闭公用文件夹共享（登录到此计算机的用户仍然可以访问这些文件夹）】单选按钮以关闭公用文件夹共享。

20.5.3　设置标准文件夹共享

与公用文件夹共享相比，标准文件夹共享提供了最大的灵活性和安全性，不需要移动或复制文件夹即可实现就地共享，因此很多用户都择使用标准文件夹共享的方式来共享计算机中的资源。可以使用下面的方法为一个文件夹设置共享，具体操作步骤如下。

STEP 1　在文件资源管理器中找到并右击要共享的文件夹，然后在弹出的菜单中选择【共享】⇨【特定用户】命令，如图 20-53 所示。

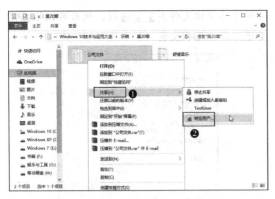

图20-53　选择【特定用户】命令

交叉参考　如果创建了家庭组，那么可以在家庭组环境下设置共享资源，具体方法请参考本章20.6.4节。

STEP 2 打开【文件共享】对话框，在文本框中输入一个用户或用户组的名称，或者单击文本框右侧的下拉按钮，然后在下拉列表中选择一个用户或用户组，如图 20-54 所示。这个用户或用户组就是要对其共享文件夹并允许其访问该文件夹的那个用户或用户所属的组。

图20-54　选择要对其共享资源的用户

STEP 3 输入或选择了一个用户或用户组后单击【添加】按钮，将该用户或用户组添加到下方。然后单击该用户的【权限级别】列，在弹出的菜单中为该用户设置共享权限，如图 20-55 所示。共享权限包括以下 3 种。

◆ 读取：用户只能打开和查看共享资源，不能修改和删除共享资源。

◆ 读取 / 写入：用户可以对共享资源执行打开、查看、修改、删除等操作，但是不能取得共享资源的所有权。

◆ 所有者：具有"所有者"权限的用户对资源拥有完全控制权限并可获得资源的所有权。不能为共享资源设置所有者权限。

图20-55　为用户设置共享权限

（提示）　如果添加了错误的用户或用户组，可以在该用户或用户组的【权限级别】列中单击，然后在弹出的菜单中选择【删除】命令以将该用户或用户组删除。

STEP 4 添加并设置好希望访问当前文件夹的所有用户或用户组，然后单击【共享】按钮。进入如图 20-56 所示的界面，单击【完成】按钮即可完成共享文件夹的创建。

图20-56　单击【完成】按钮完成共享文件夹的创建

以后可以随时更改已共享文件夹的共享权限或停止文件夹的共享，具体如下。

◆ 更改共享权限：在文件资源管理器中右击

要更改共享权限的文件夹，然后在弹出的菜单中选择【共享】⇨【特定用户】命令，接着按照与创建文件夹共享类似的方法修改现有用户或用户组的共享权限，或者添加新的用户或用户组。

◆ 停止共享：在文件资源管理器中右击要停止共享的文件夹，然后在弹出的菜单中选择【共享】⇨【停止共享】命令。操作后网络中的用户将无法再访问已停止共享的文件夹。

20.5.4 使用高级共享

除了使用本章 20.5.3 节介绍的方法在【文件共享】对话框中设置标准文件夹共享以外，Windows 系统还提供了高级共享选项，可用于对共享进行更多的设置和控制。而且出于安全性考虑，系统不允许用户使用上一节介绍的方法来共享系统文件夹（如 Windows 文件夹）或整个磁盘分区，只有通过高级共享设置才能实现这个要求。使用高级共享的具体操作步骤如下。

STEP 1 右击指定的文件夹或磁盘分区的盘符（也可以在磁盘分区根目录中的空白处右击），然后在弹出的菜单中选择【属性】命令。

STEP 2 打开文件夹或磁盘分区的属性对话框，切换到【共享】选项卡，然后单击【高级共享】按钮，如图 20-57 所示。

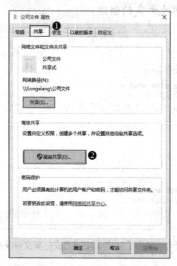

图20-57 单击【高级共享】按钮

STEP 3 打开如图 20-58 所示的【高级共享】对话框，如果要共享当前文件夹或磁盘分区，则需要

图20-58 为资源设置高级共享选项

选中【共享该文件夹】复选框。然后可以根据需要进行以下几项设置。

◆ 共享名：系统默认会使用资源本身的名称作为共享名称显示，可以单击【添加】按钮为共享资源创建一个新名称。

◆ 共享权限：单击【权限】按钮，可以在打开的对话框中自定义设置资源的共享权限。

◆ 脱机文件的使用方式：单击【缓存】按钮，可以在打开的对话框中设置共享资源是否以及如何缓存数据以供脱机使用。

STEP 4 设置好以后单击【确定】和【关闭】按钮，关闭所有打开的对话框。

20.5.5 访问网络中的共享资源

设置好共享资源后，网络中的用户就可以访问它们了。用户可以使用以下 3 种方式来访问网络中的共享资源。

◆ 网络资源管理器。

◆ UNC 路径。

◆ 映射网络驱动器。

下面将分别介绍通过这 3 种方式访问网络共享资源的方法。

1. 网络资源管理器

网络资源管理器是 Windows 系统中用于访问网络共享资源最常使用的工具。网络资源管理器实际上与文件资源管理器属于同一个窗口，只不过其中显示的内容不同。网络资源管理器中显示了网络中当前启动并处于运行状态的计算机，如图 20-59 所示，这意味着属于同一个网络但处于关闭状态的计算机并不会显示在网络资源管理器中。其是否会显示在网络资源管理器中还由计算机是否启用了网络发现以及文件和打印机共享决定。

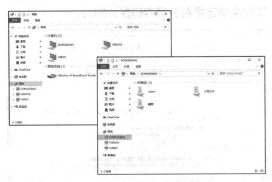

图20-59　网络资源管理器

 交叉参考　　有关打开网络资源管理器的方法，请参考本章20.2.2节。

双击某个计算机名称，在进入的界面中显示了该计算机中包含的共享资源。双击要访问的共享文件夹即可浏览其中包含的文件和子文件夹，可以使用与在本地计算机中操作文件类似的方法来操作共享文件夹中的文件，成功操作的前提是拥有相应的权限。

2. UNC路径

如果知道网络中的计算机的名称或者某个共享文件夹在网络中的位置，那么可以通过在网络资源管理器或网页浏览器中输入UNC（Universal Naming Convention，通用命名规则）路径来打开该计算机或共享文件夹。Windows系统中的文件路径使用反斜线分隔路径的不同部分，UNC路径与文件路径最大的不同之处在于第一个反斜线使用的是双反斜线而不是单反斜线。下面是一个UNC路径的示例，它表示网络中名为"songxiang"的计算机中名为"公司文件"的共享文件夹。

`\\Songxiang\ 公司文件`

3. 映射网络驱动器

无论使用前面介绍的哪种方法来访问网络中的共享资源，都不是特别方便。如果需要经常访问网络中的某个固定的共享文件夹，最便捷的方法是将该共享文件夹映射为本地计算机中的网络驱动器，之后就可以像访问本地磁盘驱动器一样来访问该共享文件夹，而无需每次都在网络资源管理器中进行导航或者输入UNC路径。与本地磁盘驱动器类似，系统也会为每个映射的网络驱动器分配一个驱动器号。在本地计算机中创建映射网络驱动器的具体操作步骤如下。

STEP 1 打开文件资源管理器，在功能区中单击【计算机】▷【网络】▷【映射网络驱动器】按钮。

STEP 2 打开如图20-60所示的【映射网络驱动器】对话框，在【驱动器】下拉列表中选择要在本地计算机中显示的网络驱动器的驱动器号。

图20-60　选择要映射网络驱动器的驱动器号

STEP 3 单击【浏览】按钮，在打开的对话框中选择要映射到本地计算机的网络中的共享文件夹，如图20-61所示，选择好以后单击【确定】按钮。

图20-61　选择要映射网络驱动器的共享文件夹

提示　　也可以在网络资源管理器中右击要映射的网络共享文件夹，然后在弹出的菜单中选择【映射网络驱动器】命令，在打开的【映射网络驱动器】对话框中会自动填好网络共享文件夹的UNC路径，而且用户无法对其更改。

STEP 4 返回【映射网络驱动器】对话框，在【文件夹】文本框中会自动添加上一步选择的共享文件夹的 UNC 路径，如图 20-62 所示，确认无误后单击【完成】按钮。

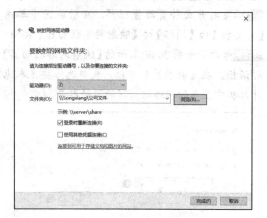

图20-62 添加共享文件夹后的"映射网络驱动器"对话框

> **提示**
> 如果希望在每次启动计算机后都可以自动连接到设置好的网络共享文件夹，那么可以选中【登录时重新连接】复选框。

打开文件资源管理器，可以在其中看到创建的网络驱动器，如图 20-63 所示。可以像访问本地磁盘驱动器一样访问映射的网络驱动器。当不再需要映射的网络驱动器时，可以在文件资源管理器中右击要删除的网络驱动器，然后在弹出的菜单中选择【断开连接】命令，映射的网络驱动器将会被自动从文件资源管理器中删除。

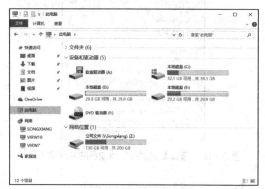

图20-63 映射的网络驱动器会显示在文件资源管理器中

无论是公用文件夹共享还是标准文件夹共享，是否启用密码保护的共享对用户访问网络资源而言有着很大区别。在【网络和共享中心】窗口中单击左侧列表中的【更改高级共享设置】链

接，然后在进入的界面中展开【所有网络】设置类别，在【密码保护的共享】中选中【启用密码保护共享】或【关闭密码保护共享】单选按钮，最后单击【保存更改】按钮，如图 20-64 所示，以此来决定是否启用密码保护的共享。

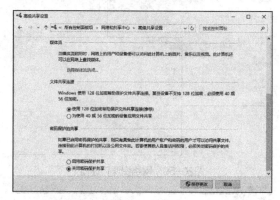

图20-64 启用或关闭密码保护的共享

启用密码保护共享时，当网络中的用户访问本地计算机中的共享资源时，必须提供本地计算机中有效的用户账户名称和密码才能进行正常的访问，如图 20-65 所示。这意味着网络中的用户将会使用本地计算机中存在的用户账户在远程计算机中进行网络登录，然后才能访问本地计算机中的共享资源。关闭密码保护共享时，网络中的所有用户将通过 Guest 账户进行匿名访问，无需输入目标计算机中存在的用户账户的名称和密码进行身份验证。

图20-65 启用密码保护的共享时需要进行身份验证

20.5.6 管理计算机中的共享资源

系统管理员可能希望了解在计算机中都共享了哪些内容，以及网络中的哪些用户在访问本地计算机中的哪些共享资源。此外，基于某些原因可能需要终止用户正在访问的共享资源。使用【计算机管理】窗口可以实现以上几个目的。

右击【开始】按钮■，然后在弹出的菜单中选择【计算机管理】命令，打开【计算机管理】窗口。在左侧窗格中展开【系统工具】⇨【共享文件夹】节点，然后选择其中的【共享】，在中间窗格中将会显示计算机中的所有共享资源，如图 20-66 所示。

图20-66　查看计算机中的所有共享资源

共享名称结尾带有美元符号（$）的是系统自动创建的共享，这些共享资源只能被系统本身或管理员使用，对于非管理员而言是隐藏的。用户也可以创建隐藏的共享，只需在共享资源的名称结尾添加一个美元符号（$）即可。需要注意的是，如果非管理员用户知道隐藏共享的名称，那么仍然可以访问隐藏共享。每台计算机中包含的由系统自动创建的隐藏共享并不完全相同，但是以下几个隐藏共享通常会出现在每台计算机中。

◆ C$、D$、E$ 等：每个本地磁盘分区都会有一个与驱动器号对应的隐藏共享，主要用于管理员通过网络远程访问目标计算机中的磁盘分区。

◆ ADMIN$：用于访问安装了 Windows 系统的磁盘分区中的 Windows 文件夹。

◆ IPC$：用于通过命名管道来连接本地计算机与远程计算机并在它们之间进行通信。

如果想要查看哪些用户连接到了共享文件夹，那么可以在【计算机管理】窗口中的左侧窗格中展开【系统工具】⇨【共享文件夹】节点并选择其中的【会话】，在中间窗格中显示了连接到共享文件夹的所有用户。可以使用下面的方法关闭指定用户或所有用户的会话。

◆ 关闭指定用户的会话：在中间窗格中右击要关闭会话的用户，然后在弹出的菜单中选择【关闭会话】命令，如图 20-67 所示。

图20-67　关闭指定用户的会话

◆ 关闭所有用户的会话：在左侧窗格中右击【会话】，然后在弹出的菜单中选择【中断全部的会话连接】命令，如图 20-68 所示。

图20-68　关闭所有用户的会话

还可以查看网络中的用户正在访问本地计算机中的共享文件夹中的哪些文件。在【计算机管理】窗口中的左侧窗格中展开【系统工具】⇨【共享文件夹】节点并选择其中的【打开的文件】，在中间窗格中显示了连接到共享文件夹的所有用户，如图 20-69 所示。可以使用下面的方法关闭网络用户打开的指定文件或打开的所有文件。

图20-69　查看当前正在被网络用户使用的文件

◆ 关闭打开的指定文件：在中间窗格中右击要关闭的文件，然后在弹出的菜单中选择【将打开的文件关闭】命令。

◆ 关闭打开的所有文件：在左侧窗格中右击【打开的文件】，然后在弹出的菜单中选择【与全部已打开的文件断开连接】命令。

20.6 使用家庭组让资源共享更简单

由于在工作组环境中，网络中的用户在访问其他用户的共享资源之前需要进行 Windows 身份验证，只有验证通过后才能进行正常的访问，因此这种访问网络共享资源的方式给很多用户带来了困扰和麻烦。家庭组的出现解决了这个问题，它为局域网中的用户提供了更加方便的资源共享和访问方式。用户可以与家庭组中的其他用户共享文件、图片、音乐、视频以及打印机，共享哪些类型的资源由用户决定。本节将介绍创建、使用与管理家庭组的方法。

20.6.1 创建家庭组

工作组中的任何用户都可以创建家庭组，但是同一个局域网中只能存在一个家庭组。如果局域网中已经存在了一个家庭组，那么系统将不会再提供创建家庭组的命令，而是提供加入家庭组的命令。此外，在创建家庭组之前需要先启用 IPv6 协议。创建家庭组的具体操作步骤如下。

STEP 1 右击任务栏通知区域中的【网络中心】图标，然后在弹出的菜单中选择【网络和共享中心】命令，将会打开如图 20-10 所示的【网络和共享中心】窗口。

STEP 2 如果网络中还没有家庭组，那么可以在【查看活动网络】部分中看到【准备就绪，可以创建】链接，或者单击窗口左下角的【家庭组】链接。如果用户想要创建家庭组需要单击该链接，然后在进入的界面中单击【创建家庭组】按钮，如图 20-70 所示。

STEP 3 打开如图 20-71 所示的【创建家庭组】对话框，单击【下一步】按钮。

STEP 4 进入如图 20-72 所示的界面，这里列出了系统默认的 4 个库以及打印机，用户可以在【权限】列中为相应的项目选择是否在家庭组中共享

它们，选择【已共享】选项表示进行共享，选择【未共享】选项则不进行共享。设置好以后单击【下一步】按钮。

图20-70　单击【准备就绪，可以创建】链接和【创建家庭组】按钮

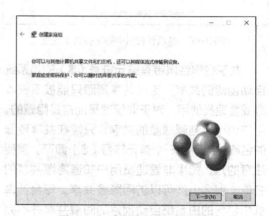

图20-71　【创建家庭组】对话框

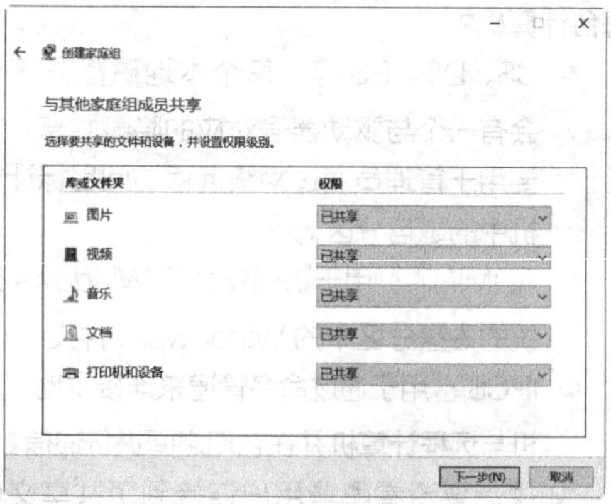

图20-72　选择项目的共享方式

STEP 5 系统开始创建家庭组并根据用户的选择对库和设备设置相应的共享方式。稍后会进入如图 20-73 所示的界面，其中显示了一个密码，以后所有加入家庭组的计算机都需要输入该密码。

单击【完成】按钮完成家庭组的创建。

图20-73　记录用于加入家庭组的密码

20.6.2　查看和更改家庭组密码

在创建家庭组时，系统会自动生成一个密码，在将网络中的计算机加入家庭组时需要输入这个密码。如果忘记了这个密码，那么可以随时进行查看。为了便于记忆，用户可以将系统自动生成的密码更改为有意义的内容。只要是已经加入家庭组中的用户都可以查看和更改家庭组密码。查看和更改家庭组密码的具体操作步骤如下。

STEP 1 使用本章 20.6.1 节介绍的方法打开【网络和共享中心】窗口，如果已经加入家庭组中，那么可以在【查看活动网络】部分中看到【家庭组】的右侧会显示【已加入】链接，单击该链接。如果要查看当前的家庭组密码，那么可以在进入的界面中单击【查看或打印家庭组密码】链接；如果要更改家庭组密码，则单击【更改密码】链接，如图 20-74 所示。

图20-74　更改家庭组密码

> **提示**
> 还可以在【控制面板】窗口中将【查看方式】设置为【大图标】或【小图标】，然后单击【家庭组】链接来打开【家庭组】窗口，以便访问与家庭组相关的设置选项。

STEP 2 如果在 STEP 1 中单击【查看或打印家庭组密码】链接，将会进入如图 20-75 所示的界面，其中显示了当前的家庭组密码。可以单击【打印本页】按钮，将密码打印到纸张上进行保存。

图20-75　查看家庭组密码

STEP 3 如果在 STEP 1 中单击【更改密码】链接，将会打开如图 20-76 所示的【更改家庭组密码】对话框，选择【更改密码】选项。

STEP 4 进入如图 20-77 所示的界面，在文本框中输入想要使用的家庭组密码，然后单击【下一步】按钮。

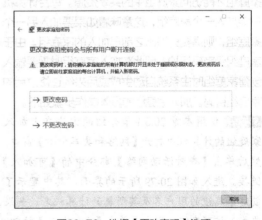

图20-76　选择【更改密码】选项

STEP 5 系统将使用用户新设置的家庭组密码代替之前的家庭组密码并显示如图 20-78 所示的界面，确认无误后单击【完成】按钮。

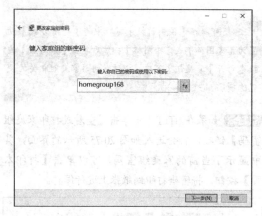

图20-77　设置新的家庭组密码

图20-78　成功更改家庭组密码

20.6.3　加入家庭组并访问共享资源

　　创建家庭组后，网络中的其他计算机需要加入家庭组才能访问家庭组中的共享资源。每台计算机只能加入一个家庭组，这意味着如果要加入另一个家庭组，则需要先退出之前已加入的家庭组。由于家庭组受密码保护，因此在加入家庭组时需要输入创建家庭组时由系统自动生成或后来经过修改后的家庭组密码。加入家庭组的具体操作步骤如下。

STEP 1 使用本章 20.6.1 节介绍的方法在未加入家庭组的计算机中打开【网络和共享中心】窗口，然后单击【查看活动网络】部分中的【可加入】链接。进入如图 20-79 所示的界面，其中显示了创建家庭组的用户名及其所属的计算机名。如果要加入该家庭组，则需要单击【立即加入】按钮。

STEP 2 打开【加入家庭组】对话框，直接单击【下一步】按钮。与创建家庭组的过程类似，接下来需要选择加入家庭组后需要共享的库和设备。完成后单击【下一步】按钮，进入如图

20-80 所示的界面，在文本框中输入家庭组的密码，然后单击【下一步】按钮。

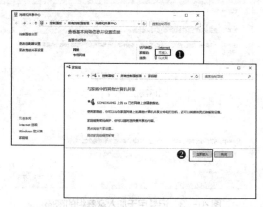

图20-79　单击【立即加入】按钮加入家庭组

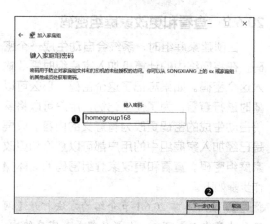

图20-80　输入家庭组密码

STEP 3 稍后将会显示如图 20-81 所示的界面，此时已经加入家庭组中，单击【完成】按钮。

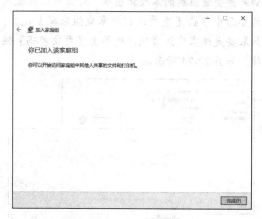

图20-81　成功加入家庭组

　　可以在文件资源管理器中浏览和访问位于家庭组中的计算机及其中包含的共享资源。打开文件资源管理器，在左侧的导航窗格中展开

名为【家庭组】的节点，其中列出了所有已经加入家庭组的计算机。可以继续展开想要访问的计算机节点以查看其中共享的资源，如图 20-82 所示。

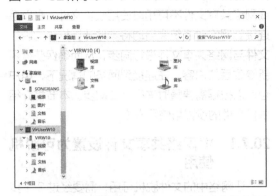

图20-82 访问家庭组中的计算机及其中包含的共享资源

> 提示
>
> 对于Windows系统内部而言，在创建家庭组时实际上是创建了一个名为HomeUsers的用户组以及一个名为HomeGroupUser$的用户账户。所有加入家庭组中的用户都被自动指派到HomeUsers用户组并作为该组的成员，在家庭组中访问共享资源时的身份验证则是通过HomeGroupUser$用户账户来实现的。

20.6.4 更改或设置在家庭组中共享的内容

用户在创建或加入家庭组时，只能为系统默认的 4 个库以及打印机等资源设置共享方式，创建或加入家庭组后可以更改这些资源的共享方式。实际上在加入家庭组后用户可以将任何现有的库或文件夹设置为在家庭组中共享。下面分别介绍了这两种资源共享方式的设置方法。

1. 更改系统默认的库和打印机的共享方式

在加入家庭组后，可以更改系统默认的 4 个库和打印机的共享方式，具体操作步骤如下。

STEP 1 使用本章 20.6.1 节介绍的方法打开【网络和共享中心】窗口，单击【查看活动网络】部分中的【已加入】链接，或者单击窗口左下角的【家庭组】链接。

STEP 2 在进入的界面中单击【更改与家庭组共享的内容】链接，打开【更改家庭组共享设置】对话框，然后根据需要修改系统默认的 4 个库以

及打印机在家庭组的共享方式。

STEP 3 设置好以后单击【下一步】按钮，在进入的下一个界面中单击【完成后】按钮。

2. 将任意库或文件夹设置为在家庭组中共享

右击要在家庭组中共享的库或文件夹，然后在弹出的菜单中选择【共享】命令，如图 20-83 所示，在子菜单中提供了以下几个选项。

◆ 停止共享：选择该项将会停止在家庭组中共享当前资源。

◆ 家庭组（查看）：选择该项将为当前资源设置为只读模式，即家庭组中的用户只能读取资源的内容，而不能对其进行修改或删除等操作。

◆ 家庭组（查看和编辑）：选择该项将为当前资源设置为读 / 写模式，即家庭组中的用户既可以读取资源的内容，也可以修改或删除资源。

◆ 特定用户：如果只想将资源共享给特定用户，那么可以选择该项，设置方法与本章 20.5.3 节介绍的设置文件和文件夹共享的方法类似，这里就不再赘述了。

> 提示
>
> 如果在右击库或文件夹后的弹出的菜单中选择【共享】命令，然后在弹出的子菜单中只显示了【特定用户】命令，那么通常是由于没有启用共享向导所致。为此可以在文件资源管理器的功能区中选择【查看】▷【选项】命令，在打开的【文件夹选项】对话框中切换到【查看】选项卡，然后选中【使用共享向导（推荐）】复选框，如图20-84所示，最后单击【确定】按钮。

图20-83 将指定的文件夹设置为在家庭组中共享

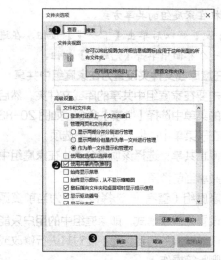

图20-84 选中【使用共享向导（推荐）】复选框

20.6.5 离开和删除家庭组

家庭组中的用户可以随时离开家庭组。离开家庭组的用户将不能再访问家庭组中的共享资源。无论哪个用户离开家庭组，只要家庭组中还有其他用户，那么该家庭组就会一直存在。删除家庭组的唯一方法是所有家庭组中的用户都离开了家庭组，这样家庭组将会被系统自动删除。离开家庭组的具体操作步骤如下。

STEP 1 使用本章20.6.1节介绍的方法打开【网络和共享中心】窗口，单击【查看活动网络】部分中的【已加入】链接，或者单击窗口左下角的【家庭组】链接。

STEP 2 进入【家庭组】界面，单击【离开家庭组】链接。

STEP 3 打开如图20-85所示的【离开家庭组】对话框，如果要离开家庭组，则需要选择【离开家庭组】选项，稍后会收到系统的提示信息并已成功离开家庭组。

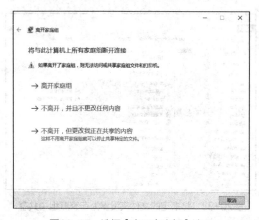

图20-85 选择【离开家庭组】选项

脱机文件是存储在本地计算机中的网络共享文件的副本，可以在无法连接到网络、网速过慢或网络共享文件不可用时使用脱机文件。在以后连接到网络时系统会自动将本地计算机中的脱机文件与网络共享文件进行同步，从而确保获得最新修改后的内容。在连接到网络的情况下，用户也可以根据需要随时进行手动同步。本节将介绍脱机文件的设置与使用方法。

20.7.1 将网络共享文件设置为可脱机使用

让网络中的文件脱机可用，需要经过3个步骤，首先要在网络中共享这个文件，然后启用系统中的脱机文件功能，最后将这个文件设置为脱机可用。将网络中的共享文件设置为可脱机使用的具体操作步骤如下。

STEP 1 打开【控制面板】窗口，将【查看方式】设置为【大图标】或【小图标】，然后单击【同步中心】链接。

STEP 2 打开【同步中心】窗口，单击左侧列表中的【管理脱机文件】链接，如图20-86所示。

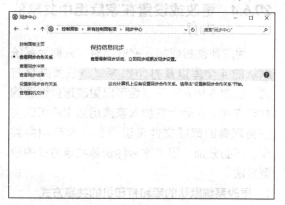

图20-86 单击【管理脱机文件】链接

STEP 3 打开【脱机文件】对话框，在【常规】选项卡中单击【启用脱机文件】按钮，如图20-87所示。

STEP 4 单击【确定】按钮，然后单击【是】按钮，重新启动计算机后系统会启用脱机文件功能。

STEP 5 在连接到网络的情况下，在网络资源管理器中导航到要脱机使用的共享文件或文件夹所在的位置，然后右击它们并在弹出的菜单中选择

【始终脱机可用】命令，如图 20-88 所示。

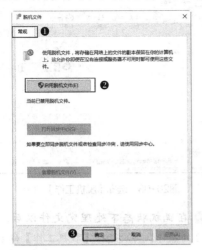

图20-87　单击【启用脱机文件】按钮

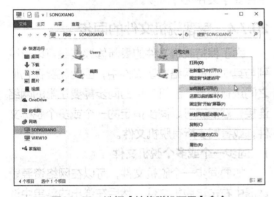

图20-88　选择【始终脱机可用】命令

STEP 6 系统会将用户选择的文件或文件夹配置为可脱机使用，并会显示如图 20-89 所示的对话框，单击【关闭】按钮。可脱机使用的文件或文件夹的图标右下角会显示一个同步中心图标。现在即使断开网络，也可以在计算机中正常使用已设置为可脱机使用的文件或文件夹了。

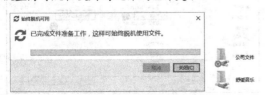

图20-89　将所选择的文件或文件夹设置为可脱机使用

20.7.2　设置脱机文件的使用方式

可以在【计算机管理】窗口中设置网络中的用户使用脱机文件的方式，具体操作步骤如下。

STEP 1 右击【开始】按钮■，然后在弹出的菜单中选择【计算机管理】命令，打开【计算机管理】窗口。

STEP 2 在左侧窗格中展开【系统工具】➾【共享文件夹】节点并选择其中的【共享】，然后在中间窗格中双击要设置为可脱机使用的共享文件夹，如图 20-90 所示。

图20-90　双击要设置的共享文件夹

STEP 3 打开文件夹的属性对话框，在【常规】选项卡中单击【脱机设置】按钮，如图 20-91 所示。

图20-91　单击【脱机设置】按钮

STEP 4 打开如图 20-92 所示的【脱机设置】对话框，根据需要可以进行以下 3 种选择。

◆ 仅用户指定的文件和程序可以脱机使用：这是系统默认提供的脱机文件的使用方式，网络中的用户可以根据自己的需要指定想要脱机使用的文件或文件夹。

◆ 该共享文件夹中的文件或程序在脱机状态下不可用：选择该选项，将禁止网络中的用户脱机使用该共享文件夹及其中包括的文件。

◆ 用户从该共享文件夹打开的所有文件和程序自动在脱机状态下可用：选择该选项，会自动将该共享文件夹以脱机文件的形式提供给网络中的用户使用，同时可以选中【进行性能优化】复选框以获得更好的性能。

图20-92　设置脱机文件的使用方式

STEP 5 设置好以后单击两次【确定】按钮，关闭所有打开的对话框。

20.7.3　在脱机状态下使用网络中的共享文件

如果没有连接到网络，那么系统就会认为当前正处于脱机状态，此时用户可以继续使用所有已经设置为可脱机使用的网络共享的文件和文件夹。即使连接到网络，用户也可以强制在脱机状态下使用网络共享文件，这通常用于网速缓慢或网络发生故障的情况下。脱机状态下使用网络共享文件的具体操作步骤如下。

STEP 1 在网络资源管理器中打开包含已设置为可脱机使用的网络文件的文件夹。

STEP 2 在功能区中单击【主页】⇨【新建】⇨【轻松访问】按钮，然后在弹出的菜单中选择【脱机工作】命令，以使其处于选中状态，如图 20-93所示。

注意 如果【脱机工作】命令不可用，则说明在当前文件夹中没有任何一个文件被设置为可脱机使用。

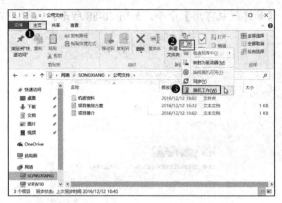

图20-93　选择【脱机工作】命令

STEP 3 在脱机状态下处理完文件以后，重复 STEP 2 的操作，再次选择【联机工作】命令以取消其选中状态，这样就可以允许脱机文件与网络中的共享文件进行同步。

20.7.4　管理脱机文件的同步

为了保持脱机文件的最新修改结果可以反映到与其对应的网络共享文件中，因此需要在它们之间进行同步。脱机文件的同步需要正常的网络连接，然后就可以同步指定的一个或多个脱机文件，或者同步所有脱机文件。

1. 同步一个或多个脱机文件

如要同步一个脱机文件，可以在网络资源管理器中右击该脱机文件，然后在弹出的菜单中选择【同步】⇨【同步所选脱机文件】命令，如图 20-94 所示。

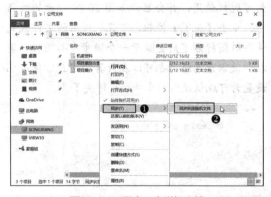

图20-94　同步一个脱机文件

如果要同步多个脱机文件，可以同时选择这些文件，然后右击选中的其中一个文件，然后在弹出的菜单中选择【同步】⇨【同步所选脱机文件】命令。

2. 同步所有脱机文件

如果要同步所有设置为可脱机使用的文件和文件夹，而且它们位于多个不同的文件夹中，那么需要在同步中心中进行操作，具体操作步骤如下。

STEP 1 打开【控制面板】窗口，将【查看方式】设置为【大图标】或【小图标】，然后单击【同步中心】链接。

STEP 2 打开【同步中心】窗口，单击左侧列表中的【查看同步合作关系】链接，然后单击右侧的【全部同步】链接，如图 20-95 所示，即可同步所有的脱机文件。

图20-95　单击【全部同步】按钮同步所有脱机文件

在【同步中心】窗口中也可以同步指定的脱机文件夹，而不是同步所有脱机文件夹。双击【脱机文件】以显示所有的脱机文件夹，选择要同步的脱机文件夹，然后单击【同步】按钮。或者右击要同步的文件夹，然后在弹出的菜单中选择带有"同步"二字的命令，如图 20-96 所示。

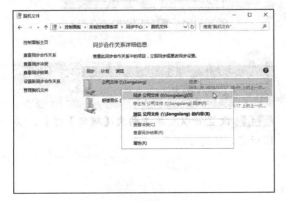

图20-96　同步指定的脱机文件夹中的文件

3. 按指定的计划自动同步脱机文件

可以在指定的时间或发生特定的事件时自动同步脱机文件。为此需要在【同步中心】窗口中单击【计划】按钮，打开如图 20-97 所示的对话框，选择要包括在计划中进行自动同步的脱机文件夹。单击【下一步】按钮，然后根据向导提示选择按照指定时间或事件来设置脱机文件的同步。

图20-97　根据计划自动同步脱机文件

如果网络共享文件会被多个用户访问和修改，那么在本地计算机中修改好脱机文件并进行同步时，可能会遇到同步冲突的问题。出现这个问题通常是由于用户在处理脱机文件时，网络中的其他用户对与该脱机文件对应的网络共享文件进行了修改。当用户对脱机文件进行同步时，系统会发现在脱机文件及其对应的网络共享文件中都存在着修改，由于系统不知道最终使用同一个文件的哪个修改版本，因此发生了同步冲突。

如果是在网络资源管理器中对脱机文件进行同步，那么在发生同步冲突时会自动弹出如图 20-98 所示的【解决冲突】对话框，用户需要选择要保留的文件版本。

◆ 保留脱机文件或网络共享文件中的一个版本：从两个文件版本中选择一个版本作为最终保存的文件版本。两个文件版本的文件名相同，但是可以通过文件的位置以及修改日期来确定要保留哪个版本。

◆ 同时保留脱机文件和网络共享文件这两个版本：选择【保留这两个版本】命令，会将脱机文件版本以新的名称保存到网络共享文件所在的位置。新的文件名与原文件名基本相同，唯一区别在于文件名结尾会添加数字编号以区分文件的版本。

图20-98　发生同步冲突时显示的对话框

如果同步脱机文件的操作是在【同步中心】窗口中进行的，那么可以单击窗口左侧列表中的【查看同步冲突】链接，然后在右侧查看发生的同步冲突，如图20-99所示。双击同步冲突项目，将会打开【解决冲突】对话框，然后用户可以选择要保留的文件版本。

图20-99　在【同步中心】窗口中查看同步冲突

20.7.5　设置脱机文件可用的磁盘空间限制

由于脱机文件是将网络共享文件缓存到本地计算机中，因此需要占用一定的磁盘空间。用户可以控制脱机文件使用的磁盘空间大小，具体操作步骤如下。

STEP 1 使用本章20.7.1节介绍的方法打开【同步中心】窗口，然后单击左侧列表中的【管理脱机文件】链接。

STEP 2 打开【脱机文件】对话框，切换到【磁盘使用情况】选项卡，这里显示了脱机文件和临时文件所占用的磁盘空间，以及它们使用的磁盘空间上限，如图20-100所示。

图20-100　查看脱机文件使用的磁盘空间大小

STEP 3 如果要设置脱机文件和临时文件使用的磁盘空间大小，可以单击【更改限制】按钮，打开如图20-101所示的对话框，通过拖动滑块来调整脱机文件和临时文件可以使用的磁盘空间大小。

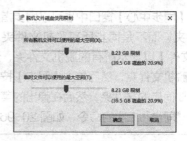

图20-101　调整可用的磁盘空间大小

> **提示**
> 临时文件是用户在处理脱机文件时产生的一些文件，可以单击【删除临时文件】按钮删除临时文件。

STEP 4 设置好以后单击两次【确定】按钮，关闭所有打开的对话框。

Chapter 21

使用 Microsoft Edge 浏览器 访问 Internet

Microsoft Edge 是 Windows 10 操作系统内置的一个全新的网页浏览器，它的设计采用了全新的引擎和界面，具有更好的性能和更高的安全性，是 Windows 10 操作系统的默认浏览器。本章详细介绍了使用 Microsoft Edge 浏览器访问 Internet 时涉及的各方面操作，包括浏览网页、在网页上阅读和书写、使用与设置收藏夹、保护 Microsoft Edge 浏览器安全，以及对 Microsoft Edge 浏览器的自定义设置等内容。

21.1 Microsoft Edge 浏览器界面简介

用户开始使用 Microsoft Edge 浏览器之前，需要先对浏览器的界面环境有一个大致了解，以便尽快熟悉浏览器的功能布局与命令的位置。本节只介绍 Microsoft Edge 浏览器的界面环境，有关 Microsoft Edge 浏览器的功能简介请参考本书第 1 章。

如果没有对 Windows 10 任务栏中的图标进行过自定义设置，那么默认情况下 Microsoft Edge 浏览器的图标会显示在任务栏中。图 21-1 所示为 Windows 10 中的 Microsoft Edge 浏览器图标（左）与 Internet Explorer 浏览器图标（右），它们的外观有些相似，但也存在一些细节上的区别。

图21-1 Microsoft Edge浏览器图标与
Internet Explorer浏览器图标

单击任务栏中的 图标，或者单击【开始】按钮 ⊞，在打开的【开始】菜单中选择【所有应用】命令，然后在所有程序列表中选择【Microsoft Edge】命令。启动 Microsoft Edge 浏览器后打开如图 21-2 所示的窗口，其中显示的页面取决于 Microsoft Edge 浏览器的主页设置，具体方法请参考本章 21.5.1 节。

Microsoft Edge 浏览器的界面外观与 Internet Explorer 浏览器类似，顶部是标题栏，主要用于显示在窗口中打开的所有标签页。标题栏的下方是工具栏和地址栏，工具栏中的按钮用于执行特定的命令，地址栏显示了当前打开的网页的网址，也可以在地址栏中输入网页的网址来打开网页。窗口中最大的区域用于显示网页的内容。Microsoft Edge 浏览器与 Internet Explorer 浏览器的主要区别在于工具栏中提供的按钮的类型和功能。下面列出了默认显示在 Microsoft Edge 浏览器工具栏中的按钮的外观和功能。

图21-2 Microsoft Edge浏览器窗口

- ◆【后退】按钮 ←：单击该按钮会返回上次访问过的网页。

- ◆【前进】按钮 →：该按钮的功能与【返回】按钮相反。在使用过【返回】按钮 ← 后，【前进】按钮 → 会被激活，单击【前进】按钮 → 会打开最近一次单击【返回】按钮之前访问过的网页。

- ◆【刷新】按钮 ↻：单击该按钮将从网页所在的服务器上重新加载网页的内容。

- ◆【阅读视图】按钮 ▥：单击该按钮将进入

阅读视图，在一个免去广告干扰的简洁页面中显示之前正在浏览的内容。

- ◆ 【添加到收藏夹或阅读列表】按钮☆：将感兴趣的内容添加到收藏夹或阅读列表中，便于以后快速访问。

- ◆ 【中心】按钮≡：单击该按钮会打开【中心】窗格，其中包括收藏夹、阅读列表、浏览历史记录和当前下载 4 类内容。将中心视作一个 Microsoft Edge 浏览器用于保留你在 Web 上收集的内容的位置。

- ◆ 【做 Web 笔记】按钮◢：单击该按钮将进入笔记模式，工具栏中的按钮提供了对当前网页中的内容进行编辑的功能。

- ◆ 【共享】按钮◠：单击该按钮可以将当前网页通过邮件或 OneNote 分享给其他人。

- ◆ 【更多操作】按钮⋯：单击该按钮会弹出一个菜单，除了在工具栏中以按钮的形式提供的功能外，Microsoft Edge 浏览器的其他功能都位于该菜单中，包括对 Microsoft Edge 浏览器进行自定义设置的选项。

21.2 浏览网页

Microsoft Edge 浏览器继承了 Internet Explorer 浏览器选项卡式的网页浏览方式，实现了在一个浏览器窗口中打开多个网页的功能，而且在不同网页之间切换非常方便。搜索是在使用浏览器的过程中最频繁的操作之一，用户可以在 Microsoft Edge 浏览器的地址栏中直接输入想要查找的内容，搜索结果会显示来自于用户浏览历史记录与 Internet 上匹配的内容。如果在 Microsoft Edge 浏览器中使用 Cortana，则会为用户提供更便捷强大的搜索功能。

21.2.1 使用标签页浏览网页

在浏览网页时，一些用户习惯于在多个浏览器窗口中打开不同的网页。而在 Windows XP 操作系统时代，当在 Internet Explorer 浏览器中单击网页中的一个超链接时，超链接跳转到的网页经常会显示在一个自动打开的新窗口中。如果要查看打开的这些网页，就需要在不同的浏览器窗

口之间切换。打开的网页越多，浏览器窗口就会越多并且会挤满任务栏，让窗口的切换操作变得越来越困难。另一方面，打开的每个窗口会耗费一定的系统性能，在打开数个窗口以后会明显降低系统的响应速度。

在微软的 Windows 系列操作系统中，选项卡式的网页浏览方式最早出现在 Windows Vista 操作系统的 Internet Explorer 浏览器中。在后来的 Windows 7/8 操作系统的 Internet Explorer 浏览器中也一直提供选项卡式的网页浏览功能。而在 Windows 10 操作系统的 Microsoft Edge 浏览器和 Internet Explorer 浏览器中将"选项卡"改名为"标签页"。虽然描述方式不同，但它们所指的都是同一种元素或功能。

用户在使用 Windows 10 操作系统中的 Microsoft Edge 浏览器浏览网页时，可以使用标签页功能来减少打开的浏览器窗口的数量。标签页功能的使用方式分为自动和手动两种。

- ◆ 自动方式：如果某个超链接被指定为需要在新窗口中打开它，那么当用户单击这个超链接时，超链接所指向的网页会自动在当前浏览器窗口的新标签页中显示。这意味着 Microsoft Edge 浏览器会自动添加一个新的标签页，并在其中显示用户单击超链接后打开的网页。

- ◆ 手动方式：无论超链接是否被指定为在新窗口中打开，用户都可以在当前浏览器窗口的新标签页中打开超链接指向的网页。

由于自动使用标签页的方式是由 Microsoft Edge 浏览器控制的，因此本节主要介绍用户手动使用标签页功能来打开和浏览网页的方法。

1. 在新的标签页中打开超链接

可以使用以下两种方法在一个新的标签页中打开超链接指向的网页。

- ◆ 右击超链接，在弹出的菜单中选择【在新标签页中打开】命令，如图 21-3 所示。

- ◆ 先按住【Ctrl】键，然后单击要打开的超链接。

无论使用哪种方法，都会在当前浏览器窗口中新建一个标签页，并在该标签页中打开超链接指向的网页，但是不会自动切换到

该标签页中，而是仍然显示打开超链接之前的网页。每个标签页的顶部包含有与该标签页对应的标签，其中显示了标签页中的网页的标题。当在浏览器窗口中打开多个标签页后，所有标签页顶部的标签会依次排列在窗口的顶部，如图 21-4 所示。

图21-3　在新的标签页中打开超链接

图21-4　在同一个浏览器窗口中打开多个标签页

提示　如果希望在另一个浏览器窗口而不是在当前浏览器窗口中打开超链接，可以在右击超链接后弹出的菜单中选择【在新窗口中打开】命令。

用户有时可能会遇到这样一种情况，当前已经在 Microsoft Edge 浏览器中打开了一些网页，后来从其他来源处获得了一个网址，并想要在当前已打开的浏览器窗口中打开该网址，但是又不想破坏当前已经打开的网页。这时可以在同一个浏览器窗口中创建一个新的空白标签页，然后将获得的网址复制到该标签页的地址栏中并打开它。在 Microsoft Edge 浏览器窗口顶部的标签页显示区域的右侧有一个【新建标签页】按钮 **+**，单击该按钮将会添加一个空白的标签页，如图 21-5 所示，然后就可以将从其他来源复制的网址粘贴到新标签页的地址栏中，从而打开指定的网址。

图21-5　在新建的空白标签页中粘贴网址

提示　新建的标签页默认会以如图21-6所示的外观显示。如果要在新建标签页的上方显示地址栏，可以单击标签页顶部标签下方的位置，即在通常情况下显示地址栏的位置。

图21-6　新建标签页的默认外观

除了上面介绍的在新的标签页打开超链接以外，Microsoft Edge 还允许用户在一个新的标签页中重复打开指定的标签页，相当于自动获得一个标签页的副本。要重复打开一个指定的标签页，可以右击该标签页顶部的标签，然后在弹出的菜单中选择【复制标签页】命令。

2．在多个标签页之间切换

当在 Microsoft Edge 浏览器窗口中打开多个标签页后，可以通过单击标签页顶部的标签来切换到指定的标签页。如果在同一个浏览器窗口中打开的标签页数量过多，以至于所有打开的标签页顶部的标签无法同时显示在可视范围内时，Microsoft Edge 会在所有标签显示区域的两侧自动显示【向前滚动标签页列表】按钮 **>** 和【向后滚动标签页列表】按钮 **<**，如图 21-7 所示。单击这两个按钮可以滚动显示当前未显示出来的标签。

图21-7　在同一个浏览器窗口中打开数量众多的标签页

3. 排列标签页的顺序

当打开两个或多个标签页时，可以通过拖动标签页顶部的标签来改变各标签页之间的排列顺序。

4. 将标签页移动到一个新的窗口中

当打开两个或多个标签页时，可以将任意一个标签页拖入一个新建的浏览器窗口中。首先在一个标签页顶部的标签上按住鼠标左键向远离排列标签页区域的位置拖动，当在标签附近显示如图 21-8 所示的 标记时，释放鼠标左键，即可将该标签页移动到一个自动新建的浏览器窗口中。使用类似的方法，可以将两个或多个浏览器窗口中的标签页合并到同一个窗口中。

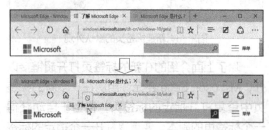

图21-8　将标签页移动到一个新建的浏览器窗口中

21.2.2　刷新打开的一个或多个网页

由于在 Internet 上浏览的网页都存储在不同的服务器上，当用户在浏览器中打开一个网页时，其实是在向网页所在的服务器发出请求网页的信号，在得到服务器的许可以后，用户的浏览器会从服务器接收网页的内容，包括文本、图片、音频和视频等。有时由于网络故障、网速过慢或服务器状态不稳定等原因，导致从服务器上接收的网页内容显示的不完整，或者未接收任何内容而只显示了一个空白页。在遇到以上情况时可以尝试对网页执行刷新操作，以便重新从服务器上接收所请求的网页内容。用户可以使用以下两种方法刷新当前标签页中的网页。

◆ 按【F5】键。

◆ 单击工具栏中的【刷新】按钮 ↻

如果在浏览器窗口中打开了多个标签页，并希望同时刷新所有标签页，可以右击任意一个标签页顶部的标签，然后在弹出的菜单中选择【刷新所有标签页】命令，如图 21-9 所示。

图21-9　刷新所有打开的标签页中的网页

21.2.3　关闭打开的一个或多个网页

用户在浏览完浏览器窗口中的某个标签页中的网页内容后，应该及时将其关闭，既可以节省该标签页占用的系统资源，也可以让浏览器窗口尽量保持简洁。关闭标签页可以分为下面几种情况。

1. 关闭当前标签页

当前标签页是指在浏览器窗口中正在显示网页的标签页。关闭当前标签页的方法很简单，只需单击当前标签页顶部的标签右侧的【关闭标签页】按钮 ✕ 即可将该标签页关闭。

2. 关闭非当前标签页

如果要关闭的不是当前标签页，而是其他标签页，那么可能会发现在这些标签页顶部的标签中并没有显示【关闭标签页】按钮 ✕，如图 21-10 所示。要关闭这类标签页，需要将鼠标移动到要关闭的标签页顶部的标签上，此时会临时显示【关闭标签页】按钮 ✕，如图 21-11 所示。这意味着一旦鼠标离开标签的范围，该按钮会立刻隐藏起来。当显示【关闭标签页】按钮 ✕ 时单击它，即可关闭非当前标签页。

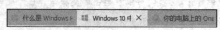

图21-10　非当前标签页的标签上不会显示
【关闭标签页】按钮

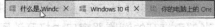

图21-11　鼠标指针指向非标签页的标签时显示
【关闭标签页】按钮

3. 关闭指定标签页右侧的所有标签页

如果要关闭某个标签页右侧的所有标签，无论这个标签页是否当前标签页，可以右击该标签页顶部的标签，然后在弹出的菜单中选择【关闭右侧的标签页】命令，如图 21-12 所示。如果标签页是浏览器窗口中的最后一个标签页，那么在右击标签页的标签所弹出的菜单中，【关闭右侧的标签页】命令将处于禁用状态，因为它的右侧已经没有标签页了。

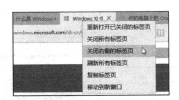

图21-12　关闭指定的标签页右侧的所有标签页

4. 关闭除指定标签页以外的所有标签页

用户有时在浏览网页时，可能会同时打开与目标主题相关的多个网页，当最后确定了某个网页是想要的内容时，会想要关闭其他打开的网页。这时可以右击想要保留的网页顶部对应的标签，然后在弹出的菜单中选择【关闭所有标签页】命令，在浏览器窗口中将只剩下想要保留的网页。

用户看到在右击标签页顶部的标签所弹出的菜单中包含一个【重新打开已关闭标签页】命令，使用该命令可以重新打开最近一次关闭的标签页。在打开了最近一次关闭的标签页以后，可以继续使用该命令打开再上一次关闭的标签页。

例如，在 Microsoft Edge 浏览器中打开了 3 个标签页，它们在浏览器窗口中的排列顺序为 B、A、C。依次将标签页 C 和标签页 B 关闭，然后右击标签页 A 顶部的标签，在弹出的菜单中选择【重新打开已关闭标签页】命令，Microsoft Edge 会重新打开标签页 B，因为该标签页是最后一个关闭的。然后右击任意一个标签后继续选择【重新打开已关闭标签页】命令，标签页 C 被重新打开，因为该标签页是在标签页 B 之前关闭的。【重新打开已关闭标签页】命令会按照关闭标签的时间从最晚到最早的顺序依次执行打开操作，这有点类似于很多应用程序中的"撤销"命令。

如果在浏览器中打开了不止一个标签页，在单击浏览器窗口右上角的关闭按钮时，会弹出如图 21-13 所示的对话框。单击【全部关闭】按钮即可关闭浏览器窗口。如果选中【总是关闭所有标签页】复选框，以后在关闭包含多个标签页的浏览器窗口时将不会再出现该提示。

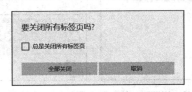

图21-13　关闭浏览器窗口时显示的提示信息

21.2.4　设置网页的显示比例

Microsoft Edge 浏览器提供了调整网页显示比例的功能，这样就可以整体放大网页内容以便可以看得更清楚，对于视力欠佳的用户来说这项功能是非常实用的。用户可以使用以下两种方法设置网页的显示比例：

◆ 按住【Ctrl】键后滚动鼠标滚轮，每次会以 5% 的增量调整网页的显示比例。向上滚动鼠标滚轮将放大比例，向下滚动鼠标滚轮将缩小比例。

◆ 单击 Microsoft Edge 浏览器窗口工具栏中的【更多操作】按钮，弹出如图 21-14 所示的菜单，选择【-】或【+】命令将以 25% 的增量缩小或放大网页的显示比例。

图21-14　通过菜单命令设置网页显示比例

用户在使用【-】或【+】命令调整网页的显示比例时，比例值总是会从最初的 100% 向放大或缩小的方向以 25% 的增量进行调整，比如 75%、50%、25%、125%、150%、175% 等，比例值始终都是 25% 的倍数。如果由于使用鼠标滚轮的方法将网页的显示比例设置为了一个非 25% 倍数的比例值，那么在使用【-】或【+】命令时，会自动将比例值设置为最接近当前比例的 25% 的倍数。例如，当前的网页显示比例为 110%，选择【+】命令后显示比例会被设置为 125% 而不是 135%。

21.2.5　在地址栏中快速搜索内容

搜索通常是快速找到目标内容的最常用

方法。用户可以打开专门的搜索引擎网站并输入要查找的内容，然后在列出的匹配列表中单击超链接标题以便查看具体内容。Microsoft Edge 浏览器支持用户在地址栏中直接输入要查找的内容，输入的同时会自动显示一个列表，如图 21-15 所示，顶部显示了输入的内容，下方提供了一个搜索建议列表，该列表中的项目是以输入的内容为关键词的扩展内容。选择列表中的某一项，将会在 Microsoft Edge 浏览器默认的 Bing 搜索引擎中查找所选项。

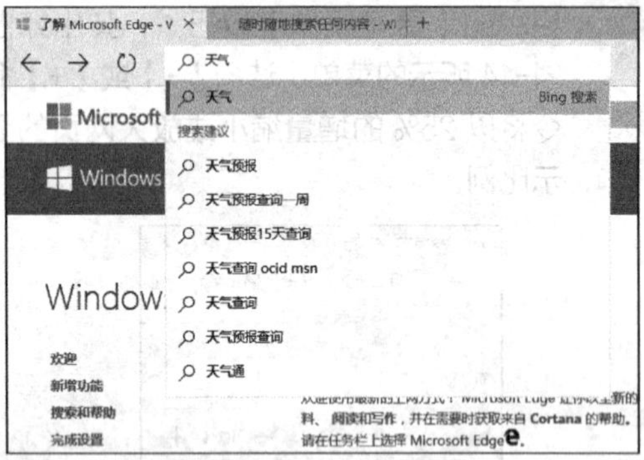

图21-15　在地址栏中输入要查找的内容

如果习惯使用其他的搜索引擎，可以通过设置改变在地址栏中搜索时使用的搜索引擎，具体操作步骤如下。

STEP 1 打开 Microsoft Edge 浏览器窗口，在地址栏中输入想要使用的搜索引擎的网址后按【Enter】键，在窗口中打开该搜索引擎网站。

注意 如果Microsoft Edge浏览器主页中设置的网站正好是希望在地址栏中搜索时使用的搜索引擎网站，那么即使在打开Microsoft Edge浏览器时已经显示了这个搜索引擎网站，但是仍需在地址栏中再次输入一遍该搜索引擎网站的地址并按【Enter】键重新打开该网站，才能被Microsoft Edge正确识别。

STEP 2 单击浏览器窗口工具栏中的【更多操作】按钮 ⋯，然后在弹出的菜单中选择【设置】命令。

STEP 3 进入如图 21-16 所示的界面，单击【查看高级设置】按钮。

STEP 4 进入如图 21-17 所示的界面，在【地址栏搜索方式】下拉列表中选择【<新增>】命令。

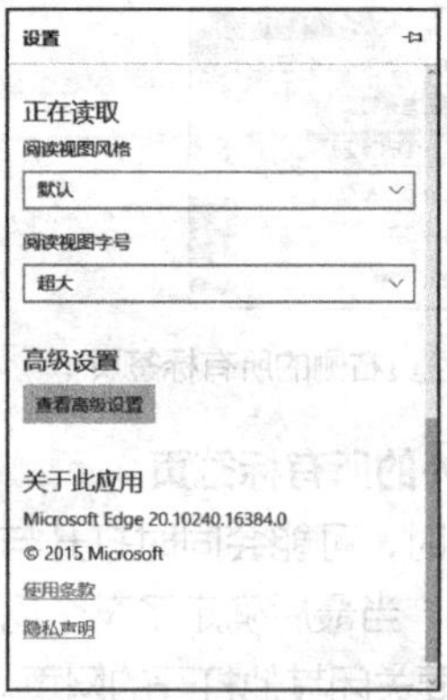

图21-16　单击【查看高级设置】按钮

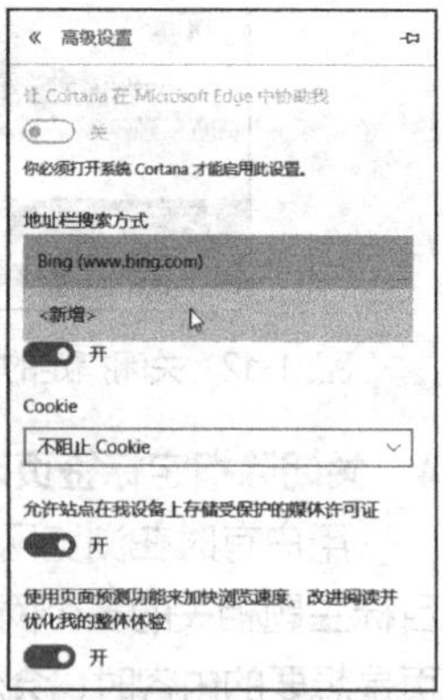

图21-17　选择【<新增>】命令

提示 要关闭设置界面，可以单击浏览器窗口范围内但位于设置窗格以外的任意区域。

STEP 5 进入如图 21-18 所示的界面，其中会显示 STEP 1 中输入的搜索引擎的网址，选择它以后会激活下方的 3 个按钮。单击【添加为默认值】按钮即可将选中的搜索引擎设置为地址栏中使用的默认搜索引擎。

如果单击【添加】按钮，则会将当前选中的网站添加到【地址栏搜索方式】下拉列表中，但不会将其设置为默认的搜索引擎。对于不希望出现在【地址栏搜索方式】列表中的搜索引擎，可以单击【删除】按钮将其删除。用户在添加除了微软的 Bing 搜索引擎以外的其他搜索引擎后，可以在【地址栏搜索方式】下拉列表中看到所有有效的搜索引擎，如图 21-19 所示，可以从中选择默认的搜索引擎。

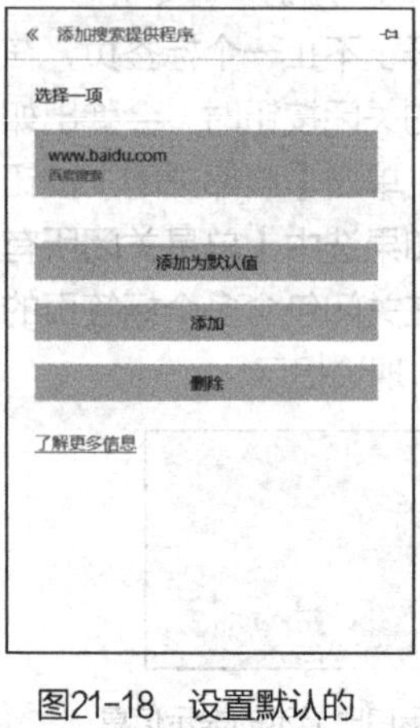

图21-18　设置默认的搜索引擎

图21-19　查看添加到浏览器中的搜索引擎

21.2.6 借助 Cortana 实现更强大的搜索功能

如果已经在 Windows 10 中开启了 Cortana 功能，就可以在 Microsoft Edge 浏览器中借助 Cortana 来实现更强大的搜索功能。在浏览网页的过程中，如果想要对某个词所涉及的内容进行更多或者更深入的了解，可以使用鼠标选择该词，然后右击选中区域，在弹出的菜单中选择【询问 Cortana】命令，即可在右侧打开的窗格中显示该词的所有相关信息，如图 21-20 所示。

图21-20　借助Cortana实现更强大的搜索功能

如果不想在 Microsoft Edge 浏览器中使用 Cortana 功能，可以在不关闭 Cortana 功能的情况下，在 Microsoft Edge 浏览器中关闭 Cortana 的搜索功能，具体操作步骤如下。

STEP 1 单击浏览器窗口工具栏中的【更多操作】按钮，然后在弹出的菜单中选择【设置】命令。

STEP 2 进入如图 21-21 所示的界面，单击【查看高级设置】按钮。

STEP 3 进入如图 21-22 所示的界面，通过拖动滑块将【让 Cortana 在 Microsoft Edge 中协助我】设置为关闭状态。

图21-21　单击【查看高级设置】按钮

图21-22　在MicrosoftEdge中关闭Cortana搜索功能

21.3　在网页上阅读和书写

Microsoft Edge 浏览器内置的阅读和书写两个功能为用户浏览网页提供了全新的体验。阅读功能可以让用户在无干扰的阅读视图环境中更专心地浏览网页中的文章，书写功能允许用户对网页内容进行标记，可以编辑结果保存下来或共享给其他人。

21.3.1　使用阅读视图随时随地进行阅读

Microsoft Edge 浏览器地址栏的右侧有一个【阅读视图】按钮，单击该按钮将进入阅读视图。不过在实际使用中用户可能会发现，【阅读视图】按钮并不总是有效的。换言之，并不是打开的任意一个网页都能使用阅读视图，通常只有在文字密集度较高的网页中才能使用阅读视图功能。

Microsoft Edge 浏览器会通过内部算法自动识别当前打开的网页是否符合阅读视图的启用条件。如果符合条件，【阅读视图】按钮会显示为可用状态，单击该按钮即可进入阅读视图。阅读视图中显示的内容来源于原网页，Microsoft Edge 会使用大量启发式方法来识别原网页中的内容，然后将识别后的内容提取新网页中。启用阅读视图后，Microsoft Edge 浏览器会检查网页中的 HTML 标记、节点深度、图像大小等信息，以便确定哪些内容是网页上的主要内容。

图 21-23 所示为在阅读视图中显示的网页。Microsoft Edge 浏览器在阅读视图中会自动调整网页中的文字的字体大小、字间距、行间距，尽可能达到有利于阅读的最佳排版方式。如果原来的网页采用多页显示，在进入阅读视图后会自动将原来的多页合并为一页。如果要退出阅读视图，只需单击浏览器地址栏右侧的【阅读视图】按钮即可。

阅读视图中显示的网页文字的字体大小以及页面背景风格有一套默认的格式，但是 Microsoft Edge 浏览器也为用户提供了自定义设置它们的功能。单击浏览器窗口工具栏中的【更多操作】按钮，然后在弹出的菜单中选择【设置】命令，接着在进入的界面中找到如图 21-24 所示的设置项并进行设置即可。

图21-23　在阅读视图中显示网页的内容

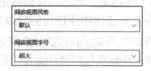

图21-24　自定义设置阅读视图的显示方式

21.3.2　使用 Web 笔记功能在网页上进行书写

　　如果用户曾经希望可以像编辑并共享 Word 文档那样，为网页中的内容添加注释，然后将成果发送给其他人，那么 Microsoft Edge 浏览器完全可以满足用户的需要。Microsoft Edge 浏览器提供了直接在网页上书写的功能，允许用户在网页上记笔记、添加注释、涂鸦、剪辑网页片段等功能，最后可以对编辑加工后的网页进行保存并共享给其他用户。

　　在 Microsoft Edge 浏览器中打开一个网页后，单击工具栏中的【做 Web 笔记】按钮，此时整个工具栏显示为紫色，其中的按钮变成了适用于进行网页书写的按钮，如图 21-25 所示。

图21-25　进入网页书写模式

　　Web 笔记功能为用户提供了笔、批注、剪辑 3 种编辑方式。

1. 笔

　　笔分为普通笔和荧光笔两种，工具栏中的第一个按钮是普通笔，第二个按钮是荧光笔。无论选择哪种笔，都会在笔按钮的右下角显示一个三角，此时单击笔按钮将打开如图 21-26 所示的列表，从中可以选择笔的颜色和粗细。选择一种笔后，可以在网页中拖动鼠标进行书写，如图 21-27 所示。对于书写错误，可以在工具栏中单击【橡皮擦】按钮，然后在错误的位置范围内拖动鼠标，即可将错误的书写擦除。

图21-26　设置笔的颜色和粗细

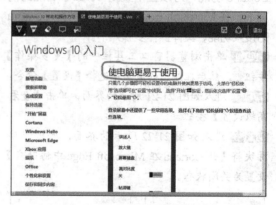

图21-27　使用笔在网页上书写

2. 批注

　　单击工具栏中的【添加键入的笔记】按钮，鼠标指针变为十字形，单击网页中要添加批注的位置，此时会显示一个批注框，在其中输入所需的文字，如图 21-28 所示。单击批注框中的【删除】按钮可将批注框删除。

3. 剪辑

　　Microsoft Edge 还支持用户保存网页中的一部分内容。单击工具栏中的【剪辑】按钮，然后在网页中拖动鼠标来截取希望保留的部分，如图 21-29 所示。这有点像在使用截图软件，截取屏幕中的指定区域。

图21-28　为网页中的内容添加批注

无论执行以上 3 种操作的哪一种，都可以单击浏览器工具栏中的【保存 Web 笔记】按钮，将编辑结果保存下来，可以选择保存到收藏夹或阅读列表，如图 21-30 所示。保存书写过的网页的方式类似于将喜欢的网页添加到收藏夹的操作，有关收藏夹的详细内容请参考本章 21.4 节。单击工具栏中的【退出】按钮将会退出 Web 笔记模式。

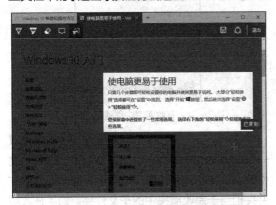

图21-29　剪辑网页中的片段

图21-30　保存书写过的网页

以后要查看之前书写过的网页，可以单击浏览器窗口工具栏中的【中心】按钮，在打开的窗格中选择之前保存书写网页的位置——收藏夹或阅读列表，选择以后下方会列出保存过的网页，单击要打开的网页即可在浏览器中显示该网页，而且会保留最后的编辑状态，如图 21-31 所示。如果之前为网页添加了批注，那么可以单击工具栏下方的【隐藏便笺】文字链接将批注隐藏起来。如果之前使用剪辑功能保存了网页的指定部分，在查看该网页时只会在浏览器窗口中显示保存的这部分内容，而不会显示整个网页，如图 21-32 所示。

图21-31　查看包含批注的网页

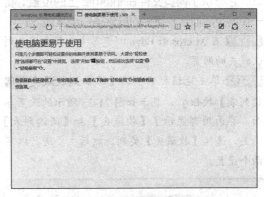

图21-32　查看经过剪辑的网页片段

21.4　使用与设置收藏夹和收藏夹栏

收藏夹是 Microsoft Edge 浏览器中的一个非常实用的功能。用户可以将经常访问的网页链接添加到收藏夹中，以后就可以直接通过单击收藏夹中的网页标题快速打开指定的网页，避免了每次输入网址或利用搜索引擎查找网页的麻烦，提高了访问网页的效率。收藏夹栏的功能类似于收藏夹，其中也包含了经常访问的网页链接。与收藏夹不同的是，用户可以将收藏夹栏显示在浏览器窗口的顶部，就像使用应用程序中的工具栏一样，直接单击收藏夹栏中的按钮即可打开指定的网页。Microsoft Edge 浏览器还支持导入其他浏览器中的收藏夹的功能，这样可以简化向收藏夹中添加网页链接的操作。

21.4.1　将经常访问的网页添加到收藏夹中

在浏览器中第一次打开一个网页时，打开的方法通常是以下两种：在浏览器窗口的地址栏中输入网页的网址；或者在搜索引擎中输入要搜索内容的关键词，然后在搜索结果的候选列表中单击标题链接来打开一个网页。为了避免每次访问相同的网页时需要重复输入网页的网址或通过搜索引擎查找指定的网页，可以在第一次打开这些网页时将它们添加到收藏夹中。以后再访问这些网页时，就可以直接从收藏夹中找到并打开它们。

收藏夹中保存的并不是网页的实际内容，而只是网页的网络地址。网络地址即指 URL（Uniform Resource Locator）统一资源定位符，Internet 中的每一个网页都有一个唯一的 URL 地址，它标识了网页文件在 Internet 上的位置。将一个网页添加到收藏夹的具体操作步骤如下。

STEP 1 在 Microsoft Edge 浏览器中打开要添加到收藏夹的网页。

STEP 2 单击地址栏右侧的【添加到收藏夹或阅读列表】按钮☆，显示如图 21-33 所示的设置界面，界面顶部显示了【收藏夹】和【阅读列表】两类，选择【收藏夹】类别。然后主要进行以下两个设置。

图21-33　设置收藏网页时的相关信息

- ◆ 在【名称】文本框中输入一个用于说明当前网页的内容或功能的易于辨识的名称，该名称将会显示在收藏夹中。
- ◆ 在【创建位置】下拉列表中选择【收藏夹】选项，表示将当前网页添加到收藏夹中。

STEP 3 设置好后单击【添加】按钮，将当前网页添加到收藏夹中。

如果一个网页已经被添加到收藏夹中，在浏览器窗口中打开这个网页时，【添加到收藏夹或阅读列表】按钮☆会显示为彩色实心的五角星，否则会显示为黑色空心的五角星。通过查看五角星的外观可以判断出当前网页是否已被添加到收藏夹中。

图 21-32 中有一个【创建新的文件夹】链接，单击该链接会显示如图 21-34 所示的界面，要求用户输入文件夹的名称。输入好名称后单击【添加】按钮，会将当前网页添加到这个文件夹中。

图21-34　在收藏夹中创建新的文件夹

实际上，浏览器中的收藏夹在计算机中是以一个文件夹的形式存在的。在使用【创建新的文件夹】链接创建新的文件夹以后，这个新建的文件夹相当于是收藏夹中的子文件夹。如果在收藏夹中添加了大量的网页，那么在收藏夹中创建多个文件夹来分类存放这些网页则变得非常有必要，因为这样可以节省在收藏夹中查找并打开指定网页的时间。

 交叉参考　有关管理与维护收藏夹中的文件夹和网页的内容，请参考本章 21.4.6 节。

21.4.2　导入其他浏览器的收藏夹

Microsoft Edge 浏览器支持导入其他浏览器

中的收藏夹的功能，导入其他浏览器中的收藏夹有以下两个途径。

◆ 使用【中心】窗格：单击浏览器窗口工具栏中的【中心】按钮 ≡，在【中心】窗格的顶部选择【收藏夹】类别，然后单击界面中的【导入收藏夹】链接，如图 21-35 所示。

◆ 使用【设置】界面：单击浏览器窗口工具栏中的【更多操作】按钮 …，然后在弹出的菜单中选择【设置】命令。在进入的界面中单击【导入其他浏览器中的收藏夹】链接，如图 21-36 所示。

图21-35 单击【导入收藏
夹】链接

图21-36 单击【导入其他
浏览器中的收藏夹】链接

无论使用哪种方法，都将显示如图 21-37 所示的界面，列表中显示了可以导入 Microsoft Edge 浏览器中的其他浏览器的名称。选中想要导入的浏览器的复选框，然后单击【导入】按钮，即可将所选浏览器中的收藏夹导入 Microsoft Edge 浏览器中。

图21-37 选择要导入收藏夹的其他浏览器

21.4.3 从收藏夹中打开指定的网页

如果已经将网页添加到收藏夹中，那么以后在访问这些网页时，就可以从收藏夹中快速打开它们。单击 Microsoft Edge 浏览器窗口工具栏中的【中心】按钮 ≡，在【中心】窗格的顶部选择【收藏夹】类别 ☆，下方显示了所有添加到收藏夹中的网页列表，如图 21-38 所示。单击要访问的网页即可在浏览器窗口的当前标签页中打开该网页。如果网页添加到了收藏夹中的文件夹里，

可以单击收藏夹中的文件夹以进入其内部，然后再单击要打开的网页即可，如图 21-39 所示。

图21-38 收藏夹中显示了　图21-39 网页被添加到收藏
添加的网页列表　　　　　夹中的文件夹里的情况

> **提示**
> 如果进入了收藏夹中的某个文件夹，那么在收藏夹中的网页列表的上方会显示如图21-40所示的结构，其中的每段文字由"《"和">"分隔。这种结构看起来与Windows文件资源管理器中的地址栏非常相似。收藏夹的这种结构中的"《"符号以及文字部分都是可以操作的，单击不同的文字可以跳转到相应的文件夹中，而无论当前位于哪个文件夹，单击"《"符号都将回到收藏夹的最顶层。

图21-40 当进入收藏夹中的某个文件夹时
会显示可操作的地址

使用上面的方法打开的网页会直接覆盖浏览器窗口中当前正在显示的网页。如果希望保留当前正在显示的网页，可以在收藏夹中右击想要打开的网页链接，然后在弹出的菜单中选择【在新标签页中打开】命令，如图 21-41 所示，这样将会在一个新的标签页中打开该网页。

图21-41 选择【在新标签页中打开】命令

默认情况下【中心】窗格浮动于浏览器窗口的右侧，这意味着在单击该窗口范围以外的区域时，该窗口会自动关闭。如果需要经常使用收藏夹来打开不同的网页，那么可以将【中心】窗格固定在浏览器窗口中，为此只需单击【中心】窗格右上角的 ⊏⊐ 按钮即可。

21.4.4 显示或隐藏收藏夹栏

默认情况下，收藏夹栏不会显示在 Microsoft Edge 浏览器窗口中。如果要显示收藏夹栏，需要进行下面的设置，具体操作步骤如下。

STEP 1 单击浏览器窗口工具栏中的【更多操作】按钮 ⋯，然后在弹出的菜单中选择【设置】命令。

STEP 2 进入如图 21-42 所示的界面，使用鼠标拖动滑块将【显示收藏夹栏】设置为开启状态。

图21-42 将【显示收藏夹栏】设置为开启状态

如果要将 Microsoft Edge 浏览器窗口中的收藏夹栏隐藏起来，需要将图 21-42 中的【显示收藏夹栏】设置为关闭状态。

21.4.5 将网页添加到收藏夹栏中

将网页添加到收藏夹栏与添加到收藏夹的操作方法基本相同，唯一区别是在打开添加收藏夹的界面后，将【创建位置】设置为【收藏夹栏】而不是【收藏夹】，如图 21-43 所示。完成后单击【添加】按钮，即可将指定的网页添加到收藏夹栏中。

图21-43 将网页添加到收藏夹栏中

如果已经使用上一节介绍的方法将收藏夹栏显示到了浏览器窗口中，那么可以在浏览器窗口工具栏的下方看到收藏夹栏，添加到收藏夹栏中的网页以按钮的形式显示出来，如图 21-44 所示。单击要访问的网页按钮即可在当前标签页中打开该网页。

图21-44 添加到收藏夹栏中的网页将以按钮的形式显示

用户还可以在收藏夹栏中执行以下 3 个操作。

◆ 可以使用鼠标拖动收藏夹栏中的网页按钮，从而改变它们的排列顺序。

◆ 如果要从收藏夹栏中删除某个网页，可以右击收藏夹栏中该网页按钮，然后在弹出的菜单中选择【删除】命令，如图 21-45 所示。

◆ 如果在打开收藏夹栏中的网页之前，浏览器窗口中已经打开了某个网页，那么可以右击收藏夹栏中的网页按钮，然后在弹出的菜单中选择【在新标签页中打开】命令，这样可以在一个新的标签页中打开收藏夹栏中的网页，避免覆盖已打开的网页。

图21-45 使用鼠标右键菜单命令删除收藏夹栏中的网页

21.4.6 整理和备份收藏夹

如果在向收藏夹中添加网页时，没有通过创建新的文件夹对网页进行分类保存，那么可以在以后任何时候整理收藏夹中的网页。单击浏览器窗口工具栏中的【中心】按钮 ☰ 打开【中心】窗格，在窗格顶部选择【收藏夹】类别进入收藏夹界面。整理收藏夹的操作主要分为以下 4 种：对网页分类、调整网页的排列顺序、修改网页的名称、删除网页。

1. 对网页分类

用户可以在收藏夹中创建多个文件夹，然后按网页的用途或应用类别为这些文件夹命名，最后将收藏夹中的网页移动到所属的相应类别的文件夹中。右击收藏夹中的任意一个项目，这个项目可以是网页，也可以是文件夹，然后在弹出的菜单中选择【创建新的文件夹】命令，即可在收藏夹中创建一个新的文件夹，输入文件夹的名称并按【Enter】键确认。图 21-46 所示是在收藏夹中新建了一个名为"Windows 10"的文件夹。然后就可以使用鼠标将收藏夹中的网页拖动到新建的文件夹中。

图21-46　在收藏夹中创建新的文件夹

如果在收藏夹中包含了一个或多个文件夹，在这些文件夹中也包含了网页。当需要将这些文件夹中的某些网页移动到收藏夹的顶层时，即移出这些文件夹，可以先进入这些文件夹，然后使用鼠标将要移出文件夹的网页拖动到网页列表上方的"收藏夹"文字上，当出现如图 21-47 所示的"移动"二字时释放鼠标左键，即可将指定的网页移出文件夹并放入收藏夹的顶层中。

图21-47　将收藏夹中的文件夹中的网页移出文件夹

> **提示**　收藏夹栏也是一个文件夹，它位于收藏夹中，是收藏夹中的一个子文件夹，与在收藏夹中创建的其他文件夹类似。

2．调整网页的排列顺序

如果要调整收藏夹中的网页排列顺序，可以使用鼠标指针将要改变位置的网页拖动到目标位置即可。

3．修改网页的名称

如果要修改收藏夹中的网页名称，可以右

击该网页，然后在弹出的菜单中选择【重命名】命令，如图 21-48 所示，输入新的名称后按【Enter】键确认即可。也可以使用类似的方法修改收藏夹中的文件夹的名称。

图21-48　选择【重命名】命令修改网页的名称

4．删除网页

及时删除收藏夹中不再有用的网页是非常有必要的，这样可以避免无用网页带来的混乱。在收藏夹中右击要删除的网页，然后在弹出的菜单中选择【删除】命令，即可将网页从收藏夹中删除。如果右击收藏夹中的一个文件夹，在弹出的菜单中选择【删除】命令，会将文件夹及其中的所有网页一起删除。

5．备份收藏夹

Microsoft Edge 浏览器并未提供专门的收藏夹导出功能，如果希望备份收藏夹中的内容，那么需要手动复制收藏夹所在的文件夹。打开 Windows 文件资源管理器，然后定位到 Favorites 文件夹中，可以在文件资源管理器的地址栏中输入下面的路径后按【Enter】键。其中的 %LocalAppData% 是一个环境变量，指的是当前登录 Windows 系统的用户名下的 AppData\Local 文件夹。

```
%LocalAppData%\Packages\Microsoft.
MicrosoftEdge_8wekyb3d8bbwe\AC\
MicrosoftEdge\User\Default\Favorites
```

进入 Favorites 文件夹后，可以看到 Microsoft Edge 浏览器收藏夹中的内容，如图 21-49 所示，将这些内容复制并粘贴到其他文件夹中即可完成收藏夹的备份操作。

图21-49　收藏夹中的内容位于Favorites文件夹中

21.5 自定义设置 Microsoft Edge 浏览器

本部分介绍了几个与 Microsoft Edge 浏览器的日常操作紧密相关的有用设置，合理进行这些设置可以提高 Microsoft Edge 浏览器的使用效率。

21.5.1 设置 Microsoft Edge 浏览器的主页

浏览器的主页是指启动浏览器后在窗口中默认显示的页面。可以将每次启动浏览器后固定或最频繁访问的网页设置为主页。设置主页的具体操作步骤如下。

STEP 1 单击浏览器窗口工具栏中的【更多操作】按钮 …，然后在弹出的菜单中选择【设置】命令。

STEP 2 进入如图 21-50 所示的界面，选中【特定页】单选按钮，然后在下方的下拉列表中选择【自定义】选项。

图21-50 选择【自定义】选项

STEP 3 下拉列表的下方会显示一个文本框，可以在文本框中输入要作为浏览器主页的网址，如图 21-51 所示。输入好以后单击文本框右侧的 + 按钮，可将网址添加到上方的主页列表中，如图 21-52 所示。如果列表中包含不止一个网址，就表明浏览器包含多个主页。在启动浏览器时会在不同的标签页中打开列表中的每一个主页。

图21-51 输入要设置的　　图21-52 将网址添加
　　主页的网址　　　　　　　到主页列表中

STEP 4 重复执行 STEP 3，继续添加希望作为主页的网址。对于列表中不希望作为主页的网址，可以单击网址右侧的 × 按钮将其从列表中删除。

21.5.2 在 Microsoft Edge 浏览器中添加【主页】按钮

默认情况下，Microsoft Edge 浏览器窗口中并未显示【主页】按钮，这对于经常需要从任意页面快速返回主页来说很不方便。可以通过设置将【主页】按钮添加到 Microsoft Edge 浏览器窗口中，具体操作步骤如下。

STEP 1 单击浏览器窗口工具栏中的【更多操作】按钮 …，然后在弹出的菜单中选择【设置】命令。

STEP 2 进入如图 21-53 所示的界面，单击【查看高级设置】按钮。

STEP 3 进入如图 21-54 所示的界面，使用鼠标拖动滑块将【显示主页按钮】设置为开启状态。Microsoft Edge 浏览器窗口的工具栏中将会自动添加【主页】按钮 ⌂。

图21-53 单击【查看　　图21-54 将【显示主页
　高级设置】按钮　　　按钮】设置为开启状态

【显示主页按钮】选项的下方有一个文本框，在将该选项设置为开启状态以后，文本框将被激活，其中包含默认的文本"about:start"，表示每次单击【主页】按钮时显示 Microsoft Edge 浏览器的起始页。可以在这个文本框中输入一个特定的网址，以便指定在用户每次单击【主页】按钮时想要显示的网页。如可以在文本框中输入每次启动浏览器时显示的主页的网址，输入好以后需要单击【保存】按钮。这样每次单击【主页】按钮都会显示主页。

21.5.3 设置在新建标签页时显示的页面

在 Microsoft Edge 浏览器窗口中添加新的标

签页时，在新标签页中会显示如图 21-55 所示的界面，其中包含一个用于输入网址或搜索内容的文本框，下方列出了一些热门站点以及用户访问频率最高的网站。

图21-55　新标签页默认显示的界面

可以设置新建标签页时在标签页中显示的默认内容，有以下两种方法。

◆ 在图 21-55 中单击【自定义】链接，显示如图 21-56 所示的选项，选择其中一项后单击【保存】按钮。

图21-56　设置新标签页的显示方式

◆ 单击浏览器窗口工具栏中的【更多操作】按钮　，在弹出的菜单中选择【设置】命令，进入如图 21-57 所示的界面，然后在【新标签页打开方式】下拉列表中选择新标签页打开时的显示方式。

图21-57　选择新标签页的显示方式

21.5.4　将 Microsoft Edge 浏览器设置为默认浏览器

Windows 10 内置了 Microsoft Edge 和 Internet Explorer 两种浏览器，其中的 Microsoft Edge 被设置为默认浏览器。默认浏览器是指从其他应用程序或位置上打开超链接时自动启动的浏览器。用户可能还安装了其他浏览器，比如 Firefox，而且可能已经将其他浏览器设置成了默认浏览器。如果用户希望将 Microsoft Edge 设置为默认浏览器，可以单击任务栏中的搜索框或搜索图标　，然后在搜索框中输入"默认程序"，在列表中将会看到【默认程序】和【默认应用设置】两项，如图 21-58 所示。

图21-58　在搜索框中输入"默认程序"以后得到的列表

分别选择这两项将进行不同的设置方法，如果选择【默认程序】，将会打开如图 21-59 所示的窗口，单击其中【设置默认程序】链接，在进入的界面的左侧列表框中选择【Microsoft Edge】，然后单击右侧的【将此程序设置为默认值】按钮。

图21-59　使用传统方法设置默认浏览器

还有一种方法是选择【开始】菜单中的【默认应用设置】，打开如图 21-60 所示的设置界面，单击【Web 浏览器】类别下的浏览器名称，然后在打开的列表中选择【Microsoft Edge】。

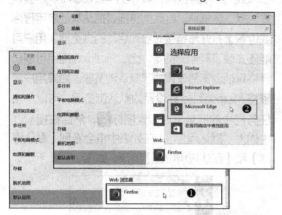

图21-60 在Windows 10的设置界面中设置默认浏览器

21.6 保护上网安全

Microsoft Edge 浏览器提供了一些有利于保护浏览器安全的选项，善用这些选项能够加强浏览器的安全，保护用户的个人隐私数据不会轻易被泄漏或盗取。本部分将介绍在使用 Microsoft Edge 浏览器时可以进行的安全设置及其相关操作。

21.6.1 使用 InPrivate 隐私模式浏览网页

默认情况下，在使用 Microsoft Edge 浏览器的过程中，用户的上网操作会被 Microsoft Edge 记录下来。如果多个用户使用同一台电脑，那么用户的上网操作记录和个人数据很有可能被别人获取。为了安全考虑，用户可以使用 Microsoft Edge 浏览器的 InPrivate 隐身模式来浏览网页。在 InPrivate 模式下，用户上网操作的所有数据都只运行于内存中，而不会写入本地磁盘。一旦用户关闭 Microsoft Edge 浏览器，内存中的上网数据会被立即清除，可以保证用户上网的隐蔽性。用户可以使用以下两种方法启用 InPrivate 隐身模式来浏览网页：

◆ 单击浏览器窗口工具栏中的【更多操作】按钮，然后在弹出的菜单中选择【新 InPrivate 窗口】命令。

◆ 在浏览器窗口中新建一个标签页，然后单击标签页中的【自定义和账户设置】按钮，在弹出的菜单中选择【打开新的

InPrivate 窗口】命令，如图 21-61 所示。

图21-61 在标签页中选择【打开新的InPrivate窗口】命令

打开的 InPrivate 浏览模式的窗口如图 21-62 所示，接下来的操作将只存在于内存中，而不会保存到硬盘中。这意味着用户浏览 Internet 时产生的历史记录、临时文件、Cookie、用户名和密码等数据，一旦关闭使用 InPrivate 浏览模式的浏览器窗口，所有这些数据都会被自动删除。如果要退出 InPrivate 浏览模式，只需关闭使用 InPrivate 浏览模式的浏览器窗口即可。

图21-62 InPrivate浏览模式

21.6.2 使用 SmartScreen 筛选器过滤不安全网站

SmartScreen 筛选器最早出现在 Windows Vista 操作系统的 Internet Explorer 7 浏览器中，当时将这个功能称为"仿冒网站筛选"。在后来的 Windows 7/8 操作系统的 Internet Explorer 浏览器中一直延续该功能，并将其更名为"SmartScreen 筛选器"。Microsoft Edge 浏览器也提供了 SmartScreen 筛选器功能，使用该功

能可以帮助用户识别仿冒网站和恶意软件，保护用户的个人数据和信息（如用户名和密码）不会被轻易盗取，从而避免用户在经济和精神上的损失。恶意软件是指表现出非法、病毒性、欺骗性和恶意行为的程序。

除了保护用户的上网安全以外，SmartScreen筛选器还可以阻止用户下载和安装恶意软件，这是因为 SmartScreen 筛选器已经集成在Windows 10 操作系统的内部。也正因为如此，SmartScreen 筛选器也能对安装在 Windows 10操作系统中的其他第三方浏览器实施保护措施。

SmartScreen 筛选器会一直在系统后台运行，由 SmartScreen 服务自动收集用户当前访问的网站的网址，然后将这些网站与已知的仿冒网站和恶意软件网站进行比较。如果发现当前正在访问的网站已经位于仿冒网站或恶意软件网站列表中，则会进入一个阻止访问的页面，同时浏览器窗口的地址栏将以红色显示，以此警告用户当前访问的网站具有危险性。此时用户可以选择绕过被阻止的网站并跳转到主页，或者如果确定当前访问的网站没有问题，则可以继续进行访问。

默认情况下，Microsoft Edge 浏览器自动开启了 SmartScreen 筛选器功能。如果不想使用该功能，则可以将其关闭，具体操作步骤如下。

STEP 1 单击浏览器窗口工具栏中的【更多操作】按钮 ，然后在弹出的菜单中选择【设置】命令。

STEP 2 在进入的界面中单击【查看高级设置】按钮，然后在进入的界面中将【启用 SmartScreen筛选，保护我的计算机免受不良网站和下载内容的威胁】设置为关闭状态，如图 21-63 所示。

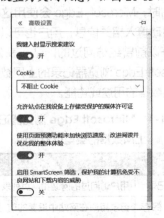

图21-63 关闭Microsoft Edge浏览器的
SmartScreen筛选器功能

前面曾经介绍过，SmartScreen 筛选器已经集成到 Windows 10 操作系统中，如果想要全面禁用整个操作系统的 SmartScreen 筛选器功能，需要进行以下设置，具体操作步骤如下。

STEP 1 打开【控制面板】窗口，单击【系统和安全】类别。

STEP 2 在进入的界面中单击【安全性和维护】类别，然后在进入的界面左侧单击【更改 WindowsSmartScreen 筛选器设置】链接，如图 21-64 所示。

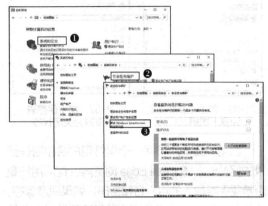

图21-64 进入SmartScreen筛选器设置界面的操作过程

STEP 3 打开如图 21-65 所示的对话框，选中【不执行任何操作（关闭 Windows SmartScreen 筛选器）】单选按钮，然后单击【确定】按钮。

图21-65 关闭操作系统的SmartScreen筛选器功能

21.6.3 禁止自动填写网页表单及用户登录信息

Microsoft Edge 浏览器提供的"自动完成"功能可以记住用户在网页中填写的个人信息，比如姓名、地址以及其他内容，在以后需要填写类似的表单时可以由浏览器自动完成而无需用户重复输入。如果多人共用同一台电脑，这种表单信息的自动填写功能可能会泄漏用户的个人信息，为了安全性考虑可以将该功能关闭，具体操作步骤如下。

STEP 1 单击浏览器窗口工具栏中的【更多操作】

按钮 …，然后在弹出的菜单中选择【设置】命令。

STEP 2 进入如图 21-66 所示的界面，单击【查看高级设置】按钮。

STEP 3 进入如图 21-67 所示的界面，使用鼠标指针拖动滑块将【保存表单项】设置为关闭状态。

图21-66 单击【查看高级设置】按钮

图21-67 将【保存表单项】设置为关闭状态

当用户第一次访问一个需要用户名和密码登录的网站时，Microsoft Edge 浏览器会询问用户是否希望保存输入的用户名和密码。如果同意保存，Microsoft Edge 会在用户下次访问该网站时自动填入正确的用户名和密码。如果与其他人共用同一台电脑，那么别人就可以使用 Microsoft Edge 浏览器很容易登录到已经保存了用户名和密码的网站并进行各种非用户本人授权的操作，这将会带来极大的安全隐患。用户可以通过设置禁用 Microsoft Edge 浏览器保存密码的功能，具体操作步骤如下。

STEP 1 单击浏览器窗口工具栏中的【更多操作】按钮 …，然后在弹出的菜单中选择【设置】命令。

STEP 2 在进入的界面中单击【查看高级设置】按钮，然后在如图 21-68 所示的界面中使用鼠标指针拖动滑块将【让我选择保存密码】设置为关闭状态。

图21-68 将【让我选择保存密码】设置为关闭状态

可以单击【让我选择保存密码】选项下方的【管理我保存的密码】链接，进入如图 21-69 所示的界面，其中列出了在 Microsoft Edge 浏览器中保存的所有账户和密码，单击账户右侧的叉子可以将该账户及其密码删除。如果单击某个账户，则会进入如图 21-70 所示的界面，可以修改账户名称和密码，单击【保存】按钮将会保存修改结果。

图21-69 Microsoft Edge浏览器中保存的账户和密码列表   图21-70 修改账户名称和密码

交叉参考 还可以通过删除所有上网记录的方式来删除在 Microsoft Edge 浏览器中保存的密码，具体方法请参考下一节。

21.6.4 逐条删除或全部删除上网记录

在使用 Microsoft Edge 浏览器上网的过程中，在本地计算机中会产生大量与网页相关的数据，这些数据包括输入网页表单中的信息、用户名和密码、访问过的网站等内容。在以后再次访问同一个网站时，Microsoft Edge 会使用这些数据帮助用户自动填入相关信息，用户也可以使用历史记录打开以前曾经访问过的网站。表 21-1 列出了 Microsoft Edge 浏览器记录的上网数据的类型以及每类数据的用途或功能。

表 21-1 Microsoft Edge 浏览器记录的上网数据的类型以及说明

数据类型	说明
浏览历史记录	用户访问过的网站和网页列表
Cookie 和保存的网站数据	记录用户在网站中设置的信息，包括用户的登录信息、兴趣爱好等内容

续表

数据类型	说明
已缓存的数据和文件	访问过的网页中的图像、音频和视频等内容的副本，再次访问这些网站时可以加快这些内容的加载速度，以便缩短显示网页内容的等待时间
下载历史记录	从网上下载过的文件列表
表单数据	在网页表单中输入过的信息，比如姓名、地址等
密码	输入并保存过的网站密码
媒体许可证	PlayReady 数字权利管理内容许可证
弹出窗口异常	已明确允许显示弹出窗口的网站列表
位置权限	已明确允许捕捉其位置的网站列表
全屏权限	已明确允许自动以全屏模式打开的网站列表
兼容性权限	已明确允许自动在 Internet Explorer 浏览器中打开的网站列表

如果想要查看网页的浏览记录，可以单击 Microsoft Edge 浏览器窗口工具栏中的【中心】按钮 ，在【中心】窗格的顶部选择【历史记录】类别 ，下方的列表中按时间分组显示了用户浏览过的所有网页的名称和地址，如图 21-71 所示。可以单击组名以便显示或隐藏整组记录，单击某条记录可以显示在浏览器窗口中与该记录对应的网页。如果要删除网页的浏览记录，可以使用以下两种方法。

◆ 删除单条记录：单击记录右侧的叉子可以将其从历史记录中删除。

◆ 删除某个网站相关的所有记录：右击某条记录，然后在弹出的菜单中选择如图 21-72 所示的【删除对 microsoft.com 的所有访问】命令，即可删除与 microsoft.com 网站相关的所有网页浏览记录。本例中是 microsoft.com 网站，实际情况可能是其他任何网站。

图21-71 查看历史记录中的 已访问过的网页列表　　图21-72 删除与指定网站 相关的所有浏览记录

如果想要删除表 21-1 中列出的各种上网记录，而不仅仅是上面介绍的浏览网页的历史记录，那么可以使用以下两种方法。

◆ 打开前面介绍的【中心】窗格中的历史记录列表，然后单击窗格中的【清除所有历史记录】链接。

◆ 单击浏览器窗口工具栏中的【更多操作】按钮 ，然后在弹出的菜单中选择【设置】命令，在如图 21-73 所示的界面中单击【选择要清除的内容】按钮。

无论使用哪种方法，都将显示如图 21-74 所示的界面，选择要删除的数据类型，然后单击【清除】按钮，即可将所选类型的数据删除。单击【显示详细信息】可以显示出更多的数据类型。

图21-73 单击【选择要 清除的内容】按钮　　图21-74 选择要删除的 数据类型

使用 Internet Explorer 浏览器访问 Internet

虽然微软在 Windows 10 操作系统中推出了具有革新意义的 Microsoft Edge 浏览器，但是仍然保留了 Windows 用户最为熟悉的、使用了数十年的 Internet Explorer 浏览器，为用户提供了更多的选择。如果还没有完全适应 Microsoft Edge 浏览器的操作方式，或者在使用 Microsoft Edge 浏览器浏览网页时出现某些兼容性问题，那么可以改用 Internet Explorer 浏览器来获得更为稳定的上网体验。本章详细介绍了使用 Internet Explorer 11 浏览器浏览网页及其相关的一系列操作。

22.1 Internet Explorer 11 浏览器简介

本节简要介绍了 Internet Explorer 11 浏览器（以下简称为 IE 11 浏览器或 IE 浏览器）包含的主要功能。默认情况下，Windows 10 操作系统的任务栏中并没有 IE 浏览器图标。要启动 IE 浏览器，需要单击桌面上的【开始】按钮，在打开的【开始】菜单中选择【所有应用】选项，然后在所有程序列表中选择【Windows 附件】➡【Internet Explorer】命令。

如果是第一次启动 IE 浏览器，将会显示如图 22-1 所示的对话框，用户可以选择【使用推荐的安全性和兼容性设置】选项以便让系统对 IE 浏览器进行基本的配置，或者选择【不使用推荐设置】选项不让系统对 IE 浏览器做任何设置。选择其中一项后单击【确定】按钮关闭对话框并打开 IE 浏览器窗口，如图 22-2 所示。IE 浏览器窗口的外观虽然与 Microsoft Edge 浏览器不完全相同，但也有很多类似的地方，也是由标题栏、工具栏、地址栏以及显示网页的区域等几个部分组成。与 Microsoft Edge 浏览器不同的是，默认情况下【主页】按钮会显示在 IE 浏览器的工具栏中。

图22-1　首次启动IE浏览器时显示的提示信息

图22-2　IE浏览器窗口

1．多标签页浏览

与本书第 21 章介绍的 Microsoft Edge 浏览器类似，IE 浏览器也使用了标签页的网页浏览方式。在 Windows 10 之前的 Windows 操作系统的 IE 浏览器中一直使用"标签页"一词，但是在 Windows 10 操作系统的 IE 浏览器中将"标签页"改名为"标签页"。

使用标签页的浏览方式是指在同一个浏览器窗口中可以打开多个网页，每个网页分别位于各自的标签页中，通过单击标签页顶部的标签在不同的标签页之间切换，以实现切换不同网页的目的。与 Microsoft Edge 浏览器的一个明显区别是，在 IE 浏览器中打开多个标签页后，对来源于不同网站的标签页会自动使用不同的颜色进行分组，如图 22-3 所示。

 交叉参考　　有关标签页的更多介绍，请参考本书第 21 章。

图22-3　对来源于不同网站的标签页自动按颜色分组

2. 兼容性视图浏览

由于网页设计的不规范，在浏览某些网页时可能会出现文字无法正确对齐、图片错位等不同类型的显示问题。使用 IE 11 浏览器中的兼容性视图功能可以解决此类问题。本章 22.2.2 节介绍了使用兼容性视图浏览网页的方法。

3. InPrivate隐身模式浏览

在第 21 章介绍 Microsoft Edge 浏览器时曾经详细介绍过 InPrivate 隐身模式，使用该模式浏览网页不会在本地计算机中留下任何相关数据，在很大程度上保护了用户的个人隐私。本章 22.2.3 节介绍了在 IE 11 浏览器中使用 InPrivate 隐身模式浏览网页的方法。

4. 智能的地址栏

为了提高安全性，当在 IE 11 浏览器的地址栏中输入网址时，会以黑色字体醒目显示网址中的域名关键部分，如图 22-4 所示，以便提醒用户输入的网址是否有误或打开的是否是仿冒网站。

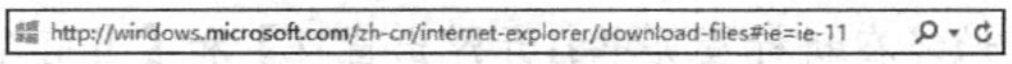

http://windows.microsoft.com/zh-cn/internet-explorer/download-files#ie=ie-11

图22-4　在地址栏中以黑色字体醒目显示网址中的域名部分

在地址栏中输入网址时，地址栏下方会自动显示一个与输入的内容相匹配的建议列表，如图 22-5 所示，列表中的网址来自于默认搜索引擎给出的建议。如果发现要输入的网址与列表中的某一项符合，则可以直接选择该项，这样可以减少输入量，提高网址的输入效率。

5. 便捷的收藏夹栏

IE 11 浏览器也提供了收藏夹栏的功能，但是比 Microsoft Edge 浏览器的收藏夹栏拥有更多自定义设置选项，比如可以设置收藏夹栏中的网页

按钮的标题长度。本章 22.3.2 节介绍了 IE 11 浏览器中的收藏夹栏的使用方法。

图22-5　输入网址的同时会自动显示建议列表

6. 方便实用的加速器

在浏览网页时，可能经常遇到一些不了解的术语、不明其意的英文单词、不熟悉的地理位置等。一般的做法是将网页中的内容复制下来，然后将内容粘贴到搜索引擎中，通过搜索来查找到想要的答案。通过使用 IE 11 浏览器中的加速器可以简化这类操作，通过鼠标右键菜单中的命令可以使用默认加速器在 Internet 中对指定内容进行搜索、翻译或查看地理位置，如图 22-6 所示。用户还可以在 IE 浏览器中添加更多的加速器。本章 22.2.7 节介绍了使用与设置加速器的方法。

图22-6　加速器为用户提供多种辅助功能

7. 使用SmartScreen筛选器过滤不安全的网站

与 Microsoft Edge 浏览器类似，IE 11 浏览器也提供了 SmartScreen 筛选器功能，可以帮助用户识别钓鱼网站和恶意软件网站。如果发现存在安全隐患的网站，用户还可以主动将该网站提交给微软。本章 22.4.2 节介绍了在 IE 浏览器中使用与设置 SmartScreen 筛选器的方法。

22.2 浏览网页

IE 11 浏览器为浏览网页提供了多种不同的方式，适用于不同的情况和需要。本节除了介绍浏览网页的几种方式外，还介绍了与浏览网页紧密相关的一些常用设置，比如设置浏览器主页、设置 IE 加载项等。本节的最后还介绍了使用 IE 浏览器下载 Internet 资源的方法。

22.2.1 使用与设置标签页的网页浏览方式

相对于 Microsoft Edge 浏览器中的标签页的网页浏览方式而言，IE 11 浏览器提供的标签页浏览方式包含更多的功能以及更大的灵活性。默认情况下，在 IE 11 浏览器中打开的标签页位于地址栏的右侧。当打开多个标签页以后，所有标签页顶部的标签会被压缩得非常窄，以至于几乎看不到每个标签上的标题，在切换标签页时很不方便，如图 22-7 所示。

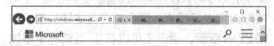

图22-7　标签页默认位于地址栏的右侧

虽然可以通过将鼠标停留在标签上方片刻后显示标签标题的方法来识别不同的标签页，但是这种方法始终没有直接看到标签上的文字更方便快捷。另一方面，很多用户可能已经习惯于标签页位于地址栏下方的显示方式。IE 11 浏览器允许用户改变标签的位置，将其移动到地址栏下方，如图 22-8 所示。用户只需右击 IE 11 浏览器窗口标题栏中的空白处，然后在弹出的菜单中选择【在单独一行上显示标签页】命令，如图 22-9 所示。

图22-8　将标签页移动到地址栏下方

图22-9　选择【在单独一行上显示标签页】

1．在标签页中打开超链接

与 Microsoft Edge 浏览器类似，在 IE 浏览器中也可以使用以下两种方法在一个新的标签页中打开超链接指向的网页。

◆ 右击网页中的超链接，然后在弹出的菜单中选择【在新标签页中打开】命令。

◆ 按住【Ctrl】键后单击要打开的超链接。

默认情况下，直接单击网页中的超链接，可能会在当前标签页中打开，或者在当前浏览器窗口的一个新的标签页中打开，还可能在一个新建的浏览器窗口中打开。如果希望每次单击超链接时都能在当前浏览器窗口中打开，无论是在当前标签页还是在新的标签页中，那么可以进行以下设置，具体操作步骤如下。

STEP 1 单击 IE 浏览器窗口工具栏中的【工具】按钮⚙，在弹出的菜单中选择【Internet 选项】命令，如图 22-10 所示。

图22-10　选择【Internet选项】命令

STEP 2 打开【Internet 选项】对话框，默认显示【常规】选项卡，单击该选项卡中的【标签页】按钮，如图 22-11 所示。

STEP 3 打开【标签页浏览设置】对话框，选中【始终在新标签页中打开弹出窗口】和【当前窗口中的新标签页】两个单选按钮，如图 22-12 所示。这两个选项的含义如下。

◆ 始终在新标签页中打开弹出窗口：在单击超链接后可能会以弹出窗口的形式打开网页时，选择该选项可以阻止弹出窗口，而是在当前窗口的新标签页中打开网页。

◆ 当前窗口中的新标签页：该选项用于设置从其他应用程序中打开一个超链接时，如果当前已经打开了一个 IE 浏览器窗口，那么打开的链接会自动位于该浏览器窗口的新标签页中，而不会再打开另一个浏览

器窗口。该选项能够起作用的前提是 IE
浏览器被设置为 Windows 操作系统中的
默认浏览器。

图22-11　单击【标签　　图22-12　设置标签页的
　　　　页】按钮　　　　　　　打开方式

有时用户可能需要先打开一个新的空白标
签页，然后将从其他来源得到的链接地址复制到标
签页的地址栏中来打开。这时可以单击 IE 浏览器
窗口中最后一个标签页右侧的【新建标签页】按
钮 新建一个标签页，然后将复制的链接地址粘
贴到新标签页的地址栏中并按【Enter】键打开它。

2. 刷新网页

对于因网络故障或其他原因导致的网页内容
加载不完整的情况，可以通过刷新网页的方法来
解决，有以下 4 种方法。

◆ 按【F5】键。
◆ 单击浏览器窗口地址栏中的【刷新】按钮 。
◆ 右击标签页中显示网页的区域，然后在弹
　 出的菜单中选择【刷新】命令。
◆ 右击网页所在的标签页顶部的标签，然后
　 在弹出的菜单中选择【刷新】命令。如果
　 选择【全部刷新】命令，将会对当前浏览
　 器窗口中打开的所有标签页中的网页执行
　 刷新操作。

3. 关闭标签页

对于不再需要浏览的标签页，应该及时将其
关闭以便节省系统性能并腾出标签页所占据的浏
览器窗口的空间。关闭标签页分为以下几种情况。

◆ 关闭单个标签页：要关闭不再浏览的网
　 页，可以右击该网页所在标签页顶部的标
　 签，然后在弹出的菜单中选择【关闭标签
　 页】命令，如图 22-13 所示。该方法并不

仅限于关闭当前正在显示网页的标签页，
也可以关闭浏览器窗口中的其他标签页。
还可以通过单击标签页顶部的标签上的
【关闭标签页】按钮 关闭当前标签页。要
关闭非当前标签页，可以将鼠标指针移动
到要关闭的标签页顶部的标签上，然后在
显示【关闭标签页】按钮 后单击该按钮。

图22-13　与关闭标签页相关的几个命令

◆ 关闭一组相关的标签页：在本章开头部分
　 对 IE 浏览器的功能进行介绍时曾经提到
　 过，在打开来源于同一个网站的多个网页
　 时，IE 浏览器会自动将这些网页的标签页
　 划分为一组，并且这些标签页顶部的标签
　 的颜色也是相同的。如果右击一组中的任
　 意一个标签页顶部的标签，然后在弹出的
　 菜单中选择【关闭此组标签页】命令，则
　 将关闭属于同一组的所有标签页。如果菜
　 单中的【关闭此组标签页】命令处于灰色
　 禁用状态，说明当前右击的标签页所在的
　 组中只有一个标签页。

◆ 关闭非当前标签页：右击 IE 浏览器窗口
　 中某个标签页顶部的标签，然后在弹出
　 的菜单中选择【关闭其他标签页】命令，
　 将关闭除了该标签页以外的其他所有标
　 签页。注意：右击的标签页并非必须是
　 当前正在显示网页的标签页，也可以是
　 其他标签页。

4. 快速打开特定的标签页

在右击标签页顶部的标签所弹出的菜单中，
还包括几个有关打开标签页的命令，它们对于在
不同情况下打开网页提供了快捷的操作方式，这
几个命令的功能如下。

◆ 重复打开标签页：选择该命令会在一个新
　 的标签页中打开当前标签页中的网页，功
　 能类似于 Windows 文件资源管理器中的
　 【打开新窗口】命令。

- ◆ 重新打开关闭的标签页：选择该命令将重新打开最近一次关闭的标签页。
- ◆ 最近关闭的标签页：选择该命令将在弹出的子菜单中显示最近打开过的网页的列表，如图 22-14 所示。可以从中选择要重新打开的网页，也可以选择【打开所有关闭的标签页】命令重新打开列表中的所有网页。

图22-14　打开最近关闭的网页

22.2.2　使用兼容性视图浏览网页

在浏览某些网页时，可能会发现网页的整体排版有些凌乱，文字挤在一起、图片不能正常显示、菜单位置不正确等各种格式错乱问题。出现这类问题可能是由于 IE 11 浏览器与当前打开的网页之间存在着一定的兼容性问题。

在 Windows 7 操作系统的 IE 8 浏览器中首次提供了兼容性视图功能。当在 IE 8 浏览器中打开带有兼容性问题的网页时，会自动在浏览器地址栏的右侧出现一个【兼容性视图】按钮，单击该按钮即可切换到兼容性视图中浏览当前网页，从而解决网页格式错乱而导致的显示问题。

IE 11 浏览器取消了【兼容性视图】按钮，这意味着即使打开了一个带有兼容性问题的网页，浏览器地址栏的右侧也不会出现【兼容性视图】按钮。如果希望每次访问存在兼容性问题的网页时都能自动在兼容性视图中打开，那么可以将网页所属的网站添加到【兼容性视图】列表中，具体操作步骤如下。

STEP 1 打开存在兼容性问题的网页，然后单击 IE 浏览器窗口工具栏中的【工具】按钮，在弹出的菜单中选择【兼容性视图设置】命令，如图 22-15 所示。

图22-15　选择【兼容性视图设置】命令

STEP 2 打开如图 22-16 所示的【兼容性视图设置】对话框，STEP 1 中打开的网页所属的网站的网址已被自动添加到【添加此网站】文本框中。如果在打开该对话框之前没有事先打开存在兼容性问题的网页，那么可以在打开该对话框后手动输入有问题的网页的网址。

STEP 3 确认【添加此网站】文本框中的网址正确无误以后，单击【添加】按钮将其添加到下方的【已添加到兼容性视图中的网站】列表框中，如图 22-17 所示。

图22-16　输入有问题的网址　　图22-17　将指定网站添加到列表框中

> 提示
> 如果向列表框中添加的网站有误，可以在列表框中选择该网站，然后单击【删除】按钮将其从列表框中删除。

STEP 4 如果需要添加其他网站，可以重复 STEP 2~STEP 3。设置好以后单击【关闭】按钮关闭【兼容性视图设置】对话框。

22.2.3　使用 InPrivate 隐身模式浏览网页

在用户使用 IE 浏览器访问 Internet 的过程中，IE 浏览器会在用户的计算机中存储多种类型的数据，以对用户上网的相关操作进行记录。为了加强个人隐私和信息的安全性，可以使用 IE 浏览器提供的 InPrivate 隐身模式浏览网页。在该模式下用户上网操作的所有数据都只运行于内存中，而不会存储到本地计算机的硬盘中。用户关闭 IE 浏览器的同时内存中的上网数据会被立即清除，从而起到保护用户个人信息的目的。

要使用 InPrivate 模式浏览网页，可以单击 IE 浏览器窗口工具栏中的【工具】按钮，然后在弹出的菜单中选择【安全】⇨【InPrivate 浏览】命令。打开如图 22-18 所示的 InPrivate 浏览模式窗口，在地址栏左侧会显示 InPrivate 标记，表示当前处于 InPrivate 浏览模式中。然后就可以像平时一样浏览网页，进行一切需要的网上操作，但在退出 InPrivate 浏览模式后所有数据都会消失。要退出 InPrivate 浏览模式，只需关闭使用 InPrivate 浏览的 IE 浏览器窗口即可。

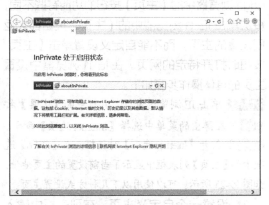

图22-18　InPrivate浏览模式

注意　还有一种更快速地启动InPrivate浏览模式的方法，先将IE浏览器的启动程序锁定到任务栏中，然后右击任务栏中的IE浏览器图标，在弹出的菜单中选择【开始InPrivate浏览】命令。

22.2.4　使用企业模式浏览网页

企业模式主要针对企业用户设计，用来解决在使用 IE 11 浏览器访问企业内部建立的网站时的不兼容性问题。由于目前很多企业内部仍在使用以 IE 早期版本标准设计的网站，因此在使用 IE 11 浏览器访问这类网站时可能会出现网页无法正常显示、某些功能失效的情况，为此可以使用 IE 浏览器的企业模式来解决以上问题，具体操作

步骤如下。

STEP 1　右击【开始】按钮，然后在弹出的菜单中选择【运行】命令，在打开的【运行】对话框中输入"gpedit.msc"命令后按【Enter】键。

STEP 2　打开【本地组策略编辑器】窗口，在左侧窗格定位到以下路径并选择【Internet Explorer】节点，然后在右侧窗格中双击【允许用户从"工具"菜单启用和使用企业模式】策略，如图 22-19 所示。

计算机配置\管理模板\Windows 组件\Internet Explorer

图22-19　双击【允许用户从"工具"菜单启用和使用企业模式】策略

STEP 3　在打开的对话框中选中【已启用】单选按钮，如图 22-20 所示，然后单击【确定】按钮。

图22-20　选中【已启用】单选按钮

STEP 4　重启 IE 11 浏览器后，按【Alt】键显示出菜单栏，然后单击菜单栏中的【工具】⇨【企业模式】命令，如图 22-21 所示，即可使用企业

模式来浏览网页。

图22-21 从【工具】菜单中选择【企业模式】命令以使
用企业模式浏览网页

22.2.5 缩放网页显示比例

如果已经使用过 Microsoft Edge 浏览器，可能会发现它所提供的网页显示比例设置方面的选项很少。在这方面 IE 11 浏览器提供了多种比例设置选项，更加灵活方便。在 IE 11 浏览器中可以使用以下几种方法设置网页的显示比例。

◆ 单击 IE 浏览器窗口工具栏中的【工具】按钮，在弹出的菜单中选择【缩放】命令，然后在打开的子菜单中选择一种缩放比例，如图 22-22 所示。如果选择子菜单中的【放大】或【缩小】命令，每次将以 25% 的增量放大或缩小网页的显示比例。

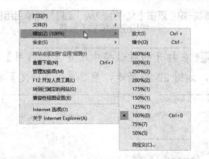

图22-22 使用【缩放】命令选择预置的缩放比例

◆ 按住【Ctrl】键后滚动鼠标滚轮，每次将以 5% 的增量放大或缩小网页的显示比例。

◆ 右击 IE 浏览器窗口标题栏中的空白处，在弹出的菜单中选择【状态栏】。反复单击窗口底部状态栏右侧的【更改缩放级别】按钮，可以在 100%、125%、150% 三种显示比例之间不断切换。单击按钮右侧的黑色三角，在弹出的菜单中可以选择预置的缩放比例，如图 22-23 所示。如果选择其中的【自定义】命令，则将打开如图 22-24 所示的【自定义缩放】对话框，可以在文本框中输入自定义的缩放

比例，输入值最大不能超过 1000%。单击【确定】按钮后将按输入的显示比例对网页进行缩放。

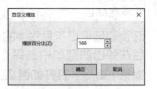

图22-23 使用状态栏上   图22-24 自定义设置
的按钮设置缩放比例   缩放比例

22.2.6 设置 IE 浏览器的主页

IE 11 浏览器也提供了设置主页的功能，而且支持同时设置多个主页，这样在每次启动 IE 浏览器时可以同时打开设置的所有主页。与 Microsoft Edge 浏览器中的【主页】按钮的功能有些不同，每次单击 IE 11 浏览器中的【主页】按钮都会返回设置的主页，而不能自定义设置单击【主页】按钮时打开特定的网页。在 IE 11 浏览器中设置主页的具体操作步骤如下。

STEP 1 单击 IE 浏览器窗口工具栏中的【工具】按钮，在弹出的菜单中选择【Internet 选项】命令。

STEP 2 打开【Internet 选项】对话框，在【常规】选项卡的【主页】列表框中显示了当前设置的主页地址，如图 22-25 所示。可以使用以下几种方式设置主页。

◆ 设置一个自定义主页：在列表框中输入希望的主页地址，可以使用编辑键（如【Delete】键、【Backspace】键、方向键等）修改或删除主页地址。

◆ 设置多个主页：在列表框中输入多个主页地址，但是需要确保每个主页地址单独占据一行。换言之，输入一个主页地址后按一次【Enter】键进行换行。

◆ 将当前打开的网页设置为主页：单击【使用当前页】按钮，将打开【Internet 选项】对话框之前显示的网页设置为主页。

◆ 使用 IE 默认主页：单击【使用默认值】按钮，将使用 IE 浏览器的默认主页。

◆ 使用新建标签页的页面作为主页：单击【使用新标签页】按钮，将使用新建标签

页时的页面作为主页。

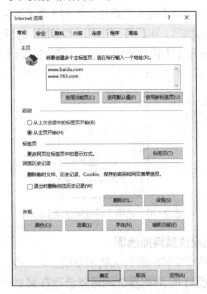

图22-25　设置IE浏览器的主页

STEP 3 单击【确定】按钮，关闭【Internet 选项】对话框。

　　如果在浏览网页的过程中发现一个喜欢的网页，并想将其设置为 IE 浏览器的主页。那么无需使用上面介绍的方法再次打开【Internet 选项】对话框后单击【使用当前页】按钮，只需右击 IE 浏览器窗口工具栏中的【主页】按钮 🏠，然后在弹出的菜单中选择【添加或更改主页】命令，打开如图 22-26 所示的【添加或更改主页】对话框，可以选择以下两种主页设置方式，选择好以后单击【是】按钮。

◆ 将此网页用作唯一主页：选中该选项，将当前网页设置为 IE 浏览器的主页，而且无论之前已经设置了几个主页，都会被当前网页替换掉。

◆ 将此网页添加到主标签页：选择该选项，将当前网页添加到主页列表中，并作为 IE 浏览器的其中一个主页。如果之前已经设置了两个主页，选择该选项后，设置的主页总数将会变为 3 个。

💬 提示
　　有的用户在打开图22-26中的对话框时可能缺少了【将标签页添加到收藏夹】选项，这是因为在打开该对话框之前，在浏览器窗口中只有一个标签页。

图22-26　浏览网页时直接添加网址到主页列表中

　　以后每次启动 IE 浏览器时会自动打开设置的一个或多个主页。有时虽然设置了多个主页，但在一段时间内可能只想使用主页列表中的第一个主页，然而又不想编辑主页列表将多余的主页删除，避免以后重新使用多个主页时还要重新输入每个主页的网址。为了实现这种要求，可以在【Internet 选项】对话框的【常规】选项卡中单击【标签页】按钮，在打开的对话框中选中【打开 Internet Explorer 时只加载第一个主页】复选框，如图 22-27 所示。设置好后单击【确定】按钮关闭打开的对话框。

图22-27　设置启动IE浏览器时只显示第一个主页

　　以后每次启动 IE 浏览器时将只打开主页列表中的第一个主页。当需要切换到主页列表中的其他主页时，可以右击 IE 浏览器窗口标题栏中的空白处，然后在弹出的菜单中选择【命令栏】命令。在浏览器窗口中显示出命令栏以后，单击命令栏中的【主页】按钮 🏠 ▾ 右侧的三角按钮，在打开的列表中显示了设置的所有主页，如图 22-28 所示，选择要打开的主页即可。

图22-28　在多个主页之间切换

22.2.7 设置 IE 加载项

加载项主要用于弥补或扩展 IE 浏览器本身不具备的功能。常见的加载项包括 Adobe Flash、Quicktime、Silverlight 等，它们是 IE 浏览器用来与视频、游戏等网页内容进行交互并确保这些内容可以正常运行的应用。通常无需在 IE 浏览器中安装额外的加载项即可播放 Adobe Flash 视频等常见类型的媒体内容。在安装某些应用程序时，可能会自动在 IE 浏览器中安装相应的加载项。例如，在安装 Adobe Acrobat Professional 应用程序时会自动在 IE 浏览器中安装 PDF 加载项，这样就可以在 IE 浏览器中打开并查看 PDF 文档。

还有一些应用程序或工具在安装的过程中捆绑了一些带有广告性质的加载项，它们中的大多数都为用户提供了是否安装的选项，但通常都位于不显眼的位置上。如果用户没有仔细查看，那么就会在未察觉的情况下将这些加载项安装到计算机中。

要查看 IE 浏览器中安装的加载项，可以单击 IE 浏览器窗口工具栏中的【工具】按钮 ⚙，然后在弹出的菜单中选择【管理加载项】命令，打开如图 22-29 所示的【管理加载项】对话框。左侧显示了加载项的 4 个类别，分别是【工具栏和扩展】【搜索提供程序】【加速器】和【跟踪保护】。右侧则是对应于在左侧选中的类别中包含的具体项目。本节将介绍前 3 个类别的设置方法，有关跟踪保护的内容将在本章 22.4.4 节中进行介绍。

图22-29 【管理加载项】对话框

默认情况下，对话框的右侧会显示【工具栏

和扩展】类别中当前已被 IE 浏览器加载的加载项。如果要查看【工具栏和扩展】类别中包含的所有加载项，可以在左侧的 4 个加载项类别下方的【显示】下拉列表中选择【所有加载项】选项，如图 22-30 所示。

图22-30 选择【所有加载项】选项

1. 启用或禁用加载项

并非安装的所有加载项都能正常工作，有些加载项与 IE 浏览器之间可能会存在某些兼容性问题，轻则导致加载项本身无法正常使用、浏览器运行缓慢，重则可能会使 IE 浏览器出现故障甚至崩溃。可以通过禁用加载项的方法来确定导致问题的加载项。

要禁用一个加载项，需要在【管理加载项】对话框的左侧选择【工具栏和扩展】类别，在右侧显示的加载项列表中可以通过【状态】列查看每个加载项的启用/禁用状态。选择未被禁用的加载项，然后单击对话框下方的【禁用】按钮，如图 22-31 所示，即可将所选加载项禁用，同时在【状态】列中将显示"已禁用"字样。当需要重新启用被禁用的加载项时，只需选择该加载项以后单击【启用】按钮，然后单击【关闭】按钮关闭【管理加载项】对话框。

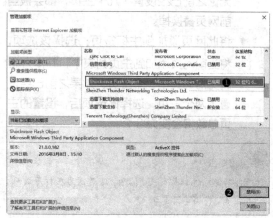

图22-31 禁用指定的加载项

用户可能已经注意到，列表中的所有加载项默认
是按照加载项的发布者进行分组的。有时可能希望启用
或禁用一组中的所有加载项，这时无需逐一对这些加载
项进行启用或禁用的操作，而只需右击加载项所属的分
组名称即可选中同一组中的所有加载项，然后单击对话
框下方的【全部启用】或【全部禁用】按钮批量完成设
置操作，如图22-32所示。

图22-32　对一组中的所有加载项进行批量设置操作

2. 设置默认的搜索程序

在本章 22.1 节中曾经介绍过在 IE 浏览器
地址栏中输入网址时，会自动显示一个与用户
当前输入的网址部分匹配的建议列表，这个
列表是由 IE 浏览器中的默认搜索程序提供的。
IE 浏览器中使用的默认搜索程序是微软自己
的 Bing 搜索引擎，用户也可以将自己喜欢的
搜索引擎添加到 IE 浏览器中，并将其设置为
默认搜索程序。添加和设置搜索程序的具体操
作步骤如下。

STEP 1 使用前面介绍的方法打开【管理加载项】
对话框，在左侧选择【搜索提供程序】类别，然
后单击下方的【查找更多搜索提供程序】链接，
如图 22-33 所示。

STEP 2 在一个新打开的浏览器窗口中会进入如
图 22-34 所示的页面，其中列出了可以添加到 IE
浏览器中的搜索引擎以及其他加载项。单击要使
用的搜索引擎右侧的【添加至 Internet Explorer】
按钮。

STEP 3 打开如图 22-35 所示的对话框，如果要
将该搜索引擎设置为 IE 浏览器的默认搜索程序，
同时会在用户在地址栏中输入网址时使用该搜索
程序显示建议列表同时选中【将它设置为默认搜

索提供程序】和【使用此提供程序的搜索建议】
两个复选框，然后单击【添加】按钮。

图22-33　单击【查找更多搜索提供程序】链接

图22-34　可以添加到IE浏览器中的搜索引擎列表

图22-35　添加搜索引擎的确认信息

STEP 4 在 STEP 3 中打开的 IE 浏览器窗口中重
新打开【管理加载项】对话框，可以看到添加
并设置为默认搜索程序的搜索引擎已经位于列表
中，而且【状态】列中会显示"默认"字样以显
示当前哪个搜索引擎是 IE 浏览器的默认搜索程
序，如图 22-36 所示。

以后可以随时改变列表中的默认搜索程序，
或者删除不再需要的搜索程序，只需右击列表中
的搜索程序，然后在弹出的菜单中选择【设为默

认】或【删除】命令即可执行相应的操作。

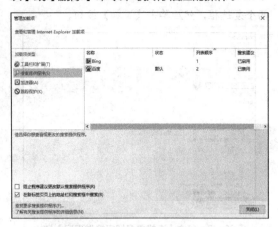

图22-36　在IE浏览器中添加新的搜索程序

3．设置加速器

在本章 22.1 节中简要介绍过加速器的功能和用法，它主要是为了帮助用户快速获得与当前正在浏览的内容相关的扩展性内容的一种便捷工具。例如，在浏览一篇专业性较强的学术文章时，如果对其中的某个词的含义不太了解，这时就可以选中这个词，然后使用鼠标右键菜单中的加速器工具快速打开能够解释该词含义的网页，以供用户参考。

IE 浏览器已经提供了几个加速器程序，大多都是基于 Bing 搜索引擎的，包括 Bing 搜索、Bing（必应）翻译、Bing（必应）地图等。通过右击浏览器窗口中显示网页的区域，然后在弹出的菜单中选择【所有加速器】命令可以找到加速器程序，如图 22-37 所示。

图22-37　IE浏览器提供的加速器程序

用户可以添加更多的加速器，也可以选择将哪些加速器设置为浏览器中的默认加速器。但需要在【管理加载项】对话框中进行设置，然后在

左侧选择【加速器】类别后再进行设置，如图 22-38 所示。操作方法与本章前面介绍的搜索程序的设置方法类似，这里就不再赘述了。

图22-38　加速器的设置界面

22.2.8　下载文件

从 Internet 上下载各种类型的文件已经成为用户获得计算机资源的最主要途径。可以使用 IE 浏览器下载文档、图片、音乐、视频、应用程序等内容。下载文件时 IE 浏览器会检测下载的内容是否包含恶意程序，如果 IE 浏览器认定某个文件可能存在安全隐患，则会向用户发出通知，由用户决定是否继续下载此文件或对其进行其他相关操作。如果显示一条内容为"无法验证此程序的发布者"的提示信息，则表示 IE 浏览器无法识别正在下载的文件的来源网站或组织。为此，需要在下载或打开该文件之前，确保该文件的发布者的身份是可信任的。

IE 浏览器为用户提供了最基本的下载功能，也可以对已经下载的内容进行管理，还可以根据需要更改下载文件夹的默认位置。

1．下载文件

下载文件之前首先要找到下载链接。不同的网站对于不同的下载资源，其所提供的下载链接的形式各不相同。有的下载链接类似于普通的网页链接的形式，是一串长长的网页地址，下载这类文件时只需单击下载链接即可。如果单击链接以后没有任何反应，那么可以右击下载链接，然后在弹出的菜单中选择【目标另存为】命令。

有的下载链接可能被包装为某种形式的按钮。例如，音乐网站为用户提供的歌曲下载方式通常是一个图标或按钮，用户只需单击这个图标或按钮即可进入下载页面或者直接开始下载。

> **注意** 有时给出的下载链接并非是真正的下载地址，而是进入一个专门下载页面的链接地址。单击这类链接后会进入一个页面，其中会显示一个或多个真正的下载地址的链接，单击这些链接才能开始下载文件。

无论是以上介绍的哪种下载方式，在单击下载链接或下载按钮后，IE 浏览器最终都会显示类似于图 22-39 所示的提示栏，询问用户要对即将下载的文件执行哪种操作。下载不同类型的文件时，提示栏中包含的命令种类和数量并不完全相同。下面列出了提示栏中包含的所有命令。

图22-39　下载文件时显示的内容

- ◆ 打开：仅仅打开文件以便进行查看，而不会将文件下载到计算机中。
- ◆ 运行：运行应用、加载项或其他类型的文件。在 IE 浏览器运行安全扫描以后，将自动打开该文件并在计算机中运行，但不会将文件下载到计算机中。
- ◆ 保存：将文件下载（保存）到 IE 浏览器默认的下载文件夹中，用户可以更改该文件夹的位置，具体方法请参考本节后面的内容。单击【保存】按钮后会显示如图 22-40 所示的提示栏，其中显示了文件的下载进度和完成下载的剩余时间。可以单击【暂停】按钮暂停下载，或者单击【查看下载】按钮在打开的窗口中查看当前正在进行的下载，该窗口对于同时下载多个文件的情况而言非常有用。
- ◆ 另存为：将文件以不同的文件名保存到用户指定的位置。单击【保存】按钮右侧的三角，在弹出的菜单中可以选择【另存为】或【保存并运行】命令，如图 22-41 所示。
- ◆ 取消：取消当前即将开始的下载。

图22-40　单击【保存】按钮右侧的三角弹出的菜单

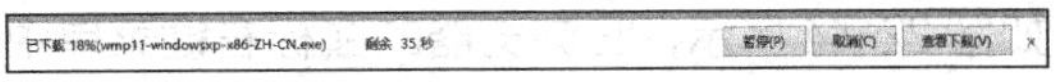

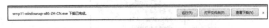

图22-41　下载文件时的提示栏

> **注意** 在提示栏的右侧有一个 ✕ 按钮，单击该按钮会关闭提示栏，但是并未取消当前即将或正在进行的下载任务。

下载完成后会显示如图 22-42 所示的提示栏，可以选择运行下载的文件，或者打开下载的文件所在的文件夹，还可以在下载管理器中查看下载的所有项目。

图22-42　下载完成后显示的提示栏

当需要从网页上下载一个图片时，可以先在网页中显示出这个图片，然后使用鼠标右击该图片，在弹出的菜单中选择【图片另存为】命令，在打开的对话框中选择图片的保存位置，还可以重新设置图片的名称，如图 22-43 所示。单击【保存】按钮后即可将图片保存到指定的位置。

图22-43　选择图片的保存位置和名称

用户可能会在计算机中安装第三方下载程序，这些程序专门用来下载网上的文件以及各种资源，尤其是容量大的文件。专门的下载程序通常提供了更多的自定义选项，让下载操作变得更方便且更符合用户的个人习惯。这类程序通常都具备断点续传功能，这意味着即使在未下载完之前退出了下载程序，下次启动下载程序后可以继续使用上次未完成的进度进行下载而不会从头开始。正确安装第三方下载程序后，这些程序本身的下载命令也会自动添加到 IE 浏览器的工具栏或鼠标右键菜单中，以便于用户启动下载命令。

如图 22-44 所示，IE 浏览器的鼠标右键菜单中就集成了迅雷下载程序的相关命令。

图22-44　IE右键菜单集成了第三方程序命令

2. 管理下载的文件

除了在下载文件时显示的提示栏以外，IE 浏览器还提供了一个专门的窗口——下载管理器来查看和管理下载的文件。用户可以使用以下两种方法打开下载管理器。

◆ 在下载文件时显示的提示栏中单击【查看下载】按钮。

◆ 单击 IE 浏览器窗口工具栏中的【工具】按钮，然后在弹出的菜单中选择【查看下载】命令。

打开的下载管理器窗口如图 22-45 所示，其中显示了正在下载和下载完成的所有项目。每一行是一个下载项目，每个下载项目的信息分 3 列显示，在【位置】列中显示的可单击的文字链接表示的是保存下载后的文件的文件夹，单击该文字会打开下载文件夹。对于正在下载的项目，【位置】列中还会显示下载进度和速度、完成下载的剩余时间等信息。

如果要清除下载管理器中的所有项目，可以单击窗口底部的【清除列表】按钮。注意，这里的"清除"是让所有项目不在列表中显示，而不是从下载文件夹中删除这些项目对应的文件本身。如果要从下载文件夹中删除下载的项目文件本身，可以在下载管理器中右击该项目，然后在弹出的菜单中选择【删除程序】命令，如图 22-46 所示。菜单中还包含其他几个与下载项相

关的命令，可用于对下载链接进行处理、打开下载文件夹或对下载的文件进行安全性检查。

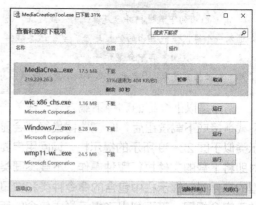

图22-45　在下载管理器中查看下载的项目

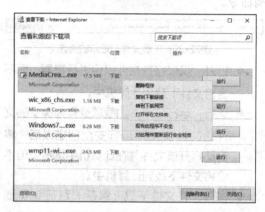

图22-46　选择【删除程序】命令删除项目文件本身

3. 更改默认的下载位置

使用 IE 浏览器下载的文件默认保存在当前登录操作系统的用户的【下载】文件夹中，路径如下：

```
%USERPROFILE%\Downloads
```

可以更改这个文件夹的位置，以便将下载的文件从系统分区转移到非系统分区中。另一方面，用户也可能已经在其他位置上创建了专门的文件夹用于保存下载的文件。更改 IE 浏览器的默认下载位置的具体操作步骤如下。

STEP 1 单击 IE 浏览器窗口工具栏中的【工具】按钮，然后在弹出的菜单中选择【查看下载】命令。

STEP 2 打开下载管理器，单击窗口左下角的【选项】链接。

STEP 3 打开如图 22-47 所示的【下载选项】对话框，单击【浏览】按钮。

STEP 4 打开如图 22-48 所示的对话框，选择要将

文件下载到的目标文件夹，然后单击【选择文件夹】按钮。

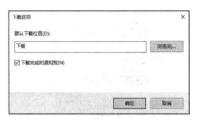

图22-47　默认的下载位置

图22-48　选择新的下载位置

STEP 5 返回【下载选项】对话框，单击【确定】关闭该对话框。

22.3　使用与管理收藏夹

与 Microsoft Edge 浏览器相比，IE 11 浏览器提供的收藏夹功能更丰富、更强大。除了可以将单个网页添加到收藏夹以外，还支持将打开的所有网页批量添加到收藏夹中。对于收藏夹栏而言，IE 11 浏览器允许用户对收藏夹栏中的网页按钮进行自定义设置。此外，IE 11 浏览器还提供了专门的工具用于导出和导入收藏夹中的内容，为备份收藏夹或使用其他浏览器中的收藏夹提供了极大方便。本节主要介绍 IE 浏览器在收藏夹功能上优于 Microsoft Edge 浏览器的部分，其他相同或相似的收藏夹功能不再进行详细介绍。

22.3.1　将经常访问的网页添加到收藏夹中

IE 11 浏览器支持将指定的单个网页或打开的所有网页添加到收藏夹中。切换到要添加到收藏夹的网页所在的标签页，然后可以使用以下两种方法将该网页添加到收藏夹中。

◆ 在网页显示区域中单击鼠标右键，在弹出的菜单中选择【添加到收藏夹】命令。

◆ 单击 IE 浏览器窗口工具栏中的【查看收藏夹、源和历史记录】按钮，在打开的窗格中单击【添加到收藏夹】按钮，如图22-49 所示。

图22-49　单击【添加到收藏夹】按钮

无论使用哪种方法，都会打开如图 22-50 所示的【添加收藏】对话框。【名称】文本框中的内容会显示在收藏夹中，可以修改其中的名称以使其易于识别。可以单击【新建文件夹】按钮在收藏夹中创建新的文件夹，这样便于对不同的网页进行分类存放，类似于文件资源管理器中的文件夹和子文件夹的形式。设置好以后单击【添加】按钮将指定的网页添加到收藏夹中。

图22-50　添加收藏夹时的设置界面

> （提示）如果频繁使用收藏夹，可以单击窗格上方的【固定收藏中心】按钮，将其固定在窗口左侧。

IE 11 浏览器优于 Microsoft Edge 浏览器的地方在于，可以将 IE 浏览器窗口中打开的所有网页一次性添加到收藏夹中。只需单击 IE 浏览器窗口工具栏中的【查看收藏夹、源和历史记录】按钮，在打开的窗格中单击【添加到收藏夹】

按钮右侧的黑色三角，然后在弹出的菜单中选择【将当前所有的标签页网页添加到收藏夹】命令，如图 22-51 所示。

图22-51　向收藏夹中添加所有打开的网页

打开如图 22-52 所示的对话框，由于一次性添加多个网页，所以在将这些网页添加到收藏夹时会以文件夹的形式将它们组织在一起。在【文件夹名】文本框中输入文件夹的名称，然后单击【添加】按钮。

图22-52　设置文件夹的名称

> **注意**　如果在浏览器窗口中只打开了一个标签页，【将当前所有的标签页网页添加到收藏夹】命令将处于禁用状态。

以后可以随时打开收藏夹中的网页，单击 IE 浏览器窗口工具栏中的【查看收藏夹、源和历史记录】按钮 ⭐，在打开的窗格中切换到【收藏夹】选项卡，这里列出了添加到收藏夹中的所有单个网页，以及以文件夹形式显示的一次性添加的多个网页。单击单个网页可以在当前标签页中打开该网页。要访问文件夹中的网页，可以进入文件夹以后单击网页。

与 Microsoft Edge 浏览器不同，IE 浏览器允许用户一次性打开文件夹中包含的所有网页。只需右击文件夹后在弹出的菜单中选择【在标签页组中打开】命令，如图 22-53 所示，文件夹中的

网页会在与网页数量对应的标签页中打开。

图22-53　打开文件夹中的所有网页

22.3.2　使用收藏夹栏

与上一节介绍的将网页添加到收藏夹的操作类似，只要在打开的【添加收藏】对话框中将【创建位置】设置为【收藏夹栏】，如图 22-54 所示，即可将网页添加到收藏夹栏中。还可以使用以下两种方法在不打开【添加收藏】对话框的情况下直接将网页添加到收藏夹栏中。

图22-54　将【创建位置】设置为【收藏夹栏】

◆ 打开收藏夹窗格，然后单击【添加到收藏夹】按钮右侧的黑色三角，在弹出的菜单中选择【添加到收藏夹栏】命令。

◆ 右击 IE 浏览器窗口标题栏中的空白处，在弹出的菜单中选择【收藏夹栏】命令，在显示出来的收藏夹栏中单击【添加到收藏夹栏】按钮 ⭐。

收藏夹栏中的网页的显示方式类似于应用程序工具栏中的按钮，单击收藏夹栏中的网页按钮即可打开对应的网页，拖动网页按钮可以调整其在收藏夹栏中的位置。右击网页按钮后在弹出的菜单中选择【删除】命令可以将网页从收藏夹栏中删除。

IE 11 浏览器允许用户设置收藏夹栏中的网页按钮的显示方式，分为【长标题】【短标题】【仅图标】3 种。右击收藏夹栏中的任意一个网页按钮，在弹出的菜单中选择【自定义标题宽度】命令，然后在图 22-55 所示的子菜单中选择一种显示方式。图 22-56 所示是以图标方式显示的收藏夹栏中的网页。

图22-55 选择收藏夹栏中图标的显示方式

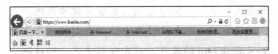

图22-56 收藏夹栏中的网页以图标的方式显示

如果在以【长标题】或【短标题】方式显示收藏夹栏中的网页时，发现名称仍然很长或者不易被识别，那么可以右击收藏夹栏中的网页按钮，在弹出的菜单中选择【重命名】命令，然后在打开的对话框中修改网页的名称，如图 22-57 所示。

图22-57 修改收藏夹栏中的网页名称

22.3.3 整理收藏夹中的内容

与 Microsoft Edge 浏览器不同，IE 11 浏览器为用户提供了专门的界面用于整理收藏夹中的内容。单击 IE 浏览器窗口工具栏中的【查看收藏夹、源和历史记录】按钮☆打开收藏夹窗格，然后单击【添加到收藏夹】按钮右侧的黑色三角，在弹出的菜单中选择【整理收藏夹】命令，打开如图 22-58 所示的【整理收藏夹】对话框。可以使用对话框下方的几个按钮来创建新的文件夹，

或者对网页执行移动、重命名或删除等操作。除了这些按钮外，还可以右击对话框中的网页，然后使用鼠标右键菜单命令来执行相关操作。

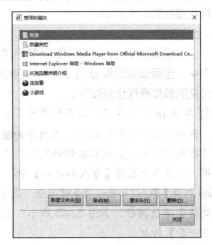

图22-58 【整理收藏夹】对话框

收藏夹本身也是计算机中的一个文件夹。除了使用【整理收藏夹】对话框来整理收藏夹中的内容外，还可以打开计算机中的收藏夹文件夹，然后像执行平常的文件和文件夹操作那样来整理收藏夹文件夹中的内容，如图 22-59 所示。IE 浏览器中的收藏夹对应于当前登录操作系统的用户的【收藏夹】文件夹，该文件夹的路径如下：

`%USERPROFILE%\Favorites`

图22-59 在【收藏夹】文件夹中整理收藏夹中的内容

22.3.4 导出与导入收藏夹中的内容

导出操作用于将收藏夹中的内容以文件的形式备份到计算机中的指定位置，这有点类似于计算机数据日常维护中的备份文件。当以后需要重装系统或使用另一台计算机时，可以将以前导出

的收藏夹文件导入到 IE 浏览器中，以前日积月累添加到收藏夹中的网页就会立刻复原，无需在 IE 浏览器的收藏夹中重新进行添加网页的操作。这就是收藏夹的导入操作。

1. 导出收藏夹

可以将收藏夹中的内容导出到计算机的指定文件夹中，也可以导出到 U 盘或移动硬盘中。导出收藏夹的具体操作步骤如下。

STEP 1 单击 IE 浏览器窗口工具栏中的【查看收藏夹、源和历史记录】按钮 ⭐，在打开的窗格中单击【添加到收藏夹】按钮右侧的黑色三角，然后在弹出的菜单中选择【导入和导出】命令。

STEP 2 打开【导入/导出设置】对话框，选中【导出到文件】单选按钮，如图 22-60 所示，然后单击【下一步】按钮。

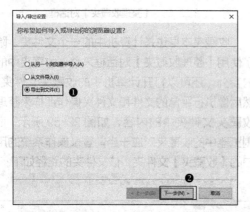

图22-60　选中【导出到文件】单选按钮

STEP 3 进入如图 22-61 所示的界面，因为要导出收藏夹中的内容，所以只选中【收藏夹】复选框，然后单击【下一步】按钮。

图22-61　选择要导出的内容类型

STEP 4 进入如图 22-62 所示的界面，选择要导出收藏夹中的哪些内容，可以导出整个收藏夹，也可以只导出收藏夹栏或收藏夹中的某个文件夹中的内容。选择好后单击【下一步】按钮。

图22-62　选择要导出收藏夹中的整体或部分内容

STEP 5 进入如图 22-63 所示的界面，选择收藏夹的导出位置，默认导出到当前登录操作系统的用户的【我的文档】文件夹中，并会创建一个名为 bookmark.htm 的文件，该文件就是导出的收藏夹文件。用户可以单击【浏览】按钮，然后自定义设置导出位置和导出的文件名称。

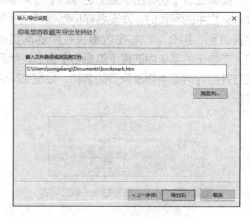

图22-63　选择收藏夹的导出位置

STEP 6 设置好以后单击【导出】按钮，系统会提示已成功导出所选择的内容。最后单击【完成】按钮关闭对话框。

2. 导入收藏夹

当需要恢复 IE 浏览器收藏夹中的内容时，需要将以前导出的收藏夹文件导入到 IE 浏览器中，具体操作步骤如下。

STEP 1 按照前面介绍的方法打开【导入/导出设

置】对话框，选中【从文件导入】单选按钮，如图 22-64 所示，然后单击【下一步】按钮。

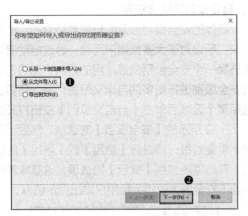

图22-64 选中【从文件导入】单选按钮

STEP 2 进入如图 22-65 所示的界面，选中【收藏夹】复选框，然后单击【下一步】按钮。

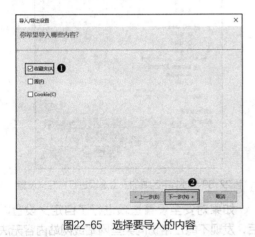

图22-65 选择要导入的内容

> 提示
> 如果在【导入/导出设置】对话框中选中【从另一个浏览器中导入】单选按钮，则可以将第三方浏览器导出的收藏夹导入到 IE 浏览器中。

STEP 3 进入如图 22-66 所示的界面，单击【浏览】按钮选择要导入的收藏夹文件，然后单击【下一步】按钮。

STEP 4 进入如图 22-67 所示的界面，选择要将收藏夹导入到哪个文件夹中，可以导入到收藏夹根目录下，也可以导入到收藏夹栏或收藏夹中的子文件夹中。

STEP 5 设置好以后单击【导入】按钮，将所选择的收藏夹文件中的内容导入到当前 IE 浏览器

收藏夹中的指定位置上。最后单击【关闭】按钮关闭对话框。

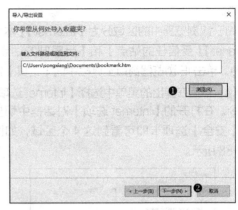

图22-66 选择要导入的收藏夹文件所在的位置

图22-67 选择要将收藏夹导入到哪个文件夹

22.4 保护上网安全

上网安全已经变成所有 Internet 用户最关注的问题之一。针对日益严重的网上安全威胁，IE 11 浏览器为用户提供了多种安全防护功能，合理使用它们能够有效提高用户上网的安全性。本节将介绍这些安全功能的设置与使用方法。

22.4.1 设置 IE 浏览器的安全级别

对于来源不同的网站，可以确定某些网站是安全的，比如公司内部建立的网站。但对于 Internet 中的大多数网站而言，很难确定它们是否安全。IE 11 浏览器提供了称为"区域"的功能，会自动将所有网站分配到某个区域。每个区域拥有自己的安全级别设置，该设置会自动阻止网站中某些类型的内容，具体阻止哪些内容取决于区域中具体的安全设置选项。当用户访问一个网站

时，会自动对该网站应用不同区域中的安全级别设置，从而实现动态调整与保护用户上网安全的目的。

IE 11 浏览器中的区域分为【Internet】【本地Intranet】【受信任的站点】和【受限制的站点】4 种。单击 IE 浏览器窗口工具栏中的【工具】按钮🔧，然后在弹出的菜单中选择【Internet 选项】命令。在打开的【Internet 选项】对话框中切换到【安全】选项卡即可看到这 4 个区域，如图22-68 所示。

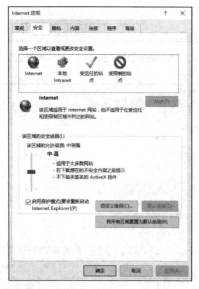

图22-68　IE浏览器提供的4种区域

下方的【该区域的安全级别】中显示安全级别是针对于当前所选择的区域而言的。这意味着选择不同的区域，【该区域的安全级别】中的安全级别设置各不相同。IE 浏览器提供了 5 种安全级别，由低到高依次为【低】【中低】【中】【中高】【高】。安全级别越高对网站的各方面限制越多，对用户越安全。可以在选择一个区域后，通过拖动滑块来调整所选区域的安全级别。【本地Intranet】和【受信任的站点】两个区域可以设置为任意一种安全级别，但是【Internet】区域只支持【中】【中高】【高】3 种安全级别，而【受限制的站点】区域则只能将安全级别设置为【高】。

只要改变了 IE 浏览器默认的安全级别设置，无论是通过拖动滑块改变的，还是后面将要介绍的使用【自定义级别】按钮进行的自定义安全设置改变的，都可以通过单击【将所有区域重置为

默认级别】按钮将所有区域中的安全级别设置恢复为最初的默认值。

1. 自定义设置安全级别

具体的安全级别涉及的选项数量众多且有些复杂，所以对于大多数用户而言，通过拖动滑块来选择一个安全级别是最常用的方法。如果希望对安全级别进行更多的自定义设置，那么需要在选择某个区域后单击【自定义级别】按钮打开如图 22-69 所示的【安全设置】对话框，然后可以根据需要对每一项进行【启用】或【禁用】的设置，有些项还包括【提示】的选项，这意味着在遇到不安全内容时将会给用户发出提示信息。

图22-69　对指定区域的安全选项进行自定义设置

如果对安全设置选项进行了自定义设置以后，发现不能正常访问某些网站或网站内容无法正常显示，则可以单击【安全设置】对话框中的【重置】按钮将所有选项恢复为默认状态。

2. 添加受信任或受限制的网站

如果已经确定某些网站非常安全或非常不安全，那么可以将它们加入到【受信任的站点】或【受限制的站点】区域中，避免 IE 浏览器在对网站进行自动分类时出现错误，以至于将网站划分到了用户不希望的区域中。

要向【受信任的站点】或【受限制的站点】区域中添加网站，需要按照前面介绍的方法打开【Internet 选项】对话框的【安全】选项卡，选择【受信任的站点】或【受限制的站点】区域，然后单击【站点】按钮，如图 22-70 所示。在打开的对话框中输入网站的网址，然后单击【添加】

按钮将其添加到指定区域中，如图 22-71 所示。对于添加错误的网站，可以在列表框中选择该网站后单击【删除】按钮。

图22-70　单击【站点】按钮

图22-71　向区域中添加指定的网站

22.4.2 使用 SmartScreen 筛选器过滤不安全网站

IE 11 浏览器也提供了 SmartScreen 筛选器功能，用于过滤钓鱼网站和恶意软件网站，避免用户误入带有安全威胁的网站。有关 SmartScreen 筛选器的功能已在本书第 21 章中进行过详细介绍，因此这里不再赘述。可以根据需要在 IE 11 浏览器中开启或关闭 SmartScreen 筛选器，单击 IE 浏览器窗口工具栏中的【工具】按钮，在弹出的菜单中选择【安全】命令，然后根据当前 SmartScreen 筛选器处于开启或关闭状态，弹出的子菜单中的命令会有所不同。

◆ 如果 SmartScreen 筛选器当前处于开启状态，在子菜单中会显示【关闭 SmartScreen 筛选器】命令。

◆ 如果 SmartScreen 筛选器当前处于关闭状态，在子菜单中会显示【启用 SmartScreen 筛选器】命令。

无论选择哪个命令，都将打开如图 22-72 所示的对话框，而且会自动选中与所选命令对应的选项，单击【确定】按钮即可开启或关闭 SmartScreen 筛选器。

图22-72　SmartScreen筛选器设置对话框

如果确定某些网站具有安全威胁或存在安全隐患，但是 SmartScreen 筛选器没有自动阻止它们，那么用户可以手动对这些网站进行检测。单击 IE 浏览器窗口工具栏中的【工具】按钮，然后在弹出的菜单中选择【安全】⇨【检测此网站】命令，稍后会显示如图 22-73 所示的检测结果，帮助用户鉴别所检测的网站是否安全。

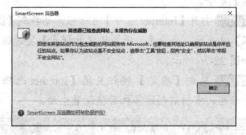

图22-73　使用SmartScreen筛选器检测网站的结果

提示
第一次手动检测网站时会显示如图22-74所示的对话框，告知用户被检测的网站地址会发送给微软。

图22-74　第一次手动检测网站时显示的提示信息

无论检测结果如何，如果用户始终认为某个网站存在安全威胁，则可以向微软报告该网站。只需单击IE浏览器窗口工具栏中的【工具】按钮，然后在弹出的菜单中选择【安全】➾【举报不安全网站】命令，在图22-75所示的页面中选择要报告的内容，输入验证码后单击【提交】按钮即可。

图22-75　向微软报告带有安全威胁的网站

除了SmartScreen筛选器，还可以通过开启增强保护模式来进一步防止恶意软件在IE浏览器中运行。开启增强保护模式的具体操作步骤如下。

STEP 1 单击IE浏览器窗口工具栏中的【工具】按钮，然后在弹出的菜单中选择【Internet选项】命令。

STEP 2 打开【Internet选项】对话框，切换到【高级】选项卡，选中【启用增强保护模式】复选框，如图22-76所示。

STEP 3 单击【确定】按钮关闭【Internet选项】对话框，重新启动计算机后使设置生效。

> **注意** 开启增强保护模式后，IE浏览器中的加载项只有在与增强保护模式兼容的情况下才能正常运行。如果需要运行不兼容的加载项，则需要关闭增强保护模式，只需按照上面介绍的方法取消选中【启用增强保护模式】复选框，然后重新启动计算机即可。

图22-76　选中【启用增强保护模式】复选框

22.4.3　阻止弹出窗口

在打开很多网页时，经常会遇到让人反感的自动弹出窗口，在关闭一些弹出窗口时还有可能由于误点而自动打开窗口中的广告页面。不但严重影响用户的上网体验，而且还有可能误入具有安全威胁的网站。IE浏览器提供了阻止弹出窗口的功能且在默认情况下已开启该功能。当打开一个包含弹出窗口的网页时，浏览器窗口的下方会自动显示如图22-77所示的提示栏，通知用户当前已阻止了一个弹出窗口。如果用户希望显示该弹出窗口，那么可以有以下两种选择。

图22-77　检测到弹出窗口时显示提示栏

◆ 仅允许本次弹出窗口：单击【允许一次】按钮。

◆ 允许每次访问该网站时都可以弹出窗口：单击【用于此站点的选项】按钮，然后在弹出的菜单中选择【总是允许】命令，如图22-78所示。

图22-78　选择【总是允许】命令总是允许弹出窗口

1．阻止所有网站的弹出窗口

即使开启了阻止弹出窗口功能，IE 浏览器也不会阻止来自于【本地 Intranet】和【受信任的站点】两个安全区域中包含的网站的弹出窗口。如果想要阻止所有网站的弹出窗口，那么需要更改默认的阻止级别，具体操作步骤如下。

STEP 1 单击 IE 浏览器窗口工具栏中的【工具】按钮 ⚙，在弹出的菜单中选择【Internet 选项】命令。

STEP 2 打开【Internet 选项】对话框，切换到【隐私】选项卡，单击【设置】按钮，如图 22-79 所示。

图22-79　单击【设置】按钮

STEP 3 打开【弹出窗口阻止程序设置】对话框，在【阻止级别】下拉列表中选择【高：阻止所有弹出窗口】选项，如图 22-80 所示。

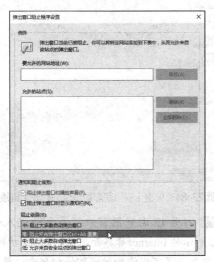

图22-80　选择【高：阻止所有弹出窗口】选项

STEP 4 单击【关闭】按钮和【确定】按钮，依次关闭打开的对话框。

2．添加例外的可弹出窗口

如果按照前面介绍的方法，将【阻止级别】设置为【高：阻止所有弹出窗口】，阻止了所有网站的弹出窗口，但又希望有个别例外的某个网站可以显示弹出窗口。或者在 IE 浏览器默认设置的阻止级别下，希望某些被阻止的网站能够显示弹出窗口，那么可以按照前面介绍的方法打开【弹出窗口阻止程序设置】对话框，然后在【要允许的网站地址】文本框中输入允许弹出窗口的网站地址，如图 22-81 所示。然后单击【添加】按钮，将该网站添加到下方的【允许的站点】列表框中，如图 22-82 所示。按照相同的方法可以将所有允许弹出窗口的网站添加进来。

图22-81　输入允许弹出窗口的网站的网址

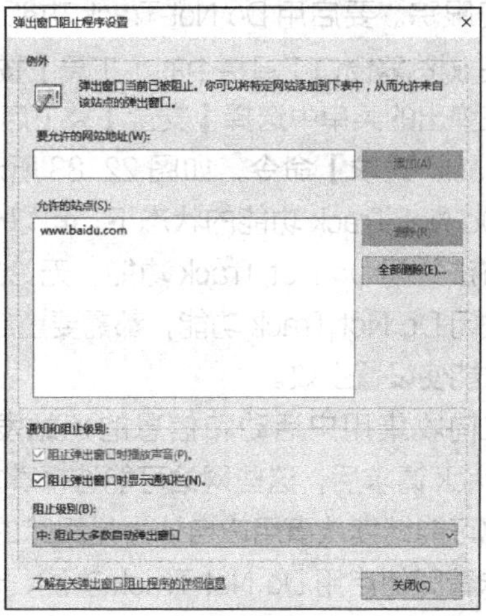

图22-82　添加允许弹出窗口的网站

3. 阻止弹出窗口时不再显示提示栏

如果不需要对 IE 浏览器阻止弹出窗口时做出任何响应，那么可以禁止 IE 浏览器在阻止弹出窗口时显示的提示栏。只需在【弹出窗口阻止程序设置】对话框中取消选中【阻止弹出窗口时显示通知栏】复选框即可。

22.4.4　使用 Do Not Track 和跟踪保护功能

跟踪是指网站、第三方内容提供商、广告商等用来了解用户如何与网站进行交互的方法。以上这些网站会对用户访问的网页、单击的链接、查看的图片等信息进行跟踪，目的是为了根据用户的个人喜好和习惯为用户提供更加个性化的内容。例如，网站会根据用户购买的图书来为用户提供相关图书的广告或推荐。虽然从某种意义上讲能够为用户提供方便，但这也意味着用户在网页上的活动一直在被网站收集，而且可能还会共享给其他一些公司。换言之，用户的某些隐私在不知不觉中被泄漏了。

启用 IE 浏览器提供的 Do Not Track 功能后，IE 浏览器会自动向用户访问的网站，以及在这些网站托管内容的第三方网站发送 Do Not Track 请求，该请求可以告知这些网站和第三方内容提供商，用户并不想让自己的浏览活动被它们跟踪。要启用 Do Not Track 功能，需要单击 IE 浏览器窗口工具栏中的【工具】按钮，然后在弹出的菜单中选择【安全】⇨【启用 "Do Not Track" 请求】命令，如图 22-83 所示。在启用 Do Not Track 功能的状态下，可以使用类似的方法关闭 Do Not Track 功能。无论是开启还是关闭 Do Not Track 功能，都需要重启 IE 浏览器才能使设置生效。

在向收集用户活动和信息的网站发送 Do Not Track 请求后，这些网站可能选择尊重此请求，也可能继续从事用户自认为是跟踪的活动。这意味着即使启用 Do Not Track 功能，也并不能完全保证用户的网上活动不被跟踪。为了解

决这个问题，还可以使用 IE 浏览器提供的跟踪保护功能。

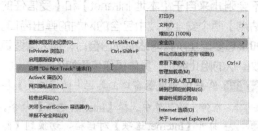

图22-83　启用Do Not Track功能

跟踪保护功能通过阻止来自所访问网站上的第三方内容提供商的内容，来确保用户的个人信息和网上活动不会发送给这些第三方内容提供商。这样就可以更好地保护用户的个人信息不会外泄。使用跟踪保护功能的前提条件是需要先在 IE 浏览器中安装跟踪保护列表。IE 浏览器会阻止来自与列表中的网站相关的任何第三方内容，并阻止这些第三方内容的提供商收集用户的网上活动和信息。在 IE 浏览器中添加跟踪保护列表的具体操作步骤如下。

STEP 1 单击 IE 浏览器窗口工具栏中的【工具】按钮，然后在弹出的菜单中选择【安全】⇨【启用跟踪保护】命令。

STEP 2 打开如图 22-84 所示的【管理加载项】对话框，在左侧列表中会自动选中【跟踪保护】类别。如要添加跟踪保护列表，需要单击下方的【联机获取跟踪保护列表】链接。

图22-84　单击【联机获取跟踪保护列表】链接

STEP 3 打开 IE 浏览器窗口，并自动进入如图 22-85 所示的 Internet 库界面，在【跟踪保护列表】类别中显示了可以添加的跟踪保护列表，单击要

添加的跟踪保护列表右侧的【添加】按钮。

图22-85　单击要添加的跟踪保护列表右侧的【添加】按钮

STEP 4 弹出如图 22-86 所示的对话框，如果要继续添加，则单击【添加列表】按钮。

图22-86　确认是否继续添加跟踪保护列表

STEP 5 关闭之前打开的【管理加载项】对话框，然后重新打开该对话框，在左侧列表中选择【跟踪保护】类别，右侧将会显示刚添加的跟踪保护列表，如图 22-87 所示。选择一个跟踪保护列表后，可以使用对话框右下方的按钮对该列表执行启用、禁用或删除等操作，也可以右击某个跟踪保护列表后在弹出的菜单中执行相同的操作。

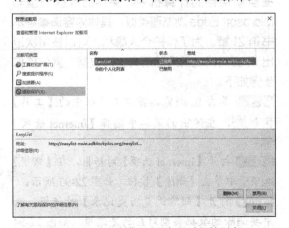

图22-87　在IE浏览器中添加跟踪保护列表

当在 IE 浏览器中添加了跟踪保护列表并启

用跟踪保护功能后，会在访问某些网页时的地址栏右侧显示一个蓝色的【跟踪保护】图标◎，单击该图标后将会弹出如图 22-88 所示的提示栏，单击【取消阻止内容】按钮可以看到当前网页中被阻止的内容。

图22-88　单击【跟踪保护】图标显示的提示栏

22.4.5　取消账户登录信息和 Web 表单的"自动完成"功能

为了享受网站提供的更完善的服务，很多网站（如购物网站、银行网站、论坛等）都提供了会员制的管理方式，这就要求用户首先在这类网站注册一个账户（一个用户名及其密码），然后就可以使用注册的账户登录网站。

默认情况下，当用户使用注册的用户名和密码登录某个网站时，会在 IE 浏览器窗口的下方显示如图 22-89 所示的提示栏，单击【是】按钮会自动保存输入的密码。下次访问该网站并开始输入用户名时，IE 浏览器可以自动完成账户信息的填写，包括用户名和密码。

图22-89　是否保存密码的提示信息

Web 表单是指在购物或其他需要用户的个人信息时，用户在相应的网页中填写的内容，比如送货地址。当用户曾经在表单中填写过个人信息后，在下次需要填写类似的信息时，IE 浏览器提供的自动完成功能将根据用户之前输入的内容自动填写表单，以便节省时间。

1．开启或关闭自动完成功能

可以让 IE 浏览器自动记录并填写用户在表单中填写过的内容，当然也可以关闭自动完成功能。开启或关闭自动完成功能的具体操作步骤如下。

STEP 1 单击 IE 浏览器窗口工具栏中的【工具】按钮🔧：在弹出的菜单中选择【Internet 选项】命令。

STEP 2 打开【Internet 选项】对话框，切换到【内

容】选项卡,单击【自动完成】组中的【设置】
按钮,如图 22-90 所示。

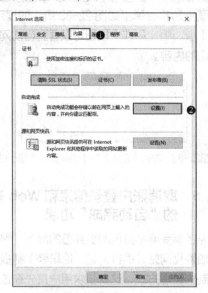

图22-90　单击【自动完成】组中的【设置】按钮

STEP 3 打开如图 22-91 所示的【自动完成设置】对
话框,如果选中【表单】和【表单上的用户名和密
码】两个复选框,表示开启自动完成功能;如果取
消选中这两个复选框,将关闭自动完成功能。根据
需要进行选择,然后单击【确定】按钮关闭打开的
对话框。

图22-91　开启或关闭自动完成功能

提示
　　如果不想在输入密码时显示是否保存密码的提示栏,
可以取消选中【自动完成设置】对话框中的【在保存密码之
前询问我】复选框。

2. 删除自动完成功能保存的信息

自动完成功能所涉及的用户信息被保存在

用户当时使用的计算机中。因此,当多人共用
同一台计算机时最好关闭自动完成功能。假如
在不安全的计算机使用环境下不小心开启了自
动完成功能,那么可以在退出 IE 浏览器之前删
除自动完成功能保存的用户信息,只需在【自
动完成设置】对话框中单击【删除自动完成历
史记录】按钮,然后在打开的【删除浏览历史
记录】对话框中选中【表单数据】和【密码】
两个复选框后单击【确定】按钮,如图 22-92
所示。

图22-92　删除自动完成功能保存的用户信息

22.4.6　清除上网记录

在使用 IE 浏览器进行浏览网页等操作,
IE 浏览器会将用户操作过程中涉及的各类数
据自动保存到计算机中,保存的数据类型与
Microsoft Edge 浏览器类似,具体内容请参考本
书第 21 章。为了保护个人隐私,可以在每次退
出 IE 浏览器之前清除所有上网数据,具体操作
步骤如下。

STEP 1 单击 IE 浏览器窗口工具栏中的【工具】
按钮 ⚙,在弹出的菜单中选择【Internet 选项】
命令。

STEP 2 打开【Internet 选项】对话框,在【常规】
选项卡中单击【删除】按钮,如图 22-93 所示。

STEP 3 打开【删除浏览历史记录】对话框,选
中要删除的数据类型对应的复选框,如图 22-94
所示,然后单击【删除】按钮,即可清除所有选
中类型的数据。

图22-93　单击【删除】按钮　　图22-94　选择要删除
　　　　　　　　　　　　　　　　　　的数据类型

> **提示**
> 　　每次退出IE浏览器之前都需要手动执行上述操作才能清除IE浏览器保存的相关数据。用户可以通过在【Internet选项】对话框的【常规】选项卡中选中【退出时删除浏览历史记录】复选框实现在每次退出IE浏览器时自动清除选中的数据。

22.4.7　恢复 IE 浏览器的初始状态

　　在使用 IE 浏览器一段时间后，可能会发现 IE 浏览器启动速度变慢、浏览网页时的响应速度也变得有些迟缓、网页中的某些内容无法正常显示，甚至出现一些更严重的问题。如果已经尝试通过禁用某些加载项、清除浏览器的 Cookie 和缓存等方法仍然无法解决问题，那么还可以将 IE 浏览器恢复到初始状态来使浏览器恢复正常。初始状态是指在计算机中刚安装好 IE 浏览器时的状态。需要注意的是，将 IE 浏览器恢复到初始状态的操作不可逆，这意味着一旦执行了恢复操作，那么恢复在 IE 浏览器中进行的所有自定义设置都将丢失。恢复 IE 浏览器到初始状态的具体操作步骤如下。

STEP 1 单击 IE 浏览器窗口工具栏中的【工具】按钮✿，在弹出的菜单中选择【Internet 选项】命令。

STEP 2 打开【Internet 选项】对话框，切换到

【高级】选项卡，然后单击【重置】按钮，如图22-95 所示。

STEP 3 打开【重置 Internet Explorer 设置】对话框，选中【删除个人设置】复选框，如图 22-96 所示，然后单击【重置】按钮，系统将开始恢复 IE 的初始设置。

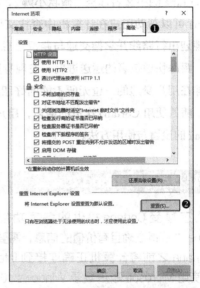

图22-95　单击【重置】按钮

图22-96　【重置Internet Explorer设置】对话框

STEP 4 完成后单击【关闭】按钮，然后单击【确定】按钮，关闭打开的所有对话框。重新启动计算机后，IE 浏览器将恢复到初始状态。

使用 Cortana 智能助理

Cortana 的中文名称是"微软小娜"，它是集成在 Windows 10 中的一个极具人性化的智能应用。Cortana 可以帮助用户在计算机中查找文件和数据、管理日历并进行日程安排、设置重要事件的提醒、规划出行路线并掌握交通与路况信息、了解未来的天气情况、了解新闻头条与各类内容的最新资讯、跟踪快递包裹的运送进度、发现身边的美食，甚至闲暇时间与 Cortana 聊天。Cortana 就像时刻陪伴在用户身边的一位无所不能的好朋友，时刻关注着用户的衣食住行并随时提供有用的信息和建议。随着使用 Cortana 次数的增多，用户的 Cortana 使用体验将会越来越个性化。本章详细介绍了Cortana 的设置与使用方法。

23.1 启用 Cortana 功能

为了享受 Cortana 提供的各项功能，从 Cortana 中获得准确且有价值的信息，需要在使用 Cortana 之前将计算机正确连接到 Internet，同时使用 Microsoft 账户登录 Windows 10 操作系统，而且还需要开启 Windows 10 中的定位功能，这是因为 Cortana 中的很多功能需要收集用户的位置信息。首次使用 Cortana 时，需要先启用 Cortana 功能，具体操作步骤如下。

STEP 1 单击 Windows 10 任务栏中的搜索框或搜索图标♀，打开如图 23-1 所示的界面，这是第一次使用 Cortana 的设置界面，单击【下一步】按钮。

STEP 2 进入如图 23-2 所示的界面，单击【使用Cortana】按钮。

图23-1 启动Cortana 设置界面

图23-2 单击【使用Cortana】按钮

> **提示**
> 如果在打开图23-1界面后暂时不想继续设置Cortana，可以单击【不感兴趣】按钮关闭该界面。以后可以单击任务栏中的搜索框随时激活Cortana设置界面，激活后会自动进入上次关闭时进行的界面。

STEP 3 进入如图 23-3 所示的界面，在文本框中输入一个名称，以后 Cortana 将使用该名称来称呼用户。设置好后单击【下一步】按钮。

图23-3 设置Cortana称呼用户的名称

STEP 4 如果设置之前没有使用 Microsoft 账户登录 Windows 10，在输入称呼并单击【下一步】按钮后会打开如图 23-4 所示的对话框，要求用户使用 Microsoft 账户登录 Windows 10 以后才能继续设置 Cortana。如果没有 Microsoft 账户，可以单击对话框中的【创建一个！】链接新建一个Microsoft 账户。

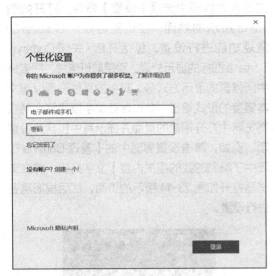

图23-4 设置Cortana的过程中可以使用
Microsoft账户登录Windows 10

STEP 5 登录 Microsoft 账户并开启了 Windows 10 中的定位功能后，就可以开始使用 Cortana 了。

提示
　　如果启用Cortana功能之前已将任务栏中的搜索框设置为了以搜索图标的方式显示，那么在启用Cortana功能后，任务栏中搜索图标的外观会由🔍变为◯。

交叉
参考　　有关 Windows 10 定位功能的设置方法，请参考本书第 11 章。

23.2 配置 Cortana

　　成功启用 Cortana 功能后，需要先对 Cortana 进行一些配置。配置 Cortana 的主要目的是为了让 Cortana 更多地了解用户的个人信息、兴趣爱好和日常行为习惯，以便为用户提供更精确、更具个性化的服务。Cortana 中的笔记本是配置 Cortana 的主环境，可以将用户的个人信息和兴趣爱好添加到笔记本中，之后 Cortana 能够自动跟踪用户的这些信息，以便为用户提供最适合的信息和内容。

23.2.1 Cortana 界面简介

　　单击任务栏中的搜索框（或搜索图标），打开 Cortana 主界面，如图 23-5 所示。界面左侧的纵向条形区域排列着 5 个图标，单击不同的图标可以切换到不同的界面中，默

认选中🏠图标以显示 Cortana 主界面。如果不知道每个图标的含义，可以单击顶部的☰图标，将会在打开的菜单中显示每个图标及其对应的名称，分别是 CORTANA ☰、主页🏠、笔记本📖、提醒💡、反馈🗨，如图 23-6 所示。

图23-5 Cortana主界面　　图23-6 显示Cortana的命令菜单

23.2.2 设置 Cortana 对用户的称呼

　　在本章 23.1 节介绍的启用 Cortana 的设置向导过程中，其中一个步骤是输入 Cortana 用来称呼用户的名称。在启用 Cortana 以后，可以重新修改此名称，具体操作步骤如下。

STEP 1 打开 Cortana 主界面，单击【笔记本】图标📖，然后在进入的界面中选择【个人信息】命令，如图 23-7 所示。

STEP 2 进入如图 23-8 所示的界面，单击【更改我的名字】按钮。

图23-7 选择【个人　　图23-8 单击【更改我的
信息】命令　　　　名字】按钮

如果要从当前设置界面返回Cortana主界面或其他4个图标的起始界面，只需单击Cortana左侧列表中对应的图标即可。

STEP 3 进入如图 23-9 所示的界面，在文本框中输入用户的新称呼，然后单击【输入】按钮。

STEP 4 进入如图 23-10 所示的界面，单击【听听我读得怎么样】后可以听到 Cortana 念出上一步设置的称呼。如果确认无误，单击【听起来不错】按钮。

图23-9　在文本框中输入　　图23-10　检查Cortana
　　　　用户的新称呼　　　　　　朗读称呼的正确性

STEP 5 进入如图 23-11 所示的界面，单击【完成】按钮完成对用户称呼的设置。以后打开 Cortana 主界面时，Cortana 会对用户使用新称呼，如图 23-12 所示。

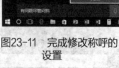

图23-11　完成修改称呼的　　图23-12　Cortana界面
　　　　　设置　　　　　　　　中会使用修改后的称呼

23.2.3　Cortana 常规功能设置

打开 Cortana 主界面，单击【笔记本】图标，

在进入的界面中选择【设置】命令，打开如图 23-13 所示的界面，在这里可以对 Cortana 的常规功能进行设置，包括开启 / 关闭 Cortana、Cortana 图标的显示外观、跟踪航班信息、搜索框中问候语的显示方式等。其中的某些设置以超文本链接的形式给出，单击这些文字链接将自动在浏览器中打开相应的页面并显示其中包含的设置项。例如，单击设置界面中的【管理 Cortana 在云中了解到的我的相关内容】文字链接，将在浏览器打开如图 23-14 所示的页面，然后根据需要进行设置。

图23-13　Cortana常规功能设置

图23-14　单击文字链接会在浏览器中打开设置页面

由于Cortana将用户信息存储在微软的云服务器中，所以如果要删除这些信息，需要先关闭Cortana功能。有关删除Cortana记录的用户信息的方法，请参考本章23.4节。

23.2.4　Cortana 具体任务设置

当在 Cortana 主界面中单击【笔记本】图标
圖后，可以在进入的界面中看到除了【个人信
息】和【设置】两个命令外，下方还有很多命令，
使用这些命令可以设置 Cortana 为用户提供所
需信息和内容的方式和类型。换言之，Cortana
中的记事本是专门用来记录用户的信息和各种
兴趣爱好的地方。向记事本中添加的内容越多，
Cortana 越了解用户，所提供的信息就越准确。
表 23-1 列出了在 Cortana 笔记本中可以添加的
内容类型与说明。

**表 23-1　在 Cortana 笔记本中可以添加的
内容类型与说明**

可记录内容类型	说明
会议提醒	掌握一天的日程安排，在即将到来的重要事件之前会收到提醒
体育	获得所关注的球队和赛事的动态
出行	获得需要准时到达的地点以及路况和推荐路线
名人	获得名人的最新动态
天气	实时查看所关注的城市的天气状况，在出现意外天气时会收到提醒
学术	获得所关注的学术领域的最新论文、会议动态等信息
彩票	获得所关注的最新一期的彩票信息
影视	获得所关注的电视节目、热映电影的最新信息
快递	获得指定快递单号的包裹的发货状态及送货进度
教育	每天都可以学习新的英语单词
旅游	获得最新的航班、火车动态以及目的地附近的旅店和景点等信息
日常	获得法定节假日、车辆限行通知等信息
活动	获得附近的各类活动的最新信息
财经	获得所关注的股票的涨跌信息
资讯	获得所关注的新闻资讯
轻松一下	每天会为用户推荐笑话和奇闻趣事
饮食	获得附近的美食团购的信息

例如，选择【天气】命令，进入如图 23-15
所示的界面，在这里可以对 Cortana 为用户提供

天气方面的相关信息的方式和类型进行设置。设
置完成后单击界面下方的【保存】按钮保存设置
结果。可以单击【添加地点】链接添加新的地理
位置，如图 23-16 所示，这样可以对新增位置的
天气情况保持时刻关注。

图23-15　设置Cortana具体 　图23-16　单击【添加地点】
任务的执行方式　　　　　链接添加新的地理位置

在大多数具体任务的设置界面中都会提供
一个带有"添加"字样的链接，使用该链接
可以将个人爱好或个性化信息添加到 Cortana
中，以便让 Cortana 为用户提供针对性更强
的内容。

 交叉参考　　如果在某个具体任务中添加了一
个项目，后来不再希望 Cortana 显示
与该项目相关的信息，则可以将其删
除，具体方法请参考本章 23.4 节。

23.3　使用 Cortana 智能化服务

本节详细介绍了使用 Cortana 提供的服务的
操作方法，包括唤醒 Cortana、查询各种资讯信
息、与 Cortana 进行互动交流、使用提醒功能。
最后还详细列出了 Cortana 提供的所有任务及其
说明，并给出了应用示例。

23.3.1　唤醒 Cortana

配置好 Cortana 以后就可以开始使用
Cortana 提供的各种服务了。Cortana 与用
户的交互方式分为文字显示和语言应答两种，
Cortana 使用哪种方式与用户交流由用户唤醒
Cortana 的方式决定。可以使用以下几种方法来

唤醒 Cortana。

◆ 单击任务栏中的搜索框，打开 Cortana 主界面，此时在搜索框中输入内容，Cortana 会以文字的形式与用户交流。

◆ 单击搜索框右侧的麦克风图标🎤，然后对 Cortana 讲话，Cortana 会使用语音与用户交谈。此方式需要将麦克风正确连接到计算机中。

◆ 对着麦克风说"你好小娜"，系统会自动唤醒 Cortana。此方式需要开启"你好小娜"的响应功能，设置方法如下：在 Cortana 主界面中单击【笔记本】图标📓，然后选择【设置】命令，在进入的界面中将【让 Cortana 响应"你好小娜"】设置为开启状态，如图 23-17 所示。

◆ 打开 Cortana 主界面，然后按【Windows 徽标 +C】组合键唤醒 Cortana 并自动切换到如图 23-18 所示的迷你聆听状态。

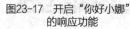

图23-17　开启"你好小娜"　图23-18　Cortana
　　　　的响应功能　　　　　　迷你聆听状态

23.3.2　查询各种资讯以及与 Cortana 进行互动交流

如果已经使用本章 23.2 节介绍的方法将用户的个人信息和兴趣爱好添加到了 Cortana 中，在打开 Cortana 主界面时会显示用户所关注的不同类型的内容。如果关注了很多内容，可以在 Cortana 主界面中滚动鼠标滚轮来依次浏览所有内容。

可能已经注意到在 Cortana 主界面中显示的每类信息的右侧都有一个 3 个点形状的标记···，

单击该标记将会打开一个菜单，其中包含【取消关注】和【在笔记本中编辑】两个命令，如图 23-19 所示。选择【取消关注】命令会将当前关注的内容从 Cortana 主界面中删除，以后每次打开 Cortana 主界面时都不再显示该信息；选择【在笔记本中编辑】命令，则会自动进入当前项目的设置界面，由用户对当前项目的关注方式等进行设置，设置方法在本章 23.2.4 节已进行过介绍，这里不再赘述。

Cortana 主界面中有的信息下方会显示一个下三角标记⌄，单击该标记可以显示没有完全显示出来的内容，如图 23-20 所示。单击⌃标记则会将内容重新折叠起来。单击 Cortana 主界面中的内容区域，将会自动在浏览器中打开对应的页面。

图23-19　在Cortana主界面　图23-20　展开未完全显示
　　　　打开某类信息的快捷菜单　　　　的内容

除了可以在 Cortana 主界面中查看用户定制的感兴趣的内容外，用户也可以通过在搜索框中输入文字，或单击搜索框中的麦克风图标🎤后使用麦克风说话的方式来主动与 Cortana 进行交流。例如，用户可以在搜索框中输入除了定制的天气情况以外的其他地区的天气情况。如图 23-21 所示，在搜索框中输入"上海天气"几个字，在列表上方的【最佳匹配】类别下会显示上海的天气情况。

用户也可以在搜索框中命令 Cortana 来打开某个应用或程序。例如，在搜索框中输入"打开记事本"，Cortana 就会自动为用户打开记事本程序。用户还可以和 Cortana 聊天。例如，在搜索框中输入"你是谁"，在列表上方的【最佳匹配】类别下会显示"你是谁 我们聊天吧"的内容。单击该内容即可显示 Cortana 的回答，如图 23-22 所示。

图23-21　查询天气情况

图23-22　与Cortana聊天

> **提示**
> 用户可以在搜索框中输入任何内容，但是只有在列表上方出现"我们聊天吧"几个字时才说明Cortana可以正常回答用户的问题，否则只能打开浏览器在Internet上搜索答案。

23.3.3　使用提醒功能

　　提醒功能是 Cortana 提供的一个非常实用的功能，该功能可以在到达指定时间时自动向用户发出提醒信息。例如，用户计划在下午 3 点和客户进行电话沟通。为了避免忘记这件事，可以预先在 Cortana 中设置提醒，Cortana 会在预定的时间弹出提示信息来提醒用户到时间该去做某件事了。此外，在某个设备上设置了Cortana提醒，

当使用相同的 Microsoft 账户登录其他设备时，已经设置好的提醒会自动同步到当前设备而无需进行重复设置。设置提醒功能的具体操作步骤如下。

STEP 1 在 Cortana 主界面中单击【提醒】图标，进入如图 23-23 所示的界面，然后单击右下角的➕按钮。

STEP 2 进入如图 23-24 所示的界面，在这里设置提醒的内容和方式。Cortana 中的提醒分为人物、地点、时间 3 种类型。

图23-23　单击【+】按钮　　图23-24　设置提醒的界面
　　　　　添加新的提醒

STEP 3 单击包含"记得"二字的文本框，此时会变成可编辑状态，在该文本框中输入提醒的内容。例如，输入"下午 3 点给客户打电话"，如图 23-25 所示。

STEP 4 单击"时间"二字所在的文本框，进入时间设置界面，分别选择小时和分钟。下午 3 点相当于是 15:00，所以分别选择【15】和【00】，如图 23-26 所示。完成后单击✔按钮。

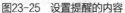

图23-25　设置提醒的内容　　图23-26　设置提醒的方式

STEP 5 进入如图 23-27 所示的界面，汇总了前面几步设置的整体情况，如果确认无误，可以单击【提醒】按钮，创建新的提醒。如果发现其中存在错误，可以单击任何一个文本框来进行修改。通过单击包含"仅一次"的文本框，可以将提醒设置为只提醒一次，或者在每周固定的某一天进行重复提醒。

STEP 6 成功创建提醒后会显示如图 23-28 所示的界面。当达到指定的时间时，Cortana 会给用户发出系统通知，如图 23-29 所示，用户可以选择是否推迟执行该计划的时间。

图23-27　即将创建的提醒　　图23-28　创建好的提醒
　　　　的汇总信息

图23-29　Cortana自动给用户发出提醒信息

　　创建好的提醒会呈列表的形式排列在提醒设置界面中，如图 23-30 所示。通过单击上方的【时间】【地点】【人】等文字来按不同类别分类查看同类别的提醒。右击列表中的某个提醒，可以在弹出的菜单中选择【删除】命令将该提醒删除，或者选择【完成】命令，以将该提醒标记为完成状态，这样达到时间后 Cortana 就不会向用户发出提醒信息了。如果要同时操作的提醒数量较多，可以单击界面下方的【选择】按钮，然后通过选中提醒左侧的复选框来同时选择多个提醒，之后就可以对它们进行

批量操作，如图 23-31 所示。

图23-30　创建好的提醒在　　图23-31　批量操作
　　　　列表中依次排列　　　　　多个提醒

 提示
　　在界面中单击 ••• 按钮，然后在弹出的菜单中选择【历史记录】命令，可以查看已经完成的提醒。

　　Cortana 中的很多功能都与 Windows 10 中的内置应用紧密联系在一起。这意味着 Cortana 会使用其他 Windows 10 应用中的数据，其他 Windows 10 应用也会使用用户在 Cortana 笔记本中设置的个人信息和兴趣爱好等内容。例如，Cortana 中的添加【最喜爱的地方】与 Windows 10 中的【地图】应用联系在一起，如果在 Cortana 中设置了家庭或工作地址，在【地图】应用中可以利用这些数据来作为起点或终点来查询行车路线。

交叉参考　有关【地图】应用的使用方法，请参考本书第 39 章。

23.3.4　Cortana 任务说明与应用示例详解

　　Cortana 能够完成的任务不仅是前面列举的几种，表 23-2 列出了 Cortana 可以完成的具体任务、说明以及应用示例。"应用示例"列中的内容是指用户在搜索框中输入的内容，或单击搜索框右侧的麦克风图标后对 Cortana 说的话。

表 23-2　Cortana 可以完成的具体任务、说明以及应用示例

具体任务	说明	应用示例
天气	提供所关注城市的天气情况	今天有雨吗 上海的天气怎么样 明天的天气如何 未来一周的天气如何 今天的空气质量怎么样
日历和日程安排	用户可以在【日历】应用中手动添加行程，Cortana 每天会向用户显示当天的日程表，事件发生前会主动提醒用户	查看日历 明天我有什么安排 下个会议是什么时间 后天上午 10 点有个会议 周五的会议改到周三 安排 10 月 1 日的旅行
提醒	为重要的时间、事件、人物设置提醒，在即将发生某事之前会收到 Cortana 的提醒，以免忘记重要的事情	提醒我 20 分钟以后去会议室开会 下次去超市时提醒我买茶叶 和张总通话时提醒我汇报一下员工招聘的情况 到公司后提醒我给客户发邮件
闹钟	设置闹钟以在指定的时间提醒用户	查看闹钟 为我上明早 6 点的闹钟 半小时后叫醒我 关闭 6 点的闹钟
交通路线与地点查询	为用户出行提供交通指南	怎么去北京西单图书大厦 坐公交车去天安门 上班路上的交通状况如何 北京今天限行尾号 我在哪里 附近有麦当劳吗 附近有哪些餐馆
日常出行与路况信息	Cortana 会记住用户在日历中设置的每个出行安排，并根据出行方式以及交通情况，为用户规划合理的出行时间和路线，主要包括以下 3 种功能： （1）赴约提醒 （2）交通状况提醒 （3）末班车提醒	（1）赴约提醒：可以将约会行程加入【日历】应用中，Cortana 会了解日历中的行程目的地、时间，并且会获取用户的位置信息，根据常用的出行方式、交通状况计算赴约所需时间，并在需要出发时提醒用户 （2）交通状况提醒：如果用户有行程的话，Cortana 会显示从当前位置出发到达目的地的时间、交通拥挤状况、路线地图以及乘车信息 （3）末班车提醒：Cortana 可以自动识别用户很晚还在公司，主动在末班车时间前提醒用户
出差旅游	可以购买车票、查询火车和航班的时间，还可以了解热门的旅游景点的相关信息	买明天北京到上海的火车票 T186（查询火车信息） MU5181（查询航班信息） 颐和园怎么样
新闻资讯与财经	了解最新的新闻资讯或查询股票行情	新闻头条 今天大盘怎么样 我的股票 600066
生活常识与休闲娱乐	向 Cortana 询问一些生活中的常识问题或与 Cortana 闲聊	珠穆朗玛峰有多高 圆周率是多少 绕口令 说四川话 模仿周杰伦 给我唱首歌 天龙八部 我头疼

续表

具体任务	说明	应用示例
音乐	使用【音乐】应用播放音乐	播放音乐 播放方大同的歌 播放下一首 暂停播放
查词和翻译	可以翻译多国语言，包括英语、法语、德语、意大利语、西班牙语、日语和韩语。还可以进入某种语言的翻译模式，在退出翻译模式之前对 Cortana 说的每句话都会被翻译为该种语言	computer 是什么意思 英语的我爱你怎么说 用法语翻译"谢谢你的帮助" 输入"英语翻译模式"，然后输入下面的内容，Cortana 会将它们都翻译为英语： （1）你好（2）晚上好（3）祝你好运 输入"退出"即可退出英语翻译模式
运行和下载程序	自动打开或下载应用程序	打开计算器 记事本 下载微信
本机设置	对计算机的功能进行设置	关闭蓝牙 控制面板 设备管理器 网络设置
查找本机文件	在计算机中查找指定的文件	查找昨天的 Word 文档 查找名字里有"销量"的 Excel 工作簿 查找来自张总的邮件
移动通讯	仅适用于安装 Windows 10 移动版的智能手机	给妈妈打电话 打电话给爸爸的手机 发短信给妈妈说我今晚要加班
小冰	小冰是 Cortana（小娜）的妹妹，在搜索框中输入"小冰"即可召唤出小冰。除了可以和小冰聊天以外，小冰还具备百科、天气、星座、笑话、交通指南、餐饮点评等多种实用技能	你是谁 你长什么样 你都会什么 给我讲个笑话 北京都有什么小吃

23.4 删除 Cortana 记录的用户数据

隐私一直都是计算机用户最关心的问题之一。为了可以在不同设备上获得完全相同的 Cortana 体验，在使用 Cortana 时会要求用户使用 Microsoft 账户登录 Windows 10 操作系统。在用户设置与使用 Cortana 的过程中，Cortana 会对用户的信息和数据进行记录。Cortana 记录的用户数据分为两部分，一部分存储在 Cortana 的笔记本中，这部分内容主要是用户向 Cortana 中添加的个人兴趣爱好。Cortana 存储的另一部分用户数据位于微软云服务器中。如果担心个人隐私有被泄漏的危险，可以手动删除 Cortana 记录的用户数据。

删除存储在 Cortana 笔记本中的用户数据的方法很简单，只需在 Cortana 主界面中单击【笔记本】图标，然后在界面中选择某个任务类型，在进入所选任务界面后删除指定的内容，例如，在【资讯】类别中添加了多个感兴趣的资讯类型，例如娱乐、科技、体育 3 个分类，现在要删除"娱乐"和"体育"两个资讯类别，具体操作步骤如下。

STEP 1 在 Cortana 主界面中单击【笔记本】图标，然后选择【资讯】命令，如图 23-32 所示。

STEP 2 进入资讯设置界面，滚动到界面底部，然后单击要删除的具体项目，如图 23-33 所示。

图23-32 选择要编辑的 任务类型　　图23-33 单击要删除的 具体项目

STEP 3 进入如图 23-34 所示的具体项目设置界面，单击右下角的垃圾桶图标 🗑，即可将当前项目删除。返回上一个界面后，可以看到已经删除了指定的项目，如图 23-35 所示，最后单击【保存】按钮。

图23-34 单击垃圾桶图标 删除指定的项目　　图23-35 单击【保存】 按钮保存所做的修改

如果要删除 Cortana 在微软云服务器中存储的用户数据，需要执行以下操作。

STEP 1 单击搜索框（或搜索图标）打开 Cortana 主界面，然后单击【笔记本】图标 📓，在进入的界面中选择【设置】命令。

STEP 2 进入如图 23-36 所示的界面，单击【管理 Cortana 在云中了解到的我的相关内容】文字链接。

图23-36 单击【管理Cortana在云中了解到的 我的相关内容】文字链接

STEP 3 在浏览器中自动打开如图 23-37 所示的页面，根据需要删除 Cortana 记录的用户数据，具体如下。

- 在【保存的地点】类别中单击【必应地图】超链接，然后在打开的页面中删除已保存的位置。
- 在【搜索历史记录】类别中单击【搜索历史记录页面】超链接，然后在打开的页面中删除部分或全部搜索记录项。
- 在【其他 Cortana 数据以及个性化语音、印刷和打字】类别下单击【清除】按钮。

图23-37 在微软云服务器上删除Cortana记录的用户数据

注意 在图23-37所示页面中删除用户数据之前，确保已经使用Microsoft账户进行了登录。

Chapter

24

使用 Windows 云应用

Windows 10 是构建在云技术之上的操作系统，借助于 Microsoft Azure 提供的服务，用户可以在 Windows 10 中使用 OneDrive 和 Office Online 两种应用来实现跨设备的在线存储、数据同步以及 Office 文档在线编辑等功能，不但为用户的使用提供了极大的方便，而且也在逐渐改变人们使用计算机的方式。本章详细介绍了 OneDrive 和 Office Online 两种应用的使用方法。

24.1 云计算简介

云计算（Cloud Computing）是一种基于互联网的计算方式，它将硬件、软件和服务统一部署在一个特定的数据中心，这些资源可以按需提供给使用者，既便于资源的管理与维护，也降低了使用者的运维成本。使用者无需关心具体的设备情况，而只要按需付费使用云计算所提供的软硬件资源和服务即可。具体来说，云计算包括以下几个特点。

◆ 基于虚拟化技术快速部署软硬件资源从而获得服务。

◆ 随时增加或减少服务器数量、存储空间等资源以满足业务需求，资源配置的伸缩性非常高。

◆ 降低用户终端的购买费用与配置软硬件设备的技术负担。

◆ 用户可以将精力集中于业务本身，而非对终端设备的管理和维护。

◆ 降低用户对 IT 相关专业知识的依赖性，易于使用。

根据云计算平台所提供的服务类型，云计算平台的运营模式可以分为以下 3 种。

1. IaaS

IaaS（Infrastructure as a Service，基础设施即服务）提供了云计算平台最底层服务的一种运营模式。在该模式下只提供基础设备和技术，比如服务器（以虚拟机的形式提供）、存储、网络以及相应的虚拟化技术。用户在使用时需要自己在服务器上安装操作系统和相关组件，以及部署各种应用程序，然后将所需的数据上传到服务器中。在 IaaS 模式下，用户拥有非常高的自由性，可以完全按照实际需求控制服务器中的软件配置。但是由于配置过程中的很多组件都需要用户自己添加和配置，因此难度较大，而且对用户的技术掌握程度要求较高。

2. PaaS

PaaS（Platform as a Service，平台即服务）模式建立在 IaaS 模式的基础之上，除了为用户提供基础设备和技术以外，还提供了操作系统以及相关组件的支持，便于用户快速部署应用程序，而不必将时间和精力浪费在操作系统及其相关组件的安装和配置上。对于开发人员来说，可以在 PaaS 模式下快速开发出所需的软件以供所有用户使用，而且不会受到现有产品的约束。微软的 Microsoft Azure 是目前应用范围最广、技术最成熟的 PaaS 模式。

3. SaaS

SaaS（Software as a Service，软件即服务）模式以服务的形式为用户提供软件，而不是传统意义上的用户买回家自己安装的软件。在 SaaS 模式下，服务器、网络、应用程序等全部由云计算提供商供应，用户只需付费使用即可，这有点类似于实际生活中每个月定制的手机套餐。有些服务还提供了 SDK 软件开发工具包，从而使得第三方开发人员可以对软件进行二次开发，以扩展软件的功能并符合个人或其他用户的使用需求。在这种运营模式下，开发人员通常只能针对现有的产品开发插件，而无法充分挖掘平台和操作系统的特点，不过他们可以在现有产品的基础上添加新的功能，而不必从头开始实现。微软的

Bing、OneDrive 等服务属于 SaaS 模式。

微软的云计算平台起初命名为 Windows Azure，后来改名为 Microsoft Azure，以表明该平台具有很强的兼容性，而非仅限于 Windows 操作系统。Microsoft Azure 以云计算技术为核心，提供了"软件 + 服务"的计算方式。Microsoft Azure 的主要目标是为开发者提供一个平台，以帮助开发可以运行在云服务器、数据中心、Web 和 PC 上的应用程序。Microsoft Azure 的开发者可以使用微软全球数据中心的储存和计算能力以及网络基础服务，以便将处于云端的开发者的个人能力与微软全球数据中心网络托管的服务紧密结合起来，实现在"云端"和"客户端"同时部署应用，从而达到企业与用户都能共享资源的目的。

24.2 使用网页版 OneDrive 存储数据

网页版 OneDrive 不受操作系统和使用环境的限制，只要能够正常使用网页浏览器，就可以访问并使用网页版的 OneDrive。本节详细介绍了使用网页版 OneDirve 存储和同步数据的方法。

24.2.1 OneDrive 简介

OneDrive 是微软提供的云存储服务，其前身是 SkyDrive。OneDrive 类似于很多网站提供的网盘功能，只不过它是微软提供的网盘。使用 OneDrive 的前提条件是必须要有一个 Microsoft 账户，该账户可以登录 Windows 10 操作系统以及其中包含的大量内置应用。成功注册一个 Microsoft 账户的同时就会有一个对应的 OneDrive 网盘。

可以通过使用浏览器访问 OneDrive 网站并使用它提供的存储功能，本书将在这种方式下使用的 OneDrive 称为"网页版 OneDrive"。Windows 10 还单独提供了 OneDrive 程序，可以启动 OneDrive 程序然后在 Windows 10 中使用它，就像使用其他应用程序那样。

然而 OneDrive 并不仅仅是一个应用，而是被全面整合到 Windows 10 操作系统中。用户可以在 Windows 10 中的多个地方看到 OneDrive 功能的嵌入，比如文件资源管理器、照片应用等。还可以像使用其他应用程序那样，在 Windows 10 中启动 OneDrive 并使用它，本书将在这种方式下使用的 OneDrive 称为"桌面版 OneDrive"。

无论使用桌面版 OneDrive 还是网页版 OneDrive，用户都可以将文件、图片、音乐、视频等不同类型的内容上传到自己的 OneDrive 中，以后就可以在任何设备上访问这些文件。这些设备包括不同平台下的台式计算机、笔记本电脑、平板电脑、智能手机等。对于在 OneDrive 中存储的任何文件，都可以为它们设置共享属性以便提供给其他用户下载。

此外，还可以使用 OneDrive 中的 Office Online 组件来编辑和处理存储在 OneDrive 中的 Office 文档。Office 2013/2016 都与 OneDrive 集成，在本地计算机中创建的 Office 文档可以直接保存到 OneDrive 中，也可以使用本地计算机中安装的 Office 2013/2016 应用程序编辑 OneDrive 中的 Office 文档。

24.2.2 查看 OneDrive 的可用空间容量

在网页浏览器中打开 OneDrive 的网址（https://onedrive.live.com），然后使用 Microsoft 账户登录以后就可以开始使用自己的 OneDrive 网盘了。首先要做的可能是想查看一下 OneDrive 中的空间容量有多大。登录后会显示如图 24-1 所示的界面，左侧列表包含了 OneDrive 主要功能对应的命令，分别是【文件】【最近】【照片】【已共享】【回收站】。在列表中选择一个命令，在右侧的大面积区域中会显示与所选命令对应的内容。左侧列表底部的文字链接显示了当前用户的 OneDrive 的可用空间容量，本例中是【15GB 可用】。

图24-1　左侧列表底部的选项显示了
OneDrive的可用空间容量

单击【15GB 可用】命令将会显示如图 24-2 所示的界面，可以查看更详细的 OneDrive 空间的容量信息。单击界面中的【哪些内容占用了空间】链接可以了解占用空间较大的都包括哪些文件。

图24-2 查看OneDrive中的存储容量情况

> **注意** 2016年7月13日以后，每个Microsoft账户对应的OneDrive中的免费存储空间将从15GB缩减到5GB。

24.2.3 在 OneDrive 中创建文件夹

在 OneDrive 中默认为用户创建了名为 Documents、Pictures 和 Public 的 3 个文件夹。用户可以直接将本地计算机中的文件上传到这 3 个文件夹中，也可以根据需要创建自己的文件夹。创建的文件夹可以位于默认的 3 个文件夹之外，与它们处于平级关系，也可以创建到默认的 3 个文件夹中的任意一个之内，变成它们的子文件夹。在 OneDrive 中创建文件夹的具体操作步骤如下。

STEP 1 在 OneDrive 界面左侧的列表中单击【文件】命令，然后单击工具栏中的【新建】按钮，在弹出的菜单中选择【文件夹】命令，如图 24-3 所示。

STEP 2 打开如图 24-4 所示的对话框，在文本框中输入文件夹的名称，然后单击【创建】按钮。

图24-3 选择【文件夹】命令　　图24-4 输入新文件夹的名称

STEP 3 图 24-5 所示的【音乐】文件夹就是新创建的文件夹，它与默认的 3 个文件夹处于同一个级别中。

如果在执行上述操作之前进入了 3 个默认文件夹中的一个，那么新建的文件夹将位于所进入的文件夹中。

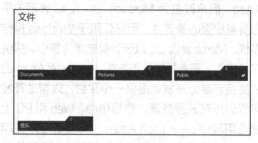

图24-5 创建的文件夹显示在OneDrive界面中

24.2.4 将文件上传到 OneDrive 中

可以将本地计算机中的文件上传到 OneDrive 默认的 3 个文件夹或用户创建的文件夹中。上传的单个文件大小不能超过 10GB。OneDrive 支持批量上传功能，这意味着可以同时选中一个文件夹中的多个文件来进行上传。将文件上传到 OneDrive 中的具体操作步骤如下。

STEP 1 单击要保存上传文件的文件夹以进入该文件夹，然后单击工具栏中的【上载】按钮，如图 24-6 所示。

图24-6 单击【上载】按钮

STEP 2 打开如图 24-7 所示的对话框，定位到包含要上传的文件所在的文件夹，然后双击要上传的文件。

> **提示** 在OneDrive界面中也支持鼠标右键操作，就像在本地计算机中的Windows操作系统一样。除了单击工具栏中的【上载】按钮进行上传文件的操作外，也可以在OneDrive界面中单击鼠标右键，在弹出的如图24-8所示的菜单中选择【上载】命令，该菜单中还包括很多其他命令。

图24-7　双击要上传的文件

图24-8　使用鼠标右键菜单执行【上载】命令

STEP 3 开始上传所选文件，并会在界面工具栏的右侧显示"正在上载 1 个项目"的提示信息，如图 24-9 所示。单击该提示文字会打开一个窗口，其中显示了文件的上传进度，如图 24-10 所示，单击文件右侧的叉子可以取消上传该文件。

图24-9　正在上传文件

图24-10　显示文件上传进度

> **提示**
> 当准备上传的文件与OneDrive中的某个文件同名时，则会显示如图24-11所示的提示信息，可以选择继续上传以替换OneDrive中的文件，或者继续上传新文件的同时也保留OneDrive中的现有文件。如果不想上传了，可以单击下面两个叉子中的任一个。

图24-11　存在同名文件时的提示信息

STEP 4 文件上传成功后，即可在指定的文件夹中看到该文件。可以单击工具栏中的 ☰ 或 ▦ 按钮来改变文件的显示方式，图 24-12 所示是分别以缩略图和列表的方式显示的文件。

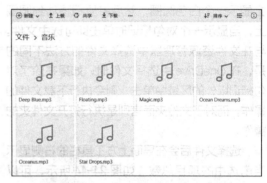

图24-12　分别以缩略图和列表显示的文件

24.2.5　移动和复制文件和文件夹

虽然上传文件时会将文件保存到某个指定的文件夹中，但是可以在上传完成后将文件移动或复制到 OneDrive 的其他文件夹中，类似于在文件资源管理器中的操作。OneDrive 支持移动和复制一个或多个文件，在移动或复制文件之前需要先选择文件。

在 OneDrive 界面中选择文件和文件夹的操作方法类似，因此这里以选择文件为例来介绍选择的方法。默认文件是以缩略图方式显示，在这种情况下要选择一个文件，需要将鼠标移动到文件上，此时会在文件右上角显示一个白色的圆圈，将鼠标移动到圆圈上，当显示一个对勾标记时单击，即可将该文件选中，如图 24-13 所示。

图24-13　在缩略图显示方式下选择文件的方法

以列表方式显示文件时的选择文件的方法也是类似的，将鼠标移动到文件上，在文件名左侧会显示一个白色圆圈，然后将鼠标移动到圆圈上，当显示一个对勾标记时单击即可选中文件。与在文件资源管理器中选择文件的方法不同的是，在 OneDrive 中选择文件时，如果在除了对勾标记以外的区域中单击，则会执行下载文件的操作，而对于文件夹而言则是执行打开文件夹的操作。

选择文件后会在界面上方工具栏的右侧显示当前选中的项目总数，如图 24-14 所示，可以单击数字右侧的叉子取消所有选中的项目。选择好要进行移动或复制的文件后，单击工具栏中的【移动到】按钮进行移动操作。如果要复制文件，则需要单击工具栏中的按钮，然后在弹出的菜单中选择【复制到】命令，如图 24-15 所示。

图24-14　显示所有选中项目的总数

图24-15　选择【复制到】命令执行复制操作

技巧　取消所有选中项目的更快方法是单击文件显示视图中的空白处。

选择【移动到】和【复制到】命令会分别显示【移动】窗格和【复制】窗格，如图 24-16 所示。列表中显示了 OneDrive 中包含的所有顶级文件夹，可以单击文件夹左侧的 > 按钮以展开文件夹中包含的子文件夹。选择要将文件移动或复

制到的目标文件夹，然后单击窗格左上角的【移动】和【复制】按钮，即可开始执行移动或复制操作。如果单击【新建文件夹】按钮，则可以在窗格中创建新的文件夹。

图24-16　【移动】窗格和【复制】窗格

对文件夹进行选择、移动和复制的操作方法与文件类似，这里就不再赘述了。还有一个需要说明的问题是在 OneDrive 中的各文件夹之间导航的方法。假设刚执行完文件的移动操作，那么可能希望进入目标文件夹以查看文件是否已经移动成功。这时可以单击界面工具栏下方的路径中的【文件】，如图 24-17 所示，会返回 OneDrive 中的顶级文件夹列表，然后再单击想要进入的文件夹即可。对于顶级文件夹中的子文件夹的导航方法也与此类似。

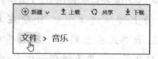

图24-17　在不同的文件夹中导航

24.2.6　重命名文件和文件夹

如果发现 OneDrive 中有的文件或文件夹的名称不正确，则可以随时为它们进行重命名。重命名文件和文件夹的方法类似，这里以重命名文件为例。要重命名一个文件，可以右击这个文件，在弹出的菜单中选择【重命名】命令，如图 24-18 所示。然后在打开的对话框中输入新的名称，如图 24-19 所示，最后单击【保存】按钮。

图24-18　选择【重命名】命令

图24-19　输入新的文件名

图24-22　删除之前的提示信息

24.2.7　删除 OneDrive 中的文件和文件夹

对于不再需要的文件和文件夹，可以将其从 OneDrive 中删除，以免额外占用 OneDrive 的空间。与在 Windows 操作系统中默认将文件和文件夹删除到回收站的方式类似，OneDrive 也提供了回收站功能。在 OneDrive 中删除的文件和文件夹会先被移动到 OneDrive 的回收站中。只有将文件和文件夹从 OneDrive 回收站中删除，才算彻底从 OneDrive 中删除它们以便不会再占用 OneDrive 的空间。如果误删了某些文件和文件夹，则可以在回收站中将它们还原到删除前的位置上。

在 OneDrive 界面的左侧列表中单击【回收站】命令，将会显示回收站中包含的文件和文件夹，如图 24-20 所示。在未选择任何项目的情况下，工具栏中包含【清空回收站】和【还原所有项目】两个按钮，单击【清空回收站】按钮，将删除回收站中的所有内容；单击【还原所有项目】按钮，则将所有内容还原到删除前的位置上。

![回收站界面截图]

图24-20　回收站中的内容

如果要删除一个或多个文件但不是全部文件，则可以使用本章 24.2.5 节介绍的方法先选择这些文件，如图 24-21 所示，然后单击工具栏中的【删除】按钮，显示图 24-22 所示的提示信息，单击【删除】按钮才会执行删除操作。如果单击工具栏中的【还原】按钮，则将选中的文件还原到删除前的位置上。

![回收站选中文件截图]

图24-21　删除选中的文件而不是所有文件

24.2.8　从 OneDrive 下载文件

将文件存储到 OneDrive 中的好处之一，就是可以在使用不同设备时从 OneDrive 中下载文件以便使用相同的文件而不受设备限制。从 OneDrive 下载的文件默认保存到当前登录系统的用户文件夹中的【下载】文件夹中，路径如下：

```
%USERPROFILE%\Downloads
```

从 OneDrive 中下载文件可以分为以下几种情况。

◆ 下载单个文件：选择要下载的文件，然后单击工具栏中的【下载】按钮。

◆ 下载多个文件：与下载单个文件类似，选择要下载的多个文件，然后单击工具栏中的【下载】按钮。

◆ 下载文件夹中的所有文件：下载一个文件夹中的所有文件可以使用两种方法，一种方法是在这个文件夹的上一级文件夹视图中选中这个文件夹，然后单击工具栏中的【下载】按钮；另一种方法是进入包含要下载文件的文件夹，在未选择任何文件的情况下直接单击工具栏中的【下载】按钮。

24.2.9　设置 OneDrive 资源的共享方式

OneDrive 提供了强大的共享功能，允许用户对上传到 OneDrive 中的文件和文件夹设置是否允许其他人访问和下载。这里以设置文件夹的共享方法为例进行介绍，对文件的共享设置与文件夹类似。设置文件夹共享的具体操作步骤如下。

STEP 1 选择要设置共享的文件夹，选择的方法请参考本章 24.2.5 节。

STEP 2 选择文件夹后单击工具栏中的【共享】按钮，打开如图 24-23 所示的对话框，选择【获取链接】命令后会显示一个文本框和一个【复制】按钮，文本框中自动填入了链接地址，如图 24-24 所示，其他人可以通过这个链接地址访问设置为共享的文件夹。

图24-23　选择共享方式

图24-24　通过链接地址共享资源

STEP 3 单击【拥有此链接的任何人都可以编辑此项目】以展开【允许编辑】复选框来设置共享权限,如图 24-25 所示。默认选中【允许编辑】复选框,表示允许访问该文件夹的人对文件夹进行编辑操作,比如重命名、移动、复制、删除等。

图24-25　设置共享权限

STEP 4 单击【复制】按钮复制该地址,然后将复制的地址发给允许访问这个文件夹的任何人即可。

> **提示**
> 选择【获取链接】命令后会在对话框中显示【更多】命令,选择该命令会显示一些常用的社交网站,比如新浪微博、Facebook等,如图24-26所示,可以根据需要将复制的共享链接发布在这些网站中。

图24-26　选择发布共享链接的网站

如果选择【电子邮件】命令的方式来设置共享,则会打开如图 24-27 所示的对话框,输入要将文件共享给的那些人的电子邮件地址。在文本框右侧可以设置共享权限为【可编辑】或【可查看】。设置完成后单击【共享】按钮。成功设置共享后的文件夹会在文件夹缩略图的右下角显示 标记,以表示当前正处于共享状态,如图24-28 所示。如果共享了多个资源,那么可以单击 OneDrive 界面左侧列表中的【已共享】命令来统一查看这些资源。

图24-27　通过电子邮件的方式设置共享

图24-28　通过共享标记来表明共享状态

如果要停止文件夹的共享,可以在选择该文件夹后单击工具栏中的 ⓘ 按钮,打开如图 24-29 所示的窗格,其中显示了共享的链接。只要单击链接右侧的叉子将共享链接删除即可停止共享,同时文件夹右下角的 图标也将不再显示。删除共享链接之前会显示如图 24-30 所示的提示信息,单击【删除链接】按钮即可删除共享链接。

图24-29　窗格中显示了共享链接

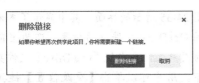

图24-30　删除共享链接即可停止共享

24.3 使用桌面版 OneDrive 存储数据

如果觉得网页版的 OneDrive 使用起来不够方便，那么还可以使用桌面版的 OneDrive，它内置于 Windows 10 操作系统中，无需额外安装即可直接使用。但是如果想要在平板电脑、智能手机等设备中使用桌面版的 OneDrive，则需要先进行安装。本节详细介绍了使用 Windows 10 操作系统内置的 OneDrive 存储和同步数据的方法。

24.3.1 安装 OneDrive 的系统要求

默认情况下，桌面版的 OneDrive 集成到 Windows 10 操作系统中，这意味着无需进行额外安装即可使用 OneDrive。如果由于故障或误操作等原因卸载了 OneDrive，则需要在使用 OneDrive 前先进行安装。此外，还可以在其他一些 Windows 操作系统版本中使用桌面版的 OneDrive，苹果公司的 Mac OS 操作系统也可以使用桌面版的 OneDrive。与安装其他应用程序一样，OneDrive 的安装对操作系统和硬件配置也有一定的要求，具体如表 24-1 所示。

表 24-1　安装桌面版 OneDrive 的系统要求

软、硬件设备	要求
操作系统	操作系统位数：32 位或 64 位 Windows 版本：Windows 7/8/8.1/10、Windows Vista、Windows Vista SP2、Windows Server 2008、Windows Server 2008 SP2、Windows Server 2008 R2 以 及 Windows Server 的更高版本 Mac 版本：OS X 10.7.3 或更高版本
CPU	1.6GHz 或更高，或基于 Intel 的 Mac 计算机
内存	1GB RAM 或更大
显示器分辨率	至少为 1024×576
网络	可以正常访问的 Internet 连接

下面列出了在移动设备中安装 OneDrive 的系统要求。

◆ 具有 Android 2.3 或更高版本的智能手机或平板电脑。如果要使用相机备份和其他功能，则需要具有 Android 4.0 或更高版本。

◆ 具有 iOS 6.0 或更高版本的 iPhone、iPad 或 iPod touch。

◆ 具有 Windows Phone 7.5 或更高版本的智能手机。

24.3.2 为不同平台获取 OneDrive 安装程序

虽然本部分以介绍 Windows 10 操作系统内置的 OneDrive 为主，但是这里简单介绍一下对于不同平台、不同类型的设备获取适用的 OneDrive 安装程序的方法。为了在不同设备上使用 OneDrive，需要从微软的 OneDrive 网站上下载适合的版本。首先需要在网页浏览器中打开 OneDrive 网站 https://onedrive.live.com，然后单击界面左下方的【获取 OneDrive 应用】链接，如图 24-31 所示。

图24-31　单击【获取OneDrive应用】链接

在打开的界面中显示了不同平台的类别名称。在左侧选择表示平台类别的名称后，右侧会显示所选平台类别中包含的 OneDrive 安装程序，如图 24-32 所示。单击下载按钮即可下载相应的 OneDrive 安装程序。

图24-32　为不同平台获取OneDrive安装程序

24.3.3 登录与配置桌面版 OneDrive

默认情况下，Windows 10 操作系统中内置了 OneDrive，使用桌面版的 OneDrive 之前需要先登录并进行配置，整个过程主要包括使用 Microsoft 账户登录桌面版 OneDrive、选择本地计算机中的

OneDrive 文件夹的位置，以及选择要从 OneDrive 网站（云端）同步的文件夹等一系列设置。登录与配置桌面版 OneDrive 的具体操作步骤如下。

STEP 1 单击任务栏右侧的 OneDrive 图标 ☁️，打开如图 24-33 所示的 OneDrive 界面，单击【登录】按钮。

图24-33　OneDrive登录界面

STEP 2 进入如图 24-34 所示的界面，输入有效的 Microsoft 账户名和密码，然后单击【登录】按钮。

图24-34　使用Microsoft账户登录OneDrive

> 💡**提示**
> 如果在任务栏中看不到OneDrive图标 ☁️，可以单击任务栏右侧的【显示隐藏的图标】按钮 ⌃ 以显示OneDrive图标 ☁️。关于自定义任务栏中图标的显示方式的内容请参考本书第10章。如果在任务栏中始终看不到OneDrive图标 ☁️，那么可以单击【开始】按钮 ⊞，在弹出的菜单中选择【所有应用】⇨【OneDrive】命令来启动OneDrive。

STEP 3 如果账户名与密码输入正确，稍后会显

示如图 24-35 所示的界面，其中显示了本地计算机中的 OneDrive 文件夹的位置，即为当前登录系统的用户文件夹中的【OneDrive】文件夹，路径如下。用户可以单击【更改位置】链接更改 OneDrive 文件夹的位置。如果不需要更改，则直接单击【下一步】按钮。

```
%USERPROFILE%\OneDrive
```

STEP 4 进入如图 24-36 所示的界面，系统会自动检测并显示用户登录 OneDrive 所使用的 Microsoft 账户关联的 OneDrive 中的文件夹列表。界面中显示的文件夹就是用户的 Microsoft 账户关联的 OneDrive 上的文件夹。系统默认会将所有这些文件夹下载到本地计算机的 OneDrive 文件夹中，用户可以根据需要选择或取消选择要下载的文件夹。界面的底部显示了选中的文件夹的总容量，以及本地 OneDrive 文件夹所在的系统磁盘分区的可用容量，因为从 OneDrive 网站中下载文件夹将会占用本地计算机的磁盘空间。

图24-35　更改OneDrive文件夹的位置

图24-36　选择要从OneDrive网站中下载的文件夹

STEP 5 进入如图 24-37 所示的界面，提示用户 OneDrive 已准备就绪，单击【打开我的 OneDrive 文件夹】按钮。

图24-37　准备开始使用本地计算机中的OneDrive

打开本地计算机中的 OneDrive 文件夹，其中显示了用户的 OneDrive 网站中的部分或全部文件夹，显示哪些文件夹取决于用户在前面的 STEP 4 中选择的文件夹，如图 24-38 所示。系统会自动从用户的 OneDrive 网站中下载用户在 STEP 4 中选择的文件夹中的内容。同时任务栏中会显示一个 图标，表示当前正在从 OneDrive 网站中下载文件到本地的 OneDrive 文件夹，即为正在同步文件。单击该图标将会显示如图 24-39 所示的面板，其中显示了文件的同步进度。

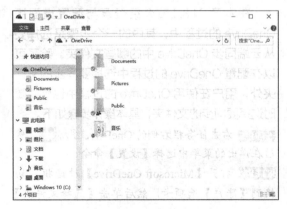

图24-38　单击【打开我的OneDrive文件夹】按钮

图24-39　显示同步文件的进度

24.3.4　将本地计算机中的文件保存到 OneDrive 中

可以将所有需要保存到云端的文件移动或复制到本地计算机的 OneDrive 文件夹中，然后系统会自动将本地 OneDrive 文件夹中的文件同步上传到云端。可以上传到 OneDrive 中的单个文件的最大容量为 10GB。与在文件资源管理器中移动和复制文件和文件夹的操作类似，可以直接将希望上传到云端的文件和文件夹拖动到本地 OneDrive 文件夹或其内部的子文件夹中，也可以使用鼠标右键菜单中的剪切、复制、粘贴等命令来执行文件的移动和复制操作。可以组织 OneDrive 中的文件夹的结构，比如可以删除 OneDrive 中的默认文件夹，然后创建新的文件夹并为其设置合适的名称，再将文件放入新建的文件夹中。

所有在本地 OneDrive 文件夹中进行的操作，系统都会自动同步到云端。即使当前没有连接到 Internet，也可以对本地 OneDrive 文件夹进行操作。在以后任何时间连接到 Internet 时，系统会将离线时对本地 OneDrive 文件夹所做的更改自动更新到云端，以保持内容的同步。本地 OneDrive 文件夹中的文件夹有以下 3 种外观，分别代表着同步的不同状态。

◆ 【同步】图标：已完成与云端的同步。

◆ 【正在同步】图标：正在与云端同步。

◆ 【不同步】图标：未完成与云端的同步。

可以右击任务栏右侧的 OneDrive 图标，然后在弹出的菜单中选择【查看同步问题】命令以查找出错原因。

24.3.5　自动将图片和视频保存到 OneDrive 中

如果已经正确登录和配置好桌面版的 OneDrive 并且处于正常的联机状态，那么在将 U 盘、移动硬盘、手机、相机等移动存储设备连接到计算机时，系统会自动在本地 OneDrive 文件夹中创建两个文件夹，然后将移动设备中的图片和视频导入这两个文件夹中，如图 24-40 所示。将图片和视频保存到本地 OneDrive 文件夹后，系统会自动将这些文件同步上传到云端。与本地 OneDrive 文件夹的同步状态的外观类似，也可以通过查看图片或视频左下角的图标来了解当前同步上传的状态，对勾标记表示已完成同步上传，两个箭头的标记表示正在同步上传，如图24-41所示。

图24-40　自动导入图片和视频

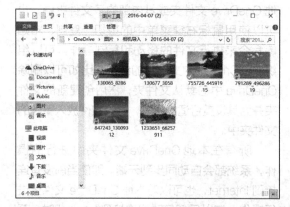

图24-41　自动将图片和视频同步到云端

可以自动从移动存储设备向 OneDrive 中添加图片和视频的格式包括以下类型。

◆ 图片格式: .JPEG、.JPG、.TIF、.TIFF、.GIF、.PNG、.RAW、.BMP、.DIB、.JFIF、.JPE、.JXR、.EDP、.PANO、.ARW、.CR2、.CRW、.ERF、.KDC、.MRW、.NEF、.NRW、.ORF、.PEF、.RAF、.RW2、.RWL、.SR2、.SRW。

◆ 视频格式: .AVI、.MOV、.WMV、.ASF、.MP4、.3G2、.3GP、.3GP2、.3GPP、.M2T、.M2TS、.M4V、.MP4V、.MTS、.WM、.LRV。

如果希望使用上面介绍的向 OneDrive 自动导入与同步图片和视频的功能，需要进行以下设置，具体操作步骤如下。

STEP 1 右击任务栏右侧的 OneDrive 图标，然后在弹出的菜单中选择【设置】命令，如图24-42所示。

STEP 2 打开【Microsoft OneDrive】对话框，切换到【自动保存】选项卡，然后选中【每当我将照相机、手机或其他设备连接到我的电脑时自动将照片和视频保存到 OneDrive】复选框，如图24-43所示。

图24-42　选择【设置】命令

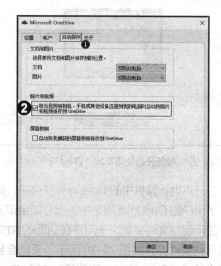

图24-43　开启自动同步图片和视频的功能

STEP 3 单击【确定】按钮，关闭【Microsoft OneDrive】对话框。

24.3.6　设置 OneDrive 与计算机同步的文件夹

在本章 24.3.3 节介绍登录与配置桌面版 OneDrive 的过程中，其中的一个步骤是选择要从云端同步 OneDrive 中的哪些文件夹。除了可以在配置 OneDrive 的过程中选择要同步的文件夹外，用户在使用 OneDrive 的过程中也可以随时选择要同步的文件夹，具体操作步骤如下。

STEP 1 右击任务栏右侧的 OneDrive 图标，然后在弹出的菜单中选择【设置】命令。

STEP 2 打开【Microsoft OneDrive】对话框，切换到【账户】选项卡，然后单击【选择文件夹】按钮，如图 24-44 所示。

STEP 3 在打开的对话框中选择要同步哪些文件夹，选择好以后单击【确定】按钮。

一个更快的方法是先打开本地计算机中的 OneDrive 文件夹，然后右击其中的某个文件夹，在弹出的菜单中选择【选择要同步的 OneDrive 文件夹】命令，如图 24-45 所示。接着在打开的对话框中选择要同步哪些文件夹即可。

图24-44　单击【选择文件夹】按钮

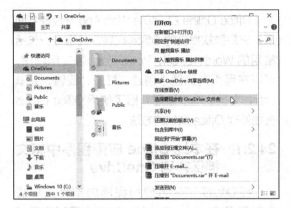

图24-45　选择【选择要同步的OneDrive文件夹】命令

24.3.7　更改 OneDrive 文件夹在本地计算机中的位置

在本章 24.3.3 节曾经介绍过，从微软云中同步的 OneDrive 中的文件默认保存在 Windows 10 中的 OneDrive 文件夹中，该文件夹的路径为"%UserProfile%\OneDrive"。用户可以更改 Windows 10 中的 OneDrive 文件夹的位置，具体操作步骤如下。

STEP 1 右击任务栏右侧的 OneDrive 图标，然后在弹出的菜单中选择【设置】命令。

STEP 2 打开【Microsoft OneDrive】对话框，切换到【账户】选项卡，然后单击【取消链接 OneDrive】按钮。

STEP 3 打开文件资源管理器，选择本地计算机中的 OneDrive 文件夹，然后通过剪切和粘贴的方法将其移动到希望的目标位置。

STEP 4 单击任务栏右侧的 OneDrive 图标，在打开的对话框中单击【登录】按钮，然后使用 Microsoft 账户重新登录桌面版的 OneDrive 应用。在进入的界面中单击【更改位置】链接，图 24-46 所示。

图24-46　单击【更改位置】链接

STEP 5 打开【选择你的 OneDrive 位置】对话框，选择 STEP 3 中已经移动到新位置上的 OneDrive 文件夹，然后单击【选择文件夹】按钮，如图 24-47 所示。

图24-47　选择本地OneDrive文件夹的新位置

STEP 6 弹出如图 24-48 所示的对话框，单击【使用此位置】按钮，返回 OneDrive 配置界面继续完成配置过程即可。如果要重新选择位置，需要单击【选择新位置】按钮。

图24-48　单击【使用此位置】按钮使用所选位置存储从云端同步的文件

24.3.8 禁用 Windows 10 中的 OneDrive

可以通过组策略编辑器中的设置来禁用 Windows 10 内置的 OneDrive，但是用户仍然可以访问网页版的 OneDrive。禁用并不会从本地计算机中删除 OneDrive，而只是停止本地计算机中的 OneDrive 与云端的同步活动，以及停止与其他应用的连接，同时会将本地计算机中的 OneDrive 文件夹从文件资源管理器的导航窗格中删除。

> **注意** 通过组策略编辑器禁用OneDrive将会作用于使用该计算机的所有用户。

通过组策略编辑器禁用 OneDrive 的具体操作步骤如下。

STEP 1 右击【开始】按钮■，然后在弹出的菜单中选择【运行】命令，在打开的【运行】对话框中输入"gpedit.msc"命令后按【Enter】键，如图 24-49 所示。

图24-49 输入"gpedit.msc"命令

STEP 2 打开【本地组策略编辑器】窗口，在左侧窗格中依次定位到以下路径并选择【OneDrive】节点，然后双击右侧窗格中的【禁止使用 OneDrive 进行文件存储】策略，如图 24-50 所示。

计算机配置 \ 管理模板 \Windows 组件 \OneDrive

图24-50 双击【禁止使用OneDrive进行文件存储】

STEP 3 在打开的对话框中选中【已启用】单选按钮，如图 24-51 所示，然后单击【确定】按钮。

图24-51 选中【已启用】单选按钮

24.2 使用 Office Online 在线办公

Office Online 由 Office Web App 升级改名而来，它是微软提供的 Office 在线办公组件，包括常用的 Word、Excel、PowerPoint 等应用程序，可以在网页浏览器中创建、打开、编辑、共享 Office 文档。本节详细介绍了使用 Office Online 在线处理 Office 文档的方法。

24.2.1 在本地 Office 应用程序中将文档保存到 OneDrive

在 Office 2013/2016 应用程序内部为用户提供了登录 OneDrive 的功能，这些应用程序包括 Word、Excel、PowerPoint 等。用户可以使用已有的 Microsoft 账户在这些应用程序中登录，然后就可以将在这些应用程序中创建的 Office 文档直接保存到与 Microsoft 账户对应的 OneDrive 存储空间中。

24.2.2 创建或打开在线 Office 文档

除了上一节介绍的使用本地 Office 应用程序将 Office 文档保存到 OneDrive 中的方式来创建在线 Office 文档以外，用户还可以使用以下 3 种方法来创建在线 Office 文档。无论使用哪种方法，创建的 Office 文档都存储在与用户登录所使用的 Microsoft 账户对应的 OneDrive 存储空间中，即 OneDrive 网站（云端）。

◆ 在网页浏览器中打开 Office Online 网站（https://office.live.com），在选择 Office 应用程序后创建 Office 文档，与在本地 Office 应用

程序中创建 Office 文档的操作非常相似。

◆ 在网页浏览器中打开 OneDrive 网站，然后创建 Office 文档。

◆ 在本地 OneDrive 文件夹中创建 Office 文档，类似于在文件资源管理器中创建文件。如果已经连接到 Internet，那么在本地 OneDrive 文件夹中创建的文件会自动同步到 OneDrive 网站中（云端）。

下面将分别介绍这 3 种方法。

1. 在Office Online网站中创建Office文档

在网页浏览器的地址栏中输入网址 https://office.live.com，以打开 Office Online 网站，将显示如图 24-52 所示的界面，其中列出了可以使用的在线 Office 组件，从中选择所需的应用程序。选择后将会自动打开相应的在线程序界面，图 24-53 所示是 Word Online 程序界面。需要使用 Microsoft 账户进行登录才能正常使用 Office Online 功能。与在本地 Office 程序中类似，用户可以创建空白的 Office 文档，也可以基于模板创建带有预置格式和内容的 Office 文档。

图24-52 选择要使用的在线Office组件

图24-53 Word Online程序界面

还可以通过OneDrive网站打开Office Online程序界面，在网页浏览器中打开OneDrive网站，单击界面左上角的 ▦ 按钮，然后在打开的列表中选择要使用的Office组件，如图24-54所示。

图24-54 从OneDrive网站打开Office Online

图 24-55 所示为选择【新建空白文档】命令后创建的空白文档。创建的同时该文档已经被保存到与用户的 Microsoft 账户对应的 OneDrive 中，系统会自动在 OneDrive 中创建一个名为"文档"的文件夹，然后将新建的 Office 文档存储到该文件夹中。然后就可以在新建的文档中输入内容和设置格式了，与在本地 Office 应用程序中的操作方法类似。

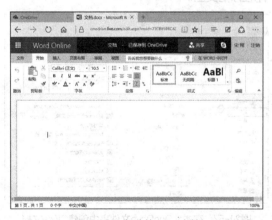

图24-55 新建的Office文档

2. 在OneDrive网站中创建Office文档

可以直接在 OneDrive 网站中创建 Office 文档。在网页浏览器中打开 OneDrive 网站，在 OneDrive 界面左侧的列表中选择【文件】命令，然后单击工具栏中的【新建】按钮，在弹出的菜单中选择要创建的 Office 文档类型，如图 24-56 所示。

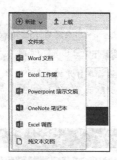

图24-56　选择要创建的Office文档类型

> **提示**　用户可以先进入OneDrive中的指定文件夹，然后再执行上述的创建操作，否则创建的Office文档将被保存到OneDrive网站的顶级文件夹中。

3. 在本地OneDrive文件夹中创建Office文档

可以在本地 OneDrive 文件夹中创建 Office 文档，然后由系统自动同步到 OneDrive 网站中。打开文件资源管理器，单击导航窗格中的【OneDrive】以显示本地 OneDrive 文件夹中的内容，进入要保存 Office 文档的文件夹，右击窗口内的空白处，在弹出的菜单中选择【新建】命令，然后在子菜单中选择要创建的 Office 文档类型，如图 24-57 所示。子菜单中显示的 Office 文档类型取决于当前在操作系统中已经安装的 Office 应用程序的类型。

图24-57　在本地OneDrive文件夹中创建Office文档

在本地 OneDrive 文件夹中创建文档后，系统会自动将新建文档同步到 OneDrive 网站中。

24.2.3　修改 Office 文档标题

最初创建的在线 Office 文档会以默认的名称对文档命名，用户可以在 Office Online 界面的程序标题栏中看到文档标题。Word Online 程序创建的文档其默认名称为"文档""文档1""文档2"，Excel Online 程序创建的文档其默认名称为"工作簿""工作簿1""工作簿2"，其他 Office Online 程序创建的文档的默认名称以此类推。

为了让文档标题能够更好地反映出文档内容或功能，可以将文档的默认名称修改为更有意义的名称。当鼠标指针指向 Office Online 程序界面顶部标题栏中的文档名称时，会自动显示如图 24-58 所示的"重命名文件"字样。单击文档名称后会进入编辑状态，显示一条竖线（即插入点），使用编辑键，如【Delete】或【Backspace】键删除原来的名称，然后输入新的名称，如图 24-59 所示。最后按【Enter】键或单击 Office Online 界面中显示文档内容的区域，即可确认并保存输入的新名称。

图24-58　指向文档名称时显示"重命名文件"字样

图24-59　输入文档的新名称

24.2.4　编辑 Office 文档内容

本章 24.4.2 节介绍了创建在线 Office 文档的不同方法。可以在新建的空白文档中输入内容或数据，然后使用特定的 Office Online 程序提供的功能来设置文档内容的格式或进行更多相关处理。但是很多时候可能更希望在 Office Online 中编辑已有文档，而不是从头开始编写空白文档。为此需要在 Office Online 中打开这类文档，然后才能进行各种编辑操作。

Office Online 只能打开位于 OneDrive 网站中的文档，而无法直接打开本地计算机中的文档。因此可以使用以下 3 种方法将本地计算机中的 Office 文档保存到 OneDrive 网站中。

- 在浏览器中打开 OneDrive 网站，然后使用上传功能将现有文档上传到 OneDrive 网站中。
- 将本地计算机中的现有文档复制到本地 OneDrive 文件夹中。如果已经连接到 Internet，系统会立刻开始同步，以将本地 OneDrive 文件夹中的文档上传到 OneDrive 网站中。
- 在 Office 2013/2016 应用程序中打开要编辑的文档，然后使用应用程序内置的功能将该文档另存到 OneDrive 网站中。

将要打开的 Office 文档保存到 OneDrive 中以后，可以使用下面两种方法在 Office Online 程序中打开指定的 Office 文档。

- 打开特定的 Office Online 程序界面，然后单击功能区中的【文件】按钮，然后在弹出的菜单中选择【打开】⇨【OneDrive 上的更多文档】命令，如图24-60 所示。
- 打开 OneDrive 网站，在左侧列表中选择【文件】命令，在右侧的文件夹中找到并右击要打开的 Office 文档，然后在弹出的菜单中选择【使用 ×× 打开】命令（×× 表示特定的 Office Online 程序）。

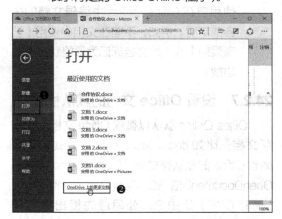

图24-60　打开OneDrive中存储的现有文档

Office Online 程序没有提供保存功能，在 Office Online 中编辑文档内容时无需手动保存文档，文档内容会被即时保存。不过 Office Online 提供了【另存为】功能，该功能的主要目的是为

了快速创建内容相同但名称和保存位置不同的文档副本。通过单击 Office Online 程序界面功能区中的【文件】按钮，然后在弹出的菜单中选择【另存为】命令来执行另存为操作，如图24-61 所示。可以将当前文档以不同的名称保存到 OneDrive 网站中的其他位置上，也可以将当前文档下载到本地计算机中。

图24-61　使用文档的【另存为】功能

Office Online 并未提供 Office 应用程序的全部功能。当想要使用的功能无法在 Office Online 中找到时，可以单击 Office Online 界面中的【在 ×× 中打开】命令（×× 表示正在使用的 Office Online 程序的名称），以便在本地 Office 应用程序中打开并继续编辑当前文档，如图 24-62 所示。

图24-62　单击【在××中打开】命令

提示　如果在当前打开Office Online界面中执行了刷新网页的操作，则会自动进入阅读视图，此时可以单击工具栏中的【编辑文档】按钮，然后在弹出的菜单中选择【在××中编辑】命令（××表示当前正在使用的Office Online程序的名称）以返回Office Online的编辑视图，如图24-63所示。

编辑完某个文档后可以将其关闭，只需单击 Office Online 程序界面顶部的导航链接返回上一级或顶级文件夹，如图 24-64 所示，此处显示的导航链接是【OneDrive4 文档】，其中的【OneDrive】和【文档】都是可单击的表示文件夹位置的链接。

图24-63　从阅读视图返回　　图24-64　通过单击导航
　　　　　编辑视图的方法　　　　　　链接关闭当前文档

24.2.5　设置 Office 文档的共享权限

通过对文档设置共享权限，以便其他用户可以查看或编辑该文档。可以使用以下两种方法设置文档的共享权限。

◆ 单击 Office Online 程序界面标题栏右侧的【共享】按钮，如图 24-65 所示。

图24-65　单击【共享】按钮

◆ 单击 Office Online 程序界面功能区中的【文件】按钮，然后选择【共享】⇨【与人共享】命令，如图 24-66 所示。

图24-66　选择【与人共享】命令

使用以上两种方法都可以创建文档的共享链接，用户可以将该链接发给其他用户，这些用户通过单击链接可以在网页浏览器中打开共享的文档，以便查看或编辑文档。

24.2.6　多人在线协同处理 Office 文档

在 Office Online 中编辑文档时，可能会看

到有关其他用户也在处理该文档的提示信息。多人在线协作处理同一个文档之前不需要执行特殊命令，只要有其他用户开始编辑该文档，Office Online 就会发出提示信息以通知用户。单击功能区右侧的按钮可以查看当前编辑同一个文档的其他用户情况，如图 24-67 所示。

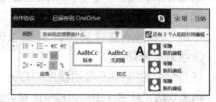

图24-67　查看当前编辑同一个文档的其他用户信息

在使用 Office Online 协同处理 Office 文档时，需要注意以下几个问题。

◆ 如果某个用户使用 Office Online 不支持的功能保存文档，其他用户仍然可以共同编辑该文档，只是无法在 Office Online 中进行编辑操作，而只能在本地 Office 应用程序中打开并编辑。

◆ 在多人协作编辑模式下，如果其他用户共享的文档中包含不受 Office Online 支持的功能，那么可能无法在 Office Online 中成功保存该文档。

◆ 当使用本地 Office 应用程序编辑在线文档时，确保不会在文档中添加可能阻止其他用户在 Office Online 中编辑文档的内容或功能。例如，不能在文档中使用【编辑限制】或【将文档标记为最终状态】等功能。

24.2.7　设置 Office 文档的默认格式

Office Online 默认以微软 Office 文档格式保存文档，比如 docx、xlsx、pptx 等格式。除了微软 Office 的默认格式外，Office Online 也支持 OpenDocument 格式。OpenDocument Format（简称 ODF）是由 Sun 公司最先提出的一种基于 XML 的文件格式规范，标准则由 OASIS Open Document Format for Office Applications（OpenDocument）TC（又称为 OASIS ODF TC）所开发。OpenDocument 格式用于保存字处理（Text）、表处理（SpreadSheet）、图表（Graphics）、演示文稿（Presentation）等多种

内容类型的文档。ODF 文档格式的优势在于能够实现跨平台、跨应用地存取文档信息，而几乎不受技术所限。

在 OneDrive 网站中可以将 OpenDocument 格式设置为 Office 文档的默认保存格式，具体操作步骤如下。

STEP 1 在网页浏览器中打开 OneDrive 网站（https://onedrive.live.com）。

STEP 2 单击界面右上方的 ⚙ 按钮，然后在弹出的菜单中选择【选项】命令，如图 24-68 所示。

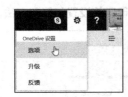

图24-68　选择【选项】命令

STEP 3 进入如图 24-69 所示的界面，在左侧列表中选择【Office 文件格式】命令，然后在右侧选中【OpenDocument 格式 (.odt、.odp、.ods)】单选按钮，最后单击【保存】按钮。

图24-69　将OpenDocument格式设置为
Office文档的默认格式

24.2.8　优化 OneDrive 与 Office 应用程序的组合使用方式

可以在 Office 2013/2016 应用程序中打开和保存 OneDrive 网站中的 Office 文档。如果在本地计算机中安装了桌面版的 OneDrive 应用，那么 OneDrive 与 Office 应用程序可以协同工作以便更容易地同步 Office 文档，同时允许和其他用户处理已设置为共享的 Office 文档。通过对本地 OneDrive 应用的设置，可以优化它与 Office 应用程序之间的组合使用方式，具体操作步骤如下。

STEP 1 右击任务栏右侧的 OneDrive 图标 ☁，然后在弹出的菜单中选择【设置】命令。

STEP 2 打开【Microsoft OneDrive】对话框，切换到【设置】选项卡，然后选中【使用 Office 与他人同时使用文件】复选框，如图 24-70 所示。

图24-70　选中【使用Office与他人同时使用文件】复选框

> **注意** 如果取消选中【使用Office与他人同时使用文件】复选框，与其他用户对Office文档所做的任何更改将不再自动合并到一起。

STEP 3 单击【确定】按钮，关闭【Microsoft OneDrive】对话框。

25 使用凭据管理器管理用户登录信息

凭据管理器是从 Windows 7 开始提供的功能，专门用于保存用户在登录网络中的计算机、访问 Internet 网站、本地计算机中的应用程序等各种环境下所输入的用户名和密码，以便于当再次访问这些位置时无需重复输入用户名和密码，减轻用户每次登录时输入验证信息的负担。与 Windows 7 中的凭据管理器不同的是，在 Windows 10 中的凭据管理器细分为 Windows 凭据管理器和 Web 凭据管理器两种类型。本章详细介绍了 Windows 10 操作系统中的凭据管理器的设置与管理方法。

25.1 设置与管理 Windows 凭据

Windows 凭据主要存储用户在登录的局域网或 Internet 中的计算机、访问家庭组或局域网中的共享资源，以及本地计算机中的应用程序时所输入的用户名和密码等身份验证信息。除了在登录过程中直接将输入的用户名和密码保存到 Windows 凭据中以外，用户也可以预先创建用于登录的包含用户名和密码等信息的 Windows 凭据。本节详细介绍了对 Windows 凭据进行创建、修改、删除，以及备份与还原的操作方法。

25.1.1 创建 Windows 凭据

本节所说的"Windows 凭据"与 25.1 节标题中的"Windows 凭据"虽然名称相同，但是级别不同，本节中的"Windows 凭据"是 25.1 节标题中的"Windows 凭据"下属的一个分类。Windows 凭据主要包括登录局域网、家庭组、远程桌面中的计算机所使用的身份验证信息。除了在登录时选中登录对话框中的【记住我的凭据】或【更新默认凭据】等复选框来自动将登录时输入的用户名和密码创建为 Windows 凭据以外，用户也可以手动创建凭据。

STEP 1 打开【控制面板】窗口，将【查看方式】设置为【大图标】或【小图标】，然后单击【凭据管理器】链接。

STEP 2 打开如图 25-1 所示的【凭据管理器】窗口，如果要添加 Windows 凭据，则需要先选择窗口中的【Windows 凭据】类别，然后单击该类别中的【添加 Windows 凭据】链接。

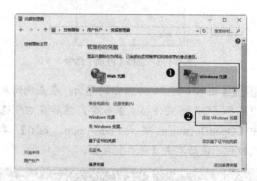

图25-1 显示【Windows凭据】类别中的凭据

STEP 3 进入如图 25-2 所示的【添加 Windows 凭据】界面，分别输入要登录的远程计算机的地址或服务器的名称，以及用于登录的用户名和密码。

图25-2 输入Windows凭据包含的内容

> **注意** 在输入用户名和密码时，如果使用的是资源的默认域，只需输入用户名即可；如果使用的是非默认域，那么需要输入域名+用户名，如Market\songxiang。对于 Internet服务，则需要输入完整的账户名，如songxiang@live.com。

STEP 4 单击【确定】按钮，返回【凭据管理器】窗口，将会看到新建的 Windows 凭据，如图 25-3 所示的"FileServer168"。以后在登录名为"FileServer168"的服务器时，登录对话框的用户名和密码会由系统自动填好，填写的内容来源于 Windows 凭据中保存的用户名和密码。

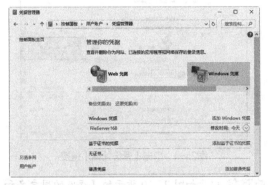

图25-3 创建Windows凭据

25.1.2 创建证书凭据

证书凭据是在用户配置文件中保存的个人证书存储中包含颁发给通过身份验证的用户的证书。通常情况下证书凭据的使用机会相对较少。创建证书凭据的方法与上一节介绍的创建 Windows 凭据类似，只需在【凭据管理器】窗口的【Windows 凭据】类别中单击【添加基于证书的凭据】链接，在进入的如图 25-4 所示的界面中输入网络地址，然后单击【选择证书】按钮选择要使用的证书，最后单击【确定】按钮，即可创建证书凭据。

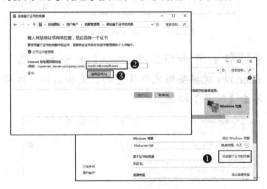

图25-4 创建证书凭据

> 提示
> 可以单击【打开证书管理器】链接打开证书管理器，然后对不同类别中的证书进行管理，包括导入/导出、移动/复制、删除等操作。

25.1.3 创建普通凭据

Windows 凭据和证书凭据以外的凭据，比如在本地计算机中登录某个应用程序时输入的用户名和密码，就会被自动创建为普通凭据。例如，在使用 Microsoft 账户登录 Office 2013 或 Office 2016 程序时，就会自动创建普通凭据；使用 Microsoft 账户登录 Windows 内置应用（如【邮件】应用）时输入的用户名和密码也会被创建为普通凭据；使用诸如 192.168.1.1 之类的 IP 地址配置路由器时，也会创建对应的普通凭据，图 25-5 所示是由系统自动创建的普通凭据。

普通凭据	添加普通凭据
Microsoft_WinInet_192.168.1.1:80/NETCORE NW6...	修改时间：2016/3/31
MicrosoftAccount:user=songxiangbook@live.com	修改时间：2016/3/31
MicrosoftOffice16_Data:live:cid=73cb859bc42dc1...	修改时间：今天
virtualapp/didlogical	修改时间：2016/2/9
WindowsLive:(cert):name=02kkvqimviqg:serviceu...	修改时间：2016/1/9

图25-5 系统自动创建的普通凭据

创建普通凭据的方法与本章 25.1.1 节介绍的创建 Windows 凭据类似，只需在【凭据管理器】窗口的【Windows 凭据】类别中单击【添加普通凭据】链接，然后在进入的界面中分别输入网络地址、用户名和密码，最后单击【确定】按钮即可创建普通凭据。

25.1.4 修改和删除现有的凭据

当在服务器中修改了用户名和密码后，必需在本地计算机的凭据管理器中修改对应的 Windows 凭据中保存的用户名和密码以保持一致，否则将无法正常登录服务器。尤其对于登录密码而言更为重要，因为有可能在使用不正确的密码反复登录几次以后导致账户被锁定或禁用。修改现有凭据的具体操作步骤如下。

STEP 1 打开【控制面板】窗口，将【查看方式】设置为【大图标】或【小图标】，然后单击【凭据管理器】链接。

STEP 2 打开【凭据管理器】窗口并选择【Windows 凭据】类别，单击想要修改的凭据右侧的 ⊙ 按钮，然后在展开的内容中单击【编辑】链接，如图 25-6 所示。

STEP 3 进入如图 25-7 所示的界面，可以修改凭据中的用户名和密码。修改好以后单击【保存】按钮保存修改结果。

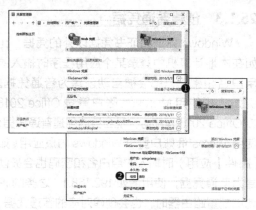

图25-6 单击【编辑】链接

图25-7 修改凭据中的内容

对于不再需要的 Windows 凭据，可以将其从凭据管理器中删除。只需在【凭据管理器】窗口的【Windows 凭据】类别下单击想要删除的凭据右侧的 ⊙ 按钮，在展开的凭据内容中单击【删除】链接，在弹出的如图 25-8 所示的对话框中单击【是】按钮，即可将该凭据删除。

图25-8 删除Windows凭据时的确认信息

25.1.5 备份与还原 Windows 凭据

由于所有类型的 Windows 凭据都存储在本地计算机中，所以如果希望在计算机出现故障进行系统恢复或重装操作系统后可以继续使用以前创建的所有 Windows 凭据，那么需要提前对 Windows 凭据进行备份。最好将备份文件保存到可移动介质中，例如 U 盘或移动硬盘。以后只需还原备份的 Windows 凭据即可恢复其中保存的

所有用户名和密码，避免重新输入的麻烦。备份 Windows 凭据的具体操作步骤如下。

STEP 1 使用上一节介绍的方法打开【凭据管理器】窗口，选择【Windows 凭据】类别，然后单击【备份凭据】链接，如图 25-9 所示。

图25-9 单击【备份凭据】链接

STEP 2 打开如图 25-10 所示的【存储的用户名和密码】对话框，单击【浏览】按钮。

图25-10 单击【浏览】按钮

STEP 3 打开如图 25-11 所示的对话框，选择 Windows 凭据备份文件保存的位置和名称，然后单击【保存】按钮。

图25-11 选择Windows凭据备份文件的保存位置和文件名

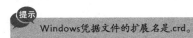
提示
Windows凭据文件的扩展名是.crd。

STEP 4 返回【存储的用户名和密码】对话框，在【备份到】文本框中会自动填入选择的路径与文件名，如图 25-12 所示。确认无误则单击【下一步】按钮。

图25-12　设置凭据备份文件的保存位置和名称

STEP 5 进入如图 25-13 所示的界面，用户需要按下键盘上的【Ctrl+Alt+Delete】组合键，此时会切换到安全桌面上并要求用户输入密码以及确认密码，然后单击【下一步】按钮，在进入的界面中单击【完成】按钮，完成 Windows 凭据的备份。

图25-13　准备进入安全桌面以设置密码

注意　如果已经创建了一个Windows凭据备份文件，然后再次以相同的位置和文件名进行备份，那么会显示如图25-14所示的提示信息，询问用户是否覆盖旧版本的备份文件。如果单击【是】按钮，在进入到上面的STEP 5中如果按下了【Esc】键退出备份过程，不但不会创建新的备份文件，而且还会自动删除原来已经创建好的备份文件。

图25-14　以相同的位置和文件名备份
Windows凭据时显示的提示信息

在以后任何需要的时候可以将 Windows 凭据备份文件中的内容还原到凭据管理器中，这样可以一次性恢复备份时已创建好的所有 Windows 凭据中包含的用户名和密码。还原 Windows 凭据的具体操作步骤如下。

STEP 1 在【凭据管理器】窗口的【Windows 凭据】类别中单击【还原凭据】链接，在如图 25-15 所示的对话框中单击【浏览】按钮选择要使用的 Windows 凭据备份文件。

图25-15　选择要还原的Windows凭据备份文件

STEP 2 单击【下一步】按钮，显示如图 25-16 所示的界面，按下【Ctrl+Alt+Delete】组合键在进入的安全桌面中输入备份 Windows 凭据时设置的密码。

STEP 3 单击【下一步】按钮和【完成】按钮，

即可恢复备份的所有 Windows 凭据。

图25-16　准备进入安全桌面输入密码

25.2 管理 Web 凭据

Web 凭据是由用于访问 Internet 的应用程序创建的。例如，在使用 Microsoft Edge 或 IE 浏览器访问一个 Internet 网站（如 OneDrive 网站）并使用已经注册好的用户名和密码登录该网站后，如果选择了让浏览器记住用户输入的密码，系统就会自动将用户输入的用户名和密码创建为 Web 凭据，以后登录该网站就不再需要重复输入它们了。Web 凭据只能由应用程序自动创建，无法像创建 Windows 凭据那样手动创建 Web 凭据，但是用户可以查看和删除 Web 凭据。

25.2.1 查看 Web 凭据

对于用户使用用户名和密码登录的大多数网站而言，在输入密码进行登录时，网页浏览器通常都会显示一个提示栏，询问用户是否保存当前网站的密码，如图 25-17 所示。如果用户选择保存密码，系统就会自动在凭据管理器中为该网站创建一个 Web 凭据，其中包含了网站的网址、登录时的用户名和密码等信息。下次登录该网站时，在登录界面中会自动填入用户名和密码，不再需要用户手动输入。

图25-17　询问用户是否将登录密码保存在浏览器中

> **提示**
> 　　如果在登录某个网站时浏览器没有显示图25-17所示的提示栏，则需要在浏览器中开启记录密码与提示保存密码的功能。本书第21章和第22章分别介绍了Microsoft Edge和IE浏览器关于保存登录密码方面的设置方法。

虽然用户无法手动创建 Web 凭据，但是可以查看 Web 凭据中包含的内容。查看 Web 凭据的具体操作步骤如下。

STEP 1 打开【控制面板】窗口，将【查看方式】设置为【大图标】或【小图标】，然后单击【凭据管理器】链接。

STEP 2 打开【凭据管理器】窗口并选择【Web凭据】类别，单击想要查看的凭据右侧的 ⊙ 按钮，将会展开凭据中包含的内容，其中显示了网址、用户名、漫游状态、凭据的保存者即来源的应用程序的名称、密码，如图 25-18 所示。

图25-18　查看Web凭据中包含的内容

STEP 3 可以发现密码默认显示为黑点，这是为了防止密码无意中被其他人看到。如果想要显示密码包含的具体内容，可以单击【显示】链接，然后在弹出的如图 25-19 所示的对话框中输入当前登录 Windows 操作系统的用户账户的密码，单击【确定】按钮后即可看到 Web 凭据的密码。

图25-19　输入用户账户的密码

> **提示**
>
> 如果当前登录操作系统的用户账户未设置登录密码，则将无法查看Web凭据的密码。因此如果想要查看Web凭据的密码，必须为当前用户账户设置登录密码。

25.2.2　漫游 Web 凭据

Web 凭据中包含名为【漫游】的一项，其值通常被设置为【是】。通过漫游 Web 凭据，可以实现使用同一个 Microsoft 账户在不同设备上登录 Windows 10 操作系统时自动同步相同的 Web 凭据。这意味着在使用 Microsoft 账户登录 Windows 10 操作系统以后，在使用浏览器第一次访问某个网站时输入了正确的用户名和密码并允许浏览器保存密码，那么以后使用该 Microsoft 账户在其他设备上登录 Windows 10 操作系统时，使用这些设备中的 Microsoft Edge 或 IE 浏览器访问相同的网站时将不再需要用户手动输入用户名和密码。这也是在凭据管理器的【Web 凭据】类别中没有提供备份与还原功能的原因。为了让 Web 凭据能够随 Microsoft 账户漫游，需要开启密码同步选项，具体操作步骤如下。

STEP 1 单击【开始】按钮 ⊞，然后在打开的【开始】菜单中选择【设置】命令。

STEP 2 在打开的【设置】窗口中选择【账户】选项，在进入的界面左侧选择【同步你的设置】，然后在右侧拖动滑块将【同步设置】设置为开启状态，同时将下面的【密码】一项也设置为开启状态，然后可以根据需要设置其他项是否同步，如图 25-20 所示。

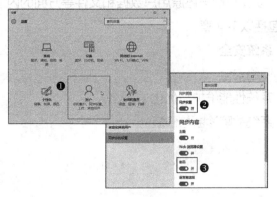

图25-20　设置密码同步

STEP 3 设置好以后，在【账户】设置界面左侧的列表中选择【你的账户】，然后在右侧单击【验证】链接，如图 25-21 所示。按照向导对当前登录操作系统的 Microsoft 账户进行验证，验证成功后即可同步密码设置。

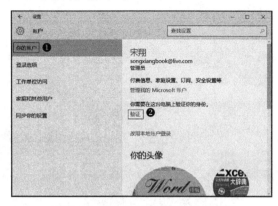

图25-21　单击【验证】链接以验证当前登录的Microsoft账户

25.2.3　删除 Web 凭据

与 IE 浏览器直接删除保存的所有用户名和密码的方式不同，在凭据管理器中用户可以选择性地删除一个或多个 Web 凭据，灵活性更强。使用本章 25.2.1 节介绍的方法选择【凭据管理器】窗口中的【Web 凭据】类别，然后单击想要删除的凭据右侧的 ⊙ 按钮，在展开的凭据内容中单击【删除】链接，在弹出的如图 25-22 所示的对话框中单击【是】按钮，即可将该凭据删除。

图25-22　删除Web凭据时的确认信息

7

———— 第 篇

系统安全、维护与性能优化

本篇主要介绍在 Windows 10 中保护软硬件安全、防范网络攻击和恶意程序、检测与优化系统性能、修复系统故障，以及备份与还原用户数据和文件等方面的内容。该篇包括以下 4 章：

第 26 章　系统安全

第 27 章　网络安全

第 28 章　系统性能维护与优化

第 29 章　系统故障诊断与修复

Chapter

26

系统安全

计算机在启动和运行过程中的安全威胁虽然主要来源于网络中的病毒和各类恶意程序，但是对计算机实施的物理攻击则可能更具危险性。一旦计算机被盗，那么其中的数据将会永远丢失，而且重要数据可能还会被他人窃取。通过使用 Windows 10 提供的 BitLocker 和 BitLocker To Go 功能，可以对计算机中的硬盘以及 USB 移动存储设备进行加密，即使别人盗取了经过 BitLocker 加密后的硬盘和 USB 移动存储设备，也无法获取其中的数据。另一方面，通过 Windows 10 提供的 AppLocker 功能可以限制用户运行应用程序的方式，从而使系统更加稳定安全。本章详细介绍了使用 BitLocker、BitLocker To Go 和 AppLocker 保护系统中的软硬件安全的方法。

26.1 使用 BitLocker 对硬盘驱动器进行加密保护

EFS 加密文件系统只能对文件或文件夹进行加密，一旦计算机丢失或被盗，计算机中的硬盘驱动器中存储的数据将会很容易受到未经授权的访问而被泄露或破坏。为了加强对计算机的保护，可以使用 BitLocker 驱动器加密技术对硬盘驱动器中指定的磁盘分区进行全盘加密。本节详细介绍了使用 BitLocker 驱动器加密技术对硬盘进行加密的基本概念与实现方法。对 USB 移动存储设备进行 BitLocker 驱动器加密的内容将在本章 26.2 节进行介绍。

26.1.1 BitLocker 驱动器加密的工作原理

BitLocker 驱动器加密技术首次出现在 Windows Vista 操作系统中，它可以为硬盘驱动器中指定的磁盘分区提供安全保护功能。在之后的 Windows 7/8/10 等操作系统中一直继承着 BitLocker 驱动器加密功能，同时做了很多改进以便于可以为更多设备（如 USB 移动存储设备）提供 BitLocker 驱动器加密保护措施。

BitLocker 驱动器加密可以对硬盘驱动器和 USB 移动存储设备中的数据进行加密保护。在使用 BitLocker 技术对安装 Windows 的磁盘分区进行加密以后，可以保护整个 Windows 分区中的所有数据，包括操作系统本身、Windows 注册表、临时文件以及休眠文件等内容。这样即使计算机丢失或被盗，用户也无需担心计算机硬盘中的数据会被泄露或破坏。因为攻击者无法对丢失或被盗的计算机中的数据进行未授权的访问，比如运行软件攻击工具对计算机进行攻击，或者将计算机中的硬盘转移到其他计算机的操作系统中来获得管理员权限以盗取其中的数据。

如果计算机主板上带有 TPM 芯片，那么在基于 TPM 芯片的基础上使用 BitLocker 驱动器加密将能够为计算机提供最有效的安全保护功能。BitLocker 驱动器加密可以在操作系统启动之前使用 TPM 来检查计算机启动组件（MBR 主引导记录、引导扇区、引导管理器、Windows 加载器等）的完整性，以确保系统文件始终未被篡改。

在设置 BitLocker 驱动器加密时，系统会为以上内容生成一个快照（可能是一个哈希值）并将其保存在 TPM 芯片中。在以后每次启动系统时，都会将系统启动组件与最初的快照进行对比，只有完全一致才会进行解密过程并继续启动系统。一旦检测到系统发生任何改动将会停止启动过程。随后计算机会进入恢复模式，用户只有提供恢复密钥才能启动系统。如果将设置了 BitLocker 驱动器加密的硬盘移动到其他计算机，也需要提供恢复密钥才能继续使用。

在不带有 TPM 芯片的计算机上仍然可以使用 BitLocker 驱动器加密功能，但是由于系统会将 BitLocker 驱动器加密的启动密钥存储在硬盘以外的位置，因此，需要使用 USB 设备保存启动密钥并在启动计算机之前连接该 USB 设备。此外，在不带有 TPM 的计算机中使用 BitLocker 驱动器加密将无法提供预启动系统的完整性验证和多重身份验证。

有关在不带有 TPM 芯片的计算机中使用 BitLocker 驱动器加密的具体内容，请参考本章 26.1.5 节和 26.1.7 节。

在设置 BitLocker 驱动器加密时，用户应该创建恢复密钥，以便在由于任何可能的原因进入恢复模式后，可以通过恢复密钥正常启动加密的驱动器。如果没有恢复密钥，将无法访问加密驱动器中的所有数据，而且当 BitLocker 保护的驱动器出现问题时将无法恢复其中的数据。

26.1.2 BitLocker 驱动器加密与 EFS 加密文件系统的区别

虽然 BitLocker 驱动器加密与 EFS 加密文件系统都能够对计算机中的数据提供保护功能，但是两者之间存在很大差异。表 26-1 对比了它们的区别，可以结合使用 BitLocker 驱动器加密和 EFS 加密文件系统来提供更完善的加密方案。

表 26-1　BitLocker 驱动器加密与 EFS 加密文件系统的区别

对比项目	BitLocker 驱动器加密	EFS 加密文件系统
加密内容的范围	BitLocker 驱动器加密用于对硬盘驱动器中指定的磁盘分区以及 USB 移动存储设备进行加密，加密将作用于指定分区或设备中的所有文件和文件夹	EFS 加密文件系统用于对个人文件和文件夹进行加密，无法对硬盘驱动器的磁盘分区进行加密
是否需要额外的硬件支持	基于 TPM 芯片的 BitLocker 驱动器加密可以提供最有效的保护功能	EFS 加密文件系统不需要任何额外的硬件设备
关联的用户账户	BitLocker 驱动器加密适用于所有用户和用户组，而不会依赖于与文件相关联的用户账户	EFS 加密文件系统依赖于与所加密文件相关联的用户账户。每个用户或用户组都可以单独加密属于各自的文件
是否需要管理员权限	只有管理员用户账户才能启用 BitLocker 驱动器加密	使用 EFS 加密文件系统并不要求必须是管理员用户账户

26.1.3 BitLocker 驱动器加密支持的几种加密方式

BitLocker 驱动器加密技术支持多种加密方式，以便在解锁加密的驱动器时可以进行多重身份验证，最大限度地保护数据的安全。具体而言，BitLocker 提供了以下几种加密方式。

◆ 仅 TPM：该加密方式只使用 TPM 进行验证，验证无误后即可解锁 BitLocker 加密的驱动器，整个过程不会与用户产生任何交互操作。如果 TPM 丢失或系统启动的完整性存在问题，则将进入恢复模式，只有提供恢复密钥才能解锁 BitLocker 加密的驱动器。

◆ TPM+PIN：除了 TPM 提供的保护外，启动计算机时还需要输入正确的 PIN（Personal Identification Number，个人标识码），然后与 TPM 中的存储根密钥（SRK）结合在一起，验证无误后才能解锁 BitLocker 加密的驱动器。

◆ TPM+ 启动密钥：除了 TPM 提供的保护外，还需要在启动计算机之前连接包含启动密钥的 USB 设备，然后与 TPM 中的存储根密钥（SRK）结合在一起，验证无误后才能解锁 BitLocker 加密的驱动器。

◆ TPM+PIN+ 启动密钥：这是最安全也是最复杂的加密方式。除了 TPM 提供的保护外，每次启动计算机之前必须连接包含启动密钥的 USB 设备，还要输入正确的 PIN，然后与 TPM 中的存储根密钥（SRK）结合在一起，验证无误后才能解锁 BitLocker 加密的驱动器。该加密方式只能通过 Manage-bde 命令行工具来进行设置，而无法使用 BitLocker 驱动器加密安装向导来设置。

◆ 仅启动密钥：如果计算机主板不带有 TPM 芯片，或者 TPM 芯片与 Windows 不兼容，那么可以使用存储在 USB 设备中的启动密钥来解锁 BitLocker 加密的驱动器，但是用户必须在计算机启动之前将包含启用密钥的 USB 设备连接到计算机。

除了仅 TPM 加密方式以外，在使用其他加密方式之前需要先对组策略进行设置才能正常使用，相关设置请参考本章 26.1.6 节。

表 26-2 列出了 BitLocker 驱动器加密中涉及的几种密钥用语。

表 26-2　BitLocker 驱动器加密技术中的几种密钥

密钥类型	说明
TPM	用于建立安全信任根的硬件设备。BitLocker 驱动器加密功能仅支持 TPM 1.2 或更高版本
PIN	由用户输入的仅由数字组成的密钥
增强 PIN	由用户输入的由字母、数字、符号和空格组成的密钥
启动密钥	在 USB 移动存储设备中保存的用于在系统启动时解锁 BitLocker 加密的驱动器的解密密钥。在不带有 TPM 的计算机中启用 BitLocke 驱动器加密时只能使用该类型的密钥来解锁加密驱动器。在带有 TPM 的计算机中可以将该类型密钥与 TPM 结合使用以增强安全性
恢复密钥	用于解锁处于恢复模式下的加密驱动器的一组 48 位数字，可以抄写下来、打印出来或保存在 USB 移动存储设备中

注意 最好不要将启动密钥和恢复密钥保存在同一个USB设备中，以免该设备丢失以后在无法正常解锁的情况下，进入恢复模式后也无法提供恢复密钥以恢复加密驱动器的正常访问。

26.1.4　BitLocker 驱动器加密的系统要求

根据计算机主板上是否带有 TPM 芯片，BitLocker 驱动器加密对计算机的要求也将会有所不同，具体可以分为以下两种情况。

提示 可以使用下面的方法检查计算机是否带有TPM芯片：右击【开始】按钮▦并选择【运行】命令，然后在打开的对话框中输入"tpm.msc"命令并按【Enter】键，在打开窗口的左侧窗格中如果显示了"命令管理"几个字，则说明计算机带有TPM芯片。

1．对带有TPM的计算机启用BitLocker驱动器加密的系统要求

如果用户想要对带有 TPM 的计算机启用 BitLocker 驱动器加密，则需要具备以下几个条件。

◆ TPM 的版本必须是 1.2 或更高版本。
◆ 计算机固件必须与受信任的计算组（TCG）相兼容。计算机固件为操作系统预启动建立信任链，因此必须包括对 TCG 指定信任测量的静态根的支持。
◆ 计算机固件必须支持 USB 大容量存储设

备，而且支持在启动过程中从 USB 设备读取数据。

◆ 硬盘驱动器必须至少包含以下两个分区：系统分区包含用于启动计算机的程序和文件，比如引导管理器、Windows 加载器等，该分区必须为活动分区，而且不能对该分区进行加密，系统分区的大小不低于 350MB。另一个分区是安装 Windows 操作系统的分区，其中包含了 Windows 操作系统的安装文件以及所有相关文件，该分区是 BitLocker 将进行加密的分区。
◆ 在基于 BIOS 固件的计算机中确保系统分区和 Windows 分区都使用 NTFS 文件系统。在基于 UEFI 固件的计算机中必须确保系统分区使用 FAT32 文件系统，而 Windows 分区使用 NTFS 文件系统。
◆ 对硬盘驱动器中的 Windows 分区及其他非 Windows 分区启用 BitLocker 驱动器加密以及进行相关配置时，必须使用管理员用户账户登录操作系统。而对 USB 移动存储设备启用 BitLocker 驱动器加密以及进行相关配置时，则可以使用标准用户账户，而不必非要使用管理员用户账户。

提示 如果在安装Windows 10操作系统时对硬盘进行重新分区，将会自动创建BitLocker加密时所需的系统分区。

2．对不带有TPM的计算机启用BitLocker驱动器加密的系统要求

对不带有 TPM 的计算机启用 BitLocker 驱动器加密时，除了必须满足前面介绍的后 4 条以外，还必须准备好 USB 设备并在其中保存启动密钥，用于对 BitLocker 加密后的硬盘驱动器进行解锁操作。此外，还需要通过组策略设置【启动时需要附加身份验证】策略，并启用【没有兼容的 TPM 时允许 BitLocker】选项，具体操作方法将在本章 26.1.6 节进行介绍。

第一次启用 BitLocker 驱动器加密时，在真正开始加密驱动器之前，BitLocker 驱动器加密安装向导会提示用户是否对计算机在启动过程中能否从 USB 设备中读取数据进行测试。最好进行该测试以便确保 USB 设备没有问题并且计算

机固件可以正确读取 USB 设备中的数据。如果 BIOS 不支持所需功能，则无法加密驱动器。

26.1.5 理解 TPM 并对其进行启用和初始化

TPM 是一个微型芯片，通常安装在计算机的主板上，通过硬件总线与系统的其他部分进行通信。由于 TPM 芯片包含多个物理安全机制，可以有效防止恶意软件的攻击和篡改，以及计算机的丢失和被盗，因此存储在 TPM 中的加密信息非常安全。

带有 TPM 的计算机可以创建加密密钥，并对密钥进行再次加密，这样将只能由 TPM 来对密钥进行解密，从而可以保护密钥不被泄露，该过程称为"封装"或"绑定"。TPM 中会包含一个称为"存储根密钥"（SRK，Storage Root Key）的主封装密钥，它存储在 TPM 内部。存储根密钥的私钥部分永远是保密的，不会对外界暴露。带有 TPM 的计算机可以创建一种不仅可以被封装，还可以锁定到特定平台测量（Platform Measurement）的密钥。只有当平台测量具有的值等于创建该密钥时所具有的值时才能解密该类型的密钥。

由于 TPM 需要将密钥对的私钥部分保存在操作系统无法控制的内存中，因此 TPM 可以对密钥提供高度安全的保护，并提供精确的系统状态与信赖程度。由于 TPM 使用自身的内部固件和逻辑电路来处理指令，因此它并不依赖于操作系统，而且也不会受到来自操作系统和外部软件漏洞的威胁。

1. 在固件中启用TPM

在使用 TPM 之前，需要先在固件中启用 TPM，然后才能在 Windows 操作系统中对 TPM 进行初始化。只有启用了 TPM 并对其进行初始化以后，才能使用 TPM 对计算机实施加密保护。在按下计算机机箱上的电源按钮启动计算机后，按【F1】【F2】【Delete】或【Esc】等键进入固件设置界面。具体的按键可以在主板说明书中找到，或者访问主板制造商的官方网站。

进入固件设置界面以后，找到并进入名称中包含"Security"或"Advanced"等字样的类别，然后在进入的界面中找到带有"TPM"或"Trusted Platform Module"等字样的选项，将其设置为【Enable】或【Available】等表示"启用"或"有效"的状态。最后按【F10】键保存对固件的修改、退出固件设置界面并重新启动计算机。

2. 初始化TPM并设置所有权

初始化 TPM 是指启用 TPM 并且设置 TPM 所有权的操作过程。只有处于已启用并且获取所有权状态的 TPM 才能为 BitLocker 驱动器加密功能提供支持。换言之，要想基于 TPM 模式使用 BitLocker 驱动器加密功能，则必须对 TPM 进行初始化。初始化 TPM 的主要任务是为 TPM 设置所有者密码，同时还可以检查是否已经启用了 TPM。每个 TPM 只能有一个所有者密码，拥有所有者密码的用户对 TPM 拥有所有权。只有 TPM 所有者才有权更改 TPM 所有者密码，以及对 TPM 进行管理，包括打开和关闭 TPM、清除 TPM 等操作。初始化 TPM 并设置所有者密码的具体操作步骤如下。

STEP 1 右击【开始】按钮🔲，然后在弹出的菜单中选择【运行】命令，在打开的【运行】对话框中输入"tpm.msc"命令后按【Enter】键。

STEP 2 打开【TPM 管理】窗口，单击菜单栏中的【操作】⇨【初始化 TPM】命令，启动 TPM 初始化向导。

> 💬 **提示**
> 无论是否已经启用了TPM，在打开的【TPM管理】窗口中都会看到TPM的状态信息，它显示了TPM的启用与获得所有权的情况。表26-3列出了TPM的4种状态及其含义。

表 26-3 TPM 的 4 种状态及其含义

TPM 状态信息	含义
TPM 已关闭，尚未获取所有权	在【TPM 管理】窗口中关闭了 TPM，而且也未进行初始化
TPM 已关闭，并已获取所有权	在【TPM 管理】窗口中关闭了 TPM，但是已进行了初始化
TPM 已启用，尚未获取所有权	在固件中启用了 TPM，但是还未进行初始化
TPM 已启用，并已获取所有权	在固件中启用了 TPM，而且也已进行了初始化

STEP 3 如果之前已经启用了 TPM，将会打开【管理 TPM 安全硬件】对话框，选择【自动创建密码（推荐）】命令。

> 💬 **提示**
> 如果TPM初始化向导没有检测到兼容的固件，则将无法继续对TPM进行初始化，此时需要检查在固件设置中是否已经启用了TPM。

STEP 4 在【保存您的 TPM 所有者密码】对话框中单击【保存密码】按钮，然后在【另存为】对话框中选择密码的保存位置并单击【保存】按钮。密码将保存为"计算机名.tpm"文件。

STEP 5 单击【初始化】按钮，几分钟后即可完成 TPM 的初始化，最后单击【关闭】按钮。

26.1.6 对 Windows 分区启用 BitLocker 驱动器加密

由于大多数用户的计算机中可能都不带有 TPM 芯片，而且 TPM 模式的 BitLocker 驱动器加密与无 TPM 芯片的 BitLocker 驱动器加密的整个操作过程基本类似，因此接下来介绍的 BitLock 驱动器加密的操作方法都将以无 TPM 芯片的计算机环境为主。对 Windows 分区进行 BitLocker 驱动器加密的具体操作步骤如下。

STEP 1 右击【开始】按钮，然后在弹出的菜单中选择【运行】命令，在打开的【运行】对话框中输入"gpedit.msc"命令后按【Enter】键，如图 26-1 所示。

图26-1 输入启动组策略编辑器的命令

STEP 2 打开【本地组策略编辑器】窗口，在左侧窗格中定位到以下路径并选择【操作系统驱动器】节点，然后在右侧窗格中双击【启动时需要附加身份验证】策略，如图 26-2 所示。

计算机配置 \ 管理模板 \Windows 组件 \BitLocker 驱动器加密 \ 操作系统驱动器

图26-2 双击【启动时需要附加身份验证】策略

STEP 3 打开如图 26-3 所示的对话框，选中【已

启用】单选按钮，然后选中下方的【没有兼容的 TPM 时允许 BitLocker（在 U 盘上需要密码或启动密钥）】复选框。设置好以后单击【确定】按钮。

图26-3 启用不带有TPM的BitLocker加密功能

> **提示**
> 在本章26.1.3节介绍TPM与其他身份验证方式组成的混合加密时，需要对组策略进行设置才能正常使用。所需设置的选项位于【没有兼容的TPM时允许BitLocker（在U盘上需要密码或启动密钥）】复选框下方的选项，如图26-4所示，用户可以根据想要使用的加密方式来进行设置。

图26-4 设置BitLocker的多种加密方式

完成以上设置后，接下来就可以对 Windows 分区启用 BitLocker 驱动器加密了，具体操作步骤如下。

STEP 1 打开文件资源管理器，然后右击要加密的 Windows 分区，在弹出的菜单中选择【启用 BitLocker】命令，如图 26-5 所示。

STEP 2 打开如图 26-6 所示的对话框，系统开始检测计算机是否符合 BitLocker 驱动器加密的要求。

STEP 3 通过检测后将显示如图 26-7 所示的界面，选择计算机启动时的解锁方式，这里选择【输入密码】。

STEP 4 进入如图 26-8 所示的界面，在两个文本框中输入相同的密码，在启动计算机时需要输入该密码来解锁。设置好密码以后单击【下一步】按钮。

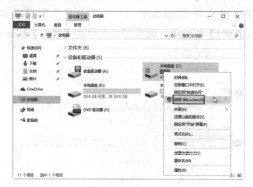

图26-5　选择【启用BitLocker】命令

图26-6　检测计算机是否符合BitLocker加密要求

图26-7　选择启动计算机时的解锁方式

图26-8　设置用于解锁计算机的密码

STEP 5 进入如图26-9所示的界面，选择一种保存恢复密钥的方式。恢复密钥用于在丢失或忘记解锁密码时对计算机进行解锁的方式，这里选择【保存到文件】方式。

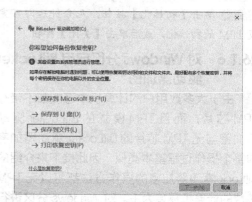

图26-9　选择保存恢复密钥的方式

STEP 6 在打开的对话框中选择用于保存恢复密钥文件的移动存储设备，如U盘，双击U盘驱动器进入其根目录，然后单击【保存】按钮，如图26-10所示。

图26-10　将恢复密钥文件保存到U盘中

STEP 7 返回STEP 5中的界面，单击【下一步】按钮，进入如图26-11所示的界面，选择是加密磁盘分区中的已用空间，还是对整个磁盘分区进行加密。选择前者所需的加密时间比较少，选择后者则需要更多的时间完成加密。根据需要选择一种加密方式，然后单击【下一步】按钮。

STEP 8 进入如图26-12所示的界面，默认选中【运行BitLocker系统检查】复选框，单击【继续】按钮以后，系统会在真正对Windows磁盘分区进行加密以前，检测是否可以正常读取用户设置的加密密码和恢复密钥。如果在前面的步骤中选择将恢复密钥保存在U盘中，那么需要在单击【继续】按钮之前将该U盘连接到计算机。

图26-11　选择加密方式

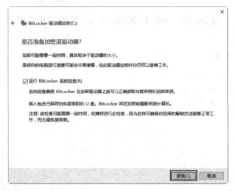

图26-12　选中【运行BitLocker系统检查】复选框

STEP 9 单击【继续】按钮将会弹出如图 26-13 所示的对话框，单击【立即重新启动】按钮重新启动计算机。

图26-13　单击【立即重新启动】按钮

STEP 10 重新启动计算机后将显示如图 26-14 所示的界面，需要在文本框中输入设置 BitLocker 加密时输入的密码，然后按【Enter】键。如果密码输入正确，将会登录 Windows 操作系统并完成后续加密操作。

> 提示
> 如果用户想要确定是否由于手误而输入了错误的密码，则可以按【Insert】键显示密码的实际字符。

STEP 11 启用了 BitLocker 驱动器加密以后的 Windows 分区的图标上会显示一个打开的锁头标记，如图 26-15 所示。

图26-14　解锁BitLocker加密的Windows分区

图26-15　BitLocker加密的Windows
分区上显示一个打开的锁头标记

26.1.7 对非 Windows 分区启用 BitLocker 驱动器加密

在非 Windows 分区上启用 BitLocker 驱动器加密的方法与上一节介绍的对 Windows 分区启用 BitLocker 驱动器加密的方法有所不同。对非 Windows 分区启用 BitLocker 驱动器加密的具体操作步骤如下。

STEP 1 打开文件资源管理器，右击要启用 BitLocker 驱动器加密的非 Windows 分区，然后在弹出的菜单中选择【启用 BitLocker】命令。

STEP 2 打开如图 26-16 所示的对话框，通常使用密码来加密和解密非 Windows 分区，因此选中【使用密码解锁驱动器】复选框，然后在【输入密码】和【重新输入密码】两个文本框中输入相同的密码，密码的位数不能低于 8 位。完成后单击【下一步】按钮。

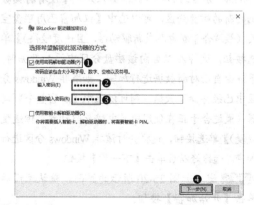

图26-16　为非Windows分区设置密码

STEP 3 进入如图 26-17 所示的界面，选择保存恢复密钥的方式，包括 4 种方式，可以将恢复密钥保存到 Microsoft 账户、U 盘或文件中，还可以打印到纸张上。这里选择【保存到 U 盘】。恢复密钥文件是一个纯文本文件，其中列出了对应的加密非 Windows 分区的恢复密钥内容。如果以后忘记了解锁密码，只要使用恢复密钥文件即可对加密的非 Windows 分区解锁并重设密码。

钮完成对非 Windows 分区的加密操作。

图26-19　选择对非Windows分区的加密方式

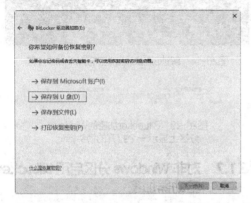

图26-17　选择保存恢复密钥的方式

STEP 4 打开如图 26-18 所示的对话框，在列表框中选择 U 盘驱动器，然后单击【保存】按钮，返回上一步界面后单击【下一步】按钮。

图26-18　选择用于保存恢复密钥的U盘

STEP 5 进入如图 26-19 所示的界面，选择对非Windows 分区的加密方式，如果是一个没有存储数据的新的磁盘分区，可以选中【仅加密已用磁盘空间（最适合于新电脑或新驱动器，且速度较快）】单选按钮，这样在以后向该磁盘分区中添加数据时，系统会自动对新数据进行加密；如果非 Windows 分区中已经存储了数据，则可以选中【加密整个驱动器（最适合于正在使用中的电脑或驱动器，但速度较慢）】单选按钮，这样会对该非 Windows 分区进行加密。选择好以后单击【下一步】按钮。

STEP 6 进入如图 26-20 所示的界面，确认无误后单击【开始加密】按钮。

STEP 7 系统开始对非 Windows 分区进行加密并显示已完成进度，如图 26-21 所示。加密完成后显示如图 26-22 所示的对话框，单击【关闭】按

图26-20　单击【开始加密】按钮

图26-21　系统开始对非Windows分区加密

图26-22　加密完成

26.1.8　解锁 BitLocker 加密的硬盘分区

解锁 BitLocker 加密的 Windows 分区和非 Windows 分区的方法并不相同，本节将分别介绍对启用 BitLocker 加密的这两种分区进行解锁的方法。

1.　解锁BitLocker加密的Windows分区

对于启用 BitLocker 加密的 Windows 分区，

根据选择的加密方式的不同，在启动计算机时会显示不同的界面。例如，如果选择通过输入密码来解锁 Windows 分区，那么在启动计算机时会显示一个用于输入解锁密码的界面，只有输入正确的密码才能解锁 Windows 分区并登录 Windows 操作系统。如果选择的是将解锁密码保存在 U 盘中，那么需要在启动计算机之前将包含解锁密码的 U 盘连接到计算机。

2. 解锁BitLocker加密的非Windows分区

由于 BitLocker 加密的是非 Windows 分区，因此并不会影响 Windows 操作系统的正常启动。完成非 Windows 分区加密以后，在文件资源管理器中可以看到经过加密的非 Windows 分区的图标上有一个锁头打开的标记，如图 26-23 所示，这说明该分区当前处于解锁状态。如果以后重新启动了计算机，那么在文件资源管理器中加密的非 Windows 分区图标上将会显示一个锁头关闭的标记，如图 26-24 所示。

图26-23　完成加密时的　　图26-24　访问U盘之前
　　U盘处于解锁状态　　　　需要输入正确的密码

如果双击 U 盘驱动器的图标，将会显示如图 26-25 所示的界面，在输入正确的密码并单击【解锁】按钮后才能访问 U 盘中的内容。

图26-25　在输入密码后在本地电脑上自动解锁

如果忘记了用于解锁 U 盘的密码，则可以使用恢复密钥来进行解锁。在显示输入密码解锁的界面时选择【更多选项】命令，然后选择【输入恢复密钥】命令，在如图 26-26 所示的界面中输入之前保存的恢复密钥来进行解锁。可以在该界面中看到【密钥 ID】右侧有一组数字，记下这组数字，然后到之前保存恢复密钥文件的文件夹中找到文件名中包含这组数字的文本文件，该文件

就是用于解锁该 U 盘的恢复密钥文件。打开这个文本文件，找到【恢复密钥】中显示的 48 位数字，如图 26-27 所示。复制该组数字并将其粘贴到输入解锁密钥的文本框中，单击【解锁】按钮即可解锁 U 盘。

图26-26　使用恢复密钥解锁U盘

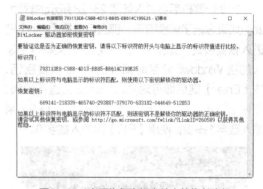

图26-27　查看恢复密钥文件中的恢复密钥

> **提示**
> 　　如果在保存恢复密钥时或以后修改了恢复密钥文件的名称，则可以通过在恢复密钥文本文件中的【标识符】中的第一组数字是否与输入密钥界面中的【密钥 ID】中的数字完全一致，来判断该文本文件中包含的恢复密钥是否是当前 U 盘的恢复密钥。

26.1.9　进入恢复模式的原因与恢复硬盘驱动器访问的方法

如果对 Windows 分区设置了 BitLocker 驱动器加密，那么当出现以下情况时可能会导致对计算机的完整性检查失败并进入恢复模式，只有提供恢复密钥才能解锁 BitLocker 加密的驱动器并成功启动 Windows 操作系统。

◆ 将 BitLocker 保护的驱动器移动到其他计算机。

◆ 在计算机中安装带有新 TPM 的主板。

◆ 关闭、禁用或清除 TPM。

◆ 更新固件。

◆ 更改任何启动配置信息，如主引导记录、

引导扇区、启动管理器等。

- ◆ 在启用 PIN 身份验证的情况下忘记了 PIN。
- ◆ 在启用启动密钥身份验证的情况下丢失了包含启动密钥的 USB 设备。

BitLocker 恢复密钥是一种特殊的密钥，在每个要加密的驱动器上首次启用 BitLocker 驱动器加密时可以创建该密钥。如果使用 BitLocker 驱动器加密对 Windows 分区进行了加密，并且在计算机启动时 BitLocker 检测到存在某种阻止其进行解锁的情况，此时就需要使用恢复密钥来解锁 Windows 分区。

例如，如果对 Windows 分区设置了 BitLocker 驱动器加密并设置通过输入密码来进行解锁，那么在启动计算机后会进入如图 26-28 所示的界面，此时如果忘记了解锁密码，那么可以按【Esc】键进入恢复模式，如图 26-29 所示。在文本框中输入加密 Windows 分区时保存的 48 位恢复密钥，按【Enter】键后即可对 Windows 分区进行解锁。在恢复模式中可以使用功能键【F1】～【F9】来输入数字 1～9，使用【F10】键输入数字 0。

图26-28　按【Esc】键进入恢复模式

图26-29　输入解锁Windows分区的恢复密钥

26.1.10　关闭 BitLocker 驱动器加密功能

如果用户不再需要对某个磁盘分区启用 BitLocker 驱动器加密，那么可以关闭该磁盘分区上的 BitLocker 驱动器加密。执行关闭 BitLocker 驱动器加密的操作之前，需要先解锁目标磁盘分区。可以使用以下两种方法打开包含关闭 BitLocker 命令的界面。

- ◆ 在文件资源管理器中右击要关闭 BitLocker 驱动器加密的磁盘分区，然后在弹出的菜单中选择【管理 BitLocker】命令。
- ◆ 打开【控制面板】窗口，将【查看方式】设置为【大图标】或【小图标】，然后单击【BitLocker】链接。

使用以上任一方法将打开【BitLocker 驱动器加密】窗口，并自动展开相应的磁盘分区中包含的相关命令，如图 26-30 所示。如果要关闭 BitLocker 驱动器加密功能，则需要单击【关闭 BitLocker】链接，然后在打开的对话框中单击【关闭 BitLocker】按钮，如图 26-31 所示，稍后即可完成解密工作并彻底关闭 BitLocker 驱动器加密功能。

图26-30　显示BitLocker相关命令

图26-31　单击【关闭BitLocker】按钮

> 提示
> 关闭Windows分区和非Windows分区上的BitLocker驱动器加密的方法相同。

26.2　使用 BitLocker To Go 加密 USB 移动存储设备

相比硬盘驱动器而言，由于 USB 移动存储设备具有外形小巧、与计算机连接方便等特点，因此 USB 移动存储设备更容易丢失，其中存储的数据也更容易泄露。借助 BitLocker To Go 技术可以对 USB

移动存储设备进行全盘加密，从而有效保护 USB 移动存储设备中数据的安全。BitLocker To Go 是从 Windows 7 开始提供的对 USB 设备进行加密的功能，Windows 10 也提供了该功能。本节将介绍使用 BitLocker To Go 加密 USB 移动存储设备的方法。

26.2.1 加密 USB 设备

BitLocker To Go 是与 BitLocker 驱动器加密类似的技术，但只适用于对 USB 移动存储设备进行加密。对 USB 移动存储设备进行加密时，需要设置密码和恢复密钥，以后每次访问该 USB 设备时都需要输入密码。如果忘记密码，则需要提供恢复密钥以进行解密。恢复密钥是在访问加密后的 U 盘但忘记了密码时使用的，只要知道密码或恢复密钥中的任意一个都可以访问加密 U 盘。由于 BitLocker To Go 只对 USB 设备加密而不涉及本地硬盘，因此没有太多硬件上的限制，使用起来比较方便。这里以使用 BitLocker To Go 加密 U 盘为例进行介绍，具体操作步骤如下。

STEP 1 将待加密的 U 盘连接到计算机的 USB 接口，打开【此电脑】窗口，然后右击 U 盘驱动器的图标，在弹出的菜单中选择【启用 BitLocker】命令。也可以在【控制面板】窗口中单击【系统和安全】链接，然后单击【BitLocker 驱动器加密】链接，接着在进入的界面中单击要加密的 U 盘驱动器名称右侧的 ⊙ 按钮，在展开的列表中单击【启用 BitLocker】链接，如图 26-32 所示。

图26-32　启用U盘加密

STEP 2 在打开的对话框中系统开始初始化 U 盘，在该过程中不要断开 U 盘与计算机的连接。稍后将进入如图 26-33 所示的界面，通常使用密码来加密和解密 U 盘，因此选中【使用密码解锁驱动器】复选框，然后在【输入密码】和【重新输入密码】两个文本框中输入相同的密码，密码的位数不能低于 8 位。完成后单击【下一步】按钮。

图26-33　为U盘设置密码

STEP 3 进入如图 26-34 所示的界面，与加密非 Windows 分区不同，加密 U 盘时只提供 3 种保存恢复密钥的方式，根据需要进行选择，这里选择【保存到文件】。

图26-34　选择保存恢复密钥的方式

STEP 4 在打开的对话框中选择恢复密钥文件的保存位置和文件名，如图 26-35 所示，然后单击【保存】按钮。恢复密钥文件是一个纯文本文件，其中列出了对应的加密 U 盘的恢复密钥内容。如果以后忘记了解锁密码，只要使用恢复密钥文件即可对 U 盘解锁并重设密码。单击【保存】按钮后会返回上一步的界面，然后单击【下一步】按钮。之后的步骤与本章 26.1.7 节介绍的加密非 Windows 分区基本相同，此处就不再赘述了。

> **注意** 系统不允许将恢复密钥文件保存在磁盘分区的根目录。加密过程中最好不要断开U盘与计算机的连接，否则可能会损坏U盘中的数据。

图26-35　保存恢复密钥文件

26.2.2　访问已加密的 USB 设备

经过 BitLocker To Go 加密的 USB 设备也会在其驱动器图标上显示锁头标记，如果显示为锁头打开，则表示当前处于解锁状态；如果显示为锁头关闭，则表示当前处于锁定状态。解锁 USB 设备的方法与本章前面介绍的解锁非 Windows 分区的方法类似。在文件资源管理器中双击处于锁定状态的 U 盘驱动器，然后在打开的界面中输入加密时设置的密码，单击【解锁】按钮即可解锁 U 盘。

如果希望每次将 U 盘连接到自己的计算机或确信为安全的计算机时跳过输入密码进行解锁的步骤，则可以在显示输入密码解锁的界面时选择【更多选项】命令，然后选中【在这台电脑上自动解锁】复选框，如图 26-36 所示。输入正确的解锁密码并单击【解锁】按钮，以后再将该 U 盘连接到该计算机时即可自动解锁，不再需要用户输入解锁密码。

图26-36　选中【在这台电脑上自动解锁】
复选框后将自动解锁U盘

对于使用恢复密钥来解锁忘记了密码的 U 盘的方法，与本章前面介绍的使用恢复密钥解锁非 Windows 分区类似，具体方法请参考本章 26.1.8 节。

26.2.3　删除密码并关闭 BitLocker To Go 功能

在计算机中解锁 U 盘后，可以对 U 盘密码进行相关的管理操作，包括更改密码、删除密码、备份恢复密钥、启动自动解锁、彻底关闭 BitLocker To Go 加密等，大部分操作也同样适用于本章前面介绍的非 Windows 分区。如果要更改现有密码，可以在文件资源管理器中右击 U 盘驱动器图标，然后在弹出的菜单中选择【更改 BitLocker 密码】命令，在打开的对话框中输入原密码和新密码，如图 26-37 所示，最后单击【更改密码】按钮。

图26-37　更改U盘的BitLocker密码

如果要对 U 盘的 BitLocker 密码进行其他管理操作，则可以在文件资源管理器中右击 U 盘驱动器图标，然后在弹出的菜单中选择【管理 BitLocker】命令，在打开的窗口中显示了用于管理 U 盘 BitLocker 密码的相关选项，如图 26-38 所示。单击【删除密码】链接可以删除 U 盘当前设置的密码。但是在删除之前必须为 U 盘设置另一种解锁方式，比如添加智能卡或启用了自动解锁，否则无法删除密码。如果要关闭 BitLocker To Go 功能，则可以单击【关闭 BitLocker】链接，然后在打开的对话框中单击【关闭 BitLocker】按钮，稍后即可完成解密工作并彻底关闭 BitLocker To Go 功能。

图26-38　BitLocker加密管理界面

26.3 使用 AppLocker 控制应用程序的运行

在使用与管理计算机时,可能经常需要基于各种原因限制用户运行某些应用程序。使用 Windows 10 中的 AppLocker 功能可以针对所有用户或特定用户创建限制应用程序运行的规则,还可以在真正实施所创建的规则之前对它们进行测试以避免出现不可预料的问题。本节详细介绍了使用 Windows 10 中的 AppLocker 创建与管理应用程序规则的相关内容。

26.3.1 AppLocker 简介

AppLocker 是 Windows 10 企业版和 Windows 10 教育版中提供的功能,用于限制用户运行指定的程序和文件,主要包括以下几种用途。

- ◆ 阻止不兼容的应用程序或恶意程序影响计算机的稳定性并对计算机造成破坏。
- ◆ 阻止用户安装和使用未经授权的应用程序。
- ◆ 统一进行大范围的应用程序部署,以确保范围内的应用程序的使用方式完全一致。
- ◆ 允许或禁止所有用户或特定用户运行指定的程序或文件。

通过创建 AppLocker 规则可以对所有用户或特定用户所能使用的文件类型进行控制,从而达到保护计算机稳定和安全的目的。如果将 AppLocker 规则应用到某个用户组,那么该组中的所有用户都将受到该规则的限制。AppLocker 规则适用于以下 5 种类型的文件。

- ◆ 扩展名为 .exe 和 .com 的可执行文件,即指普遍意义上的应用程序。
- ◆ 扩展名为 .ps1、.bat、.cmd、.vbs 和 .js 的脚本文件。
- ◆ 扩展名为 .msi、.mst 和 .msp 的 Windows Installer 文件,即 Windows 安装程序文件。
- ◆ 扩展名为 .dll 和 .ocx 的文件。
- ◆ 扩展名为 .appx 的封装应用文件。

 有关 AppLocker 提供的 5 种类型的规则的详细内容,请参考本章 26.3.3 节。

可以在创建 AppLocker 规则时设置以下 3 种类型的条件。

- ◆ 路径:控制用户或用户组运行来源于特定文件夹及其子文件夹中的文件。
- ◆ 发布者:控制用户或用户组运行来源于特定软件发布者的文件。
- ◆ 文件哈希:控制用户或用户组运行具有匹配的加密哈希的文件。

 有关在 AppLocker 规则中可以设置的 3 种条件的详细内容,请参考本章 26.3.4 节。

如果没有创建基于某种文件类型的 AppLocker 规则,则可以运行该文件类型的所有文件。如果为特定文件类型创建了 AppLocker 规则,则只能运行规则中包含的文件。例如,如果创建的可执行文件规则为允许运行 %SystemRoot% 中的 .exe 文件,则可以运行安装 Windows 操作系统所在磁盘分区中的 Windows 文件夹中的所有可执行文件。创建的 AppLocker 规则支持以下两种操作。

- ◆ 允许:设置允许哪些用户或用户组运行哪些类型的文件,还可以设置例外项以禁止运行特定类型的文件。
- ◆ 拒绝:设置禁止哪些用户或用户组运行哪些类型的文件,还可以设置例外项以允许运行特定类型的文件。

> **注意** 拒绝操作永远高于允许权限。例如,如果创建了一个允许所有用户运行计算机中所有可执行文件的AppLocker规则,然后又创建了一个拒绝所有用户运行位于计算机中某个指定文件夹中的可执行文件的AppLocker规则,那么所有用户将不能运行该文件夹中的可执行文件,但是可以运行其他所有文件夹中的可执行文件。当然,此处示例中的两个规则都作用于相同的用户范围,因此可以通过在一个规则中添加例外项来实现,而无需分别创建两个不同的规则。有关创建AppLocker规则和例外项的方法请参考本章26.3.6节。

26.3.2 AppLocker 与软件限制策略的区别

可以将 AppLocker 看作是软件限制策略的增强版,因为 AppLocker 拥有更灵活的限制应用程序运行的方式,适用于具有多种不同需求的应用场合。表 26-4 列出了 AppLocker 与软件限制策略之间存在的一些区别。

表 26-4 AppLocker 与软件限制策略的区别

功能	AppLocker	软件限制策略
规则的应用范围	所有用户，或指定的用户或组	所有用户
创建规则的条件	文件哈希、路径和发布者	文件哈希、路径、证书、注册表路径和 Internet 区域
提供的规则行为	允许和拒绝	不允许、基本用户、无限制
默认规则操作	隐式拒绝	无限制
自动生成规则	支持	不支持
仅审核模式	支持	不支持
策略的导出和导入	支持	不支持
一次创建多个规则的向导	支持	不支持
规则集合	支持	不支持
自定义错误消息	支持	不支持
使用 Windows PowerShell	支持	不支持

26.3.3 AppLocker 提供的 5 种规则及其默认规则

可以创建的 5 种类型的 AppLocker 规则曾在本章 26.3.1 节进行过简要介绍。AppLocker 为用户可以创建的 5 种类型的规则都提供了相应的默认规则。默认规则包括确保系统正常运行所需的各种必要的程序和文件的访问权和使用权。在创建新规则之前，必须先创建默认规则，否则在用户创建新规则以后，可能会由于系统禁止运行了用户所创建的规则范围以外的其他任何关键程序和文件而导致系统或程序无法正常工作。下面对 5 种类型规则中的默认规则进行了具体说明。

1. 可执行文件规则

可执行文件规则的实施范围包括 .exe 和 .com 两种类型的文件，其默认规则允许用户运行以下 3 种情况下的 .exe 和 .com 文件。

◆ 允许内建的 Administrators 用户组中的成员运行计算机中的所有 .exe 和 .com 文件。

◆ 允许所有用户运行 %SystemDrive%\Program Files 文件夹中的 .exe 和 .com 文件。

◆ 允许所有用户运行 %SystemRoot% 文件夹中的 .exe 和 .com 文件。

> **提示**
> %SystemDrive%和%SystemRoot%都是环境变量，%SystemDrive%表示安装Windows 10的磁盘分区根目录，%SystemRoot%表示安装Windows的磁盘分区中的Windows文件夹。后面介绍的其他几种规则类型时包括的环境变量与此处相同。

2. Windows Installer文件规则

Windows Installer 文件是指 Windows 安装程序文件，该规则的实施范围包括 .msi、.msp 和 .mst 三种类型的文件，其默认规则允许用户运行以下 3 种情况下的 Windows Installer 文件。

◆ 允许内建的 Administrators 用户组中的成员运行计算机中的所有 Windows Installer 文件。

◆ 允许所有用户运行经过数字签名的 Windows Installer 文件。

◆ 允许所有用户运行 %SystemRoot%\Windows Installer 文件夹中的所有 Windows Installer 文件。

3. 脚本规则

脚本规则的实施范围包括以下几种类型的文件：.ps1、.bat、.cmd、.vbs、.js，其默认规则允许用户运行以下 3 种情况下的脚本。

◆ 允许内建的 Administrators 用户组中的成员运行计算机中的所有脚本。

◆ 允许所有用户运行 %SystemDrive%\Program Files 文件夹中的脚本。

◆ 允许所有用户运行 %SystemRoot% 文件夹中的脚本。

4. DLL规则

DLL 规则的实施范围包括 .dll 和 .ocx 两种类型的文件，其默认规则允许用户运行以下 3 种情况下的 .dll 和 .ocx 文件。

◆ 允许内建的 Administrators 用户组中的成员运行计算机中的所有 .dll 和 .ocx 文件。

◆ 允许所有用户运行 %SystemDrive%\Program Files 文件夹中的 .dll 和 .ocx 文件。

◆ 允许所有用户运行 %SystemRoot% 文件

夹中的 .dll 和 .ocx 文件。

与其他 4 种规则不同的是，系统默认不会启用 DLL 规则，这是因为如果通过设置 DLL 规则拒绝了运行某些 DLL 文件，很可能会出现应用程序兼容性的问题。另一方面，在启用 DLL 规则以后，系统会在逐一检查每个 DLL 文件以后才会运行它，这将会导致系统性能的下降。如果希望启用 DLL 规则，则可以使用下面的方法，具体操作步骤如下。

STEP 1 右击【开始】按钮⊞，然后在弹出的菜单中选择【运行】命令，在打开的【运行】对话框中输入"secpol.msc"命令后按【Enter】键。

STEP 2 打开【本地安全策略】窗口，在左侧窗格中展开【应用程序控制策略】节点，然后右击其中的【AppLocker】，在弹出的菜单中选择【属性】命令，如图 26-39 所示。

图26-39　右击【AppLocker】并选择【属性】命令

STEP 3 打开如图 26-40 所示的对话框，切换到【高级】选项卡，选中【启用 DLL 规则集合】复选框，然后单击【确定】按钮。

5. 封装应用规则

　　一个应用程序通常会包括用于安装应用程序的安装文件，以及一个或多个 .exe、.dll 或不同类型的脚本文件。AppLocker 需要通过不同的规则来分别控制一个应用程序中包含的不同类型的文件。然而通过封装应用规则可以限制打包后的应用程序中的所有文件，以便可以同时控制应用程序的安装和运行。封装应用规则要求打包的应用程序文件必须包含数字签名，因此在创建封装应用规则时只能设置发布者条件。封装应用规则允许所有用户运行经过数字签名的封装应用文件。

图26-40　启用DLL规则

26.3.4　AppLocker 规则支持的 3 种条件

　　AppLocker 规则支持的 3 种条件曾在本章 26.3.1 节进行过简要介绍。规则条件是 AppLocker 规则所基于的条件，用于决定规则的实施依据。在创建 AppLocker 规则时需要选择一种条件来进行设置。下面对创建 AppLocker 规则时可以设置的 3 种条件进行了详细说明，并列举了每种条件的优缺点。

1. 路径

　　如果用户希望通过指定文件夹或文件的方式来限制用户可以运行的程序和文件，那么还可以使用路径条件。用户还可以为任何文件夹和文件设置路径条件。路径条件的优缺点如下。

◆ 优点：可以批量为指定文件夹中的所有文件设置 AppLocker 规则，也可以为特定的某个文件设置 AppLocker 规则。还可以在路径条件中使用星号（*）作为通配符。

◆ 缺点：路径条件的安全性较低。如果在创建 AppLocker 规则时使用了【拒绝】操作，那么在设置路径条件时虽然指定了禁止用户运行的可执行文件或其所在的文件夹，只要用户将禁止运行的可执行文件复制到指定位置以外的其他文件夹中，那么仍然可以运行这些可执行文件。

2. 发布者

　　设置发布者条件的前提是规则中所限制的文件必须包含发布者的数字签名。发布者条件的优缺点如下。

- 优点：比路径条件更安全，而且比文件哈希条件更容易维护，不会因为文件版本升级而频繁更新发布者规则。
- 缺点：AppLocker规则中限制的所有文件必须具有相同的数字签名。

3. 文件哈希

哈希条件将会创建一个哈希值，用于标识指定的可执行文件。在运行该可执行文件之前，系统会计算该文件的哈希值，如果与设定的哈希条件所生成的哈希值匹配，将会运行该文件。文件哈希条件的优缺点如下。

- 优点：由于每个文件的哈希值是唯一的，因此文件哈希条件比路径条件更安全。
- 缺点：文件的哈希值会自动随文件版本的每次更新而改变，因此在每次更新文件时都必须重新设置文件哈希条件。

26.3.5 启用Application Identity服务

系统中的Application Identity服务根据AppLocker规则中设置的文件路径、发布者或哈希值来对AppLocker规则执行允许或拒绝操作。如果未启用Application Identity服务，系统将不会强制执行AppLocker规则。因此在创建AppLocker规则之前，必须先启用系统中的Application Identity服务，具体操作步骤如下。

STEP 1 右击【开始】按钮，然后在弹出的菜单中选择【计算机管理】命令。

STEP 2 打开【计算机管理】窗口，在左侧窗格中展开【服务和应用程序】节点，然后选择其中的【服务】，在右侧窗格中双击【Application Identity】服务，如图26-41所示。

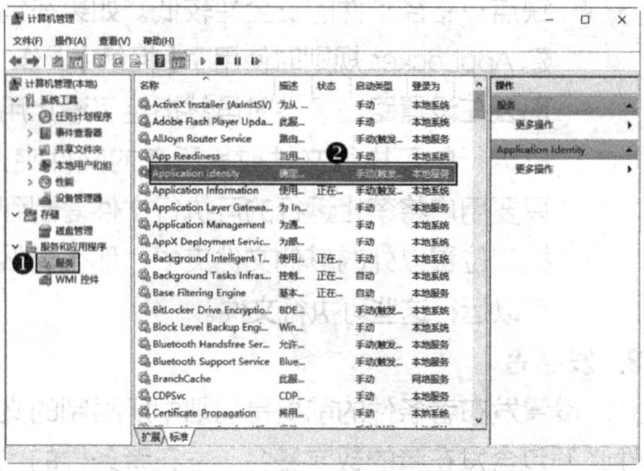

图26-41 双击【Application Identity】服务

提示

也可以右击【开始】按钮并选择【运行】命令，在打开的对话框中输入“services.msc”命令后按【Enter】键，然后在打开的【服务】窗口中进行类似的设置。

STEP 3 打开Application Identity服务的属性对话框，在【常规】选项卡的【启动类型】下拉列表中选择【自动】选项，然后单击【启动】按钮，如图26-42所示。

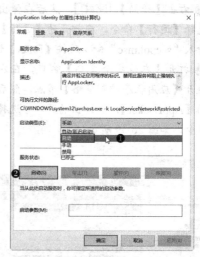

图26-42 将启动类型设置为【自动】并单击【启动】按钮

STEP 4 单击【确定】按钮，关闭打开的对话框。

26.3.6 创建AppLocker规则

在了解了AppLocker提供的默认规则以及可以设置的3种条件，同时启用了Application Identity服务以后，接下来就可以创建所需的AppLocker规则了。创建AppLocker规则分为自动和手动两种方式。由于创建不同类型规则的方法基本相同，因此本节以创建可执行文件规则为例进行介绍。

1. 手动创建可执行文件规则

在开始真正创建可执行文件规则之前，必须先创建可执行文件规则的默认规则，然后才能创建新的规则，具体操作步骤如下。

STEP 1 右击【开始】按钮，然后在弹出的菜单中选择【运行】命令，在打开的【运行】对话框中输入“secpol.msc”命令后按【Enter】键。

STEP 2 打开【本地安全策略】窗口，在左侧窗格中依次展开【应用程序控制策略】⇨【AppLocker】节点，然后右击其中的【可执行规则】，在弹出的菜单中选择【创建默认规则】命令，创建3个默认规则，如图26-43所示。

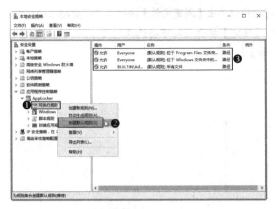

图26-43　选择【创建默认规则】命令创建3个默认规则

STEP 3 再次右击【可执行规则】并在弹出的菜单中选择【创建新规则】命令，打开如图26-44所示的【创建可执行规则】对话框，单击【下一步】按钮。

图26-44　启动创建规则向导对话框

STEP 4 进入如图26-45所示的界面，在这里选择规则的允许或拒绝操作，以及规则所针对的用户或用户组。本例选中【拒绝】单选按钮以便为规则设置拒绝操作，然后单击【选择】按钮选择要将规则应用到的用户组或特定用户，此处选择的用户组是【Everyone】，表示规则作用于所有用户。完成后单击【下一步】按钮。

STEP 5 进入如图26-46所示的界面，在这里为规则设置条件，本例选中【路径】单选按钮为规则设置路径条件，然后单击【下一步】按钮。

STEP 6 进入如图26-47所示的界面，由于上一步选择的是路径条件，因此此处需要选择应用到规则中的具体路径。可以单击【浏览文件】按钮选择具体的.exe和.com文件，也可以单击【浏览文件夹】按钮选择包含要应用规则的.exe和

.com文件所在的文件夹。本例选择了一个文件夹，然后单击【下一步】按钮。

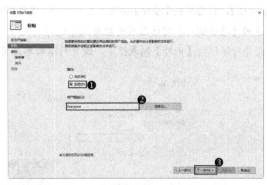

图26-45　选择规则的允许或拒绝操作
以及所针对的用户组或用户

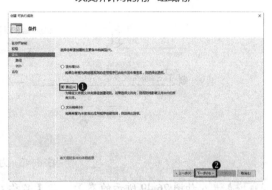

图26-46　为规则设置条件

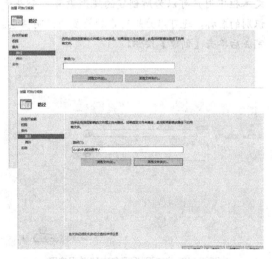

图26-47　选择应用到规则中的具体路径

提示
如果用户不需要为规则添加例外项，则可以直接单击【创建】按钮完成规则的创建。

STEP 7 进入如图26-48所示的界面，可以为规则添加例外项。如本例中创建的规则是拒绝所有用户运

行位于"G:\软件\驱动程序"文件夹中的所有可执行文件。假如希望允许用户运行该文件夹中的某个特殊的可执行文件，就需要创建例外项，以便从拒绝操作中排除该特定文件。需要从【添加例外】下拉列表中选择【路径】，然后单击【添加】按钮，在打开的【路径例外】对话框中单击【浏览文件】按钮并选择要排除的文件。返回【路径例外】对话框后将会看到所选择的文件，单击【确定】按钮后即可将选择的文件添加到创建规则向导对话框的【例外】列表框中。设置好以后单击【下一步】按钮。

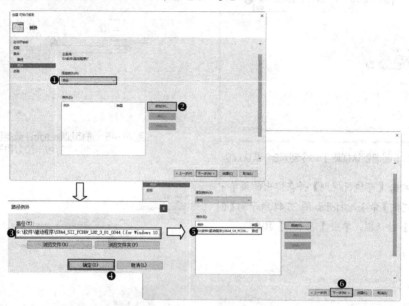

图26-48 为规则添加例外项

STEP 8 进入如图26-49所示的界面，在【名称】文本框中用户可以为所创建的规则设置一个易于识别的名称，还可以为规则添加简要的说明信息。完成后单击【创建】按钮。

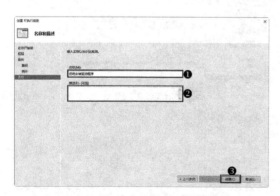

图26-49 为规则设置名称和说明信息

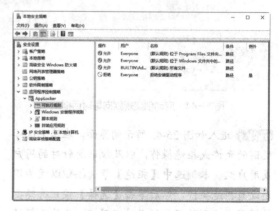

图26-50 创建新的规则

图26-51 运行受限制程序时显示的提示信息

STEP 9 返回【本地安全策略】窗口以后，将会在右侧窗格中看到新创建的规则，如图26-50所示。当运行规则所针对的文件夹中的可执行文件时，将会显示如图26-51所示的提示信息，拒绝用户运行该程序。

提示 如果创建规则后对于用户的操作并没有立即生效，那么可以右击开始按钮并选择【命令提示符（管理员）】命令，以管理员身份打开【命令提示符】窗口。

2. 自动创建可执行文件规则

除了用户手动创建 AppLocker 规则外，系统也支持自动创建 AppLocker 规则，这样可以降低创建 AppLocker 规则的难度并节省创建时间。这里仍以创建可执行文件规则为例，自动创建 AppLocker 规则的具体操作步骤如下。

STEP 1 按照前面介绍的手动创建规则的方法，在【本地安全策略】窗口中为 AppLocker 中的可执行规则创建 3 个默认规则。然后右击左侧窗格中的【可执行规则】，在弹出的菜单中选择【自动创建规则】命令。

STEP 2 打开如图 26-52 所示的【自动生成可执行规则】对话框，由于是由系统自动创建规则，所以需要由用户选择要创建规则的包含可执行文件的文件夹，默认位置为 %SystemDrive%\Program Files 文件夹，可以单击【浏览】按钮选择其他文件夹。单击【选择】按钮可以指定所创建的规则针对的用户组或用户。还可以在【命名以识别此规则集】文本框中输入规则的名称。完成后单击【下一步】按钮。

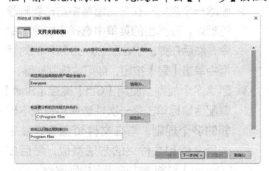

图26-52 设置创建规则

STEP 3 进入如图 26-53 所示的界面，在这里设置规则的首选项。选中【为经过数字签名的文件创建发布者规则】单选按钮，同时选中【路径：规则是使用文件路径创建的】单选按钮以便为没有数字签名的文件使用路径条件来创建规则。最好不要选择使用哈希条件来创建规则，因为一旦文件版本升级，就必须重新设置哈希条件，同时如果要创建规则的文件数量众多，哈希条件会影响系统性能。设置好以后单击【下一步】按钮。

STEP 4 系统根据前几步的设置开始创建规则，稍后显示如图 26-54 所示的界面，其中对指定文件夹中的所有内容按照所选择的规则条件进行了统计，可以单击【查看已分析的文件】和【查看将自动创建的规则】链接来查看指定文件夹中的所有可执行文件及其规则，如图 26-55 所示。最

后单击【创建】按钮即可创建规则。

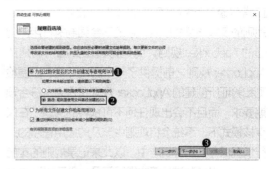

图26-53 设置规则的首选项

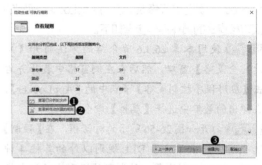

图26-54 单击【创建】按钮创建规则

图26-55 查看指定文件夹中的所有可执行文件及其规则

26.3.7 启用 AppLocker 规则的仅审核模式

由于预先考虑不周，可能经常会出现在创建

某些 AppLocker 规则后相关程序无法运行甚至无法正常登录 Windows 系统的情况。启用 AppLocker 规则的仅审核模式以后，系统不会强制执行用户创建的 AppLocker 规则，而是为真正实施所创建的 AppLocker 规则之前提供了一个测试环境，以便检测和验证所创建的 AppLocker 规则是否完全符合预期要求，而且不会出现任何不可预料的问题。在仅审核模式下，系统会将规则中涉及的应用程序的运行情况保存到事件日志中，以此来记录规则的实施情况。如果在测试环境中发现问题，则可以及时对 AppLocker 规则进行修改。启用 AppLocker 规则的仅审核模式的具体操作步骤如下。

STEP 1 使用本章 26.3.6 节介绍的方法打开【本地安全策略】窗口，然后在左侧窗格中展开并右击【应用程序控制策略】节点中的【AppLocker】，在弹出的菜单中选择【属性】命令。

STEP 2 打开如图 26-56 所示的对话框，在【强制】选项卡中列出了除了 DLL 规则以外的其他 4 种规则，可以分别为每一种类型的规则启用仅审核模式。例如，在【可执行规则】下方的下拉列表中选择【仅审核】选项，即可为可执行文件规则启用仅审核模式。设置好以后单击【确定】按钮。

图26-56 对指定类型的规则启用仅审核模式

26.3.8 修改和删除 AppLocker 规则

用户随时可以修改已经创建好的 AppLocker 规则，以使其符合新的要求。使用本章 26.3.6 节的方法打开【本地安全策略】窗口，在左侧窗格中依次展开【应用程序控制策略】➡【AppLocker】节点。然后选择其中包含的具体规则的类型，

比如【可执行规则】，右侧窗格中列出了所选规则类型中包含的所有规则。双击要修改的规则，打开规则的属性对话框，如图 26-57 所示。可以在各选项卡中修改规则的相应内容。

图26-57 修改规则

对于不再需要的 AppLocker 规则，可以将其删除以免为用户的正常操作带来不必要的混乱与麻烦。删除规则的方式分为以下 3 种。

◆ 删除一个规则：在右侧窗格中右击要删除的规则，在弹出的菜单中选择【删除】命令，然后在弹出的如图 26-58 所示的对话框中单击【是】按钮，即可将规则删除。

◆ 删除多个规则：使用【Ctrl】键或【Shift】键配合鼠标单击来一次性选择相邻或不相邻的多个规则，与在文件资源管理器中选择文件和文件夹的方法类似，然后按【Delete】键将选中的所有规则删除。

◆ 删除某个规则类型中的所有规则：如果要删除某个规则类型中的所有规则，可以在右侧窗格中按【Ctrl+A】组合键，然后按【Delete】键将选中的所有规则删除。

图26-58 删除规则时显示的确认对话框

Chapter
27

网络安全

网络迅速发展的同时也为计算机用户带来了前所未有的安全隐患和威胁。本地网络和 Internet 是病毒以及各类恶意程序进入用户计算机的最主要途径之一。Windows 10 提供了针对网络攻击以及进入计算机中的恶意程序的多重防范和保护功能，包括 Windows Update、Windows 防火墙和 Windows Defender，本章详细介绍了这 3 种安全功能的设置和使用方法。

27.1 使用 Windows Update 为系统安装新功能和安全更新

Windows Update 一直以来都是 Windows 系列操作系统中的一个非常重要的功能。用户可以通过 Windows Update 自动为系统下载和安装 Windows 更新程序，从而最大限度地保持系统的安全和稳定，而且还可以防止病毒和其他恶意软件通过系统漏洞而进行的攻击。微软对 Windows 10 中的 Windows Update 功能进行了很多改进和调整，使用户安装与管理 Windows 更新更加方便。本节详细介绍了 Windows 10 中的 Windows Update 功能的改进与使用方法，包括 Windows Update 工作方式的改进介绍、设置 Windows 更新的安装方式以及安装与卸载 Windows 更新等内容。

27.1.1 Windows Update 改进的工作方式

Windows 10 可能是微软历代 Windows 操作系统中最为重要的一个版本，不仅仅是因为 Windows 10 提供了众多崭新的功能和改进措施，更重要的是 Windows 10 将成为微软的一项服务。这意味着未来的 Windows 新版本可能会通过定期的 Windows 更新来自动进行安装和升级。从某种意义上来说，这种新的更新方式为用户的系统升级提供了方便。

一直以来，微软每隔 2 ～ 3 年就会发布一个新版本的 Windows 操作系统。由于一直都是以安装光盘或映像文件来作为操作系统的安装介质，操作起来比较麻烦，在每次升级或全新安装新系统时都会花费很多时间和精力。为了正

常使用安装光盘或映像文件，计算机还必须配备物理光驱或者在系统中安装虚拟光驱。微软在 Windows 10 中改进了用户获取和安装 Windows 更新、Windows 新功能和新版 Windows 系统的方式，新的 Windows 更新方式称为"Windows 即服务"。Windows 10 中的 Windows 即服务包括以下两种类型的更新。

◆ 服务更新：服务更新通常在每个月的第二个星期二发布，而且每个月只发布一次。服务更新包括安全修复程序、可靠性修复程序和其他 Bug 修复程序等，通过改进系统的性能和安全性来不断改善用户的使用体验。

◆ 新功能和 Windows 版本升级：提供包括附加特性与功能的新的 Windows 10 版本，每年发布 2 ～ 3 次。

与早期版本的 Windows 不同的是，Windows 10 中的更新是持续累积的。这意味着服务更新和新功能升级将会包含所有早期版本的更新内容（微软已对此进行了优化以减少持续累积的更新的整体容量和网络需求），因此用户无法安装 Windows 10 服务更新中的某个更新子集，必须全部进行安装。例如，如果服务更新包含 5 个安全漏洞和 2 个可靠性问题的修补程序，安装该更新时则必须安装所有的 7 个更新程序，而不能选择性地安装其中的一部分。

27.1.2 设置 Windows 更新的安装方式

用户可以根据个人习惯来选择一种安装更新的方式。Windows 10 提供的更新安装方式包括

以下两种。

◆ 自动（推荐）：下载并安装好更新以后，系统会自动选择重新启动计算机的时间，以完成更新的最后安装。

◆ 通知以安排重新启动：下载并安装好更新以后，系统会通知用户选择重新启动计算机的时间，在用户指定的时间重新启动计算机以完成更新的最后安装。

使用下面的方法可以设置安装更新的方式，具体操作步骤如下。

STEP 1 单击【开始】按钮▦，然后在打开的【开始】菜单中选择【设置】命令。

STEP 2 在打开的【设置】窗口中选择【更新和安全】，在进入的界面左侧将会自动选择【Windows 更新】，然后在右侧单击【高级选项】链接，如图 27-1 所示。

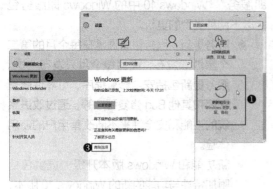

图27-1 单击【检查更新】按钮以检查是否有新的更新

STEP 3 进入如图 27-2 所示的【高级选项】界面，在"请选择安装更新的方式"文字下方的下拉列表中选择【自动（推荐）】和【通知以安排重新启动】两种安装方式之一。

图27-2 设置Windows更新的安装方式

提示

如果选中【更新Windows时提供其他Microsoft产品的更新】复选框，则可以在从微软官方网站搜索Windows 10系统更新的同时，搜索计算机中已安装的其他微软应用程序的相关更新，如Microsoft Office的更新。

Windows 10 取消了由用户自主决定是否下载和安装更新的相关选项，这意味用户无法关闭 Windows 10 中的系统更新功能，Windows 更新的下载和安装由系统直接控制。但是 Windows 10 为用户提供了推迟升级功能。启用该功能后，在微软发布包含新功能的更新时，系统不会立刻下载并安装，而是会延迟大概 4 个月以后才会下载和安装。然而推迟升级功能不会对 Windows 安全更新的下载和安装产生影响。仅在 Windows 10 专业版、Windows 10 企业版和 Windows 10 教育版中提供了推迟升级功能，可以在【设置】窗口中的【更新和安全】⇨【Windows 更新】⇨【高级选项】界面中选中【推迟升级】复选框来启用推迟升级功能。

27.1.3 理解和设置 Windows 更新传递优化

Windows 更新传递优化是 Windows 10 提供的一种用于加速下载 Windows 更新的下载速度优化功能。借助 Windows 更新传递优化不但可以从微软官方网站下载 Windows 更新，还可以从其他来源进行下载，包括局域网和 Internet 中的其他计算机，而且 Windows 更新传递优化对从 Windows 应用商店中下载的应用也同样有效。Windows 更新传递优化可以帮助用户以最快的速度完成 Windows 更新和应用的下载。Windows 更新传递优化不会访问和更改用户的任何个人文件和文件夹。Windows 更新传递优化支持下面两种工作方式。

1. 从其他计算机下载Windows更新和应用

用户可以从已经拥有 Windows 更新和应用的网络中的其他计算机下载这些计算机中的 Windows 更新和应用。Windows 更新使用从 Microsoft 安全获取的信息，来验证下载到你的计算机的文件的真实性。在下载来源于其他计算机的 Windows 更新和应用之前，Windows 更新优化传递会对将要下载的内容进行真实性验证,以确保安全可靠。Windows 更新传递优化支持从以下两种范围内的计算机下载 Windows 更新和应用。

◆ 局域网中的计算机:当系统下载 Windows 更新和应用时,除了会从微软官方网站下载以外,还会自动搜索用户所在局域网的其他计算机中已下载好的 Windows 更新和应用,然后从这些计算机下载 Windows 更新和应用所对应的文件的不同部分,系统将会针对文件的每个部分采用最快速、最可靠的下载源,从而提高下载效率。

◆ 局域网和 Internet 中的计算机:与上一种方式的工作原理类似,除了从局域网中的计算机中搜索 Windows 更新和应用以外,还会从 Internet 中的计算机中搜索已下载好的 Windows 更新和应用。

2. 向其他计算机发送Windows更新和应用

除了可以从局域网或 Internet 中的其他计算机获取 Windows 更新和应用以外,用户也可以将自己计算机中已经下载的 Windows 更新和应用发送给局域网和 Internet 中的其他计算机。为了实现这一功能,Windows 更新传递优化将会创建一个本地缓存,以便暂时存储下载到的 Windows 更新和应用所对应的文件。然后根据用户选择的 Windows 更新传递优化所针对的计算机范围,向正在下载相同文件的局域网或 Internet 中的其他计算机发送用户计算机中已经下载好的文件。

默认情况下系统会自动启用 Windows 更新传递优化,用户可以使用下面的方法设置 Windows 更新传递优化的工作方式,以及决定是否启用 Windows 更新传递优化,具体操作步骤如下。

STEP 1 使用本章 27.1.2 节介绍的方法打开【设置】窗口并进入【Windows 更新】界面,然后单击【高级选项】链接。

STEP 2 在【高级选项】界面中单击【选择如何提供更新】链接,然后在进入的【选择如何提供更新】界面中通过选择【我本地网络上的电脑】或【我本地网络上的电脑和 Internet 上的电脑】来设置 Windows 更新传递优化的工作方式,如图 27-3 所示。如果想要关闭 Windows 更新传递优化,则可以将滑块拖动到关闭的位置。

图27-3　设置Windows更新传递优化的工作方式

27.1.4　检查并安装更新

Windows 10 在【设置】窗口中提供了用于检查、下载、安装更新的统一界面,为用户管理 Windows 更新提供了方便。检查并安装更新的具体操作步骤如下。

STEP 1 使用本章 27.1.2 节介绍的方法打开【设置】窗口并进入【Windows 更新】界面,然后单击【检查更新】按钮,系统将会从微软官方网站检查适用于 Windows 10 的更新和新功能,如图 27-4 所示。

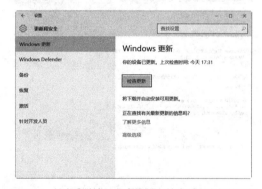

图27-4　单击【检查更新】按钮以检查是否有新的更新

STEP 2 如果发现存在可用的更新,则会自动进行下载并显示下载进度,如图 27-5 所示。单击【详细信息】链接,将会进入如图 27-6 所示的界面,可以查看当前正在下载的更新的详细信息,包括每个更新的名称、版本号、适用环境以及【正在下载】或【正在等待安装】等表示更新当前所处的状态信息。单击详细信息界面中的【正在下载】或【正在等待安装】链接,将会弹出一个信息框,其中显示了对相关更新的具体说明。

STEP 3 完成所有更新的下载后,系统将会自动开始安装这些更新并显示安装进度,如图 27-7 所示。单击【详细信息】链接可以查看当前正在安装哪个更新。

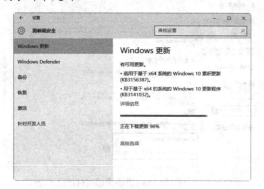

图27-5　下载更新并显示下载进度

图27-6　查看更新的详细信息

图27-7　下载完更新以后将自动进行安装

STEP 4 某些更新需要重新启动计算机才能生效。在安装好更新以后，系统会在【Windows 更新】

界面中自动选择重新启动计算机的时间，通常在凌晨 3 点 30 分，如图 27-8 所示。如果希望在其他某个时间重新启动计算机来完成更新的最后安装，则可以选中【选择重新启动时间】单选按钮，然后在下方选择重新启动计算机的日期和时间。也可以单击【立即重新启动】按钮立刻重新启动计算机以完成更新的最后安装。

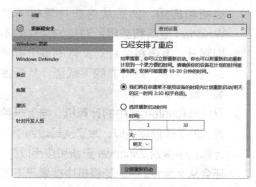

图27-8　选择重新启动计算机以完成更新安装的时间

27.1.5　查看和卸载已安装的更新

　　用户可以随时查看系统中安装了哪些更新。如果安装了某些更新以后系统变得不稳定或出现某种问题，那么可以将可能导致问题的更新从系统中卸载。查看和卸载 Windows 更新的具体操作步骤如下。

STEP 1 使用本章 27.1.2 节介绍的方法打开【设置】窗口并进入【Windows 更新】界面，然后单击【高级选项】按钮。

STEP 2 进入【高级选项】界面，单击【查看更新历史记录】链接，如图 27-9 所示。

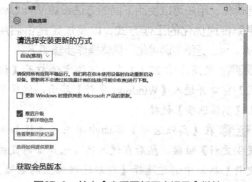

图27-9　单击【查看更新历史记录】链接

STEP 3 进入如图 27-10 所示的界面，其中列出了安装过的所有更新，可以单击【于……成功安装】链接（省略号表示具体的日期）来查看指定更新

的详细信息。

图27-10 查看已安装的Windows更新

STEP 4 如果要卸载更新，则可以在上一步打开的界面中单击【卸载更新】链接，打开如图 27-11 所示的窗口，列表框中显示了所有已安装的更新。右击要卸载的更新，然后在弹出的菜单中选择【卸载】命令，即可将其从系统中卸载。

图27-11 卸载Windows更新

27.2 使用 Windows 防火墙防范网络攻击

与本章 27.3 节介绍的 Windows Defender 类似，Windows 防火墙也是 Windows 10 提供的一种安全防护工具，可以抵御病毒、蠕虫等恶意软件或黑客对计算机的攻击，但是无法防范木马和网络钓鱼的威胁。与 Windows Defender 不同的是，防火墙会在恶意软件进入计算机之前就将其拦截在计算机之外，而 Windows Defender 则是针对已经进入计算机的恶意程序进行扫描和查杀。通过防火墙可以减少或屏蔽大多数通过网络进入计算机的恶意软件。本节将对防火墙的功能进行简要介绍，同时详细介绍了使用与设置 Windows 10 内置防火墙的方法。

27.2.1 防火墙简介

防火墙是用户计算机与 Internet、用户计算机与本地网络、两个不同的本地网络，以及本地网络与 Internet 等不同网络之间的一道安全屏障。对于大多数情况而言，防火墙主要用于保护用户计算机或本地网络不受来自 Internet 中的黑客或恶意软件的入侵。防火墙以内是用户所在的本地网络及其用户个人的计算机，其中包含了本地组织以及用户的个人数据和私密信息，防火墙以外是来自世界范围内的、带有不同目的连接到 Internet 的计算机，这意味着 Internet 中的某些计算机是不安全的，它们可能带有攻击和破坏其他计算机的企图。

防火墙分为软件防火墙和硬件防火墙两种类型，Windows 10 操作系统中内置的 Windows 防火墙属于软件防火墙，而有线或无线路由器中带有的防火墙则属于硬件防火墙。无论哪种类型的防火墙，都可以防止黑客和恶意软件通过本地网络或 Internet 非法进入用户的计算机。防火墙基于安全策略进行工作，安全策略包含由用户定义的一组规则，防火墙会根据用户制定的规则对来自本地网络或 Internet 中的信息进行检查，所有不符合规则的信息都将被阻止在防火墙之外，这样就可以很好地保护用户计算机的安全。

如图 27-12 所示，显示了防火墙对数据和信息进行过滤的功能。虚线箭头表示不符合防火墙安全策略的数据和信息，防火墙阻止它们通过防火墙。实线箭头表示符合防火墙安全策略的数据和信息，可以正常通过防火墙而进入用户的计算机。

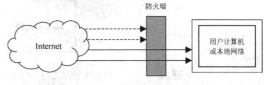

图27-12 防火墙的功能

当用户只使用一台计算机连接到 Internet 时，可以使用操作系统自带的防火墙或安装第三方防火墙软件，这样可以在用户的计算机与 Internet 之间建立安全屏障。如果家庭或公司有多台计算机需要接入 Internet，那么需要配置一台带有防火墙功能的路由器，从而在本地网络与 Internet 之间建立安全屏障。如果用户的计算机位于一个本地网络中，即使在本地网络与 Internet 之间配置了硬件防火墙，也应该启用用户计算机中的软件防火墙，因为这样可以将用户的计算机与本地网络中的其他计算机进行隔离，以便实现双层保护。

用户可能会混淆路由器和防火墙的功能，路由器是两个网络之间进行数据交换的设备，而防火墙是对进入本地网络和计算机的外部数据进行监控和过滤的设备。

27.2.2　启用和关闭 Windows 防火墙

为了更好地保护计算机安全，Windows 10 内置的 Windows 防火墙默认会自动启用。如果在系统中安装了第三方防火墙软件，Windows 10 内置的 Windows 防火墙会自动关闭，否则同时运行多个防火墙软件可能会发生冲突。虽然 Windows 防火墙会根据系统状态自动启用或关闭，但是用户也可以根据实际需要手动启用或关闭 Windows 防火墙。Windows 10 会根据用户选择的不同网络位置类型来自动应用不同的防火墙安全策略，而且也可以分别对不同网络位置类型的防火墙设置启用和关闭状态，具有很大的灵活性。启用和关闭 Windows 防火墙的具体操作步骤如下。

STEP 1 单击【开始】按钮■，然后在打开的【开始】菜单中选择【设置】命令。

STEP 2 在打开的【设置】窗口中选择【网络和 Internet】，在进入的界面左侧选择【以太网】，然后在右侧单击【Windows 防火墙】链接，如图 27-13 所示。

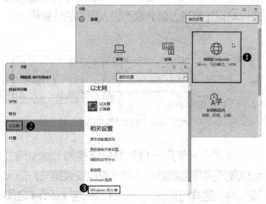

图27-13　启动Windows防火墙设置界面的方法

> **提示**
> 如果用户使用的是无线网络，可能需要在界面左侧选择【WLAN】。

STEP 3 打开【Windows 防火墙】窗口，其中显示了公用网络和专用网络两种网络类型中的防火墙配置情况，如图 27-14 所示。网络类型名称右侧如果显示为【已连接】，则表示当前使用的是该网络类型。单击网络类型标题右侧的⊙按钮可以查看该网络类型中的防火墙配置信息，单击⊙按钮将会隐藏防火墙的配置信息。左侧显示了用于跳转到的防火墙相关功能设置的选项链接。

图27-14　查看不同网络类型中的防火墙设置

> **交叉参考**
> 关于 Windows 10 操作系统中的网络类型的详细内容，请参考本书第 20 章。

STEP 4 单击左侧的【启用或关闭 Windows 防火墙】链接，进入如图 27-15 所示的界面，可以分别设置当计算机处于不同的网络类型时 Windows 防火墙的启用和关闭状态。例如，如果确定专用网络是安全的而不想启用 Windows 防火墙，而只在计算机处于公用网络时启用 Windows 防火墙，那么可以选中【专用网络设置】中的【关闭 Windows 防火墙】单选按钮，然后选中【公用网络设置】中的【启用 Windows 防火墙】单选按钮。设置好以后单击【确定】按钮。

图27-15　设置Windows防火墙的启用和关闭状态

在启用 Windows 防火墙以后，默认情况下将会阻止大部分程序通过防火墙与 Internet 通信。如果要允许某个程序接收来自 Internet 的信息，则需要将该程序添加到防火墙的允许列表中，具体方法请参考本章 27.2.4 节。

27.2.3　更改 Windows 防火墙的通知方式

如果启用了当前所处的网络类型对应的 Windows 防火墙，那么当某个程序第一次运行并需要与 Internet 进行通信时，将会显示类似图 27-16 所示的【Windows 安全警报】对话框，其中显示了该程序的名称、发布者和路径，用户可以选择允许该程序在哪种类型的网络中才能与 Internet 通信。选择一种网络类型后单击【允许访问】按钮，以后该程序再次通过 Windows 防火墙与 Internet 通信时将不会再出现类似的提示信息。

图27-16　程序第一次与Internet通信时显示的提示信息

可能与想象的不同，即使在【Windows 安全警报】对话框中单击了【取消】按钮，程序仍然可以与 Internet 进行通信，这是因为 Windows 10 防火墙默认情况下允许所有程序的出站连接。所谓出站连接，是指程序通过本地计算机的防火墙与外部网路或 Internet 进行连接和通信，也就是从计算机内部到计算机外部的网络通信。而入站连接是指外部网络或 Internet 中的程序想要与本地计算机进行的网络通信，或者也可以理解为本地计算机中的程序接收来自外部网络或 Internet 中的信息。

交叉参考　参见本章 27.2.4 节在【Windows 防火墙】窗口中管理程序的出入站连接的方法。

默认情况下系统会在程序第一次通过防火墙访问 Internet 时发出提示信息，可以通过设置禁止系统发出提示信息。使用上一节介绍的方法打开【Windows 防火墙】窗口，单击左侧的【更改通知设置】或【启用或关闭 Windows 防火墙】链接，然后在进入的界面中取消选中相应网络类型中的【Windows 防火墙阻止新应用时通知我】复选框，然后单击【确定】按钮，如图 27-17 所示。以后在其他程序第一次与 Internet 通信时就不会再显示【Windows 安全警报】对话框了。

图27-17　选择防火墙的提示方式

27.2.4　在【Windows 防火墙】窗口中管理程序的入站连接

如果对计算机的安全要求很高，则可以阻止所有入站连接，具体操作步骤如下。

STEP 1 使用本章 27.2.2 节介绍的方法打开【Windows 防火墙】窗口，单击左侧列表中的【启用或关闭 Windows 防火墙】链接。

STEP 2 在进入的界面中，选中相应网络类型中的【阻止所有传入连接，包括位于允许应用列表中的应用】复选框，如图 27-18 所示，然后单击【确定】按钮。

图27-18　禁止所有入站连接

> 提示
> 如果阻止了所有入站连接，用户仍然可以浏览大多数网页、发送和接收电子邮件以及发送和接收即时消息。

如果希望灵活设置不同程序的入站连接，那么可以设置 Windows 防火墙的允许应用列表。允许应用列表中包含了已经解除阻止的程序的入站连接，这些程序可以接收来自外部网络或 Internet 的信息。当系统显示【Windows 安全警报】对话框时，如果用户选择了一种网络类型并单击【允许访问】按钮，该程序就会被添加到允许应用列表中。

在【Windows 防火墙】窗口中单击左侧的【允许应用或功能通过 Windows 防火墙】链接，进入如图 27-19 所示的界面。列表框中显示了所有曾经解除过阻止的程序的入站连接，当前处于解除阻止状态的程序左侧的复选框会被选中，这意味着这些程序可以接收来自外部网络或 Internet 的信息。每个程序还包含【专用】和【公用】两种网络类型，哪一项的复选框被选中就证明在该对应的网络类型中允许该程序的入站连接。

图27-19　允许应用列表设置界面

如果想要修改允许应用列表中的入站连接，则需要单击界面左上方的【更改设置】按钮。然后可以通过选中程序左侧的复选框来解除防火墙对该程序的阻止，以便允许该程序的入站连接。还可以通过选中【专用】或【公用】列中对应的复选框来为程序设置在哪种网络类型中允许进行入站连接。

如果想要设置入站连接的程序没有出现在允许应用列表中，则可以单击【允许其他应用】按钮，在打开的【添加应用】对话框中单击【浏览】按钮并选择所需的程序，返回【添加应用】对话框后所选择的程序将会显示在列表框中，如图 27-20 所示。单击【添加】按钮即可将该程序添加到允许应用列表中，如图 27-21 所示。

双击列表框中的某个程序，或者在选中该程序的情况下单击【详细信息】按钮，可以打开如图 27-22 所示的【编辑应用】对话框，在这里可

以查看程序的详细信息。单击其中的【网络类型】按钮可以打开如图 27-23 所示的对话框，可以查看和修改允许程序入站连接的网络类型。

图27-20　选择要添加的程序

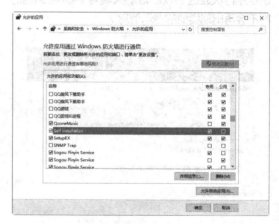

图27-21　将程序添加到允许应用列表中

图27-22　查看程序的详细信息

图27-23　查看和修改允许程序入站连接的网络类型

如果想要阻止某个程序的入站规则，则可以在允许应用列表中取消选中该程序对应的复选框。如果想要将某个程序从允许应用列表中删除，可以在选中该程序后单击【删除】按钮，然后在弹出的对话框中单击【是】按钮，如图27-24所示。

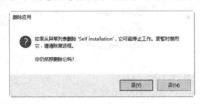

图27-24　将程序从允许应用列表中删除

27.2.5　恢复 Windows 防火墙的默认设置

如果经过用户的设置以后 Windows 防火墙变得不稳定，某些程序无法正常与 Internet 通信，那么可以尝试通过恢复 Windows 防火墙的默认设置来解决此问题。使用本章 27.2.2 节介绍的方法打开【Windows 防火墙】窗口，然后单击左侧列表中的【还原默认值】链接，在如图 27-25 所示的界面中单击【还原默认值】按钮，接着在弹出的对话框中单击【是】按钮，即可自动恢复 Windows 防火墙的默认设置。

图27-25　单击【还原默认值】按钮恢复
Windows防火墙的默认设置

27.2.6　使用高级安全 Windows 防火墙设置程序的出、入站规则

如果用户需要对程序的出、入站连接进行更多控制，那么需要使用高级安全 Windows 防火墙功能。利用该功能用户可以分别为不同的程序设置出、入站连接，从而创建相应的出、入站规则。用户可以对设置好的出入站规则进行灵活管理，比如可以临时禁止某个程序的出站规则，还

可以根据不同需要随时修改出、入站规则。由于出站规则与入站规则的设置方法基本类似，因此这里以设置出站规则为例进行介绍，本例将设置禁止用户在计算机中登录 QQ 进行 Internet 通信的出站规则，具体操作步骤如下。

STEP 1 使用本章 27.2.2 节介绍的方法打开【Windows 防火墙】窗口，然后单击左侧列表中的【高级设置】链接。

STEP 2 打开如图 27-26 所示的【高级安全 Windows 防火墙】窗口，左侧窗格显示了当前可以进行设置的项目类型，中间窗格显示了 3 种网络类型的防火墙配置文件，右侧窗格中显示的内容是左侧窗格中当前所选项目可以执行的相关操作。

图27-26　【高级安全Windows防火墙】窗口

STEP 3 右击左侧窗格中的【出站规则】项目，然后在弹出的菜单中选择【新建规则】命令，如图 27-27 所示。也可以在左侧窗格中选择【出站规则】后单击右侧窗格中的【新建规则】链接。

图27-27　选择【新建规则】命令

STEP 4 打开如图 27-28 所示的【新建出站规则向导】对话框，由于本例中要禁止 QQ 程序进行网络登录，因此这里选中【程序】单选按钮，然后

单击【下一步】按钮。

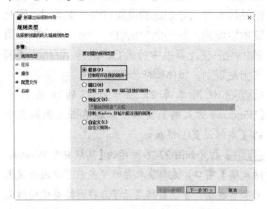

图27-28　选择要创建的规则类型

STEP 5 进入如图 27-29 所示的界面，选中【此程序路径】单选按钮，然后单击【浏览】按钮选择要应用规则的程序的安装路径和可执行文件，返回该界面后单击【下一步】按钮。

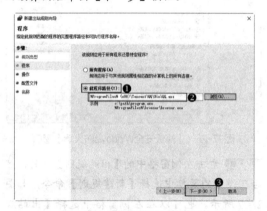

图27-29　选择要应用规则的程序

STEP 6 进入如图 27-30 所示的界面，由于本例要禁止登录 QQ，因此选中【阻止连接】单选按钮，然后单击【下一步】按钮。

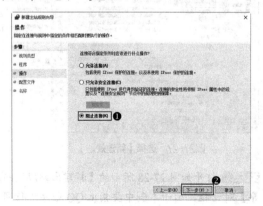

图27-30　选择规则包含的连接方式

STEP 7 进入如图 27-31 所示的界面，选择应用规则的网络类型，然后单击【下一步】按钮。

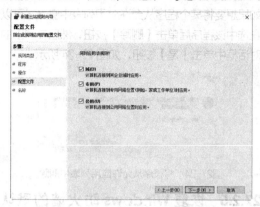

图27-31　选择应用规则的网络类型

STEP 8 进入如图 27-32 所示的界面，输入规则的名称，如果需要还可以输入该规则的简要说明信息，然后单击【完成】按钮即可创建出站规则。此后如果启动 QQ 程序并进行登录，将会被防火墙阻止并收到网络连接失败的提示信息。

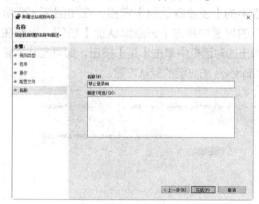

图27-32　输入规则名称和说明信息

创建好的规则可以在【高级安全 Windows 防火墙】窗口的中间窗格中显示出来。例如，本例创建的是名为"禁止登录 QQ"的出站规则，那么需要现在左侧窗格中选择【出站规则】，然后就可以在中间窗格中找到所创建的规则，如图 27-33 所示。

如果要修改规则，可以双击中间窗格中的规则，然后在打开的对话框中进行修改，如图 27-34 所示。对于不再需要的规则，可以在【高级安全 Windows 防火墙】窗口的中间窗格中右击该规则，然后在弹出的菜单中选择【删除】命令将其删除。

图27-33 【高级安全Windows防火墙】
窗口中显示新建的规则

图27-34 修改规则

27.2.7 通过修改配置文件部署 Windows 防火墙策略

在用户为计算机选择网络位置类型时，系统会根据用户选择的网络类型自动配置相应的防火墙设置和安全策略。当用户需要经常在不同网络类型之间切换时，就可以自动快速地完成防火墙的一系列相关设置。根据选择的网络类型自动应用防火墙的一系列设置是基于网络配置文件。在【高级安全 Windows 防火墙】窗口的中间窗格中显示了 3 种配置文件，分别是域配置文件、专用配置文件、公用配置文件，它们分别对应于域网络、专用网路、公用网络。配置文件名称中包含"是活动的"文字则说明该配置文件所对应的网络当前正被设置为计算机使用的网络类型。系统会按照当前处于活动状态的配置文件中的出、入站规则自动对 Windows 防火墙进行配置。

通过修改配置文件中的防火墙策略，可以对应用该配置文件所对应的网络类型的防火墙策略进行统一设置。例如，要禁止专用网络中所有应用程序的出站规则，设置该规则的具体操作步骤如下。

STEP 1 使用上一节介绍的方法打开【高级安全 Windows 防火墙】窗口，然后右击窗口左侧窗格顶部的【本地计算机上的高级安全 Windows 防火墙】，在弹出的菜单中选择【属性】命令。

STEP 2 在打开的对话框中切换到【专用配置文件】选项卡，然后在【出站连接】下拉列表中选择【阻止】选项，如图 27-35 所示。

图27-35 对配置文件中的规则进行统一设置

STEP 3 单击【确定】按钮，关闭打开的对话框，返回【高级安全 Windows 防火墙】窗口后即可看到【专用配置文件】中包含的防火墙策略信息已被更新。

27.2.8 导出和导入 Windows 防火墙策略文件与实现快速部署

如果对 Windows 防火墙中大量的默认策略和规则进行了更改，同时还创建了一些新的防火墙规则，那么可以将所有防火墙策略导出到文件中，以便对设置好的防火墙策略进行备份。当以后重新安装或恢复系统后，可以将之前备份的防火墙策略导入系统中，以节省重新设置的时间。另一方面，如果需要对具有相同操作系统和配置的计算机进行防火墙策略的统一部署，那么通过导出和导入防火墙策略文件可以节省大量时间。

使用本章 27.2.6 节介绍的方法打开【高级安全 Windows 防火墙】窗口，然后右击左侧窗格顶部的【本地计算机上的高级安全 Windows 防火墙】，在弹出的菜单中选择【导出策略】命令，如图 27-36 所示。在打开的对话框中选择保存位置并设置防火墙策略文件的名称，然后单击【保存】按钮即可导出 Windows 防火墙策略文件。导出的

Windows 防火墙策略文件的扩展名是 .wfw。

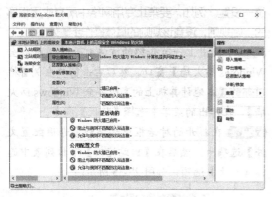

图27-36　选择【导出策略】命令

当需要导入以前的防火墙策略时，可以在【高级安全 Windows 防火墙】窗口中右击左侧窗格顶部的【本地计算机上的高级安全 Windows 防火墙】，然后在弹出的菜单中选择【导入策略】命令。在打开的对话框中双击想要导入的防火墙策略文件，即可将该文件中包含的防火墙策略应用到当前系统中。

27.3 使用 Windows Defender 监控恶意软件

Windows Defender 作为系统内置的一个安全组件最早出现在 Windows Vista 操作系统中，但最初的 Windows Defender 只提供间谍软件的防护功能。Windows 10 中的 Windows Defender 可以提供更加全面的安全保护措施，包括对计算机病毒、蠕虫、木马、间谍软件等多种试图进入操作系统、文件、电子邮件的恶意软件进行监控和处理，最大限度地阻止恶意软件带来的安全威胁。Windows 10 中的 Windows Defender 其实就是微软的免费反病毒软件 Microsoft Security Essentials。本节先介绍了恶意软件的几种常见类型，然后对 Windows Defender 检测恶意软件的报警机制，以及监控与扫描恶意软件的使用与设置方法进行了详细介绍。

27.3.1 什么是恶意软件

随着计算机病毒（以下简称"病毒"）和各种破坏程序的不断衍变和发展，如今能够对计算机造成安全威胁的已经不仅仅是病毒，还包括各种蠕虫、木马、间谍软件等，它们之间既有共同点，也存在一些区别。我们可以将以上提到的各类带有骚扰、破坏或恶意攻击的程序统称为恶意

软件。所有的恶意软件都是人为编写出来的计算机程序，只不过这类程序都带有不良企图或不法活动。无论哪种类型的恶意软件，通常都带有以下一种或多种行为或特征。

- ◆ 从一台计算机向其他计算机传播。
- ◆ 使操作系统的响应速度和网络的访问速度变慢，严重时将使计算机和网络崩溃。
- ◆ 频繁显示令人厌烦的广告信息。
- ◆ 篡改或删除计算机中的重要文件和数据。
- ◆ 阻止用户正常访问 Internet。
- ◆ 自动禁用计算机中的杀毒软件和防火墙等安全组件。
- ◆ 自动向用户的电子邮件通讯录中的多个收件人发送恶意软件和垃圾邮件。
- ◆ 盗取用户的个人资料和信息。
- ◆ 盗取用户网上银行和其他重要账户的密码及其相关信息。
- ◆ 黑客对计算机进行远程控制，使计算机变成僵尸主机。

下面对恶意软件中的各类恶意程序的特点及在计算机中的行为方式进行了简要介绍。

1．病毒

病毒是指通过自我复制而感染其他程序和文件，并能自动执行来扰乱计算机的正常功能和使用、破坏计算机中的文件和数据的一组指令或程序代码。自我复制与自动执行是病毒需要满足的两个最基本的条件。自我复制是指病毒将其自身嵌入文件中，然后开始进行自我复制以感染其他文件。自行执行是指病毒将其代码保存在正常程序的执行路径中，当运行这个正常程序时就会自动激活病毒代码。病毒在发作之前可能会在计算机中潜伏数天甚至数月，而用户通常不会发现病毒的存在。病毒通常只会在其宿主计算机中进行自我复制以感染该计算机中的文件。通过交换磁盘和光盘、发送电子邮件附件、访问共享数据、从 Internet 下载文件等方式将会使病毒从一台计算机传播到另一台计算机。

2．蠕虫

蠕虫是一种通过网络进行大范围传播的恶意程序。在传播性与隐蔽性方面蠕虫与病毒类似，但是蠕虫也有其自身的一些特点。蠕虫通常以电子邮件附件的形式或通过单击受感染的网页上的广告或链接，从而穿透网页浏览器和操作系统的

安全漏洞来进行传播。病毒主要针对计算机中的文件，而蠕虫主要针对网络中的计算机。一旦计算机感染蠕虫，蠕虫就会开始从一台计算机传播到另一台计算机，在短时间内蔓延到整个网络。由于蠕虫会消耗计算机内存和网络带宽，因此大规模的蠕虫将会导致计算机崩溃和网络瘫痪，这种危害是病毒所无法比拟的。

3. 木马

木马的全称是特洛伊木马，由希腊神话而得名。木马与病毒的最主要区别是木马不会像病毒那样通过自我复制来感染其他程序或文件，而是将自身伪装起来，使其看上去更像一个正常的程序而骗取用户的信任。当用户下载或运行本身为木马的伪程序或文件时，木马就会开始它的破坏活动。木马能够在触发时盗取用户的信息或破坏计算机中的数据，比如盗取用户网上银行的账号密码。病毒以破坏信息为主，木马则以盗取信息为主，如果盗取到用户的重要信息（比如银行账户信息），将会导致严重的经济损失。

4. 间谍软件

间谍软件是指在用户不知情的情况下，自动在计算机中安装的用于获取用户在 Internet 上的个人信息和行为的恶意程序。间谍软件通常以广告或其他商业目的为主，比如秘密监视和收集用户浏览 Web 网页和网上购买商品的行为，从而分析用户的个人喜好和兴趣，以便向用户展示或发送相关产品的广告信息。间谍软件可以在用户浏览网页时不小心单击的广告窗或下载免费软件时感染到用户的计算机，有的间谍软件也会在用户安装软件时自动安装到用户的计算机中。有些间谍软件可能会在正常程序的安装界面的隐蔽位置提供可选项，但由于用户没有注意而将其安装到了计算机中。

除了以上 4 种常见的恶意程序外，还有一种 RootKit 程序，它是一种后门工具，黑客使用RootKit 来隐藏想要安装到用户计算机中的恶意软件。而 Bootkit 是 RootKit 的升级版，启动计算机时 Bootkit 比 Windows 内核更早加载，可以绕过内核检查并自动隐藏起来。Windows Defender 也包括对 RootKit 和 Bootkit 的专门防御。

27.3.2 了解 Windows Defender 的实时保护与警报级别

Windows Defender 通过以下两种方式来阻止恶意软件感染计算机。

- ◆ **实时保护**：当恶意软件试图在计算机中安装并运行，或者准备修改系统中的重要设置时，Windows Defender 都会向用户发出警报通知。

- ◆ **随时扫描**：用户可以使用 Windows Defender 提供的扫描功能随时扫描计算机中是否包含恶意软件。Windows Defender 提供了快速扫描、完整扫描和自定义扫描3 种扫描方式，还可以在指定的时间执行计划扫描。在扫描过程中如果发现恶意软件，Windows Defender 将会自动隔离或删除它们。

1. 实时保护

如果已经启用了 Windows Defender 及其实时保护功能，那么 Windows Defender 会自动监视当前正在运行和下载的程序和文件。如果发现任何可能的潜在威胁，Windows Defender 会向用户发出警报通知。Windows Defender 可以对以下两类内容进行实时监控和保护。

- ◆ **正在下载的文件**：许多文件和应用都可以通过 IE 浏览器来下载、安装或运行。这些文件中可能包含恶意软件并在用户不知情的情况下自行安装。Windows Defender会对下载的内容进行扫描以确保它们不包含恶意软件。

- ◆ **正在运行的程序**：一些恶意软件会寻找操作系统或已安装的应用程序中的漏洞。当启用这个应用程序时，间谍软件或其他恶意软件可能在系统后台自动运行。Windows Defender 能够监控应用程序何时启动以及在运行期间执行了哪些操作。

2. 警报级别

Windows Defender 在实时监控与手动扫描的过程中将会根据恶意软件对系统的威胁和破坏程度，对用户发出不同级别的警报通知并根据恶意软件的级别采取相应的处理措施。表 27-1 列出了 Windows Defender 对恶意软件的警报级别与处理方式。

表 27-1　Windows Defender 对恶意软件的警报级别与处理方式

警报级别	威胁程度说明	处理方式
严重或高	搜集用户的个人信息并对用户隐私产生负面影响，或破坏计算机中的文件和数据	立即删除此软件或文件
中	影响用户的个人隐私或篡改系统设置	查看警报中描述的详细信息，如果确定检测到的软件是恶意软件，则可以隔离或删除该软件
低	用于广告或其他商业目的的软件自动收集用户的个人信息，或更改计算机的运行方式	如果软件在用户未确认的情况下自动进行安装，则需要查看警报中描述的详细信息或软件的发布者，以确定是否需要隔离或删除该软件

交叉参考　由于恶意软件的发展速度非常快，因此必须采取一种机制来使 Windows Defender 具有检测和处理最新恶意软件的能力。可以通过对 Windows Defender 进行更新来实现这一点。有关更新 Windows Defender 的相关内容，请参考本章 27.3.7 节。

27.3.3　启用 Windows Defender 实时保护功能

默认情况下，Windows Defender 自动处于工作状态并启用了实时保护功能。如果在计算机中安装了其他防病毒软件，Windows Defender 将会自动关闭。可以通过以下方法检查是否已经启用了 Windows Defender 实时保护功能，如果未启用，则可以开启该功能，具体操作步骤如下。

STEP 1 单击【开始】按钮，然后在打开的【开始】菜单中选择【设置】命令。

STEP 2 在打开的【设置】窗口中选择【更新和安全】选项，在进入的界面左侧选择【Windows Defender】，然后在右侧将【实时保护】中的滑块拖动到开启的位置，如图 27-37 所示。

除了实时保护以外，还可以设置以下两项功能的启用或关闭状态。

◆ 基于云的保护：启用该项后，Windows Defender 会自动向微软发送计算机中潜在

的安全问题，从而可以获得更全面的保护。

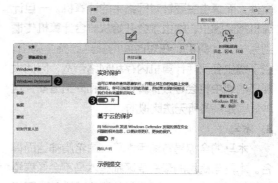

图27-37　单击【使用Windows Defender】链接

◆ 示例提交：启用该项后，可以将在计算机中检测到的恶意软件发送给微软，以便微软分析从用户计算机中发现的最新型恶意软件，并在以后将抵御最新型恶意软件的方法加入 Windows Defender 的更新中。

Windows 10 禁止用户手动关闭 Windows Defender。如果不想在系统中使用 Windows Defender，则需要通过设置组策略来彻底关闭它，具体操作步骤如下。

STEP 1 右击【开始】按钮，然后在弹出的菜单中选择【运行】命令，在打开的【运行】对话框中输入"gpedit.msc"命令后按【Enter】键。

STEP 2 打开【本地组策略编辑器】窗口，在左侧窗格中定位到以下路径并选择【Windows Defender】节点，然后双击右侧窗格中的【关闭 Windows Defender】策略，如图 27-38 所示。

计算机配置 / 管理模板 /Windows 组件 /Windows Defender

图27-38　双击【关闭Windows Defender】策略

STEP 3 在打开的对话框中选中【已禁用】单选按钮，然后单击【确定】按钮。

交叉参考 有关组策略的更多内容，请参考本书第 30 章。

27.3.4 使用快速扫描、完整扫描和自定义扫描

除了使用 Windows Defender 的实时保护功能来自动监控系统中运行和下载的程序和文件以外，用户也可以定期扫描系统中所有位置或特定位置中的文件，以确保系统的安全。Windows Defender 提供了以下 3 种扫描类型。

◆ 快速扫描：检查计算机中当前正在运行的程序以及最可能感染恶意软件的位置。

◆ 完整扫描：检查计算机中的所有文件。

◆ 自定义扫描：只检查用户选择的计算机中的位置。

使用 Windows Defender 扫描计算机需要先打开 Windows Defender 界面，为此可以使用以下两种方法。

◆ 在【设置】窗口中的【更新和安全】⇨【Windows Defender】界面中单击【使用 Windows Defender】链接，具体步骤请参考上一节。

◆ 在【控制面板】窗口中将【查看方式】设置为【大图标】或【小图标】，然后单击【Windows Defender】链接。

打开的【Windows Defender】窗口如图 27-39 所示，其中包括【主页】【更新】和【历史记录】3 个选项卡，扫描的相关选项位于【主页】选项卡中。

图27-39　Windows Defender主界面

1. 快速扫描

如果要进行快速扫描，需要在【Windows Defender】窗口的【主页】选项卡中选中【快

速】单选按钮，然后单击【立即扫描】按钮。Windows Defender 将检查系统中最可能受到恶意软件感染的位置，如图 27-40 所示。扫描结束后会显示扫描的文件总数以及是否发现恶意软件，如图 27-41 所示。

图27-40　进行快速扫描

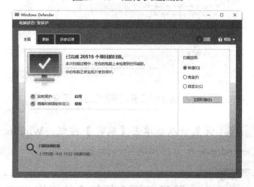

图27-41　扫描结束后显示扫描结果

 提示 用户可以单击【取消扫描】按钮随时停止当前正在进行的扫描。

2. 完整扫描

定期对系统进行一次完整的扫描是很有必要的，因为这样可以找出隐藏在非关键区域中的任何可能的恶意软件。在【Windows Defender】窗口的【主页】选项卡中选中【完全】单选按钮，然后单击【立即扫描】按钮开始完整扫描。完整扫描需要更长的时间，这取决于计算机的硬件性能、计算机中包含的文件数量，以及是否设置了扫描时要排除的项目。

交叉参考 有关设置扫描时要排除的项目的具体方法，请参考本章 27.3.5 节。

3. 自定义扫描

如果用户希望扫描计算机中指定的磁盘分区

和文件夹，则需要使用自定义扫描。进行自定义扫描的具体操作步骤如下。

STEP 1 在【Windows Defender】窗口的【主页】选项卡中选中【自定义】单选按钮，然后单击【立即扫描】按钮。

STEP 2 打开如图 27-42 所示的对话框，在列表框中选择要扫描的磁盘分区或文件夹左侧的复选框，可以单击【+】号展开磁盘分区和文件夹以选择其内部包含的子文件夹。

图27-42 选择要扫描的磁盘分区和文件夹

STEP 3 设置好以后单击【确定】按钮，Windows Defender 将开始扫描选择的位置。

 交叉参考　　除了前面介绍的 3 种扫描方式以外，还可以使用计划任务功能设置 Windows Defender 在指定的时间自动对计算机进行扫描。有关创建和使用计划任务的方法，请参考本书第 28 章。

27.3.5 设置扫描时要排除的项目

Windows Defender 允许用户在开始扫描之前设置要排除的项目，即不进行扫描的内容。排除的项目通常可以确定是安全可靠的，通过设置排除项目可以缩短扫描所需的时间。Windows Defender 支持以下 4 类排除项目。

◆ 文件：在扫描时将指定的文件排除在外。
◆ 文件夹：在扫描时将指定的文件夹排除在外。
◆ 文件类型：在扫描时将指定类型的文件排除在外，例如 .jpg 图片文件或 .wmv 视频文件。
◆ 程序进程：在扫描时将指定的程序排除在

外，只能排除扩展名为 .exe、.com 和 .scr 的程序。

设置扫描时要排除的项目的具体操作步骤如下。

STEP 1 单击【开始】按钮，然后在打开的【开始】菜单中选择【设置】命令。

STEP 2 在打开的【设置】窗口中选择【更新和安全】选项，在进入的界面左侧选择【Windows Defender】，然后在右侧单击【添加排除项】链接。

STEP 3 进入如图 27-43 所示的界面，其中显示了可以设置的 4 类可排除的项目，单击每类中的排除按钮即可进行设置，具体如下。

图27-43 设置扫描时排除的项目

◆ 排除文件和文件夹：单击【排除文件】或【排除文件夹】按钮，在打开的对话框中选择要排除的文件或文件夹，如图 27-44 所示。可以通过多次单击【排除文件】或【排除文件夹】按钮来添加要排除的多个文件或文件夹。

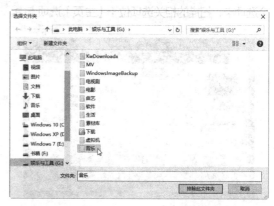

图27-44 选择不扫描的文件和文件夹

◆ 排除文件类型：单击【排除文件扩展名】按钮，然后在打开的对话框中输入要排除的文件扩展名。例如，如果不想对 .jpg 格式的图片和 wmv 格式的视频进行扫描，则需要在文本框中输入".jgp;.wmv"，两个文件扩展名之间使用英文分号来分隔，如图 27-45 所示。设置好以后单击【确定】按钮，将文件扩展名添加到要排除的文件类型中。添加好的项目会显示在各类型标题的下方，如图 27-46 所示。对于添加错误的排除项目，可以选择该项目后单击项目右下角的【删除】按钮，将其从排除列表中删除。

图27-45 设置要排除的文件类型

图27-46 添加的项目显示在排除列表中

◆ 排除进程：单击【排除 .exe、.com 或 .scr 的进程】按钮，在打开的对话框中选择这 3 类文件扩展名对应的文件，即可添加要排除的进程。

27.3.6 对检测到的恶意软件进行处理

如果 Windows Defender 检测到恶意程序，则会将整个界面显示为红色。根据检测到的恶意程序的警报级别，Windows Defender 可能会自动采取某些操作，比如会隔离或删除危险度高的恶意程序。如果在【Windows Defender】窗口的【主页】选项卡中显示出了【清理电脑】按钮，用户单击该按钮后，Windows Defender 会自动对检测到的恶意程序进行清理操作，如图 27-47 所示。

如果用户想要在查看检测到的恶意程序的详细信息后再决定该如何进行操作，则可以单击【主页】选项卡中的【显示详细信息】链接。打开如图 27-48 所示的对话框，列表框中会显示恶意程序的名称和警报级别。可以从【推荐的操作】下拉列表中选择要对该恶意程序执行的操作。

图27-47 检测到恶意程序时的【Windows Defender】窗口

图27-48 选择要对恶意程序执行的操作

◆ 隔离：将恶意程序移动到计算机中的另一个安全的隔离位置，该位置中的项目将被阻止运行。用户可以对隔离区中的程序选择还原或从计算机中删除。

◆ 清理：尝试清理检测到的文件中包含的恶意程序，清理是否成功都会保留该文件。

◆ 删除：将检测到的恶意程序从计算机中删除。

◆ 允许：将检测到的恶意程序添加到 Windows Defender 的允许列表中，这意味着允许该程序在计算机中运行，而且以后扫描时 Windows Defender 也不会再对该程序发出警报。

还可以单击【显示详细信息】按钮来查看该恶意程序的更多信息，如图 27-49 所示。选择一种操作后单击【应用操作】按钮，Windows Defender 将开始按照用户所选择的操作对恶意程序进行处理。

用户可以在任何时候查看曾经对扫描到的有威胁的项目进行的处理。在【Windows Defender】窗口中切换到【历史记录】选项卡,选择想要查看的项目类型,例如选中【隔离的项目】单选按钮,如图27-50所示。然后单击【查看详细信息】按钮,将会在下方的列表框中显示所有已经被隔离的恶意程序,如图27-51所示。如果选中某个恶意程序左侧的复选框,那么可以对该恶意程序执行删除或还原的操作。还原之前务必确保该程序不是恶意程序,否则可能会将计算机置于极度危险的环境中。

图27-49 查看恶意程序的详细信息

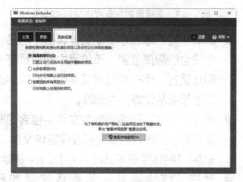

图27-50 选择要查看的项目类型

图27-51 对已处理的项目进行相关操作

27.3.7 更新 Windows Defender

时刻保持 Windows Defender 处于最新状态的方法就是经常更新 Windows Defender 定义。Windows Defender 中的"定义"是指包含潜在软件威胁信息的文件,Windows Defender 通过"定义"来判断正在下载或运行的程序是否是恶意软件,并根据恶意软件的危险级别向用户发出警报通知。

为了确保 Windows Defender 始终拥有最新的定义,用户可以通过 Windows Update 自动下载和安装微软发布的最新定义,以确保 Windows Defender 可以检测并处理最新型的恶意软件。本章 27.1 节介绍的 Windows Update 可以对包括 Windows Defender 在内的系统安全组件进行自动更新。此外,用户也可以在每次开始扫描之前手动查找 Windows Defender 是否有最新的更新。

使用本章 27.3.4 节介绍的方法打开【Windows Defender】窗口,在【更新】选项卡中单击【更新】按钮,如图 27-52 所示。系统将从微软官方网站上检查是否有 Windows Defender 的最新更新,如果发现有更新将会自动下载并进行安装,如图 27-53 所示。

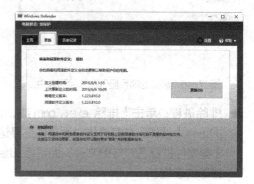

图27-52 单击【更新】按钮开始更新

图27-53 正在检查Windows Defender更新

Chapter 28 系统性能维护与优化

性能反映了计算机执行系统任务和应用程序的快慢程度。系统性能的优劣直接影响到用户的操作体验。虽然影响系统性能的最直接因素是计算机硬件设备，但是系统性能仍然会随着计算机的使用时间不断下降。在不更换计算机硬件设备的情况下，对系统性能的定期维护和优化就变得非常重要，而且这是一个长期的、持续性的工作。借助 Windows 10 提供的多种性能检测与优化工具，用户可以很方便地监控和收集系统性能的整体和局部情况，然后根据检测结果对系统性能进行全方位分析，最后制定出系统优化的最佳方案。本节详细介绍了使用 Windows 10 内置的多种不同工具检测、分析与优化系统性能的方法。

28.1 查看与分析系统性能

Windows 10 提供了一些查看与分析系统性能的工具，在开始对系统性能进行优化以前，应该先使用这些工具了解系统性能存在的问题或瓶颈，然后才能更有针对性地对系统性能进行优化。本节将介绍 Windows 10 中用于查看与分析系统性能的 3 个常用工具，分别是任务管理器、资源监视器和性能监视器。

28.1.1 使用任务管理器

本书第 7 章介绍了使用任务管理器管理正在运行的程序的方法，本节主要介绍在任务管理器中查看与监控系统性能方面的内容。使用第 7 章介绍的方法启动任务管理器并切换到详细模式后，默认会显示【任务管理器】窗口中的【进程】选项卡，如图 28-1 所示。

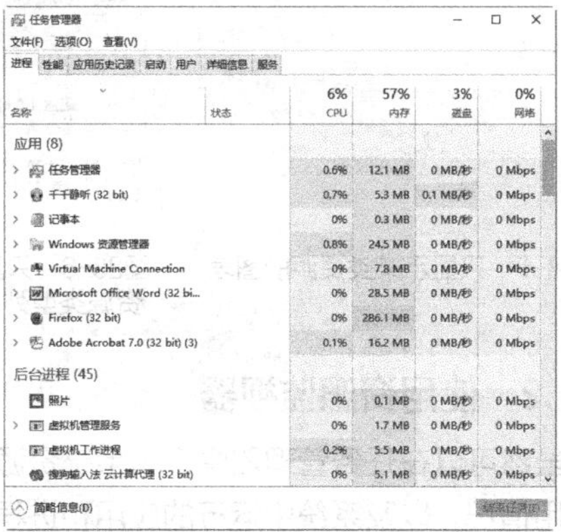

图28-1　查看系统中运行的应用和进程的资源占用情况

该选项卡显示了当前系统中运行的所有应用和进程的名称、状态，以及它们对系统资源的占用情况。默认情况下分为 3 组显示，登录系统后由用户启动的应用程序显示在名为【应用】的组中，随系统启动而自动启动的一些应用和后台程序显示在名为【后台进程】的组中，而确保 Windows 系统正常运行所必需的服务等进程显示在名为【Windows 进程】的组中。每组标题右侧的数字表示该组中包含的项目总数。如果不想分组显示，则可以单击【任务管理器】窗口菜单栏中的【查看】➡【按类型分组】命令以取消该命令的选中状态。

> **提示**
> 一些应用或进程名称的左侧带有一个向右的箭头，单击该箭头将会显示该应用或进程中包含的实例。例如，对于 Microsoft Word 应用程序而言，"实例"意味着当前打开的 Word 文档，如图28-2所示。

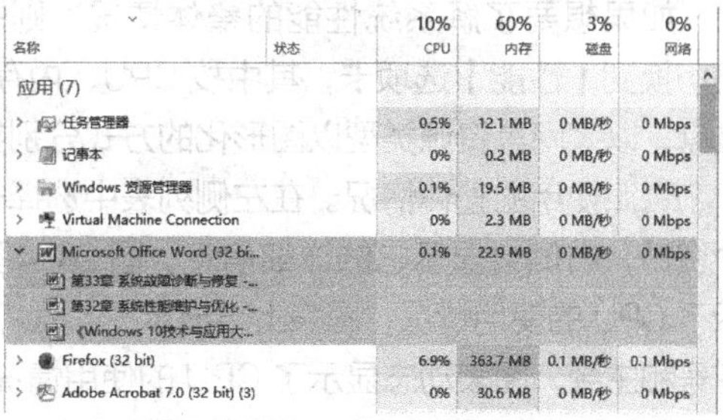

图28-2　查看应用或进程中包含的实例

在【进程】选项卡中统计了每一个应用和进程对 CPU、内存、磁盘、网络这 4 类的资源占用情况，每类资源显示在各自单独的列中，每列顶部的标题显示了该列所表示的资源类型。标题上方的百分数表示该类资源当前的总占有率，数值越大表示系统资源占用越多。单击列标题可以对该列数据进行升序或降序排列。系统通过使用不同的颜色对每个应用和进程在 4 类资源的占用量方面进行醒目标识，颜色越深说明资源占用越多，颜色越浅说明资源占用越少。

如果想要查看某个应用或进程所对应的文件名，则可以在【进程】选项卡中右击该应用或进程，然后在弹出的菜单中选择【转到详细信息】命令，系统会自动切换到【详细信息】选项卡并选中与之对应的文件名，如图 28-3 所示。【用户名】列中显示为 SYSTEM、NETWORK SERVICE 和 LOCAL SERVICE 所对应的进程为 Windows 系统进程。

图28-3　查看应用或进程所对应的文件名

有关使用任务管理器结束应用和进程的方法，请参考本书第 7 章。

如果想要了解系统性能的整体情况，则需要切换到【性能】选项卡，其中按 CPU、内存、磁盘、以太网等资源类型以图形化的方式分别显示了资源使用的整体情况。在左侧列表中选择一种资源，右侧会显示它的详细信息。图 28-4 显示了 CPU 的使用情况，图表上方显示了 CPU 的型号和主频，图表动态显示了 CPU 的使用情况，图表下方列出了有关 CPU 使用的详细情况（如利用率、进程、线程等）以及 CPU 的性能参数（最大速度、插槽和内核数、缓存容量等）。

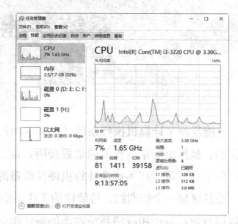

图28-4　在【性能】选项卡中查看资源使用情况的详细信息

> **提示**
> 如果计算机中的某类资源不止一种，则会在【性能】选项卡中同时列出所有资源。例如，当计算机中连接了移动硬盘时，会显示【磁盘0】和【磁盘1】，【磁盘0】表示硬盘驱动器，【磁盘1】表示移动硬盘。

还可以通过迷你视图模式简化【性能】选项卡中显示的资源使用情况。双击【性能】选项卡的右侧区域，将会只显示当前在左侧列表中所选资源的图表，而隐藏左侧列表中的资源类型，如图 28-5 所示。如果双击【性能】选项卡的左侧区域，则会只显示左侧的资源类型列表，而不会显示相应的图表，但是会在资源名称下方动态显示资源的使用情况，如图 28-6 所示。无论进入哪种迷你视图模式，再次双击即可恢复原来的显示状态。

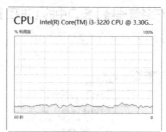

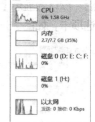

图28-5　只显示某类资源的图表　　图28-6　只显示资源类型列表

28.1.2　使用资源监视器

虽然可以在任务管理器中查看系统资源的整体使用情况，以及系统中运行的应用和进程对系统资源的具体占用情况。但是对于复杂的系统问题而言，用户可能需要尽可能多的详细信息，此时就需要使用资源监视器了。

资源监视器是 Windows 系统中的一个功能强大的工具，可以帮助用户了解进程和服务使用系统资源的方式，还可以分析没有响应的进程、确定应用程序正在使用的文件，以及对进程和服务加以控制。用户可以利用资源监视器快速确定产生系统性能和资源占用问题的根源，以便尽快解决问题。具体而言，在资源监视器中可以查看以下内容。

◆ 占用大部分处理器时间和内存的是哪些进程。

◆ 每个进程所使用的内存量。

◆ 特定进程承载了哪些服务。

◆ 进程正在访问哪些句柄（包括服务、注册表项和文件）。

◆ 进程正在访问哪些模块（包括 DLL）。

◆ 向磁盘读取和写入大量数据的是哪些进程。

◆ 侦听传入网络连接或打开网络连接的是哪些进程。

◆ 每个进程正在发送和接收的网络数据量。

可以使用以下几种方法启动资源监视器。

◆ 启动任务管理器，然后在【性能】选项卡中单击【打开资源监视器】链接。

◆ 单击【开始】按钮⊞，在打开的【开始】菜单中选择【所有应用】命令，然后在所有程序列表中选择【Windows 管理工具】⇨【资源监视器】命令。

◆ 在任务栏中的搜索框、【运行】对话框或【命令提示符】窗口中输入"resmon.exe"命令后按【Enter】键。

打开如图 28-7 所示的【资源监视器】窗口，其中包括【概述】【CPU】【内存】【磁盘】和【网络】5 个选项卡。默认显示【概述】选项卡，其中显示了 CPU、内存、磁盘和网络的整体情况。单击每类资源标题右侧的⊙按钮可以展开该类资源中包含的详细内容，单击⊙按钮则将内容折叠起来。窗口右侧提供了实时更新的图表以动态显示各类资源的使用情况，单击【视图】按钮后可以选择视图的大小，分为【大】【中】【小】3 种级别。

如果想要查看每类资源的详细信息，则可以使用【概述】以外的其他 4 个选项卡。下面将对这 4 个选项卡进行详细介绍。

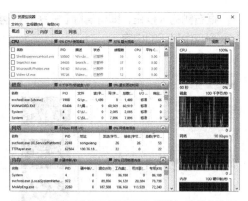

图28-7　资源监视器默认显示4类资源的整体情况

1. 查看CPU的使用情况

【CPU】选项卡如图 28-8 所示，在这里可以查看 CPU 的使用情况，窗口的左侧包含 4 类信息，具体如下。

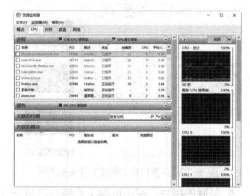

图28-8　查看CPU的使用情况

◆ 进程：显示了系统中每个进程的 CPU 占有率和线程数。可以在【进程】列表中右击某个进程，然后在弹出的菜单中选择【结束进程】命令来结束该进程。该操作也可用于本节后面介绍的其他 3 个选项卡中的进程。

◆ 服务：在【进程】列表中选择一个特定的进程后，【服务】列表中会自动显示该进程加载的所有服务。如图 28-9 所示，显示了名为"lsass.exe"的进程关联的所有模块。当在任务管理器中发现某个进程的 CPU 占有率过高时，可以通过这种方法了解问题的根源。

◆ 关联的句柄：如果想要确定当前打开某个文件或文件夹所对应的是哪个进程，那么可以在【关联的句柄】列表顶部右侧的搜索框中输入该文件或文件夹的名称，系统将在下方的列表中显示打开该文件或文件夹的进程名，如图 28-10 所示。单击搜索

框右侧的 ✖ 按钮，即可清除【关联的句柄】列表中显示的内容。

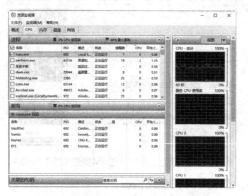

图28-9　查看特定进程加载的所有服务

图28-10　查看打开文件或文件夹的进程

◆ 关联的模块：在【进程】列表中选择一个特定的进程后，【关联的模块】列表中会自动显示该进程加载的所有 DLL 模块和其他内存映像模块。如图 28-11 所示，显示了名为"WINWORD.EXE"的进程关联的所有模块。在【进程】列表中取消选中该进程左侧的复选框，即可自动清除【关联的模块】列表中显示的内容。

图28-11　查看与特定进程关联的模块

【CPU】选项卡的右侧窗格中包含几个图表，最上面的两个图表分别显示了 CPU 的整体使用情况，以及 Windows 系统服务的 CPU 占有率。顶部图表中的蓝色线条（较粗）表示 CPU 当前的运行频率占其标准主频的百分比，绿色线条（较细）表示当前系统的 CPU 占有率。下方的几个图表显示了 CPU 的每个逻辑处理器的资源占有率。例如，对于支持超线程技术的双核 CPU 而言，将会显示 4 个逻辑处理器的图表。

2. 查看内存的使用情况

【内存】选项卡如图 28-12 所示，在这里可以查看内存的使用情况。【进程】列表中显示了系统中运行的所有进程的内存使用情况，其中的几个参数的含义如下。

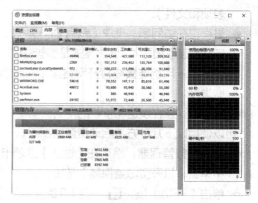

图28-12　查看内存的使用情况

◆ 硬中断 / 秒：表示进程每秒钟发生的页面错误事件的数量。页面错误也叫硬中断或硬错误，它并非是一个真正的错误。如果进程所请求的页面不在物理内存中，就会产生一个页面错误（硬中断），此时系统会将进程所请求的页面加载到物理内存中。该参数值越大，说明系统和应用程序的响应速度越慢。

◆ 提交（KB）：表示操作系统为进程保留的虚拟内存量。

◆ 工作集（KB）：表示进程当前正在使用的物理内存量。

◆ 可共享（KB）：表示进程可与其他进程共享的物理内存量。

◆ 专用（KB）：表示由进程所使用而其他进程无法使用的物理内存量。

【物理内存】部分显示了物理内存的使用情况。显示了一个长条矩形，以不同的颜色标记了已用内存和可用内存等的容量，其中的【已安装】表示物理内存的总容量，其他几个参数的含义如下。

◆ 为硬件保留的内存：专门为硬件保留的物理内存量。例如，在本例中【已安装】表示的物理内存的总容量为 8192MB，而【总数】部分的物理内存容量为 7865MB，两者的差值即为【为硬件保留的内存】的容量 327MB。

◆ 正在使用：表示当前所有进程使用的物理内存总量。

◆ 已修改：表示系统中的进程当前已经修改的内容所占用的内存量。

◆ 备用：用于存放应用程序缓存页面，这意味着这些应用程序已经预先加载到物理内存中，因此在启动经过缓存的程序时速度会很快。这种预先加载的方式并不会影响物理内存的可用容量。如果将已修改内容写入页面文件，已修改的容量就会自动转换为备用部分的容量。

◆ 可用：表示空闲的物理内存量。该部分与【备用】部分的容量之和等于下方的【可用】部分的容量。

◆ 缓存：该部分的容量等于【已修改】部分的容量与【备用】部分的容量之和。

3. 查看磁盘的使用情况

【磁盘】选项卡如图 28-13 所示，在这里可以查看磁盘的使用情况。【磁盘活动的进程】列表中显示了系统中的活动进程访问磁盘的读、写速度，下方的【磁盘活动】列表中显示了活动进程正在访问的文件及其路径，以及读写速度等信息。如果在【磁盘活动的进程】列表中选中特定的进程，【磁盘活动】列表中将会只显示所选进程的磁盘活动情况。

【磁盘活动】列表中的几个参数的含义如下。

◆ 文件：显示了进程正在访问的文件的完整路径及其名称。

◆ 读（字节 / 秒）：表示进程从文件中读取数据的速度。

◆ 写（字节 / 秒）：表示进程向文件中写入数据的速度。

◆ 总数（字节 / 秒）：表示读、写速度之和。

◆ I/O 优先级：表示进程访问磁盘的优先级。

◆ 响应时间（ms）：表示磁盘活动的响应时间，以"毫秒"为单位。

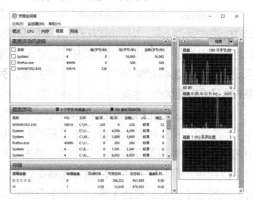

图28-13　查看磁盘的使用情况

【磁盘】选项卡最下方的【存储】列表中显示了连接到计算机的物理磁盘的编号以及包含的逻辑驱动器，还显示了每个磁盘的总容量和可用空间容量。右侧窗格的图表中的蓝色线条（较粗）表示磁盘的最长活动时间百分比，绿色线条（较细）表示当前的磁盘活动情况。

4. 查看网络的使用情况

【网络】选项卡如图 28-14 所示，在这里可以查看网络的使用情况。【网络活动的进程】列表中显示了系统中的活动进程访问网络的速度，下方的【网络活动】列表中显示了活动进程正在访问的网络地址或计算机名。如果在【网络活动的进程】列表中选中特定的进程，【网络活动】列表中将会只显示所选进程的网络活动情况，同时【TCP 连接】和【侦听端口】两个列表中的内容也会随之更新以匹配选定的进程。

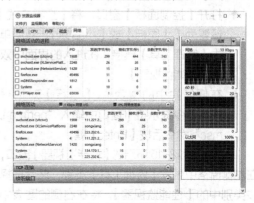

图28-14　查看网络的使用情况

【TCP 连接】列表中显示了进程的 TCP 连接情况，该列表中提供的信息有助于用户了解网络状况。

【侦听端口】列表中显示了进程所使用的端口号、对应的 TCP 协议以及相应的防火墙状态等信息。

如果需要，可以将资源监视器中的显示设置以文件的形式保存下来，以后可以在资源监视器中加载之前导出的配置文件来获得相同的显示外观。显示设置包括资源监视器的窗口大小、列的宽度、列表的展开或折叠状态、当前活动的选项卡等。

在【资源监视器】窗口中单击菜单栏中的【文件】⇨【将设置另存为】命令，在打开的对话框中选择配置文件的保存位置和文件名。单击【保存】按钮后保存配置文件。以后要加载配置文件时，只需在【资源监视器】窗口中单击菜单栏中的【文件】⇨【加载设置】命令，然后双击之前保存的配置文件即可。

28.1.3　使用性能监视器

Windows 性能监视器是一个系统性能的分析工具，可以实时监控硬件和运行的程序对系统性能的影响，也可以对系统性能进行长期跟踪，以便为用户更好地优化系统性能提供数据支持。可以使用以下几种方法启动性能监视器。

◆ 右击【开始】按钮■，然后在弹出的菜单中选择【计算机管理】命令，在打开的【计算机管理】窗口的左侧窗格中展开【系统工具】节点，然后选择其中的【性能】。

◆ 单击【开始】按钮■，在打开的【开始】菜单中选择【所有应用】命令，然后在所有程序列表中选择【Windows 管理工具】⇨【性能监视器】命令。

◆ 打开【控制面板】窗口，将【查看方式】设置为【大图标】或【小图标】，然后单击【管理工具】链接，在进入的界面中双击【性能监视器】。

◆ 在任务栏中的搜索框、【运行】对话框或【命令提示符】窗口中输入"perfmon.msc"命令后按【Enter】键。

打开如图 28-15 所示的【性能监视器】窗口，在左侧窗格中展开【监视工具】类别，然后选择该类别中的【性能监视器】，将在右侧的图表中看到动态显示的 CPU 占有率情况。

1. 添加计数器以监控系统多个方面的性能

默认显示的 CPU 占有率情况是通过名为

"%ProcessorTimer"的计数器实现的，系统会将指定的计数器实时监控到的数据绘制到【性能监视器】窗口右侧的图表中。如果需要对系统性能的其他方面进行监控，则需要添加相应的计数器。例如，可以对页面文件的使用情况进行监控，具体操作步骤如下。

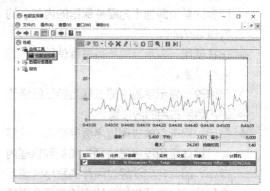

图28-15　性能监视器默认显示CPU的占有率情况

STEP 1 单击【性能监视器】窗口右侧的【添加】按钮■，或者在右侧的显示区域中单击鼠标右键，然后在弹出的菜单中选择【添加计数器】命令。

STEP 2 打开如图 28-16 所示的【添加计数器】对话框，由于本例中要对页面文件的使用情况进行监控，因此需要在该对话框中进行以下几项设置。

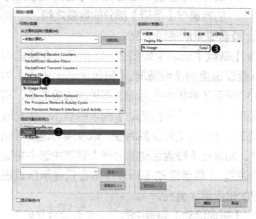

图28-16　添加新的计数器

◆ 在【从计算机选择计数器】列表框中找到计数器的类型。与页面文件对应的计数器类型为【Paging File】。单击该类型右侧的下拉按钮■以展开其中包含的计数器，然后选择【%Usage】。

◆ 在【选定对象的实例】列表框中选择计数器的实例，这里选择【_Total】。然后单击

【添加】按钮所选内容添加到右侧的列表
框中。实例是计数器的额外选项，并不是
所有的计数器都包含实例。

STEP 3 添加好所需的计数器以后，单击【确定】
按钮关闭【添加计数器】对话框。此时可以在【性
能监视器】窗口右侧的图表中看到两条线，其中
一条线是默认的 CPU 占有率情况，另一条线是新
添加的对页面文件的监控情况，如图 28-17 所示。

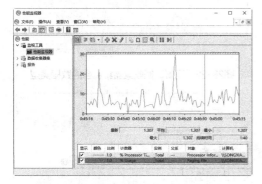

图28-17　监控系统性能方面的更多信息

用户可以对图表的显示方式进行以下几种主
要的操作。

◆ 设置图表中的线条颜色：如果添加了不止一
个计数器，为了让图表中由不同计数器所绘
制的线条能够明确区分，可以更改计数器的
线条颜色。在【性能监视器】窗口右侧图表
下方的列表框显示了每个计数器对应的线条
颜色。双击要修改线条颜色的计数器，在打
开的【性能监视器属性】对话框的【数据】
选项卡中自动选中了该计数器，然后可以在
【颜色】下拉列表中选择一种颜色，如
图 28-18 所示。还可以在该选项卡中为线条
设置线宽（宽度）、线型（样式）等。

◆ 设置纵坐标显示比例：默认情况下的图表
纵坐标的最大值为 100，如果添加的计数
器所监控到的数值过小，那么在图表中绘
制的线条可能会位于图表底部，显示效果
不佳。为此可以调整纵坐标的最大值以改
变显示比例。打开【性能监视器属性】对
话框，然后在【图表】选项卡中修改【最
大值】文本框中的值，如图 28-19 所示。

◆ 隐藏指定计数器所绘制到图表中的线条：
当添加了多个计数器后，这些计数器所监
控到的数据会同时绘制到图表中。可以在

不删除计数器的情况下隐藏计时器所绘制
到图表中的线条。为此只需在【性能监视
器】窗口右侧图表下方的列表框取消选中
相应的计数器左侧的复选框即可。

◆ 删除特定计数器或所有计数器：如果要删除
某个特定的计数器，需要在【性能监视器】
窗口右侧图表下方的列表框中要删除的计数
器，在打开的【性能监视器属性】对话框的
【数据】选项卡中自动选中了该计数器，然
后单击【删除】按钮。如果要删除所有计数
器，可以在【性能监视器】窗口右侧图表下
方的列表框中右击任意一个计数器，然后在
弹出的菜单中选择【删除所有计数器】命令。

图28-18　设置计数器的线条颜色

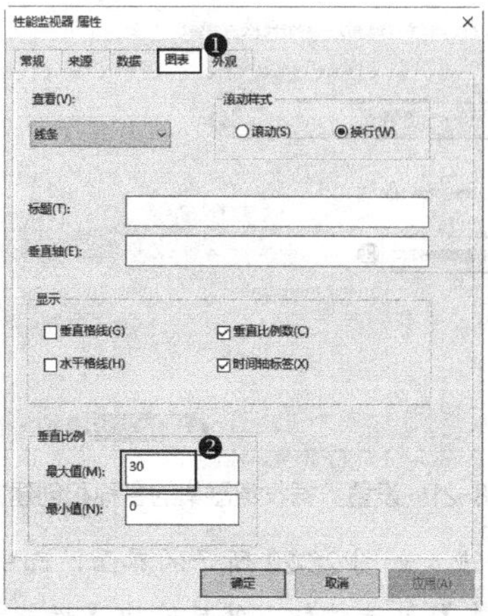

图28-19　设置纵坐标轴的最大值

2. 使用数据收集器集长期跟踪系统性能

性能监视器可以实时监控时长为 1 分 40 秒的
系统性能使用情况方面的信息。用户有时可能需要

对系统性能进行长期跟踪，此时可以使用数据收集器集来帮助用户收集系统性能方面的信息，用户可以根据收集结果对系统进行更合理的设置以达到性能的最佳状态。例如，用户希望了解系统对页面文件的具体使用情况，从而合理设置页面文件的大小。实现该任务的具体操作步骤如下。

STEP 1 使用本节前面介绍的方法打开【性能监视器】窗口。在左侧窗格中展开【数据收集器集】节点，然后右击其中的【用户定义】，在弹出的菜单中选择【新建】⇨【数据收集器集】命令，如图 28-20 所示。

图28-20　选择【数据收集器集】命令

STEP 2 打开如图 28-21 所示的对话框，在【名称】文本框中输入数据收集器集的名称，然后选中【手动创建（高级）】单选按钮。完成后单击【下一步】按钮。

图28-21　设置数据收集器集的名称和创建方式

STEP 3 进入如图 28-22 所示的界面，选中【创建数据日志】单选按钮，然后选中【性能计数器】复选框。完成后单击【下一步】按钮。

STEP 4 在进入的界面中单击【添加】按钮添加页面文件的计数器，方法与前面介绍的在性能监视器中添加计数器的方法类似，这里不再赘述。添加完成后的

界面如图 28-23 所示，然后单击【下一步】按钮。

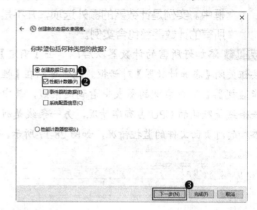

图28-22　设置数据收集器集包含的数据类型

图28-23　添加计数器

STEP 5 进入如图 28-24 所示的界面，设置日志文件的存储位置，保持默认即可，直接单击【下一步】按钮。

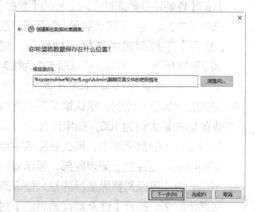

图28-24　设置日志文件的存储位置

STEP 6 进入如图 28-25 所示的界面，选中【立即启动该数据收集器集】单选按钮，然后单击【完成】按钮。

系统将开始使用刚创建的数据收集器集来监

控并收集页面文件的使用情况及其相关数据。一段时间（比如一个月）以后打开【性能监视器】窗口，在左侧窗格中依次展开【数据收集器集】⇨【用户定义】节点，然后在其中右击之前创建的数据收集器集，在弹出的菜单中选择【停止】命令。接着再次右击该数据收集器集，然后在弹出的菜单中选择【最新的报告】命令，稍后就可以看到一个月以来所统计的页面文件的具体使用情况，用户可以根据报告结果来合理设置页面文件的大小。

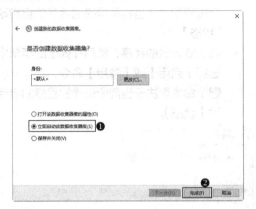

图28-25　选中【立即启动该数据收集器集】单选按钮

28.2 优化系统启动与运行速度

对用户而言，系统性能优劣的最直接感受开始于操作系统启动之时，过于缓慢的启动速度势必令人感到厌烦。然而在登录 Windows 系统后，启动一个应用程序需要花费较长时间、某个系统服务拥有较高的 CPU 占用率、某个进程频繁与磁盘交互等现象则会严重影响用户的操作体验。本节将介绍优化系统启动和运行速度方面的内容。

28.2.1 启用快速启动功能

快速启动功能首次出现在 Windows 8 中，并在 Windows 10 中继承下来。在启用该功能的情况下，从按下计算机电源按钮到登录 Windows 操作系统并进入桌面的整个过程非常快，能够明显感觉到比以往 Windows 操作系统的启动速度快很多。

快速启动功能是一种结合了冷启动和休眠两种技术的混合启动技术。冷启动是指在计算机电源关闭的情况下打开计算机电源来启动计算机，系统会对硬件的完整性进行检测，然后登录 Windows 操作系统。休眠是指将系统状态信息保存到 hiberfil.sys 文件中，恢复时则从该文件直接读取系统信息，从而快速还原系统状态和数据。

由于快速启动功能结合了以上两种技术，因此它同时具有两者的优点，既可以实现完全切断计算机电源的完整关机，又可以在启动计算机后通过读取 hiberfil.sys 文件中的内容而快速启动并登录 Windows 操作系统，因此系统的启动速度有显著提高。不过快速启动功能只适用于冷启动的计算机，而不适用于重新启动的计算机。在 Windows 10 中启用快速启动功能的具体操作步骤如下。

STEP 1 右击【开始】按钮，然后在弹出的菜单中选择【电源选项】命令。

STEP 2 打开【电源选项】窗口，单击左侧列表中的【选择电源按钮的功能】链接，如图 28-26 所示。

图28-26　单击【选择电源按钮的功能】链接

STEP 3 进入如图 28-27 所示的【系统设置】界面，默认情况下无法操作该界面中的大多数选项。需要单击【更改当前不可用的设置】链接使所有选项变为可用状态，然后选中位于界面下方的【启用快速启动（推荐）】复选框，最后单击【保存修改】按钮。

图28-27　选中【启用快速启动（推荐）】
复选框以启用快速启动功能

28.2.2 自定义开机启动项

很多应用程序在安装完成后会自动将其添加到系统的自启动程序列表中，下次启动系统时这些程序会随系统的启动而自动运行。对于每次登录 Windows 后都要使用的程序而言，这种方式给用户带来了方便，可以省去用户手动启动程序的麻烦。但是如果在系统启动时自动运行的程序数量过多，那么必然会影响系统的整体性能。用户可以根据实际情况来指定随系统启动而自动运行的程序。

在 Windows 7 以及更早版本的 Windows 操作系统中，可以通过运行 msconfig 命令后打开的【系统配置】对话框中设置系统启动时自动运行的程序。而在 Windows 8/10 中已经将该设置集成到任务管理器中。如果在 Windows 10 中运行 msconfig 命令，则会打开【系统配置】对话框，切换到如图 28-28 所示的【启动】选项卡，可以看到提示信息显示启动设置已转移到任务管理器中。

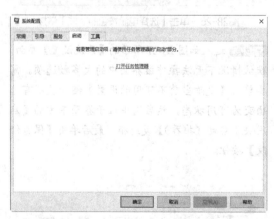

图28-28 【系统配置】对话框已不再提供设置系统启动项的功能

可以单击图 28-28 中的【打开任务管理器】链接启动任务管理器，也可以直接右击任务栏中的空白处，然后在弹出的菜单中选择【任务管理器】命令，打开【任务管理器】窗口。如果当前运行在简略模式下，则需要单击窗口左下角

的【详细信息】按钮切换到详细模式。在【启动】选项卡中显示了所有在系统启动时可能会自动运行的程序，如图 28-29 所示。【状态】列中显示为【已启用】表示该程序随系统启动而自动运行，显示为【已禁用】则表示已经禁止该程序随系统启动而自动运行。可以使用以下两种方法设置特定程序是否随系统启动而自动运行。

◆ 选择要设置的程序，然后单击窗口右下角的【启用】或【禁用】按钮，具体显示哪个按钮取决于当前所选择的程序的自启动【状态】。

◆ 右击要设置的程序，然后在弹出的菜单中选择【启用】或【禁用】命令，具体显示哪个命令取决于当前所选择的程序的自启动【状态】。

图28-29 设置系统启动时自动运行的程序

28.2.3 禁用不需要的系统服务

服务是一种在系统后台运行且无需用户界面的应用程序类型。服务提供了操作系统的核心功能，例如文件服务、Web 服务、打印、加密、事件日志和错误报告等，是 Windows 操作系统正常运行和使用所必不可少的重要组成部分。Windows 服务既可以在系统启动时自动启动，也可以在服务管理程序中由用户手动启动，还可以将服务设置为禁用状态，这样将禁止运行指定的服务。

如果自动启动服务依赖于手动启动服务，那么手动启动服务将会自动启动。如果要启动的服务依赖于已经设置为禁用状态的服务，那么将无法启动该服务。Windows 服务中的一些基本服务是其他服务得以运行的基础，一旦禁用这些基本服务，那么依赖于这些基本服务的其他服务将无法运行，这意味着操作系统也将无法正常启动。

可以根据实际需要对基本服务以外的其他一些非关键服务加以禁用，这样可以减少系统资源的占用，从而提升系统性能。下面列出了一些可以禁用的服务。

◆ BitLocker Drive Encryption Service：如果不需要使用 BitLocker 驱动器加密功能，则可以禁用该服务。

◆ Bluetooth Handsfree Service：如果不需要使用蓝牙设备及其相关功能，则可以禁用名称以"Bluetooth"开头的服务。

◆ Smart Card：如果不需要使用智能卡及其相关功能，则可以禁用名称以"Smart Card"开头的服务。

◆ Remote Registry：如果不需要网络远程用户访问本地计算机中的注册表，则可以禁用该服务。

◆ Secondary Logon：如果不需要使用快速用户切换功能，或者本地计算机中只有一个用户账户，则可以禁用该服务。

◆ Windows Image Acquisition（WIA）：为扫描仪和照相机提供图像采集服务。如果不使用扫描仪和数码相机，则可以禁用该服务。

◆ WLAN AutoConfig：如果使用的是台式计算机且没有安装无线网卡，则可以禁用该服务。

◆ Xbox Live 服务：如果不使用 Xbox Live 应用及其相关功能，则可以禁用名称以"Xbox Live"开头的服务。

对 Windows 服务的相关操作需要在【服务】窗口中完成，可以使用以下几种方法打开【服务】窗口。

◆ 单击【开始】按钮，在打开的【开始】菜单中选择【所有应用】命令，然后在所有程序列表中选择【Windows 管理工具】⇨【服务】命令。

◆ 右击【开始】按钮，然后在弹出的菜单中选择【计算机管理】命令，在打开的【计算机管理】窗口的左侧窗格中展开【服务和应用程序】节点，然后选择其中的【服务】。

◆ 打开【控制面板】窗口，将【查看方式】设置为【大图标】或【小图标】，然后单击【管理工具】链接，在进入的界面中双击【服务】。

◆ 在任务栏中的搜索框、【运行】对话框或【命令提示符】窗口中输入"services.msc"命令后按【Enter】键。

除了第 2 种方法是在【计算机管理】窗口中显示所有 Windows 服务以外，其他几种方法都将打开独立的【服务】窗口，如图 28-30 所示，其中显示了所有 Windows 服务以及确保由用户安装的某些程序正常运行所需的服务。

图28-30 【服务】窗口

如果要禁用某个服务，可以双击列表中的该服务，或者右击该服务并在弹出的菜单中选择【属性】命令。打开该服务的属性对话框，在【常规】选项卡中的【启动类型】下拉列表中选择【禁用】选项，如图 28-31 所示。完成后单击【确定】按钮，即可禁用指定的服务。

图28-31 禁用指定的服务

28.2.4 使用 ReadyBoost 功能优化系统性能

内存是计算机最重要的硬件设备之一，对于系统正常而高效的运转起着至关重要的作用。随着计算机硬件价格的不断下降以及操作系统对硬件设备的要求，很多用户都为计算机配置了大容量内存。然而一些用户可能仍在使用 2GB 或更低容量的内存。由于在内存容量有限的情况下，系统会使用硬盘上的部分空间作为缓存来进行数据交换。但是从硬盘读取数据的效率远低于内存，因此使用缓存进行数据交换的方式必然成为系统性能的瓶颈。为此，可以通过使用 ReadyBoost 功能在不增加额外的物理内存花销的情况下提高系统缓存能力，这是因为 ReadyBoost 功能所使用的 U 盘比硬盘的随机读取速度快得多，从而起到提高系统性能的目的。

1. ReadyBoost功能对USB设备的要求

只要将符合 ReadyBoost 标准的 USB 设备连接到计算机的 USB 接口中，即可将物理内存容纳不下的数据缓存到 USB 设备中，之后系统就可以从 USB 设备中读取这些缓存数据。由于内存是从硬盘中进行随机读取，而硬盘的随机读取速度最多只有 USB 设备的十分之一，因此使用 USB 设备缓存数据可以提高系统性能，而且 USB 设备价格便宜，安装简便。支持 ReadyBoost 功能的 USB 设备需要满足以下几个条件。

- ◆ USB 设备的接口标准不低于 2.0 版本。
- ◆ USB 设备上的剩余可用空间不低于 256MB。
- ◆ 4KB 的文件随机读取速度不低于 2.5MB/s，512KB 的文件随机读取速度不低于 1.75MB/s。

> 提示
> 要检测 USB 设备的随机读取速度（4KB 文件），需要以管理员身份打开【命令提示符】窗口，输入下面的命令后按【Enter】键，其中 J 表示 USB 设备所在的驱动器盘符。如果要检测 512KB 文件的随机读取速度，只需将命令中的 4096 改为 524288，即 512×1024 的值。

```
winsat disk -read -ran -ransize 4096 -drive J
```

2. 启用ReadyBoost功能

如果 USB 设备满足上一节介绍的要求，那么就可以将其用于 ReadyBoost 功能。启用 ReadyBoost 功能的具体操作步骤如下。

STEP 1 将 USB 设备正确连接到计算机的 USB 接口中，双击桌面上的【此电脑】图标，在打开的窗口中右击 USB 设备所在的磁盘分区，然后在弹出的菜单中选择【属性】命令。

STEP 2 打开 USB 设备的属性对话框，切换到【ReadyBoost】选项卡，如图 28-32 所示，然后根据需要进行以下设置。

- ◆ 如果决定将 USB 设备只用于 ReadyBoost 功能，则可以选中【将该设备专用于 ReadyBoost】单选按钮，这样 ReadyBoost 将使用 USB 设备的所有可用空间来缓存数据。
- ◆ 如果只想将 USB 设备的部分空间用于 ReadyBoost 功能，而其他空间用来存储用户的文件，则可以拖动下方的滑块或直接在文本框中输入一个数字来决定 USB 设备的用量，与此同时【使用该设备】单选按钮会被自动选中。

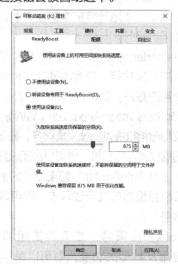

图28-32　启用并设置ReadyBoost功能

> 提示
> 如果在【ReadyBoost】选项卡中没有显示 ReadyBoost 功能的相关选项，则需要单击【重新测试】按钮重新检测 USB 设备。

STEP 3 单击【确定】按钮，系统将开始向 USB 设备写入缓存数据，此时 USB 设备的指示灯将会不停地闪烁。

3. ReadyBoost功能的使用建议

下面列出的几条建议可能有助于更好地发挥 ReadyBoost 功能。

- ◆ USB 设备的容量最好为物理内存的 1 ~

2.5 倍，从而将 ReadyBoost 功能发挥到最佳状态。

- ◆ 如果物理内存已经足够大，例如 4GB 或更大，那么使用 ReadyBoost 功能可能不会为系统的性能提升带来明显效果。
- ◆ 尽量不要频繁插拔用于 ReadyBoost 功能的 USB 设备，否则可能会降低系统性能。
- ◆ ReadyBoost 会在向 USB 设备缓存数据的同时在物理硬盘上同步保留数据的副本，即使 USB 设备突然出现故障也不会导致数据丢失。
- ◆ 频繁的读写操作不会降低 USB 设备的寿命。

28.3 维护磁盘

物理硬盘是存储操作系统、应用程序和用户数据的硬件设备。具体而言，所有这些内容存储于用户为硬盘划分的不同的磁盘分区中。随着用户在磁盘分区中不断地安装或卸载各类应用程序，创建、删除、移动和复制各种文件等操作，磁盘中不但会产生大量的垃圾文件，而且还会出现很多磁盘碎片，导致磁盘性能的不断下降，因此有必要定期对磁盘进行维护。磁盘的维护工作主要包括检查磁盘错误、清理磁盘垃圾文件、整理磁盘碎片。清理磁盘垃圾文件的相关内容已在本书第 12 章进行了详细介绍，因此本节主要介绍检查磁盘错误和整理磁盘碎片的方法。有关磁盘和磁盘分区的更多内容，请参考本书第 12 章。

28.3.1 检查磁盘错误

由于不规范操作或某些意外情况的发生，可能会导致硬盘受到损伤，从而出现无法正常存储数据的问题。可以通过磁盘扫描程序自动检测并修复磁盘错误，扫描磁盘的具体操作步骤如下。

STEP 1 双击桌面上的【此电脑】图标，在打开的窗口中右击要进行磁盘扫描的磁盘分区，然后在弹出的菜单中选择【属性】命令。

STEP 2 打开磁盘分区的属性对话框，切换到【工具】选项卡，然后单击【检查】按钮，如图 28-33 所示。

STEP 3 打开如图 28-34 所示的对话框，系统会显示该磁盘分区是否包含错误以及是否需要进行扫描。如果需要进行扫描，可以选项【扫描驱动器】选项。

图28-33　单击【检查】按钮

图28-34　选项【扫描驱动器】选项扫描磁盘分区

STEP 4 系统开始扫描指定的磁盘分区，完成后会显示扫描结果。如果发现错误可以选择修复方式，包括文件系统错误或损坏的扇区；如果没有发现磁盘错误，则会进入如图 28-35 所示的界面，单击【关闭】按钮即可。

图28-35　完成后显示扫描结果

28.3.2 整理磁盘碎片

随着不断在操作系统中安装和卸载应用程序，或者移动、复制和删除文件，磁盘上会产生越来越多的碎片。由于磁盘碎片的存在，大文件将无法保存到一段连续的磁盘空间中，而是被写入磁盘中不连续的多个位置上，导致增加了读取大文件所需的时间。这意味着不仅降低了磁盘空间的利用率，还会严重影响系统的性能。鉴于以上原因，应该定期对磁盘碎片进行整理，从而保持磁盘性能的最佳状态。可以使用以下几种方法启动磁盘碎片整理程序。

◆ 双击桌面上的【此电脑】图标，在打开的窗口中右击要进行碎片整理的磁盘分区，然后在弹出的菜单中选择【属性】命令。打开磁盘分区的属性对话框，在【工具】选项卡中单击【优化】按钮。

◆ 单击【开始】按钮，在打开的【开始】菜单中选择【所有应用】命令，然后在所有程序列表中选择【Windows 管理工具】⇨【磁盘整理和优化驱动器】命令。

◆ 打开【控制面板】窗口，将【查看方式】设置为【大图标】或【小图标】，然后单击【管理工具】链接，在进入的界面中双击【碎片整理和优化驱动器】。

◆ 在任务栏中的搜索框、【运行】对话框或【命令提示符】窗口中输入"dfrgui.exe"命令后按【Enter】键。

打开如图 28-36 所示的【优化驱动器】对话框，列表框中显示了计算机中包括的所有磁盘分区。选择要进行碎片整理的磁盘分区，然后单击【分析】按钮。系统开始对所选磁盘分区的磁盘碎片情况进行分析。分析结束后会显示磁盘碎片容量的百分比，用户可以根据分析结果来决定是否要对磁盘分区进行碎片整理。如果要进行整理，则可以单击【优化】按钮，系统将开始对所选磁盘分区进行碎片整理，如图 28-37 所示。整理过程中可以随时单击【停止】按钮中断碎片整理。

图28-36　选择要进行碎片整理的磁盘分区

默认情况下，系统自动启用了优化磁盘的任务计划，可以实现在指定的时间由系统自动对预先指定的磁盘分区进行碎片整理。在【优化驱动

器】对话框的左下方可以看到系统默认指定的碎片整理计划的概要信息，用户可以根据实际情况修改这个计划。单击【更改设置】按钮将打开如图 28-38 所示的对话框，可以对磁盘碎片整理计划进行以下几项设置。

◆ 启用或禁用计划：如果不想让系统自动执行磁盘碎片整理，可以取消选中【按计划运行（推荐）】复选框。

◆ 调整优化频率：在【频率】下拉列表中选择进行磁盘碎片整理的时间周期。

◆ 选择对哪些磁盘分区进行优化：单击【选择】按钮，在打开的对话框中选择要进行磁盘碎片整理的磁盘分区，如图 28-39 所示。如果希望以后在计算机中安装的新的磁盘也可以自动加入该优化计划中，则需要选中【自动优化新驱动器】复选框。设置好以后单击【确定】按钮。

图28-37　正在整理磁盘碎片

图28-38　修改磁盘碎片整理计划

完成对磁盘碎片整理计划的所有修改后，单击【确定】按钮保存设置结果。

 交叉参考　有关任务计划的更多内容，请参考本章 28.4 节。

图28-39 选择要进行磁盘碎片整理的磁盘分区

28.3.3 转移易生成磁盘碎片的文件

默认情况下，系统以及某些程序所使用的文件位于 Windows 分区中，这些文件很容易产生大量碎片以至于影响系统性能，可以将它们转移到非 Windows 分区。本节将介绍转移页面文件和 IE 临时文件到非 Windows 分区的方法。

1．设置页面文件

Windows 操作系统通过虚拟内存这一机制，将内存中的数据写入硬盘的一个特定文件中并与其进行数据交换，从而达到扩展物理内存容量的目的。所写入的这个文件的名称为 pagefile.sys，可以将其称为"页面文件"或"分页文件"，该文件默认位于 Windows 分区的根目录中。由于内存会频繁写入和读取页面文件中的数据，因此很容易产生磁盘碎片。为了避免磁盘碎片对系统性能的影响，可以将页面文件移动到其他非 Windows 分区中，具体操作步骤如下：

STEP 1 右击【开始】按钮，然后在弹出的菜单中选择【系统】命令。

STEP 2 打开【系统】窗口，单击左侧列表中的【高级系统设置】链接。

STEP 3 打开【系统属性】对话框，在【高级】选项卡中单击【性能】组中的【设置】按钮，如图 28-40 所示。

STEP 4 打开【性能选项】对话框，在【高级】选项卡中单击【更改】按钮，如图 28-41 所示。

STEP 5 打开如图 28-42 所示的【虚拟内存】对话框，默认选中了【自动管理所有驱动器的分页文件大小】复选框，此时的虚拟内存处于系统自动管理模式，无法对其他选项进行设置。

STEP 6 如果希望对虚拟内存进行自定义设置，

需要取消选中【自动管理所有驱动器的分页文件大小】复选框，此时会激活对话框中的其他选项，如图 28-43 所示。

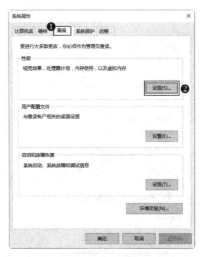

图28-40 单击【性能】组中的【设置】按钮

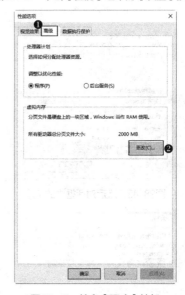

图28-41 单击【更改】按钮

STEP 7 在列表框中选择页面文件所在的 Windows 分区，即在列表框中标有"托管的系统"文字的磁盘分区，然后选中下方的【无分页文件】单选按钮，再单击【设置】按钮，如图 28-44 所示。系统会发出警告信息，在弹出的对话框中单击【是】按钮。

STEP 8 删除 Windows 分区的页面文件后，在列表框中选择想要将页面文件转移到的其他分区，然后选中【系统管理的大小】单选按钮，再单击【设置】按钮，如图 28-45 所示。这样可以让系统自动设置虚拟内存容量的大小。

图28-42 【虚拟内存】对话框

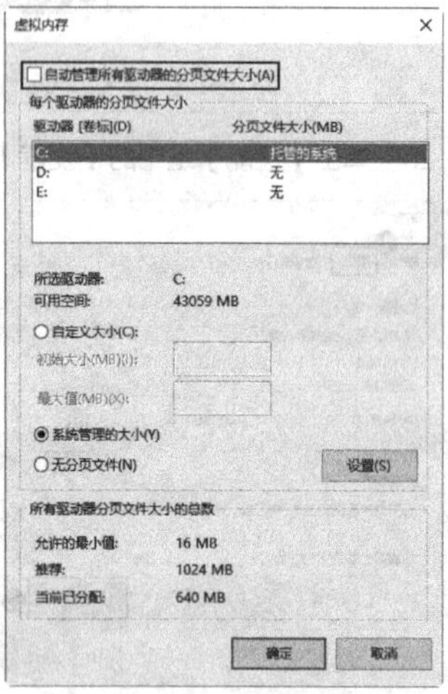

图28-43 激活对话框中的选项

图28-44 删除Windows分区中的页面文件

STEP 9 单击【确定】按钮依次关闭打开的对话框，然后重启计算机使设置生效。

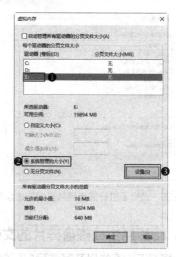

图28-45 将页面文件转移到其他非Windows分区

有经验的用户可以自定义设置页面文件的大小。为此需要在前面的 STEP 8 中选中【自定义大小】单选按钮，然后在下方的两个文本框中输入虚拟内存的初始大小和最大值，如图 28-46 所示，最后单击【设置】按钮和【确定】按钮。为了尽可能减少页面文件产生的磁盘碎片，最好将虚拟内存的初始大小设置为与物理内存总容量具有相同的大小，而将虚拟内存的最大值设置为物理内存总容量的 1.5 ～ 2 倍。

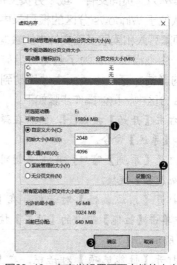

图28-46 自定义设置页面文件的大小

2. 设置IE临时文件

Windows 10 提供了全新的 Microsoft Edge 浏览器，但是如果仍然习惯于使用 IE 浏览器，那么可以将 IE 浏览器中的临时文件夹移动到其他非 Windows 分区，以避免临时文件夹对系

统性能的影响。将 IE 临时文件夹移动到其他非
Windows 分区的具体操作步骤如下。

STEP 1 启动 Windows 10 中的 IE 11 浏览器，然
后单击 IE 浏览器窗口中的【工具】按钮，在
弹出的菜单中选择【Internet 选项】命令。

STEP 2 打开【Internet 选项】对话框，在【常规】
选项卡中单击【设置】按钮，如图 28-47 所示。

STEP 3 打开【网站数据设置】对话框，在
【Internet 临时文件】选项卡的【当前位置】处
显示了当前用于存储 IE 临时文件的位置，如
图 28-48 所示。要更改该位置可以单击【移动文
件夹】按钮。

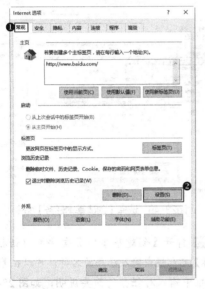

图28-47　单击【设置】按钮

图28-48　单击【移动文件夹】按钮

STEP 4 在打开的对话框中选择用于存储 IE 临时
文件的新位置。选择好以后单击【确定】按钮，
返回【网站数据设置】对话框可以看到新设置的

位置。确认无误后单击【确定】按钮依次关闭打
开的对话框。

28.4 使用任务计划定期自动执行指定的操作

　　Windows 10 为用户提供了定期自动执行特
定操作的功能，该功能被称为"任务计划程序"。
Windows 10 中的一些内置功能或程序提供了用
于执行或维护特定设备或资源的任务计划，便于
在无用户干预的情况下自动执行指定的维护工
作，例如本章前面介绍的磁盘碎片整理程序中的
优化磁盘的任务计划。本节首先介绍了任务计划
的相关基础知识，然后介绍了创建与编辑任务计
划的方法。

28.4.1 理解任务计划

　　Windows 的任务计划程序允许在指定时间
或发生特定事件时自动执行预先设置好的操作。
Windows 10 主要计划以下两种类型的任务。

◆ 标准任务：执行常规任务，这些任务可以
被用户看到，并可以根据用户的实际使用
环境和需求对任务进行修改。

◆ 隐藏任务：执行一些特殊的系统任务，这
些任务对用户是不可见的，而且不应该随
意修改。

　　任务可以在用户登录或未登录的情况下运
行，还可以使用标准用户权限或最高用户权限运
行。影响任务启动、结束以及所执行的具体操作
主要由触发器、操作、条件 3 项决定，各项的含
义和作用具体如下。

◆ 触发器：触发器用于指定任务开始和结束
的前提条件，包括基于时间和基于事件两
种类型的触发器。基于时间的触发器包括
在一天的特定时间启动任务，或按每天、
每周或每月多次启动任务。基于事件的触
发器则针对某些系统事件启动任务。例
如，可以将基于事件的触发器设置为在
系统启动时、所有用户或特定用户登录
计算机时，或者在计算机进入空闲状态
时启动任务。每个任务可以包含一个或
多个触发器，从而允许任务以多种方式
启动。如果为一个任务设置了多个触发

器,那么其中的任何一个触发器发生时,该任务都会启动。

◆ 操作:操作用于指定任务要执行的具体操作,主要用于启动一个特定的程序或脚本,可以为程序或脚本设置启动参数。一个任务最多可以执行 32 个操作。

◆ 条件:条件用于控制任务是否运行。如果在任务被触发并启动后满足任务的所有条件,那么该任务将会运行。条件分为空闲条件、电源条件和网络条件 3 种。通过设置空闲条件,可以在指定的一段时间内计算机处于空闲状态时才运行任务。通过设置电源条件,可以在特定的已命名网络连接可用或任何网络连接都可用时才运行任务。通过设置网络条件,可以在计算机使用交流电源(而不是电池电源)时才运行任务,还可以在从睡眠模式唤醒计算机时运行任务。

可以使用以下几种方法启动任务计划程序。

◆ 单击【开始】按钮⊞,在打开的【开始】菜单中选择【所有应用】命令,然后在所有程序列表中选择【Windows 管理工具】⇨【任务计划程序】命令。

◆ 右击【开始】按钮⊞,然后在弹出的菜单中选择【计算机管理】命令,在打开的【计算机管理】窗口的左侧窗格中展开【系统工具】节点,然后选择其中的【任务计划程序】。

◆ 打开【控制面板】窗口,将【查看方式】设置为【大图标】或【小图标】,然后单击【管理工具】链接,在进入的界面中双击【任务计划程序】。

◆ 在任务栏中的搜索框、【运行】对话框或【命令提示符】窗口中输入"taskschd. msc"命令后按【Enter】键。

28.4.2 创建任务计划

可以使用两种方法创建任务计划,一种是使用任务计划创建向导来进行创建,此方法适合对任务计划的各项设置不是很熟悉的用户,这样就可以跟着向导的提示一步步进行设置。另一种是在【创建任务】对话框中直接有选择性地设置新

任务计划的各项设置,此方法更加直观方便。由于【创建任务】对话框与下一节介绍的编辑任务计划的操作界面和方法非常相似,因此这里主要介绍使用任务计划创建向导创建任务计划的方法。

假设希望创建一个任务,用于在每次登录系统后自动运行 Windows Defender 来扫描恶意程序,创建该任务计划的具体操作步骤如下。

STEP 1 使用上一节的方法启动任务计划程序,打开【任务计划程序】窗口。单击右侧窗格中的【创建基本任务】链接,或者在左侧窗格中右击【任务计划程序库】后选择【创建基本任务】命令,如图 28-49 所示。

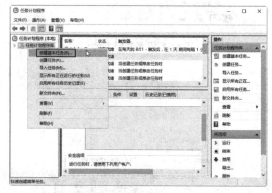

图28-49 选择【创建基本任务】命令

STEP 2 打开【创建基本任务向导】对话框,在【名称】文本框中输入任务的名称,可以在【描述】文本框中输入对任务的简要说明,如图 28-50 所示,然后单击【下一步】按钮。

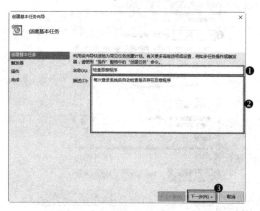

图28-50 输入任务的名称和说明

STEP 3 进入如图 28-51 所示的界面,在该界面中设置触发器,这里选中【当前用户登录时】单选按钮,然后单击【下一步】按钮。

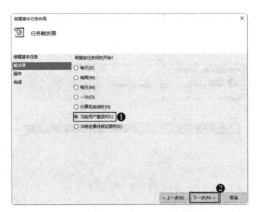

图28-51　设置任务的触发器

STEP 4 进入如图 28-52 所示的界面，在该界面中设置任务要执行的操作，这里选中【启动程序】单选按钮，然后单击【下一步】按钮。

STEP 5 进入如图 28-53 所示的界面，这里需要选择启动任务时要运行的程序。单击【浏览】按钮后在打开的对话框中找到并双击要运行的程序的可执行文件或脚本文件。返回任务计划向导后会自动在【程序或脚本】文本框中填入所选程序的完整路径。如果需要为程序或脚本指定参数，则可以在【添加参数】文本框中进行设置。设置好以后单击【下一步】按钮。

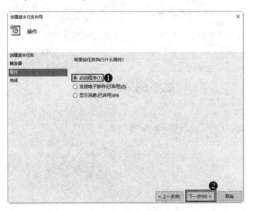

图28-52　设置任务要执行的操作

STEP 6 进入如图 28-54 所示的界面，这里汇总了前几步所做的所有设置。确认无误后单击【完成】按钮。

STEP 7 返回【任务计划程序】窗口，在左侧窗格中选择【任务计划程序库】，然后可以在中间窗格的上方看到新建的任务计划，如图 28-55 所示。在选择该任务计划后，可以在中间窗格下方的不同选项卡中查看任务计划的详细情况。

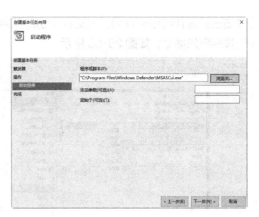

图28-53　选择要运行的程序

图28-54　对任务计划所做的所有设置进行确认

图28-55　查看新建的任务计划

28.4.3　编辑任务计划

对于系统中已经存在的任务计划，用户可以随时对它们进行修改、禁用、删除或者将其以文件的形式导出，以后的任何时候都可以重新导入系统中，还可以手动运行或结束任务计划。对于运行、结束、禁用、导出、删除任务计划等操作，可以直接在【任务计划程序】窗口的中间窗格中右击要操作的任务计划,然后在弹出的菜单中选择相应的命令,如图 28-56 所示。

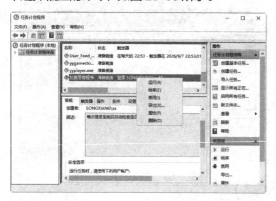

图28-56 通过鼠标右键菜单快速对任务计划执行特定操作

如果要修改任务计划,可以在右击任务计划弹出的菜单中选择【属性】命令,或者直接双击要修改的任务计划,打开该任务计划的属性对话框,然后根据需要在不同的选项卡中修改相应的内容。例如,上一节创建的任务计划只在创建任务计划的用户登录系统时才运行 Windows Defender 扫描恶意程序。后来可能希望无论哪个用户登录系统都运行 Windows Defender 扫描恶意程序,那么就需要修改该任务计划的触发器。

打开上一节创建的任务计划的属性对话框,切换到【触发器】选项卡,在列表框中选择触发器,然后单击【编辑】按钮,如图 28-57 所示。打开如图 28-58 所示的【编辑触发器】对话框,

选中【所有用户】单选按钮,然后单击【确定】按钮。

图28-57 选择触发器后单击【编辑】按钮

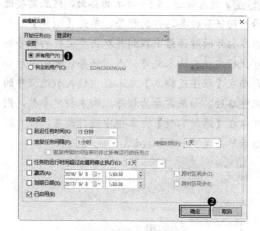

图28-58 修改触发器

Chapter 29

29 系统故障诊断与修复

Windows 操作系统的复杂性不言而喻，再加上由用户操作带来的诸多不可预料性，使得在系统运行的整个过程中随时都可能会出现各种问题，用户或系统管理员需要随时做好面对以及解决问题的准备。幸运的是，Windows 10 提供了很多用于诊断和修复系统故障、备份和恢复系统数据与用户文件的实用工具，为用户解决系统问题以及保护个人数据提供了方便。本章详细介绍了 Windows 10 提供的这些工具的使用方法，尤其对 Windows 恢复环境以及其所提供的用于修复和恢复系统的几种工具进行了详细说明。

29.1 检测和解决系统问题

当发现系统运行缓慢或出现其他一些情况时，用户可能很难确定问题出在何处。Windows 10 中的可靠性监视器和事件查看器可以帮助用户检测系统性能并进一步确定问题的根源。对于经验不足的用户，可以通过远程协助来请求他人帮助解决系统中出现的问题。

29.1.1 使用可靠性监视器查看系统的稳定性

系统能否正常稳定地运行始终都是用户最关心的问题之一，因为它直接影响着用户的计算机使用体验。在计算机的日常使用中可能会由于很多原因而导致系统运行不稳定，比如驱动程序未正确安装或初始化、应用程序突然停止响应、系统服务停止运行并重新启动等。出现以上问题时，系统的稳定性将会降低。

Windows 10 中的可靠性监视器可以跟踪系统中的各种活动，通过记录系统故障以及有关系统配置的重要事件，并将计算出来的系统稳定性指数绘制到图表上，从而能够以可视化的方式反映出系统稳定性随时间变化的情况，以及系统中的各种活动对系统稳定性的影响程度。可靠性监视器还会生成包含详细信息的报告，这将有助于用户快速确定造成系统不稳定的根源问题。可以使用以下几种方法启动可靠性监视器。

- ◆ 打开【控制面板】窗口，将【查看方式】设置为【大图标】或【小图标】，然后单击【安全性与维护】链接，在进入的界面中通过单击⊙按钮以展开【维护】类别，然后单击【查看可靠性历史记录】链接，如图 29-1 所示。
- ◆ 使用本书第 28 章的方法启动性能监视器，在左侧窗格中右击【监视工具】，然后在弹出的菜单中选择【查看系统可靠性】命令，如图 29-2 所示。
- ◆ 在任务栏中的搜索框、【运行】对话框或【命令提示符】窗口中输入"perfmon /rel"命令后按【Enter】键。

图29-1　在控制面板中启动可靠性监视器

启动可靠性监视器后将会打开如图 29-3 所示的【可靠性监视程序】窗口，其中包含一个图表，以时间线的形式显示了最近一个月的系统稳定性情况。横坐标表示具体的日期，纵坐标表示系统稳定性指数，该指数由数字 1 ~ 10 组成，数字越大说明系统越稳定。

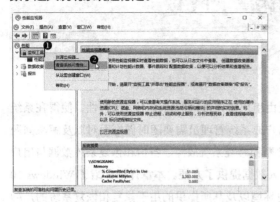

图29-2 在性能监视器中启动可靠性监视器

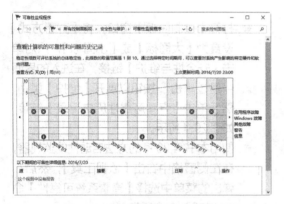

图29-3 【可靠性监视程序】窗口

图表的下半部分分为5行，用于显示对影响系统稳定性的可靠性事件进行跟踪的结果。跟踪的可靠性事件包括安装与卸载设备驱动程序和应用程序、应用程序出现的故障以及非正常关闭、Windows系统故障等。当检测到一个或多个可靠性事件以后，将会在发生这些可靠性事件对应的日期列中显示一个或多个图标，用以表示可靠性事件是成功的、失败的或是错误的，可靠性事件所使用的图标类型具体如下。

◆ 对于应用程序的安装和卸载而言，成功的可靠性事件显示为"信息"图标，失败的可靠性事件显示为"警告"图标。

◆ 所有其他失败的可靠性事件都显示为"错误"图标。

通过查看图表上不同类型的图标可以快速确定出现系统问题的日期和问题类型，而通过查看图表上半部分与该问题对应的时间线的位置，可以了解该问题对系统稳定性的影响程度。通过单击图表上方的【天】或【周】链接，能够以"天"或"周"为时间单位来查看图表中的可靠性事件。

> **注意** 如果希望获得准确的可靠性信息，应该确保在安装Windows 10操作系统24小时以后再启动可靠性监视器。此外，如果在新安装的Windows 10中启动可靠性监视器，可能只会显示很少的信息。在安装了硬件驱动程序和一些应用程序以后再重新启动可靠性监视器，将会显示更多详细信息。

如果想要了解某个可靠性事件的具体信息，可以在图表中单击该可靠性事件所对应的日期列，在窗口下方的列表框中可以看到所选日期中包含的所有可靠性事件，其中显示了发生可靠性事件的对象名称、可靠性事件的具体情况、可靠性事件发生的日期以及操作建议，如图29-4所示。

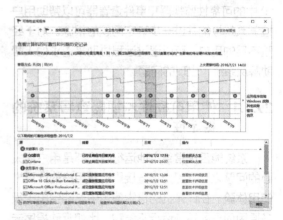

图29-4 查看指定日期中包含的所有可靠性事件

对于【关键事件】类别中的可靠性事件而言，可以单击【操作】列中的【检查解决方案】链接检查是否有针对当前问题的解决方案。对于【信息事件】类别中的可靠性事件而言，可以单击【操作】列中的【查看技术详细信息】链接来查看有关当前事件的详细信息，如图29-5所示。虽然在窗口中未显示【关键事件】类别中的事件的【查看技术详细信息】链接，但是可以通过右击【关键事件】类别中的事件，然后在弹出的菜单中选择【查看技术详细信息】命令来查看【关键事件】类别中的事件的详细信息。

图29-5　查看指定事件的详细信息

29.1.2　使用事件查看器跟踪和诊断系统错误

　　事件查看器用于浏览和管理系统事件日志，是监视系统运行状况以及解决系统问题的实用工具。在事件查看器中可以完成以下操作。

◆ 查看来自一个或多个事件日志的事件：查看一个或多个事件的内容。

◆ 设置事件的显示方式：可以从多个事件中筛选出符合条件的特定事件，也可以对多个事件进行排序和分组，还可以设置事件属性的显示或隐藏以及排列顺序。

◆ 创建自定义视图：保存经过筛选后的事件日志视图，便于随时导入本地计算机或其他计算机中，以重复使用完全相同的事件日志的自定义显示方式。

◆ 在发生特定事件时自动运行任务计划：为特定事件创建任务计划，以后发生该事件时将自动运行预先设置好的任务计划。

◆ 创建和管理事件订阅：收集多台远程计算机中的事件日志并存储到本地计算机中以供分析。

　　事件日志记录了系统中的服务、进程、应用程序、硬件设备等各种资源产生的错误。事件查看器包括以下两种类型的日志，每种日志又可以分为多种子类型。

◆ Windows 日志：Windows 日志用于存储适用于整个系统的事件以及来自旧版应用程序的事件。该类日志包括以下几个子类型：系统日志、安全日志、应用程序日志、安装程序日志和

ForwardedEvents 日志。

◆ 应用程序和服务日志：应用程序和服务日志用于存储不会影响整个系统的事件，包括来自单个应用程序或组件的事件。该类日志包括以下几个子类型：管理日志、操作日志、分析日志和调试日志。

　　可以使用以下几种方法启动事件查看器。

◆ 右击【开始】按钮田，然后在弹出的菜单中选择【事件查看器】命令。

◆ 单击【开始】按钮田，在打开的【开始】菜单中选择【所有应用】命令，然后在所有程序列表中选择【Windows 管理工具】⇨【事件查看器】命令。

◆ 右击【开始】按钮田，然后在弹出的菜单中选择【计算机管理】命令，在打开的【计算机管理】窗口的左侧窗格中展开【系统工具】节点，然后选择其中的【事件查看器】。

◆ 打开【控制面板】窗口，将【查看方式】设置为【大图标】或【小图标】，然后单击【管理工具】链接，在打开的窗口中双击【事件查看器】。

◆ 在任务栏中的搜索框、【运行】对话框或【命令提示符】窗口中输入"eventvwr. msc"命令后按【Enter】键。

　　除了第 3 种方法是在【计算机管理】窗口中显示事件查看器以外，其他几种方法都将打开独立的【事件查看器】窗口，如图 29-6 所示。

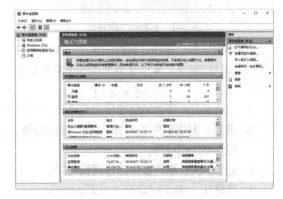

图29-6　【事件查看器】窗口

1.　查看事件日志

　　在打开的【事件查看器】窗口中显示了系统中所有事件的汇总信息，如图 29-7 所示，这是因为默认选中了【事件查看器】窗口左侧窗格中

的【事件查看器（本地）】。在中间窗格中的【管理事件的摘要】类别中统计了不同级别的事件在最近 1 小时、24 小时和 7 天等不同时间段内发生的数量。单击【事件类型】列中的名称左侧的田标记，可以查看特定类型中包含的所有事件。

管理事件的摘要

事件类型	事件 ID	来源	日志	近 1 小时	24 小时	7 天
关键	-	-	-	0	0	0
田 错误	-	-	-	1	24	207
田 警告	-	-	-	0	5	43
田 信息	-	-	-	23	566	3,239
田 审核成功	-	-	-	35	408	2,971

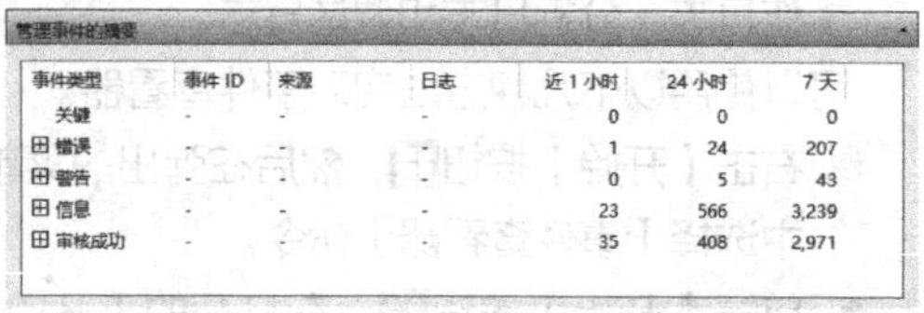

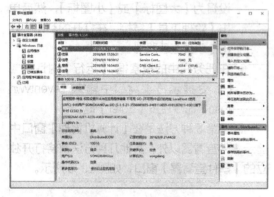

图29-7　查看所有事件的汇总信息

如果想要查看特定日志中的事件，可以在左侧窗格中展开某类事件日志，例如【Windows 日志】。然后选择该类日志中的某个子类别，例如【系统】，在中间窗格的上方列表框中会显示所有的系统日志。选择要查看的事件，下方会显示该事件的详细内容，如图 29-8 所示。也可以双击事件后在打开的对话框中查看事件的详细内容。

图29-8　查看指定的事件

事件包含多个属性，属性描述了事件中包含的不同类别的信息。事件查看器中的事件主要包括以下属性。

- 日志名称：事件所属的日志名称。
- 来源：发生事件的对象来源，包括服务、组件和应用程序。
- 记录时间：事件发生的日期和时间。
- 事件 ID：标识特定事件类型的编号。
- 任务类别：描述事件的相关操作。
- 级别：事件严重程度的级别，包括以下几种：信息、警告、错误、严重、审核成功、审核失败。“信息”级别通常表示通知性质的事件，一般与操作成功有关；“警告”级别表示警告信息，如果不及时采取措施，则很有可能引发更严重的问题；“错误”级别表示发生了错误，与操作失败有关；“严重”级别表示发生了严重问题，导致程序或功能不可恢复；“审核成功”级别表示用户权限操作成功；“审核失败”级别表示用户权限操作失败。
- 用户：事件发生时当前登录系统的用户账户的名称。如果是由系统进程或服务触发的事件，那么用户名将是系统内建的特殊账户，如 Local Service、Network Service 或 System 等。
- 计算机：发生事件时所在的计算机的名称。
- 详细信息：提供事件的详细描述信息。

2. 创建自定义视图

可能经常要查看不同日志中的特定类别中的事件，在不同日志之间反复切换并逐一查找所需的事件是一项非常耗时的工作。通过自定义事件视图可以简化这类操作，而且可以保存自定义视图便于以后重复使用。假设想要查看来自于 Windows 日志中的“安全”和“系统”两个子类别中级别为“警告”和“错误”的所有事件，那么可以使用下面的方法进行设置，具体操作步骤如下。

STEP 1 在【事件查看器】窗口中单击菜单栏中的【操作】⇨【创建自定义视图】命令，或者单击右侧窗格中的【创建自定义视图】链接。

STEP 2 打开【创建自定义视图】对话框，在【筛选器】选项卡中选中【按日志】单选按钮，然后打开右侧的【事件日志】下拉列表，其中显示了【Windows 日志】和【应用程序和服务日志】两项。可以单击每项左侧的田标记展开其中的内容，然后选择其中的子类别，这里选中【Windows 日志】中的【安全】和【系统】两个复选框，如图 29-9 所示。

STEP 3 单击对话框中的任意空白位置，将打开的下拉列表隐藏起来。然后选中【事件级别】中的【警告】和【错误】两个复选框，如图 29-10 所示。

STEP 4 单击【确定】按钮，打开【将筛选器保存到自定义视图】对话框，在【名称】文本框中输入自定义视图的名称，还可以在【描述】文本框中输入对该视图所保存的筛选出来的事件的具体说明，如图 29-11 所示。

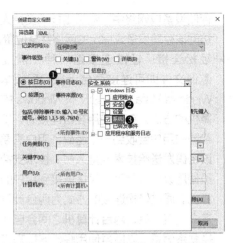

图29-9　选择要查看的事件来源于哪些日志

图29-10　选择事件的级别

图29-11　设置自定义视图的名称

STEP 5 单击【确定】按钮，返回【事件查看器】窗口，在左侧窗格中自动选中了刚创建的自定义视图，在中间窗格中只会显示来自于安全和系统中的级别为"警告"和"错误"的所有事件，如图 29-12 所示。

创建的自定义视图默认保存在名为"自定义视图"的类别中，该类别显示在【事件查看器】窗口的左侧窗格中。对于创建好的自定义视图，

还可以进行以下几种常用操作。

◆ 编辑视图：右击要编辑的视图，在弹出的菜单中选择【属性】命令，打开如图 29-13 所示的对话框，单击【编辑筛选器】按钮后在打开的对话框中修改事件的筛选条件。

◆ 导出视图：右击要导出的视图，在弹出的菜单中选择【导出自定义视图】命令，然后在打开的对话框中选择导出后的文件名称和存储位置，最后单击【保存】按钮。

◆ 删除视图：右击要删除的视图，在弹出的菜单中选择【删除】命令，然后在打开的对话框中单击【是】按钮。

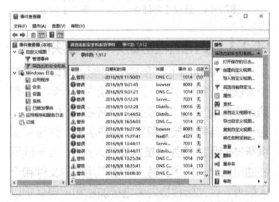

图29-12　使用自定义视图查看筛选出来的
符合条件的特定事件

图29-13　单击【编辑筛选器】按钮以修改事件筛选条件

3. 为特定事件设置任务计划

可以在特定事件发生时自动执行某个任务，这样就实现了在特定条件下触发指定的操作，功能上与本书第 28 章介绍的创建基于事件的触发器的任务计划相同，只是操作方式上有所区别。如果想要为某个事件设置任务计划，可以通过本节前面介绍的方法在【事件查看器】窗口中显示出该事件，然后在中间窗格中右击要设置任务计划的事件，在弹出的菜单中选择【将任务附加到此事件】命令，如图 29-14 所示。在打开的【创建基本任务向导】对话框中设置任务计划的内容，

之后的操作与本书第 28 章介绍的创建任务计划向导相同，这里就不再赘述了。

图29-14　选择【将任务附加到此事件】命令

29.1.3　使用远程协助来帮助解决问题

通过 Windows 远程协助功能，可以邀请某个人通过计算机和网络连接到用户的计算机并帮助用户解决问题，即使这个人不在身边或附近。为了便于与需要接受帮助的用户区分，这里将提供帮助的用户称为"技术支持人员"。由于远程协助可以允许技术支持人员访问用户的文件和个人信息，因此远程协助会进行加密和密码保护以加强安全性，这样能够确保只有用户邀请的人才能使用 Windows 远程协助连接到用户的计算机。

远程协助成功连接后，技术支持人员可以看到用户的 Windows 桌面上的内容，并与用户就彼此看到的情况进行实时沟通。如果用户授予控制权限，那么技术支持人员还可以使用鼠标和键盘控制用户的计算机并通过实际操作来解决问题，操作过程会清晰地呈现给用户。如果想要通过远程协助来帮助他人解决问题，那么首先需要获得这个人的邀请，然后才能进行远程协助连接。建立远程协助连接可以使用以下两种方式。

- ◆ 邀请文件：接受帮助的用户需要向技术支持人员提供一个邀请文件，然后将该文件发送给技术支持人员并提供相应的密码。邀请文件是一种特殊类型的远程协助文件，技术支持人员使用该文件才能远程连接到用户的计算机。用户可以使用两种方法将邀请文件发送给技术支持人员，一种方法是通过电子邮件的形式发送给技术支持人员，另一种方法是将邀请文件保存到移动存储设备或网络中，然后由技术支持人员访问该存储设备或指定的网络共享位置。

- ◆ 轻松连接：轻松连接是一种无需发送邀请文件即可连接两台运行相同版本的 Windows Vista 或更高版本 Windows 的计算机的方法。首次使用轻松连接时，接受帮助的用户会收到一个密码，用户需要将该密码发送给技术支持人员。技术支持人员使用该密码就可以直接连接到用户的计算机。通过轻松连接的方式为两台计算机建立连接以后，两台计算机之间会自动互换联系信息，以后再使用轻松连接来连接这两台计算机时，技术支持人员将不再需要输入密码，可以直接通过单击要帮助的用户名称来快速建立连接。

> **注意**　如果双方计算机都运行Windows Vista或更高版本，而且都连接到了Internet，那么轻松连接将会是最佳方法。如果双方计算机运行的都不是Windows Vista或更高版本，则应该使用邀请文件的连接方式。

虽然 Windows 远程协助和远程桌面都涉及与远程计算机进行连接，但是它们的用途不同。使用 Windows 远程协助可以在遇到无法解决的问题时向别人寻求帮助或者为别人提供帮助。例如，技术支持人员可以访问用户的计算机以帮助用户解决计算机问题，而且在获得用户的许可后技术支持人员可以控制计算机。而远程桌面功能可以实现在本地计算机中通过网络登录到远程计算机。例如，可以使用远程桌面功能从家里的计算机连接到办公室的计算机，连接后可以正常访问办公室计算机中的所有内容，就好像坐在办公室里操作计算机一样。

1．对防火墙进行设置

远程协助使用 UPnP、SSDP、PNRP 和 Teredo 等网络协议。由于防火墙可以限制计算机与 Internet 之间的通信，因此如果发现远程协助无法正常连接，那么首先应该检查防火墙的相关设置。可以使用下面的方法为远程协助在防火墙中添加例外项，以便让防火墙放行。

STEP 1 打开【控制面板】窗口，将【查看方式】设置为【大图标】或【小图标】，然后单击【Windows 防火墙】链接。

STEP 2 进入如图 29-15 所示的界面，单击左侧列表中的【允许应用或功能通过 Windows 防火墙】链接。

图29-15 单击【允许应用或功能通过 Windows防火墙】链接

STEP 3 在进入的界面中单击【更改设置】按钮以获得设置权限，然后选中列表框中的【远程协助】复选框并选择一种网络类型，如图 29-16 所示，然后单击【确定】按钮。

图29-16 选中【远程协助】复选框

2. 设置远程协助

在向技术支持人员发送远程协助邀请之前，需要先启用远程协助功能并进行一些设置，具体操作步骤如下。

STEP 1 右击【开始】按钮，然后在弹出的菜单中选择【系统】命令，在打开的【系统】窗口的左侧列表中单击【远程设置】链接。

STEP 2 打开【系统属性】对话框的【远程】选项卡，要启用远程协助功能，需要选中【允许远程协助连接这台计算机】复选框，如图 29-17 所示。

STEP 3 如果需要对远程协助进行进一步设置，可以单击【高级】按钮，打开如图 29-18 所示的【远程协助设置】对话框，然后可以进行以下设置。

图29-17 选中【允许远程协助连接这台计算机】复选框

图29-18 设置远程协助的相关选项

◆ 如果用户希望技术支持人员可以控制用户的计算机，那么需要选中【允许此计算机被远程控制】复选框。如果只想让技术支持人员查看用户的计算机而不想赋予他们控制权限，则需要取消选中该复选框。

◆ 远程协助邀请的默认时限为6小时，这意味着用户为技术支持人员提供6小时的有效连接时间，技术支持人员可以在该时间范围内多次连接到用户的计算机。可以根据需要在【设置邀请可以保持为打开的最长时间】下方的两个下拉列表中选择时间单位和具体的时长。为了安全性方面的考虑，不应该将该时限设置得过长。

◆ 为了加强安全，可以选中【创建仅可以从运行 Windows Vista 或更新版本的计算机使用的邀请】复选框，这样将只允许与使用 Windows Vista/7/8/10 或更新版本的 Windows 系统的计算机来进行远程连接，从而避免与早期 Windows 版本的计算机进行连接所带来的兼容问题或其他安全问题。

STEP 4 设置好以后单击【确定】按钮依次关闭打开的对话框。

3. 创建远程协助连接

在启用远程协助功能并进行必要的防火墙设置后，就可以进行远程协助连接了。可以发出请求帮助的远程协助，也可以发出帮助他人的远程协助，两种远程协助的操作过程类似，这里以发出请求帮助的远程协助为例来进行介绍，具体操作步骤如下。

STEP 1 在请求帮助的用户的计算机中打开【控制面板】窗口，将【查看方式】设置为【大图标】或【小图标】，然后单击【疑难解答】链接。

STEP 2 进入如图 29-19 所示的界面，单击左侧列表中的【从朋友那里获取帮助】链接，以发出请求帮助的远程协助。如果要发出请求帮助的远程协助，那么需要单击【请求某个人帮助你】链接；如果希望帮助他人，则需要单击【提供远程协助以帮助某人】链接。这里单击【请求某个人帮助你】链接。

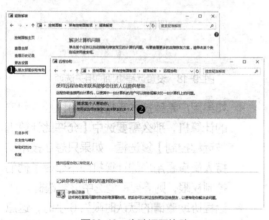

图29-19　启动远程协助

STEP 3 打开如图 29-20 所示的对话框，选择一种邀请方式，这里选择【将该邀请另存为文件】选项。

STEP 4 打开如图 29-21 所示的对话框，设置邀请文件的名称和保存位置，然后单击【保存】按钮。

STEP 5 保存邀请文件后，将会自动打开如图 29-22 所示的窗口，其中显示了一个密码。将该密码以及创建好的邀请文件通过电子邮件、移动存储设备或网络共享等方式一起发送给技术支持人员。

STEP 6 技术支持人员收到邀请文件和相应的密码后，在技术支持人员的计算机中双击邀请文件，打开如图 29-23 所示的对话框，在文本框中输入用于

远程协助连接的密码，然后单击【确定】按钮。

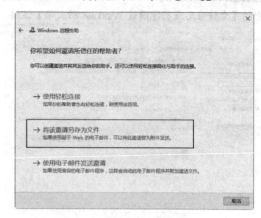

图29-20　选择一种邀请方式

图29-21　设置邀请文件的名称和保存位置

图29-22　远程协助连接需要的密码

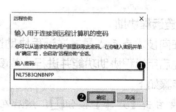

图29-23　输入用于远程协助连接的密码

STEP 7 请求帮助的用户会收到如图 29-24 所示的提示信息，如果确定需要让技术支持人员连接到自己的计算机，那么单击【是】按钮。

STEP 8 成功建立远程协助连接以后，技术支持人员将会看到请求帮助的用户的 Windows 桌面，如图 29-25 所示。如果技术支持人员需要操作用户的计算机，那么可以单击窗口中的【请求控制】按钮。

用户允许后，技术支持人员将拥有对用户计算机的控制权。可以随时单击【停止共享】按钮取消技术支持人员对用户计算机的控制权。可以单击【聊天】按钮进行实时交流。如果想要关闭远程协助连接，只需单击窗口右上角的【关闭】按钮 ×。

图29-24　确认是否进行远程连接

图29-25　在技术支持人员的计算机中打开的远程协助窗口

29.2　使用 Windows 恢复环境

　　Windows 恢 复 环 境 是 Windows Vista 开始支持的功能，该环境提供了用于修复系统故障的多种实用工具，可以在系统无法启动或出现其他系统问题时为用户提供帮助。本节主要介绍 Windows 恢复环境的工作机制以及进入Windows 恢复环境的方法，还介绍了创建系统修复光盘的方法，该光盘用于从光盘引导进入Windows 恢复环境。

29.2.1　Windows 恢复环境简介

　　Windows 恢复环境（Windows RE，Windows Recovery Environment）是一个基于 Windows预安装环境（Windows PE）的可扩展恢复平台。当计算机无法启动时，Windows 会自动故障转移到 Windows 恢复环境中并自动运行其中的启动修复工具来诊断和修复系统启动故障。除了启动修复功能，Windows 恢复环境还提供了其他有助于修复系统启动和运行问题的实用工具。

Windows 恢复环境包括以下几种工具。

◆ 系统还原：可以使用系统自动创建或用户手动创建的系统还原点来将系统还原到之前的某个状态。有关系统还原的内容将在本章 29.5 节进行详细介绍。

◆ 系统映像恢复：使用创建的系统映像完整恢复系统分区、启动分区以及由用户指定的其他分区中的所有内容。有关系统映像恢复的内容将在本章 29.6 节进行详细介绍。

◆ 启动修复：对系统启动故障进行检测和修复。有关启动修复的内容将在本章 29.3.1节进行详细介绍。

◆ 命令提示符：使用命令行工具解决系统问题。

◆ 启动设置：以特殊选项或模式启动系统，以便于诊断和解决系统问题。有关启动设置的内容将在本章 29.3.2 节进行详细介绍。

◆ 回退到以前的版本：恢复到升级 Windows 10 之前所安装的 Windows 操作系统版本。有关回退到以前的版本的内容将在本章 29.4.1 节进行详细介绍。

　　默认情况下，Windows 恢复环境位于系统分区中。如果系统检测到启动故障，会自动将故障转移到系统分区中的 Windows 恢复环境。系统启动时，Windows 启动加载器将设置状态标志，以表明启动过程已开始。在 Windows 登录屏幕出现之前，Windows 通常会清除此标志。但是如果启动失败，Windows 则不会清除该标志。下次启动计算机时，Windows 启动加载器将会检测到该标志并认为系统启动失败，此时会启动到 Windows 恢复环境而不是正常启动 Windows 系统。

　　由于故障转移机制依赖于 Windows 启动管理器和 Windows 启动加载器，所以某些失败将会导致无法顺利进入 Windows 恢复环境。在这种情况下，用户需要使用系统修复光盘来启动到Windows 恢复环境。

29.2.2　进入 Windows 恢复环境

　　当系统检测到一些问题时会自动进入Windows 恢复环境，具体包括以下几种情况。

◆ 系统连续两次启动失败。

◆ 系统启动完成后，在两分钟内发生连续两次的意外关机。

◆ 除了 Bootmgr.efi 相关问题以外的一个安全启动错误。

◆ 全触摸输入设备上的一个 BitLocker 错误。

此外，还可以使用以下 3 种方法手动进入Windows 恢复环境。

◆ 如果系统可以正常启动，那么可以在登录Windows 10 以后单击【开始】按钮▦，然后在打开的【开始】菜单中选择【设置】命令。在打开的【设置】窗口中选择【更新和安全】，在进入的界面左侧选择【恢复】，然后在右侧单击【立即重启】按钮，如图 29-26 所示。

◆ 在正常登录后的 Windows 10 中，单击【开始】按钮▦，在打开的【开始】菜单中选择【电源】命令，然后在按住【Shift】键的同时选择【电源】菜单中的【重启】命令。

◆ 无论系统能否正常启动，都可以将系统修复光盘放入光驱中，然后在计算机启动时进入固件设置界面，将光驱设置为第一启动设备。然后从系统修复光盘启动Windows 恢复环境。

图29-26　单击【立即重启】按钮

> **提示**
> 如果使用前两种方法进入 Windows 恢复环境并从中选择了一个恢复工具，那么在重启后将会要求用户提供一个具有管理员权限的本地用户账户的用户名和密码，然后才能使用所选择的工具。

使用以上任意一种方法都会显示如图 29-27所示的界面，选择【疑难解答】选项。

图29-27　选择【疑难解答】选项

进入如图 29-28 所示的【疑难解答】界面，选择【高级选项】选项。

图29-28　选择【高级选项】选项

进入如图 29-29 所示的【高级选项】界面，其中显示了可以使用的恢复工具。

图29-29　在【高级选项】界面中选择系统恢复工具

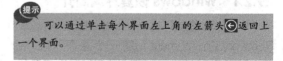

> **提示**
> 可以通过单击每个界面左上角的左箭头⬅返回上一个界面。

29.2.3　创建系统修复光盘

为了在系统无法正常启动时能够顺利进入Windows 恢复环境，以便可以使用系统恢复工具来修复系统故障，因此应该在安装好 Windows10 操作系统以后立刻创建一张系统修复光盘。创建系统修复光盘的具体操作步骤如下。

STEP 1 需要在 Windows 备份和还原界面中创建系统修复光盘，可以使用以下两种方法打开 Windows 备份和还原界面。

◆ 单击【开始】按钮⊞，然后在打开的【开始】菜单中选择【设置】命令。在打开的【设置】窗口中选择【更新和安全】，在进入的界面左侧选择【备份】，然后在右侧单击【转到"备份和还原"（Windows 7）】链接，如图 29-30 所示。

◆ 打开【控制面板】窗口，将【查看方式】设置为【大图标】或【小图标】，然后单击【备份和还原（Windows 7）】链接。

图29-30　单击【转到"备份和还原"】（Windows 7）】链接

STEP 2 无论使用 STEP 1 中的哪种方法，都将打开如图 29-31 所示的界面，单击左侧的【创建系统修复光盘】链接。

图29-31　单击【创建系统修复光盘】链接

STEP 3 打开如图 29-32 所示的【创建系统修复光盘】对话框，在【驱动器】下拉列表中选择包含刻录光盘的光驱，然后单击【创建光盘】按钮开始创建系统修复光盘，如图 29-33 所示。

STEP 4 创建完成后会显示如图 29-34 所示的对话

框，单击【关闭】按钮，然后单击【确定】按钮，关闭所有打开的对话框。

图29-32　选择包含刻录光盘的光驱

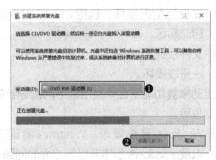

图29-33　开始创建系统修复光盘

图29-34　创建完成后显示的提示信息

29.3 修复系统启动和运行故障

　　Windows 10 提供了几种用于修复系统启动故障方面的工具，当系统遇到启动问题或根本无法正常启动时，可以尝试使用这类工具来解决系统启动问题。

29.3.1 修复系统启动故障

　　Windows 恢复环境提供了修复系统启动故障的工具，如果遇到系统无法正常启动的情况，可以使用该工具来尝试解决问题。当计算机遇到启动失败的问题时，Windows 恢复环境中的启动修复功能将会自动启动。如果由于严重问题而无法访问系统分区中的 Windows 恢复环境，那么可以使用预先创建好的系统修复光盘从光驱启动到 Windows 恢复环境并使用其中的启动修复工具。

启动修复运行后将会自动创建具有诊断信息和修复结果的文件日志，该文件的名称为 SrtTrail.txt，位于 %WinDir%\System32\LogFiles\Srt 文件夹中。

启动修复功能可以尝试修复由以下原因导致的系统启动故障。

◆ 系统文件和驱动程序文件丢失或损坏。

◆ 安装存在问题的驱动程序或不兼容的驱动程序。

◆ 安装了不兼容的 Windows Service Pack 和修补程序。

◆ 启动配置数据损坏。

◆ 磁盘元数据损坏，包括 MBR、分区表和启动扇区。

◆ 文件系统元数据损坏。

◆ 注册表损坏。

启动修复功能不会修复由以下问题导致的系统启动故障。

◆ Windows 系统登录、Windows 清理安装以及 Windows 版本升级等方面的问题。

◆ 配置不正确或本身有问题的固件，以及其他硬件的问题。

◆ 病毒和恶意软件导致的问题。

修复系统启动故障的具体操作步骤如下。

STEP 1 使用本章 29.2.2 节介绍的方法进入 Windows 恢复环境中的【高级选项】界面，然后选择【启动修复】选项。

STEP 2 系统开始准备自动修复启动故障，稍后会进入如图 29-35 所示的界面，需要选择一个具有管理员权限的用户账户，才能修复系统启动故障。

图29-35　选择用于启动修复的管理员权限的用户账户

STEP 3 选择一个账户后将进入如图 29-36 所示的界面，在文本框中输入所选账户对应的密码，然后单击【继续】按钮。

图29-36　输入用户账户的密码

STEP 4 系统开始对计算机的启动故障进行诊断。如果成功修复了系统的启动故障，则可以单击【完成】按钮并重启计算机。如果未能修复系统启动故障，将会进入如图 29-37 所示的界面，可以单击【关机】关闭计算机，然后使用包含 Windows 10 操作系统安装文件的安装介质重新安装 Windows 10。如果之前创建过系统还原点或系统映像，则可以单击【高级选项】按钮返回【高级选项】界面，然后使用相应的恢复工具来恢复系统。

图29-37　无法修复启动故障时显示的提示信息

29.3.2　使用安全模式等高级启动选项启动系统

除了以常规模式启动 Windows 系统外，还可以使用安全模式来启动系统。安全模式是 Windows 操作系统中的一种特殊模式，它以系统启动时所需的最基本的系统文件、最少的驱动程序和服务来启动系统。使用安全模式可以诊断和解决系统中出现的很多问题。除了安全模式，Windows 10 还提供了其他几种系统启动选项，为用户解决系统问题提供了方便。使用安全模式等高级启动选项来启动系统的具体操作步骤如下。

STEP 1 使用本章 29.2.2 节介绍的方法进入 Windows 恢复环境中的【高级选项】界面，然后选择【启动设置】选项。

STEP 2 进入如图 29-38 所示的【启动设置】界面，其中显示了重启计算机后可以选择的启动选项，单击【重启】按钮。

图29-38　单击【重启】按钮

STEP 3 重新启动计算机后，将进入如图 29-39 所示的界面，其中显示了 9 种启动选项，分别以数字 0 ～ 9 进行编号。用户可以使用键盘上的数字键 1 ～ 9 或功能键【F1】～【F9】来选择对应的启动选项，还有一种启动选项需要按【F10】键才能看到。10 种启动选项的含义如下。

图29-39　选择所需的启动选项

◆ 启用调试：启动时通过将串行电缆连接到波特率为 115200 的 COM1 端口中，从而可以将调试信息发送到另一台计算机。

◆ 启用启动日志记录：使用该选项启动系统后，会将所有与系统启动相关的驱动程序记录到名为 ntbtlog.txt 的文件中，该文件对于有助于确定系统启动故障的原因。ntbtlog.txt 文件位于 %SystemRoot% 文件夹中，如果 Windows 10 安装在 C 盘，那么 %SystemRoot% 表示的是 C:\Windows 文件夹。

◆ 启用低分辨率视频：使用当前安装的显卡驱动程序以其最低的分辨率及刷新率启动系统。

◆ 启用安全模式：使用启动系统时所需的最基本的系统文件、服务和驱动程序来启动系统。

◆ 启用带网络连接的安全模式：在安全模式下启动系统，同时包括访问 Internet 或网络上的其他计算机所需的网络驱动程序和服务。换言之，在普通的安全模式下还可以使用网络连接功能。

◆ 启用带命令提示符的安全模式：在安全模式下启动系统，启动后只显示命令提示符界面而非 Windows 桌面，所有操作都需要使用命令行工具完成。

◆ 禁用驱动程序强制签名：允许安装包含未经验证签名的驱动程序。

◆ 禁用预先启动反恶意软件保护：禁止系统启动时就运行反恶意软件，从而允许安装可能包含恶意软件的驱动程序。

◆ 禁用失败后自动重新启动：对于系统正常启动失败而导致重启，重启后再次失败而继续导致重启的循环情况，可能需要使用该选项。

◆ 启动恢复环境：启动到 Windows 恢复环境。

STEP 4 如果希望使用安全模式启动系统，则可以按数字键 4 以选择编号为 4 的【启用安全模式】选项。如果希望安全模式中带有网络连接功能或者可以使用命令提示符，那么需要选择编号为 5 或 6 的启动选项。按下与启动选项对应的数字键以后，即可以相应的安全模式启动系统。

默认情况下，只能使用上面介绍的方法进入 Windows 10 操作系统中的安全模式。如果希望使用早期操作系统中的【F8】键来显示启动菜单并选择进入安全模式，那么需要使用 BCDEdit 命令行工具。以管理员身份打开【命令提示符】窗口，输入下面的命令后按【Enter】键。重启计算机后会自动显示操作系统启动列表，此时按【F8】键将会显示启动设置菜单，然后选择安全模式即可。

```
bcdedit /set [bootmgr] displaybootmenu yes
```

29.3.3　使用 Windows 内存诊断工具

虽然计算机蓝屏、死机等现象已经很少出现在 Windows 10 中，但是有时可能仍然需要对内存进行检测，从而排除或解决由内存引起的系统启动或稳定性方面的问题。使用 Windows 10 内置的内存诊断工具可以非常方便地检测内存故障并尝试进行修复，具体操作步骤如下。

STEP 1 可以使用以下两种方法启动 Windows 内存诊断工具。

◆ 单击【开始】按钮⊞，在打开的【开始】菜单中选择【所有应用】命令，然后在所有程序列表中选择【Windows 管理工具】⇨【Windows 内存诊断】命令。

◆ 打开【控制面板】窗口，将【查看方式】设置为【大图标】或【小图标】，然后单击【管理工具】链接，在进入的界面中双击【Windows 内存诊断】。

STEP 2 打开如图 29-40 所示的【Windows 内存诊断】对话框，包括以下两个选项。

◆ 【立即重新启动并检查问题（推荐）】：选择该项将立刻重启计算机并进入内存诊断界面。

◆ 【下次启动计算机时检查问题】：选择该项不会立刻重启计算机，但是会在下次启动计算机时自动进入内存诊断界面。

图29-40　【Windows内存诊断】对话框

STEP 3 在计算机重启或下次启动时将会自动进入如图 29-41 所示的界面，开始检测内存是否存在问题并显示检测进度的百分比和进度条，按【Esc】键可以随时退出内存检测界面并重启计算机。内存测试完成后将自动重启计算机，登录 Windows 系统后会显示内存检测结果。在内存检测界面中按【F1】键将进入如图 29-42 所示的界面，在这里可以对内存测试的相关选项进行设置，具体如下。

◆ 使用上、下箭头键选择设置项。
◆ 使用【Tab】键可以在不同的选项组之间切换。
◆ 使用【F10】键应用所做的修改。
◆ 使用【Esc】键则退出选项设置界面并返

回内存测试界面。

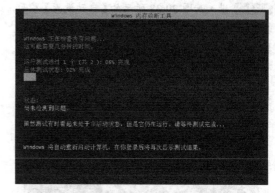

图29-41　正在检测内存状况

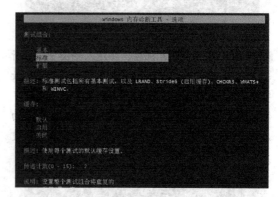

图29-42　设置内存检测的相关选项

29.4　使用 Windows 10 恢复功能恢复操作系统

为了帮助用户更快更容易地解决计算机遇到的问题，Windows 10 提供了多种恢复功能，可以将遇到问题无法正常启动或运行的计算机恢复到正常状态，用户可以根据不同情况选择不同的方式来恢复计算机。本节介绍了几种简单易用的恢复方法，有关使用系统还原与系统映像文件恢复计算机的内容将在本章 29.5 节和 29.6 节中进行详细介绍。

29.4.1　回退到升级为 Windows 10 之前的操作系统

如果从 Windows 早期版本升级到 Windows 10，或者从 Windows 10 基础版本升级到 Windows 10 高级版本以后，不习惯 Windows 10 的界面环境或操作方式，或者自己常用的一些应用程序在 Windows 10 中无法得到很好的兼容，那么可以使用回退功能恢复到升级前所安装的 Windows 操作系统版本，而且用户数据和文件不会受到影响，但可能会需要重新安装之前的一些应用程序。为了以防万一，在开始进行回退之前最好备份用户的个人数据。正常使用回退功能需要具备以下两个条件。

◆ 从早期版本升级到 Windows 10 的时间不超过 1 个月。

◆ 没有删除安装 Windows 10 的磁盘分区中的 Windows.old 和 $WINDOWS. ~ BT 两个文件夹，默认情况下 $WINDOWS. ~ BT 为隐藏文件夹。

回退到安装 Windows 10 之前的操作系统的具体操作步骤如下。

STEP 1 单击【开始】按钮⊞，然后在打开的【开始】菜单中选择【设置】命令。

STEP 2 在打开的【设置】窗口中选择【更新和安全】，在进入的界面左侧选择【恢复】，然后在右侧单击【回退到较早的版本】中的【开始】按钮，如图 29-43 所示。

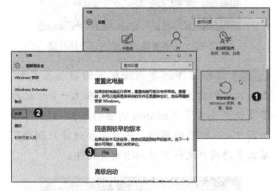

图29-43　单击【回退到较早的版本】中的【开始】按钮

STEP 3 显示如图 29-44 所示的界面，需要选择回退操作系统的原因，或者输入回退的原因，然后才能激活【下一步】按钮。选择或输入好原因以后，单击【下一步】按钮。

图29-44　选择或输入回退的原因

STEP 4 进入如图 29-45 所示的界面，如果是由于 Windows 10 出现故障才选择回退到之前安装的操作系统，那么可以单击【检查更新】按钮尝试通过安装更新来解决 Windows 10 中的现有故障。如果基于其他原因而希望回退到之前安装的操作系统，则单击【不，谢谢】按钮。

图29-45　选择安装更新或不安装更新直接回退

STEP 5 进入如图 29-46 所示的界面，这里显示了回退之前需要注意的问题，单击【下一步】按钮。

图29-46　回退前的注意事项

STEP 6 进入如图 29-47 所示的界面，确保知道当前系统的登录密码，单击【下一步】按钮。

图29-47　确保知道当前系统的登录密码

STEP 7 进入如图 29-48 所示的界面，如果确定要进行回退操作，则单击【回退到早期版本】按钮。

图29-48　单击【回退到早期版本】按钮开始回退

STEP 8 计算机将重新启动并开始执行回退操作。回退成功后将会恢复到安装 Windows 10 之前的操作系统，通常情况下用户的所有个人文件和数据将会完好无损，但是可能需要重新安装之前使用的由用户安装的应用程序。

29.4.2 重置系统

当计算机遇到问题无法正常运行或其他一些无法解决的问题时，可以使用 Windows 10 提供的重置功能将计算机恢复到安装 Windows 10 的初始状态，这意味着会自动重新安装 Windows 10。重置 Windows 10 将会删除在系统中安装的所有驱动程序和应用程序，以及用户对系统进行的各种设置。但是在开始重置 Windows 10 之前用户可以选择是否保留用户的个人文件和数据。重置系统的具体操作步骤如下。

STEP 1 单击【开始】按钮 ⊞，然后在打开的【开始】菜单中选择【设置】命令。

STEP 2 在打开的【设置】窗口中选择【更新和安全】，在进入的界面左侧选择【恢复】，然后在右侧单击【重置此电脑】中的【开始】按钮。

STEP 3 显示如图 29-49 所示的界面，选择重置系统时是否保留用户个人文件和数据。

图29-49 选择是否保留用户个人文件和数据

STEP 4 如果选择了【保留我的文件】，那么将会显示如图 29-50 所示的界面，列出了用户在重置系统后需要额外安装的应用程序，这些应用程序通常是用户手动安装的应用程序，而不是 Windows 10 默认的应用。确认好以后单击【下一步】按钮。进入如图 29-51 所示的界面，如果确认重置系统，则单击【重置】按钮开始重置 Windows 10。

图29-50 列出用户需要手动重装的应用程序

图29-51 单击【重置】按钮开始重置系统

STEP 5 如果选择了【删除所有内容】并且计算机中包含多个磁盘分区，那么将会显示如图 29-52 所示的界面，询问用户是仅删除 Windows 分区中的数据还是删除所有分区中的数据。可以选择【向我显示将会受到影响的驱动器列表】显示删除所有分区时所包含的各个分区的情况。

图29-52 选择重置时删除的驱动器数量

STEP 6 根据选择的要删除数据的驱动器类型，会进入不同的界面。例如，如果在上一步中选择了【仅限安装了 Windows 的驱动器】，则会显示如图 29-53 所示的界面，用户需要选择只删除驱动器中的用户文件还是删除所有文件。

图29-53 选择删除文件的范围

STEP 7 进入如图 29-54 所示的界面，如果确认重置系统，则单击【初始化】按钮开始重置 Windows 10，如图 29-55 所示。与全新安装 Windows 10 的过程类似，最后还需要对 Windows 10 进行基本配置，比如选择用户所在的国家、时区、语言、键盘布局，以及对系统进行快速设置或自定义设置等。如果重置之前系统已经激活了，那么重置以后系统会自动激活。

图29-54　单击【初始化】按钮

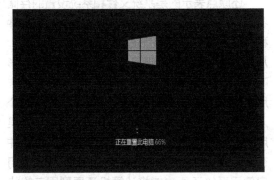

图29-55　开始重置Windows 10

29.4.3　创建恢复驱动器

　　恢复驱动器的功能与本章 29.2.3 节介绍的系统修复光盘的功能类似，可以在系统无法正常启用或运行时启动到 Windows 恢复环境并使用其中提供的工具恢复，而且恢复驱动器还可以用于重装系统。创建恢复驱动器需要一个 USB 移动存储设备，例如 U 盘。如果希望使用恢复驱动器来重装系统，那么需要确保 U 盘中有不少于 4GB 的可用空间，这意味着应该选择总容量为 8GB 的 U 盘。创建恢复驱动器的具体操作步骤如下。

STEP 1 将用于恢复驱动器的 U 盘连接到计算机中，打开【控制面板】窗口，将【查看方式】设置为【大图标】或【小图标】，然后单击【恢复】链接。

STEP 2 进入如图 29-56 所示的界面，单击【创建恢复驱动器】链接。

STEP 3 打开如图 29-57 所示的【恢复驱动器】对话框，可以直接单击【下一步】按钮。如果希望用作恢复驱动器的 U 盘可以用于安装 Windows 操作系统，那么需要选中【将系统文件备份到恢复驱动器】复选框，然后单击【下一步】按钮。

STEP 4 进入如图 29-58 所示的界面，选择要用作恢复驱动器的 USB 移动存储设备，然后单击【下一步】按钮。

图29-56　单击【创建恢复驱动器】链接

图29-57　选择是否在恢复驱动器中包括系统文件

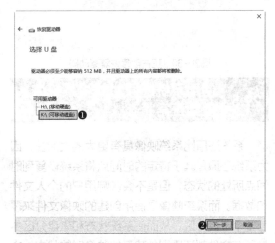

图29-58　选择用作恢复驱动器的USB移动存储设备

STEP 5 进入如图 29-59 所示的界面，创建恢复驱动器时会删除所选择的移动存储设备中的所有内容，因此在创建之前应该先对内容进行备份。然后单击【创建】按钮。

STEP 6 系统开始创建恢复驱动器，并将所需文件复制到用户选择的移动存储设备中，如图 29-60 所示。创建完成后单击【完成】按钮。

图29-59　创建恢复驱动器时会删除其中的所有内容

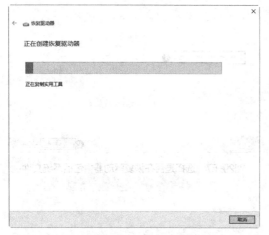

图29-60　正在创建恢复驱动器

29.5　使用系统还原功能将系统恢复到正常状态

系统还原比系统映像具有更大的灵活性，因为系统还原是基于特定的时间点将系统恢复到时间点所处的状态，但是不会影响用户的个人文件和数据。而系统映像是使用创建的映像文件来覆盖整个磁盘分区，从而使系统状态和磁盘分区中的所有文件都还原到创建系统映像时的状态。本节将介绍系统还原功能的设置与使用方法，包括创建系统还原点、在线和离线还原系统、删除还原点以及关闭系统还原功能等内容。

29.5.1　了解和创建系统还原点

为了避免在对系统进行重要修改后可能导致

无法正常运行、无法启动以及其他不可预料的系统问题，应该启用系统还原功能并进行适当的配置。在启用系统还原功能的情况下，一旦出现由于安装的系统更新、设备驱动程序、应用程序以及系统设置等操作导致的系统问题，用户就可以将系统还原到出现问题之前的某个无故障的时间点，这个时间点被称为"还原点"。

还原点表示的是系统文件和系统设置的存储状态，系统还原功能正是基于还原点将系统文件和系统设置恢复到以前的某个健康的系统状态，从而解决当前系统中出现的问题。系统还原会影响 Windows 系统文件、已安装的驱动程序和应用程序以及注册表设置，但是不会影响用户的个人文件，比如文档、照片、音乐等。例如，如果用户在周五将照片从数码相机传送到硬盘中，并在计算机中安装了一个图片编辑程序。第二天用户使用系统还原功能将计算机还原到周二的状态，那么硬盘中的这些照片仍然存在，但是所安装的图片编辑程序会被删除。

系统还原功能会按特定的时间间隔自动创建还原点，还可以在检测到发生重要的系统事件或显著变化（比如安装系统更新或设备驱动程序）时自动创建还原点。此外，用户也可以根据需要在任何时间手动创建还原点。自动或手动创建的还原点会一直保存着，直到为系统还原预留的磁盘空间用尽，随着新还原点的创建，旧还原点会被自动删除。

可以分别针对不同的磁盘分区启用系统还原功能。系统还原功能要求受保护的磁盘分区使用 NTFS 文件系统，这是因为 NTFS 文件系统具有卷影副本功能，该功能可以记录并保存对系统文件和文档的更改，系统还原功能正是利用 NTFS 文件系统的卷影副本功能来创建还原点。

无论是自动或手动创建还原点，首先需要启用系统还原功能，具体操作步骤如下。

STEP 1 右击【开始】按钮，然后在弹出的菜单中选择【系统】命令，在打开的【系统】窗口中单击左侧列表中的【系统保护】链接。

STEP 2 打开【系统属性】对话框的【系统保护】选项卡，在列表框中显示了计算机中所有有效的磁盘分区，【保护】列显示了每个磁盘分区的系统还原功能是否已启用。选择未启用系统还原功能的磁盘分区，然后单击【配置】按钮，如图29-61所示。

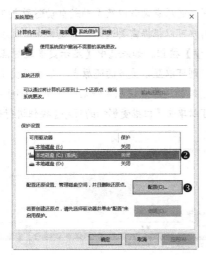

图29-61 选择磁盘分区后单击【配置】按钮

STEP 3 打开如图29-62所示的对话框，选中【启用系统保护】单选按钮以启用系统还原功能，然后拖动下方的滑块为系统还原功能预留磁盘空间，这些空间用于保存系统还原点。设置好以后单击【确定】按钮。

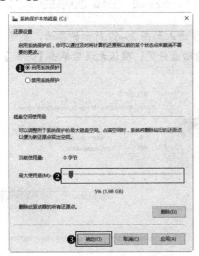

图29-62 启用系统还原功能并设置磁盘空间

STEP 4 返回【系统属性】对话框的【系统保护】选项卡，此时已经为STEP 3所选择的磁盘分区启用了系统还原功能，如图29-63所示。如果想要手动创建还原点，可以单击【创建】按钮。

STEP 5 打开如图29-64所示的对话框，在文本框中输入还原点的名称，最好使用能够清晰描述还原点状态或时间的文字，以便在以后还原系统时

可以容易确定要使用的还原点。设置好以后单击【创建】按钮。

图29-63 单击【创建】按钮以手动创建还原点

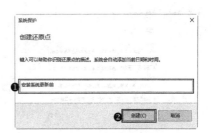

图29-64 输入还原点的名称

STEP 6 系统开始创建还原点，完成后显示如图29-65所示的对话框，单击【关闭】按钮。

图29-65 完成还原点的创建

29.5.2 在线和离线还原系统

每次使用系统还原功能还原系统之前都会先自动创建一个还原点，如果在系统还原以后没有解决原先的问题或出现新问题，则可以通过该还原点撤销还原操作。如果是在安全模式下使用系统还原功能还原系统，则将无法撤销还原操作。

使用系统还原功能还原系统分为在线还原和离线还原两种情况。在线还原是指可以正常启动Windows系统并进入桌面环境，然后执行还原系统的操作。离线还原是指无法正常启动Windows系统，而需要启动到Windows恢复环境以后使用

其中的系统还原工具来执行还原系统的操作。下面将分别介绍在这两种情况下还原系统的方法。

1. 在线还原系统

如果用户可以正常启动 Windows 系统并进入桌面环境，那么可以进行在线还原系统，具体操作步骤如下。

STEP 1 打开系统还原界面，可以使用以下两种方法。

◆ 打开【控制面板】窗口，将【查看方式】设置为【大图标】或【小图标】，然后单击【恢复】链接，在进入的界面中单击【开始系统还原】链接，如图 29-66 所示。

◆ 使用上一节的介绍方法打开【系统属性】对话框的【系统保护】选项卡，然后单击【系统还原】按钮。

图29-66　单击【开始系统还原】链接

STEP 2 无论使用哪种方法，都将打开如图 29-67 所示的【系统还原】对话框，单击【下一步】按钮。

图29-67　【系统还原】对话框

STEP 3 进入如图 29-68 所示的界面，列表框中显示了可以使用的还原点，每个还原点包含创建日期和时间、还原点名称以及手动或自动还原点 3 项信息，用户可以根据需要选择一个还原点，然后单击【下一步】按钮。如果选中【显示更多还原点】复选框，则可以显示更多的还原点。如果想要了解使用所选择的还原点还原系统后会影响到哪些程序，那么可以单击【扫描受影响的程序】按钮进行查看。

图29-68　选择要使用的还原点

STEP 4 进入如图 29-69 所示的界面，显示了将要还原的磁盘分区，确认无误后单击【完成】按钮。

图29-69　选择要还原的磁盘分区

STEP 5 弹出如图 29-70 所示的对话框，确定要进行系统还原则，单击【是】按钮。在单击【是】按钮之前应该保存当前打开的所有文件并关闭所有程序，因为开始还原系统后将会重启计算机。

图29-70　还原系统之前的确认对话框

2. 离线还原系统

如果无法正常启动和登录 Windows 系统，那么将无法使用前面介绍的方法来还原系统。在这种情况下只能启动到 Windows 恢复环境后执行还原系统的操作。离线还原系统的具体操作步骤如下。

STEP 1 使用本章 29.2.2 节介绍的方法进入 Windows 恢复环境中的【高级选项】界面，然后选择【系统还原】选项。

STEP 2 接下来进入的两个界面与本章 29.3.1 节介绍系统启动修复所进入的界面类似，需要选择一个具有管理员权限的用户账户并正确输入该账户的密码，然后才能使用 Windows 恢复环境中的系统还原工具。输入好密码以后单击【继续】按钮。

STEP 3 打开【系统还原】对话框，之后的操作方法与前面介绍的在线还原系统的方法相同，这里就不再赘述了。

29.5.3　删除还原点或关闭系统还原功能

如果想要删除还原点，可以删除所有还原点或删除除了最近的还原点之外的所有还原点，但是不能删除某个特定的还原点。如果关闭指定磁盘分区中的系统还原功能，那么该磁盘分区中的所有还原点会被自动删除。删除还原点将会释放其所占用的磁盘空间。

1. 删除所有还原点

如果不想保留以前由系统自动创建或用户手动创建的还原点，那么可以一次性将指定磁盘分区中的所有还原点删除，具体操作步骤如下。

STEP 1 使用本章 29.5.1 节介绍的方法打开【系统属性】对话框的【系统保护】选项卡，在列表框中选择要删除其还原点的磁盘分区，然后单击【配置】按钮。

STEP 2 在打开的对话框中单击【删除】按钮，弹出如图 29-71 所示的对话框，单击【继续】按钮将删除当前所选磁盘分区中的所有还原点。完成后在显示的对话框中单击【关闭】按钮。

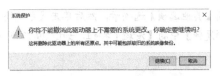

图29-71　删除所有还原点之前的确认信息

2. 删除除了最近创建的还原点以外的其他所有还原点

前面介绍的是删除指定磁盘分区中的所有还原点，这样操作以后虽然可以腾出一些磁盘空间，但是却不能再恢复到以前的某个健康的系统状态。如果希望既可以节省磁盘空间，又能保留一定的还原点以便可以还原系统，那么可以使用磁盘清理程序来进行设置，具体操作步骤如下。

STEP 1 打开【此电脑】窗口，右击要删除还原点的磁盘分区，然后在弹出的菜单中选择【属性】命令，在打开的对话框的【常规】选项卡中单击【磁盘清理】按钮。

 用户还可以使用其他方法运行磁盘清理程序，具体内容请参考本书第 12 章。

STEP 2 打开如图 29-72 所示的对话框，单击【清理系统文件】按钮。

图29-72　单击【清理系统文件】按钮

STEP 3 打开【磁盘清理：驱动器选择】对话框，在【驱动器】下拉列表中选择要删除还原点的磁盘分区，然后单击【确定】按钮。

STEP 4 稍后将会打开与 STEP 2 类似的对话框，切换到【其他选项】选项卡，然后单击【系统还原和卷影复制】中的【清理】按钮，如图 29-73 所示。

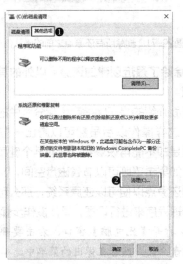

图29-73　单击【系统还原和卷影复制】中的【清理】按钮

STEP 5 弹出如图 29-74 所示的对话框，单击【删除】按钮将删除除了最近创建的还原点以外的其他所有还原点。

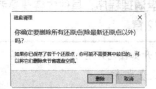

图29-74　单击【删除】按钮删除还原点

3．关闭系统还原功能

可以随时关闭指定磁盘分区中的系统还原功能，具体操作步骤如下。

STEP 1 使用本章 29.5.1 节介绍的方法打开【系统属性】对话框的【系统保护】选项卡，在列表框中选择要关闭系统还原的磁盘分区，然后单击【配置】按钮。

STEP 2 在打开的对话框中选中【禁用系统保护】单选按钮，然后单击【确定】按钮。

STEP 3 弹出如图 29-75 所示的对话框，单击【是】按钮将关闭当前所选磁盘分区的系统还原功能，并删除该磁盘分区中的所有还原点。

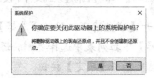

图29-75　关闭系统还原功能之前的确认信息

29.6　使用系统映像恢复整个系统和指定分区中的所有内容

系统映像可能是最为安全、完整的一种系统备份与恢复功能。使用该功能可以将系统分区、启动分区以及由用户指定的磁盘分区中的所有内容以系统映像的形式保存到本地硬盘、外部可移动存储设备或网络位置中。使用系统映像恢复后的系统，与创建系统映像时的系统状态、各种配置以及所有内容都完全相同，因此是一种完整的系统恢复方式。对于在创建系统映像时已经安装好的应用程序，在恢复系统后无需再重装这些程序即可正常使用它们。本节将介绍使用系统映像备份与恢复 Windows 操作系统和用户数据的方法。

29.6.1　创建系统映像

可以在系统正常稳定运行的任何时候创建系统映像，但是创建系统映像有其最佳时机。由于系统映像可以完整地恢复指定磁盘分区中的所有内容，包括对系统进行的设置、在系统中安装的应用程序以及用户的个人文件和数据。因此在开始创建系统映像之前，应该考虑以下几个问题。

◆ 在创建系统映像之前，应该将系统环境设置到适合用户个人需要的最佳状态。例如，如果不使用系统还原功能，应该将其关闭。如果想要将页面文件转移到其他非 Windows 分区，应该预先设置好。桌面背景、图标等各种显示方面的设置，也应该在创建系统映像之前都设置好。以免以后使用系统映像恢复系统后，以上这些设置都要重复操作。

◆ 如果希望使用系统映像恢复系统后不用重装所需的应用程序，那么可以在系统中安装好所有常用的应用程序后再创建系统映像。

◆ 如果决定在系统映像中包括应用程序，那么应该只包括最常用的应用程序。因为如果将常用和所有可能用到的应用程序都安装好以后再创建系统映像，那么在使用系统映像恢复系统时，会恢复之前所有安装好的应用程序。对于一些不常用和基本用不上的程序而言，在恢复系统以后可能需要手动卸载，带来了不必要的麻烦，而且还会增加系统映像的容量。

◆ 如果决定将一些常用的应用程序包括在系统映像中，那么需要考虑应用程序升级的问题。因为使用系统映像恢复系统与创建系统映像之间可能会相隔很长一段时间，而很多应用程序会定期或频繁更新和升级，因此对于更新或升级频繁的应用程序，可以根据实际情况考虑是否将它们包括在系统映像中。

◆ 对于想要包括在系统映像中的应用程序而言，应该对每个应用程序的使用环境进行符合个人使用习惯的设置。例如，对于 Microsoft Word 而言，可以设置好打开文件时的显示的默认文件夹、加载文档模板的默认文件夹、在文档中插入图片时的默认版式等选项。这样在使用系统映像恢复系统后就不需要再重复进行这些设置了。

◆ 对于要包括在系统映像中的磁盘分区，需要确保该分区使用了 NTFS 文件系统，用于存储系统映像的磁盘分区或移动存储设备也必须使用 NTFS 文件系统。

决定好以上几个问题的处理方式后就可以开始创建系统映像了，具体操作步骤如下。

STEP 1 使用本章 29.2.3 节介绍的方法打开 Windows 备份和还原界面，然后单击左侧的【创建系统映像】链接。

STEP 2 打开如图 29-76 所示的【创建系统映像】对话框，系统会自动检测能够用于保存系统映像的有效的磁盘存储设备。检测完成后用户需要选择将系统映像保存在哪里，可以选择本地硬盘、与计算机连接的移动硬盘和 USB 存储设备、DVD 光盘或网络中。这里选择保存在本地硬盘中，因此选中【在硬盘上】单选按钮，然后在其下方的下拉列表中选择本地硬盘中的一个磁盘分区。完成后单击【下一步】按钮。

STEP 3 进入如图 29-77 所示的界面，其中显示了除了上一步选择的用于保存系统映像的磁盘分区以外的计算机中的其他磁盘分区，以及各分区的总容量和已用容量。系统会自动选中系统分区和安装 Windows 10 的 Windows 分区（启动分区），用户还可以选择同时备份其他非 Windows 分区。

列表框下方显示了即将创建的系统映像所需的磁盘空间，以及用于保存系统映像的磁盘分区的可用空间。选择好以后单击【下一步】按钮。

图29-76　选择系统映像的保存位置

图29-77　选择要备份的磁盘分区

注意 虽然可以将系统映像保存在与安装Windows操作系统的分区位于同一个硬盘的其他分区中，但是一旦该硬盘出现问题，那么可能会导致包含系统映像的磁盘分区无法正常工作，最终导致无法使用该分区中的系统映像来恢复系统。

STEP 4 进入如图 29-78 所示的界面，其中显示了要进行备份的磁盘分区，确认无误后单击【开始备份】按钮开始创建系统映像。

创建系统映像所需时间的长短取决于要备份

的磁盘分区数量及其中包含内容的容量大小。备份完成后会显示一个对话框以询问用户是否需要创建系统修复光盘，如图 29-79 所示。如果希望在系统无法正常启动时可以顺利进入 Windows 恢复环境并使用其中提供的系统恢复工具，那么就应该创建系统修复光盘，具体方法请参考本章 29.2.3 节。

图29-78　单击【开始备份】按钮创建系统映像

图29-79　是否创建系统修复光盘的提示信息

> **提示**　可以让系统定期自动创建系统映像，方法与本章 29.7.1 节介绍的定期自动备份用户文件基本相同，这里就不再赘述了。

29.6.2　使用系统映像恢复系统

当系统出现故障无法正常启动或遇到其他问题时，都可以使用系统映像对系统进行完整恢复。恢复以后可以完全修复系统出现的所有问题，并可以还原系统环境设置以及在创建系统映像时所有已经安装好的应用程序。使用系统映像恢复系统的具体操作步骤如下。

STEP 1 使用本章 29.2.2 节介绍的方法进入 Windows 恢复环境中的【高级选项】界面，然后选择【系统映像恢复】选项。

STEP 2 接下来进入的两个界面与本章 29.3.1 节介绍系统启动修复所进入的界面类似，需要选择一个具有管理员权限的用户账户并正确输入该账户的密码，然后才能使用系统映像恢复系统。输入好密码以后单击【继续】按钮。

STEP 3 系统开始在计算机中搜索是否存在系统映像，如果发现映像，则会显示如图 29-80 所示的对话框，其中显示了最近一次创建的系统映像，如果想要使用该系统映像恢复系统，可以直接单击【下一步】按钮。

图29-80　未找到映像时显示的提示信息

> **提示**　如果计算机中包含多个系统映像，那么可以选中【选择系统映像】单选按钮，然后单击【下一步】按钮来选择其他系统映像，如图29-81所示。

图29-81　从列表中选择要使用的系统映像

STEP 4 进入如图 29-82 所示的界面，可以直接单击【下一步】按钮。也可以单击【高级】按钮，然后在打开的如图 29-83 所示的对话框中对恢复选项进行设置。

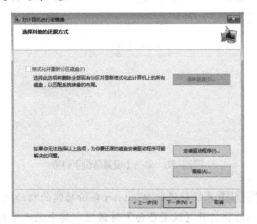

图29-82　直接单击【下一步】按钮

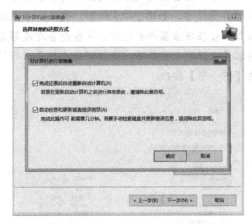

图29-83　设置恢复系统的高级选项

STEP 5 在 STEP 5 中单击【下一步】按钮后，将进入如图 29-84 所示的界面，确认无误后单击【完成】按钮。

图29-84　确认无误后单击【完成】按钮

STEP 6 弹出如图 29-85 所示的对话框，单击

【是】按钮开始使用所选择的系统映像恢复系统，如图 29-86 所示。恢复完成后将自动重启计算机并使系统恢复到创建系统映像时的状态。

图29-85　单击【是】按钮开始恢复系统

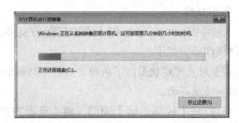

图29-86　正在使用系统映像恢复系统

29.7　备份和还原用户文件

Windows 10 提供了两种用于备份和还原文件的功能，一种是从 Windows 7 延续下来的 Windows 备份和还原功能，另一种是从 Windows 8 继承而来的文件历史记录功能。本节将介绍使用这两种功能备份和还原用户文件的方法。

29.7.1　使用 Windows 备份和还原功能

Windows 7 提供了一种称为"Windows 备份和还原"的功能，可以很方便地对用户文件进行自动或手动备份，然后在用户文件丢失或损坏时进行还原。还可以使用该功能创建系统映像，以便在系统出现任何故障时进行完整恢复。本节主要介绍备份与还原用户文件的方法，有关创建系统映像方面的内容请参考本章 29.6 节。

默认情况下，Windows 备份和还原功能将会备份位于桌面、库以及用户个人文件夹中的文档、图片、音乐、视频、下载等内容，但是不会备份系统文件、程序文件以及注册表设置，即使这些文件位于要备份的文件夹中，也不会备份它们。如果需要备份其他位置上的内容，用户可以自定义设置备份的位置。Windows 备份和还原功能只为 NTFS 文件系统的磁盘分区中的内容提供备份功能。

第一次启用 Windows 备份功能时需要设置备份计划，以后系统会按照设置好的备份计划自动完成备份工作。如果到了定期计划备份时间而计算机处于关闭、休眠或睡眠状态，那么系统将会忽略此次备份而等待下一次备份计划。用户可以随时修改备份计划以便调整备份的内容和频率，也可以根据需要随时进行手动备份。启用并设置好 Windows 备份后，系统会跟踪自上次备份以来添加或修改的文件和文件夹，然后更新现有备份以节省磁盘空间，即采用增量备份的方式。

1. 备份文件

使用 Windows 备份和还原功能备份文件的具体操作步骤如下。

STEP 1 用户可以使用以下两种方法打开 Windows 备份和还原界面。

◆ 打开【控制面板】窗口，将【查看方式】设置为【大图标】或【小图标】，然后单击【备份和还原（Windows 7）】链接。

◆ 单击【开始】按钮⊞，然后在打开的【开始】菜单中选择【设置】命令。在打开的【设置】窗口中选择【更新和安全】，在进入的界面左侧选择【备份】，然后在右侧单击【转到"备份和还原"（Windows 7）】链接，如图 29-87 所示。

图29-87　单击【转到"备份和还原"（Windows 7）】链接

STEP 2 打开如图 29-88 所示的窗口，如果是第一次使用 Windows 备份和还原功能，那么需要单击【设置备份】链接。

图29-88　单击【设置备份】链接

STEP 3 系统将进行 Windows 备份功能的初始化，稍后将打开【设置备份】对话框，其中显示了当前可用于保存备份的硬盘驱动器中的磁盘分区或移动存储设备，如图 29-89 所示。选择一个保存位置后会在下方显示当前所选设备是否有足够大的容量来保存系统映像。选择好保存位置以后单击【下一步】按钮。

图29-89　选择用于保存备份的存储位置

STEP 4 进入如图 29-90 所示的界面，选择备份内容的方式，包括【让 Windows 选择】和【让我选择】两种，两种备份方式的具体含义如下。

◆ 让 Windows 选择：备份位于桌面、库以及用户个人文件夹中的内容。如果所选择的保存位置拥有充足的可用磁盘空间，那么在备份时还会创建系统映像。

◆ 让我选择：由用户选择要备份的内容。这里选中【让我选择】单选按钮，然后单击【下一步】按钮。

图29-90 选择备份方式

(提示)
　　如果在打开【设置备份】对话框的情况下在计算机中连接了新的移动存储设备，那么可以单击【刷新】按钮使新连接的设备显示在列表框中。此外，用户还可以将备份保存到网络位置上，为此需要单击【保存在网络上】按钮，然后设置网络路径并输入必要的用户账户名称和密码等网络凭据。

STEP 5 进入如图 29-91 所示的界面，选择要备份的内容对应的复选框，对于不想备份的内容则可以取消选中对应的复选框。由于上一步选择的是由用户自己设置要备份的内容，因此这里可以选择对任意磁盘分区中的内容进行备份。选择好以后单击【下一步】按钮。

图29-91 选择要备份的内容

STEP 6 进入如图 29-92 所示的界面，这里显示了

前几步进行的设置，同时还显示了自动备份的时间计划。如果对计划的备份时间不满意，可以单击【更改计划】链接修改备份计划。

图29-92 单击【更改计划】链接修改备份计划

STEP 7 如果上一步单击了【更改计划】链接，那么将进入如图 29-93 所示的界面，在这里可以对备份计划的具体细节进行修改，包括备份频率、具体的日期和时间。如果不想使用备份计划自动执行备份操作，则可以取消选中【按计划运行备份（推荐）】复选框。设置好以后单击【确定】按钮。

图29-93 修改备份计划

STEP 8 返回 STEP 6 中的界面，单击【保存设置并运行备份】按钮保存备份设置并创建第一个备份，如图 29-94 所示，可以单击【查看详细信息】按钮查看备份进行的具体情况。

　　完成第一次备份后的 Windows 备份和还原界面类似图 29-95 所示。以后系统会根据用户设置的备份计划定期自动执行备份操作，用户也可以随时在 Windows 备份和还原界面中单击【立即备份】按钮在任意时间手动进行备份，还可以单击【更改设置】链接修改备份计划。

图29-94　正在进行备份

图29-95　完成第一次备份后的Windows备份和还原界面

如果想要删除较早的备份内容，可以单击 Windows 备份和还原界面中的【管理空间】链接，打开如图 29-96 所示的对话框并单击【查看备份】按钮。进入如图 29-97 所示的界面，在列表框中选择要删除的备份项目，然后单击【删除】按钮即可将所选备份删除。

2. 还原文件

如果文件损坏、丢失或意外删除，那么可以随时使用备份的文件来进行还原，具体操作步骤如下。

STEP 1 使用本节前面介绍的方法打开 Windows 备份和还原界面，然后单击【还原我的文件】按钮，打开如图 29-98 所示的【还原文件】对话框，可以执行以下几种操作。

◆ 选择要还原的文件或文件夹：单击【浏览文件】或【浏览文件夹】按钮选择要从中

进行还原的文件或文件夹。

◆ 根据日期来选择要还原的内容：单击【选择其他日期】链接，在打开的对话框中可以根据日期来选择要还原的备份，如图 29-99 所示。

◆ 查找要还原的文件或文件夹：可以单击【搜索】按钮，然后输入要还原的文件或文件夹的名称来进行快速定位。

◆ 删除已添加的备份文件或文件夹：如果选错了要还原的文件或文件夹，那么可以在列表框中选择它们以后单击【删除】按钮。如果要删除添加到列表框中的所有内容，则可以单击【全部删除】按钮。

图29-96　单击【查看备份】按钮

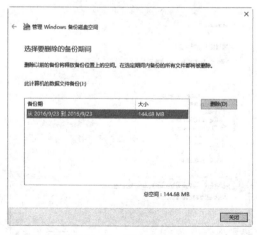

图29-97　删除所选备份

STEP 2 将要还原的文件或文件夹添加到列表框中以后单击【下一步】按钮，进入如图 29-100

所示的界面，选择要将备份文件还原到哪里。用户可以选中【在原始位置】单选按钮将备份文件还原到备份时该文件所在的原始位置，也可以选中【在以下位置】单选按钮，然后单击【浏览】按钮指定任意有效的位置。

图29-98　【还原文件】对话框

图29-99　根据日期来选择要还原的备份

图29-100　选择要将备份文件还原到哪里

STEP 3 设置好以后单击【还原】按钮，系统将按照用户的设置将所选择的内容还原到指定位置上。

29.7.2　使用文件历史记录功能

文件历史记录是 Windows 8 引入的新功能。在启用文件历史记录功能的情况下，系统会自动备份位于桌面、库以及用户个人文件夹中的内容，而且每个小时都会自动检测备份位置中的内容并对发生变化的内容进行备份。文件历史记录功能不支持使用当前安装了 Windows 系统的硬盘，必须使用另一个硬盘或者可移动存储设备，例如移动硬盘或 U 盘。

1. 在【设置】窗口中设置文件历史记录功能

可以在【设置】窗口或【控制面板】窗口中启用并设置文件历史记录功能。这里以在【设置】窗口中设置文件历史记录功能的方法为例进行详细介绍，具体操作步骤如下。

STEP 1 单击【开始】按钮，然后在打开的【开始】菜单中选择【设置】命令。

STEP 2 在打开的【设置】窗口中选择【更新和安全】，在进入的界面左侧选择【备份】，然后在右侧单击【添加驱动器】按钮。在打开的列表中显示了可用于保存文件历史记录的移动存储设备或额外的硬盘，如图 29-101 所示，选择所需的存储设备。

图29-101　单击【添加驱动器】按钮

> **提示**
> 滚动到列表底部后可以单击【显示所有网络位置】链接，然后选择一个有效的网络位置用于保存文件历史记录。

STEP 3 选择一个存储设备后，将会看到如图 29-102 所示的界面，【自动备份我的文件】已处于开启状态。如果想要对文件历史记录功能进行设置，则需要单击【更多选项】链接。

图29-102　单击【更多选项】链接

STEP 4 进入如图 29-103 所示的【备份选项】界面，可以对文件历史记录功能进行以下几项设置。

图29-103　对文件历史记录功能的相关选项进行设置

◆ 设置备份文件的频率：在【备份我的文件】下拉列表中选择备份文件的频率，默认为每小时检查并备份一次。

◆ 保留备份文件的期限：在【保留我的备份】下拉列表中选择在存储设备中保留备份文件的期限，默认为永远保留。如果选择【直到需要空间时】选项，那么会在存储设备的可用空间即将用尽时删除早期版本的备份文件以腾出空间。

◆ 添加要备份的文件夹：单击界面中【备份这些文件夹】类别下的【添加文件夹】按钮，在打开的对话框中选择要备份的文件夹，然后单击【选择此文件夹】按钮将所选文件夹添加到要备份的文件夹列表中。对于列表中不想备份的文件夹，可以选择该文件夹后单击【删除】按钮，如图 29-104 所示。

◆ 排除不想备份的文件夹：如果选择好即将

要备份的文件夹中包含不想备份的子文件夹，那么可以单击界面中【排除这些文件夹】类别下的【添加文件夹】按钮，然后选择不想备份的文件夹并单击【选择此文件夹】按钮，以将其排除在外。

◆ 更改保存备份文件的存储设备：如果想要使用其他存储设备保存备份的文件，那么可以单击【停止使用驱动器】按钮。停用当前的存储设备以后，就可以重新单击【添加驱动器】按钮来选择其他存储设备了。

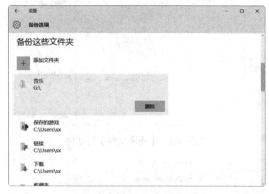

图29-104　单击【删除】按钮删除不想备份的文件夹

设置好备份选项以后，单击【立即备份】按钮即可将用户添加到备份列表中的所有文件夹备份到指定的存储设备中。如果设置了排除文件夹，那么在备份时就不会备份设置为排除的文件夹。在备份过程中可以随时单击【取消】按钮停止备份。完成备份后在存储设备中会出现一个名为 FileHistory 的文件夹，其中包括备份的内容。

如果想要还原备份的内容，可以在【设置】窗口的【备份选项】界面中单击【从当前的备份还原文件】链接，打开如图 29-105 所示的窗口。如果存在多个不同时间的备份文件，那么可以单击窗口下方的 ◄◄ 和 ►► 按钮切换浏览。根据需要可以进行以下几种还原操作。

◆ 单击 🔄 按钮可以将窗口中当前显示的时间备份的所有内容还原到原始位置。

◆ 如果只想还原其中的一部分内容，那么可以按住【Ctrl】键以后依次单击要还原的每一项内容，然后单击 🔄 按钮进行还原。

◆ 选中要还原的内容后单击窗口右上角的【选项】按钮 ⚙，在打开的菜单中选择【还原为】命令，然后在打开的对话框中选择保存还原后文件的位置，单击【选择文件夹】按钮即可将所选内容还原到指定位置而不是文件的原始位置。

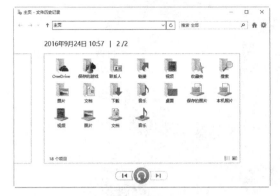

图29-105　查看与选择要还原的内容

2. 在【控制面板】窗口中设置文件历史记录功能

在【控制面板】窗口中也可以设置文件历史记录功能。只需打开【控制面板】窗口，将【查看方式】设置为【大图标】或【小图标】后单击【文件历史记录】链接，进入如图29-106所示的界面。在左侧列表中显示了用于设置文件历史记录功能的选项，各选项的含义和设置方法与【设置】窗口中的类似。设置好相关选项以后单击【启用】按钮即可启用文件历史记录功能并创建备份。

> **提示**
>
> 可以单击左侧列表中的【高级设置】链接，进入图29-107所示的界面后单击【清理版本】链接，打开图29-108所示的对话框，在下拉列表中选择一个时间，然后单击【清理】按钮，将会删除所选时间之前的备份文件。

图29-106　在【控制面板】窗口中设置文件历史记录功能

图29-107　单击【清理版本】链接

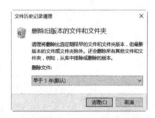

图29-108　删除指定时间之前的备份文件

第 **8** 篇

———— 第 篇

组策略与注册表

本篇主要介绍 Windows 10 系统的重要组件—组策略与注册表的基本概念、组织结构，以及使用和设置方法。该篇分包括以下两章：

第 30 章　组策略基础与系统设置

第 31 章　注册表基础与系统设置

Chapter
30
组策略基础与系统设置

组策略提供了对计算机和用户的全面控制和管理功能，是高效易用的系统管理工具。组策略中包含了大量的基于注册表的策略设置，由于注册表的结构复杂以及在编辑注册表时出错率高而容易引发严重的系统问题，因此通过设置组策略可以极大地简化注册表的修改工作并减少出现问题的可能性。此外，组策略中还包括安全设置、脚本等多种策略设置功能。本章内容主要针对于本地计算机和用户的组策略设置，首先介绍了组策略的相关概念和术语，然后介绍了设置与管理组策略的基本操作，最后介绍了用于设置多种不同 Windows 组件或系统功能的策略。

30.1 组策略概述

本节介绍了需要了解的组策略的基本知识和相关术语，这些内容对于本章后续内容的理解以及组策略的具体设置都非常重要。

30.1.1 组策略简介

组策略首次出现在 Windows 2000 中，然而在 Windows 2000 之前的 Windows 操作系统中提供了名为"系统策略"的功能，后来的组策略就是在系统策略的基础上发展而来的。用户可以将组策略看做是对计算机及其中包含的用户所应用的一系列规则的集合，通过这些规则可以帮助用户更高效地管理系统以及登录系统的用户。

根据使用环境的不同，可以将组策略的使用方式分为以下两种。

◆ 基于本地计算机的本地组策略：本地组策略只能用于本地计算机和用户。

◆ 基于 Active Directory 的组策略：基于 Active Directory 的组策略可以通过站点、域、组织单元来批量管理大量的计算机和用户。默认情况下，应用于域的组策略会影响域中的所有计算机和用户。

可以使用本地组策略编辑器或 Microsoft 管理控制台来设置和管理本地计算机和用户的组策略配置，对基于 Active Directory 的组策略的设置和管理则需要使用组策略管理控制台（GPMC）。在计算机启动和登录过程中，策略的应用和部署具有严格的顺序，具体如下：

本地策略 ⇨ 站点策略 ⇨ 域策略 ⇨ 组织单元（OU）策略 ⇨ 子组织单元（OU）策略

虽然基于本地计算机的本地组策略以及基于 Active Directory 的组策略都包含【计算机配置】和【用户配置】两个部分，但是前者在【计算机配置】和【用户配置】两个部分中都各自包含【软件设置】【Windows 设置】和【管理模板】3 个部分，而后者在【计算机配置】和【用户配置】两个部分中包含【策略】和【首选项】两个部分，在【策略】部分中才会包含【软件设置】【Windows 设置】和【管理模板】3 个部分。这是两类组策略在布局结构上的区别。由于本章主要介绍本地组策略的相关内容，因此不会对基于 Active Directory 的组策略进行详细说明。

随着 Windows 操作系统版本的不断更新，系统提供的策略数量越来越多，这也意味着可以通过组策略实现对系统越来越完善的控制和管理功能。由于通过设置组策略可以根据实际需要为计算机及其中的用户设置多种不同的操作规则，因此可以很容易通过不同策略的组合使用来灵活构建多套安全体系和管理规范，从而实现对计算机和用户的批量管理，极大地提高了系统的管理效率。

30.1.2 本地组策略对象的类型及其应用优先级

对本地计算机和用户的策略设置存储在本地组策略对象（GPO，Group Policy Object）中。本地组策略编辑器是 Windows 系统提供的默认的组策略对象编辑器，用于设置本地计算机和用户的策略。用户可以将组策略对象编辑器看做一个应用程序，它的文档类型是组策略对象，类似于文本处理程序使用的 .doc 或 .txt 文件。根据组策略设置所针对的对象和范围的不同，可以将本地 GPO 分为以下 4 类。

◆ 针对计算机和所有用户的本地计算机 GPO：该 GPO 中的策略设置可以作用于本地计算机以及其中的所有用户，该 GPO 是唯一一个可以同时设置计算机策略和用户策略的本地 GPO。

◆ 针对所有管理员的本地管理员 GPO：该 GPO 中的策略设置仅作用于本地计算机中的所有管理员用户，而不会影响其他非管理员用户。

◆ 针对所有非管理员的本地非管理员 GPO：该 GPO 中的策略设置仅作用于本地计算机中所有非管理员用户，而不会影响其他管理员用户。

◆ 针对特定用户的本地特定用户 GPO：该 GPO 中的策略设置仅作用于本地计算机中的特定用户，而不会影响其他用户。

本地计算机 GPO 存储在 %Systemroot%\System32\GroupPolicy 文件夹中，其他本地 GPO 存储在 %Systemroot%\System32\GroupPolicyUsers 文件夹中。使用不同类型的本地 GPO 便于为本地计算机或不同范围内的本地用户设置策略。例如，如果想要为本地计算机中的所有管理员统一设置策略，那么可以使用本地管理员 GPO 进行设置；如果想要为某个特定用户设置策略，则可以使用本地特定用户 GPO 进行设置。

在实际应用中，如果用户同时对多个本地 GPO 中的策略进行了设置，那么设置的最终结果将由范围最小的 GPO 决定。例如，如果用户设置了针对所有管理员的策略，然后又设置了针对某个特定管理员的策略，那么对于该特定管理员而言，最终应用的策略设置将由针对特定用户的 GPO 所设置的策略决定。表 30-1 列出了 4 类本地 GPO 包含的策略类型以及应用优先级。

表 30-1　本地组策略对象包含的策略类型及其应用优先级

组策略对象	设置的策略类型	应用优先级
针对计算机和所有用户的本地 GPO	计算机配置和用户配置	最低

续表

组策略对象	设置的策略类型	应用优先级
针对管理员的本地 GPO	用户配置	中等
针对非管理员的本地 GPO	用户配置	中等
针对特定用户的本地 GPO	用户配置	最高

30.1.3 理解组策略中的计算机配置和用户配置

通过上节内容可以了解到，不同的本地 GPO 其所包含的策略类型并不完全相同。本地计算机 GPO 包含【计算机配置】和【用户配置】两种策略类型，而其他几个本地 GPO 则只包含用户配置。【计算机配置】和【用户配置】都各自包含【软件设置】【Windows 设置】和【管理模板】3 个子类别。

1.【计算机配置】和【用户配置】

对于本地计算机 GPO 而言，包括【计算机配置】和【用户配置】两个部分。虽然在这两个部分中存在很多相同或相似的策略，但是将这两个部分中的策略隔离开是非常重要的，因为它们配置的是不同的对象类型，具体如下。

◆【计算机配置】中的策略在计算机启动过程中进行配置和部署，只作用于计算机账户，而无论哪个用户登录该计算机。

◆【用户配置】中的策略在用户登录时进行配置和部署，只作用于用户账户，而无论用户在哪台计算机登录。

当【计算机配置】中的策略与【用户配置】中的策略发生冲突时，【计算机配置】中的策略通常优先于用户配置策略，这意味着计算机配置策略会被强制应用。

2.【软件设置】

【软件设置】中的策略用于设置软件安装和配置，在安装软件时可能会在【软件设置】下添加子节点。

3.【Windows设置】

【Windows 设置】包含【安全设置】【脚本】等多个子节点，用于对系统的安全性和脚本等方面进行设置。在【安全设置】节点下包含多个安全工具，比如账户策略、本地策略、公钥策略、软件限制策略等。在本书其他章介绍 Windows 10 的某些安全功能时需要对【Windows 设置】中的策略进行设置。

4.【管理模板】

【管理模板】是组策略的重要组成部分，其中的策略主要用于对操作系统、Windows 组件以及应用程序进行设置，是用户在设置组策略时最常使用的部分。本章 30.2.3 节介绍的设置组策略的通用操作以及 30.3 节中的组策略示例都是以【管理模板】中的策略为主。

【管理模板】中的策略是基于注册表的策略设置，在【管理模板】中修改的任何策略都会被保存到 Windows 系统的注册表中。【计算机配置】⇨【管理模板】节点中的策略设置存储在 Windows 注册表中的 HKEY_LOCAL_MACHINE 根键中，【用户配置】⇨【管理模板】节点中的策略设置存储在 Windows 注册表中的 HKEY_CURRENT_USER 根键中。

管理模板文件基于 XML，文件扩展名为 .admx。在 Windows Vista 之前的 Windows 操作系统中使用的是 .adm 格式的管理模板文件，由于 .adm 格式的文件存在难以理解和编辑以及其他一些问题，因此最后被 .admx 格式的文件代替。系统通过读取 .admx 文件在组策略对象编辑器中创建【管理模板】节点中包含的层次结构。管理模板文件还定义了在策略设置对话框中各部分内容的显示方式，比如策略支持的操作系统版本、可用的选项等。

30.2 设置与管理组策略的基本操作

本章 30.3 节介绍了大量的策略设置示例，在开始设置策略之前应该先掌握策略设置与管理的一些基本操作，本节将介绍这方面的内容。

30.2.1 启动本地组策略编辑器

本地组策略编辑器是在 GPO 中用于配置和修改组策略设置的 Microsoft 管理控制台管理单元。默认情况下，本地组策略编辑器中包含的内容针对于所有用户的本地计算机 GPO，而非本章介绍的其他几种类型的本地 GPO。可以使用两种方法启动本地组策略编辑器：一种方法是使用 GPEdit.msc 命令；另一种方法是将本地计算机 GPO 添加到 Microsoft 管理控制台中。

1. 使用GPEdit.msc命令启动本地组策略编辑器

启动本地组策略编辑器的最简单方法是使用 GPEdit.msc 命令。在任务栏中的搜索框、【运行】对话框或【命令提示符】窗口中输入"gpedit.msc"命令后按【Enter】键，即可启动本地组策略编辑器。由于本地组策略编辑器针对的是本地计算机 GPO，因此会包含【计算机配置】和【用户配置】两个部分，每个部分各自包括【软件设置】【Windows 设置】和【管理模板】3 个部分。

在左侧窗格中选择某个节点后，会在右侧窗格中显示该节点包含的所有策略和子节点。右侧窗格的底部包含【扩展】和【标准】两个选项卡，默认显示【扩展】选项卡。当在右侧窗格中选择一个策略时，会在右侧窗格中的左侧部分显示该策略的详细信息，如图 30-1 所示，以便可以快速了解该策略的功能和适用环境。如果希望使右侧窗格更简洁，那么可以单击底部的【标准】选项卡。

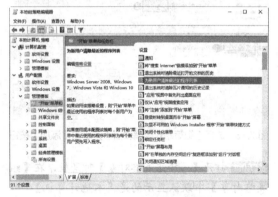

图30-1 本地组策略编辑器

2. 使用Microsoft管理控制台启动本地组策略编辑器

除了使用 GPEdit 命令以外，还可以通过在 Microsoft 管理控制台中加载本地计算机 GPO 的方式来启动本地组策略编辑器，具体操作步骤如下。

STEP 1 在任务栏中的搜索框、【运行】对话框或【命令提示符】窗口中输入"mmc"命令后按【Enter】键。

STEP 2 打开 Microsoft 管理控制台，单击菜单栏中的【文件】⇨【添加/删除管理单元】命令，如图 30-2 所示。

STEP 3 打开【添加或删除管理单元】对话框，在左侧的【可用的管理单元】列表框中选择【组策略对象编辑器】，然后单击【添加】按钮，如图 30-3 所示。

图30-2 选择【添加/删除管理单元】命令

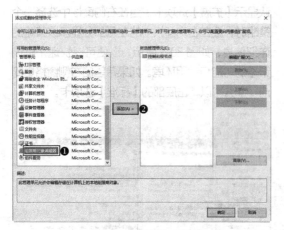

图30-3 选择【组策略对象编辑器】并单击【添加】按钮

STEP 4 打开【选择组策略对象】对话框，在【组策略对象】中默认显示的是【本地计算机】，如图 30-4 所示，直接单击【完成】按钮。

图30-4 默认的组策略对象是【本地计算机】

STEP 5 在 Microsoft 管理控制台中将会添加本地计算机 GPO 并显示其中包含的【计算机配置】和【用户配置】两类策略，如图 30-5 所示。虽然使用 GPEdit.msc 命令打开的【本地组策略编辑器】窗口与在 Microsoft 管理控制台中添加本地计算机 GPO 后所显示的内容相同，但是两个窗口的界面环境有细微差别，比如菜单栏中包含的命令并不完全相同。

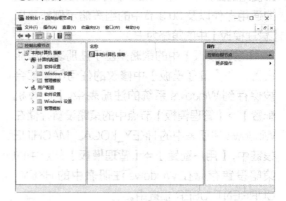

图30-5 在Microsoft管理控制台中添加本地计算机GPO

> **提示**
>
> 如果用户想要通过命令行的方式在Microsoft管理控制台中打开本地计算机GPO，那么需要选中【从命令行启动时，允许更改组策略管理单元的焦点。这只在保存控制台的情况下适用】复选框，同时需要在单击【完成】按钮保存添加了本地计算机GPO的Microsoft管理控制台。

30.2.2 为管理员、非管理员或特定用户设置组策略

除了为本地计算机设置组策略（本地计算机 GPO）以外，还可以为本地管理员、非管理员或特定用户设置组策略，具体操作步骤如下。

STEP 1 使用上一节介绍的方法打开【选择组策略对象】对话框，然后单击【浏览】按钮。

STEP 2 打开【浏览组策略对象】对话框，切换到【用户】选项卡，选择要添加的本地 GPO，如图 30-6 所示，然后单击【确定】按钮。

STEP 3 返回【选择组策略对象】对话框，用户可以看到在【组策略对象】中将会显示新选择的本地 GPO 的名称，如图 30-7 所示。

STEP 4 确认无误后单击【完成】按钮，将所选择的本地 GPO 添加到 Microsoft 管理控制台中，

如图 30-8 所示。

地非管理员 GPO。

图30-6　选择要添加的本地GPO

图30-7　选择要添加的本地GPO

图30-8　添加指定的本地GPO

可以在同一个 Microsoft 管理控制台中添加多个本地 GPO，只需按顺序依次添加每一个本地 GPO 即可，具体方法与前面介绍的添加管理员、非管理员或特定用户的本地 GPO 相同。图 30-9 所示为在同一个 Microsoft 管理控制台中添加的本地计算机 GPO、本地管理员 GPO 以及本

图30-9　在同一个Microsoft管理控制台中
添加多个本地GPO

如果添加本地 GPO 时没考虑到最终在 Microsoft 管理控制台中多个本地 GPO 的显示顺序，那么可以在以后进行调整。打开包含多个本地 GPO 的 Microsoft 管理控制台，单击菜单栏中的【文件】⇨【添加 / 删除管理单元】命令，打开如图 30-10 所示的对话框。在右侧的列表框中显示了已添加到 Microsoft 管理控制台的多个本地 GPO，单击要调整顺序的本地 GPO，然后单击右侧的【上移】或【下移】按钮将其移动到指定位置即可。单击【删除】按钮会将选中的本地 GPO 从 Microsoft 管理控制台中删除。

图30-10　调整本地GPO的显示顺序

> **提示**
> 从Microsoft管理控制台中删除本地GPO并没有真正删除本地GPO本身，而只是不再在Microsoft管理控制台中显示该本地GPO。真正删除本地GPO的方法请参考本章30.2.6节。

30.2.3 设置组策略的通用操作

无论设置哪种类型的本地 GPO 以及其中的计算机配置或用户配置中的管理模板中的策略，所涉及的具体操作方法基本相同。因此本节将对组策略的设置方法进行统一介绍，在本章 30.3 节介绍系统环境的组策略设置时将不再重复介绍设置每一个策略的具体操作步骤，而将重点放在策略所实现的功能介绍方面。设置组策略的通用操作步骤如下。

STEP 1 打开本地组策略编辑器，或在 Microsoft 管理控制台中添加想要设置的本地 GPO，在左侧窗格中选择要设置的策略所属的节点，在右侧窗格中将会显示该节点中包含的所有策略。

STEP 2 双击要设置的策略，打开该策略的设置对话框，如图 30-11 所示。【支持的平台】中显示了当前策略所适用的 Windows 操作系统的版本，可以据此来判断当前策略对当前 Windows 系统是否有效。

图30-11 策略设置对话框

STEP 3 大多数策略通常都会包含以下 3 项。

◆ 未配置：策略处于未设置状态，没有对策略进行任何设置，对注册表没有进行任何修改。这是所有策略的默认设置。

◆ 已启用：策略处于启用状态，系统会将策略启用时的值写入注册表中。

◆ 已禁用：策略处于禁用状态，系统会将策略禁用时的值写入注册表中。【未配置】和【已禁用】两个选项通常产生相同的效果。

STEP 4 一些策略还会在【选项】部分包含特定的选项，可以根据实际需要进行设置。

STEP 5 对策略设置好所需的选项后单击【确定】按钮，系统会自动将策略的设置结果保存到策略所属的本地 GPO 中。

30.2.4 刷新组策略

在对某些策略设置以后会立刻产生效果，而其他一些策略需要在设置以后进行刷新才能产生效果。默认情况下，系统会每隔 90 分钟对组策略刷新一次，上下间隔的浮动时间为 30 分钟。如果希望立刻使设置的组策略生效，那么可以随时使用 GPUpdate 命令手动刷新组策略。只需在任务栏中的搜索框、【运行】对话框或【命令提示符】窗口中输入"gpupdate"命令后按【Enter】键，即可强制刷新组策略。

如果只希望刷新计算机配置或用户配置中的策略，那么需要在 GPUpdate 命令中使用"/Target"参数。使用该参数的"Computer"选项表示刷新计算机配置策略，使用该参数的"/User"选项表示刷新用户配置策略。

```
刷新计算机配置策略：gpupdate /target:computer
刷新用户配置策略：gpupdate /target:user
```

注意 只有Windows XP或Windows更高版本支持使用GPUpdate命令。

GPUpdate 命令并不会对所有策略设置产生效果，这是因为所有策略分为前台策略和后台策略两种类型，GPUpdate 命令执行的是后台刷新，因此不会对前台策略设置产生影响。前台策略设置的示例包括软件安装、文件夹重定向以及脚本应用程序等。如果想要刷新前台策略设置，可以使用下面的方法。

◆ 如果要刷新计算机配置策略，则需要重新启动计算机。

◆ 如果要刷新用户配置策略，则需要注销用户账户后重新进行登录。

30.2.5 禁用计算机配置策略或用户配置策略

用户有时可能只需要禁用策略设置，而并不想删除本地组策略对象。通过本地计算机 GPO 可以同时禁用计算机配置策略和用户配置策略，而通过管理员、非管理员以及特定用户所对应的本地 GPO 则只能禁用用户配置策略。禁用计算机配置策略或用户配置策略的具体操作步骤如下。

STEP 1 使用本章 30.2.1 节或 30.2.2 节介绍的方法打开 Microsoft 管理控制台并添加所需的本地 GPO。如果之前对添加好所需的本地 GPO 的 Microsoft 管理控制台进行过保存，那么可以在 Microsoft 管理控制台中单击菜单栏中的【文件】⇨【打开】命令直接打开保存过的控制台并自动加载其中已添加好的本地 GPO。

STEP 2 在 Microsoft 管理控制台的左侧窗格中右击要设置的本地 GPO 的名称，然后在弹出的菜单中选择【属性】命令，如图 30-12 所示。

图30-12　右击本地GPO节点并选择【属性】命令

STEP 3 打开对应的本地 GPO 的属性对话框，选中【禁用计算机配置设置】复选框将禁用计算机配置策略，选中【禁用用户配置设置】复选框将禁用用户配置策略，根据需要进行选择，如图 30-13 所示。无论选择哪个复选框，都会弹出【确认禁用】对话框，单击该对话框中的【是】按钮即可。

图30-13　选择要禁用的策略类型

STEP 4 设置好以后单击【确定】按钮，关闭本地 GPO 属性对话框。

30.2.6　删除本地组策略对象

用户可以将不需要的管理员、非管理员以及特定用户所对应的本地 GPO 删除，但是无法删除本地计算机 GPO。删除本地 GPO 的具体操作步骤如下。

STEP 1 使用本章 30.2.1 节介绍的方法打开【选择组策略对象】对话框，然后单击【浏览】按钮。

STEP 2 打开【浏览组策略对象】对话框，切换到【用户】选项卡，在【存在组策略对象】列中通过显示【是】或【否】来表示相应的各行内容是否存在组策略对象。

STEP 3 右击显示为【是】的要删除的本地 GPO，然后在弹出的菜单中选择【删除组策略对象】命令，如图 30-14 所示，即可将相应的本地 GPO 删除。

图30-14　选择【删除组策略对象】命令删除本地GPO

30.3　使用组策略设置系统环境

本节介绍了用于设置多种不同 Windows 组件或系统功能的策略。由于大多数策略的设置方法相同或类似，因此本节主要介绍策略的功能以及对系统产生的影响，以便在有限的篇幅中介绍更多的策略设置。有关设置策略的具体操作步骤请参考本章 30.2.3 节。

30.3.1　设置系统启动、登录和关机策略

通过策略可以控制 Windows 系统在启动、登录以及关机中的行为方式和额外的附加选项。系统启动、登录和关机策略位于本地组策略编辑器中的以下路径：

计算机配置 \ 管理模板 \Windows 组件 \Windows 登录选项

计算机配置 \ 管理模板 \Windows 组件 \ 关机选项

计算机配置 \ 管理模板 \ 系统 \ 登录

计算机配置 \ 管理模板 \ 系统 \ 关机

计算机配置 \ 管理模板 \ 系统 \ 关机选项

用户配置 \ 管理模板 \Windows 组件 \Windows 登录选项

用户配置 \ 管理模板 \ 系统 \ 登录

下面介绍了一些常用的系统启动、登录和关机策略。

1. 不显示网络选择UI

启用该策略后，用户在不登录 Windows 系统的情况下将无法更改计算机的网络连接状态。换言之，在未配置或禁用该策略的情况下，任何用户都可以在不登录 Windows 系统的情况下断开计算机与网络之间的连接，或者将计算机连接到其他可用网络。

2. 隐藏"快速用户切换"的入口点

启用该策略后，在 Windows 系统登录界面以及单击【开始】菜单顶部的用户头像所打开的列表中不会显示切换用户界面或系统中的其他用户，如图 30-15 所示。

图30-15　启用策略前、后【开始】菜单
顶部的用户头像列表中显示的内容

3. 在用户登录时运行这些程序

启用该策略后，在用户登录 Windows 系统时会自动运行由用户指定的程序。为此需要在该策略的设置对话框中选中【已启用】单选按钮，然后在【选项】中单击【显示】按钮，接着在打开的对话框中输入要启动的程序的完整路径，如图 30-16 所示。如果要启动的程序的可执行文件位于 %SystemRoot% 文件夹中，则不需要输入完整路径。

> **注意**　【计算机配置】和【用户配置】中都包含该策略。如果同时在这两个位置设置了该策略，那么系统会先启动在【计算机配置】中指定的程序，然后才会启动在【用户配置】中指定的程序。

图30-16　指定要自动运行的程序的完整路径

30.3.2　设置设备安装和访问策略

可以通过组策略设置来控制可以在系统中安装哪些设备以及如何安装，也可以设置驱动程序的安装和搜索方式，还可以控制对可移动设备的访问方式。设备安装和访问策略位于本地组策略编辑器中的以下路径：

计算机配置 \ 管理模板 \ 系统 \ 设备安装

计算机配置 \ 管理模板 \ 系统 \ 设备安装 \ 设备安装限制

计算机配置 \ 管理模板 \ 系统 \ 驱动程序安装

计算机配置 \ 管理模板 \ 系统 \ 可移动存储访问

用户配置 \ 管理模板 \ 系统 \ 驱动程序安装

用户配置 \ 管理模板 \ 系统 \ 可移动存储访问

下面介绍了一些常用的设备安装和访问策略。

1. 禁止在通常会提示创建还原点的设备活动过程中创建系统还原点

启用该策略后，系统将不会在安装设备及其驱动程序时创建系统还原点。如果不准备使用系统还原功能或者不希望在每次安装设备驱动程序创建系统还原点，那么可以启用该策略。

2. 指定设备驱动程序源位置的搜索顺序

启用该策略后，用户可以通过策略设置对话框的【选项】中的选项来指定是否以及如何通过 Windows 更新来搜索可用的设备驱动程序。

3. 禁止安装可移动设备

启用该策略后，系统将会禁止用户安装可移动设备，并且也不能更新现有可移动设备的驱动程序。

4. 允许管理员忽略设备安装限制策略

启用该策略后，管理员（即 Administrators 组中的成员）可以安装和更新任何设备的驱动程序，而不会受到其他策略设置的影响。

5．CD和DVD：拒绝读取、写入、执行权限

CD 和 DVD 的权限设置包括以下 3 个策略。

◆ CD 和 DVD：拒绝读取权限：启用该策略后，系统将会禁止用户读取 CD 和 DVD 中的内容。

◆ CD 和 DVD：拒绝写入权限：启用该策略后，系统将会禁止用户向 CD 和 DVD 中写入数据。

◆ CD 和 DVD：拒绝执行权限：启用该策略后，系统将会禁止用户运行 CD 和 DVD 中的程序。

6．可移动磁盘：拒绝读取、写入、执行权限

可移动磁盘的权限设置包括以下 3 个策略。

◆ 可移动磁盘：拒绝读取权限：启用该策略后，系统将会禁止用户读取可移动磁盘中的内容。

◆ 可移动磁盘：拒绝写入权限：启用该策略后，系统将会禁止用户向可移动磁盘中写入数据。

◆ 可移动磁盘：拒绝执行权限：启用该策略后，系统将会禁止用户运行可移动磁盘中的程序。

7．所有可移动存储类：拒绝所有权限

启用该策略后，Windows 系统将会禁止任何可移动存储设备的所有操作权限。

30.3.3　设置开始菜单和任务栏策略

由于 Windows 10 的开始菜单的外观和功能与之前的 Windows 版本有很大区别，因此在 Windows 10 的组策略中也相应增加了适用于新版开始菜单的策略。此外，还可以使用组策略对任务栏进行配置。开始菜单和任务栏策略位于本地组策略编辑器中的以下路径：

```
计算机配置 \ 管理模板 \"开始"菜单和任务栏
用户配置 \ 管理模板 \"开始"菜单和任务栏
```

下面介绍了一些常用的开始菜单和任务栏策略。

1．"开始"屏幕布局

启用该策略后，用户可以使用包含【开始】屏幕布局的 XML 文件来设置【开始】屏幕的布局方式。首先需要对【开始】屏幕的布局结构进行自定义设置，例如在【开始】屏幕中添加

所需的磁贴并对它们进行重命名，然后根据磁贴类型进行分组。然后在 PowerShell 中使用 Export-StartLayout 命令将设置好的【开始】屏幕布局导出为 XML 文件，可以将该文件存储在本地计算机中，也可以位于网络位置中。最后在启用【"开始"屏幕布局】策略时为其指定包含【开始】屏幕布局的 XML 文件在内的完整路径，如图 30-17 所示。

图30-17　通过XML文件设置【开始】屏幕布局

> **注意** 启用该策略后所有用户将无法对【开始】屏幕进行自定义设置。

2．不允许将程序附加到任务栏

启用该策略后，用户无法将程序固定到任务栏，也无法将已固定到任务栏中的程序删除。

3．不允许在跳转列表中附加项目

启用该策略后，用户无法将文件、文件夹等项目添加到任务栏中的相应程序图标的跳转列表中，也无法删除已添加到跳转列表中的现有项目。

4．从任务栏删除附加的程序

启用该策略后，任务栏中的默认图标以及用户向任务栏添加的文件夹和程序图标都会被隐藏起来。如果希望重新显示这些图标，需要将该策略设置为【未配置】或【已禁用】。

5．锁定任务栏

启用该策略后，用户无法调整任务栏的位置或改变任务栏的大小。

6．退出系统时清除最近打开的文档的历史

启用该策略后，系统会在用户注销时自动删

除该用户最近使用过的文档的快捷方式，包括在程序跳转列表中保存的最近和常用的项目。

7. 隐藏通知区域

启用该策略后，系统会将任务栏右侧的通知区域隐藏起来。

8. 在"开始"中显示"以其他用户身份运行"

启用该策略后，单击【开始】按钮 并选择【所有应用】命令，然后在想要运行的应用程序启动命令上单击鼠标右键，在弹出的菜单中会包含【以其他用户身份运行】命令，如图30-18 所示，这样就可以使用其他用户的身份来运行该程序。

图30-18 在鼠标右键菜单中包含【以其他用户身份运行】命令

9. 阻止更改任务栏和"开始"菜单设置

启用该策略后，当右击任务栏空白处并在弹出的菜单中选择【属性】命令时，将会显示如图30-19 所示的提示信息，而不会打开【任务栏和"开始"菜单属性】对话框，禁止用户对任务栏进行任何设置。

图30-19 通过组策略禁止用户设置任务栏

10. 阻止用户从"开始"中卸载应用程序

单击【开始】按钮 并选择【所有应用】命令，然后在想要卸载的应用程序启动命令上单击鼠标右键，在弹出的菜单中会包含【卸载】命令，使用该命令可以将应用程序从系统中卸载。启用该策略后，右击【开始】⇨【所有应用】中的应用程序启动命令时，在弹出的菜单中将不会再显示【卸载】命令。

11. 阻止用户自定义"开始"屏幕

启用该策略后，用户将无法对【开始】屏幕进行自定义设置，包括调整磁贴大小、固定或取消磁贴、调整磁贴的位置等操作，但是可以开启或关闭动态磁贴。

30.3.4 设置桌面显示策略

可以通过组策略设置来限制用户随意更改桌

面显示选项，包括桌面背景和图标、屏幕保护程序以及桌面主题等。桌面显示策略位于本地组策略编辑器中的以下路径：

> 计算机配置 \ 管理模板 \ 控制面板 \ 个性化
> 用户配置 \ 管理模板 \ 控制面板 \ 个性化

下面介绍了一些常用的桌面显示策略。

1. 强制显示特定的默认锁屏图像

启用该策略后，在策略设置对话框的【选项】中输入要作为锁屏图像的完整路径，将可以在锁屏界面中强制使用所设置的图片。

2. 阻止更改锁屏图像

启用该策略后，所有用户都将无法更改锁屏界面中的图像。可以将该策略和上面介绍的【强制显示特定的默认锁屏图像】策略配合使用，从而强制使用特定的锁屏图像并且禁止用户对其进行更改。

3. 屏幕保护超时

启用该策略后，系统将会在指定的等待时间以后自动启动屏幕保护程序。等待时间需要在启用该策略后在策略设置对话框的【选项】中进行设置，时间单位为"秒"，取值范围在1～86400之间（86400秒即为24小时），如图30-20所示。

图30-20 设置启动屏幕保护程序前的等待时间

4. 阻止更改窗口和按钮的视觉样式

启用该策略后，用户将无法更改窗口和按钮的视觉样式，即使在更改主题时也不会改变窗口和按钮的视觉样式。

5. 阻止更改颜色和外观

启用该策略后，用户将无法更改窗口边框或

任务栏颜色。

6．阻止更改主题

启用该策略后，用户将无法更改桌面主题。

7．阻止更改桌面背景

启用该策略后，用户将无法更改桌面背景。

8．阻止更改桌面图标

启用该策略后，用户将无法更改桌面图标。

30.3.5　设置文件资源管理器策略

文件资源管理器是用户查看与操作计算机中的文件和文件夹的最主要工具。通过组策略可以设置文件资源管理器界面环境的显示方式以及其他一些选项。文件资源管理器策略位于本地组策略编辑器中的以下路径：

> 计算机配置 \ 管理模板 \Windows 组件 \ 文件资源管理器
> 用户配置 \ 管理模板 \Windows 组件 \ 文件资源管理器
> 用户配置 \ 管理模板 \Windows 组件 \ 文件资源管理器

下面介绍了一些常用的文件资源管理器策略。

1．以功能区最小化的显示方式启动文件资源管理器

启用该策略后，可以在策略设置对话框的【选项】中选择打开文件资源管理器时的功能区显示方式，包括以下 4 种。

- ◆ 始终以功能区最小化的显示方式打开新的文件资源管理器窗口。
- ◆ 从不以功能区最小化的显示方式打开新的文件资源管理器窗口。
- ◆ 第一次打开文件资源管理器时最小化功能区。
- ◆ 第一次打开文件资源管理器时完整显示功能区。

2．在电源选项菜单中显示睡眠

启用该策略后，在单击【开始】按钮⊞并选择【电源】命令后，会在电源菜单中显示【睡眠】命令。

3．在电源选项菜单中显示休眠

启用该策略后，在单击【开始】按钮⊞并选择【电源】命令后，会在电源菜单中显示【休眠】命令。

4．不要将已删除的文件移到"回收站"

启用该策略后，在删除文件时不会将文件放入回收站，而是直接永久性删除。在启用该策略的情况下打开回收站的属性对话框，【不将文件移到回收站中。移除文件后立即将其删除】选项会被选中并处于禁用状态，如图 30-21 所示。

5．删除文件时显示确认对话框

启用该策略后，在每次删除文件时都将显示确认删除的对话框，以免误删文件。

图30-21　回收站中的相关选项会被强制选中

6．允许的最大回收站大小

启用该策略后，用户需要在策略设置对话框的【选项】中设置一个百分比值，如图 30-22 所示，从而将回收站的空间大小指定为占其所在磁盘分区总大小的比例。

图30-22　指定回收站占磁盘分区空间总大小的比例

7．不允许从彩带的"视图"选项卡上的"选项"按钮中打开文件夹选项

启用该策略后，在单击文件资源管理器的功能区中的【查看】⇨【选项】按钮时将无法打开【文件夹选项】对话框。

8．防止从"我的电脑"访问驱动器

启用该策略后，如果在策略设置对话框的

【选项】中选择了【限制所有驱动器】选项，如图 30-23 所示，那么用户将无法打开计算机中的任何磁盘分区以及其中的任何文件夹，但是可以在文件资源管理器的导航窗格中浏览文件夹结构。

图30-23　禁用访问计算机中的所有
磁盘分区以及其中的文件夹

9. 关闭缩略图显示并仅显示图标

如果启用此策略设置，则文件资源管理器将仅显示图标且从不显示缩略图图像。

10. 删除"安全"选项卡

启用该策略后，在打开的任何磁盘分区、文件或文件夹的属性对话框中都不会显示【安全】选项卡，如图 30-24 所示。

图30-24　不显示【安全】选项卡

11. 隐藏"我的电脑"中的这些指定的驱动器

启用该策略后，用户可以在策略设置对话框的【选项】中选择要隐藏的磁盘分区。图 30-25 所示为隐藏了磁盘分区 C 后的【此电脑】窗口。该策略与前面介绍的【防止从"我的电脑"访问驱动器】策略不同，该策略只是将指定的磁盘分区的驱动器号隐藏起来，然而用户仍然可以通过其他方式访问隐藏的磁盘分区，比如可以在文件资源管理器的地址栏中输入磁盘分区的驱动器号后按【Enter】键。

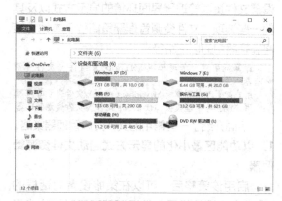

图30-25　隐藏指定的磁盘分区

30.3.6　设置磁盘配额策略

虽然可以在文件属性对话框中启用和设置磁盘配额，但是通过组策略则可以实现磁盘配额的强制启用和限制。磁盘配额策略位于本地组策略编辑器中的以下路径：

> 计算机配置 \ 管理模板 \ 系统 \ 磁盘配额

下面介绍了一些常用的磁盘配额策略。

1. 将策略应用于可移动媒体

启用该策略后，将可以对可移动存储设备使用磁盘配额管理功能。

2. 启用磁盘配额

启用该策略后，系统将会强制启用所有 NTFS 磁盘分区中的磁盘配额管理功能，此时用户无法在磁盘分区属性对话框的【配额】选项卡中关闭磁盘配额管理功能，如图 30-26 所示。启用该策略并不会强制使用特定的磁盘配额限制。如果要指定磁盘配额限制，需要设置【默认配额限制和警告级别】策略，否则系统会将磁盘分区中的可用空间用作配额限制。

3. 强制磁盘配额限制

启用该策略后，系统将会强制使用磁盘配额限制，当用户达到磁盘配额空间上限时，将无法继续使用额外的磁盘空间。无论启用或禁用该策略，磁盘分区属性对话框的【配额】选项卡中的【拒绝将磁盘空间给超过配额限制的用户】复选框都将处于禁用状态。

图30-26　强制启用磁盘配额管理功能

4. 指定默认配额限制和警告级别

启用该策略后，在策略设置对话框的【选项】中对磁盘配额限制和警告级别进行设置，如图 30-27 所示，系统将会为所有用户设置磁盘配额限制和警告级别。该策略只会影响新用户的使用，而对当前用户的磁盘配额限制没有影响，也不影响在磁盘分区属性对话框的【配额】选项卡中为个别用户设置的自定义限制和警告级别。

图30-27　通过组策略为所有用户设置
磁盘配额限制和警告级别

30.3.7　设置系统还原策略

当系统出现问题时，系统还原功能可以使用户将计算机还原到出现问题之前的正常状态而不会丢失用户的个人数据。通过组策略可以设置是否允许对系统还原功能进行配置，以及是否彻底关闭系统还原功能。系统还原策略位于本地组策略编辑器中的以下路径：

计算机配置 \ 管理模板 \ 系统 \ 系统还原

下面介绍了系统还原仅有的两个策略。

1. 关闭系统还原

启用该策略后，将会彻底关闭系统还原功能，启动系统还原向导时会显示如图 30-28 所示的提示信息。用户既无法对磁盘分区启用和配置系统还原功能，也无法对启用了系统还原功能的磁盘分区创建还原点，或者使用还原点来还原系统。

2. 关闭配置

启用该策略后，用户将无法对系统还原功能进行配置，【配置】按钮将处于禁用状态，如图 30-29 所示。但是如果存在已经启用系统还原功能的磁盘分区，那么可以单击【创建】按钮创建系统还原点，而且也可以启动系统还原向导对话框来使用还原点对系统进行还原。

图30-28　彻底关闭系统还原功能

图30-29　通过策略禁用系统还原配置选项

30.3.8 设置 Windows 更新策略

可以通过组策略来控制 Windows 更新的检测与安装，以及安装过程中重启计算机的方式。Windows 更新策略位于本地组策略编辑器中的以下路径：

计算机配置 \ 管理模板 \Windows 组件 \Windows 更新
用户配置 \ 管理模板 \Windows 组件 \Windows 更新

下面介绍了一些常用的 Windows 更新策略。

1. 始终在计划的时间重新启动

启用该策略后，在安装 Windows 系统更新时如果需要重新启动计算机，那么系统会在用户指定的时间后强制重新启动，而不会提前两天向用户发出通知。系统重启前的等待时间需要在启用该策略后在策略设置对话框的【选项】中进行设置，时间单位为"分钟"，取值范围在 15 ~ 180 之间，如图 30-30 所示。

> **注意** 如果已经启用了【对于有已登录用户的计算机，计划的自动更新安装不执行重新启动】策略，那么该策略将不会生效。

2. 推迟升级

启用该策略后，将会推迟对 Windows 10

系统版本的升级，但是仍然会更新系统安全补丁。

图30-30　设置安装Windows更新需要
重启计算机前的等待时间

3. 允许自动更新立即安装

启用该策略后，对于某些既不中断 Windows 服务，也不需要重新启动计算机的更新，系统会立即下载并安装它们。

Chapter
31

注册表基础与系统设置

虽然很多用户可能很少接触或使用注册表，但是实际上在系统的启动过程中就已经开始与注册表进行交互了，只不过这是由系统自动进行的，用户察觉不到。与系统其他功能或组件不同，注册表并不是一个独立的功能，而是一个包含了系统中的硬件、应用程序以及用户等多种配置信息并将所有这些信息组织为一个有机整体的庞大的数据库。由于注册表在 Windows 操作系统中的特殊地位，所有用户尤其是系统管理员非常有必要了解注册表的组织结构并掌握与注册表相关的基本操作，以便可以通过编辑注册表来优化系统性能和安全性，以及解决系统中出现的问题。本章详细介绍了注册表的组织结构、数据类型等基础知识，还介绍了注册表的基本操作和维护方法，最后列举了一些使用注册表优化系统性能和保护系统安全的示例。

31.1　注册表基础

本节作为本章后续内容的基础，主要介绍了注册表的基本概念、组织结构、包含的数据类型以及物理文件构成。在对注册表进行各种操作之前，理解以上这些内容非常重要。

31.1.1　注册表简介

Windows 操作系统中的注册表是一个经过细致规划与良好组织的数据库，其中包括操作系统、硬件、应用程序以及与用户有关的各类配置信息。注册表中的内容随时都在与系统、硬件、应用程序以及用户进行着交互。在以下几种情况发生时系统会自动访问注册表中的内容。

◆ 在系统引导过程中，引导加载器读取配置数据和引导设备驱动程序的列表，以便在初始化内核以前将它们加载到内存中。由于配置数据存储在注册表的配置单元中，因此在系统引导过程中需要通过访问注册表来读取配置数据。

◆ 在内核引导过程中，内核读取会以下信息：需要加载哪些设备驱动程序、各个系统部件如何进行配置以及如何调整系统的行为。

◆ 在用户登录过程中，系统从注册表中读取每个用户的账户配置信息，包括桌面背景和主题、屏幕保护程序、菜单行为和图标位置、随系统自启动的程序列表、用户最近访问过的程序和文件，以及网络驱动器映射等。

◆ 在应用程序启动过程中，应用程序会读取系统全局设置，还会读取针对于每个用户的个人配置信息，以及最近打开过的程序文件列表。

除了以上列出的注册表被系统或程序固定访问的几种情况外，系统和程序还可能在任何时间访问注册表。例如，有些应用程序可能会持续监视并获取注册表中有关该程序的配置信息的最新变化，以便随时将程序的最新配置信息作用于该程序。

除了从注册表中获取系统、程序或用户的配置信息外，注册表中的内容也会在特定情况下自动被系统修改，包括但不限于以下几种情况。

◆ 在安装设备驱动程序时，系统会在注册表中创建与硬件配置有关的数据。当系统将资源分配给不同设备以后，系统可以通过访问注册表中的相关内容来确定在系统中安装了哪些设备以及这些设备的资源分配情况。

◆ 安装与设置应用程序时，系统会将应用程序的安装信息以及程序本身的选项设置保存到注册表中。

◆ 在使用控制面板中的选项更改系统设置时，系统会将相应的配置参数保存到注册表中。

通过上面介绍的内容可以了解到，无论是否特意去编辑注册表，系统中的很多操作都与注册表密切相关。如果需要，用户可以在任何时候编辑注册表中的内容。Windows 系统提供了多种用于编辑注册表的工具，分为图形界面和命令行两种类型。图形界面的注册表编辑工具主要包括控制面板、组策略以及注册表编辑器，命令行工具指的是【命令提示符】窗口。

用户在控制面板中对系统进行的各种设置，实际上是在修改注册表中的特定内容。使用控制面板设置系统选项既可以简化用户的设置过程，也可以避免由用户对注册表直接进行编辑所导致的误操作问题，但是通过控制面板访问的注册表内容非常有限。

另一个可以编辑注册表内容的图形化工具是组策略，组策略没有控制面板直观，但是却能访问数量更多的系统选项，而且还可以针对计算机或特定用户来进行设置。从整体而言，组策略对系统拥有更强大更灵活的控制功能。

 交叉参考 有关组策略的更多内容，请参考本书第 30 章。

如果用户希望可以几乎不受限制地编辑注册表中的所有内容，那么需要使用 Windows 系统提供的注册表编辑器。注册表编辑器对应于 regedit.exe 文件，该文件位于 %SystemRoot% 文件夹中。用户可以在注册表中添加新的数据或从中删除不需要的数据，也可以查找注册表中的特定内容，还可以导出或导入注册表中特定部分的内容。此外，为了避免非授权用户随意修改注册表，可以为注册表中的指定部分设置访问权限。

早期的 Windows 2000 操作系统提供了 regedit.exe 和 regedt32.exe 两种注册表编辑器，它们的大多数功能相同，但是也存在各自特有的一些功能。直到 Windows XP 操作系统才将两种注册表编辑器的功能合并起来并加以完善。

 交叉参考 有关在注册表编辑器中操作注册表的方法，请参考本章 31.2 节。

系统管理员可能更喜欢使用命令行工具来编辑注册表。为此可以在【命令提示符】窗口中使用 Reg.exe 命令来添加、修改、删除、导入和导出注册表中的内容。

 交叉参考 有关使用 Reg.exe 命令操作注册表的更多内容，请参考本书第 32 章。

31.1.2 注册表的整体组织结构

Windows 注册表是一个结构设计良好的庞大的数据库，它的基本结构是带有多个配置层面的分层式结构。这些层面是通过根键、子键、键值和数据组成。Windows 注册表包含 5 个根键，根键位于注册表结构的顶层，根键下包含多个子键。子键可以分为多个不同的层级，这意味着子键下还可以包含子键。每个子键可以包含一个或多个键值，也可以没有键值。键值作为子键的参数为其提供实际的功能。为了发挥键值的作用，每个键值必须包含由系统或用户指定的数据。数据分为多种不同的类型，从而可以根据需要存储不同类型的内容。

在注册表编辑器中显示了整个注册表的分层式的组织结构，有助于理解注册表的组织方式，如图 31-1 所示。注册表的组织结构类似于文件资源管理器中对文件和文件夹的组织方式。可以将注册表理解为一个物理硬盘，注册表中的 5 个根键可以看做是硬盘中的 5 个磁盘分区的根目录。根键下包含的所有子键都可以看做是磁盘分区根目录中的文件夹和子文件夹。子键中包含的键值可以看做是文件夹中包含的文件，而键值中的数据可以看做是文件中包含的内容。

图31-1 注册表的分层式组织结构

 提示 启动注册表编辑器的方法请参考本章31.2.1节。

下面对注册表中的各个组成部分进行了详细说明。

1. 根键

Windows 注册表包含 5 个根键，它们位于注册表的最顶层，这 5 个根键的名称和功能如表 31-1 所示。用户不能添加新的根键，也不能删除这 5 个根键或修改它们的名称。

**表 31-1　Windows 注册表包含的
5 个根键的名称和功能**

根键名称	功能
HKEY_LOCAL_MACHINE	存储 Windows 系统的相关信息，比如系统中安装的硬件、应用程序以及系统配置等内容
HKEY_CURRENT_CONFIG	存储当前硬件配置的相关信息
HKEY_CLASSES_ROOT	存储文件关联和组件对象模型的相关信息，比如文件扩展名与应用程序之间的关联
HKEY_USERS	存储系统中所有用户账户的相关信息
HKEY_CURRENT_USER	存储当前登录系统的用户账户的相关信息

> **提示**
> 有关注册表 5 个根键的详细功能和说明，请参考本章 31.1.4 节。

2. 子键

子键位于根键的下方，每个根键可以包含一个或多个子键，子键中也可以包含子键，这种组织方式类似于文件夹和子文件夹的嵌套关系。很多子键是 Windows 系统自动创建的，用户也可以根据需要手动创建新的子键。

3. 键值及其组成部分

注册表中的每个根键或子键都可以包含键值。当在注册表编辑器中选择一个根键或子键后，会在窗口右侧显示一个或多个项目，这些项目就是所选根键或子键包含的键值。无论是系统还是用户创建的子键，默认都会包含一个名为"（默认）"的键值。键值由名称、数据类型和数据 3 个部分组成，它们总是按【名称】【数据类型】【数据】的顺序显示。键值数据是指键值中包含的数据。键值数据分为多种不同的数据类型，比如字符串或二进制。键值数据的数据类型的详细介绍请参考下一节。

4. 根键或子键的路径

无论在注册表编辑器中选择了根键还是子键，都会在注册表编辑器底部的状态栏中显示当前选中的根键或子键的完整路径，其格式类似于文件资源管理器中文件夹的完整路径的表示方法。例如，下面的路径表示的是位于 HKEY_LOCAL_MACHINE 根键中的 HARDWARE 子键中的 DESCRIPTION 子键中的 System 子键。本章 31.4 节介绍注册表设置示例时将会使用这种格式来描述要操作的子键在注册表中的位置。

```
HKEY_LOCAL_MACHINE\HARDWARE\DESCRIPTION\
System
```

31.1.3　注册表数据类型

注册表中的键值可以存储不同类型的数据，一共包括 12 种，表 31-2 列出了用户可以创建的其中 6 种数据类型。REG_SZ、REG_DWORD 和 REG_BINARY 是注册表中较为常用的数据类型。

表 31-2　键值数据的数据类型及其说明

数据类型	对应于操作界面中的名称	说明
REG_SZ	字符串值	固定长度的 Unicode 字符串，主要用于名称、路径等表示固定不变的名称或各类信息
REG_BINARY	二进制值	任意长度的二进制数据，多数硬件组件的信息以二进制格式存储，以十六进制格式显示在注册表编辑器中
REG_DWORD	DWORD（32 位）值	由 4 个字节组成的 32 位整数，设备驱动程序和服务的很多参数都是这种数据类型，这些参数在注册表编辑器中以十六进制或十进制的格式显示
REG_QWORD	QWORD（64 位）值	由 8 个字节组成的 64 位整数
REG_MULTI_SZ	多字符串值	Unicode 字符串的数组，可以包含多个值，各个值之间以空格、逗号或其他符号分隔
REG_EXPAND_SZ	可扩充字符串值	可变长度的 Unicode 字符串，可包含内嵌的环境变量

31.1.4　深入理解注册表顶层的 5 个根键

用户可能已经注意到，每个根键的名称都以字母"H"开头，这是因为根键的名称指向了键（Key）的 Windows 句柄（H）。每个根键名称的长度都比较长，为了简化根键的名称，可以使用根键的缩写形式代替根键的完整名称。此外，5个根键中有 3 个根键其实是指向另外两个根键中的特定子键的链接。表 31-3 列出了 5 个根键的缩写形式以及对应的链接关系。

表 31-3　5 个根键的缩写形式以及链接关系

根键名称	缩写形式	链接到
HKEY_LOCAL_MACHINE	HKLM	不是链接
HKEY_CURRENT_CONFIG	HKCC	HKEY_LOCAL_MACHINE\SYSTEM\CurrentControlSet\Hardware Profiles\Current
HKEY_CLASSES_ROOT	HKCR	HKEY_LOCAL_MACHINE\SOFTWARE\Classes 和 HKEY_CURRENT_USER\SOFTWARE\Classes 的组合
HKEY_USERS	HKU	不是链接
HKEY_CURRENT_USER	HKCU	HKEY_USERS 根键下对应于当前登录用户的子键

下面将分别介绍注册表中的 5 个根键及其中包含的主要子键的功能。

1. HKEY_LOCAL_MACHINE根键

HKEY_LOCAL_MACHINE（HKLM）根键包含系统中安装的所有硬件设备和应用程序的配置信息。该根键下主要包含以下 6 个子键：BCD00000000、HARDWARE、SAM、SECURITY、SOFTWARE 和 SYSTEM。下面将分别介绍这 6 个子键包含的内容。

BCD00000000 子键包含引导配置数据库（BCD）信息。有关 BCD 的更多内容请参考本书第 3 章。在 BCD 中的每一项都保存在 BCD00000000\Objects 子键下，比如某次安装的 Windows 操作系统。

HARDWARE 子键包含系统中安装的所有硬件设备的配置信息。该子键下还包含以下 4 个子键。

◆ ACPI 子键：用于 ACPI 硬件和软件接口规范，该规范支持即插即用和高级电源管理。

◆ DESCRIPTION 子键：包含对硬件设备的描述信息。

◆ DEVICEMAP 子键：包含硬件设备到设备驱动程序的映射。

◆ RESOURCEMAP 子键：包含硬件设备使用的系统资源的映射。

SAM 子键包含本地用户和组，以及文件和文件夹的访问权限等信息。默认情况下，用户没有修改该子键与下面介绍的 SECURITY 子键的权限，即使是管理员用户也是如此。

SECURITY 子键包含系统全局范围内的安全策略以及用户权限设置信息。

SOFTWARE 子键包含系统内置以及用户安装的应用程序的系统全局范围内的配置信息，包括应用程序及其可执行文件的路径、授权许可证以及过期日期等内容。个人用户对应用程序的个性化配置信息则存储在 HKEY_CURRENT_USER\Software 子键中。

SYSTEM 子键包含引导系统所需要的全局配置信息，比如引导系统时需要加载哪些设备驱动程序、启动哪些系统服务等。

2. HKEY_CURRENT_CONFIG根键

HKEY_CURRENT_CONFIG（HKCC）根键包含当前硬件的配置信息，它是一个指向 HKEY_LOCAL_MACHINE\SYSTEM\CurrentControlSet\Hardware Profiles\Current 子键的链接。

3. HKEY_CLASSES_ROOT根键

HKEY_CLASSES_ROOT（HKCR）根键包含系统中的所有文件扩展名与应用程序的关联、文件类型与图标的关联、快捷方式以及组件对象模型的注册信息。文件扩展名与应用程序的关联是指在打开一个拥有特定扩展名的文件时系统自动启动的应用程序。HKEY_CLASSES_ROOT 根键下的数据有以下两个来源途径。

◆ 针对系统中的所有用户：HKEY_LOCAL_MACHINE\SOFTWARE\Classes。

◆ 针对每一个特定的用户：HKEY_CURRENT_USER\SOFTWARE\Classes。

4. HKEY_USERS根键

HKEY_USERS（HKU）根键为系统中加载的每一个用户的配置信息分别提供了一个相应的 <SecurityID> 子键。SecurityID 是指用户的 SID，用于表明每个用户的身份，由一长串字符组成，每个用户的 SID 都是唯一的。HKEY_USERS 根键中还包括一个 .DEFAULT 子键，主要用于没有用户配置文件的登录用户。表示用户的 SID 的 <SecurityID> 子键下包含的子键及其说明如表 31-4 所示。

表 31-4　HKEY_USERS\<SecurityID> 子键下包含的子键及其说明

子键	说明
AppEvents	声音、事件的关联
Console	命令窗口设置，比如宽度、高度和颜色
Control Panel	桌面背景和主题、屏幕保护程序、鼠标和键盘设置、网络连接以及区域设置等
Environment	环境变量定义
EUDC	终端用户定义的字符信息
Identities	Windows 邮件账户信息
Keyboard Layout	键盘布局设置
Network	网络驱动器映射以及相关设置
Printers	打印机连接设置
Software	用户安装的应用程序的参数设置
Volatile Environment	可变的环境变量定义

5. HKEY_CURRENT_USER根键

HKEY_CURRENT_USER（HKCU）根键包含当前登录用户的配置信息，它指向 HKEY_USERS 根键下对应于当前登录用户的子键，即 HKEY_USERS\<SecurityID>，其中的 SID 表示当前登录的这个用户。每次当一个用户登录系统时，这个子键都会重新创建并反映该用户的相关信息。HKEY_CURRENT_USER 根键下包含的子键与 HKEY_USERS\<SecurityID> 子键下包含的子键相同，请参考表 31-4。

31.1.5　注册表配置单元与物理文件构成

Windows 注册表存储在内存和硬盘两个彼此独立的位置上。启动系统后，整个注册表会被加载到内存中，这样可以在系统运行的整个过程中加快访问注册表内容的速度。注册表在硬盘中并非存储为一个大文件，而是由称为配置单元（hive）的多个文件组成，这些文件对应于注册表中的根键或根键中的某些子键所形成的分支。

表 31-5 列出了注册表中的根键或根键中的某些子键与硬盘中存储的注册表配置单元文件的对应情况。HKEY_LOCAL_MACHINE\HARDWARE 子键没有对应的配置单元文件，因为该子键是易失性的，这意味着系统是在内存中加载和管理该子键的，所以该子键是临时的。

表 31-5　注册表根键或子键与注册表配置单元文件的对应关系

注册表根键或子键	对应的注册表配置单元文件
HKEY_LOCAL_MACHINE\SAM	%SystemRoot%\System32\Config\Sam
HKEY_LOCAL_MACHINE\SECURITY	%SystemRoot%\System32\Config\Security
HKEY_LOCAL_MACHINE\SOFTWARE	%SystemRoot%\System32\Config\Software
HKEY_LOCAL_MACHINE\SYSTEM	%SystemRoot%\System32\Config\System
HKEY_USERS\<本地服务账户的 SID>	%SystemRoot%\ServiceProfiles\LocalService\NtUser.dat
HKEY_USERS\<网络服务账户的 SID>	%SystemRoot%\ServiceProfiles\NetworkService\NtUser.dat
HKEY_USERS\<本地用户账户的 SID>	%UserProfile%\NtUser.dat
HKEY_USERS\<本地用户账户的 SID>_Classes	%UserProfile%\AppData\Local\Microsoft\Windows\UsrClass.dat
HKEY_USERS\DEFAULT	%SystemRoot%\System32\Config\Default

> **提示**　本书中多次出现类似%SystemRoot%这种形式的内容，由两个百分号括起的内容是一个环境变量。环境变量表示可变的内容，这里的%SystemRoot%表示的是安装Windows操作系统的磁盘分区中的Windows文件夹。由于不同用户安装Windows操作系统的磁盘分区不一定相同，因此使用环境变量便于动态指定特定的位置。本书第13章和第37章详细介绍了有关环境变量的内容。

31.2　注册表的基本操作

在使用注册表对系统进行设置的过程中，需要频繁操作注册表中的子键、键值以及键值中的数据，因此应该熟练掌握注册表的基本操作。注册表的基本操作主要包括新建与删除子键和键值、设置键值中的数据、查找注册表中的内容、使用注册表中的收藏夹，以及加载和卸载注册表配置单元等。

31.2.1　启动注册表编辑器

注册表编辑器是 Windows 系统提供的专门用于查看、编辑与管理 Windows 注册表的工具。可以使用以下几种方法启动注册表编辑器。

◆ 进入 %SystemRoot% 文件夹后双击对应于注册表编辑器的 regedit.exe 可执行文件，如图 31-2 所示。

◆ 按【Windows 徽标 +R】组合键打开【运行】对话框，输入"regedit"命令后按【Enter】键。

◆ 右击【开始】按钮，在弹出的菜单中选择【命令提示符（管理员）】命令。以管理员身份打开【命令提示符】窗口，输入"regedit"命令后按【Enter】键。

◆ 在任务栏的搜索框中输入"regedit"后按【Enter】键。

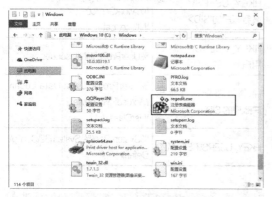

图31-2　双击regedit.exe文件启动注册表编辑器

31.2.2　创建与删除子键

几乎可以在注册表的任意位置创建子键，但是也有一些例外。下面列出了在默认情况下不能创建子键的位置。

◆ HKEY_LOCAL_MACHINE 根键下。

◆ HKEY_USERS 根键下。

◆ HKEY_LOCAL_MACHINE\BCD00000000 子键下。

◆ HKEY_LOCAL_MACHINE\SAM\SAM 子键下。

◆ HKEY_LOCAL_MACHINE\SECURITY 子键下。

在注册表中创建子键的具体操作步骤如下。

STEP 1 打开【注册表编辑器】窗口，在左侧窗口中展开希望创建的子键所在的根键。

STEP 2 在展开的特定根键中继续展开其中的子键，一直展开到想要在其下方创建子键的子键。

STEP 3 右击这个子键，然后在弹出的菜单中选择【新建】⇨【项】命令，如图 31-3 所示。

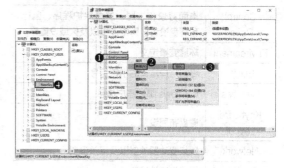

图31-3　创建子键的操作方法

STEP 4 在右击的子键下会新增一个子键，其默认名称为"新项 #1"，输入合适的名称后按【Enter】键，完成子键的创建。本例是在 HKEY_CURRENT_USER\Environment 子键下创建了一个名为"NewKey"的子键。

对于创建好的子键，用户可以随时修改其名称，方法与重命名文件夹类似，有以下两种。

◆ 在【注册表编辑器】窗口的左侧窗格中右击要修改名称的子键，然后在弹出的菜单中选择【重命名】命令。

◆ 选择要修改名称的子键，然后按【F2】键。

无论使用哪种方法，输入子键的新名称以后按【Enter】键确认修改即可。

删除子键的方法与重命名子键类似，在右击子键所弹出的菜单中选择【删除】命令，或者选择子键后按【Delete】键。弹出如图 31-4 所示的对话框，单击【是】按钮即可将该子键删除。如果该子键中还包含键值，那么这些键值也会被自动删除。

图31-4　删除子键时的提示信息

> **注意**　删除子键是一项危险的操作，尤其删除非用户创建的子键。在删除子键之前应该对整个注册表进行备份。

31.2.3 管理键值及其数据

可以在指定的根键或子键下创建键值并为其设置数据，也可以随时删除不再需要的键值。

1. 创建键值

新建与删除键值的方法与上一节介绍的新建与删除子键类似，主要区别在于键值位于子键中，而不是位于其他子键下，而且在创建键值时需要根据准备在键值中包含的数据来选择合适的数据类型。创建键值的具体操作步骤如下。

STEP 1 打开【注册表编辑器】窗口，在左侧窗格中选择要在其中创建键值的子键。

STEP 2 选择好子键后，在右侧窗格中的空白处单击鼠标右键，然后在弹出的菜单中选择【新建】命令，在弹出的子菜单中选择一种数据类型，如图 31-5 所示。

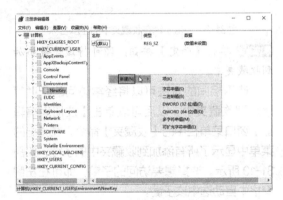

图31-5　为键值选择一种数据类型

交叉参考　有关键值数据类型的详细说明，请参考本章 31.1.3 节。

STEP 3 选择一种数据类型后，会在右侧窗格中新增一个键值，其默认名称为"新值 #1"，输入合适的名称后按【Enter】键，完成键值的创建。

2. 重命名与删除键值

与重命名子键的方法类似，用户可以右击要修改名称的键值，然后在弹出的菜单中选择【重命名】命令，或者在选择键值后按【F2】键，然后输入键值的新名称后按【Enter】键。

删除子键时每次只能删除一个，对于键值而言，每次可以删除一个或多个。如果只想删除一个键值，那么可以在右击该键值所弹出的菜单中选择【删除】命令，或者选择该键值后按

【Delete】键。然后在弹出的对话框中单击【是】按钮，即可将该键值删除。如果想要删除同一个子键中的多个键值，那么可以使用下面的方法。

◆ 删除相邻的多个键值：拖动鼠标以使其框选要删除的所有键值的名称部分，或者单击要删除的多个键值中顶部或底部的那个键值，然后按住【Shift】键并单击多个键值中的底部或顶部的那个键值。使用以上任意一种方法都可以选中相邻的多个键值，然后按【Delete】键并在弹出的对话框中单击【是】按钮。

◆ 删除不相邻的多个键值：按【Ctrl】键的同时依次单击要删除的键值，如图 31-6 所示。在选中所有要删除的键值后，按【Delete】键并在弹出的对话框中单击【是】按钮。

图31-6　选择不相邻的多个键值

3. 设置键值中包含的数据

对于创建好的键值，只有为其设置数据以后才能使其发挥作用。在【注册表编辑器】窗口的右侧窗格中双击要设置数据的键值，然后在打开的对话框中输入适当的数据，最后单击【确定】按钮。根据键值数据类型的不同，在打开的对话框中包含的选项也会有所不同。图 31-7 所示为打开的字符串类型的键值与 DWORD 类型的键值的数据编辑对话框。

图31-7　不同数据类型的键值所打开的数据编辑对话框的外观也不完全相同

图31-7 不同数据类型的键值所打开的
数据编辑对话框的外观也不完全相同（续）

31.2.4 查找子键、键值和数据

由于注册表的结构非常复杂，因此快速找到
某个想要编辑的子键、键值或数据并不容易。幸
运的是，注册表编辑器提供了搜索功能，可以快
速找到注册表中特定的子键、键值或键值数据。

如果不知道要查找的内容在注册表中的哪个位
置上，那么在开始查找之前应该先选择【注册表编
辑器】窗口左侧窗格中的【计算机】节点，这样将
按照根键的排列顺序依次在 5 个根键中进行搜索。
然后单击菜单栏中的【编辑】⇨【查找】命令，或
者按【Ctrl+F】组合键，打开如图31-8所示的【查找】
对话框。根据具体情况可以进行以下几项设置。

◆ 在【查找目标】文本框中输入要查找的内容。
◆ 选择要查找的内容类型，可以是子键、键
 值、键值数据中的一种或多种。【项】对
 应于子键，【值】对应于键值，【数据】对
 应于键值数据。
◆ 如果希望完全按照【查找目标】文本框中
 输入的内容进行查找，则需要选中【全字
 匹配】复选框。该项通常用于英文查找中，
 以便完全按照相同的大小写进行查找。

设置好以上选项后，单击【查找下一个】按钮，
如果找到匹配的内容，则会自动将其选中。可以继
续单击【查找下一个】按钮查找下一个匹配的内容。

图31-8 设置查找选项

> 提示
> 如果已知要查找的内容位于某个根键中，为了加
> 快查找速度，可以先选择这个根键，然后再执行与上面
> 类似的查找操作。

31.2.5 将常用的子键添加到收藏夹以加快访问速度

对于需要经常查看或编辑的子键，为了加快
每次在注册表中查找和选择这些子键的速度，可
以使用注册表编辑器提供的收藏夹功能，该功能
类似于网页浏览器中的收藏夹功能。将指定的子
键添加到收藏夹的具体操作步骤如下。

STEP 1 打开【注册表编辑器】窗口，然后在左
侧窗格中选择要添加到收藏夹的子键。

STEP 2 单击菜单栏中的【收藏夹】⇨【添加到收
藏夹】命令，打开如图 31-9 所示的对话框，在
文本框中输入该子键在收藏夹中显示的名称。

图31-9 设置子键在收藏夹中的显示名称

STEP 3 单击【确定】按钮，即可将该子键添加
到收藏夹中。

使用相同的方法可以将经常访问的子键都
添加到收藏夹中。以后可以单击【注册表编辑
器】窗口菜单栏中的【收藏夹】命令，在弹出的
菜单中显示了所有添加到收藏夹中的子键，如图
31-10 所示。选择想要访问的子键，即可在左侧
窗格中自动选中该子键。

对于收藏夹中不再需要的子键，可以单击【注
册表编辑器】窗口菜单栏中的【收藏夹】⇨【删除
收藏夹】命令，然后在打开的对话框中选择要删除
的一个或多个子键，如图 31-11 所示，最后单击【确
定】按钮。选择时可以通过单击不同的子键来同时
选中它们。而对于同一个子键而言，第一次单击它
时会将其选中，再次单击它是则取消对其选中。

图31-10 使用收藏夹
快速定位子键

图31-11 从收藏夹中
删除子键

31.2.6 加载和卸载注册表配置单元

注册表配置单元只能被加载到 HKLM 和

HKU 两个根键下，因此在加载配置单元之前需要先在【注册表编辑器】窗口的左侧窗格中选择这两个根键之一，然后单击窗口菜单栏中的【文件】⇨【加载配置单元】命令，如图 31-12 所示。在打开的对话框中双击要加载的注册表配置单元文件，即可将其加载到注册表编辑器中。

图31-12 选择【加载配置单元】命令

对于不需要的注册表配置单元，可以将其从注册表编辑器中卸载。在【注册表编辑器】窗口的左侧窗格中选择要卸载的注册表配置单元，然后单击窗口菜单栏中的【文件】⇨【卸载配置单元】命令。如果当前选中的根键或子键不是注册表配置单元，那么【卸载配置单元】命令会呈灰色不可用状态。

31.2.7 连接网络注册表

可以连接到网络中的某台计算机中的注册表，然后在本地计算机的注册表编辑器中编辑所连接到的网络注册表。成功连接网络注册表需要具备以下几个条件。

◆ 本地计算机和要连接的网络注册表所在的计算机位于同一个网络中，并且能正常访问。

◆ 本地计算机和想要连接的网络注册表所在的计算机都需要启动 Remote Registry 服务。无论该服务的启动类型是自动还是手动，在执行连接网络注册表的操作之前都必须确保已经启动了该服务。

◆ 如果想要编辑网络注册表，需要用户拥有网络注册表所在计算机的管理员权限。

满足以上两个条件后，就可以在本地计算机的注册表编辑器中连接网络计算机中的注册表并对其进行设置，具体操作步骤如下。

STEP 1 在本地计算机中启动注册表编辑器，然后单击【注册表编辑器】窗口菜单栏中的【文件】⇨【连接网络注册表】命令。

STEP 2 打开如图 31-13 所示的【选择计算机】对话框，该对话框与本书前面章节中介绍用户账户和 NTFS 权限等内容时所打开的对话框非常相似，只不过这里在【选择此对象类型】中显示的是【计算机】，这意味着将要添加的对象是计算机而不是用户。在【输入要选择的对象名称】文本框中输入要连接到的网络注册表所在的计算机的 IP 地址，然后单击【确定】按钮。

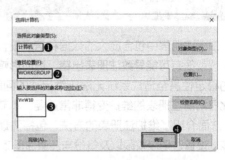

图31-13 输入网络计算机的IP地址

STEP 3 打开如图 31-14 所示的对话框，输入网络计算机中具有管理员权限的账户名称和密码，然后单击【确定】按钮。

图31-14 输入网络计算机中的管理员账户凭据

STEP 4 正确连接后将会看到类似图 31-15 所示的效果，在【注册表编辑器】窗口的左侧窗格中会显示连接到的网络计算机的注册表的 HKEY_LOCAL_MACHINE 和 HKEY_USERS 两个根键，这意味着在本地计算机中只能编辑网络注册表中的这两个位置上的内容。

当不再需要编辑网络注册表时，只需右击【注册表编辑器窗口】中表示网络计算机的节点，然后在弹出的菜单中选择【断开连接】命令，即可断开与网络注册表之间的连接。

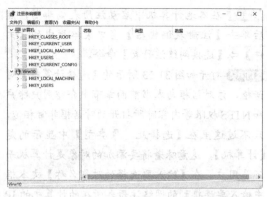

图31-15　连接后的网络注册表

31.3　维护注册表

由于注册表中包含庞大的数据和信息量，稍有不慎就很有可能导致注册表出错，进而影响系统的稳定性甚至造成系统无法正常启动的问题。因此日常对注册表的维护变得非常重要。本节从3个方面介绍了维护注册表的方法，包括清理注册表、设置注册表权限以及备份与还原注册表。

31.3.1　清理注册表

微软曾经开发过一个名为"RegClean"的实用工具，该工具用于删除注册表中残留的无用信息。后来由于某些原因微软并未持续发布该工具的更新版本。注册表中遗留的无用信息主要来源于不完全的软件卸载。出现这种问题的其中一个原因是由于用户使用了不正确的方法卸载软件，例如直接删除软件安装路径中的软件文件夹，但却并未删除软件在注册表中存储的数据。另一个原因是由于软件开发人员技术水平有限，而导致没有提供相应的卸载程序，或卸载程序无法从注册表中完全删除与软件相关的所有信息。

最简单的清理注册表的方法是使用与软件提供的卸载程序（如果有的话）。卸载软件时，卸载程序会自动检查并清除注册表中与软件相关的所有信息。另一种方法是使用第三方清理工具，不过在使用这种方法之前应该先对注册表进行完整备份，甚至是创建系统映像文件，以免在注册表出现问题时可以及时进行还原注册表或整个系统。

 有关备份与还原注册表的更多内容，请参考本章 31.3.3 节。

31.3.2　为注册表设置访问权限

用户可能并不希望任何可以登录 Windows 系统的用户都有权修改注册表中的内容。为了避免这种风险，可以为注册表设置访问权限，方法与为 NTFS 分区中的文件和文件夹设置权限类似。根据对注册表安全性的要求，可以为注册表中的 5 个根键或其下属的任意键设置权限，具体操作步骤如下。

STEP 1 使用本章 31.2.1 节介绍的方法打开注册表编辑器，在【注册表编辑器】窗口的左侧窗格中右击要设置权限的键，然后在弹出的菜单中选择【权限】命令，如图 31-16 所示。

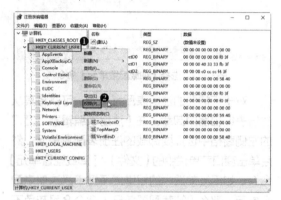

图31-16　选择【权限】命令

STEP 2 打开如图 31-17 所示的权限对话框，可以进行以下几项设置。

◆ 在【组或用户名】列表框中选择一个用户或用户组，然后在下方的列表框中为该用户或用户组设置所需的操作权限。

◆ 如果想要设置的用户没有显示出来，那么可以单击【添加】按钮进行添加。

◆ 如果不想让特定的用户或用户组出现在【组或用户名】列表框中，则可以选中该用户或用户组后单击【删除】按钮。

◆ 对于特殊权限和其他一些选项，则可以单击【高级】按钮作进一步设置。

 由于设置注册表的权限对话框与设置文件和文件夹的 NTFS 权限所使用的对话框基本相同，因此这里就不再赘述了，有关权限方面的设置方法请参考本书第 17 章。

图31-17　为指定的键设置权限

31.3.3　备份和还原整个注册表或注册表分支

由于注册表对操作系统在稳定和安全方面的重要性，尤其是在准备修改注册表中的任何内容之前，都应该对注册表进行备份。即使不对注册表进行修改，定期备份注册表也是一种好习惯，当注册表出现问题时就可以使用备份的注册表副本进行恢复。用户可以备份整个注册表，也可以备份注册表分支，即注册表中的特定部分。

1. 备份整个注册表

最安全的方法是备份整个注册表，这样当注册表出现问题时可以进行完整的恢复。备份整个注册表的具体操作步骤如下。

STEP 1 使用本章 31.2.1 节介绍的方法打开注册表编辑器，然后在【注册表编辑器】窗口的左侧窗格中右击顶部的【计算机】节点，在弹出的菜单中选择【导出】命令。

STEP 2 打开如图 31-18 所示的【导出注册表文件】对话框，自动选中【全部】单选按钮，表示导出的是注册表中的所有内容。导航到要保存注册表备份文件的位置，然后在【文件名】文本框中输入注册表备份文件的名称。设置好以后单击【保存】按钮开始对整个注册表进行备份。

2. 备份注册表分支

备份注册表分支的方法与前面介绍的备份整个注册表的方法类似，只不过需要在【注册表编辑器】窗口的左侧窗格中右击要备份的分支所对应的键，然后在弹出的菜单中选择【导出】命令。在打开的【导出注册表文件】对话框中会自动选中【所选分支】单选按钮，并在下方的文本框中自动填入所选择的键在注册表中的路径，如图 31-19 所示。设置好注册表备份文件的存储位置和名称后单击【保存】按钮，这样将会备份所选的键及其下属的所有键中包含的内容。

图31-18　设置注册表备份文件的存储位置和名称

图31-19　只备份注册表分支

3. 还原注册表

当注册表出现问题时，可以将之前备份的注册表文件导入系统中来修复注册表。只需启动注册表编辑器，然后单击【注册表编辑器】窗口菜单栏中的【文件】⇨【导入】命令，接着在打开的对话框中找到并双击之前备份的注册表文件，系统将开始导入所选择的注册表文件，完成后即可将注册表恢复到备份时的状态。如果备份注册表时是以 .reg 格式导出的文件，那么可以直接双击该文件以完成导入操作。

交叉参考 如果还原注册表后仍然无法解决系统问题，或者根本无法执行还原注册表的操作，那么需要使用系统恢复工具来修复系统，具体内容请参考本书第 29 章。

31.4 注册表实用设置

本节列举了一些通过修改注册表设置来优化系统性能或增强系统安全的示例，其中的一些设置可能需要在重新启动计算机以后才能生效。每个示例中的具体操作都涉及了本章 31.2 节介绍的有关注册表的基本操作。为了节省篇幅以及避免对基本操作步骤的重复描述，在这些示例中不会给出诸如选择子键以及新建一个键值并进行重命名的方法。如果忘记了注册表的这些基本操作，请参考本章 31.2 节中的相应内容。

31.4.1 强制按【Ctrl+Alt+Delete】组合键登录系统

默认情况下，用户不需要按下【Ctrl+Alt+Delete】组合键就可以直接登录 Windows 系统并显示系统桌面。为了提高系统的安全性，防止模仿登录的程序获取用户登录系统的密码等重要信息，可以通过设置注册表来强制用户必须按【Ctrl+Alt+Delete】组合键才能登录系统，具体操作步骤如下。

STEP 1 打开【注册表编辑器】窗口，定位到注册表中的以下路径并选择【Winlogon】子键。如果不存在该子键，则需要手动创建。

```
HKEY_LOCAL_MACHINE\SOFTWARE\Microsoft\
Windows NT\CurrentVersion\Winlogon
```

STEP 2 在右侧窗格中双击名为【DisableCAD】的键值，然后在打开的对话框中将该键值的数据设置为 0，如图 31-20 所示。该键值的数据类型为 32 位 DWORD，如果不存在该键值，则需要手动创建。

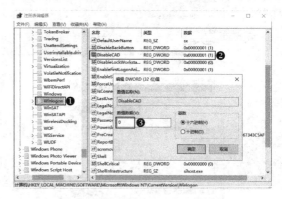

图31-20 设置【DisableCAD】键值

31.4.2 自动关闭无响应的程序

如果程序出现无响应的情况，系统会在一段等待时间以后关闭该程序。可以通过设置注册表来缩短这个等待时间，具体操作步骤如下。

STEP 1 打开【注册表编辑器】窗口，定位到注册表中的以下路径并选择【Desktop】子键。如果不存在该子键，则需要手动创建。

```
HKEY_USERS\.DEFAULT\Control Panel\Desktop
```

STEP 2 在右侧窗格中双击名为【WaitToKillApp TimeOut】的键值，然后在打开的对话框中将该键值的数据设置为想要的时间，时间单位为毫秒，数字越小表示等待时间越短，如图 31-21 所示。该键值的数据类型为 REG_SZ，如果不存在该键值，则需要手动创建。

图31-21 设置【WaitToKillAppTimeOut】键值

31.4.3 关闭系统时自动删除页面文件

在 Windows 系统运行期间，内存会频繁访问页面文件中的内容，此时的页面文件由 Windows 系统以独占方式打开并受到很好的保护。由于在页面文件中可能保存了有关用户或其他方面的隐私信息，因此更安全的做法是在每次关闭 Windows 系统时删除页面文件。可以通过设置注册表来实现这个功能，具体操作步骤如下。

STEP 1 打开【注册表编辑器】窗口，定位到注册表中的以下路径并选择【Memory Management】子键。如果不存在该子键，则需要手动创建。

`HKEY_LOCAL_MACHINE\SYSTEM\CurrentControlSet\Control\Session Manager\Memory Management`

STEP 2 在右侧窗格中双击名为【ClearPageFileAtShutdown】的键值，然后在打开的对话框中将该键值的数据设置为 1，如图 31-22 所示。该键值的数据类型为 REG_DWORD，如果不存在该键值，则需要手动创建。

图31-22　设置【ClearPageFileAtShutdown】键值

 有关页面文件的更多内容与设置方法，请参考本书第 28 章。

31.4.4　禁止更改系统桌面背景

对于根据个人喜好设置好桌面背景的用户而言，肯定不希望别人随意进行更改，为此可以通过设置注册表来实现这个目的，具体操作步骤如下。

STEP 1 打开【注册表编辑器】窗口，定位到注册表中的以下路径并选择【ActiveDesktop】子键。如果不存在该子键，则需要手动创建。

`HKEY_CURRENT_USER\Software\Microsoft\Windows\CurrentVersion\Policies\ActiveDesktop`

STEP 2 在右侧窗格中双击名为【NoChangingWallPaper】的键值，然后在打开的对话框中将该键值的数据设置为 1，如图 31-23 所示。该键值的数据类型为 REG_DWORD，如果不存在该键值，则需要手动创建。

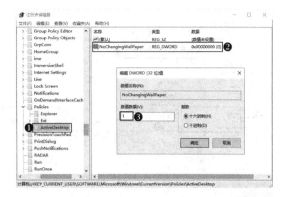

图31-23　设置【NoChangingWallPaper】键值

设置好以后在系统桌面空白处单击鼠标右键，然后在弹出的菜单中选择【个性化】命令，打开【设置】窗口中的【个性化】⇨【背景】界面，此时已经无法对桌面背景进行设置，如图 31-24 所示。

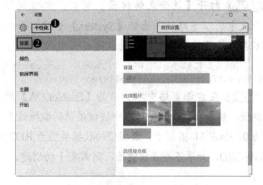

图31-24　禁止修改系统桌面背景

31.4.5　禁用控制面板

控制面板是访问系统大多数功能和设置选项的最直接方式，但是这样给系统安全和稳定带来了隐患。为了防止其他用户随意修改系统设置，可以通过设置注册表来禁用控制面板，具体操作步骤如下。

STEP 1 打开【注册表编辑器】窗口，定位到注册表中的以下路径并选择【Explorer】子键。如果不存在该子键，则需要手动创建。

`HKEY_CURRENT_USER\Software\Microsoft\Windows\CurrentVersion\Policies\Explorer`

STEP 2 在右侧窗格中双击名为【NoControlPanel】的键值，然后在打开的对话框中将该键值的数据设置为 1，如图 31-25 所示。该键值的数据类型为 REG_SZ，如果不存在该键值，则需要手动创建。

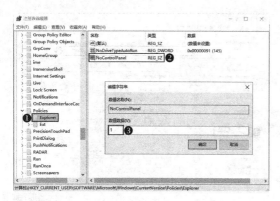

图31-25　设置【NoControlPanel】键值

31.4.6　禁用 UAC 功能

虽然可以在用户账户控制设置界面中关闭 UAC 功能，但是如果希望彻底禁用该功能，则需要通过设置注册表来实现，具体操作步骤如下。

STEP 1 打开【注册表编辑器】窗口，定位到注册表中的以下路径并选择【System】子键。如果不存在该子键，则需要手动创建。

```
HKEY_LOCAL_MACHINE\SOFTWARE\Microsoft\
Windows\CurrentVersion\Policies\System
```

STEP 2 在右侧窗格中双击名为【EnableLUA】的键值，然后在打开的对话框中将该键值的数据设置为 0，如图 31-26 所示。该键值的数据类型为 REG_DWORD，如果不存在该键值，则需要手动创建。

图31-26　设置【EnableLUA】键值

31.4.7　禁用系统还原功能

虽然可以在【系统属性】对话框的【系统保护】选项卡中关闭系统还原功能，但是用户仍然可以随时启用该功能。如果希望彻底禁用系统还原功能，则需要在注册表中进行设置，具体操作步骤如下。

STEP 1 打开【注册表编辑器】窗口，定位到注册表中的以下路径并选择【SystemRestore】子键。

如果不存在该子键，则需要手动创建。

```
HKEY_LOCAL_MACHINE\SOFTWARE\Policies\
Microsoft\Windows NT\SystemRestore
```

STEP 2 在右侧窗格中双击名为【DisableSR】的键值，然后在打开的对话框中将该键值的数据设置为 1，如图 31-27 所示。该键值的数据类型为 REG_DWORD，如果不存在该键值，则需要手动创建。

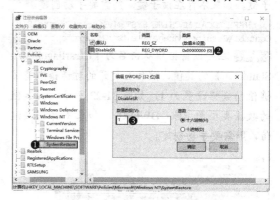

图31-27　设置【DisableSR】键值

31.4.8　禁用扩展名为 .reg 的文件

由于可以将扩展名为 .reg 的文件导入注册表中，因此如果 .reg 文件中包含的注册表设置项目存在某些问题，那么在将该文件导入注册表后很可能会导致系统出现不可预料的后果。可以通过设置注册表来禁止使用扩展名为 .reg 的文件，具体操作步骤如下。

STEP 1 打开【注册表编辑器】窗口，定位到注册表中的以下路径并选择【.reg】子键。如果不存在该子键，则需要手动创建。

```
HKEY_LOCAL_MACHINE\SOFTWARE\Classes\.reg
```

STEP 2 在右侧窗格中双击名为【（默认）】的键值，然后在打开的对话框中将该键值的数据设置为 txtfile，如图 31-28 所示。

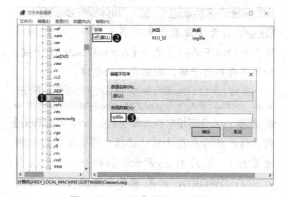

图31-28　设置【（默认）】键值

31.4.9 禁用命令提示符窗口

为了保护系统的稳定和安全，用户可能不希望别人通过【命令提示符】窗口来运行系统命令。通过设置注册表可以禁用【命令提示符】窗口，具体操作步骤如下。

STEP 1 打开【注册表编辑器】窗口，定位到注册表中的以下路径并选择【System】子键。如果不存在该子键，则需要手动创建。

`HKEY_CURRENT_USER\Software\Policies\Microsoft\Windows\System`

STEP 2 在右侧窗格中双击名为【DisableCMD】的键值，然后在打开的对话框中将该键值的数据设置为 1，如图 31-29 所示。该键值的数据类型为 REG_DWORD，如果不存在该键值，则需要手动创建。

图31-29 设置【DisableCMD】键值

设置好以后打开【命令提示符】窗口，在该窗口中会显示图 31-30 所示的提示信息，说明【命令提示符】窗口已被禁用。如果要重新启用【命令提示符】窗口，需要将【DisableCMD】键值设置为 0。

图31-30 禁用【命令提示符】窗口

31.4.10 禁用 USB 设备

即使禁用了本地计算机中的某些功能，但是可能仍然无法阻止来自外部设备对系统的威胁，最主要的来源之一是 USB 设备。为了加强系统安全，可以通过设置注册表来禁用所有连接到计算机的 USB 设备，具体操作步骤如下。

STEP 1 打开【注册表编辑器】窗口，定位到注册表中的以下路径并选择【USBSTOR】子键。如果不存在该子键，则需要手动创建。

`HKEY_LOCAL_MACHINE\SYSTEM\CurrentControlSet\Services\USBSTOR`

STEP 2 在右侧窗格中双击名为【Start】的键值，然后在打开的对话框中将该键值的数据设置为 4，如图 31-31 所示。该键值的数据类型为 REG_DWORD，如果不存在该键值，则需要手动创建。

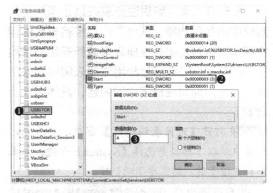

图31-31 设置【Start】键值

> 提示 如果要重新启用USB设备，需要将【Start】键值设置为3。

31.4.11 禁止远程修改注册表

为了增强注册表的安全，避免网络中的其他用户远程修改本地计算机中的注册表，可以通过设置注册表来禁止远程修改注册表，具体操作步骤如下。

STEP 1 打开【注册表编辑器】窗口，定位到注册表中的以下路径并选择【winreg】子键。如果不存在该子键，则需要手动创建。

`HKEY_LOCAL_MACHINE\SYSTEM\CurrentControlSet\Control\SecurePipeServers\winreg`

STEP 2 在右侧窗格中双击名为【RemoteRegAccess】的键值，然后在打开的对话框中将该键值的数据设置为 0，如图 31-32 所示。该键值的数据类型为 REG_DWORD，如果不存在该键值，则需要手动创建。

图31-32 设置【RemoteRegAccess】键值

图31-33 设置【DisableRegistryTools】键值

31.4.12 禁用注册表编辑器

虽然可以通过编辑注册表来禁止用户使用系统中的各种功能，这也意味着经验丰富的用户同样可以通过编辑注册表来重新开启被禁用的各种功能。可以通过禁用注册表编辑器来防止其他用户编辑注册表中的内容，具体操作步骤如下。

STEP 1 打开【注册表编辑器】窗口，定位到注册表中的以下路径并选择【System】子键。如果不存在该子键，则需要手动创建。

```
HKEY_CURRENT_USER\Software\Microsoft\
Windows\CurrentVersion\Policies\System
```

STEP 2 在右侧窗格中双击名为【DisableRegistryTools】的键值，然后在打开的对话框中将该键值的数据设置为 1，如图 31-33 所示。该键值的数据类型为 REG_DWORD，如果不存在该键值，则需要手动创建。

设置好以后按【Windows 徽标 +R】组合键打开【运行】对话框，输入 "regedit.exe" 命令后按【Enter】键，将会弹出图 31-34 所示的对话框，说明注册表编辑器已被禁用。

如果要重新启用注册表编辑器，需要打开【本地组策略编辑器】窗口，在左侧窗格中定位到以下路径并选择【系统】节点，然后双击右侧窗格中的【阻止访问注册表编辑工具】策略，如图 31-35 所示。在打开的对话框中选中【已禁用】单选按钮，然后单击【确定】按钮。

用户配置 \ 管理模板 \ 系统

图31-34 禁用注册表编辑器

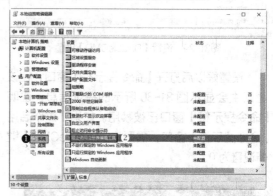

图31-35 设置【阻止访问注册表编辑工具】策略

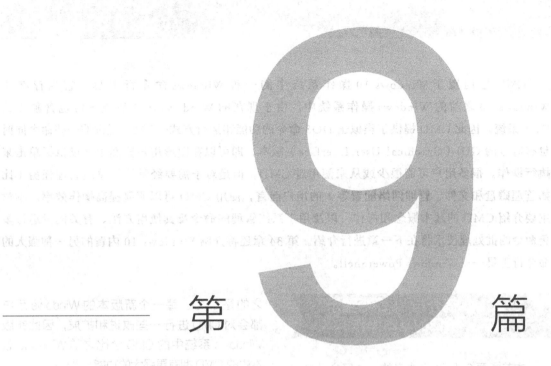

第 **9** 篇

命令行与脚本

本篇主要介绍在 Windows 10 中使用 CMD 命令行工具与批处理技术、Windows PowerShell 以及 VBScript 脚本对系统进行管理的方法。该篇包括以下 4 章：

第 32 章　CMD 命令行与系统管理

第 33 章　使用批处理文件自动执行命令

第 34 章　使用 Windows PowerShell

第 35 章　使用 VBScript 编写 Windows 脚本

Chapter 32
CMD 命令行与系统管理

CMD 是内置于 Windows 10 操作系统中的一种 Windows 命令行工具，它也存在于 Windows 10 之前的 Windows 操作系统中。由于现在的 Windows 操作系统不再包含独立的 DOS 系统，因此 CMD 提供了类似于 DOS 命令的功能和运行方式。CMD 提供的一些命令同时也有对应的 GUI（Graphical User Interface）版本，即可以在图形用户界面中通过鼠标单击来执行操作。很多用户可能很少或从未使用过 CMD，但是对于需要经常执行系统管理任务（比如管理磁盘和文件、管理网络配置等）的用户而言，使用 CMD 可以明显提高操作效率。本章主要介绍 CMD 的基本概念和操作，以及用于系统管理的命令及其使用方法。有关批量运行多条命令的批处理技术将在下一章进行介绍。第 34 章还将介绍 Windows 10 内置的另一种强大的命令行工具——Windows PowerShell。

32.1 CMD 简介与【命令提示符】窗口的基本操作

本节主要介绍 CMD 本身的一些概念及其相关的【命令提示符】窗口的基本操作，包括打开【命令提示符】窗口以及对【命令提示符】窗口环境进行配置的方法，最后还介绍了管理 CMD 启动方式方面的内容。

32.1.1 早期的 DOS 与 Windows 系统中的 CMD

DOS（Disk Operating System，磁盘操作系统）是一个大家族，其中以微软的 MS-DOS 最为出名（为了便于描述，下面的内容中如不特别说明，DOS 指的都是微软的 MS-DOS）。早期的 DOS 是一个独立的操作系统，后来的 Windows 95、Windows 98 等 Windows 操作系统也是以 DOS 为基础的。在这些 Windows 操作系统中提供了两种界面环境，一种是 Windows 图形界面，另一种是 DOS 命令行界面。虽然 DOS 混合在 Windows 系统中，但是此时的 DOS 仍然是以独立的身份存在，即所谓的纯 DOS。

随着 Windows 系统的不断发展，现在的 Windows 系统已经不再包含纯 DOS，取而代之的是 CMD。每一个新版本的 Windows 系统都会对 CMD 进行一些改进和扩展，因此新版 Windows 系统中的 CMD 会比之前 Windows 版本中的 CMD 拥有更强大的功能。

在 Windows 10 任务栏的搜索框中输入"cmd"命令后按【Enter】键，将会打开如图 32-1 所示的【命令提示符】窗口。如果使用过早期的 DOS，那么就会发现【命令提示符】窗口与早期的 DOS 界面有些类似，但是实际上它们存在着本质的区别。【命令提示符】窗口以及在其中输入并运行命令是由一个名为 cmd.exe 的程序来进行管理的，而早期的 DOS 命令程序是 command.com。可以将 cmd.exe 和 command.com 这样的程序称为 shell。shell 是用户与操作系统进行交互的一种中介环境。shell 通常是一个命令解释器，它接收用户输入的命令，然后调用相应的程序来执行指定的操作。cmd.exe 是 Windows 命令 shell，而 command.com 则是 DOS 命令 shell。

 可以使用多种方法打开【命令提示符】窗口，具体内容将在本章 32.1.3 节进行详细介绍。有关在【命令提示符】窗口中输入命令的方法，请参考本章 32.2 节。

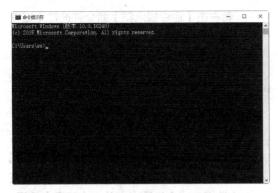

图32-1　Windows系统中的【命令提示符】窗口

cmd.exe 支持 32 位和 64 位两种环境。在 32 位的 Windows 操作系统中，cmd.exe 位于 %SystemRoot%\System32 文件夹中；在 64 位的 Windows 操作系统中，64 位的 cmd.exe 位于 %SystemRoot%\System32 文件夹中，而 32 位的 cmd.exe 位于 %SystemRoot%\SysWOW64 文件夹中。

可以在 32 位的 Windows 操作系统中运行 16 位的 command.com 程序，但是需要先安装 NTVDM（Windows NT Virtual DOS Machine，Windows NT 虚拟 DOS 机）组件。如果还没有安装 NTVDM，那么在 32 位的 Windows 操作系统的【命令提示符】窗口中运行 "command.com" 命令后，将会弹出如图 32-2 所示的对话框，选择【安装此功能】选项进行安装即可。如果已经安装了 NTVDM，那么即可启动 DOS 命令 shell，窗口顶部的标题会显示为 "命令提示符 -command"，如图 32-3 所示。与 32 位的 Windows 操作系统不同，64 位的 Windows 操作系统不支持运行 command.com。

图32-2　安装NTVDM组件

图32-3　启动的DOS命令shell

如果要退出 DOS 命令 shell，只需输入 "exit" 命令后按【Enter】键即可。

32.1.2　CMD 的两种工作模式与命令类型

打开【命令提示符】窗口后可以看到一个闪烁的光标，光标左侧显示了当前的工作目录。如果是以普通权限打开的【命令提示符】窗口，那么当前的工作目录就是当前用户的个人文件夹，即 %UserProfile%；如果是以管理员权限打开的【命令提示符】窗口，那么当前的工作目录将会是 %SystemRoot%\System32。

在CMD中，通常将Windows图形界面中的"文件夹"称为"目录"。

CMD 可以在以下两种模式下接收和处理用户输入的命令。

◆ 交互模式：这是使用过 CMD 的大多数用户所熟悉的方式。交互是指用户输入一条命令并按【Enter】键后，CMD 才会运行这条命令。运行完一条命令后，CMD 会停下来以等待用户输入下一条命令。例如，输入 "cls" 命令后按【Enter】键将会清除【命令提示符】窗口中的所有内容。

◆ 批处理模式：除了交互模式外，CMD 还支持批处理模式。在批处理模式下，用户需要先编写好要运行的所有命令，并将所有内容保存到具有特定格式类型的批处理文件中。然后运行这个批处理文件，CMD 将会自动读取并运行文件中的每一条命令，直到文件中的最后一条命令为止。批处理模式下的 CMD 不需要与用户进行任何交互，就可以自动运行批处理文件中的所有命令。

> **交叉参考** 有关批处理的更多内容，请参考本书第 33 章。

本地命令是指内置于 Windows 操作系统中的命令，本地命令包括以下两种。

◆ 内部命令：内部命令存在于命令 shell 内部，即位于 cmd.exe 程序中，内部命令中的每一个命令没有自己的可执行文件。

◆ 外部命令：外部命令通常位于 %SystemRoot%\System32 文件夹中，每个外部命令都有与其对应的可执行文件。例如，Xcopy 命令的可执行文件为 xcopy.exe。

32.1.3 打开【命令提示符】窗口

在本章前面的内容中已经接触过【命令提示符】窗口，它为用户使用 CMD 提供了界面环境。可以使用以下几种方法以普通权限打开【命令提示符】窗口。

◆ 右击【开始】按钮，然后在弹出的菜单中选择【命令提示符】命令。

◆ 单击【开始】按钮，在打开的【开始】菜单中选择【所有应用】命令，然后在所有程序列表中选择【Windows 系统】⇨【命令提示符】命令。

◆ 右击【开始】按钮，在弹出的菜单中选择【运行】命令，然后在打开的【运行】对话框中输入"cmd"命令后按【Enter】键。

◆ 在任务栏中的搜索框中输入"cmd"命令后按【Enter】键。

以普通权限打开的【命令提示符】窗口如图 32-4 所示，窗口顶部的标题显示为"命令提示符"。

用户还可以打开具有管理员权限的【命令提示符】窗口，这样可以进行更深层次的系统管理任务，为此可以使用以下几种方法。

◆ 右击【开始】按钮，然后在弹出的菜单中选择【命令提示符（管理员）】命令。

◆ 单击【开始】按钮，在打开的【开始】菜单中选择【所有应用】命令，然后在所有程序列表中选择【Windows 系统】，接

着右击【命令提示符】命令并选择【以管理员身份运行】命令。

◆ 在任务栏中的搜索框中输入"cmd"命令，然后在显示的搜索结果列表中右击【命令提示符】，接着在弹出的菜单中选择【以管理员身份运行】命令。

◆ 在桌面上创建一个命令提示符的快捷方式，然后右击这个快捷方式并选择【属性】命令，打开命令提示符的属性对话框。在【快捷方式】选项卡中单击【高级】按钮，在打开的对话框中选中【用管理员身份运行】复选框，如图 32-5 所示，然后单击两次【确定】按钮。以后双击这个快捷方式时将会始终以管理员权限打开【命令提示符】窗口。

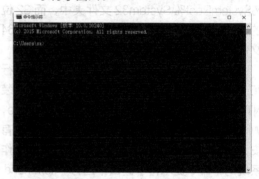

图32-4　以普通权限打开的【命令提示符】窗口

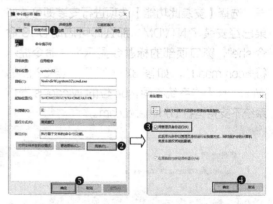

图32-5　为快捷方式配置管理员权限选项

> **提示** 如果当前登录系统的用户不是管理员账户，那么在以管理员权限打开【命令提示符】窗口时会显示 Windows 身份验证提示信息，选择要使用的管理员账户并输入正确的密码以后才能以管理员权限打开【命令提示符】窗口。

以管理员权限打开的【命令提示符】窗口如图 32-6 所示,窗口顶部的标题多了"管理员"3个字。只要是以管理员权限打开的【命令提示符】窗口,标题的开头都会附加"管理员"3个字,这样就可以明确地提醒用户当前打开的【命令提示符】窗口具有管理员权限。

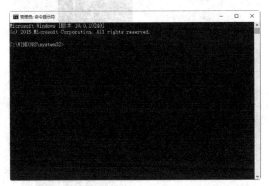

图32-6 以管理员权限打开的【命令提示符】窗口

除了使用前面介绍的方法打开【命令提示符】窗口以外,还可以在文件资源管理器中打开【命令提示符】窗口。这种方式的好处就在于可以使任意文件夹作为打开【命令提示符】窗口后显示的当前工作目录。首先打开文件资源管理器,然后按住【Shift】键再右击要作为当前工作目录的文件夹,接着在弹出的菜单中选择【在此处打开命令窗口】命令,如图 32-7 所示。

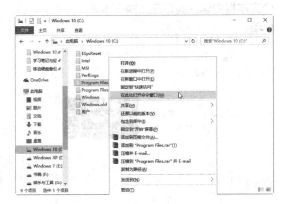

图32-7 选择【在此处打开命令窗口】命令

有时还可能需要从当前的【命令提示符】窗口中再打开一个新的【命令提示符】窗口,为此可以输入下面这条命令:

```
start cmd
```

可以通过指定额外的命令行选项来控制 CMD 的启动选项,具体内容请参考本章 32.1.5 节。有关在【命令提示符】窗口中输入与编辑命令的更多内容,请参考本章 32.2 节。

如果不再使用【命令提示符】窗口,可以使用以下几种方法将其关闭。实际上后 3 种方法适用于关闭 Windows 系统中的任何一个窗口。

◆ 在【命令提示符】窗口中输入"exit"命令后按【Enter】键。

◆ 单击【命令提示符】窗口右上角的关闭按钮 ×。

◆ 右击【命令提示符】窗口顶部的标题栏,然后在弹出的菜单中选择【关闭】命令。

◆ 按【Alt+F4】组合键。

32.1.4 设置【命令提示符】窗口的外观和编辑选项

【命令提示符】窗口具有 Windows 系统中标准窗口的外观特征与操作方式,也正因为这点,所以【命令提示符】窗口与早期的 DOS 界面有很大的不同。例如,用户可以通过拖动【命令提示符】窗口中的滚动条查看窗口当前显示区域以外的内容,这意味着可以看到在窗口打开期间所输入的命令以及由这些命令产生的输出信息。可以按【Alt+Enter】组合键让【命令提示符】窗口以全屏的方式运行,这样看上去更像早期的 DOS 界面。在全屏模式下按【Alt+Enter】组合键可以返回窗口模式。

用户可以根据个人习惯对【命令提示符】窗口的一些属性进行设置,包括窗口的背景色和字体颜色、字体及其大小、窗口的尺寸和启动后的位置,以及一些编辑选项。用户如要访问【命令提示符】窗口的属性配置选项,可以右击【命令提示符】窗口顶部的标题栏,然后在弹出的菜单中选择【属性】命令。在打开的命令提示符属性对话框中包括 4 个选项卡,下面介绍了这几个选项卡的功能以及其中的一些重要选项。

1.【选项】选项卡

在【选项】选项卡中可以设置【命令提示符】窗口中的光标大小、命令的选择与编辑方式等选项，如图 32-8 所示。在设置中以下几个选项可能会经常用到。

◆ 快速编辑模式：如果想要在【命令提示符】窗口中使用鼠标进行选择，那么需要选中【快速编辑模式】复选框。取消选中该复选框则会禁用鼠标的选择功能。

◆ 扩展的文本选择键：如果想要在【命令提示符】窗口中使用键盘进行选择，那么需要选中【扩展的文本选择键】复选框。取消选中该复选框则会禁用键盘的选择功能。

◆ 插入模式：如果发现在输入命令的同时会自动删除光标右侧的内容，那么需要选中【插入模式】复选框。

◆ 缓冲区大小：【缓冲区大小】文本框中的数值决定了 CMD 可以记录用户曾经输入过的命令的数量，这样用户在使用相同或相似命令时就可以通过历史命令快速输入并稍作修改，而不需要重新进行完整的输入。用户可以根据需要将该值设置为适当的数值。

图32-8 【选项】选项卡

> **交叉参考** 有关使用鼠标选择和复制命令的方法，请参考本章 32.2.6 节。有关使用历史命令的方法，请参考本章 32.2.5 节。

2. 【字体】选项卡

在【字体】选项卡中可以设置【命令提示符】

窗口中的内容的字体类型及其大小，如图 32-9 所示。将字体变大时【命令提示符】窗口也会随之自动变大。

图32-9 【字体】选项卡

3. 【布局】选项卡

在【布局】选项卡中可以设置屏幕缓冲区大小、【命令提示符】窗口的大小及其启动后的位置，如图 32-10 所示。每次打开【命令提示符】窗口时，系统会自动指定窗口所处的位置。然而用户可能每次都要将窗口移动到自己习惯的显示位置上。为了在每次打开【命令提示符】窗口时可以自动显示在适当的位置上，可以取消【由系统定位窗口】复选框，然后在【左】和【上】两个文本框中输入窗口左上角在屏幕中的位置的坐标值。

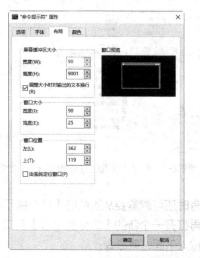

图32-10 【布局】选项卡

窗口的【高度】和【宽度】决定了【命令提示符】窗口自身的尺寸，尺寸越大，在窗口的可视范围内显示的内容越多，其他未显示的内容可以拖动滚动条进行查看。【屏幕缓冲区大小】中的【高度】决定了 CMD 为用户保留的未显示在窗口可视范围内的内容量。图 32-11 所示为在尺寸相同的【命令提示符】窗口状态下，将【高度】设置为 100 和 900 的效果对比。通过窗口右侧的垂直滚动条的长度可以看出将【高度】设置为 100 时垂直滚动条相对较长，这说明拖动垂直滚动条不会查看到太多内容，而将【高度】设置为 900 时，则可以通过拖动垂直滚动条查看到更多内容。

图32-11　设置屏幕缓冲区大小

4. 【颜色】选项卡

在【颜色】选项卡中可以设置【命令提示符】窗口的背景色以及其中所包含的内容的字体颜色，如图 32-12 所示。【屏幕文字】和【屏幕背景】两项针对于命令提示符窗口本身进行设置，而【弹出文字】和【弹出窗口背景】两项则针对于在【命令提示符】窗口中运行命令时所弹出的对话框中的文字颜色和对话框背景色进行控制。无论设置哪种颜色，都可以通过指定颜色的 R、

G、B 值来精确设置颜色。

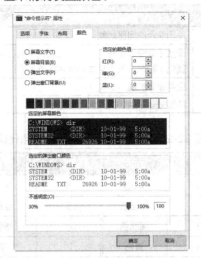

图32-12　【颜色】选项卡

> **注意** 对【命令提示符】窗口进行的设置仅对用于打开当前【命令提示符】窗口的方法有效。例如，如果对使用右击【开始】按钮⊞并选择【命令提示符】命令的方法所打开的【命令提示符】窗口进行了设置，那么使用在搜索框中输入"cmd"命令的方法所打开的【命令提示符】窗口将不会应用相同的设置。

如果希望恢复到【命令提示符】窗口的默认设置，那么可以右击【命令提示符】窗口顶部的标题栏，然后在弹出的菜单中选择【默认值】命令。此时会自动打开命令提示符属性对话框，其中的所有设置都会自动恢复为其默认状态，直接单击【确定】按钮即可。

32.1.5　管理 CMD 的启动方式

通过使用带有命令行选项的 Cmd 命令，可以设置【命令提示符】窗口的启动方式。命令行选项是一个命令可以使用的附加选项，用于指示命令的操作方式或想要进行的某个设置。表 32-1 列出了 Cmd 命令的一些基本的命令行选项及其说明，表 32-2 列出了与 /t 选项一起使用的颜色代码。

表 32-1　Cmd 命令的一些基本的命令行选项及其说明

选项	说明
/c	运行完指定命令后自动关闭【命令提示符】窗口
/k	运行完指定命令后不关闭【命令提示符】窗口

续表

选项	说明
/q	关闭命令的回显功能
/t:fg	设置【命令提示符】窗口的背景色（窗口内部的颜色）和前景色（文本的字体颜色）
/e:on	启用命令扩展
/e:off	禁用命令扩展

表 32-2　与 /t 选项一起使用的颜色代码

值	颜色	值	颜色
0	黑色	8	灰色
1	深蓝色	9	蓝色
2	深绿色	A	绿色
3	青色	B	青绿色
4	深红色	C	红色
5	紫色	D	粉红色
6	深黄色	E	黄色
7	浅灰色	F	白色

交叉参考　如果对命令的输入与编辑方法还不熟悉，可以先阅读本章 32.2 节中的内容。

例如，下面这条命令将【命令提示符】窗口的背景色设置为白色，将文本的字体颜色设置为黑色。运行该命令后的结果如图 32-13 所示。

```
cmd /t:f0
```

图32-13　设置命令提示符窗口的背景色和前景色

下面这条命令将在运行指定的批处理文件时禁用 CMD 命令扩展，这对于不兼容命令扩展的早期创建的批处理文件而言会非常有用。

```
cmd /e:off myoldbatch.bat
```

注意 使用带有命令行选项的 Cmd 命令所打开的【命令提示符】窗口，通过命令行选项对窗口进行的设置仅对本次打开的窗口有效。下次使用本章 32.1.3 节介绍的方法打开【命令提示符】窗口时并不会保留之前使用带有命令行选项的 cmd 命令打开的【命令提示符】窗口所拥有的设置结果。

32.2 命令的输入与编辑

CMD 中几乎所有的操作都与输入和编辑命令有关，本节将会详细介绍在 CMD 中输入和编辑命令的基本方法和一些技巧性内容。掌握这些内容不但可以减少输入错误，而且还可以提高输入效率。

32.2.1　理解 CMD 处理命令的方式

与在 Windows 图形界面中使用菜单和按钮的操作方式不同，在 CMD 中运行的命令和程序都需要以文本的形式输入，命令和程序的输出结果也会逐行显示在【命令提示符】窗口中。这意味着用户在使用 CMD 的过程中几乎都在与输入命令打交道。CMD 最基本的工作是读取类似下面这种形式的命令，命令名称与其参数或选项之间使用一个空格隔开。

命令名称　参数或选项

如果用户输入的是 CMD 的内部命令，那么 CMD 就会直接运行这个命令而不会去查找与命令对应的可执行文件，这是因为内部命令包含在 cmd.exe 程序中，没有相应的可执行文件。如果输入的不是内部命令，CMD 将会查找是否存在与用户所输入的命令对应的可执行文件。如果找到，则会让 Windows 系统运行这个可执行文件。

查找非内部命令的工作首先会在当前目录中进行，如果未找到，则会在一个称为"搜索路径"的列表中进行查找。如果输入了扩展名为 .bat 或 .cmd 的文件，CMD 会将它们作为批处理文件对待并自动解释它们。对于其他类型的文件，CMD 通过 Windows 注册表来查找文件关联信息并确定用于运行这些文件所对应的程序或适当的方式。默认的搜索路径包括 %SystemRoot% 中的几个子文件夹。用户可以设置搜索路径列表中包含的路径，以便添加希望被 CMD 搜索到的路径。

　有关搜索路径和文件关联的更多内容，请参考本章 32.3 节。

每个打开的【命令提示符】窗口都有一个当前目录，它是查找文件的起始位置。CMD 中的当前目录的概念类似于 Windows 图形界面中的默认文件夹。以普通权限打开的【命令提示符】

窗口，其当前目录默认为当前登录 Windows 系统的用户的个人文件夹。例如，如果当前登录系统的用户名为 sx，那么在该用户打开的【命令提示符】窗口中显示的当前目录将会是以下内容（假设 Windows 系统安装在 C 盘）：

```
C:\Users\sx>
```

如果是以管理员权限打开的【命令提示符】窗口，那么其当前目录将会是以下内容：

```
C:\WINDOWS\system32>
```

在【命令提示符】窗口中，将包括 > 符号在内的当前目录称为"命令提示符"或"提示符"，> 符号右侧闪烁的光标表示当前 CMD 正在等待用户输入命令。

> **提示**　由于提示符会根据当前的目录而变化，而且每个用户的名称也并不相同，因此本章以及下一章在介绍输入的命令时不会给出提示符的内容，而直接给出完成某个功能所需使用的命令及其参数和选项信息。

32.2.2　查看命令的帮助信息

CMD 包含数量众多的命令，很多命令又包含大量的参数和命令行选项，记住每一个命令的功能、参数、命令行选项以及具体用法并不容易。CMD 提供了每个命令的帮助信息，其中包括命令的语法格式、包含的参数、命令行选项及其详细说明，以及在使用命令时的一些注意事项。用户可以通过帮助信息对命令的功能和使用方法有一个详细的了解，并可以使用以下两种方法显示命令的帮助信息。

- ◆ 使用 Help 命令查看指定命令的帮助信息。例如，可以输入下面这条命令来查看用于管理 CMD 启动方式的 Cmd 命令的用法，运行这个命令会在【命令提示符】窗口中显示如图 32-14 所示的结果。Help 与要查看的命令之间必须保留一个空格。

```
help cmd
```

- ◆ 也可以使用下面的方式来查看指定命令的帮助信息。这种方式需要先输入要查看的命令名称，然后输入"/?"。两部分之间保留一个空格不是必需的，但是保留一个空格可以使整个命令看起来更清晰。

```
cmd /?
```

如果运行不带任何命令行选项的 Help 命令，将会显示图 32-15 所示的常用命令列表，可以通过此列表查看每个命令的名称和功能。对于知道命令的拼写但不知道命令的功能，或者知道想要实现什么功能但不知道该用什么命令这两种情况而言，该命令列表都非常有用。

图32-14　查看命令的帮助信息

图32-15　常用命令列表

32.2.3　输入和编辑命令

虽然到目前为止还没有正式介绍过在【命令提示符】窗口中输入命令的方法，但是在本章前面的内容中已经不止一次输入并运行过命令，而无论命令具有何种用途。在【命令提示符】窗口中输入命令的过程非常简单，只需在提示符中输入命令的名称并按【Enter】键，即可运行这个命令。例如，输入"help"命令后按【Enter】键会显示常用命令列表。实际上如果想要完成一些更有意义的工作，通常都需要为命令附加选项才行，而不只是输入一个命令这么简单。

本章 32.2.1 节曾经介绍过当前目录的概念。上面示例中的命令的运行结果并不关心当前目录的位置，因为运行这个命令后总是会显示常用命令列表，与当前目录无关。但是对于大多数命令而言，所处理的内容都是针对于当前目录进行的。例如，Dir 命令用于显示当前目录中包含的所有文件和文件夹的名称及其相关信息。图 32-16 中的左图显示了位于用户 sx 的个人文件夹中的内容，而右图显示了位于 %SystemRoot%\System32 文件夹中包含的内容。从两张分图中可以看出，Dir 命令的运行结果依赖于当前目录的位置。

图32-16 Dir命令用于显示当前目录中包含的内容

在实际应用中，一条命令可能会包含很多内容，比如命令的名称以及与其相关的一个或多个参数或选项。在输入命令的过程中出现错误在所难免，可以在按下【Enter】键运行命令之前修改已输入的内容。下面列出了编辑命令的常用方法。

◆ 使用左箭头键将光标向左移动一个字符，使用右箭头键将光标向右移动一个字符。

◆ 使用【Home】键将光标移动到一行命令的开头，使用【End】键将光标移动到一行命令的结尾。

◆ 使用【Backspace】键删除光标左侧的一个字符，使用【Delete】键删除光标右侧

的一个字符。

◆ 默认情况下，在光标右侧还有内容时，在光标位置输入新内容后，光标右侧的内容会自动向右移动，以便将新内容插入光标位置。这种输入方式称为"插入模式"。可以按【Insert】键切换到覆盖（或改写）模式，这样在光标位置输入新内容时会自动覆盖掉光标位置上的原内容，相当于直接对光标位置上的原内容进行修改。

◆ 完成对命令的修改后，可以在一行命令的任意位置按【Enter】键运行这条命令。

> **注意** 如果只是想要修改命令中的内容，而不是使用历史命令，那么在修改命令的过程中一定不要使用上箭头键和下箭头键，否则会使用历史命令取代当前正在修改的命令。历史命令的使用方法将在本章32.2.5节进行介绍。

32.2.4 在命令中指定参数

参数是命令要处理的对象或数据。很多命令都带有参数，而且可能包含不止一个参数。例如，Del 命令用于删除指定的文件，直接输入 Del 命令毫无意义，只有为 Del 命令提供要删除的文件的路径和名称才能执行删除操作。此处的路径和名称就是 Del 命令的参数。例如，下面这条命令将会删除 D 盘根目录中名为"测试 .txt"的文本文件。

```
del d:\ 测试 .txt
```

如果需要为命令提供多个参数，那么各参数之间使用空格进行分隔。例如，下面这条命令删除 D 盘根目录中名为"测试 1"和"测试 2"的两个文本文件。

```
del d:\ 测试 1.txt d:\ 测试 2.txt
```

如果在参数的内容中包含空格，那么需要使用一对双引号将参数的内容包围起来，下面这条命令说明了这种用法：

```
del "d:\my document\ 测试 .txt"
```

除了参数，很多命令还带有一些命令行选项，它们通常都是由一个斜线（/）加一个字母组成，命令行选项为命令提供了特定的操作方式。例如，在上面的删除文件的示例中，如果希望在删除文件之前先给用户发出确认信息，那么可以在 Del 命令中使用 /p 选项，命

令如下：

```
del /p d:\测试.txt
```

32.2.5 使用历史命令简化命令的输入

CMD 会自动记录用户在【命令提示符】窗口中输入并运行过的命令，这个功能称为命令历史缓存。如果只是输入了某个命令，但是没有按【Enter】键运行该命令，那么 CMD 不会将这个命令保存到历史命令列表中。如果关闭了当前的【命令提示符】窗口，那么在该窗口中记录的历史命令也将消失。这意味着如果打开了另一个【命令提示符】窗口，那么在该窗口中无法使用上一个【命令提示符】窗口中的历史命令，历史命令仅对同一个【命令提示符】窗口有效。

> **提示**
> 在本章32.1.4节介绍【命令提示符】窗口的选项设置时，其中有一个选项是【缓冲区大小】，该选项用于指定CMD可以保存的历史命令的最大数量，其默认值为50，用户可以根据需要修改这个数值。

使用历史命令可以快速输入以前曾经使用过的命令，也可以对以前的命令进行修改，以便快速得到另一条类似的命令。可以通过下面几种方法使用历史命令。

- ◆ 使用上箭头键和下箭头键在历史命令列表中滚动，当显示想要使用的命令后，按【Enter】键将会运行该命令。
- ◆ 使用【PageUp】键输入历史命令列表中的第一个命令，使用【PageDown】键输入历史命令列表中的最后一个命令。
- ◆ 如果想要快速确定并输入要使用的历史命令，可以在【命令提示符】窗口中按【F7】键，打开图 32-17 所示的历史命令列表。使用上箭头键和下箭头键在列表中选择要使用的命令，然后按【Enter】键输入并运行所选命令。如果只想输入历史命令而不想运行命令，那么可以按【F9】键，然后通过输入列表中要使用的命令左侧显示的数字编号来选择相应的命令，如图 32-18 所示，按【Enter】键后会将所选命令输入提示符中。如果按【Esc】键，则不会输入任何命令并关闭历史命

令列表。

图32-17　在历史命令列表中选择要使用的命令

图32-18　通过数字编号选择命令

32.2.6 复制和粘贴命令

历史命令虽然有助于用户快速输入最近使用过的命令，但是如果只是想要某个历史命令中包含的部分内容而不是全部内容，那么使用复制和粘贴操作将会提供方便。默认情况下，CMD 允许用户使用鼠标和键盘对【命令提示符】窗口中的内容进行复制和粘贴操作。

> **提示**
> 如果发现在【命令提示符】窗口无法使用鼠标和键盘进行复制和粘贴操作，那么可以使用本章32.1.4节介绍的方法来进行设置。

在【命令提示符】窗口中进行复制和粘贴操作可以使用下面几种方法。

1. 选择

可以使用鼠标或键盘来选择【命令提示符】窗口中的任何内容，方法如下。

- ◆ 使用鼠标：从要选择的内容的起始位置开始，按住鼠标左键并向要选择的内容的结束位置拖动。

◆ 使用键盘：使用鼠标单击要选择内容的起始位置，然后按住【Shift】键的同时使用箭头键逐步扩展选择内容，直到选中所需的内容为止。

◆ 使用键盘：还可以右击【命令提示符】窗口顶部的标题栏，然后在弹出的菜单中选择【编辑】⇨【标记】命令。接着使用箭头键将光标移动到要选择的内容的起始位置，然后按住【Shift】键的同时使用箭头键逐步扩展选择内容，直到选中所需的内容为止。

无论使用哪种方法进行选择，选择过程中选中的内容都会呈高亮显示，同时【命令提示符】窗口顶部的标题开头会显示"选择"二字，如图 32-19 所示。

图32-19　使用鼠标或键盘进行选择

2. 复制

选择好内容后，可以使用以下几种方法将所选内容复制到剪贴板中。

◆ 单击鼠标右键。

◆ 按【Enter】键。

◆ 按【Ctrl+C】组合键。

◆ 右击【命令提示符】窗口顶部的标题栏，然后在弹出的菜单中选择【编辑】⇨【复制】命令。

> **注意**　在【命令提示符】窗口中无法使用剪切功能，这意味着不能在复制内容的同时将其从原位置删除。此外，也不能在【命令提示符】窗口中选中内容后按【Delete】或【Backspace】键删除所有选中的内容。

3. 粘贴

将内容复制到剪贴板以后，接下来就可以将其粘贴到当前提示符所在的命令行中了。如果命令行中没有输入任何内容，那么粘贴后命令行中只有粘贴的内容。如果命令行中已经输入了一些内容，那么可以通过在命令行中移动光标来决定粘贴内容的起始位置。可以使用以下几种方法将剪贴板中的内容粘贴到命令行中。

◆ 单击鼠标右键。

◆ 按【Ctrl+V】组合键。

◆ 右击【命令提示符】窗口顶部的标题栏，然后在弹出的菜单中选择【编辑】⇨【粘贴】命令。

32.2.7　在一行中输入多条命令

CMD 允许用户在一行中输入相互独立的多条命令。这种输入方式需要使用 & 符号来分隔不同的命令。例如，下面的命令虽然位于同一行中，但是实际上包含了 3 条独立的命令。在输入下面这条命令后按【Enter】键，将会按照命令的先后顺序依次执行以下 3 个操作：显示常用命令列表，显示当前目录中包含的内容，删除 D 盘中的一个特定文件。

```
help & dir & del d:\测试.txt
```

上面这条命令等同于在提示符中分别输入的以下 3 条命令，每输入一条命令都需要按一次【Enter】键来运行，而上面的命令只需要按一次【Enter】键即可。

```
help
dir
del d:\测试.txt
```

除了上面介绍的将多条命令单纯地组织到同一行中的方法以外，CMD 还提供了下面两种在同一行中使用多条命令的方法，这两种方法将根据第一条命令是否成功运行来决定是否继续运行同一行中的第二条命令。

◆ 第一条命令成功时才执行第二条命令：使用两个 & 符号（&&）连接两个命令时，只有当 && 符号左侧的命令成功运行后，才会运行 && 符号右侧的命令。例如，下面这条命令表示如果在 D 盘根目录中存在名为"测试"的文件，那么就在【命令提示符】窗口中显示该文件的内容。

```
dir d:\测试.txt && type d:\测试.txt
```

◆ 第一条命令不成功时才运行第二条命令：

使用两个 | 符号（||）连接两个命令时，只有当 || 符号左侧的命令未成功运行时，才会运行 || 符号右侧的命令。例如，下面这条命令表示如果在 D 盘根目录中不存在名为"测试"的文件，那么就删除 E 盘根目录中的同名文件。

```
dir d:\测试.txt || del e:\测试.txt
```

提示 &&和||有时可以代替批处理中的If语句，批处理中的If语句的用法将在本书第33章进行介绍。

32.2.8　组合命令

本章 32.2.7 节曾经介绍过使用 & 符号可以将两个或多个命令连接起来并作为一行命令来使用，每个命令按连接的先后顺序依次运行。但是在某些情况下，使用 & 符号来连接两个或多个命令的方式并不能满足应用需求。

例如，希望将 C 盘和 D 盘的两个根目录中的内容都保存到 E 盘根目录中名为"测试"的文件中，但是在运行下面这条命令后却只能将 D 盘根目录中的内容保存到文件中，而忽略了 C 盘根目录中的内容。

```
dir c:\ & dir d:\ >e:\测试.txt
```

出现这个问题的原因在于 & 符号只是将两个命令连接起来，然后按照连接的先后顺序依次运行每一个命令。这意味着本例中的第一个 Dir 命令先运行并将输出结果显示在【命令提示符】窗口中，而在运行第二个 Dir 命令时才会将输出结果保存到指定的文件中。

交叉参考 "＞"符号用于将命令的输出结果重定向到指定的文件，有关"＞"符号的更多内容，请参考本章 32.4.3 节。

为了实现同时将两个目录中的内容都保存到同一个文件中，需要使用一对圆括号将两个命令组合在一起。虽然组合后的两个命令仍然会按先后顺序来运行，但是这些命令的运行结果会被作为一个整体来输出，这样就可以确保两个目录中的内容都被保存到同一个文件中。

```
(dir c:\ & dir d:\) >e:\测试.txt
```

可以使用一对圆括号组合更多命令，比如下面的形式：

```
(dir c:\ & dir d:\ & dir f:\ & dir
g:\) >e:\测试.txt
```

交叉参考 组合命令除了可用于位于一行中的多个命令以外，还经常组合位于多行中的命令，这种用法常见于 If 语句中。

如果在提示符中输入组合命令时没有输入一对圆括号中的右括号，那么在按下【Enter】键后将会显示下面的提示信息，此时只需继续输入表示组合结束的右括号并按【Enter】键即可。

```
More?
```

32.2.9　通过转义符号来使用特殊字符

从本章前面的内容中可能已经注意到在 CMD 中存在着一些具有特殊含义的字符，比如（、）、& 以及后面将要介绍的 <、|、> 等，这些字符在 CMD 中具有特殊用途。如果希望将这些特殊字符作为普通文本来显示和输出，那么需要在这些字符的左侧使用转义符号（^）。例如，如果希望在命令提示符窗口中显示"&what's your name&"，那么需要在每一个 & 符号左侧添加一个 ^ 符号。

```
echo ^&what's your name^&
```

如果以下面的形式输入命令，即在 & 符号左侧没有添加 ^ 符号，那么将会显示错误提示信息。这是因为 & 符号的功能是用于连接两个 CMD 命令，而以"what's"开头的内容并不是有效的 CMD 命令。

```
echo &what's your name&
```

交叉参考 Echo 命令用于设置内容的显示方式，有关该命令的具体用法，请参考本书第 33 章。

32.2.10　暂停或终止正在运行的程序

有时在运行某个命令后，由于包含大量的输出信息而无法完整地显示在一个屏幕内，而导致输出信息在屏幕中逐页滚动显示，还没看完一页的内容就已经滚动到下一页。为了解决这个问题，可以在显示了一些内容后按【Ctrl+S】组合键暂停屏幕的滚动，在看完屏幕中的内容后再按【Ctrl+S】组合键继续滚动。

如果想要在程序运行期间临时终止程序的运

行，那么可以按【Ctrl+C】组合键。如果这种方法未起作用，那么可以尝试按【Ctrl+Break】组合键。如果以上两种终止程序运行的方法都没生效，那么还可以单击【命令提示符】窗口右上角的关闭按钮直接关闭该窗口。

32.3 设置搜索路径与文件关联

对于用户在提示符中输入的命令，CMD 会在搜索路径中进行查找以确定该命令所对应的可执行文件是否存在，并根据文件的扩展名来确定文件的类型是否为可执行文件，从而决定如何对所输入的内容进行处理。本节将介绍在 CMD 中设置搜索路径与文件关联的方法。

32.3.1 设置搜索路径

搜索路径是系统预置的一个目录列表，其中包含了供 CMD 查找命令的一个或多个目录的路径信息。使用 Path 命令可以查看当前系统中设置的搜索路径。在【命令提示符】窗口中输入 "path" 命令后按【Enter】键，将会显示下面的内容，这是 Windows 系统用于查找可执行文件的几个默认位置，不同的路径之间使用分号（;）进行分隔。

```
PATH=C:\Windows\system32;C:\Windows;C:\Windows\System32\Wbem;C:\Windows\System32\WindowsPowerShell\v1.0\
```

当用户在提示符中输入一个命令后，CMD 会在搜索路径列表中按路径排列的先后顺序依次在这些路径中查找对应的可执行文件。对于上面给出的搜索路径列表而言，CMD 会按以下顺序在它们中查找命令对应的可执行文件。不过在以下路径中查找之前，CMD 首先会在当前目录中进行查找。如果未找到，才会在搜索路径列表中查找。

（1）C:\Windows\system32。

（2）C:\Windows。

（3）C:\Windows\System32\Wbem。

（4）C:\Windows\System32\WindowsPowerShell\v1.0。

> **注意** 如果在一个目录中找到命令对应的可执行文件，那么就不会继续在剩下的目录中查找。这意味着如果在两个或多个目录中都包含一个同名的可执行文件，那么在搜索路径列表中最早出现的那个目录中的该文件将会运行。

可以使用 Set 命令根据需要重建搜索路径或在现有的搜索路径列表中添加其他目录。下面将分别介绍设置搜索路径的这两种方式。

1. 重建搜索路径

用户可以重建搜索路径，但是使用这种方式一定要格外小心，因为重建搜索路径后，原有的搜索路径会被重建后的新路径完全覆盖，这意味着原有路径会被完全删除。例如，下面这条命令重建了搜索路径，并将 D 盘根目录添加到搜索路径中，该搜索路径中只有这一个目录。以后只要是位于 D 盘根目录中的可执行文件，就可以在【命令提示符】窗口中输入这些文件名并直接运行，而无论当前目录位于哪里。

```
set path=d:
```

还可以使用下面的方法重建搜索路径，效果等同于上面使用的 Set 命令。

```
path d:
```

由于重建搜索路径后删除了 Windows 系统默认的搜索路径，因此会导致很多命令和程序无法运行。不过也不必过于担心，因为使用 Set 命令设置搜索路径的结果仅对当前打开的【命令提示符】窗口有效，在关闭当前的【命令提示符】窗口并打开另一个【命令提示符】窗口后，新窗口中的搜索路径会自动恢复为 Windows 系统默认的搜索路径。

2. 在现有的搜索路径列表中添加其他目录

系统默认的搜索路径是很多命令和程序正常运行的基础，因此通常应该保留这些路径。如果用户还想让 CMD 在其他一些特定的目录中搜索命令的可执行文件，那么可以将这些目录添加到搜索路径中，而不是完全覆盖系统默认的搜索路径。例如，下面这条命令将 D 盘根目录添加到搜索路径中，并作为搜索路径中的第一个目录。

```
set path=d:;%path%
```

在 CMD 中，由一对百分号包围起来的内容被视为变量，如上面命令中的 %Path%。变量可以直接在命令中使用，并且在运行命令时会使用变量中存储的内容代替变量本身。如果 %Path% 变量中存储的是 Windows 系统默认的搜索路径，那么在运行上面这条命令后，在搜索路径中将会包括以下内容，将 D 盘根目录添加到原有的搜索路径列表中的最前面，而原有的目录保持不变。

```
PATH=d:;C:\Windows\system32;C:\
Windows;C:\Windows\System32\Wbem;C:\
Windows\System32\WindowsPowerShell\v1.0\
```

 交叉参考 有关环境变量的更多内容,请参考本书第 33 章。

类似的,也可以使用下面这条命令将指定的目录添加到搜索路径列表的结尾。

```
set path=%path%;d:
```

以上介绍的使用 Set 命令设置搜索路径的方法,仅限于当前打开的【命令提示符】窗口。如果希望将搜索路径的设置结果可以作用于以后打开的每一个【命令提示符】窗口,那么可以使用两种方法:一种方法是在命令提示符窗口中使用 Setx 命令;另一种方法是在 Windows 图形界面中的【系统属性】对话框中单击【环境变量】按钮,然后在打开的【环境变量】对话框中修改环境变量,如图 32-20 所示。

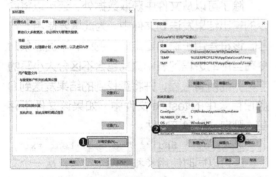

图32-20 在【系统属性】对话框中设置环境变量

Setx 命令的格式与 Set 命令有点区别。下面这条命令与前面使用 Set 命令将 D 盘根目录添加到搜索路径列表中的功能相同,不过经过 Setx 命令设置后,对搜索路径的修改将会变为永久性的,而且在【命令提示符】窗口中运行 Setx 命令后会显示"成功:指定的值已得到保存"的提示信息。

```
setx path "d:;%path%"
```

Setx 命令的第二个参数用于指定搜索路径中包含的内容。上面这条命令使用一对引号将"d:"和"%path%"组合在一起并使用分号分隔这两个部分。然后将组合后的内容作为一个整体传递给 Setx 命令并作为该命令的第二个参数。

在 Windows 系统中包括系统环境变量和用户环境变量两种类型。到目前为止本节介绍的搜索路径的设置方法都是针对于用户环境变量,如 %Path%。如果想要设置系统环境变量 %Path% 中的搜索路径,那么需要使用 Setx 命令并为其添加 /m 选项,类似于下面的形式,也可以将 /m 选项放在这条命令的结尾处。

```
setx /m path "d:;%path%"
```

32.3.2 设置文件扩展与关联

通过使用文件扩展,在提示符中只需输入命令的名称就可以运行该命令,而不需要输入命令的扩展名。文件扩展分为以下两种。

◆ 可执行文件的文件扩展:这种类型的文件扩展保存在 %PathExt% 环境变量中,在【命令提示符】窗口中输入"set pathext"命令可以查看该类型的文件扩展。%PathExt% 环境变量中默认包括以下内容。CMD 根据这些内容来判断哪些文件是可执行文件,从而在输入这些文件时可以省略其文件扩展名。

```
.COM;.EXE;.BAT;.CMD;.VBS;.VBE;.JS;.
JSE;.WSF;.WSH;.MSC
```

◆ 应用程序的文件扩展:应用程序的文件扩展指的就是平时所说的文件关联。通过文件关联,可以将参数传递给可执行文件。这样在双击文件图标时就可以使用合适的应用程序来打开这个文件。Windows 系统中每种已知类型的文件扩展都有对应的文件关联。使用 Assoc 命令可以查看指定扩展名所对应的文件关联。例如,下面这条命令查看扩展名为 .doc(即 Word 文档)的文件关联。

```
assoc .doc
```

对于可执行文件而言,%PathExt% 环境变量中包含的文件扩展的排列顺序决定了 CMD 在同一个目录中查找文件扩展的顺序。如果在同一个目录中包含了多个不同文件类型的同名文件,那么当用户在【命令提示符】窗口中输入不带扩展名的该名称的命令时,CMD 最终运行哪种类型的文件由 %PathExt% 环境变量中包含的文件扩展的排列顺序决定。

例如,在某个目录中包含以下 3 个可执行文件:test.com、test.exe 和 test.bat。当用户在提示符中输入 test 时,CMD 会运行名为 test.com

的文件。因为 .com 文件扩展在 %PathExt% 环境变量保存的文件扩展列表中排在第一位。

可以修改文件扩展的默认排列顺序，也可以设置可执行文件的文件扩展的类型。修改文件扩展的排列顺序可以使用类似本章 32.3.1 节介绍的在【环境变量】对话框中设置系统环境变量的方法，只不过这里需要修改 %PathExt% 环境变量。而设置可执行文件的文件扩展也可以使用 Set 或 Setx 命令，具体方法与本章 32.3.1 节介绍的设置搜索路径类似，只需要在输入命令时将 %Path% 环境变量改为 %PathExt% 环境变量，并使用表示文件扩展类型的文本来代替目录路径即可。例如，下面这条命令将可执行文件的文件扩展临时设置为 .bat 和 .exe。

```
set pathext=.bat;.exe
```

32.4 数据的输入、输出与重定向

默认情况下，CMD 中的命令从参数中获取输入信息，经过处理后将输出信息显示在【命令提示符】窗口中。但是在很多实际应用中，可能经常需要从其他来源获取输入信息，比如其他命令的输出结果或特定文件中的数据，还可能需要将命令的输出信息发送到指定的文件中，而且可能会包括错误信息。通过使用重定向技术可以实现以上这些功能，本节将介绍重定向技术的使用方法。

32.4.1 使用管道技术将标准输出重定向到其他命令

用户有时可能需要将一条命令的输出结果作为另一条命令的输入信息，实现这种功能需要使用一种称为"管道"的技术。管道技术使用竖线符号（|）连接两条命令，该符号左侧的命令的输出重定向为该符号右侧的命令的输入。

例如，下面这条命令逐屏显示当前的进程列表。由于 Tasklist 命令会一直不停地滚动显示进程列表，为了便于查看，使用 More 命令将 Tasklist 命令产生的进程列表进行逐屏显示，显示一屏内容后，按空格键即可显示下一屏内容。这里使用 | 符号连接 Tasklist 和 More 命令，相当于让 More 命令接收并处理由 Tasklist 命令产生的输出信息。

```
Tasklist | More
```

可以使用多个 | 符号实现一连串的这种重定向操作。例如，下面这条命令使用两个 | 符号来连接 3 个命令，用于在当前的进程列表中查找包含不区分大小写的字母 h 的所有进程，并将查找到的结果逐屏显示出来。

```
tasklist | find /i "h" | more
```

32.4.2 使用重定向技术控制与文件的输入和输出

除了上一节介绍的从一个命令的输出结果中获取输入信息外，还可以从一个文件中获取信息来作为命令的输入。为此需要使用 < 符号，该符号用于输入重定向。例如，下面这条命令会对 test.txt 文件中的内容进行排序，并将排序结果显示在【命令提示符】窗口中。

```
sort < d:\test.txt
```

除了可以从文件中获取数据外，还可以将命令的输出结果发送到文件中。为此需要使用 > 符号，该符号用于输出重定向。例如，下面这条命令在当前的进程列表中查找包含不区分大小写的字母 h 的所有进程，并将查找到的结果发送到 D 盘根目录中的 test.txt 文件中，如果该文件不存在，则自动创建该文件。

```
tasklist | find /i "h" > d:\test.txt
```

还可以同时使用 < 和 > 两个符号，从一个文件获取输入信息，然后将命令的输出结果发送到另一个文件。下面这条命令将对 D 盘根目录中的 input.txt 文件中的内容进行排序，并将排序后的结果发送到 F 盘根目录中的 output.txt 文件中。

```
sort < d:\input.txt > f:\output.txt
```

在使用 > 符号将命令的输出结果重定向到文件时，这个文件中的原有内容会被当前发送的输出结果完全覆盖。无论这个文件中的内容是什么以及有多少内容，都会使用新内容替换掉原有内容。很多情况下，都希望在发送新内容时，可以继续保留文件的原有内容，为此需要使用两个 > 符号（>>）。例如，下面这条命令将文字"这是追加的内容"添加到 D 盘根目录中的 test.txt 文件中的最后一行内容的结尾，该文件中的原有内容仍然保留。

```
echo "这是追加的内容" >>d:\test.txt
```

32.4.3 使用重定向技术将错误信息输出到文件中

最后要介绍的重定向技术的应用方式是将错误信息重定向到文件中。默认情况下，命令的错误信息会显示在【命令提示符】窗口中。但是在某些情况下，可能希望跟踪并记录出现的所有错误信息，此时可以将每条错误信息发送到指定的文件中。为此需要在一条命令中加入"2>&1"。例如，下面这条命令使用 Ping 命令测试微软网站的连通性，然后将出现的任何错误信息都发送到 test.txt 文件中。

```
ping www.microsoft.com 2>&1 >d:\test.txt
```

32.5 磁盘管理

从本节开始将会介绍使用 CMD 命令对系统中的几个方面进行管理的方法，包括磁盘管理、文件管理、网络管理以及操作注册表，由于大部分命令都包含大量的参数和命令行选项，为了不让本章接下来的内容变为枯燥的 CMD 命令帮助手册，因此在介绍每个命令的实际应用时不会给出命令包含的所有参数和命令行选项，完整的参数和命令行选项信息可以通过在【命令提示符】窗口中输入"help 命令名"或"命令名 /?"来进行查看，有关查看命令帮助信息的方法可以参考本章 32.2.2 节。本节主要介绍在 CMD 中进行磁盘管理的方法，有关磁盘、分区和卷的概念以及本节涉及的一些知识细节请参考本书第 12 章。

32.5.1 DiskPart 简介与使用方法

【磁盘管理】窗口是 Windows 系统提供的图形界面的磁盘管理工具，该工具的使用方法已在本书第 12 章进行过详细介绍，而 DiskPart 则是用于管理磁盘、分区和卷的命令行工具。与一般的 CMD 命令不同，DiskPart 并不是一个简单的命令行工具，而是一个文本模式的命令解释器，DiskPart 为磁盘和分区的管理提供了一个特有的环境，其内部包含了用于管理磁盘、分区和卷的多个命令。

要进入 DiskPart 命令环境，需要在提示符中输入"diskpart"命令后按【Enter】键，原有的表示当前目录的提示符会显示为"DISKPART>"，如图 32-21 所示，接下来就可以在 DiskPart 特有的提示符中输入用于对磁盘、分区和卷进行管理的命令。如果要退出 DiskPart 命令环境，只需在提示符中输入"exit"命令后按【Enter】键。

图32-21　进入DiskPart命令环境

DiskPart 可以完成磁盘、分区和卷所涉及的几乎所有的操作，下面列出了使用 DiskPart 对磁盘进行的一些主要的管理操作，这些也是接下来将要详细介绍的内容。

- ◆ 查看磁盘、分区和卷的基本信息。
- ◆ 转换磁盘的分区形式，即 MBR 和 GPT 之间的转换。
- ◆ 在基本磁盘和动态磁盘之间进行转换。
- ◆ 创建分区或卷。
- ◆ 为分区或卷分配驱动器号。
- ◆ 对分区或卷进行格式化。
- ◆ 将分区或卷转换为 NTFS 文件系统。
- ◆ 设置或删除卷标。
- ◆ 设置活动分区。
- ◆ 删除分区或卷。

使用 DiskPart 对磁盘进行操作的关键之处在于：在对特定的磁盘进行操作之前，需要先选择要操作的目标。之后输入的命令才会作用于所选择的对象上。通常情况下，只有在重新选择其他对象以后，命令的焦点才会从当前对象转移到新选择的对象上。但是有时在进行某些操作时，命令的焦点会自动从原对象转移到当前正在操作的对象上，而不需要事先进行选择。

在 DiskPart 环境中对磁盘、分区或卷进行操作的通用流程如下。

STEP 1 在正常的提示符中输入"diskpart"命令进入 DiskPart 环境。

STEP 2 使用 List 命令列出计算机中的所有磁盘、分区或卷。

STEP 3 使用 Select 命令选择要操作的磁盘、分区或卷。

STEP 4 使用特定的命令对所选对象进行相应的操作。

STEP 5 不再使用 DiskPart 中的命令时，输入"exit"命令退出 DiskPart 环境。按【Ctrl+C】组合键也可以直接退出 DiskPart 环境并返回普通提示符环境中。

> 提示
> 为了节省篇幅且避免在本部分后面的内容中重复出现输入"diskpart"命令的内容，从本部分的下一节开始会假设已经进入了 DiskPart 命令环境，因此在给出完成不同磁盘管理操作的命令时将不会再出现输入"diskpart"命令的内容。

32.5.2 查看计算机中的所有磁盘、分区和卷的基本信息

可以使用 DiskPart 中的 List 命令列出计算机中的所有磁盘、分区和卷的基本信息。由于在 DiskPart 中进行操作之前必须先选择要操作的对象，因此也需要先列出所有要操作的设备，然后才能对选定设备进行操作。

下面这条命令可以列出计算机中的所有磁盘及其相关信息：

```
list disk
```

下面这条命令可以列出计算机中的所有卷及其相关信息：

```
list volume
```

图 32-22 所示为列出的计算机中的所有磁盘和卷，如果计算机中连接了移动存储设备，那么这些设备也会显示在磁盘列表中。下面说明了磁盘列表中每一列数据的含义。

- ◆ 磁盘 ###：磁盘名称和编号，编号从 0 开始。如果计算机中有 3 个磁盘，那么它们的名称依次为"磁盘 0""磁盘 1""磁盘 2"。
- ◆ 状态：磁盘当前的状态，分为联机和脱机。
- ◆ 大小：磁盘的总容量。
- ◆ 可用：可以继续创建新的分区或卷的空间，而不是用于存储数据的剩余空间。
- ◆ Dyn：如果此列有一个 * 号，则说明该磁盘是动态磁盘，否则为基本磁盘。
- ◆ Gpt：如果此列有一个 * 号，则说明该磁盘是 GPT 分区形式，否则为 MBR 分区形式。

还可以使用下面这条命令列出指定磁盘中的分区信息。为了可以正确列出分区信息，在输入这条命令之前，需要先使用 Select 命令选择分区所属的磁盘。Select 命令的用法将在下一节进行介绍。

```
list partition
```

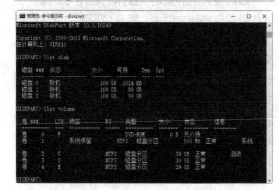

图32-22 列出计算机中的所有磁盘和卷

32.5.3 选择要操作的磁盘、分区和卷

前面曾经简要介绍过，在使用 DiskPart 对磁盘、分区和卷进行操作之前，必须先选择要操作的对象，之后输入的特定命令才会作用所选对象上。可以使用 DiskPart 中的 Select 命令选择要操作的对象。

如果要选择某个磁盘，需要先使用上一节介绍的 List 命令列出计算机中的所有磁盘。

```
list disk
```

图 32-23 显示了 3 个磁盘，可以使用 Select 命令选择指定编号的磁盘，下面这条命令选择编号为 0 的磁盘，在磁盘名称与编号之间需要保留一个空格。运行 Select 命令后，再次使用 List 命令显示磁盘列表，当前被选中的磁盘名称的左侧会显示一个 * 号，该符号表示当前选中的对象。使用 * 号来标记当前选中对象的方法也同样适用于分区和卷。

```
select disk 0
```

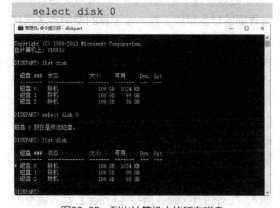

图32-23 列出计算机中的所有磁盘

选择某个磁盘后，接下来就可以选择该磁盘

中的特定分区了。首先需要列出当前所选磁盘中的分区，然后再使用 Select 命令选择指定的分区。下面的命令将会选择磁盘 0 中的第 2 个分区。选择分区后同样可以使用 List 命令重新显示分区列表，其中会以 * 号标记当前选中的分区，如图 32-24 所示。

```
list partition
select partition 2
```

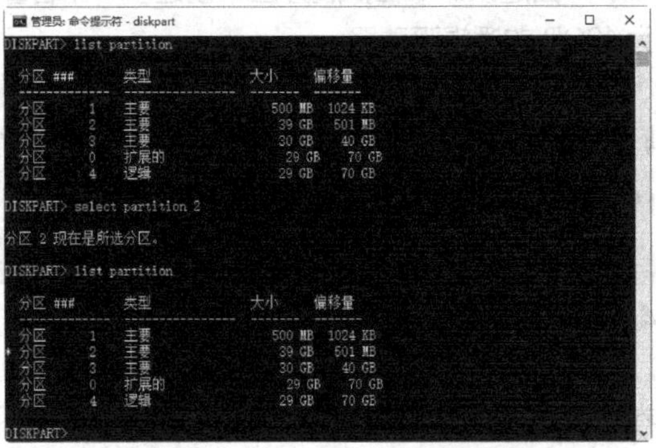

图32-24　选择磁盘中指定的分区

选择卷的方法与选择磁盘类似，由于使用"list volume"命令可以直接列出卷的信息，因此在选择卷之前不需要先选择某个磁盘。选择磁盘和分区时都需要使用磁盘和分区的编号来进行标识，而选择卷除了可以使用编号来标识卷以外，还可以使用卷的驱动器号。例如，对于图 32-25 所示的卷列表而言，下面两条命令用于选择同一个卷，即编号为 3 的卷，也就是驱动器号为 D 的卷（即 D 盘）。

```
select volume 3
select volume d
```

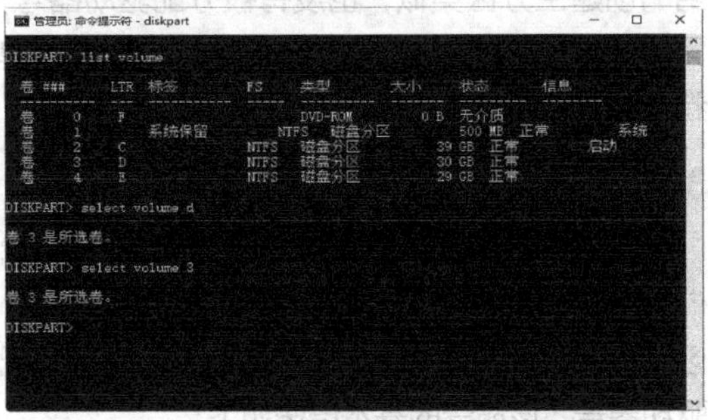

图32-25　选择指定的卷

32.5.4　转换磁盘的分区形式

可以使用 DiskPart 中的 Convert 命令将磁盘的分区形式在 MBR 与 GPT 之间进行转换。下面的命令将编号为 1 的磁盘从 MBR 分区形式转换为 GPT 分区形式，转换前使用 Clean 命令删除

该磁盘包含的所有分区或卷中的内容。

```
list disk
select disk 1
clean
convert gpt
```

类似的，使用下面的命令可以将编号为 1 的磁盘从 GPT 分区形式转换为 MBR 分区形式。

```
list disk
select disk 1
clean
convert mbr
```

32.5.5　基本磁盘与动态磁盘之间的互相转换

与上一节介绍的在 MBR 与 GPT 分区形式之间进行转换的方法类似，在基本磁盘与动态磁盘之间进行转换仍然使用 Convert 命令，只不过需要为该命令提供 basic 或 dynamic 参数来指明要转换为基本磁盘还是动态磁盘。

下面的命令将编号为 1 的磁盘从基本磁盘转换为动态磁盘。转换前磁盘中包含的分区信息在转换后不会受到影响。

```
list disk
select disk 1
convert dynamic
```

类似的，使用下面的命令可以将编号为 1 的磁盘从动态磁盘转换为基本磁盘。

```
list disk
select disk 1
convert basic
```

如果转换前动态磁盘中包含卷，那么在转换时必须使用 Clean 命令删除磁盘中的所有卷。实际上在删除动态磁盘中的所有卷以后，该磁盘就自动地转换为基本磁盘了。这意味着使用 Clean 命令以后，就不需要再使用 Convert 命令了。

32.5.6　创建分区或卷

在基本磁盘和动态磁盘中创建分区或卷的方法有所不同，本节将分别介绍在这两种情况下创建分区或卷的方法。此外，本节介绍的方法都是基于 MBR 分区形式的磁盘。在 MBR 分区形式的基本磁盘中可以创建主分区和扩展分区，然后在扩展分区中创建逻辑驱动器。无论是创建主分区、扩展分区还是逻辑驱动器，都需要使用 DiskPart 中的 Create 命令，通过为 Create 命令添加不同的参数来区分创建的是主分区、扩展分区还是逻辑驱动器。创建好的分区没有驱动器号，需要使用 Assign 命令为分区分配驱动器号，这方面的内容将在本章进行介绍。

1. 创建主分区

使用 Create 命令创建主分区的基本语法如下。

```
Create partition primary size=n
```

◆ partition：由于创建的是分区而不是卷，因此需要使用 partition。创建主分区、扩展分区和逻辑驱动器都需要使用 partition。

◆ primary：创建主分区需要使用 primary。

◆ size=n：n 表示要创建的主分区的容量，以 MB 为单位。如果没有指定 n 值，那么将使用磁盘中的所有剩余空间来作为主分区的容量。

下面这条命令在第二个磁盘（即磁盘 1）中创建一个容量为 30GB 的主分区。由于 size 的单位是 MB，1GB=1024MB，因此 30GB=30720MB。

```
create partition primary size=30720
```

提示　如果成功运行命令并创建了主分区，那么将会自动弹出如图32-26所示的对话框，可以直接单击【格式化磁盘】按钮，然后在Windows图形界面中对新创建的分区进行格式化并分配驱动器号。但是本章的主题是CMD命令行，因此将会介绍使用CMD命令完成这些操作的方法。

图32-26　创建分区后显示的提示信息

2. 创建扩展分区

创建扩展分区的命令语法与创建主分区类似，只是需要将 primary 改为 extended，其他不变。使用 Create 命令创建扩展区的基本语法如下：

```
Create partition extended size=n
```

下面这条命令将磁盘的剩余空间全部用于创建扩展分区，即在命令中省略 size 参数。

```
create partition extended
```

3. 创建逻辑驱动器

不能直接使用创建好的扩展分区，需要为扩

展分区创建逻辑驱动器以后才能在其中存储数据。创建逻辑驱动器的命令语法也与创建主分区类似，只是需要将 primary 改为 logical，其他不变。使用 Create 命令创建逻辑驱动器的基本语法如下：

```
Create partition logical size=n
```

下面这条命令在扩展分区中创建了一个容量为 10GB 的逻辑驱动器。

```
create partition logical size=10240
```

注意　由于创建分区时存在偏移量的问题，因此在为扩展分区创建逻辑驱动器时，所有逻辑驱动器的总容量一定要比扩展分区小一点。

4. 创建简单卷

如果是动态磁盘，那么通常创建的是简单卷。创建简单卷仍然使用 Create 命令，但是不是使用 partition，而是使用 volume。使用 Create 命令创建简单卷的基本语法如下：

```
Create volume simple size=n disk=n
```

size 参数与创建基本磁盘中的分区时的作用相同，disk 参数中的 n 表示要创建简单卷的磁盘编号。下面这条命令在磁盘 2 中创建了一个容量为 20GB 的简单卷。

```
create volume simple size=20480 disk=2
```

无论创建的是基本磁盘中的主分区、扩展分区还是逻辑驱动器，还是创建的动态磁盘中的简单卷，每次创建一个新对象后，该对象都会被自动选中。创建好的逻辑驱动器和简单卷与前面介绍的创建主分区类似，也没有被分配驱动器号，因此需要使用 Assign 命令为逻辑驱动器和简单卷分配驱动器号。

32.5.7　为分区或卷分配驱动器号

对于创建好的分区或卷，系统不会自动为它们分配驱动器号，因此还无法访问和使用这些分区和卷。使用 Assign 命令可以为分区或卷分配驱动器号，该命令的基本语法如下：

```
Assign letter=driveletter
```

其中的 driveletter 表示要为分区或卷分配的驱动器号。下面的命令为磁盘 1 中的第一个分区分配的驱动器号是 H，如图 32-27 所示。

```
select disk 1
select partition 1
assign letter="h"
```

图32-27　为指定分区分配驱动器号

为卷分配驱动器号的方法与上面介绍的类似，由于选择卷之前不需要先选择磁盘，因此为卷分配驱动器号的步骤更少。下面的命令为编号为 7 的卷分配的驱动器号是 K。

```
select volume 7
assign letter="k"
```

32.5.8　对分区或卷进行格式化

DiskPart 环境中包含一个内部的 Format 命令，这样就可以在不退出 DiskPart 环境的情况下对选中的分区或卷进行格式化。Format 命令的基本语法如下：

```
Format fs=filesystem label=label unit=
unitsize
```

◆ fs=filesystem：格式化分区或卷时为其指定的文件系统，通常使用 NTFS 文件系统。
◆ label=label：为分区或卷设置卷标，即用于描述分区或卷的用途的文本内容。
◆ unit=unitsize：为每个磁盘簇分配的单元大小（以字节为单位）。簇是对扇区的逻辑性分组，每个簇包含一定数量的扇区。如果省略该参数，系统会根据分区或卷的实际大小自动设置该参数值。

下面这条命令使用 NTFS 文件系统格式化选中的分区或卷，并将分区或卷的卷标设置为"测试"。

```
format fs=NTFS label=" 测试 "
```

32.5.9　将分区或卷转换为 NTFS 文件系统

如果磁盘分区或卷的文件系统是 FAT 或 FAT32，那么可以使用 Convert 命令将其转换为 NTFS 文件系统，转换后的原有数据不会受到任何影响。需要注意的是，此处所说的 Convert 命令是在普通提示符中的命令，而不是 DiskPart 环境中的 Convert 命令。这两个命令虽然名称相同，但是功能不同。DiskPart 中的 Convert 命令在本章前面曾经介绍过，用于在 MBR 和 GPT 以及基本磁盘和动态磁盘之间进行转换。本节使用的 Convert 命令只用于格式化分区或卷，该命令的基本语法如下：

```
Convert volume /fs:NTFS
```

◆ volume：要转换为 NTFS 文件系统的驱动器号（需要包含一个冒号）。
◆ /fs:NTFS：在命令中固定输入的内容，表示要将指定的分区或卷转换为 NTFS 文件系统。

> **注意**　不能直接转换系统分区和启动分区的文件系统，要转换这两种分区的文件系统，只能在下次重启计算机时才能进行转换。此外，在使用 Convert 命令将分区或卷转换为 NTFS 文件系统时，系统需要占用要进行转换的分区已使用空间25%的空间作为临时空间。例如，一个总容量为500GB的分区，剩下的可用空间为100GB，那么该分区已用空间为400GB，那么在使用Convert命令转换文件系统时，系统需要使用400GB的25%（100GB）作为进行转换操作的临时空间。开始转换前，系统会检查要转换的分区或卷的可用空间大小是否符合要求，如果空间不足，则会停止运行Convert命令。

下面这条命令将 H 盘转换为 NTFS 文件系统。如果转换前正位于 DiskPart 环境中，那么需要先输入"exit"命令退出 DiskPart 环境，然后再运行 Convert 命令。

```
convert h: /fs:NTFS
```

没有现成的工具将 NTFS 文件系统的分区或卷转换为 FAT 或 FAT32 文件系统。唯一的方法是先删除要转换文件系统的分区，然后再重建分区并使用 FAT 或 FAT32 文件系统进行格式化。

32.5.10　设置或删除卷标

如果在格式化分区或卷时没有在 Format 命令中提供卷标参数，那么可以随时使用 Label 命令设置分区或卷的卷标。Label 命令不是 DiskPart 环境中提供的命令，因此需要在普通提示符环境中输入。Label 命令的基本语法如下。

```
Label drive label
```

◆ drive：要设置卷标的分区或卷的驱动器号（需要包含一个冒号）。
◆ label：卷标的内容，在内容的两侧不需要添加双引号。FAT 和 FAT32 文件系统的卷标最多可以包含 11 个字符，而且不能使用一些特殊字符，比如 *、=、/、\、<、> 等。NTFS 文件系统的卷标最多可以包含 32 个字符，而且可以使用在 FAT 和 FAT32 中不能使用的特殊字符。

下面这条命令将 H 盘的卷标设置为"备份"。如果设置前正位于 DiskPart 环境中，那么需要先输入"exit"命令退出 DiskPart 环境，然后再运行 Label 命令。

```
label h: 备份
```

如果要删除分区或卷的卷标，而使其恢复默认值，那么可以在提示符中输入 Label 命令时省略卷标内容。下面这条命令将会删除 H 盘的卷标。运行该命令后会在【命令提示符】窗口中显示如图 32-28 所示的提示信息，如果将卷标留空，则按【Enter】键，然后在下个提示信息中按【Y】键即可删除当前卷标。

```
label h:
```

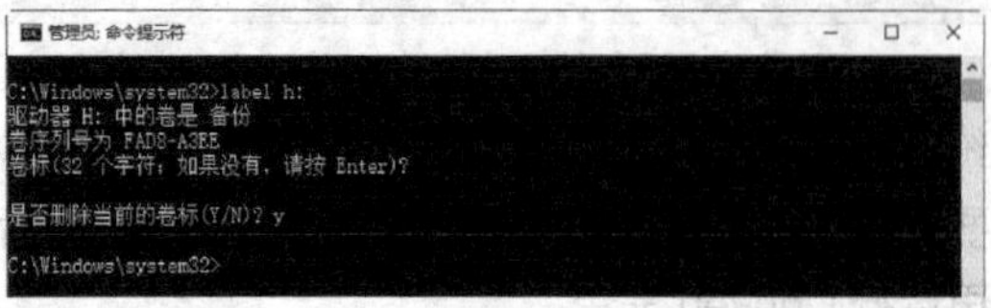

图32-28　删除指定分区或卷的卷标

32.5.11　设置活动分区

在 MBR 分区形式的磁盘中，可以将分区标记为活动分区，活动分区中包含了启动系统所必需的启动信息。每个硬盘只能有一个活动分区，而且只能将主分区标记为活动分区，扩展分区或逻辑驱动器不能标记为活动分区。可以使用 DiskPart 中的 Active 命令将指定分区标记为活动分区，该命令的基本语法如下：

```
Active
```

下面的命令将磁盘 1 中的第二个分区标记为活动分区。

```
select disk 1
select partition 2
active
```

> **注意**　如果将一个不包含操作系统启动信息的分区标记为活动分区，那么可能会导致系统无法正常启动。

要取消分区的活动状态，可以使用 Inactive

命令。下面的命令取消了磁盘 1 中的第二个分区的活动状态。

```
select disk 1
select partition 2
inactive
```

32.5.12　删除分区或卷

用户有时可能需要删除已经创建好的分区或卷，比如要将 NTFS 文件系统的分区或卷转换为 FAT 或 FAT32 文件系统时就需要先删除 NTFS 分区或卷，然后再重新创建 FAT 或 FAT32 文件系统的分区或卷。不能删除系统分区和启动分区，以及包含页面文件和崩溃转储文件的分区。

1. 删除分区

可以使用 Delete 命令删除基本磁盘中的分区，该命令的基本语法如下：

```
Delete partition
```

其中的 partition 表示要删除的分区。下面的命令删除磁盘 1 中的第二个分区：

```
select disk 1
select partition 2
delete partition
```

2. 删除卷

删除动态磁盘中的卷的方法与删除基本磁盘中的分区类似，也是使用 Delete 命令，只不过需要使用 volume 代替 partition，该命令的基本语法如下：

```
Delete volume
```

其中的 volume 表示要删除的卷。下面的命令删除编号为 7 的卷，如果该卷的驱动器号为 K，那么也就相当于删除 K 盘。由于选择卷之前不需要先选择磁盘，因此删除卷的步骤更少。

```
selete volume 7
delete volume
```

32.6　文件管理

无论是在 Windows 图形界面还是在 CMD 命令行环境中，对文件和文件夹的管理都非常重要，本节将介绍在 CMD 中管理文件和文件夹的方法。在 CMD 中通常将文件夹称为目录。

32.6.1　在目录中导航

CD 和 Chdir 命令都用于在不同的目录之间导航，它们的功能和用法相同。这两个命令主要提供了以下两个功能。

- 查看、设置和进入指定驱动器的当前目录。
- 从当前目录跳转到其父目录、子目录（以及更深层次的子目录）、所在驱动器的根目录，以及其他驱动器中的指定目录。

> 提示
> 当前目录是指切换到一个驱动器后，在提示符中自动显示该目录，相当于已经自动定位到该目录中，之后输入的命令会作用于该目录中的内容。将每个驱动器中常用的目录设置为当前目录，可以节省在目录中导航的时间。

下面将分别介绍 CD 和 Chdir 命令在目录中导航的不同方法。由于这两个命令的功能和用法相同，因此下面以 CD 命令为例来进行介绍。

1. 进入当前目录中的子目录

如果在【命令提示符】窗口的提示符中显示的当前目录是"C:\Windows"，要进入 Windows 目录中的某个子目录，如 system32 子目录，那么可以使用下面这条命令。按下【Enter】键后提示符中的当前目录会自动改为"C:\Windows\System32"，如图 32-29 所示。

```
cd system32
```

图32-29　进入当前目录的子目录

用户可能已经注意，命令中的 system32 的第一个字母是小写形式，按【Enter】键后在提示符中自动将其转换为大写形式。这种大小写的自动转换功能是由 CMD 的命令扩展来进行控制的，当启用 CMD 命令扩展时，CD 和 Chdir 命令的功能会发生以下两个改变。

- 无论在提示符中输入的目录名称的大小写形式如何，在按下【Enter】键后，CMD 都会自动将目录名称调整为与磁盘中的该目录完全相同的大小写形式。
- 在输入的目录中如果带有空格，CMD 不会认为是分隔符，而会将空格作为路径的一部分。这意味着在命令扩展下不需要为带有空格的字符串两端添加一对引号。

实际上可以直接进入当前目录的子目录中的子目录，甚至可以进入更深层次的子目录。与上面介绍的进入第一级子目录的方法类似，在提示符中按照子目录的层次结构依次输入这些子目录的名称并使用反斜线对它们进行分隔。如果当前目录是 Windows，那么使用下面这条命令将会进入其下的 system32 下的 drivers 子目录，如图 32-30 所示。

```
cd system32\drivers
```

图32-30　进入多个层次中的子目录

2. 进入当前目录的父目录或所在驱动器的根目录

父目录就是当前目录的上一级目录。如果要进入当前目录的父目录，只需在提示符中输入下面这条命令，如图 32-31 所示。

```
cd..
```

图32-31　进入当前目录的父目录

可以多次使用上面的命令继续进入每个当前目录的父目录，直到进入当前驱动器的根目录，比如 C:\。如果要进入当前驱动器的根目录，还可以使用一种更快捷的方法，即下面这条命令。无论当前目录位于哪里，使用这条命令都会直接进入当前目录所在驱动器的根目录。

```
cd\
```

3. 进入其他驱动器中的指定目录

还可以从当前目录直接进入其他驱动器中的指定目录，此时需要在 CD 命令中使用 /d 选项并提供要进入的目录的完整路径。下面这条命令会从当前目录（位于 C 盘）直接跳转到 D 盘的 Program Files 目录中，如图 32-32 所示。

```
cd /d d:\program files
```

图32-32　进入其他驱动器中的指定目录

> 注意　如果未启用 CMD 命令扩展，那么在输入其中包含空格的目录名称时，需要在名称两侧加上一对双引号。

4. 显示、设置和进入指定驱动器的当前目录

每个驱动器都有一个当前目录。默认情况下，除了每次打开【命令提示符】窗口时显示的当前目录外，其他驱动器的当前目录默认都为该驱动器的根目录。例如，以管理员权限打开的【命令提示符】窗口中的当前目录为 C:\Windows\System32。如果此时输入"d:"后按【Enter】键，则会进入 D 盘根目录，提示符中显示的当前目录也会改为"D:\"，如图 32-33 所示。

图32-33　进入其他驱动器的根目录

如果希望在输入"d:"时可以直接进入一个经常使用的特定目录而不是根目录，比如在根目录中名为 Test 的目录，那么可以使用下面这条命令将 Test 目录设置为 D 盘的当前目录。之后在提示符中再次输入"d:"并按【Enter】键，提示符中的当前目录会自动改为所设置的 Test 目录，如图 32-34 所示。

```
cd d:\test
```

图32-34　设置指定驱动器的当前目录

还可以随时查看某个驱动器的当前目录，以便在设置当前目录之前决定是否有必要更改现有的当前目录。下面这条命令可以查看 D 盘的当前目录，如图 32-35 所示。

```
cd d:
```

图32-35　查看指定驱动器的当前目录

32.6.2　查看当前目录中的内容

Dir 命令能够以多种不同的方式来查看当前目录中包含的子目录和文件。最简单的用法是使用不带任何命令行选项的 Dir 命令，这将会显示当前目录（本例中为 C 盘根目录）中包含的子目录和文件，如图 32-36 所示，但是不会显示设置

了隐藏属性的目录和文件。带有"<DIR>"标记的一行内容表示是一个目录，目录的名称显示在这一行的最右侧列中。

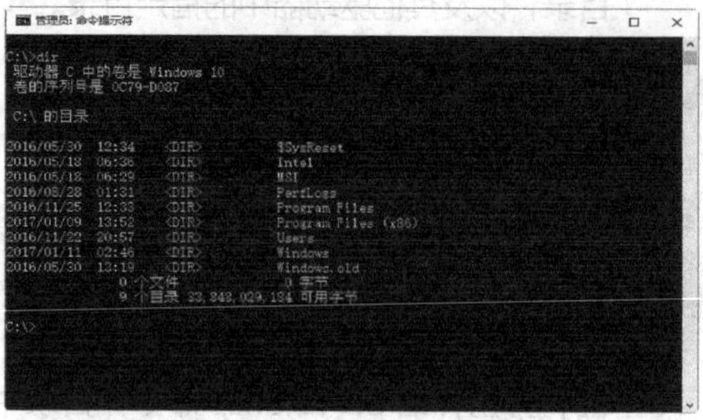

图32-36　显示当前目录中的子目录和文件

除了可以显示当前目录中的内容以外，还可以使用 Dir 命令显示任意目录中的内容，为此需要在 Dir 命令中提供要显示其中内容的目录的完整路径。如果当前目录是 D 盘根目录，那么使用下面这条命令将会显示 C 盘中的 Windows 目录中的 Help 目录中的内容，如图 32-37 所示。运行这条命令后，提示符中的当前目录仍然是 D 盘根目录。

```
dir c:\windows\help
```

图32-37　显示指定目录中的内容

实际上 Dir 命令包含很多命令行选项，用于以各种不同的显示方式来查看当前目录中包含的内容。本节不会对 Dir 命令的所有选项进行逐一说明，而是会介绍其中较为常用且相对更有用的一些选项。

1. 查看隐藏的目录和文件

默认情况下，Dir 命令不会显示设置了隐藏属性的目录和文件。如果希望显示当前目录中包含的隐藏目录和文件，那么需要在 Dir 命令中使用 /ah 选项。运行下面这条命令将会显示当前目录中包含隐藏目录和文件在内的所有子目录和文件，如图 32-38 所示。

```
dir /ah
```

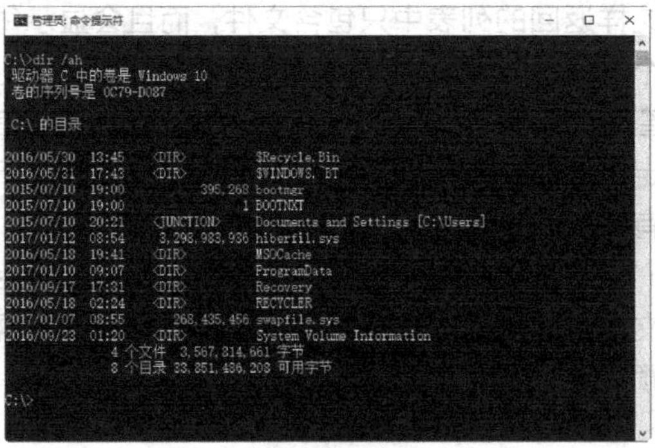

图32-38 查看隐藏的目录和文件

2. 只显示目录而不显示文件

默认情况下，Dir 命令将会同时显示当前目录中包含的子目录和文件。如果只想查看其中的子目录，那么可以在 Dir 命令中使用 /ad 选项。下面这条命令将会显示当前目录中包含的所有子目录，但不会显示文件，如图 32-39 所示。

```
dir /ad
```

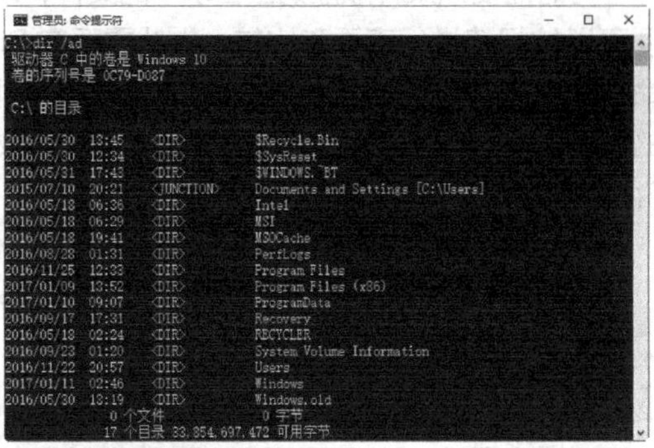

图32-39 只显示子目录而不显示文件

> **提示**　实际上 /a 选项包括了目录和文件的属性设置，比如前面两个示例中的 /ah 和 /ad，h 和 d 指明了具体是哪种属性，其中的 h 表示隐藏文件，d 表示目录。还有其他一些属性，比如 s 表示系统文件，r 表示只读文件。由此可知，下面两条命令将会分别显示当前目录中的所有系统文件和只读文件。

```
dir /as
dir /ar
```

如果想要只显示文件，而不显示文件夹，那么可以使用下面的命令，–符号表示否定的含义。该命令中的 d 表示文件夹，那么 –d 就表示非文件夹，也就是所有文件。

```
dir /a-d
```

3. 显示子目录中的内容

在当前目录中查看其包含的子目录和文件时，可能需要同时在结果列表中显示当前目录的子目录中包含的内容，这样可以将不同层次目录中的内容都显示在同一个列表中，以便于查看和比较。用户可以在 Dir 命令中使用 /s 选项来显示当前目录的子目录中的内容。图 32-40 所示为运行下面这条命令后显示的 Test 目录中的所有子目录（包括子目录中的子目录）和文件。

```
dir /s
```

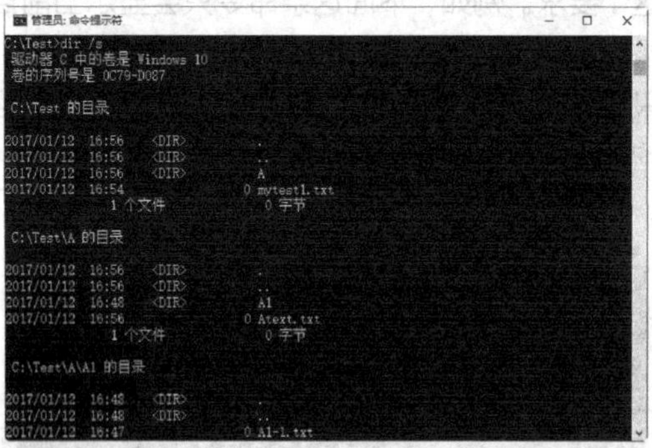

图32-40 显示子目录中的目录和文件

> **提示**　如果 C 盘根目录或 Windows 目录中包含大量的子目录和文件，因此在这类目录中运行"Dir /s"命令将会花费相当长的时间来显示其中包含的所有内容。在任何时候都可以按【Ctrl+C】组合键终止目录和文件的列出操作。

4. 分页和分栏显示长列表中的内容

当使用 Dir 命令返回的目录和文件的列表很长而无法在一屏中完整显示时，为了便于查看，可以在 Dir 命令中使用 /p 和 /w 选项。

◆ /p：将返回的内容分页显示。当内容显示满一页后，会在屏幕底部显示"请按任意键继续"提示信息，此时按键盘上的任意键将会显示下一页内容。如果列表太长包含了太多页内容，那么可以按【Ctrl+C】组合键终止后续的显示。

◆ /w：将返回的内容分栏显示。使用下面这条命令将会显示图 32-41 所示的返回结果。

```
dir /w
```

图32-41　将返回结果分栏显示

5. 查看特定类型的文件

用户有时可能只想查看指定目录中的某种特定类型的文件，而不想查看其中包含的所有文件，可以在 Dir 命令中使用通配符（*）来实现这个要求。例如，下面这条命令只会显示当前目录中扩展名为 .exe 的文件。无论文件名是什么，只要这个文件的扩展名是 .exe 就会出现在返回的列表中，如图 32-42 所示。

```
dir *.exe
```

图32-42　查看特定类型的文件

类似的，下面这条命令将会显示当前目录中的所有文本文件（扩展名为 .txt）。

```
dir *.txt
```

如果希望查看当前目录及其所有子目录中的 .exe 文件，那么可以使用下面这条命令。

```
dir *.exe /s
```

实际上通配符可以匹配文件中的任意部分。下面这条命令将会显示名称以"my"开头的所有 .txt 文件。

```
dir my*.txt
```

6. 查看文件的完整路径和名称

本节前面曾经介绍过，在 Dir 命令中使用 /s 选项将会在返回的列表中包含当前目录以及其中包含的所有子目录和文件。这个列表通常会包含大量的文件，由于这些文件来自多个不同的目录，为了可以清楚知道每个文件来自哪里，

可以在 Dir 命令中同时使用 /s 和 /b 两个选项，这样返回的列表中只包含文件，而且会显示每个文件的完整路径。如果再结合上个示例中的查看特定类型文件的方法，那么就可以查看指定目录及其子目录中包含的某种特定类型的所有文件。

下面这条命令将会显示 C 盘 Program Files 文件夹及其子文件夹中包含的所有 AVI 格式的视频文件，如图 32-43 所示。

```
dir "c:\program files\*.avi" /s /b
```

图32-43　显示特定类型文件的完整路径

7. 以指定的顺序显示文件

有时需要以某种顺序列出目录中的文件，以便可以按规律进行查看和比较，为此需要在 Dir 命令中使用 /o 选项。与 /a 选项控制目录和文件的属性类似，/o 选项也包含一些选项用于指定文件的排序方式，可用的选项如下。

◆ n：按文件名的字母顺序从小到大进行升序排列。

◆ s：按文件容量从小到大进行升序排列。

◆ d：按文件的日期 / 时间从早到晚进行升序排列。

◆ e：按扩展名的字母顺序从小到大进行升序排列。

◆ -：用于反转前几项所指定的顺序，比如 -s 表示按文件容量从大到小进行降序排列。

下面这条命令将会显示 C 盘 Windows 文件夹中的所有文件而不包括文件夹，列表中的所有文件会按照文件容量从大到小进行排列，如图 32-44 所示。

```
dir c:\windows\ /a-d /o-s
```

不同的排序方式可以结合在一起使用，比如 /osd 选项表示文件先按照容量大小进行排列，再按照日期进行排列。

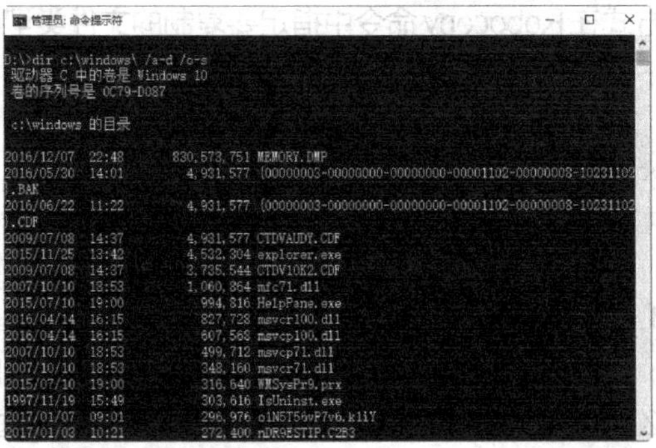

图32-44 以指定的顺序显示文件

32.6.3 创建目录

MD 和 Mkdir 命令都用于创建新目录，它们的功能和用法相同。本节以 MD 为例来介绍创建目录的方法。如果是在当前目录中创建新目录，那么可以直接输入 MD 命令与要创建的目录名称。如果当前目录是 D 盘根目录，那么下面这条命令将在 D 盘根目录创建一个名为 Test 的新目录。

```
md Test
```

> **提示**
> 如果创建的是英文名称的目录，那么在输入命令时目录名称的大小写形式决定了创建后该目录名称的大小写形式。

如果不是在当前目录中创建新的目录，而是在其他驱动器中的某个目录中创建目录，那么可以为 MD 命令提供目录的完整路径。如果当前目录是 C 盘根目录，同时在 D 盘根目录中存在名为 Test 的目录，那么下面这条命令将在 D 盘的 Test 目录中创建一个名为 myTest 的新目录。

```
md d:\test\myTest
```

如果想要创建还不存在的多个目录，这些目录彼此构成多个层次的目录和子目录，那么在启用 CMD 命令扩展的情况下，可以使用一条命令完成多级子目录的创建。例如，下面这条命令将会在 D 盘中创建 3 个目录，目录名称依次为 A、B、C，而且 B 为 A 的子目录，C 为 B 的子目录，目录 A 位于 D 盘根目录中，创建之前 D 盘中不存在这 3 个目录。

```
md d:\A\B\C
```

在未启用 CMD 命令扩展的情况下要完成上述操作，需要使用 3 条 MD 命令依次创建 A、B、C 三个目录，命令如下：

```
md d:\A
md d:\A\B
md d:\A\B\C
```

如果不在 md 中使用目录的完整路径，那么在创建下一个目录之前就需要先进入上一个目录，即让上一个目录变为当前目录，然后再创建该目录的子目录。如果使用的是这种方法，那么还需要使用 CD 命令在目录中导航，这样完成上面这个任务所需输入的命令就更多了。由此可见，CMD 命令扩展简化了操作过程，为用户提供了方便。

32.6.4 重命名目录和文件

Ren 和 Rename 命令都用于重命名目录或文件，它们的功能和用法相同，下面以 Ren 命令为例来进行介绍。无论是重命名目录还是文件，如果要重命名的对象位于当前目录中，那么只需在 Ren 命令中输入目录的原名称或文件的原名称，然后再输入目录的新名称或文件的新名称即可。下面两条命令分别将当前目录中名为 Test 的目录名称改为 myTest，将当前目录中名为 TestFile.txt 的文件名称改为 myTestFile.txt。

```
ren test mytest
ren testfile.txt mytestfile.txt
```

> **注意** 对文件进行重命名时，输入原文件名和新文件名时必须包括文件的扩展名。

如果要重命名的目录和文件位于当前目录以外的其他位置上，那么在 Ren 命令中指定目录或文件的原名称时必须提供完整路径，而重命名后的目录或文件的新名称不需要提供路径，只提供修改后的名称即可。

```
ren d:\test mytest
ren d:\testfile.txt mytestfile.txt
```

32.6.5 复制目录和文件

很多用户可能对 Copy 和 Xcopy 命令比较熟悉，这两个命令都用于复制目录和文件，Xcopy 可以看做是 Copy 命令的增强版。不过本节介绍的在命令行中用于复制功能的命令是 Robocopy，这是一个比 Copy 和 Xcopy 功能更加强大的复制命令，提供了更加智能的复制以及错误处理方式，从 Windows Vista 开始在系统中集成了该命令。Robocopy 命令的基本语法如下：

```
Robocopy source destination file options
```

◆ source：要对其中的内容进行复制的原位置（源目录）。

◆ destination：要将内容复制到的目标位置（目标目录）。

◆ file：要复制的文件，可以包含多个文件，各文件之间使用空格分隔。还可以使用通配符批量指定多个文件。

◆ options：这是最复杂的部分，Robocopy 命令包含大量的复制选项，用于提供符合多种不同需求的复制方式，表 32-3 列出了几个常用的复制选项。

表 32-3 Robocopy 命令常用的复制选项

复制选项	说明
/s	复制源目录中包含的子目录，但是不复制其中不包含任何内容的空的子目录
/e	与 /s 类似，但是也会复制空的子目录，即复制源目录中包含的所有子目录，无论是否为空
/lev:n	复制由源目录及其包含的子目录组成的目录层次结构中的前 n 层目录
/copyall	复制所有文件信息
/mov	复制后会删除源文件，相当于移动文件
/move	复制后会删除源目录及其中包含的文件，相当于移动目录和文件
/xf	复制时要排除的文件，即不进行复制的文件
/xd	复制要排除的目录，即不进行复制的目录
/max:n	设置文件容量上限，复制时只复制容量不超过这个上限的文件，容量单位为字节
/min:n	设置文件容量下限，复制时只复制容量不低于这个下限的文件，容量单位为字节

下面介绍的几个示例分别使用 Robocopy 命令完成了具有不同目的的复制任务。所有示例中的源目录都是 C 盘根目录中的 oldTest 目录，目标目录都指定为 D 盘根目录中的 newTest 目录。

1. 只复制包含文件的目录，不复制空目录

通过在 Robocopy 命令中使用 /s 选项，可以在复制源目录时不复制其中内容为空的子目录，而只复制包含文件的子目录。

```
robocopy c:\oldTest d:\newTest /s
```

2. 只复制目录中特定类型的文件

如果只想复制源目录中的一种或多种特定类型的文件，那么可以通过通配符 + 文件扩展名的方式在 Robocopy 命令中指定要复制的文件类型。下面这条命令将会复制源目录中的所有文本文件（.txt）、Word 文档（.doc）以及 JPG 格式（.jpg）的图片。

```
robocopy c:\oldTest d:\newTest *.txt
*.doc *.jpg /s
```

3. 只复制前 n 级子目录中的文件

如果源目录中包含了多个级别的子目录，那么可以在复制时指定要复制的子目录级别。通过 /lev:n 选项可以限制要复制源目录中的子目录的级别数，n 是一个表示子目录级别数的数字。下面这条命令将会复制源目录中的前两级子目录中的所有 JPG 格式（.jpg）的图片。

```
robocopy c:\oldTest d:\newTest *.jpg /s /lev:2
```

4. 只复制容量在 2MB～6MB 之间的所有 MP3 文件

通过在 Robocopy 命令中使用 /max:n 和 /min:n 选项，可以限制要复制的文件的容量大小，其中的 n 是一个表示文件容量的数字。/max:n 选项用于指定文件容量的上限，/min:n 选项用于指定文件容量的下限。如果在 Robocopy 命令中同时使用这两个选项，那么就可以指定文件容量的范围，只有文件的容量在这个范围内才会复制这个文件。下面这条命令将会复制源目录中容量在 2～6MB 之间的 MP3 文件（.mp3）。

```
robocopy c:\oldTest d:\newTest *.mp3
/min:2000000 /max: 2000000 /s
```

5. 只复制目录结构，不复制目录中的文件

有时可能需要获得一份与源目录结构完全相同的目录副本。如果源目录中包含多级子目录以及大量的文件，要想只获得不包含任何文件的整个目录结构，那么只能采取手动方法依次创建目录结构中的顶层目录以及其中包含的各个级别的子目录，并且需要手动输入与源目录相同的名称。这种方法的效率非常低，而且可能很容易出错。

使用 Robocopy 命令可以很容易地完成这个操作，只需在该命令中使用 /e 和 /xf 选项即可。下面这条命令会将位于 C 盘根目录中的 oldTest 目录中的所有子目录，复制到 D 盘根目录中的 newTest 目录中，其中的"/xf *.*"表示复制时不复制任何文件。

```
robocopy c:\oldTest d:\newTest /e /xf *.*
```

运行这条命令后会显示如图 32-45 所示的复制结果的统计信息，可以看到复制了源目录中的哪些子目录以及复制的所有子目录的数量、忽略的文件数量等信息。

图32-45　复制后的统计信息

32.6.6　删除目录和文件

CMD 提供了用于删除目录以及删除文件的命令，本节将分别介绍这两类命令。

1. 删除目录

RD 和 Rmdir 命令都用于删除指定的目录，它们的功能和用法相同，下面以 RD 命令为例来进行介绍。默认情况下，RD 命令只能删除不包含任何内容的目录。要删除当前目录中子目录，可以在 RD 命令中指定要删除的目录名称。下面这条命令将会删除当前目录中名为 Test 的目录。

```
rd test
```

可以在 RD 命令中提供要删除目录的完整路径，这样就可以删除任意位置上的目录。如果当前目录为 C 盘根目录，那么下面这条命令将删除 E 盘根目录中名为 myTest 的目录。

```
rd e:\mytest
```

如果要删除的目录中包含子目录或文件，那么在使用 RD 命令删除这个目录时就必须使用 /s 选项。下面这条命令将会删除 E 盘根目录中名为 myTest 的目录及其中包含的所有子目录和文件。如果不希望显示删除时的确认信息，则可以在 RD 命令中使用 /q 选项。

```
rd e:\mytest /s
```

2. 删除文件

默认的 RD 和 Rmdir 命令无法删除目录中的文件，只有使用 /s 选项才能删除目录中的文件。如果只想删除文件，那么可以使用 Del 命令。要删除当前目录中的某个文件，可以在 Del 命令中指定要删除的文件名及其扩展名。下面这条命令将会删除 D 盘根目录中名为 myFile.txt 的文件。

```
del myfile.txt
```

可以在 Del 命令中提供要删除文件的完整路径，这样就可以删除当前目录以外任意位置上的文件。如果当前目录为 C 盘根目录，那么下面这条命令将会删除 E 盘根目录中名为 myfile.txt 的文件。

```
del e:\myfile.txt
```

如果要删除当前目录中的所有文件，那么可以使用下面这条命令：

```
del *.*
```

如果要删除当前目录以外的某个指定目录中的所有文件，那么可以使用下面这两条命令中的任意一条，它将删除 D 盘中的 Test 目录中的所有文件。当显示确认信息时，按【Y】键后按【Enter】键即可。

```
del d:\test\
del d:\test\*
```

默认情况下，Del 命令只会删除当前目录或指定目录中的文件，而不会删除该目录中的子目录中的文件。如果希望删除目录及其所有子目录中的文件，那么可以在 Del 命令中使用 /s 选项。下面这条命令将会删除 Test 目录及其子目录中包含的所有文件。当存在多个子目录时，删除每个子目录中的所有文件时都会显示确认信息，如图32-46 所示。

```
del d:\test\* /s
```

图32-46　删除目录及其子目录中的所有文件

> **提示**
> 如果不想显示确认信息而自动执行文件的删除操作，那么可以在Del命令中使用/q选项。

32.7 网络管理

CMD 提供了丰富的网络命令，用于对 Windows 系统中的网络信息和配置选项进行查看、检测与设置，本节主要介绍在 CMD 中查看与设置网络配置信息的方法，但是首先介绍了使用 CMD 命令重启和关闭本地计算机与远程计算机的方法。

32.7.1　重启和关闭本地计算机与远程计算机

重启和关闭计算机是每天都要进行的操作。

可以使用 Shutdown 命令重启和关闭本地计算机或远程计算机。使用 Shutdown 命令重启本地计算机的基本语法如下。

```
shutdown /r /t shutdowndelay /l /f
```

使用 Shutdown 命令关闭本地计算机的基本语法如下。

```
shutdown /s /t shutdowndelay /l /f
```

- ◆ /r：用于重启计算机，该选项不能与 /s 和 /l 同时使用。
- ◆ /s：用于关闭计算机，该选项不能与 /r 和 /l 同时使用。
- ◆ /t shutdowndelay：shutdowndelay 表示在重启或关闭计算机之前等待的时间，以秒为单位，默认值为 60 秒。
- ◆ /l：用于立刻注销当前登录用户，该选项不能与 /r、/s 和 /t 同时使用。
- ◆ /f：强制关闭当前正在运行的应用程序。

下面这条命令将在 2 分钟（120 秒）后重启本地计算机。

```
shutdown /r /t 120
```

下面这条命令将会立即关闭本地计算机。

```
shutdown /s /f
```

如果已经运行了 Shutdown 命令，但是在等待系统重启或关闭期间又不想执行重启或关闭操作了，那么可以在 Shutdown 命令中使用 /a 选项来取消重启或关闭计算机的计划。

```
shutdown /a
```

> **提示**
> 如果已经启动了重启或关闭计算机的计划，之后想要修改重启或关闭计算机之前的等待时间，那么也需要先运行上面的命令取消整个计划，然后再重新使用 Shutdown 命令运行重启或关闭计算机的命令。

重启和关闭网络中的远程计算机也需要使用 Shutdown 命令，其用法也与重启和关闭本地计算机类似，只不过需要使用 /m 选项来指定远程计算机的名称或 IP 地址。重启和关闭远程计算机命令的基本语法如下：

```
shutdown /r /t shutdowndelay /l /f /m
\\computer
shutdown /s /t shutdowndelay /l /f /m
\\computer
```

computer 表示要重启或关闭的远程计算机的名称或 IP 地址。下面两条命令都会在 2 分钟

（120 秒）后关闭远程计算机，但是在命令中分别使用了远程计算机的名称和 IP 地址。

```
shutdown /s /t 120 /m \\VirW10
shutdown /s /t 120 /m \\192.168.0.101
```

> **注意** 在对远程计算机进行重启或关闭操作时，用户需要拥有相应的权限，否则将会拒绝访问。默认情况下，只有具有远程计算机中的管理员用户组权限的用户才能对远程计算机进行重启和关闭。如果希望特定用户或用户组中的用户也具有重启和关闭远程计算机的权限，那么需要在远程计算机中的安全策略中进行设置，如图 32-47 所示。

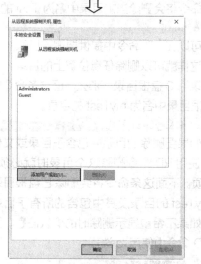

图32-47　设置具有重启或关闭远程计算机的用户权限

"shutdown /a" 命令也适用于取消对远程计算机的重启或关闭。下面这条命令将取消对名为 VirW10 的远程计算机设置的重启或关闭计划。

```
shutdown /a /m \\VirW10
```

32.7.2 测试网络连通情况

Ping 命令可能是最常用的网络命令之一，使用该命令可以测试网络的连通情况，通过该命令返回的信息可以判断网络连通是否存在问题。Ping 命令的基本语法如下：

```
Ping targetname
```

其中的 targetname 是指要测试本地计算机到目标网络设备之间连通性的该设备的主机名或 IP 地址。下面这条命令用于测试本地计算机与一个网站之间的网络连通情况。

```
ping www.baidu.com
```

返回的测试结果会根据网络连通的实际情况而有所不同，但是显示的内容都会类似于图 32-48 所示。默认情况下，Ping 命令会向目标设备发送 32 字节大小的数据包，并且会返回 4 次连接请求的响应结果，最下方还会显示本次测试的统计信息。

图32-48 测试网络连通情况所返回的统计信息

在返回的测试结果中主要包括以下信息。

◆ 返回结果的第一行显示了所测试的网络主机名（网站的地址）及其 IP 地址。

◆ 如果某次的响应结果显示为"请求超时"，则表示此次连接失败。

◆ 如果某次的响应结果以"来自……的回复"开头，则说明此次连接成功。同一行后半部分内容显示了本次连接的响应时间，以毫秒（ms）为单位，如"时间 =5ms"。

◆ 最下方的统计信息显示了数据包发送、接收以及丢失的数量，还显示了在本次测试中从发送数据包，到接收数据包响应的往返时间的情况。

Ping 命令包含很多选项，可以在测试网络连通性时使用这些选项来调整测试方式以及相关选项，下面介绍 3 个比较常用的选项。

◆ -n count：默认情况下每次使用 Ping 命令只会返回 4 条连接请求的响应结果。如果希望返回更多数量的响应结果以便更准确地测试整体的响应情况，那么可以在 Ping 命令中使用 -n 选项，count 表示希望返回的响应结果的数量。

◆ -t：该选项用于一直连续不断地使用 Ping 命令向目标设备发送数据包并返回测试结果，直到用户手动停止它。可以使用以下 3 种方法控制测试返回结果的显示方式：按【Break】键可以暂停屏幕滚动，按【Ctrl+Break】组合键可以显示当前测试的统计信息，按【Ctrl+C】组合键则会停止网络连通性测试。

◆ -l size：指定向目标设备发送数据包的大小。默认为 32 字节，可以使用更大容量的数据包来测试网络的连通性。有时使用默认 32 字节进行测试时显示网络连接正常，但是使用一个更大字节的数据包来进行测试时则会显示请求超时。如果出现这样的问题，那么可能是用户的 DSL 调制解调器与 ISP 之间的连接存在问题。

32.7.3 查看网络配置信息

另一个常用的网络命令是 Ipconfig，使用该命令可以显示计算机中的 TCP/IP 网络配置的相关信息。当使用 DHCP 自动为网络中的计算机和其他网络设备分配 IP 地址时，使用 Ipconfig 命令可以查看这些设备获得的动态 IP 地址。Ipconfig 命令还可以为网卡释放或重新请求自动分配的动态 IP 地址。

可以使用不带任何选项的 Ipconfig 命令查看 IP 配置的基本信息，其中显示了 IPv4 的地址、子网掩码、默认网关以及 IPv6 的链路本地地址，如图 32-49 所示。如果在 Ipconfig 命令中使用 /all 选项，则会显示更详细的网络配置信息。除了显示 IP 配置的基本信息以外，还会显示网卡的 MAC 地址、DHCP 状态、计算机获得的动态 IP 地址、DNS 服务器地址等信息，如图 32-50 所示。

```
ipconfig /all
```

如果计算机的 IP 地址是通过 DHCP 自动分配的，那么有时可能会出现一些问题，比如没有为一台计算机自动分配 IP 地址，或者在两个网络连接之间切换时没有自动为计算机分配 IP 地址。通过在 Ipconfig 命令中使用 /release 和 /renew 选项可以解决这类问题。在【命令提示符】窗口中输入下面的命令：

```
ipconfig /release
ipconfig /renew
```

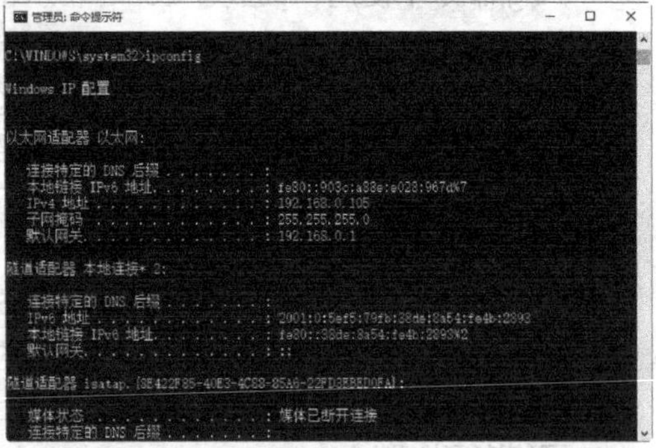

图32-49　查看IP配置信息

图32-50　查看更详细的网络配置信息

如果是IPv6地址，那么需要使用下面的命令：

```
ipconfig /release6
ipconfig /renew6
```

DNS用于将用户输入的网站地址转换为与其对应的IP地址，以便在Internet中准确地找到这台计算机。系统会对每次的查找结果进行记录并保存一段时间，这样在以后访问相同的网站地址时可以直接从保存的结果中快速找到对应的IP地址，从而节省查找的时间。无论是否成功找到与输入的网站地址对应的IP地址，系统都会进行记录。这些被记录并保存下来的网站地址与IP地址的配对信息就是DNS缓存。

可以在Ipconfig命令中使用/displaydns选项来显示DNS缓存中的内容，命令如下：

```
ipconfig /displaydns
```

也可以在Ipconfig命令中使用/flushdns选项来清除DNS缓存中的内容，命令如下：

```
ipconfig /flushdns
```

32.7.4　设置静态或动态IP地址

本节介绍的IP地址设置主要是指IPv4地址。设置IPv4地址的主要工作包括对IP地址、子网掩码以及默认网关等方面的设置。设置IP地址需要

使用Netsh命令，该与本章前面介绍过的DiskPart类似，也提供了一个命令环境，区别在于DiskPart命令环境中提供的命令用于磁盘管理，而Netsh命令环境中提供的命令则用于网络信息查看与配置。

与进入和退出DiskPart命令环境的方法类似，要进入Netsh命令环境需要在普通提示符中输入"netsh"命令并按【Enter】键。退出Netsh命令环境则需要在Netsh命令环境中的提示符中输入"exit"命令并按【Enter】键。进入Netsh命令环境后的提示符会显示为"netsh>"，此时只能输入Netsh命令环境中提供的命令。输入"help netsh"命令后按【Enter】键，将会显示Netsh命令环境中可以使用的命令列表，如图32-51所示，显示了其中的部分命令。

图32-51　Netsh提供的命令

还可以在不进入Netsh命令环境的情况下使用Netsh提供的命令。例如，本节介绍的设置IP地址的方法需要使用Netsh中的Interface命令，那么可以在提示符中输入下面这条命令。按【Enter】键后，会显示如图32-52所示的命令列表，实际上这是Interface内部提供的命令。由于本节要设置的是IPv4地址，因此需要用到列表中的Ipv4命令。

```
netsh interface
```

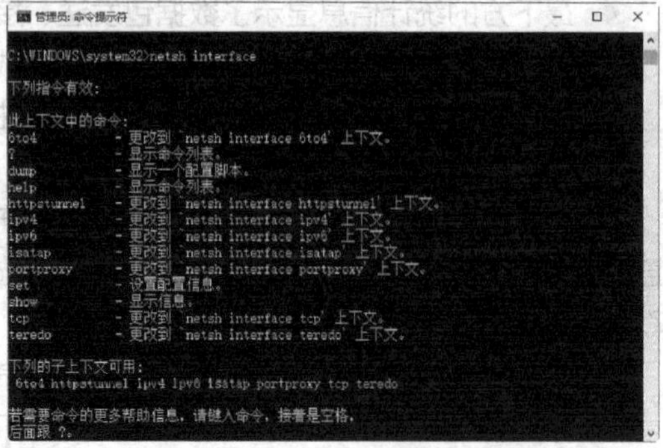

图32-52　Interface内部提供的命令

在提示符中输入下面这条命令，会继续显示
Ipv4 中提供的命令。按照类似的方法依次显示下
一级命令列表，在列表中找到要使用的命令，然
后与之前输入的所有命令组合在一起输入提示符
中。这种使用 Netsh 的方法不需要进入 Netsh 环境
及其内部的各个命令的相应环境中，但是需要熟悉
所要使用的命令，或者按照上面介绍的方法逐层查
询要使用的命令，最后再统一输入一长串命令。

```
netsh interface ipv4
```

首先需要使用 Ipv4 中提供的 show address 命
令查看当前的 IP 配置信息。在提示符中输入下面
这条命令后按【Enter】键，将会显示如图 32-53
所示的内容。

```
netsh interface ipv4 show address
```

图32-53　显示IP配置信息

设置 IP 地址的命令为 ipv4 中的 Set Address
命令，该命令的基本语法如下。

```
Set address name source address mask gateway
```

- name：网络接口的名称，如图 32-53 中
  的"以太网"。
- source：包含 static 和 dhcp 两个值，
  static 表示设置的是静态 IP 地址，dhcp 表
  示设置的是动态 IP 地址。
- address：要设置的 IP 地址。
- mask：要设置的子网掩码。
- gateway：要设置的默认网关。

下面这条命令将 IP 地址设置为 192.168.1.2，
子网掩码设置为 255.255.255.0，默认网关设置
为 192.168.1.1。由于一直介绍的都是在普通提示
符中使用 Netsh 命令的方法，因此需要输入包含
前面逐层进入各命令环境的所有命令。

```
netsh interface ipv4 set address name="
以太网 " source=static address=192.168.1.2
mask=255.255.255.0 gateway=192.168.1.1
```

运行上面的命令成功完成设置以后，打开本
地网络连接的属性对话框，然后双击【Internet
协议版本 4（TCP/IPv4）】，在打开的对话框中可
以看到设置结果，如图 32-54 所示。

图32-54　通过CMD命令设置后的IP地址及其相关信息

如果使用 DHCP 功能自动为计算机分配 IP
地址及其相关信息，那么可以在 CMD 中为本地
连接设置动态的 IP 地址。由于动态 IP 地址由
DHCP 自动分配，因此在设置时不需要指定 IP
地址、子网掩码以及默认网关。只需将 source
参数设置为 dhcp 即可，基本语法如下：

```
Set address name source
```

下面这条命令将本地连接中的 IP 地址设置为动
态 IP 地址，IP 地址的相关信息由 DHCP 自动分配。

```
netsh interface ipv4 set address name="
以太网 " source=dhcp
```

32.7.5　设置 DNS 服务器

如果是通过 DHCP 自动分配 IP 地址等信息，
那么不需要额外对 DNS 进行设置。如果没有使
用 DHCP，那么需要手动设置 DNS。在 CMD 中
设置 DNS 的方法与上一节介绍的设置 IP 地址类
似，也需要使用 Netsh 命令及其内部提供的子
命令。设置 DNS 服务器的最终命令位于 Ipv4 环
境中，输入下面的命令将会显示包含要使用的
dnsservers 在内的命令列表。

```
netsh interface ipv4 set
```

根据是否使用 DHCP 来为计算机自动分配
IP 地址和 DNS 服务器的不同，需要使用两种方
式设置 DNS 服务器。在未使用 DHCP 的情况下
需要使用下面的命令设置 DNS 服务器：

```
Set dnsservers name source address
```

其中的 name 和 source 的含义与上一节设置 IP 地址时的 name 和 source 相同，而此处的 address 指的是 DNS 服务器的 IP 地址。下面这条命令将 DNS 服务器的 IP 地址设置为 192.168.1.1。

```
netsh interface ipv4 set dnsservers name=
"以太网" source=static address=192.168.1.1
```

在使用 DHCP 的情况下需要使用下面的命令设置 DNS 服务器：

```
Set dnsservers name source
```

下面这条命令将 DNS 服务器的 IP 地址设置为自动获取，这样将由 DHCP 自动分配。

```
netsh interface ipv4 set dnsservers name=
"以太网" source=dhcp
```

32.7.6 备份和还原网络配置信息

为了在系统出现故障后可以快速重新设置和部署之前的网络配置信息，可以使用 Netsh 命令将系统处于正常状态下的网络配置信息备份到文件中，在以后需要时可以随时将该文件中的网络配置信息还原到系统中，自动完成网络的配置。如果需要对多台计算机进行相同的网络配置，那么使用这种方法可以节省大量的时间。

 交叉 参考 有关在普通提示符中输入和使用 Netsh 命令及其内部包含的子命令的方法，请参考本章 32.7.4 节。

使用 Netsh 命令备份网络配置信息的基本语法如下：

```
netsh interface ipv4 dump > filename
```

其中的 filename 表示要保存网络配置信息的文本文件。下面这条命令将网络配置信息保存到 D 盘根目录中名为 netbackup.txt 的文件中。这个文件中包含的内容如图 32-55 所示。

```
netsh interface ipv4 dump > "d:\netbackup.
txt"
```

![netbackup 记事本窗口，显示 IPv4 配置信息]

图32-55 备份网络配置信息的文件中包含的内容

将备份文件中的网络配置信息还原到系统中的命令语法如下：

```
Netsh -c "interface ipv4" -f filename
```

下面这条命令将前面导出的名为 netbackup. txt 的备份文件中包含的网络配置信息还原到系统中。

```
netsh -c "interface ipv4" -f "d:\
netbackup.txt"
```

32.8 操作注册表

在 CMD 中可以使用 Reg 命令编辑和管理 Windows 注册表中的内容。具体到要对注册表进行哪种操作，则需要在 Reg 命令中添加表示具体操作方式的命令参数。本节将介绍在 CMD 中操作注册表的方法，有关注册表的基础知识以及注册表编辑器的使用方法请参考本书第 31 章。

32.8.1 在注册表中添加子键、键值和数据

可以使用 Reg add 命令在注册表中添加子键以及其中包含的键值和数据，该命令的基本语法如下。

```
Reg add keyname /v valuename /t type /d data
```

- ◆ keyname：要添加的子键在注册表中的完整路径，路径中的根键部分使用根键的缩写形式，比如 HKCU 是 HKEY_CURRENT_USER 根键的缩写形式。
- ◆ /v valuename：valuename 表示要在子键下添加的键值。
- ◆ /t type：type 表示要设置的键值数据的数据类型。如果省略该项，数据类型将默认为 REG_SZ。
- ◆ /d data：data 表示要为键值设置的数据。

 交叉 参考 有关根键及其缩写，以及键值数据的数据类型的更多内容，请参考本书第 31 章。

下面这条命令将在注册表中的 HKEY_CURRENT_USER\SoftWare 子键下添加一个名为 TestKey 的子键。

```
reg add HKCU\Software\TestKey
```

　　HKCU使用大写是为了与注册表根键的缩写形式完全一致以便于查看。实际上除了要添加的子键需要根据应用需求注意大小写形式以外，命令中的其他部分的大小写形式并不重要。

　　下面这条命令将在注册表中的 HKEY_LOCAL_MACHINE\System 子键下添加一个名为 TestKey 的子键，然后在该子键下添加一个名为 TestValue 的键值，该键值的数据类型为 REG_DWORD，最后将该键值的数据设置为 168。运行该命令后打开注册表编辑器，可以看到如图 32-56 所示的结果。

```
reg add HKLM\System\TestKey /v TestValue
/t REG_DWORD /d 168
```

图32-56　使用命令在注册表中添加子键、键值和数据

　　可以使用Reg add命令向远程计算机中的注册表中添加子键，不过只能在HKLM和HKU两个根键下添加子键。

32.8.2　查询注册表中的子键包含的内容

　　可以使用 Reg query 命令查询注册表中的内容，该命令的基本语法如下。

```
Reg query keyname /v valuename
```

◆ keyname：要查询的子键在注册表中的完整路径，路径中的根键部分使用根键的缩写形式。

◆ /v valuename：valuename 表示要在子键下查询的键值。

　　下面这条命令查询注册表中的 HKEY_LOCAL_MACHINE\System 子键下的 TestKey 子键包含的所有键值及其数据。运行该命令后的输出结果如图 32-57 所示，显示了所查询的子键下包含的每一个键值，以及键值中的数据和数据类型。

```
reg query HKLM\System\TestKey
```

图32-57　查询指定子键下包含的所有内容

　　如果想要查询特定键值的内容，那么需要在 Reg query 命令中使用 /v 选项。下面这条命令查询名为 MyValue 的键值的相关信息。

```
reg query HKLM\System\TestKey /v MyValue
```

32.8.3　删除注册表中的子键、键值和数据

　　可以使用 Reg delete 命令删除注册表中不再需要的内容，该命令的使用方法与上一节介绍的 Reg query 类似，只不过使用 delete 代替 query。Reg delete 命令的基本语法如下：

```
Reg delete keyname /v valuename
```

◆ keyname：要删除的子键在注册表中的完整路径，路径中的根键部分使用根键的缩写形式。

◆ /v valuename：valuename 表示要删除的键值。

　　下面这条命令将会删除注册表中的 HKEY_LOCAL_MACHINE\System 子键下的 TestKey 子键及其中包含的所有内容，如图 32-58 所示。

```
reg delete HKLM\System\TestKey
```

图32-58　删除指定子键及其中包含的所有内容

　　如果只想删除某个子键下的特定键值，那么需要在 Reg delete 命令中使用 /v 选项。下面这条命令将会删除名为 TestValue 的键值及其中包含的数据。运行这条命令也会显示类似的确认信息，按【Y】键后再按【Enter】键，即可将指定的键值删除。

```
reg delete HKLM\System\TestKey /v TestValue
```

　　如果在删除子键或键值时不想显示确认信息而直接进行删除操作，那么可以在 Reg delete 命令中使用 /f 选项。如果一个子键下包含键值以及其他子键，那么当只想删除该子键中的键值，而保留其下的其他子键时，可以在 Reg delete 命令中使用 /va 选项。

32.8.4　保存和恢复注册表中的内容

编辑注册表中的内容存在较大风险，一旦出错很可能会导致系统出现严重的问题。因此可以使用 Reg save 命令先将要修改的注册表部分以 hive 文件（文件扩展名为 .hiv）的形式进行保存，以便在以后出现问题时进行恢复。Reg save 命令的基本语法如下。

```
Reg save keyname filename
```

◆ keyname：要保存的子键在注册表中的完整路径，路径中的根键部分使用根键的缩写形式。
◆ filename：要进行保存的文件的路径和名称，需要使用一对双引号将路径和文件名包围起来。省略路径会自动将文件保存在【命令提示符】窗口中的当前目录中。

下面这条命令会将注册表中的 HKEY_LOCAL_MACHINE\System 子键下的 TestKey 子键下包含的所有内容保存到 D 盘根目录下的 testkey.hiv 文件中。

```
reg save HKLM\System\TestKey "d:\testkey.hiv"
```

如果指定位置上已经存在了同名文件，那么在【命令提示符】窗口中会显示是否覆盖的确认信息，按【Y】键将会使用新文件替换原有文件。如果想要直接替换同名文件而不显示确认信息，那么需要在 Reg save 命令中使用 /y 选项。

可以使用 Reg restore 命令从保存的 hive 文件中恢复注册表中的特定子键。Reg restore 命令的基本语法与 Reg save 命令类似，keyname 表示要恢复的子键在注册表中的完整路径，filename 表示要从中恢复的子键的 hive 文件。

```
Reg restore keyname filename
```

下面这条命令使用 D 盘根目录下的 testkey.hive 文件来恢复注册表中的 HKEY_LOCAL_MACHINE\System 子键下的 TestKey 子键下的内容。

```
reg restore HKLM\System\TestKey "d:\testkey.hiv"
```

注意 Reg restore 命令无法恢复注册表中不存在的子键。

32.8.5　导出和导入注册表中的内容

可能会觉得导出和导入注册表内容的作用与上一节介绍的保存和恢复注册表内容类似，但是实际上它们至少存在着以下两个区别。

◆ 上一节保存注册表内容时创建的文件扩展名为 .hiv，是注册表配置单元文件类型；而本节导出的注册表文件扩展名为 .reg，是一个普通的文本文件，可以在记事本程序中打开并编辑该文件中的内容。
◆ 两者之间更为重要的一个区别在于：在将导出的 .reg 文件重新导入注册表之前，如果在导出的子键中添加了新的内容，那么在将 .reg 文件导入注册表以后，这些新增内容不会受到任何影响；但是对于保存和恢复子键的操作而言，在将指定的子键保存到 .hiv 文件之后在该子键中添加的任何内容，在将 .hiv 文件恢复到注册表以后这些新增的内容都会被覆盖。

可以使用 Reg export 命令将注册表中的特定根键或子键导出到 .reg 文件中，该命令的基本语法如下。

```
Reg export keyname filename
```

◆ keyname：要导出的根键或子键在注册表中的完整路径，路径中的根键部分使用根键的缩写形式。
◆ filename：要保存导出内容的文件的路径和名称，需要使用一对双引号将路径和文件名包围起来。省略路径会自动将文件保存在【命令提示符】窗口中的当前目录中。

下面这条命令将注册表中的 HKEY_LOCAL_MACHINE 根键导出到 D 盘根目录下的 hklm.reg 文件中。如果指定位置上已经存在了同名文件，那么在【命令提示符】窗口中会显示是否覆盖的确认信息，按【Y】键将会使用新文件替换原有文件。如果想要直接替换同名文件而不显示确认信息，那么需要在 Reg export 命令中使用 /y 选项。

```
reg export HKLM "d:\hklm.reg"
```

使用 Reg import 命令可以将 .reg 文件导入注册表中，该命令只有一个参数，用于指定要导入的 .reg 文件的路径和名称。Reg import 命令的基本语法如下：

```
Reg import filename
```

下面这条命令会将 D 盘根目录中的 hklm.reg 文件中的内容导入注册表中，具体导入注册表中的哪个位置上由 hklm.reg 文件中的内容决定。

```
reg import "d:\hklm.reg"
```

Chapter
33

使用批处理文件
自动执行命令

虽然可以像上一章介绍的那样，根据想要实现的功能在 CMD 中输入相应的命令来完成操作，但是这种方式需要用户与系统进行频繁的交互。这意味着只有用户输入并运行一条命令，系统才会执行这条命令并返回结果，否则系统就会处于等待状态以接收用户的下一条命令。使用批处理文件可以让系统自动执行用户设定好的一组 CMD 命令，这样用户就不需要与系统进行逐条命令的交互，实现了命令的自动化运行。上一章介绍的 CMD 命令的基础知识及其相关技术同样适用于本章，它们是实现批处理文件的基础。本章主要介绍与批处理文件紧密相关的一些技术，它们是确保批处理文件按照预期方式自动并正常运行的关键。

33.1 批处理简介与常用命令

本节首先对批处理文件进行了简要介绍，然后介绍了在批处理文件中经常使用的一些命令，其中的很多命令也可以在交互模式的命令行中使用。

33.1.1 批处理文件简介及其使用方法

CMD 包括交互和批处理两种工作模式，交互模式和批处理模式决定了命令的执行方式。上一章介绍的 CMD 命令都是在交互模式下使用的，实际上它们也可用于批处理模式，使用哪些命令以及如何使用这些命令完全由用户以及所要实现的功能决定。如果需要定期执行相同的任务，或者已经厌倦了在【命令提示符】窗口中逐条输入命令并不断地按【Enter】键来运行命令的操作方式，那么可以使用批处理文件。

批处理文件也称为批处理程序或脚本，是一种包含了多条 CMD 命令的文件类型，其文件扩展名通常为 .bat。在批处理模式下 CMD 可以自动运行批处理文件中的所有命令而不需要与用户产生任何交互，命令的运行结果与用户在交互模式下的【命令提示符】窗口中逐条输入命令并按【Enter】键并没有太大区别。

如果希望 CMD 可以有选择地运行批处理文件中的命令，而不是自始至终从文件中的第一条命令一直运行到最后一条命令，那么就需要在批处理文件中使用一些特定的技术，如条件判断和

循环等流程控制结构，以及用于在批处理文件中传递数据的变量和参数，从而可以为批处理文件提供更加智能的命令运行方式。

批处理文件的扩展名虽然是 .bat，但是它仍然是纯文本文件，可以直接在记事本程序中打开并进行编辑。使用批处理文件的过程其实非常简单，通常只需要以下几个步骤。

STEP 1 创建一个文本文件，然后将其扩展名改为 .bat，按钮【Enter】键确认修改时在弹出的对话框中单击【是】按钮。如果看不到文件的扩展名，那么可以在文件资源管理器中的功能区中选中【查看】➡【显示/隐藏】➡【文件扩展名】复选框，如图 33-1 所示。

图33-1 选中【文件扩展名】复选框以显示文件扩展名

STEP 2 在批处理文件中输入一条或多条命令，然后保存该文件。

STEP 3 在【命令提示符】窗口中输入批处理文件的路径和名称来运行它，然后在窗口中查看命令的返回结果，或者命令将结果输出到了指定的文件中。

如果用户希望在【命令提示符】窗口中的任意目录中都可以通过输入批处理文件的名称来运行该文件，而省略路径。换言之，就像可以在任意目录中运行 CMD 内部命令一样，在任

意目录中只通过文件名来运行批处理文件，那么需要将包含批处理文件的文件夹添加到搜索路径中。%Path% 环境变量存储了一个搜索路径的列表，用户可以将常用的批处理文件保存到一个特定的文件夹中，然后将这个文件夹添加到搜索路径中。有关搜索路径的内容以及修改 %Path% 环境变量的方法已在本书第 32 章进行了详细介绍，这里就不再赘述了。

下面是使用批处理文件的一个简单示例，通过这个示例可以了解批处理文件的基本使用方法以及 CMD 是如何运行批处理文件中的命令的。假设在 E 盘根目录中包含一个名为 BatchFiles 的文件夹，执行以下操作来创建并运行该文件夹中名为 test.bat 的批处理文件。

STEP 1 在 BatchFiles 文件夹中的空白处单击鼠标右键，然后在弹出的菜单中选择【新建】➪【文本文档】命令，在该文件夹中创建一个文本文件。

STEP 2 将文件名改为 test，将文件扩展名改为 .bat，然后按【Enter】键或单击文件以外的任意位置确认所做的修改。

STEP 3 在文件夹中右击 test.bat 文件，然后在弹出的菜单中选择【编辑】命令，在记事本程序中打开该文件，然后输入下面两条命令。

```
ver
dir
```

STEP 4 在记事本程序窗口的菜单栏中单击【文件】➪【保存】命令，或者直接按【Ctrl+S】组合键对文件进行保存。

STEP 5 打开【命令提示符】窗口，假设当前目录为 C 盘根目录，那么在提示符中输入下面这条命令并按【Enter】键。

```
e:\batchfiles\test
```

> **提示**
> 如果已经将本例中的 BatchFiles 文件夹添加到了搜索路径（即%Path%环境变量）中，那么在提示符中只需输入批处理文件的名称即可运行该文件，而不需要输入文件的路径。本章后面的大部分示例的批处理命令都包含在名为test.bat的批处理文件中，并通过在提示符中运行test来运行该批处理文件。

运行结果如图 33-2 所示，其中包括两部分内容。先使用 Ver 命令显示了当前 Windows 系统的版本，然后使用 Dir 命令显示了当前目录中包含

的内容。除了显示命令返回的信息以外，还在每部分内容的上方的提示符中显示了输入的命令。

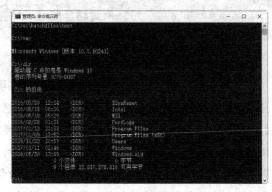

图33-2　运行批处理文件

实际上本例中的 Ver 和 Dir 两个命令之前已经被输入批处理文件中，当在提示符中输入批处理文件的名称来运行这个文件时，CMD 会根据文件中包含的命令来依次自动运行这些命令，直到文件的结尾，就好像是用户在提示符中手动输入这些命令一样。通过这个示例可以发现批处理文件具有以下两个优点。

◆ 简化命令的输入量：输入批处理文件名即可运行多条命令。对于上面这个示例而言，如果改用交互的方式在【命令提示符】窗口中操作，那么用户需要先输入"ver"命令，然后按【Enter】键，再输入"dir"命令，然后按【Enter】键，一共需要进行 4 次输入操作。如果预先将所有命令输入到批处理文件中，那么只需在提示符中输入批处理文件的名称即可完成所有操作。

◆ 便于重复使用：由于将要运行的命令保存到了批处理文件中，除非删除这个文件，否则其中的命令会长久保存，因此以后可以随时运行批处理文件中的命令。如果需要定期执行相同的任务，那么使用批处理文件可以节省很多时间。

33.1.2　使用 Echo 命令设置命令的回显方式

Echo 命令是批处理文件中最常用的命令，该命令主要有以下两种用途。

◆ 打开或关闭命令回显。
◆ 输出指定的内容。

1. 打开或关闭命令回显

在上一节介绍的批处理文件的示例中，当在提示符中运行批处理文件时，文件中的命令以及由这些命令返回的结果都会同时显示在【命令提示符】窗口中。在运行结果中显示的批处理文件中的命令称为命令回显，这样可以让用户了解整个运行过程中都使用了哪些命令，以及每个命令的返回结果。

如果用户不想被穿插在输出结果中的回显命令所干扰，那么可以使用 Echo off 命令关闭命令回显，在批处理文件中位于该命令之后的所有命令都不会在输出结果中回显，而且在输出结果中也不会显示提示符。如果想要重新启用命令回显，那么可以使用 Echo on 命令，位于该命令之后的所有命令都将回显在输出结果中。下面的命令表示在输出结果中不会回显 Ver 和 Dir 两个命令，但是会回显 Vol 命令。

```
echo off
ver
dir
echo on
vol
```

> **提示**
> 在使用Echo off命令时，用户可能会发现一个问题，虽然使用该命令可以关闭该命令之后的命令回显，但是Echo off命令本身还是会显示在输出结果中。解决这个问题的方法是使用@符号，具体内容将在下一节进行介绍。

如果想要查看当前设置的回显方式，那么可以在提示符中输入不带任何参数的 Echo 命令，即下面的命令：

```
echo
```

2. 输出指定的内容

Echo 命令的另一个用途是将指定的内容显示在【命令提示符】窗口中，或将其写入一个指定的文件中。下面这条命令会在【命令提示符】窗口中显示"Hello"，如图 33-3 所示。

```
echo Hello
```

图33-3　使用Echo命令输出指定的内容

下面这条命令会将"How Are You"写入当前目录中的 hello.txt 文件中，如果不存在该文件则会自动创建。如果想要将内容写入文件的末尾，则需要使用 >> 代替 >。

```
echo How Are You > hello.txt
```

如果想要输出一个空行，那么可以使用下面这条命令。

```
echo.
```

与本节前面介绍的 Echo off 类似，在使用 Echo 命令输出指定的内容时，在输出结果中也会显示 Echo 命令本身。对该问题的解决方法将在下一节进行介绍。

33.1.3 使用 @ 符号设置特定命令的回显方式

上一节介绍的 Echo off 命令可以关闭命令在【命令提示符】窗口中的回显，在批处理文件中主要用于关闭一系列命令的回显，即关闭位于 Echo off 命令之后所有命令的回显，直到使用 Echo on 命令重启打开命令回显。

在使用 Echo off 命令时会遇到一个问题，虽然该命令可以关闭其他命令的回显，但是 Echo off 命令本身会显示在【命令提示符】窗口中，这并不是想要的结果。可以使用 @ 符号来解决这个问题，即在 Echo off 命令的左侧添加一个 @，将会关闭 Echo off 命令的回显。下面的命令将会在命令提示符窗口中显示当前 Windows 系统的版本"Hello"，图 33-4 所示为对 Echo off 命令使用 @ 符号前后的输出结果对比。

```
echo off
ver
echo Hello
```

图33-4　使用@符号关闭指定命令的回显

对于上一节使用 Echo 命令向 hello.txt 文件写入"How Are You"信息的示例，也可以使用 @ 符号来关闭 Echo 命令的回显。将上一节中的命令改为下面的形式，这样在运行批处理文件时将不会在【命令提示符】窗口中显示任何内容，而是直接将"How Are You"写入 hello.txt 文件中。

```
@echo How Are You > hello.txt
```

可以将 Echo off 和 @ 结合使用以实现一些特殊的用途。例如，在关闭命令回显的情况下，Echo off 命令之后的所有命令都不会在【命令提示符】窗口中显示。但是有时为了清楚知道程序当前运行的进度，那么可以使用 Echo 命令临时地显示提示或说明性内容。

下面的命令首先关闭了命令回显，然后会显示"现在开始运行 Vol 命令"提示信息，接着运行 Vol 命令，然后插入两个空行。接下来又会显示另一条提示信息"现在开始运行 Dir 命令"，最后运行 dir 命令，如图 33-5 所示。

```
@echo off
@echo 现在开始运行Vol 命令
vol
echo.
echo.
@echo 现在开始运行Dir 命令
dir
```

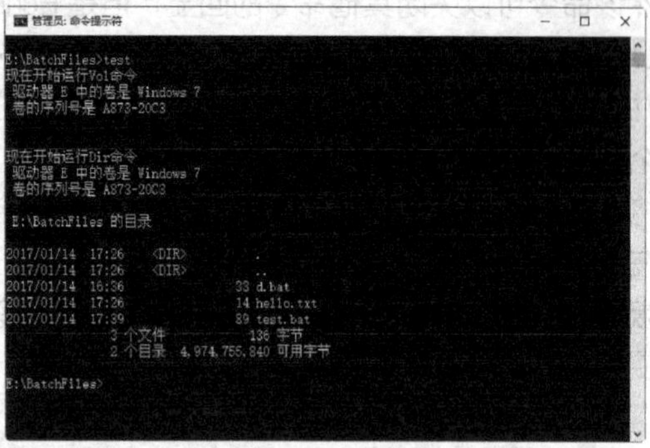

图33-5 Echo off与Echo命令的结合使用

33.1.4 暂停程序的运行

在运行批处理文件时，由于通常会关闭命令回显，因此程序会一直自动运行一直到文件结尾。用户有时需要在运行到文件的某个位置时暂停程序的运行，此时可以使用 Pause 命令。当运行到批处理文件中的 Pause 命令时，会在【命令提示符】窗口中显示图 33-6 所示的提示信息，此时按键盘上的任意键即可继续运行程序。

图33-6 使用Pause命令暂停程序的运行

33.1.5 清除【命令提示符】窗口中的所有内容

在运行一个批处理文件之前，先清空【命令提示符】窗口中的所有内容是个好习惯，这样可以避免之前在【命令提示符】窗口中的残留信息与运行批处理文件后产生的输出信息混合在一起。只需在批处理文件中使用下面的命令，即可清空【命令提示符】窗口中的所有内容。

```
cls
```

33.1.6 为语句添加注释

为了在一段时间以后仍然可以清楚了解当时编写批处理文件的整体情况、编写思路以及一些复杂命令所要实现的功能，可以为批处理文件添加注释，注释就是一段说明信息。可以使用 Rem 命令添加注释信息，注释包含的具体内容需要输入 Rem 的右侧。以 Rem 开头的一行内容会被 CMD 认为是注释而不会当做命令来运行。下面的内容就是一条注释：

```
Rem 这是一条注释
```

除了将 Rem 命令用于注释以外，还可以在运行和调试批处理文件时，将有问题的命令变为注释，以便暂时不运行这些命令。这样就可以在不删除这些命令的情况下使 CMD 暂时忽略它们。待找到并修复程序中的问题以后，可以再删除 Rem 以便使这些命令恢复正常。

除了使用 Rem 命令来添加注释以外，还可以使用两个冒号（::）来作为一行注释的开始部分。下面的内容也是一条注释。

```
:: 这是一条注释
```

33.1.7 向批处理文件传递参数

参数是命令和程序需要处理的数据。很多 CMD 命令都需要参数才能执行指定的操作。例如，本书第 32 章在介绍使用 Del 命令删除文件时，需要在输入的 Del 命令中指定要删除的文件名或文件的完整路径，这样 Del 命令才知道要删除的是哪个文件。用户在 Del 命令中输入的文件名或完整路径就是提供给 Del 命令的参数。可以为 Del 命令指定多个参数，从而一次性删除参数所对应的每一个文件。指定多个参数时需要使用空格来分隔各个参数。

与为 Del 命令提供参数类似，用户可以在运行批处理文件时为其指定一个或多个参数，批处

理文件内部使用 %1 ~ %9 来接收用户指定的 9 个参数。CMD 会按照用户指定参数的顺序依次替换批处理文件中的 %1、%2、%3 等。换言之，用户在运行批处理文件时指定的第一个参数会替换 %1，第二个参数会替换 %2，第三个参数会替换 %3，依此类推。

例如，批处理文件包含下面两条命令，该文件可以接收两个参数，这两个参数及其在文件中的位置由 %1 和 %2 确定。

```
@echo off
echo %1 您好，您今年 %2 岁了。
```

当用户在提示符中输入批处理文件的名称，以及表示姓名和年龄的内容后，运行结果如图 33-7 所示，表示姓名的内容（此处为 sx）会自动替换批处理文件中的 %1，表示年龄的内容（此处为 101）会自动替换批处理文件中的 %2。

```
test sx 101
```

图33-7　向批处理文件传递参数

利用参数传递，可以让批处理文件对用户输入的不同数据进行相同的处理。这意味着对于同一个批处理文件而言，它所处理的数据由用户的输入指定，而处理数据的方式则由批处理文件决定。对于上面这个示例而言，可以在运行批处理文件时为其指定另一组姓名和年龄，从而显示新的结果，如图 33-8 所示。

图33-8　为批处理文件传递不同内容的参数

除了标准的 %1 ~ %9，还有 %0 和 %*，%0 由批处理文件的名称替换，%* 由为批处理文件指定的所有参数替换。某些情况下要传递参数可能会超过 9 个，如果想要将超过的参数正常传递给批处理文件，那么需要使用 Shift 命令对参数进行移位。

如果使用不带参数的 Shift 命令，那么将会删除由 %0 表示的批处理文件的名称，而将用户指定的第一个参数传递给 %0，其他参数以此类推。例如，如果用户在运行批处理文件时指定了

以下 3 个参数：AA、BB、CC，那么这 3 个参数分别替换 %1、%2、%3，而 0% 由批处理文件的名称替换。但是如果之后运行了 Shift 命令，那么用户指定的第一个参数 AA 会替换 %0，第二个参数会替换 %1，第三个参数会替换 %2，而 %3 将留空，因为用户所指定的 3 个参数已经全部用完了。

可以在 Shift 命令使用 /n 参数来指定从哪个位置开始移位，n 表示开始移位的位置，是一个 0 ~ 8 的数字。下面这条命令表示从第 3 个位置开始移位，将 %3 变为 %2、%4 变为 %3，依此类推，这也意味着前两个参数保持不变。

```
shift /2
```

33.2　使用环境变量和数学表达式

环境变量最初被设计为用于存储系统信息，比如上一章介绍的 %Path% 环境变量中保存的是搜索路径，类似的还有 %UserName%、%SystemRoot% 等。这些系统预定义的环境变量可用于在批处理文件中动态返回当前系统的信息。用户也可以在批处理文件中创建新的环境变量，然后使用它们来存储文件名、选项设置以及其他信息。在批处理文件中经常会进行一些数学运算，然后将运算结果保存到环境变量中。本节将介绍环境变量的创建与使用方法，同时还会介绍在进行数学运算以及运算符在运算过程中的优先级问题。

33.2.1　环境变量替换

为了便于程序访问系统信息，系统预定义了很多环境变量，除了使用本书第 13 章介绍的方法在【环境变量】对话框中查看系统预定义的环境变量以外，用户还可以使用 Set 命令查看系统中的预定义环境变量，只需在命令提示符窗口中输入 "set" 命令后按【Enter】键，即可显示系统预定义的所有环境变量。

用户有时需要从系统中获得一些动态信息，比如当前登录系统的用户名。如果将当前登录系统的用户名直接写入批处理文件，那么当另一个用户登录系统时，这个批处理文件的运行结果中的用户名仍然还是之前输入的那个用户名，而不会变为后来登录的这个用户名。

为了可以让批处理文件获得类似这种的系统动态信息，需要在批处理文件中使用环境变量。

解决上面的示例中无法正确显示当前登录系统的用户名的问题，就是使用 %UserName% 环境变量。下面这条命令可以动态地返回当前登录系统的用户名。

```
echo %username%
```

下面这条命令将会删除 Windows 系统所在磁盘分区根目录中的 myfile.txt 文件。无论将 Windows 系统安装在哪个磁盘分区，这条命令都会自动找到 Windows 系统所在的分区，这是因为 %SystemDrive% 环境变量能够动态返回当前计算机中安装 Windows 系统的那个分区的盘符。

```
del %systemdrive%\myfile.txt
```

除了在批处理文件内部可以使用变量替换功能以外，还可以在向批处理文件传递参数时使用变量替换。例如，下面这条命令将 %SystemDrive% 和 %SystemRoot% 两个环境变量以参数的形式传递给了批处理文件，如图 33-9 所示。%SystemDrive% 表示 Windows 系统所在分区的盘符（即驱动器号），%SystemRoot% 表示 Windows 系统的 Windows 文件夹的路径。运行批处理文件时会自动使用参数的实际值来替换指定参数时的参数名称。

```
test %systemdrive% %systemroot%
```

图33-9　使用环境变量作为传递给批处理文件的参数

> 提示
> %WinDir%与%SystemRoot%都可以返回Windows文件夹的路径，但是%SystemRoot%只能用于Windows XP以及Windows更高版本。如果使用的是Windows XP以前的Windows操作系统，那么需要使用%WinDir%。

由此可见，在批处理文件中使用环境变量可以为程序带来极大的灵活性。

33.2.2　创建新的环境变量

用户在批处理文件中创建的环境变量只在运行该批处理文件的【命令提示符】窗口中有效。这意味着在运行批处理文件后的同一个【命令提示符】窗口中输入"set"命令后按【Enter】键，那么在批处理文件中创建的环境变量将会显示在环境变量列表中。但是如果关闭了这个【命令提示符】窗口，然后又打开了另一个【命令提示符】窗口，那么在上一个【命令提示符】窗口中存在的由批处理文件创建的环境变量不会被保存到新打开的【命令提示符】窗口中。

可以使用 Set 命令创建环境变量，创建的同时需要直接为环境变量赋值。下面这条命令创建了一个名为 myTotal 的环境变量，并将数字 600 赋值给这个环境变量，然后就可以在批处理文件中使用该环境变量。

```
set myTotal=600
```

> **注意**　CMD不会区分环境变量的数据类型，而总是将环境变量中的内容以字符串的形式存储。

对于名称相同但拥有不同大小写形式的环境变量而言，CMD 会将它们看做是同一个环境变量，比如 %PATH%、%Path% 和 %path% 这几种形式都是同一个环境变量。CMD 对环境变量的命名规则没有太多限制，几乎可以使用任何字符作为环境变量的名称。但是为了便于通过变量名就可以大概了解变量的用途，应该为变量起一个有意义的名字。

由于用户创建的环境变量会耗费系统内存，因此在使用完环境变量后，应该及时释放其所占用的内存，为此可以使用下面这条命令将环境变量设置为空。

```
set myTotal=
```

33.2.3　从用户的输入创建新的环境变量并赋值

为了让批处理更灵活、更智能，CMD 支持在运行批处理文件的过程中接收用户的输入。利用这个功能就可以通过接收用户的输入来创建环境变量，并将用户输入的内容直接赋值给该环境变量。在 Set 命令中使用 /p 选项可以实现这个功能。下面的命令首先要求用户输入自己的名字，然后会显示问候语，运行结果如图 33-10 所示。

```
@echo off
set /p myName= 请输入您的名字：
echo %myName%
```

图33-10　从用户的输入创建环境变量并赋值

33.2.4 修改环境变量的值

修改环境变量的值与创建环境变量的方法类似，只需使用 Set 命令为环境变量赋一个新值即可。下面的命令首先创建了一个名为 myTotal 的环境变量并为其赋值为 8，然后显示该环境变量的值。接着显示一个提示信息，之后将该环境变量的值修改为 6 并显示其值，如图 33-11 所示。

```
@echo off
set myTotal=8
echo %myTotal%
echo 下面将 myTotal 的值改为 6
pause
set myTotal=6
echo %myTotal%
```

图33-11 修改环境变量的值

对于在批处理文件中创建的某个环境变量，有时可能需要在运行到程序的某个部分时临时地修改该环境变量的值，待该部分程序完成后需要将该环境变量的值还原为最初创建时的值。通过使用 Setlocal 和 Endlocal 命令可以实现对同一个环境变量在程序局部范围内的临时修改。

Setlocal 和 Endlocal 相当于在整个批处理文件中定义了一个局部范围，Setlocal 定义了范围的起点，Endlocal 命令定义了范围的终点。在这个范围内修改环境变量的值，其修改结果仅在该范围内有效。一旦程序运行到该范围外，那么对该环境变量的修改即会失效，环境变量的值会恢复到最初创建时的值。

下面的命令与上一个示例类似，不同的是使用 Setlocal 和 Endlocal 定义了一个范围，然后在该范围中修改了 myTotal 环境变量的值。运行程序后会分别显示创建 myTotal 环境变量时的值，在定义的范围内修改后 myTotal 环境变量的值，以及运行到该范围外时 myTotal 环境变量的值，从而可以清楚对比 myTotal 环境变量在不同阶段的值，运行结果如图 33-12 所示。

```
@echo off
set myTotal=8
echo 下面显示了 myTotal 的初始值
echo %myTotal%
echo 下面定义了一个局部范围，然后将 myTotal
```

```
的值改为 6，并显示它的值
   Setlocal
   set myTotal=6
   echo %myTotal%
   Endlocal
   echo 下面显示了退出局部范围后 myTotal 的值
   echo %myTotal%
```

图33-12 在局部范围内修改环境变量的值

33.2.5 使用算术运算符与赋值运算符

在批处理文件中经常需要进行一些数学运算，CMD 提供了基本的算术运算符，可以使用这些运算符对数据进行加、减、乘、除等基本的数学运算。此外，还提供了用于将数据赋值给环境变量的赋值运算符。表 33-1 列出了的算术运算符和赋值运算符及其说明。

表 33-1 算术运算符和赋值运算符

算术运算符	说明	赋值运算符	说明
+	加法运算	+=	加法运算后赋值
-	减法运算	-=	减法运算后赋值
*	乘法运算	*=	乘法运算后赋值
/	除法运算	/=	除法运算后赋值
%	除法运算后求余数	%=	除法运算求余数后赋值

> 提示
> 除了算术运算符和赋值运算符以外，还有常用于 If 语句的比较运算符，可以比较两个值的大小，比较运算符的用法将在本章33.3.1节进行介绍。

最基本赋值运算符是等号（=），它已经在本章以及上一章中出现过很多次，创建环境变量并为其赋值需要使用 = 运算符。在表 33-1 中列出的其他几个赋值运算符的功能相当于结合了基本的算术运算符与 = 的功能。例如，基本的算术运算符 + 用于计算两个值的总和，然后使用 = 号将求和结果赋值给环境变量。而赋值运算符 += 表示求和后立刻将求和结果赋值给环境变量，相当于一步完成了前面的"加"和"赋值"两步操作。

下面两条命令的作用相同，都是对 myTotal 环境变量自身加 6，然后再将结果赋值给该变量，然而使用 += 的方式使命令更简洁。

```
set /a myTotal=myTotal+6
set /a myTotal+=6
```

在 CMD 中创建新的环境变量并进行赋值时需要使用 Set 命令，如果要进行数学运算，则需要使用带有 /a 选项的 Set 命令。如果在进行数学运算之前没有使用 Set 命令声明该环境变量，那么在使用 Set /a 进行数学运算后，会自动声明该环境变量并将运算结果赋值给该环境变量。下面这条命令计算 2+6 的总和，并将计算结果赋值给名为 myTotal 的环境变量。如果在这条命令之前没有使用 Set 命令单独声明该环境变量，那么在运行这条命令后会自动声明该环境变量。

```
set /a myTotal=2+6
```

33.2.6 运算符的优先级

运算符的优先级表示不同的运算符号在数学表达式中进行运算的先后顺序，理解运算符的优先级对于构建可以返回正确结果的数学表达式而言非常重要。CMD 中的运算符的优先级由高到低排列如下。

(1) 模数运算。

(2) 乘法和除法运算。

(3) 加法和减法运算。

当数学表达式中包含同一级别的多个运算符时，数学表达式的运算顺序会从左到右依次进行。可以使用一对圆括号改变默认的运算符优先级，圆括号中的数学表达式具有最高的优先级。

下面两个数学表达式虽然都由相同的数字和运算符组成，但是它们却会返回不同的运算结果。第一个数学表达式的运算结果为 11，第二个数学表达式的运算结果为 21。导致不同运算结果的原因在于圆括号的使用。第一个数学表达式先计算 2*3=6，然后计算 6+5=11。而第二个数学表达式由于使用了圆括号，因此首先计算 5+2=7，然后计算 7*3=21。

```
set /a total=5+2*3
set /a total=(5+2)*3
```

33.3 控制程序的运行流程

为了让程序可以适应多种不同的情况，通常都会在程序中设计某种逻辑，以便在特定的条件下运行指定的命令或执行某种操作，而不是每次都千篇一律地从程序的第一条命令一直运行到最后一条命令。本节将介绍使用 If 和 For 两种语句来控制程序的运行流程。

33.3.1 使用 If 语句根据条件选择要运行的命令

If 语句提供了可以根据条件判断结果来决定运行哪些命令的选择功能，这样就可以让批处理文件更加智能，以便根据运行环境和具体情况有选择地运行命令。本节将分别介绍 If 语句的几种基本结构以及条件部分的各种可用形式。

1. If 语句的基本结构

If 语句主要包括以下两种基本结构，它们之间的主要区别在于是否使用 Else 语句。下面将介绍这两种基本结构的用法。

```
If 条件（命令）
If 条件（命令1）Else（命令2）
```

如果想要在条件成立（条件为真）时才运行指定的命令，条件不成立（条件为假）时不会运行任何命令，那么可以使用下面的 If 语句。为了确保可以运行指定的命令并返回正确的结果，应该使用一对圆括号将要运行的命令及其参数包围起来。这条原则同样适用于后面介绍的 If 语句。

```
If 条件（命令）
```

下面这条命令判断变量的值是否大于 6，如果大于 6，则显示"验证成功"的提示信息。

```
set /p input=请输入一个数字：
if %input% gtr 6 (echo 验证成功)
```

如果希望在条件为真或为假时要分别运行不同的命令，那么可以使用下面的 If 语句。这种 If 语句在条件为真时运行命令1，条件为假时运行命令2。

```
If 条件（命令1）Else（命令2）
```

下面这条命令判断用户输入的数字是否大于或等于 6，如果大于或等于 6，显示"验证成功"的提示信息，否则将会显示"验证失败"的提示信息。

```
set /p input=请输入一个数字：
if %input% geq 6 (echo 验证成功) else
(echo 验证失败)
```

除了上面介绍的If语句的两种基本结构外，如果在条件的左侧加上Not，那么将会衍生出下面两种结构。

◆ 如果希望在条件为假时才运行指定的命令，那么可以使用下面的If语句。

```
If Not 条件 （命令）
```

◆ 如果希望在条件为假时运行命令1，条件成立时运行命令2，那么可以使用下面的If语句。

```
If Not 条件 （命令1） Else （命令2）
```

无论使用上面介绍的哪种结构的If语句，如果希望在条件判断后运行多条命令，那么可以使用上一章介绍的方法利用&、|、&&和||等符合将多条命令连接起来。下面这条命令将会判断用户输入的参数是否为1，如果是1，执行以下3个操作（即运行3条命令），否则显示"输入错误"的提示信息。

◆ Echo命令部分：显示将要删除文件的提示信息。

◆ Pause命令部分：暂停程序的运行。

◆ Del命令部分：删除指定的文件。

```
if %1 == 1 (echo 你好，按任意键将删除 myFile.
txt 文件) & pause & (del myFile.txt) else (echo
输入错误)
```

可以在一个If语句中嵌套另一个If语句，以便可以组成更复杂的逻辑结构。嵌套If语句时，需要在作为内嵌的If语句的开头添加@符号。多层嵌套的If语句可能会使代码变得非常复杂而导致一些混乱，使用时需要格外小心。

2. If语句中可用的条件形式

If语句的条件部分可以使用多种条件形式，下面分别介绍了这些条件形式，每种形式的条件都可以使用Not将条件结果取反。

（1）If内容1== 内容2。

无论要比较的内容是什么类型的，都可以使

用两个等号（==）作为比较运算符。如果进行比较的两个内容是数字，那么将会按照数值的大小进行比较；如果进行比较的两个内容不是数字，那么将会按照字符串的方式进行比较，而且严格区分大小写。下面这条命令将用户输入的单词与"Hello"进行比较，只有大小写与"Hello"完全相同，才会返回"完全相同"的提示信息，如图33-13所示。

```
if %1 == Hello (echo 完全相同) else (echo
不相同)
```

图33-13　区分大小写的字符串比较

如果希望进行不区分大小写的比较，那么可以在If语句中使用/i选项。这样只要进行比较的两个内容相同，即使拥有不同的大小写形式，CMD也认为它们是相同的，如图33-14所示。

```
if /i %1 == Hello (echo 相同) else (echo
不相同)
```

图33-14　不分区大小写的字符串比较

下面这条命令判断名为myTotal的环境变量是否等于6，如果等于，显示"相等"，否则显示"不相等"。

```
if %myTotal% == 6 (echo 相等) else (echo
不相等)
```

当通过用户输入的参数来作为If语句的条件中的一部分时，如果用户没有输入参数，那么将会使用空白来替换程序中的%1。此时If语句中的条件部分就会变为类似下面的形式，CMD将会显示错误信息。

```
if == Hello (echo 完全相同) else (echo 不相同)
```

为了避免出现这种错误，应该分别使用一对双引号将进行比较的两个内容包围起来，这样即使其中的一个内容是空的，CMD 也不会显示错误信息。

```
if "%1" == "Hello" (echo 完全相同)
else (echo 不相同)
if "%myTotal%" == "6" (echo 相等) else
(echo 不相等)
```

（2）If 内容 1 比较运算符 内容 2。

与第一种条件形式类似，只不过此处的比较并不仅限于"等于"，还可以进行其他几种方式的比较，比如大于、小于、不等于。表 33-2 列出了 CMD 支持的比较运算符。

表 33-2　比较运算符

比较运算符	说明
EQU	等于
NEQ	不等于
LSS	小于
LEQ	小于或等于
GTR	大于
GEQ	大于或等于

下面这条命令判断名为 myTotal 的环境变量是否大于 6，如果大于，显示"大于 6"，否则显示"小于等于 6"。

```
if "%myTotal%" gtr "6" (echo 大于6)
else (echo 小于等于6)
```

（3）If Exist 文件名或目录名。

如果指定的文件或目录存在，那么条件为真，否则条件为假。如果检测的是目录，那么需要在路径的最后添加一个反斜线，比如 E:\BatchFiles\ 这种形式会将 BatchFiles 当做目录来检测，而不会将其视为文件。下面这条命令检测 E 盘根目录中是否存在名为 BachFiles 的目录，如果存在，则显示该目录中的内容。

```
If exist e:\batchfiles\ dir e:\batchfiles\
```

> **注意** 如果检测的是文件，那么在输入的文件名中必须包含其扩展名。

（4）If Defined 变量名。

检查指定的环境变量是否存在，如果环境变量存在，条件为真，否则条件为假。下面这条命令检查名为的环境变量是否存在，如果存在，则显示该环境变量的值。需要注意的是，在使用这种形式的条件时，在 Defined 右侧输入的变量名不能被包围在一对百分号中，正如下面这条命令

所示。

```
If defined myTotal (echo 指定的变量存在)
```

（5）If ErrorLevel 数字。

系统预定义的环境变量都存储着特定的系统信息，名为 ErrorLevel 的环境变量用于追踪上一次运行的命令是否正常运行并返回一个值。如果上一次命令正常运行，那么该变量将返回 0，否则会返回一个非 0 值。这意味着只要有命令运行，ErrorLevel 环境变量的值就会改变。

可以在 If 语句中通过判断 ErrorLevel 环境变量的值来决定如何进行后续操作。可以使用以下两种形式，第一种形式表示当 ErrorLevel 的值大于或等于 2 时运行右侧的 Echo 命令。第二种形式则表示当 ErrorLevel 的值等于 2 时才运行右侧的 Echo 命令。

```
if errorlevel 2 echo 命令未正常运行
if "%errorlevel%"=="2" echo 命令未正常运行
```

3．将 If 中的多条语句分行输入时的注意事项

如果 If 语句的条件部分包含多条命令，那么可以使用一对圆括号将这些命令包围起来。为了让这些命令清晰易读，可以将命令分行输入，每条命令占据一行，就像下面的形式，但是必须确保左括号与 If 语句本身位于同一行中，而 Else 语句需要与 If 语句的右括号位于同一行中，因此下面的格式是有效的。

```
@echo off
if exist myTest.txt (
copy myTest.txt c:\
echo 文件存在且已复制完成
) else (echo 文件不存在)
```

如果 If 语句的左括号与 If 语句位于两行，或者 Else 语句位于单独的一行且"Else"位于行首，那么 CMD 都将提示语法错误，因此下面命令的格式是无效的。

```
@echo off
if exist myTest.txt
(
copy myTest.txt c:\
echo 文件存在且已复制完成
)
else (echo 文件不存在)
```

33.3.2　使用 For 语句重复运行特定的命令

For 语句用于需要重复运行一条或多条命令的情况，具体而言，主要用于对一组数字、文件、目录以及文件内容自动执行相同的操作，从

而可以简化需要大量重复性操作的任务。本节首先介绍了 For 语句的基本结构，然后介绍了 For 语句在不同类型的应用中的使用方法。

1. For语句的基本结构

For 语句比 If 语句复杂得多，For 语句的基本语法如下。

```
For %%Variable In (Set) Do Command
```

◆ For、In 和 Do：这 3 个是每个 For 语句中都需要原样输入的内容，是 For 语句中的固定组成部分。

◆ %%Variable：%%Variable 表示一个在 For 语句运行时可替换的参数。%%Variable 的功能类似于本章前面介绍过的向批处理文件传递参数时使用的 %1 和 %2 等参数替换。当运行 If 语句时会使用真正的数据来替换 %%Variable，其中的 Variable 是一个不限制大小写的英文字母，比如 %%X、%%x 和 %%f 都是有效的。%%Variable 这种形式用于批处理文件中，在交互的命令行中则需要使用 %Variable 这种形式。

◆ (Set)：包含要在其中进行循环操作的内容集合，可以是指定范围内的一组值、一组目录或文件、文件中包含的内容等多种不同类型的内容。指定内容集合时可以使用通配符。

◆ Command：在每次循环操作时要对集合中的元素运行的命令。

下面将分别介绍使用 For 语句在不同应用环境中对不同类型的对象进行处理的方法，每一种特定类型的应用在 For 语句的语法上会稍有区别，但是整体而言基本相同。

2. 处理指定范围内的一组数值

For 语句的一种简单而常用的使用方式是对指定范围内的一组值执行特定的操作，其语法如下。

```
For /l %%Variable In (Start,Step,End) Do Command
```

◆ Start：范围的起始值。如果 Step 为正数，那么当 Start 的当前值大于 End 时，则会退出 For 语句；如果 Step 为负数，那么当 Start 的当前值小于 End 时，则会退出 For 语句。

◆ Step：每次循环时，对 Start 的当前值进行增加或减少的值，该参数可正可负。如果为正，则没执行依次循环，都会在 Start 的当前值上加上或减去 Step 中的值，直到 Start 的当前值大于或小于 End 为止，此时将退出 For 语句。

◆ End：范围的终止值。可以比 Start 大，也可以比 Start 小，取决于 Step 是正数和还是负数。

例如，如果想要在找到数字 1～10 中的所有偶数并将它们按从大到小的顺序显示在【命令提示符】窗口中，那么可以使用下面这条命令，运行结果如图 33-15 所示。

```
for /l %%x in (10,-2,1) do echo %%x
```

图33-15　使用For语句处理一系列数值

如果要按从小到大的顺序显示数字 1～10 中的所有偶数，那么可以使用下面这条命令。

```
for /l %%x in (2,2,10) do echo %%x
```

3. 处理一组文件

处理文件是批处理技术的主要用途之一，使用批处理技术中的 For 语句可以很容易处理大量的文件。使用 For 语句处理一组文件的语法如下：

```
For %%Variable In (Files) Do Command
```

Files 表示要处理的一组文件名，可以使用 * 通配符指定一类或多类文件。多个文件名或使用通配符指定的多个文件类型需要使用空格进行分隔。可以使用路径来指定任何位置上想要进行处理的文件。下面这条命令将会显示 C 盘根目录中的 BatchFiles 文件夹中的所有 .bat 文件。

```
for %%x in (c:\batchfiles\*.bat) do (echo %%x)
```

下面这条命令将会显示当前目录中的所有 .txt 文件，以及 C 盘根目录中的 BatchFiles 文件夹中的所有 .bat 文件。

```
for %%x in (*.txt c:\batchfiles\*.bat) do (echo %%x)
```

也可以在 For 语句中使用环境变量。下面这条命令将会显示 Windows 文件夹中的所有 .dll 文件。

```
for %%x in (%systemroot%\*.dll) do (echo %%x)
```

4. 处理一组目录及其中的子目录

与处理文件类似，对目录的处理也是批处理技术的主要用途之一，而且使用 For 语句也非常易于处理大量的目录。使用 For 语句处理一组目录的语法如下：

```
For /d %%Variable In (Directories) Do Command
```

Directories 表示要处理的一组目录的路径，可以使用 * 通配符指定多个目录。下面这条命令将会显示 Windows 目录中的目录名称，但是不包括这些目录中的子目录。

```
for /d %%x in (%systemroot%\*) do (echo %%x)
```

与同时指定多个文件类似，用户也可以使用空格分隔要处理的多个目录。下面这条命令将会显示 Windows 系统所在分区根目录中的目录名称，以及其中的 Windows 目录中的目录名称，同样也不包括这些目录中的子目录。

```
for /d %%x in (%systemdrive%\* %systemroot%\*) do (echo %%x)
```

将目录与文件的循环结合在一起，以便可以同时处理所有指定目录中的指定文件。下面这条命令将会显示 Windows 系统所在分区根目录中的每个目录中的 .txt 文件，其中的双引号是为了避免由于目录或文件名中包含空格而导致程序出现错误。

```
for /d %%d in (%systemroot%\*) do (@for %%f in ("%%d\*.txt") do echo %%f)
```

如果觉得命令太长而想分行输入，那么可以使用下面的格式。

```
for /d %%d in (%systemroot%\*) do (
@for %%f in ("%%d\*.txt") do echo %%f)
```

除了处理所指定的目录，用户可能还希望处理指定目录中包含的所有子目录，为此需要使用下面的语法：

```
For /r Path %%Variable In (Files) Do Command
```

Path 表示要处理其内部包含的子目录的顶级目录，此处的顶级目录是相对其内部的子目录来说的，并非是指磁盘分区的根目录。如果未指定 Path，那么 CMD 会将当前目录作为要处理的顶级目录。Files 表示要处理的顶级目录及其内部包含的所有子目录中的文件。通过使用带有 /r 选项的 For 语句，可以简化上一个示例中同时处理目录和文件的命令。

```
for /r %systemroot%\ %%x in (*.txt) do
(echo %%x)
```

33.3.3 使用 Goto 命令跳转到程序中的指定位置

在批处理文件中以冒号开头的内容被看做是一个标签，它表示一个子程序的起点。在批处理文件中可以使用 Goto 命令从程序的当前位置直接跳转到该命令所指向的标签处，并从标签位置开始执行程序。在下面的命令中，":Sub1" 是一个标签，在 If 语句中的 Goto 命令的右侧输入了这个标签的名称，用于指明当 If 条件为真时将程序跳转到 Sub1 位置并继续执行。

就本例而言，如果用户输入的参数是 1，那么将会跳转到 Sub1 并执行它下面的命令，也就是显示"输入正确"的提示信息。如果输入的参数不是 1，则不进行跳转，直接显示"输入错误"提示信息，并退出当前批处理程序。"Exit /b"用于退出当前批处理文件而不是【关闭命令提示符】窗口。如果不使用该命令，那么在运行"echo 输入错误"命令后还会继续运行"echo 输入正确"命令，显然这并不是希望出现的情况。

```
@echo off
if "%1"=="1" goto Sub1
echo 输入错误
exit /b
:Sub1
echo 输入正确
```

33.3.4 使用 Call 命令调用其他批处理程序

可以在一个批处理文件中使用 Call 命令调用另一个批处理文件，调用后 CMD 会运行被调用的批处理文件中的命令，完成后会返回原来的批处理文件，并从 Call 命令的下一行开始继续运行。

假设当前目录中有两个名为 test 和 mytest 批处理文件，现在想要在 test 文件中调用 mytest 文件。在 mytest 文件被调用时将会显示一条提示信息，通知用户当前该文件正在被调用并显示文件名称并暂停程序的运行。当用户按下任意键后，CMD 会运行 mytest 文件中的所有命令并返回原来的文件（test），此时会再次显示一条提示信息，通知用户当前已经返回原来的批处理文件并显示该文件的名称。

test 文件中的命令如下：

```
@echo off
if "%1"=="1" call mytest
echo 现在已经返回原来的批处理文件, 文件名是:%0
```

mytest 文件中的命令如下：

```
@echo off
echo 这里是被调用的批处理文件, 文件名是:%0
pause
```

在提示符中输入下面的命令并按【Enter】键，运行结果如图 33-16 所示。

```
test 1
```

图33-16 从一个批处理文件中调用另一个批处理文件

在批处理文件中，如果在没有使用 Call 命令的情况下使用了其他某个批处理文件的名称，那么 CMD 会运行这个不带 Call 命令的批处理文件，在运行完成后不会再返回原来的批处理文件中。此外，用户还可以为调用的批处理文件传递参数，与平时在提示符中运行批处理文件并传递参数的方法类似。

33.4 批处理实用程序

本节介绍了几个在系统管理中使用批处理技术的示例。在本章前面的内容也包含了一些有用的示例，比如在处理文件和目录时使用批处理技术进行批量操作。

33.4.1 快速将当前目录改为自己想要使用的目录

以管理员身份打开的【命令提示符】窗口，其当前目录总是显示为 %SystemRoot%\System32。对于自己想要使用的目录而言，每次都要使用 CD 等命令进行手动切换，才能让当前目录显示为自己想要的目录。可以使用下面的方法每次只需输入一个字母就可以切换到自己的当前目录。

首先将自己希望作为当前目录的文件夹添加到由 %Path% 系统环境变量存储的搜索路径中，具体方法可以参考本书第 32 章有关搜索路

径的内容。然后在该文件夹中创建一个批处理文件并将其以最易于输入的字符命名，比如命名为 d.bat。接着在这个批处理文件中输入下面的命令，其中的 E:\BatchFiles 就是想要将其作为【命令提示符】窗口中的当前目录的目录路径。

```
@echo off
cd E:\BatchFiles
E:
cls
```

输入好命令后保存这个批处理文件。现在以管理员身份重新打开一个【命令提示符】窗口，在提示符中输入批处理文件的名称（比如 d），然后按【Enter】键，此时在【命令提示符】窗口中显示的当前目录已经自动切换到批处理文件中设置的目录了，如图 33-17 所示。

```
Microsoft Windows [版本 10.0.10240]
(c) 2015 Microsoft Corporation. All rights reserved.

C:\WINDOWS\system32>d

E:\BatchFiles>
```

图33-17 只输入一个字母就可以改变当前目录

33.4.2 将用于创建批处理文件的命令添加到鼠标右键菜单中

每次创建批处理文件时，都需要先创建一个文本文件，然后将扩展名 .txt 修改为 .bat，操作起来有点麻烦。通过编辑注册表可以在鼠标右键菜单中添加创建批处理文件的命令，将下面的命令保存到一个批处理文件中，然后双击这个批处理文件文件就可以完成添加命令的操作，如图 33-18 所示。

```
@echo off
set /p addbat= 要添加创建批处理文件的命令
吗?【添加命令请输入1, 输入其他内容则退出程序】
if "%addbat%"=="1" (
echo 准备向鼠标右键菜单添加命令
pause
reg add HKCR\.bat\shellnew /v nullfile /f
)else (echo 未添加命令, 程序已退出, 感谢使用! )
```

图33-18 在鼠标右键菜单中添加创建批处理文件的命令

```
reg add HKCR\.bat\shellnew /v nullfile
/f > nul
```

可以在提示符中输入下面这条命令将在鼠标右键菜单中添加的创建批处理的命令删除，也可以将该命令保存到一个批处理文件中，以后可以双击该文件执行删除菜单命令的操作。

```
reg delete HKCR\.bat\shellnew /f
```

33.4.3　检测用户输入的参数是否有效

　　有时为了让程序更灵活更智能，通常不会将文件或路径固定写入批处理文件中，而是在运行程序后，要求用户输入想要处理的文件或目录。但是如果用户输入的不是有效的文件名，那么可能就会导致程序运行时显示错误信息。为了避免这个问题，可以在对文件或目录开始进行正式处理之前先对用户输入的内容进行检测。将下面的命令添加包含接收用户输入的批处理文件的开头以便检测输入的文件名是否存在，运行结果如图33-19所示。

```
@echo off
echo 程序将会检测您输入的文件是否存在，如果
不存在，则将退出程序。
pause
for %%f in (%*) do (if not exist %%f
echo 名为 %%f 的文件不存在 )
```

图33-19　检测用户输入的文件是否存在

33.4.4　自动备份由用户指定的位置以及文件类型的所有文件

　　对重要文件进行备份是经常需要进行的操作。通过编写批处理程序，可以在备份时让用户自由指定要备份的文件的源目录、备份到的目标位置，以及要进行备份的文件类型。还可以在批处理程序设计防错功能，检查用户输入的源目录和目标位置是否存在，如果不存在，则直接退出程序。此外，还可以允许用户在程序执行到任何一步时随时退出程序。通过实现以上功能，将会为备份程序提供最大的灵活性。

　　下面的批处理程序实现了上面所说的功能，运行该批处理程序后，首先会显示一个提示信息，通知用户备份程序正在启动，用户可以随时输入1并按【Enter】键退出程序。接下来会要求用户分别输入要备份的文件所在的目录、要备份的文件类型，以及要将文件备份到哪里。程序会对用户输入的源目录和目标位置进行检测，如果发现目录不存在，则会显示错误信息并退出批处理程序。如果用户输入的位置都有效，那么就会根据用户指定的文件类型，将相应类型的所有文件被分到指定位置上。本批处理程序的运行结果如图33-20所示。

```
@echo off
echo 正在启动文件备份程序，在下面的每一步中
都可以随时退出本程序，只需输入1后按【Enter】键。
pause
echo.
set /p FilePath= 请输入要备份的文件所在的
目录路径，不需要在目录结尾输入 "\" 号：
if "%FilePath%"=="1" exit /b
echo.
set /p FileExt= 请输入要备份的文件的扩展名
( 如 *.txt )：
if "%FileExt%"=="1" exit /b
echo.
set /p BackUpPath= 请输入要将文件备份到哪
里，不需要在目录结尾输入 "\" 号：
if "%BackUpPath%"=="1" exit /b
echo.
if not exist %FilePath% (echo 指定的目
录不存在，退出程序 ) & (exit /b)
if not exist %BackUpPath% (echo 指定的
目录不存在，退出程序 ) & (exit /b)
for %%f in (%FilePath%\%FileExt%) do
(copy %%f %BackUpPath%\)
```

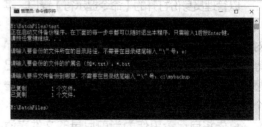

图33-20　程序运行过程

34 使用 Windows PowerShell

Windows PowerShell（以下简称为 PowerShell）是一个主要为系统管理员设计的新的命令行 Shell 程序，它是 Windows 系统提供的 CMD 之外的另一种命令行工具。与 CMD 类似，PowerShell 也同时具有交互模式与批处理模式（即脚本），这意味着既可以逐条输入命令的方式与 PowerShell 进行交互式操作，也可以通过编写 PowerShell 脚本以类似程序的方式自动运行脚本中的多条命令。本章主要对 PowerShell 的概念和基本使用方法进行了介绍，包括在 PowerShell 交互模式下输入和编辑命令、使用别名简化命令的输入、在不同的数据存储区域中导航，以及控制信息的输出方式等内容。掌握本章内容可以为以后深入学习 PowerShell 建立基础。

34.1 Windows PowerShell 概述

本节对 PowerShell 的整体情况进行了基本介绍，包括 PowerShell 的概念和功能特性，了解 PowerShell 中的 cmdlet、对象和脚本，以及打开 PowerShell 命令行窗口和查看 PowerShell 帮助的方法。如果已经对这些基本内容有所了解，那么可以跳过本节内容。

34.1.1 什么是 Windows PowerShell

PowerShell 是专为系统管理员设计的新的 Windows 命令行工具。与 CMD 类似，PowerShell 也包括交互模式与批处理模式，可以单独使用每一种模式或者同时使用这两种模式。而且可以在 PowerShell 中运行 Windows 命令行程序，以及具有图形用户界面的 Windows 程序（如记事本程序）。虽然 PowerShell 与 CMD 有很多相似之处，然而从本质上来说 PowerShell 提供的功能与运作机制与 CMD 完全不同，具体包括以下几点。

1. 面向对象的命令shell

与 CMD 不同，PowerShell 是一个面向对象的命令 shell，这意味着 PowerShell 的主要目的是处理对象，而不是文本。对于已经习惯于在 CMD 中直接处理文本的用户，当从 CMD 过渡到 PowerShell 时可能会觉得不太适应，因为处理对象与处理文本的方式有很大不同。CMD 命令输出的内容都是文本形式的，而在 PowerShell 中输出的内容则为对象，不能使用普通处理文本的方式来提取对象上的信息，而需要通过对象来访问其内部包含的数据。与 CMD 中的管道技术类似，在 PowerShell 中也可以利用管道技术将一个命令的输出发送给另一个命令的输入，只不过 PowerShell 传递的是对象，而 CMD 传递的是文本。

2. 基于.NET Framework平台

.NET Framework 为用户提供了一个良好的程序开发平台，使得以前使用不同编程技术的用户可以在一个统一、通用、安全的并且是面向对象的开发环境中进行程序设计。.NET Framework 提供了一个包含大量可用的函数、对象的基类库，任何基于 .NET Framework 的程序都可以直接使用库中的资源。

由于 .NET Framework 的所有功能都可以在 PowerShell 的交互模式和脚本模式中使用，因此为 PowerShell 带来了强大的功能。这意味着除了可以使用 PowerShell 完成系统管理任务以外，还可以使用 PowerShell 显示对话框、操作数据库以及与 Web 服务进行交互。

3. 可扩展的交互式脚本环境

PowerShell 提供了具有一致界面的大量内置命令，这些内置命令在 PowerShell 中称为 cmdlet（读作 command-let）。用户可以创建新的 cmdlet 并将其添加到 PowerShell 的命令 shell 中，从而作为 PowerShell 内置 cmdlet 的补充。用户还可以使用 PowerShell 内部提供的函数或创建新的函数，以便将复杂的命令和参数组合为一个整体，以后就可以通过函数名来实现特定的功能。PowerShell 将交互模式与脚本模式组合在一起，从而允许用户访问命令行工具以及 COM 对象，而且还可以利用 .NET Framework 平台提供的强大功能，使得在 PowerShell 中对系统进行管理变得更加方便。

34.1.2 打开 Windows PowerShell 命令行窗口

PowerShell 集成在 Windows 10 操作系统中，因此不需要额外进行安装就可以在 Windows 10 中使用 PowerShell。与 CMD 的命令提示符窗口类似，PowerShell 也有自己的命令行界面环境，称为【Windows PowerShell】窗口，而且也支持以普通权限或管理员权限来打开。可以使用以下几种方法以普通权限打开【Windows PowerShell】窗口。

◆ 单击【开始】按钮⊞，在打开的【开始】菜单中选择【所有应用】命令，然后在所有程序列表中选择【Windows PowerShell】⇨【Windows PowerShell】命令。如果当前使用的是 64 位的 Windows 系统，那么还可以选择【Windows PowerShell（x86）】命令以 32 位模式启动 PowerShell。

◆ 右击【开始】按钮⊞，在弹出的菜单中选择【运行】命令，然后在打开的【运行】对话框中输入 "PowerShell" 命令后按【Enter】键。

◆ 在任务栏中的搜索框中输入 "PowerShell" 命令后按【Enter】键。

以普通权限打开的【Windows PowerShell】窗口如图 34-1 所示，窗口顶部的标题显示为 "Windows PowerShell"，而以管理员权限打开的【Windows PowerShell】窗口，在其顶部标题中会多出 "管理员" 3 个字。

图34-1 以普通权限打开的【Windows PowerShell】窗口

如果要执行某些需要管理员权限的操作，那么就需要使用管理员权限打开【Windows PowerShell】窗口，可以使用以下几种方法。

◆ 单击【开始】按钮⊞，在打开的【开始】菜单中选择【所有应用】命令，然后在所有程序列表中选择【Windows PowerShell】，接着右击【Windows PowerShell】命令并选择【以管理员身份运行】命令。

◆ 在任务栏中的搜索框中输入 "PowerShell" 命令，然后在显示的搜索结果列表中右击【Windows PowerShell】，接着在弹出的菜单中选择【以管理员身份运行】命令。

◆ 在桌面上创建一个 PowerShell 命令的快捷方式，然后右击这个快捷方式并选择【属性】命令，打开 Windows PowerShell 的属性对话框。在【快捷方式】选项卡中单击【高级】按钮，在打开的对话框中选中【用管理员身份运行】复选框，然后单击两次【确定】按钮。以后双击这个快捷方式时将会始终以管理员权限打开【Windows PowerShell】窗口。

> **提示** 如果当前登录系统的用户不是管理员账户，那么在以管理员权限打开【Windows PowerShell】窗口时需要进行身份验证，通过后才能以管理员权限打开。

几乎所有可用于 CMD 命令提示符窗口中的操作方式也同样适用于【Windows PowerShell】窗口。在【Windows PowerShell】窗口中也会显示一个提示符，提示符中显示了当前的工作目录。提示符右侧有一个闪烁的光标，光标的位置决定了命令输入哪里。也可以右击【Windows PowerShell】窗口顶部的标题栏并选择【属性】命令来自定义【Windows PowerShell】窗口的外观和编辑方式，其中的选项与 CMD 的命令提示符窗口相同，因此这里就不再赘述了。

如果要在当前【Windows PowerShell】窗口中打开另一个【Windows PowerShell】窗口，那么可以使用下面这条命令。当不再使用【Windows PowerShell】窗口时，可以在【Windows PowerShell】窗口中输入 "exit" 命令并按【Enter】键，或者直接单击窗口右上角的关闭按钮✕。

```
start powershell
```

34.1.3 使用 Windows PowerShell 帮助

交互模式下的 PowerShell 主要使用称为 cmdlet 的内置命令来执行各种操作，每个命令用于完成一种单一的功能。cmdlet（读作"command-let"）是 PowerShell 内置命令的统称。PowerShell 提供了大量的内置命令，对于大部分用户尤其是初次接触 PowerShell 的用户而言，这些命令中最有用的一个是 Get-Help，该命令为用户提供了有关如何使用 PowerShell 的帮助信息。可以在 PowerShell 提示符中输入这个命令并按【Enter】键，运行结果如图 34-2 所示，其中显示了有关 PowerShell 的帮助内容。PowerShell 对命令的大小写不敏感，这意味着 Get-Help 和 get-help 指的都是同一个命令。

```
get-help
```

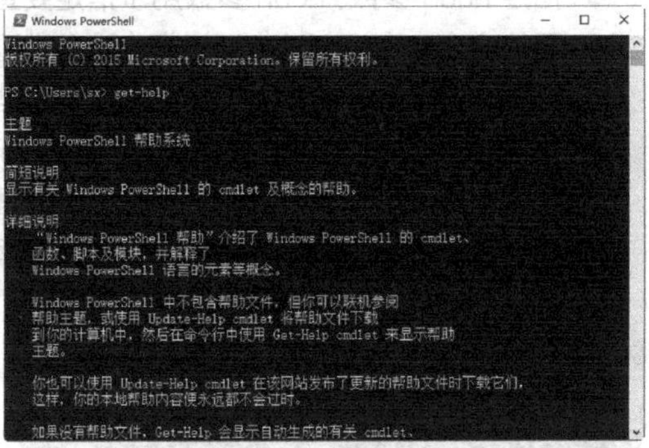

图34-2　查看PowerShell的帮助

可以将 Get-Help 命令看做是 CMD 中的 Help 命令。在 CMD 中可以使用"Help 命令名"的格式来查看某个命令的帮助信息，在 PowerShell 中也可以使用类似的方法。例如，如果要查看 Get-Process 命令的帮助信息，那么可以在 PowerShell 中输入下面这条命令，运行结果如图 34-3 所示。

```
Get-Help Get-Process
```

💬 **提示**
在PowerShell中实际上也可以使用Help来查看帮助信息，其用法与Get-Help相同，但是在PowerShell中Help是一个函数而不是命令。使用Help函数查看帮助内容时，如果返回的帮助信息无法在一屏中完整显示时，屏幕底部会显示"More"，此时可以按键盘上的空格键查看下一页内容。

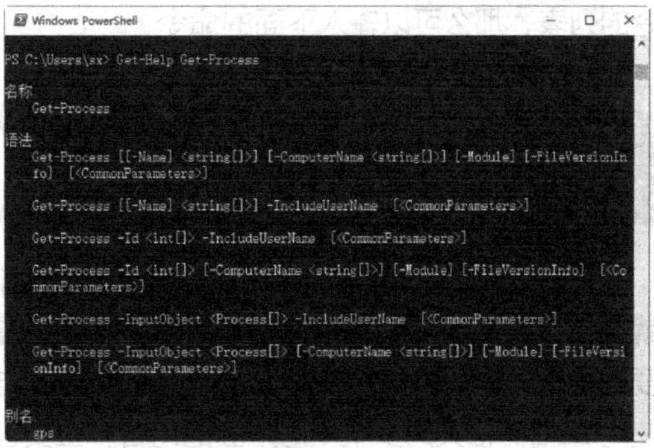

图34-3　查看特定命令的帮助信息

如果要查看某个命令的详细信息，包括该命令的参数说明和示例，那么可以在 Get-Help 命令中使用 detailed 参数。下面这条命令将会显示 Get-Process 命令的详细帮助信息。

```
get-help get-process -detailed
```

如果要查看与某个命令相关的所有帮助信息，那么可以在 Get-Help 命令中使用 full 参数。下面这条命令将会显示 Get-Process 命令的所有帮助信息。

```
get-help get-process -full
```

还可以只查看某个命令的参数或示例部分的说明，比如使用 examples 参数将会显示某个命令的示例。下面这条命令将会显示 Get-Process 命令的帮助信息中的所有示例。

```
get-help get-process -examples
```

在 Get-Help 命令中使用 parameter 参数将会显示指定命令的参数信息。通过使用通配符可以显示命令的所有参数信息。如果要查看某个特定参数的信息，那么可以在 Get-Help 命令中指定参数的名称。下面两条命令分别显示了 Get-Process 命令的所有参数的信息以及 name 参数的信息，如图 34-4 所示。

```
get-help get-process -parameter *
get-help get-process -parameter name
```

图34-4　查看特定参数的信息

还可以使用通配符查看某一类命令的帮助信息。例如，如果要查看以"Get"开头的所有命令的列表，那么可以输入下面的命令：

```
get-help get-*
```

34.2 使用与设置 Windows PowerShell 命令

在 PowerShell 的交互模式下最主要的操作就是使用 cmdlet 来执行各种操作，以便返回所需要的结果。本节将介绍在 PowerShell 命令行中与使用 cmdlet 相关的多个不同方面的内容，主要包括 cmdlet 的组成结构与使用方法、在命令中使用参数、为命令创建别名、通过创建的函数代替别名、设置命令的输出格式以及重定向数据。

34.2.1 使用 Cmdlet

cmdlet 是一个内置于 PowerShell 中的单一功能命令行工具。cmdlet 并不像 CMD 内部命令那样集成到 PowerShell 中，但是也不像 CMD 外部命令那样作为单独的 .exe 文件独立于 PowerShell 存在。在本章前面的 34.1.3 节已经接触并使用过 cmdlet 了，PowerShell 中的 cmdlet 与 CMD 中的命令存在着一些差别，主要体现在以下两个方面。

◆ PowerShell 中的命令以"动词 - 名词"的形式组成。

◆ PowerShell 中的命令的参数以"-"开头。

通过本章前面介绍的内容可能已经发现，PowerShell 中的命令都是以"动词 - 名词"的形式组成，动词在前，名词在后，它们之间使用"-"符号连接。动词部分表示的是命令的动作，名词部分表示的是命令要操作的对象，它们都是在系统管理中起重要作用的特定对象类型。

例如，前面使用过的 Get-Help 命令，Get 部分表示"获取"，Help 部分表示"帮助"，从字面意义上就可以大概了解到 Get-Help 命令的作用是获取帮助，这也正与该命令在 PowerShell 中的功能相同。利用这种方式，也就可以很容易猜到 Get-Process 命令的功能是获取系统中当前进程的信息，而 Remove-Item 命令则用于删除一个项目。

cmdlet 的这种命名方式为用户记忆大量的命令提供了方便，可以通过命令中的动词来快速了解一类命令的功能。例如，Get 类命令用于获取数据和信息，Set 类命令用于创建或更改数据，Format 类命令用于设置数据的格式，Out 类命令

用于重定向输出。PowerShell 中的大多数命令都具有单一的功能，以便于能够以松散的形式将多个命令组合在一起使用，各个命令的功能彼此相互独立，每个命令的功能非常明确。

可以使用 Get-Command 命令并为其指定 verb 或 noun 参数，从而以不同的方式查看一个系列的所有命令，具体如下。

◆ 指定 verb 参数：verb 参数用于指定要查看的命令的动词部分，通过指定该参数可以查看具有某种特定操作的所有命令，这些命令的操作方式相同，但是用于处理不同的对象，比如前面见到过的 Get-Help、Get-Process。例如，如果要查看所有 Get 功能的命令，那么可以输入下面的命令。

```
get-command -verb get
```

◆ 指定 noun 参数：noun 参数用于指定要查看的命令的名词部分，通过指定该参数可以查看操作同一种对象的所有命令，这些命令都用于处理同一种对象，但是操作方式不同。例如，如果要查看用于处理 Process 的所有命令，那么可以输入下面的命令，运行结果如图 34-5 所示。

```
get-command -noun process
```

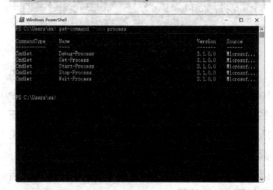

图34-5 查看可以处理同一种对象的所有命令

> **提示**
> 在 PowerShell 中并不是所有以"动词-名词"结构来命名的都是 cmdlet。一个示例是 Clear-Host，它实际上是 PowerShell 的一个内部函数而不是命令。在 PowerShell 中运行下面的命令可以查看 Clear-Host 的命令信息，从返回的结果中可以发现 Clear-Host 的命令类型是 Function，这说明它是一个函数。

```
get-command -name clear-host
```

在 PowerShell 中输入命令的方法与 CMD 类似，只需要按照 PowerShell 命令特有的"动词 - 名词"结构进行输入，输入好命令后按【Enter】键即可运行这个命令。在使用 PowerShell 中的很多命令时通常都需要为命令指定参数，与在 CMD 中使用"/"或"\"符号来标识参数的方法不同，PowerShell 会将"-"符号开头的内容识别为参数。输入命令的参数时需要注意以下两点。

◆ 输入参数名称时，可以输入参数的完整名称，也可以输入必要的字符，只要可以将该参数名称与其他参数名称区分开即可。例如，Get-Help 有一个 detailed 参数，如果只输入"-det"就可以将该参数与 Get-Help 命令的其他参数区分开，那么只输入"-det"就可以。

◆ 一些参数名称是可选的，这意味着在输入命令并指定这些参数时，可以不输入参数的名称而直接输入参数的值。需要注意的是，如果在为命令指定参数时是直接通过参数值来指定的，那么参数值在命令中的位置必须与该命令语法中的各个参数的出现顺序保持一致。

> **提示**
> PowerShell 命令中的一些参数称为通用参数，由于这些参数是由 PowerShell 引擎进行控制，因此每次 cmdlet 实现这些参数时它们的行为方式始终都是相同的，而且通常都不会出现问题。但是对于不包含正在使用的通用参数的命令而言，通用参数不会对这个命令产生任何作用。

34.2.2 创建和删除别名

由于 PowerShell 中的 cmdlet 是以动词和名词组成的，因此命令包含的字符数都比较多。相对于 CMD 命令而言，在 PowerShell 中输入命令将会耗费更多的时间，而且也更容易出现拼写错误。为了解决这个问题，PowerShell 提供了别名功能。此功能允许用户在输入一个 cmdlet 时，可以使用一个简短的名称来代替命令的完整拼写。

CMD 中的 Cls 命令用于清除 CMD 命令提示符窗口中的所有内容，这个命令也可以用于 PowerShell 中。看起来该命令的功能与

CMD 的【命令提示符】窗口相同，但是实际上在 PowerShell 中输入的"cls"并非是 CMD 中的 Cls 命令，虽然它们实现的功能相同。在 PowerShell 中输入的 cls 所对应的命令实际上是 Clear-Host 命令，cls 就是 Clear-Host 的别名。

在【Windows PowerShell】窗口中输入下面的命令将会显示一个别名列表，其中包括 PowerShell 预定义的大量别名与真实命令的对应情况，如图 34-6 所示。

```
get-alias
```

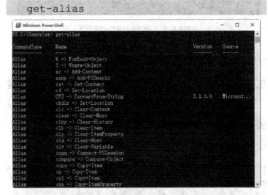

图34-6 查看PowerShell预定义的别名列表

如果想要参看某个命令的别名，比如 Clear-Host 命令，那么可以输入下面的命令，运行结果如图 34-7 所示。如果要查看其他命令的别名，只需将下面这条命令中的"clear-host"部分替换为要查看的命令即可。

```
get-alias | where-object {$_.definition
-eq " clear-host }
```

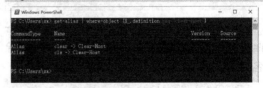

图34-7 查看特定命令的别名

用户可以为自己常用的命令创建别名，这样以后就可以在 PowerShell 中使用自己熟悉的别名来代替对应的 cmdlet。只能为单一的命令创建别名，不能为包含了输入参数和命令在内的整个命令行内容创建别名。创建别名需要使用 Set-Alias 命令，基本语法如下：

```
Set-Alias 别名 cmdlet 原名
```

例如，下面这条命令为 Get-Help 命令创建了名为 gh 的别名。然后就可以通过输入"gh"来查看 PowerShell 帮助信息，如图 34-8 所示。

```
set-alias gh get-help
```

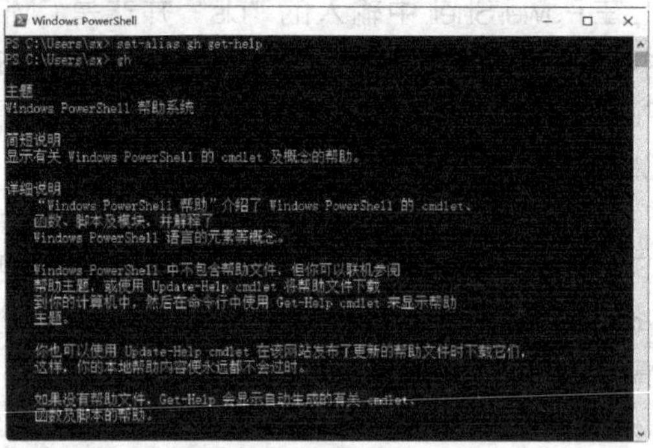

图34-8　创建与使用别名

用户还可以为 Windows 程序创建别名。例如，如果要经常使用记事本程序，那么可以为其创建别名，为此需要使用下面这条命令。之后只要输入"np"就可以启动记事本程序。

```
set-alias np c:\windows\notepad.exe
```

> **注意** 在PowerShell中创建别名以及其他一些内容（如函数和变量）时，只是将创建的内容暂时存放在PowerShell的当前会话中（即创建时所使用的【Windows PowerShell】窗口）。如果关闭了【Windows PowerShell】窗口，那么所有这些创建的内容都会丢失。如果希望在每次打开一个新的【Windows PowerShell】窗口时都可以使用以前创建好的别名或其他内容，那么需要创建PowerShell配置文件，并将别名和其他内容添加到配置文件，这样在以后每次启动PowerShell时都会自动加载这个配置文件。

对于不再需要的别名，可以使用 Remove-Item 命令随时将其删除。下面这条命令将会删除名为 gh 的别名。

```
remove-item alias:gh
```

34.2.3　使用创建的函数代替别名

函数是 PowerShell 中的一类命令，使用方法类似于 cmdlet，直接输入函数的名称就可以运行这个函数。函数可以包含参数，也可以有返回值，函数几乎可以实现 cmdlet 所能完成的各种操作。

由于在执行很多操作时都需要提供一些参数，因此可以将这类内容创建为函数，从而解决 PowerShell 不能为包含输入了参数的命令创建别名的问题。PowerShell 允许用户创建函数，基本语法如下：

```
Function 函数名 {要执行的操作}
```

例如，如果经常需要使用记事本程序打开 C 盘根目录中名为 test.txt 的文件。在 PowerShell 中可以使用下面的命令来执行这个操作，其中的"c:\test.txt"是 notepad 命令的参数。

```
notepad c:\test.txt
```

由于 PowerShell 不允许为命令行中输入的带有参数的命令创建别名，因此为了简化上面的命令，可以将其创建为一个函数。下面的命令创建了一个名为 OpenTest 的函数，以后只需在 PowerShell 中输入这个函数的名称，就可以打开 C 盘根目录中名为 test.txt 的文件了。

```
function OpenTest {notepad c:\test.txt}
```

要删除这个函数，只需输入下面这条命令：

```
remove-item function:opentest
```

34.2.4　设置命令的输出格式

CMD 中的管道技术通过使用"|"符号将上一个命令的输出结果传递给下一个命令并作为这个命令的输入。PowerShell 虽然也支持这种技术并使用相同的"|"符号，但是与 CMD 的最大不同之处在于 PowerShell 通过管道传递的是对象，而不是文本。

用户在 CMD 中处理的都是文本内容，从一个命令输出文本，然后再使用另一个命令接收输出的文本并对其进行格式化，或以其他所需的方式对文本进行处理。但是由于 PowerShell 是面向对象的，因此一个 PowerShell 命令输出的内容也是对象，而另一个命令将这个对象作为输入时可以直接使用该对象的属性和方法来获取该对象的信息或执行某种操作。这是 PowerShell 在处理数据方面与 CMD 之间的最大区别。

例如，Get-Location 命令不会返回包含当前路径的文本内容，而是返回一个 PathInfo 对象，该对象包含了当前路径以及其他一些信息。之后可以使用管道符号以及专门的输出命令，将该对象中包含的信息以指定的格式发送到屏幕或写入文件中。

PowerShell 提 供 了 4 个 以"Format"开头的命令，它们专门用于设置 cmdlet 输出的对象的显示方式。这几个命令是 Format-List、

Format-Table、Format-Wide 和 Format-Custom。每个"Format"命令用于以一种特定的视图方式对 cmdlet 输出进行格式化，在每个命令内部又提供了大量参数，用于对该命令所提供的视图方式进行精确控制。接下来的示例会说明这点。

无论使用它们当中的哪个命令，其基本用法都是需要使用管道符号（|）将一个 cmdlet 的输出作为这 4 个"Format"命令的输入，将对象中的信息以指定的方式格式化。例如，在 PowerShell 中直接输入 Get-Process 命令将会显示一个包含了当前进程的列表，列表一共分为 7 列数据，如图 34-9 所示。

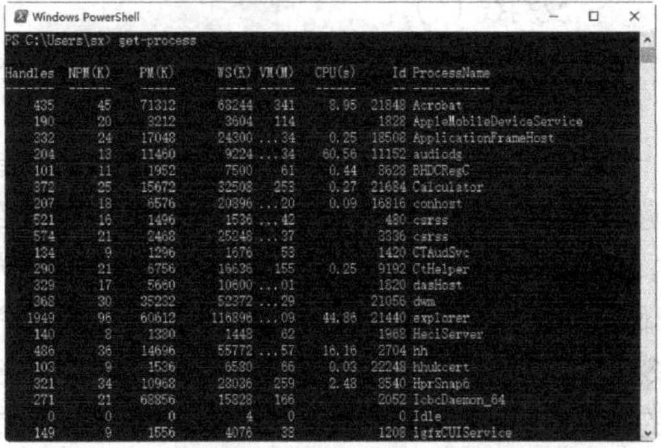

图34-9 显示进程列表

用户可能并不想关注所有这些列中的信息，这时可以使用 Format-Table 命令控制返回信息中显示哪些列。例如，只想在返回的列表中包括进程名称和 CPU 占有率这两项信息，那么可以输入下面这条命令，运行结果如图 34-10 所示。命令中的 name 和 cpu 都是 get-process 对象的属性，也是在前面返回的 7 列信息中其中两列的列标题。

```
get-process | format-table name,cpu
```

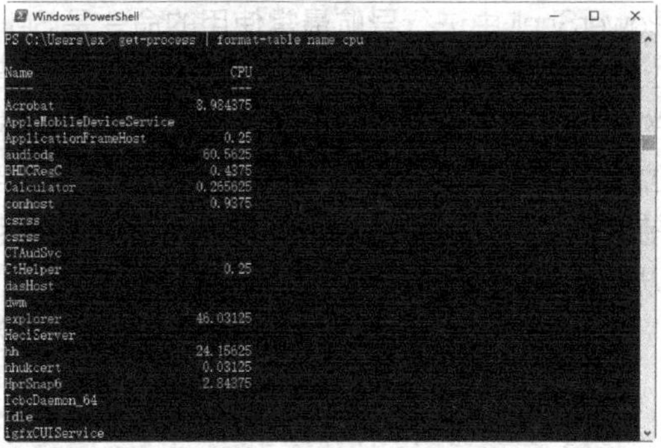

图34-10 只查看所需的信息

由于 PowerShell 包含了大量的对象，每个对象又包含大量的属性和方法，为了可以更好地了解想要使用的对象包含哪些属性和方法，可以使用 Get-Member 命令来进行查看，具体方法将在本章34.3.2节进行介绍。

如果想以单列的垂直列表的方式显示命令的输出结果，而不是像上面那种二维表格的形式显示，那么可以使用 Format-List 命令。与此同时，如果想要查看某个特定进程的相关信息，那么可以为 Get-Process 命令指定 name 参数。下面这条命令将会显示当前 PowerShell 进程的相关信息，由于使用 Format-List 命令对输出进行格式化，因此返回的信息以单列的垂直列表的形式显示，如图 34-11 所示。

```
get-process -name powershell | format-list
```

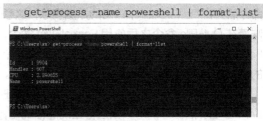

图34-11 以单列垂直列表的形式查看指定进程的相关信息

如果不了解"Format"命令包含哪些参数以及具体含义，那么可以使用本章 34.1.3 节介绍的方法在 PowerShell 中查看帮助信息。例如，下面这条命令查看 Format-List 的帮助信息。如果显示的帮助信息不完整，则可以使用 Update-Help 命令下载完整的帮助内容。

```
get-help format-list
```

34.2.5 重定向数据

在 CMD 中使用的重定向符号在 PowerShell 中仍然有效。例如，下面这条命令将系统当前的进程列表保存到 C 盘根目录中的 mylist.txt 文件中。

```
get-process | format-list > c:\mylist.txt
```

PowerShell 提供了以"Out"开头的命令，专门用于对 cmdlet 输出的信息进行重定向。比如 Out-Host 命令将 cmdlet 的输出信息显示在屏幕中，Out-File 命令将 cmdlet 的输出信息写入文件中，Out-Printer 命令将 cmdlet 的输出信息通过打印机打印到纸张上。使用 Out-File 命令也可以实现上一个示例的功能，为此需要使用下面这条命令。

```
get-process | format-list | out-file
c:\myfile.txt
```

下面这条命令虽然也能将系统的进程列表写入指定的文件中，但是写入后的数据格式是二维表格的形式，而不是由 Format-List 命令所指定的单列垂直列表的形式。

```
get-process | out-file c:\myfile.txt |
format-list
```

出现这个问题的原因在于，Out-File 命令会将它接收到的数据转换为文本形式，以便将数据输出到需要接收文本输入的文本文件中。在将 PowerShell 中的数据通过 Out-File 命令写入文件时，PowerShell 会认为这些数据将被输出到位于 PowerShell 以外的位置上，因此运行 Out-File 命令后会将 PowerShell 中输出的数据删除，这意味着在 Out-File 命令之后使用 Format-List 命令，Format-List 命令根本不会接收来自 Out-File 命令的输出信息，也就无法对输出信息进行格式化了。

因此正确的做法是将 Out-File 命令放在 Format-List 后面才能对数据进行正确的格式化，这样就可以在接收到 Get-Process 命令的输出以后先对输出结果设置视图格式，然后再将包含特定视图格式的数据写入文件中。这个特性同样适用于其他几个以"Out"开头的重定向命令。

34.3 在 Windows PowerShell 中导航

用户可以使用类似于 CMD 中在不同目录和驱动器之间的导航方式在 PowerShell 中进行导航。PowerShell 也提供了一些更为强大的导航方式，允许用户在称为 PowerShell 驱动器的多个数据存储区域中进行导航。本节除了介绍以上内容，还介绍了在 PowerShell 中查看对象的信息以及系统环境变量的方法。

34.3.1 在文件系统驱动器和 PowerShell 驱动器中导航

与 CMD 类似，在 PowerShell 中也可以使用类似的方法在文件系统中的驱动器及其目录中导航。所谓导航是指从计算机中的一个位置切换到另一个位置。在 PowerShell 中，名称右侧紧跟一

对冒号表示的是一个驱动器，比如 C:，即平时所说的 C 盘、驱动器 C 或磁盘分区 C。如果在驱动器右侧添加一个反斜线，那么将表示磁盘根目录，比如 C:\。父目录与子目录之间也使用反斜线进行分隔（\），比如 C:\Windows\System32。下面列出了在导航时可以使用的几个特殊符号，它们为导航到特定位置提供了方便，这些符号与在 CMD 中的功能和用法相同。

◆ 当前目录：使用一个英文句点（.）来表示当前目录。

◆ 当前目录的父目录：使用两个英文句点（..）来表示当前目录的父目录。

◆ 当前目录所在驱动器的根目录：使用一个反斜线（\）。

◆ 目录中的内容：使用星号（*）表示目录中的所有内容。

【Windows PowerShell】窗口中的提示符指明了当前目录的位置，如图 34-12 所示。当前目录也称为工作目录，大多数命令的运行结果默认都是作用于当前目录的，比如 Get-ChildItem 命令（即 CMD 中的 Dir）用于显示当前目录中包含的文件和子目录。当需要在一条命令中处理一个文件时，如果这个文件位于当前目录中，那么在输入这条命令时只需指定文件的名称，否则需要输入文件的完整路径，这就是当前目录带来的方便。

图34-12 提示符中指明了当前目录的位置

无论当前目录位于哪里，用户都可以从当前目录导航到其他位置，这个位置可以是当前目录的子目录、父目录或当前目录所在驱动器的根目录，也可以是其他驱动器中的目录。在 PowerShell 中进行导航最常使用的命令是 Set-Location，在使用该命令时可以配合本节前面介绍的那些专用于导航的特殊符号来快速导航到特定位置。假设【Windows PowerShell】窗口中的当前目录是 C:\Windows\System32，那么通过使用以下命令导航到指定的位置。

◆ 导航到 System32 的子目录：Set-Location 命令与子目录的名称之间需要保留一个空格。

```
Set-Location 子目录的名称
```

◆ 导航到 System32 的父目录，Set-Location

命令与两个句点之间需要保留一个空格。

```
Set-Location ..
```

◆ 导航到 System32 所在驱动器的根目录：Set-Location 命令与反斜线之间需要保留一个空格。

```
Set-Location \
```

◆ 导航到其他驱动器的根目录：默认情况下可以直接输入驱动器名（包括反斜线）来导航到该驱动器的根目录。但是如果将指定驱动器的当前目录设置为非根目录，那么最保险的做法是使用 Set-Location+ 驱动器名 + 反斜线。下面的命令将从当前位置导航到 E 盘根目录，因为即使该驱动器的当前目录不是其根目录，使用下面的命令后也会将其根目录设置为该驱动器的当前目录，同时也会导航到这个根目录。

```
Set-Location 要导航到的驱动器名 \
```

◆ 导航到 D 盘的 Program Files 目录：当目录名称中包含的空格时，需要使用一对双引号将这个目录的名称包围起来。

```
Set-Location d:\"program files"
```

除了可以在文件系统中的驱动器及其目录中导航以外，PowerShell 还提供了可供导航的特殊位置，这些位置称为 PowerShell 驱动器。这些位置的共同点是它们都可以存储某种用途的数据，比如注册表、环境变量、函数。在 PowerShell 中可以像访问文件系统中的驱动器一样来访问这些 PowerShell 驱动器。

函数驱动器的名称是 Function:，在 Function 名称右侧添加一个冒号就将其表示为一个 PowerShell 驱动器。如要查看函数驱动器中的内容，可以使用下面这条命令，运行结果如图 34-13 所示。

```
get-childitem function:
```

图34-13　访问函数驱动器

同理，访问环境变量驱动器可以使用下面这条命令，这将会列出系统中的所有环境变量的名称及其中存储的内容。

```
get-childitem env:
```

相对复杂一些的是注册表驱动器。PowerShell 只能在以下两个注册表配置单元中进行导航，每个配置单元都是一个单独的注册表驱动器。

◆ HKEY_LOCAL_MACHINE：该配置单元对应的注册表驱动器为 HKLM。
◆ HKEY_CURRENT_USER：该配置单元对应的注册表驱动器为 HKCU。

可以使用与文件系统驱动器类似的导航访问在注册表驱动器中导航。例如，下面这条命令用于从当前目录导航到驱动器 HKLM 中，即 HKEY_LOCAL_MACHINE 根键。

```
set-location hklm:
```

在 PowerShell 中运行很多命令后，系统并不会显示命令运行结果的反馈信息。可以通过在命令中使用 passthru 参数来强制系统显示命令运行后的反馈信息。例如，下面这条命令将在导航到指定位置后显示如图 34-14 所示的位置变更信息。

```
set-location hklm: -passthru
```

图34-14　强制系统显示命令运行后的反馈信息

34.3.2　查看对象的相关信息

由于 PowerShell 是面向对象的，而且大多数时候都在操作对象，因此可能希望了解所要使用的对象的更多信息。对象的信息主要包括对象的类型、属性和方法。使用 Get-Member 命令可以查看指定对象的信息，通用格式是先输入要查看的对象所在的以 "Get" 开头的命令，然后输入一个管道符号，最后输入 Get-Member 命令。例如，下面这条命令将会显示 Process 对象的属性和方法，如图 34-15 所示。

```
get-process | get-member
```

可以查看某类对象中的特定对象的信息。例如，如果想要查看当前系统进程中运行的 PowerShell 对象的所有属性，那么可以使用下面这条命令，运行结果如图 34-16 所示。

```
get-process powershell | format-list
-property *
```

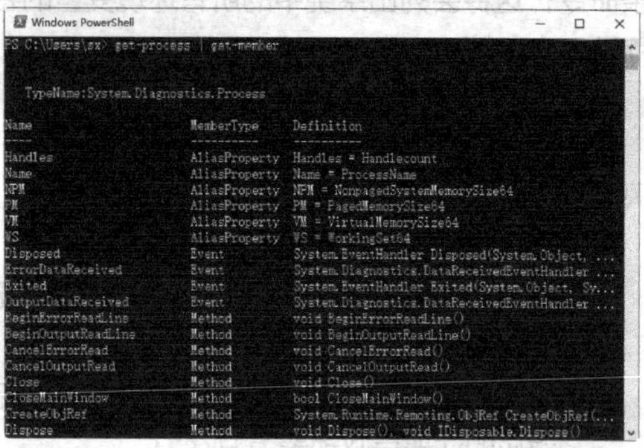

图34-15　查看指定对象的属性和方法

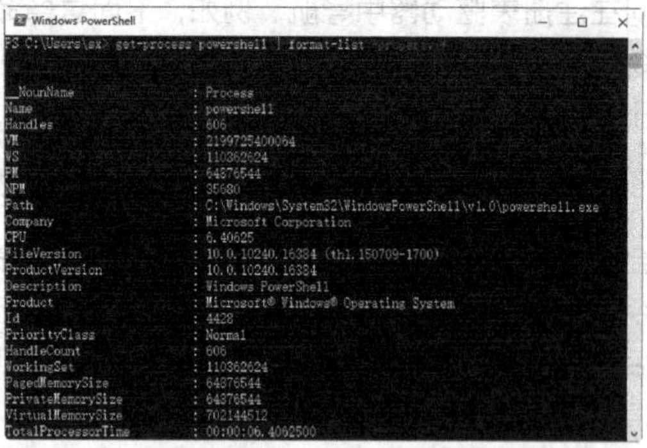

图34-16　查看特定对象的所有属性

也可以只查看特定对象的某个属性的信息，下面这条命令只会显示对象的 name 属性的相关信息。

```
get-process powershell | format-list
-property name
```

34.3.3　查看系统中的环境变量

CMD 中的环境变量通过一对百分号包围起来，而在 PowerShell 中是使用一个美元符号（$）来标识变量。如果名称的左侧有一个美元符号，那么它就是 PowerShell 中的一个变量。在本书第 32 章介绍 CMD 的相关内容时，已经感受到了环境变量所带来的便捷与灵活的特性。与 CMD 类似，在 PowerShell 中也可以访问系统中的环境变量。在 PowerShell 提示符中输入下面这条命令将会显示系统中的所有环境变量，如图 34-17 所示。

```
get-childitem env:
```

可以查看指定的环境变量中存储的内容，下面这条命令将会显示 $Path 环境变量中存储的路径信息，如图 34-18 所示。

```
$env:path
```

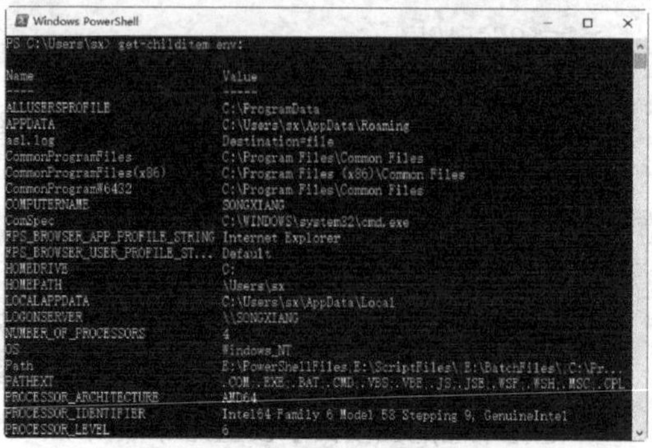

图34-17　查看系统中的所有环境变量

图34-18　查看特定变量中存储的内容

如果某个目录需要经常访问，或者要执行的脚本或可执行文件位于这个目录中，那么可以将该目录添加到 Path 环境变量中，以后需要运行该目录中的脚本和可执行文件时，就可以像 PowerShell 的 cmdlet 那样直接输入文件名即可运行，不再需要输入文件的完整路径。例如，下面这条命令将 E 盘根目录中名为 MyFolder 的文件夹添加到 $Path 环境变量中。与在 CMD 中添加搜索路径的规则相同，必须在两个路径之间使用分号（;）进行分隔。

```
$env:path += ";e:\myfolder"
```

34.4　创建 Windows PowerShell 脚本文件

如果希望可以自动地运行一组 PowerShell 命令，而不是在【Windows PowerShell】窗口中每输入一条命令都要按一次【Enter】键，然后等待命令运行后的返回信息，那么在这种情况下就应该使用 PowerShell 脚本文本。本节主要介绍对于使用任何一个 PowerShell 脚本文件来说最重要的两方面内容：修改执行策略，以及创建并运行 PowerShell 脚本文件。

34.4.1　修改 PowerShell 的执行策略

为了避免包含恶意代码的脚本对系统造成危害，PowerShell 中提供了多种安全功能，执

行策略就是其中的一种。执行策略默认设置为
Restricted，它具有最高的安全性。在该设置下
将会禁止用户运行任何 PowerShell 脚本文件，
还会禁止用户加载任何配置文件，但是允许用户
在交互模式下通过在【Windows PowerShell】窗
口中输入命令的方式来使用 PowerShell。

　　如果希望运行 PowerShell 脚本文件，那么
需要更改 PowerShell 的执行策略。在更改执行
策略设置之前，可以先查看一下当前系统中设
置的 PowerShell 执行策略，为此需要使用下面
这条命令。默认情况下返回的运行结果会是：
Restricted。

```
get-executionpolicy
```

　　需要使用 Set-ExecutionPolicy 命令更
改 PowerShell 的执行策略。只有将执行策略
更改为 RemoteSigned，才能在系统中运行
PowerShell 脚本文件。需要在以管理员身份打
开的【Windows PowerShell】窗口中运行下面
这条命令，在 Windows PowerShell 口中将会
显示图 34-19 所示的提示信息，按【Y】键确
认更改。

```
set-executionpolicy remotesigned
```

图34-19　更改PowerShell执行策略

> 💬 提示
> 　　PowerShell执行策略保存在Windows注册表中，即
> 使卸载并重新安装PowerShell，之前对PowerShell执行策
> 略的设置结果仍然有效。这意味着只需对执行策略进行
> 一次设置，就始终都可以在系统中运行PowerShell脚本
> 文件。

34.4.2　创建和运行 Windows PowerShell 脚本文件

创建脚本文件的方法与创建 CMD 批处理文
件类似，首先需要新建一个文本文件，然后将其
扩展名修改为 .ps1（最后一个字符是数字1而不
是字母l），按【Enter】键确认修改，在弹出的
对话框中单击【是】按钮，这样就创建好了一个
PowerShell 脚本文件。

　　如果系统中已经安装了 PowerShell ISE
（PowerShell 集成脚本环境），那么可以在
PowerShell ISE 中打开、编写、修改、运行和调
试 PowerShell 脚本文件。在 Windows 10 中默认
提供了 PowerShell ISE。

　　创建好 PowerShell 脚本文件并在其中输入
组织好的 PowerShell 命令以后，接下来就可以
运行这个脚本文件了。可以使用以下两种方法运
行 PowerShell 脚本文件。

◆ 打开脚本文件所在的文件夹，然后右击要
　运行的脚本文件，在弹出的菜单中选择【使
　用 PowerShell 运行】命令，如图 34-20
　所示。

◆ 打开【Windows PowerShell】窗口，在
　提示符中输入要运行的脚本文件的完整路
　径，然后按【Enter】键运行这个脚本文
　件。如果脚本文件位于提示符中显示的当
　前目录中，则只需输入脚本文件的名称即
　可。下面这条命令将会运行 C 盘根目录中
　的 PowerShellFiles 文件夹中名为 test.ps1
　的脚本文件。

```
c:\powershellfiles\test.ps1
```

图34-20　在图形界面中运行PowerShell脚本文件

使用 VBScript 编写 Windows 脚本

CMD 批处理虽然也可以称为脚本，但它主要是通过启动不同的程序来执行任务，无法对程序内部的细节进行控制。本章介绍的 Windows 脚本能够精确控制程序内部的对象和数据，而且用于编写 Windows 脚本的脚本语言也提供了比 CMD 批处理技术更强大的功能。可以使用多种不同的脚本语言来编写 Windows 脚本，本章主要介绍使用 VBScript 编写 Windows 脚本的方法。本章首先从整体上介绍了 Windows 脚本和 VBScript 的背景知识和需要了解的一些基本概念，以及运行 Windows 脚本的方法。然后介绍了使用 VBScript 编写 Windows 脚本需要掌握的语法规则，最后介绍了 Windows 脚本在文件管理中的一些应用。

35.1 Windows 脚本与 VBScript 简介

本节主要介绍 Windows 脚本以及用于编写 Windows 脚本的 VBScript 脚本语言的一些背景知识和基本概念，了解这些内容对于更好地理解 Windows 脚本内部的工作机制将会有很大的帮助。

35.1.1 什么是 Windows 脚本

Windows 脚本是用一种解释型语言编写的程序，通过 COM 对象模型访问系统组件以实现强大的功能。Windows 脚本可以实现对系统各方面的控制和管理，包括访问和设置系统性能和配置信息、管理磁盘和文件系统、安装和卸载应用程序、访问和设置注册表、管理系统服务和事件日志、访问和设置网络配置、管理活动目录等。

> 提示
>
> 这里的"解释"是指程序在运行前不需要编译就可以直接运行。有关解释型语言与编译型语言之间的区别请参考本章35.1.3节。

Windows 脚本除了可以对 Windows 系统自身执行管理任务外，还可以使用系统中安装好的程序来完成相应的工作。例如，如果在系统中安装了 Microsoft Word 程序，那么就可以编写相应的脚本程序来控制并使用 Word 程序创建并排版文档，以及实现 Word 程序自身所支持的其他功能。

Windows 脚本完成的大多数操作实际上是通过调用其他程序来处理的，这样就不需要了解任务的实现细节，只要将想要完成的任务安排给合适的程序去做就可以了。这意味着 Windows 脚本能够实现的功能可以无限扩展，只要系统中安装了足以完成不同任务的程序。

可以使用多种语言来编写 Windows 脚本，本章介绍的 VBScript 就是其中的一种，可以将其称为 VBScript 脚本语言。除了 VBScript，还可以使用其他脚本语言编写 Windows 脚本，比如 JScript、Perl、Python 等。

由于脚本语言是一种解释型语言，因此在运行脚本时需要使用解释器对脚本中的代码进行解释执行。Windows 脚本宿主（WSH，Windows Script Host）负责脚本程序的解释工作，具体是由 WSH 内部包含的脚本语言引擎来完成对脚本语言的解释工作。WSH 还为脚本提供了可以调用系统中的程序和对象的能力。下一节会对 WSH 进行更多介绍。

35.1.2 理解 Windows 脚本宿主

在 Windows 脚本宿主（WSH，Windows Script Host）出现以前，只能在 IE 和 IIS 环境中使用脚本。WSH 的出现改变了这种局限性，它允许用户在 Windows 系统中编写和运行脚本，而不只是在 IE 和 IIS 内部。WSH 为使用不同的脚本语言来编写和运行 Windows 脚本提供了一个主环境，主要提供了以下两个功能。

1. 脚本语言引擎

脚本语言引擎用于解释和执行脚本。虽然

可以使用不同类型的脚本语言编写 Windows 脚本，但是由于不同的脚本语言都有自己的一套语法规则，因此每一种脚本语言都需要使用它自己的脚本语言引擎来解释其自身的脚本代码，否则 Windows 系统无法理解脚本中的代码的作用。另一方面，由于脚本是普通的文本文件，因此在运行脚本时需要使用脚本语言引擎来读取脚本代码，然后检查脚本代码的语法是否正确，最后将脚本代码转换为计算机可以理解的机器指令，以便让计算机理解脚本代码并按照要求执行相应的操作。

WSH 默认提供了 VBScript 和 Jscript 两种脚本语言引擎，因此可以直接在 Windows 系统中使用这两种脚本语言来编写和运行 Windows 脚本。如果想要使用其他脚本语言编写 Windows 脚本，那么需要在系统中安装与所要使用的脚本语言对应的脚本语言引擎。

2. 管理脚本的组件对象

WSH 提供了对 COM 自动化对象访问的途径，这使得在编写脚本时可以根据要完成的任务来调用具有相应功能的对象，从而可以让脚本具备完成各种任务的能力。WSH 本身提供了一个 WSH 对象模型，其中包含了一系列用于执行系统任务的对象，编写脚本时可以访问这些对象以完成诸如访问文件系统和系统环境的工作。此外，用户还可以在脚本中调用外部的其他对象以完成所需的各种功能。

实际上可以将 WSH 看做是脚本语言引擎和执行实际工作的组件或对象之间的中介。在运行脚本时 WSH 会根据脚本中的代码自动判断所需使用的脚本语言引擎，然后对脚本中的代码进行解释并执行，同时会根据脚本中的代码来调用合适的对象以完成实际的工作，

35.1.3 VBScript 简介

本章主要介绍使用 VBScript 编写 Windows 脚本方面的内容，因此本节会提供一些有关 VBScript 的背景知识。VBScript 是 Visual Basic（VB）的一个子集，它们的大多数语法规则几乎都是相同的，当然也会存在一些差别。这主要是因为设计 VBScript 的最初目的是为了供 Internet 环境中的网页开发者使用，基于程序性能和安全性等方面的考虑，VBScript 没有完全继承 VB 的所有语言特性，而是去掉了某些影响程序性能或导致安全问题的功能。

VBScript 脚本语言是一种解释型语言，它与 C 和 C++ 等类型编译型语言之间的主要区别体现在以下几个方面。

1. 运行前是否需要进行编译

使用 VBScrip 编写的脚本程序在开始运行前不需要进行编译，代码是在程序运行时边解释边执行的，这意味着脚本语言的编译发生在程序运行过程中而不是在运行前。使用编译型语言编好的程序在运行前必须先进行编译，在转换为二进制可执行文件后才能运行。这是脚本语言与编译型语言之间的最主要区别。

2. 语言自身是否提供专门的开发环境

VBScript 没有提供专门的开发环境，用户可以直接在普通的文本编辑器中编写 VBScript 代码。编译型语言都有其自己的集成开发环境，其中包括代码编辑器之类的工具，所有代码都会输入代码编辑器中，而且具有用于提高代码输入效率的多种功能，比如语法高亮和代码自动完成功能。编译型语言还会提供专门的调试工具，以便对编写的代码进行测试并修正其中存在的问题。

3. 代码是否安全

使用 VBScript 编写的代码是纯文本格式的，因此任何人都可以直接打开保存有 VBScript 代码的文本文件，然后查看、修改甚至删除其中的代码，导致 VBScript 代码的安全性很低。编译型语言中的代码最终都需要经过编译而转换为二进制文件，因此一般人无法看到编译后的内容，即使看到了也很难理解，这样就使编译型语言编写出的代码具有很高的安全性。

4. 运行速度

由于脚本程序在每次运行时都需要通过脚本语言引擎将其中的代码解释为计算机可以理解的机器指令，因此脚本程序的整体性能肯定会低于由编译型语言创建的程序。但是通常情况下，脚本中都不会包含数千行的代码，因此这种性能上的差别可能不会那么明显。

虽然 VBScript 并未提供专门的开发环境，但是可以很方便地编写 VBScript 代码，这主要是因为 VBScript 代码是文本格式的，所以可以使用普通的文本编辑工具来编写 VBScript 代码。随手可得的工具就是 Windows 系统自带的记事本程序，

但是它在脚本编辑方面存在着很多缺陷，其中之一就是缺少代码行的行号。在调试包含很多行代码的脚本时，这个缺点所带来的问题就会变得非常明显。当运行的脚本发生错误时，系统会自动显示一个包含错误描述信息的对话框，其中显示了出错代码所在的行号，对于在没有行号标记的记事本中查找某一特定行的位置通常是一件费力不讨好的事。

VBSEdit 是一款非常不错的脚本编辑工具，提供了类似于编译型语言的 IDE 环境中具备的丰富的代码编辑和调试功能，包括显示代码行的行号、语法着色、自动完成、智能感应、调试工具等。此外还提供了一些代码示例，用户可以直接使用这些示例中的代码或根据想要实现的功能对这些代码加以修改。除了 VBSEdit，用户还可以选择很多其他的脚本工具，如 UltraEdit、AdminScriptEditor 等。

35.1.4 创建 VBScript 脚本文件

使用 VBScript 编写的脚本文件的扩展名是 .vbs。由于脚本文件实际上是文本文件，因此创建 VBScript 脚本文件的方法与本书前面介绍的创建 CMD 批处理文件和 Windows PowerShell 脚本文件类似，具体操作步骤如下。

STEP 1 在希望保存 VBScript 脚本文件的文件夹中的空白处单击鼠标右键，然后在弹出的菜单中选择【新建】➪【文本文档】命令。

STEP 2 新建一个文本文件，将其文件名修改为所需的名称，然后将点号（.）右侧的文件扩展名由 txt 改为 vbs，如图 35-1 所示。

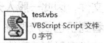
test.vbs
VBScript Script 文件
0 字节

图35-1 创建好的 VBScript脚本文件

STEP 3 修改好以后按【Enter】键确认，在弹出的对话框中单击【是】按钮，这样就创建好了一个 VBScript 脚本文件，文件图标会自动变为 VBScript 脚本文件的专有图标，如图 35-1 所示。

> 💡提示
> 还有一种与.vbs文件相关且常用的.wsh文件，这类文件保存着与.vbs文件相关的WSH设置，主要用于控制脚本的运行方式。创建.wsh文件的方法将在本章35.2.1节进行介绍。

35.2 运行 Windows 脚本

WSH 为用户提供了多种运行脚本的方法，可以根据需要进行选择。本节将介绍运行脚本的多种方法，还介绍了设置默认脚本宿主程序和运行选项等方面的内容。

35.2.1 在图形用户界面和命令行中运行 Windows 脚本

WSH 提供了 Wscript.exe 和 Cscript.exe 两个宿主程序，以便于让脚本可以运行在不同的界面环境下。Wscript.exe 宿主程序提供了用户最熟悉的图形用户界面，在这个环境下用户只需要双击脚本文件就可以运行脚本，运行过程中由脚本发出的提示信息都以 Windows 对话框的形式显示出来。Cscript.exe 宿主程序提供了命令行环境，即在 CMD 的【命令提示符】窗口中运行脚本。

使用哪种宿主程序运行脚本由用户所希望的交互方式决定。如果希望在脚本运行的过程中可以随时处理脚本发出的提示信息，那么就应该使用 Wscript.exe 宿主程序；如果希望脚本可以在无干扰的状态下持续运行直到程序结束为止，那么需要使用 Cscript.exe 宿主程序。因为在图形用户界面环境下如果弹出一个对话框，脚本就会暂停运行直到用户关闭这个对话框为止。

用户可以使用以下几种具体的方式来运行脚本，每种方式所使用的宿主程序并不相同。

◆ 在文件夹中双击一个脚本文件，将使用默认的宿主程序来运行脚本。

◆ 右击文件夹中要运行的脚本文件，然后在弹出的菜单中选择【打开】命令，将使用 Wscript.exe 宿主程序来运行脚本。

◆ 右击文件夹中要运行的脚本文件，然后在弹出的菜单中选择【在命令提示符中打开】命令，将使用 Cscript.exe 宿主程序来运行脚本。

◆ 在【运行】对话框、任务栏中的搜索框、【命令提示符窗口】中等位置输入脚本文件的路径和名称，然后按【Enter】键，将使用默认的宿主程序来运行脚本。

◆ 如果希望无论当前默认的宿主程序是什么，都始终使用在【命令提示符】窗口中运行脚本，那么需要在【命令提示符】窗口中输入"cscript.exe 脚本名称"来运行这个脚本，而不能只输入脚本名称。

 有关修改 WSH 默认宿主程序的方法，请参考下一节。

例如，图 35-2 所示的对话框就是在文件夹中右击一个脚本文件并选择【打开】命令运行脚本后所显示的信息，只有使用 Wscript.exe 宿主程序运行脚本时才会显示类似的对话框。

图35-2　使用Wscript宿主程序运行脚本显示的提示信息

 有关在脚本运行过程中显示信息的方法，请参考本章 35.2.3 节。

如果想要在命令行环境中运行脚本，那么需要使用如下形式的命令。如果脚本文件不在提示符所显示的当前目录中，那么在输入命令时需要提供脚本文件的完整路径。与使用 CMD 命令类似，输入 Cscript.exe 时可以省略扩展名 .exe。

```
Cscript.exe 带扩展名的脚本名称
```

下面这条命令将会运行 E 盘根目录中的 ScriptFiles 文件夹中名为 test.vbs 的脚本文件，运行结果如图 35-3 所示，脚本的提示信息直接显示在【命令提示符】窗口中，而不再以弹出的 Windows 对话框的形式显示。需要注意的是，输入脚本文件时必需包含其扩展名 .vbs。

```
cscript e:\scriptfiles\test.vbs
```

图35-3　在命令行环境下运行脚本

提示　如果希望当前目录无论位于哪里，都可以在提示符中通过输入脚本的名称来直接运行脚本，而且必需输入脚本文件的完整路径，那么需要将脚本所在的文件夹的路径添加到搜索路径中，即修改%Path%环境变量的值，具体方法已经在本书第32章进行过详细介绍，这里就不再赘述了。

当在命令行环境中运行包含大量输出信息的脚本时，这些输出信息会自动滚动，以至于用户根本无法看清信息的具体内容。为了确保输出信息的完整性以及可以完全看到所有的输出信息，此时可以使用 CMD 的重定向技术，从而可以将脚本的输出信息写入指定的文件中，以后可以随时打开这个文件来查看其中包含的内容。例如，下面这条命令将 test.vbs 脚本的输出信息写入 C 盘根目录中的 testout.txt 文件中。

```
cscript e:\scriptfiles\test.vbs > c:\
testout.txt
```

35.2.2　设置运行 Windows 脚本的默认宿主程序和运行选项

通过上一节的内容可能会发现一个问题，当使用 Cscript.exe 宿主程序运行脚本时，在【命令提示符】窗口中显示的脚本的输出信息中会包含以下两行内容，它们是 WSH 版本号以及版权信息。

```
Microsoft (R) Windows Script Host
Version 5.812
版权所有 (C) Microsoft Corporation。保留所有权利
```

可以通过设置 Wscript.exe 和 Cscript.exe 的运行选项来禁止显示这两行内容，比如下面这条命令，其中的 //nologo 选项表示不显示上面那两行信息，//s 选项表示将这个修改结果持久化，即以后打开另一个【命令提示符】窗口后该设置仍然起作用。

```
cscript.exe //nologo //s
```

还可以在图形界面环境下通过创建并设置 .wsh 文件来禁止 WSH 版本号以及版权信息的显示。在文件夹中右击要运行脚本文件并选择【属性】命令，在打开的对话框中切换到【脚本】选项卡，然后取消选中【当脚本在命令控制台中执行时显示徽标】复选框，如图 35-4 所示，最后单击【确定】按钮。如果改变了对话框中的默认设置，那么会自动在当前设置的脚本文件所在的文件夹中创建一个与脚本文件同名但是扩展名为 .wsh 的文件，该文件用于保存与脚本文件相关的设置信息。

Wscript.exe 是 WSH 默认的宿主程序，用户可以根据使用要求随时修改 WSH 的默认宿主程序，方法如下。

◆ 将 Wscript.exe 设置为默认宿主程序：
wscript //h:wscript。

◆ 将 Cscript.exe 设置为默认宿主程序：
wscript //h:cscript。

图35-4　在图形界面中设置WSH选项

重新设置了默认的宿主程序以后，弹出图 35-5 所示的对话框以通知用户。

图35-5　设置默认宿主程序

> **提示**
> 即使更改了默认的宿主程序，然而通过鼠标右键单击脚本文件的方式，或在【命令提示符】窗口中显式地输入Wscript.exe或Cscript.exe命令的方式所运行的脚本，则会仍然强制使用指定的宿主程序来运行，而不是使用更改后默认宿主程序。

Wscript.exe 和 Cscript.exe 包含了几乎相同的选项，用于控制在命令行环境下运行脚本的方式，这些选项都使用双斜线进行标识。可以使用下面的命令分别在 Windows 对话框和【命令提示符】窗口中查看 Wscript.exe 和 Cscript.exe 包含的选项，如图 35-6 所示。

```
wscript /?
cscript /?
```

图35-6　查看Wscript.exe和Cscript.exe包含的选项

35.2.3　使用 Wscript.Echo 显示信息

在本章前面介绍运行脚本的方法时，看到过运行后弹出的对话框。对话框顶部的标题显示为"Windows Script Host"，这说明是通过 Wscript.Echo 方式来显示信息的。在 VBScript 中还可以使用 MsgBox 函数显示信息。图 35-7 所示为在脚本中分别使用 Wscript.Echo 和 MsgBox 显示信息时所弹出的对话框，用户可能已经注意到使用这两种方式创建的对话框的顶部标题有所不同。

图35-7　使用两种不同的对话框来显示信息

> **交叉参考**　有关 MsgBox 函数的更多内容，请参考本章 35.3.8 节。

在图形界面环境下，用户可能很难发现这两种对话框有什么实质性的区别，但是如果在命令行环境下使用 Wscript.Echo 和 MsgBox 来显示信息时，区别将会非常明显。

◆ 使用 Wscript.Echo 创建的提示信息不会以

对话框的形式出现，而是显示在【命令提示符】窗口中，脚本会继续运行而不会受到任何影响。

◆ 使用 MsgBox 创建的提示信息仍然会以对话框的形式显示，而且会暂停脚本的运行，直到用户关闭对话框。

如果用户希望在命令行环境下运行脚本，那么应该使用 Wscript.Echo 来显示信息。

除了在命令行环境下显示信息的方式不同以外，MsgBox 函数还支持灵活的对话框定制方式，它允许用户设定在对话框中显示的按钮类型。MsgBox 函数还可以返回一个表示哪个按钮被单击的值，这样就可以根据单击不同的按钮来编写相应的处理程序。

使用 Wscript.Echo 来显示信息的方法很简单，它支持同时显示多组不同的信息，只需使用英文逗号分隔不同的信息即可。例如，下面这行代码会显示 "How Are You"。

```
WScript.Echo "How","Are","You"
```

在上面这个示例中，将 "How Are You" 中的 3 个单词拆为 3 部分后提供给 WScript.Echo 并没什么实际意义，这里只是为了说明可以一次性为 WScript.Echo 指定多个要显示的信息。在 VBScript 中，WScript.Echo 中的 Wscript 表示的是一个对象，而 Echo 是该对象的一个方法，方法用来完成某种操作，就像上面的示例中用来显示指定的信息，可以将方法看做是对象具有的动作。

 有关对象及其方法的更多内容，请参考本章 35.5 节。

35.3 变量、常量与过程

从本节开始将会介绍使用 VBScript 编写 Windows 脚本所需要了解和掌握的 VBScript 语法规则以及编写代码的方法和技巧，这些内容不仅适用于 VBScript，其中的绝大部分内容还同时适用于 Visual Basic 和 VBA。这意味着如果掌握了 VBScript，那么以后在使用 Visual Basic 和 VBA 时几乎不需要额外学习新的语法规则就可以很快熟悉并掌握它们。本节主要介绍在 VBScript 中使用变量、常量以及过程的方法。

35.3.1 变量

变量是一段预留的用于存储数据的计算机内存。由于内存是一个临时存储区域，而变量又是存放在内存中的，因此变量也是临时的。变量主要用于存储在程序运行前无法确定或是在程序运行期间可能会发生改变的内容。最常见的一种情况是使用变量存储用户输入的内容，然后在代码中通过使用变量来引用用户输入的内容。

例如，下面代码中的 strUserName 是一个变量，用户在由 InputBox 函数创建的对话框中输入的内容被存储到这个变量中，然后在由 MsgBox 函数创建的对话框中显示 strUserName 变量中存储的内容，即用户输入的内容。

```
Dim strUserName
strUserName = InputBox("请输入你的名字:")
MsgBox strUserName
```

实际上可以将上面的 3 行代码改为下面的一行代码，它们的运行结果相同。

```
MsgBox InputBox("请输入你的名字:")
```

虽然上面两种形式的代码在 VBScript 中都是有效的，但是在实际应用中通常需要对用户输入的内容进行判断，然后根据判断结果来执行不同的操作。为了便于在代码中引用用户输入的内容，通常会使用变量来存储用户输入的内容，然后在代码中处理这个变量会更加简洁方便。

 有关 MsgBox 函数和 InputBox 函数的更多内容，请参考本章 35.3.8 节。

在前面的示例中，以 Dim 语句开头的代码行用于显式地声明一个变量，变量的名称是 strUserName，"显式"的含义是指使用明确的语句对一个变量进行声明。VBScript 也允许用户在代码中直接使用变量而不需要事先声明这个变量，这就是所谓的隐式声明。隐式声明虽然便于使用，但是一旦出现变量名的拼写错误，那么 VBScript 会认为是两个不同的变量。这种不易察觉的问题将会导致无法预料的运行结果，因此应该始终对变量进行显式声明。显式声明变量的基本语法如下：

```
声明语句 变量名
```

前面示例中的 Dim 是专门用于声明变量的声明语句，此外还可以使用 Private 和 Public 来声明变量，它们之间的主要区别在于所声明的变量的作用域不同。与 Visual Basic 和 VBA 不同，在 VBScript 中声明的所有变量都是 Variant 数据类型，而且只能将变量声明为 Variant 数据类型。

> **交叉参考**　有关变量的作用域的更多内容，请参考本章 35.3.6 节。有关变量的数据类型的更多内容，请参考本章 35.3.2 节。

与 CMD 中几乎可以在变量名中使用任意字符不同，VBScript 对变量的命名有一些限制，具体如下。

- 变量名的第一个字符必须是英文字母。
- 变量名中除了可以包含字母外，还可以包含数字和下划线，但是不能包含中文以及其他符号。
- 变量名的最大长度不能超过 255 个字符。

可以在一条 Dim 语句中声明多个变量，各个变量之间使用逗号进行分隔。下面的代码声明了 3 个变量：

```
Dim strUserName, intCount, strFileName
```

虽然可以时刻记住要在使用一个变量之前显式地声明它，但是仍然无法避免由于变量名拼写错误而导致 VBScript 自动创建新的变量。为此用户可以在脚本代码的顶部添加下面的语句来强制要求脚本中的所有变量在使用前必须进行显式声明，这样 VBScript 会自动检查脚本中是否存在未显式声明的变量，一旦发现将会显示错误提示信息。

```
Option Explicit
```

下面的代码声明了一个名为 intCount 的变量，然后将数字 168 存储到这个变量中，接着在对话框中显示该变量的值。由于在代码顶部使用了 Option Explicit 语句要求强制声明脚本中的所有变量，因此 VBScript 能够检测到第 4 行代码中的变量名拼写错误，显示如图 35-8 所示的错误提示信息，这样就可以避免由于变量名拼写错误而引发的不易发现的错误。

图35-8　发现未声明的变量时显示的错误提示信息

```
Option Explicit
Dim intCount
```

```
intCount = 168
MsgBox intCoumt
```

上面代码中将 168 存储到 intCount 变量中的过程称为给变量赋值。声明变量后通常都需要将指定的内容赋值给变量，否则变量没有任何意义。可以将任何内容赋值给变量，比如数字、文本、日期、逻辑值甚至是对象。下面的代码将"hello"赋值给名为 strGreeting 的变量，由于 hello 是文本，因此必须使用一对双引号将其包围起来。

```
strGreeting = "hello"
```

> **提示**　将对象赋值给变量的方法较为特殊，将在本章 35.5.2 节进行详细介绍。

35.3.2　数据类型与类型转换

在 Visual Basic 和 VBA 中可以在声明变量时从多种数据类型中为变量选择其中的一种，但是在 VBScript 中只能将变量声明为 Variant 数据类型。Variant 数据类型的变量可以存储任何类别的内容，比如数字、文本、日期以及对象等，VBScript 总是能够正确处理变量中包含的内容。例如，如果将一个数字赋值给变量，那么 VBScript 就会在之后的代码中将这个变量作为数字来处理；如果将一个字符串（文本）赋值给变量，那么 VBScript 就会在之后的代码中将这个变量作为字符串来处理。

VBScript 能够正确处理变量中的数据是基于 Variant 子类型这一概念。在将指定的内容赋值给变量后，VBScript 会根据内容的具体类型自动为变量指定合适的 Variant 子类型，以便在之后的代码中可以正确处理变量中存储的数据。表 35-1 列出了 VBScript 中的 Variant 数据类型的子类型，它们对应于 Visual Basic 和 VBA 中可以直接用于声明变量的大部分数据类型，比如 String、Integer、Long、Single、Double、Date 等。

表 35-1　VBScript 中的 Variant 数据类型的子类型

Variant 子类型	变量命名前缀	取值范围
Byte	byt	0～255
Boolean	bln	True 或 False，使用 0 表示 False，所有非 0 值（默认为 -1）表示 True
String	str	0～20 亿个字符
Integer	int	-32768～32767

续表

Variant 子类型	变量命名前缀	取值范围
Long	lng	−2147483648 ～ 2147483647
Single	sng	负数：−3.402823E38 ～ −1.401298E-45 正数：1.401298E-45 ～ 3.402823E38
Double	dbl	负数：−1.79769313486232E308 ～ −4.49065645841247E-324 正数：4.49065645841247E-324 ～ 1.79769313486232E308
Date	dat	100 年 1 月 1 日～ 9999 年 12 月 31 日
Currency	cur	−922337203685477.5808 ～ 922337203685477.5807
Object	obj	任何对象的引用
Empty		变量未初始化。只有在为变量赋值前，变量才是 Empty 子类型
Null		不包含任何有效数据
Error		包含错误号

表 35-1 中的第 2 列显示了用于标识 Variant 变量子类型的命名前缀，通过在声明变量时为变量名称添加这些前缀，可以清晰地表示准备在变量中存储的具体的 Variant 子类型。例如，下面的代码声明了两个变量，通过 strUserName 变量的 str 前缀可以知道这个变量用于存储字符串，通过 intCount 变量的 int 前缀可以知道这个变量用于存储数字。这种为变量命名的方式称为匈牙利变量命名法。

```
Dim strUserName, intCount
```

1. 检查变量的Variant子类型

虽然只能将变量声明为 Variant 数据类型，但是只要将某个数据赋值给变量，VBScript 就会根据数据的类型自动判断变量所应使用的 Variant 子类型。在为变量赋值后，可以通过 VBScript 提供的 VarType 和 TypeName 函数来检查变量当前属于哪种 Variant 子类型。VarType 函数返回以数字或 VBScript 内置常量形式表示的变量的子类型，TypeName 函数返回以字符串形式表示的变量的子类型。表 35-2 列出了 VarType 和 TypeName 函数的返回值。

表 35-2　VarType 和 TypeName 函数的返回值

Variant 子类型	VarType 返回的数字值	VarType 返回的内置常量	TypeName 返回的字符串
Empty	0	vbEmpty	Empty
Null	1	vbNull	Null
Integer	2	vbInteger	Integer
Long	3	vbLong	Long
Single	4	vbSingle	Single
Double	5	vbDouble	Double
Currency	6	vbCurrency	Currency
Date	7	vbDate	Date
String	8	vbString	String
Object	9	vbObject	Object
Error	10	vbError	Error
Boolean	11	vbBoolean	Boolean
Byte	17	vbByte	Byte

下面的代码将数字 168 赋值给一个变量，然后分别使用 VarType 函数和 TypeName 函数检查变量的 Variant 子类型，运行结果如图 35-9 所示。第一个对话框中的数字 2 是 VarType 函数的返回值，它表示变量是一个 Integer 子类型，VBScript 的内置常量 vbInteger 等同于数字 2，它们的作用相同，但是使用 vbInteger 可使含义更清晰。第二个对话框中的 Integer 是 TypeName 函数的返回值，它是一个字符串，很明显比 VarType 函数的返回值更具可读性。

```
Dim intCount
intCount = 168
MsgBox VarType(intCount)
MsgBox TypeName(intCount)
```

图35-9　检查变量的Variant子类型

2. 转换数据类型

同一个内容有时会以不同的形式存储在变量中，从而可以被 VBScript 识别为不同的 Variant 子类型。例如，在上一个示例中，直接将数字 168 存储在变量中，那么这个变量就是 Integer 子类型。但是如果使用一对双引号将数字 168 包围起来，然后将其赋值给一个变量，那么这个变量就是 String 子类型，下面的代码就是这种情况，其中的 TypeName 函数会返回 String。这种在声明变量后通过为变量赋值来改变变量子类型的方式称为隐式类型转换。

```
Dim intCount
intCount = "168"
MsgBox TypeName(intCount)
```

默认情况下，VBScript 会根据存储在变量中的数据的类型自动为变量选择合适的 Variant 子类型。例如，如果存储在变量中的数字位于 Integer 子类型的范围内，那么 VBScript 会自动将变量指定为 Integer 子类型；如果存储在变量中的数字超过了 Integer 子类型的范围但是位于 Long 子类型的范围内，那么 VBScript 会自动将变量指定为 Long 子类型。有时由于程序的特殊要求，需要强制将变量转换为一种指定的 Variant 子类型而不是由 VBScript 自动指定。VBScript 提供了一些以字母 C 开头的类型转换函数，使用这些函数可以将变量强制转换为特定的 Variant 子类型。

例如，下面的代码将 intCount 变量转换为 Integer 子类型，其中包含两个 TypeName 函数，用于检查转换前和转换后 intCount 变量的 Variant 子类型。第一个 TypeName 函数返回 String，这是因为转换前 intCount 变量中存储的是带有双引号的数字，VBScript 会将任何由双引号包围的内容看做是字符串，所以此时的数字是以字符串的形式赋值给 intCount 变量。第二个 TypeName 函数返回 Integer，这是因为使用 Cint 函数将 intCount 变量强制转换为 Integer 子类型。

```
Dim intCount
intCount = "168"
MsgBox TypeName(intCount)
intCount = CInt(intCount)
MsgBox TypeName(intCount)
```

虽然可以使用类型转换函数强制转换变量的 Variant 子类型，但是对于内容本身不支持的 Variant 子类型，在进行强制转换时程序将会发生错误。例如，下面的代码使用 CLng 函数将"hello"强制转换为 Long 子类型，但是由于"hello"本身并不是一个真正的数字，因此转换失败，运行这段代码会出现类型不匹配的错误，如图 35-10 所示。

```
Dim intCount
intCount = "hello"
intCount = CLng(intCount)
```

图35-10　强制转换内容自身不支持的子类型时将会出错

为了避免在使用类型转换函数时出现类型不匹配的错误，应该在转换前使用 VBScript 中以 Is 开头的函数来判断变量中存储的内容是否适合转换为目标子类型。与 VarType 和 TypeName 函数不同，Is 类函数关注的是变量中存储的实际内容，而不是变量当前的子类型。正因为如此，使用 Is 类函数可以正确判断变量中的内容是否符合转换为目标子类型的要求，从而避免出现类型不匹配错误。

例如，如果希望将变量转换为 Integer、Long、Single、Double、Currency、Byte 等数值类的子类型，那么可以在转换前使用 IsNumeric 函数检查变量中的内容是否是真正的数字，如果是，就进行转换，否则不进行转换。下面的代码说明了这点，如果 IsNumeric 函数返回 False，即要转换的变量中的内容不是数字时，将会在一个对话框中显示"待转换的内容不是数字"的提示信息，并且不会执行转换操作。

```
Dim intCount
intCount = "hello"
If IsNumeric(intCount) Then
    intCount = CLng(intCount)
Else
    MsgBox "待转换的内容不是数字"
End If
```

 交叉参考　在上面的示例中用到了 If Then 分支结构，有关 If Then 分支结构的更多内容，请参考本章 35.4.1 节。

35.3.3　常量

与变量相对的是常量，常量主要用于存储在程序运行期间不会发生改变的内容。常量分为文字常量和命名常量两种类型，文字常量是直接在代码中输入的数字、文本等内容。下面代码中用于在对话框中显示的文本就是文字常量。

```
MsgBox "欢迎登录"
```

如果在代码中的多个位置上都需要使用相同的数字或文本，那么可以创建命名常量并将要使用的数字或文本赋值给命名常量。以后需要修改位于多个位置上的同一个数字或文本时，只需在常量的声明部分修改一次常量的值，修改结果即可同时作用于代码中出现该常量的所有位置，而无需在代码中逐一查找并修改。这样既可以提高输入和修改的效率，也可以避免在修改时由于遗漏而产生的错误，使用命名常量代替实际的内容还可以增加代码的可读性。

声明命名常量需要使用 Const 语句，声明的同时需要使用等号将要在代码中使用的固定内容赋值给命名常量。常量的命名规则与变量类似，为了与代码中的变量相区别，可以使用全大写形式的名称来作为常量名。下面的代码声明了一个名为 PI 的命名常量，该命名常量代表圆周率，声明的同时将圆周率的数值赋值给命名常量。

```
Const PI = 3.14159265
```

声明命名常量后，可以在代码中使用命名常量代替实际值。下面的代码可以根据用户输入的半径值计算圆面积，其中用到了前面介绍的数据类型检查技术，通过使用 IsNumeric 函数检查用户输入的内容是否是一个真正的数字，如果是才会计算圆面积。

```
Dim strRadius
Const PI = 3.14159265
strRadius = InputBox("请输入半径:")
If IsNumeric(strRadius) Then
    MsgBox "圆面积是:" & strRadius ^ 2
* PI
Else
    MsgBox "输入的不是数字"
End If
```

当需要修改 PI 的值时，只需在 Const 语句中进行修改即可，修改结果会自动作用于代码中的每一个 PI 上。

除了可以创建命名常量外，用户还可以在代码中直接使用 VBScript 预定义的内置常量，这些内置常量以 vb 开头，以便与用户创建的命名常量相区分。下面的代码使用了 vbYesNo 内置常量，用于指定由 MsgBox 函数创建的对话框中包含的按钮类型。vbYesNo 内置常量对应

的值是 4，在代码中使用 vbYesNo 比使用数字 4 更易于理解。

```
MsgBox "执行操作吗? ", vbYesNo
```

35.3.4 表达式和运算符

表达式是变量、常量、函数、运算符等不同类型内容的组合，可用于执行计算、处理文本或测试数据。下面给出了两个表达式的示例，一个用于进行数学计算并将结果赋值给一个变量，另一个用于执行计算并连接文本，然后将结果指定为 MsgBox 函数的参数以在对话框中显示，这也正是上一节示例中的一行代码。

```
intCount = intCount + 1
MsgBox "圆面积是:" & strRadius ^ 2 * PI
```

表达式的结果可以有多种类型，可以是一个数学计算结果，也可以是将多个文本或不同类型的内容连接在一起的一个字符串，还可以是可用于 If Then 分支结构中进行条件判断的一个逻辑值（True 或 False）。无论哪种类型的表达式，运算符都是表达式中最重要的组成部分，它们用于连接表达式中的各个部分，并决定了表达式所要执行的操作。VBScript 包括以下 4 类运算符。

◆ 连接运算符：用于连接两个或多个内容，以组成一个包含复杂内容的字符串。

◆ 算术运算符：用于进行常规的数学运算，比如加法、减法、乘法和除法等。

◆ 比较运算符：用于对两部分内容进行比较，其结果为一个逻辑值，主要用于 If Then 分支结构中的条件部分。

◆ 逻辑运算符：用于组合由比较运算符构建的多个表达式，以便可以同时处理多个条件，其结果也是一个逻辑值。

当一个表达式包含多个运算符时将会涉及运算顺序的问题，运算顺序由运算符的优先级决定。当表达式包含多种不同类型的运算符时，首先计算算术运算符，然后计算比较运算符，最后计算逻辑运算符。表 35-3 列出了算术运算符、比较运算符和逻辑运算符，其中的算术运算符和逻辑运算符是按照优先级从高到低的顺序进行排列的，而所有的比较运算符具有相同的优先级。当表达式包含多个相同级别的运算符时，运算顺序按照从左到右进行。

表 35-3　算术运算符、比较运算符和逻辑运算符

算术运算符	说明	比较运算符	说明	逻辑运算符	说明
^	求幂	=	等于	Not	逻辑非
–	负号	<>	不等于	And	逻辑与
*	乘	<	小于	Or	逻辑或
/	除	>	大于	Xor	逻辑异或
\	整除	<=	小于或等于	Eqv	逻辑等价
Mod	求余	>=	大于或等于	Imp	逻辑蕴含
+	加	Is	比较对象		
–	减				

连接运算符的优先级位于所有算术运算符之后，而位于所有比较运算符之前。& 和 + 是 VBScript 提供的两种连接运算符，在实际应用中应该尽量使用 &，因为 + 在用于连接字符串时有可能会执行加法操作而不是连接操作，具体执行哪种操作以待连接的两部分内容而定。

例如，下面代码的运行结果是 1001 而不是 101，这是因为要连接的两部分内容都是 String 子类型，即使两部分内容本身都是数字，但是由于它们都使用了双引号，因此 VBScript 会将它们都看做是字符串。

```
varNumber = "100"
MsgBox varNumber + "1"
```

下面代码的运行结果为 101，这是因为虽然数字 1 使用双引号包围起来被 VBScript 看做是 String 子类型，但是由于 varNumber 变量中的 100 是 Integer 子类型，所以只要两部分内容本身都是数字且有一个不是 String 子类型，那么 + 就会执行加法操作而不是连接操作。

```
varNumber = 100
MsgBox varNumber + "1"
```

如果待连接的两部分内容中的其中之一是文本而不是数字，那么在使用 + 进行连接时也需要格外小心。如果其中一部分内容是文本，而另一部分是加了双引号的数字，那么 + 将会正常连接它们，与使用 & 运算符的效果相同。但是如果一部分内容是文本，而另一部分内容是没有加双引号的数字，那么在使用 + 连接这两部分内容时，程序将会出现类型不匹配的错误，正如下面的代码所示。

```
varNumber = 100
MsgBox varNumber + "hello"
```

虽然运算符有自己默认的优先级，但是可以使用圆括号打破由运算符优先级决定的运算顺序，从而可以强制优先计算表达式的某些部分。运算时总会先执行圆括号中的运算符，然后才会执行圆括号外的运算符。圆括号中的运算符仍然会按照运算符优先级的顺序来执行。下面的代码使用圆括号改变了默认的运算顺序，此时会先计算圆括号中的加法，然后才会计算圆括号外乘法，因此计算结果为 240，如果不使用圆括号计算，结果则为 168。

```
intSum = 10 * (16 + 8)
```

35.3.5　创建 Sub 过程和 Function 过程

过程是 Visual Basic 和 VBA 中组织代码的基本单位，但是在 VBScript 中过程并不是必需的。下面的代码在 VBScript 中可以正常运行，但是在 Visual Basic 和 VBA 中则无法运行。

```
Option Explicit
Dim intSum
intSum = 100 + 1
MsgBox intSum
```

很多用于完成简单功能的脚本通常只包含少量代码，只需要根据操作的顺序逐行编写代码，然后按照代码排列的先后顺序从第一行代码运行到最后一行代码。在代码中可能还会包含一些分支结构或循环结构，以便可以根据特定的条件选择要运行的代码或重复运行某些代码。对于完成复杂功能的脚本而言，其中可能会包含大量的代码。无论对于代码的编写、测试还是以后的维护和修改，都将需要耗费更大的工作量，而且代码中的错误可能很难被发现，或者需要耗时很久才能找到并修复错误。

模块化是用于管理复杂代码的一种有效的方法，而过程则是在 VBScript 中实现模块化的工具。用户可以将脚本要实现的复杂功能拆分为多个子功能，每个子功能只完成一个简单的任务。实现子功能的代码被组织到过程中，各个过程所要完成的任务是相对独立的，这样既便于代码的编写，而且也有利于调试代码以及日后的维护和修改工作。此外，由于过程用于完成一个简单且独立的任务，其中的代码与过程外的代码之间的联系并

不紧密，因此在其他脚本中也可以重用以前编写好的过程，这为快速编写不同的脚本提供了方便。

可以在 VBScript 中创建两种过程：一种是 Sub 过程；另一种是 Function 过程。它们之间的主要区别在于是否有返回值。Sub 过程没有返回值，而 Function 过程有返回值，它类似于 VBScript 中的内置函数。下面将介绍在脚本中创建和使用 Sub 过程和 Function 过程的方法。

1. 创建Sub过程

一个 Sub 过程由 Sub 开始，并以 End Sub 结束，用于实现特定功能的代码输入 Sub 和 End Sub 之间。Sub 和 End Sub 指定了一个 Sub 过程的边界，缺少任意一个将被 VBScript 视为语法错误。每个 Sub 过程都有一个名称，名称位于 Sub 的右侧，Sub 过程的命名规则与变量的命名规则相同。通过名称可以区分脚本中的不同过程，而且在调用过程时也需要指明过程的名称。下面的代码是一个 Sub 过程的示例，它用于在一个对话框中显示一条用户登录的问候信息，用户名被硬编码到代码中。

```
Sub Greeting
    MsgBox "你好, sx, 欢迎登录"
End Sub
```

为了使这个 Sub 过程可以工作，需要在 Sub 过程外的位置调用这个过程。可以通过 Sub 过程名调用过程，也可以使用 Call 语句来调用过程。因此对于上面这个 Sub 过程而言，下面两行代码都是有效的。

```
Greeting
Call Greeting
```

完整的代码如下，调用 Sub 过程的代码需要位于过程外的位置，但是调用语句和 Sub 过程的代码必须位于同一个脚本文件中。

```
Option Explicit
Greeting
Sub Greeting
    MsgBox "你好 sx，欢迎登录"
End Sub
```

虽然过程的目的是为了完成简单且独立的任务，但是为了让过程可以灵活地处理用户数据，因此向过程传递数据通常是必需的。如果希望向 Sub 过程传递数据并由 Sub 过程处理这些数据，那么需要创建包含参数的 Sub 过程。

Sub 过程可以包含一个或多个参数，各个参数之间使用逗号进行分隔。在创建 Sub 过程时，参数输入 Sub 过程名称右侧的一对圆括号中。与声明变量类似，为 Sub 过程创建的所有参数也都是 Variant 数据类型。参数在 Sub 过程内部相当于不需要显式声明就可以直接使用的变量。在调用 Sub 过程时，用户数据通过 Sub 过程的参数传递到 Sub 过程内部并被其中的代码进行处理，这样就实现了 Sub 过程处理用户数据的目的。

下面的代码对上一个示例进行了修改，创建了包含一个参数的 Sub 过程，过程内部的代码直接处理这个参数，就像处理普通变量一样。然后在过程外的位置调用了这个 Sub 过程，调用时为该过程提供了一个表示用户名的参数，过程将会显示与所指定的用户名相关的问候信息，而不是之前硬编码到 Sub 过程内部的同一个用户名。

```
Option Explicit
Greeting "songxiang"
Sub Greeting(strUserName)
    MsgBox "你好" & strUserName & ",
欢迎登录"
End Sub
```

也可以使用 Call 语句调用包含参数的 Sub 过程，但是在调用时需要将参数放在一对圆括号中。无论是否使用 Call 语句，当为 Sub 过程指定多个参数时，在调用 Sub 过程时也需要使用逗号分隔各个参数。

```
Call Greeting("songxiang")
```

2. 创建Function过程

Function 过程与 Sub 过程最大的区别在于它有返回值，这也正是 Function 过程更有实用价值的原因之一，因为脚本中的代码可以对 Function 过程返回的数据进行进一步处理。Sub 过程的创建规则几乎适用于 Function 过程，只是需要将 Sub 和 End Sub 改为 Function 和 End Function。下面的代码创建了一个 Function 过程，用于在一个对话框中接收用户输入的内容，并将接收到的内容作为该过程的返回值。在 Function 过程内部的代码中，通过为 Function 过程的名称赋值来存储代码的运行结果，也就是 Function 过程的返回值。

```
Function GetUserName
    GetUserName = InputBox("请输入用户名:")
End Function
```

下面的代码将前面示例中的 Sub 过程和 Function 过程整合到一起，用于协同完成一个复杂的任务，即在一个对话框中接收用户输入的用户名，然后在另一个对话框中显示对这个用户名的问候信息。在调用 Sub 过程时所使用的参数是由 Function 过程的返回值来提供的。由于每个部分都位于相对独立的 Sub 过程或 Function 过程中，因此可以随时修改各部分代码以实现不同的功能或显示效果，而不会影响其他部分中的代码。完成各个过程的代码后，剩下的工作只是在脚本中调用这些过程，以实现所需的功能，而不必知道各个过程内部的代码实现细节，只要了解过程的输入和输出是什么就可以了。

```
Option Explicit
Greeting GetUserName
Sub Greeting(strUserName)
    MsgBox "你好" & strUserName & ",
欢迎登录"
End Sub
Function GetUserName
    GetUserName = InputBox("请输入用户名：")
End Function
```

在 Function 过程中也可以包含参数，创建参数的方法与在 Sub 过程中创建参数的方法相同。下面的代码创建了一个用于计算两个数字之和的 Function 过程，该过程包含两个参数。在调用该过程时，只需提供两个数字，该过程就会计算出它们的总和。

```
Option Explicit
MsgBox GetSum(100, 1)
Function GetSum(intFirst, intSecond)
    GetSum = intFirst + intSecond
End Function
```

如果希望接收 Function 过程的返回值，那么在调用 Function 过程时就不能使用 Call 语句，而且必须将 Function 过程的参数放在一对圆括号中，就像使用 VBScript 内置函数一样。如果不想接收 Function 过程的返回值，那么调用 Function 过程的方法与调用 Sub 过程相同。

3. 参数的传值和传址

在 Sub 过程和 Function 过程中传递的参数默认是传址的，也可以改为传值。参数的传值或传址是在创建过程时通过 ByVal 或 ByRef 指定的，ByVal 表示参数是传值的，ByRef 或不显式指定则表示参数是传址的。传值是指传递到过程内部的是变量的副本，过程中的代码对变量的修改仅限于过程内部。传址是指传递到过程内部的是变量本身，过程中的代码对变量的修改不止局限于过程内，而且也会影响过程外的代码，相当于过程内、外共享这个变量。

下面的代码说明了参数的传值和传址之间的

区别。在 GetSum 过程中使用 ByVal 将 intFirst 指定为传值的，使用 ByRef 将 intSecond 指定为传址的，因此在将脚本级作用域变量 intFir 和 intSec 传递给 GetSum 过程时，intFir 是传值的，intSec 是传址的。GetSum 过程内部对传递进来的两个变量都加了 1，由于第一个变量是传值的，因此加 1 后的结果不会改变原变量（intFir）的值，而第二个变量由于是传址的，因此加 1 后的结果会改变原变量（intSec）的值。最终在过程外使用 MsgBox 函数显示的对话框中第一个变量的值仍为 1，而第二个变量的值则为 2。

```
Option Explicit
Dim intFir, intSec
intFir = 1
intSec = 1
GetSum intFir, intSec
MsgBox "intFir=" & intFir & vbNewLine
& "intSec=" & intSec
Sub GetSum(ByVal intFirst, ByRef
intSecond)
    intFirst = intFirst+1
    intSecond = intSecond+1
End Sub
```

35.3.6 变量的作用域与生存期

变量的作用域是指变量可被访问的范围，在这个范围之外将无法访问这个变量。生存期是指在脚本运行时变量在内存中存在并且能被使用的时间，它由变量的作用域决定。

1. 脚本级作用域

如果希望变量可被脚本中的所有代码使用，包括在脚本中创建的 Sub 过程和 Function 过程，那么需要在脚本的主体部分声明这个变量，也就是在所有过程之外的位置声明变量，这样该变量将具有脚本级作用域。可以使用 Dim、Private 和 Public 声明脚本级作用域的变量，在本章前面的示例中都是使用 Dim 语句来进行声明的。

下面的代码是一个在 Sub 过程中处理脚本级作用域变量的示例。由于脚本级作用域的变量可被脚本中的所有过程使用，因此在将 intSum 变量传递给 Sub 过程时会包含之前为该变量所赋的值。在 Sub 过程内部对该变量自身加 1 后，intSum 变量的值就会变为 2，因此最终在使用 MsgBox 函数创建的对话框中将会显示 2。

```
Option Explicit
Dim intSum
intSum = 1
```

```
GetSum
Sub GetSum
    intSum = intSum+1
    MsgBox intSum
End Sub
```

> **提示**
> 实际上Private和Public只有在类中声明变量时才变得更有意义。由于篇幅所限，本章不会涉及在脚本中创建类的内容。

2. 过程级作用域

在 Sub 过程或 Function 过程中声明的变量具有过程级作用域，这些变量只能在其所声明的 Sub 过程或 Function 过程内部使用，而位于过程之外的代码无法访问这些变量。这也意味着在不同的过程中可以声明具有相同名称的变量，同名变量彼此之间互不影响。只能使用 Dim 语句声明过程级作用域的变量。

如果声明了一个脚本级作用域的变量，然后又在 Sub 过程或 Function 过程中声明了一个同名的过程级作用域的变量，那么 Sub 过程或 Function 过程只会使用在其过程内部声明的这个变量，而不会使用脚本级作用域的同名变量。下面的代码声明了两个同名变量，它们分别具有脚本级作用域和过程级作用域，然后将不同的内容赋值给这两个变量。通过在对话框中显示的内容可以看出，虽然两个变量的名称相同，但是 Sub 过程内部使用的变量是在其内部声明的变量，而不是脚本级作用域的同名变量。

```
Option Explicit
Dim strUserName
strUserName = "songxiang"
MsgBox strUserName
Greeting
Sub Greeting
    Dim strUserName
    strUserName = "sx"
    MsgBox strUserName
End Sub
```

35.3.7 使用数组

本章前面介绍的变量只能存储一个数据，如果希望在一个变量中存储多个数据，那么可以使用数组。数组是一种特殊类型的变量，可以使用相同的变量名引用一系列变量，通过索引号来识别这些变量。数组中包含的这一系列变量可以称为数组元素，通过索引号来引用数组中的每一个元素。

在 VBScript 中声明数组的方法与声明普通变量类似，只是需要在数组名称的右侧添加一对圆括号，然后在其中输入表示数组上界的数字。上界是指数组具有的最大索引号，即最后一个数组元素的编号。下面的代码声明了一个名为 aintNumbers 的数组，其上界为 2。

```
Dim aintNumbers(2)
```

> **提示**
> 在上面的代码中，在表示Integer子类型的int前缀的左侧有一个小写字母a，它与int前缀的作用类似，用于表示变量是一个数组（Array）。在VBScript中声明的数组也都是Variant数据类型。

数组包含的元素个数取决于数组的下界。VBScript 中的数组下界总是 0，因此上面代码中声明的 aintNumbers 数组一共包含 3 个元素，各个元素的索引号依次为 0、1、2。通过数组名称和索引号可以引用数组中的每一个元素，因此可以使用下面的方式引用 aintNumbers 数组中的 3 个元素：

```
aintNumbers(0)
aintNumbers(1)
aintNumbers(2)
```

> **注意** 在Visual Basic和VBA中可以使用Option Base 1语句将数组的下界从0改为1，但是VBScript不支持该语句，因此VBScript中的数组下界始终为0。VBScript也不支持在声明数组时使用To关键字来显式指定数组的下界和上界，而只能指定数组的上界。关键字是VBScript脚本语言组成部分的单词或符号，语句、函数名或运算符等都是VBScript中的关键字。

可以像对普通变量赋值那样来为数组元素赋值。下面的代码将数字 0 赋值给 aintNumbers 数组中的第一个元素：

```
aintNumbers(0) = 0
```

由于数组通常包含很多个元素，如果使用上面的方式逐一对数组元素进行赋值则效率很低，因此可以利用 For Next 循环结构自动为数组中的元素赋值。下面的代码为前面创建的包含 3 个元素的 aintNumbers 数组自动赋值，其中使用了 VBScript 的内置函数 Lbound 和 Ubound 来自动判断数组的下界和上界，以便作为 For Next 循环计数器的初始值和终止值。

```
Option Explicit
Dim aintNumbers(2), intIndex
For intIndex = LBound(aintNumbers) To
UBound(aintNumbers)
    aintNumbers(intIndex) = intIndex
Next
```

交叉参考 有关 For Next 循环结构的更多内容，请参考本章 35.4.3 节。

除了使用 For Next 循环结构为数组中的元素赋值外，还可以使用 VBScript 的内置函数 Array 来创建一个数据列表并将其赋值给一个变量，以便创建一个包含列表中所有数据的一个数组并自动完成赋值操作。下面的代码使用 Array 函数将任意的 3 个数字赋值给 aintNumbers 变量，然后在对话框中显示数组第 2 个元素的值，此处为 100。

```
Option Explicit
Dim aintNumbers
aintNumbers = Array(1, 100, 1000)
MsgBox aintNumbers(1)
```

前面介绍的数组在声明时就指定了数组中包含的元素个数，这种数组是静态数组，在程序运行期间不能改变数组的大小。但是在实际应用中，可能在程序运行前无法确定数组中包含的元素个数，此时需要使用动态数组技术。声明动态数组时，只需给出数组的名称和一对圆括号，而省略数组的上界，然后在程序运行过程中根据实际情况使用 Redim 语句指定数组的上界。下面的代码首先声明了一个不包含上界的动态数组，在程序运行后将用户输入的数字作为数组的上界对数组进行重新定义。为了避免出现运行时错误，使用 IsNumeric 函数检查用户输入的内容确实是一个数字而不是文本。

```
Option Explicit
Dim aintCount(), strCount
strCount = InputBox("请输入表示数组上界
的数字")
If IsNumeric(strCount) Then
    Redim aintCount(strCount)
    MsgBox UBound(aintCount)
End If
```

提示 如果在程序中需要多次使用 Redim 语句定义数组的大小，那么在下一次使用 Redim 语句时将会清除数组中当前已经包含的数据。如果需要在重新分配数组大小时保留数组中的数据，那么可以在 Redim 语句中使用 Preserve，即 Redim Preserve 的形式。

前面介绍的数组都是一维数组，可以将一维数组想象成一行。在 VBScript 中还可以创建二维或更多维数组，最多可以创建 60 维，但是通常只会用到一维或二维数组。可以将二维数组看做是由行和列组成的表，表中的每一个单元格由行和列的编号组成，表中包含的单元格数量就是数组包含的元素个数。

声明二维数组的方法与声明一维数组类似，只需在数组名右侧的圆括号内输入表示数组不同维数上界的多个数字即可，各个数字之间使用逗号进行分隔。圆括号内的第一个数字表示数组第一维的上界，第二个数字表示数组第二维的上界，以此类推。下面的代码声明了一个二维数组，数组的第一维上界是 1，第二维上界是 2，因此该数组一共包含 2×3=6 个元素。

```
Dim aintCount(1, 2)
```

当引用二维数组中的元素时，需要使用两个索引号来定位一个元素，就像使用 x、y 坐标来定位一个点一样。二维数组中的第一维表示的是行，第二维表示的是列，因此下面的代码将数字 168 赋值给数组中位于第 1 行第 2 列上的元素：

```
aintCount(0, 1) = 168
```

可以使用 VBScript 的内置函数 Lbound 和 Ubound 来确定二维数组中每一维的上界和下界，但是需要在使用 Lbound 和 Ubound 函数时指定要获取的是数组的哪一维的上界和下界，通过设置 Lbound 和 Ubound 函数的第二个参数来指定数组的维数。下面的代码显示了 aintCount 数组第一维和第二维的上界，运行结果如图 35-11 所示。

图35-11 检查二维数组每一维的上界

```
Option Explicit
Dim aintCount(1, 2), strMessage
strMessage = "第一维上界是:" & UBound(
aintCount,1) & vbNewLine
strMessage = strMessage & "第二维上界是:
" & UBound(aintCount,2)
MsgBox strMessage
```

提示 vbNewLine是VBScript中的一个内置常量，用于为文本换行，适用于任何平台。

前面介绍的动态数组技术也同样适用于二

维或多维数组，但是如果在 Redim 语句中使用 Preserve，那么只能改变数组最后一维的大小，而且不能改变数组的维数。

35.3.8 使用 VBScript 内置函数

VBScript 提供了大量的内置函数，可以按照特定的方式对数字、文本和日期等不同类型的内容进行处理，以完成不同的任务。例如，Date 函数可以返回当前的系统日期，Left 函数可以从字符串左侧开始提取指定数量的字符，Len 函数可以计算字符串的长度。有了内置函数，当需要让代码实现与内置函数相同的功能时，就不需要重新编写这些代码，而可以直接使用内置函数来完成工作。

内置函数的使用方法与本书前面介绍的 CMD 命令的用法有些类似，需要先输入函数的名称，然后输入为函数指定的参数，就像在输入 CMD 命令时需要为命令指定参数一样。与 CMD 命令最主要的区别在于在 VBScript 函数名称的右侧需要输入一对圆括号，函数的所有参数都要位于圆括号内，各参数之间需要使用逗号进行分隔。有些参数是可选参数，这意味着可以不指定这些参数的值。如果在可选参数之后还有参数并指定了这些参数的值，那么必须保留可选参数右侧的逗号分隔符，以便让 VBScript 知道这个位置是个可选参数并忽略了它的值。

与本章前面介绍的 Function 过程类似，内置函数通常都有返回值。返回值就是函数对数据进行计算和处理后的结果，可以将内置函数的返回值赋值给变量或用于表达式中。MsgBox 和 InputBox 是 VBScript 中最常使用的两个内置函数，它们用于在程序运行期间显示信息和接收用户输入的数据。本章前面的内容中已经多次出现过这两个函数，下面将详细介绍这两个内置函数的使用方法。

1. MsgBox函数

使用 MsgBox 函数可以在一个对话框中显示由用户指定的信息。MsgBox 函数主要用于在程序运行期间向用户显示程序的运行状态或结果，或者在测试代码时用于检查变量的值或其他内容是否符合预期目标。图 35-12 所示是使用 MsgBox 函数

图35-12　使用MsgBox 函数创建的对话框

创建的一个对话框示例，对话框默认只包含一个【确定】按钮。

MsgBox 函数的基本语法如下：

```
MsgBox(prompt, buttons, title)
```

◆ prompt：必选，要在对话框中显示的内容。

◆ buttons：可选，如果要在对话框中显示不同的按钮，那么需要设置该参数。该参数的取值如表 35-4 所示，可以是多个按钮的组合。

◆ title：可选，如果要在对话框的顶部显示标题，那么需要设置该参数。

表 35-4 列出了 MsgBox 函数的 buttons 参数值。

表 35-4　MsgBox 函数的 buttons 参数值

内置常量	常量对应的值	说明
vbOKOnly	0	只显示【确定】按钮
vbOKCancel	1	显示【确定】和【取消】按钮
VBScriptbortRetryIgnore	2	显示【终止】、【重试】和【忽略】按钮
vbYesNoCancel	3	显示【是】、【否】和【取消】按钮
vbYesNo	4	显示【是】和【否】按钮
vbRetryCancel	5	显示【重试】和【取消】按钮
vbCritical	16	显示【关键信息】图标
vbQuestion	32	显示【询问信息】图标
vbExclamation	48	显示【警告信息】图标
vbInformation	64	显示【通知信息】图标
vbDefaultButton1	0	指定第 1 个按钮为默认按钮
vbDefaultButton2	256	指定第 2 个按钮为默认按钮
vbDefaultButton3	512	指定第 3 个按钮为默认按钮
vbDefaultButton4	768	指定第 4 个按钮为默认按钮

MsgBox 函数既可以有返回值，也可以只显示一条信息而放弃返回值，本章前面示例中用到的 MsgBox 函数都是没有返回值的。如果将 MsgBox 函数的结果赋值给一个变量，那么该函数的返回值将表示用户在对话框中单击的按钮类型。表 35-5 列出了 MsgBox 函数的返回值，返回值的 Variant 子类型是 Integer。

表 35-5　MsgBox 函数的返回值

内置常量	常量对应的值	说明
vbOK	1	单击了【确定】按钮
vbCancel	2	单击了【取消】按钮
VBScriptbort	3	单击了【终止】按钮
vbRetry	4	单击了【重试】按钮
vblgnore	5	单击了【忽略】按钮
vbYes	6	单击了【是】按钮
vbNo	7	单击了【否】按钮

在下面的代码中使用 MsgBox 函数创建的对话框如图 35-13 所示，如果单击【是】按钮将会显示两个数字之和，如果单击【否】按钮则什么都不显示。

```
Option Explicit
Dim strMessage, intAnswer
strMessage = "是否进行计算？"
intAnswer = MsgBox(strMessage, vbQuestion + vbYesNo)
If intAnswer = vbYes Then MsgBox 100+1
```

 交叉参考 有关 If Then 分支结构的更多内容，请参考本章 35.4.1 节。

实际上用户也可以直接将 MsgBox 函数的返回值与内置常量进行比较，如下面的代码所示，这样可以在代码中省去一个用于存储 MsgBox 函数返回值的变量。

```
If MsgBox(strMessage, vbQuestion + vbYesNo) = vbYes
```

当需要在对话框中显示大量内容时，可以使用 vbCrLf 或 vbNewLine 内置常量强制为内容设置换行。下面的代码使用了这项技术，运行结果如图 35-14 所示。

```
Dim strMessage
strMessage = "你好" & vbNewLine
strMessage = strMessage & "你很好" & vbNewLine
```

```
strMessage = strMessage & "你非常好" & vbNewLine
strMessage = strMessage & "你真的很好" & vbNewLine
strMessage = strMessage & "你真的非常好"
MsgBox strMessage
```

图35-13　通过MsgBox函数的返回值控制程序的运行方式　　图35-14　将信息显示在多行中

2. InputBox函数

使用 InputBox 函数可以显示一个用于接收用户输入的对话框，用户输入的内容将作为该函数的返回值，返回值的 Variant 子类型是 String。即使在对话框中输入的是数字，InputBox 函数返回值的 Variant 子类型仍然是 String。InputBox 函数的基本语法如下。

```
InputBox(prompt, title, default)
```

◆ prompt：必选，要在对话框中显示的提示信息，以便让用户了解需要在对话框中输入什么内容。

◆ title：可选，如果要在对话框的顶部显示标题，那么需要设置该参数。

◆ default：可选，如果希望为用户提供一个默认值，那么需要设置该参数。如果提供了默认值，那么当用户未输入任何内容而直接单击对话框中的【确定】按钮后，InputBox 函数会使用默认值作为其返回值。

下面的代码要求用户在使用 InputBox 函数创建的对话框中输入用户名，如图 35-15 所示，然后在另一个对话框中显示问候信息。

```
Dim strUserName
strUserName = InputBox("请输入用户名:")
MsgBox "你好" & strUserName
```

图35-15　使用InputBox函数创建的对话框

如果用户在对话框中未输入任何内容而单击

了【确定】按钮，那么 InputBox 函数会返回一个零长度的字符串。为了避免在随后的代码使用 InputBox 函数返回这个毫无意义的零长度字符串，应该检查 InputBox 函数的返回值，为此可以 If 语句检查变量接收到的 InputBox 函数的返回值是否是空字符串，然后根据检查结果选择要执行的代码。

```
Dim strUserName
strUserName = InputBox("请输入用户名:")
If strUserName <> "" Then MsgBox "你好"
& strUserName
```

> **提示**
> 如果用户在对话框中单击了【取消】按钮，那么 InputBox 函数会返回一个 Empty 值，该值的 Variant 子类型也是 Empty。因此可以使用 IsEmpty 函数来测试 InputBox 函数的返回值类型，如果是 Empty 则说明用户单击了【取消】按钮。

```
Dim strUserName
strUserName = InputBox("请输入用户名:")
If IsEmpty(strUserName) Then
    MsgBox "单击了【取消】按钮"
ElseIf strUserName = "" Then
    MsgBox "未输入内容并单击了【确定】按钮"
End If
```

35.4　流程控制

可以在脚本中使用分支结构和循环结构来控制代码的运行方式。分支结构主要用于根据条件的判断结果来选择运行不同的代码，循环结构主要用于重复运行特定的代码，可以将这两种技术称为流程控制。通过对脚本进行流程控制，可以让脚本更智能、更高效。本节将介绍可以在 VBScript 中使用的两种分支结构 If Then 和 Select Case，以及两种循环结构 For Next 和 Do Loop。还有一种循环结构 While Wend，虽然它也可在 VBScript 中使用，但是由于不如 Do Loop 常用且存在某些不足之处，因此本节不会对 While Wend 循环结构进行介绍。本章 35.5.5 节还将介绍一种专门用于遍历集合中的对象的 For Each 循环结构。

35.4.1　If Then 分支结构

完成简单任务的脚本可以从第一行代码按顺序依次运行到最后一行代码。然而在很多情况下通常都需要对不同的条件进行判断，然后根据判断结果有选择地运行不同的代码，这样可以为脚本添加更多的智能和灵活性。在 VBScript 中可以使用 If Then 和 Select Case 两种分支结构，本节主要介绍 If Then 分支结构，Select Case 分支结构将在下一节介绍。

If Then 分支结构可以对单一条件进行判断，也可以对多个条件进行判断。条件的判断结果是一个 True 或 False 的逻辑值，然后针对逻辑值 True 或 False 来编写不同的代码。实际上只要是一个结果为数值的表达式都可以作为 If Then 结构中被测试的条件，因为 VBScript 会将 0 视为 False，而将所有非 0 值视为 True。

1．只在条件为True时执行语句

最简单的情况是在条件为 True 时执行一条语句，如果条件为 False 则什么也不执行。下面的代码判断 strInput 变量是否是数字，如果是，则在对话框中显示一条信息。这种 If Then 结构可以直接写在一行上，紧跟在 If 后面的语句是要判断的条件，如果条件成立（即表达式返回 True），则执行 Then 后面的语句；如果条件不成立（即表达式返回 False），则什么也不执行。

```
If IsNumeric(strInput) Then MsgBox "输
入的是数字"
```

如果在条件为 True 时需要执行多条语句，那么可以使用 If Then End If 结构。下面的代码对上面的示例进行了修改，当 strInput 变量是数字时将变量自身加 1，然后在对话框中显示变量的值。

```
If IsNumeric(strInput) Then
    strInput = strInput + 1
    MsgBox "求和后变量的值是:" & strInput
End If
```

> **注意**　使用这种 If Then 结构时，If 与 End If 必须配对出现，就像前面介绍过程时 Sub 必须与 End Sub 成对出现一样。

如果希望在条件为 False 时执行语句，那么可以在 If 后面的语句前添加 Not 逻辑运算符，表示对表达式的结果取反。由于 If 语句后面的条件需要为 True 时才执行 Then 后面的语句，为了让整个"Not 表达式"返回 True，那么就必须确保表达式返回 False，这样才能让 Not False 等于 True，从而实现了在条件为 False 时执行语句的目的。下面的代码在 strInput 变量不是一个数字

时显示一条信息。

```
If Not IsNumeric(strInput) Then
MsgBox "输入的不是数字"
```

2. 条件为True或False时执行不同的语句

如果希望在条件为 True 时执行某些语句，同时在条件为 False 时执行另一些语句，那么需要在 If Then 结构中加入 Else，只有在条件为 False 时才执行 Else 部分中的语句。下面的代码综合了前两个示例，既当 strInput 变量是数字时将变量自身加 1，然后在对话框中显示变量的值，如果该变量不是数字，那么将显示一条信息。

```
If IsNumeric(strInput) Then
    strInput = strInput + 1
    MsgBox "求和后变量的值是:" & strInput
Else
    MsgBox "输入的不是数字"
End If
```

3. 对多个条件进行判断

当需要对多个条件进行判断时，可以使用下面两种形式的 If Then 结构，它们具有同等效果，但是第一种形式看起来更清晰。无论使用哪种形式，Else 部分中的语句总是在所有条件都为 False 时才会执行。

第一种：
```
If 条件1 Then
    语句
ElseIf 条件2 Then
    语句
ElseIf 条件3 Then
    语句
Else
    语句
End If
```

第二种：
```
If 条件1 Then
    语句
Else
    If 条件2 Then
        语句
    Else
        语句
    End If
End If
```

下面的代码对用户输入的数字的大小进行判断，根据不同判断结果显示相应的信息，这里假设用户输入的是一个数字。

```
If strInput > 0 Then
    MsgBox "输入的数字大于0"
ElseIf strInput < 0 Then
    MsgBox "输入的数字小于0"
Else
    MsgBox "输入的数字等于0"
End If
```

35.4.2 Select Case 分支结构

Select Case 分支结构提供了一种简洁直观的形式，只在结构的开始处对表达式进行一次计算，然后将计算结果与 Select Case 结构中的每个 Case 语句中的值进行比较，如果匹配，则执行该 Case 语句中的代码。当多层嵌套的 If Then

ElseIf 结构中的多个判断条件都为同一个表达式时，应该使用 Select Case 结构替代 If Then ElseIf 结构。

下面的代码检查用户输入的数字是否为 1 或 2 或 3，如果是这 3 个数字其中之一，则执行不同的加法操作，如果是其他数字，则显示一条信息。Select Case 语句后面的内容就是要测试的条件，将测试结果依次与下面的每一个 Case 语句进行比较以查找匹配值。如果没有发现匹配值，那么将执行 Case Else 部分中的语句，这点类似于 If Then 结构中的 Else 功能。

```
Select case strInput
    Case 1
        strInput = strInput + 100
    Case 2
        strInput = strInput + 200
    Case 3
        strInput = strInput + 300
    Case Else
        MsgBox "输入的数字无效"
End Select
```

> 💬 **提示**
> 如果测试的表达式结果与多个Case语句中列出的值匹配，那么只有第一个匹配的Case语句中的代码会运行。

可以在一个 Case 语句中包含多个测试值，它们之间以逗号分隔。下面的代码表示当输入的数字是 1、2、3 中的任意一个时，都计算变量与 100 之和。

```
Select case strInput
    Case 1, 2, 3
        strInput = strInput + 100
    Case Else
        MsgBox "输入的数字无效"
End Select
```

> **注意** VBScript不支持在条件中使用Is关键字将表达式的结果与指定的值进行大于或小于之类的比较，而只能在每个Case语句中列出特定的值以进行比较。

35.4.3 For Next 循环结构

For Next 循环结构主要用于对指定的代码重复运行指定的次数。For Next 循环结构的基本语法如下：

```
For counter = start To end Step
    语句
Next
```

使用 For Next 循环结构时，需要将一个变量指定为计数器（counter），然后为该变量提供一个初始值（start）和一个终止值（end）。还可以为该变量指定步长(step)，步长是指计数器每次递增或递减的量，正数表示递增，负数表示递减，未指定步长，则默认为 1。在循环的开始计数器的值等于初始值，然后根据步长值的正负情况，决定每执行一次循环是在计数器中加上步长值还是减去步长值。在下一次循环时会将计数器与终止值进行比较，从而决定是否继续执行循环，比较的方式如下。

◆ 当步长为正数时，只要计数器的值小于或等于终止值，就会重复运行 For Next 结构中包含的代码。只有当计数器的值大于终止值时，才会退出 For Next 循环并运行它后面的代码。

◆ 当步长为负数时，只要计数器的值大于或等于终止值，就会重复运行 For Next 结构中包含的代码。只有当计数器的值小于终止值时，才会退出 For Next 循环并运行它后面的代码。

下面的代码将用户输入的数字存储在 intEnd 变量中，然后以数字 1 作为计数器的初始值，以用户输入的数字作为计数器的终止值，依次显示从 1 开始一直到用户输入的数字中的每一个数字。由于未指定步长值，因此计数器每次自动加 1，当计数器的值超过终止值时将退出 For Next 循环。例如，如果用户输入的数字是 3，那么这个示例中的 For Next 循环会重复执行 3 次，即显示 3 次 MsgBox 对话框。

```
For intCounter = 1 To intEnd
    MsgBox "计数器的当前值是:" & intCounter
Next
```

注意 当退出循环时，作为计数器的变量的值并不等于终止值，而是比终止值大一个步长值。比如步长值为 1，终止值为 3，那么退出循环时计数器的值将会是 4 而不是 3。

可以指定一个步长值而不总是使用其默认的 1。例如，下面的代码将步长值设置为 2，以便依次显示数字 1～10 之间的每一个奇数。

```
For intCounter = 1 To 10 Step 2
    MsgBox "计数器的当前值是:" & intCounter
Next
```

当步长值为负数时，终止值必须小于初始值。下面的代码将步长值设置为 -2，在对话框中显示了数字 1～10 中的所有偶数并进行了倒序排列，运行结果如图 35-16 所示。

```
Dim intCounter, strMessage
For intCounter = 10 To 1 Step -2
    strMessage = strMessage & vbNewLine & intcounter
Next
MsgBox "1～10 之间的偶数的倒序排列如下:" & strMessage
```

并非必须完成所有次数的循环才能退出 For Next 结构，而可以在满足特定条件时提前退出循环，为此需要在 For Next 结构中使用 If Then 进行条件判断，当条件成立时执行 Exit For 语句即可立刻退出 For Next 循环。下面的代码对上一个示例进行了修改，其中加入了判断计数器大小的 If 语句，当计数器的值等于 4 时将会退出 For Next 循环，并在对话框中显示 4～10 之间的偶数的倒序排列，即 10、8、6，但不包括 4。这是因为在将计数器的值添加到 strMessage 之前先对计数器的值进行了检查，一旦满足条件就退出 For Next 循环，而不会执行下一条用于连接字符串的语句。

图35-16 步长值为负数的示例

```
Dim intCounter, strMessage
For intCounter = 10 To 1 Step -2
    If intcounter = 4 Then Exit For
    strMessage = strMessage & vbNewLine & intcounter
Next
MsgBox "1～10 之间最大的 3 个偶数是:" & strMessage
```

35.4.4 Do Loop 循环结构

Do Loop 和 For Next 虽然都用于重复运行指定的代码，但是 Do Loop 与 For Next 执行循环的机制不同。For Next 用于在已知循环次数的情况下重复运行代码，而 Do Loop 用于在无法确定循环次数但知道在什么条件下执行循环或停止循环的情况。Do Loop 循环结构包括 Do While 和 Do Until 两种形式，下面将介绍这两种形式的 Do Loop 循环。

1. Do While 循环

Do While 用于在条件成立时重复运行指定的

代码，当条件不成立时，则退出循环。Do While 循环分为以下两种形式，它们之间的主要区别在于是否在循环开始前先对条件进行测试。

第一种：

```
Do
    语句
Loop While 条件
```

第二种：

```
Do While 条件
    语句
Loop
```

下面的代码使用了第一种形式的 Do While 循环结构，在循环的开始先不对循环条件进行检查，以便可以至少执行一次循环。循环开始后，程序会检查用户输入的用户名是否是指定的用户名，如果是，则显示欢迎信息，否则会要求用户重新输入。如果输入的次数达到 3 次，则会退出循环。代码中包含的 3 个变量的作用如下。

◆ strInput：存储用户输入的用户名，并与指定的用户名进行比较。

◆ blnLoopAgain：该变量存储了一个 True 或 False 的逻辑值，用于控制 Do While 循环是否继续进行。Loop While blnLoopAgain 语句检查 blnLoopAgain 变量的值，当该变量为 True 时继续执行下一次循环，为 False 时则退出循环。blnLoopAgain 变量的作用就像一个开关，在 Do While 循环结构的开头先将 blnLoopAgain 变量初始化为 False 以防止意外地无限循环，如果用户输入了正确的用户名，那么不改变该变量所拥有的 False，这意味着会退出循环。如果输入了错误的用户名，那么程序会检查用户的输入次数是否达到 3 次，如果没达到，会显示一条信息并将 blnLoopAgain 变量的值改为 True，以便继续下一次循环，否则也会显示一条信息并保持 blnLoopAgain 变量的初始值 False 不变，然后退出循环。

◆ intLoopCount：如果用户一直输入错误的用户名，那么这个循环将会无限制地进行下去，为了避免这种情况发生，需要使用一个变量来记录用户输入的次数，当输入次数达到 3 次时将会退出循环。由于 intLoopCount 变量被初始化为 0，因此在进入 Do While 循环后将变量自身加 1 以表示开始第一次循环，以后每次输入错误都会将该变量加 1 以累计输入的总次数。

```
Dim strInput, blnLoopAgain, intLoopCount
intLoopCount = 0
Do
    blnLoopAgain = False
    intLoopCount = intLoopCount + 1
    strInput = InputBox("请输入用户名:")
    If strInput = "sx" Then
        MsgBox " 欢迎登录! "
    Else
        If intLoopCount < 3 Then
            MsgBox " 输入错误，请重试! "
            blnLoopAgain = True
        Else
            MsgBox " 输入错误，输入次数已达到
3 次，无法再试! "
        End If
    End If
Loop While blnLoopAgain
```

上面的代码通过 blnLoopAgain 变量来控制循环是否继续进行，还可以使用 Exit Do 语句在满足指定的条件时退出 Do While 循环，从而可以在代码中省去 blnLoopAgain 变量。下面的代码对上一个示例进行了修改，其中使用了 Exit Do 语句。

```
Dim strInput, intLoopCount
intLoopCount = 0
Do
    intLoopCount = intLoopCount + 1
    strInput = InputBox("请输入用户名:")
    If strInput = "sx" Then
        MsgBox " 欢迎登录! "
        Exit Do
    Else
        If intLoopCount = 3 Then
            MsgBox " 输入错误，输入次数已达到 3
次，无法再试! "
            Exit Do
        Else
            MsgBox " 输入错误，请重试! "
        End If
    End If
Loop While intLoopCount < 3
```

第二种形式的 Do While 循环与第一种形式类似，唯一区别在于在进入 Do While 循环之前先对循环条件进行检查，以便决定是否要执行循环，如果条件不成立，则一次循环都不会被执行。

2. Do Until循环

Do Until 用于在条件不成立时重复运行指定的代码，直到条件成立时才退出循环。与 Do While 类似，Do Until 循环也分为以下两种形式，它们之间的主要区别在于是否在循环开始前先对条件进行测试。

第一种：

```
Do
    语句
Loop Until 条件
```

第二种：

```
Do Until 条件
    语句
Loop
```

下面的代码使用第一种形式的 Do Until 循环结构对前面的示例进行了修改，通过 Loop Until strInput = "sx" 语句中对 strInput = "sx" 的判断结果来决定是否继续执行下一次循环。由于要显示的欢迎信息位于 Do Until 循环外，而且由于在输入了正确的用户名或输入错误的次数达到 3 次时都会退出循环，因此在显示欢迎信息前需要对输入的用户名进行判断，只有是因为输入了正确的用户名退出循环时才显示欢迎信息，以避免出现由于输入错误的次数达到 3 次而退出循环后也显示欢迎信息的问题。

```
Dim strInput, intLoopCount
intLoopCount = 0
Do
    intLoopCount = intLoopCount + 1
    strInput = InputBox("请输入用户名:")
    If strInput <> "sx" Then
        If intLoopCount < 3 Then
            MsgBox "输入错误，请重试！"
        Else
            MsgBox "输入错误，输入次数已达到 3
次，无法再试！"
            Exit Do
        End If
    End If
Loop Until strInput = "sx"
If strInput = "sx" Then MsgBox "欢迎登录！"
```

35.5 使用对象

在使用 VBScript 编写 Windows 脚本的过程中经常需要处理对象，而且实际上 Windows 脚本实现的大多数功能都在与对象打交道。本节将介绍与对象相关的基本概念，以及操作对象的方法，包括创建和销毁对象、使用对象的属性和方法、在代码中引用和遍历对象等内容。

35.5.1 理解类、对象与集合

对象是代码和数据的组合，在程序中作为一个独立的个体来处理。可以将对象看做是用于扩展 VBScript 功能的附加组件，不同的对象可以实现不同的功能，从而让 VBScript 所编写的脚本可以实现各种各样的功能，而不只是局限在 VBScript 自身所提供的有限功能中。

对象是通过类来创建的，对象称为类的实例。类就好比是做蛋糕的模具，由类创建出来的对象就好比是由蛋糕模具制作出来的蛋糕。模具预先设计好了蛋糕的尺寸和其他参数，通过模具制作出来的蛋糕具有与模具完全相同的特征。类似的，由类创建出来的对象也具有与类完全相同的特征。

如果由同一个类创建出来的所有对象总是与类完全相同，那么将会很难区分这些对象。通过修改对象的属性可以让对象具有自己某些的特征而与其他对象区分开。比如可以修改对象的名称，以便通过不同的名称来区分不同的对象，对象的名称就是对象的其中一个属性。除了属性，每个对象通常还会有方法，方法用于执行特定的操作，通过操作可以改变对象自身的属性。假设对象有一个称为"移动"的方法，通过移动对象将会改变对象的"位置"属性。

 有关对象的属性和方法的更多内容，请参考本章 35.5.3 节。

由同一个类创建出的所有对象构成了一个集合。集合的名称通常与对象相同，只是在集合名称的结尾多了一个字母 s，以复数形式表示这是对象的集合。有时用户可能需要操作集合中的某个特定对象，此时可以通过对象的名称或对象在集合中的索引号来引用该对象，使用索引号引用对象的方法与引用数组中的元素类似。下面的代码使用对象名称的方式来引用名为 Windows 的文件夹，这里假设 objFolders 变量是一个包含了多个文件夹的文件夹集合。

```
objFolders("Windows")
```

上面的代码主要用于说明从集合中引用特定对象的方法。下面的代码是上面代码的完整版，通过文件夹的名称从文件夹集合中引用一个特定的文件夹，然后显示这个文件夹中包含的文件数量。

```
Dim objFSO, objFolders
Set objFSO = CreateObject("Scripting.
FileSystemObject")
Set objFolders = objFSO.GetDrive("C").
RootFolder.SubFolders
MsgBox objFolders("Windows").Files.Count
```

如果要操作集合中的所有对象，那么不必知道每个对象的名称以及对象的总数就可以直接操作它们，为此需要使用 For Each 循环结构。本章 35.5.5 将会介绍使用该循环结构遍历集合中

的对象的方法。

35.5.2 创建和销毁对象

VBScript 包含了几个内建对象，主要用于创建类、管理运行时错误以及使用正则表达式，所能完成的任务非常有限。为了扩展 VBScript 的功能以完成更多任务，就必须使用 VBScript 以外的其他对象。WSH 对象模型和脚本运行时库是使用 VBScript 编写 Windows 脚本时最常用的两类对象。Windows 脚本宿主提供了自身的 WSH 对象模型，其中包括几个对象，使用它们可以管理和操作 Windows 系统的注册表、环境变量、特殊文件夹、程序的快捷方式、网络功能、脚本参数等。脚本运行时库也提供了几个对象，主要用于管理和操作 Windows 文件系统，以及提供比数组更强大的数据存储和访问的字典功能。

在 VBScript 中只需使用等号将普通的数据直接赋值给变量，然后就可以在脚本中使用该变量来代替这个数据。与使用普通数据不同，在脚本中使用一个对象前需要先创建一个变量，然后使用 CreateObject 函数或 CreateObject 方法创建指定的对象，并通过 Set 语句将要使用的对象赋值给变量，接下来才能在脚本中使用这个对象。变量中存储的是指向这个对象的引用而不是对象本身。在 Windows 脚本宿主中使用 VBScript 编写脚本时可以使用以下两种方法来创建对象。

◆ 使用 VBScript 中的内置函数 CreateObject。
◆ 使用 Wscript 对象的 CreateObject 方法。

CreateObject 函数与 CreateObject 方法有以下几个区别。

◆ CreateObject 函数是 VBScript 中的内置函数，无论在哪个脚本宿主环境下编写脚本该函数都一直可用。而 CreateObject 方法则只能在 Windows 脚本宿主（WSH）环境下才能使用，这是因为该方法是 Wscript 对象的一个方法，而 Wscript 对象是 WSH 提供的其中一个对象。

◆ CreateObject 函数与 CreateObject 方法的第二个参数的作用不同。CreateObject 函数的第二个参数

用于在远程服务器上创建对象，而 CreateObject 方法的第二个参数用于创建本地对象并可响应对象的事件。

◆ 在不需要响应事件的情况下应该优先使用 CreateObject 函数，因为它不受限于脚本宿主的类型，而且输入 CreateObject 比输入 WScript.CreateObject 更简短。

下面的代码使用 VBScript 中的内置函数 CreateObject 创建了一个 FileSystemObject 对象，并使用 Set 语句将该对象的引用赋值给 objFSO 变量。之后 objFSO 变量就表示一个 FileSystemObject 对象并可以使用该对象的属性和方法。

```
Dim objFSO
Set objFSO = CreateObject("Scripting.
FileSystemObject")
```

> **提示**
> FileSystemObject 对象是脚本运行时库中的一个对象，提供了与 Windows 文件系统进行交互的几乎所有的功能。本章 35.7 节中的一些示例说明了使用 FileSystemObject 对象来操作文件和文件夹的方法。

CreateObject 函数返回所创建的对象的引用，其基本语法如下。

```
CreateObject(servername.typename)
```

◆ servername：必选，提供定义对象的类所属的库或应用程序的名称。Scripting.FileSystemObject 中的 Scripting 就是要创建的对象所属的库。

◆ typename：必选，要创建的对象的类的名称。Scripting.FileSystemObject 中的 FileSystemObject 就是要创建的对象的类。

当需要创建一个对象时，必须提供对象所属的库和对象的类的名称这两方面信息（这两方面信息也称为 ProgID）才能正确创建对象并进行实例化。在注册表中的 HKEY_CLASSES_ROOT 根键下列出的格式类似于 xxx.xxx 的内容都是对象的类，其中的一些可以在 VBScript 中创建并使用，但实际上很多对象平时并不会用到，只不过可以在这里查找和确认系统中是否已经存在想要使用的对象，如图 35-17 所示。例如，下面的代码创建了一个 Microsoft Excel 中的 Application 对象并将其赋值给 objExcelApp 变量。

```
Dim objExcelApp
Set objExcelApp = CreateObject("Excel.
Application")
```

图35-17　在注册表中查找可以创建的对象

> **提示**
> 　　实际上并不是所有对象都需要使用CreateObject函数或CreateObject方法创建。对于一个包含了多个对象的对象模型而言，通常只需使用CreateObject函数或CreateObject方法创建该对象模型中的顶级对象，然后通过这个顶级对象的属性和方法来返回这个对象模型中的其他对象。在上面示例中创建的FileSystemObject对象就是FSO对象模型中的顶级对象，通过该对象的属性和方法可以返回Drive、Folder、File等对象。在本章35.5.3节介绍对象的属性和方法时将会介绍这种创建对象的方法。

　　当不再需要使用对象时，应该及时释放对象所占用的系统资源，为此需要使用 Set 语句将包含对象引用的变量赋值为 Nothing 以便销毁该对象，前提是在脚本中只将这个对象赋值给了一个变量。如果将一个对象赋值给两个变量，那么即使将其中的一个变量设置为 Nothing，另一个变量中的对象仍然存在。下面的代码释放了 objFSO 变量中存储的对象所占用的系统资源。

```
Set objFSO = Nothing
```

> **提示**
> 　　VBScript中的Is运算符用于比较两个变量中引用的对象是否是同一个对象。下面的代码分别创建了两个FileSystemObject对象并赋值给了两个变量，然后使用Is运算符比较这两个对象是否相同并在对话框中显示比较结果。

```
Dim objFSO1, objFSO2
Set objFSO1 = CreateObject("Scripting.
FileSystemObject")
```

```
Set objFSO2 = CreateObject("Scripting.
FileSystemObject")
Select Case objFSO1 Is objFSO2
    Case True
        MsgBox "两个变量引用的是同一个对象"
    Case False
        MsgBox "两个变量引用的不是同一个对象"
End Select
```

　　在销毁对象时需要注意以下两个问题。

◆ 如果变量中引用的对象与脚本程序运行在同一个进程中，那么在脚本结束时该对象会被自动销毁。如果变量中引用的对象与脚本程序运行在不同的进程中，那么在脚本结束时需要手动销毁该对象以释放其所占用的系统资源。

◆ 即使变量中引用的对象与脚本程序运行在同一个进程中，如果脚本代码很长，变量引用的对象只在脚本开头的部分使用，而在脚本后面的代码中不再使用该对象，那么就可以在使用完这个对象后立刻将其销毁以节省系统资源。

35.5.3　使用对象的属性和方法

　　在前面的内容中曾简要介绍过对象的属性和方法，本节将详细介绍关于对象的属性和方法的更多细节内容，包括它们的基本概念以及设置和使用方法。

1. 对象的属性

　　属性用于描述对象的状态或特征，每个对象都会有一个或多个属性。对于 FSO 对象模型中的文件（File）这个对象而言，它的 Name 属性表示文件的名称。它还有一个表示文件路径的 Path 属性，即文件在计算机中的存储位置。可以将对象的属性值赋值给一个变量，以便在代码中使用这个属性值。下面的代码将 File 对象的名称赋值给 strFileName 变量，然后在对话框中显示这个名称，假设 objFile 变量是一个包含了指定文件的 File 对象。

```
strFileName = objFile.Name
MsgBox strFileName
```

　　如果文件的名称只在脚本中使用一次，那么可以消除中间变量而直接使用下面的代码：

```
MsgBox objFile.Name
```

　　可以在代码中通过设置对象的某些属性来改变对象的状态或特征，比如可以修改文件的 Name 属性以便对文件进行重命名。有些属性是只读的，这意味着无法修改这些属性的值，比如不能设置 File 对象的 Path 属性。

可以将对象的属性看做变量，设置对象的属性实际上就是在为变量赋值。但是与为普通变量赋值不同，在设置对象的属性时需要先输入对象的名称，然后输入一个英文句点，接着输入对象的属性。最后输入一个等号并在等号右侧输入属性的值。下面的代码将文件的名称由“hello”改为“你好”，即设置 File 对象的 Name 属性，假设 objFile 变量是一个包含了指定文件的 File 对象。

```
objFile.Name = "你好"
```

对象的某些属性会返回另一个对象。比如 File 对象的 ParentFolder 属性会返回一个 Folder 对象。下面的代码使用 TypeName 函数检查 File 对象的 ParentFolder 属性的返回值的数据类型，在对话框中显示的是“Folder”。

```
MsgBox TypeName(objFile.ParentFolder)
```

可以在编写脚本时利用这种特性来消除对中间变量的赋值，而直接为返回的对象设置属性。下面的代码用于显示指定文件的父文件夹的路径：

```
MsgBox objFile.ParentFolder.path
```

2. 对象的方法

方法是对象可以执行的操作，通过使用方法可以改变对象的属性值。例如，当使用 File 对象的 Move 方法将文件从一个文件夹移动到另一个文件夹后，这个文件的 Path 属性就会随之改变。输入对象的方法与输入对象的属性类似，需要先输入对象的名称，然后输入一个英文句点，接着输入对象的方法。下面的代码使用了 File 对象的 Delete 方法将文件删除，假设 objFile 变量是一个包含了指定文件的 File 对象。

```
objFile.Delete
```

注意 使用上面的代码删除文件时不会将文件放入回收站，而是直接彻底删除文件。如果指定的文件不存在，那么运行上面的代码将会出现运行时错误。为了避免错误的发生，需要编写错误处理代码，错误处理的相关内容将在本章35.6节进行介绍。

可以将对象的方法看做 Sub 过程或 Function 过程，这意味着某些方法可能会包含一些参数并可以提供返回值。当需要获取或直接使用方法的返回值时，需要使用一对圆括号将为方法提供的参数包围起来。输入方法中的参数的方法与为 VBScript 内置函数设置参数的方法相同。方法的返回值可以是任何 Variant 子类型，比如 FileSystemObject 对象的 FileExists 方法的返回值是 Boolean 子类型，即逻辑值 True 或 False，表示指定的文件是否存在。而 FileSystemObject 对象的 GetDriveName 方法的返回值是 String 子类型，表示指定路径中的驱动器的名称。

与某些属性可返回对象类似，某些方法也可以返回对象。下面的代码在对话框中显示指定文件的名称：

```
Dim objFSO, objFile
Set objFSO = CreateObject("Scripting.FileSystemObject")
Set objFile = objFSO.GetFile("e:\hello.txt")
MsgBox objFile.Name
```

由于 FileSystemObject 对象的 GetFile 方法会返回一个 File 对象，因此可以消除上面代码中的 objFile 变量，而直接将 File 对象的 Name 属性与其上一行代码合并到一起，修改后的代码如下：

```
Dim objFSO
Set objFSO = CreateObject("Scripting.FileSystemObject")
MsgBox objFSO.GetFile("e:\hello.txt").Name
```

还可以继续简化上面的代码使其变为下面的一行，其中使用了两个对象以及一个方法和一个属性，其工作机制是：使用 CreateObject 函数会返回一个 FileSystemObject 对象，然后使用该对象的 GetFile 方法会返回一个 File 对象，最后使用 File 对象的 Name 属性返回文件的名称并显示在由 MsgBox 函数创建的对话框中。

```
MsgBox CreateObject("Scripting.FileSystemObject").GetFile("e:\hello.txt").Name
```

在实际应用中通常不会这样来编写代码，这里只是为了说明可以通过方法返回的对象来减少中间变量的声明和赋值操作。

35.5.4 使用 With 结构简化对象的引用

在使用对象的多个属性或方法时，需要在一行或多行代码中重复地输入对象的名称来引用这个对象。例如，下面的代码在一个对话框中显示指定文件的相关信息，包括文件的名称、路径和容量，它们是从 File 对象的不同属性中获取的。

```
Dim objFSO, objFile, strMessage
Set objFSO = CreateObject("Scripting.
FileSystemObject")
Set objFile = objFSO.GetFile("e:\
hello.txt")
With objFile
    strMessage = "文件的名称是:" &
.Name & vbNewLine
    strMessage = strMessage & "文件的路
径是:" & .Path & vbNewLine
    strMessage = strMessage & "文件的容
量是:" & .Size & "字节"
End With
MsgBox strMessage
```

上面代码中的 objFile 变量存储了对 File 对象的引用，这段代码一共引用了 3 次该变量。在实际应用中可能还需要获取文件的更多信息，这意味着在代码中需要引用 objFile 变量的次数多于 3 次。

为了减少在代码中引用对象时输入对象名称的次数，可以使用 With 结构。With 结构由 With 和 End With 两条语句组成。在 With 语句之后输入要在接下来的代码中反复引用的对象的名称，然后在 With 和 End With 之间输入要使用的该对象的属性或方法的相关代码，这些代码的开头不再需要重复输入对象的名称，而只需以点分隔符开始即可。下面的代码使用 With 结构对上一个示例进行修改后，使用 File 对象的 3 个属性时只引用了一次 File 对象（即 objFile 变量）。为了清楚显示使用 With 结构后的效果，因此下面的代码剔除了上一个示例中的前 3 行和最后一行，只保留了 With 结构部分的代码。

```
With objFile
    strMessage = "文件的名称是:" & .Name
& vbNewLine
    strMessage = strMessage & "文件的路
径是:" & .Path & vbNewLine
    strMessage = strMessage & "文件的容
量是:" & .Size & "字节"
End With
```

实际上使用 With 结构不但可以减少代码的输入量，还可以提高程序的运行效率。因为 VBScript 会对代码中出现的每一次对象引用进行解析，使用 With 结构后减少了代码中出现对象引用的次数，因此可以改善程序的性能。

> **注意** 在With结构中如果需要引用其他对象，那么必须使用完全限定的对象引用，就像在不使用With结构的情况下引用一个对象那样。

35.5.5 使用 For Each 循环结构遍历集合中的对象

在编写脚本的过程中可能经常会遇到需要处理集合中的对象的情况。通常都无法预先获悉集合中包括的对象名称和数量，因此在处理集合中的对象时需要使用 For Each 循环结构。For Each 循环结构与本章前面介绍的 For Next 循环结构的外观和用法有些类似，该结构会遍历指定集合中的每一个对象，然后用户就可以根据需要编写处理每一个对象的代码。

下面的代码在对话框中显示了 E 盘根目录中的所有文件的名称。由于事先并不知道 E 盘根目录中的文件数量和每个文件的名称，因此使用 For Each 循环结构遍历每一个文件并使用 File 对象的 Name 属性获取文件名。代码中的 objFiles 变量表示一个文件的集合，每一次循环中的 objFile 都会指向文件集合中的下一个文件，因此无需担心遍历过程中出现文件重复或遗漏的问题。

```
Dim objFSO, objFiles, objFile,
strMessage
Set objFSO = CreateObject("Scripting.
FileSystemObject")
Set objFiles = objFSO.GetDrive("E").
RootFolder.Files
For Each objFile In objFiles
    strMessage = strMessage & objFile.
name & vbNewLine
Next
MsgBox strMessage
```

35.6 错误处理

任何编程语言都应该包含错误处理，使用 VBScript 编写的脚本程序当然也不例外，而且错误处理也是程序设计中非常重要的部分。设计优良的程序通常具备对可能发生的各种意外情况采取相应措施的能力，错误处理的目的就是尽量避免由于不可预料的操作以及其他多变的客观条件而导致的程序异常终止。本节将介绍使用 VBScript 编写脚本时可能会遇到的 3 类错误及其处理方法，尤其是处理运行时错误的方法。为了减少错误的发生，本节首先介绍了编写易于维护的代码的方法。

35.6.1 编写易于维护的代码

从表面上来看，本节内容与错误处理似乎毫

无关系，然而规范化地编写代码可以在很大程度上减少程序出现各种错误的概率。本节将介绍在编写代码时经常使用的 4 种技术，正确地使用它们可以编写出易于理解和维护的代码。

1. 强制变量声明

强制变量声明可以避免由于变量的拼写错误而导致程序产生难以察觉的错误的运行结果。本章 35.3.1 节介绍变量的相关内容时已经对强制变量声明的优点以及方法进行了详细介绍，只需在脚本的顶部（即所有代码的最前面）输入下面这条语句，即可要求在代码中使用任何变量之前都必须显式地对其进行声明，否则会出现"变量未定义"的错误提示信息。

```
Option Explicit
```

2. 使用缩进格式

根据代码的不同结构使用相应的缩进会使代码更易于阅读和理解，也便于检查和排除代码中出现的错误。当在代码中使用多层嵌套的分支结构和循环结构时，对不同层次的结构使用相应的缩进格式可以避免不必要的混乱。在两层结构嵌套在一起时通常应该保持 4 个空格的缩进。在下面的代码中，分支结构嵌套在循环结构内部，通过使用缩进格式可以很容易看出哪些代码属于分支结构，哪些代码属于循环结构。

```
Option Explicit
Dim intCount, intSum, strMessage
For intCount = 1 To 10
    intSum = intSum + intCount
    If intSum > 16 Then
        strMessage = "满足条件时的 intCount=
" & intCount
        Exit For
    End If
Next
MsgBox strMessage
```

3. 将长代码分成多行

如果一行代码过长而影响到整个脚本代码的显示效果，那么在输入代码时可以分多行输入，或者在输入完一行长代码后强制将长代码分成多行。单击一行代码中要换行的位置，然后输入一个空格和一条下划线，最后按下【Enter】键，这样就可以从单击的位置将一行代码分为两行。虽然视觉上代码位于两行，但是 VBScript 仍然会将它们视为同一条语句而不会产生语法错误。

4. 为代码添加注释

为了在时隔多日以后仍能理解以前编写的代码的整体目的、编写思路或特定部分的实现原理，可以在编写代码的过程中为代码添加注释，运行脚本时 VBScript 会自动忽略注释部分。在 VBScript 中可以使用以下两种方法为代码添加注释。

◆ 在要作为注释的内容开头添加单引号（'）。
◆ 在要作为注释的内容开头添加 Rem 关键字。

注释可以单独占据一行，也可以放在一行代码的右侧。在使用 Rem 方法添加注释时，根据注释的位置需要使用不同的格式，具体如下。

◆ 如果将注释放在代码行的上方，需要在 Rem 关键字和注释内容之间保留一个空格。
◆ 如果将注释放在代码行的右侧，需要在 Rem 关键字之前输入一个冒号，然后输入 Rem 和注释内容，Rem 和注释内容之间也需要保留一个空格。

下面的代码分别使用了添加注释的两种方法并将注释放在了它们所允许的不同位置上。

```
' 这段代码显示了在从 1 累加到 10 的过程中当总和
首次大于 16 时计数器的当前值
Option Explicit :Rem 强制变量声明
Dim intCount, intSum, strMessage
' 上面这行代码声明了 3 个变量
For intCount = 1 To 10
    intSum = intSum + intCount
    If intSum > 16 Then ' 设置退出循环时的条件
        Rem 下面这行代码设置了要在对话框中显示
的内容
        strMessage = "满足条件时的 intCount="
& intCount
        Exit For :Rem 满足条件时退出循环
    End If
Next
MsgBox strMessage ' 在对话框中显示退出循环
时计数器的当前值
```

> **提示**
> 在实际应用中通常不需要为每一行代码都添加注释，这里主要是为了说明添加注释的不同方法以及可以放置注释的位置。

35.6.2 错误的类型

在使用 VBScript 编写 Windows 脚本的过程中可能会遇到以下 3 类错误，它们分别是语法错误、运行时错误和逻辑错误。无论哪种错误，都发生在运行脚本的过程中。本节将对这 3 类错误的定义和特点进行简要介绍。

1. 语法错误

语法错误也称为编译错误，如果输入的代码存在不符合 VBScript 语法规则的地方，那么在运行脚本时就会显示语法错误的提示信息。以下几种情况会被 VBScript 视为语法错误。

◆ 关键字、语句等出现拼写错误，例如将 Set 语句拼写为 Sat。

◆ 缺少固定结构中的关键字或特定符号，比如在使用 If Then 分支结构时没有输入 Then 关键字。如图 35-18 所示，显示的就是由于这种错误导致的语法错误提示信息。

图39-18　缺少关键字

◆ 使用 Visual Basic 和 VBA 支持但是在 VBScript 中不支持的关键字和编程技术。例如，在脚本中使用 Option Base 1 语句将会出现语法错误，因为 VBScript 不支持该语句，但是 Visual Basic 和 VBA 支持该语句。

避免出现语法错误的方法就是详细了解在 VBScript 中编写代码的语法规则，然后在实际编写脚本的过程中注意上面列出的问题。

2. 运行时错误

运行时错误是指程序中代码的编写符合 VBScript 的语法规则但在程序运行时有问题而出现的错误，它是程序中最容易出现的错误类型。运行时错误主要来源于程序正在试图执行无效的操作，下面列举了一些可能导致运行时错误的情况。

◆ 设置强制变量声明后，程序中存在未声明的变量。

◆ 除以 0 的数学问题。

◆ 将 Null 值传递给无法处理它的函数。在从文件或数据库等不同来源获取来的数据中可能会包含无效的 Null 值，在将包含了 Null 值的数据作为参数传递给 VBScript 的某些内置函数时将会产生运行时错误。

◆ 对不存在或当前处于不可用状态的对象执行操作。例如，对已经不存在的文件执行打开、移动、复制、删除等操作，或者对处于非正常状态的移动设备所在的磁盘分区执行操作，或者当前执行操作的用户不具有足够的用户权限。图 35-19 所示就是在删除一个不存在的文件时显示的运行时

错误的提示信息。

在编写代码时应该预先考虑到在程序运行期间可能会遇到的以上这些情况，同时编写防御型代码以便在真正出现这些问题时具备相应的处理能力。解决前 3 种运行时错误的方法相对比较简单，具体如下。

图35-19　删除不存在的文件时出现的运行时错误

◆ 对于第一种情况，需要检查代码中是否存在未声明的变量，如果存在，则应该在脚本的开头部分添加对未声明变量的显式声明，同时应该养成预先声明变量的习惯。

◆ 对于第二种情况，可以在执行除法计算前使用 If Then 分支结构检查除数是否为 0，如果不为 0，执行除法计算，否则应该向用户发出提示信息，以便重新指定一个不为 0 的除数。

◆ 对于第三种情况，可以通过 VBScript 的隐式类型转换来解决。只需将包含 Null 值的数据与一个空字符串连接在一起，即可避免由 Null 值导致的运行时错误。下面的代码将 Null 值赋值给 varNull 变量，然后将该变量与一个空字符串连接在一起并作为参数提供给 MsgBox 函数，运行代码时将不会显示运行时错误。

```
Dim myNull
myNull = Null
MsgBox myNull & ""
```

VBScript 中的错误处理主要针对的是前面列出的第 4 种情况，本章 35.6.3 节将会详细介绍处理第 4 种情况产生的运行时错误的通用方法。

3. 逻辑错误

与前两类错误不同，逻辑错误在程序的运行过程中通常不会产生错误提示信息，因此不会影响程序的正常运行且具有很强的隐蔽性，但是最终却会导致不正确的运行结果，以至于对正常的工作和生活造成无法预计的严重影响和损失。逻辑错误通常是最难发现和处理的错误。对编写的代码进行仔细地检查和测试是解决逻辑错误的主要方法。

35.6.3　处理运行时错误

无论是否熟练使用 VBScript 编程语言，都

无法保证编写的代码在运行期间不会出现任何问题。即使是经验丰富的程序员所编写出的代码在运行期间也可能因为一个没有考虑到的情况而导致出现运行时错误。

错误处理的主要目的是主动地应对错误，而不是在程序出现问题时被动地接受 VBScript 显示的运行时错误提示信息。对于使用程序的最终用户而言，由于他们中的大多数人通常不了解 VBScript 或不具备使用 VBScript 编写代码的能力，因此他们无法根据运行时错误提示信息中指出的代码错误原因和位置来修改代码以使其正常工作。实际上将不包含错误处理的脚本程序交给用户使用是一种不负责任的做法。

在 VBScript 中可以使用以下几个工具来处理运行时错误。

◆ On Error Resume Next 语句：该语句用于关闭 VBScript 错误监控功能，该语句之后的代码如果出现运行时错误，VBScript 将会忽略所有运行时错误并且不会显示运行时错误提示信息。

◆ On Error GoTo 0 语句：该语句用于开启 VBScript 错误监控功能，该语句之后的代码如果出现运行时错误，VBScript 将会显示每次出现的运行时错误的提示信息。

◆ Err 对象：Err 对象是一个全局范围内的固有对象，可用于任何 VBScript 代码中，这意味着在使用该对象之前不需要使用 CreateObject 函数或方法来创建该对象并将其赋值给一个变量，而可以直接使用 Err 对象。Err 对象中存储着最近一次错误的相关信息，通过检查 Err 对象中的内容可以判断程序是否出现了运行时错误。

注意 VBScript不支持使用错误标签以及Resume和 Resume Next语句来处理运行时错误。

下面说明了在 VBScript 中处理运行时错误的通用方法。

（1）在代码中确定有可能会产生运行时错误的代码行，然后在这行代码的上一行添加 On Error Resume Next 语句以关闭 VBScript 错误监控功能，从而让 VBScript 忽略由这行代码产生的运行时错误，并且在出现错误时不会显示运行时错

误提示信息。

（2）在可能产生运行时错误的代码行的下一行检查 Err 对象的 Number 属性的值是否为 0。如果是 0，则表示运行上一行代码没有产生运行时错误；如果不是 0，则表示运行上一行代码产生了运行时错误。根据当前正在进行的操作以及对 Err.Number 的判断结果来选择处理错误的方式。例如，如果正在删除一个文件，那么当检测到 Err.Number 的值不为 0 时，可以向用户显示一条信息以说明正在删除的文件不存在，或者让用户检查所删除的文件名或路径是否正确。

（3）在处理完错误后，应该立刻使用 On Error GoTo 0 语句开启 VBScript 的错误监控功能，否则之前添加的 On Error Resume Next 语句将会继续忽略在接下来的代码中可能产生的所有运行时错误。

下面的代码使用上面介绍的方法说明了在 VBScript 中处理错误的具体步骤。在这个示例中，如果代码中所指定的文件不存在，那么在将文件对象赋值给变量时将会出现运行时错误。为了避免这个错误，需要在 Set 赋值语句之前添加 On Error Resume Next 语句忽略所有运行时错误，然后在 Set 赋值语句之后通过检查 Err.Number 的值来决定如何操作。如果 Err.Number 的值为 0，则说明指定的文件存在，然后就可以放心地删除这个文件；如果 Err.Number 的值不为 0，则说明指定的文件不存在，此时将会向用户显示一条信息以提醒用户需要对这个文件进行相关的检查和确认。

```
Dim objFSO, objFile
Set objFSO = CreateObject("Scripting.
FileSystemObject")
On Error Resume Next
Set objFile = objFSO.GetFile("e:\
hello.txt")
If Err.Number = 0 Then
    objFile.Delete
Else
    MsgBox "请确认文件的名称和路径是否有
误，或者文件是否存在？"
End If
On Error Goto 0
```

对于上面这个示例而言，还可以使用另一种错误处理方法。下面的代码使用 FileSystemObject 对象的 FileExists 来检查指定的文件是否存在，文件存在时该方法返回 True，

否则返回 False。用户可以根据判断结果来执行不同的代码，当文件存在时执行 Set 赋值语句将文件赋值给一个变量就不会出现运行时错误了。

```
Dim objFSO, objFile
Set objFSO = CreateObject("Scripting.
FileSystemObject")
If objFSO.FileExists("e:\hello.txt")
Then
    Set objFile = objFSO.GetFile("e:\
hello.txt")
    objFile.Delete
Else
    MsgBox "请确认文件的名称和路径是否有
误，或者文件是否存在？"
End If
```

35.7 Windows 脚本在文件管理中的应用

Windows 脚本可以对系统很多方面进行管理，比如获取系统和网络信息、管理网络映射、编辑注册表等。通过在 Windows 脚本中使用系统中已注册的 COM 对象，则可以实现各种各样的功能。由于文件管理是日常应用中使用最频繁的操作，因此本节主要介绍了 Windows 脚本在文件管理方面的应用，包括计算文件和文件夹的大小、复制文件和文件夹、读写文本文件、批量创建 Office 文档以及为用户提供选择文件的对话框。这些示例说明了在使用 VBScript 编写 Windows 脚本的过程中，如何使用 FSO 对象模型来处理文件和文件夹、使用 Sub 过程和 Function 过程使整个脚本模块化，以及在脚本中使用 COM 对象来增强脚本功能的方法。

35.7.1 计算文件和文件夹的大小

FSO 对象模型中的 File 和 Folder 对象的 Size 属性返回的是以字节为单位的容量大小。然而在实际应用中文件和文件夹的容量都非常大，如果以字节为单位将会显示一长串数字，看上去很不直观。下面的代码可以将指定文件夹的容量大小转换为合适单位下的数值，而不再是以字节为单位来显示容量大小。

```
Option Explicit
Dim objFSO, lngSize, sngGetSize,
strPath, astrUnit, n
strPath = "E:\MyFolder"
Set objFSO = CreateObject("Scripting.
FileSystemObject")
lngSize = objFSO.GetFolder(strPath).Size
```

```
On Error Resume Next '避免容量为 0 出现运
行时错误
astrUnit = Array(" B", " KB", " MB",
" GB", " TB")
n = Int(Log(lngSize) / Log(1024))
sngGetSize = Round(lngSize / 1024 ^
n, 2) & astrUnit(n)
MsgBox strPath & " 文件夹的容量为: " &sngGetSize
```

35.7.2 复制文件和文件夹

FSO 对象模型中的 FileSystemObject 对象的 CopyFile 方法和 CopyFolder 方法用于复制指定的文件和文件夹。下面的代码用于将 E 盘根目录中的 ScriptFiles 文件夹中的 FileList.txt 文件复制到 F 盘根目录中。为了避免复制不存在的文件所产生的运行时错误，因此需要用 FileSystemObject 对象的 FileExist 方法来检查文件是否存在，如果存在才执行复制操作。

```
Option Explicit
Dim objFSO, objFile, strFileFullName
strFileFullName = "E:\ScriptFiles\
FileList.txt"
Set objFSO = CreateObject("Scripting.
FileSystemObject")
If objFSO.FileExists(strFileFullName)
Then
    Set objFile = objFSO.GetFile
(strFileFullName)
    objFSO.CopyFile strFileFullName, "F:\"
End If
Set objFSO = Nothing
Set objFile = Nothing
```

与复制文件类似，可以使用下面的代码复制指定的文件夹及其中包含的内容。下面的代码将 E 盘根目录中的 ScriptFiles 文件夹复制到 F 盘根目录中。为了避免复制不存在的文件夹所产生的运行时错误，因此需要 FileSystemObject 对象的 FolderExist 方法来检查文件夹是否存在，如果存在才执行复制操作。

```
Option Explicit
Dim objFSO, objFolder, strFolderPath
strFolderPath = "E:\ScriptFiles"
Set objFSO = CreateObject("Scripting.
FileSystemObject")
If objFSO.folderExists(strFolderPath)
Then
    Set objFolder = objFSO.GetFolder
(strFolderPath)
    objFSO.CopyFolder strFolderpath,
"F:\"
End If
Set objFSO = Nothing
Set objFolder = Nothing
```

如果在复制文件或文件夹的目标位置上已经

存在同名的文件或文件夹，那么可以通过设置 CopyFile 方法和 CopyFolder 方法的第三参数来决定是否使用正在复制的文件或文件夹覆盖目标位置上的已有文件或文件夹。将第三参数设置为 True 将会执行覆盖操作，设置为 False 则不进行覆盖。

可以在复制文件或文件夹时使用通配符以进行批量复制操作。下面的代码将 E 盘中的 ScriptFiles 文件夹中的所有文本文件复制到 F 盘根目录中。

```
Dim objFSO
Set objFSO = CreateObject("Scripting.
FileSystemObject")
objFSO.CopyFile "E:\ScriptFiles\*.
txt", "F:\"
```

下面的代码将 E 盘根目录中所有以 Script 开头的文件夹复制到 F 盘根目录中。

```
Dim objFSO
Set objFSO = CreateObject("Scripting.
FileSystemObject")
objFSO.CopyFile "E:\Script*", "F:\"
```

35.7.3 读写文本文件

FSO 对象模型提供了读写文本文件的能力。下面的代码将 C 盘根目录中的所有文件的名称写入 E 盘根目录中的 ScriptFiles 文件夹中的 FileList.txt 文件中，如果该文件不存在，则创建这个文件并在其中写入数据。代码中使用了 FileSystemObject 对象的 OpenTextFile 方法来打开一个指定的文本文件，由于将其第三参数设置为 True，因此如果文件不存在，则会创建该文件。如果希望将新内容写入文本文件中的已有内容的后面，而不是覆盖已有内容，那么需要将第二参数设置为 ForAppending。但是，由于 ForAppending 不是 VBScript 的内置常量，因此需要在脚本中显式声明该名称的常量并将其值设置为 8，这是因为在 FSO 对象模型中该常量对应的值为 8。

接下来的代码使用 FileSystemObject 对象的 FolderExists 方法检查要写入的文本文件所在的文件夹是否存在以避免出现运行时错误。如果文件夹存在，则将打开的文本文件产生的 Stream 对象赋值给一个变量，然后使用该对象的 Write 方法将文件名列表一次性写入文本文件中，最后使用 Stream 对象的 Close 方法关闭该文件。

```
Option Explicit
Dim objFSO, objFile, objStream,
strFilePath, strFileName, strFileNameList
```

```
Const ForAppending = 8
strFilePath = "E:\ScriptFiles\"
strFileName = "FileList.txt"
Set objFSO = CreateObject("Scripting.
FileSystemObject")

' 遍历 C 盘根目录中的每一个文件，并将所有文件
名分行存储到一个变量中
For Each objFile In objFSO.GetDrive
("C").RootFolder.Files
    strFileNameList = strFileNameList
& objFile.name & vbNewLine
Next

' 下面的代码打开指定的文件，不存在则创建该文
件，然后将变量中的内容一次性写入文件中
If objFSO.FolderExists(strFilePath) Then
    Set objStream = objFSO.OpenTextFile
(strFilePath & strFileName, ForAppending,
True)
    objStream.Write strFileNameList
    objStream.Close
End If

Set objStream = Nothing
Set objFile = Nothing
Set objFSO = Nothing
```

下面的代码读取 E 盘根目录中的 ScriptFiles 文件夹中的 FileList.txt 文件，并将读取到的数据显示在对话框中。

```
Option Explicit
Dim objFSO, objStream, strFileFullName,
strFileNameList
Const ForReading = 1

strFileFullName = "E:\ScriptFiles\
FileList.txt"
Set objFSO = CreateObject("Scripting.
FileSystemObject")
If objFSO.FileExists(strFileFullName)
Then
    Set objStream = objFSO.OpenTextFile
(strFileFullName, ForReading)
    strFileNameList = objStream.ReadAll
    objStream.Close
End If
MsgBox strFileNameList

Set objStream = Nothing
Set objFSO = Nothing
```

可以使用以下 3 种方式来读取文本文件中的内容。

◆ 读取整个内容：使用 Stream.ReadAll 方法。
◆ 每次读取一行：使用 Stream.ReadLine 方法。
◆ 每次读取指定数量的字符：使用 Stream.Read 方法，它有一个参数，用于指定每次读取的字符数量。

如果希望将读取到的每一行内容以倒序的方式显示在对话框中，则需要使用 ReadLine 方法。由于预先不知道文本文件中一共有多少行内容，因此需要设计一个循环，每次读取一行内容直到文件结尾。可以使用 Stream 对象的 AtEndOfStream 属性来判断是否已经到达文件的结尾，以此来作为结束循环的判断条件。下面的代码使用 Stream 对象的 ReadLine 方法重新编写了上一个示例，并以倒序排列的方式在对话框中显示从文本文件中读取到的所有内容。

```
Option Explicit
Dim objFSO, objStream, strFileFullName,
strFileNameList
Const ForReading = 1

strFileFullName = "E:\ScriptFiles\
FileList.txt"
Set objFSO = CreateObject("Scripting.
FileSystemObject")
If objFSO.FileExists(strFileFullName)Then
    Set objStream = objFSO.OpenTextFile
(strFileFullName, ForReading)
    Do Until objStream.AtEndOfStream
        strFileNameList = objStream.ReadLine
& vbNewLine & strFileNameList
    Loop
    objStream.Close
End If
MsgBox strFileNameList

Set objStream = Nothing
Set objFSO = Nothing
```

35.7.4 批量创建 Office 文档

如果需要批量创建多个 Office 文档，那么使用 VBScript 编写脚本将会使这项工作变得非常容易。在下面的代码中创建了一个 Function 过程和一个 Sub 过程。Function 过程 IsPathExist 的功能是检查用户输入的路径是否存在，其中包含一个参数，用于将用户输入的路径传递给 Function 过程。为了确保用户输入的文档数量是一个真正的数字，因此需要使用 VBScript 的内置函数 IsNumeric 来进行检查。两项检查全部通过后才会调用 Sub 过程 CreateWordDocument 以执行创建 Word 文档的操作，否则将会退出当前脚本，即 WScript.Quit 语句的功能。

Sub 过程 CreateWordDocument 的功能是用于执行新建文档的操作，其中包含两个参数，第一个参数表示要在其中创建文档的文件夹的完整路径，第二个参数表示要创建的文档的数量。在脚本中通过调用该 Sub 过程并向其传递这两个参数，即可在指定的文件夹中创建指定数量的文档。

本示例的代码中以创建 Word 文档为例，创建其他类型的文档只需在 CreateWordDocument 过程中为 CreateObject 函数提供相应程序的 ProgID 即可。本例中使用了文字常量将文档名称固定写入代码中，如果希望可以灵活指定创建的 Word 文档的名称，可以再声明一个变量，将用户在 InputBox 对话框中输入的文档名赋值给这个变量，然后在使用 SaveAs 方法保存文档时使用这个变量作为文档的名称。

```
Option Explicit
Dim strPath, intCount
strPath = InputBox("请输入要创建文档的文
件夹的完整路径:")
intcount = InputBox("请输入要创建的文档
的数量:")

'下面的代码用于检查用户输入的路径和数量是否有效
If Not IsPathExist(strPath) Or Not
IsNumeric(intCount) Then
    MsgBox "输入了无法识别的路径或文档数量,
无法创建文档! "
    WScript.Quit
End If

'下面的代码用于创建 Word 文档
CreateWordDocument strPath, intCount

'下面的函数用于检查指定的路径是否存在
Function IsPathExist(strPath)
    Dim objFSO
    Set objFSO = CreateObject("Scripting.
FileSystemObject")
    If objFSO.FolderExists(strPath) Then
        IsPathExist = True
    End If
    Set objFSO = Nothing
End Function

'下面的过程用于在指定路径中创建指定数量的 Word 文档
Sub CreateWordDocument(strPath,
intCount)
    Dim objWordApp, objWordDoc,
strFileName, intDocIndex
    Set objWordApp = CreateObject("Word.
Application")
    For intDocIndex = 1 To intCount
        strFileName = "\公司文件" &
intDocIndex & ".doc"
        Set objWordDoc = objWordApp.
Documents.Add
        objWordDoc.SaveAs strPath &
strFileName
        objWordDoc.Close
    Next
    objWordApp.Quit
```

```
      Set objWordDoc = Nothing
      Set objWordApp = Nothing
   End Sub
```

35.7.5 为用户提供选择文件的对话框

VBScript 自身存在的一个问题是不能提供一个可供用户选择文件的对话框，而只有一个使用 InputBox 函数创建的用于接收用户输入内容的简单对话框。为了可以让用户在对话框中灵活选择要操作的文件，可以借助 Microsoft Word 程序中的 FileDialog 对象来显示选择文件对话框并允许用户从中选择所要操作的文件，因此成功实现本例功能的前提条件是计算机中必须已经安装了 Microsoft Word 程序。

> 提示
> 实际上 FileDialog 对象是 Office 对象库提供的对象，可在 Word、Excel 等程序中使用。

在本例代码中声明了一个名为 msoFileDialog FilePicker 的常量并将其赋值为 3，以便在脚本中创建的 FileDialog 对象可以使用该参数来显示选择文件对话框。脚本中接下来的代码创建了 Word 程序中的 Application 对象，并通过该对象的 FileDialog 属性返回一个 FileDialog 对象，然后将之前声明的 msoFileDialogFilePicker 常量作为参数提供给 FileDialog 对象以表示显示一个选择文件对话框，接着设置对话框的标题并允许进行多项选择。

FileDialog 对象的 Show 方法用于显示选择文件对话框。其中会自动显示 %SystemRoot%\System32 文件夹，可以使用对话框中的导航工具切换到其他文件夹以选择所需的文件。如果 Show 方法的返回值为 –1，则表示没有单击对话框中的【取消】按钮，这意味着用户在对话框中已经选择了一个或多个文件。

FileDialog 对象的 SelectedItems 属性返回一个集合，其中包含用户在选择文件对话框中选择的所有文件的路径列表，然后使用 For Each 循环结构遍历集合中的每一个路径。为了将 String 子类型的文件路径转换为 File 对象，因此需要将每次遍历的路径作为参数提供给 FileSystemObject 对象的 GetFile 方法，然后将返回的 File 对象赋值给一个变量，接着就可以使用这个变量来执行文件的相关操作。

```
Option Explicit
Dim objWordApp, objFSO, objFile, strFileFullName

' 用于 FileDialog 对象的参数，表示对话框的类型是打开
Const msoFileDialogFilePicker = 3
Set objWordApp = CreateObject("Word.Application")

' 设置对话框的标题并允许选择多项
With objWordApp.FileDialog(msoFileDialogFilePicker)
    .Title = "选择文件"
    .AllowMultiSelect = True

    ' 如果单击的不是取消按钮
    If .Show = -1 Then
        objWordApp.WindowState = 2

        ' 遍历选中的每一个文件并对文件执行所需的操作
        For Each strFileFullName in .SelectedItems
            Set objFSO = CreateObject ("Scripting.FileSystemObject")
            Set objFile = objFSO.GetFile (strFileFullName)
            MsgBox objFile.Path
        Next
    End If
End With

objWordApp.Quit
Set objFile = Nothing
Set objFSO = Nothing
Set objWordApp = Nothing
```